건축설비기사

필기 | 기출 공략 문제로 한 번에 합격하기

정하정 지음

BM (주)도서출판 성안당

■ **도서 A/S 안내**

성안당에서 발행하는 모든 도서는 저자와 출판사, 그리고 독자가 함께 만들어 나갑니다.

좋은 책을 펴내기 위해 많은 노력을 기울이고 있습니다. 혹시라도 내용상의 오류나 오탈자 등이 발견되면 **"좋은 책은 나라의 보배"**로서 우리 모두가 함께 만들어 간다는 마음으로 연락주시기 바랍니다. 수정 보완하여 더 나은 책이 되도록 최선을 다하겠습니다.

성안당은 늘 독자 여러분들의 소중한 의견을 기다리고 있습니다. 좋은 의견을 보내주시는 분께는 성안당 쇼핑몰의 포인트(3,000포인트)를 적립해 드립니다.

잘못 만들어진 책이나 부록 등이 파손된 경우에는 교환해 드립니다.

저자 문의 e-mail : summerchung@hanmail.net(정하정)
본서 기획자 e-mail : coh@cyber.co.kr(최옥현)
홈페이지 : http://www.cyber.co.kr   전화 : 031) 950-6300

머리말

고도의 경제 성장과 더불어 인간이 생활수준이 향상됨에 따라 생활상의 여러 가지의 요구가 증대하게 되었고, 이를 충족시키기 위해서 건축물의 기능과 양식이 날로 다양해지고, 복잡해지는 것이 현실이라고 하겠다.

특히, 건축 설비 분야는 건축물에서 요구되는 실내 환경을 보다 쾌적하고 위생적이며 안전하고 능률적으로 아울러서 편리를 도모하는 분야로서 건축에서 차지하는 비중이 매우 높아져 갈 뿐만 아니라 건축 설비의 고급화가 건축물의 품질을 좌우한다고 하더라도 지나친 말은 아닐 것이다. 이렇게 건축 설비의 역할이 중요시 되고 있는 가운데 건축 설비 분야의 자격증 시험을 준비함에 있어서 이 책 한 권을 습득하면 무난히 자격증 취득을 할 수 있도록 산업인력공단의 출제 기준에 의거하여 과년도 문제를 엄선하여 책의 내용을 구성하였다.

본 서적의 특징은 다음과 같다.

첫째, 2026년부터 시행되는 변경된 출제기준에 맞추어 출제빈도가 높은 과년도 문제를 엄선하여 과목별, 단원별, 분야별로 분류하였고, 간단하고 명쾌한 해설을 수록하였으며, 새로이 추가된 출제기준에 맞추어 예상문제를 수록하였다. 특히, 문항의 윗부분에는 문항의 키워드와 출제빈도 및 중요도를 표기하여 시험 준비에 만전을 기할 수 있도록 하였다. 표기된 의미는 다음과 같다.

구분	출제 빈도				중요도				비고
	상	중상	중하	하	상	중상	중하	하	
	★★★★				★★★★				매우 중요
		★★★				★★★			비교적 중요
			★★				★★		중요
				★				★	선택

둘째, 새로운 출제기준에 따른 엄선된 문제를 기초 문제부터 응용 문제까지 순서대로 나열함과 동시에 동일하거나 유사한 문제를 삭제함으로써 짧은 시간에 효율적인 시험에 대비하도록 하였다.

셋째, 국가기술자격시험이 CBT로 변경됨으로 인하여 다양한 종류의 문제가 출제되므로 인하여 많은 문제를 풀이해보고 시험에 응시할 수 있도록 최선을 다하여 문항을 중심으로 구성하였다.

필자는 수험생 여러분들이 시험에 효과적으로 대비할 수 있도록 집필에 최선을 다하였으나. 필자의 학문적인 역량이 부족하여 본 서적에 본의 아닌 오류가 발견될지도 모르겠다. 추후 여러분의 조언과 지도를 받아서 완벽을 기할 것을 약속드린다.

끝으로 본 서적의 출판 기회를 마련해 주신 도서출판 성안당의 이종춘 회장님, 이준원 대표님, 최옥현 전무님과 임직원 여러분 그리고 원고 정리에 힘써준 제자들의 노고에 진심으로 감사를 드립니다.

저자 정하정

이 책의 구성

25개년 기출문제를 빈도별 및 단원별로 정리하여 단기간 학습을 통해 합격할 수 있게 하였다.

1 건축환경에 관한 기초지식

1 열 환경

1 열적 쾌적감의 영향요소
21, 12, 09, 07

인체의 열적 쾌적감에 영향을 미치는 실내환경요소와 가장 거리가 먼 것은?

① 기온
② 습도
③ 공기의 청정도
④ 기류

해설 인체의 열쾌적(온열환경요소)의 물리적 요소 또는 수정유효온도(CET)는 온도(건구온도), 습도(상대습도), 기류 및 주위벽의 복사열 등이 있고, 개인적(인체적) 요소는 착의 상태(clo), 활동량(met) 등이 있다.

2 물리적 열환경 요소
14, 07, 04

실내에 있는 사람이 느끼는 온열감각에 영향을 미치는 물리

해설 인체의 열쾌적(온열환경요소)의 물리적 요소 또는 수정유효온도(CET)는 온도(건구온도), 습도(상대습도), 기류 및 주위벽의 복사열 등이 있다.

4 유효온도
19, 16, 15, 14, 13

온도, 습도, 기류를 조합하여 인체의 실제 체감(體感)을 표시하는 척도가 되는 것은?

① TAC 온도
② 임계온도
③ 절대온도
④ 유효온도

해설 타크 온도는 일반적으로 초과 위험률을 고려한 설계용 외기온도를 의미하고, 임계온도는 증기의 임계점(물의 비용적이 증기의 비용적과 같게 되어 가열해도 증발의 현상을 수반하지 않고 연속적으로 액체에서 증기로 바뀌는 점)온도이며, 절대온도는 열역학적으로 생각한 최저의 온도이다.

5 유효온도
22

유효온도에서 고려하지 않는 요소는?

CBT 적중 모의고사를 자세한 해설과 함께 수록하여 최근 출제 경향을 한 눈에 파악할 수 있도록 하였다.

Engineer Building Facilities

제1회 CBT 적중 모의고사

1 과목 건축설비 계획

1 물의 특성에 관한 설명으로 옳지 않은 것은?
① 물은 비압축성 유체이다.
② 물에는 체적의 탄성이 없다.
③ 물의 점성은 온도가 상승하면 감소한다.
④ 순수한 물이 얼게 되면 약 4%의 체적감소가 발생한다.

해설 물의 체적 변화는 0℃의 물이 0℃의 얼음으로 되면 9%의 체

해설 물의 경도는 배관 내 스케일 발생이 되고, 급수펌프 소요 동력 증가되며, 열교환기의 열교환 효율이 감소된다.

4 대변기의 세정방식 중 플러시 밸브식에 관한 설명으로 옳지 않은 것은?
① 대변기의 연속사용이 가능하다.
② 일반 가정용으로는 사용이 곤란하다.
③ 세정음은 유수음이 포함되기 때문에 소음이 크다.
④ 레버의 조작에 의해 낙차에 의한 수압으로 대변기를 세척하는 방식이다.

Engineer Building Facilities

CHAPTER 01
| 기출 공략 문제 |
열원설비 설계

❶ 열원시스템 설계

1 성적계수
20, 08, 01

냉동기를 냉각 목적으로 할 경우의 성적계수를 COP, 가열 목적, 즉 히트펌프로 사용될 경우의 성적계수를 COP_h라 할 때 두 성적계수의 관계를 바르게 나타낸 것은?

① $COP_h + COP = 1$
② $COP_h + 1 = COP$
③ $COP_h - COP = 1$
④ $COP/COP_h = 1$

해설 COP_h(히트펌프 성적계수) = $\dfrac{응축방열}{압축일}$ = $\dfrac{증발열 + 압축일}{압축일}$ = $COP+1$
즉, 냉동기 성적계수(COP)는 히트펌프 성적계수(COP_h)보다 1이 작다. $COP = COP_h - 1$ 또는 $COP_h - COP = 1$이 성립된다.

2 냉동사이클의 선도
25, 18

다음의 증기압축 냉동사이클의 압력(P)-엔탈피(h)선도에 관한 설명으로 옳지 않은 것은?

① 과정 1→2는 정압증발과정이다.
② 과정 2→3은 단열압축과정이다.
③ 과정 3→4는 정압응축과정이다.
④ 과정 4→1은 단열팽창과정이다.

해설 증기압축 냉동사이클

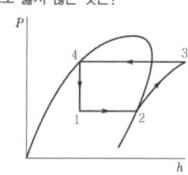

A-B : 압축기의 압축
B-C : 응축기의 응축
C-D : 팽창밸브의 팽창
D-A : 증발기의 증발

3 압축식 냉동기
20, 19, 14, 13

압축식 냉동기의 구성요소 중 냉동의 목적을 직접적으로 달성하는 것은?

① 흡수기
② 증발기
③ 발생기
④ 응축기

해설 압축식 냉동기의 냉동 사이클은 **증발기(냉열원 취득)** → 압축기(저온·저압을 고온·고압을 변화) → 응축기 → 팽창밸브(밸브의 입구측은 고압, 출구측은 저압)의 순이므로 고압부와 저압부의 경계선상에서 작동하는 장치는 팽창밸브와 압축기이다.

4 흡수식 냉동기의 냉동 사이클
22, 13, 09, 07, 03

흡수식 냉동기의 냉동 사이클을 바르게 나타낸 것은?

① 압축 → 응축 → 팽창 → 증발
② 흡수 → 발생 → 응축 → 증발
③ 흡수 → 증발 → 압축 → 응축 → 발생
④ 압축 → 증발 → 응축 → 팽창

해설 압축식 냉동기의 냉동 사이클은 증발기 → 압축기(저온·저압을 고온·고압을 변화) → 응축기 → 팽창밸브의 입구측은 고압, 출구측은 저압)의 순이고, **흡수식 냉동기의 냉동 사이클**은 흡수기 → 발생(재생)기 → 응축기 → 증발기의 순이다.

5 흡수식 냉동기
18

흡수식 냉동기에 관한 설명으로 옳은 것은?

① 냉매로는 LiBr을 사용하고, 흡수제로 물을 사용한다.
② 증발기, 압축기, 재생기, 응축기 등으로 구성되어 있다.
③ 기계적 에너지가 아닌 열에너지에 의해 냉동효과를 얻는다.
④ 1중 효용 흡수식 냉동기가 2중 효용 흡수식 냉동기보다 효율이 좋다.

정답 01. ③ 02. ④ 03. ② 04. ② 05. ③

출제기준

필기

직무 분야	건설	중직무 분야	건축	자격 종목	건축설비기사	적용 기간	2026. 1. 1. ~ 2029. 12. 31.

○ 직무내용 : 건축물의 조건에 적합하게 열원설비, 공기조화설비, 환기설비, 위생설비 및 자동제어설비 등의 설계, 시공, 유지관리 및 에너지계획을 수행하는 직무이다.

필기검정방법	객관식	문제 수	80	시험시간	2시간

필기과목명	문제 수	주요 항목	세부항목	세세항목
건축설비 계획	20	1. 건축설비 기초지식	1. 건축설비 기초지식	1. 열 환경 2. 빛 환경 3. 공기 환경 4. 음 환경
			2. 열역학에 대한 기초지식	1. 열역학의 기초사항 2. 열역학의 기본법칙
			3. 유체역학에 대한 기초지식	1. 유체역학의 기초사항 2. 유체의 물리적 성질
		2. 설비설계 계획	1. 설계조건 검토	1. 공기조화설비 설계조건 2. 환기설비 설계조건 3. 위생설비 설계조건
			2. 설비시스템 계획	1. 설비시스템 공간계획 2. 조닝계획
			3. 공기조화설비 계획	1. 현열부하와 잠열부하 2. 습공기선도 3. 냉난방부하의 종류 4. 냉난방부하량 산정
			4. 환기설비 계획	1. 건축물의 실내공기질 2. 오염물질의 종류 및 기준농도 3. 건축물의 필요환기량
		3. 설비시스템 검토	1. 공기조화시스템 검토	1. 냉난방방식의 특성 2. 건물의 용도 및 조닝별 공기조화방식
			2. 열원시스템 검토	1. 열원방식의 특성 2. 건물의 용도 및 조닝별 열원방식
			3. 환기시스템 검토	1. 환기방식의 특성 2. 건물의 용도 및 조닝별 환기방식
			4. 급배수시스템 검토	1. 수원 및 수질 2. 급수방식의 특성 3. 급탕방식의 특성 4. 오배수, 통기시스템의 특성
			5. 설비자재 검토	1. 배관 및 덕트재료 2. 배관 및 덕트 부속기기 3. 배관 및 덕트의 접합방법
		4. 설계도서작성	1. 설비도서 작성	1. 설비도서의 종류 2. 설비설계도면의 작도법
			2. 제도 통칙 및 표시방법 이해	1. KS제도 통칙 2. 도면의 표시방법
		5. 설비적산	1. 공조, 열원 및 환기설비 적산	1. 공기조화설비 적산 2. 열원설비 적산 3. 환기설비 적산
			2. 위생설비 적산	1. 급수설비 적산 2. 급탕설비 적산 3. 오배수, 통기설비 적산

필기과목명	문제 수	주요 항목	세부항목	세세항목
건축설비 설계	20	1. 열원설비 설계	1. 열원시스템 설계	1. 냉동기 2. 보일러 3. 냉온수기 4. 열펌프 5. 냉각탑 6. 지역냉난방시스템
		2. 공기조화설비 설계	1. 공조시스템 설계	1. 공기조화기 2. 펌프 3. 송풍기 4. 배관 및 덕트
		3. 환기설비 설계	1. 환기시스템 설계	1. 환기시스템 2. 열교환기
		4. 위생설비 설계	1. 급수시스템 설계	1. 급수량 및 배관설계 2. 기기용량 산정 3. 급수시스템 구성기기
			2. 급탕시스템 설계	1. 급탕량 및 배관설계 2. 기기용량 산정 3. 급탕시스템 구성기기
			3. 오배수시스템 설계	1. 오배수량 및 배관설계 2. 기기용량 산정 3. 통기배관설계 4. 트랩
			4. 위생기구 선정하기	1. 위생기구의 종류 2. 위생기구 설치방법
전기설비 및 소방시설 일반	20	1. 전기이론 기초지식	1. 전기의 기초	1. 전기와 물질 2. 전기의 발생 3. 전기량
			2. 직류회로	1. 전기회로 2. 전류 3. 전압 4. 옴의 법칙 5. 저항의 접속 6. 전력
			3. 교류회로	1. 교류의 정의 2. 교류의 R.L.C. 회로 3. 교류회로의 전력 4. 3상 교류회로
		2. 건축전기설비 기초지식	1. 전원설비	1. 수변전설비 2. 예비전원설비 3. 신전원설비
			2. 배선 및 부하설비	1. 간선 및 배선설비 2. 동력설비 3. 반송설비

출제기준

필기과목명	문제 수	주요 항목	세부항목	세세항목
전기설비 및 소방시설 일반	20	2. 건축전기설비 기초지식	3. 조명설비	1. 옥내조명설비
			4. 정보통신설비	1. 전기통신설비 2. 정보설비 3. 약전설비
			5. 건축물 방재설비	1. 피뢰설비 2. 접지설비 3. 소방전기설비 4. 방범설비 5. 항공장애표시등설비
		3. 자동제어시스템 설계	1. 자동제어 기초이론 파악	1. 자동제어 이론 및 개요 2. 시퀀스 제어 3. 피드백 제어
			2. 공조설비 제어시스템 설계	1. 공조설비 제어시스템의 개요 2. 공조설비 제어시스템의 구성 3. 공조방식별 제어방법
			3. 열원설비 제어시스템 설계	1. 열원설비 제어시스템의 개요 2. 열원설비 제어시스템의 구성 3. 열원설비 종류별 제어방법
			4. 환기설비 제어시스템 설계	1. 환기설비 제어시스템 개요 2. 환기설비 제어시스템 구성 3. 환기방식별 제어방법
			5. 위생설비 제어시스템 설계	1. 위생설비 제어시스템의 개요 2. 위생설비 제어시스템의 구성 3. 위생설비 종류별 제어방법
		4. 소방시설 기초지식	1. 소방시설의 일반적인 사항	1. 연소의 이론 2. 화재와 소화 3. 화재의 종류와 소화방법
			2. 소화설비	1. 소화기구 2. 옥내소화전설비 3. 스프링클러설비 4. 물분무등소화설비 5. 옥외소화전설비 6. 기타 소화설비
			3. 소화용수설비	1. 상수도소화용수설비 2. 기타 소화용수설비
			4. 소화활동설비	1. 제연설비 2. 연결송수관설비 3. 연결살수설비 4. 비상콘센트설비 5. 기타 소화활동설비
건축설비 관련법규	20	1. 관련 법규 검토	1. 건축법, 시행령, 시행규칙	1. 총칙 2. 건축물의 건축 3. 건축물의 구조 및 재료 등 4. 건축설비 5. 보칙

필기과목명	문제 수	주요 항목	세부항목	세세항목
건축설비 관련법규	20	1. 관련 법규 검토	2. 건축설비 관련 기타 규칙	1. 건축물의 설비기준 등에 관한 규칙 2. 건축물의 피난·방화구조 등의 기준에 관한 규칙
			3. 기계설비법, 시행령, 시행규칙	1. 총칙 2. 기계설비 안전관리를 위한 조치 등 3. 기계설비 유지관리 동 4. 기계설비성능점검업
			4. 소방시설 설치 및 관리에 관한 법률, 시행령, 시행규칙	1. 총칙 2. 소방시설 등의 설치·관리 및 방염
		2. 에너지계획 수립	1. 에너지 관련 설계기준	1. 건축물의 에너지절약설계기준 2. 건축물의 냉방설비에 대한 설치 및 설계기준
			2. 제로에너지건축물 인증에 관한 규칙	1. 제로에너지건축물 인증에 관한 규칙 2. 제로에너지건축물 인증 기준
			3. 녹색건축 인증에 관한 규칙	1. 녹색건축 인증에 관한 규칙 2. 녹색건축 인증 기준
			4. 지능형건축물의 인증에 관한 규칙	1. 지능형건축물의 인증에 관한 규칙 2. 지능형건축물 인증기준

차례

PART 01 건축설비 계획

Chapter 01 건축설비 기초지식 · 14
1. 건축환경에 관한 기초지식 · 14
2. 열역학에 대한 기초지식 · 32
3. 유체역학에 대한 기초지식 · 36

Chapter 02 설비설계 계획 · 43
1. 설계조건 검토 · 43
2. 설비시스템 계획 · 44
3. 공기조화설비 계획 · 47
4. 환기설비 계획 · 60

Chapter 03 설비시스템 검토 · 64
1. 공기조화시스템 검토 · 64
2. 열원시스템 검토 · 78
3. 환기시스템 검토 · 80
4. 급배수시스템 검토 · 83
5. 설비자재 검토 · 95

Chapter 04 설계도서 작성 · 101
1. 설비도서 작성 · 101
2. 제도 통칙 및 표시방법 이해 · 103

Chapter 05 설비적산 · 110
1. 공조, 열원 및 환기설비 적산 · 110
2. 위생설비 적산 · 116
3. 가스설비 적산 · 122

PART 02 건축설비 설계

Chapter 01 열원설비 설계 ········· 128
❶ 열원시스템 설계 ········· 128

Chapter 02 공기조화설비 설계 ········· 141
❶ 공조시스템 설계 ········· 141

Chapter 03 환기설비 설계 ········· 158
❶ 환기시스템 설계 ········· 158

Chapter 04 위생설비 설계 ········· 165
❶ 급수시스템 설계 ········· 165
❷ 급탕시스템 설계 ········· 183
❸ 오배수시스템 설계 ········· 193
❹ 위생기구 선정하기 ········· 203

PART 03 전기설비 및 소방시설 일반

Chapter 01 전기이론 기초지식 ········· 212
❶ 전기의 기초 ········· 212
❷ 직류회로 ········· 214
❸ 교류회로 ········· 230

Chapter 02 건축전기설비 기초지식 ········· 241
❶ 전원설비 ········· 241
❷ 배선 및 부하설비 ········· 250
❸ 조명설비 ········· 257
❹ 정보통신설비 ········· 264
❺ 건축물의 방재설비 ········· 265

| 차 례 |

Chapter 03 자동제어시스템 설계 ·· 271
    ❶ 자동제어 기초이론 파악 ····································· 271
    ❷ 공조, 열원, 환기, 위생설비 제어시스템 설계 ········· 278

Chapter 04 소방시설 기초지식 ·· 281
    ❶ 소방시설의 일반적인 사항 ································· 281
    ❷ 소화설비 ··· 283
    ❸ 소화활동설비 ·· 292

PART 04 건축설비 관련 법규

Chapter 01 관련 법규 검토 ·· 298
    ❶ 건축법, 시행령, 시행규칙 ·································· 298
    ❷ 건축설비 관련 기타 규칙 ·································· 316
    ❸ 기계설비법, 시행령, 시행규칙 ··························· 343
    ❹ 소방시설 설치 및 관리에 관한 법률, 시행령, 시행규칙 ··· 352

Chapter 02 에너지계획 수립 ·· 368
    ❶ 에너지 관련 설계기준 ······································· 368
    ❷ 제로에너지건축물 인증에 관한 규칙 ··················· 376
    ❸ 녹색건축 인증에 관한 규칙 ······························· 387
    ❹ 지능형건축물의 인증에 관한 규칙 ······················ 397

부록 05 CBT 적중 모의고사

제1회 CBT 적중 모의고사 ··· 406
제2회 CBT 적중 모의고사 ··· 419
제3회 CBT 적중 모의고사 ··· 432
제4회 CBT 적중 모의고사 ··· 446
제5회 CBT 적중 모의고사 ··· 459

PART 1

건축설비 계획

Engineer Building Facilities

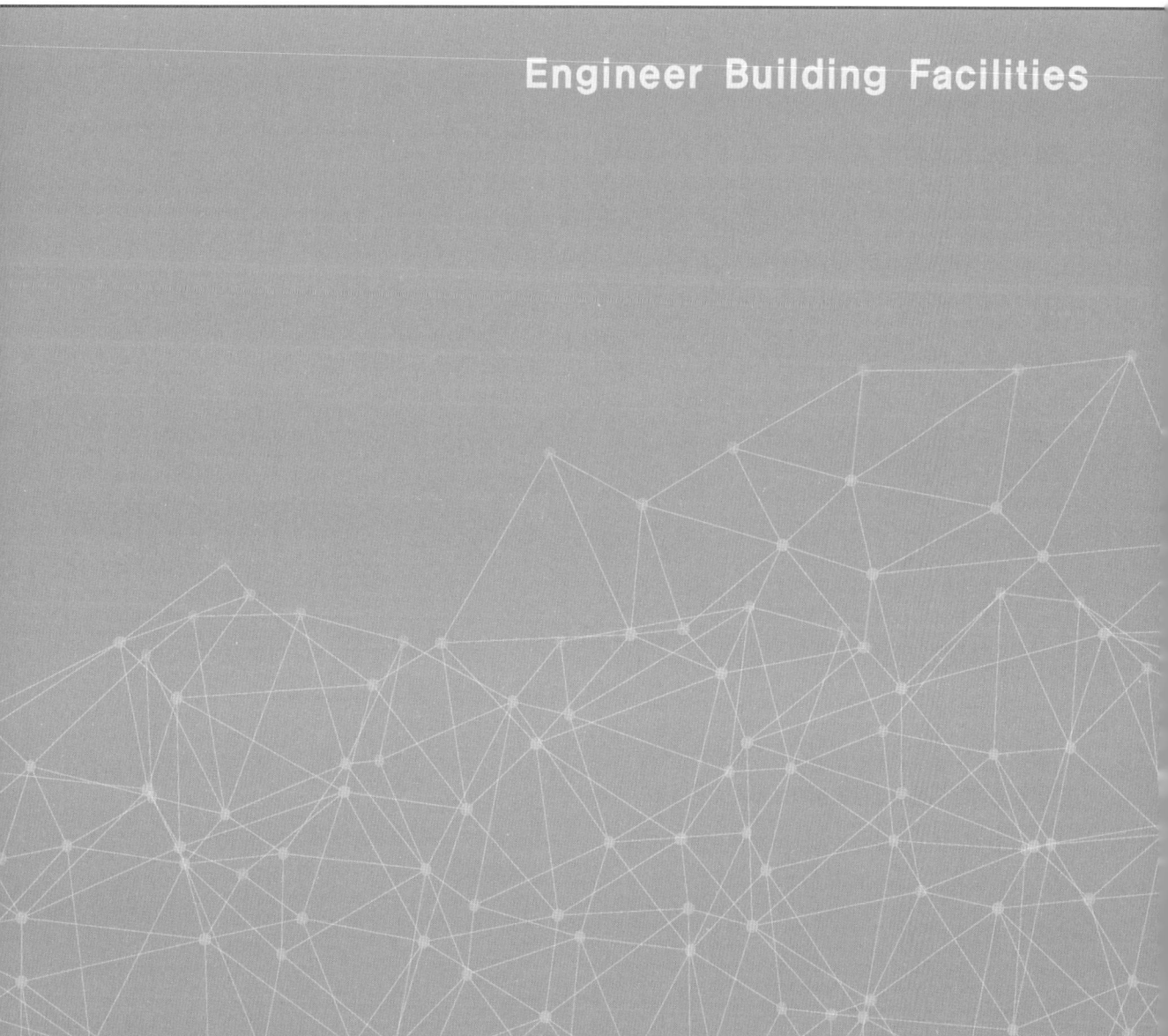

CHAPTER 01 건축설비 기초지식

|기출 공략 문제|

① 건축환경에 관한 기초지식

1 열 환경

01 열적 쾌적감의 영향요소
21, 12, 09, 07

인체의 열적 쾌적감에 영향을 미치는 실내환경요소와 가장 거리가 먼 것은?

① 기온
② 습도
③ 공기의 청정도
④ 기류

해설 인체의 열쾌적(온열환경요소)의 물리적 요소 또는 수정유효온도(CET)는 온도(건구온도), 습도(상대습도), 기류 및 주위벽의 복사열 등이 있고, 개인적(인체적) 요소는 착의 상태(clo), 활동량(met) 등이 있다.

02 물리적 열환경 요소
14, 07, 04

실내에 있는 사람이 느끼는 온열감각에 영향을 미치는 물리적 열환경 요소를 조합한 것으로 가장 옳은 것은?

① 열관류율, 열전도, 대류열, 복사열
② 온도, 습도, 기류, 복사열
③ 온도, 습도, 기류, 대류열
④ 열관류율, 열전도, 기류, 복사열

해설 인체의 열쾌적(온열환경요소)의 물리적 요소 또는 수정유효온도(CET)는 온도(건구온도), 습도(상대습도), 기류 및 주위벽의 복사열 등이 있고, 개인적(인체적) 요소는 착의 상태(clo), 활동량(met) 등이 있다.

03 물리적 열환경 요소
24, 23, 15, 13, 08

인체의 쾌적한 환경에 영향을 미치는 물리적 온열요소에 속하지 않는 것은?

① 기온
② 습도
③ 복사열
④ 열전도

해설 인체의 열쾌적(온열환경요소)의 물리적 요소 또는 수정유효온도(CET)는 온도(건구온도), 습도(상대습도), 기류 및 주위벽의 복사열 등이 있다.

04 유효온도
19, 16, 15, 14, 13

온도, 습도, 기류를 조합하여 인체의 실제 체감(體感)을 표시하는 척도가 되는 것은?

① TAC 온도
② 임계온도
③ 절대온도
④ 유효온도

해설 타크 온도는 일반적으로 초과 위험률을 고려한 설계용 외기 온도를 의미하고, 임계온도는 증기의 임계점(물의 비용적이 증기의 비용적과 같게 되어 가열해도 증발의 현상을 수반하지 않고 연속적으로 액체에서 증기로 바뀌는 점)온도이며, 절대온도는 열역학적으로 생각한 최저의 온도이다.

05 유효온도
22

유효온도에서 고려하지 않는 요소는?

① 기온
② 습도
③ 기류
④ 복사열

해설 쾌적 지표

구분	기온	습도	기류	복사열
유효(감각, 효과, 체감)온도	O	O	O	×
수정·신·표준유효온도, 등온감각온도	O	O	O	O
작용온도, 등가온도	O	×	O	O

06 작용온도
22, 10, 08, 01

온도, 기류 및 복사열의 조합과 체감과의 관계를 나타내는 열환경 지표는?

① 유효온도
② 불쾌지수
③ 등온지수
④ 작용온도

해설 유효(감각, 효과, 체감)온도는 온도, 습도, 기류의 3가지 요소의 조합에 의한 체감을 표시하는 척도이고, 불쾌지수는 미국에서 냉방온도 설정을 위해 만든 것으로 여름철의 무더움을 나타내는 지표로서 불쾌지수(DI)=(건구온도+습구온도)×0.72+40.6에 의해 산정되며, 등온지수는 등가온도와 동일한 의미로서 기온, 기류 및 평균복사온도를 조합한 지표이다.

07 | 작용온도
22

기온, 기류 및 주벽면온도의 3요소의 조합과 체감과의 관계를 나타내는 열환경 지표는?

① 유효온도 ② 불쾌지수
③ 등온지수 ④ 작용온도

해설 유효(감각, 효과, 체감)온도는 온도, 습도, 기류의 3가지 요소의 조합에 의한 체감을 표시하는 척도이고, 불쾌지수는 미국에서 냉방온도 설정을 위해 만든 것으로 여름철의 무더움을 나타내는 지표로서 불쾌지수(DI)=(건구온도+습구온도)×0.72+40.6에 의해 산정되며, 등온지수는 등가온도와 동일한 의미로서 기온, 기류 및 평균복사온도를 조합한 지표이다.

08 | 작용온도
20, 04

열환경 지표 중 기온과 주벽의 복사열 및 기류의 영향을 조합시킨 지표로서, 습도의 영향이 고려되어 있지 않은 것은?

① 작용온도 ② 등온지수
③ 유효온도 ④ 합성온도

해설 작용온도(OT, Operative Temperature)는 온도(기온), 기류, 복사열의 영향을 종합한 온도로서 습도의 영향을 제외한 온도로서 복사난방의 실내 열환경 척도로 이용되는 온도이다.
[쾌적 지표]

구분	기온	습도	기류	복사열
유효(감각, 효과, 체감)온도	○	○	○	×
수정·신·표준유효온도, 흑구·합성·등온감각온도	○	○	○	○
작용(효과)온도, 등가온도	○	×	○	○

09 | 예상온열감 산출요소
16, 13, 08

온열환경에 대한 인체의 쾌적성을 평가하는 PMV(예상온열감)를 산출하는데 필요한 요소가 아닌 것은?

① 일사량 ② 공기온도
③ 기류속도 ④ 수증기 분압

해설 PMV(예상온열감)는 PPD, PDP와 함께 거주공간의 쾌적성 판단 지표로 온도, 습도, 기류 등의 요소를 평가하나, 산출 시 필요한 요소에는 공기온도, 기류속도, 수증기 분압, 착의량 및 평균복사온도 등이 있고, 일사량과는 무관하다.

10 | 열관류율
22, 17, 06

단위표면적을 통해 단위시간에 고체벽의 양측 유체가 단위 온도차일 때 한쪽의 유체에서 다른 쪽 유체로 전달되는 열량을 의미하는 것은?

① 열전도율 ② 열관류율
③ 열전도저항 ④ 온도구배

해설 열전도율은 두께 1m, 표면적 $1m^2$인 재료를 사이에 두고 온도차가 1℃일 때 재료를 통한 열의 흐름을 측정한 것이고, 열관류율은 벽의 양측 공기의 온도차가 1℃일 때 벽의 $1m^2$당 1시간에 관류하는 열량이며, 열전도저항은 열전도율의 역수이다. 온도구배는 건축물의 외부에서 내외부의 온도차가 생기면 그 구조체 내의 각 점의 온도는 일정한 상태로 유지된다. 이 각 점의 온도를 선으로 이으면 기울기를 가진 직선으로 나타나는 구배이다.

11 | 잠열
04

물체의 상태가 고체에서 액체로 또는 액체에서 기체로 변화할 때 온도의 변화없이 흡수되는 일정한 양의 열은?

① 복사열 ② 비열
③ 잠열 ④ 현열

해설 복사열은 열복사가 물체에 흡수되면 열로 변화되듯이 복사에 의해 발생하는 열이고, 비열은 어떤 물질 1kg을 1℃ 올리는데 필요한 열량이다. 잠열은 온도변화는 없고, 상태의 변화에 따라 출입하는 열이며, 현열은 온도의 변화에 따라 출입하는 열이다.

12 | 열전달
20

열전달에 관한 설명으로 옳은 것은?

① 열류량은 온도구배와 물체의 열전도율에 반비례한다.
② 물체 중에 온도차가 발생하면 열은 저온측에서 고온측으로 흐른다.
③ 벽체표면과 이에 접하는 유체와의 전열현상은 대류에 의한 열전달이다.
④ 열류량은 표면온도와 유체온도의 차에 반비례한다.

해설 열전달은 고체(벽체의 표면)와 이에 접하는 유체 간의 열이동으로, ① 열류량은 온도구배(정상 상태에 있어 등질의 재료로 된 고체 평행평면벽의 두께에 대한 양측면의 온도차의 비로서, 즉 $\frac{t_1-t_2}{d}$이다)와 열전도율에 비례한다.
② 물체 중에 온도차가 발생하면 열은 고온측에서 저온측으로 흐른다.
④ 열류량은 표면온도와 유체온도의 차에 비례한다.

13 | 벽체의 실내표면온도의 산정
21, 19, 17, 15, 14, 08

다음과 같은 조건에 있는 벽체의 실내표면온도는?

[조건]
- 외기온도 : −10℃
- 실내온도 : 20℃
- 실내표면열전달률 : 9W/m² · K
- 벽체의 열관류율 : 3W/m² · K

① 9℃　　② 10℃
③ 12℃　　④ 13℃

해설 벽체의 실내표면온도를 구하기 위하여 우선, 외벽을 통한 열관류량 또는 열취득량(Q_1)과 표면 열전달량(Q_2)은 동일하므로 단위면적당을 기준으로 구하고, 실내표면온도를 t라고 하면,
$Q_1 = KA\Delta t = 3 \times 1 \times (20-(-10)) = 90W$
$Q_2 = KA\Delta t = 9 \times 1 \times (20-t) = (180-9t)W$
$Q_1 = Q_2$이므로
$90 = 180 - 9t$
$\therefore t = 10℃$

14 | 에너지 절약대책
17

주택의 설비시설 고도화와 에너지 절약대책에 관한 설명으로 옳지 않은 것은?

① 현재는 설비시설에 대한 투자비가 증가하는 추세이다.
② 설비시설을 집중화하는 계획을 한다.
③ 재활용에너지 설비는 초기 투자비가 저렴한 반면 유지관리비가 많이 드는 단점이 있다.
④ 설비계획은 처음 설치할 때 많은 비용을 투자하더라도 이후에 발생되는 관리비를 적게 하는 것이 목표이다.

해설 재활용에너지 설비는 초기 투자비가 고가인 반면 유지관리비가 적게 드는 장점이 있다.

15 | 벽체의 통과열량의 산정
07

두께 20cm인 콘크리트벽에서 내벽표면온도 18℃, 외벽표면온도 −2℃일 때 벽체의 통과열량은? (단, 콘크리트의 열전도율=1.63W/m · K)

① 150W
② 163W
③ 585W
④ 1,505W

해설 열전도(고체 또는 정지한 액체를 통하여 열이 전달되는 것)량의 산정은 다음 식에 의한다.
$Q = \lambda \dfrac{\Delta t}{d} \cdot F \cdot T$ 이다.
여기서, λ : 열전도율(W/m · K)
　　　　d : 벽체의 두께(m)
　　　　Δt : 온도의 변화량
　　　　F : 벽체의 표면적
　　　　T : 시간
그러므로, 위의 식에 의하여
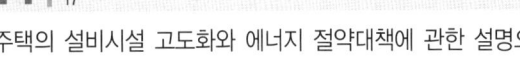
$Q = \lambda \dfrac{\Delta t}{d} \cdot F \cdot T = 1.63 \times \dfrac{18-(-2)}{0.2} \times 1 \times 1 = 163W$

16 | 이동열량의 산정
05

열관류율 $K = 2.9W/m^2 \cdot K$인 벽체 양측의 온도가 각각 20℃ 및 0℃라고 할 때 이 벽체의 1m²당 1초에 이동하는 열량(W)의 값은?

① 8
② 25
③ 58
④ 100

해설 열관류[전달 → 전도 → 전달과정이며, 실제로 흐르는 열량이 고체의 양측 유체(건축의 경우 벽 등의 양측 공기)의 온도차에 비례하는 것]량의 산정은 다음 식에 의한다.
$Q = k \cdot A \cdot \Delta t = 2.9 \times 1 \times (20-0) = 58W$

17 | 단열
16, 10, 07, 06

단열에 관한 설명 중 옳지 않은 것은?

① 일반적으로 열전도율이 작은 재료를 사용하는 것이 단열효과가 좋다.
② 공기층은 기밀성이 떨어져도 단열효과에 영향이 없다.
③ 단열재에 수분이 침투하면 단열성이 매우 나빠진다.
④ 10cm 공기층을 1개 층 설치하는 것보다 5cm 공기층을 2개 층 설치하는 것이 단열에 유리하다.

해설 공기층의 열저항에 있어서 공기는 재료 중에서 가장 밀도가 낮고, 열저항이 가장 큰 재료이므로 단열성이 우수하다. 특히 열저항은 공기가 정지된 상태와 공기층의 두께가 25mm 미만일 때 최대가 되나, 공기층의 두께가 두꺼워지면 대류가 발생하므로 단열효과는 떨어진다. 즉, 단열성은 공기층의 두께와 반비례함을 알 수 있다.

정답 13. ② 14. ③ 15. ② 16. ③ 17. ②

18 | 열교현상
21, 17, 13, 11

다음 중 열교(thermal bridge)현상에 관한 설명으로 옳지 않은 것은?

① 벽이나 바닥, 지붕 등의 건축물 부위에 단열이 연속되지 않는 부분이 있을 때 생긴다.
② 열교현상을 줄이기 위해서는 콘크리트 라멘조의 경우 가능한 한 내단열로 시공한다.
③ 열교현상이 발생하는 부위는 표면온도가 낮아져서 결로가 쉽게 발생한다.
④ 열교현상이 발생하면 전체 단열성이 저하된다.

해설 열교(구조상 일부의 벽이 얇아진다든지 재료가 다른 열관류 저항이 작은 부분이 생기면 결로가 발생하기 쉬운 현상)현상은 외단열의 경우 온열교로 발생하므로 피해가 발생하지 않고, 단열 보호 처리가 용이하나, 내단열의 경우 냉열교가 발생하므로 피해가 발생된다. 그러므로 열교현상을 줄이기 위해서는 콘크리트 라멘조의 경우 가능한 한 외단열(실외측에 면한 단열)로 시공한다.

19 | 열섬현상의 요인
24, 19

도시 열섬현상의 원인으로 가장 거리가 먼 것은?

① 큰 강을 끼고 도시가 발달되어 있다.
② 건축물과 포장도로가 많다.
③ 연료소비에 의한 인공열 및 오염물질의 방출량이 크다.
④ 도심부는 고층건물이 많고 요철이 심해서 환기가 어렵다.

해설 도시의 열섬현상(도시가 급속히 성장하면서 주거·상업·공공시설 등이 늘어나 녹지면적이 줄어들고, 각종 인공열과 대기 오염물질 때문에 도시 상공의 기온이 주변 지역보다 높아지는 현상)의 완화 대책으로는 녹지면적의 확대, 식물과 나무는 수분을 증발시켜 태양열을 흡수하여 대기 온도의 하강과 그늘을 만들어 태양에너지가 지표면을 가열하는 현상을 방지하여야 한다. ②, ③ 및 ④는 열섬현상의 원인이다.

20 | 열의 이동
20

열의 이동에 관한 설명으로 옳지 않은 것은?

① 유체를 사이에 두고 양쪽의 고체 사이에 열이 이동하는 현상을 열관류라 한다.
② 복사는 열이 고온의 물체표면으로부터 저온의 물체표면으로 공간을 통하여 전달되는 현상이다.
③ 열전도는 열에너지가 주로 고체 속을 고온부에서 저온부로 이동하는 현상이다.
④ 물체 내부 열전도로 전달되는 열량은 전열면적, 온도차, 시간에 비례한다.

해설 열관류는 벽체로 격리된 한 공간에서 다른 쪽 공간으로 전열되는 현상으로 열전달+열전도+열전달의 과정을 거쳐 일어난다. 즉, 열관류는 고체를 사이에 두고, 양측 유체 사이에 열이 이동하는 현상이다.

21 | 용어와 단위
22, 19, 13, 10

건물에서의 열전달에 관련된 용어의 단위 중 옳지 않은 것은?

① 열전도율 : $W/(m^2 \cdot K)$
② 대류열전달률 : $W/(m^2 \cdot K)$
③ 열저항 R : $(m^2 \cdot K)/W$
④ 열관류율 K : $W/(m^2 \cdot K)$

해설 열전도율은 두께 1m, 표면적 $1m^2$인 재료를 사이에 두고 온도차가 1℃일 때 재료를 통한 열의 흐름을 측정한 것으로 단위는 $W/(m \cdot K)$를 사용한다.

22 | 용어와 단위
19, 14

다음 용어의 단위로서 옳지 않은 것은?

① 열전도율 : $W/(m \cdot K)$
② 열전달률 : $W/(m^2 \cdot K)$
③ 열관류율 : $W/(m^3 \cdot K)$
④ 열용량 : J/K

해설 열관류율은 벽체와 같은 고체를 통하여 공기층에서 공기층으로 열이 전해지는 비율이고, 단위는 $W/m^2 \cdot K$이다.

2 빛 환경

23 | 빛의 성질
24

빛의 성질 중 부적당한 것은?

① 정면 반사는 빛의 반사를 한 방향으로만 변화시킨다.
② 1cd의 광원에 의해 방사된 전광속은 π루멘이다.
③ 어떤 면에 대한 입사광속의 면적당 밀도는 그 면의 조도이다.
④ 휘도는 표면 밝기의 척도이다.

해설 광속은 빛 에너지의 흐름의 크기로서, 균일한 1cd의 점광원이 단위입체각 내에 반사하는 광량으로 정의되고, 1cd의 광원에 의해 방사된 전광속은 4π 루멘이다.

정답 18. ② 19. ① 20. ① 21. ① 22. ③ 23. ②

24 | 조도
15, 07, 05

다음 중 조도에 관한 설명으로 옳은 것은?

① 빛을 발하는 점에서 어느 방향으로 향한 단위 입체각당의 발산광속을 말한다.
② 빛의 방향과 수직인 면의 빛의 조도는 광원의 광도에 비례하고 거리의 제곱에 반비례한다.
③ 어느 면의 광도를 그 면의 겉보기 면적으로 나눈 값이다.
④ 조도의 측정단위는 루멘이다.

해설 ① 광도, ③ 휘도, ④ 조도의 단위는 룩스이다.

25 | 조도
09

다음 중 조도에 대한 정의로 옳은 것은?

① 어떤 면의 입사광속의 면적당 밀도
② 점광원의 어떤 방향에 대한 발산 광속의 입체각 밀도
③ 광원이 방출하는 빛의 색조를 물리적 객관적 척도로 나타낸 것
④ 어떤 방향으로부터 본 물체의 밝기

해설 ② 광도, ③ 연색성, ④ 휘도에 대한 설명이다.

26 | 조도의 정의
16

조명설비에서 광원에 의해 비춰진 면의 밝기 정도를 나타내는 용어는?

① 조도   ② 광도
③ 휘도   ④ 광속

해설 광도는 광원에서 한 방향을 향해 단위입체각당 발산되는 광속으로 단위는 칸델라이고, 휘도는 단위면적당 광도로서 단위는 루멘이며, 광속은 방사속(단위시간당 공간을 전파하는 방사에너지로서 단위는 W)을 눈의 표준 시감도에 의해 측정한 양이다.

27 | 실내조명설계의 순서
18, 13, 10, 08, 05

다음 중 실내조명설계의 순서에서 가장 먼저 이루어지는 것은?

① 조명기구의 배치결정
② 소요조도의 결정
③ 조명방식의 결정
④ 소요전등의 결정

해설 조명설계 순서는 소요조도의 결정 → 조명방식의 결정 → 광원의 선정 → 조명기구의 선정 → 기구 대수의 산출 → 조명기구의 배치결정의 순이다.

28 | 실내조명설계의 순서
16, 14

실내조명설계에서 가장 우선적으로 검토해야 하는 것은?

① 개략적인 조명계산을 실시한다.
② 소요조도를 결정한다.
③ 소요전등의 개수를 결정한다.
④ 조명방식 및 조명기구를 선정한다.

해설 조명설계 순서는 소요조도의 결정 → 조명방식의 결정 → 광원의 선정 → 조명기구의 선정 → 기구 대수의 산출 → 조명기구의 배치결정의 순이다.

29 | 주광률
13, 11

채광에서 실내의 조도가 옥외의 조도 몇 %에 해당하는가를 나타내는 값은?

① 촉광량   ② 주광률
③ 감광보상률   ④ 창 유효율

해설 촉광은 점광원의 밝기의 단위를 나타내는 말이고, 감광보상률은 유지율(조명기구가 어느 기간을 경화한 후의 조도를 초기 조도로 나눈 값)의 역수이며, 창 유효율은 창의 전체 면적에 대한 유효한 면적의 비이다.

30 | 반사 글레어
22

반사 글레어에 관한 설명으로 옳지 않은 것은?

① 반사면이 평활한 경우 강하게 나타난다.
② 반사면이 광택이 있는 면일 경우 강하게 나타난다.
③ 반사면이 정반사율이 높은 면일수록 강하게 나타난다.
④ 휘도가 높은 광원을 직시하였을 때 나타나는 현상이다.

해설 반사 글레어는 눈부심 또는 현휘 현상으로 표면 등에서 반사되어 빛이 눈에 입사하여 대상을 보기 어렵거나, 불쾌감을 느끼게 하는 상태이고, ④는 직접 글레어에 대한 설명이다.

31 | 실의 크기 결정 요소
17, 10

다음 중 실의 크기 결정 요소가 아닌 것은?

① 실내조명의 방식과 위치
② 실내가구의 종류와 모양
③ 실내가구의 배치상태
④ 실내통행을 위한 여유공간

정답 24. ② 25. ① 26. ① 27. ② 28. ② 29. ② 30. ④ 31. ①

해설 방(실)지수는 조명설계에 있어서 방의 크기, 광원의 위치와 관련한 지수로서
방(실)지수 = $\dfrac{X(\text{실의 가로 길이}) \times Y(\text{실의 세로 길이})}{H(\text{작업면에서 광원까지의 높이})(X+Y)}$ 이고, 실내조명의 방식과 위치는 실의 크기와 무관하다.

32 | 고압 나트륨등의 사용처
16

다음 중 도로, 터널, 항만표지, 검사용 조명으로 가장 적당한 광원은?

① BL램프
② 고압수은등
③ 제논램프
④ 고압나트륨등

해설 고압수은등은 고압수은 증기 속의 아크 방전을 이용하여 청백색을 발광하는 램프로서 효율이 좋아 공장, 도로 등의 투광기나 복사기용의 광원 등에 이용되는 램프이며, 제논램프는 제논가스 속의 방전에 의해 천연의 주광색에 가까운 광선을 발광하고 연색성이 좋은 램프이다.

33 | 인공 광원의 광질과 특색
22, 18, 11, 09

인공 광원의 광질 및 특색에 대한 설명 중 옳지 않은 것은?

① 배열전구는 일반적으로 휘도가 높아 열방사가 많다.
② 할로겐램프는 고휘도이고 광색은 적색 부분이 비교적 많은 편이다.
③ 형광등은 저휘도이고 수명이 백열전구에 비해 길다.
④ 수은등은 고휘도이고 점등시간이 매우 짧다.

해설 수은등은 고휘도이고, 배광 제어가 용이하며, 광색은 청백색인 특성이 있고, 완전점등까지 약 10분이 소요되므로 점등시간이 매우 길다.

34 | 조명의 특성
23

다음 조명에 대한 설명 중 옳지 않은 것은?

① 간접 조명은 눈이 쉽게 피로해진다.
② 직접 조명은 조명 효율이 높다.
③ 간접 조명은 시설비가 많이 든다.
④ 직접 조명은 실내 분위기가 떨어진다.

해설 간접 조명은 조도가 가장 균일하므로 눈의 피로가 적으나, 직접 조명은 기구의 선택이 잘못되면 눈부심을 주고, 눈이 매우 피로해진다.

35 | 주광률의 산정
23, 19, 11

실내 어느 1점에서 수평면조도를 측정하니 220lx이었다. 옥외 전천공 수평면조도를 20,000lx로 할 때 실내 이 점의 주광률을 구하면?

① 1.1%
② 2.1%
③ 3.1%
④ 4.1%

해설 주광률은 채광에서 실내의 조도가 옥외의 조도 몇 %에 해당하는가를 나타내는 값으로 즉, 주광률 = $\dfrac{\text{실내의 조도}}{\text{옥외의 조도}} \times 100(\%)$ 이다.
그러므로, 주광률 = $\dfrac{\text{실내의 조도}}{\text{옥외의 조도}} \times 100(\%) = \dfrac{220}{20,000} \times 100 = 1.1\%$

36 | 건축화 조명의 종류
16, 12

다음 중 건축화 조명의 종류에 속하지 않는 것은?

① 광천장조명
② 밸런스조명
③ 코브조명
④ 국부조명

해설 건축화 조명방식(조명기구를 건축 내장재의 일부 마무리로써 건축의장과 조명기구를 일체화하는 조명방식)의 종류에는 코브조명, 코니스조명, 광천장조명, 코너조명, 코퍼조명, 밸런스조명, 다운라이트조명 및 루버조명 등이 있다. 국부조명은 필요한 작업면에만 가깝게 광원을 위치시키는 조명방식이다.

37 | 조도의 산정
14, 08

점광원으로 가정할 수 있는 평균 구면 광도 2,000cd의 램프가 반지름 1.5m인 원형 탁자 중심 바로 위 2m의 위치에 설치되어 있다. 이 탁자 모서리 끝 부분의 조도(lx)는?

① 128
② 256
③ 384
④ 512

해설 입사각 여현의 법칙에 의하여, 모서리 끝 부분의 조도 = $\dfrac{\text{광도}}{\text{거리}^2}\cos\theta$
(여기서, θ는 광원으로부터 측정점을 이은 선과 수직선, 즉 광원의 끝점과 탁자의 중심을 이은 선이 이루는 각)
그런데, 광도는 2,000cd, 거리는 2m,
$\cos\theta = \dfrac{2}{2.5} = 0.8$ (여기서, $2.5 = \sqrt{2^2 + 1.5^2}$ 이다)

그러므로, 모서리 끝 부분의 조도 = $\dfrac{2,000}{2.5^2} \times 0.8 = 256$ lx 이다.

정답 32. ④ 33. ④ 34. ① 35. ① 36. ④ 37. ②

38 | 건축화 조명

벽면의 상부에 위치하여 모든 빛이 아랫방향의 벽면으로 조명하는 건축화 조명방식은?

① 루버조명 ② 광천장조명
③ 코니스조명 ④ 다운라이트조명

해설 루버조명은 천장에 전등을 설치하고, 등의 하단에 루버를 설치하는 조명방식이고, 광천장조명은 발광면을 확산 투과성 플라스틱 판이나 루버 등으로 가려 천장 전면을 낮은 휘도로 빛나게 하는 조명방식이며, 다운라이트조명은 천장에 작은 구멍을 뚫어 그 속에 기구를 매입한 것으로, 기구 본체가 밖으로 나오지 않기 때문에 공간을 말끔히 정리하기 쉬운 이점이 있는 건축화 조명의 방식이다.

39 | 건축화 조명

건축화 조명방식 중 천장면에 유리, 플라스틱 등과 같은 확산용 스크린판을 붙이고 천장 내부에 광원을 배치하여 천장을 건축화된 조명기구로 활용하는 방식은?

① 코퍼조명 ② 코브조명
③ 광천장조명 ④ 코니스조명

해설 코퍼조명은 천장면을 여러 형태의 사각, 동그라미 등으로 오려내고 다양한 형태의 매입기구를 취부하여 실내의 단조로움을 피하는 건축화 조명방식이고, 코브조명은 확산 차폐형으로 간접조명이나 간접조명기구를 사용하지 않고, 천장 또는 벽의 구조로 만든 조명방식이며, 코니스조명은 벽면의 상부에 위치하여 모든 빛이 아래로 직사하도록 하는 건축화 조명방식이다.

40 | 건축화 조명

건축화 조명에 관한 설명으로 옳지 않은 것은?

① 조명기구 배치방식에 의하면 거의 전반조명방식에 해당된다.
② 조명기구 배광방식에 의하면 거의 직접조명방식에 해당된다.
③ 건축물의 천장이나 벽을 조명기구 겸용으로 마무리하는 것이다.
④ 천장면 이용방식으로는 다운라이트, 코퍼라이트, 광천장조명 등이 있다.

해설 건축화 조명방식(조명기구를 건축 내장재의 일부 마무리로써 건축의장과 조명기구를 일체화하는 조명방식)의 배광방식은 거의 간접조명방식에 해당된다.

41 | 건축화 조명

건축화 조명에 대한 설명 중 옳지 않은 것은?

① 조명기구를 천장, 벽 등의 실 구성면 중에 장치하여 건축내장의 일부와 같이 취급을 한 조명방식을 말한다.
② 조명기구로 인한 위화감을 없애고 실내의장에 통일성을 갖도록 하기 위해 사용한다.
③ 광천장은 천장 전면에 루버를 갖고, 그 뒤쪽에 광원을 배치한 것이다.
④ 벽면조명으로는 코니스 조명과 밸런스 조명이 있다.

해설 광천장조명은 천장 전면에 확산 투과 플라스틱을 붙이고, 그 뒤쪽에 광원을 배치한 것이고, 루버조명은 루버의 뒤에 광원을 배치한 조명방식이다.

42 | 건축화 조명

건축화 조명에 대한 설명 중 틀린 것은?

① 코니스조명은 벽면조명으로 천장과 벽면의 경계부에 설치한다.
② 조명기구를 천장, 벽 등의 실 구성면 중에 장치하여 건축 내장의 일부와 같은 취급을 한 조명방식을 건축화 조명이라 한다.
③ 광천장은 천장을 확산투과 혹은 지향성 투과패널로 덮고, 천장 내부에 광원을 일정한 간격으로 배치한 것이다.
④ 천장면에 루버를 설치하고 그 속에 광원을 배치하는 방식을 코브라이트라 한다.

해설 건축화 조명 중 루버조명은 천장면에 루버를 설치하고 그 속에 광원을 배치하는 방식이고, 코브조명은 천장 구석에 광원을 배치하여 천장면에서 빛이 반사되도록 하는 조명방식이다.

43 | 광속의 단위

다음 중 광속을 표시하는 단위는?

① lumen
② Candela/m^2
③ Candela
④ lux

해설 lumen(루멘)은 광속(빛의 양)의 단위, Candela/m^{2}는 휘도의 단위, Candela(칸델라)는 광도의 단위, lux(룩스)는 조도의 단위이다.

정답 38.③ 39.③ 40.② 41.③ 42.④ 43.①

44 | 용어와 단위

다음 빛에 관련된 항목과 그 단위로 옳지 않은 것은?

① 광속 : W/m^2
② 조도 : lx
③ 휘도 : cd/m^2
④ 광도 : cd

해설 광속은 단위시간당 흐르는 광속의 에너지량으로서 단위는 루멘(lm)을 사용한다.

45 | 일사 계획

일사 계획에 대한 설명 중 옳지 않은 것은?

① 일사량을 줄이려면 동서축이 길고 급경사 박공지붕을 가진 건물형이 유리하다.
② 건물 주변에 활엽수보다는 침엽수를 심는 것이 유리하다.
③ 겨울철의 난방 부하를 줄이기 위해 직달일사를 최대한 도입해야 한다.
④ 난방 기간 중에 최대의 일사를 받기 위해서는 남향이 유리하다.

해설 일사조절의 방법에는 방위, 형태 계획(외피 면적과 체적의 비, 바닥면적 또는 체적에 대한 외벽 면적의 비, 평면밀집비, 체적비, 최적형태 등), 노출된 건축물 표면의 처리 또한 중요하다. 차양장치나 수목(건물의 주변에 침엽수보다 활엽수를 심는 것이 유리), 블라인드, 커튼 등이 있거나, 불투명한 벽체, 열선흡수유리 등 일사조절 방식에 의해서 일사량 조절의 효과를 높일 수 있다.

46 | 일사량

일사량에 대한 설명 중 옳지 않은 것은?

① 일사량은 지면부근의 수평 평면에 입사하는 태양에너지의 단위면적당 양이다.
② 전천일사량은 단위면적의 수평면에 입사하는 태양복사의 총량이며, 직달일사, 천공의 전방향에서 입사하는 산란일사 및 구름에서의 반사일사를 합한 것이다.
③ 직달일사량은 단위면적의 수평면에 입사하는 태양복사 중 산란광 및 반사광만을 포함한 일사량이다.
④ 산란일사량은 단위면적의 수평면에 입사하는 태양복사 중 직달일사를 제외하고, 대기 중에서 공기분자, 수증기, 에어로졸 등으로 산란된 빛의 에너지량이다.

해설 직달일사량(태양으로부터 복사로 지구 대기권 외에 도달하여 대기를 투과하여 직접 지표에 도달하는 일사 또는 대기의 산란없이 태양으로부터 직접 지표면에 도달하는 태양복사)은 단위면적의 수평면에 입사하는 태양복사 중 산란광 및 반사광을 제외한 일사량이다.

47 | 남향의 일사량

겨울철이 여름철에 비해 남향의 창에 대한 일사량이 많은 이유로 가장 옳은 것은?

① 일출, 일몰이 남에 가까우므로
② 대기층에 수분이 적기 때문에
③ 태양의 고도가 낮기 때문에
④ 오존층의 두께가 얇기 때문에

해설 방위와 일사량
㉠ 여름철 : 태양의 고도가 높으므로 수평면의 일사량이 매우 크고, 남쪽 수직면에 대한 일사량은 적으며, 오전의 동쪽 수직면, 오후의 서쪽 수직면에 일사량이 많다.
㉡ 겨울철 : 태양의 고도가 낮으므로 수평면보다 수직면에 일사량이 많고, 특히, 남쪽의 수직면의 일사량이 매우 많다.

48 | 루버의 설치이유

건축물에 루버(louver)를 설치하는 가장 주된 이유는?

① 자연환기를 유지하기 위하여
② 외관상 변화를 주기 위하여
③ 직사광선을 막기 위하여
④ 비를 막기 위하여

해설 루버(비늘살처럼 되어 직사광선을 피하고, 광선을 투과시키는 기구의 일종)는 차폐장치로 실내로 유입되는 직사광선을 차단할 목적으로 사용하는 기구이다.

49 | 일영계획

일영계획에 관한 설명 중 옳지 않은 것은?

① 일영은 태양의 방위와 반대방향에 생긴다.
② 일영곡선은 해당 지역의 위도, 시간별 태양고도에 따라 다르다.
③ 일영의 길이는 태양의 고도에 의하여 결정된다.
④ 일영이 생기는 방향은 계절이 바뀌어도 변함이 없다.

해설 일영곡선(수평면상의 수직막대 끝이 나타내는 일영궤적)은 보통 2차 곡선으로서 특히, 저위도 지방의 일영곡선은 쌍곡선을 그린다. 일영곡선은 지점의 위도, 건물의 높이, 시간별 태양고도와 방위각에 따라 다르고, 일영의 길이는 전면 건물높이와 태양고도와의 관계에 의해 정해지나, 대지의 조건과 방향에 따라 건물 법선면의 음영길이는 달라지며, 일영이 생기는 방향과 길이는 계절에 따라 달라진다.

정답 44. ① 45. ② 46. ③ 47. ③ 48. ③ 49. ④

50 | 채광설계

채광(採光)설계에 관한 내용 중 옳지 않은 것은?

① 실내 천장의 반사율은 벽의 반사율보다 큰 것이 좋다.
② 집안으로 빛을 많이 유입시켜 에너지 효율을 높이려면 큰 창문의 방향을 서쪽으로 한다.
③ 눈부신 감을 주는 장소를 없애는 것이 좋다.
④ 하루 중 조도의 변동이 적은 것이 좋다.

해설 채광설계에 있어서 집안으로 빛을 많이 유입시켜 에너지 효율을 높이려면 큰 창문의 방향을 남쪽(햇빛이 가장 잘 들고 오래 드는 방향으로 실을 배치하기 가장 좋은 방향이며 여름에는 태양고도가 높으므로 처마를 길게 만들거나, 차양, 나무 등을 이용하면 햇빛을 차단할 수 있고, 겨울에는 햇빛이 집안 깊숙이 들어오므로 난방면에서 유리하다)으로 한다.

51 | 채광방식

천장의 채광효과를 얻기 위하여 천장의 위치에 설치하고, 비막이에 좋은 측창의 구조적 장점을 살리기 위하여 연직에 가까운 방향으로 한 창에 의한 채광법으로 주광을 분포의 균일성이 요구되는 곳에 사용하는 것은?

① 측광
② 정광
③ 정측광
④ 특수채광

해설 정광 형식은 천장의 중앙에 천창을 설치하는 방식이고, 측광 형식은 전부 측광창에서 광선을 사입하는 방식으로 광선이 강하게 투과될 때에는 간접 사입으로 조도 분포가 좋아지도록 하여야 하며, 고측광 형식은 천장에 가까운 측면에서 채광하는 방법이다. 또한 정측광 형식은 관람자가 서 있는 위치의 상부 천장을 불투명하게 하여 측벽에 가깝게 채광창을 설치하는 것이다.

52 | 측창채광

측창채광에 관한 설명으로 옳지 않은 것은?

① 비막이에 유리하다.
② 개폐조작이 용이하고, 유지관리가 쉽다.
③ 균일한 조도를 얻을 수 있다.
④ 주변 건물들에 의해 채광이 방해받을 수 있다.

해설 측창채광(수직인 창에 의한 채광)의 종류 중 편측창 채광은 건축설계상 무리가 없고, 구조적, 시공적으로 용이하며, 바람과 비에 강하고, 개폐, 청소, 수리 및 관리가 쉽다. 특히 개방감과 전망이 좋고, 통풍에 유리하며, 차열, 일조 조절이 편리하나, 균일한 조도를 얻을 수 없으며, 양측창 채광은 방구석에 빛을 공급하는 데는 유효하나, 천장이 높은 건축물에는 설치가 어렵다.

53 | 천창과 측창의 특징

수평의 지붕 또는 수평에 가까운 지붕에 설치된 창을 천창이라 하며 천창을 이용한 채광을 천창채광이라 한다. 이러한 천창채광방식을 측창채광방식과 비교하여 설명한 내용 중 옳지 않은 것은?

① 시공 및 유지관리가 용이하지 않은 편이다.
② 개방감과 함께 통풍에도 유리하다.
③ 실내의 조도가 균일하다.
④ 바닥면적이 매우 넓어 효율적인 측창을 설치하기 어려울 때 바람직한 방식이다.

해설 천창은 시선 방향의 시야가 차단되므로 폐쇄된 분위기가 되기 쉽고, 환기 및 통풍에 불리하다.

54 | 창호

창호와 관련된 사항으로 옳지 않은 것은?

① 빗물의 침입은 중력, 표면장력, 모세관현상, 운동에너지, 기압차, 기류 등에 의해 영향을 받는다.
② 유리창은 벽체보다 단열성능이 낮으나, 결로 발생은 어렵다.
③ 일반적인 금속제 창호에서는 틀 부분이 열교가 되어 결로를 일으킨다.
④ 강풍 시 실내외의 압력차는 꽤 커져 실내에 다량의 빗물이 들어오므로 이의 방지를 위해 물돌림을 설치한다.

해설 유리창은 벽체보다 단열성능이 낮으나, 결로 발생은 쉽다.

3 공기 환경

55 | 절대습도

다음 중 건조공기 1kg을 포함한 습공기 중의 수증기량을 의미하는 것은?

① 절대습도
② 수증기 분압
③ 노점온도
④ 상대습도

해설 수증기 분압은 습공기 중의 수증기 분압이고, 노점온도는 습공기를 냉각하는 경우 포화상태로 되는 온도 또는 습공기를 냉각하는 경우 수증기가 작은 물방울로 변할 때의 온도이며, 상대습도는 모든 상태의 공기 중의 그 온도에서 공기가 포함할 수 있는 수증기량에 대한 비율로 표시할 수 있다. 즉, 포화수증기량에 대한 절대습도의 백분율이다.

정답 50. ② 51. ③ 52. ③ 53. ② 54. ② 55. ①

56 | 건조공기의 조성물질
13, 11, 09

건조공기의 조성 중 질소(N_2), 산소(O_2) 다음으로 많은 성분은?

① 아르곤 ② 탄산가스
③ 네온   ④ 헬륨

해설 공기는 질소와 산소 등의 화합물로서 지상 부근 대기의 성분 비율은 수증기를 제외하면 거의 일정하고, 건조공기(수증기를 전혀 함유하지 않는 건조한 공기)의 성분은 다음과 같다.

성분	질소(N_2)	산소(O_2)	아르곤(Ar)	이산화탄소(CO_2)
용적 조성	78.09	20.95	0.93	0.03
중량 조성	75.53	23.14	1.28	0.05

57 | 실내공기의 오염원인
21

실내공기오염의 원인이 아닌 것은?

① 온도의 상승   ② 산소의 증가
③ 먼지의 증가   ④ 이산화탄소의 증가

해설 실내공기의 오염 원인에는 직접적인 원인(호흡, 기온의 상승, 습도의 증가, 각종 병균 등)과 간접적인 원인(흡연, 의복의 먼지 등)이 있으며, 실내공기의 오염도는 이산화탄소의 양을 기준으로 하고, 이산화탄소 자체의 유해 한도가 아니며, 공기의 물리적, 화학적 성상이 이산화탄소의 증가에 비례해서 악화된다고 가정했을 때, 오염의 지표로서 허용량을 의미한다.

58 | 실내공기의 오염지표
17

실내공기오염의 종합적 지표로 사용되는 오염물질은?

① 미세먼지   ② 이산화탄소
③ 폼알데하이드 ④ 휘발성 유기화합물

해설 실내공기오염의 종합적인 지표는 이산화탄소의 양을 기준으로 하고, 이산화탄소 자체의 유해 한도가 아니며, 공기의 물리적, 화학적 성상이 이산화탄소의 증가에 비례해서 악화된다고 가정했을 때, 오염의 지표로서 허용량을 의미한다.

59 | 습공기의 상태
15, 05

습윤공기의 상태에 대한 설명 중 옳은 것은?

① 공기를 가열하면 상대습도는 높아진다.
② 공기의 습구온도는 건구온도보다 높다.
③ 공기를 냉각하면 절대습도는 낮아진다.
④ 건구온도와 습구온도가 동일하면 상대습도는 100%가 된다.

해설 습공기를 가열하면 상대습도는 낮아지고, 습공기를 냉각하면 상대습도는 높아지고, 절대습도는 변함이 없으며, 공기의 습구온도는 건구온도보다 항상 낮다.

60 | 습도가 미치는 영향
01

습도가 생활환경에 미치는 영향으로 관계가 적은 것은?

① 습도가 낮고 고온인 경우 더 무덥고 답답하다.
② 습도가 낮고 저온일 경우 더 쌀쌀하게 느껴진다.
③ 습도가 높으면 결로현상이 발생하기 쉽다.
④ 습도가 낮으면 높을 때보다 호흡기 질환이 발생하기 쉽다.

해설 습도가 생활환경에 미치는 영향 중 습도가 높고 고온일수록 무더위를 더욱 느끼게 된다.

61 | 결로
16

결로에 관한 설명으로 옳지 않은 것은?

① 결로에는 표면결로와 내부결로가 있다.
② 실내에서 표면결로 방지를 위해 수증기 발생을 억제한다.
③ 표면결로를 방지하기 위해서는 공기와의 접촉면을 노점온도 이상으로 유지해야 한다.
④ 구조체의 내부결로를 방지하기 위해서는 실내측보다는 실외측에 방습막을 설치하는 것이 효과적이다.

해설 방습층은 가능한 한 실내측, 즉 겨울철에 실내측의 수증기 분압이 높아 결로가 발생하는 측에 설치하고, 단열재는 가능한 한 벽의 실외측(외벽측)에 설치한다.

62 | 결로
13, 08

결로에 관한 설명 중 옳지 않은 것은?

① 결로의 발생원인은 건물의 표면온도가 접촉하고 있는 공기의 노점온도보다 높을 경우 그 표면에 발생한다.
② 표면결로 방지대책으로 환기에 의해 실내 절대습도를 저하시키는 방법이 있다.
③ 내부결로 방지대책으로 외측단열공법으로 시공하는 방법이 있다.
④ 결로의 발생원인 중 하나의 단열시공 불완전과 시공 직후 미건조에 의한다.

해설 표면결로의 발생요인은 건축물의 표면온도가 접촉하고 있는 공기의 노점온도보다 낮은 경우에 발생하고, 실내공기의 수증기압이 그 공기에 접하는 벽의 표면온도에 따른 포화수증기압보다 높을 때 발생한다.

정답 56.① 57.② 58.② 59.④ 60.① 61.④ 62.①

63 | 결로
24, 16, 06

다음의 결로에 대한 설명 중 옳지 않은 것은?

① 난방이나 단열을 통하여 결로의 원인을 제거할 수 있다.
② 주택의 환기횟수를 감소시키면 결로의 감소가 가능하다.
③ 결로는 구조재의 실내 습기의 과다발생 등이 그 원인 중의 하나이다.
④ 결로는 발생부위에 따라 표면결로와 내부결로로 분류할 수 있다.

해설 결로 발생요인 중 실내환기가 부족한 경우이므로 주택의 환기 횟수를 감소시키면 결로는 증가하고, 환기횟수를 증가시키면 결로는 감소하며, 내부결로는 수증기가 벽체 내부로 통과할 때 발생한다.

64 | 결로발생의 원인
22, 15, 11, 07

다음 중 결로발생의 원인과 가장 관계가 먼 것은?

① 실내·외의 온도차
② 실내 습기의 부족
③ 구조체의 열적 특성
④ 생활 습관에 의한 환기 부족

해설 결로의 발생원인에는 실내·외의 온도차, 실내 수증기의 과다 발생, 생활 습관에 의한 환기 부족, 구조체의 열적 특성 및 시공 불량 등이 있다.

65 | 결로발생의 원인
23, 10, 03

결로 현상의 원인과 가장 거리가 먼 것은?

① 환기횟수의 증가
② 구조재의 열적 특성
③ 실내습기의 과다 발생
④ 실내·외의 과다한 온도차

해설 결로의 발생원인에는 실내·외의 온도차, 실내 수증기의 과다 발생, 생활 습관에 의한 환기 부족, 구조체의 열적 특성 및 시공 불량 등이 있다.

66 | 결로발생의 원인
20, 09

다음 중 결로발생의 원인과 가장 관계가 먼 것은?

① 실내·외의 온도차
② 실내에 습기의 과다 발생
③ 건물지붕의 기울기
④ 건물외피의 단열상태

해설 결로의 발생원인에는 실내·외의 온도차, 실내 수증기의 과다 발생, 생활 습관에 의한 환기 부족, 구조체의 열적 특성 및 시공 불량 등이 있다.

67 | 결로방지대책
15, 06

다음 중 결로방지대책과 가장 관계가 먼 것은?

① 적절한 난방
② 적절한 청소
③ 적절한 환기
④ 적절한 단열

해설 결로의 발생원인에는 실내·외의 온도차, 실내 수증기의 과다 발생, 생활 습관에 의한 환기 부족, 구조체의 열적 특성 및 시공 불량 등이 있고, 결로의 방지대책으로는 난방, 단열 및 환기 등이 있다.

68 | 결로방지대책
20, 17, 11, 07

다음 중 결로발생의 방지 방법으로 옳지 않은 것은?

① 실내에서 수증기 발생을 억제한다.
② 비난방실 등으로의 수증기 침입을 억제한다.
③ 적절한 투습저항을 갖춘 방습층을 단열재의 저온측에 설치한다.
④ 벽체의 표면온도를 실내공기의 노점온도보다 크게 한다.

해설 단열재는 가능한 한 벽의 외측 부분(저온측)에 설치하고, 방습층은 실내측 가까이(고온측)에 설치하여야 한다.

69 | 결로방지대책
17, 14

결로를 방지하기 위한 방법으로 옳지 않은 것은?

① 난방을 하여 건물 내부의 표면온도를 노점온도 이하로 한다.
② 환기를 통해 습한 공기를 제거한다.
③ 벽체 내부의 수증기압을 포화수증기압보다 작게 한다.
④ 단열을 강화하여 구조체의 열손실을 줄인다.

해설 결로를 방지하기 위하여 난방을 하여 건물 내부의 표면온도를 노점온도 이상으로 하여야 한다.

70 | 실내환기의 목적
18, 12, 05, 03

실내환기의 주된 목적이 아닌 것은?

① 적절한 산소 공급
② 습기 제거
③ 기류 속도 조정
④ CO_2 제거

정답 63. ② 64. ② 65. ① 66. ③ 67. ② 68. ③ 69. ① 70. ③

해설 환기의 목적은 신선공기 도입으로 적절한 산소의 공급, 습기 제거 및 이산화탄소의 제거 등이 있고, 공기조화기 송풍 공기를 이용하여 기류 속도를 조정한다.

71 | 결로방지대책
23, 18, 13, 08, 05

표면결로의 방지대책으로 옳지 않은 것은?

① 냉교(cold bridge)가 생기지 않도록 주의한다.
② 환기로 실내절대습도를 저하시킨다.
③ 실내에서 수증기 발생을 억제한다.
④ 외벽의 단열강화로 실내측 표면온도를 저하시킨다.

해설 표면결로의 발생요인은 건축물의 표면온도가 접촉하고 있는 공기의 노점온도보다 낮은 경우에 발생하고, 실내 공기의 수증기압이 그 공기에 접하는 벽의 표면온도에 따른 포화수증기압보다 높을 때 발생하므로 외벽의 단열강화로 실내측 표면온도를 노점온도 이상으로 높여야 결로를 방지할 수 있다.

72 | 결로의 방지대책
21

표면결로 방지대책으로 옳지 않은 것은?

① 습한 공기를 제거하기 위해 환기가 잘되게 한다.
② 벽의 단열성을 좋게 하여 열관류 저항을 크게 한다.
③ 실내수증기압을 낮추어 실내공기의 노점온도를 낮게 한다.
④ 방습재는 저온측(실외)에, 단열재는 고온측(실내)에 배치한다.

해설 단열재는 가능한 한 벽의 외측 부분(저온측)에 설치하고, 방습층은 실내측 가까이(고온측)에 설치하여야 한다.

73 | 자연환기
18, 12

자연환기에 대한 설명 중 옳은 것은?

① 실외의 풍속이 적을수록 환기량이 많아진다.
② 실내·외의 온도차가 적을수록 환기량은 많아진다.
③ 일반적으로 목조주택이 콘크리트조 주택보다 환기량이 적다.
④ 한쪽에 큰 창을 두는 것보다 그것의 절반크기의 창 2개를 서로 마주치게 설치하는 것이 환기계획상 유리하다.

해설 실외의 풍속이 클수록, 실내·외 온도차가 클수록 환기량이 많아지고, 보통 목조주택이 콘크리트조보다 환기량이 많다. 즉, 목조주택의 환기가 양호하다.

74 | 풍압계수
21, 16

풍력환기가 일어나고 있는 실에서 어느 개구부의 풍압계수가 0.3이라고 할 때, 풍압계수 0.3의 의미로 가장 정확한 것은?

① 외부풍의 전압(全壓)의 3%가 풍압력으로 가해진다.
② 외부풍의 전압(全壓)의 30%가 풍압력으로 가해진다.
③ 외부풍의 동압(動壓)의 3%가 풍압력으로 가해진다.
④ 외부풍의 동압(動壓)의 30%가 풍압력으로 가해진다.

해설 개구부의 풍압계수(구조물이 표면상의 임의 점의 정압 상승분과 속도압의 비)가 0.3인 경우, 외부풍의 동압의 30%(풍압계수 0.3)가 풍압력으로 가해진다는 것을 의미한다.

75 | 풍압력의 크기 산정 요소
20

건축물에 작용하는 풍압력의 크기 산정과 가장 거리가 먼 것은?

① 풍속
② 건축물의 형상
③ 건축물의 높이
④ 건축물의 중량

해설 풍압력의 크기 산정 요소에는 풍압계수, 속도압(가스트 계수, 속도압 계수, 기본 풍속, 속도압 산정 높이, 기준고도 풍고도, 풍속의 고도분포지수 등), 건축물의 풍압을 받는 면적 등이 있으며, 건물의 중량과는 무관하다.

76 | 실내환기횟수의 의미
23, 15, 09

다음 중 실내환기횟수의 의미를 가장 잘 설명한 것은?

① 실의 단위체적당 환기량과 실용적의 비
② 실의 단위시간당 환기량과 실용적의 비
③ 1인당 환기량과 실용적의 비
④ 실의 단위면적당 환기량과 실용적의 비

해설 환기횟수는 실의 단위시간당 환기량과 실용적의 비로서 즉, 환기횟수 = $\dfrac{시간당\ 환기량}{실의\ 용적}$ 이다.

77 | 환기횟수의 산정
22, 01

1인당 필요한 신선공기량 30m³/h일 때 정원이 500명, 실용적이 5,000m³인 강당의 1시간당 환기횟수는 얼마인가?

① 2회
② 3회
③ 4회
④ 5회

정답 71.④ 72.④ 73.④ 74.④ 75.④ 76.② 77.②

해설 환기횟수 = $\dfrac{\text{시간당 환기량}}{\text{실의 용적}}$

환기량 $30\text{m}^3/\text{h} \times 500$명 $= 15{,}000\text{m}^3/\text{h}$, 실의 용적은 $5{,}000\text{m}^3$
이므로 환기횟수 = $\dfrac{\text{시간당 환기량}}{\text{실의 용적}} = \dfrac{15{,}000}{5{,}000} = 3$회/h

78 | 환기횟수의 산정
20

실의 용적이 $5{,}000\text{m}^3$이고 필요 환기량이 $10{,}000\text{m}^3/\text{h}$일 때, 환기횟수는 시간당 몇 회인가?

① 0.5회 ② 1회
③ 2회   ④ 4회

해설 $n(\text{환기 횟수}) = \dfrac{\text{필요 환기량}}{\text{실의 용적}} = \dfrac{10{,}000\text{m}^3/\text{h}}{5{,}000\text{m}^3} = 2$회/h

79 | 환기방식의 사용처
24, 23, 21, 17, 10

그림과 같은 환기 방식이 적합하지 않은 실은?

① 화장실
② 수술실
③ 주방
④ 욕실

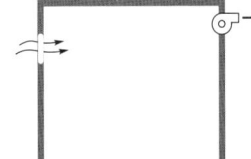

해설 문제의 그림과 같은 3종 환기(흡출식, 자연 급기, 강제 배기)는 냄새나 수증기가 발생하는 곳(화장실, 주방, 욕실)에 적합하고, 무균실과 같은 클린룸은 청정도를 유지하기 위해 2종 환기(압입식, 기계 송풍, 자연 배기)를 사용한다. 수술실의 경우에는 정압(+)과 부압(-)이 일정하여야 하므로 제1종 환기방법(급기는 급기팬, 배기는 배기팬) 또는 제2종 환기방법(급기는 급기팬, 배기는 배기구)을 사용한다.

80 | 공기환경측정
22, 16, 11, 04

공기환경측정과 관련된 측정방법이 잘못 연결된 것은?

① 유속측정 - 프로펠러 풍속계
② 압력측정 - 다이어프램 차압계
③ 환기량측정 - 가스추적법
④ 가스농도측정 - 피토관

해설 가스농도측정방식에는 검지관식, 반도체식, 열선(적외선)식 및 전기화학식 등이 있고, 피토관은 유체의 흐름 방향에 대한 구멍의 흐름과 직각으로 된 구멍을 가진 관으로서 U자관으로 유도하여 압력차를 측정하는 것으로 정상류에 있어서의 유체의 유속, 유량측정에 사용된다.

81 | 환기설비의 계획
16, 09

건축물의 환기설비계획에 관한 설명으로 옳지 않은 것은?

① 파이프 샤프트는 공간절약을 위해 환기 덕트로 이용한다.
② 외기 도입부는 가급적 도로에서 떨어진 위치에 설치한다.
③ CO_2의 제어방식으로 급기량을 조절하는 경우 거실의 필요 환기량을 확보한다.
④ 공장 등에서 자연 환기로 다량의 환기량을 얻고자 할 경우 벤틸레이터 등을 지붕에 설치한다.

해설 파이프 샤프트(건물 내에서 상하층을 접속하는 배관을 통합하여 폐쇄된 공간 안에 수용하도록 만든 상하층을 잇는 수직의 원통 또는 사각형 부분)와 환기 덕트는 별도로 설치하여야 하며, 벤틸레이터는 지붕의 위쪽에 설치하여 항상 부압이 되도록 하는 환기의 보조장치로서 바람의 흡인 작용에 의해 환기가 이루어진다.

82 | PPM의 의미
18, 05

실내공기 중의 오염물질농도의 단위로 통상 ppm을 사용하고 있다. 만약 실내 공기 중의 CO_2 농도가 1,000ppm이라 하면 실내의 공기 중에 CO_2가 차지하는 비율은 몇 %에 해당하는가?

① 0.01%   ② 0.1%
③ 1%   ④ 10%

해설 $1\text{ppm} = \dfrac{1}{1{,}000{,}000}$ 이므로

$1{,}000\text{ppm} = \dfrac{1{,}000}{1{,}000{,}000} = \dfrac{1}{1{,}000} = 0.1\%$

83 | 실내공기질 권고기준
20

신축 공동주택의 실내공기질 권고기준에 포함되지 않는 물질은?

① 벤젠
② 폼알데하이드
③ 오존
④ 스티렌

해설 신축 공동주택의 실내공기질 측정항목은 폼알데하이드, 벤젠, 톨루엔, 에틸벤젠, 자일렌, 스티렌, 라돈 등이 있다(실내공기질 관리법 시행규칙 제7조 제3항, [별표 4의2]).

정답 78. ③ 79. ② 80. ④ 81. ① 82. ② 83. ③

4 음 환경

84 | 음
13, 07, 06, 03

음에 관한 기술 중 옳은 것은?

① 발음체의 진동수와 같은 음파를 받게 되면 자기도 진동하여 음을 내는 현상을 잔향이라 한다.
② 잔향시간은 실흡음력이 큰 만큼 길고, 실용적이 큰 만큼 짧다.
③ 60폰의 음을 70폰으로 높이면 10폰의 증가에 의해 사람은 음의 크기가 대략 2배 커진 것으로 지각한다.
④ 외부공간에서 음의 전달은 온도, 습도, 바람 등의 외부 기후조건과 무관하다.

해설 ① 공명, ② 잔향시간은 실흡음력에 반비례하고, 실용적에 비례하므로 실흡음력이 클수록 짧고 실용적이 클수록 길다. ④ 외부공간에서 음의 전달은 온도, 습도, 바람 등의 외부 기후조건과 관계가 깊다. 손(sone)은 청각의 감각량으로서 음의 감각적 크기를 보다 직접적으로 표시하기 위해 사용하며, 손값을 2배로 하면, 음의 크기는 2배로 감지된다. 1손은 40폰(phon, 음의 크기 레벨로 귀의 감각적 변화를 고려한 주관적인 척도)에 해당되고, 2손은 50폰, 4손은 60폰이 된다. 즉, 10폰씩 늘리면 손은 2배가 되므로 음의 크기는 2배로 감지된다.

85 | 음
21

음에 관한 설명으로 옳지 않은 것은?

① 음의 높이는 음의 주파수에 따라 달라진다.
② 음의 크기는 진폭이 큰 음이 진폭이 작은 음보다 크게 느껴진다.
③ 음의 크기를 객관적인 물리적 양의 개념으로 표현하기 위한 단위로 손(sone)이 있다.
④ 큰 소리와 작은 소리를 동시에 들을 때 큰 소리만 들리고 작은 소리는 들리지 않는 현상을 마스킹 효과(masking effect)라고 한다.

해설 손(sone)은 청각의 감각량으로서 음의 감각적 크기를 보다 직접적으로 표시하기 위해 사용하며, 손값을 2배로 하면, 음의 크기는 2배로 감지된다. 1손은 40폰(phon, 음의 크기 레벨로 귀의 감각적 변화를 고려한 주관적인 척도)에 해당되고, 2손은 50폰, 4손은 60폰이 된다.

86 | 음
01

음에 관한 기술 중 옳은 것은?

① 저음에 비해 고음의 흡음처리가 어렵다.
② 잔향시간은 실흡음력이 큰 만큼 길고, 실용적이 큰 만큼 짧다.
③ 70폰의 음을 60폰으로 낮추면 음 크기는 대개 절반 정도로 느낀다.
④ 차음 성능은 재료의 질량에 관계없고 재료의 두께에 정비례한다.

해설 ① 고음에 비해 저음의 흡음처리가 어렵고, ② 잔향시간은 실흡음력이 큰 만큼 짧고, 실용적이 큰 만큼 길다. ③ 70폰의 음을 60폰으로 낮추면 음 크기는 대개 절반 정도로 느낀다. ④ 차음 성능은 재료의 질량과 두께에 정비례한다.

87 | 음의 용어
16

음과 관련된 용어에 대한 설명으로 옳지 않은 것은?

① 음장 : 음파가 전달되는 공간
② 음압 : 음파에 의해 공기진동으로 생기는 대기중의 변동
③ 주파수 : 음이 1초 동안에 왕복하는 진동횟수
④ 암소음 : 측정하고자 하는 대상음

해설 암소음이란 집무 중에 스피커에서 방해가 되지 않을 정도의 연속하는 잡음을 흘려 배경 음악과 같은 효과를 노린 음이다.

88 | 음의 성질
16, 07, 05

음의 성질에 관련된 용어에 대한 설명 중 틀린 것은?

① 파동이 진행 중에 장애물이 있으면 직진하지 않고 그 뒤쪽으로 돌아가는 현상을 회절이라 한다.
② 진동수가 조금 다른 두 음이 간섭에 의해서 생기는 현상을 울림이라 한다.
③ 발음체로부터 나오는 음파를 다른 물체가 흡수하여 같이 소리를 내는 현상을 간섭이라 한다.
④ 실내에서 음을 갑자기 멈추면 그 음이 수 초간 남아 있는 현상을 잔향이라 한다.

해설 음의 간섭은 양쪽에서 나온 음을 강하게 또는 약하게 하는 현상이고, 음의 공명은 발음체로부터 나오는 음파를 다른 물체가 흡수하여 같이 소리를 내는 현상이다.

정답 84. ③ 85. ③ 86. ③ 87. ④ 88. ③

89 | 음의 확산

음을 확산하는 방법으로 옳지 않은 것은?

① 불규칙한 표면, 즉 벽, 기둥, 창문, 보, 격자 천장, 발코니, 조각, 장식재 등의 건축적 요소를 적용시킨다.
② 흡음재와 반사재를 상호 분산 배치한다.
③ 각기 다른 흡음 처리를 불규칙하게 분포시킨다.
④ 평행 대칭벽을 설치한다.

해설 음의 확산(일정한 요철을 가진 표면에 음파가 부딪히면 균일한 음분포를 가진 여러 개의 작고 약한 파형으로 나뉘어지는 현상) 방법으로는 ①, ②, ③ 이외에 평행 대칭벽을 피하고, 확산체의 크기는 확산 효과를 기대할 수 있는 치수로 정한다.

90 | 실내음향

실내음향에 대한 설명으로 옳지 않은 것은?

① 음의 계속시간이 길어지면 높이 감각은 둔해진다.
② 직접음은 전파경로가 가장 짧으므로 수음점에 최초로 도래한다.
③ 계획상 멀리 전달되게 하기도 하고 가까이에서 소멸되도록 하기도 한다.
④ 청중이 많을수록 흡음력이 커서 잔향시간이 적어진다.

해설 음의 계속시간이 길수록 높이(심리적 감각의 음청각 성질로서 저주파음은 낮게, 고주파음은 높게 감지) 감각은 예민해지고, 음의 계속시간이 짧을수록 높이 감각은 둔해진다.

91 | 실내음향

실내음향설계 시 주의할 사항으로 옳지 않은 것은?

① 직접음과 반사음의 시간차를 가능한 크게 하여 충분한 음보강이 되도록 한다.
② 강연이나 연극 등 언어를 주사용 목적으로 할 경우 잔향시간은 비교적 짧게 처리한다.
③ 방해가 되는 소음이나 진동을 완전히 차단하도록 한다.
④ 실의 어느 위치에서나 음 분포가 균등하도록 한다.

해설 직접음(음원에서 나와 어느 점에 이르는 음이 진행 도중 한번도 반사하는 일이 없이 직접 도달하는 음)과 반사음(음원에서 나와 평면 또는 곡면에서 반사한 음)의 시간차를 가능한 한 작게[17m 이상 또는 1/20~1/15초(0.05~0.067초) 이상이면 반향이 발생]하여 음이 명확하게 들리게 한다.

92 | 실내음향설계

실내음향설계 시 각 부재의 설계방법으로 옳지 않은 것은?

① 충분한 직접음을 확보하기 위해서는 음원에서 수음점에 이르는 경로에 장애물이 없이 음원을 전망할 수 있어야 한다.
② 반향의 발생을 없게 하기 위해서는 17m 이하의 거리차이로 하면 양호하나, 그렇게 하면 매우 작은 콘서트홀이 만들어지므로 벽이나 천장을 흡음처리하거나 확산처리를 하는 것으로 회피한다.
③ 음을 실 전체에 균일하게 분포시키기 위해서는 볼록면이나 확산면으로 하는 것이 바람직하다.
④ 다목적 홀 등에서는 무대에 가까운 천장을 높게 처리하여 천장에서의 1차 반사음이 객석 내에 효과적으로 도달하도록 천장반사면의 형태나 위치를 고려한다.

해설 다목적 홀 등에서는 강한 반사성의 재질로 시공하되, 확산과 반사가 잘 되도록 곡면으로 설계할 필요가 있다. 실내에서 반사되는 모든 음선 거리를 최소화할 수 있도록 하기 위하여 전체적인 홀의 디자인을 고려하여 물결이 흘러가듯이 무대로부터 객석쪽으로 3차원 곡면의 천장을 구성한다.

93 | 건축음향

건축음향에 대한 설명 중 잘못된 것은?

① 명료도는 소음이 증가하면 저하한다.
② 명료도는 잔향시간이 증가하면 증대한다.
③ 음의 세기에 의한 명료도는 음압레벨이 70~80dB에서 가장 좋다.
④ 폰(phon)척도는 귀의 감각적 변화를 고려한 주관적인 척도이다.

해설 실내음향의 명료도(사람이 말을 할 때 어느 정도 정확하게 청취할 수 있는가를 표시하는 기준을 백분율로 나타낸 것)는 잔향시간이 증가할수록 감소한다.

94 | 건축음향

건축음향설계에 관한 기술 중 옳지 않은 것은?

① 직접음과 반사음의 도달시간이 1/30초 차이가 날 때 반향을 느낀다.
② 반사면에 흡음재를 사용하면 반향의 영향을 줄일 수 있다.
③ 일반적인 실에서 명료도가 85% 이상이 되도록 설계한다.
④ 음악실에서는 잔향시간을 길게 하고 강연장에서는 짧게 한다.

정답 89.④ 90.① 91.① 92.④ 93.② 94.①

해설 건축음향설계에 있어서 반향(에코, echo)은 음원으로부터 직접음과 반사음이 도달하는 시간이 1/20~1/15초 이상의 차이가 있을 때 귀가 이 음을 분리하여 듣는 현상으로 소리의 속도는 347m/s이므로 직접음과 반사음의 노정차는 17m 이상이면 반향이 발생한다.

95 | 교실의 음향
22, 20, 17, 15, 14

학교교실의 음 환경에 관한 설명으로 옳지 않은 것은?

① 교실과 복도의 접촉면이 큰 평면이 소음을 막는데 유리하다.
② 소리를 잘 듣기 위해서는 적당한 잔향시간이 필요하다.
③ 운동장에서의 소음은 배치계획으로 이를 방지할 수 있다.
④ 음악교실은 반사재와 흡음재를 적절히 사용한다.

해설 교실의 음환경 계획에서 교실과 복도의 접촉면이 작을수록 소음을 막는데 유리하고, 접촉면이 클수록 소음을 막는데 불리하다.

96 | 세빈의 잔향식
19

Sabine의 잔향식에 관한 설명으로 옳지 않은 것은?

① 잔향시간은 실내 흡음량에 비례한다.
② 잔향시간은 실용적에 비례한다.
③ 비례상수는 0.16이다.
④ 잔향시간은 흡음 재료의 설치 위치와는 무관하다.

해설 잔향시간에 영향을 주는 요소는 실내마감재료(흡음재와 차음재 및 반사재 등), 실의 용적에 비례하고, 흡음력(평균 흡음률×실내 표면적), 실의 표면적에 반비례하며, 음원의 음압과 실의 형태와는 무관하다.

97 | 잔향시간
12, 08, 04

음의 잔향시간에 관한 설명 중 적당치 않은 것은?

① 실내 벽면의 흡음률이 높으면 잔향시간은 짧아진다.
② 잔향시간이 짧으면 짧을수록 실내 음향 환경에는 유리하다.
③ 잔향시간은 실의 용적이 클수록 길어진다.
④ 실내의 음향적 성상, 즉 음환경을 나타내는 중요한 요소이다.

해설 실내 음향 환경은 잔향시간의 길고, 짧음 뿐만 아니라 실의 규모나 용도에 적합하게 적절한 잔향시간을 두는 것이 음향 환경에 좋다.

98 | 잔향시간
18

잔향시간에 관한 설명으로 옳은 것은?

① 강당의 최적 잔향시간은 음악당보다 길다.
② 잔향시간은 실내 공간의 용적에 비례한다.
③ 강당의 내부벽 재료는 잔향시간에는 영향을 주지 않는다.
④ 잔향시간은 정상상태에서 90dB의 음이 감쇠하는데 소요되는 시간을 말한다.

해설 강당의 최적 잔향시간은 음악당보다 짧고, 강당 내부 벽의 재료는 잔향시간에 영향을 주며, 잔향시간은 정상상태에서 60dB의 음이 감쇠되는 데 소요되는 시간을 말한다.

99 | 잔향시간
22, 16, 05

다음 중 실내의 잔향시간과 가장 관계가 먼 것은?

① 실용적   ② 실내 표면적
③ 실의 평균 흡음률   ④ 실의 형태

해설 잔향시간에 영향을 주는 요소는 실내마감재료(흡음재와 차음재 및 반사재 등), 실의 용적에 비례하고, 흡음력(평균 흡음률×실내 표면적), 실의 표면적에 반비례하며, 실의 형태와는 무관하다.

100 | 잔향시간의 계산요소
20, 12, 09

다음 중 잔향시간 계산에 필요한 인자가 아닌 것은?

① 실용적   ② 실내 전 표면적
③ 음원의 음압   ④ 실의 평균 흡음률

해설 잔향시간에 영향을 주는 요소는 실내마감재료(흡음재와 차음재 및 반사재 등), 실의 용적에 비례하고, 흡음력(평균 흡음률×실내 표면적), 실의 표면적에 반비례한다.

101 | 잔향시간의 감쇠
22, 20, 16, 15, 14, 13, 10, 09, 08, 04

잔향시간은 실내에 일정한 세기의 음을 공급하여 정상상태가 된 후, 음원을 정지시키고나서 실내의 평균에너지 밀도가 처음 값에서 얼마 감쇠하는 데 소요되는 시간으로 산정하는가?

① 40dB   ② 50dB
③ 60dB   ④ 70dB

해설 잔향시간이란 음원으로부터 발생되는 소리가 정지했을 때 음에너지량이 60dB(처음의 1/1,000,000) 감쇠하는 데 소요되는 시간이다.

정답 95. ① 96. ① 97. ② 98. ② 99. ④ 100. ③ 101. ③

102 | 음의 간섭
| 17

서로 다른 음원에서의 음이 중첩되면 합성되어 음은 쌍방의 상황에 따라 강해지거나 약해지는데 이와 같은 현상을 무엇이라 하는가?

① 음의 간섭(interference)
② 음의 반사(reflection)
③ 음의 회절(diffraction)
④ 음의 굴절(refraction)

해설 음의 반사는 음파가 어느 표면에 부딪쳐서 반사할 때는 입사한 음에너지의 일부는 흡음되거나, 투과되며, 나머지는 반사되는 현상이고, 음의 회절은 파동이 진행 중에 장애물이 있으면 직진하지 않고 그 뒤쪽으로 돌아가는 현상이며, 음의 굴절은 밀도가 다른 면에 평면파가 부딪칠 때 일부는 반사되고 일부는 굴절하여 제2의 매질로 들어가는 현상이다.

103 | 건축음향
| 11, 09

홀 형태의 건축음향설계와 관련된 설명 중 옳지 않은 것은?

① 직접음이 약한 부분을 1차 반사음이 보강할 수 있도록 한다.
② 실내 전체에 대한 음압 분포가 균일해야 한다.
③ 실 전체에 음에너지를 확산시키도록 계획한다.
④ 에코현상을 최대한 유도하도록 설계한다.

해설 반향(울림, echo)은 음원으로부터의 직접음과 벽체 등으로부터의 반사음의 시간 차로 인하여 진동수가 조금 다른 두 음의 간섭에 의해 생기는 현상으로 홀 형태의 건축음향설계에 있어서는 반향이나 플러터 에코(마주보는 평행한 면이나 오목한 면에서 음의 반복 반사현상에 의해 발생하는 현상) 등이 발생하지 않도록 한다.

104 | 흡음력의 산정
| 23, 21, 17, 09, 01

홀 용적 5,000m³, 잔향시간 1.6초인 곳에서 잔향시간을 1초로 만들기 위해 필요한 여분의 흡음력은?

① 250m²
② 275m²
③ 300m²
④ 450m²

해설 여분의 흡음력은 잔향시간의 흡음력을 산정하여 계산한다.
㉠ 잔향시간이 1.6초인 경우의 흡음력 산정

$$\text{잔향시간}(T) = 0.16 \times \frac{\text{실용적(m}^3\text{)}}{\text{흡음력(m}^2\text{)}} \text{에서 } 1.6 = 0.16 \times \frac{5,000}{A}$$

$$\therefore A = 500\text{m}^2$$

㉡ 잔향시간이 1초인 경우의 흡음력 산정

$$1 = 0.16 \times \frac{5,000}{A} \quad \therefore A = 800\text{m}^2$$

그러므로, 여분의 흡음력=800-500=300m² 증대시켜야 한다.

105 | 음의 단위
| 24, 19, 04

다음 중 음의 단위와 관계가 없는 것은?

① lux
② dB
③ W/cm²
④ phon

해설 음의 단위

구분	음의 세기	음의 세기 레벨	음압	음압 레벨	음의 크기	음의 크기 레벨
단위	W/m²	dB	N/m²	dB	sone	phon

lux는 조도(빛의 방향과 수직인 면의 빛의 조도는 광원의 광도에 비례하고 거리의 제곱에 반비례한다)의 단위이다.

106 | 음의 효과
| 19, 15, 11, 08

여러 음이 혼합적으로 들리는 경우에는 대화 상대의 소리만을 선택적으로 들을 수 있는 것과 관련된 현상은?

① 칵테일파티 효과
② 마스킹 효과
③ 간섭 효과
④ 코인시던스 효과

해설 마스킹 효과는 2가지 음이 동시에 귀에 들어와서 한 쪽의 음 때문에 음이 작게 들리는 현상이고, 간섭 효과는 2개의 음파가 동시에 어떤 점에 도달하면 서로 약화 또는 강화하는 효과이며, 코인시던스 효과는 소리가 일치하는 효과이다.

107 | 언어의 명료도
| 24, 23, 14, 08

다음 중 언어의 명료도에 관한 설명으로 옳지 않은 것은?

① 명료도는 잔향시간이 길어지면 좋아진다.
② 요해도는 명료도보다 비교적 높은 값을 갖게 된다.
③ 주위의 소음이 적으면 명료도는 증가한다.
④ 실용적에 따라 명료도는 달라질 수 있다.

해설 실내음향의 명료도(사람이 말을 할 때 어느 정도 정확하게 청취할 수 있는 가를 표시하는 기준을 백분율로 나타낸 것)는 잔향시간이 증가할수록 감소한다.

108 | 흡음
| 14, 11

흡음에 관한 설명 중 옳지 않은 것은?

① 다공질 흡음재는 고음역에서는 유효하지만 저음역에서는 흡음효과가 적다.
② 흡음률 값은 0~1.0 사이에서 변화한다.
③ 흡음이란 음의 입사 에너지가 열에너지로 변화하는 현상이다.
④ 창, 문 등의 개구부를 개방했을 때 흡음률은 0이다.

해설 흡음률은 저음역에서 0.2~0.5 정도로 크고, 고음역에서는 10% 내외로 반사재의 구실을 한다고 할 수 있다. 흡음률 0인 경우는 완전 반사재료로 마감한 경우이다.

109 | 흡음재의 사용목적 | 11, 07

다음 중 흡음재의 사용목적과 가장 관계가 먼 것은?
① 음의 명료도를 높이기 위하여
② 실내의 반향을 작게 하기 위하여
③ 실내에 적당한 잔향시간을 갖게 하기 위하여
④ 소음의 진동음을 반사시키기 위하여

해설 실내 마감재로 흡음재를 사용하면 음의 명료도를 높이고, 실내의 반향을 작게 하며, 실내에 적당한 잔향시간을 갖게 한다. 특히 소음의 진동음을 흡수할 수 있다.

110 | 흡음재료의 구조 특성 | 06, 03

흡음재료의 구조 특성을 설명한 내용으로 옳은 것은?
① 공명형 흡음재들은 특정 주파수 대역의 흡음을 목적으로 하는 경우에 사용된다.
② 다공성 흡음재는 특히 저주파 대역에서 높은 흡음률을 나타낸다.
③ 섬유계열의 흡음재들은 그 두께를 증가시킬수록 저주파 대역의 음에 대한 흡음력이 감소된다.
④ 판진동 흡음재들은 일반적으로 고주파 대역의 음에 대한 높은 흡음력을 나타낸다.

해설 ② 다공성 흡음재는 중·고주파수에서의 흡음률은 크지만, 저주파수에서는 급격히 저하한다.
③ 섬유계열의 흡음재는 재료의 두께나 공기층의 두께를 증가시킴으로써 저주파수의 흡음률을 증가시킬 수 있다.
④ 판(막)진동 흡음재의 흡음률은 저음역에서 0.2~0.5 정도이고, 고음역에서는 매우 낮은 흡음력(10% 내외)으로 흡음하므로 반사판의 구실을 한다.

111 | 실내의 흡음력 | 19

다음 그림은 오디토리엄의 단면도이다. 흡음력이 가장 큰 재료를 사용해야 할 위치는?
① A, B
② B, D
③ B, C
④ D, E

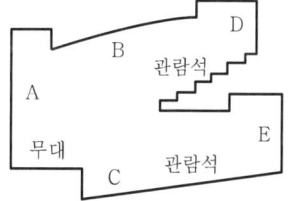

해설 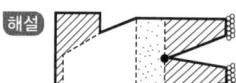 반사재 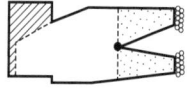 중간 정도의 흡음재
 약한 정도의 흡음재  고도의 흡음재

오디토리엄의 반사재 및 흡음재의 배치에 있어서 A(무대)부분에는 반사재, B, C부분에는 중간 정도의 흡음재, D, E부분에는 고도의 흡음재를 사용한다.

112 | 차음계획 | 06, 03

다음 중 경제성을 고려한 효율적인 차음계획의 진행에서 가장 먼저 선행되어야 하는 사항은?
① 외부 소음량의 파악
② 실의 허용소음도 파악
③ 외피의 요구차음량 설정
④ 개구부의 차음성능 결정

해설 차음계획 진행순서는 외부 소음량의 파악 → 실의 허용소음도 파악 → 개구부의 차음성능 결정 → 외피의 요구차음량 설정의 순이다. 즉, ① → ② → ④ → ③의 순으로 가장 먼저 선행되어야 하는 것은 외부 소음량의 파악이다.

113 | 진동 및 방진대책 | 18, 15, 12, 10

진동 및 방진대책에 관한 설명으로 옳지 않은 것은?
① 방진고무는 압축용보다 인장용으로 사용하면 더욱 효과적이다.
② 진동차단은 가능한 한 진동원에 가까운 위치에서 감쇠시키는 것이 효과적이다.
③ 고체 전파음의 속도는 공기음보다 훨씬 빠르고 멀리까지 전해진다.
④ 낮은 진동수의 기계류 방진에는 금속 스프링이나 고무 재료가 효과적이다.

해설 방진고무(진동을 방지하는 고무류 제품으로 고무가 운동에너지를 잘 흡수하는 성질)는 인장용보다 압축용에 더욱 효과적이다.

114 바닥충격음의 저감대책
16, 14

바닥충격음의 저감방법으로 옳지 않은 것은?

① 카펫, 발포비닐계 바닥재 등 유연한 바닥 마감재를 사용하여 피크 충격력을 작게 한다.
② 바닥 슬래브의 중량을 감소시켜 충격에 대한 바닥의 진동을 감소시킨다.
③ 바닥 슬래브의 두께를 두껍게 하여 바닥 슬래브의 면밀도와 강성 모두를 높인다.
④ 질량이 있는 구조체를 탄성재로 지지하는 공진계의 특성을 이용하여 진동전달을 줄인다.

해설 바닥충격음의 저감 대책에는 소음원을 구조체와 분리(소음원으로부터 분리하기 위하여 뜬 바닥 구조나, 이중 천장, 흡음성이 있는 바닥재를 사용)하고, 구조체의 비중을 크게(슬래브의 중량을 증가시켜 충격에 대한 바닥의 진동을 감소)하여 진동을 방지하여 충격음을 감소시킨다.

115 소음방지대책 및 기술
17

소음방지대책 및 기술에 관한 설명으로 옳지 않은 것은?

① 소음방지대책은 소음원을 제거하거나 소음원 레벨을 저감시키는 것이 가장 바람직하다.
② 건물 내부의 고체전달소음은 일반적으로 장애범위가 공기전달소음보다 좁고 대책수립이 간단하다.
③ 경로대책은 음원에서의 거리 또는 장애물에 의한 음의 감쇠 등의 성질을 이용한 것이다.
④ 급배수 시에 발생하는 소음 전반을 방지 또는 저감시키기 위해서는 설계단계부터 배려할 필요가 있다.

해설 소음방지에 있어서 건물 내부의 고체전달소음은 일반적으로 장애범위가 공기전달소음보다 넓고, 대책수립이 매우 복잡하다.

116 건축음향 및 소음
20

건축음향 및 소음에 관한 설명으로 옳지 않은 것은?

① 강연이나 연극 등 언어를 주사용 목적으로 할 경우 잔향시간은 비교적 짧게 처리한다.
② 다목적용 오디토리엄에는 가변 흡음구조가 되도록 음향설계를 한다.
③ 반사음과 직접음과의 시간차를 가능한 한 크게 하여 충분한 음 보강이 되도록 한다.
④ 소음이 심한 도로변에 위치한 건물의 소음대책으로 방음벽을 설치한다.

해설 직접음(음원에서 나와 어느 점에 이르는 음이 진행 도중 한번도 반사하는 일이 없이 직접 도달하는 음)과 반사음(음원에서 나와 평면 또는 곡면에서 반사한 음)의 시간차를 가능한 한 작게[17m 이상 또는 1/20~1/15초(0.05~0.067초) 이상이면 반향이 발생]하여 음이 명확하게 들리게 한다.

2 열역학에 대한 기초지식

01 푸리에 법칙
06, 04

다음 중 Fourier 법칙과 관계있는 것은?

① 열전도 ② 열대류
③ 열복사 ④ 열관류

해설 푸리에(Fourier) 법칙은 열전도에 관한 법칙으로 "어느 방향으로의 열류속은 그 방향의 온도 변화의 기울기에 비례한다"는 법칙이다.

02 인체의 열방출 비율
25, 16, 10

실내공간에 있어서 인체의 열방출 경로 중 그 비율이 가장 적은 것은?

① 대류 ② 복사
③ 전도 ④ 증발

해설 보통 옷을 입고 있는 안정 시의 인체에서 발산되는 열손실의 비율은 복사 45%, 대류 30%, 증발 25% 정도이고, 전도는 거의 무시할 정도이다.

03 상당외기온도차
23, 20, 18, 09, 06

다음 상당외기온도차(ETD, Equivalent Temperature Difference)에 대한 기술 중 옳은 것은?

① 난방부하의 계산에 있어서 벽체를 통한 손실열량을 계산할 때 사용한다.
② 냉방부하의 계산에 있어서 벽체를 통한 취득열량을 계산할 때 사용한다.
③ 벽체 외부에 흐르는 공기의 속도에 따른 열전달량을 고려한 온도차이다.
④ 주로 외기에 접하고 있지 않는 칸막이 벽, 천장, 바닥 등으로부터 열전달량을 구하는데 사용한다.

해설 상당외기온도차(ETD, Equivalent Temperature Difference)는 상당외기온도(벽면, 지붕면에 일사가 있을 때, 그 효과를 기온의 상승에 환산하여 실제의 기온과 합한 온도)와 실내온도와의 차이로서 냉방부하의 계산에 있어서, 벽체를 통한 취득열량을 계산할 때 사용하고, 계절, 시각, 방위, 구조체에 따라서 변화한다.

04 | 상당외기온도차
22, 18

다음 중 상당외기온도의 산정과 가장 거리가 먼 것은?

① 외기온도
② 일사의 세기
③ 구조체의 열관류율
④ 표면재료의 일사흡수율

해설 상당외기온도는 벽면, 지붕면에 일사가 있을 때, 그 효과를 기온의 상승에 환산하여 실제의 기온과 합한 온도로서 산정 요인에는 외기온도, 일사의 세기, 표면재료의 일사흡수율 등이 있다.

05 | 열량의 산정
09, 06

Gkg의 물체를 온도 t_1℃에서 t_2℃까지 가열하는 데 필요한 열량 Q를 구하는 식은? (단 cm은 평균비열)

① $Q = Gcm(t_2 + t_1)$
② $Q = Gcm(t_2 - t_1)$
③ $Q = (G - cm)(t_2 + t_1)$
④ $Q = (G - cm)(t_2 - t_1)$

해설 Q(열량)$=c$(비열)m(질량)Δt(온도의 변화량)이고, 물의 비열은 4.19kJ/kg·K이다.

06 | 열량의 산정
18

1인당 소요면적이 5m²이고, 사무실의 면적이 500m²일 때 인체 발생열량은? (단, 1인당 발생 현열량은 56W/인, 잠열량은 46W/인이다.)

① 9,400W
② 9,900W
③ 10,000W
④ 10,200W

해설 인체의 발생열량=1인당 발생열량(현열량+잠열량)×인원수

인원수=$\dfrac{\text{사무실의 면적}}{\text{1인당 소요면적}}=\dfrac{500}{5}=100$인

인체의 발생열량
=1인당 발생열량(현열량+잠열량)×인원수
=(56+46)×100=10,200W

07 | 벽체의 실내표면온도
14, 11, 10, 25

다음과 같은 조건에 있는 벽체의 실내표면온도는?

[조건]
• 외기온도 : -10℃
• 실내온도 : 20℃
• 실내표면전달률 : 9.3W/m²·K
• 벽체의 열관류율 : 2.73W/m²·K

① 16.5℃
② 11.2℃
③ 12.2℃
④ 13.5℃

해설 벽체의 실내표면온도를 구하기 위하여 우선, 외벽을 통한 열관류량 또는 열취득량(Q_1)과 표면열전달량(Q_2)은 동일하므로 단위면적당을 기준으로 구한다.
$Q_1 = K_1 A \Delta t = 2.73 \times 1 \times (20-(-10))$
$Q_2 = K_2 A \Delta t = 9.3 \times 1 \times (20-t)$
$Q_1 = Q_2$에서
$2.73 \times 1 \times (20-(-10)) = 9.3 \times 1 \times (20-t)$ ∴ $t = 11.19$℃

08 | 현열량의 산정
19

건구온도 t_1=30℃, 상대습도 20%의 습공기 3,000m³/h를 공기냉각기에서 냉각시켜 건구온도 t_2=14℃의 공기를 만들 때 제거되는 현열량은? (단, 공기의 비열은 1.01kJ/kg·K, 밀도는 1.2kg/m³이다.)

① 16.16W
② 24.12W
③ 16.16kW
④ 24.12kW

해설 Q(현열량)$=c$(비열)m(질량)Δt(온도의 변화량)
$=c$(비열)ρ(밀도)V(체적)Δt(온도의 변화량)
$Q = cm\Delta t = c\rho V\Delta t = 1.01 \times 1.2 \times 3,000 \times (30-14)$
$= 58,176$kJ/h$=16,160$J/s$=16,160$W$=16.16$kW

09 | 열관류율
21

벽체의 열관류율에 관한 설명으로 옳지 않은 것은?

① 열관류율이 높을수록 단열성능이 좋다.
② 벽체 구성재료의 열전도율이 높을수록 열관류율은 커진다.
③ 벽체에 사용되는 단열재의 두께가 두꺼울수록 열관류율은 낮아진다.
④ 열관류율이 높을수록 외벽의 실내측 표면에 결로 발생 우려가 커진다.

정답 04.③ 05.② 06.④ 07.② 08.③ 09.①

해설 열관류율[열관류(고체벽을 통하여 그 한쪽에 있는 고온 유체가 다른 쪽에 있는 저온 유체에 열이 이동하는 현상)에 의한 관류 열량의 계수로서 전열의 정도를 나타내는 데 사용한다]이 높을수록 열이 잘 전달되므로 단열성능이 좋지 않고, 열관류율이 낮을수록 열이 잘 전달되지 않으므로 단열성능이 좋다.

10 | 열량 산정 요소
24, 18

다음 중 일사를 받는 외벽·지붕으로부터의 취득열량을 계산하는데 필요한 요소가 아닌 것은?

① 면적
② 열관류율
③ 상당외기온도차
④ 표준일사열 취득열량

해설 벽체를 통한 열부하의 산정
㉠ 일사의 영향을 무시하는 경우 : H_W(열부하) $= KA(t_o - t_i)$
㉡ 일사의 영향을 고려하는 경우 : H_W(열부하) $= KA(t_{sol} - t_i)$
여기서, K : 열관류율, A : 벽체의 면적, t_o : 외기온도, t_i : 실내온도, t_{sol} : 상당외기온도
열부하의 산정 요인은 열관류율, 벽체의 면적, 외기, 실내 및 상당외기온도 등이다. 표준일사열 취득열량은 일사로 인한 냉·난방부하의 취득열량을 의미한다.

11 | 표준일사량의 방위와 시각
23, 19, 08

다음 중 하절기에 유리창별 표준일사열 취득량이 최대인 경우로 적당한 것은?

① 수평천창 : 13시
② 동측 창 : 08시
③ 남측 창 : 16시
④ 서측 창 : 17시

해설 하절기에 유리창별 표준일사열 취득량이 최대인 경우는 수평천창은 12시경, 동측 창은 08시경, 남측 창은 12시경, 서측 창은 16시경이다.

12 | 전열량
21, 16, 13, 09

유리창을 통과하는 전열량에 대한 설명 중 옳지 않은 것은?

① 일사취득열량은 유리창의 차폐계수에 반비례한다.
② 전열량은 유리의 열관류율이 클수록 크게 된다.
③ 일사에 의한 복사열량과 관류열량의 합이다.
④ 반사율이 클수록 전열량은 작아진다.

해설 Q_{gr}(유리창에서의 태양복사에 의한 취득열량, W/m²)
$= I_{gr}$(표준일사열취득, W/m²)A_g(유리창의 면적)sc(차폐계수)
일사취득열량은 유리창의 차폐계수(일사 차폐물에 의해 차폐된 후의 실내에 침입하는 일사열의 비율), 표준일사열 취득량, 유리창의 면적에 비례한다.

13 | 일사열 취득
19, 09, 05

유리창으로부터의 일사열 취득에 관한 설명 중 옳지 않은 것은?

① 투과율이 클수록 취득열량이 적다.
② 유리의 면적이 클수록 취득열량이 많다.
③ 유리의 차폐계수가 클수록 취득열량이 많다.
④ 반사유리는 여름철 취득열량을 줄이는 데 유리하다.

해설 유리창으로부터의 일사열 취득은 투과율이 클수록 취득열량은 많다.

14 | 유리의 차폐계수
24, 09

유리의 일사부하계산에 사용되는 차폐계수의 기준값이 1.0인 유리는? (단, 내부 블라인드는 없음)

① 보통유리(두께 : 3mm)
② 흡열유리(두께 : 3mm)
③ 복층유리(두께 : 보통 3mm+ 보통 3mm)
④ 복층유리(두께 : 흡열 3mm+ 보통 3mm)

해설 유리창의 차폐계수(일사차폐물에 의해 차폐된 후의 실내에 침입하는 일사열의 비율)는 일사를 차단하는 정도로 보통유리(두께 : 3mm)를 1.0 정도로 본다.

15 | 전차폐계수의 비교
25, 16

다음 중 전차폐계수(SCT)의 값이 가장 큰 유리는? [단, 내부 차폐가 없으며, ( ) 안의 숫자는 유리의 두께(mm)이다.]

① 보통유리(3)
② 보통유리(6)
③ 흡열유리(6)
④ 흡열유리(12)

해설 유리창의 차폐계수(일사 차폐물에 의해 차폐된 후의 실내에 침입하는 일사열의 비율)는 일사를 차단하는 정도로 보통유리(두께 : 3mm)를 1 정도로 보고, 차폐가 없을 때 가장 크다.

16 | 취득열량
20, 14, 13

냉방부하 중 일사에 의한 유리로부터의 취득열량에 관한 설명으로 옳지 않은 것은?

① 현열로만 구성되어 있다.
② 유리창의 방위에 따라 다르다.
③ 유리창의 차폐계수가 클수록 취득열량은 크다.
④ 북쪽 창은 햇빛이 닿지 않으므로 일사에 의한 취득열량은 생기지 않는다.

정답 10.④ 11.② 12.① 13.① 14.① 15.① 16.④

해설 건물에 닿는 태양복사의 열량은 위도, 계절, 시각, 유리창의 방위에 따라 다르고, 유리를 통과하는 열량은 입사각, 유리의 종류 및 차폐성에 따라 달라지며, 북측 및 그늘진 유리창은 직달일사(태양광선이 직접 닿는 일사)에 의한 복사 취득열량은 없으나, 확산일사(허공에서 산란하거나 물체의 표면에 반사되어 닿는 일사)에 의한 복사 취득열량은 매우 적은 양이 있다.

17 | 취득열량의 산정
25, 19, 15

다음과 같은 조건에 있는 유리창을 통한 단위면적당 취득열량은?

[조건]
- 유리창의 열관류율 : $3.0W/m^2 \cdot K$
- 실내외 온도차 : 30℃
- 유리창의 일사열취득 : $100W/m^2$
- 유리창의 차폐계수 : 1.0

① $190W/m^2$ ② $270W/m^2$
③ $330W/m^2$ ④ $390W/m^2$

해설 Q(유리창을 통한 취득열량)
= Q_1(일사량에 의한 취득열량)
+ Q_2(열관류에 의한 취득열량)
= I(일사량)×A(유리창의 면적)×k(차폐계수)
×g(유리매수의 감소율)+K(열관류율)A(벽체의 면적)
Δt(온도의 변화량)
= $IAkg + KA\Delta t$
= $100 \times 1 \times 1 \times 1 + 3 \times 1 \times 30 = 190W/m^2$

18 | 취득열량의 산정
15, 05

유리창의 열관류율=$3.5W/m^2 \cdot K$, 실내외 온도차=30K, 일사열취득=$116W/m^2 \cdot K$, 차폐계수=1.0일 때 이 유리창을 통한 단위면적당 취득열량은?

① $221W/m^2$
② $383W/m^2$
③ $452W/m^2$
④ $313W/m^2$

해설 유리창을 통한 열관류량 또는 취득열량
= 열관류량+태양에 의한 일사량
= $KA\Delta t + IAkg$
= $3.5 \times 1 \times 30 + 116 \times 1 \times 1.0 = 221W/m^2$

19 | 취득열량의 산정
21

실내에 80W 용량의 형광등이 30개 있다. 조명점등률을 50%라고 하면 조명기구로부터의 취득열량은? (단, 안정기는 실내에 있으며 발열계수는 1.2로 한다.)

① 1,000W   ② 1,200W
③ 1,440W   ④ 2,400W

해설 H(조명기구의 부하)
= W(조명기구 1개당 발열량)×k(발열계수)
×N(조명기구수)×l(점등률)
∴ $H = WkNl = 80 \times 1.2 \times 30 \times 0.5 = 1,440W$

20 | 가열량의 산정
24, 19, 16, 12, 10, 08

공기 2,000kg/h를 증기코일로 가열하는 경우 코일을 통과하는 공기의 온도차가 25.5℃, 증기온도에서 물의 증발잠열이 2,229.52kJ/kg일 때 가열에 필요한 증기량은? (단, 공기의 정압비열은 1.01kJ/kg · K이다.)

① 18.2kg/h   ② 23.1kg/h
③ 40.2kg/h   ④ 50.2kg/h

해설 ㉠ 공기의 가열량(Q_A)
= c(물의 비열)m(물의 질량)Δt(온도의 변화량)
= $1.01 \times 2,000 \times 25.5 = 51,510kJ/h$
㉡ 소요 증기량 = $\dfrac{\text{공기의 가열량}}{\text{물의 증발잠열}} = \dfrac{51,510}{2229.52} = 23.1kg/h$

21 | 냉각열량의 산정
10, 05

공조기에 있는 냉각코일이 건코일인 경우 다음과 같은 조건에서 냉각열량은?

[조건]
- 냉각기의 입구공기온도 : 30℃
- 냉각기의 출구공기온도 : 13℃
- 냉각코일을 통과하는 공기량 : 6,000kg/h
- 공기의 정압비열 : 1.01kJ/kg · K

① 26,098W   ② 28,617W
③ 34,402W   ④ 142,351W

해설 Q(냉각열량) = c(공기의 비열)m(공기의 질량)Δt(온도의 변화량)
= $1.01 \times 6,000 \times (30 - 13) = 103,020kJ/h$
1W=1J/s이므로
$103,020kJ/h = 103,020,000J/3,600s = 28,616.7W$

❸ 유체역학에 대한 기초지식

01 | 물의 특성
22, 21

물의 특성에 관한 설명으로 옳지 않은 것은?

① 물은 비압축성 유체이다.
② 물에는 체적의 탄성이 없다.
③ 물의 점성은 온도가 상승하면 감소한다.
④ 순수한 물이 얼게 되면 약 4%의 체적감소가 발생한다.

해설 물의 체적 변화는 0℃의 물이 0℃의 얼음으로 되면 9%의 체적이 팽창하고, 4℃의 물이 100℃의 물로 되면 4.3%의 체적이 팽창하며, 100℃의 물이 100℃의 증기로 되면 1,700배의 체적 팽창이 발생한다. 즉, 항아리의 물이 얼면 항아리가 깨지는 원인은 부피가 9% 팽창했기 때문이다.

02 | 물의 성질
24, 22

물의 성질에 관한 설명으로 옳지 않은 것은?

① 물은 비압축성 유체로 분류한다.
② 물은 1기압 4℃에서 비체적이 가장 작다.
③ 4℃ 물을 가열하여 100℃ 물이 되면 그 부피가 팽창한다.
④ 4℃ 물을 냉각하여 0℃ 얼음이 되면 그 부피가 수축한다.

해설 물의 체적 변화는 0℃의 물이 0℃의 얼음으로 되면 9%의 체적이 팽창하고, 4℃의 물이 100℃의 물로 되면 4.3%의 체적이 팽창하며, 100℃의 물이 100℃의 증기로 되면 1,700배의 체적 팽창이 발생한다. 즉, 항아리의 물이 얼면 항아리가 깨지는 원인은 부피가 9% 팽창했기 때문이다.

03 | 모세관 현상
25, 24, 19

액체 중에 직경이 작은 관을 세웠을 때 관 속의 액면이 관 밖의 액면보다 높거나 낮게 되는 현상은?

① 층류 현상
② 난류 현상
③ 모세관 현상
④ 베르누이 현상

해설 층류 현상은 레이놀즈수가 2,000 이하인 경우이고, 난류 현상은 4,000을 초과하는 경우이며, 베르누이 정리는 "에너지 보존의 법칙을 유체의 흐름에 적용한 것으로서 유체가 갖고 있는 운동에너지, 중력에 의한 위치에너지 및 압력에너지의 총합은 흐름 내 어디에서나 일정하다." 즉, 압력 에너지+운동에너지+위치 에너지=일정하다는 정리이다.

04 | 베르누이의 정리
20, 18

유체의 성질과 관련하여 다음 설명이 의미하는 것은?

에너지 보존의 법칙을 유체의 흐름에 적용한 것으로서 유체가 갖고 있는 운동에너지, 중력에 의한 위치에너지 및 압력에너지의 총합은 흐름 내 어디에서나 일정하다.

① 파스칼의 원리
② 스토크스의 법칙
③ 뉴턴의 점성 법칙
④ 베르누이의 정리

해설 파스칼 원리는 밀폐 용기 안에 정지하고 있는 유체 일부에 가한 압력은 유체의 모든 부분에 그대로의 강도로 전달된다는 원리이고, 스토크스 법칙은 유체 동역학에서 유체가 물체에 가하는 마찰력을 계산하는 공식이며, 뉴턴의 점성 법칙은 정적인 상태가 아닌, 흐름이 있는 소평면에 작용하는 점성력의 법칙이다.

05 | 파스칼의 원리
24②, 23, 21, 20, 18

다음 설명에 알맞은 유체 정역학 관련 이론은?

밀폐된 용기에 넣은 유체의 일부에 압력을 가하면, 이 압력은 모든 방향으로 동일하게 전달되어 벽면에 작용한다.

① 파스칼의 원리
② 피토관의 원리
③ 베르누이의 정리
④ 토리첼리의 정리

해설 피토관의 원리는 유체의 속도를 측정하는 원리이다. 베르누이 정리는 "에너지 보존의 법칙을 유체의 흐름에 적용한 것으로서 유체가 갖고 있는 운동에너지, 중력에 의한 위치에너지 및 압력에너지의 총합은 흐름 내 어디에서나 일정하다."는 정리이다. 토리첼리의 정리는 물통 아래쪽 작은 구멍으로 유출되는 유체의 속도를 계산하는 공식으로 $v = \sqrt{2gh}$ 이다.

06 | 레이놀즈의 수 산정식
22, 17, 10

관 내 유동에서 층류와 난류를 판단하는 기준이 되는 것은?

① 마하(Mach)수
② 레이놀즈(Reynolds)수
③ 프란틀(Prandtl)수
④ 그라쇼프(Grashof)수

해설 레이놀즈수는 층류와 난류를 판단하는 기준이 되는 것으로서 레이놀즈수가 2,000 이하이면 층류, 2,000 초과 4,000 이하이면 천이구역, 4,000 초과이면 난류로 구분한다.

정답 01. ④ 02. ④ 03. ③ 04. ④ 05. ① 06. ②

07 | 정상류의 정의
25, 18

관 내에 유체가 흐를 때 어느 장소에서의 흐름의 상태(유속, 압력, 밀도 등)가 시간에 따라 변화하지 않는 흐름을 무엇이라 하는가?

① 층류
② 난류
③ 정상류
④ 비정상류

해설 층류와 난류를 판단하는 기준이 되는 것으로서 레이놀즈수가 2,000 이하이면 층류, 2,000 초과 4,000 미만이면 천이구역, 4,000 초과이면 난류로 구분하고, 비정상류는 관 내에 유체가 흐를 때 어느 장소에서의 흐름의 상태가 시간에 따라 변화하는 흐름이며, 정상류는 관 내의 유체 흐름 상태가 시간에 따라 변화하지 않는 흐름이다.

08 | 층류와 난류
21, 18

층류와 난류에 관한 설명으로 옳지 않은 것은?

① 층류영역에서 난류영역 사이를 천이영역이라고 한다.
② 층류에서 난류로 천이할 때의 유속을 평균 유속이라고 한다.
③ 레이놀즈수에 의해 관 내의 흐름이 층류인지 난류인지를 판별할 수 있다.
④ 유체 이동 중 층류는 유체분자가 규칙적으로 층을 이루면서 흐르는 것이다.

해설 일반적으로 층류에서 난류로 천이할 때의 유속을 임계 유속이라 한다.

09 | 레이놀즈의 수
25, 19

관 내의 흐름이 층류인지 난류인지를 판별하는데 사용되는 레이놀즈수의 산정식으로 옳은 것은? [단, Re = 레이놀즈수, v = 관 내의 평균유속(m/s), d = 관 내경(m), ν = 유체의 동점성계수(m²/s)]

① $Re = \dfrac{\nu}{v \times d}$
② $Re = \dfrac{d}{v \times \nu}$
③ $Re = \dfrac{v \times \nu}{d}$
④ $Re = \dfrac{v \times d}{\nu}$

해설 레이놀즈수는 흐름장에서의 점성의 영향력을 나타내는 정도로서 다음과 같이 구한다.

Re(레이놀즈수) = $\dfrac{v(\text{관 내의 평균 유속}) \times d(\text{관경})}{\nu(\text{동점성계수})}$ 이고,

$\nu = \dfrac{\mu(\text{점성계수})}{\rho(\text{밀도})}$ 이므로, 레이놀즈수는 유체의 유속, 관경 및 밀도에 비례하고, 동점성계수와 점성계수에는 반비례한다.

10 | 층류의 마찰계수
21, 17, 08

직관 내의 마찰손실수두와 관련된 다르시-바이스바흐의 식에서 유체의 흐름이 층류일 경우 마찰계수 λ는? (단, Re는 레이놀즈수)

① $\lambda = 32/Re$
② $\lambda = 64/Re$
③ $\lambda = Re/32$
④ $\lambda = Re/64$

해설 다르시-바이스바흐의 식의 마찰계수(λ) = $\dfrac{64}{Re(\text{레이놀즈수})}$ 이므로, 레이놀즈수에 반비례한다.

11 | 액체의 성질
01

액체의 성질에 관하여 설명한 것 중 맞는 것은?

① 액체의 밀도는 압력, 온도의 작은 변동에 의해서도 현저히 변화한다.
② 표면장력은 액체의 응집력이 크면 작아진다.
③ 밀폐된 액체의 일부에 가한 압력은 액체의 각 부분에 같은 크기의 압력을 전한다.
④ 액체의 압축률의 변화는 압력, 온도가 상승하는 데에 따라 커진다.

해설 액체의 밀도(비중량)는 온도, 압력의 변화에 의해 약간 변화하나, 그 값은 작고 일반적으로 상온 부근에서는 일정하게 취급해도 지장이 없다. 표면장력은 액체의 응집력이 크면 커지며, 액체의 압축률의 변화는 압력, 온도가 상승하는 데에 따라 작아진다.

12 | 유체의 성질
24, 17, 13

관 속을 흐르는 유체에 관한 설명으로 옳은 것은?

① 유속에 비례하여 유량은 증가한다.
② 유체의 점도가 클수록 유량은 증가한다.
③ 관의 마찰계수가 크면 유량은 증가한다.
④ 관경의 제곱에 반비례해서 유량은 증가한다.

해설 유체의 점도와 마찰계수가 클수록 유량은 감소하고, 관경의 제곱에 비례해서 유량 $\left(Q(\text{유량}) = A(\text{단면적})v(\text{유속}) = \dfrac{\pi D^2}{4}v\right)$ 은 증가한다.

13 | 유체의 성질
20, 17, 11

유체의 흐름에 관한 설명으로 옳지 않은 것은?

① 난류는 유체분자가 불규칙하게 서로 섞이는 혼란된 흐름이다.
② 일반적으로 층류에서 난류로 천이할 때의 유속을 임계유속이라 한다.
③ 레이놀즈수에 의해 관 내의 흐름이 층류인지 난류인지를 판별할 수 있다.
④ 관 내에 유체가 흐를 때, 어느 장소에서의 흐름의 상태가 시간에 따라 변화하는 흐름을 정상류라 한다.

해설 관 내에 유체가 흐를 때, 어느 장소에서의 흐름의 상태가 시간에 따라 변화하는 흐름을 비정상류라 하고, 관 내의 유체 흐름 상태가 시간에 따라 변화하지 않는 흐름을 정상류라 한다.

14 | 유체의 성질
25, 22, 18, 14

유체의 점성에 관한 설명으로 옳지 않은 것은?

① 유체의 동점성계수는 점성계수와 밀도와의 비로 표시한다.
② 기체의 점성계수는 일반적으로 온도의 상승과 함께 증가한다.
③ 점성력은 상호 접하는 층의 면적과 그 관계속도의 제곱에 비례한다.
④ 점성이 유체운동에 미치는 영향은 동점성계수값에 의해 결정된다.

해설 점성력(유체가 서로 상대적인 운동을 하여 변형이 생기는 경우 그 변형의 속도에 비례하여 그 운동을 방해하려는 힘)은 접하는 면적과 그 관계속도에 비례한다.

15 | 유체의 성질
24, 21, 12

유체에 관한 설명 중 옳지 않은 것은?

① 동점성계수는 점성계수에 비례하고 밀도에 반비례한다.
② 레이놀즈수는 동점성계수 및 관경에 비례하고 밀도에 반비례한다.
③ 연속의 법칙에 의하면 관의 단면적이 큰 곳은 유속이 작고, 역으로 단면적이 작은 곳에서는 유속이 크게 된다.
④ 베르누이의 정리에 의하면 유체가 가지고 있는 속도에너지, 위치에너지 및 압력에너지의 총합은 흐름 내 어디에서나 일정하다.

해설 레이놀즈수(R_e) = $\frac{v(\text{유체의 유속})D(\text{관경})}{\nu(\text{동점성계수})}$ 이므로, 레이놀즈수는 유체의 유속, 관경 및 밀도에 비례하고, 동점성계수 $\left(\nu = \frac{\mu(\text{점성계수})}{\rho(\text{유체의 밀도})}\right)$ 에 반비례한다.

16 | 마찰저항
18, 09

배관의 마찰저항에 관한 설명 중 옳은 것은?

① 관의 길이에 반비례한다.
② 관 내경의 제곱에 비례한다.
③ 유체의 점성이 클수록 감소한다.
④ 유속의 제곱에 비례한다.

해설
• 단위를 (mAq)를 사용하는 경우
h(마찰손실수두)
= λ(관의 마찰계수) × $\frac{l(\text{직관의 길이, m})}{d(\text{관의 직경, m})}$
× $\frac{v^2(\text{관 내 평균 유속, m/s})}{2g(\text{중력가속도, m/s}^2)}$ 이다.

위의 식에 의하여 마찰손실수두는 관의 마찰계수, 관의 길이, 유속의 제곱에 비례하고, 관의 내경, 중력가속도에 반비례한다.

• 단위를 (Pa)를 사용하는 경우
h(마찰손실수두)
= λ(관의 마찰계수) × $\frac{l(\text{직관의 길이, m})}{d(\text{관의 직경, m})}$
× $\frac{v^2(\text{관 내 평균 유속, m/s})}{2}$ × ρ(물의 밀도, kg/m³)

이다. 여기서, 물의 밀도(ρ)=1,000kg/m³이다.

17 | 마찰계수
17

관 내에 유체가 흐르고 있을 때 유체마찰에 의해 손실되는 압력강하(ΔP)를 다음과 같은 식으로 표현할 수 있다. 다음 식에서 λ가 의미하는 것은? (단, L은 관의 길이, d는 관의 직경, v는 유체의 유속, ρ는 유체의 밀도를 의미한다.)

$$\Delta P = \lambda \cdot \frac{L}{d} \cdot \frac{v^2}{2} \cdot \rho$$

① 점성계수
② 관마찰계수
③ 레이놀즈수
④ 동점성계수

해설 λ는 관의 마찰계수로서 유체의 마찰은 압력에는 무관하고, 유체가 고체의 벽에 접촉하는 면적이나 유속의 크기에 관계가 있다.

정답 13. ④ 14. ③ 15. ② 16. ④ 17. ②

18 | 유속
23, 19

수배관 내 유속에 관한 설명으로 옳지 않은 것은?

① 관 내에 흐르는 유속을 높이면 소음이 증가한다.
② 관 내에 흐르는 유속을 높이면 마찰손실이 감소한다.
③ 관 내에 흐르는 유속을 높이면 펌프의 소요동력이 증가한다.
④ 관 내에 흐르는 유속이 너무 낮으면 배관 내에 혼입된 공기를 밀어내지 못하여 물의 흐름에 대한 저항이 커진다.

해설 $h = f \frac{l}{d} \frac{v^2}{2g}$(m)에서 관 내 마찰손실은 손실계수, 관의 길이, 유속의 제곱에 비례하고, 관경과 중력가속도에 반비례함을 알 수 있으므로, 유속을 높이면 마찰손실은 증가한다. 즉, 마찰손실은 유속의 제곱에 비례하여 증가한다.

19 | 마찰손실수두
24, 19

물을 수송하는 직선관로의 마찰손실수두에 관한 설명으로 옳은 것은?

① 마찰손실수두는 관경에 정비례한다.
② 마찰손실수두는 속도수두에 반비례한다.
③ 관 내 유속이 2배로 되면 마찰손실은 4배로 된다.
④ 배관 길이가 2배로 되면 마찰손실은 8배로 된다.

해설 h(마찰손실수두) $= \lambda$(관의 마찰계수) $\times \frac{l(직관의 길이)}{d(관경)}$
$\times \frac{v^2(유속)}{2} \times \rho$(물의 밀도)이다.

그러므로 마찰손실수두는 관경에 반비례하고, 속도수두(유체의 운동에너지를 유체의 단위 중량당 에너지의 크기로 나타낸 것)에 비례하며, 배관의 길이에 비례하므로 배관의 길이가 2배가 되면 마찰손실수두도 2배가 된다.

20 | 마찰손실수두
19, 16

관로의 마찰손실에 관한 설명으로 옳지 않은 것은?

① 유속이 빠를수록 관로의 마찰손실은 커진다.
② 관로의 길이가 길수록 관로의 마찰손실은 커진다.
③ 유체의 밀도가 클수록 관로의 마찰손실은 작아진다.
④ 관로의 내경이 클수록 관로의 마찰손실은 작아진다.

해설 h(마찰손실수두)
$= \lambda$(관의 마찰계수) $\times \frac{l(직관의 길이, m)}{d(관의 직경, m)}$
$\times \frac{v^2(관 내 평균 유속, m/s)}{2} \times \rho$(물의 밀도, kg/m³)

이므로 밀도(ρ) = 1,000kg/m³에 비례하므로 유체의 밀도가 클수록 관로의 마찰손실은 커진다.

21 | 마찰손실수두의 산정
20, 15

길이 50m, 내경 25mm인 배관에 물이 2m/s의 속도로 흐르고 있다. 관마찰계수가 0.03일 때 압력강하는?

① 12.24Pa
② 12.24kPa
③ 120Pa
④ 120kPa

해설 ΔP(압력강하)
$= \lambda$(관의 마찰계수) $\times \frac{l(직관의 길이, m)}{d(관의 직경, m)}$
$\times \frac{v^2(관 내 평균 유속, m/s)}{2} \times \rho$(물의 밀도, kg/m³)
$= \lambda \times \frac{l}{d} \times \frac{v^2}{2} \times \rho = 0.03 \times \frac{50}{0.025} \times \frac{2^2}{2} \times 1,000$
$= 120,000$Pa $= 120$kPa

여기서, 1mAq = 0.1kg/cm² = 10kPa = 0.01MPa임에 유의할 것

22 | 마찰손실수두의 산정
20, 15

지름 150mm, 길이 320m인 원형관에 매초 60L의 물이 흐를 때, 관 내의 마찰손실수두는? (단, 관마찰계수 $f = 0.03$이다.)

① 약 3.4m
② 약 10.2m
③ 약 37.7m
④ 약 40.8m

해설 h(마찰손실수두)
$= \lambda \times \frac{l}{d} \times \frac{v^2}{2g} = 0.03 \times \frac{320}{0.15} \times \frac{\left(\frac{4 \times 60 \times 10^{-3}}{\pi \times (0.15)^2}\right)^2}{2 \times 9.8} = 37.642$mAq

23 | 마찰손실수두의 산정
12, 08

길이 30m, 내경 50mm인 급수관으로 200L/min의 물을 송수할 경우 마찰손실수두는? (관마찰계수는 0.04)

① 20.5kPa
② 25.2kPa
③ 34.6kPa
④ 35.3kPa

해설 h(마찰손실수두)
$= \lambda \times \frac{l}{d} \times \frac{v^2}{2} \times \rho = 0.04 \times \frac{30}{0.05} \times \frac{\left(\frac{4 \times 0.2}{\pi \times (0.05)^2 \times 60}\right)^2}{2} \times 1,000$
$= 34,584$Pa $= 34.584$kPa

정답 18. ② 19. ③ 20. ③ 21. ④ 22. ③ 23. ③

24 | 마찰손실수두의 산정
22, 13, 07

내경 40mm, 길이 20m인 급수관에 유속 2m/s로 물을 보내는 경우 마찰손실수두는? (단, 관마찰계수는 0.02이다.)

① 0.5m ② 1.0m
③ 1.5m ④ 2.0m

해설 $h = f \cdot \dfrac{l}{d} \cdot \dfrac{\left(\dfrac{4Q}{\pi D^2}\right)^2}{2g} = 0.02 \times \dfrac{20}{0.04} \times \dfrac{2^2}{2 \times 9.8} = 2.04\,\text{mAq}$

25 | 마찰손실수두의 산정
21, 12, 07

내경이 150mm인 배관에 0.06m³의 물이 직선관로를 흐를 때 배관길이가 100m일 경우 관 내의 마찰손실수두는? ($f = 0.03$)

① 1.18m ② 3.4m
③ 6.8m   ④ 11.8m

해설 h(마찰손실수두)
$= \lambda(\text{관의 마찰계수}) \times \dfrac{l(\text{직관의 길이, m})}{d(\text{관의 직경, m})}$
$\times \dfrac{v^2(\text{관 내 평균 유속, m/s})}{2g(\text{중력가속도, m/s}^2)}$ 이고,

$v = \dfrac{Q}{A} = \dfrac{Q}{\dfrac{\pi D^2}{4}} = \dfrac{4Q}{\pi D^2}$ 이므로,

$h = f \cdot \dfrac{l}{d} \cdot \dfrac{\left(\dfrac{4Q}{\pi D^2}\right)^2}{2g} = 0.03 \times \dfrac{100}{0.15} \times \dfrac{\left(\dfrac{4 \times 0.06}{\pi \times 0.15^2}\right)^2}{2 \times 9.8}$
$= 11.76\,\text{mAq}$

26 | 마찰손실수두의 산정
01

플러시 밸브 대변기를 사용하여 1분간 120L의 물이 흐른다고 하자. 급수관의 연장 20m, 급수관의 지름 40mm일 때 이 관에 생기는 마찰에 의한 손실수두를 구한 값으로 맞는 것은? (단, 마찰손실계수 = 0.04로 한다.)

① 0.006MPa
② 0.016MPa
③ 0.025MPa
④ 0.036MPa

해설 h(마찰손실수두)
$= \lambda \times \dfrac{l}{d} \times \dfrac{v^2}{2} \times \rho = 0.04 \times \dfrac{20}{0.04} \times \dfrac{\left(\dfrac{4 \times 0.12}{\pi \times (0.04)^2 \times 60}\right)^2}{2} \times 1{,}000$
$= 25{,}330\,\text{Pa} = 25.33\,\text{kPa} = 0.025\,\text{MPa}$

27 | 관의 길이 산정
20

안지름 100mm의 관에서 2m/sec의 유속으로 물이 흐를 때 마찰손실수두가 10m라고 하면 이 관의 길이는 몇 m인가? (단, 마찰손실계수 f는 0.02로 한다.)

① 184 ② 245
③ 262 ④ 294

해설 $h = f\dfrac{l}{d}\dfrac{v^2}{2g}$(m)에서,

$l = \dfrac{2ghd}{fv^2} = \dfrac{2 \times 9.8 \times 10 \times 0.1}{0.02 \times 2^2} = 245\,\text{m}$ 이다.

여기서, h : 마찰손실수두(m), l : 관의 길이(m), d : 관의 직경(m), v : 유속(m/s) g : 중력 가속도(9.8m/s²), f : 손실계수

28 | 관경
09, 03

유체의 흐름에 있어서 유속, 유량을 각각 V, Q라고 할 때 관경(d)을 구하는 식으로 맞는 것은?

① $d = \sqrt{4Q/V\pi}$ ② $d = \sqrt{V/Q\pi}$
③ $d = \sqrt{V\pi/4Q}$ ④ $d = \sqrt{Q\pi/V}$

해설 $V(\text{유속}) = \dfrac{Q(\text{유량})}{A(\text{단면적})} = \dfrac{Q}{\dfrac{\pi d(\text{관의 직경})^2}{4}} = \dfrac{4Q}{\pi d^2}$ 이므로

$d^2 = \dfrac{4Q}{\pi V}$ 이다.

그러므로, $d = \sqrt{\dfrac{4Q}{\pi V}}$ 이다.

29 | 유속의 산정식
25, 23, 16, 12

지름이 D_1인 관 A와 지름 D_2인 관 B에 동일 유량이 흐를 때, 두 관의 지름비 D_1/D_2을 유속으로 옳게 표현한 것은? (단, v_1은 A관 내의 유속, v_2는 B관 내의 유속이다.)

① $\dfrac{v_2}{v_1}$ ② $\left(\dfrac{v_2}{v_1}\right)^{\frac{1}{2}}$

③ $\dfrac{v_1}{v_2}$ ④ $\left(\dfrac{v_1}{v_2}\right)^{\frac{1}{2}}$

해설 $v(\text{유속}) = \dfrac{Q(\text{유량})}{A(\text{단면적})} = \dfrac{Q}{\dfrac{\pi D(\text{관의 직경})^2}{4}} = \dfrac{4Q}{\pi D^2}$ 이므로

$D^2 = \dfrac{4Q}{\pi v}$ 에서 $D = \sqrt{\dfrac{4Q}{\pi v}}$ 이다. 유속의 제곱근에 반비례하므로

$\dfrac{D_1}{D_2} = \sqrt{\dfrac{\dfrac{1}{v_1}}{\dfrac{1}{v_2}}} = \sqrt{\dfrac{v_2}{v_1}} = \left(\dfrac{v_2}{v_1}\right)^{\frac{1}{2}}$ 이다.

정답 24. ④ 25. ④ 26. ③ 27. ② 28. ① 29. ②

30 | 유속의 산정 | 21, 14, 09

직경 100mm의 강관에 2.4m³/min의 물을 통과시킬 때 강관 내의 평균 유속은?

① 2.4m/s ② 4.2m/s
③ 5.1m/s ④ 7.2m/s

해설 $v(유속) = \dfrac{Q(유량)}{A(단면적)} = \dfrac{Q}{\dfrac{\pi D^2(관의\ 직경)^2}{4}} = \dfrac{4Q}{\pi D^2}$ 이다.

그러므로, $v = \dfrac{Q}{A} = \dfrac{Q}{\dfrac{\pi D^2}{4}} = \dfrac{4Q}{\pi D^2} = \dfrac{4 \times 2.4}{\pi \times 0.1^2 \times 60} = 5.09\text{m/s}$

여기서, 60으로 나눈 것은 분(min)을 초(s)로 환산하기 위한 수치이다.

31 | 유속의 산정 | 18, 15, 07, 04

직경 200mm의 강관에 매분 2,400L의 물을 보내면 강관 내를 흐르는 물의 속도는?

① 0.86m/s ② 1.27m/s
③ 3.80m/s ④ 5.43m/s

해설 $v = \dfrac{Q}{A} = \dfrac{Q}{\dfrac{\pi D^2}{4}} = \dfrac{4Q}{\pi D^2} = \dfrac{4 \times 2,400}{\pi \times 0.2^2 \times 60 \times 1,000} = 1.27\text{m/s}$ 이다.

여기서, 60으로 나눈 것은 분(min)을 초(s)로 바꾸기 위한 수치이고, 1,000으로 나눈 것은 l를 m³로 환산하기 위한 수치이다.

32 | 유량의 산정 | 22, 11

내경이 50mm인 급수배관에 물이 1.5m/s의 속도로 흐르고 있을 때 체적유량은?

① 0.09m³/min ② 0.18m³/min
③ 0.24m³/min ④ 0.36m³/min

해설 $Q(유량) = A(관의\ 단면적) v(유속) = \dfrac{\pi D^2}{4} v = \dfrac{\pi \times 0.05^2}{4} \times 1.5$
$= 0.00294\text{m}^3/\text{s} = 0.177\text{m}^3/\text{min}$ 이다.

33 | 유량의 산정 | 22, 18, 13

유체가 관경 50cm인 관 속을 2m/s의 속도로 흐를 때의 유량 $Q(\text{m}^3/\text{s})$는?

① 0.39m³/s ② 1.0m³/s
③ 3.14m³/s ④ 10m³/s

해설 $Q(유량) = A(관의\ 단면적) v(유속) = \dfrac{\pi D^2}{4} v$
$= \dfrac{\pi \times 0.5^2}{4} \times 2.0 = 0.393\text{m}^3/\text{s}$

34 | 압력의 산정 | 24, 19

가로 2m, 세로 2m, 높이 10m인 직육면체 수조에 물이 가득 차 있을 때, 바닥면에 작용하는 전압력은?

① 2ton ② 4ton
③ 20ton ④ 40ton

해설 $V(물의\ 체적) = 2 \times 2 \times 10 = 40\text{m}^3$이다.
그런데 물의 비중은 1g/cm³이므로
$P(전압력) = 비중 \times 체적 = 1\text{g/cm}^3 \times 40\text{m}^3 = 40\text{ton}$

35 | 압력 차의 산정 | 03

그림과 같이 용기 A와 용기 B의 수면에 동일한 대기압이 작용하고 물이 사이펀관 내로 만수상태로 흐를 때 P_1과 P_2 지점의 압력차(MPa)는 얼마인가?

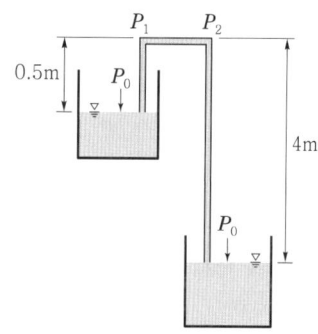

① 0.005 ② 0.035
③ 0.040 ④ 0.045

해설 배관상의 마찰손실에 대한 조건이 없으므로 이를 무시하면,
$P_1 = $ 대기압-0.5mAq이고, $P_2 = $ 대기압-4mAq이다.
그러므로, $P_1 - P_2 = ($대기압$-0.5) - ($대기압$-4) = 3.5$mAq
$≒ 0.035$MPa
여기서, 1mAq $= 9.8$kPa $= 0.0098$MPa $≒ 0.01$MPa임에 유의할 것

36 | 마찰손실수두 | 22, 15, 09

다음 중 배관 내에 물이 흐를 때 생기는 마찰손실의 크기와 가장 관계가 먼 것은?

① 물의 유속 ② 시스템 내의 압력
③ 배관의 직경 ④ 배관의 길이

해설 $h(마찰손실수두)$
$= f(관의\ 마찰계수) \times \dfrac{l(직관의\ 길이)}{d(관의\ 직경)} \times \dfrac{v^2(관\ 내\ 평균\ 유속)}{2g(중력가속도)}$

정답 30. ③ 31. ② 32. ② 33. ① 34. ④ 35. ② 36. ②

37 | 마찰손실수두 산정식
17, 11

길이 l(m)인 냉각수관이 수평으로 설치되어 있다. 이 관이 직관부 마찰저항 ΔP_f(Pa)를 구하는 공식으로 옳은 것은? (단, 관 마찰저항계수는 λ, 관경은 d(m), 유속은 v(m/sec), 유체의 밀도는 ρ(kg/m³)이다.)

① $\Delta P_f = d \cdot \dfrac{l}{\lambda} \cdot \dfrac{v^2}{2} \cdot \rho$

② $\Delta P_f = \lambda \cdot \dfrac{l}{d} \cdot \dfrac{v^2}{2} \cdot \rho$

③ $\Delta P_f = \lambda \cdot \dfrac{d}{l} \cdot \dfrac{v^2}{2} \cdot \rho$

④ $\Delta P_f = \dfrac{l}{\lambda \cdot d} \cdot \dfrac{v^2}{2} \cdot \rho$

해설 ㉠ 단위를 (mAq)를 사용하는 경우
h(마찰손실수두)
$= \lambda$(관의 마찰계수)$\times \dfrac{l(\text{직관의 길이, m})}{d(\text{관의 직경, m})}$
$\times \dfrac{v^2(\text{관 내 평균 유속, m/s})}{2g(\text{중력가속도, m/s}^2)}$

위의 식에 의하여 마찰손실수두는 관의 마찰계수, 관의 길이, 유속의 제곱에 비례하고, 관의 내경, 중력가속도에 반비례한다.

㉡ 단위를 (Pa)를 사용하는 경우
h(마찰손실수두)
$= \lambda$(관의 마찰계수)$\times \dfrac{l(\text{직관의 길이, m})}{d(\text{관의 직경, m})}$
$\times \dfrac{v^2(\text{관 내 평균 유속, m/s})}{2}$
$\times \rho$(물의 밀도, kg/m³)
여기서, 물의 밀도(ρ)=1,000kg/m³이다.

38 | 마찰손실수두의 산정
07

관 내경 50mm, 냉수관의 수평배관 100m에서 관 내에 120L/min, 물이 흐를 때 마찰손실수두(mAq)는? (단, 부속류 상당길이는 실배관 길이의 30%로 한다. 마찰계수 $\lambda = 0.02$)

① 1.97
② 2.75
③ 3.87
④ 5.52

해설 v(유속) $= \dfrac{Q(\text{유량})}{A(\text{단면적})} = \dfrac{Q}{\dfrac{\pi D^2(\text{직경})^2}{4}} = \dfrac{4Q}{\pi D^2} = \dfrac{4 \times 0.12}{60\pi \times 0.05^2}$
$= 1.018 \text{m/s}$
$\lambda = 0.02, \ l = 100 \times 1.3 = 130\text{m}, \ d = 50\text{mm} = 0.05\text{m},$
$g = 9.8 \text{m/s}^2$이므로
$h = \lambda \times \dfrac{l}{d} \times \dfrac{v^2}{2g} = 0.02 \times \dfrac{130}{0.05} \times \dfrac{1.018^2}{2 \times 9.8} = 2.749 \text{mAq}$
$\fallingdotseq 2.75 \text{mAq}$

39 | 정유량방식
14, 10

다음과 같은 열원의 출구온도는 일정하게 하고 부하변동에 따라 3방밸브로 바이패스에 의한 혼합비를 제어하고 2차 펌프에 의해 부하측인 각 유닛으로 급수하는 부하기기의 출력제어 방법은?

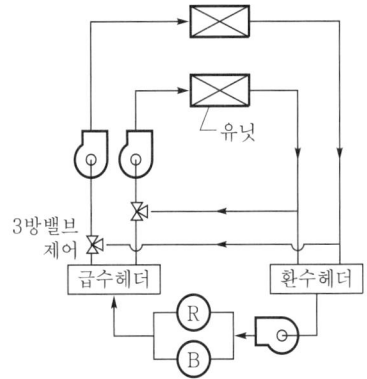

① 변유량방식
② 정유량방식
③ 존펌프방식
④ 주펌프방식

해설 정유량방식은 1차측(열원을 제조하는 부분)과 2차측(열원을 소비하는 부분)으로 구분되는 데, 1차측에서 제조된 냉·온수 전체가 펌프에 의해 2차측까지 순환되는 방식이고, 변유량방식은 부하의 변동에 따라 필요한 냉·온수를 2차측에 보내고, 나머지는 1차측에서 순환시키는 방식이다.

CHAPTER 02 설비설계 계획
| 기출 공략 문제 |

① 설계조건 검토

01 | 건조공기
16, 10, 06

다음은 건조공기에 대한 설명이다. 옳지 않은 것은?
① 지상 부근 공기의 성분비율은 수증기를 제외하면 거의 일정하다.
② 여러 기체의 혼합물로 산소와 이산화탄소가 대부분을 차지한다.
③ 수증기를 전혀 함유하지 않은 건조한 공기를 가상하여 건조공기라 부른다.
④ 이상기체에 가까운 성질을 갖고 있으므로 이상기체로 간주하여 계산될 수 있다.

[해설] 공기는 질소와 산소 등의 화합물로서 지상 부근 대기의 성분 비율은 수증기를 제외하면 거의 일정하고, 건조공기(수증기를 전혀 함유하지 않은 건조한 공기)의 성분은 다음과 같다.

성분	질소(N_2)	산소(O_2)	아르곤(Ar)	이산화탄소(CO_2)
용적 조성	78.09	20.95	0.93	0.03
중량 조성	75.53	23.14	1.28	0.05

02 | 공기
22, 18

공기에 관한 설명으로 옳은 것은?
① 0℃ 건조공기의 엔탈피는 0kJ/kg이다.
② 절대습도가 0kg/kg'K인 공기를 포화공기라고 한다.
③ 현열비가 1이라면 잠열부하만 있다는 것을 의미한다.
④ 열수분비가 0이라면 공기의 상태변화에 절대습도의 변화가 없었다는 의미이다.

[해설] 포화공기라 함은 수증기를 최대한으로 포함한 공기이고, 현열비 $= \dfrac{현열}{전열(현열+잠열)}$ 이므로 현열비가 1이라면 잠열은 없다는 것을 의미하며, 열수분비는 공기의 온도 및 습도가 변화할 때 가감된 열량의 변화량과 수분량의 변화량과의 비율 또는 공기의 엔탈피 변화량과 절대습도의 변화량과의 비를 말하므로 열수분비가 0이라면 공기의 상태변화에 엔탈피의 변화가 없었다는 것을 의미한다.

03 | 실내공기질 유지 기준
09

지하역사의 경우 미세먼지(PM10)의 실내공기질 유지 기준은?
① $100\mu g/m^3$ 이하
② $150\mu g/m^3$ 이하
③ $200\mu g/m^3$ 이하
④ $250\mu g/m^3$ 이하

[해설] 지하역사의 실내공기질 유지기준(실내공기질관리법 시행규칙 제3조, [별표 2])은 미세먼지(PM10)는 $100\mu g/m^3$ 이하, 미세먼지(PM25)는 $50\mu g/m^3$ 이하, 이산화탄소는 1,000ppm 이하, 폼알데하이드는 $100\mu g/m^3$ 이하, 일산화탄소는 10ppm 이하로 규정하고 있다.

04 | 온도
01

온도에 대한 설명으로 옳은 것은?
① 습구온도는 반드시 건구온도보다 높다.
② 습구온도는 공기 중에 수분이 많을수록 낮다.
③ 포화공기상태에서 건구온도와 습구온도가 같다.
④ 건구온도와 습구온도 차가 클수록 공기 중의 습도는 높을 것이다.

[해설] 열의 평행을 이루어 0이 되므로 습구온도는 건구온도보다 작거나 같고, 수분이 많을수록 높으며, 습구온도와 건구온도의 차가 클수록 습도는 낮다. 특히 포화상태에서 건구온도와 습구온도, 노점온도는 동일하다.

05 | 유효온도
04, 01

Yaglow 등에 의해 제안된 온도, 습도 및 기류속도의 3가지 조합에 의한 온열환경의 평가지표는?
① 유효온도
② 효과온도
③ 불쾌지수
④ 신유효온도

[해설] 효과(작용)온도는 환경의 4요소 중 습도를 제외한 요소(온도, 기류, 주위벽의 복사열)의 영향을 종합한 온도이고, 불쾌지수는 미국에서 냉방온도 설정을 위해 만든 것으로 여름철의 무더움을 나타내는 지표로서 불쾌지수(DI)=(건구온도+습구온도)×0.72+40.6에 의해 산정되며, 신유효온도는 환경의 4요소(온도, 습도, 기류 및 주위벽의 복사열) 및 인간측 요소로서 작업 강도와 의복 상태를 고려하여 인체 표면으로부터 주위 환경에의 방열량을 구한 온도이다.

정답 01. ② 02. ① 03. ① 04. ③ 05. ①

06 | 유효온도
22, 20②, 16, 15, 12

기온·습도·기류의 3요소의 조합에 의한 실내 온열감각을 기온의 척도로 나타낸 것은?

① 등가온도
② 작용온도
③ 불쾌지수
④ 유효온도

해설 등가온도는 기온(DPT), 평균복사온도(MRT) 및 풍속(기류)을 조합한 온도이고, 작용(효과)온도는 인체로부터의 대류+복사 방열량과 같은 방열량이 들 수 있는 기온과 주벽 온도가 동일한 가상실의 온도 또는 건물 안에서는 평균복사온도와 기온의 평균값 및 글로브 온도와 거의 동일한 온도이다.

07 | 유효 온도
24, 14

다음 중 유효온도에 고려되어 있지 않은 요소는?

① 온도
② 습도
③ 기류속도
④ 복사열

해설 유효(체감)온도는 기온, 습도 및 기류의 3요소가 인체에 미치는 영향을 100%RH, 0m/s인 상태의 건구온도로 환산한 온도이고, 유효온도(Yaglow)선도에 의하면 풍속이 상승하면, 유효온도가 감소한다. C.E.T(수정유효온도)는 온도, 습도, 기류 및 복사열을 종합한 온도이다.

08 | 온도의 감소 원인
25, 11, 08, 01

유효온도(effective temperature)를 감소시키는 원인이 되는 것은?

① 습구온도의 상승
② 풍속의 상승
③ 상대습도의 상승
④ 건구온도의 상승

해설 유효(체감)온도는 기온, 습도 및 기류의 3요소가 인체에 미치는 영향을 100%RH, 0m/s인 상태의 건구온도로 환산한 온도이고, 유효온도(Yaglow)선도에 의하면 풍속이 상승하면, 유효온도는 감소한다.

09 | 수정유효온도
07, 01

인체의 열환경을 평가하기 위한 종합적인 지표로서 가장 바람직한 것은?

① 글로브 온도(globe temperature)
② MRT(Mean radiant temperature)
③ AST(Average surface temperature)
④ CET(Corrected effecive temperature)

해설 글로브 온도는 글로브 온도계를 공중의 측정점에 15~20분간 매달아 두면, 주위벽에서 방사열과 대류에 의해 받는 열이 균형을 이루어 온도계의 눈금이 안정된 때의 온도로서 습도에 의한 영향은 없지만 실내에 있는 기온, 기류 방사에 의한 인체의 체감도가 판정된다. MRT는 평균복사온도이고, AST는 평균표면온도이며, CET는 수정유효온도(온도, 습도, 기류 및 복사열을 종합한 온도)로서 인체의 열환경을 평가하기 위한 종합적인 지표로서 가장 바람직하다.

❷ 설비시스템 계획

01 | 설비의 공간계획

설비시스템의 공간계획에 있어서 가장 많은 면적을 차지하는 설비는?

① 전기설비
② 공기조화설비
③ 위생설비
④ 소화설비

해설 공기조화설비는 덕트를 사용하므로 공간의 가장 큰 편이다.

02 | 설비의 공간 규모

설비시스템에 있어서 공간이 부족한 경우 발생할 수 있는 사항으로 옳지 않은 것은?

① 기계설비에 있어서 장비의 배치가 협소하다.
② 유지관리를 할 수 있는 공간이 부족하다.
③ 배관이나 덕트의 설치가 불량할 수 있다.
④ 유지관리가 쉬워지고, 성능이 저하될 수 있다.

해설 설비시스템에 있어서 공간이 부족한 경우 유지관리가 어려워지고, 성능 저하가 발생할 수 있다.

03 | 설비기획 단계

설비시스템의 설계 단계에 있어서, 기획설계 단계에 대한 설명 중 옳지 않은 것은?

① 건축주와 협의를 통해 구체적으로 결정하는 시기로 볼 수 있다.
② 설비 계획의 기초가 이루어지는 시기로 볼 수 있다.
③ 설계 조건을 결정한다.
④ 설계의 원칙을 수립한다.

해설 건축주와 협의를 통해 구체적으로 결정하는 시기로 볼 수 있는 시기는 기본설계 단계에서 이루어진다.

정답 06.④ 07.④ 08.② 09.④ / 01.② 02.④ 03.①

4 설계조건

설비시스템의 설계 단계에 있어서, 기획설계 단계에서 설계조건을 결정한다. 설계조건에 포함되지 않는 것은?

① 설계 범위
② 설계 내용
③ 공사 방법
④ 설계 기간

해설 설비시스템의 설계 단계에 있어서, 기획설계 단계에서 설계조건(설계 범위와 내용, 설계비 및 설계 기간) 등을 결정한다.

5 디자인의 발전요소

설비시스템의 설계 단계에 있어서, 기본설계 단계에서 디자인을 발전시키는 요소로 적합하지 않은 것은?

① 각종 설계자료
② 프로그램화된 물리적 자료
③ 정해진 공사
④ 기본적인 설계 원칙

해설 기본설계 단계는 기획설계 단계의 각종 설계자료, 기본적인 설계 원칙, 정해진 공사 방법, 프로그램화된 물리적 자료 등을 바탕으로 하여 디자인을 발전시켜 나가는 과정이다.

6 설비공간의 확보시기

스케치와 투시도 등과 같은 3차원의 이미지, 평면도, 입면도, 천장도, 단면도 등의 2차원의 이미지를 이용하여 설비공간을 충분히 확보해야 하는 시기로 옳은 것은?

① 실시설계 단계
② 현장설계 단계
③ 기획설계 단계
④ 기본설계 단계

해설 설비시스템의 설계 단계는 기획설계 단계(설비 계획의 기초가 정립 또는 설계의 원칙을 수립하는 단계), 기본설계 단계(건축주와 협의를 통해 구체적으로 결정하는 시기로서, 2차원과 3차원의 이미지를 이용하여 충분한 설비 공간을 확보해야 하는 시기), 실시설계 단계(설계 도면이 작성되는 단계) 및 현장설계 단계(상세 시공도면을 작성) 등으로 이루어진다.

7 디자인의 발전과정

설비시스템의 설계 단계에 있어서, 기본설계 단계에서 디자인을 발전시키는 과정으로 옳은 것은?

① 기획설계 → 기본설계 → 실시설계 → 현장설계
② 기획설계 → 실시설계 → 기본설계 → 현장설계
③ 기획설계 → 기본설계 → 현장설계 → 실시설계
④ 현장설계 → 기본설계 → 실시설계 → 기획설계

해설 설비시스템의 설계 단계는 기획설계 → 기본설계 → 실시설계 → 현장설계의 순으로 이루어진다.

8 설계 단계와 내용

설비시스템의 설계 단계와 이루어지는 상황의 연결이 옳은 것은?

① 현장설계 단계-평면도, 단면도, 입면도 등의 작성
② 기획설계 단계-설계 원칙의 수립
③ 기본설계 단계-설계계획의 기초 세우기
④ 실시설계 단계-현장 조건에 맞는 시공상세도의 작성

해설 ① 기본설계 단계-평면도, 단면도, 입면도 등의 작성
③ 현장설계 단계-시공을 위한 설계도서의 작성
④ 기획설계 단계-설계계획의 기초 세우기

9 실시 단계의 내용

설비시스템의 실시설계 단계 중에서 이루어지는 내용이 아닌 것은?

① 결정된 디자인을 기본으로 하여 설계 이후의 후속작업
② 시공을 위한 제반 설계도서의 작성
③ 도서표기 방식에 의한 설계도면의 작성
④ 구체적인 도면의 작성보다는 서류로 보고하는 방식으로 성과물을 작성

해설 실시설계 단계는 결정된 디자인(기획설계 단계)을 바탕으로 설계 이후의 후속작업 즉, 견적, 적산, 입찰, 시공 등이 이루어지고, 시공을 위한 제반 설계도서, 즉 각종 도면, 시방서, 각종 산출서, 공사비 내역서 등을 작성되며, 객관적이고 일반적인 도면 표시 방식에 의한 설계도면이 작성된다.

10 고가수조의 수전

고가수조식 급수배관에서 고가수조에서 최하층 기구까지의 최대 수직거리는 몇 m 정도를 한도로 하는가?

① 10 ~ 20m
② 20 ~ 30m
③ 40 ~ 50m
④ 50 ~ 60m

해설 급수압력에 대한 조닝은 아파트나 호텔과 같은 건축물은 0.3~0.4MPa 정도이므로, 높이는 약 30~40m 정도로 하고, 초고층의 사무소 건축물은 0.4~0.5MPa 정도로 높이는 40~50m 정도가 되어야 한다.

정답 04.③ 05.③ 06.④ 07.① 08.② 09.④ 10.③

11 | 공조의 조닝 존

다음 중 공조계획의 조닝(zoning)에 있어 존(zone)의 범위에 영향을 끼치는 요소와 가장 거리가 먼 것은?

① 조명 등의 위치와 흡출구의 위치
② 시간에 따른 부하의 변화
③ 실의 사용 용도
④ 실의 방위

해설 공기조화의 조닝은 외부 존과 내부 존으로 구분할 수 있으며, 외부 존은 일사의 영향으로 각 방위에 따라 열부하의 변동이 발생하므로 방위별로 조닝을 하고, 내부 존은 기온과 일사 등 외부의 열적영향보다는 내부 부하(조명, 인체, 기구 등)에 따라 부하의 특성별, 용도에 따른 시간별, 온·습도 설정별, 사용목적(용도)별로 열부하의 변동을 나타내기 때문에 별도로 구분한 것이다.

12 | 내부 존의 방법

공기조화계획에서 내부 존(zone)의 조닝(zoning) 방법에 속하지 않는 것은?

① 방위별 조닝
② 부하 특성별 조닝
③ 온·습도 설정별 조닝
④ 용도에 따른 시간별 조닝

해설 외부 존은 일사의 영향으로 각 방위에 따라 열부하의 변동이 발생하므로 방위별로 조닝을 하고, 내부 존은 기온과 일사 등 외부의 열적영향보다는 내부 부하(조명, 인체, 기구 등)에 따라 부하의 특성별, 용도에 따른 시간별, 온·습도 설정별, 사용목적(용도)별로 구분한 것이다.

13 | 조닝방식

24시간 운영하는 숙직실, 편의점 등과 같은 곳에 적합한 조닝방식은?

① 방위별 조닝
② 부하 특성별 조닝
③ 온·습도 설정별 조닝
④ 용도에 따른 시간별 조닝

해설 사용 시간대가 다른 공간을 동일한 공기조화 공간으로 하는 경우, 특정한 공간(일부의 공간)을 공기조화하기 위하여 전체 공간을 공기조화함으로써 불필요한 장소에 공기조화를 하는 경우가 발생하므로 에너지 낭비가 발생한다. 이를 방지하기 위하여 용도에 따른 시간별 조닝을 함으로써 에너지 절약을 꾀할 수 있다.

14 | 엘리베이터의 서비스층

엘리베이터의 서비스층 분할을 하는 데 1개의 뱅크가 분담할 수 있는 가장 적합한 서비스층은 다음 중 어느 것인가?

① 3~4층
② 8~15층
③ 7~8층
④ 5~6층

해설 20층이 넘는 건축물에 있어서는 수송시간의 단축과 유효율의 향상을 위해 조닝(건축물을 몇 층으로 분할해 각기의 층에 엘리베이터의 그룹을 할당해 서비스하는 일)을 하는데, 각 조닝의 플로어 수는 10층 전후, 최대 15층 이하로 하고, 서비스 플로어를 정확히 해 잘못 타는 일이 없도록 하여야 하며, 건축 내의 수직 교통수단이 분산되므로 다른 층으로 갈아타는 층을 설치해야 한다.

15 | 조닝계획

공기조화설비의 조닝계획에 대한 설명 중 옳지 않은 것은?

① 거주자의 쾌적한 환경 조성
② 에너지의 낭비 현상
③ 상세한 조닝은 설비비의 증가
④ 적정한 조닝을 하는 것이 바람직하다.

해설 공기조화설비의 조닝계획은 에너지를 절감하는 데 목적이 있다.

16 | 조닝의 이유

공기조화설비 계획 시 조닝에 대한 설명으로 틀린 것은?

① 부하 특성의 다양한 변화에 대비가 용이하다.
② 존별의 부하 특성에 알맞은 대응으로 에너지가 절약된다.
③ 초기 설비비의 증가와 함께 운전비가 증대된다.
④ 존별로 실내 환경이 양호해진다.

해설 공기조화설비 계획 시 조닝(Zoning, 공기조화구역을 각 구역을 나누고, 각 구역의 특성에 맞게 공기조화를 하는 방식)의 특성은 ①, ②, ④ 이외에 초기 설비비가 증가하나, 운전비가 감소되는 장점이 있다.

17 | 개별온도 제어

개별온도 제어에 있어서 적정한 면적으로 옳은 것은?

① $50m^2$
② $100m^2$
③ $150m^2$
④ $200m^2$

해설 온도제어를 조닝별로 세밀하게 할수록 각 실의 온도제어는 용이하나, 공조 운전의 복잡함과 초기 설비비가 증가하므로 적정한 조닝의 면적은 일반적으로 $100m^2$를 기준으로 하고 있다.

정답 11.① 12.① 13.④ 14.② 15.② 16.③ 17.②

18 | 조닝의 깊이

내주부와 외주부를 구분하여 조닝하는 경우 실의 깊이로 적합한 것은?

① 19~21m 정도   ② 15~18m 정도
③ 13~15m 정도   ④ 6~12m 정도

해설 내·외주부 조닝에 있어서 조닝별로 세밀하게 할수록 각 실의 온도제어는 용이하나, 공조 운전의 복잡함과 초기 설비비가 증가하므로 적정한 조닝의 깊이는 일반적으로 6~12m 정도까지는 내·외부를 동일계통으로 하고, 이를 초과(6~12m)하는 경우에는 내·외주부 조닝을 하는 것이 바람직하다.

19 | 조닝의 온도 편차

공기조화 조닝에 있어서 각 실의 온도 편차로 적합한 것은?

① 1~2℃ 정도   ② 3~4℃ 정도
③ 5~6℃ 정도   ④ 7~8℃ 정도

해설 공기조화 조닝에 있어서 각 실의 온도 편차는 1~2℃ 정도로 한다.

20 | 공기조화 배관방식

대규모이고, 고급시스템인 건축물의 공기조화 배관 방식은?

① 1파이프 시스템   ② 3파이프 시스템
③ 4파이프 시스템   ④ 2파이프 시스템

해설 공기조화 배관방식은 고급시스템일 경우에는 4파이프 시스템, 중급시스템일 경우에는 2파이프 시스템을 채용한다.

21 | 수평 조닝

건축물의 조닝 방식 중 수평 조닝의 종류에 속하지 않는 것은?

① 내주부   ② 중층부
③ 외주부   ④ 독립존

해설 수평 조닝의 방식에는 내주부, 외주부, 독립존 등이 있고, 수직 조닝의 방식에는 저층부, 중층부, 고층부 등이 있다.

22 | 재열부하 발생장소

대형 사무소 건축물에서 방위별 조닝을 한 경우, 재열부하가 발생하기 가장 쉬운 장소는?

① 장마철의 건축물 북쪽 존
② 하지의 건축물 남쪽 존
③ 동지의 건축물 북쪽 존
④ 추분의 건축물 남쪽 존

해설 여름 장마철의 북쪽은 습도가 매우 높으므로 재열부하(냉방시의 습도를 제어 즉, 수분을 제거한 뒤 재 가열하여 급기할 때의 부하)의 발생이 가장 쉬운 또는 많은 장소이다.

③ 공기조화설비 계획

01 | 난방부하 산정 시 고려사항
06

난방부하 계산 시 고려사항 중 틀린 것은?

① 창을 통한 일사열 취득은 안전 측으로 보아 무시한다.
② 난방부하는 구조체를 통한 손실열량과 틈새바람에 의한 손실열량의 합이다.
③ 일반적으로 지면에 접하는 벽이나 바닥에 관한 부하계산은 무시한다.
④ 시각별 계산을 할 필요가 없다.

해설 난방부하 계산 시 지면에 접하는 부분은 지열을 이용한 난방법의 개발로 인하여 지중온도를 고려하여 부하계산을 하여야 한다.

02 | 냉방부하의 종류
06, 01

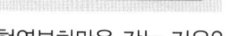

건물의 냉방부하 구성요소 중에서 현열부하만을 갖는 것은?

① 태양복사열부하   ② 침입외기부하
③ 인체발열부하   ④ 기기발열부하

해설 냉방부하 중 현열부하(수증기가 관련이 없는 부하)만을 갖는 것은 태양복사열(유리 및 벽체 통과열), 온도차에 의한 전도열(유리, 벽체 등의 구조체), 조명에 의한 내부발생열 및 덕트로부터의 취득열량 등이 있고, 현열과 잠열부하(수증기가 관련이 있는 부하)의 종류에는 인체 및 실내 설비에 의한 발생열, 침입외기(외부창, 문틈에서의 틈새바람), 기타(급기덕트의 손실, 송풍기의 동력일), 외기(도입) 부하로서 실내온습도로 냉각감습시키는 열량, 환기덕트, 배관에서의 손실, 펌프의 동력일 등이 있다.

03 | 냉방부하의 종류
08

다음 중 현열만을 취득하게 되는 냉방부하는?

① 덕트로부터의 취득열량   ② 외기로부터의 취득열량
③ 인체의 발생열량   ④ 틈새바람에 의한 취득열량

해설 냉방부하 중 현열부하(수증기가 관련이 없는 부하)만을 갖는 것은 태양복사열(유리 및 벽체 통과열), 온도차에 의한 전도열(유리, 벽체 등의 구조체), 조명에 의한 내부발생열 및 덕트로부터의 취득열량 등이 있다.

정답 18. ④ 19. ① 20. ③ 21. ② 22. ① / 01. ③ 02. ① 03. ①

04 | 인체 취득열량
20, 08

냉방부하 계산 시 인체로부터의 취득열량을 계산한다. 다음 공간 중 인체 1인으로부터의 취득열량이 상대적으로 가장 많은 장소는?

① 극장
② 사무소
③ 은행
④ 볼링장

해설 냉방부하 계산 시 인체로부터의 취득열량은 활동량이 클수록 크므로, 활동량이 큰 장소는 볼링장이다.

05 | 냉방부하의 종류
24, 22, 21, 16

다음 중 현열로만 구성된 냉방부하의 종류는?

① 인체의 발생열량
② 유리로부터 취득열량
③ 극간풍에 의한 취득열량
④ 외기의 도입으로 인한 취득열량

해설 냉방부하 중 현열부하(수증기가 관련이 없는 부하)만을 갖는 것은 태양복사열(유리 및 벽체 통과열), 온도차에 의한 전도열(유리, 벽체 등의 구조체), 조명에 의한 내부발생열 및 덕트로부터의 취득열량 등이 있다.

06 | 냉방부하의 종류
13, 07

다음과 같은 냉방부하의 구성요인 중 현열만을 취득하게 되는 것은?

① 유리를 통과하는 복사열
② 창 또는 문틈에서의 틈새바람에 의한 취득열
③ 인체에서의 발생열
④ 외기 도입에 의한 취득열

해설 냉방부하 중 현열부하(수증기가 관련이 없는 부하)만을 갖는 것은 태양복사열(유리 및 벽체 통과열), 온도차에 의한 전도열(유리, 벽체 등의 구조체), 조명에 의한 내부발생열 및 덕트로부터의 취득열량 등이 있다.

07 | 냉방부하의 종류
20, 19

건물의 냉방부하 발생 요인 중 현열만으로 구성된 것은?

① 인체의 발생열량
② 벽체로부터의 취득열량
③ 극간풍에 의한 취득열량
④ 외기의 도입으로 인한 취득열량

해설 냉방부하 중 현열부하(수증기가 관련이 없는 부하)만을 갖는 것은 태양복사열(유리 및 벽체 통과열), 온도차에 의한 전도열(유리, 벽체 등의 구조체), 조명에 의한 내부발생열 및 덕트로부터의 취득열량 등이 있고, 현열과 잠열부하(수증기가 관련이 있는 부하)의 종류에는 인체 및 실내 설비에 의한 발생열, 침입외기(외부창, 문틈에서의 틈새바람), 기타(급기덕트의 손실, 송풍기의 동력 일), 외기(도입) 부하로서 실내 온·습도로 냉각감습시키는 열량, 환기덕트, 배관에서의 손실, 펌프의 동력일 등이 있다.

08 | 냉방부하의 종류
24, 20②, 19, 18②, 11

다음의 냉방부하 발생 요인 중 현열과 잠열부하를 모두 발생시키는 것은?

① 인체의 발생열량
② 벽체로부터의 취득열량
③ 유리로부터의 취득열량
④ 송풍기에 위한 취득열량

해설 냉방부하 중 현열부하(수증기가 관련이 없는 부하)만을 갖는 것은 태양복사열(유리 및 벽체 통과열), 온도차에 의한 전도열(유리, 벽체 등의 구조체), 조명에 의한 내부발생열 및 덕트로부터의 취득열량 등이 있고, 현열과 잠열부하(수증기가 관련이 있는 부하)의 종류에는 인체 및 실내 설비에 의한 발생열, 침입외기(외부창, 문틈에서의 틈새바람), 기타(급기덕트의 손실, 송풍기의 동력 일), 외기(도입) 부하로서 실내온·습도로 냉각감습시키는 열량, 환기덕트, 배관에서의 손실, 펌프의 동력일 등이 있다.

09 | 틈새바람량 산정 방법
25, 17

틈새바람량의 산출 방법에 속하지 않는 것은?

① 환기횟수법
② 창문면적법
③ 실내면적법
④ 창문틈새길이법

해설 틈새바람(창문 새시의 틈새 또는 출입문에서의 틈새바람)에 영향을 주는 요소에는 틈새바람에 의한 현열 및 잠열량, 외기와 실내 공기의 절대습도 차, 외기와 실내 공기의 온도차, 틈새바람의 양, 풍속, 건물의 높이 및 구조 등이 있다. 틈새바람량의 산출 방법에는 환기횟수법, 창문면적법 및 창문틈새길이법 등이 있다.

10 | 송풍기 용량과 송풍량 산정 요소
24, 16, 12

냉방부하의 종류 중 송풍기 용량 및 송풍량의 산출 요인에 해당하지 않는 것은?

① 외기부하
② 조명부하
③ 인체부하
④ 일사부하

정답 04.④ 05.② 06.① 07.② 08.① 09.③ 10.①

해설 송풍기 용량 및 송풍량의 산출 요인 중 실내 냉방부하는 태양복사열(일사부하), 온도차에 의한 전도열, 내부 발생열(조명, 인체, 실내 설비 등), 침입 외기, 기타 등이 있고, 외기부하(외기를 실내 온습도로 냉각 감습시키는 열량)와 재열기부하는 제외한다.

11 | 부하계산법 | 17

다음 중 송풍량이나 장비용량 결정을 주된 목적으로 하는 부하계산법은?

① 표준 bin법
② 냉난방도일법
③ 최대부하계산법
④ 동적열부하계산법

해설 건물의 에너지 소비량 예측방법 중 하나인 단일척도방식은 사용하기는 매우 간단하나, 에너지 소모에 큰 영향을 주는 모든 인자(효율, 균형점온도, 총합열관유율 등)가 충분히 고려되어 있지 않고 ASHP(Air source heat pump)의 경우 외기온도에 따라 성적계수에도 큰 차이가 있으므로 매우 부정확해진다. 이를 해소하기 위해 단일척도방식에 모든 변화의 추종성을 부여하여 만든 것이 표준 bin법이고, 냉·난방도일법은 건물의 냉난방기간 동안의 부하를 구하는 방법이며, 동적열부하계산법은 응답계수법을 사용하여 기상조건이나 운전조건을 일정시간마다 임의로 입력할 수 있는 열부하 계산방법이다.

12 | 냉방부하 | 20, 07

냉방부하 계산 시 구조체의 축열부하에 관한 다음 기술 중 부적당한 것은?

① 구조체의 열용량과 관련이 있다.
② 시간지연(time-lag)현상을 유발한다.
③ 간헐냉방을 하는 경우 예랭부하를 필요로 한다.
④ 구조체의 열용량이 클수록 피크로드를 상승시킨다.

해설 냉방부하 계산 시 구조체의 축열부하는 구조체의 열용량이 클수록 타임 레그(time leg, 시간적 지연 효과)를 발휘하므로 피크로드는 하강한다.

13 | 냉방부하 | 05, 01

재실인원이 아주 많은 경우의 냉방부하에 대한 설명 중 틀린 것은?

① 현열부하에 비해 잠열부하가 아주 크다.
② 상태선의 구배가 커서 장치노점 온도를 구할 수 없는 경우가 많다.
③ 재열부하를 고려해야 한다.
④ 배관부하를 고려해야 한다.

해설 재실인원이 많으면 인체의 발생열량(현열과 잠열)이 증가되므로 SHF선의 구배가 급해지므로 포화선과 교차되지 않는 경우가 발생(노점온도를 구할 수 없음)하여 냉각 후에 재열을 하는 경우가 된다. 그러므로, 배관부하와는 무관하다.

14 | 틈새바람량 산정 방법 | 25, 19, 18, 17

창의 틈새바람 계산법에 속하지 않는 것은?

① 균열법
② 면적법
③ 환기횟수법
④ 굴뚝효과에 의한 계산법

해설 틈새바람(창문 새시의 틈새 또는 출입문에서의 틈새바람)에 영향을 주는 요소에는 틈새바람에 의한 현열 및 잠열량, 외기와 실내 공기의 절대습도 차, 외기와 실내 공기의 온도차, 틈새바람의 양, 풍속, 건물의 높이 및 구조 등이 있다. 틈새바람량의 산출 방법에는 환기횟수법, 창문면적법 및 창문틈새길이법 등이 있다.

15 | 공기조화부하 | 25, 17, 14, 11

공기조화부하 계산에 있어서 인체 발생열에 대한 설명으로 옳은 것은?

① 인체 발생열은 잠열만이 발생한다.
② 인체 발생열은 난방부하에서만 계산한다.
③ 실내온도가 높을수록 잠열 발생열량이 증가한다.
④ 인체 발생열은 재실자의 작업상태에 관계없이 항상 일정하다.

해설 인체 발생열은 현열과 잠열이 발생하고, 일반적으로 냉방부하에서 계산하며 재실자의 작업상태에 따라 변화한다.

16 | 에너지 소비량 절감 대책 | 14, 09

다음 중 건축물에서 에너지 소비량을 줄이기 위한 방안으로 부적당한 것은?

① 열원기기의 대수분리를 고려한다.
② 필요 환기량을 충분히 고려한다.
③ 단열을 강화한다.
④ 조닝 계획을 효과적으로 한다.

해설 건축물에서 에너지 소비량을 줄이기 위해서 필요 환기량을 최소화해야 하고, 필요 환기량이 증대될수록 에너지 소비는 비례한다.

정답 11.③ 12.④ 13.④ 14.④ 15.③ 16.②

17 | 냉방부하 산정 시 고려사항
22, 18

냉방부하계산에 관한 설명으로 옳지 않은 것은?

① 외벽구조에 따라 상당온도차는 다르게 나타난다.
② 틈새바람에 의한 부하는 현열과 잠열 모두 고려한다.
③ 틈새바람량 계산법으로는 틈새법, 면적법, 환기횟수법 등이 있다.
④ 유리를 통한 열부하는 일사에 의한 직접 열취득만을 고려한다.

해설 유리를 통한 열부하는 일사에 의한 직접 열취득과 전열부하를 고려하여야 한다.

18 | 냉·난방부하의 계산
21

냉·난방부하 계산에 관한 설명으로 옳지 않은 것은?

① 투습으로 인한 열부하는 매우 작기 때문에 일반적으로 부하계산에서 제외한다.
② 유리창 종류와 블라인드 유무에 따라 달라지는 차폐계수는 그 최댓값이 1.0이다.
③ 작업상태가 동일한 경우 인체로부터의 발생열량은 실내 건구온도가 높을수록 현열량과 잠열량 모두 커진다.
④ 태양으로부터의 일사 열부하는 냉방부하 계산에서는 포함되나, 난방부하 계산에서는 제외되는 것이 일반적이다.

해설 냉난방부하 계산 시 작업상태가 동일한 경우, 인체로부터의 발생열량은 실내 건구온도가 높을수록 현열량[c(비열)m(질량)Δt(온도의 변화량)]은 커지나, 습공기를 가열하면 절대습도는 변함이 없이 일정(불변)하므로 잠열량[γ(0℃에서 포화수의 증발잠열)m(질량)Δx(절대습도의 변화량)]은 변함이 없다.

19 | 취득 잠열의 계산
12, 08, 04

환기로 인해 발생하는 외기부하 중 취득 잠열계산에 필요한 값은?

① 도입외기량, 외기의 실내공기의 건구온도차
② 도입외기량, 외기와 실내의 공기의 절대습도차
③ 도입외기량, 외기와 실내의 공기의 상대습도차
④ 송풍기의 송풍량, 외기와 실내공기의 엔탈피차

해설 외기부하=현열부하+잠열부하이고, q_s(현열부하)=c(비열)m(질량)t(온도의 변화량), q_l(잠열부하)=γ(0℃에서 포화수의 증발잠열)m(질량)x(절대습도의 변화량)이다.
그러므로, 잠열부하는 0℃에서 포화수의 증발잠열, 질량(도입외기량), 절대습도의 변화량에 의해 구해진다.

20 | 외기부하의 산정
22, 10

다음과 같은 조건에서 난방 시에 도입외기량이 500kg/h일 때 도입외기에 의한 외기부하는?

[조건]
- 외기 : 건구온도 5℃, 절대습도 0.002kg/kg′
- 실내공기 : 건구온도 24℃, 절대습도 0.009kg/kg′
- 공기의 정압비열 : 1.01kJ/kg·K
- 물의 증발잠열 : 2,501kJ/kg

① 5,097W
② 6,088W
③ 7,418W
④ 9,936W

해설 도입외기량이 무게로 표기되었다면, 무게(중량)=d(밀도)×V(체적), 부피로 표기되었다면, 무게로 환산하여야 하므로 무게(중량)=d(밀도)×V(체적)이므로 공기의 밀도를 곱해야 한다. 외기부하=현열부하+잠열부하이고, q_s(현열부하)=c(비열)m(질량)Δt(온도의 변화량), q_l(잠열부하)=γ(0℃에서 포화수의 증발잠열)m(질량)Δx(절대습도의 변화량)이다.
외기부하=$q_s + q_l = cm\Delta t + \gamma m\Delta x$
$= 1.01 \times 500 \times (24-5) + 2,501 \times 500 \times (0.009 - 0.002)$
$= 18,348.5$kJ/h
1W=1J/s이므로,
18,348.5kJ/h=18,348,500J/3,600s=5,096.8W

21 | 외기 현열부하의 산정
25, 19, 18, 14

다음과 같은 조건에서 재실인원이 50명인 회의실의 외기 현열부하는?

[조건]
- 1인당 필요한 외기량 : 80m³/h
- 실내온도 : 26℃, 외기온도 : 32℃
- 공기의 밀도 : 1.2kg/m³
- 공기의 정압비열 : 1.01kJ/kg·K

① 6,270W
② 7,240W
③ 8,080W
④ 9,120W

해설 Q(열량)=c(비열)m(온수 순환량)Δt(온도의 변화량)
$=c$(비열)ρ(물의 온도)V(온수 순환량의 부피)Δt(온도의 변화량)
즉, $Q = cm\Delta t = c\rho V\Delta t$
$= 1.01 \times 1.2 \times (80 \times 50) \times (32-26)$
$= 29,088$kJ/h$= 29,088,000$J/3,600s
$= 8,080$W

22 송풍량의 산정
17

냉방부하를 계산한 결과, 현열부하 90,000W인 건물의 송풍 공기량은? (단, 취출온도차는 10℃이고, 공기의 비열은 1.21 kJ/m³·K이다.)

① 약 26,777m³/h
② 약 33,242m³/h
③ 약 37,814m³/h
④ 약 42,150m³/h

해설 Q(현열부하)$=c$(비열)m(질량)Δt(취출온도차)

$$m = \frac{Q}{c\Delta t} = \frac{90,000 \times 3,600}{1,210 \times 10} = 26,776.9 \text{m}^3/\text{h}$$

여기서, 3,600은 초를 시간으로 환산한 값이다.

23 외기부하의 산정
14, 09

다음과 같은 조건에서 바닥면적이 600m²인 사무소 공간의 환기에 의한 외기부하는?

[조건]
· 환기량 : 3,000m³/h
· 실내공기의 설계온도 : 26℃
· 실내공기의 절대습도 : 0.0105kg/kg′
· 외기외 온도 : 32℃
· 외기의 절대습도 : 0.0212kg/kg′
· 공기의 밀도 : 1.2kg/m³
· 공기의 정압비열 : 1.01kJ/kg·K
· 0℃에서 물의 증발잠열 : 2,501kJ/kg

① 6.06kW
② 26.76kW
③ 32.82kW
④ 59.58kW

해설 외기부하=현열부하+잠열부하

q_s(현열부하)$=c$(비열)m(질량)Δt(온도의 변화량)
q_l(잠열부하)$=\gamma$(0℃에서 포화수의 증발잠열)m(질량)Δx(절대습도의 변화량)

외기부하$=q_s + q_l = cm\Delta t + \gamma m \Delta x$
$= 1.01 \times 3,000 \times 1.2 \times (32-26) + 2,501 \times 3,000 \times 1.2 \times (0.0212 - 0.0105)$
$= 118,154.5 \text{kJ/h}$

1W=1J/s이므로,
118,154.5kJ/h=118,154,500J/3,600s
$=32,820.69\text{W}$
$=32.82\text{kW}$

24 부하산정
23, 17

다음과 같은 조건에서 실 체적이 500m³인 어떤 실의 틈새바람에 의한 현열부하와 잠열부하는 약 얼마인가?

[조건]
· 외기온습도 : $t_o=32$℃, $x_o=0.0182$kg/kg′
· 실내온습도 : $t_i=27$℃, $x_i=0.0099$kg/kg′
· 물의 증발잠열 : $r_o=2,501$kJ/kg
· 공기의 밀도 : 1.2kg/m³
· 공기의 비열 : 1.01kJ/kg·K
· 환기횟수 : $n=0.5$회/h

① 현열부하 300W, 잠열부하 1,240W
② 현열부하 420W, 잠열부하 1,730W
③ 현열부하 600W, 잠열부하 2,480W
④ 현열부하 720W, 잠열부하 2,980W

해설
· q_s(현열부하)$=c$(비열)m(질량)Δt(온도의 변화량)
$= 1.01 \times (500 \times 0.5 \times 1.2) \times (32-27)$
$= 1,515 \text{kJ/h}$

그런데, 1W=1J/s이므로, kJ을 J로, h를 s로 바꾸면,
1,515kJ/h=1,515,000J/3,600s=420.83J/s=420.83W

· q_l(잠열부하)$=\gamma$(0℃에서 포화수의 증발잠열)m(질량)Δx(절대습도의 변화량)
$= 2,501 \times (500 \times 0.5 \times 1.2) \times (0.0182 - 0.0099)$
$= 6,227.40 \text{kJ/h}$

그런데, 1W=1J/s이므로, kJ을 J로, h를 s로 바꾸면,
6,227.49kJ/h=6,227,490J/3,600s=1,729.86J/s
$=1,729.86\text{W}$

25 냉방부하의 산정
21

다음과 같은 조건에서 실체적 3,000m³인 어떤 실의 틈새바람에 의한 냉방부하는?

[조건]
· 환기 횟수 : 0.5회/h
· 외기의 온도 : $t_o=32$℃
· 실내공기의 온도 : $t_i=26$℃
· 외기 절대습도 : $X_o=0.018$kg/kg′
· 실내공기의 절대습도 : $X_i=0.011$kg/kg′
· 공기의 밀도 : 1.2kg/m³
· 공기의 정압비열 : 1.01kJ/kg·K
· 0℃에서 물의 증발잠열 : 2,501kJ/kg

① 약 2,592W
② 약 7,560W
③ 약 11,784W
④ 약 14,523W

정답 22.① 23.③ 24.② 25.③

해설 냉방부하=현열부하+잠열부하
Q(현열부하)$=c$(비열)m(공기순환량)Δt(온도의 변화량)
$=c$(비열)ρ(공기의 밀도)V(공기순환량의 부피)Δt(온도의 변화량)
Q(잠열부하)$=m$(공기순환량)Δx(절대습도의 변화량)[γ(0℃의 증발잠열)$+c$(수증기의 비열)Δt(온도의 변화량))]
$=\rho$(물의 밀도)V(공기순환량의 부피)Δx(절대 습도의 변화량)[γ(0℃의 증발잠열)$+c$(수증기의 비열)Δt(온도의 변화량))]
일반적으로 수증기의 현열을 무시한다.

그러므로,
$Q=c\rho V\Delta t+\gamma\rho V\Delta x$
$=1.01\times(1.2\times 3,000\times 0.5)\times(32-26)+$
$2.501\times(1.2\times 3,000\times 0.5)\times(0.018-0.011)$
$=42,420.6 kJ/h=42,420,600 J/3,600s=11,783.5 J/s$
$=11,783.5W$

여기서, $1W=1J/s$이고, $1kJ/h=1,000J/3,600s=\frac{1}{3.6}J/s$,
$1W=1J/s=3.6kJ/h$

26 | 냉방부하의 산정
22, 19, 17, 10

다음과 같은 조건에서 틈새바람에 의한 냉방부하는?

[조건]
- 틈새공기량 : 50kg/h
- 외기의 상태 : 30℃, 0.016kg/kg′
- 실내공기의 상태 : 25℃, 0.010kg/kg′
- 공기의 정압비열 : 1.01kJ/kg · K
- 0℃에서 물의 증발잠열 : 2,501kJ/kg

① 139.7W ② 186.2W
③ 278.6W ④ 341.3W

해설 냉방부하=현열부하+잠열부하
q_s(현열부하)$=c$(비열)m(질량)Δt(온도의 변화량)
q_l(잠열부하)$=\gamma$(0℃에서 포화수의 증발잠열)m(질량)Δx(절대습도의 변화량)
즉, 외기부하$=cm\Delta t+\gamma m\Delta x$
$=1.01\times 50\times(30-25)+2.501\times 50\times(0.016-0.010)$
$=1,002.8 kJ/h=278.56 J/s≒278.6W$

27 | 난방부하의 산정
05

난방 시에 외기량이 500kg/h일 때 외기에 의한 난방부하는? (단, 외기의 건구온도 5℃, 절대습도 0.002kg/kg′이며, 실내공기는 건구온도 24℃, 절대습도 0.009kg/kg′이다.)

① 18,350kJ/h ② 21,880kJ/h
③ 26,660kJ/h ④ 35,710kJ/h

해설 난방부하=현열부하+잠열부하
q_s(현열부하)$=c$(비열)m(질량)Δt(온도의 변화량)
q_l(잠열부하)$=\gamma$(0℃에서 포화수의 증발잠열)m(질량)Δx(절대습도의 변화량)
난방부하$=q_s+q_l=cm\Delta t+\gamma m\Delta x$
$=1.01\times 500\times(24-5)+2,501\times 500\times(0.009-0.002)$
$=18,348.5 kJ/h$

28 | 취득열량의 산정
17

다음과 같은 조건에서 바닥면적이 200m²인 일반 사무실의 조명기구로부터 취득되는 열량은?

[조건]
- 조명기구 : 형광등
- 바닥면적당 조명 소비전력 : 30W/m²
- 점등률 : 100%
- 안정기 발열량 : 25% 할증

① 6,500W ② 7,500W
③ 8,000W ④ 10,000W

해설 조명기구로부터 취득되는 열량=조명기구의 소비전력+안정기의 발생열량이다.
그러므로, 취득되는 열량=조명기구의 소비전력+안정기의 발생열량
$=200\times 30+(200\times 30\times 0.25)$
$=7,500W$

29 | 일사 냉방부하의 산정 요소
20, 13, 10

다음 중 유리창에 의한 일사 냉방부하 산정과 가장 관계가 먼 것은?

① 위도 ② 창의 유리면적
③ 차폐의 종류 ④ 열관류율

해설 유리창에 의한 일사(태양열 복사)에 의한 취득열량은 표준일사 취득열량, 유리창의 면적, 차폐의 종류 및 위도 등과 관계가 깊고, 열관류율은 열전도 열량산정 시 관계된다.

30 | 공기의 냉각 시 상태 변화
20

습공기를 냉각하였을 경우 상태 변화 내용으로 옳은 것은?

① 비체적은 감소한다. ② 엔탈피는 증가한다.
③ 건구온도는 변화없다. ④ 습구온도는 높아진다.

해설 습공기를 냉각하였을 때, 비체적, 엔탈피, 건구온도, 습구온도는 감소한다.

정답 26.③ 27.① 28.② 29.④ 30.①

31. 공기의 가열 시 상태 변화

다음 중 습공기를 가열하였을 경우 증가하지 않는 것은?

① 엔탈피 ② 비체적
③ 건구온도 ④ 절대습도

해설 습공기를 가열할 경우, 엔탈피는 증가하고, 상대습도는 감소하며, 습구온도는 상승한다. 또한 절대습도는 어느 상태의 공기 중에 포함되어 있는 건조 공기 중량에 대한 수분의 중량비로서 단위는 kg/kg′이며, 공기를 가열한 경우에도 변화하지 않는다.

32. 공기의 가열 시 상태 변화

습공기를 가열하였을 경우 상태량이 감소하는 것은?

① 비체적 ② 엔탈피
③ 상대습도 ④ 절대습도

해설 습공기선도에서 공기의 상태 변화

구분	온도	절대습도	상대습도	엔탈피
가열한 경우	증가	불변(일정)	감소	증가
냉각한 경우	감소	불변(일정), 노점온도 이하는 감소	증가	감소
가열가습한 경우		증가		
냉각감습한 경우		감소		

33. 공기의 가습

공기의 가습에 관한 설명으로 옳은 것은?

① 온수를 분사하면 공기온도는 올라간다.
② 스팀을 계속 분사하면 상대습도가 100%를 초과하게 된다.
③ 초음파 가습기로 분무할 경우 공기온도는 변화하지 않는다.
④ 공기온도와 같은 순환수로 가습할 경우 공기의 엔탈피 변화는 거의 없다.

해설 ① 온수를 분사하면 공기의 온도는 낮아진다.
② 스팀을 계속 분사해도 상대습도는 100%를 초과할 수 없다.
③ 초음파 가습기로 분무할 경우 공기의 온도는 변화한다.

34. 습공기

습공기에 관한 설명으로 옳지 않은 것은?

① 습공기를 가열할 경우 상대습도는 낮아진다.
② 절대습도가 커질수록 수증기 분압은 커진다.
③ 습공기의 비체적은 건구온도가 높을수록 작아진다.
④ 건습구 온도차가 클수록 습공기의 상대습도는 낮아진다.

해설 습공기선도를 이용하여 보면, 습공기의 비체적은 건구온도가 높아질수록 커지는 현상을 볼 수 있다.

35. 습공기

습공기에 관한 설명으로 옳은 것은?

① 습구온도는 항상 건구온도보다 높다.
② 습공기를 가열하면 상대습도는 낮아진다.
③ 건구온도와 습구온도의 차가 클수록 습도는 높아진다.
④ 동일 건구온도에서 상대습도가 높을수록 비체적은 작아진다.

해설 ① 습구온도는 항상 건구온도보다 낮다.
③ 건구온도와 습구온도의 차이가 클수록 습도는 낮아진다.
④ 동일 건구온도에서 상대습도가 높을수록 비체적은 커진다.

36. 습공기

습공기에 관한 설명 중 옳지 않은 것은?

① 건구온도가 일정할 경우 상대습도가 높을수록 노점온도는 높아진다.
② 절대습도가 일정할 경우 건구온도가 높을수록 비체적은 커진다.
③ 건구온도가 일정할 경우 상대습도가 높을수록 절대습도는 낮아진다.
④ 절대습도가 일정할 경우 건구온도가 높을수록 엔탈피는 커진다.

해설 건구온도가 일정할 경우 상대습도가 낮을수록 절대습도는 낮아진다.

37. 습공기

습공기에 관한 설명으로 옳은 것은?

① 습공기를 가열하면 상대습도가 증가한다.
② 습공기를 가열하면 상대습도가 감소한다.
③ 습공기를 가열하면 절대습도가 증가한다.
④ 습공기를 가열하면 절대습도가 감소한다.

해설 습공기를 가열하면 상대습도는 감소하고, 절대습도는 변하지 않는다. 즉, 일정하다.

정답 31. ④ 32. ③ 33. ④ 34. ③ 35. ② 36. ③ 37. ②

38 | 노점온도
15, 12, 07

습공기선도상에서 포화상태 이외의 어떤 상태점을 고려할 때 다음 중 그 값이 가장 낮은 것은?

① 건구온도 ② 습구온도
③ 노점온도 ④ 절대온도

해설 포화상태의 건구온도=습구온도=노점온도는 동일하나, 포화상태 외의 공기에서는 노점온도<습구온도<건구온도의 순이다.

39 | 물리적 온열요소
23, 18, 11

다음 중 인체의 열쾌적에 영향을 미치는 물리적 온열요소에 속하는 것은?

① 상대습도 ② 노점온도
③ 엔탈피   ④ 현열비

해설 인체의 열쾌적(온열환경요소)의 물리적 요소에는 온도(건구온도), 습도(상대습도), 기류 및 주위벽의 복사열 등이 있고, 개인적(인체적) 요소는 착의 상태(clo), 활동량(met) 등이 있다.

40 | 열수분비
23, 18, 12, 07

습공기의 상태변화량 중 수분의 변화량과 엔탈피 변화량의 비율을 의미하는 것은?

① 열수분비   ② 현열비
③ 접촉계수   ④ 바이패스계수

해설 열수분비는 공기의 온도 및 습도가 변화할 때, 가감된 열량의 변화량과 수분량의 변화량과의 비율을 말하며, 현열비는 습한 공기의 온도와 습도가 동시에 변화한 경우의 현열과 잠열의 변화 관계를 나타낸 것으로 즉, 현열비 = $\dfrac{\text{현열의 변화량}}{\text{전열(현열+잠열)의 변화량}}$ 이며, 바이패스계수는 냉각코일에 있어서 코일 통과풍량 중 핀이나 튜브의 표면과 접촉하지 않고 통과되어 버리는 풍량의 비율이다.

41 | 열수분비의 산정
20

건구온도 20℃, 상대습도 50%인 습공기(절대습도 0.0072 kg/kg′, 엔탈피 39kJ/kg) 8,000kg/h을 가열, 가습하여 건구온도 35℃, 상대습도 50%인 습공기(절대습도 0.0179kg/ kg′, 엔탈피 80.9kJ/kg)로 만들었다. 이때의 열수분비는 얼마인가?

① 2,854kJ/kg   ② 3,242kJ/kg
③ 3,916kJ/kg   ④ 4,582kJ/kg

해설 U(열수분비)

$= \dfrac{\text{공기의 엔탈피의 변화량}}{\text{공기의 절대습도의 변화량}} = \dfrac{80.9-39}{0.0179-0.0072}$

$= 3,915.88 ≒ 3,916\text{kJ/kg}$

42 | 열수분비의 산정
08

습공기가 120℃의 수증기로 가습될 때 열수분비(kJ/kg)는? (단, 0℃에서 포화수의 증발잠열=2,501kJ/kg, 수증기의 정압비열=1.85kJ/kg · K)

① 502   ② 1,620
③ 2,478   ④ 2,723

해설 열수분비(U)는 공기의 온도 및 습도가 변화할 때 가감된 열량의 변화량과 수분량의 변화량과의 비율 또는 공기의 엔탈피 변화량과 절대습도의 변화량과의 비를 말한다.
즉, 열수분비(U)

$= \dfrac{i_2(\text{변화 후 공기 엔탈피})-i_1(\text{변화 전 공기 엔탈피})}{x_2(\text{변화 후 절대습도})-x_1(\text{변화 전 절대습도})}$

$= \dfrac{q_s(\text{공기에 가해진 현열량})+q_l(\text{공기에 가해진 잠열량})}{L(\text{공기에 가해진 수분량})}$

$+ i_v(\text{수분의 엔탈피})$

$= \gamma(0℃\text{에서 포화수의 증발잠열})+c_w(\text{수증기의 정압비열})$
$\times t(\text{수증기의 온도})$

그러므로, $U = \gamma + c_w t = 2,501 + 1.85 \times 120 = 2,723\text{kJ/kg}$

43 | 열수분비의 산정
01

건구온도 $t_1 = 5℃$, 상대습도 70%의 습공기 1kg을 가열한 후 다시 50℃ 온수로 스프레이하여 가습하였다. 이때의 가열량이 50kJ, 온수가습량은 0.007kg이라면 가열 가습과정에 대한 열수분비는?

① 19,942kJ/kg   ② 7,143kJ/kg
③ 6,823kJ/kg   ④ 6,120kJ/kg

해설 $U(\text{열수분비}) = \dfrac{q_s(\text{현열량})+q_l(\text{잠열량})}{L(\text{수분량})}$

즉, $\mu = \dfrac{q_s+q_l}{L} = \dfrac{50}{0.007} = 7,143\text{kJ/kg}$

44 | 혼합공기의 온도
24, 19, 16, 06

건구온도가 15℃인 공기 10kg과 건구온도 30℃인 공기 5kg을 혼합하였을 경우 혼합공기의 온도는?

① 18℃   ② 20℃
③ 25℃   ④ 28℃

정답 38.③ 39.① 40.① 41.③ 42.④ 43.② 44.②

해설 혼합공기의 온도
$= \dfrac{m_1 t_1 + m_2 t_2}{m_1 + m_2} = \dfrac{10 \times 15 + 5 \times 30}{10 + 5} = 20℃$

45 | 혼합공기의 온도
22

건구온도 33℃의 공기 20kg과 건구온도 25℃의 공기 80kg을 단열혼합하였을 때, 혼합공기의 건구온도는?

① 25.4℃ ② 26.6℃
③ 31.4℃ ④ 35.2℃

해설 열적 평행상태에 의해서, $m_1(t_1 - T) = m_2(T - t_2)$ 이다.

그러므로, $T = \dfrac{m_1 t_1 + m_2 t_2}{m_1 + m_2}$ 이다.

$m_1 = 20\text{kg}$, $m_2 = 80\text{kg}$, $t_1 = 33℃$, $t_2 = 25℃$ 이므로
$T = \dfrac{m_1 t_1 + m_2 t_2}{m_1 + m_2} = \dfrac{20 \times 33 + 80 \times 25}{20 + 80} = 26.6℃$

46 | 혼합수의 온도
17

90℃의 물 500kg과 30℃의 물 1,000kg을 혼합하였을 때 혼합된 물의 온도는?

① 20℃ ② 30℃
③ 40℃ ④ 50℃

해설 혼합수의 온도
열적 평행 상태에 의해서, $m_1(t_1 - T) = m_2(T - t_2)$ 에서,
$T = \dfrac{m_1 t_1 + m_2 t_2}{m_1 + m_2}$ 이다.
∴ $T = \dfrac{m_1 t_1 + m_2 t_2}{m_1 + m_2} = \dfrac{500 \times 90 + 1,000 \times 30}{(500 + 1,000)} = 50℃$

47 | 혼합공기의 온도
21

온도 35℃의 외기 30%와 26℃의 환기 70%를 단열혼합하는 경우 혼합공기의 온도는?

① 27.9℃  ② 28.7℃
③ 30.5℃ ④ 32.3℃

해설 열적 평행 상태에 의해서, $m_1(t_1 - T) = m_2(T - t_2)$ 에서,
$T = \dfrac{m_1 t_1 + m_2 t_2}{m_1 + m_2}$ 이다.
여기서, $m_1 = 30\%$, $m_2 = 70\%$, $t_1 = 35℃$, $t_2 = 26℃$
∴ $T = \dfrac{m_1 t_1 + m_2 t_2}{m_1 + m_2} = \dfrac{0.3 \times 35 + 0.7 \times 26}{0.3 + 0.7} = 28.7℃$

48 | 혼합공기의 온도
15

건구온도 22℃인 공기와 1℃인 공기를 3 : 1로 혼합하였을 때 혼합공기의 온도는?

① 14.25℃
② 15.75℃
③ 16.75℃
④ 17.75℃

해설 열적 평행 상태에 의해서, $m_1(t_1 - T) = m_2(T - t_2)$ 에서,
$T = \dfrac{m_1 t_1 + m_2 t_2}{m_1 + m_2}$ 이다.
여기서, $m_1 = 3\text{kg}$, $m_2 = 1\text{kg}$, $t_1 = 22℃$, $t_2 = 1℃$
∴ $T = \dfrac{m_1 t_1 + m_2 t_2}{m_1 + m_2} = \dfrac{3 \times 22 + 1 \times 1}{3 + 1} = 16.75℃$

49 | 혼합공기의 온도
23, 16

건구온도 35℃인 외기와 건구온도 25℃인 실내 공기를 4 : 6으로 혼합할 경우 혼합공기의 건구온도는?

① 28℃  ② 29℃
③ 30℃ ④ 31℃

해설 혼합공기의 온도
열적 평행 상태에 의해서, $m_1(t_1 - T) = m_2(T - t_2)$ 에서,
$T = \dfrac{m_1 t_1 + m_2 t_2}{m_1 + m_2}$ 이다.
여기서, $m_1 = 4l$, $m_2 = 6l$, $t_1 = 35℃$, $t_2 = 25℃$
∴ $T = \dfrac{m_1 t_1 + m_2 t_2}{m_1 + m_2} = \dfrac{4 \times 35 + 6 \times 25}{(4 + 6)} = 29℃$

50 | 가열 열량
09

3kg의 공기를 20℃에서 100℃로 가열할 때 필요한 열량은? (단, 공기의 비열은 1.01kJ/kg · K이다.)

① 170.1kJ
② 220.4kJ
③ 242.4kJ
④ 262.3kJ

해설 Q(열량)$= c$(비열)m(질량)Δt(온도의 변화량)
$Q = c m \Delta t$에서, $c = 1.01\text{kJ/kg} \cdot \text{K}$, $m = 3\text{kg}$,
$t = 100 - 20 = 80℃$
그러므로, $Q = c m \Delta t = 1.01 \times 3 \times 80 = 242.4\text{kJ}$

정답 45. ② 46. ④ 47. ② 48. ③ 49. ② 50. ③

51 | 공기의 상대습도
21, 10

건구온도 30℃, 수증기 분압 1.69kPa인 습공기의 상대습도는? (단, 30℃ 포화공기의 수증기 분압은 4.23kPa이다.)

① 20% ② 30%
③ 40% ④ 50%

해설 상대습도는 수증기분압과 동일한 온도의 포화공기의 수증기 분압과의 비를 백분율로 나타낸 것. 즉, 상대습도

$$\phi = \frac{수증기분압}{포화 시 수증기분압} \times 100 = \frac{1.69}{4.23} \times 100 = 40\%$$

52 | 혼합공기의 온도와 습도
24, 22, 10, 08, 04

건구온도 33℃, 절대습도 0.021kg/kg′의 공기 20kg과 건구온도 25℃, 절대습도 0.012kg/kg′의 공기 80kg을 단열혼합하였을 때, 혼합공기의 건구온도와 절대습도는?

① 건구온도 : 26.6℃, 절대습도 : 0.0138kg/kg′
② 건구온도 : 26.6℃, 절대습도 : 0.0192kg/kg′
③ 건구온도 : 31.4℃, 절대습도 : 0.0138kg/kg′
④ 건구온도 : 31.4℃, 절대습도 : 0.0192kg/kg′

해설 건구온도$(t) = \dfrac{m_1 t_1 + m_2 t_2}{m_1 + m_2} = \dfrac{20 \times 33 + 80 \times 25}{20 + 80} = 26.6℃$

절대습도$(x) = \dfrac{m_1 x_1 + m_2 x_2}{m_1 + m_2} = \dfrac{20 \times 0.021 + 80 \times 0.012}{20 + 80}$
$= 0.0138 \text{kg/kg}′$

53 | 혼합공기의 온도와 습도
22, 12

건구온도 35℃, 절대습도 0.022kg/kg′인 외기와 건구온도 26℃, 절대습도 0.0105kg/kg′ 실내공기를 3 : 7로 혼합할 경우 혼합공기의 건구온도 및 절대습도는?

① 29.4℃, 0.015kg/kg′
② 28.7℃, 0.014kg/kg′
③ 27.5℃, 0.016kg/kg′
④ 26.6℃, 0.017kg/kg′

해설 건구온도$(t) = \dfrac{m_1 t_1 + m_2 t_2}{m_1 + m_2} = \dfrac{3 \times 35 + 7 \times 26}{3 + 7} = 28.7℃$

절대습도$(x) = \dfrac{m_1 x_1 + m_2 x_2}{m_1 + m_2}$
$= \dfrac{3 \times 0.022 + 7 \times 0.0105}{3 + 7}$
$= 0.01395 ≒ 0.014 \text{kg/kg}′$

54 | 혼합공기의 상태
22, 08

온도 35℃, 절대습도 0.018kg/kg′인 공기 150kg과 온도 15℃, 절대습도 0.008kg/kg′인 공기 200kg을 단열혼합할 때 혼합공기의 상태는?

① 온도 23.6℃, 절대습도 0.012kg/kg′
② 온도 23.6℃, 절대습도 0.014kg/kg′
③ 온도 24.8℃, 절대습도 0.012kg/kg′
④ 온도 24.8℃, 절대습도 0.014kg/kg′

해설
- 건구온도(t)

$$t = \frac{m_1 t_1 + m_2 t_2}{m_1 + m_2} = \frac{150 \times 35 + 200 \times 15}{150 + 200}$$
$= 23.57 ≒ 23.6℃$

- 절대습도(x)

$$x = \frac{m_1 x_1 + m_2 x_2}{m_1 + m_2}$$
$= \dfrac{150 \times 0.018 + 200 \times 0.008}{150 + 200}$
$= 0.0122 ≒ 0.012 \text{kg/kg}′$

55 | 에어 커튼의 용도
06, 04

다음 중 에어 커튼(air curtain)의 일반적인 용도를 가장 옳게 설명한 것은?

① 건물의 출입구에 실내열의 차단을 목적으로 설치한다.
② 건물의 창 등에 실내열의 차단을 목적으로 설치한다.
③ 내벽 대신 공간의 분리를 목적으로 설치한다.
④ 체육관 등 큰 공간의 효과적 공조를 목적으로 설치한다.

해설 ② 커튼, ③ 파티션(칸막이), ④ 공기조화설비
에어 커튼은 출입문에서 개방 시 열손실을 막기 위해 기류로 차단하는 것이다.

56 | 엔탈피
22, 19, 14, 12, 11, 09, 05

공기조화 용어 중 엔탈피(enthalpy)가 의미하는 것은?

① 비체적 ② 비습도
③ 수분함유량 ④ 전열량

해설 엔탈피(enthalpy)란 그 물체가 보유하는 열량의 합계, 즉 습공기의 전열량(잠열+현열량)으로 역학상 엄밀한 의미로 나타내면 내부 에너지와 외부에 대하여 한 일의 에너지와의 합이지만, 공기 조화에서 이용되는 공기의 온도 변화와 같이 일정압의 상태에서 열량을 가할 경우의 엔탈피는 0℃의 공기나 물을 기준으로 하여 유체 내의 함유된 열량으로 나타낸다.

정답 51. ③ 52. ① 53. ② 54. ① 55. ① 56. ④

57 | 엔탈피
21, 20

습공기의 엔탈피(enthalpy)를 설명한 것으로 옳은 것은?

① 습공기가 갖는 현열량
② 습공기가 갖는 현열량과 잠열량의 합계
③ 습공기가 갖는 현열량을 전열량으로 나눈 값
④ 습공기가 갖는 현열량을 현열량으로 나눈 값

해설 엔탈피(enthalpy)란 그 물체가 보유하는 열량의 합계, 즉 습공기의 전열량(잠열+현열량)으로 역학상 엄밀한 의미로 나타내면 내부 에너지와 외부에 대하여 한 일의 에너지와의 합이지만, 공기 조화에서 이용되는 공기의 온도 변화와 같이 일정압의 상태에서 열량을 가할 경우의 엔탈피는 0℃의 공기나 물을 기준으로 하여 유체 내의 함유된 열량으로 나타낸다.

58 | 공기의 가열 시 상태 변화
11, 10, 09

다음 중 습공기를 가열할 경우 상태값이 변하지 않는 것은?

① 엔탈피
② 절대습도
③ 상대습도
④ 습구온도

해설 습공기를 가열할 경우, 엔탈피는 증가하고, 상대습도는 감소하며, 습구온도는 상승한다. 또한 절대습도는 어느 상태의 공기 중에 포함되어 있는 건조공기 중량에 대한 수분의 중량비로서 단위는 kg/kg′이며, 공기를 가열한 경우에도 변화하지 않는다.

59 | 엔탈피의 산정
11, 08

건공기 10kg의 엔탈피는? (단, 공기의 건구온도는 10℃)

① 50kJ
② 76kJ
③ 101kJ
④ 126kJ

해설 건공기의 엔탈피
$= c_p$(공기의 정압비열)$\times m$(질량)$\times t$[건구(건조공기)의 온도]
$= 1.01 \times 10 \times 10 = 101$kJ

60 | 엔탈피의 산정
20, 19②, 17, 15, 14, 13, 09, 07, 04

건구온도 20℃, 절대습도 0.015kg/kg′인 습공기 6kg의 엔탈피는? (단, 공기 정압비열 1.01kJ/kg · K, 수증기 정압비열 1.85kJ/kg · K, 0℃에서 포화수의 증발잠열 2,501kJ/kg)

① 58.2kJ
② 120.7kJ
③ 228.8kJ
④ 349.6kJ

해설 습공기 엔탈피(kJ/kg)=건조 공기의 엔탈피+수증기의 엔탈피×대기 중의 절대습도
$= m\{(c_p \times t) + x(\gamma + c_{vp} \times t)\}$ 에서,
$m = 6$kg, $c_p = 1.01$kJ/kg · K, $x = 0.015$kg/kg′,
$\gamma = 2,501$kJ/kg, $c_{vp} = 1.85$kJ/kg · K, $t = 20$℃
그러므로, 습공기 엔탈피(kJ/kg)$= m\{(c_p \times t) + x(\gamma + c_{vp} \times t)\}$
$= 6 \times [(1.01 \times 20) + 0.015 \times (2,501 + 1.85 \times 20)]$
$= 349.62$kJ

61 | 엔탈피의 산정
19②, 17, 15, 10

건구온도 32℃, 절대습도 0.025kg/kg′인 습공기의 엔탈피는? (단, 건공기 정압비열 1.01kJ/kg · K, 수증기 정압비열 1.85kJ/kg · K, 0℃에서 포화수의 증발잠열 2501kJ/kg이다.)

① 71.12kJ/kg
② 96.33kJ/kg
③ 140.62kJ/kg
④ 182.52kJ/kg

해설 습공기 엔탈피(kJ/kg)$= m\{(c_p \times t) + x(\gamma + c_{vp} \times t)\}$ 에서,
$m = 1$kg, $c_p = 1.01$kJ/kg · K, $x = 0.025$kg/kg′,
$\gamma = 2,501$kJ/kg, $c_{vp} = 1.85$kJ/kg · K, $t = 32$℃
그러므로, 습공기 엔탈피(kJ/kg)$= m\{(c_p \times t) + x(\gamma + c_{vp} \times t)\}$
$= 1 \times [(1.01 \times 32) + 0.025 \times (2,501 + 1.85 \times 32)]$
$= 96.325$kJ/kg

62 | 엔탈피의 산정
23, 21, 15

어떤 습공기의 건구온도가 20℃, 절대습도가 0.01kg/kg′일 때, 이 습공기의 엔탈피는? (단, 건공기의 정압비열은 1.01kJ/kg · K, 수증기 정압비열은 1.85kJ/kg · K, 0℃에서 포화수의 증발잠열은 2,501kJ/kg이다.)

① 31.92kJ/kg
② 35.28kJ/kg
③ 45.58kJ/kg
④ 52.92kJ/kg

해설 습공기 엔탈피(kJ/kg)
$= m\{(c_p \times t) + x(\gamma + c_{vp} \times t)\}$
$= 1 \times [(1.01 \times 20) + 0.01 \times (2,501 + 1.85 \times 20)]$
$= 45.58$kJ/kg

63 | 현열비의 산정
25, 17

다음과 같은 조건에서 코일로 제거되는 전열량에 대한 현열량의 비는?

[조건]
- 코일 입구공기의 온도 : $t_1 = 35℃$
- 코일 입구공기의 엔탈피 : $h_1 = 72kJ/kg$
- 코일 출구공기의 온도 : $t_2 = 17℃$
- 코일 출구공기의 엔탈피 : $h_2 = 42kJ/kg$
- 공기의 비열 $1.01kJ/kg \cdot K$

① 0.606 ② 0.701
③ 0.806 ④ 0.901

해설 현열비 = $\dfrac{현열량}{전열량(현열량+잠열량)}$
$Q(현열량) = C(비열)m(질량)\Delta t(온도의 변화량)$
$= 1.01 \times 1 \times (35-17) = 18.18kJ$
전열량은 엔탈피의 변화량이므로 $72-42=30kJ$
그러므로, 현열비 = $\dfrac{현열량}{전열량(현열량+잠열량)} = \dfrac{18.18}{30}$
$= 0.606$

64 | 습공기선도 구성요소
22, 15, 09

습공기선도의 표시 사항에 속하지 않는 것은?

① 엔탈피 ② 상대습도
③ 현열비 ④ 엔트로피

해설 습공기선도로 알 수 있는 것은 습도(절대습도, 비습도, 상대습도 등), 온도(건구온도, 습구온도, 노점온도), 수증기분압, 비체적, 열수분비, 엔탈피 및 현열비 등이다. 그러나 습공기의 기류, 비열, 엔트로피, 열용량 및 열관류율은 습공기선도에서는 알 수 없는 사항이다. 엔트로피는 열역학적 계의 유용하지 않은 (일로 변환할 수 없는) 에너지의 흐름을 설명할 때 이용되는 상태 함수이다.

65 | 습공기선도 구성요소
24, 21

습공기의 건구온도와 습구온도를 알 경우 습공기선도상에서 파악할 수 없는 것은?

① 비체적 ② 노점온도
③ 열수분비 ④ 수증기분압

해설 습공기선도로 알 수 있는 것은 습도(절대습도, 비습도, 상대습도 등), 온도(건구온도, 습구온도, 노점온도 등), 수증기분압, 비체적, 열수분비, 엔탈피 및 현열비 등이다. 열수분비(공기의 온도와 습도가 변화할 때, 절대온도의 단위 증가량에 대한 엔탈피의 증가량의 비율)는 습공기선도에서 구할 수 있으나, 건구온도와 습구온도만 아는 경우에는 구할 수 없다.

66 | 습공기선도 구성요소
23, 19, 16, 15, 07

습공기선도상에 표시할 수 있는 습공기의 상태가 아닌 것은?

① 습구온도 ② 비열
③ 비체적 ④ 엔탈피

해설 습공기선도로 알 수 있는 것은 습도(절대습도, 비습도, 상대습도 등), 온도(건구온도, 습구온도, 노점온도 등), 수증기분압, 비체적, 열수분비, 엔탈피 및 현열비 등이다.

67 | 공기의 가열 시 상태 변화
24, 19, 12

습공기선도상의 상태점(건구온도 26℃, 상대습도 50%)에서 건구온도만을 낮출 경우 상승하는 것은?

① 상대습도 ② 습구온도
③ 비체적 ④ 엔탈피

해설 건구온도(공기의 온도)를 낮추면, 건구온도와 습구온도, 비체적, 포화수증기량, 엔탈피는 감소(하강)하고, 상대습도는 증가(상승)하며, 절대습도는 변함이 없다.

68 | 습공기선도의 종류
07, 03

습구온도선을 이용하여 엔탈피의 값을 읽도록 되어 있는 공기선도는?

① $\lambda - Re$ 선도 ② $t - x$ 선도
③ $t - p$ 선도 ④ $p - i$ 선도

해설 습공기 선도의 종류
㉠ i(엔탈피)-x(절대습도)선도는 절대습도 x를 횡축에 엔탈피 i를 종축으로 하여 구성되며, 엔탈피, 절대습도 이외에 건구온도, 상대습도, 수증기분압, 습구온도, 비체적 등과 같은 상태값이 기입되어 있고, 포화곡선, 현열비, 열수분비 등이 나타나 있으며 습구온도에는 단열포화온도가 이용되고 있다.
㉡ t(건구온도)-x(절대습도)선도(carrier chart)는 건구온도 t를 횡축으로 절대습도 x를 종축으로 하여 직각좌표를 작도하고 각종 상태치를 나타내는 선군을 그려 넣은 것으로 건구온도선이 전부 평행으로 되어 있고 습구온도선을 이용하여 엔탈피의 값을 읽도록 되어 있는 것이 특징이다.
㉢ t(건구온도)-i(엔탈피)선도는 건구온도 t와 엔탈피 i를 직교좌표로 하여 그린 것이다. 이 선도는 물과 공기가 접촉하면서 변화하는 경우의 해석에 편리하며, 공기류 중에 물을 분무하는 공기세정기(air washer)나 냉각탑 등의 해석을 할 때 이용된다.

정답 63. ① 64. ④ 65. ③ 66. ② 67. ① 68. ②

69 | 습공기선도 구성요소
16

습공기선도상에서 2가지의 상태값을 알더라도 습공기의 상태를 알 수 없는 경우가 있다. 이와 같은 상태값의 조합은?

① 건구온도와 습구온도
② 습구온도와 상대습도
③ 건구온도와 상대습도
④ 절대습도와 수증기분압

해설 습공기선도로 알 수 있는 것은 습도(절대습도, 비습도, 상대습도 등), 온도(건구온도, 습구온도, 노점온도 등), 수증기분압, 비체적, 열수분비, 엔탈피 및 현열비 등이고, 교점이 생기지 않는 경우, 즉 상태점을 알 수 없는 경우는 절대습도와 수증기분압, 절대습도와 노점온도이다.

70 | 습공기선도
18, 14, 13, 11

다음의 습공기선도와 관련된 설명 중 옳지 않은 것은?

① 현열비는 전열량에 대한 현열량의 비율을 의미한다.
② 습공기선도에서 현열비 상태선이 수평일 때 현열비는 0이다.
③ 습공기를 냉각하였을 경우 건구온도는 낮아지고, 상대습도는 높아진다.
④ 열수분비는 습공기의 상태변화에 따른 전열량의 변화량과 절대습도의 변화량의 비를 나타낸다.

해설 현열비는 습한 공기의 온도 및 습도가 동시에 변화하는 경우의 현열과 전열과의 변화 관계를 나타낸 것이다. 즉, 현열비 = 현열의 변화량 / 전열(현열+잠열)의 변화량 이고, 현열비 상태선 중 수평 상태선(건구온도만 변화)의 현열비는 1이며, 수직 상태선(절대습도와 수증기분압이 변화)의 현열비는 0이다.

71 | 감습장치의 비교
18, 05, 03

염화리튬(LiCl)을 사용하는 감습장치가 냉각 감습식보다 유리한 조건이 아닌 것은?

① 공조되고 있는 실내의 건구온도가 0℃ 이상이고 노점온도가 0℃ 이하일 때
② 공조기 출구의 노점이 5℃ 이하일 때
③ 실내 잠열부하의 변동이 클 때 실내온도를 일정하게 유지할 경우
④ 온도가 32℃ 이상 또는 10℃ 이하에서 저습도로 할 때

해설 고체, 액체식(염화리튬) 감습장치는 발열반응으로 실내온도의 정밀한 온도제어가 어려운 단점이 있으므로 냉각 감습식보다 불리하다.

72 | 온도의 관계
19④, 15②

상대습도 60%인 습공기의 건구온도(a), 습구온도(b), 노점온도(c)의 크기 관계가 옳은 것은?

① a>b>c
② b>a>c
③ b>c>a
④ c>b>a

해설 습공기선도의 상태점

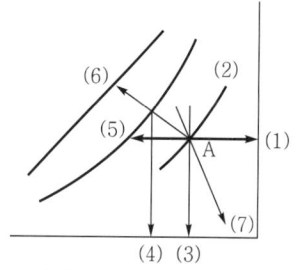

(1) 절대습도, (2) 상대습도, (3) 건구온도, (4) 습구온도, (5) 노점온도, (6) 엔탈피, (7) 비체적

그러므로, 다음과 같은 습공기선도를 참고하여 보면 건구온도>습구온도>노점온도임을 알 수 있다.

73 | 습공기선도
20

습공기선도에 관한 설명으로 옳지 않은 것은?

① 현열비 '1'은 수평상태의 기울기를 나타낸다.
② 열수분비 '0'의 기울기는 비엔탈피선과 동일한 기울기를 나타낸다.
③ 습공기선도상에서 건구온도 30℃, 습구온도 20℃인 습공기의 노점온도는 파악할 수 없다.
④ 습공기의 상태가 변화하고 이를 습공기선도에 표시하면 현열뿐만 아니라 잠열의 변화량도 알 수 있다.

해설 습공기선도상에서 건구온도와 습구온도를 알면 노점온도를 구할 수 있다. 즉, 건구온도 30℃와 습구온도 20℃의 교차점을 찾고, 수평으로 이동하여 포화공기선과 만난 점에서 수직으로 내려 노점온도를 구한다.

74 | 습공기 상태의 변화
22, 20, 03

다음의 습공기선도상에서 공기 상태점 A가 C로 변할 때 이러한 공기의 상태변화를 무엇이라 하는가?

① 잠열변화
② 가열가습
③ 냉각감습
④ 증발냉각

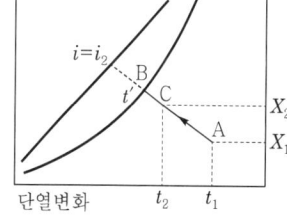

정답 69.④ 70.② 71.③ 72.① 73.③ 74.④

해설 A에서 C의 변화는 단열변화(엔탈피가 일정하고 냉각가습되는 것)로 순환수 분무(증발냉각)에서 상태변화를 알 수 있는 변화이다.

75 | 습공기 상태의 변화
24, 20, 12

공조기 내에서 습공기가 다음 그림과 같이 상태변화를 할 때 변화과정으로 옳은 것은?

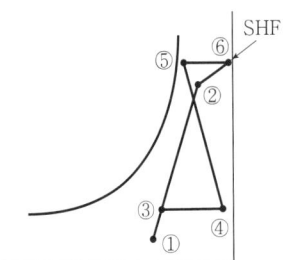

① 혼합 – 예열 – 가습 – 재열
② 혼합 – 가습 – 가열 – 재열
③ 혼합 – 냉각 – 가열 – 가습
④ 예열 – 혼합 – 가열 – 가습

해설 그림을 보면 ①의 외기와 ②의 실내 환기가 ③번에서 혼합되고, ④에서 가열되며, ⑤에서 단열가습(증발냉각)하고, ⑥에서 가열(재열)한 후 ②에서 실내로 취출한다.

76 | 습공기 상태의 변화
21

다음 습공기선도상에서 화살표 방향(A → B)으로 공기의 상태가 변화하는 것을 무엇이라고 하는가?

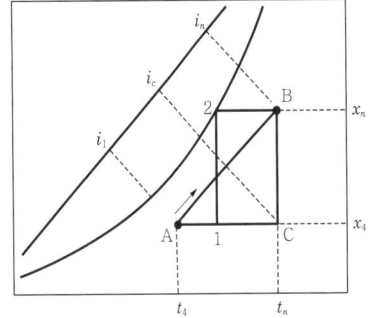

① 가열감습변화
② 가열가습변화
③ 냉각감습변화
④ 냉각가습변화

해설 다음 그림은 습공기선도상의 각 과정을 나타낸 것이다. 대부분의 과정이 모두 직선으로 표시된다.

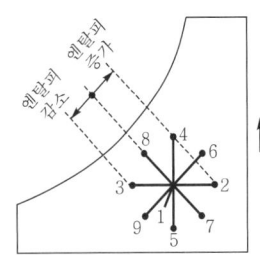

1 → 2 : 현열가열
1 → 3 : 현열냉각
1 → 4 : 가습
1 → 5 : 감습
1 → 6 : 가열가습
1 → 7 : 가열감습
1 → 8 : 냉각가습
1 → 9 : 냉각감습

〈공기조화의 각 과정〉

77 | 습공기의 상태값
20, 17, 14, 13

공기조화기의 가열코일 입구와 출구에서 공기의 상태값이 변화하지 않는 것은?

① 엔탈피
② 상대습도
③ 건구온도
④ 절대습도

해설 공기조화기의 가열코일에 의해 공기를 가열하면, 건구온도와 엔탈피는 증가하고, 상대습도는 감소하나, 절대습도는 변화가 없다.

❹ 환기설비 계획

01 | 필요환기량의 산정
12

체적이 3,000m³인 실의 환기횟수가 3회/h인 경우 환기량은? (단, 공기의 밀도는 1.2kg/m³이다.)

① 3,000kg/h
② 3,600kg/h
③ 9,000kg/h
④ 10,800kg/h

해설 Q(환기량)=n(환기횟수)×m(환기량의 무게)[kg/h]
=n(환기횟수)×V(실의 체적)×ρ(공기의 밀도)[kg/h]
그러므로, Q(환기량)=n(환기횟수)×V(실의 체적)×ρ(공기의 밀도)[kg/h]
=3×3,000×1.2=10,800kg/h

02 | 필요환기량의 산정
06

환기횟수가 0.5회/h일 때 체적이 2,000m³인 실의 환기량(kg/h)은? (단, 공기의 밀도는 1.2kg/m³이다.)

① 600kg/h
② 800kg/h
③ 1,000kg/h
④ 1,200kg/h

해설 Q(환기량)$=n$(환기횟수)$\times m$(환기량의 무게)[kg/h]
$=n$(환기횟수)$\times V$(실의 체적)$\times \rho$(공기의 밀도)(kg/h)
그러므로, Q(환기량)$=n$(환기횟수)$\times V$(실의 체적)$\times \rho$(공기의 밀도)(kg/h)
$=0.5\times 2,000\times 1.2$
$=1,200$ kg/h

03 | 필요환기량의 산정
24, 16, 11, 09

실용적 3,000m³, 재실자 350인의 집회실이 있다. 다음과 같은 조건에서 실내온도 $t_1=19$℃ 로 하기 위한 필요환기량은?

[조건]
- 외기온도 : $t_0=15$℃
- 재실자 1인당의 발열량 : 80W
- 실의 손실열량 : 4,000W
- 공기의 밀도 : 1.2kg/m³
- 공기의 정압비열 : 1.01kJ/kg·K

① 2,400m³/h
② 4,950.50m³/h
③ 17,821.8m³/h
④ 21,600m³/h

해설 발열량에 의한 환기량(Q)
$$=\frac{H(\text{발열량})}{c_p(\text{공기의 정압비열})\rho(\text{공기의 밀도})t(\text{온도의 변화량})}$$
$=\dfrac{(80\times 350-4,000)\div 1,000}{1.01\times 1.2\times (19-15)}=4.95$ m³/s $=17,821.8$ m³/h
여기서, 1,000은 W의 단위를 kW의 단위로 환산하기 위한 숫자이다.

04 | 필요환기량의 산정
01

일반사무소 화장실 면적이 100m²이고, 천장고 2.5m일 때 최적 환기량(m³/h)은? (단, 환기횟수는 10회/hr로 한다.)

① 1,250
② 2,500
③ 5,000
④ 5,500

해설 Q(환기량)$=n$(환기횟수)$\times V$(실의 체적)[m³/h]이므로
$Q=nV=nAh=10\times 100\times 2.5=2,500$ m³/h

05 | 필요환기량의 산정
12, 08

다음과 같은 조건에서 어느 작업장의 발생 현열량이 2,900W일 때 필요환기량(m³/h)은?

[조건]
- 허용 실내온도 : 36℃
- 외기온도 : 28℃
- 공기의 밀도 : 1.2kg/m³
- 공기의 정압비열 : 1.01kJ/kg·K

① 311.3
② 498.8
③ 672.5
④ 1,076.7

해설 발열량에 의한 환기량(Q)
$$=\frac{H(\text{발열량})}{c_p(\text{공기의 정압비열})\rho(\text{공기의 밀도})\Delta t(\text{온도의 변화량})}$$
$=\dfrac{2,900\div 1,000}{1.2\times 1.01\times (36-28)}=0.299$ m³/s $=1,076.7$ m³/h
여기서, 1,000은 W의 단위를 kW의 단위로 환산하기 위한 숫자이다.

06 | 필요환기량의 산정
22, 18

다음과 같은 조건에서 어느 작업장의 발생 현열량이 4,000W일 때 필요환기량(m³/h)은?

[조건]
- 허용 실내온도 : 35℃
- 외기온도 : 25℃
- 공기의 밀도 : 1.2kg/m³
- 공기의 정압비열 : 1.01kJ/kg·K

① 441.3
② 698.8
③ 872.5
④ 1,188.1

해설 Q(현열 부하)$=c$(비열)m(취출 풍량의 무게)Δt(온도의 변화량)
$=c$(비열)ρ(취출 공기의 밀도)V(취출 풍량의 부피)Δt(온도의 변화량)
$$V=\frac{Q}{c\rho\Delta t}=\frac{4,000}{(1.01\times 1,000)\times 1.2\times (35-25)}$$
$=0.33003$ m³/s
$=1,188.1$ m³/h

07 | 필요환기량의 산정
20, 14, 10

어느 사무실이 다음과 같은 조건에 있을 때 요구되는 환기량은?

[조건]
- 재실인원 : 70인
- 실내 CO_2 허용농도 : 1,000ppm
- 재실자 1인당의 CO_2 발생량 : $0.02m^3/h$
- 외기 중의 CO_2 농도 : 0.03%

① $500m^3/h$
② $1,000m^3/h$
③ $1,500m^3/h$
④ $2,000m^3/h$

해설 Q(필요환기량)
$$= \frac{M(\text{실내에서의 } CO_2 \text{발생량})}{C_i(\text{실내의 } CO_2\text{허용농도}) - C_a(\text{외기의 } CO_2\text{농도})}$$
$$= \frac{70 \times 0.02}{0.001 - 0.0003} = 2,000 m^3/h$$

08 | 필요환기량의 산정
23, 20, 17, 13

다음과 같은 조건에서 실내 CO_2의 허용농도를 1,000ppm으로 할 때, 필요환기량은?

[조건]
- 재실인원 : 10인
- 실내 1인당 CO_2 배출량 : $0.02m^3/h$
- 외기 CO_2 농도 : 350ppm

① $249.2m^3/h$
② $275.4m^3/h$
③ $307.7m^3/h$
④ $356.8m^3/h$

해설 Q(필요환기량)
$$= \frac{M(\text{실내에서의 } CO_2\text{발생량})}{C_i(\text{실내의 } CO_2\text{허용농도}) - C_a(\text{외기의 } CO_2\text{농도})}$$
$$= \frac{10 \times 0.02}{0.001 - 0.00035} = 307.69 m^3/h$$

09 | 필요환기량의 산정
23, 19, 18②, 17, 16, 15, 14, 13, 08, 06

10m×10m×3.2m 크기의 강의실에 35명의 사람이 있을 때 실내의 이산화탄소 농도를 0.1%로 하기 위해 필요한 환기량은? (단, 1인당 CO_2 발생량은 $0.02m^3/h \cdot$ 인이며 외기의 CO_2 농도는 0.03%이다.)

① $1,000m^3/h$
② $1,400m^3/h$
③ $1,600m^3/h$
④ $2,000m^3/h$

해설 오염농도에 있어서 실내의 발생오염량=환기량×(실내의 허용오염농도-외기의 농도)가 성립됨을 알 수 있다.

즉, Q(환기량)$= \frac{\text{실내의 오염량}}{\text{실내의 허용오염농도} - \text{외기의 농도}}$
$$= \frac{35 \times 0.02}{0.001 - 0.0003}$$
$$= 1,000 m^3/h$$

10 | 손실열량의 산정
18, 08

다음과 같은 조건에 있는 체적이 $2,000m^3$인 실의 환기에 의한 현열부하는?

[조건]
- 외기상태 : $t_0 = 0℃$, $\chi_0 = 0.002 kg/kg'$
- 실내공기상태 : $t_r = 24℃$, $\chi_r = 0.010 kg/kg'$
- 공기의 비열 : $1.01 kJ/kg \cdot K$
- 공기의 밀도 : $1.2 kg/m^3$
- 환기횟수 : 2회/h

① 16.32kW
② 26.69kW
③ 32.32kW
④ 59.33kW

해설 현열 부하의 산정
Q(현열 부하)$=c$(비열)m(질량)Δt(온도의 변화량)
$\quad = c$(비열)ρ(밀도)V(부피)Δt(온도의 변화량)
$\quad = 1.01 \times 1.2 \times (2,000 \times 2) \times (24-0)$
$\quad = 116,352 kJ/h$
$\quad = 32.32 kJ/s$
$\quad = 32.32 kW$

정답 07.④ 08.③ 09.① 10.③

11 | 손실열량의 산정 | 21

다음과 같은 조건에 있는 체적이 200m³인 실의 겨울철 환기횟수가 0.5회/h일 때 실내로 들어오는 틈새바람에 의한 현열손실량은?

[조건]
- 실내온도 : 20℃, 외기온도 : -10℃
- 공기의 밀도 : 1.2kg/m³
- 공기의 비열 : 1.01kJ/kg·K

① 337W
② 1,010W
③ 1,212W
④ 3,636W

해설 문제에서 공기량을 체적(200m³)으로 주었으므로 $Q=c\rho V\Delta t$ 을 사용한다. 만약에 중량(kg)의 단위로 주었다면, $Q=cm\Delta t$ 를 사용하여 풀이한다.

Q(현열부하) $=c$(비열)m(공기 순환량)Δt(온도의 변화량)
$\qquad =c$(비열)ρ(공기의 밀도)V(공기 순환량의 부피)
$\qquad \Delta t$(온도의 변화량)

즉, $Q=cm\Delta t = c\rho V\Delta t$
$\qquad = 1.01 \times 1.2 \times (200 \times 0.5) \times (20-(-10))$
$\qquad = 3,636\text{kJ/h} = 1,010\text{J/s} = 1,010\text{W}$

12 | 손실열량의 산정 | 15

다음과 같은 조건에 있는 크기가 7m×6m×3.5m인 사무실의 환기에 의한 잠열만의 손실열량은?

[조건]
- 사무실의 환기횟수 : 2회/h
- 외기 건구온도 : 5℃, 절대습도 : 0.002kg/kg′
- 실내공기 건구온도 : 24℃, 절대습도 : 0.009kg/kg′
- 0℃에서 포화수의 증발잠열 : 2,501kJ/kg
- 공기의 밀도 : 1.2kg/m³

① 6,176kJ/h
② 7,076kJ/h
③ 8,076kJ/h
④ 9,076kJ/h

해설 H(손실열량)
$= \gamma$(0℃에서 포화수의 증발 잠열)m(환기량의 무게)
$\quad \Delta x$(절대습도의 변화량)
$= \gamma V$(환기량의 체적)ρ(공기의 밀도)Δx(절대습도의 변화량)
$= 2,501 \times (7 \times 6 \times 3.5 \times 2) \times 1.2 \times (0.009 - 0.002)$
$= 6,176\text{kJ/h}$

CHAPTER 03 설비시스템 검토

| 기출 공략 문제 |

1 공기조화시스템 검토

01 | 난방도일
21, 17, 13, 08, 03

난방도일(heating degree day)에 관한 다음 설명 중 부적합한 것은?

① 난방도일이 큰 지역일수록 연료소비량은 증가한다.
② 난방도일의 계산에 있어서 일사량은 고려하지 않는다.
③ 난방도일은 난방용 장치부하를 결정하기 위한 것이다.
④ 추운 날이 많은 지역일수록 난방도일은 커진다.

해설 난방도일은 어느 지방의 추위의 정도와 에너지 소모량 및 연료 소비량을 추정 평가하는데 편리한 점이 있어 자주 사용되는 것으로 난방도일은 다음과 같이 산정한다.
난방도일(HD)
$= \sum [t_i(\text{실내의 평균기온}) - t_o(\text{실외의 평균기온})] \times \text{일(날짜)수}$
난방용 장치부하는 난방부하의 시간최대부하를 이용하여 구한다.

02 | TAC 위험률
11, 04

서울지방의 TAC 위험률 2.5%에 상당하는 난방설계용 외기온도는 −11°C이다. 이 온도 이하로 내려갈 수 있는 총시간은? (단, 난방시기는 12월부터 3월까지이다.)

① 72.6
② 102.4
③ 204.8
④ 365.7

해설 TAC 위험률 2.5%의 의미는 난방기간 중 외기온도가 설계온도 이하로 내려갈 확률이 2.5%라는 뜻이므로, 즉 TAC 2.5%=4개월(31+31+28+31)×24시간×0.025=72.6시간이다.

03 | TAC 위험률
23, 17, 08

난방장치의 용량계산을 위한 설계용 외기온도를 설정할 때 TAC 온도위험률 2.5% 온도의 의미로 가장 알맞은 것은?

① 2.5%의 시간에 해당하는 약 72시간의 외기온도가 설계 외기온도보다 낮을 가능성이 있다.
② 난방기간 동안의 외기온도가 설계 외기온도보다 2.5% 높을 가능성이 있다.
③ 난방기간 동안의 외기온도가 설계 외기온도보다 2.5% 낮을 가능성이 있다.
④ 2.5%의 시간에 해당하는 약 72시간의 외기온도가 설계 외기온도보다 높을 가능성이 있다.

해설 TAC 위험률 2.5%의 의미는 난방기간(12월부터 3월까지) 중 외기온도가 설계온도 이하로 내려갈 확률이 2.5%라는 뜻이므로, 즉 TAC 2.5%=4개월(31+31+28+31)×24시간×0.025=72.6시간이다.

04 | 온수난방방식
05, 01

다음 중 온수난방의 장점이 아닌 것은?

① 간헐운전에 적합하다.
② 부하의 변동에 대해서 온도조절이 용이하다.
③ 배관의 부식이 적고, 장치의 수명이 길다.
④ 안전하고 난방느낌이 부드럽다.

해설 온수난방(현열을 이용한 난방)의 장단점은 ②, ③ 및 ④ 이외에 열용량이 크므로 보일러를 정지하여도 실온은 급변하지 않고, 보일러의 취급이 간단하며, 열용량이 크므로 간헐운전(짧은 시간대의 운전)에 부적합하고, 간헐운전에 적합한 방식은 열용량이 작은 증기난방방식이다.

05 | 온수난방방식
24, 12, 08

다음 중 온수난방방식에 대한 설명으로 옳은 것은?

① 실내온도의 상승이 빠르고 예열손실이 적어 간헐난방에 적합하다.
② 증기난방에 비하여 소요방열면적과 배관경이 작으므로 설비비가 낮다.
③ 한랭지에서 운전정지 중에 동결의 위험이 없다.
④ 열용량이 크므로 보일러를 정지시켜도 실온은 급변하지 않는다.

해설 온수난방(현열을 이용한 난방)은 열용량이 크므로 예열시간이 길어 간헐난방에 부적합하고, 증기난방에 비하여 소요방열면적과 배관경이 크므로 설비비가 비싸며, 한랭지에서 운전정지 중에 동결의 위험이 있다.

정답 01.③ 02.① 03.① 04.① 05.④

06 | 온수난방방식
10, 08

다음의 온수난방에 대한 설명 중 옳지 않은 것은?

① 난방부하의 변동에 따른 온도조절이 증기난방에 비해 용이하다.
② 보일러의 취급이 증기난방에 비해 간단하다.
③ 예열시간이 짧아 신속히 난방할 수 있다.
④ 한랭지에서는 동결의 우려가 있다.

해설 온수난방(현열을 이용한 난방)은 열용량이 크고, 보유수량이 많으므로 예열시간이 길어 신속한 난방을 할 수 없고, 간헐난방에는 부적합하나, 연속난방에는 적합한 방식이다.

07 | 온수난방방식
22, 18

온수난방방식에 관한 설명으로 옳은 것은?

① 용량제어가 어렵고 응축수에 의한 열손실이 크다.
② 실내온도의 상승이 빠르고 예열손실이 적어 간헐난방에 적합하다.
③ 증기난방에 비하여 소요방열면적과 배관경이 작으므로 설비비가 낮다.
④ 열용량이 크므로 보일러를 정지시켜도 실내난방이 어느 정도 지속된다.

해설 온수난방설비는 용량제어가 쉽고, 열손실이 작으며, 열용량이 크므로 실내온도의 상승이 느리고, 예열손실이 커서 간헐난방에 부적합하며, 증기난방에 비하여 소요방열면적과 배관경이 커지므로 설비비가 많아진다.

08 | 온수난방방식
17

온수난방방식의 분류에 관한 설명으로 옳지 않은 것은?

① 순환방식에 따라 중력식과 강제식으로 분류할 수 있다.
② 배관방식에 따라 단관식과 복관식으로 분류할 수 있다.
③ 온수온도에 따라 저온수식과 고온수식으로 분류할 수 있다.
④ 팽창탱크방식에 따라 상향식과 하향식으로 분류할 수 있다.

해설 온수난방방식은 순환방식(중력식, 강제순환식), 배관방식(단관식, 복관식) 및 온수온도(저온수식, 고온수식)에 따라 분류한다. 팽창탱크방식에 따라서는 개방식과 밀폐식으로 분류할 수 있다.

09 | 온수난방방식
21, 20, 17, 12

온수난방에 관한 설명으로 옳지 않은 것은?

① 증기난방에 비하여 간헐운전에 적합하다.
② 온수의 현열을 이용하여 난방하는 방식이다.
③ 한랭지에서는 운전정지 중에 동결의 위험이 있다.
④ 증기난방에 비하여 난방부하 변동에 따른 온도조절이 용이하다.

해설 온수난방(현열을 이용한 난방)은 열용량이 크고, 보유수량이 많으므로 예열시간이 길어 신속한 난방을 할 수 없고, 간헐난방에는 부적합하나, 연속난방에는 적합한 방식이다.

10 | 온수난방
22

온수난방에 관한 설명으로 옳지 않은 것은?

① 증기난방에 비해 열용량이 작다.
② 증기난방에 비해 예열시간이 길다.
③ 한랭 시 난방을 정지하였을 경우 동결의 우려가 있다.
④ 현열을 이용한 난방이므로 증기난방에 비해 쾌감도가 높다.

해설 온수난방(현열을 이용한 난방으로, 보일러에서 가열된 온수를 복관식 또는 단관식의 배관을 통하여 방열기에 공급하여 난방하는 방식)은 증기난방(보일러에서 물을 가열하여 발생한 증기를 배관에 의하여 각 실에 설치된 방열기로 보내어 이 수증기의 증발 잠열로 난방하는 방식)에 비해 열용량이 크다.

11 | 난방배관
22, 17, 16, 15, 12, 10, 05

온수배관에 관한 기술 중 틀린 것은?

① 배관의 신축을 고려한다.
② 배관재료는 내식성을 고려한다.
③ 온수배관에는 공기가 고이지 않도록 구배를 준다.
④ 온수보일러의 팽창관에는 게이트밸브를 설치한다.

해설 온수난방의 안전장치인 팽창관(온수의 체적팽창을 팽창수조로 돌리기 위한 관)의 도중에는 밸브를 설치하지 않아야 하나, 부득이한 경우 3방 밸브를 설치하거나 보일러 출구와 밸브 사이에 팽창관을 입상한다.

정답 06. ③ 07. ④ 08. ④ 09. ① 10. ① 11. ④

12 | 난방배관
21, 15, 10, 08

온수난방 배관에서 리버스 리턴(Reverse return)방식을 사용하는 이유는?

① 배관의 신축을 흡수하기 위하여
② 배관의 길이를 짧게 하기 위하여
③ 배관 내의 공기배출을 용이하게 하기 위하여
④ 온수의 유량분배를 균일하게 하기 위하여

해설 역환수(reverse return)배관방식은 각 급탕전에서의 온수의 공급관, 환수관의 배관길이를 거의 같게 하여 마찰저항 및 순환수량을 균등(유량의 균등분배)하게 하는 배관방식으로 급탕·반탕관의 순환거리를 각 계통에 있어서 거의 같게 하여 즉, 각 순환경로의 마찰손실수두를 가능한 한 같게 함으로써, 가열장치 가까운 곳에 위치한 급탕계통의 단락현상(short circuit)이 생기지 않도록 하여 전 계통의 탕의 순환을 촉진하는 방식이다.

13 | 난방배관
17, 11

급수로부터 각 유닛을 거쳐 나오는 총배관길이가 동일하므로 기기마다의 저항이 균일하게 되고, 따라서 유량을 균일하게 할 수 있는 배관 회로방식은?

① 직접환수방식
② 역환수방식
③ 간접환수방식
④ 건식환수방식

해설 직접환수방식은 각 방열기나 팬코일 유닛 등으로부터 열매를 순환시키는 배관을 복관 모두 최단 경로가 되도록 배관하는 방식으로 수량조절밸브를 설치하는 방식이고, 건식환수방식은 환수관 내에 물이 차 있지 않으며, 보일러 수위와 환수주관 사이의 높이 차는 최고사용 증기압에 상당하는 수두보다 커야 한다.

14 | 난방배관
20, 19, 13

열원에서 각 방열기까지의 공급관과 환수관의 도달거리의 합을 거의 같게 하여 배관의 마찰저항값을 유사하게 함으로서 순환온수가 균등하게 흐르도록 한 배관방법은?

① 중력식
② 개방식
③ 역환수식
④ 진공환수식

해설 중력식은 온수의 온도차에 따른 밀도차에 의해 자연 순환시키는 방식이고, 진공환수식은 증기배관방식 중 배관 내 공기를 가장 효과적으로 배출시킬 수 있는 방식이다.

15 | 난방배관
24, 05, 01

각 기기마다 공급관과 환수관의 합계 길이를 동일하게 하여 각 기기의 배관저항이 균등하여 유량도 균등하게 배분되는 환수방식은?

① 직접환수방식
② 역환수방식
③ 습식환수방식
④ 진공환수방식

해설 직접환수방식은 각 방열기나 팬코일 유닛 등으로부터 열매를 순환시키는 배관을 복관 모두 최단 경로가 되도록 배관하는 방식으로 수량조절밸브를 설치하는 방식이고, 습식환수방식은 환수주관이 보일러 수위보다 낮게 배관되어 관 내는 환수로 차 있고, 보일러 사용증기압보다 높은 수두의 물이 보일러로 유입된다. 건식에 비해 관경은 작아도 되나, 동결 위험성이 높다. 진공환수방식은 증기배관방식 중 배관 내 공기를 가장 효과적으로 배출시킬 수 있는 방식이다.

16 | 워터해머 방지대책
05

워터해머를 방지하기 위한 방안으로 옳지 않은 것은?

① 관 내 유속을 느리게 한다.
② 공기실을 설치한다.
③ 펌프에 플라이휠을 설치한다.
④ 관 내에 흐르는 물의 관성력을 크게 한다.

해설 수격작용(물의 압력이 크게 하강 또는 상승하여 유수음이 생기며, 배관을 진동시키는 작용)의 원인은 정수두가 클수록, 밸브의 급격한 개폐(급수관 속에 흐르는 물을 갑자기 정지시키거나 용기 속에 차 있는 물을 갑자기 흐르게 하는 경우) 등이고, 공기실(air chamber), 수격방지기, 플라이휠을 설치하여 공기실의 완충에 의해 수격작용을 방지한다.

17 | 난방방식
06

공조용 열원방식 중 고온수방식이 증기난방이나 온수난방에 비해 장점이 될 수 없는 것은?

① 배관 직경을 줄일 수 있다.
② 예열시간을 줄일 수 있다.
③ 대단위 아파트 단지 등에 적합하다.
④ 대량의 열을 장거리 수송하는 경우에 적합하다.

해설 고온수방식(배관 내 압력을 대기압 이상으로 유지하기 위해 완전밀폐되고, 지역난방에 사용)은 열용량이 크므로 예열시간이 길고, 강판제 보일러와 밀폐식 팽창탱크를 사용하는 방식이다.

18 | 난방배관 | 07, 04

고온수난방의 배관에 관한 설명으로 옳은 것은?

① 고온수로 실내에 직접 공급하는 것이 일반적이다.
② 대량의 열량공급은 용이하지만 배관의 지름은 저온수난방보다 크게 된다.
③ 관 내 압력이 높기 때문에 관 내면의 부식 문제가 증기난방에 비해 심하다.
④ 가압장치로는 질소가스가압, 증기가압 등의 방식이 이용된다.

해설 고온수로 실내에 직접 공급하는 것이 아니고, 저온수를 만들어 공급하며, 대량의 열량공급은 용이하고, 배관의 지름은 저온수난방보다 작게 되며, 관 내 압력이 높고, 관 내부가 만수 상태이므로 빈 공간이 없어 관 내면의 부식 문제가 증기난방에 비해 작다.

19 | 난방방식 | 05

다음 중 온수난방설비와 관계없는 것은?

① 팽창탱크
② 공기빼기밸브
③ 하트포드 접속법
④ 신축이음

해설 온수난방설비에는 보일러, 방열기(방열기 밸브, 리턴 콕), 온수순환펌프, 팽창탱크(온수의 체적 팽창에 따른 위험을 도피시키기 위한 탱크), 공기빼기밸브(배관 내 발생한 공기를 제거하기 위한 장치), 신축이음(배관의 이음에서 팽창과 수축에 대비하기 위한 이음) 등이 있고, 하트포드(hartford) 접속법(보일러의 안전 수위를 유지하기 위하여 위의 밸런스관을 달고 안전 저수면보다 높은 위치에 환수관을 접속하는 배관법)은 증기난방의 배관법이다.

20 | 공기 배제 방법 | 24, 18

온수에서 분리된 공기를 배제하기 위한 배관방법으로 가장 알맞은 것은?

① 배수밸브를 설치한다.
② 감압밸브를 설치한다.
③ 팽창관에 밸브를 설치한다.
④ 팽창탱크를 향하여 선상향 구배로 한다.

해설 온수에서 분리된 공기를 배제하기 위한 배관방법은 팽창탱크를 향하여 선상향 구배로 배관하는 것이 가장 유리하다.

21 | 표준방열량 | 22②, 11

증기난방에서 방열기의 상당방열면적(EDR) 계산에 사용되는 표준방열량은?

① $450W/m^2$
② $523W/m^2$
③ $650W/m^2$
④ $756W/m^2$

해설 방열기의 방열량

열매	표준 상태의 온도(℃)		표준 온도차 (℃)	표준 방열량 (kW/m²)	상당 방열면적 (EDR, m²)	섹션수
	열매 온도	실내 온도				
증기	102	18.5	83.5	0.756	$H_L/0.756$	$H_L/0.756a$
온수	80	18.5	61.5	0.523	$H_L/0.523$	$H_L/0.523a$

* 여기서, H_L : 손실열량(kW)
  a : 방열기의 section당 방열면적(m^2)

22 | 증기난방방식 | 20, 15, 07

다음의 증기난방에 대한 설명 중 옳은 것은?

① 온수난방에 비하여 열용량이 커 예열시간이 길게 소요된다.
② 온수난방에 비하여 부하변동에 따른 방열량 조절이 곤란하다.
③ 온수난방에 비하여 소요방열면적과 배관경이 크게 되므로 설비비가 높다.
④ 온수난방에 비하여 한랭지에서 운전정지 중에 동결의 위험이 크다.

해설 증기난방[잠열(증발열)을 이용한 난방]은 온수난방에 비하여 열용량이 작으므로 예열시간이 짧게 소요되고, 온수난방에 비하여 소요방열면적과 배관경이 작게 되므로 설비비가 싸며, 온수난방에 비하여 한랭지에서 운전정지 중에 동결의 위험이 작다.

23 | 증기난방방식 | 19, 11

증기난방방식에 관한 설명으로 옳지 않은 것은?

① 예열시간이 온수난방에 비해 짧다.
② 온수난방에 비해 실내의 쾌감도가 좋다.
③ 온수난방에 비해 한랭지에서 동결의 우려가 적다.
④ 온수난방에 비해 부하변동에 따른 실내 방열량의 제어가 곤란한다.

해설 증기난방[잠열(증발열)을 이용한 난방]은 온수난방(현열을 이용한 난방)에 비해 실내의 쾌감도가 나쁘다.

정답 18. ④ 19. ③ 20. ④ 21. ④ 22. ② 23. ②

24 | 증기난방방식

증기난방방식에 관한 설명으로 옳지 않은 것은?

① 예열시간이 짧다.
② 계통별 용량제어가 용이하다.
③ 한랭지에서 동결의 우려가 작다.
④ 운전 시 증기해머로 인한 소음이 발생하기 쉽다.

해설 증기난방은 예열시간이 짧으므로 간헐운전에 적합하고, 저압증기난방에 사용되는 증기의 압력은 15~35kPa(0.15~0.35kg/cm²) 정도이며, 열의 운반능력이 크므로 계통별 용량제어가 어렵다.

25 | 증기난방방식

증기난방에 관한 설명으로 옳지 않은 것은?

① 예열시간이 짧다.
② 온수난방에 비하여 쾌감도가 떨어진다.
③ 부하변동에 따른 실내 방열량의 제어가 곤란하다.
④ 극장, 영화관 등 천장고가 높은 건물에 주로 사용된다.

해설 증기난방은 공기 온도가 높아 천장이 높은 곳에서 상하 온도차가 심하므로 극장, 영화관 등 천장고가 높은 건물에는 복사난방방식이 적합하다.

26 | 증기 트랩의 사용목적

증기난방설비에서 증기 트랩을 사용하는 가장 주된 목적은?

① 응축수를 배출하기 위하여
② 공기를 배출하기 위하여
③ 압력을 조절하기 위하여
④ 온도를 조절하기 위하여

해설 증기 트랩은 방열기의 출구에 설치하고, 증기와 응축수가 분리되며, 응축수만 환수관을 통해 보일러로 보낸다.

27 | 증기 트랩의 종류

증기 트랩 중 플로트 트랩에 관한 설명으로 옳지 않은 것은?

① 다량의 응축수를 처리할 수 있다.
② 급격한 압력변화에도 잘 작동된다.
③ 동결의 우려가 있는 곳에 주로 사용된다.
④ 증기해머에 의해 내부손상을 입을 수 있다.

해설 플로트(부자, 다량) 트랩[플로트(부자)로 응축수와 공기만을 통과하게 하고, 수증기는 보류시키도록 하는 트랩]은 동결의 우려가 있는 곳에는 부적합한 트랩이다.

28 | 플로트 트랩

증기 트랩 중 플로트 트랩에 관한 설명으로 옳지 않은 것은?

① 대용량에도 적합하다.
② 응축수를 연속으로 배출시킬 수 있다.
③ 플로트를 트랩 내부에 갖고 있어 외형이 크다.
④ 증기와 응축수 사이의 온도차를 이용하는 온도조절식 트랩이다.

해설 플로트(부자, 다량) 트랩[플로트(부자)로 응축수와 공기만을 통과하게 하고, 수증기는 보류시키도록 하는 트랩]은 기계식 트랩(버킷 트랩, 플로트 트랩)의 일종으로 동결의 우려가 있는 곳에는 부적합한 트랩이다.

29 | 난방방식의 비교

온수난방과 증기난방의 비교 설명으로 옳지 않은 것은?

① 온수난방은 증기난방에 비하여 운전정지 중에 동결의 위험이 크다.
② 온수난방은 증기난방에 비하여 소요방열면적과 배관경이 크게 된다.
③ 증기난방은 온수난방에 비하여 열용량이 커 예열시간이 길게 소요된다.
④ 온수난방은 증기난방에 비하여 난방부하 변동에 따른 온도조절이 용이하다.

해설 증기난방은 온수난방에 비하여 열용량이 작으므로 예열시간이 짧게 소요된다.

30 | 저압증기배관

저압증기배관에 관한 설명으로 옳지 않은 것은?

① 증기주관 곡부에는 밴드관을 사용한다.
② 순구배 배관의 말단부에는 관말 트랩을 설치한다.
③ 배관의 분기부에는 밸브를 설치하여서는 안 된다.
④ 분류·합류에 T이음쇠를 사용하는 경우는 90° T자형을 이용해서는 안 된다.

해설 저압증기배관(0.1MPa 이하의 증기를 사용하는 방식)은 배관의 분기부에 밸브를 설치하여야 한다.

31 | 응축수 드레인 밸브 설치

응축수의 드레인 배관이 필요 없는 곳은?

① 에어 핸들링 유닛
② 팬코일 유닛
③ 재열기
④ 패키지 공조기

정답 24.② 25.④ 26.① 27.③ 28.④ 29.③ 30.③ 31.③

해설 재열기는 실내의 온습도를 목표의 값으로 유지하기 위해 냉각 제습을 한다든지 예열한 공기를 재가열하는 장치이므로 드레인 배관이 필요 없다.

32 | 난방방식의 비교
17, 09

온수난방과 비교한 증기난방의 특징으로 옳은 것은?

① 예열시간이 짧다.
② 소요방열면적과 배관경이 크므로 설비비가 높다.
③ 부하변동에 따른 실내방열량의 제어가 용이하다.
④ 한랭지에서 동결의 우려가 크다.

해설 증기난방은 소요방열면적과 배관경이 작으므로 설비비가 싸고, 부하변동에 따른 실내방열량의 제어가 어려우며, 한랭지에서 동결의 우려가 작다.

33 | 콜드 드래프트의 원인
25, 13, 07

실내 기류 분포 중 콜드 드래프트(cold draft)의 원인이 아닌 것은?

① 인체 주위의 공기온도가 너무 낮을 때
② 인체 주위의 기류속도가 클 때
③ 주위공기의 습도가 높을 때
④ 주위 벽면의 온도가 낮을 때

해설 콜드 드래프트(cold draft, 겨울철에 실내에 저온의 기류가 흘러들거나, 또는 유리 등의 냉벽면에서 냉각된 냉풍이 하강하는 현상)의 원인은 인체 주위의 공기온도가 낮거나, 기류의 속도가 클 때 및 주위 벽면의 온도가 낮을 때이고, 일정한 온도에서 습도가 높은 경우에는 오히려 온감을 느낀다.

34 | 콜드 드래프트의 원인
21, 17

공조되고 있는 실에서 콜드 드래프트(cold draft)의 원인과 가장 거리가 먼 것은?

① 습도가 낮을 때
② 기류의 속도가 낮을 때
③ 주위 벽면의 온도가 낮을 때
④ 겨울에 창문의 틈새바람이 많을 때

해설 콜드 드래프트(cold draft, 겨울철에 실내에 저온의 기류가 흘러들거나, 또는 유리 등의 냉벽면에서 냉각된 냉풍이 하강하는 현상)의 원인은 인체 주위의 공기 온도가 낮거나, 기류의 속도가 높을 때, 창문에 틈새 바람이 많은 경우 및 주위 벽면의 온도가 낮을 때이다.

35 | 리프트 피팅 설치 이유
24, 21, 18, 15, 12, 01

증기난방에서 진공환수식일 때 리프트 피팅(lift fitting)을 해야 하는 경우는?

① 방열기보다 환수주관이 높을 때
② 방열기보다 환수주관이 낮을 때
③ 방열기보다 응축수 온도가 너무 높을 때
④ 방열기보다 응축수 온도가 너무 낮을 때

해설 리프트 피팅(lift fitting)은 진공환수식 증기난방법에서 환수관에 사용되는 이음의 일종으로, 저압증기 환수관이 진공펌프의 흡입구보다 낮은 위치 또는 방열기보다 높은 곳의 환수관을 배관한 경우 응축수를 끌어올리기 위해 설치하는 이음으로 한 단의 높이는 1.5m 이하로 한다.

36 | 리프트 피팅 개념
19, 15, 12, 08

진공환수식 증기난방법에서 저압증기 환수관이 진공펌프의 흡입구보다 낮은 위치에 있을 때 응축수를 끌어올리기 위해 설치하는 것은?

① 버큠 브레이커
② 바이패스 밸브
③ 역압 방지기
④ 리프트 피팅

해설 역류방지기(버큠 브레이커)는 세정밸브식 대변기에서 토수된 물이나 이미 사용된 물이 역사이펀 작용에 의해 상수계통으로 역류하는 것을 방지 또는 역류가 발생하여 세정수가 급수관으로 오염되는 것을 방지하기 위하여 설치하는 장치이고, 바이패스 밸브는 주관에서 분기된 도중에 만들어진 밸브이다.

37 | 리프트 피팅
14, 03

응축수 환수용으로 리피트 피팅을 사용하였을 경우 리프트 피팅(Lift fitting)은 몇 m 정도의 흡상이 가능한가?

① 1.5m
② 2m
③ 2.5m
④ 3m

해설 리프트 피팅(lift fitting)은 진공환수식 증기난방법에서 환수관에 사용되는 이음의 일종으로 저압증기 환수관이 진공펌프의 흡입구보다 낮은 위치 또는 방열기보다 높은 곳의 환수관을 배관한 경우 응축수를 끌어올리기 위해 설치하는 이음으로 한 단의 높이는 1.5m 이하로 한다.

38 | 증기 트랩의 종류
23, 20②, 19, 15, 14, 12

다음 중 증기와 응축수 사이의 온도차를 이용하는 온도조절식 증기 트랩에 속하는 것은?

① 드럼 트랩
② 버킷 트랩
③ 벨로스 트랩
④ 플로트 트랩

정답 32.① 33.③ 34.② 35.① 36.④ 37.① 38.③

해설 증기 트랩의 종류
  ㉠ 온도조절식 트랩 : 증기와 응축수의 온도 차이를 이용하여 응축수를 배출하는 타입으로 응축수가 냉각되어 증기포화온도보다 낮은 온도에서 응축수를 배출하게 되므로 응축수의 현열까지 이용할 수 있어 에너지 절약형이고, 압력평행식(벨로스, 다이어프램식)과 바이메탈식으로 나뉜다.
  ㉡ 기계식 트랩은 증기와 응축수 사이의 밀도차 즉, 부력 차이에 의해 작동되는 타입으로 응축수가 생성됨과 동시에 배출된다. 플로트 트랩과 버킷 트랩이 있다.
  ㉢ 열역학적 트랩(디스크 트랩) : 온도조절식과 기계식과는 별개의 작동원리를 갖고, 증기와 응축수의 속도차 즉, 운동에너지의 차이에 의해 작동된다.

39 | 증기 트랩의 종류
22, 18, 13

증기 트랩의 작동원리에 따른 분류 중 기계식 트랩에 해당하는 것은?

① 버킷 트랩
② 디스크 트랩
③ 벨로스식 트랩
④ 바이메탈식 트랩

해설 증기 트랩은 방열기의 환수구(하부 태핑) 또는 증기배관의 최말단부 등에 부착하여 증기관 내에 생기는 응축수만을 보일러 등에 환수시키기 위하여 사용하는 장치로 열동식 트랩의 종류에는 벨로스 트랩(방열기, 열동 트랩), 바이메탈 트랩 등이 있으며, 기계식 트랩의 종류에는 플로트 트랩, 버킷 트랩 등이 있다.

40 | 증기 트랩의 종류
24, 16, 13, 09

다음 중 증기 트랩에 속하지 않는 것은?

① 벨 트랩
② 버킷 트랩
③ 플로트 트랩
④ 충격식 트랩

해설 증기 트랩의 종류에는 벨로스 트랩(방열기, 열동 트랩), 플로트 트랩, 버킷 트랩, 리턴 트랩 및 충동 트랩 등이 있으며, 드럼 트랩, 벨 트랩 및 U트랩은 배수용 트랩이다.

41 | 난방방식
14, 07, 03

다음 중 천장 높이가 높거나 외기에 자주 개방되는 공간에 가장 적합한 난방방식은?

① 증기난방
② 복사난방
③ 온수난방
④ 온풍난방

해설 증기난방은 잠열을 이용한 난방방식으로 사무소, 백화점, 학교, 극장 및 일반 공장에 적합하고, 온수난방은 현열을 이용한 난방방식으로 병원, 주택, 아파트 등에 적합하며, 온풍난방은 온풍로로 가열한 공기를 직접 실내에 공급하는 난방방식으로 극장, 강당, 공장 등에 적합한 난방방식이다. 복사난방은 천장 높이가 높거나 외기에 자주 개방되는 공간에 가장 적합한 난방방식이다.

42 | 난방방식
15, 09

패널(panel)형 복사난방에 대한 설명으로 옳지 않은 것은?

① 실내 바닥의 이용률이 높다.
② 실의 모양을 바꾸기 쉽다.
③ 쾌적감이 높다.
④ 외기 침입이 있는 곳에서 난방감을 얻을 수 있다.

해설 패널(panel)형 복사난방은 실 모양 및 크기를 변경하기가 매우 어려운 방식이다.

43 | 복사난방방식
21

복사난방방식에 관한 설명으로 옳지 않은 것은?

① 다른 난방방식에 비하여 쾌적감이 높다.
② 실내 상하의 온도차가 크다는 단점이 있다.
③ 외기침입이 있는 곳에서도 난방감을 얻을 수 있다.
④ 열용량이 크기 때문에 간헐난방에는 그다지 적합하지 않다.

해설 복사난방(panel heating)은 건축 구조체(천장, 바닥, 벽 등)에 동판, 강판, 폴리에틸렌관 등으로 코일(coil)을 배관하여 가열면을 형성하고, 여기에 온수 또는 증기를 통하여 가열면의 온도를 높여서 복사열에 의한 난방을 하는 것으로, 쾌감온도가 높은 난방방식이고, 대류식 난방방식은 바닥면에 가까울수록 온도가 낮고 천장면에 가까울수록 온도가 높아지는 데 비해, 복사난방방식은 실내의 온도 분포가 균등하고 쾌감도가 높다.

44 | 지역난방방식
16, 12

지역난방에 관한 설명으로 옳지 않은 것은?

① 초기 투자비용이 크다.
② 배관에서의 열손실이 거의 없다.
③ 각 건물의 설비면적을 줄이고 유효면적을 넓힐 수 있다.
④ 설비의 고도화에 따라 도시의 매연을 경감시킬 수 있다.

해설 지역난방은 1개 또는 수 개소의 중앙난방 기계실(보일러실)로부터 넓은 지역에 산재하는 많은 건축물에 고압 증기 또는 고압 온수를 난방용의 열원으로 공급하는 방식으로 배관의 길이가 길어 열손실이 매우 크다.

45 | 지역난방방식
07, 03

지역난방에 관한 기술로 옳은 것은?

① 열원기기의 고효율 운전이 어렵다.
② 열원설비의 용량은 개개의 건물에 설치할 경우에 비하여 커진다.
③ 코-제너레이션 시스템(co-generation system)을 적용할 수 있다.
④ 지역난방은 건물의 밀집도가 낮은 농촌 지역에 적합하다.

해설 지역난방은 열원기기가 대형이므로 고효율 운전이 쉽고, 열원설비의 용량은 개개의 건물에 설치할 경우에 비하여 작아지며, 지역난방은 건물의 밀집도가 높은 도시 지역에 적합하다.

46 | 축열시스템
20, 12

빙축열 등을 이용하는 축열시스템에 관한 설명으로 옳지 않은 것은?

① 열손실이 줄어든다.
② 심야전력을 이용할 수 있다.
③ 열원기기의 고효율운전이 가능하다.
④ 주간 피크 시간대에 전력부하를 절감할 수 있다.

해설 빙축열 시스템[야간에 심야전력(이용시간은 23시부터 다음 날 09시까지)을 이용하여 얼음을 생성한 뒤 축열·저장하였다가 주간에 이 얼음을 녹여서 건물의 냉방 등에 활용하는 방식]이 특징은 ②, ③ 및 ④ 외에 열손실이 커지고(출력과 입력시), 열원설비와 냉동기의 용량을 감소하며, 수전설비의 용량과 계약전력이 감소된다. 또한 전력부하 균형에 기여하고, 열공급이 안정적이다.

47 | 축열시스템
21, 18, 14

축열시스템에 관한 설명으로 옳지 않은 것은?

① 심야전력의 이용이 가능하다.
② 냉동기의 용량을 감소시킬 수 있다.
③ 호텔의 공공부분과 같이 간헐운전이 심한 경우에는 적용할 수 없다.
④ 빙축열 시스템은 냉각을 위한 냉동기, 축열을 위한 방축열조, 외부와의 열교환을 위한 열교환기 등으로 구성된다.

해설 축열시스템의 장점은 ①, ② 및 ④ 외에 열원기기의 고효율 운전 가능, 열회수 이용 가능, 부분공조(간헐운전) 및 부하 증대에의 대응, 열원기기의 고장대책에 대한 융통성 등이 있고, 단점은 열손실, 펌프의 동력, 수처리비 및 인건비 등의 증가와 축열조의 구축문제(공간과 설치비 등) 등이 있다.

48 | 축열방식의 이용
22, 13, 09

다음 중 축열방식을 이용하는 이유와 가장 거리가 먼 것은?

① 열원설비 용량을 감소시킬 수 있다.
② 값싼 심야전력을 이용할 수 있다.
③ 전력 사용량의 피크를 완화시킬 수 있다.
④ 초기 투자비용을 줄일 수 있다.

해설 축열시스템의 단점은 열손실, 펌프의 동력, 수처리비 및 인건비 등의 증가와 축열조의 구축문제(공간과 설치비 등) 등이 있다.

49 | 공기조화의 축열조
23

축열조를 사용하는 공기조화방식에 관한 설명으로 옳지 않은 것은?

① 기계실 면적이 감소한다.
② 심야전력을 이용할 수 있다.
③ 공조기측의 부분부하나 연장운전에 대처하기 쉽다.
④ 피크커트(peak cut)에 의해 열원용량을 감소시킬 수 있다.

해설 축열(빙축열과 수축열)조 방식의 단점은 축열조의 구축 문제, 즉 기계실의 면적이 증대되고, 설치비가 고가이며, 열손실의 증대, 펌프의 동력, 인건비 및 수처리비의 증가 등이 있다.

50 | 냉·열원기기
16

냉·열원기기에 관한 설명으로 옳지 않은 것은?

① 냉·열원기기는 원칙적으로 보일러와 동일한 공간에 설치한다.
② 냉·열원기기는 건축규모, 부분부하, 부하경향 등을 기초로 대수 분할을 고려한다.
③ 냉·열원기기의 냉수 및 냉각수는 원칙적으로 유량을 변화시키지 않는 것으로 한다.
④ 냉·온수 배관회로 설치 시 순환펌프는 원칙적으로 냉·열원기기마다 각 1대씩 설치한다.

해설 냉·열원기기인 냉동기(냉매에 의하여 냉동 사이클을 형성하고, 저온의 물체로부터 열을 흡수해서 이것을 고온의 물체에 운반하는 운반장치)와 보일러(온수 또는 증기를 만드는 장치)는 용도가 상반되므로 동일한 공간에 두지 않는 것을 원칙으로 한다.

51 | 공조방식의 결정요소
05

다음 중 공조방식을 결정하는 데 가장 영향이 큰 인자는?

① 실내환경 수준
② 건물의 향
③ 건물의 높이
④ 창문의 크기

해설 공조방식의 결정요인에는 건물의 규모, 용도, 구조, 설비비 및 운전비(수리비, 동력비 등)의 경제성, 공조부하와 조닝에 대한 적응성, 온·습도를 포함한 실내환경성능의 정도, 사용자 및 유지관리자의 취급과 조작성의 간단 여부, 설비기계류의 설치 공간 등이 있다.

52 | 공조설비의 운전비
07

공조설비의 경제성 분석에 있어 운전비에 속하는 것은?

① 수리비
② 설비의 감가상각비
③ 세금
④ 보험금

해설 공조방식의 결정요인에는 건물의 규모, 용도, 구조, 설비비 및 운전비(수리비, 동력비 등)의 경제성, 공조부하와 조닝에 대한 적응성, 온·습도를 포함한 실내환경성능의 정도, 사용자 및 유지관리자의 취급과 조작성의 간단 여부, 설비기계류의 설치 공간 등이 있다.

53 | 배관의 압력계 설치 위치
23, 22, 17

다음 중 공기조화설비 배관에서 압력계의 설치 위치로 가장 알맞은 곳은?

① 펌프 출구
② 급수관 입구
③ 냉수코일 출구
④ 열교환기 출구

해설 압력계(압력을 측정하는 계기)는 펌프 입·출구에 설치하여, 펌프 양정 및 토출압을 확인하기 위함이고, 온도계(온도를 측정하는 계기)는 냉수 코일 출·입구와 열교환기 출·입구에 설치하며 온도를 측정하기 위함이다.

54 | 배관회로의 비교
05, 01

공조 수배관회로에 있어 개방식에 비해 밀폐식의 장점은?

① 펌프 양정이 감소
② 동력비 증가
③ 수처리 비용 감소
④ 팽창탱크 필요

해설 공조 수배관회로에 있어 개방식(물의 순환경로가 대기 중의 수조에 개방되어 있는 방식)은 환수관에서 사이펀현상, 소음 및 진동이 발생하고, 밀폐식보다 배관 부식의 우려가 있고, 설비비가 증가하며, 밀폐식(물의 순환경로가 대기 중의 수조에 개방되어 있지 않은 방식)은 팽창탱크를 반드시 설치하고, 안정된 수류를 얻을 수 있으며, 설비비가 감소하고, 배관의 부식이 적다.

55 | 중앙식 공조방식
16, 13

다음 공기조화방식 중 중앙방식에 해당하지 않는 것은?

① 수방식
② 냉매방식
③ 전공기방식
④ 공기·수방식

해설 공기조화방식의 분류 중 중앙식에는 전공기방식(단일덕트, 이중덕트, 각층 유닛, 멀티존 유닛방식), 수·공기방식(단일덕트 재열, 각층 유닛, 팬코일 덕트병용, 유인유닛, 복사 냉난방 덕트병용방식 등), 전수방식(팬코일 유닛, 복사냉난방 방식 등) 등이 있고, 개별식에는 냉매방식(패키지 유닛, 패키지 유닛 덕트 병용 방식) 등이 있다.

56 | 공기·수방식
25, 22

다음의 공기조화방식 중 수·공기방식에 속하는 것은?

① 유인 유닛방식
② 멀티존 유닛방식
③ 팬코일 유닛방식
④ 2중덕트 변풍량방식

해설 공기조화방식의 분류 중 중앙식에는 전공기방식(단일덕트, 이중덕트, 멀티존 유닛), 수·공기방식(팬코일 덕트 병용, 유인 유닛, 복사 냉난방 덕트 병용 등), 전수방식(팬코일 유닛, 복사 냉난방 등) 등이 있고, 개별식에는 냉매방식(패키지 유닛, 패키지 유닛 덕트 병용) 등이 있다.

57 | 공조방식
16

증기를 온열매로 하는 공기조화계통에 관한 설명으로 옳지 않은 것은?

① 응축수에 의한 열손실이 크다.
② 고온수방식에 비해 용량제어가 쉽고 배관 수명이 길다.
③ 보일러의 물을 가열증발시켜 그 증발잠열을 이용하는 방법이다.
④ 고온수방식에 비해 예열시간이 짧고 간헐난방에 대한 추종성이 좋다.

해설 증기는 고온수방식에 비해 용량제어가 어렵고, 배관의 수명이 짧다.

58 | 열운송 동력의 비교
21, 16

공기조화방식의 열운송동력의 크기 순서가 옳게 나열된 것은?

① 전공기방식 > 전수방식 > 공기·수방식
② 공기·수방식 > 전수방식 > 전공기방식
③ 전공기방식 > 공기·수방식 > 전수방식
④ 전수방식 > 공기·수방식 > 전공기방식

정답 52.① 53.① 54.③ 55.② 56.① 57.② 58.③

해설 공기조화방식 중 열매운송동력의 소요가 적은 것에서 많은 것의 순으로 나열하면, 냉매방식 → 전수방식 → 수·공기방식 → 전공기방식의 순이므로 가장 큰 것은 전공기방식이다.

59 | 운전비의 비교
16

다음의 공조방식 중 재실인원이 적은 실에서 운전비가 가장 적게 드는 방식은?

① 팬코일 유닛방식
② 정풍량 2중덕트방식
③ 변풍량 2중덕트방식
④ 정풍량 단일덕트방식

해설 공기조화방식 중 열매운송동력의 소요가 적은 것에서 많은 것의 순으로 나열하면, 냉매방식 → 전수방식 → 수·공기방식 → 전공기방식의 순이므로 가장 적은 것은 냉매방식이며, 단일덕트방식 및 2중덕트방식은 전공기방식이고, 팬코일 유닛방식은 냉매방식이므로 팬코일 유닛방식이 가장 동력의 소요가 적다.

60 | 전공기조화방식
17

공기조화방식 중 전공기방식에 관한 설명으로 옳지 않은 것은?

① 실내에 배관으로 인한 누수의 우려가 있다.
② 대형덕트 공간이 필요 없어 설치가 용이하다.
③ 병원의 수술실, 공장의 클린룸과 같이 청정을 필요로 하는 곳에 적용이 가능하다.
④ 실내에 취출구나 흡입구를 설치하면 되므로 팬코일 유닛과 같은 기구의 노출이 없어서 실내 유효면적을 넓힐 수 있다.

해설 전공기방식[실내의 열을 공급하는 매체로 공기를 사용하는 방식으로 외기와 실내환기의 공기를 공조기로 이끌어 제진(오염도를 희석)한 후 열원장치에서 만든 냉수와 증기 또는 온수와 열교환시켜 냉풍 또는 온풍으로 해서 덕트를 통해 실내로 송풍하는 방식]은 물을 사용하지 않으므로 누수의 우려가 없다.

61 | 전공기조화방식
21, 18

공기조화방식 중 전공기방식의 일반적인 특징으로 옳은 것은?

① 덕트 스페이스가 필요하다.
② 실내공기의 오염이 심하다.
③ 실내에 누수의 염려가 많다.
④ 중간기에 외기냉방을 할 수 없다.

해설 전공기방식은 덕트 스페이스가 필요하다. 또한 실내공기의 오염이 적고, 누수의 염려가 없으며, 중간기 외기냉방이 가능한 방식이다.

62 | 전공기조화방식
23, 14, 13

공기조화방식 중 전공기방식의 일반적인 특징으로 옳지 않은 것은?

① 덕트 스페이스가 필요하다.
② 중간기에 외기냉방이 가능하다.
③ 실내에 배관으로 인한 누수의 우려가 없다.
④ 팬코일 유닛과 같은 기구의 설치로 실내 유효면적이 작아진다.

해설 전공기방식은 실내에 유닛 또는 유닛과 유사한 장치를 설치하지 않으므로 실내의 유효면적이 증가한다.

63 | 전공기조화방식
23, 14, 08

공기조화방식 중 전공기방식의 일반적인 특징으로 옳지 않은 것은?

① 실내공기의 오염이 적고, 중간기에 외기냉방이 가능하다.
② 실내에 배관으로 인한 누수의 염려가 없다.
③ 공조실과 덕트 스페이스가 필요 없다.
④ 냉·온풍의 운반에 필요한 팬의 소요동력이 냉·온수를 운반하는 펌프동력보다 많이 든다.

해설 전공기방식은 큰 덕트 스페이스로 공간을 필요로 하고, 팬의 동력이 크며, 공기조화실이 넓어야 하는 단점이 있다.

64 | 공기조화방식
12, 11

공기조화방식 중 단일덕트방식에 대한 설명으로 옳지 않은 것은?

① 전공기방식의 특성이 있다.
② 냉풍과 온풍을 혼합하는 혼합상자가 필요 없다.
③ 2중덕트방식에 비해 덕트 스페이스가 적게 차지한다.
④ 부하특성이 다른 여러 개의 실이나 존이 있는 건물에 적합하다.

해설 이중덕트방식은 개별 조절과 환기계획의 융통성이 가능하므로 부하특성이 다른 여러 개의 실이나 존이 있는 건물에 적합한 방식이다.

정답 59. ① 60. ① 61. ① 62. ④ 63. ③ 64. ④

65 | 공기조화방식 07, 04

단일덕트 정풍량방식에 관한 설명이다. 적당한 것은?

① 고속덕트방식을 주로 사용한다.
② 부하특성이 다른 다수의 실의 공조에 적합하다.
③ 환기효과가 적다.
④ 중간기에 외기냉방이 가능하다.

해설 단일덕트 정풍량방식(CAV)은 저속덕트방식을 주로 사용하고, 부하특성이 같은 단일실의 공조에 적합하며, 환기효과가 크다.

66 | 공기조화방식 19

단일덕트 정풍량방식에 관한 설명으로 옳은 것은?

① 전수방식의 특성이 있다.
② 중간기에 외기냉방이 가능하다.
③ 냉풍과 온풍을 혼합하는 혼합상자가 필요하다.
④ 부하특성이 다른 다수의 실의 공조에 적합하다.

해설 단일덕트 정풍량방식은 전공기 방식이고, 중간기의 외기냉방이 가능하며, 냉풍과 온풍을 혼합하는 혼합상자가 필요하지 않으며, 부하특성이 다른 여러 개의 실이나 존이 있는 건물에 부적합하다.

67 | 공기조화방식 22

단일덕트 정풍량방식에 관한 설명으로 옳지 않은 것은?

① 전공기방식에 속한다.
② 2중덕트방식에 비해 에너지 절약적이다.
③ 냉풍과 온풍을 혼합하는 혼합상자가 필요 없다.
④ 각 실이나 존의 부하변동에 즉시 대응할 수 있다.

해설 단일덕트 정풍량방식은 모든 공기조화방식의 기본으로 중앙의 공기처리장치인 공조기와 공기조화 반송장치로 구성된다. 단일덕트를 통하여 여름에는 냉풍, 겨울에는 온풍을 일정량 공급하여 공기조화하는 방식으로 각 실이나 존의 부하변동에 즉시 대응할 수 없다.
④ 이중덕트방식의 장점에 대한 설명이다.

68 | 공기조화방식 24, 19, 11

단일덕트 정풍량방식에 관한 설명으로 옳은 것은?

① 변풍량방식에 비해 설비비가 많이 든다.
② 2중덕트방식에 비해 냉·온풍의 혼합손실이 많다.
③ 부하변동에 대한 제어응답이 변풍량방식에 비해 느리다.
④ 실내의 열부하 변동에 따라 송풍량을 조절하는 방식이다.

해설 ① 변풍량방식에 비해 설비비가 적게 든다.
② 2중덕트방식에 비해 냉·온풍의 혼합손실이 적다.
④ 실내의 열부하 변동에 따라 송풍온도를 조절하는 방식이다.

69 | 현열비 선상의 요소 17, 12, 09, 05

다음 중 표준적인 단일덕트 정풍량방식의 현열비(SHF)선상에 있는 점이 아닌 것은?

① 실내 상태점
② 토출공기 상태점
③ 코일출구 상태점
④ 코일의 장치노점온도

해설 표준적인 단일덕트 정풍량방식의 현열비(SHF)선상에 있는 점에는 실내 상태점, 토출공기 상태점, 코일출구 상태점, 실내장치의 노점온도 등이 있고, 코일의 장치노점온도는 냉각선상에 있다.

70 | 공기조화방식 08, 01

공기조화방식 중 일반적으로 덕트 속의 풍압이 변화하기 때문에 주덕트 내의 정압제어를 필요로 하는 것은?

① 변풍량 단일덕트방식
② 패키지 유닛방식
③ 정풍량 이중덕트방식
④ 유인유닛방식

해설 변풍량 단일덕트방식은 송풍온도를 일정하게 하고, 송풍량을 변동해 부하변동에 따라 실온을 소정의 상태로 유지하는 방식으로 주덕트 내의 정압제어가 필요한 방식이다.

71 | 공기조화방식 18, 12

급기온도를 일정하게 하고 송풍량을 가변시켜서 실내온도를 조절하는 공기조화방식은?

① FCU방식
② 이중덕트방식
③ 정풍량 단일덕트방식
④ 변풍량 단일덕트방식

해설 변풍량 단일덕트방식은 송풍온도를 일정하게 하고, 송풍량을 변동해 부하변동에 따라 실온을 소정의 상태로 유지하는 방식으로 주덕트 내의 정압제어가 필요한 방식이다.

72 | 변풍량 유닛의 채용 19, 13, 10

다음 중 공조시스템에서 덕트 내에 변풍량(VAV) 유닛을 채용하는 가장 주된 이유는?

① 소음제거
② 냉온풍의 혼합
③ 취출공기의 온도제어
④ 부하변동에 대한 대응

정답 65. ④ 66. ② 67. ④ 68. ③ 69. ④ 70. ① 71. ④ 72. ④

해설 변풍량 단일덕트방식은 송풍온도를 일정하게 하고, 송풍량을 변동해 부하변동에 따라 실온을 소정의 상태로 유지하는 방식이다.

73 | 공기조화방식 16

공기조화방식 중 2중덕트방식에 관한 설명으로 옳지 않은 것은?

① 전공기방식에 속한다.
② 냉·온풍의 혼합으로 인한 혼합손실이 있다.
③ 부하특성이 다른 다수의 실이나 존에는 적용할 수 없다.
④ 단일덕트방식에 비해 덕트 샤프트 및 덕트 스페이스를 크게 차지한다.

해설 이중덕트방식은 각 실의 개별 제어(부하가 다른 실) 및 존 제어가 가능한 방식이다.

74 | 공기조화방식 24, 21

공기조화방식 중 단일덕트 변풍량방식의 구성기기에 속하지 않는 것은?

① VAV Uni
② 실내 서모스탯
③ 냉온풍 혼합상자
④ 송풍량 조절기기

해설 단일덕트 변풍량방식은 단일덕트로 공조를 하는 경우 덕트의 관말에 가깝게 터미널 유닛을 삽입하여 급기, 공기온도는 일정하게 하고, 송풍량을 실내 부하의 변동에 따라 변화시키는 방식으로 에너지 절약형으로 구성기기는 ①, ②, ④ 등이 있고, 냉온풍 혼합상자(냉풍과 온풍의 적당량을 온도조절기에 의해 혼합하는 상자)는 이중덕트방식에 사용되는 기기이다.

75 | 공기조화방식 24, 19, 09

공기조화방식 중 단일덕트 변풍량방식(VAV system)에 관한 설명으로 옳은 것은?

① 전수방식의 특성이 있다.
② 페리미터 존보다는 인테리어 존에 적합하다.
③ 각 실이나 존의 온도를 개별제어할 수 없다.
④ 실내부하가 적어지면 송풍량이 적어지므로 실내공기의 오염도가 높아진다.

해설 ① 전공기방식
② 인테리어 존보다 페리미터 존에 적합
③ 각 실이나 존의 온도를 개별제어할 수 있다.

76 | 공기조화방식 20, 15

공조방식 중 변풍량방식에 사용되는 변풍량유닛에 관한 설명으로 옳지 않은 것은?

① 바이패스형은 덕트 내 정압변동이 없다.
② 유인유닛형은 실내의 2차 공기를 유인하므로 집진효과가 크다.
③ 교축형은 덕트 내의 정압변동이 크므로 정압제어방식이 필요하다.
④ 교축형은 부하변동에 따라 송풍량을 변화시키고 송풍기를 제어하므로 동력이 절약된다.

해설 유인유닛방식은 실내에 유인유닛을 설치하고, 1차 공조기로부터 조화한 1차 공기를 고속덕트를 통해 각 유닛에 송풍하면, 1차 공기가 유인유닛 속의 노즐을 통과할 때 유인작용을 일으켜 실내 공기를 2차 공기로 하여 유인한다. 중앙공조기는 규모가 작아야 되고, 2차 공기의 유인을 위해 필터의 저항을 줄여야(얇은 필터 사용)하므로 집진효과가 작아진다.

77 | 변풍량유닛 07, 03

다음 가변풍량유닛 중 부하변동에 따른 동력용 에너지 절약을 별로 기대할 수 없는 것은?

① 교축형
② 슬롯형
③ 유인형
④ 바이패스형

해설 슬롯(교축)형은 실내의 열부하 감소에 대응하여 급기송풍량을 줄여가는 방식으로 급기송풍기의 풍량 및 압력이 변화하며, 실내온도조절기에 의하여 벨로스 내의 공기압력을 변화시켜 벨로스의 팽창에 의하여 공기의 유로를 죄어서 풍량을 조절하는 유닛이며, 유인형은 저온의 고압 1차 공기로 고온의 실내공기를 유인하여 부하에 대응하는 혼합비로 바꾸어서 송풍 공기를 공급하는 유닛이다.

78 | 변풍량유닛 23, 22, 18, 15, 11

바이패스형 변풍량유닛(VAV unit)에 대한 설명으로 옳지 않은 것은?

① 유닛의 소음발생이 적다.
② 송풍덕트 내의 정압제어가 필요하다.
③ 덕트계통의 증설이나 개설에 대한 적응성이 적다.
④ 천장 내의 조명으로 인한 발생열을 제거할 수 있다.

해설 바이패스형은 송풍덕트 내의 정압제어가 필요 없고 유닛의 소음발생이 적으나, 송풍동력을 절감시킬 수 없고, 부하변동에 따른 동력용 에너지 절약을 별로 기대할 수 없는 유닛이다.

정답 73.③ 74.③ 75.④ 76.② 77.④ 78.②

79. 에너지 절약이 불리한 공조방식
25, 15, 10, 01

건물의 공조방식 중 에너지 절약 측면에서 가장 불리한 것은?

① 단일덕트 정풍량방식
② 각층 유닛방식
③ 유인유닛방식
④ 이중덕트방식

해설 에너지 혼합 손실의 측면에서 단일덕트 정풍량방식은 "중·소" 정도이고, 각층 유닛방식은 "소" 정도이며, 유인유닛방식은 "중" 정도이다. 이중덕트방식은 "대" 정도이므로 에너지 절약 측면에서 가장 불리한 방식이다.

80. 외기냉방이 가능한 방식
04, 03

공조방식 중 외기냉방이 가능하지 않은 것은?

① 변풍량 단일덕트방식
② 팬코일 유닛방식
③ 각층 유닛방식
④ 이중덕트방식

해설 외기냉방(외기의 건구온도가 실온보다 낮을 때 냉동기를 정지하고, 송풍으로 외기만을 끌어들여 실내를 냉방하는 것)은 송풍량이 증대하므로 전공기식(변풍량 단일덕트방식, 각층 유닛방식 및 이중덕트방식)에서만 가능하고, 팬코일 유닛방식은 전수방식으로 외기냉방이 불가능하다.

81. 공기조화방식
20, 17, 04, 01

외주부(perimeter zone)의 부하변동에 가장 효과적으로 대응할 수 있는 공기조화방식은?

① 팬코일 유닛방식
② 단일덕트방식
③ 각층 유닛방식
④ 멀티존 유닛방식

해설 단일덕트방식은 중앙 기계실에는 다른 기기와 함께 공기조화기(AHU)를 설치해서 냉각감습 및 가열가습한 공기를 덕트를 통해 각실로 송풍하는 방식이고, 각층 유닛방식은 단일덕트방식의 변형으로 각 층마다 공조기를 분산 설치한 것으로 각 층마다 또는 각 층의 존마다 운전이 가능하고 온도제어도 가능한 방식이다. 멀티존 유닛방식은 공기조화기(AHU)에 냉온 양 열원 코일을 설치하고 각 존의 부하상태에 따라 냉온풍의 혼합비를 바꾸어 송풍 공기의 필요한 온·습도로 유지하여 각 존별 덕트에 공급하는 방식이다.

82. 공기조화방식
16

다음 중 건물 내 각 실의 부하변동에 따른 개별제어가 가장 곤란한 공조방식은?

① 이중덕트방식
② 단일덕트 변풍량방식
③ 단일덕트 정풍량방식
④ 단일덕트 터미널 리히트방식

해설 단일덕트 정풍량방식은 변풍량방식에 비해 설비비가 적게 들고, 2중덕트방식에 비해 냉·온풍의 혼합손실이 적으며, 부하변동에 대한 제어응답이 변풍량방식에 비해 느리다. 즉, 개별제어가 곤란한 방식이다.

83. 공기조화방식
17, 10

공기조화방식 중 팬코일 유닛방식에 대한 설명으로 옳지 않은 것은?

① 각 유닛의 수동제어가 불가능하다.
② 덕트방식에 비해 유닛의 위치변경이 쉽다.
③ 각 실에 수배관으로 인한 누수의 우려가 있다.
④ 유닛을 창문 밑에 설치하면 콜드 드래프트를 줄일 수 있다.

해설 팬코일 유닛방식은 유닛(송풍기, 냉·온수 코일 및 공기정화기 등을 내장)을 실내에 설치하고, 냉수 또는 온수를 공급해서 내장된 코일 등의 작용으로 실내 공기를 냉각가열해서 공조하는 방식으로 외주부의 부하변동에 가장 효과적으로 대응할 수 있고, 외기냉방이 가능하지 않은 방식이며, 각 유닛의 수동제어가 가능하다.

84. 공기조화방식
21, 15, 07

유인유닛방식에 대한 설명 중 옳지 않은 것은?

① 각 유닛마다 조절할 수 있으므로 각 실의 온도조절이 가능하다.
② 각 유닛마다 수배관을 해야 하므로 누수의 염려가 있다.
③ 중앙공조기는 1차, 2차 공기를 처리해야 하므로 규모가 커야 한다.
④ 고속덕트를 사용하므로 덕트스페이스를 작게 할 수 있다.

해설 유인유닛방식은 실내에 유인유닛을 설치하고, 1차 공조기로부터 조화한 1차 공기를 고속덕트를 통해 각 유닛에 송풍하면, 1차 공기가 유인유닛 속의 노즐을 통과할 때 유인작용을 일으켜 실내 공기를 2차 공기로 하여 유인하며, 중앙공조기는 규모가 작아야 된다.

정답 79. ④ 80. ② 81. ① 82. ③ 83. ① 84. ③

85 | 공기조화방식 | 05, 03

중앙공조기방식 중 각층 유닛방식의 설명으로 옳지 않은 것은?

① 보일러는 중앙 기계실에 있다.
② 환기덕트는 불필요하거나 규모가 작아도 된다.
③ 각층 유닛에는 냉동기가 들어 있어서 냉풍을 만들 수 있다.
④ 중앙공조기(AHU)는 1차 공기의 습도를 조절할 수 있다.

해설 각층 유닛방식은 단일덕트방식의 변형으로 각 층마다 공조기를 분산 설치한 것으로 각 층마다 또는 각 층의 존마다 운전이 가능하고 온도제어도 가능하며, 코일과 필터, 팬 등으로 구성되고, 냉동기(기계실에서 냉수를 공급)는 필요 없다.

86 | 공기조화방식 | 24, 14, 12

공기조화방식 중 각층 유닛방식에 관한 설명으로 옳지 않은 것은?

① 환기덕트가 필요 없거나 작아도 된다.
② 각 층마다의 부하변동에 대응할 수 있다.
③ 공조기가 각 층에 분산되므로 관리가 불편하다.
④ 외기를 도입하기 어려우며 외기용 공조기가 있는 경우에는 습도제어가 불가능하다.

해설 각층 유닛방식은 단일덕트방식의 변형으로 각 층마다 공조기를 분산 설치한 것으로 각 층마다 또는 각 층의 존마다 운전이 가능하고 온도제어도 가능하나 외기용 공조기가 있는 경우에는 습도제어가 가능하다.

87 | 공기조화방식 | 08

공기조화방식 중 각층 유닛방식에 대한 설명으로 옳지 않은 것은?

① 각 층의 공조기로부터 소음 및 진동이 있다.
② 각 층에 수배관을 설치해야 하므로 누수의 우려가 있다.
③ 환기덕트가 필요 없거나 작아도 된다.
④ 공조기의 관리는 용이하나 각 층마다 부분운전이 불가능하다.

해설 각층 유닛방식은 단일덕트방식의 변형으로 각 층마다 공조기를 분산 설치한 것으로 각 층마다 또는 각 층의 존마다 운전이 가능하고 온도제어도 가능하나, 관리가 어렵고, 각 층마다 부분운전이 가능하다.

88 | 공기조화방식 | 15, 08

공기조화방식 중 각층 유닛방식에 대한 설명으로 옳지 않은 것은?

① 외기용 공조기가 있는 경우에는 습도제어가 쉽다.
② 환기덕트가 필요 없거나 작아도 된다.
③ 공조기가 한 곳에 집중되어 있으므로 관리가 용이하다.
④ 각 층에 수배관을 설치해야 하므로 누수의 우려가 있다.

해설 각층 유닛방식은 단일덕트방식의 변형으로 각 층마다 공조기를 분산 설치한 것으로 각 층마다 또는 각 층의 존마다 운전이 가능하고 온도제어도 가능하나 관리가 어렵다.

89 | 공기조화방식 | 15, 04

다음 대형 백화점의 공기조화방식으로 가장 적합한 것은?

① 각층 유닛방식   ② 유인유닛방식
③ 팬코일 유닛방식 ④ 이중덕트방식

해설 각층 유닛방식은 단일덕트방식의 변형으로 각 층마다 공조기를 분산 설치한 것으로 각 층마다 또는 각 층의 존마다 운전이 가능하고 온도제어도 가능하나, 관리가 어렵고, 각 층마다 부분운전이 가능하다. 대형 건축물(신문사, 방송국, 백화점 등)에 적합하다.

90 | 공기조화방식 | 16

다음 중 호텔의 객실에 가장 적합한 공조방식은?

① 유닛히터방식   ② 각층 유닛방식
③ 팬코일 유닛방식 ④ 정풍량 단일덕트방식

해설 팬코일 유닛방식은 유닛(송풍기, 냉·온수 코일 및 공기정화기 등을 내장)을 실내에 설치하고, 냉수 또는 온수를 공급해서 내장된 코일 등의 작용으로 실내 공기를 냉각가열해서 공조하는 방식으로 외주부의 부하변동에 가장 효과적으로 대응할 수 있으므로 호텔, 사무실, 병실 등에 적합하다.

91 | 공기조화방식 | 25, 18

다음 중 재실인원이 적은 실에 부하변동이 크고 극간풍이 비교적 많은 경우 공조방식으로 가장 적절한 것은?

① FCU방식
② 멀티존 유닛방식
③ 2중덕트 정풍량방식
④ 단일덕트 정풍량방식

정답 85. ③ 86. ④ 87. ④ 88. ③ 89. ① 90. ③ 91. ①

해설 멀티존 유닛방식은 중·소규모의 공조 스페이스를 조닝하는 경우에 사용하고, 2중덕트 정풍량방식은 대규모 건축물의 공기조화에 사용하며, 단일덕트 정풍량방식은 대규모 공간(극장, 공장 등), 건물의 내부, 식당, 회의실 및 엄밀한 온·습도를 요구하지 않는 곳에 사용한다.

92 | 공기조화방식
20, 06

팬코일 유닛방식과 단일덕트방식을 병용하여 사용하는 경우의 특징에 대한 설명 중 부적당한 것은?

① 외주부의 팬코일 유닛을 운전개시 초기에 예열용으로 사용하면 에너지를 절감할 수 있다.
② 창면의 콜드 드래프트를 방지할 수 있다.
③ 덕트방식으로 가습과 환기를 담당시킨다.
④ 외기풍량을 많이 필요로 하는 실에 적합하다.

해설 팬코일 유닛방식은 전공기식에 비해 다량의 외기송풍량을 공급하기 곤란하므로 중간기나 겨울의 외기냉방이 곤란한 방식이다.

93 | 공조조닝
16

공조조닝의 종류 중 내부존의 조닝에 속하지 않는 것은?

① 방위별 조닝
② 현열비별 조닝
③ 부하 특성별 조닝
④ 용도에 따른 시간별 조닝

해설 조닝(건물을 몇 개의 구역으로 구분하는 것)의 방법 중 외부존의 조닝에는 방위별 조닝, 내부존의 조닝에는 사용별 조닝[사용시간별, 공조조건별, 부하특성(현열비)별 등] 등이 있다.

94 | 리턴에어용 송풍기
15, 11, 04

전공기식의 공기조화에서 에너지 절약을 위해 중간기에 외기냉방도 가능토록 계획할 때 공조기 외에 시스템 구성을 위해 도입되어야 할 기기는 무엇인가?

① 재열기
② 고효율 공기정화장치
③ 전열교환기
④ 리턴에어용 송풍기

해설 재열기는 재열(공기를 일단 냉각시킨 뒤에 다시 가열하는 것)시키기 위하여 설치한 공기가열기이고, 고효율 공기정화장치는 실내 공기의 정화 효율이 높은 공기정화장치이며, 전열교환기는 공기 대 공기의 현열과 잠열을 동시에 교환하는 열교환기로서 실내 배기와 외기 사이에서 열회수를 하거나, 도입 외기의 열량을 없애고, 도입 외기를 실내 또는 공기조화기로 공급하는 장치이다.

95 | 공기조화방식
15, 08

다음의 공기조화방식에 대한 설명 중 옳은 것은?

① 단일덕트방식은 냉풍과 온풍을 혼합하는 혼합상자가 필요하므로 소음과 진동이 크다.
② 2중덕트방식은 덕트 샤프트 및 덕트 스페이스를 크게 차지한다.
③ 팬코일 유닛방식은 중앙기계실의 면적이 크며, 덕트 방식에 비해 유닛의 위치 변경이 어렵다.
④ 유인유닛방식은 저속덕트를 사용하므로 덕트 스페이스를 작게 할 수 없다.

해설 이중덕트방식은 냉풍과 온풍을 혼합하는 혼합상자가 필요하므로 소음과 진동이 크며, 팬코일 유닛방식은 중앙기계실의 면적이 작고, 덕트 방식에 비해 유닛의 위치 변경이 용이하며, 유인유닛방식은 고속덕트를 사용하므로 덕트 스페이스를 작게 할 수 있다.

❷ 열원시스템 검토

01 | 열원방식 결정조건

열원방식 결정 시 조사할 사항에 속하지 않는 것은?

① 공급 가능 에너지원의 파악
② 자연 에너지의 이용 가능성 파악
③ 인공 에너지의 이용 가능성 파악
④ 배열 이용 가능성 파악

해설 열원 방식 결정 시 조사할 사항은 ①, ②, ④ 등이 있고, ③의 "인공 에너지의 이용 가능성 파악"은 인공 에너지는 어느 장소에서나 사용이 가능하므로 조사할 내용에 포함되지 않는다.

02 | 자연 에너지

자연 에너지에 속하지 않는 것은?

① 태양열
② 지열
③ 지하수
④ 전기

해설 공급 가능한 에너지원에는 유류, 도시가스, 전기, 지역난방열원 등이 있고, 자연 에너지에는 열의 이용(태양열, 지열 등), 물의 이용(지하수, 온천수, 하천수, 호소수 등) 등이 있다.

03 | 배열 이동

배열 이용이 가능한 것으로 옳지 않은 것은?

① 목욕탕 배수
② 지하수
③ 변전소 배열
④ 공업용 냉각수

해설 배열 이용이 가능한 것은 목욕탕 배수, 변전소 및 발전소 배열, 공업용 냉각수 등이 있고, 지하수는 자연 에너지로 물의 이용에 해당된다.

04 | 에너지원

다음과 같은 에너지원으로 옳은 것은?

[조건]
㉠ 전기
㉡ 유류
㉢ 도시가스
㉣ 지역난방열원

① 공급 가능 에너지원
② 자연 에너지원
③ 인공 에너지원
④ 배열 이용 에너지원

해설 열원방식 결정 시 조사사항

에너지원	종류
공급 가능 에너지원	전기, 유류, 도시가스, 지역난방열원 등
자연 에너지원	열의 이용(태양열, 지열 등), 물의 이용(지하수, 온천수, 하천수, 호소수 등)
배열 이용 에너지원	목욕탕 배수, 변전소 및 발전소 배열, 공업용 냉각수 등

05 | 에너지원

다음과 같은 에너지원으로 옳은 것은?

[조건]
㉠ 태양열
㉡ 지열
㉢ 지하수
㉣ 온천수
㉤ 하천수
㉥ 호소수

① 공급 가능 에너지원
② 자연 에너지원
③ 인공 에너지원
④ 배열 이용 에너지원

해설 자연 에너지원에 해당한다.

06 | 에너지원

다음과 같은 에너지원으로 옳은 것은?

[조건]
㉠ 목욕탕 배수
㉡ 변전소 및 발전소 배열
㉢ 공업용 냉각수

① 공급 가능 에너지원
② 자연 에너지원
③ 인공 에너지원
④ 배열 이용 에너지원

해설 배열 이동 에너지원에 해당한다.

07 | 냉·온수 온도차

열원에 있어서 온수의 냉온수 온도차에 해당하지 않는 것은?

① 30℃
② 20℃
③ 15℃
④ 10℃

해설 열원에 있어서 냉온수의 온도차는 온수는 5℃, 10℃, 15℃, 20℃ 등이 있고, 냉수는 5℃, 7℃, 8℃, 10℃ 등이 있다.

08 | 냉·온수 온도차

열원에 있어서 냉수의 냉온수 온도차에 해당하지 않는 것은?

① 5℃
② 7℃
③ 10℃
④ 15℃

해설 열원에 있어서 냉온수의 온도차는 온수는 5℃, 10℃, 15℃, 20℃ 등이 있고, 냉수는 5℃, 7℃, 8℃, 10℃ 등이 있으며, 온도차를 크게 하여 가능한한 펌프의 동력비를 절감한다. 즉, 온도차가 클수록 펌프의 동력비는 절감된다.

09 | 냉·온수 온도차

펌프의 동력비를 절감하기 위한 대책으로 가장 바람직한 냉수의 냉온수 온도차는?

① 5℃
② 7℃
③ 8℃
④ 10℃

해설 냉온수의 온도차를 크게 하여 가능한한 펌프의 동력비를 절감한다. 즉, 온도차가 클수록 펌프의 동력비는 절감된다.

정답 03. ② 04. ① 05. ② 06. ④ 07. ① 08. ④ 09. ④

10 | 증기의 종류

열매의 종류 중 증기의 종류에 속하지 않는 것은?

① 저압
② 초고압
③ 고압
④ 중압

해설 열매의 종류

열매의 종류	증기	온수	냉수
열매의 구분	고압, 중압, 저압	고온수, 중온수, 저온수	브라인, 5℃, 7℃

11 | 온수의 종류

열매의 종류 중 온수의 종류에 속하지 않는 것은?

① 고온수
② 미온수
③ 중온수
④ 저온수

해설 온수의 종류에는 고온수, 중온수, 저온수 등이 있다.

12 | 에너지절약 시스템

열원 장비의 에너지절약 시스템에 대한 설명 중 옳지 않은 것은?

① 사용 시간대 또는 용도별 최대부하와 최소부하를 검토하여 적절한 대수분할을 한다.
② 대수분할방식에는 직렬식, 병렬식, 직·병렬 혼합식 등이 있다.
③ 용도별 최대부하와 최소부하에 대응하는 토출댐퍼 제어 등 비례제어 방식을 채택한다.
④ 건물의 조닝을 통하여 에너지를 절약한다.

해설 용도별 최대부하와 최소부하에 대응하는 회전수제어 등 비례제어 방식을 채택한다.

13 | 열원 공급실 분류

중소규모 건축물의 열원 공급실의 위치에 따른 분류에 속하지 않는 것은?

① 지하 기계실
② 지상 기계실
③ 옥상 기계실
④ 냉온 기계실 분리 방식

해설 열원 공급실 위치에 따른 분류

구분	열원 공급실의 분류
중소 건축물	지하 기계실, 지상 기계실, 옥상 기계실, 별동 기계실 등 1개소 방식
대규모 건축물	기계실 분산 방식(지하+지상+옥상 기계실, 별동 기계실, 냉온 열원 기계실 등)

14 | 내주부의 공기조화

수평 조닝방식에 있어서 내주부의 공기조화방식으로 적합한 것은?

① 전수방식
② 전공기방식
③ 수공기방식
④ 냉매방식

해설 수평 조닝 방식
㉠ 내주부 : 실내의 내부를 한 개의 존으로 나누는 방식으로 실내의 신선한 공기를 공급하기 위하여 전공기 방식(단일, 이중, 멀티존 유닛방식 등)을 사용한다.
㉡ 외주부 : 외부에 접한 부분을 한 개의 존으로 나누는 방식으로 외피부하의 증가에 대비하기 위하여 전수식(팬코일 방식), 수공기방식(단일덕트재열방식, 각층유닛방식, 팬코일 덕트병용방식, 유인유닛방식, 복사냉난방 덕트병용방식 등)을 사용한다.

15 | 외주부의 공기조화

수평 조닝방식에 있어서 외주부의 공기조화방식으로 적합하지 않은 것은?

① 팬코일 유닛방식
② 팬코일 덕트병용방식
③ 단일덕트방식
④ 유인유닛방식

해설 외주부에는 외부에 접한 부분을 한 개의 존으로 나누는 방식으로 외피부하의 증가에 대비하기 위하여 전수식(팬코일 방식), 수공기방식(단일덕트재열방식, 각층유닛방식, 팬코일 덕트병용방식, 유인유닛방식, 복사냉난방 덕트병용방식 등)을 사용한다.

3 환기시스템 검토

01 | 공기오염의 종합적 지표
19, 17

실내공기오염의 종합적 지표로 사용되는 오염물질은?

① 미세먼지
② 이산화탄소
③ 폼알데하이드
④ 휘발성 유기화합물

해설 실내환기의 척도는 이산화탄소의 농도를 기준으로 한다. 즉, 공기 중의 이산화탄소량은 실내공기오염의 척도가 된다.

정답 10. ② 11. ② 12. ③ 13. ④ 14. ② 15. ③ / 01. ②

02 | 제3종 환기방식
19, 15, 11, 10, 08

다음 설명에 알맞은 환기방식은?

- 실내는 부압을 유지한다.
- 화장실, 욕실 등의 환기에 적합하다.

① 급기팬과 배기팬의 조합
② 급기팬과 자연배기의 조합
③ 자연급기와 배기팬의 조합
④ 자연급기와 자연배기의 조합

해설 기계환기방식

명칭	급기	배기	환기량	실내·외 압력차	용도
제1종 환기 (병용식)	송풍기	배풍기	일정	임의	병원의 수술실 등 모든 경우에 사용
제2종 환기 (압입식)	송풍기	배기구	일정	정	제3종 환기 경우에만 제외, 반도체 공장과 무균실
제3종 환기 (흡출식)	급기구	배풍기	일정	부	기계실, 주차장, 취기나 유독가스 및 냄새의 발생이 있는 실(주방, 화장실, 욕실, 가스 미터실, 전용 정압실)이 지상층 중 외기와 접하는 실, 화재 발생실

03 | 환기량의 비교
06

다음 중 바닥면적당 환기량이 가장 많은 공간은?

① 사무실   ② 주택
③ 극장   ④ 호텔객실

해설 환기량이 많은 것부터 작은 것의 순으로 나열하면 극장(75m³/h·m²) → 사무실(10m³/h·m²) → 주택, 호텔의 객실(8m³/h·m²)의 순이다.

04 | 제3종 환기방식
24②, 04, 01

주방, 화장실 등 냄새 또는 유해가스, 증기발생이 있는 장소에 적합한 환기방식은?

① 압입흡출 병용방식
② 압입방식
③ 흡출방식
④ 자연환기방식

해설 제3종 환기방식(흡출식)은 급기구와 배풍기를 사용하여 환기량이 일정하며, 실내·외의 압력차는 부압(-)으로 기계실, 주차장, 취기나 유독가스 및 냄새의 발생이 있는 실(주방, 화장실, 욕실, 가스 미터실, 전용 정압실)이 지상층 중 외기와 접하는 실에 설치한 경우에 사용한다.

05 | 환기방식
05

환기방식 중 연소용 공기가 필요한 경우 적합한 방식은?

① 압입, 흡출병용방식   ② 압입환기방식
③ 흡출환기방식   ④ 자연환기방식

해설 압입환기방식
송풍기를 연소실 앞에 두고 연소용 공기를 대기압 이상의 압력으로 연소실에 밀어 넣는 방식

06 | 실내·외의 압력차
06, 04

환기설비가 설치된 다음 실 중 실내압력이 정압(+)인 것은?

① 보일러실   ② 주방
③ 욕실   ④ 화장실

해설 제2종 환기방식(압입식)은 송풍기와 배기구를 사용하여 환기량이 일정하며, 실내·외의 압력차는 정압(+)으로 반도체 공장, 보일러실, 무균실에 사용된다.

07 | 실내·외의 압력차
17, 10

정확한 환기량과 급기량 변화에 의해 실내압을 정압(+) 또는 부압(-)으로 유지할 수 있는 환기방식은?

① 급기팬과 배기팬의 조합
② 급기팬과 자연배기의 조합
③ 자연급기와 배기팬의 조합
④ 자연급기와 자연배기의 조합

해설 제1종 환기방식(압입, 흡출병용방식)은 송풍기와 배풍기를 사용하여 환기량이 일정하며, 실내·외의 압력차는 임의(+, -)로 환기효과가 가장 크고, 병원의 수술실에 사용된다.

08 | 환기방식
19, 17, 15, 11, 07, 05

주방, 공장, 실험실에서와 같이 오염물질의 확산 및 방지를 가능한 극소화시키기 위한 환기방식은?

① 희석환기   ② 전체환기
③ 집중환기   ④ 국소환기

정답 02. ③ 03. ③ 04. ③ 05. ② 06. ① 07. ① 08. ④

[해설] 희석(전체)환기는 환기방법 중 열기나 유해물질이 실내에 널리 산재되어 있거나 이동되는 경우에 사용하는 환기로 제1종, 제2종 및 제3종 환기방식이 있다.

09 | 환기방식
21, 17, 08, 04

다음은 국소환기 설계에서 주의해야 할 사항에 대한 설명이다. 옳지 않은 것은?

① 배기장치는 배기가스에 의해 부식하기 쉬우므로 그에 상응한 재료를 사용한다.
② 국소환기의 계통은 공간의 절약을 위해 공조장치의 환기덕트와 연결한다.
③ 배풍기는 배기계통의 말단부에 두어 압력이 부(-)로 되도록 해서는 다른 쪽으로의 누출을 방지한다.
④ 배출된 오염물질이 대기오염이 되지 않도록 정화장치를 부착한다.

[해설] 국소환기(주방, 공장, 실험실에서와 같이 오염물질의 확산 및 방산을 가능한 극소화시키기 위한 환기방식)의 계통은 오염된 공기이므로 환기덕트와 독립적으로 배관하여 실내의 오염을 방지한다.

10 | 환기방식
24, 20, 16, 14, 12, 08

환기방법 중 열기나 유해물질이 실내에 널리 산재되어 있거나 이동되는 경우에 사용하며 전체 환기라고도 불리는 것은?

① 집중환기 ② 희석환기
③ 국소환기 ④ 자연환기

[해설] 국소환기는 부분적으로 오염물질을 발생하는 장소(열, 유해가스, 분진 등)에 있어서 전체적으로 확산하는 것을 방지하기 위하여 발생하는 장소에 대해서 배기하는 것이며, 자연환기는 중력환기(실내 공기와 건물 주변 외기와의 온도차에 의한 공기의 비중량 차에 의해서 환기)와 풍력환기(건물에 풍압이 작용할 때, 창의 틈새나 환기구 등의 개구부가 있으면 풍압이 높은 쪽에서 낮은 쪽으로 공기가 흘러 환기)가 있다.

11 | 환기방식
23, 18

환기방식에 관한 설명으로 옳지 않은 것은?

① 화장실, 주방 등은 제3종 환기가 유리하다.
② 상향식 환기는 바닥면의 먼지 등을 일으킬 수 있다.
③ 제2종 환기란 급기팬과 배기팬이 모두 설치되는 것을 말한다.
④ 국소환기는 주방, 실험실에서와 같이 오염물질의 확산 및 방산을 가능한 극소화시키려고 할 때 적용된다.

[해설] 제2종 환기방식(압입식)은 송풍기와 배기구를 사용(배기량보다 급기량을 크게 함)하여 환기량이 일정하며, 실내·외의 압력차는 정압(+)으로 반도체 공장, 보일러실, 무균실에 사용된다. 급기팬과 배기팬을 사용하는 경우는 제1종 환기방식(병용식)이다.

12 | 스모크타워의 배연법
24, 22, 18, 11, 10

스모크타워 배연법에 관한 설명으로 옳은 것은?

① 송풍기와 덕트를 사용해서 외부로 연기를 배출하는 방식이다.
② 풍력에 의한 흡인효과와 부력을 이용한 배연탑을 사용하여 연기를 배출하는 방식이다.
③ 부력에 의하여 연기를 실의 상부벽이나 천장에 설치된 개구에서 옥외로 배출하는 방식이다.
④ 연기를 일정구획 내에 한정하도록 피난이 완전히 끝난 뒤에 개구부를 자동으로 완전 밀폐하는 방식이다.

[해설] 스모크타워 배연방식은 배연 전용의 샤프트를 설치하고, 난방 등에 의한 건물 내·외의 온도차나 화재에 의한 온도 상승에 의하여 생긴 부력 및 정부에 설치한 모니터 루프 등의 외풍에 의한 흡인력을 통기력으로 이용하여 배연하는 방식이다.

13 | 스모크타워의 배연법
06, 05

스모크타워 배연법에 대한 설명 중 옳은 것은?

① 연기를 일정구획 내에 한정하도록 피난이 완전히 끝난 뒤에 개구부를 자동적으로 완전 밀폐
② 배연기와 배연풍도를 사용해서 외부에 연기를 배출
③ 풍력에 의한 흡인효과와 부력을 이용한 배연탑을 사용해서 배연
④ 하부개구부에서 옥외를 향하여 부력을 이용하여 배연

[해설] 스모크타워 배연법에는 부력, 배연기 및 배연통, 풍력에 의한 흡인효과와 부력을 이용한 배연탑 방식 등이 있다.

14 | 작용압의 산정
04

건물의 지상높이가 100m라 할 때 1층 출입구에서의 연돌효과에 의한 작용압은 얼마인가? (단, 중성대는 건물높이의 중앙부분에 위치하고, 실내와 외기공기의 비중량은 각각 1.16kg/m³와 1.32kg/m³이다.)

① 8mmAq ② 10mmAq
③ 12mmAq ④ 16mmAq

해설 연돌효과에 의한 작용압 $(\Delta P) = \dfrac{h(중성대의 높이)}{2}\{D_2(외부 공기의 밀도) - D_1(내부 공기의 밀도)\}$이고, 압력은 중성대 위에서는 실내가 높고, 중성대 아래에서는 실외가 높다.

즉, $\Delta P = \dfrac{h}{2}(D_2 - D_1) = \dfrac{100}{2} \times (1.32 - 1.16) = 8\text{mmAq}$

15 | 실내·외의 압력차
21, 17, 14

바닥면에서 1m의 위치에 중성대가 있는 실에서 바닥면 상 2m 지점에서의 실내·외 압력차는? (단, 실내공기의 밀도는 1.2kg/m³이며, 실외공기의 밀도는 1.25kg/m³이다.)

① 실내가 0.1mmAq 높다
② 실외가 0.1mmAq 높다.
③ 실내가 0.05mmAq 높다.
④ 실외가 0.05mmAq 높다.

해설 연돌효과에 의한 작용압 $(\Delta P) = h(중성대의 높이)\{D_2(외부 공기의 밀도) - D_1(내부 공기의 밀도)\}$이고, 압력은 중성대 위에서는 실내가 높고, 중성대 아래에서는 실외가 높다.

즉, $\Delta P = h(D_2 - D_1) = 1 \times (1.25 - 1.2) = 0.05\text{mmAq}$

4 급배수시스템 검토

01 | SS의 정의
18

수질오염의 지표로 사용되는 것으로서 오수 중에 현탁되어 있는 부유물질을 의미하는 것은?

① DO
② SS
③ BOD
④ COD

해설 DO는 오수 중의 용존산소량을 ppm으로 나타내는 것이고, BOD는 수중 유기물이 호기성 미생물에 의해 분해되어 안정한 산화물이 되기까지 소비되는 산소량이다. COD는 산화제에 의해 산화될 때 소비되는 산소량이다.

02 | 수질의 용어
19, 18, 16, 15, 11

수질과 관련된 용어에 대한 설명 중 옳지 않은 것은?

① BOD는 생물화학적 산소요구량을 의미한다.
② COD는 화학적 산소요구량을 의미한다.
③ SS는 오수 중의 용존산소량을 ppm으로 나타낸 것이다.
④ 총질소는 무기성 및 유기성 질소의 총량을 나타낸 것이다.

해설 SS(Suspended Solid ; 부유물질)는 물의 오염 원인이 되는 것이고, ppm(오염의 지표로서 농도를 나타내는 하나의 단위이고 1/1,000,000을 1ppm이라고 한다)으로 나타내며 용해성 물질에 반대되는 물질이다. 또한 물속에 존재하는 고형물이다. DO(Dissolved Oxygen Demand)는 용존산소를 나타낸다.

03 | 수질의 용어
18, 15

수질과 관련된 용어의 설명으로 옳지 않은 것은?

① BOD란 생물화학적 산소요구량을 말하며, 오수 중의 분해가능한 유기물의 함유 정도를 간접적으로 측정하는 데 이용된다.
② DO란 오수 중의 산소요구량을 말하며, 오염도가 높을수록 산소요구량이 적다.
③ COD란 화학적 산소요구량을 말하며, COD값은 미생물에 의하여 분해되지 않은 유기질까지 화학적으로 산화되기 때문에 일반적으로 BOD값보다 높게 나타난다.
④ SS란 오수 중에 떠 있는 부유물질을 말하며, 탁도의 원인이 되기도 한다.

해설 DO(Dissolved Oxygen Demand ; 용존산소)는 물속에 용해되어 있는 산소를 ppm으로 나타낸 것으로 물속의 용존산소는 수중생물에 생존에는 필수적이나 보일러 용수에는 점식 등의 부식 원인이 되므로 탈산소한다. 오염도가 높을수록 산소요구량이 많아진다.

04 | 수질의 용어
19, 18, 16, 15, 09

수질과 관련된 용어에 관한 설명으로 옳지 않은 것은?

① COD는 화학적 산소요구량을 의미한다.
② BOD는 생물화학적 산소요구량을 의미한다.
③ SS는 오수 중의 용존산소량을 ppm으로 나타낸 것이다.
④ 경도는 물속에 녹아 있는 염류의 양을 탄산칼슘의 농도로 환산하여 나타낸 것이다.

해설 SS(Suspended Solid ; 부유물질)는 물의 오염 원인이 되는 것이고, ppm(오염의 지표로서 농도를 나타내는 하나의 단위이고 1/1,000,000을 1ppm이라고 한다)으로 나타내며 용해성 물질에 반대되는 물질이다. 또한 물속에 존재하는 고형물이다. DO(Dissolved Oxygen Demand)는 용존산소를 나타낸다.

정답 15. ③ / 01. ② 02. ③ 03. ② 04. ③

05 | 수질
18, 14, 10, 09, 03

수질에 관한 설명이 옳은 것은?

① BOD값이 클수록 오염도가 작다.
② COD값이 클수록 오염도가 작다.
③ BOD 제거율 값이 클수록 처리능력이 양호하다.
④ SS값이 클수록 탁도가 작다.

해설 BOD(Biochemical Oxygen Demand ; 생물화학적 산소요구량)와 COD(Chemical Oxygen Demand ; 화학적 산소요구량)의 값이 클수록 오염도가 크고, SS(Suspended Solid ; 부유물질)의 값이 클수록 탁도가 높다.

06 | 폭기의 정의
19, 15

물의 정수과정에서 물속에 있는 철분을 제거하기 위한 처리과정은?

① 혐기   ② 폭기
③ 불소 주입   ④ 응집제 첨가

해설 폭기는 물의 정수과정에서 물속에 있는 철분을 제거(공기 중의 산소와 화합하여 산화철로 침전시켜 제거)하기 위한 방법이다.

07 | 수질기준
22, 19

먹는물의 수질기준에 관한 설명으로 옳지 않은 것은?

① 색도는 5도를 넘지 아니할 것
② 수은은 0.01mg/L를 넘지 아니할 것
③ 시안은 0.01mg/L를 넘지 아니할 것
④ 수돗물의 경우 경도는 300mg/L를 넘지 아니할 것

해설 수은은 0.001mg/L을 넘지 아니할 것[먹는물 수질기준 및 검사 등에 관한 규칙(별표 1)]

08 | 수질기준
25, 18

먹는물의 수질기준에 따른 건강상 유해영향 무기물질에 속하지 않는 것은?

① 납   ② 페놀
③ 불소   ④ 수은

해설 먹는물의 수질기준에 따른 유해영향 무기물질의 종류에는 납, 불소, 비소, 셀레늄, 수은, 시안, 크롬, 질소(암모니아성, 질산성), 카드뮴, 붕소, 브롬산염, 스트론튬, 우라늄 등이 있다. [먹는물 수질기준 및 검사 등에 관한 규칙(별표 1)]

09 | 수질기준
23, 22, 18

먹는물의 수질기준에 따른 경도 기준으로 옳은 것은? (단, 수돗물의 경우)

① 100mg/L를 넘지 아니할 것
② 300mg/L를 넘지 아니할 것
③ 1,000mg/L를 넘지 아니할 것
④ 1,200mg/L를 넘지 아니할 것

해설 경도는 1,000mg/L(수돗물의 경우 300mg/L, 먹는염지하수 및 먹는해양심층수의 경우 1,200mg/L)를 넘지 아니할 것. 다만, 샘물 및 염지하수의 경우에는 적용하지 아니한다. [먹는물 수질기준 및 검사 등에 관한 규칙(별표 1)]

10 | 수질기준
21, 17, 13

먹는물의 수소이온농도 기준으로 옳은 것은?

① pH 4.8 이상, pH 8.4 이하
② pH 5.8 이상, pH 8.5 이하
③ pH 4.8 이상, pH 8.5 이하
④ pH 5.8 이상, pH 8.4 이하

해설 먹는물(음용수)의 수소 이온농도의 기준은 pH 5.8 이상, pH 8.5 이하로 규정하고 있다.

11 | 물의 경도
08, 05

물의 경도가 1ppm이라 함은 다음 중 어느 것을 뜻하는가?

① 1L의 물속에 산소이온이 1mg 포함되어 있는 상태
② 1L의 물속에 불순물이 1mg 포함되어 있는 상태
③ 1L의 물속에 탄산칼슘이 1mg 포함되어 있는 상태
④ 1L의 물속에 대장균 기타 불순물이 1mg 포함되어 있는 상태

해설 경도란 물속에 남아 있는 Mg^{++}의 양을 이것에 대응하는 탄산칼슘($CaCO_3$)의 백만분율(ppm)로 환산한 것으로 $1ppm = \dfrac{1}{1,000,000} = \dfrac{1mg}{1l} = \dfrac{1mg}{1,000,000mg}$ 이다.

12 | 물의 경도
23, 21, 17, 12

물의 경도에 관한 설명으로 옳지 않은 것은?

① 경도의 표시는 도(度) 또는 ppm이 사용된다.
② 경도가 큰 물을 경수, 경도가 낮은 물을 연수라고 한다.
③ 일반적으로 물이 접하고 있는 지층의 종류와 관계없이 지표는 경수, 지하수는 연수로 간주된다.
④ 물의 경도는 물속에 녹아 있는 칼슘, 마그네슘 등의 염류의 양을 탄산칼슘의 농도로 환산하여 나타낸 것이다.

해설 일반적으로 물이 접하고 있는 지층의 종류와 관계없이 물속에 녹아 있는 칼슘, 마그네슘 등의 염류의 양을 탄산칼슘의 농도로 환산하여 나타낸 것으로 경수(110ppm 이상), 연수(90ppm 이하)로 구분한다.

13 | 물의 경도
24, 19, 17, 04

물의 경도에 대한 설명 중 옳지 않은 것은?

① 경도가 큰 물을 경수, 경도가 낮은 물을 연수라고 한다.
② 연수는 쉽게 비누 거품을 일으키지만 음료용으로 적합하지 않다.
③ 경수를 보일러 용수로 사용하면 관 내부에 스케일이 생겨 전열효율이 감소된다.
④ 물의 경도는 물속에 녹아 있는 칼슘, 마그네슘 등의 염류의 양을 탄산마그네슘의 농도로 환산하여 나타낸 것이다.

해설 물의 경도는 물속에 녹아 있는 칼슘, 마그네슘 등의 염류의 양을 탄산칼슘($CaCO_3$)의 농도로 환산하여 나타낸 것이다.

14 | 물의 경도
22

물의 경도에 관한 설명으로 옳지 않은 것은?

① 일반적으로 지하수는 경수로 간주한다.
② 경수는 단물이라고 하며, 경도가 70ppm 이상인 물을 말한다.
③ 경수를 보일러 용수로 사용하면 배관 내에 스케일 생성을 야기한다.
④ 물속에 녹아 있는 칼슘, 마그네슘 등의 염류의 양을 탄산칼슘의 농도로 환산하여 나타낸 것이다.

해설 물의 경도는 일반적으로 물이 접하고 있는 지층의 종류와 관계없이 물속에 녹아 있는 칼슘, 마그네슘 등의 염류의 양을 탄산칼슘의 농도로 환산하여 나타낸 것으로 경수(센물, 110ppm 이상), 연수(단물, 90ppm 이하)로 구분한다.

15 | 배수의 재이용
17

다음 중 수자원 절약을 위한 배수 재이용 시에 검토할 사항과 가장 거리가 먼 것은?

① 공급시설의 안정성
② 재이용수의 사용범위
③ 상수(上水)기구의 구성요소
④ 배수의 수량과 수질의 안정성

해설 수자원 절약을 위한 배수 재이용 시 검토할 사항은 공급시설의 안정성, 재이용수의 사용 범위, 수요량의 균형, 요구 수량과 수질에 알맞은 처리시설, 경제성, 오용방지, 2차적인 장애 요인 및 배수의 수량과 수질의 안정성 등이 있다.

16 | 수도직결방식
08, 04

다음 급수방식 중 위생성 및 유지관리 측면에서 가장 바람직하며 일반적으로 비교적 소규모의 건물에 사용되는 방식은?

① 수도직결방식
② 고가탱크방식
③ 압력탱크방식
④ 세퍼레이트방식

해설 고가탱크방식은 우물물 또는 상수를 일단 지하 물받이 탱크(receiving)에 받아 이것을 양수 펌프에 의해 건축물의 옥상 또는 높은 곳에 설치한 탱크로 양수하여 그 수위를 이용하여 탱크에서 밑으로 세운 급수관에 의해 급수하는 방식이고, 압력탱크방식은 수도 본관으로부터의 인입관 등에 의해 일단 물받이 탱크에 저수한 다음 급수 펌프로 압력탱크에 보내면 압력탱크에서 공기를 압축 가압하여 그 압력에 의해 물을 건축 구조물 내의 필요한 곳으로 급수하는 방식이며, 세퍼레이트(층별식)방식은 초고층 건축물의 급수 배관법의 일종(급수설비의 조닝)이다.

17 | 수도직결방식
14

다음의 급수방식 중 설비비 및 유지관리 비용이 가장 저렴한 방식은?

① 수도직결방식
② 고가수조방식
③ 압력수조방식
④ 펌프직송방식

해설 수도직결식(위생성 및 유지관리 측면에서 가장 바람직하며 일반적으로 비교적 소규모의 건물에 사용되는 방식)은 설비비와 유지관리비가 가장 저렴하고, 기계실 및 옥상탱크 등의 설치가 불필요하며, 정전 시에 급수가 가능하다.

18 | 수도직결방식
22, 18, 08

급수방식 중 수도직결식에 대한 설명으로 옳은 것은?

① 3층 이상의 고층으로서 급수가 용이하다.
② 저수조가 있으므로 단수 시에도 급수가 가능하다.
③ 정전으로 인한 단수의 염려가 크다.
④ 수도본관의 영향을 그대로 받아 수압변화가 심하다.

해설 수도직결식(위생성 및 유지관리 측면에서 가장 바람직하며, 일반적으로 비교적 소규모의 건물에 사용되는 방식)은 3층 이하의 저층으로서 급수가 용이하고 저수조가 없으므로 단수 시에는 급수가 불가능하며, 정전으로 인한 단수의 우려가 없어 급수가 가능하다.

정답 13. ④ 14. ② 15. ③ 16. ① 17. ① 18. ④

19 | 에너지절약 급수방식
16

다음 급수방식의 조합 중 가장 에너지 절약적인 것은?

① 저층부 수도직결방식과 고층부 고가탱크방식
② 저층부 수도직결방식과 고층부 압력탱크방식
③ 저층부 압력탱크방식과 고층부 펌프직송방식
④ 저층부 펌프직송방식과 고층부 고가탱크방식

해설 에너지 절약이 유리한 것부터 불리한 것의 순으로 나열하면, 수도직결방식 → 고가탱크방식 → 압력탱크방식 → 탱크가 없는 부스터방식의 순이다.

20 | 수도직결방식
17, 14

급수방식 중 수도직결방식에 관한 설명으로 옳지 않은 것은?

① 고층으로의 급수가 어렵다.
② 일반적으로 하향급수 배관방식을 사용한다.
③ 저수조가 없으므로 단수 시에 급수할 수 없다.
④ 위생성 및 유지·관리 측면에서 가장 바람직한 방식이다.

해설 수도직결식(위생성 및 유지관리 측면에서 가장 바람직하며, 일반적으로 비교적 소규모의 건물에 사용되는 방식)은 3층 이하의 저층으로서 급수가 용이하고 저수조가 없으므로 단수 시에는 급수가 불가능하며, 일반적으로 상향급수 배관방식을 사용한다.

21 | 급수방식의 특징
23, 09, 06

다음의 급수방식에 관한 설명 중 옳지 않은 것은?

① 고가수조방식은 급수압력이 일정하다.
② 수도직결방식은 정전 시에도 급수를 계속할 수 있다.
③ 초고층 건물은 적절한 수압을 유지하기 위해 급수조닝을 한다.
④ 압력수조방식은 고장률이 낮으며 단수 시에는 급수가 불가능하다.

해설 압력탱크방식(수도 본관으로부터의 인입관 등에 의해 일단 물받이 탱크에 저수한 다음 급수 펌프로 압력탱크에 보내면 압력탱크에서 공기를 압축 가압하여 그 압력에 의해 물을 건축 구조물 내의 필요한 곳으로 급수하는 방식)은 고장률이 높으며, 단수 시에는 일정량의 급수가 가능하다.

22 | 압력탱크방식
12, 07, 01

압력탱크방식 급수법에 대한 설명 중 맞는 것은?

① 고가탱크방식에 비하여 관리비용이 저렴하고 저양정의 펌프를 사용한다.
② 부분적으로 높은 수압을 필요로 할 때 적당하다.
③ 항상 일정한 수압을 유지할 수 있다.
④ 취급이 비교적 쉽고 고장도 없다.

해설 압력탱크방식은 고가탱크방식에 비하여 관리비용이 고가이고 고양정의 펌프를 사용하며, 수압의 변화가 심하여 일정한 수압을 유지할 수 없으며, 취급이 비교적 어렵고 고장도 많다. 특히 단수 시에도 일정량(탱크의 잔류량)의 급수가 가능하다.

23 | 압력탱크방식
22, 21, 18

압력탱크방식 급수법에 관한 설명으로 옳은 것은?

① 취급이 비교적 쉽고 고장도 없다.
② 전력 차단 시에는 사용할 수 없다.
③ 항상 일정한 수압을 유지할 수 있다.
④ 고가탱크방식에 비하여 관리비용이 저렴하고 저양정의 펌프를 사용한다.

해설 압력탱크방식은 취급이 비교적 어렵고, 고장이 많으며, 유지·관리 측면에서 불리한 방식이고, 수압이 일정하지 못하며, 고가탱크방식에 비하여 관리비용이 고가이고, 고양정의 펌프를 사용하는 방식이다.

24 | 급수방식의 특징
20

건물 내의 급수방식에 관한 설명으로 옳은 것은?

① 수도직결방식은 고층의 급수방법에 적합하다.
② 고가수조방식에서의 급수압력은 항상 변동한다.
③ 압력수조방식에서는 수조를 건물 상부에 설치해야 하므로 건축구조상 부담이 된다.
④ 펌프직송방식에서 펌프 운전방식은 펌프의 대수를 제어하는 정속방식과 회전수를 제어하는 변속방식으로 분류할 수 있다.

해설 ① 수도직결방식은 저층의 급수방법에 적합하다.
② 고가수조방식에서의 급수압력은 항상 일정하다.
③ 압력수조방식은 건물의 하부에 설치하므로 건축구조상 부담이 되지 않는다.

정답 19. ① 20. ② 21. ④ 22. ② 23. ② 24. ④

25 | 급수방식의 특징
25, 20

급수방식에 관한 설명으로 옳지 않은 것은?

① 수도직결방식은 급수압력이 일정하다.
② 펌프직송방식은 저수조의 수질관리가 필요하다.
③ 압력수조방식은 단수 시에 일정량의 급수가 가능하다.
④ 고가수조방식은 저수시간이 길어지면 수질이 나빠지기 쉽다.

해설 수도직결방식(위생성 및 유지관리 측면에서 가장 바람직하며 일반적으로 비교적 소규모의 건물에 사용되는 방식)은 설비비와 유지관리비가 가장 저렴하고, 기계실 및 옥상탱크 등의 설치가 불필요하며, 정전 시에 급수가 가능하다. 특히 수도본관의 영향을 그대로 받아 수압변화가 심하다.

26 | 급수방식의 특징
21

급수방식에 관한 설명으로 옳은 것은?

① 수도직결방식은 단수 시에도 지속적인 급수가 가능하다.
② 압력수조방식은 전력 차단 시에도 지속적인 급수가 가능하다.
③ 펌프직송방식에서 변속방식은 펌프의 회전수를 제어하는 방식이다.
④ 고가수조방식은 고층으로의 급수가 불가능하다는 단점이 있다.

해설 수도직결방식은 단수 시에는 급수가 불가능하고, 압력수조방식은 단수 시에는 일정량(탱크의 잔여량)의 급수가 가능하나, 전력 차단 시에 급수가 불가능하며, 고가수조방식은 고층으로의 급수가 가능하나, 수압이 약한 단점이 있다.

27 | 급수방식
21

급수방식에 관한 설명으로 옳지 않은 것은?

① 압력탱크방식에서는 저수조가 필요하다.
② 압력탱크방식은 급수압력에 변동이 없는 것이 특징이다.
③ 고가탱크방식은 다른 방식에 비해 수질오염에 취약하다.
④ 고가탱크방식에서는 중력식으로 각 기구에 급수가 이루어진다.

해설 압력탱크방식은 취급이 비교적 어렵고, 고장이 많으며, 유지·관리 측면에서 불리한 방식으로, 수압이 일정하지 못하며, 고가탱크방식에 비하여 관리비용이 고가이고, 고양정의 펌프를 사용하는 방식이다.

28 | 물 공급순서
14, 11

펌프직송방식에서 물 공급 순서로 알맞은 것은?

① 상수도 – 저수조 – 펌프 – 위생기구
② 상수도 – 펌프 – 압력수조 – 위생기구
③ 상수도 – 펌프 – 고가수조 – 위생기구
④ 상수도 – 저수조 – 펌프 – 고가수조 – 위생기구

해설 펌프직송방식은 수도본관에서 인입한 물을 일단 저수조에 저장한 후 급수펌프로 상향급수하는 방식으로 부스터 펌프 여러 대를 병렬로 연결, 배관 내의 압력을 감지하여 운전하는 방식으로 물 공급 순서는 상수도(수도본관)→저수조→펌프(부스터 펌프)→위생기구 순이며, 저수조를 생략하는 경우도 있다.

29 | 펌프직송방식
22

급수방식 중 펌프직송방식에 관한 설명으로 옳지 않은 것은?

① 전력차단 시에도 급수가 가능하다.
② 수도직결방식에 비하여 유지관리비용이 많다.
③ 정속방식은 급수관 내 압력 또는 유량을 탐지하여 펌프의 대수를 제어하는 방식이다.
④ 상수를 지하 저수탱크에 저장한 다음, 급수펌프로 필요한 장소로 직송하는 방식이다.

해설 펌프직송방식은 수도본관에서 인입한 물을 일단 저수조에 저장한 후 급수펌프로 상향 급수하는 방식으로 부스터 펌프 여러 대를 병렬로 연결, 배관 내의 압력을 감지하여 운전하는 방식이다. 급수량의 변화에 따라 펌프의 회전수 제어에 의해 급수압을 일정하게 유지하는 시스템을 채용하고 있기 때문에 펌프의 회전수 제어시스템이라고도 하며, 전력 차단 시에는 급수가 불가능하다.

30 | 펌프직송방식
23, 15

급수방식 중 펌프직송방식에 관한 설명으로 옳지 않은 것은?

① 급수압의 변화가 크다.
② 전력 차단 시 급수가 불가능하다.
③ 단수 시 저수량만큼 급수가 가능하다.
④ 수질오염의 가능성은 고가수조 방식보다 낮다.

해설 펌프직송방식은 수도 본관에서 인입한 물을 일단 저수조에 저장한 후 급수펌프로 상향급수하는 방식으로 부스터 펌프 여러 대를 병렬로 연결, 배관 내의 압력을 감지하여 운전하는 방식으로 급수량의 변화에 따라 펌프의 회전수 제어에 의해 급수량을 일정하게 유지하는 시스템을 채용되고 있기 때문에 펌프의 회전수 제어 시스템이라고 한다. 특히, 펌프직송방식은 급수압의 변화가 거의 없다.

정답 25. ① 26. ③ 27. ② 28. ① 29. ① 30. ①

31 | 국소식 급탕방식
| 24, 23, 20, 14, 13, 09, 05

국소식 급탕방법에 대한 설명 중 옳지 않은 것은?

① 배관 및 기기로부터의 열손실이 많다.
② 건물완공 후에도 급탕 개소의 증설이 비교적 쉽다.
③ 급탕 개소마다 가열기의 설치 스페이스가 필요하다.
④ 주택 등에서는 난방 겸용의 온수보일러, 순간온수기를 사용할 수 있다.

해설 국소식 급탕방식(급탕을 필요로 하는 장소에 소형 탕비기 등을 설치하여 비교적 짧은 배관으로 급탕하는 방식)은 급탕배관의 길이가 짧아 배관의 열손실이 적고, 탕을 순환할 필요가 없는 소규모 급탕설비에 사용된다.

32 | 국소식 급탕방식
| 21, 12

국소식 급탕방식에 관한 설명으로 옳은 것은?

① 배관 및 기기로부터의 열손실이 중앙식보다 많다.
② 배관에 의해 필요 개소 어디든지 급탕할 수 있다.
③ 건물 완공 후에도 급탕 개소의 증설이 중앙식보다 쉽다.
④ 기구의 동시이용률을 고려하므로 가열장치의 총용량을 적게 할 수 있다.

해설 국소식 급탕방식은 배관 및 기기로부터의 열손실이 중앙식보다 적고, 중앙식 급탕방식은 배관에 의해 필요 개소 어디든지 급탕할 수 있으며, 기구의 동시이용률을 고려하므로 가열장치의 총용량을 적게 할 수 있다.

33 | 국소식 급탕방식
| 15, 09

개별식(국소식) 급탕방식에 대한 설명으로 옳지 않은 것은?

① 주택 등 소규모 건물에 적합하다.
② 배관 중의 열손실이 크다.
③ 급탕 개소마다 가열기의 설치공간이 필요하다.
④ 기존건물에 설치가 용이하다.

해설 국소식 급탕방식은 급탕배관의 길이가 짧아 배관의 열손실이 적고, 탕을 순환할 필요가 없는 소규모 급탕설비에 사용된다.

34 | 국소식 급탕방식
| 19, 15, 14, 13, 07

다음의 국소식 급탕방식에 대한 설명 중 옳지 않은 것은?

① 급탕 개소마다 가열기의 설치공간이 필요하다.
② 건물 완공 후에 급탕 개소의 증설이 비교적 용이하다.
③ 배관길이가 길어 열손실이 크다.
④ 용도에 따라 필요한 개소에서 필요한 온도의 탕을 비교적 간단하게 얻을 수 있다.

해설 국소식 급탕방식(급탕을 필요로 하는 장소에 소형 탕비기 등을 설치하여 비교적 짧은 배관으로 급탕하는 방식)은 급탕배관의 길이가 짧아 배관의 열손실이 적고, 탕을 순환할 필요가 없는 소규모 급탕설비에 사용된다.

35 | 급탕방식
| 08

국소식 급탕설비의 종류 중 증기를 사일렌서나 기수혼합밸브에 의해 물과 혼합시킨 탕을 만드는 방식은?

① 저탕식
② 열매혼합식
③ 순간식
④ 직접가열식

해설 저탕식은 미리 탕을 만들어 저장하여 놓고 공급하는 방식이고, 순간식은 가스 탕비기 등에 의해 순간적으로 탕을 만들어 공급하는 방식이며, 직접가열식은 저탕조와 보일러를 직결하여 순환가열하는 방식으로 열효율 면에서 최적이나, 보일러의 신축이 불균등하고, 스케일이 부착되어 열효율을 감소시키며, 내부의 방식 처리가 필요하다.

36 | 중앙식 급탕방식
| 17, 12

중앙식 급탕방식에 관한 설명으로 옳은 것은?

① 가열기, 배관 등 설비규모가 작다.
② 배관 및 기기로부터의 열손실이 거의 없다.
③ 건물 완공 후 급탕 개소의 증설이 용이하다.
④ 기구의 동시이용률을 고려하여 가열장치의 총용량을 적게 할 수 있다.

해설 국소식 급탕방식은 가열기, 배관 등 설비규모가 작고, 배관 및 기기로부터의 열손실이 거의 없으며, 건물 완공 후 급탕 개소의 증설이 용이한 방식이다.

37 | 중앙식 급탕방식
| 23, 19, 18, 08

중앙식 급탕방식에 대한 설명으로 옳지 않은 것은?

① 배관 및 기기로부터의 열손실이 작다.
② 기구의 동시이용률을 고려하여 가열장치의 총용량을 적게 할 수 있다.
③ 일반적으로 열원장치는 공조설비와 겸용하여 설치되기 때문에 열원단가가 싸다.
④ 기계실 등에 다른 설비 기계와 함께 가열장치 등이 설치되기 때문에 관리가 용이하다.

해설 중앙식 급탕방식(광범위하게 존재하는 급탕 개소에 대해서 기계실내에 가열장치, 저탕조, 순환펌프 등의 기기류를 집중 설치하여 탕을 공급하는 방식)은 개별식에 비하여 배관이 길어지므로 열손실이 많다.

정답 31. ① 32. ③ 33. ② 34. ③ 35. ② 36. ④ 37. ①

38 | 중앙식 급탕방식
19, 18, 15, 08, 05

중앙식 급탕방식에 관한 설명으로 옳지 않은 것은?

① 배관으로부터 열손실이 많다.
② 급탕 개소마다 가열기의 설치 스페이스가 필요하다.
③ 시공 후 기구 증설에 따른 배관 변경 공사를 하기 어렵다.
④ 기계실 등에 다른 설비 기계와 함께 가열장치 등이 설치되기 때문에 관리가 용이하다.

해설 중앙식 급탕방식은 배관 및 기기로부터의 열손실이 크고, 급탕 개소마다 가열기의 설치 스페이스가 필요하지 않으며, 간접가열식의 경우 급탕배관의 길이가 길고 탕을 순환할 필요가 있는 대규모 급탕설비에 주로 이용된다.

39 | 중앙식 급탕방식
25, 03

중앙식 급탕방식에 대한 설명이 아닌 것은?

① 호텔, 병원, 사무소 등 급탕 개소가 많고 소요 급탕량도 많이 필요한 대규모 건축물에 채용된다.
② 급탕 개소마다 가열기의 설치 스페이스가 필요하다.
③ 직접가열식은 저탕조와 보일러가 직결되어 있다.
④ 간접가열식은 급탕용 보일러와 난방용 보일러를 겸용할 수 있다.

해설 국소식 급탕방식은 급탕 개소마다 가열기의 설치 스페이스가 필요하다.

40 | 중앙식 급탕방식
23, 21, 18

중앙식 급탕방식에 관한 설명으로 옳지 않은 것은?

① 배관에 의해 필요 개소에 급탕할 수 있다.
② 급탕 개소마다 가열기의 설치 스페이스가 필요하다.
③ 기구의 동시이용률을 고려하여 가열장치의 총용량을 적게 할 수 있다.
④ 호텔, 병원 등 급탕 개소가 많고 소요 급탕량도 많이 필요한 대규모 건축물에 채용된다.

해설 중앙식 급탕방식은 배관 및 기기로부터의 열손실이 크고, 급탕 개소마다 가열기의 설치 스페이스가 필요하지 않으며, 간접가열식의 경우 급탕배관의 길이가 길고 탕을 순환할 필요가 있는 대규모 급탕설비에 주로 이용된다.

41 | 간접가열식 급탕방식
24, 12

중앙식 급탕방식 중 간접가열식에 관한 설명으로 옳지 않은 것은?

① 가열코일이 필요하다.
② 대규모 급탕설비에 부적합하다.
③ 저압보일러를 써도 되는 경우가 많다.
④ 가열보일러는 난방용 보일러와 겸용할 수 있다.

해설 간접가열식(보일러에서 만들어진 증기 또는 고온수를 열원으로 하고, 저탕조 내에 설치한 코일을 통해서 관 내의 물을 간접적으로 가열하는 방식)은 보통 대규모 급탕설비에 적합하고, 난방용 보일러가 있을 때 겸용하여 사용한다.

42 | 간접가열식 급탕방식
22

간접가열식 급탕방식에 관한 설명으로 옳은 것은?

① 고압보일러를 사용하여야 한다.
② 직접가열식에 비해 열효율이 높다.
③ 가열보일러는 난방용 보일러와 겸용할 수 있다.
④ 직접가열식에 비해 보일러 내면에 스케일이 부착하기 쉽다.

해설 간접가열식 급탕방식(보일러에서 만들어진 증기 또는 고온수를 열원으로 하고, 저탕조 내에 설치한 코일을 통하여 관 내의 물을 간접적으로 가열하는 방식)은 저압보일러를 사용하고, 직접가열식에 비해 열효율이 낮으며, 보일러 내면에 스케일이 발생하지 않는다.

43 | 간접가열식 급탕방식
25, 20, 18, 17, 15, 11

중앙식 급탕방식 중 간접가열식에 대한 설명으로 옳지 않은 것은?

① 고압용 보일러가 필요하다.
② 대규모 급탕설비에 적합하다.
③ 가열보일러는 난방용 보일러와 겸용할 수 있다.
④ 저탕조 내에 설치한 코일을 통해서 관 내의 물을 간접적으로 가열한다.

해설 직접가열식(저탕조와 보일러를 직결하여 순환가열하는 방식)은 중압 또는 고압의 보일러를 사용하고, 간접가열식은 저압보일러를 사용한다.

정답 38. ② 39. ② 40. ② 41. ② 42. ③ 43. ①

44 | 간접가열식 급탕방식
21

간접가열식 급탕법에 관한 설명으로 옳지 않은 것은?

① 대규모의 급탕설비에 사용할 수 없다.
② 보일러 내면에 스케일의 발생이 적다.
③ 가열보일러를 난방용 보일러와 겸용할 수 있다.
④ 가열보일러로 저압보일러를 사용해도 되는 경우가 많다.

해설 간접가열식(보일러에서 만들어진 증기 또는 고온수를 열원으로 하고, 저탕조 내에 설치한 코일을 통해서 관 내의 물을 간접적으로 가열하는 방식)은 보통 대규모 급탕설비에 적합하고, 난방용 보일러가 있을 때 겸용하여 사용한다.

45 | 간접가열식 급탕방식
20, 11

간접가열식 급탕방식에 대한 설명으로 옳지 않은 것은?

① 가열보일러는 난방용 보일러와 겸용할 수 있다.
② 가열보일러의 열효율이 직접가열식에 비해 높다.
③ 저탕조는 가열코일을 내장하는 등 구조가 약간 복잡하다.
④ 고온의 탕을 얻기 위해서는 증기보일러 또는 고온수 보일러를 써야 한다.

해설 간접가열식(보일러에서 만들어진 증기 또는 고온수를 열원으로 하고, 저탕조 내에 설치한 코일을 통해서 관 내의 물을 간접적으로 가열하는 방식)은 직접가열식(저탕조와 보일러를 직결하여 순환가열하는 방식)에 비해 열효율이 낮다.

46 | 급탕방식 설계 시 주의사항
18, 14, 11

중앙식 급탕방식의 설계상의 유의점으로 옳지 않은 것은?

① 순환펌프는 과대하게 되지 않도록 주의하며, 반탕관 측에 설치한다.
② 각 계통 및 지관의 순환유량이 균등하게 되도록 유량조절이 가능하게 한다.
③ 열원기기 및 저탕조의 압력상승, 배관의 팽창신축에 대한 안전책을 고려한다.
④ 수평배관의 길이가 가능한 한 길게 되도록 수직관을 배치하며, 반탕관의 길이도 길게 되도록 계획한다.

해설 중앙식 급탕방식은 수평배관의 길이가 가능한 한 짧게 되도록 수직관을 배치하고, 반탕관의 길이도 짧게 되도록 계획하여 열손실과 마찰손실수두를 적게 하는 것이 바람직하다.

47 | 간접가열식 급탕방식
25, 20, 07, 05

간접가열식 급탕방식에 대한 설명 중 옳지 않은 것은?

① 탱크에 가열코일을 설치하여 이 코일을 통해 물을 간접적으로 가열하는 방식이다.
② 난방용 보일러와 겸용할 수 있다.
③ 저압보일러를 사용할 수 없으며 중압 또는 고압보일러를 사용한다.
④ 보일러에서 만들어진 증기 또는 고온수를 열원으로 한다.

해설 직접가열식(저탕조와 보일러를 직결하여 순환가열하는 방식)은 중압 또는 고압의 보일러를 사용하고, 간접가열식은 저압보일러를 사용한다.

48 | 간접가열식 급탕방식
18

간접가열식 급탕법에 관한 설명으로 옳지 않은 것은?

① 대규모의 급탕설비에 사용할 수 없다.
② 보일러 내면에 스케일의 발생이 적다.
③ 탱크 내의 가열코일을 이용하여 가열한다.
④ 난방용 보일러를 사용하여 급탕할 수 있다.

해설 간접가열식(보일러에서 만들어진 증기 또는 고온수를 열원으로 하고, 저탕조 내에 설치한 코일을 통해서 관 내의 물을 간접적으로 가열하는 방식)은 보통 대규모 급탕설비에 적합하고, 난방용 보일러가 있을 때 겸용하여 사용한다.

49 | 간접가열식 급탕방식
14, 10

간접가열식 급탕방식에 대한 설명으로 옳은 것은?

① 고압용 보일러를 설치하여야 한다.
② 난방용 보일러의 열원을 이용할 수 있다.
③ 저탕조에는 가열코일을 사용하지 않는다.
④ 보일러에 새로운 물이 끊임없이 보급되므로 스케일 부착의 우려가 많다.

해설 직접가열식은 고압용 보일러를 설치하여야 하고, 간접가열식은 난방용 보일러의 열원을 이용할 수 있으며, 직접가열식은 저탕조에는 가열코일을 사용하지 않고, 보일러에 새로운 물이 끊임없이 보급되므로 스케일 부착의 우려가 많다.

정답 44. ① 45. ② 46. ④ 47. ③ 48. ① 49. ②

50 | 급탕방식 | 21, 16

급탕방식 중 기수혼합식에 관한 설명으로 옳은 것은?

① 열효율이 90%이다.
② 물을 열원으로 사용한다.
③ 공장의 목욕탕 등에 적합하다.
④ 소음이 적어 사일렌서를 사용할 필요가 없다.

해설 기수(열매)혼합식은 국소식 급탕설비의 종류 중 증기를 사일렌서나 기수혼합밸브에 의해 물과 혼합시킨 탕을 만드는 방식으로 열효율이 100%이고, 증기를 열원으로 사용하며, 소음을 방지하기 위하여 스팀 사일렌서를 사용한다.

51 | 급탕방식 | 17, 10

사일렌서(silencer) 등에 의해 물과 혼합하여 탕을 만드는 급탕방식은?

① 순간식
② 저탕식
③ 기수혼합식
④ 간접가열식

해설 기수(열매)혼합식(국소식 급탕설비의 종류 중 증기를 사일렌서나 기수혼합밸브에 의해 물과 혼합시킨 탕을 만드는 방식)으로 열효율이 100%이고, 증기를 열원으로 사용하며, 소음을 방지하기 위하여 스팀 사일렌서를 사용한다.

52 | 간접가열식 급탕방식 | 16

중앙급탕방식 중 간접가열식에 관한 설명으로 옳지 않은 것은?

① 고압보일러를 설치하여야 한다.
② 보일러를 난방과 겸용으로 이용할 수 있다.
③ 보일러 내부에 스케일 발생의 우려가 적다.
④ 저탕조 용량이 충분할 경우 보일러 용량을 작게 할 수 있다.

해설 직접가열식(저탕조와 보일러를 직결하여 순환가열하는 방식)은 중압 또는 고압의 보일러를 사용하고, 간접가열식은 저압보일러를 사용한다.

53 | 통기관의 설치 목적 | 20, 09

다음 중 통기관의 설치 목적과 가장 거리가 먼 것은?

① 배수계통 내의 배수 및 공기의 흐름을 원활히 한다.
② 배수 트랩의 봉수부에 가해지는 압력과 배수관 내의 압력차를 크게 하여 배수 작용을 한다.
③ 사이펀 작용 및 배압에 의해서 트랩봉수가 파괴되는 것을 방지한다.
④ 배수관 계통의 환기를 도모하여 관 내를 청결하게 유지한다.

해설 통기관의 역할은 봉수의 파괴를 방지하고, 배수 및 공기의 흐름을 원활히 하며, 배수관 내의 환기를 도모하여 관 내를 청결하게 한다.

54 | 통기관의 설치 목적 | 19, 13

다음 중 통기관을 설치하는 목적과 가장 거리가 먼 것은?

① 트랩의 봉수를 보호한다.
② 배수관 내의 압력변동을 억제하여 배수의 흐름을 원활하게 한다.
③ 배수관 계통의 환기를 도모하여 관 내를 청결하게 유지한다.
④ 배수관에 해로운 영향을 미칠 물질이 배수관에 들어가지 않도록 한다.

해설 통기관의 역할은 봉수의 파괴를 방지하고, 배수 및 공기의 흐름을 원활히 하며, 배수관 내의 환기를 도모하여 관 내를 청결하게 한다.

55 | 통기관의 설치 목적 | 22, 13

통기관의 설치 목적으로 옳지 않은 것은?

① 배수계통 내의 배수 및 공기의 흐름을 원활히 한다.
② 배수관 계통의 환기를 도모하여 관 내를 청결하게 유지한다.
③ 모세관 현상이나 증발에 의해 트랩의 봉수가 파괴되는 것을 방지한다.
④ 배수 트랩의 봉수부에 가해지는 배수관 내의 압력과 대기압과의 차에 의해 트랩의 봉수가 파괴되지 않도록 한다.

해설 증발 작용[봉수가 유입각(봉수 깊이를 구성하는 부분 중 기구측의 부위)과 유출각(기구 배수관 측의 부위)에서 항상 증발하는 현상]과 모세관 현상(가는 관을 액체 속에 세우면 액체의 종류와 응집력, 액체와 고체 사이의 부착력 등에 따라 액체가 관 속을 상승 또는 하강하는 현상)은 통기관의 설치와 무관하게 봉수가 파괴되는 원인이 된다. 즉, 통기관으로 트랩의 봉수 파괴를 방지할 수 없다.

56 | 루프통기관 | 16, 11

루프통기방식에 관한 설명으로 옳지 않은 것은?

① 회로통기방식이라고도 한다.
② 통기수직관을 설치한 배수·통기계통에 이용된다.
③ 2개 이상의 기구 트랩에 공통으로 하나의 통기관을 설치하는 방식이다.
④ 배수·통기 양 계통 간의 공기의 유통을 원활히 하기 위해 설치하는 통기관이다.

정답 50.③ 51.③ 52.① 53.② 54.④ 55.③ 56.④

해설 배수·통기 양 계통 간의 공기의 유통을 원활히 하기 위해 설치하는 통기관은 도피통기관이다.

57 | 신정통기관
24, 22, 21, 10, 05

최상부의 배수수평관이 배수수직관에 접속된 위치보다도 더욱 위로 배수수직관을 끌어 올려 대기 중에 개구하여 통기관으로 사용하는 부분을 지칭하는 것은?

① 신정통기관　　② 결합통기관
③ 도피통기관　　④ 공용통기관

해설 결합통기관은 배수수직관 내의 압력변화를 방지 또는 완화하기 위해 배수수직관으로부터 분기·입상하여 통기수직관에 접속하는 도피통기관을 의미하는 것이고, 도피통기관(Relief vent)은 배수와 통기 양 계통 간의 공기의 유통을 원활히 하기 위하여 설치하는 통기관으로 배수수평지관의 하류측의 관 내 기압이 높게 될 위험을 방지하는 통기관이며, 공용통기관은 기구가 반대방향(즉, 좌우분기) 또는 병렬로 설치된 기구배수관의 교점에 접속하여 입상하며, 그 양 기구의 트랩 봉수를 보호하기 위한 통기관이다.

58 | 신정통기관의 정의
21

다음 설명에 알맞은 통기관의 종류는?

> 배수수직관에서 최상부의 배수수평관이 접속한 지점보다 더 상부 방향으로 그 배수수직관을 지붕 위까지 연장하여 이것을 통기관으로 사용하는 관을 말한다.

① 신정통기관　　② 결합통기관
③ 각개통기관　　④ 공용통기관

해설 ② 결합통기관은 배수수직관 내의 압력변화를 방지 또는 완화하기 위해 배수수직관으로부터 분기·입상하여 통기수직관에 접속하는 도피통기관을 의미하는 것이다.
③ 각개통기관은 가장 이상적인 통기방식으로 각 기구의 트랩마다 통기관을 설치하므로 트랩마다 통기되기 때문에 가장 안정도가 높은 통기관이다.
④ 공용통기관은 기구가 반대방향(즉, 좌우분기) 또는 병렬로 설치된 기구배수관의 교점에 접속하여 입상하며, 그 양 기구의 트랩 봉수를 보호하기 위한 통기관이다.

59 | 도피통기관
25, 23, 19, 08

배수·통기 양 계통 간의 공기의 유통을 원활히 하기 위해 설치하는 통기관으로서, 고층건물이나 기구수가 많은 건물에서 수직관까지의 거리가 긴 경우 루프통기의 효과를 높이는 의미에서 채용되는 것은?

① 각개통기관　　② 신정통기관
③ 습윤통기관　　④ 도피통기관

해설 각개통기관은 가장 이상적인 통기방식으로 각 기구의 트랩마다 통기관을 설치하므로 트랩마다 통기되기 때문에 가장 안정도가 높은 통기관이고, 신정통기관은 최상부의 배수수평관이 배수수직관에 접속된 위치보다도 더욱 위로 배수수직관을 끌어올려 대기 중에 개구하거나, 배수수직관의 상부를 배수수직관과 동일 관경으로 위로 배관하여 대기 중에 개방하는 통기관이며, 습식통기관은 배수횡주관(수평지관)의 최상류 기구의 바로 아래에서 연결한 통기관으로서, 환상 통기에 연결되어 통기와 배수의 역할을 겸하는 통기관이다.

60 | 도피통기관
25, 19, 13, 11

다음 설명에 알맞은 통기관은?

> • 배수, 통기 양 계통 간의 공기의 유통을 원활히 하기 위해 설치하는 통기관을 말한다.
> • 배수수평지관의 하류측의 관 내 기압이 높게 될 위험을 방지한다.

① 습윤통기관
② 도피통기관
③ 각개통기관
④ 신정통기관

해설 도피통기관(Relief vent)은 배수와 통기 양 계통 간의 공기의 유통을 원활히 하기 위하여 설치하는 통기관으로 배수수평지관의 하류측의 관 내 기압이 높게 될 위험을 방지하는 통기관이다.

61 | 결합통기관
18, 16

결합통기관에 관한 설명으로 옳은 것은?

① 각 기구마다 설치하는 통기관
② 배수·통기 양 계통 간의 공기 유동을 원활하게 하기 위해서 배수수평지관과 루프통기관을 연결시키는 통기관
③ 배수수직관의 상부를 그대로 연장하여 대기에 개방되게 한 것으로 배수수직관이 통기관의 역할까지 하도록 한 통기관
④ 배수수직관이 길 경우 발생할 수 있는 배수수직관 내의 압력변화를 방지하기 위하여 배수수직관과 통기수직관을 연결한 통기관

해설 ① 각개통기관, ② 도피통기관, ③ 신정통기관, ④ 결합통기관에 대한 설명이다.

62 | 결합통기관
18, 07

배수수직관 내의 압력변화를 방지 또는 완화하기 위해 배수수직관으로부터 분기·입상하여 통기수직관에 접속하는 도피통기관을 의미하는 것은?

① 신정통기관 ② 습식통기관
③ 공용통기관 ④ 결합통기관

해설 신정통기관은 최상부의 배수수평관이 배수수직관에 접속된 위치보다도 더욱 위로 배수수직관을 끌어올려 대기 중에 개구하거나, 배수수직관의 상부를 배수수직관과 동일 관경으로 위로 배관하여 대기 중에 개방하는 통기관이며, 습식통기관은 배수 횡주관(수평지관)의 최상류 기구의 바로 아래에서 연결한 통기관으로서, 환상 통기에 연결되어 통기와 배수의 역할을 겸하는 통기관이며, 공용통기관은 기구가 반대방향(즉, 좌우분기) 또는 병렬로 설치된 기구배수관의 교점에 접속하여 입상하며, 그 양 기구의 트랩 봉수를 보호하기 위한 통기관이다.

63 | 결합통기관의 정의
23, 15

다음 설명에 알맞은 통기관의 종류는?

> 오배수 입상관으로부터 취출하여 위쪽의 통기관에 연결되는 배관으로, 오배수 입상관 내의 압력을 같게 하기 위한 도피통기관

① 습식통기관 ② 각개통기관
③ 결합통기관 ④ 루프통기관

해설 습식통기관은 배수횡주관(수평지관)의 최상류 기구의 바로 아래에서 연결한 통기관으로서, 환상 통기에 연결되어 통기와 배수의 역할을 겸하는 통기관이다. 각개통기관은 가장 이상적인 통기방식으로 각 기구의 트랩마다 통기관을 설치하므로 트랩마다 통기되기 때문에 가장 안정도가 높은 통기관이다. 루프(회로 또는 환상)통기관(Loop vent system)은 2개 이상인 기구 트랩의 봉수를 보호하기 위하여 설치하는 통기관이다.

64 | 도피통기관
25, 16, 12

배수·통기 배관을 나타낸 다음 그림에서 a가 가리키고 있는 배관의 종류는 무엇인가? (단, 그림에서 배관은 배수관을, 점선의 배관은 통기관을 나타낸다.)

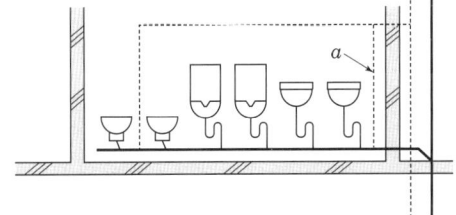

① 도피통기관 ② 루프통기관
③ 각개통기관 ④ 결합통기관

해설 배수관 상류에 연결된 통기관이 루프통기관이고, 수직관 앞에 설치한 통기관은 도피통기관(배수수평지관이 배수수직관에 접속하기 바로 전에 취하는 기관)이다.

65 | 습윤통기관
17, 13

통기와 배수의 역할을 동시에 하는 통기관은?

① 루프통기관 ② 결합통기관
③ 공용통기관 ④ 습윤통기관

해설 루프(회로 또는 환상)통기관(Loop vent system)은 2개 이상인 기구트랩의 봉수를 보호하기 위하여 설치하는 통기관이고, 공용통기관은 기구가 반대방향(즉, 좌우분기) 또는 병렬로 설치된 기구배수관의 교점에 접속하여 입상하며, 그 양 기구의 트랩 봉수를 보호하기 위한 통기관이다. 결합통기관은 배수수직관 내의 압력변화를 방지 또는 완화하기 위해 배수수직관으로부터 분기·입상하여 통기수직관에 접속하는 도피통기관이다.

66 | 결합통기관
24, 21, 16, 10, 07

다음 그림에서 ①부분의 통기관의 명칭은?

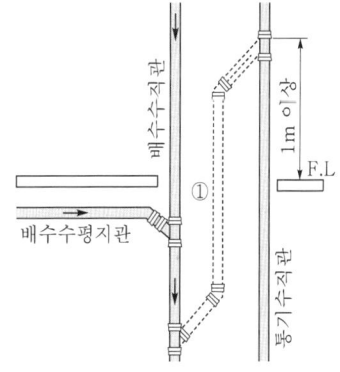

① 도피통기관 ② 신정통기관
③ 회로통기관 ④ 결합통기관

해설 결합통기관은 배수수직관 내의 압력변화를 방지 또는 완화하기 위해 배수수직관으로부터 분기·입상하여 통기수직관에 접속하는 도피통기관을 의미하는 것이다.

67 | 특수통기관
20, 15

통기수직관이 없는 방식으로 유수에 선회력을 주어 공기코어를 유지시켜 하나의 관으로 배수와 통기를 겸하는 통기방식은?

① 섹스티아방식 ② 각개통기방식
③ 신정통기방식 ④ 회로통기방식

정답 62.④ 63.③ 64.① 65.④ 66.④ 67.①

해설 각개통기관은 가장 이상적인 통기방식으로 각 기구의 트랩마다 통기관을 설치하므로 트랩마다 통기되기 때문에 가장 안정도가 높은 통기관이며, 신정통기관은 최상부의 배수수평관이 배수수직관에 접속된 위치보다도 더욱 위로 배수수직관을 끌어올려 대기 중에 개구하거나, 배수수직관의 상부를 배수수직관과 동일 관경으로 위로 배관하여 대기 중에 개방하는 통기관이며, 루프(회로 또는 환상)통기관(Loop vent system)은 2개 이상인 기구 트랩의 봉수를 보호하기 위하여 설치하는 통기관이다.

68 | 통기관의 비교
08, 04

통기방식에 대한 설명 중 옳지 않은 것은?

① 각개통기방식은 트랩마다 통기되기 때문에 가장 안정도가 높은 방식으로서 자기사이펀 작용의 방지에도 효과가 있다.
② 소벤트 시스템, 섹스티아 시스템은 신정통기방식을 변형한 것이다.
③ 신정통기방식을 세분하면 환상통기방식과 회로통기방식이 있다.
④ 루프통기방식은 2개 이상의 기구 트랩에 공통으로 하나의 통기관을 설치하는 방식이다.

해설 루프통기방식은 환상통기방식(최상류 기구의 하류 배수 수평지관에서 취한 통기관을 신정통기관에 접속하는 방식)과 회로통기방식(통기관을 통기수직관에 접속하는 방식)으로 세분한다.

69 | 통기관의 이음쇠
23, 19, 14, 11, 07

다음 중 특수통기방식의 일종인 소벤트 시스템에 사용되는 이음쇠는?

① 팽창관
② 섹스티아 밴드관
③ 섹스티아 이음쇠
④ 공기분리 이음쇠

해설 특수통기방식의 일종인 소벤트 시스템은 배수수직관, 각 층에 설치하는 소벤트 통기이음쇠, 배수수평지관 및 공기분리이음쇠(소벤트 45°×2곡관)로 구성되고, 소벤트 통기이음쇠는 수직관 내에서 물과 공기를 제어하고, 또한 배수수평지관에서 유입되는 배수와 공기를 수직관에서 효과적으로 섞는 역할을 하며, 공기분리 이음쇠는 배수가 배수수평주관에 원활하게 유입되도록 공기와 물을 분리하는 작용을 함으로써 배수수직관 내의 공기 코어의 연속성을 확보하는 데 있다.

70 | 통기관의 이음쇠
21

배수통기방식 중 공기혼합 이음쇠(aerator fitting)를 사용하는 방식은?

① 소벤트(sovent)식
② 결합통기방식
③ 루프통기방식
④ 각개통기방식

해설 소벤트 시스템은 물을 사용하는 곳이 한 곳에 집중되어 있고, 각 층의 평면이 거의 같으며 파이프샤프트(배수수직관)까지의 거리가 짧은 곳(호텔, 아파트 등)에서는 통기수직관이 없는 통기와 배기를 겸하는 배수방식으로 공기혼합이음(aerator fitting)과 공기분리이음(deaerator fitting)을 사용하여 배수관 내 배수의 유속을 조절한다.

71 | 통기관의 비교
23, 20, 09

다음의 각종 통기관에 대한 설명 중 옳지 않은 것은?

① 도피통기관은 각개통기방식에서 담당하는 기구수가 많을 경우 발생하는 하수가스를 도피시키기 위하여 통기수직관에 연결시킨 관이다.
② 신정통기관은 최상부의 배수수평관이 배수수직관에 접속된 위치보다도 더욱 위로 배수수직관을 끌어올려 대기 중에 개구하여 통기관으로 사용하는 부분이다.
③ 결합통기관은 배수수직관 내의 압력변화를 방지 또는 완화하기 위해 설치한다.
④ 습통기간은 통기의 목적 외에 배수관으로도 이용되는 부분을 말한다.

해설 도피통기관(Relief vent)은 배수와 통기 양 계통 간의 공기의 유통을 원활히 하기 위하여 설치하는 통기관으로 배수수평관의 하류측의 관 내 기압이 높게 될 위험을 방지하는 통기관이다.

72 | 통기관의 비교
15, 05

다음의 통기관에 대한 설명 중 옳은 것은?

① 도피통기관은 배수수평지관의 최상류에서 빼내어 통기지관에 연결한다.
② 결합통기관은 2개의 통기관을 서로 연결하는 통기관이다.
③ 공용통기관은 통기관과 배수관의 역할을 겸용하고 있는 관이다.
④ 통기수직관의 상부는 관경의 축소 없이 단독으로 대기 중에 개구하거나 신정통기관에 접속한다.

해설 도피통기관은 배수수평지관의 최하류의 기구에서 빼내어 통기지관에 연결하고, 결합통기관은 배수수직관 내의 압력변화를 방지 또는 완화하기 위해 배수수직관으로부터 분기·입상하여 통기수직관에 접속하는 도피통기관을 의미하는 것이며, 습식통기관은 통기관과 배수관의 역할을 겸용하고 있는 통기관이다.

73 | 부패탱크식 오수정화조
08, 04

부패탱크방식 오수정화조에 대한 설명으로 옳은 것은?

① 부패조에는 공기를 충분히 공급한다.
② 산화조에는 공기의 공급을 차단시킨다.
③ 산화조에서는 혐기성균에 의해 산화시킨다.
④ 여과조에서는 쇄석을 이용하여 고형물을 제거한다.

해설 부패조는 혐기성균에 의한 소화와 침전 작용이 이루어지므로 산소의 공급을 차단하고, 산화조는 호기성균에 의해 산화를 촉진하므로 산소를 공급(통기관을 설치)하여야 한다.

74 | 정화조 용량 결정식
03

수세식 변소의 정화조의 용량결정 시 기준이 되는 것으로 가장 적당한 것은?

① 건축연면적
② 대소변기의 수
③ 건물의 층수
④ 수세식 화장실 사용인원

해설 수세식 화장실의 정화조 용량을 결정하는 요인은 사용인원수에 의해 구한다.

75 | 오수처리방법
21, 17, 16, 08, 05

오수처리의 방법으로 생물화학적 방법에는 생물막법과 활성오니방법이 있는데, 다음 중 활성오니방법에 속하는 것은?

① 회전원판접촉방식
② 접촉산화방식
③ 살수여상방식
④ 장기간폭기방식

해설 오수처리방법에는 활성오니법(표준활성오니법, 접촉안정방법, 장기폭기법, 고율활성오니법 등)과 생물막법(회전원판접촉법, 살수여상법, 접촉산화법 등) 및 물리적 처리방법(임호프 탱크 방법) 등이 있다.

76 | 오수처리방법
19, 15

오수의 생물화학적 처리법 중 생물막법에 속하지 않는 것은?

① 접촉산화방식
② 살수여상방식
③ 표준활성오니방식
④ 회전원판접촉방식

해설 오수처리방법에는 활성오니법(표준활성오니법, 접촉안정방법, 장기폭기법, 고율활성오니법 등)과 생물막법(회전원판접촉법, 살수여상법, 접촉산화법 등) 및 물리적 처리방법(임호프 탱크 방법) 등이 있다.

77 | 오수처리방법
22, 16

오수처리방법 중 생물막법에 관한 설명으로 옳지 않은 것은?

① 생물학적 처리방법에 속한다.
② 살수여상방식은 쇄석, 플라스틱 여과재가 사용된다.
③ 살수여상방식, 회전원판접촉방식, 접촉폭기방식 등이 있다.
④ 오니가 폭기조 내부에서 부유하며 오수를 처리하는 방법이다.

해설 생물막법은 생물막(높게 쌓아 올린 쇄석의 표면에 오수를 살수하면, 오수는 쇄석 표면을 거쳐 밑으로 떨어진다. 이와 같이 오수를 쇄석에 살수하면 오수에 포함되어 있는 생물이 쇄석의 표면에 부착하고, 그 환경에 적합한 것이 번식하여 만든 막)을 이용하여 오수를 정화하는 방법이고, ④는 활성오니법에 대한 설명이다.

78 | 오수정화조의 호기성 미생물
17, 11, 09, 07

정화조에서 호기성 미생물의 활동이 가장 활발한 곳은?

① 부패조
② 산화조
③ 소독조
④ 여과조

해설 정화조의 정화 순서는 부패조(혐기성균) → 여과조(쇄석층) → 산화조(호기성균) → 소독조(표백분, 묽은 염산) → 방류의 순이다.

5 설비자재 검토

01 | 체크밸브의 정의
15, 08, 07

다음 중 배관 내 유체의 흐름을 일정한 방향으로만 흐르게 하고 역류를 방지하는 데 사용하는 밸브는?

① 글로브밸브
② 체크밸브
③ 감압밸브
④ 안전밸브

정답 73. ④ 74. ④ 75. ④ 76. ③ 77. ④ 78. ② / 01. ②

해설 글로브(스톱, 구형)밸브는 유로의 폐쇄나 유량의 계속적인 변화에 의한 유량조절에 적합하지만 유체에 대한 마찰저항이 큰 밸브이고, 유체에 대한 저항이 큰 것이 결점이기는 하지만 슬루스밸브에 비하여 소형이며, 가볍고 가격이 싸며, 유로를 폐쇄하는 경우나 유량 조절에 적합한 밸브이며, 감압밸브는 고압 배관과 저압 배관의 사이에 달고, 배관의 리프트를 적당한 장치에 의하여 제어하여 고압측의 압력의 변화 및 증기 소비량의 변동에 관계없이 일정하게 유지하는 밸브이며, 안전밸브는 일정 압력 이상으로 압력이 증가할 때 자동적으로 열리게 되어 용기의 안전을 보전하는 밸브이다.

02 | 체크밸브의 정의
19

유체의 흐름방향을 한쪽으로만 제어하는 밸브는?

① 체크밸브
② 앵글밸브
③ 게이트밸브
④ 글로브밸브

해설 앵글밸브는 유체의 흐름을 직각(90°)으로 바꿀 때 사용되는 글로브밸브의 일종으로 글로브밸브보다 감압 현상이 적으며, 유체의 입구와 출구가 이루는 각이 90°이고, 가격이 싸므로 널리 쓰이며, 주로 관과 기구의 접속에 이용되고, 배관 중에 사용하는 경우는 극히 드문 밸브이다. 게이트(슬루스)밸브는 밸브를 완전히 열면 유체 흐름의 단면적 변화가 없기 때문에 마찰저항이 작아서 흐름의 단속용(유체의 개폐목적)으로 사용되는 밸브 또는 밸브를 완전히 열면 배관경과 밸브의 구경이 동일하므로 유체의 저항이 작지만 부분개폐 상태에서는 밸브판이 침식되어 완전히 닫아도 누설될 우려가 있는 밸브이다. 글로브(스톱, 구형)밸브는 유로의 폐쇄나 유량의 계속적인 변화에 의한 유량조절에 적합하지만 유체에 대한 마찰저항이 큰 밸브이고, 유체에 대한 저항이 큰 것이 결점이기는 하지만 슬루스밸브에 비하여 소형이며, 가볍고 가격이 싸며, 유로를 폐쇄하는 경우나 유량 조절에 적합한 밸브이다.

03 | 스윙형 체크밸브
19, 12

다음 설명에 알맞은 밸브의 종류는?

- 유체를 일정한 방향으로만 흐르게 하고 역류를 방지하는 데 사용한다.
- 시트의 고정핀을 축으로 회전하여 개폐되며 수평·수직 어느 배관에도 사용할 수 있다.

① 리프트형 체크밸브(lift type check valve)
② 스윙형 체크밸브(swing type check valve)
③ 풋형 체크밸브(foot type check valve)
④ 슬루스밸브(sluice valve)

해설 체크밸브는 유체를 일정한 방향으로만 흐르게 하고 역류를 방지하는데 사용하고, 시트의 고정핀을 축으로 회전하여 개폐되며 스윙형은 수평·수직 배관, 리프트형은 수평 배관에 사용하는 밸브이고, 슬루스(게이트)밸브는 배관의 마찰저항이 매우 작고, 개폐용으로 사용하며, 증기 수평관에서 드레인이 고이는 것을 방지할 때 사용하는 밸브이고, 유체의 유량 조절 목적으로 사용하기에 가장 적합하지 않은 밸브이다.

04 | 글로브밸브의 정의
25, 03

유로의 폐쇄나 유량의 계속적인 변화에 의한 유량조절에 적합하지만 유체에 대한 마찰저항이 큰 밸브로 스톱밸브라고 불리는 것은?

① 슬루스밸브
② 게이트밸브
③ 글로브밸브
④ 체크밸브

해설 글로브(스톱, 구형)밸브는 유로의 폐쇄나 유량의 계속적인 변화에 의한 유량조절에 적합하지만 유체에 대한 마찰저항이 큰 밸브이고, 슬루스(게이트)밸브는 배관의 마찰저항이 매우 작고, 개폐용으로 사용하며, 증기 수평관에서 드레인이 고이는 것을 방지할 때 사용하는 밸브이고, 유체의 유량 조절 목적으로 사용하기에 가장 적합하지 않은 밸브이며, 체크밸브는 유체를 일정한 방향으로만 흐르게 하고 역류를 방지하는데 사용하고, 시트의 고정핀을 축으로 회전하여 개폐되며 스윙형은 수평·수직 배관, 리프트형은 수평 배관에 사용하는 밸브이다.

05 | 게이트밸브
16, 06

다음 중 유체의 유량 조절 목적으로 사용하기에 가장 적합하지 않은 밸브는?

① 글로브밸브
② 게이트밸브
③ 앵글밸브
④ 니들밸브

해설 글로브(스톱, 구형)밸브는 유로의 폐쇄나 유량의 계속적인 변화에 의한 유량조절에 적합하지만 유체에 대한 마찰저항이 큰 밸브이고, 유체에 대한 저항이 큰 것이 결점이기는 하지만 슬루스밸브에 비하여 소형이며, 가볍고 가격이 싸며, 유로를 폐쇄하는 경우나 유량 조절에 적합한 밸브이다. 앵글밸브는 유체의 흐름을 직각으로 바꿀 때 사용되는 글로브밸브의 일종으로 글로브밸브보다 감압 현상이 적고, 유체의 입구와 출구가 이루는 각이 90°이고, 가격이 싸므로 널리 쓰이며, 주로 관과 기구의 접속에 이용되고, 배관 중에 사용하는 경우는 극히 드물다. 니들밸브는 구형 밸브의 일종으로 유량이 적은 경우나 고압인 때 유량을 줄이면서 미량 조정하는 데 적합한 밸브로서 팽창밸브 등에 사용되는 밸브이다.

06 | 앵글밸브
16

앵글밸브에 관한 설명으로 옳은 것은?

① 유량을 자동적으로 제어한다.
② 유체가 역류하는 것을 방지한다.
③ 유량의 미세한 조정이 용이하다.
④ 유체의 흐름 방향을 직각으로 변화시킨다.

해설 앵글밸브는 유체의 흐름을 직각으로 바꿀 때 사용되는 글로브밸브의 일종으로 글로브밸브보다 감압 현상이 적고, 유체의 입구와 출구가 이루는 각이 90°이고, 가격이 싸므로 널리 쓰이며, 주로 관과 기구의 접속에 이용되고, 배관 중에 사용하는 경우는 극히 드물다.

07 | 게이트밸브
20, 13

게이트밸브(gate valve)에 관한 설명으로 옳은 것은?

① 슬루스밸브라고도 하며 급수, 급탕용으로 많이 사용된다.
② 유체를 일정한 방향으로만 흐르게 하고 역류를 방지하는데 주로 사용된다.
③ 밸브를 완전히 열 경우 단면적이 갑자기 작아지므로 유체에 대한 마찰저항이 크다.
④ 수평배관에만 사용되며 핸들을 90° 회전시키면 볼이 회전하여 완전 개폐가 가능하다.

해설 ② 체크(역지)밸브, ③ 글로브(스톱, 구형)밸브, ④ 볼밸브에 대한 설명이다.

08 | 배관의 이음방법
23, 19, 18, 14

주철관의 이음 방법에 속하지 않는 것은?

① 소켓이음
② 빅토릭이음
③ 타이톤이음
④ 플레어이음

해설 주철관의 이음 방법에는 소켓 접합(주철관의 허브속에 스피곳이 있는 쪽을 맞춘 다음 마를 단단히 꼬아 감고 정으로 박아 넣는 방법), 플랜지 접합(플랜지가 달린 주철관을 서로 맞추어 볼트로 조여 접합하는 방법), 메커니컬 접합(소켓 접합과 플랜지 접합의 장점을 채택한 방법), 빅토릭 접합(빅토릭형 주철관을 고무링과 금속제 컬러를 사용하여 잇는 방법) 등이 있고, 플레어이음은 주로 동관의 접합에 사용하는 방법으로 동관의 끝을 압축 이음쇠로 접합하는 방법이다.

09 | 슬루스밸브
18

슬루스밸브에 관한 설명으로 옳지 않은 것은?

① 게이트밸브라고도 한다.
② 리프트가 커서 개폐에 시간이 걸린다.
③ 유체의 흐름을 단속하는 대표적인 밸브이다.
④ 유체의 흐름이 90°로 바뀌기 때문에 유체에 대한 저항이 크다.

해설 슬루스(게이트)밸브는 밸브를 완전히 열면 유체 흐름의 단면적 변화가 없기 때문에 마찰저항이 적어서 흐름의 단속용(유체의 개폐목적)으로 사용되는 밸브 또는 밸브를 완전히 열면 배관경과 밸브의 구경이 동일하므로 유체의 저항이 적지만 부분개폐 상태에서는 밸브판이 침식되어 완전히 닫아도 누설될 우려가 있는 밸브이고, ④ 앵글밸브에 대한 설명으로 유체의 흐름을 직각(90°)으로 바꿀 때 사용되는 글로브밸브의 일종으로 글로브밸브보다 감압 현상이 적으며, 유체의 입구와 출구가 이루는 각이 90°이고, 가격이 싸므로 널리 쓰이며, 주로 관과 기구의 접속에 이용되고, 배관 중에 사용하는 경우는 극히 드문 밸브이다.

10 | 배관의 이음방법
18

다음 중 주철관의 접합 방법에 속하는 것은?

① 나팔식 접합
② 메커니컬 접합
③ 플레어 너트 접합
④ 시멘트 모르타르 접합

해설 주철관의 접합 방법에는 소켓 접합, 플랜지 접합, 메커니컬 조인트 및 빅토릭 조인트 등이 있다.

11 | 이음쇠
22, 18, 14, 11

배관 이음재료 중 시공한 후 배관 교체 등 수리를 편리하게 하기 위해 사용하는 것은?

① 티(tee)
② 부싱(bushing)
③ 유니언(union)
④ 리듀서(reducer)

해설 티(tee)는 분기관을 이을 때 사용하고, 부싱(bushing)은 관 직경이 서로 다른 관을 접속할 때 사용하는 이음으로 일반적으로 티나 엘보 등의 이음의 일부로서 관 직경을 줄이고자 할 때 사용하며, 리듀서(reducer)는 직경이 다른 직선관을 이을 때 사용하는 부품이다.

12 | 이음쇠
25, 14, 09

동일한 관경의 관을 직선 연결할 때 사용되는 강관 이음쇠는?

① 유니언
② 크로스
③ 밴드
④ 플러그

해설 유니언은 시공한 후 배관 교체 등 수리를 편리하게 하기 위해 사용 또는 직선 배관을 이을 때 사용하고, 크로스는 분기관을 이을 때 사용하며, 밴드는 배관을 굽힐 때 사용하고, 플러그는 배관의 끝 부분에 사용하는 부품이다.

13 | 유니언의 용도
22, 13

강관의 관이음쇠 중 유니언에 관한 설명으로 옳은 것은?

① 관의 끝을 막는 용도로 사용된다.
② 이경관을 연결하는 용도로 사용된다.
③ 관의 방향을 바꾸는 용도로 사용된다.
④ 동경의 관을 직선 연결하는 용도로 사용된다.

해설 ① 플러그, 캡, ② 이경 엘보, 이경 소켓, 이경 티, 리듀서 및 부싱, ③ 티, 크로스 및 와이를 사용한다.

14 | 이음쇠
19, 04

같은 구경의 강관을 직선으로 연결하고자 할 때 사용되는 강관 이음쇠류가 아닌 것은?

① 부싱　　　　　② 소켓
③ 유니언　　　　④ 니플

해설 플랜지(flange), 소켓(socket), 유니언(union) 및 니플 등은 동일한 직경의 직선 배관을 이을 때 사용하고, 부싱(bushing)은 관 직경이 서로 다른 관을 접속할 때 사용하는 이음으로 일반적으로 티나 엘보 등의 이음의 일부로서 관 직경을 줄이고자 할 때 사용한다.

15 | 이종관의 접합
24, 22

이종관의 접합에 관한 설명으로 옳지 않은 것은?

① 연관과 동관의 접합은 납땜 접합한다.
② 강관과 동관의 접합에는 절연이음쇠를 사용하지 않는다.
③ 강관과 스테인리스강관의 접합은 원칙적으로 절연이음쇠를 사용한다.
④ 주철관과 강관의 접합은 각각 이음을 코킹하여 나사 또는 플랜지 접합한다.

해설 이종관의 이음에 있어서, 강관과 동관의 접합에는 이종 금속 사이의 전기분해 작용에 의한 부식을 방지하기 위하여 절연이음쇠를 사용하여야 한다.

16 | 이음쇠
03

같은 구경의 관을 접합할 때 사용하는 이음류가 아닌 것은?

① 니플　　　　　② 소켓
③ 리듀서　　　　④ 유니언

해설 니플과 소켓 및 유니언은 직선 배관을 이을 때 사용하고, 리듀서는 직경이 다른 철관을 이을 때 사용하는 부품이다.

17 | 이음쇠
23, 20

강관 이음류 중 부싱(bushing)의 용도로 옳은 것은?

① 배관의 말단부
② 관을 분기할 때
③ 배관을 90°로 구부릴 때
④ 구경이 다른 관을 접속하고자 할 때

해설 ① 플러그(plug), 캡(cap), ② 티, 크로스, 와이, ③ 엘보, 밴드 등을 사용한다.

18 | 이음쇠
25, 23, 20, 12

강관 이음쇠에 관한 설명으로 옳지 않은 것은?

① 엘보(elbow)는 관의 방향을 바꿀 때 사용된다.
② 티(tee), 크로스(cross)는 관을 도중에서 분기할 때 사용된다.
③ 리듀서(reducer)는 관경이 서로 다른 관을 접속할 때 사용된다.
④ 플러그(plug), 캡(cap)은 동일 관경의 관을 직선 연결할 때 사용된다.

해설 플랜지(Flange), 소켓(Socket), 유니언(Union) 및 니플 등은 동일한 직경의 직선 배관을 이을 때 사용하고, 배관의 끝 부분에는 플러그(plug), 캡(cap)을 사용한다.

19 | 이음쇠와 사용처
13, 09

다음 중 강관 부속류와 사용 용도의 연결이 옳지 않은 것은?

① 소켓-구경이 다른 관을 접합할 때
② 엘보-관의 방향을 바꿀 때
③ 티-관을 도중에서 분기할 때
④ 유니언-직관을 접속할 때

해설 플랜지(flange), 소켓(socket), 유니언(union) 및 니플 등은 동일한 직경의 직선 배관을 이을 때 사용하고, 직경이 다른 관을 이을 때 사용하는 부품은 직선관(이경 소켓, 이경 부싱, 리듀서), 굴곡관(이경 엘보), 분기관(이경 티) 등이 있다.

정답　13. ④　14. ①　15. ②　16. ③　17. ④　18. ④　19. ①

20 | 슬루스밸브
21, 14, 08

밸브를 완전히 열면 유체 흐름의 단면적 변화가 없기 때문에 마찰저항이 작아서 흐름의 단속용으로 사용되는 밸브로, 게이트밸브(gate valve)라고도 불리우는 것은?

① 슬루스밸브
② 체크밸브
③ 글로브밸브
④ 앵글밸브

해설 체크밸브는 유체를 일정한 방향으로만 흐르게 하고 역류를 방지하는데 사용하고, 시트의 고정핀을 축으로 회전하여 개폐되며 스윙형은 수평·수직배관, 리프트형은 수평배관에 사용하는 밸브이다. 앵글밸브는 유체의 흐름을 직각으로 바꿀 때 사용되는 글로브밸브의 일종으로 글로브밸브보다 감압 현상이 적고, 유체의 입구와 출구가 이루는 각이 90°이고, 가격이 싸므로 널리 쓰이며, 주로 관과 기구의 접속에 이용되고, 배관 중에 사용하는 경우는 극히 드물다. 글로브(스톱, 구형)밸브는 유로의 폐쇄나 유량의 계속적인 변화에 의한 유량조절에 적합하지만 유체에 대한 마찰저항이 큰 밸브이고, 유체에 대한 저항이 큰 것이 결점이기는 하지만 슬루스밸브에 비하여 소형이며, 가볍고 가격이 싸다.

21 | 슬루스밸브
09, 06, 04

밸브를 개폐할 때 마찰저항이 작고 주로 유체의 개폐목적으로 사용되는 것은 어느 것인가?

① 스윙밸브
② 앵글밸브
③ 슬루스밸브
④ 글로브밸브

해설 스윙밸브는 체크밸브의 일종이고, 앵글밸브는 유체의 흐름을 직각으로 바꿀 때 사용되는 글로브밸브의 일종으로 글로브밸브보다 감압 현상이 적고, 유체의 입구와 출구가 이루는 각이 90°이고, 가격이 싸므로 널리 쓰이며, 주로 관과 기구의 접속에 이용되고, 배관 중에 사용하는 경우는 극히 드물다. 글로브(스톱, 구형)밸브는 유로의 폐쇄나 유량의 계속적인 변화에 의한 유량조절에 적합하지만 유체에 대한 마찰저항이 크고, 슬루스밸브에 비하여 소형이며, 가볍고 가격이 싸다.

22 | 글로브밸브
21

유체의 흐름이 밸브의 아래에서 위로 흐르며 유량조절용으로 사용되는 밸브는?

① 볼밸브
② 체크밸브
③ 게이트밸브
④ 글로브밸브

해설 볼밸브는 핸들을 90° 회전시키면 볼이 회전하여 완전 개폐가 가능한 밸브이다. 체크밸브는 유체를 일정한 방향으로만 흐르게 하고 역류를 방지하는데 사용하고, 시트의 고정핀을 축으로 회전하여 개폐되며 스윙형은 수평·수직배관, 리프트형은 수평배관에 사용하는 밸브이다. 슬루스(게이트)밸브는 밸브를 완전히 열면 유체 흐름의 단면적 변화가 없기 때문에 마찰저항이 적어서 흐름의 단속용(유체의 개폐목적)으로 사용되는 밸브 또는 밸브를 완전히 열면 배관경과 밸브의 구경이 동일하므로 유체의 저항이 적지만 부분개폐 상태에서는 밸브판이 침식되어 완전히 닫아도 누설될 우려가 있는 밸브이다.

23 | 앵글밸브
22, 18, 16, 13, 12, 06

유량조절용으로 사용되며 유체의 흐름방향을 90°로 전환시킬 수 있는 밸브는?

① 볼밸브
② 체크밸브
③ 앵글밸브
④ 게이트밸브

해설 볼밸브는 핸들을 90° 회전시키면 볼이 회전하여 완전 개폐가 가능한 밸브이고, 체크밸브는 유체를 일정한 방향으로만 흐르게 하고 역류를 방지하는데 사용하고, 시트의 고정핀을 축으로 회전하여 개폐되며 스윙형은 수평·수직배관, 리프트형은 수평배관에 사용하는 밸브이며, 슬루스(게이트)밸브는 밸브를 완전히 열면 유체 흐름의 단면적 변화가 없기 때문에 마찰저항이 적어서 흐름의 단속용(유체의 개폐목적)으로 사용되는 밸브 또는 밸브를 완전히 열면 배관경과 밸브의 구경이 동일하므로 유체의 저항이 적지만 부분개폐 상태에서는 밸브판이 침식되어 완전히 닫아도 누설될 우려가 있는 밸브이다.

24 | 게이트밸브
25, 15, 10

밸브를 완전히 열면 배관경과 밸브의 구경이 동일하므로 유체의 저항이 적지만 부분개폐 상태에서는 밸브판이 침식되어 완전히 닫아도 누설될 우려가 있는 밸브는?

① 체크밸브
② 앵글밸브
③ 게이트밸브
④ 글로브밸브

해설 체크밸브는 유체를 일정한 방향으로만 흐르게 하고 역류를 방지하는데 사용하고, 시트의 고정핀을 축으로 회전하여 개폐되며 스윙형은 수평·수직배관, 리프트형은 수평배관에 사용하는 밸브이고, 슬루스(게이트)밸브는 밸브를 완전히 열면 유체 흐름의 단면적 변화가 없기 때문에 마찰저항이 적어서 흐름의 단속용(유체의 개폐목적)으로 사용되는 밸브 또는 밸브를 완전히 열면 배관경과 밸브의 구경이 동일하므로 유체의 저항이 적지만 부분개폐 상태에서는 밸브판이 침식되어 완전히 닫아도 누설될 우려가 있는 밸브이며, 글로브(스톱, 구형)밸브는 유로의 폐쇄나 유량의 계속적인 변화에 의한 유량조절에 적합하지만 유체에 대한 마찰저항이 큰 밸브이고, 유체에 대한 저항이 큰 것이 결점이기는 하지만 슬루스밸브에 비하여 소형이며, 가볍고 가격이 싸며, 유로를 폐쇄하는 경우나 유량 조절에 적합한 밸브이다.

정답 20. ① 21. ③ 22. ④ 23. ③ 24. ③

25 체크밸브
09, 01

밸브 중 유체의 흐름방향을 한쪽으로만 제어하는 것은?

① 게이트밸브　　② 글로브밸브
③ 앵글밸브　　　④ 체크밸브

해설 슬루스(게이트)밸브는 밸브를 완전히 열면 유체 흐름의 단면적 변화가 없기 때문에 마찰저항이 적어서 흐름의 단속용(유체의 개폐목적)으로 사용되는 밸브 또는 밸브를 완전히 열면 배관경과 밸브의 구경이 동일하므로 유체의 저항이 적지만 부분개폐 상태에서는 밸브판이 침식되어 완전히 닫아도 누설될 우려가 있는 밸브이고, 체크밸브(역지밸브)는 유체를 일정한 방향으로만 흐르게 하고 역류를 방지하는데 사용하고, 시트의 고정핀을 축으로 회전하여 개폐되며 스윙형은 수평·수직배관, 리프트형은 수평배관에 사용하는 밸브이며, 앵글밸브는 유체의 흐름을 직각으로 바꿀 때 사용되는 글로브밸브의 일종으로 글로브밸브보다 감압 현상이 적고, 유체의 입구와 출구가 이루는 각이 90°이고, 가격이 싸므로 널리 쓰이며, 주로 관과 기구의 접속에 이용되고, 배관 중에 사용하는 경우는 극히 드물다.

26 풋형 밸브
22, 18, 14, 04

개방식 배관의 펌프 흡입관 선단에 부착하여 펌프 운전 중에는 물론 펌프 정지 시에도 흡입관 속을 만수상태로 만들도록 고려된 배관재료는?

① 관트랩　　　② 스트레이너
③ 박스트랩　　④ 풋형 체크밸브

해설 관(사이펀)트랩의 종류에는 P트랩, S트랩, U트랩 등이 있고, 스트레이너는 밸브, 기기 등의 앞에 설치하며, 관 속의 유체에 혼입된 불순물을 제거하여 기기의 성능을 보호하는 여과기이다.

27 마찰손실수두의 산정
25, 12, 10, 07

내경 50mm인 관 속을 흐르는 물의 유량은 10.5m³/h이다. 관의 길이가 10m일 경우 마찰손실은? (단, 관마찰계수는 0.02이다.)

① 약 2.4kPa　　② 약 4.4kPa
③ 약 6.2kPa　　④ 약 8.2kPa

해설 h(마찰손실수두)

$=\lambda$(관의 마찰계수)$\times \dfrac{l(\text{직관의 길이})}{d(\text{관의 직경})} \times \dfrac{v^2(\text{관내 평균 유속})}{2g(\text{중력가속도})}$

여기서, $\lambda=0.02$, $l=10\text{m}$, $d=50\text{mm}=0.05\text{m}$, $g=9.8\text{m/s}^2$

$v(\text{유속})=\dfrac{Q(\text{유량})}{A(\text{단면적})}=\dfrac{Q}{\dfrac{\pi D(\text{직경})^2}{4}}=\dfrac{4Q}{\pi D^2}=\dfrac{4\times 10.5}{3,600\pi \times 0.05^2}$

$=1.485\text{m/s}$

$h=\lambda \times \dfrac{l}{d} \times \dfrac{v^2}{2g}=0.02\times \dfrac{10}{0.05}\times \dfrac{1.485^2}{2\times 9.8}=0.45\text{mAq}$

$=0.0045\text{MPa}=4.5\text{kPa}$

여기서, 1mAq=0.098MPa=9.8kPa 또는 1mmAq=9.8Pa임에 유의할 것

28 체크밸브
06, 04

체크밸브에 관한 다음 설명 중 부적당한 것은?

① 수직배관에만 사용된다.
② 유체의 역류를 방지하기 위한 것이다.
③ 스윙형과 리프트형이 있다.
④ 펌프 등 기기의 출구부분에 설치한다.

해설 체크밸브는 유체를 일정한 방향으로만 흐르게 하고 역류를 방지하는데 사용하고, 시트의 고정핀을 축으로 회전하여 개폐되며 스윙형은 수평·수직배관, 리프트형은 수평배관에 사용하는 밸브이다.

29 체크밸브
21, 17

체크밸브에 관한 설명으로 옳지 않은 것은?

① 유체의 역류를 방지하기 위한 것이다.
② 스윙형 체크밸브는 수평배관에 사용할 수 없다.
③ 스윙형 체크밸브는 유수에 대한 마찰저항이 리프트형보다 적다.
④ 리프트형 체크밸브는 글로브밸브와 같은 밸브시트의 구조로써 유체의 압력에 밸브가 수직으로 올라가게 되어 있다.

해설 체크밸브는 유체를 일정한 방향으로만 흐르게 하고 역류를 방지하는데 사용하고, 시트의 고정핀을 축으로 회전하여 개폐되며 스윙형은 수평·수직배관, 리프트형은 수평배관에 사용하는 밸브이다.

30 플러그 콕
17, 14, 11

기기나 배관 내의 유량조절을 빈번하게 하지 않고 일정량으로 고정시키는 경우에 사용되는 밸브는?

① 체크밸브　　② 볼밸브
③ 플러그 콕　　④ 유니언

해설 체크밸브는 유체를 일정한 방향으로만 흐르게 하고 역류를 방지하는데 사용하는 밸브이고, 볼밸브는 핸들을 90° 회전시키면 볼이 회전하여 완전 개폐가 가능한 밸브이며, 유니언은 소켓, 플랜지 등 처럼 직관의 접합에 사용하는 관이음 부속이다.

정답 25. ④ 26. ④ 27. ② 28. ① 29. ② 30. ③

CHAPTER 04

Engineer Building Facilities

| 기출 공략 문제 |

설계도서 작성

① 설비도서 작성

01 | 유체의 종류와 기호

유체의 종류와 기호에 대한 사항 중 옳지 않은 것은?

① 공기 : A
② 가스 : G
③ 수증기 : C
④ 물 : W

해설 유체의 종류와 기호

유체의 종류	공기	가스	수증기	물
기호	A	G	S	W

02 | 물질의 식별색

물질의 종류에 따른 식별색으로 옳은 것은?

① 물 : 청색
② 산, 알칼리 : 백색
③ 증기 : 황색
④ 가스 : 회자색

해설 물질의 종류와 식별색

종류	물	증기	공기	가스
색깔	청색	진한 적색	백색	황색
종류	산, 알칼리	기름	전기	
색깔	회자색	진한 황적색	엷은 황적색	

03 | 급수관

다음 도시 기호 중 급수관을 표시하는 것은?

① ──○ ○──
② ──○ ○ ○──
③ ── + ──
④ ──────○──

해설 ①은 급탕관, ②는 환탕관, ③은 정수관을 의미한다.

04 | 통기관

다음 도시 기호 중 통기관을 의미하는 것은?

① ──── D ────
② ──── V ────
③ ──── S ────
④ ──── WD ────

해설 ①은 배수관, ③은 오수관, ④는 폐수관을 의미한다.

05 | 중수관

다음 도시 기호 중 중수관을 의미하는 것은?

① ──── RW ────
② ──── P° ────
③ ──── P+ ────
④ ──── KD ────

해설 ②는 급수양수관, ③은 정수양수관, ④는 주방배수관을 의미한다.

06 | 우수배수관

다음 도시 기호 중 우수배수관을 의미하는 것은?

① ──── E ────
② ──── PD ────
③ ──── RD ────
④ ──── WV ────

해설 ①은 팽창관, ②는 주차장 배수관, ④는 폐수통기관을 의미한다.

07 | 급기덕트

다음 도시 기호 중 급기덕트를 의미하는 것은?

① ──── RA ────
② ──── OA ────
③ ──── EA ────
④ ──── SA ────

해설 ①은 환기덕트, ②는 외기덕트, ③은 배기덕트를 의미한다.

08 | 유니언 이음

다음 도시 기호 중 관이음의 유니언형을 의미하는 것은?

① ─┼─
② ─╂─
③ ─╫─
④ ─┤<

해설 ①은 일반형, ③은 플랜지형, ④는 암수형을 의미한다.

정답 01. ③ 02. ① 03. ④ 04. ② 05. ① 06. ③ 07. ④ 08. ②

09 | 신축이음

다음 도시 기호 중 신축이음의 벨로즈형을 의미하는 것은?

① —⌇⌇— ② —[ ]—
③ —⌒— ④ —•—

해설 ②는 슬리브형, ③은 곡관형, ④는 분기접속을 의미한다.

10 | 막힘 플랜지

다음 도시 기호 중 막힘 플랜지를 의미하는 것은?

① ⌐⌐ ② —┬—
③ —‖ ④ —┤├—

해설 ①은 엘보 또는 밴드, ②는 티, ④는 크로스를 의미한다.

11 | 일반 밸브

다음 도시 기호 중 일반 밸브를 의미하는 것은?

해설 ①은 앵글밸브, ③은 체크밸브, ④는 스프링안전밸브를 의미한다.

12 | 일반조작밸브

다음 도시 기호 중 일반조작밸브를 의미하는 것은?

해설 ①은 수동밸브, ②는 전동식 조작밸브, ③은 전자식 조작밸브를 의미한다.

13 | 밸브의 도시 기호

다음 도시 기호가 의미하는 것?

① 콕
② 일반도피밸브
③ 추안전 밸브
④ 공기빼기밸브

해설 ①, ②, ③의 도시 기호는 다음과 같다.

구분	콕	일반도피밸브	추안전밸브
도시 기호			

14 | 콕의 기호

다음 도시 기호 중 닫힌 콕을 의미하는 것은?

① —◆—
② —◇—
③ —◇—◇—
④ —▶◀—

해설 ②는 콕, ③은 3방콕, ④는 닫힌 밸브를 의미한다.

15 | 외기덕트

다음 도시 기호 중 외기덕트를 의미하는 것은?

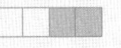

해설 ①은 급기덕트, ②는 환기덕트, ④는 배기덕트를 의미한다.

16 | 도시 기호와 설명

다음 도시 기호와 설명이 옳지 않은 것은?

① —▷◁— 일반 밸브
② —‖— 유니언
③ —✕— 파이프 앵커
④ —⌒— 팽창 조인트

해설 ② 유니언

17 | 압력계

다음 도시 기호 중 압력계를 의미하는 것은?

① —Ⓟ— ② —Ⓣ—
③ —•○ ④

해설 ②는 온도계, ③은 볼탭, ④는 온도조절밸브를 의미한다.

정답 09.① 10.③ 11.② 12.④ 13.④ 14.① 15.③ 16.② 17.①

② 제도 통칙 및 표시방법 이해

01 | 한국산업규격

한국산업규격에서 건축 제도 통칙의 기호로 옳은 것은?

① KS C ② KS B
③ KS F ④ KS E

해설 한국산업규격의 분류 기호

부문	기본	기계	전기	금속	광산	토건	일용품	식료품	섬유	요업	화학	의료	항공
기호	A	B	C	D	E	F	G	H	K	L	M	P	W

02 | 제도 용구(자유곡선자)

건축 제도에서 불규칙한 곡선을 그릴 때 사용하는 제도 용구는?

① 삼각자
② 스케일
③ 자유 곡선자
④ 만능 제도기

해설 제도 용구 중 삼각자는 T자와 함께 수직선과 사선을 그을 때 사용하고, 스케일은 실제의 길이를 줄이거나, 늘일 때 사용한다. 만능 제도기는 T자, 삼각자, 각도기, 물매자 및 축척자(스케일) 등의 기능을 모두 갖춘 제도 용구이다. 자유 곡선자는 불규칙한 곡선을 그릴 때 사용하는 용구이다.

03 | 제도 용구

제도 용구에 관한 설명 중 옳은 것은?

① T자는 단독으로 평행선, 수직선, 사선을 긋는다.
② 선을 그릴 때 T자 머리를 제도판에서 약간 띄운다.
③ T자로 수평선을 그을 때는 오른쪽에서 왼쪽으로 긋는다.
④ 삼각자 1개 또는 2개를 가지고 위치를 바꾸면서 여러 가지 각도의 선을 그을 수 있다.

해설 T자는 수평선을 그리거나 삼각자와 함께 사용하여 수직선, 사선을 그릴 때 사용한다. 선을 그을 때에는 T자의 머리를 제도판의 가장자리에 밀착시켜 움직이지 않도록 하며, 수평선은 왼쪽에서 오른쪽으로 긋는다.

04 | 테두리선

A3 도면에 테두리를 만들 경우, 도면의 여백은 최소 얼마 이상으로 하여야 하는가? (단, 묶지 않을 경우)

① 5mm ② 10mm
③ 15mm ④ 20mm

해설 제도 용지의 크기 및 여백

(단위 : mm)

제도지의 치수	$a \times b$	c(최소)	d(최소)	
			철하지 않을 때	철할 때
A0	841×1,189			
A1	594×841		10	
A2	420×594			
A3	297×420			25
A4	210×297	5		
A5	148×210			
A6	105×148			

여기서, c : 도면의 상, 하 및 우측의 여백
d : 도면의 좌측 여백

05 | 제도 용지 규격

건축 제도 용지 중 A0 용지의 크기는?

① 594×841mm ② 841×1,189mm
③ 1,189×1,090mm ④ 1,090×1,200mm

해설 제도 용지의 크기 및 여백

(단위 : mm)

제도지의 치수	A0	A1	A2	A3	A4	A5	A6
$a \times b$	841× 1,189	594× 841	420× 594	297× 420	210× 297	148× 210	105× 148

06 | 제도 용지 규격

건축 제도 용지 중 A2 용지의 크기는?

① 420×594mm ② 594×841mm
③ 841×1,189mm ④ 297×420mm

해설 A열 제도지의 크기$(An)=A0 \times \left(\frac{1}{2}\right)^n$이다. A2의 용지는 $n=2$이므로, A2=A0× $\left(\frac{1}{2}\right)^2$=A0의 $\frac{1}{4}$이다.

그러므로 A2 용지=A0 용지의 1/4=A1 용지의 1/2=(841−1) ×1/2mm×594=420×594mm이다.

정답 01. ③ 02. ③ 03. ④ 04. ① 05. ② 06. ①

07. 제도 용지 규격

제도 용지 A2의 크기는 A0의 용지의 얼마 정도의 크기인가?

① 1/2
② 1/4
③ 1/8
④ 1/10

해설 제도 용지의 크기(An)= A0 $\times \left(\dfrac{1}{2}\right)^n$ 이다. 그런데 $n=2$이므로, A2= $\dfrac{1}{4}$ A0이다.

08. 제도 용지 규격

KS에서 규정한 제도 용지의 세로와 가로 길이의 비는 얼마인가?

① 1 : 1
② 1 : $\sqrt{2}$
③ 1 : 2
④ 1 : 3

해설 제도 용지 A0의 크기는 세로×가로=841mm×1,189mm이고, 면적은 약 1m² 정도이며, 길이의 비는 1 : $\sqrt{2}$ 정도이다.

09. 제도 용지 보관 시 규격

건축 도면을 보관, 정리 또는 취급상 접을 때에 얼마의 크기로 접는 것을 표준으로 하는가?

① A1
② A2
③ A3
④ A4

해설 건축 도면의 복사도를 보관, 정리 또는 취급상 접을 때에는 A4를 기준으로 하여 접는다.

10. 제도 용지

제도 용지에 관한 설명으로 옳지 않은 것은?

① A0 용지의 넓이는 약 1m²이다.
② A2 용지의 크기는 A0 용지의 1/4이다.
③ 제도 용지의 가로와 세로의 길이비는 $\sqrt{2}$: 1이다.
④ 큰 도면을 접을 때에는 A3의 크기로 접는 것을 원칙으로 한다.

해설 건축 도면의 복사도를 보관, 정리 또는 취급상 접을 때에는 A4를 기준으로 하여 접는다.

11. 도면의 크기와 방향

건축 도면의 크기 및 방향에 관한 설명으로 옳지 않은 것은?

① A3 제도 용지의 크기는 A4 제도 용지의 2배이다.
② 접은 도면의 크기는 A4의 크기를 원칙으로 한다.
③ 평면도는 남쪽을 위로 하여 작도함을 원칙으로 한다.
④ A3 크기의 도면은 그 길이 방향을 좌우 방향으로 놓은 위치를 정위치로 한다.

해설 평면도는 북쪽을 위로 하여 작도함을 원칙으로 한다.

12. 삼각 스케일

삼각 스케일에 표기되어 있는 축척이 아닌 것은?

① 1/100
② 1/300
③ 1/600
④ 1/800

해설 삼각 스케일의 축척에는 1/100, 1/200, 1/300, 1/400, 1/500 및 1/600 축척의 눈금이 있다.

13. 척도의 종류

건축 제도에 사용하는 척도는 몇 종류를 원칙으로 하는가? (KS 규정)

① 12
② 15
③ 18
④ 24

해설 건축 제도의 통칙에는 배척(2/1, 5/1), 실척(1/1), 축척[1/2, 1/3, 1/4, 1/5, 1/10, 1/20, 1/25, 1/30, 1/40, 1/50, 1/100, 1/200, 1/300, 1/500, 1/600, 1/1,000, 1/1,200, 1/2,000, 1/2,500, (1/3,000), 1/5,000, 1/6,000]의 24종으로 규정하고 있다.

14. 척도의 종류

한국산업표준(KS)의 건축 제도 통칙에 규정된 척도가 아닌 것은?

① 5/1
② 1/1
③ 1/400
④ 1/6,000

해설 건축 제도의 통칙에는 배척(2/1, 5/1), 실척(1/1), 축척[1/2, 1/3, 1/4, 1/5, 1/10, 1/20, 1/25, 1/30, 1/40, 1/50, 1/100, 1/200, 1/300, 1/500, 1/600, 1/1,000, 1/1,200, 1/2,000, 1/2,500, (1/3,000), 1/5,000, 1/6,000]의 24종으로 규정하고 있다.

15 | 선의 종류

다음 중 도면에서 가장 굵은 선으로 표현되는 것은?
① 치수선 ② 경계선
③ 기준선 ④ 단면선

해설 선의 종류와 용도

종류	실선		허선		
	전선	가는선	파선	일점쇄선	이점쇄선
용도	단면선, 외형선, 파단선	치수선 치수보조선, 인출선, 지시선, 해칭선	물체의 보이지 않는 부분	중심선 (중심축, 대칭축)	절단선, 경계선, 기준선	물체가 있는 가상 부분(가상선), 일점쇄선과 구분
굵기 (mm)	굵은선 0.3~0.8	가는선 (0.2 이하)	중간선 (전선 1/2)	가는선	중간선	중간선 (전선 1/2)

16 | 실선의 용도

건축 제도에서 가는 실선의 용도에 해당하는 것은?
① 단면선 ② 중심선
③ 상상선 ④ 치수선

해설 ①은 실선의 굵은선, ②는 일점쇄선의 가는선, ③은 이점쇄선을 사용한다.

17 | 선의 용도

다음 중 사용되는 선의 종류가 실선이 아닌 것은?
① 치수선 ② 치수 보조선
③ 단면선 ④ 경계선

해설 치수선, 치수 보조선 및 단면선은 실선을 사용하고, 경계선은 허선의 중간선을 사용한다.

18 | 파선의 용도

건축 도면에서 보이지 않는 부분을 표시하는 데 사용되는 선은?
① 파선 ② 굵은 실선
③ 가는 실선 ④ 일점쇄선

해설 굵은 실선은 단면선, 외형선, 파단선에 사용하고, 가는 실선은 치수선, 치수 보조선, 인출선, 지시선 및 해칭선에 사용하며, 일점쇄선의 가는선은 중심선, 일점쇄선의 중간선은 절단선, 기준선 및 경계선에 사용한다.

19 | 기준선

도면에서 기준선으로 사용되는 선은?
① 파선 ② 점선
③ 일점쇄선 ④ 이점쇄선

해설 파선은 보이지 않는 부분을 표시하는 데 사용하고, 점선은 파선과 구별할 필요가 있을 때 사용하며, 이점쇄선의 가는 선은 가상선(물체가 있는 것으로 가상되는 부분)에 사용한다.

20 | 일점쇄선의 용도

다음 중 물체의 절단한 위치를 표시하거나 경계선으로 사용되는 선은?
① 굵은 실선 ② 가는 실선
③ 일점쇄선 ④ 파선

해설 굵은 실선은 단면선, 외형선, 파단선에 사용하고, 가는 실선은 치수선, 치수 보조선, 인출선, 지시선 및 해칭선에 사용하며, 파선은 숨은선(물체의 보이지 않는 부분)에 사용한다.

21 | 일점쇄선의 용도

다음 중 도면에서 일점쇄선으로 표현되는 선은?
① 단면선
② 치수 보조선
③ 중심선
④ 상상선

해설 굵은 실선은 단면선, 외형선, 파단선에 사용하고, 가는 실선은 치수선, 치수 보조선, 인출선, 지시선 및 해칭선에 사용하며, 이점쇄선은 가상(상상)선(물체가 있는 것으로 가상되는 부분)으로 사용한다.

22 | 이점쇄선의 용도

도면에서 상상선을 나타낼 때 또는 일점쇄선과 구별할 필요가 있을 때 사용되는 선은?
① 점선 ② 파선
③ 파단선 ④ 이점쇄선

해설 점선은 파선과 구분할 때 사용하고, 파선은 일점쇄선의 가는선으로 숨은선에 사용하며, 파단선은 긴 기둥을 도중에서 자를 때, 파단되는 것이 명백할 때, 단면이 원형일 때, 직선이 계속될 때, 자를 사용하지 않을 때 굵은 선을 사용하여 그린다.

23 | 지시선의 사용

도면 각 부분의 표기를 위한 지시선의 사용 방법으로 옳지 않은 것은?

① 지시선은 곡선 사용을 원칙으로 한다.
② 지시 대상이 선인 경우 지적 부분은 화살표를 사용한다.
③ 지시 대상이 면인 경우 지적 부분은 채워진 원을 사용한다.
④ 지시선은 다른 제도선과 혼동되지 않도록 가늘고 명료하게 그린다.

해설 지시선은 어느 부분을 지적하여 설명하거나 표시할 때 사용하는 선으로 직선 사용을 원칙으로 한다.

24 | 해칭선

다음 도면에서 A가 가리키는 선의 종류로 옳은 것은?

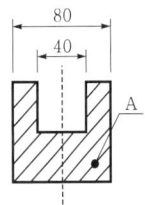

① 중심선
② 해칭선
③ 절단선
④ 가상선

해설 해칭선은 가는 선을 45° 각도, 같은 간격으로 밀접하게 그은 선으로, 단면의 표시에 사용한다.

25 | 선의 용도

건축 제도에 사용되는 선의 용도에 관한 설명으로 옳지 않은 것은?

① 실선은 단면의 윤곽 표시에 사용된다.
② 파선은 치수 보조선, 인출선, 격자선에 사용된다.
③ 점선은 보이지 않는 부분의 모양을 표시하는 데 사용된다.
④ 1점쇄선은 중심선, 절단선, 기준선, 경계선 등에 사용된다.

해설 파선은 물체의 보이지 않는 부분(숨은선)을 나타낼 때 사용하고, 중간선(전선의 1/2)을 사용한다. 인출선, 치수 보조선, 치수선, 지시선 및 해칭선은 실선의 가는 선을 사용한다.

26 | 선의 종류와 용도

도면 작성 시 사용되는 선의 종류와 용도의 연결이 옳지 않은 것은?

① 굵은 실선 – 단면선
② 가는 실선 – 치수선
③ 2점쇄선 – 상상선
④ 1점쇄선 – 숨은선

해설 일점쇄선의 가는 선은 중심선으로 사용하고, 숨은선(물체의 보이지 않는 부분의 모양을 표시)은 파선의 중간선을 사용한다.

27 | 선의 용도

건축 제도에 사용되는 선에 대한 설명 중 옳지 않은 것은?

① 굵은 실선은 단면의 윤곽 표시에 사용된다.
② 파선은 보이는 부분의 윤곽 표시에 사용된다.
③ 1점쇄선은 중심선, 절단선, 기준선 등의 표시에 사용된다.
④ 2점쇄선은 상상선 또는 1점쇄선과 구별할 필요가 있을 때 사용된다.

해설 파선은 물체의 보이지 않는 부분을 나타낼 때 사용하고, 끊어진 부분의 길이와 간격을 일정하게 한다. 보이는 부분의 윤곽 표시는 실선의 굵은선을 사용한다.

28 | 선긋기의 방법

건축 제도에서 선긋기에 관한 설명으로 옳지 않은 것은?

① 한번 그은 선은 중복해서 긋지 않는다.
② 굵은 선의 굵기는 0.8mm 정도면 적당하다.
③ 시작부터 끝까지 일정한 힘을 주어 일정한 속도로 긋는다.
④ 용도에 따른 선의 굵기는 축척과 도면의 크기에 관계없이 동일하게 한다.

해설 선긋기의 유의사항에 따르면, 용도에 따라 선의 굵기를 구분하여 사용하고, 시작부터 끝까지 일정한 힘을 주어 일정한 속도로 그으며, 파선의 끊어진 부분은 길이와 간격을 일정하게 하여야 한다. 또한, 축척과 도면의 크기에 따라서 선의 굵기를 다르게 하고, 각을 이루어 만나는 선은 정확하게 작도하도록 하며, 한 번 그은 선은 중복해서 긋지 않는다.

29 | 선긋기의 방법

건축 도면에 선을 그을 때 유의사항에 관한 설명으로 옳지 않은 것은?

① 선과 선이 각을 이루어 만나는 곳은 정확하게 작도가 되도록 한다.
② 선의 굵기를 조절하기 위해 중복하여 여러 번 긋지 않도록 한다.
③ 파선이나 점선은 선의 길이와 간격이 일정해야 한다.
④ 선 굵기는 도면의 축척이 다르더라도 항상 일정하여야 한다.

해설 건축 제도의 선긋기에 있어서 용도에 따른 선의 굵기는 축척과 도면의 크기에 따라 달리한다.

30 | 치수의 단위

다음은 건축 도면에 사용하는 치수의 단위에 대한 설명이다. ( ) 안에 공통으로 들어갈 내용은?

치수의 단위는 ( )를 원칙으로 하고, 이때 단위 기호는 쓰지 않는다. 치수 단위가 ( )가 아닌 때에는 단위 기호를 쓰거나 그 밖의 방법으로 그 단위를 명시한다.

① cm
② mm
③ m
④ Nm

해설 건축 제도에서 치수의 단위는 mm를 원칙으로 하고, 이때 단위 기호는 쓰지 않는다. 치수 단위가 mm가 아닌 때에는 단위 기호를 쓰거나, 그 밖의 방법으로 그 단위를 명시한다.

31 | 치수 기입법

건축 도면의 치수 기입 방법에 관한 설명으로 옳은 것은?

① 치수는 특별히 명시하지 않는 한 마무리 치수로 표시한다.
② 치수 기입은 치수선 중앙 아랫부분에 기입하는 것이 원칙이다.
③ 치수 기입은 치수선에 평행하게 도면의 오른쪽에서 왼쪽으로, 위로부터 아래로 읽을 수 있도록 기입한다.
④ 치수선의 양 끝은 화살 또는 점으로 혼용해서 사용할 수 있으며 같은 도면에서 치수선이 작은 것은 점으로 표시한다.

해설 치수 기입은 치수선의 중앙 윗부분에 기입하는 것이 원칙이다. 치수선에 평행하게 도면의 왼쪽에서 오른쪽으로, 아래로부터 위로 읽을 수 있도록 기입하며, 치수선의 양 끝은 화살과 점을 혼용해서는 안 된다.

32 | 치수 기입법

다음 중 건축 제도의 치수 기입에 관한 설명으로 옳은 것은?

① 치수 기입은 치수선을 중단하고 선의 중앙에 기입하는 것이 원칙이다.
② 치수 기입은 치수선에 평행하게 도면의 오른쪽에서 왼쪽으로 읽을 수 있도록 기입한다.
③ 치수의 단위는 밀리미터(mm)를 원칙으로 하고, 반드시 단위 기호를 명시하여야 한다.
④ 치수는 특별히 명시하지 않는 한 마무리 치수로 표시한다.

해설 치수의 기입은 원칙적으로 치수선의 상부에 도면에 평행하게 기입하고, 도면의 아래에서 위, 왼쪽에서 오른쪽으로 읽을 수 있도록 하며, 치수의 단위는 mm로 도면에서는 생략한다.

33 | 치수 기입법

다음 그림에서 치수 기입 방법이 잘못된 것은?

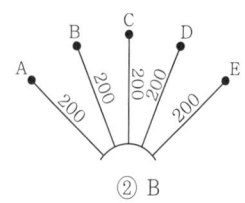

① A
② B
③ C
④ D

해설 200의 표기는 수직의 치수선에 표기하므로 왼쪽의 아래에서 위로 표기하고, 그 예로는 오른쪽 그림과 같다.

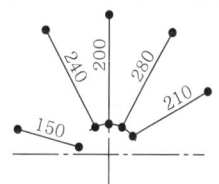

34 | 치수 기입법

건축 제도의 치수 기입에 관한 설명 중 옳지 않은 것은?

① 치수는 특별히 명시하지 않는 한 마무리 치수로 표시한다.
② 치수 기입은 치수선 중앙 윗부분에 기입하는 것이 원칙이다.
③ 치수의 단위는 cm를 원칙으로 하고, 이때 단위 기호는 쓰지 않는다.
④ 협소한 간격이 연속될 때에는 인출선을 사용하여 치수를 쓴다.

정답 29. ④ 30. ② 31. ① 32. ④ 33. ③ 34. ③

[해설] 건축 제도에서 치수의 단위는 mm를 원칙으로 하고, 이때 단위 기호는 쓰지 않는다. 치수 단위가 mm가 아닐 때에는 단위 기호를 쓰거나, 그 밖의 방법으로 그 단위를 명시한다.

35 | 치수 기입법

건축 제도에서 치수를 표기하는 요령으로 옳지 않은 것은?

① 치수는 특별히 명시하지 않는 한 마무리 치수로 표시한다.
② 협소한 간격이 연속될 때에는 인출선을 사용하여 치수를 쓴다.
③ 치수의 단위는 밀리미터(mm)를 원칙으로 하고, 이때 단위 기호는 쓰지 않는다.
④ 치수 기입은 치수선을 중단하고 선의 중앙에 기입하는 것이 원칙이다.

[해설] 치수 기입 시 도면의 아래로부터 위로, 또는 왼쪽에서 오른쪽으로 읽을 수 있도록 치수선 위의 가운데(중앙)에 치수선과 평행하게 기입한다. 치수선의 양 끝 표시 방법인 화살 또는 점은 같은 도면에서 혼용하지 않는 것이 좋다.

36 | 치수선과 치수선 간격

아래와 같은 평면도를 CAD를 사용하여 1/50로 그릴 경우 치수선과 치수선과의 간격으로 가장 적당한 것은?

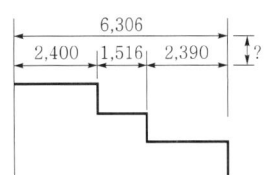

① 5 ~ 7mm
② 8 ~ 10mm
③ 11 ~ 13mm
④ 14 ~ 15mm

[해설] 치수선은 그림에 방해가 되지 않는 적당한 위치에 긋고, 치수선과 치수선의 간격은 8~10mm 정도로 한다. 치수 보조선은 치수선에 직각이 되도록 긋되, 2~3mm 정도 떨어져 긋기 시작하고, 치수 보조선의 끝은 치수선 너머로 약 3mm 정도 더 나오도록 하는 것이 좋다.

37 | 치수 보조선

치수 보조선은 치수를 나타내는 부분의 양끝에서 어느 정도 떨어져서 긋기 시작하는가?

① 0.5 ~ 1mm
② 2 ~ 3mm
③ 6 ~ 7mm
④ 9 ~ 10mm

[해설] 치수선은 그림에 방해가 되지 않는 적당한 위치에 긋고, 치수선과 치수선의 간격은 8~10mm 정도로 한다. 치수 보조선은 치수선에 직각이 되도록 긋되, 2~3mm 정도 떨어져 긋기 시작하고, 치수 보조선의 끝은 치수선 너머로 약 3mm 정도 더 나오도록 하는 것이 좋다.

38 | 각종 도면

다음의 건축 도면에 대한 설명 중 옳지 않은 것은?

① 평면도는 건축물을 각 층마다 일정한 높이에서 수평으로 자른 수평 단면도이다.
② 입면도는 건축물을 수직으로 잘라 그 단면을 나타낸 것이다.
③ 전개도는 건물 내부의 입면을 정면에서 바라보고 그린 것이다.
④ 배치도는 대지 안에 건물이나 부대 시설을 배치한 도면이다.

[해설] 입면도는 건축물의 외관을 나타낸 직립 투상도로, 남쪽, 동쪽, 서쪽 및 북쪽 입면도 또는 정면도, 측면도 및 배면도 등으로 나누어 그린다. ②는 단면도에 대한 설명이다.

39 | 각종 도면

건축 도면에 사용되는 글자에 대한 설명 중 옳은 것은?

① 글자의 크기는 높이로 나타낸다.
② 글자체에 대한 규정은 없다.
③ 문장은 가로쓰기가 원칙이며 세로쓰기는 어떠한 경우에도 할 수 없다.
④ 4자리의 수는 3자리에 휴지부를 찍거나 간격을 반드시 두어야 한다.

[해설] 제도 통칙에 있어서 제도 글자의 크기는 높이로 표시하고, 글자체는 고딕체로 하며, 문장은 가로쓰기를 원칙으로 하나, 세로쓰기도 가능하다. 또한, 4자리수 이상의 3자리마다 휴지부를 찍거나, 간격을 두어야 한다.

40 | 도면의 글자

건축 도면의 글자에 관한 설명으로 옳지 않은 것은?

① 숫자는 로마 숫자를 원칙으로 한다.
② 문장은 왼쪽에서부터 가로쓰기를 원칙으로 한다.
③ 글자체는 수직 또는 15° 경사의 고딕체로 쓰는 것을 원칙으로 한다.
④ 글자의 크기는 각 도면의 상황에 맞추어 알아보기 쉬운 크기로 한다.

[해설] 건축 도면의 숫자는 아라비아 숫자를 원칙으로 한다.

정답 35.④ 36.② 37.② 38.② 39.① 40.①

41 | 도면의 글자

건축 제도에 사용되는 글자에 관한 설명으로 옳지 않은 것은?

① 숫자는 아라비아 숫자를 원칙으로 한다.
② 문장은 왼쪽에서부터 가로쓰기를 원칙으로 한다.
③ 글자체는 수직 또는 15° 경사의 명조체로 쓰는 것을 원칙으로 한다.
④ 4자리 이상의 수는 3자리마다 휴지부를 찍거나 간격을 두는 것을 원칙으로 한다.

해설 글자 쓰기에서 글자는 명확하게 하고, 문장은 왼쪽에서부터 가로쓰기를 원칙으로 하며(다만, 가로쓰기가 곤란할 때에는 세로쓰기도 무방), 글자체는 고딕체로 하며, 수직 또는 15° 경사로 쓰는 것을 원칙으로 한다.

42 | 글자의 크기

제도에 사용하는 글자의 크기는 몇 가지를 표준으로 하는가?

① 9종류　　　② 10종류
③ 11종류　　　④ 12종류

해설 제도 통칙에 있어서 정해진 문자의 크기는 글자의 높이로 하고, 20, 16, 12.5, 10, 8, 6.3, 5, 4, 3.2, 2.5, 2mm의 11종류를 표준으로 하고 있다.

43 | 도면의 글자

제도 글씨를 쓸 때 일반 사항으로 틀린 것은?

① 글자는 명확하게 쓴다.
② 문장은 왼쪽에서부터 가로쓰기를 원칙으로 한다.
③ 글자체는 수직 또는 15° 경사의 고딕체로 쓰는 것을 원칙으로 한다.
④ 글자의 크기는 폭에 의하여 결정된다.

해설 글자의 크기는 글자의 높이를 기준으로 하며, 20, 16, 12.5, 10, 8, 6.3, 5, 4, 3.2, 2.5 및 2mm 의 11종류를 표준으로 한다.

44 | 제도의 기본 사항

건축 제도 기본 사항에 관한 설명 중 틀린 것은?

① 평면도, 배치도 등은 북쪽을 위로 하여 작도함을 원칙으로 한다.
② 제도 용지 가로와 세로의 비는 2 : 1이다.
③ 도면 A0의 넓이는 약 $1m^2$이다.
④ 큰 도면을 접을 때 접은 도면의 크기는 A4의 크기를 원칙으로 한다.

해설 A0 용지의 크기는 841×1,189mm이므로 면적은 약 $1m^2$ 정도이며, 길이의 비는 약 1 : $\sqrt{2}$ 정도이므로 가로 : 세로= $\sqrt{2}$: 1이다.

45 | 제도의 기본 사항

건축 제도의 기본 사항에 관한 설명으로 옳지 않은 것은?

① 투상법은 제3각법으로 작도함을 원칙으로 한다.
② 접은 도면의 크기는 A3의 크기를 원칙으로 한다.
③ 평면도, 배치도 등은 북쪽을 위로 하여 작도함을 원칙으로 한다.
④ 입면도, 단면도 등은 위아래 방향을 도면지의 위아래와 일치시키는 것을 원칙으로 한다.

해설 건축 도면을 보관, 정리 또는 취급상 접을 때 도면의 크기는 A4(210×297mm)의 크기를 원칙으로 한다.

46 | NS의 정의

도면에는 척도를 기입해야 하는데, 그림의 형태가 치수에 비례하지 않을 경우 표시 방법으로 옳은 것은?

① US　　　② DS
③ NS　　　④ KS

해설 그림의 형태가 치수에 비례하지 않을 경우에 표시하는 방법으로 NS(No Scale)를 사용한다.

47 | 도면상의 길이

실제 길이 3m는 축척 1/30 도면에서 얼마로 나타나는가?

① 1cm　　　② 10cm
③ 3cm　　　④ 30cm

해설 축척이란 실제의 길이에 비례하여 도면에 표기하는 길이로서 즉, 축척=$\frac{도면상의 길이}{실제의 길이}$ 이므로 도면상의 길이=실제 길이×축척=300×1/30=10cm이다.

48 | 도면상의 길이

실제 길이 16m를 축척 1/200인 도면에 나타낼 경우 도면상의 길이는?

① 80cm　　　② 8cm
③ 8m　　　④ 8mm

해설 축척이란 실제의 길이에 비례하여 도면에 표기하는 길이로서, 축척=$\frac{도면상의 길이}{실제의 길이}$ 이므로 도면상의 길이=실제의 길이×축척에서, 16m=1,600cm를 1/200로 축소하면 1,600×1/200=8cm이다.

CHAPTER 05 | 기출 공략 문제 |
설비적산

Engineer Building Facilities

❶ 공조, 열원 및 환기설비 적산

01 필요환기량의 산정
22, 20, 15, 11, 07

500명을 수용하는 극장에서 1인당 이산화탄소 배출량이 17L/h일 때, 이산화탄소 농도가 0.05%인 외기를 도입하여 실내를 이산화탄소 농도 0.1%로 유지하는 데 필요한 환기량은 얼마인가?

① 16,000m³/h
② 17,000m³/h
③ 18,000m³/h
④ 19,000m³/h

해설 Q(필요환기량)

$$= \frac{M(\text{실내에서의 } CO_2 \text{ 발생량})}{C_i(\text{실내의 } CO_2 \text{ 허용농도}) - C_o(\text{외기의 } CO_2 \text{ 농도})}$$

$$= \frac{(17 \div 1,000) \times 500}{0.001 - 0.0005} = 17,000 \text{m}^3/\text{h}$$

02 필요환기량의 산정
07

실용적 $V=3,000\text{m}^3$, 재실자 350인의 집회실이 있다. 실내온도 $T_r=19°C$로 하기 위한 필요환기량은? (단, 외기온도는 $T_0=15°C$, 재실자 1인당 발열량은 300kJ/h, 실의 손실열량 $H_t=10,000$kJ/h, 공기의 밀도 $\rho=1.2$kg/m³, 공기의 비열 $C_p=1.01$kJ/kg · K이다.)

① 10,250m³/h
② 13,750m³/h
③ 18,320m³/h
④ 19,596m³/h

해설 발열량에 의한 환기량(Q)

$$= \frac{H(\text{발열량})}{c_p(\text{공기의 정압비열})\rho(\text{공기의 밀도})\Delta t(\text{온도의 변화량})}$$

$$= \frac{(300 \times 350) - 10,000}{1.01 \times 1.2 \times (19-15)} = 19,595.7 \text{m}^3/\text{h}$$

여기서, 환기에 의한 제거 열량=발생 총열량−손실열량이다.

03 필요환기량의 산정
06, 03

실내의 발생 현열량이 41,900kJ/h, 실내온도가 24°C, 외기온도는 15°C일 때 실온을 유지하기 위한 필요환기량은 몇 m³/h인가? (단, 공기의 비중량은 1.2kg/m³, 공기의 비열은 1.01kJ/kg · K)

① 3,841m³/h
② 4,520m³/h
③ 6,231m³/h
④ 2,760m³/h

해설 발열량에 의한 환기량(Q)

$$= \frac{q_s(\text{현열부하})}{c_p(\text{공기의 정압비열})\rho(\text{공기의 밀도})\Delta t(\text{온도의 변화량})}$$

$$= \frac{41,900}{1.2 \times 1.01 \times (24-15)} = 3,841.2 \text{m}^3/\text{h}$$

04 필요환기량의 산정
16

실용적 5,000m³, 재실자 350인의 집회실이 있다. 다음과 같은 조건에서 실내온도를 19°C로 하기 위한 필요환기량은?

[조건]
• 외기온도 : $t_0=15°C$
• 재실자 1인당의 발열량 : 100W
• 실의 손실열량 : 5,000W
• 공기의 밀도 : 1.2kg/m³
• 공기의 정압비열 : 1.01kJ/kg · K

① 2,400m³/h
② 9,950.5m³/h
③ 17,821.8m³/h
④ 22,277m³/h

해설 Q(환기에 의한 배출열량)
=재실자의 인체 발열량−손실열량
=350×100−5,000=30,000W=30kW
V(필요환기량)

$$= \frac{Q(\text{환기에 의한 배출열량})}{c(\text{공기의 비열})\rho(\text{공기의 밀도})\Delta t(\text{실내·외의 온도차})}$$

$$= \frac{30}{1.01 \times 1.2 \times (19-15)} = 6.188 \text{m}^3/\text{s} = 22,277.2 \text{m}^3/\text{h}$$

여기서, 계산 시 단위에 유의(예를 들어 $Q=30,000\text{W}=30\text{kW}$로 변경한 것은 공기의 비열의 단위가 kJ/kg · K에 유의)하여야 한다.

정답 01.② 02.④ 03.① 04.④

05 | 환기횟수의 산정
22, 21, 18, 14, 13, 09

사무실의 크기가 10m×10m×3m이고 재실자가 25명, 가스난로의 CO_2 발생량이 0.5m³/h일 때, 실내평균 CO_2 농도를 5,000ppm으로 유지하기 위한 최소 환기횟수는? (단, 재실자 1인당의 CO_2 발생량은 18L/h, 외기 CO_2 농도는 800ppm이다.)

① 약 0.75회/h ② 약 1.25회/h
③ 약 1.50회/h ④ 약 2.00회/h

해설 환기횟수 = $\dfrac{\text{소요 공기량}}{\text{실의 체적}}$

실의 체적 = 10×10×3 = 300m³

소요 공기량 = $\dfrac{CO_2\text{의 발생량}}{\text{실내의 농도} - \text{외기의 }CO_2\text{농도}}$

$= \dfrac{0.5 + \dfrac{18 \times 25}{1,000}}{\dfrac{5,000}{1,000,000} - \dfrac{800}{1,000,000}}$

$= 226.19\text{m}^3$

여기서, 1,000은 L를 m³로 환산하기 위한 계수이다.

환기횟수 = $\dfrac{\text{소요 공기량}}{\text{실의 체적}} = \dfrac{226.19\text{m}^3}{300\text{m}^3} = 0.754$회/h

06 | 환기횟수의 산정
12, 04

실의 크기가 7m×8m×3m인 회의실에 84명이 있다. 1인당 수증기 발생량이 50g/h이고 실내의 절대습도 x_i = 0.0081 kg/kg′, 외기의 절대습도 x_o = 0.0046kg/kg′일 때 환기횟수를 구하면? (단, 공기의 밀도는 1.2kg/m³이다.)

① 3회/h ② 4회/h
③ 5회/h ④ 6회/h

해설 n(환기횟수) = $\dfrac{Q(\text{필요 환기량})}{V(\text{실의 체적})}$

$= \dfrac{\dfrac{H(\text{수증기 발생량})}{\rho(\text{공기의 밀도})\Delta x(\text{절대 습도의 변화량})}}{V(\text{실의 체적})}$

∴ $n = \dfrac{\dfrac{H}{\rho\Delta x}}{V} = \dfrac{\dfrac{84 \times 0.05}{1.2 \times (0.0081 - 0.0046)}}{7 \times 8 \times 3}$

$= 5.95$회/h ≒ 6회/h

07 | 환기횟수의 산정
17

실의 용적이 5,000m³이고 필요환기량이 10,000m³/h일 때, 환기횟수는 시간당 몇 회인가?

① 0.5회 ② 1회
③ 2회   ④ 4회

해설 환기횟수 = $\dfrac{\text{시간당 환기량}}{\text{실의 용적}}$

실의 용적은 5,000m³이고, 시간당 환기량은 10,000m³이므로

환기횟수 = $\dfrac{\text{시간당 환기량}}{\text{실의 용적}} = \dfrac{10,000}{5,000} = 2$회/h

08 | 손실열량의 산정
21, 14, 11

다음과 같은 조건에서 환기에 의한 손실열량(현열)은?

[조건]
• 실의 크기 : 10m×7m×3m
• 환기횟수 : 1회/h
• 공기의 정압비열 : 1.01kJ/kg·K
• 공기의 밀도 : 1.2kg/m³
• 실내외 공기온도차 : 30℃

① 1,814.4kJ/h
② 3,240.2kJ/h
③ 7,635.6kJ/h
④ 9,214.8kJ/h

해설 q_s(현열부하) = c(공기의 비열)ρ(공기의 밀도)V(실의 체적)Δt(온도의 변화량)

$= 1.01 \times 1.2 \times (10 \times 7 \times 3) \times 30$
$= 7,635.6$kJ/h

09 | 손실열량의 산정
14

다음과 같은 조건에서 재실인원이 50명인 회의실의 외기 현열부하는?

[조건]
• 1인당 필요한 외기량 : 80m³/h
• 실내온도 : 26℃, 외기온도 : 32℃
• 공기의 밀도 : 1.2kg/m³
• 공기의 정압비열 : 1.01kJ/kg·K

① 6,270W ② 7,240W
③ 8,080W ④ 9,120W

해설 q_s(현열부하) = c(공기의 비열)ρ(공기의 밀도)V(실의 체적)Δt(온도의 변화량)

$= 1.01 \times 1.2 \times (50 \times 80) \times (32 - 26)$
$= 29,088$kJ/h
$= 8.08$kW = 8,080W

10 | 순환수량의 산정
19, 16②, 14, 13, 12

용량이 386kW인 터보 냉동기에 순환되는 냉수량은? (단, 냉각기 입구의 냉수온도 12℃, 출구의 냉수온도 6℃, 물의 비열 4.2kJ/kg · K)

① 약 46m³/h
② 약 55m³/h
③ 약 231m³/h
④ 약 332m³/h

해설 Q(냉각탑의 순환수량, L/min)
$$= \frac{H_c(\text{냉각탑 또는 냉동기의 용량, kJ/h})}{60 \times c(\text{물의 비열})t(\text{냉각탑의 출입구온도차})}$$
$$= \frac{386\text{kJ/s} \times 3,600\text{s/h}}{60\text{min/h} \times 4.2\text{kJ/kg} \cdot \text{K} \times (12-6)}$$
$$= 919.05\text{L/min} = 55.14\text{m}^3/\text{h}$$

또는 $Q_w = \frac{H_c}{ct} = \frac{386}{4.2 \times (12-6)} = 15.32\text{L/s} = 55.14\text{m}^3/\text{h}$이다.

11 | 순환수량의 산정
24, 16

냉각능력 700kW의 터보 냉동기에 순환되는 냉수량은? (단, 냉각기 입구와 출구에서의 냉수온도는 각각 12℃, 7℃이며, 물의 비열은 4.2kJ/kg · K이다.)

① 2,000L/min
② 3,000L/min
③ 4,000L/min
④ 6,000L/min

해설 q(냉동기의 용량)
$= c(\text{물의 비열})m(\text{냉각수량})\triangle t(\text{온도의 변화량})$에서
$$m = \frac{q}{c\triangle t} = \frac{700\text{kJ/s}}{4.2 \times (12-7)} = \frac{100}{3}\text{kg/s} = 2,000\text{kg/min}$$
$= 2,000\text{L/min}$

12 | 순환수량의 산정
24, 21, 14

냉각용량이 400kW인 터보 냉동기에 순환되는 냉수량은? (단, 냉동기 입구의 냉수온도 12℃, 출구의 냉수온도 6℃, 물의 비열 4.2kJ/kg · K)

① 46.2m³/h
② 57.1m³/h
③ 83.6m³/h
④ 98.6m³/h

해설 q(냉동기의 용량)
$= c(\text{물의 비열})m(\text{냉각수량})\triangle t(\text{온도의 변화량})$에서
$m = \frac{q}{c\triangle t}$이므로
$$m = \frac{q}{c\triangle t} = \frac{400\text{kJ/s}}{4.2 \times (12-6)} = 15.87\text{kg/s} = 57.14\text{m}^3/\text{h}$$

13 | 냉각코일의 용량
17, 07

다음 중 혼합 · 냉각 · 재열의 과정을 거치는 공기조화시스템의 냉각코일 용량으로 적당한 것은?

① (실내현열부하)+(실내잠열부하)
② (실내현열부하)+(외기현열부하)
③ (실내전열부하)+(외기전열부하)+(재열부하)
④ (실내현열부하)+(외기현열부하)+(재열부하)

해설 냉각코일(냉수나 냉매에 의하여 열교환하여 공기의 냉각 또는 감습을 하는 코일)의 용량은 실내 및 외기의 전열부하와 재열부하의 합으로 구한다. 즉, 냉각코일의 용량=(실내전열부하)+(외기전열부하)+(재열부하)이다.

14 | 냉각코일의 용량
16

어떤 실을 대상으로 단일덕트 정풍량방식의 공기조화시스템을 설치하고자 한다. 실내부하, 외기부하, 재열부하가 있는 경우 다음 중 냉각코일 용량으로 맞는 것은? (단, 덕트로부터의 취득열량은 실내부하에 포함한다.)

① 실내부하
② 실내부하+재열부하
③ 실내부하+외기부하
④ 실내부하+재열부하+외기부하

해설 냉각코일(냉각기 내에 있으며 냉수 또는 냉매를 통해서 공기를 냉각시키는 코일)의 용량은 실내부하, 외기부하, 장치부하, 재열부하(습기를 감소하기 위해 공기를 일단 여분으로 냉각시켜 수증기를 응축 제거한 뒤에 재차 가열할 때 필요한 열량)를 포함한다.

15 | 여과기의 효율
19, 18, 16, 15, 12, 10, 04

공기여과기를 통과하기 전의 오염농도 $C_1 = 0.45\text{mg/m}^3$, 통과한 후의 오염농도 $C_2 = 0.12\text{mg/m}^3$이다. 이 여과기의 효율(%)은?

① 35%
② 42%
③ 53%
④ 73%

해설 y(에어필터의 여과 효율)
$$= \frac{\text{제거농도}}{\text{유입농도}}$$
$$= \frac{C_1(\text{에어필터의 입구농도}) - C_2(\text{에어필터의 출구농도})}{C_1(\text{에어필터의 입구농도})}$$
$\times 100(\%)$이다.

즉, $y = \frac{C_1 - C_2}{C_1} \times 100(\%) = \frac{0.45 - 0.12}{0.45} \times 100 = 73.3\%$

정답 10.② 11.① 12.② 13.③ 14.④ 15.④

16 | 여과기의 효율
25, 15, 10

공기여과장치에서 입구측의 오염도가 $0.5\,mg/m^3$, 출구측의 오염도가 $0.14\,mg/m^3$일 때 이 공기여과장치의 여과효율은?

① 67% ② 72%
③ 77% ④ 82%

해설 에어필터의 여과효율$(y) = \dfrac{C_1 - C_2}{C_1} \times 100(\%)$
$= \dfrac{0.5 - 0.14}{0.5} \times 100 = 72\%$

17 | 대수평균 온도차의 산정
07

다음 그림에서 대수평균온도차 MTD를 구하면 얼마인가?

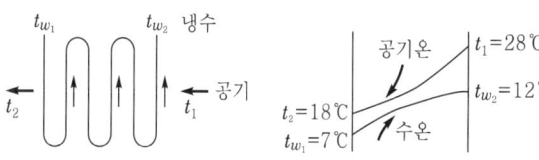

① 13.34℃ ② 14.24℃
③ 15.74℃ ④ 16.56℃

해설 MTD(대수평균온도차)$= \dfrac{\Delta t_1 - \Delta t_2}{l_n \dfrac{\Delta t_1}{\Delta t_2}}$

$\Delta t_1 = 28 - 12 = 16℃$, $\Delta t_2 = 18 - 7 = 11℃$

∴ MTD(대수평균온도차)$= \dfrac{\Delta t_1 - \Delta t_2}{l_n \dfrac{\Delta t_1}{\Delta t_2}} = \dfrac{16 - 11}{l_n \dfrac{16}{11}} = 13.34℃$

여기서, Δt_1 : 공기 입구측에서의 공기와 물의 온도차
Δt_2 : 공기 출구측에서의 공기와 물의 온도차

18 | 여과기의 효율
23, 20, 18, 03

다음 그림과 같은 여과장치의 효율은?

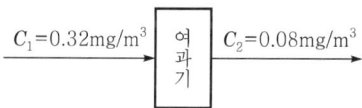

① 25% ② 66%
③ 75% ④ 83%

해설 여과장치의 효율
$= \dfrac{C_1 - C_2}{C_1} \times 100 = \dfrac{0.32 - 0.08}{0.32} \times 100 = 75\%$

19 | 에어와셔의 입구 수온
25, 18, 15, 12, 10

다음과 같은 조건에 있는 에어 와셔의 입구 수온은?

[조건]
• 에어 와셔의 통과공기량 : 20,000kg/h
• 에어 와셔의 수량(水量) : 15,600kg/h
• 에어 와셔 입구공기 엔탈피 : 23.9kJ/kg
• 에어 와셔 출구공기 엔탈피 : 26.8kJ/kg
• 에어 와셔 출구 수온 : 9.3℃
• 물의 비열 : 4.2kJ/kg·K

① 약 8.4℃ ② 약 9.7℃
③ 약 10.2℃ ④ 약 11.5℃

해설 ㉠ 공기 중의 증가된 열량(Q_A)
$= m$(공기의 질량)Δh(엔탈피의 변화량)
$= 20,000 \times (26.8 - 23.9) = 58,000\,kJ/h$
㉡ 물에 가해진 열량(Q_W)
$= c$(물의 비열)m(물의 질량)Δt(온도의 변화량)
$= 4.19 \times 15,600 \times (t - 9.3)$
공기 중의 증가된 열량과 물에 가해진 열량은 동일하므로 ㉠=㉡
$58,000 = 4.2 \times 15,600 \times (t - 9.3)$
∴ $t = \dfrac{58,000}{4.2 \times 15,600} + 9.3 = 10.185℃$

20 | 전기소비량
22, 19, 09

500L/h의 급탕을 하는 건물에서 전기순간온수기를 사용했을 때 전기소비량은? (단, 급탕온도 60℃, 급수온도 15℃, 효율 80%)

① 27.2kW ② 29.8kW
③ 32.7kW ④ 38.4kW

해설 Q(가열량)$= c$(물의 비열)$\times m$(물의 질량)$\times \Delta t$(온도의 변화량)이다.
즉, $Q = cm\Delta t = 4.19 \times 500 \times (60 - 15) = 94,275\,kJ/h$
$= 26.19\,kJ/s$ 이므로
온수기 용량 $= \dfrac{\text{가열량}}{\text{효율}} = \dfrac{26.19}{0.8} = 32.74\,kW$

21 | 전력사용량
07

1,000L/h의 급탕을 전기온수기를 사용하여 공급할 때 시간당 전력사용량(kW/h)은? (단, 급탕온도 70℃, 급수온도는 10℃, 전기온수기의 전열효율은 95%로 한다.)

① 63 ② 66
③ 70 ④ 73

정답 16. ② 17. ① 18. ③ 19. ③ 20. ③ 21. ④

해설 Q(가열량)$=c$(물의 비열)$\times m$(물의 질량)$\times \Delta t$(온도의 변화량)이다.
즉, $Q=cm\Delta t=4.19\times 1,000\times (70-10)=251,400$kJ/h
$=69.83$kW이므로
온수기 용량$=\dfrac{\text{가열량}}{\text{효율}}=\dfrac{69.83}{0.95}=73.51$kW/h

22 | 가열코일의 전열면적 | 01

최대 예상급탕량이 1,000L/h일 때 저탕조의 가열코일의 전열면적(m²)은? (단, 급탕온도는 60℃, 급수온도는 10℃, 열매온도는 120℃, 열관류율은 1,395W/m²·K)

① 0.25　　② 0.49
③ 0.74　　④ 1.00

해설 전열면적을 구하기 위하여 급탕가열량과 전열용량이 동일하다는 조건을 이용하여,
㉠ Q(급탕가열량)$=c$(비열)m(질량)Δt(온도의 변화량)
$=4.19\times 1,000\times (60-10)$
$=209,500$kJ/h
$=58,194$J/s
$=58,194$W
㉡ Q(전열량)$=k$(열관류율)A(전열면적)Δt(온도의 변화량)
이므로,
$A=\dfrac{Q}{k\Delta t}=\dfrac{58,194}{1,395\times \left(120-\dfrac{(60+10)}{2}\right)}=0.491$m²

23 | 가열코일의 표면적 | 19, 16, 06

급탕량 2,000L/hr인 저탕조의 가열코일 표면적(m²)은? (단, 급수온도는 10℃, 급탕온도는 60℃, 증기온도는 104℃, 가열코일의 열관류율 $k=505$W/m²·K)

① 3.34m²　　② 4.59m²
③ 33.3m²　　④ 45.9m²

해설 전열면적을 구하기 위하여 급탕가열량과 전열용량이 동일하다는 조건을 이용하여,
㉠ Q(급탕가열량)$=c$(비열)m(질량)Δt(온도의 변화량)
$=4.19\times 2,000\times (60-10)$
$=419,000$kJ/h
$=116,389$J/s
$=116,389$W
㉡ Q(전열량)$=k$(열관류율)A(전열면적)Δt(온도의 변화량)
이므로, $A=\dfrac{Q}{k\Delta t}=\dfrac{116,389}{505\times \left(104-\dfrac{(60+10)}{2}\right)}=3.34$m²

24 | 가열코일의 길이 | 25, 24, 21, 17

다음과 같은 조건에서 어느 건물의 시간 최대 예상급탕량이 4,000L/h일 때, 저탕조 내의 가열코일의 길이는?

[조건]
㉠ 급탕온도 : 65℃, 급수온도 : 5℃
㉡ 가열코일 : 관경 32mm의 동관, 단위 내측 표면적당 관 길이 11.4m/m²
㉢ 열관류율 : 1,000W/m²·K
㉣ 스케일에 따른 할증률 : 30%
㉤ 열원 : 온도 120℃ 증기
㉥ 물의 비열 : 4.2kJ/kg·K

① 약 5.9m
② 약 30.9m
③ 약 48.8m
④ 약 65.2m

해설 ㉠ A[가열 코일의 내측 표면적 또는 전열면적(m²)]
$=\dfrac{H_m}{K(t_s-t_d)}=\dfrac{H_m}{K\left(t_s-\dfrac{t_h+t_c}{2}\right)}$ 이다.

여기서, H_m : 가열량, K : 가열 코일의 열관류율
t_s : 증기 또는 고온수의 입구 온도
t_d : 증기 또는 고온수의 출구 온도
t_h : 급탕 온도
t_c : 급수 온도

㉡ L(가열 코일의 길이, m)$=kl_aA$이다.
여기서, k : 스케일에 따른 할증률
l_a : 가열 코일의 단위 내측 표면적당 관의 길이 (m/m²)
A : 가열 코일의 내측 표면적 또는 전열면적(m²)

우선, ㉠식에 의해
$A=\dfrac{H_m}{K\left(t_s-\dfrac{t_h+t_c}{2}\right)}=\dfrac{cm\Delta t}{K\left(t_s-\dfrac{t_h+t_c}{2}\right)}$

$=\dfrac{4,200\times 4,000\times (65-5)}{1,000\times \left(120-\dfrac{65+5}{2}\right)\times 3,600}$

$=3.294$m²

㉡식에 의해, $L=kl_aA=1.3\times 11.4\times 3.294=48.819$m

여기서, 4,200은 4.2kJ을 4,200J, 3,600은 1시간은 3,600초로 환산한 값이다.

25 | 팽창관 입상높이
23, 19, 04

그림에서 팽창관의 입상높이 h는 몇 m인가? (단, 급탕 및 급수온도는 각각 80℃, 6℃이며, 이때의 물의 밀도는 각각 0.9718kg/L, 0.99997kg/L이다. 또한 H는 30m이다.)

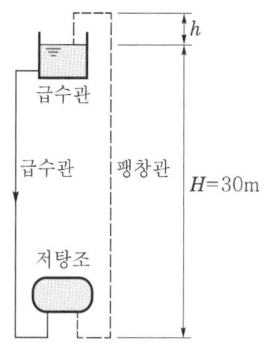

① 0.85
② 0.87
③ 0.90
④ 0.93

해설 h(팽창관의 입상높이)
$= \left(\dfrac{1}{\rho_2} - \dfrac{1}{\rho_1}\right)H = \left(\dfrac{1}{0.9718} - \dfrac{1}{0.99997}\right) \times 30 = 0.87\text{m}$

26 | 배관의 관경
23, 22, 19

어느 배관에 15mm 세면기 1개, 20mm 소변기 2개, 25mm 대변기 2개가 연결될 때 이 배관의 관경은?

[동시사용률표]

기구수	2	3	4	5	10
동시사용률(%)	100	80	75	70	53

[관균등표]

관경(mm)	15	20	25	32	40	50
사용기구수	1	2	3.7	7.2	11	20

① 20mm
② 25mm
③ 32mm
④ 40mm

해설 급수관경의 산정은 구간의 관경을 15mm 상당수를 균등표에 의해 구하고, 각 구간의 누계를 산정한 후 동시사용률을 사용하여 사용기구수(=구간의 누계×동시사용률)를 결정한 후 균등표에 의해 관경을 결정한다.
㉠ 15mm 상당수를 관균등표에 의해 구한다.
 $(1 \times 1) + (2 \times 2) + (3.7 \times 2) = 12.4$
㉡ 사용기구수=구간의 누계×동시사용률=12.4×0.7
 =8.68(동시사용률은 기구수에 의하므로 기구수는 5개)
㉢ 관균등표에서 8.68은 7.2보다는 크고, 11보다는 작으므로 11의 경우를 보면 직경 40mm임을 알 수 있다.

27 | 배관의 관경
22

어느 배관에 25mm 소변기 3개, 32mm 대변기 2개가 연결될 때 이 배관의 관경은?

[동시사용률표]

기구수	2	3	4	5	10
동시사용률(%)	100	80	75	70	53

[관균등표]

관경(mm)	15	20	25	32	40	50
사용기구수	1	2	3.7	7.2	11	20

① 25mm
② 32mm
③ 40mm
④ 50mm

해설 관균등표에 의하여 사용 기구수를 산정하면, 25mm는 소변기 3개, 32mm는 대변기 2개로 산정하므로 소변기 3개 = 3.7×3 = 11.1개, 대변기 2개 = 7.2×2 = 14.4개이므로 총 사용기구의 수는 11.1+14.4 = 25.5개이다. 동시사용률은 실제 기구수(3+2 =5)가 5개이므로 동시사용률은 70%(동시사용률표 참고)가 됨을 알 수 있다.
그러므로, 배관의 관경 = 25.5×0.7 = 17.85개이다. 즉, 40mm(11개)와 50mm(20개)의 사이에 존재하므로 큰 값인 50mm를 택한다.

28 | 가스사용량
25, 13

10℃의 물을 70℃로 가열하여 매시 240kg씩 공급할 때 필요한 가스용량은? (단, 물의 비열은 4.2kJ/kg·K, 가스발열량은 42,000kJ/m³, 열효율은 80%이다.)

① $1.6\text{m}^3/\text{h}$
② $1.8\text{m}^3/\text{h}$
③ $2.0\text{m}^3/\text{h}$
④ $2.2\text{m}^3/\text{h}$

해설 G(가스 용량)
$= \dfrac{c(\text{비열})m(\text{질량})\Delta t(\text{온도의 변화량})}{H(\text{발열량})E(\text{효율})}$
$= \dfrac{4.2 \times 240 \times (70-60)}{42,000 \times 0.8}$
$= 1.8\text{m}^3/\text{h}$

❷ 위생설비 적산

01 | 1시간 최대 급탕량
16

아파트 건물의 1일 급탕량에 대한 1시간당 최대 급탕량의 비율은?

① 1/7　　　　② 1/6
③ 1/5　　　　④ 1/4

해설 1시간당 최대 급탕량=1일 급탕량의 $\frac{1}{7}$ 정도이다.

02 | 1일당 예상급탕량
05

급탕인원이 150명인 아파트의 1일당 예상급탕량은 얼마인가? (단, 1인 1일당 급탕량은 120L/cd로 한다.)

① 12,000L/일　　　　② 15,000L/일
③ 18,000L/일　　　　④ 20,000L/일

해설 Q(1일 급탕량)$=n$(급탕 대상 인원수)q(1인 1일 급탕량)
즉, $Q=nq=150\times120=18,000$L/일

03 | 급탕량
12

유효면적이 800m²인 사무소 건물에서 한 사람이 하루에 사용하는 급탕량이 10L인 경우 이 건물에 필요한 급탕량(m³/d)은? (단, 유효면적당 인원은 0.2인/m²이다.)

① 1.0　　　　② 1.2
③ 1.4　　　　④ 1.6

해설 Q(1일 급탕량)$=n$(급탕 대상 인원수)q(1인 1일 급탕량)
즉, $Q=nq=800\times0.2\times10=1,600$L/일$=1.6$m³/일

04 | 최대 급탕량과 저탕량
25, 20, 03

아파트 1동 90세대의 급탕설비를 중앙공급식으로 할 경우 시간당 최대 급탕량(L/h)과 저탕량이 가장 알맞게 짝지어진 것은? (단, 1세대당 샤워 110L/h, 싱크 40L/h, 세탁기 70L/h를 기준으로 하고, 동시사용률은 30%를 저탕계수는 1.25를 각각 적용한다.)

① 시간당 최대 급탕량 25,740L/h, 저탕량 32,175L
② 시간당 최대 급탕량 5,940L/h, 저탕량 7,425L
③ 시간당 최대 급탕량 25,740L/h, 저탕량 7,425L
④ 시간당 최대 급탕량 7,425L/h, 저탕량 5,940L

해설 각 세대의 시간당 최대 급탕량=(샤워+싱크+세탁기)×동시사용률×세대수$=(110+40+70)\times\frac{30}{100}\times90=5,940$L/h이고, 저탕량=시간당 최대 급탕량×저탕계수$=5,940\times1.25=7,425$L이다.

05 | 최대 급탕량
22, 18

아파트 1동 50세대의 급탕설비를 중앙공급식으로 하는 경우 1시간당 최대 급탕량은? [단, 각 세대마다 세면기(40L/h), 부엌싱크(70L/h), 욕조(110L/h)가 1개씩 설치되며, 기구의 동시사용률은 30%로 가정한다.]

① 2,700L/h　　　　② 3,300L/h
③ 3,700L/h　　　　④ 4,300L/h

해설 총급탕량=1세대당 급탕량×세대수×동시사용률이다.
그런데, 1세대당 급탕량$=(40+70+110)=220$L/h이고, 세대는 50세대이며, 동시사용률이 30%이다.
그러므로, 총급탕량=1세대당 급탕량×세대수×동시사용률
$=(40+70+110)\times50\times0.3=3,300$L/h이다.

06 | 열량의 산정
24

20℃의 물 100kg을 80℃의 물로 만들려고 할 때, 필요한 열량은?

① 26,140kJ
② 25,540kJ
③ 25,140kJ
④ 24,140kJ

해설 Q(열량)$=c$(비열)m(냉수 순환량)Δt(온도의 변화량)
$=c$(비열)ρ(냉수의 밀도)V(냉수 순환량의 부피)Δt(온도의 변화량)
그러므로, $Q=cm\Delta t=4.19$kJ/kg·K$\times100$kg$\times(80-20)$℃
$=25,140$kJ

07 | 필요전력량
19, 18, 15, 14, 13

시간당 200L의 급탕을 필요로 하는 건물에서 전기온수기를 사용하여 급탕을 하는 경우 필요전력량은? (단, 물의 비열은 4.2kJ/kg·K, 급수온도는 10℃, 급탕온도는 60℃, 전기온수기의 가열효율은 95%이다.)

① 11.1kW　　　　② 11.7kW
③ 12.3kW　　　　④ 13.5kW

정답　01.① 02.③ 03.④ 04.② 05.② 06.③ 07.③

해설 Q(급탕 가열량)
$= c$(비열)m(질량)Δt(온도의 변화량)
$= 4.2 \times 200 \times (60-10) = 42,000$kJ/h $= \dfrac{42,000 \times 1,000}{3,600}$
$= 11.667$kW이다.
그런데 효율이 95%이므로 필요 전력량
$= \dfrac{\text{급탕 가열량}}{\text{효율}} = \dfrac{11.667}{0.95} = 12.28$kW이다.

08 필요 전력량
23, 21, 18

1,000L/h의 급탕을 전기온수기를 사용하여 공급할 때 시간당 전력사용량은? (단, 물의 비열 4.2kJ/kg · K, 밀도 1kg/L, 급탕온도 70℃, 급수온도 10℃, 전기온수기의 전열효율은 95%로 한다.)

① 63.4kW/h
② 66.5kW/h
③ 70.2kW/h
④ 73.7kW/h

해설 Q(총열량)$= c$(비열)m(질량)Δt(온도의 변화량)
$= c$(비열)ρ(비중)V(체적)Δt(온도의 변화량)이다.
그런데 $c = 4.2$kJ/kgK, $m = 1,000$L/h $= 1,000$kg/h,
$\Delta t = 70 - 10 = 60$℃, 효율은 95%이다.
그러므로 $Q = cm\Delta t = 4.2 \times 1,000 \times 60 = 252,000$kJ/h이다.
그런데 효율은 95%, 1kW $= 1$kJ/s $= 3,600$kJ/h임을 알 수 있다.
그러므로 $Q = \dfrac{252,000 \text{kJ/h}}{0.95 \times 3,600 \text{s/h}} = 73.68$kJ/s $= 73.68$kW이다.

09 동시사용률
22, 19

동시사용률이 높은 건물의 급탕설비에 관한 설명으로 옳은 것은?

① 가열부하와 최대 부하의 차이가 크다.
② 일반적으로 최대 부하 사용시간이 짧다.
③ 일반적으로 하루에 1시간 정도의 일정시간에 사용된다.
④ 가열기 능력을 크게 하고 저탕탱크는 소용량으로 계획하는 것이 효율적이다.

해설 동시사용률(건물 내의 위생기구나 급수밸브 등이 어떤 시각에 동시에 사용될 것을 예상한 수전개수의 전체 수전개수에 대한 비율로서 배관 직경이나 소요 물량 등을 결정할 때에 사용하며, 기구수에 대해 %로 나타낸다)이 높을수록 동시에 사용하는 기구의 수가 증대되므로 가열기의 능력을 크게 하고, 저탕탱크는 소용량으로 계획하는 것이 효율적이다.

10 저탕용량과 가열능력
23, 21, 16, 12, 10

탕의 사용상태가 간헐적이며 일시적으로 사용량이 많은 건물에서 급탕설비의 설계방법으로 가장 알맞은 것은? (단, 중앙식 급탕방식이며 증기를 열원으로 하는 열교환기 사용)

① 저탕용량을 크게 하고 가열능력도 크게 한다.
② 저탕용량을 크게 하고 가열능력은 작게 한다.
③ 저탕용량을 작게 하고 가열능력은 크게 한다.
④ 저탕용량을 작게 하고 가열능력도 작게 한다.

해설 중앙식 급탕방식이며 증기를 열원으로 하는 열교환기 사용하고, 탕의 사용상태가 간헐적이며 일시적으로 사용량이 많은 건물에서 급탕설비의 설계방법은 저탕용량을 크게 하고 가열능력은 작게 하는 것이 바람직하다.

11 열량의 산정
17, 13, 08

다음과 같은 조건에 있는 두께 25cm인 외벽(콘크리트 20cm + 석고 플라스터 5cm)을 통해 들어오는 열량은 얼마인가?

[조건]
• 콘크리트의 열전도율 : 1.4W/m · K
• 석고 플라스터의 열전도율 : 0.5W/m · K
• 벽체의 실내측 표면 열전달률 : 20W/m² · K
• 벽체의 실외측 표면 열전달률 : 7W/m² · K
• 외벽의 면적 : 45m²
• 상당외기온도 : 33℃
• 실내온도 : 24℃

① 914W
② 929W
③ 945W
④ 977W

해설 Q(외벽을 통한 열관류량 또는 열취득량)
$= K$(열관류율)A(벽체의 면적)Δx(온도의 변화량)
여기서, 외벽의 열관류율은 한 면이 외기에 접한 경우이므로
$\dfrac{1}{K} = \dfrac{1}{\alpha_0} + \Sigma \dfrac{d}{\lambda} + \dfrac{1}{\alpha_i} + \dfrac{1}{c}$
여기서, α_i : 실내 측 표면 열전달률(W/m²K),
λ : 벽의 열전도율(W/mK)
α_0 : 실외 측 표면 열전달률(W/m²K), d : 벽 두께(m),
$\dfrac{1}{c}$: 벽체 내부의 공간이 있을 때 열저항

$\dfrac{1}{K} = \dfrac{1}{\alpha_0} + \dfrac{d_1}{\lambda_1} + \dfrac{d_2}{\lambda_2} + \dfrac{1}{\alpha_i} = \dfrac{1}{7} + \dfrac{0.2}{1.4} + \dfrac{0.05}{0.5} + \dfrac{1}{20}$
$= 0.4357$m²K/W
$K = 2.295$W/m² · K, $A = 45$m², $\Delta t = 33 - 24 = 9$℃
$\therefore Q = KA\Delta t = 2.295 \times 45 \times 9 = 929.475$W

12 | 축동력의 산정
09, 04

급기덕트 계통에 설계값인 풍량 6,000m³/h, 정압 400Pa, 축동력이 2kW인 송풍기를 설치한 후 덕트 말단에서 풍량을 측정한 결과 5,000m³/h이었다. 이 덕트계에 설계풍량을 급기하기 위해 송풍기의 모터를 교체할 경우 요구되는 축동력은? (단, 덕트계에 공기누설이 없고, 송풍기의 효율은 일정한 것으로 가정한다.)

① 2.0kW
② 2.4kW
③ 2.88kW
④ 3.456kW

해설 송풍기의 상사법칙에 의하여 풍량은 회전수$\left(\dfrac{6,000\text{m}^3/\text{h}}{5,000\text{m}^3/\text{h}}=1.2\right)$에 비례하고, 동력은 회전수의 세제곱($1.2^3=1.728$)에 비례하므로 동력의 1.728배이다.
∴ 축동력 = $2 \times 1.728 = 3.456$kW

13 | 펌프의 양정
21, 09, 05

다음 그림에 나타난 냉각수 배관계통의 냉각수 펌프양정(mAq)은? (단, 냉각수 배관 전길이는 200m, 마찰저항은 40mmAq/m, 배관계 국부저항은 배관저항의 30%로 하고 냉동기 응축기 저항 8mAq, 냉각탑의 살수압력은 0.04MPa으로 한다.)

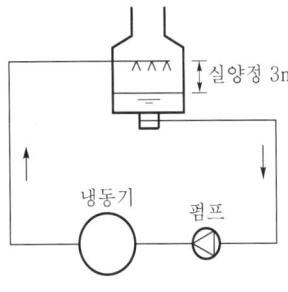

① 19.1
② 21.7
③ 25.4
④ 28.3

해설 펌프의 전양정 = 실양정 + 마찰손실(전길이 × 단위 m당 마찰저항) + 기기저항(배관계 국부저항 + 기기의 저항) + 살수압력
$= 3 + \left(200 \times \dfrac{40}{1,000}\right) + \left(200 \times \dfrac{40}{1,000} \times 0.3 + 8\right) + 0.04 \times 100$
$= 25.4$mAq

* 1MPa은 100m 수두를 의미한다.

14 | 펌프의 축마력 산정
05, 01

펌프를 수직 높이 50m의 고가수조와 5m 아래의 지하수까지 50mm 파이프로 접속하여 매초 2m의 속도로 양수할 때 펌프의 축동력은 몇 마력이 필요한가? (단, 파이프의 총연장길이는 100m, 파이프 1m당의 저항은 50mmAq이고, 기타 저항은 무시하며, 펌프의 효율은 75%로 한다.)

① 2.203HP
② 3.45HP
③ 4.03HP
④ 4.27HP

해설 ㉠ 펌프의 전양정 = 실양정 + 마찰손실(전길이 × 단위 m당 마찰저항) + 기기저항(배관계 국부저항 + 기기의 저항) + 살수압력
$= 50 + 5 + (0.05 \times 100) = 60$m
㉡ Q(펌프의 유량) = A(관의 단면적)v(유속)
$= \dfrac{\pi D^2}{4}v = \dfrac{\pi \times 0.05^2}{4} \times 2\text{m/s} = 0.0039 ≒ 0.004\text{m}^3/\text{s}$

펌프의 축동력(kW) = $\dfrac{WQH}{6,120E}$

펌프의 축마력[HP] = $\dfrac{WQH}{4,500E}$

여기서, P : 펌프의 축동력(kW) 또는 축마력(HP)
W : 물의 단위 용적당 중량(1,000kg/m³)
Q : 양수량(m³/min), H : 양정(m)
α : 여유율(0.1~0.2), E : 펌프의 효율(0.5~0.75)

∴ 펌프의 축마력(P) = $\dfrac{WQH}{4,500E} = \dfrac{1,000 \times 0.24 \times 60}{4,500 \times 0.75}$
$= 4.266 ≒ 4.27$HP

15 | 양정
03

다음 그림에서 양정은 몇 mAq인가? (단, 배관 마찰손실수두는 30mAq, 기기저항수두는 10mAq이며, 속도수두는 무시한다.)

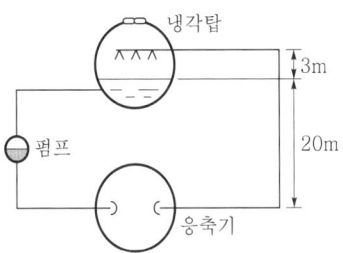

① 13mAq
② 33mAq
③ 43mAq
④ 63mAq

해설 펌프의 전양정 = 실양정(수위 차) + 마찰손실(전길이 × 단위 m당 마찰저항) + 기기저항(배관계 국부저항 + 기기의 저항) + 살수압력
$= 3 + 30 + 10 = 43$mAq

* 1MPa은 100m 수두를 의미하고, 실양정은 수위차임에 유의한다.

16 펌프의 축동력 | 01

펌프에 의해 물 1.5m³/min을 양정 25m로 올리기 위한 축동력은? (단, 펌프의 효율은 60%이다.)

① 7.4kW
② 8.8kW
③ 9.2kW
④ 10.2kW

해설 펌프의 축동력[kW] $= \dfrac{WQH}{6,120E} = \dfrac{1,000 \times 1.5 \times 25}{6,120 \times 0.6} = 10.21$kW

17 펌프의 축동력 | 21

펌프의 전양정이 30m이며, 양수량이 2,000L/min일 때, 양수펌프의 축동력은? (단, 펌프의 효율은 80%이다.)

① 약 9.8kW
② 약 12.3kW
③ 약 13.3kW
④ 약 16.7kW

해설 펌프의 축동력 산정

• 펌프의 축동력 $= \dfrac{\text{위치에너지}}{\text{효율}}$

$= \dfrac{mgH}{E} = \dfrac{\dfrac{2,000\text{kg/min}}{60\text{s/min}} \times 9.8\text{m/s}^2 \times 30\text{m}}{0.8}$

$= 12,250\text{kgm}^2/\text{s}^3 = 12,250\text{W} = 12.25\text{kW}$

또는, 공식으로 계산하면

• 펌프의 축동력

$\dfrac{\gamma \times Q \times H}{6,120 \times \eta} = \dfrac{1,000\text{kg/m}^3 \times \dfrac{2,000\text{L/min}}{1,000\text{L/m}^3} \times 30\text{m}}{6,120 \times 0.8} = 12.255\text{kW}$

여기서, $\gamma = 1,000\text{kg/m}^3$

18 펌프의 축동력 | 11

펌프의 전양정 50mAq, 양수량 2m³/min, 효율이 0.6일 때 축동력은?

① 27.2kW
② 32.4kW
③ 42.6kW
④ 48.6kW

해설 펌프의 축동력[kW] $= \dfrac{WQH}{6,120E} = \dfrac{1,000 \times 2 \times 50}{6,120 \times 0.6} = 27.23$kW

19 순환수량의 산정 | 07

사무소건물 등의 1일 사용수량에 포함되는 냉각탑의 보급수량은? [단, 보급수량은 순환수량의 2(보급계수), 냉동용량은 300USRT, 냉각수 순환수량은 17.7L/min·USRT, 1일 사용시간은 10시간이다.]

① 1.06m³/day
② 6.4m³/day
③ 32.9m³/day
④ 63.7m³/day

해설 Q_w(냉각탑의 순환수량)

$= \dfrac{H_c(\text{냉각탑 또는 냉동기의 용량})}{c(\text{물의 비열})\Delta t(\text{냉각탑의 출입구 온도차})}$

= 냉동용량 × 냉각수 순환수량

㉠ 순환수량 = 냉동용량 × 냉각수 순환수량 = 300 × 17.7 × 60min
  = 318,600L/h

㉡ 보급수량은 순환수량의 2~3% 정도이나, 2%이므로 보급수량 = 순환수량 × 0.02 = 318,600 × 0.02 = 6,372L/h

사용시간이 10시간이므로 1일 보급수량 = 6,372L/h × 10h = 63,720L/day = 63.72m³/day

20 순환수량의 산정 | 22, 17

다음과 같은 조건에서 급탕순환펌프의 순환수량은?

[조건]
• 배관계통의 전열손실량 : 4,000W
• 급탕온도 : 65℃, 환탕온도 : 55℃
• 물의 비열 : 4.2kJ/kg·K

① 5.7L/min
② 10.5L/min
③ 20.9L/min
④ 30.4L/min

해설 W(급탕설비의 순환수량)

$= \dfrac{Q(\text{배관 기기로부터의 열손실})}{c(\text{물의 비열})\Delta t(\text{급탕, 반탕관의 온도 차})}$

$W = \dfrac{Q}{c\Delta t} = \dfrac{4,000\text{J/s}}{4,200\text{J/kg·K} \times (65-55)}$

$= 0.0952\text{kg/s} = 5.714\text{kg/min} = 5.714\text{L/min}$

21 순환수량의 산정 | 05

수랭식 공조장치를 어떤 조건에서 운전할 때 냉방능력이 5USRT이고 압축기 동력이 5kW이면 냉각탑을 통한 순환수량은 얼마인가? (단, 냉각수의 온도차는 6℃이다.)

① 53.9L/min
② 60.9L/min
③ 64.7L/min
④ 69.7L/min

정답 16. ④ 17. ② 18. ① 19. ④ 20. ① 21. ①

해설 Q_w(냉각탑의 순환수량)
$$= \frac{H_c(냉각탑\ 또는\ 냉동기의\ 용량)}{c(물의\ 비열)\Delta t(냉각탑의\ 출입구\ 온도차)}$$에서
1USRT(12,670kJ/h=3.52kJ/s=3.52kW)이고, 압축기의 동력은 5kW이므로
냉각탑의 용량=냉방능력+압축능력
$=5 \times 3.52 + 5 = 22.6kW= 81,360$kJ/h
$$Q_w = \frac{H_c}{ct} = \frac{81,360}{4.19 \times 6} = 3,236.28 \text{kg/h} = 53.94 \text{L/min}$$

22 | 응축수의 양
| 04

건구온도 30℃, 절대습도 0.0134kg/kg'인 공기 5,000m³/h를 표면온도가 10℃인 냉각코일로 냉각감습할 경우 응축수 분량은 얼마인가? (단, 습공기의 비중량=1.2kg/m³, 10℃ 포화습공기의 절대습도=0.0076kg/kg', 냉각코일의 바이패스 팩터=0.1)

① 29.24kg/h
② 31.32kg/h
③ 34.80kg/h
④ 37.23kg/h

해설 L(응축수 분량 또는 응축수량)
= G(공기의 중량)Δx(절대습도의 변화량)(1-BF(바이패스 팩터))
= V(공기의 체적)γ(공기의 비중량)Δx(절대습도의 변화량)(1-BF(바이패스 팩터))
= $5,000 \times 1.2 \times (0.0134 - 0.0076) \times (1 - 0.1) = 31.32$kg/h

23 | 급수량의 산정
| 19②, 11, 06

다음과 같은 조건에서 연면적 5,000m²의 사무소 건물에 필요한 1일당 급수량은?

[조건]
- 유효면적비 : 60%
- 유효면적당 인원 : 0.15인/m²
- 1인 1일당 급수량 : 100L

① 30,000L/일
② 35,000L/일
③ 40,000L/일
④ 45,000L/일

해설 Q(1일 급수량)= A(건축물의 연면적)k(건축물의 유효비율)n(유효 면적당 인원수)q(1인 1일 급수량)
즉, $Q = Aknq = 5,000 \times 0.6 \times 0.15 \times 100 = 45,000$L/일

24 | 급수량의 산정
| 21, 15, 07

어느 사무소 건물의 바닥면적의 합계가 5,000m²일 때 필요한 급수량은? (단, 이 건물의 유효면적비율은 연면적의 60%이고, 유효면적당 인원은 0.2인/m²이며, 1인 1일당 급수량은 100L/c/d이다.)

① 30m³/일
② 60m³/일
③ 300m³/일
④ 600m³/일

해설 Q(1일 급수량)= A(건축물의 연면적)k(건축물의 유효비율)n(유효 면적당 인원수)q(1인 1일 급수량)
즉, $Q = Aknq = 5,000 \times 0.6 \times 0.2 \times 100 = 60,000$L/일 $= 60$m³/일

25 | 급수량의 산정
| 20, 10

다음과 같은 조건에서 연면적이 20,000m²인 사무소에 필요한 1일의 급수량(사용수량)은?

[조건]
- 건물의 유효면적과 연면적의 비 : 56%
- 유효면적당 인원 : 0.2인/m²
- 1일 1인당 급수량(사용수량) : 150L/d/c

① 33.6m³/일
② 43.6m³/일
③ 336m³/일
④ 406m³/일

해설 Q(1일 급수량)= A(건축물의 연면적)k(건축물의 유효비율)n(유효 면적당 인원수)q(1인 1일 급수량)
$Q = Aknq = 20,000 \times 0.56 \times 0.2 \times 150 = 336,000$L/일 $= 336$m³/일

26 | 펌프의 효율 산정
| 24, 08

전양정 $H=20$m, 양수량 $Q=3$m³/min이고 축동력 11kW를 필요로 하는 펌프의 효율은 약 얼마인가?

① 72%
② 78%
③ 80%
④ 89%

해설 축동력 $= \dfrac{WQH}{6,120 \times E}$이므로, $11 = \dfrac{1,000 \times 3 \times 20}{6,120 \times E}$에서
$E = 0.891 \times 100 ≒ 89$%이다.

정답 22.② 23.④ 24.② 25.③ 26.④

27 | 펌프의 축동력 산정
21, 19, 17, 16, 14, 13, 12

급수설비에 사용되는 펌프의 양수량이 2,000L/min, 전양정이 10m일 경우, 이 펌프의 축동력은? (단, 펌프의 효율은 60%이다.)

① 3.52kW ② 4.27kW
③ 5.45kW ④ 8.32kW

해설 축동력 = $\dfrac{WQH}{6,120 \times E}$ = $\dfrac{1,000 \times \left(\dfrac{2,000}{1,000}\right) \times 10}{6,120 \times 0.6}$ ≒ 5.446 ≒ 5.45kW

여기서, W : 물의 비중량으로 1,000kg/m³, Q : 양수량으로 m³/min, H : 양정으로 m, E : 펌프의 효율

1,000은 l를 m³로 환산하기 위함이다. 즉, 2,000l/min = $\dfrac{2,000}{1,000}$ m³/min이다.

28 | 펌프의 축동력 산정
12

양수량이 650L/min, 전양정이 50m인 소화펌프의 축동력은? (단, 펌프의 효율은 50%이다.)

① 5.3W   ② 10.6W
③ 5.3kW ④ 10.6kW

해설 축동력 = $\dfrac{WQH}{6,120 \times E}$ = $\dfrac{1,000 \times \left(\dfrac{650}{1,000}\right) \times 50}{6,120 \times 0.5}$ ≒ 10.62kW

29 | 펌프의 축동력 산정
23, 13

펌프의 양수량이 1,000L/min, 실양정이 30m인 급수펌프의 축동력은? (단, 마찰손실은 실양정의 20%, 펌프의 효율은 50%이다.)

① 5.9kW ② 9.8kW
③ 11.8kW ④ 14.1kW

해설 축동력 = $\dfrac{WQH}{6,120 \times E}$ = $\dfrac{1,000 \times \dfrac{1,000}{1,000} \times 30 \times (1+0.2)}{6,120 \times 0.5}$ ≒ 11.765kW

30 | 펌프의 축동력 산정
16, 11

펌프의 양수량 0.1m³/min, 양정 100m, 펌프의 효율 50%일 때 펌프의 축동력은?

① 약 3.3kW ② 약 4.1kW
③ 약 4.4kW ④ 약 5.0kW

해설 축동력 = $\dfrac{WQH}{6,120 \times E}$ = $\dfrac{1,000 \times 0.1 \times 100}{6,120 \times 0.5}$ = 3.27 ≒ 3.3kW

31 | BOD 산정
13, 06

평균 BOD가 200ppm인 가정오수가 하루에 3,000m³ 유입되는 오물정화조의 1일 유입 BOD 부하량(kg/day)은?

① 300 ② 400
③ 500 ④ 600

해설 1ppm = $\dfrac{1}{1,000,000}$ 이고, 유입 BOD 부하량 = 유입량 × 유입량 평균 BOD이다.

그러므로, 유입 BOD 부하량
= 유입량 × 평균 BOD
= 3,000 × $\dfrac{200}{1,000,000}$ = 0.6m³/day = 600kg/day

32 | BOD 평균농도
13

오수가 1일 평균 75m³ 유입되고 BOD량이 1일당 15kg이라면 이 유입 오수의 1일 평균 BOD 농도는?

① 100mg/L ② 200mg/L
③ 300mg/L ④ 500mg/L

해설 유입 오수의 1일 평균 BOD
$\dfrac{1일당 \ 유입 \ BOD의 \ 양}{1일당 \ 평균 \ 유입오수량}$ = $\dfrac{15,000}{75}$ = 200mg/L

여기서, 1g = 1,000mg이고, 1m³ = 1m×1m×1m = 100cm×100cm×100cm = 1,000,000cm³이며, 1L = 10cm×10cm×10cm = 1,000cm³이므로 1m³ = 1,000L이다.

그러므로, 200g/m³ = 200,000mg/1,000L = 200mg/L가 됨을 알 수 있다.

33 | BOD 제거율
16, 12

정화조의 유입수의 BOD가 500mg/L, 방류수의 BOD가 200mg/L일 때, BOD 제거율은?

① 40% ② 50%
③ 60% ④ 70%

해설 BOD 제거율 = $\dfrac{제거 \ BOD}{유입 \ BOD}$
= $\dfrac{유입수 \ BOD - 유출수 \ BOD}{유입수 \ BOD}$ × 100(%)이다.

그러므로, BOD 제거율 = $\dfrac{제거 \ BOD}{유입 \ BOD}$
= $\dfrac{유입수 \ BOD - 유출수 \ BOD}{유입수 \ BOD}$ × 100(%)
= $\dfrac{500-200}{500}$ × 100(%) = 60%

정답 27.③ 28.④ 29.③ 30.① 31.④ 32.② 33.③

34 | BOD 제거율
25, 20

정화조의 유입수 BOD가 1,000mg/L, 방류수 BOD가 400mg/L일 때, BOD 제거율은?

① 40% ② 50%
③ 60% ④ 70%

해설 BOD 제거율 $= \dfrac{\text{제거 BOD}}{\text{유입 BOD}}$
$= \dfrac{\text{유입수 BOD} - \text{유출수 BOD}}{\text{유입수 BOD}} \times 100(\%)$
$= \dfrac{1,000 - 400}{1,000} \times 100(\%) = 60\%$

35 | BOD 제거율
12

평균 BOD가 200ppm인 오수가 하루에 1,500m³ 만큼 정화조로 유입되며, 유출수의 BOD가 50ppm일 때 BOD 제거율은?

① 50% ② 75%
③ 100% ④ 150%

해설 BOD 제거율 $= \dfrac{\text{제거 BOD}}{\text{유입 BOD}}$
$= \dfrac{\text{유입수 BOD} - \text{유출수 BOD}}{\text{유입수 BOD}} \times 100(\%)$
$= \dfrac{200 - 50}{200} \times 100(\%) = 75\%$

36 | BOD 산정
21, 17, 10, 08, 05

처리대상인원 1,000인, 1인 1일당 오수량 0.2m³, 평균 BOD는 200ppm, BOD 제거율 85%인 오수처리시설에서 유출수의 BOD량(kg/day)은?

① 1.5 ② 6
③ 30 ④ 200

해설 유출수의 BOD를 x라고 하면,
BOD 제거율 $= \dfrac{\text{제거 BOD}}{\text{유입 BOD}}$
$= \dfrac{\text{유입수 BOD} - \text{유출수 BOD}}{\text{유입수 BOD}} \times 100(\%)$
$= \dfrac{200 - x}{200} \times 100(\%) = 85\%$
∴ $x = 30$ppm이므로 유출수의 BOD량 = 유입량 × 유출수의 BOD
$= (0.2 \times 1,000) \times \dfrac{30}{1,000,000} = 0.006\text{m}^3/\text{day} = 6\text{kg/day}$

③ 가스설비 적산

01 | 액화천연가스(LNG)
11, 07, 04

액화천연가스(LNG)에 대한 설명 중 옳지 않은 것은?

① 주요성분은 프로판(C_3H_8), 부탄(C_4H_{10})이다.
② 발열량이 높고 무공해성이다.
③ 자연발화나 착화온도가 높기 때문에 안전성이 높다.
④ 비중이 상온에서 공기보다 가벼워 바닥에 누설가스가 체류하지 않는다.

해설 액화천연가스는 메탄(CH_4)을 주성분으로 하는 천연가스를 냉각하여 액화시킨 가스이고, 액화석유가스(LPG)의 주성분이 프로판(C_3H_8), 프로필렌(C_3H_6), 부탄(C_4H_{10}), 부틸렌(C_4H_8)이다.

02 | 액화천연가스(LNG)
24②, 19

LNG에 관한 설명으로 옳지 않은 것은?

① 주성분은 메탄(CH_4)이다.
② LPG에 비해 발열량이 작다.
③ 천연가스를 냉각하여 액화한 것이다.
④ 상온에서 공기보다 비중이 크므로 인화 폭발의 우려가 있다.

해설 LNG의 비중은 공기의 비중보다 작으므로 누설되었을 때 공기 중에 흡수되므로 안전성이 높고, LPG의 비중은 공기보다 무거워 누설되었을 때 하부에 체류되어 바닥에 고이므로 매우 위험하다.

03 | 액화천연가스(LNG)
15, 10, 05

도시가스로 주로 공급되는 액화천연가스(LNG)에 대한 설명 중 옳지 않은 것은?

① 공기보다 가볍다.
② 아황산가스, 매연 등의 오염이 없다.
③ 천연가스를 정제해서 얻은 메탄을 주성분으로 하는 가스를 냉각시켜 액화한 것이다.
④ 발열량이 액화석유가스(LPG)보다 높다.

해설 액화천연가스(LNG)는 메탄(CH_4)을 주성분으로 하는 천연가스를 냉각하여 액화시킨 가스이고 특성은 다음과 같다.
㉠ 발열량이 LPG보다 낮고 무공해성이며, 자연발화나 착화온도가 높아 안전성이 높다.
㉡ 비중이 상온에서 공기보다 가벼워 바닥에 누설가스가 체류하지 않는다.
㉢ 액화온도가 -160℃이며, 무색·투명한 액체이고, 아황산가스, 매연 등의 오염이 없다.
㉣ 가스의 비중은 0.65~0.69로서 공기보다 가볍다.

정답 34. ③ 35. ② 36. ② / 01. ① 02. ④ 03. ④

04 | 액화천연가스(LNG)
12, 06

LNG에 관한 설명이 바르지 않은 것은?

① 석유정제과정에서 얻어지는 프로판가스가 주원료이다.
② 액화천연가스를 의미한다.
③ 액화온도가 -160℃이며, 무색·투명한 액체이다.
④ 가스의 비중은 0.65~0.69로서 공기보다 가볍다.

해설 액화천연가스(LNG)는 메탄(CH_4)을 주성분으로 하는 천연가스를 냉각하여 액화시킨 가스이고, 액화석유가스(LPG)의 주성분이 프로판(C_3H_8), 프로필렌(C_3H_6), 부탄(C_4H_{10}), 부틸렌(C_4H_8)이다.

05 | 가스
10, 08

가스에 관한 설명 중 옳지 않은 것은?

① LN가스는 메탄올 주성분으로 하는 천연가스를 냉각하여 액화시킨 것이다.
② LN가스는 공기보다 가벼워 누설이 된다 해도 공기 중에 흡수되기 때문에 안전성이 높다.
③ LP가스는 비중이 공기보다 크고 연소 시 이론공기량이 많다.
④ LN가스는 배관을 통해서 공급할 수 없으며 작은 용기에 담아서 사용해야 한다.

해설 액화천연가스(LNG)는 상온에서 기체이므로 용기에 담아서 사용할 수 없고, 반드시 대규모 저장 시설을 갖추어 배관을 통해서 공급해야 하나, 액화석유가스(LPG)는 상온에서 액체상태이므로 보관이 쉬워서 작은 용기에 저장하여 사용한다.

06 | LNG의 주성분
11

LNG의 주성분은 무엇인가?

① C_4H_8
② CH_4
③ C_6H_6
④ C_2H_2

해설 액화천연가스(LNG)는 메탄(CH_4)을 주성분으로 하는 천연가스를 냉각하여 액화시킨 가스이고, 액화석유가스(LPG)의 주성분이 프로판(C_3H_8), 프로필렌(C_3H_6), 부탄(C_4H_{10}), 부틸렌(C_4H_8)이다.

07 | 액화석유가스(LNG)
16

LPG(액화석유가스)에 관한 설명으로 옳지 않은 것은?

① 공기보다 가벼워 위험성이 크다.
② LPG용기는 부식이 되지 않도록 습기를 피한다.
③ 프로판(C_3H_8)과 부탄(C_4H_{10}) 등을 포함하고 있다.
④ 도시가스의 공급을 받지 못하는 곳에서 주로 사용되고 있다.

해설 액화석유가스(LPG)의 발열량은 도시가스와 LNG보다 크며, 연소 시에 공기량(산소량)이 많이 소요되고 비중이 공기의 약 1.5배, 부탄은 2배 정도로 무거우므로 가스가 바닥에 쌓일 위험이 있으며, 특히 무색, 무취, 무미이고 금속에 대한 부식성이 약하다.

08 | 액화석유가스(LNG)
25, 18

LPG에 관한 설명으로 옳지 않은 것은?

① 발열량이 크다.
② 액화석유가스를 의미한다.
③ 연소 시 다량의 공기가 필요하다.
④ 공기보다 가벼워 누설이 되어도 안전성이 높다.

해설 액화석유가스(LPG)의 발열량은 도시가스와 LNG보다 크며, 연소 시에 공기량(산소량)이 많이 소요되고 비중이 공기의 약 1.5배, 부탄은 2배 정도로 무거우므로 가스가 바닥에 쌓일 위험이 있으며, 특히 무색, 무취, 무미이고 금속에 대한 부식성이 약하다.

09 | 가스계량기의 설치 위치
19

도시가스설비의 가스계량기 설치 장소로 적합하지 않은 것은?

① 환기가 양호한 곳
② 공동주택의 대피공간
③ 직사광선이나 빗물을 받을 우려가 없는 곳
④ 가스계량기의 교체 및 유지 관리가 용이한 곳

해설 가스계량기의 설치 장소는 ①, ③ 및 ④ 이외에 가스계량기의 성능에 영향을 주지 않는 곳이어야 한다. 특히 공동주택의 대피공간에는 절대로 설치하지 않아야 한다.

10 | 가스계량기의 설치 위치
16

가스계량기의 설치위치에 관한 기준 내용으로 옳지 않은 것은?

① 전기계량기와는 30cm 이상의 거리를 유지할 것
② 전기점멸기 및 전기접속기와는 30cm 이상의 거리를 유지할 것
③ 단열조치를 하지 아니한 굴뚝과는 30cm 이상의 거리를 유지할 것
④ 절연조치를 하지 아니한 전선과는 15cm 이상의 거리를 유지할 것

해설 가스미터(계량기)는 전기계량기, 전기개폐기, 전기안전기와는 60cm 이상, 전기점멸기 및 전기접속기와의 거리는 30cm 이상, 절연조치를 하지 아니한 전선과의 거리는 15cm 이상을 띄워야 한다. 굴뚝, 콘센트와는 30cm 이상, 저압전선과 15cm 이상 띄운다. 화기와 2m 이상의 우회거리를 유지하고, 설치 높이는 지면상 1.6~2m 정도로 한다.

정답 04. ① 05. ④ 06. ② 07. ① 08. ④ 09. ② 10. ①

11 | 이격거리 24, 22, 17

도시가스 사용시설에서 가스계량기와 전기계량기의 간격은 최소 얼마 이상으로 하여야 하는가?

① 15cm
② 30cm
③ 45cm
④ 60cm

해설 배선의 종류에 따른 이격거리

배선의 종류	이격거리
저압옥내 · 외배선	15cm 이상
전기점멸기, 전기콘센트	30cm 이상
전기개폐기, **전기계량기**, 전기안전기, 고압옥내배선, 가스미터기	60cm 이상
저압옥상전선로, 특별고압 지중 · 옥내 배선	1m 이상
피뢰설비	1.5m 이상

12 | 이격거리 22, 18

가스계량기는 전기점멸기와 최소 얼마 이상의 거리를 유지하여야 하는가?

① 30cm
② 45cm
③ 60cm
④ 90cm

해설 가스 배관과의 이격거리

배선의 종류	이격거리
저압옥내 · 외배선	15cm 이상
전기점멸기, 전기콘센트	30cm 이상
전기개폐기, 전기계량기, 전기안전기, 고압옥내배선, 가스미터기	60cm 이상
저압옥상전선로, 특별고압 지중 · 옥내 배선	1m 이상
피뢰설비	1.5m 이상

13 | 이격거리 09, 08

가스미터는 전기개폐기로부터 최소 얼마 이상 떨어진 위치에 설치하여야 하는가?

① 30cm
② 60cm
③ 90cm
④ 120cm

해설 가스미터(계량기)는 전기계량기, 전기개폐기, 전기안전기와는 60cm 이상, 전기점멸기 및 전기접속기와의 거리는 30cm 이상, 절연조치를 하지 아니한 전선과의 거리는 15cm 이상을 띄워야 한다. 굴뚝, 콘센트와는 30cm 이상, 저압전선과 15cm 이상 띄운다. 화기와 2m 이상의 우회거리를 유지하고, 설치 높이는 지면상 1.6~2m 정도로 한다.

14 | 이격거리 12, 03

가스미터의 부착 시 전기개폐기, 전기미터로부터 떨어져야 하는 거리는?

① 30cm
② 60cm
③ 90cm
④ 120cm

해설 가스미터(계량기)는 전기계량기, 전기개폐기, 전기안전기와는 60cm 이상, 전기점멸기 및 전기접속기와의 거리는 30cm 이상, 절연조치를 하지 아니한 전선과의 거리는 15cm 이상을 띄워야 한다. 굴뚝, 콘센트와는 30cm 이상, 저압전선과 15cm 이상 띄운다. 화기와 2m 이상의 우회거리를 유지하고, 설치 높이는 지면상 1.6~2m 정도로 한다.

15 | 이격거리 16, 12

도시가스 사용시설의 가스계량기와 화기 사이에 유지하여야 하는 거리는 최소 얼마 이상이어야 하는가? (단, 그 시설 안에서 사용하는 자체 화기는 제외)

① 1m
② 1.5m
③ 2m
④ 3m

해설 가스미터(계량기)는 화기와 2m 이상의 우회거리를 유지하고, 설치 높이는 지면상 1.6~2m 정도로 한다.

16 | 이격거리 19, 15, 14, 13, 11

다음의 가스계량기 설치에 관한 설명 중 ( ) 안에 알맞은 내용은?

가스계량기와 전기계량기 및 전기개폐기와의 거리는 (㉠)cm 이상, 전기점멸기 및 전기접속기와의 거리는 (㉡)cm 이상, 절연조치를 하지 아니한 전선과의 거리는 (㉢)cm 이상의 거리를 유지하여야 한다.

① ㉠ 15, ㉡ 30, ㉢ 60
② ㉠ 60, ㉡ 30, ㉢ 15
③ ㉠ 10, ㉡ 20, ㉢ 40
④ ㉠ 40, ㉡ 20, ㉢ 10

해설 가스미터(계량기)는 전기계량기, 전기개폐기, 전기안전기와는 60cm 이상, 전기점멸기 및 전기접속기와의 거리는 30cm 이상, 절연조치를 하지 아니한 전선과의 거리는 15cm 이상을 띄워야 한다.

정답 11. ④ 12. ① 13. ② 14. ② 15. ③ 16. ②

17 배관의 지하매설 | 18, 13

공동주택 부지 내에서 도시가스 사용시설의 배관을 지하에 매설하는 경우 지면으로부터 최소 얼마 이상의 거리를 유지하여야 하는가?

① 0.3m ② 0.6m
③ 0.8m ④ 1.2m

해설 가스 배관의 매설 깊이는 공동주택 등의 부지 내에서는 0.6m (60cm) 이상, 폭 8m 이하의 도로와 공동주택 외의 부지에서는 100cm 이상, 차량이 통행하는 8m 이상의 도로에서는 120cm 이상이다.

18 LPG와 LNG | 10, 05

LPG 및 LNG에 대한 설명으로 옳지 않은 것은?

① LNG는 천연적으로 산출하는 천연가스를 −162℃까지 냉각 액화한 것을 말한다.
② LPG는 주위에서 증발잠열을 빼앗아 기화한다.
③ LPG는 일산화탄소를 함유하지 않기 때문에 생가스에 의한 중독의 위험성은 없으나 질식 또는 불완전 연소에 의한 일산화탄소 중독의 가능성은 있다.
④ LNG의 비중은 공기의 비중보다 크므로 누설되었을 때 하부에 체류하기 쉽다.

해설 LNG의 비중은 공기의 비중보다 작으므로 누설되었을 때 공기 중에 흡수되므로 안전성이 높고, LPG의 비중은 공기보다 무거워 누설되었을 때 하부에 체류되어 바닥에 고이므로 매우 위험하다.

19 도시가스의 공급순서 | 08, 01

도시가스 공급계통을 순서대로 설명한 것은?

㉠ 홀더   ㉡ 열량조절
㉢ 거버너 ㉣ 소비설비

① ㉠-㉡-㉢-㉣ ② ㉡-㉠-㉢-㉣
③ ㉡-㉠-㉣-㉢ ④ ㉠-㉢-㉡-㉣

해설 도시가스 설비의 공급순서는 원료-제조(열량조절)-압축기(압송)-홀더(저장탱크)-압력조정(거버너)-수송-사용량 적산 순서로 되어 있다.

20 웨버지수 | 15, 09

웨버지수 $\left(WI = \dfrac{H_g}{\sqrt{S}}\right)$는 가스의 연소성을 판단하는 데 중요한 수치이다. H_g가 의미하는 것은?

① 단열지수 ② 엔트로피
③ 발열량   ④ 가스비중

해설 WI(웨버지수)는 가스의 연소성을 판단하는 데 중요한 수치로서 $WI = \dfrac{H_g(\text{가스의 발열량})}{\sqrt{S}(\text{가스의 비중})}$ 이다.

21 도시가스 유량 | 17

다음의 도시가스 가스유량 산정식에서 d가 의미하는 것은?

$$Q = K\sqrt{\dfrac{hd^5}{Sl}}$$

① 압력손실 ② 유량계수
③ 관의 내경 ④ 관의 길이

해설 가스유량 산정식

$Q(\text{유량}) = K(\text{유량계수})\sqrt{\dfrac{d^5(\text{관의 내경, cm})h(\text{압력차, mmAq})}{S(\text{가스의 비중})l(\text{관의 길이, m})}}$

22 배관의 표면색상 | 17

가스사용시설에서 지상배관의 표면색상은? (단, 황색띠를 2중으로 표시한 경우 제외)

① 적색 ② 백색
③ 황색 ④ 녹색

해설 물질의 종류와 식별색

물질	식별색	물질	식별색
물	청색	산알칼리	회자색
증기	진한 적색	기름	진한 황적색
공기	백색	전기	엷은 황적색
가스	황색		

정답 17. ② 18. ④ 19. ② 20. ③ 21. ③ 22. ③

PART 2
건축설비 설계

Engineer Building Facilities

CHAPTER 01
Engineer Building Facilities
|기출 공략 문제|
열원설비 설계

❶ 열원시스템 설계

01 | 성적계수
20, 08, 01

냉동기를 냉각 목적으로 할 경우의 성적계수를 COP, 가열 목적, 즉 히트펌프로 사용될 경우의 성적계수를 COP_h라 할 때 두 성적계수의 관계를 바르게 나타낸 것은?

① $COP_h + COP = 1$
② $COP_h + 1 = COP$
③ $COP_h - COP = 1$
④ $COP/COP_h = 1$

해설 COP_h(히트펌프 성적계수) = $\dfrac{응축방열}{압축일}$ = $\dfrac{증발열 + 압축일}{압축일}$ = COP+1

즉, 냉동기 성적계수(COP)는 히트펌프 성적계수(COP_h)보다 1이 작다. $COP = COP_h - 1$ 또는 $COP_h - COP = 1$이 성립된다.

02 | 냉동사이클의 선도
25, 18

다음의 증기압축 냉동사이클의 압력(P)-엔탈피(h)선도에 관한 설명으로 옳지 않은 것은?

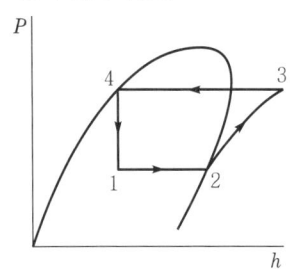

① 과정 1→2는 정압증발과정이다.
② 과정 2→3은 단열압축과정이다.
③ 과정 3→4는 정압응축과정이다.
④ 과정 4→1은 가열팽창과정이다.

해설 증기압축 냉동사이클

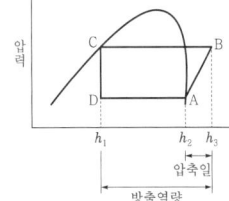

A-B : 압축기의 압축
B-C : 응축기의 응축
C-D : 팽창밸브의 팽창
D-A : 증발기의 증발

03 | 압축식 냉동기
20, 19, 14, 13

압축식 냉동기의 구성요소 중 냉동의 목적을 직접적으로 달성하는 것은?

① 흡수기
② 증발기
③ 발생기
④ 응축기

해설 압축식 냉동기의 냉동 사이클은 증발기(냉열원 취득) → 압축기(저온·저압을 고온·고압을 변화) → 응축기 → 팽창밸브(밸브의 입구측은 고압, 출구측은 저압)의 순이므로 고압부와 저압부의 경계선상에서 작동하는 장치는 팽창밸브와 압축기이다.

04 | 흡수식 냉동기의 냉동 사이클
22, 13, 09, 07, 03

흡수식 냉동기의 냉동 사이클을 바르게 나타낸 것은?

① 압축 → 응축 → 팽창 → 증발
② 흡수 → 발생 → 응축 → 증발
③ 흡수 → 증발 → 압축 → 응축 → 발생
④ 압축 → 증발 → 응축 → 팽창

해설 압축식 냉동기의 냉동 사이클은 증발기 → 압축기(저온·저압을 고온·고압을 변화) → 응축기 → 팽창밸브(밸브의 입구측은 고압, 출구측은 저압)의 순이고, 흡수식 냉동기의 냉동 사이클은 흡수기 → 발생(재생)기 → 응축기 → 증발기의 순이다.

05 | 흡수식 냉동기
18

흡수식 냉동기에 관한 설명으로 옳은 것은?

① 냉매로는 LiBr을 사용하고, 흡수제로 물을 사용한다.
② 증발기, 압축기, 재생기, 응축기 등으로 구성되어 있다.
③ 기계적 에너지가 아닌 열에너지에 의해 냉동효과를 얻는다.
④ 1중 효용 흡수식 냉동기가 2중 효용 흡수식 냉동기보다 효율이 좋다.

해설 흡수식 냉동기는 기계적 에너지가 아닌 열에너지에 의해 냉동효과를 얻고, 구조는 증발기, 흡수기, 재생(발생)기, 응축기 등으로 구성되는 냉동기로서 전력 소비는 압축식 냉동기의 1/3 정도(압축기가 없음)로 적고, 특별 고압수전이 필요 없으며 운전비를 적게 하고, 소음(정숙성)을 경감시킬 때 선택해서 사용한다. 압축식과 흡수식 냉동기의 비교는 다음과 같다.

구분	에너지	구성 요소		요소의 작동
압축식	기계 에너지	응축기 증발기	압축기, 팽창밸브	고압부와 저압부 사이
흡수식	열에너지		흡수기, 재생(발생)기	열교환기 설치

06 흡수식 냉동기
22

흡수식 냉동기에 관한 설명으로 옳지 않은 것은?
① 압축식에 비해 냉각탑의 용량이 커질 수 있다.
② 기기 내부가 진공에 가까워 파열의 위험이 없다.
③ 예냉시간이 짧아 냉수가 나올 때까지 시간이 빠르다.
④ 기기 구성요소 중 회전하는 부분이 적어 소음이 매우 작다.

해설 흡수식 냉동기는 예냉시간이 길어 냉수가 나올 때까지 시간이 느리다. 즉, 냉수가 나올 때까지 긴 시간이 소요된다.

07 흡수식 냉동기
25, 12

흡수식 냉동기에 관한 설명으로 옳지 않은 것은?
① 발생기의 형식에 따라 단효용식과 2중 효용식이 있다.
② 증발기, 흡수기, 재생기(발생기), 응축기 등으로 구성된다.
③ 열에너지가 아닌 기계적 에너지에 의해 냉동효과를 얻는다.
④ 냉방용의 흡수냉동기는 물과 브롬화리튬(LiBr)의 혼합용액을 사용한다.

해설 흡수식 냉동기는 기계적 에너지가 아닌 열에너지에 의해 냉동효과를 얻고, 구조는 증발기, 흡수기, 재생(발생)기, 응축기 등으로 구성되는 냉동기로서 물과 브롬화리튬(LiBr)의 혼합용액을 사용한다.

08 흡수식 냉동기
21

흡수식 냉동기에 관한 설명으로 옳지 않은 것은?
① 왕복동식 냉동기에 비해 소음이 작다.
② 일반적으로 리튬브로마이드(LiBr)가 냉매로 이용된다.
③ 증발기, 흡수기, 재생기(발생기), 응축기 등으로 구성되어 있다.
④ 기계적 에너지가 아닌 열에너지에 의해 냉동효과를 얻는다.

해설 흡수식 냉동기는 기계적 에너지가 아닌 열에너지에 의해 냉동효과를 얻고, 구조는 증발기, 흡수기, 재생(발생)기, 응축기 등으로 구성되는 냉동기로서 전력 소비는 압축식 냉동기의 1/3 정도(압축기가 없음)로 적고, 특별 고압수전이 필요 없으며 운전비를 적게 하고, 소음(정숙성)을 경감시킬 때 선택해서 사용한다. 압축식과 흡수식 냉동기의 비교는 다음과 같다.

구분	에너지	구성 요소		요소의 작동	냉매
압축식	기계 에너지	응축기 증발기	압축기, 팽창밸브	고압부와 저압부 사이	프레온, 암모니아
흡수식	열에너지		흡수기, 재생(발생)기	열교환기 설치	물과 브롬화리튬(LiBr)의 혼합용액

09 흡수식 냉동기의 구성요소
16, 09

다음 중 2중 효용 흡수식 냉동기의 구성요소에 속하지 않는 것은?
① 저온발생기
② 응축기
③ 증발기
④ 압축기

해설 흡수식 냉동기는 기계적 에너지가 아닌 열에너지에 의해 냉동효과를 얻고, 구조는 증발기, 흡수기, 재생(발생)기, 응축기 등으로 구성되는 냉동기로서 전력 소비는 압축식 냉동기의 1/3 정도(압축기가 없음)로 적고, 특별 고압수전이 필요 없으며 운전비를 적게 하고, 소음(정숙성)을 경감시킬 때 선택해서 사용한다.

10 흡수식 냉동기
21

2중 효용 흡수식 냉동기에 관한 설명으로 옳은 것은?
① 응축기가 저온, 고온 응축기로 분리되어 있다.
② 발생기가 저온, 고온 발생기로 분리되어 있다.
③ 흡수기가 저온, 고온 흡수기로 분리되어 있다.
④ 증발기가 저온, 고온 증발기로 분리되어 있다.

해설 2중 효용 흡수식 냉동기는 저온 발생기와 고온 발생기가 있어 단효용 흡수식 냉동기보다 효율이 높다.

11 흡수식 냉동기
19, 06, 03

2중 효용 흡수식 냉동기에 관한 설명 중 옳지 않은 것은?
① 저온발생기, 고온발생기가 필요하다.
② 저압팽창밸브와 고압팽창밸브가 필요하다.
③ 에너지를 절약할 수 있고 냉각탑의 용량을 줄일 수 있다.
④ 단효용 흡수식 냉동기의 응축기에서 버리던 증기의 응축열을 효율적으로 이용한 것이다.

정답 06.③ 07.③ 08.② 09.④ 10.② 11.②

해설 팽창밸브(응축기에서 응축액화하여 넘어온 고온고압의 냉매액이 증발기에서 증발하기 쉽도록 교축작용, 즉 고압냉매액이 흘러갈 때 저항이 큰 곳 통과에서 진행방향으로 압력이 강하되는 작용에 의하여 온도와 압력을 동시에 강하시켜 증발기에서 증발하기 쉽게 해 주며 냉매유량을 조절 공급하는 기기)는 압축식 냉동기에 사용하나, 흡수식 냉동기[증발기, 흡수기, 발생(재생)기, 응축기 등]에는 사용하지 않는다.

12 | 흡수식 냉동기의 발생기
20

흡수식 냉동기의 구성요소 중 용액으로부터 냉매인 수증기와 흡수제인 LiBr로 분리시키는 작용을 하는 곳은?

① 증발기
② 응축기
③ 발생기
④ 흡수기

해설 흡수식 냉동기의 냉동 사이클은 증발기 → 흡수기 → 발생(재생)기 → 응축기의 순이고, 발생(재생)기는 용액으로부터 흡수제인 LiBr과 냉매인 수증기로 분리시키는 작용을 한다.

13 | 흡수식 냉동기의 특징
24, 20, 11

단효용 흡수식 냉동기와 비교한 2중 효용 흡수식 냉동기의 특징으로 옳은 것은?

① 고압응축기와 저압응축기가 있다.
② 고온증발기와 저온증발기가 있다.
③ 고온발생기와 저온발생기가 있다.
④ 증발기가 2중으로 되어 있다.

해설 2중 효용 흡수식 냉동기는 저온발생기와 고온발생기가 있어 단효용 흡수식 냉동기보다 효율이 높다.

14 | 냉동기의 구성기기
16

냉동기의 구성기기 중 냉각수를 필요로 하는 것은?

① 압축기
② 흡수기
③ 증발기
④ 팽창밸브

해설 냉동기의 응축기와 흡수기는 냉각수(냉동기의 응축기를 통한 냉각수를 충전물 사이를 낙하시켜 외기로 냉각 방열시키는 물)를 필요로 하는 것이다.

15 | 냉동기의 상태변화
22, 17

냉동기의 증발기에서 일어나는 상태변화에 관한 설명으로 옳지 않은 것은?

① 압력이 높아진다.
② 비엔탈피가 증가한다.
③ 비엔트로피가 증가한다.
④ 액체냉매가 기체냉매로 상이 변한다.

해설 냉동기의 증발기는 냉동기를 구성하는 기기의 한 가지로서 팽창밸브에 의하여 팽창한 액냉매를 증발시킴으로써 주위의 증발열을 빼앗아 공기, 물, 브라인 등의 다른 유체를 냉각하는 일종의 열교환기이다. 증발기는 저압부로서 냉매가 일정한 증발압력에서 열을 흡수하면서 상변화 과정[액체 → 기체(증발) 상태]에서 온도와 압력은 거의 일정하게 유지된다.

16 | 냉동기
23, 18

냉동기에 관한 설명으로 옳지 않은 것은?

① 터보식 냉동기는 임펠러의 원심력에 의해 냉매가스를 압축한다.
② 터보식 냉동기는 대용량에서는 압축효율이 좋고 비례제어가 가능하다.
③ 압축식 냉동기의 냉매순환 사이클은 압축기 → 응축기 → 팽창밸브 → 증발기이다.
④ 흡수식 냉동기는 열에너지가 아닌 기계적 에너지에 의해 냉동효과를 얻는다.

해설 흡수식 냉동기는 열원을 증기나 고온수로 사용하므로, 기계적 에너지가 아닌 열에너지(증기, 고온수)를 이용하여 냉동효과를 얻는다.

17 | 냉동기의 냉매조건
19

냉동기의 냉매가 구비해야 할 조건으로 옳지 않은 것은?

① 응고온도(응고점)가 낮을 것
② 전열효과가 작고 점도가 클 것
③ 증발압력이 대기압보다 높을 것
④ 임계온도가 높고 상온에서 액화할 것

해설 냉매가 구비하여야 할 조건에는 응고온도(응고점)가 낮고, 증발압력이 대기압보다 높으며, 임계온도가 높고, 상온에서 액화하여야 한다. 특히 전열효과가 크고, 점도가 작아야 한다.

정답 12. ③ 13. ③ 14. ② 15. ① 16. ④ 17. ②

18 | 냉동기
13

터보식 냉동기와 왕복동식 냉동기를 비교했을 때, 터보식 냉동기의 특징으로 옳은 것은?

① 회전수가 매우 빠르므로 동작 밸런스를 잡기 어렵고, 진동이 크다.
② 고압 냉매를 사용하므로 취급이 어렵다.
③ 소용량의 냉동기에는 한계가 있고, 가격이 고가이다.
④ 저온 장치에서도 압축 단수가 적으므로 사용도가 많다.

해설 원심식(터보식) 냉동기는 고속으로 회전하는 임펠러를 이용하여 유체에 속도를 주고, 이 속도를 압력으로 바꾸어 압축하는 원심식(터보식) 압축기를 사용하므로 소용량의 냉동기에는 한계가 있고, 가격이 고가이다.

19 | 사이펀 브레이커
21, 16, 12, 10, 04

냉각탑이 응축기보다 낮은 위치에 설치하는 경우 냉각수 펌프가 정지할 때마다 응축기 주변이 부압(負壓)이 되지 않도록 설치하는 것은?

① 사이펀 브레이커(syphon breaker)
② 디프 튜브(deep tube)
③ 더트 포켓(dirt pocket)
④ 플래시 탱크(flash tank)

해설 더트 포켓은 배관 속에 생기는 진애를 임시로 모아두기 위하여 만드는 공간이며, 플래시 탱크(증발 탱크)는 증기난방의 고압 증기의 환수관과 저압 환수관 사이에 설치하는 탱크로서 고압 증기의 환수관을 저압 환수관에 직접 접속하면 압력의 감소로 고압 환수의 일부가 증발하여 저압 배관 등에 지장을 주므로 이 탱크로 환수의 압력을 저하시킨다.

20 | 냉동기의 성적계수
18

다음과 같은 몰리에르(Mollier)선도의 상태에서 운전하는 냉동기의 성적계수는?

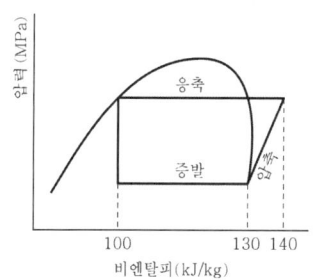

① 2.0
② 2.5
③ 3.0
④ 3.5

해설 냉동기의 성적계수는 소비된 에너지에 대해서 얼마만큼의 냉동열량이 얻어지는가를 나타낸 비율로 냉동기의 효율을 나타내는 하나의 지수로서 성적계수라고 한다.

냉동기의 성적계수(COP) = $\dfrac{냉동 효과}{압축일}$ = $\dfrac{130-100}{140-130}$ = 3.0

21 | 보일러 용수의 적절성
18, 08

다음 중 경도가 높은 물을 보일러 용수로 사용하지 않는 가장 주된 이유는?

① 비등점이 낮다.
② 부유물질이 많이 포함되어 있다.
③ 온도 조절에 어려움이 있다.
④ 보일러 내면에 스케일이 발생된다.

해설 경수(110ppm 이상)는 경도 성분이 스케일(물 때)을 형성하여 보일러 전열면을 오염시키므로 전열효율이 저하되고, 과열의 원인이 되며, 보일러의 수명을 단축시킨다.

22 | 보일러 용수의 적절성
17

경도가 높은 물이 보일러 용수로 적절하지 못한 이유는?

① 스케일이 많이 발생한다.
② 물의 팽창량이 많아진다.
③ 유체의 흐름 저항이 낮아진다.
④ 비등점이 낮아 물의 증발량이 많아진다.

해설 경수(110ppm 이상)는 경도 성분이 스케일(물 때)을 형성하여 보일러 전열면을 오염시키므로 전열효율이 저하되고, 과열의 원인이 되며, 보일러의 수명을 단축시킨다.

23 | 물의 경도의 중요성
25, 20, 06

물의 경도는 건축기계설비에서 중요하게 다루고 있다. 그 이유로서 틀린 것은?

① 배관 내 스케일 발생 원인
② 급수펌프 소요 동력 증가 원인
③ 열교환기의 열교환 효율 감소 원인
④ 배관 내 유체의 흐름 저항 감소 원인

해설 물의 경도는 배관 내 스케일 발생이 되고, 급수펌프 소요 동력 증가되며, 열교환기의 열교환 효율이 감소된다.

정답 18.③ 19.① 20.③ 21.④ 22.① 23.④

24 | 보일러의 부하
24, 20, 12

다음과 같은 보일러의 출력표시방법 중 가장 크게 표시되는 것은?

① 정미출력
② 상용출력
③ 정격출력
④ 과부하출력

해설 보일러의 부하
㉠ 보일러의 전부하 또는 정격출력(H)
 = 난방부하(H_R) + 급탕·급기부하(H_W) + 배관부하(H_P)
 + 예열부하(H_E)
㉡ 보일러의 상용출력 = 보일러의 전부하(정격출력)
 − 예열부하(H_E)
 = 난방부하(H_R) + 급탕·급기부하(H_W) + 배관부하(H_P)
㉠, ㉡에 의하여 출력이 작은 것부터 큰 것의 순으로 나열하면 정미출력 → 상용출력 → 정격출력 → 과부하출력의 순이다.

25 | 보일러의 부하
05

보일러의 용량표시 중 난방부하, 급탕부하, 배관부하, 예열부하의 합으로 표시되는 출력은?

① 정미출력
② 정격출력
③ 과부하출력
④ 상용출력

해설 보일러의 전부하 또는 정격출력(H)
 = 난방부하(H_R) + 급탕·급기부하(H_W) + 배관부하(H_P)
 + 예열부하(H_E)

26 | 보일러의 부하
19, 18

다음 설명에 알맞은 보일러의 출력표시방법은?

- 일반적으로 보일러 선정 시 기준이 된다.
- 연속해서 운전할 수 있는 보일러의 능력으로서 난방부하, 급탕부하, 배관부하, 예열부하의 합이다.

① 정격출력
② 상용출력
③ 정미출력
④ 과부하출력

해설 보일러의 부하
㉠ 보일러의 전부하 또는 정격출력(H)
 = 난방부하(H_R) + 급탕·급기부하(H_W) + 배관부하(H_P)
 + 예열부하(H_E)
㉡ 보일러의 상용출력 = 보일러의 전부하(정격출력)
 − 예열부하(H_E)
 = 난방부하(H_R) + 급탕·급기부하(H_W) + 배관부하(H_P)

27 | 보일러의 용량 결정부하
23

보일러의 용량을 결정하는 부하로 옳지 않은 것은?

① 난방부하
② 급탕·급기부하
③ 외기부하
④ 예열부하

해설 난방부하는 난방에 필요한 공급열량으로 실내에 열원이 없을 때 관류 및 환기에 의한 열부하 또는 난방장치의 손실 열량으로 이루어진다. 급탕·급기부하는 급탕(건물 내 필요한 장소에 온수를 공급하는 것)과 급기(송풍기로 공기를 보내는 것)에 의한 부하이다. 예열부하는 난방운전을 시작할 때 장치 내나 구조체가 냉각되어 있기 때문에 이 온도를 높이기 위해 필요한 부하이다. 외기부하(실내 공기의 청정화를 도모하기 위해 도입하는 신선한 외기를 실내 온습도로 하기 위한 열부하)는 난방설비에서 보일러의 용량 결정과는 무관하다.

28 | 수관보일러
17, 10

수관보일러에 대한 설명 중 옳은 것은?

① 지역난방에는 사용할 수 없다.
② 부하변동에 대한 추종성이 높다.
③ 사용압력이 연관식보다 낮으며 예열시간이 길다.
④ 연관식보다 설치면적이 작고, 초기 투자비가 적게 든다.

해설 수관식 보일러는 유수량에 비해 전열량이 크고, 고압·대용량에 적합하며, 사용압력이 연관식보다 높고, 예열시간이 짧으며, 연관식보다 설치면적이 크고, 초기 투자비가 많이 든다. 부하의 변동에 대한 추종성이 높고, 지역난방에 사용한다.

29 | 보일러
24②, 15, 10

보일러에 대한 설명 중 옳지 않은 것은?

① 주철제보일러는 규모가 비교적 작은 건물의 난방용으로 사용된다.
② 노통연관보일러는 부하변동의 적응성이 낮으나 예열시간은 짧다.
③ 수관보일러는 대형 건물 또는 병원이나 호텔 등과 같이 고압증기를 다량 사용하는 곳에 사용된다.
④ 입형보일러는 설치 면적이 작고 취급은 용이하나 사용 압력이 낮다.

해설 노통연관보일러는 부하변동의 적응성이 높고, 보유수면이 넓어서 급수용량 제어가 쉬우며, 예열시간이 길고, 반입 시 분할이 어려우며 수명이 짧다. 공조 및 급탕을 겸하며 비교적 규모가 큰 건물에 사용되는 보일러이다.

정답 24. ④ 25. ② 26. ① 27. ③ 28. ② 29. ②

30 | 보일러
18, 09

보일러에 관한 다음 기술 중 부적당한 것은?

① 연관보일러는 예열시간이 길고 수명도 짧다.
② 수관보일러는 지역난방 또는 대형 건물에 주로 이용된다.
③ 관류보일러는 보유수량이 많으므로 일반 공조용에 많이 이용된다.
④ 입형보일러는 설치면적이 작고 취급이 용이하다.

해설 관류보일러는 하나의 관 내를 흐르는 동안에 예열, 가열, 증발, 과열이 행해져 과열 증기를 얻기 위한 것으로 보유수량이 적기 때문에 시동시간이 짧고, 부하변동에 대해 추종성이 좋으나, 수처리가 복잡하고, 고가이며 소음이 크다. 소규모 패키지 공조용에 많이 이용된다.

31 | 보일러
06, 03

보일러에 대한 설명 중 옳지 않은 것은?

① 주철제보일러는 규모가 비교적 작은 건물의 난방용으로 사용된다.
② 연관보일러는 예열시간이 길고 반입 시 분할이 쉽다는 장점이 있다.
③ 수관보일러는 지역난방 또는 대형 건축물의 고압증기를 다량 사용하는 곳에 사용된다.
④ 입형보일러는 설치면적이 삭고 취급이 용이하나 사용압력이 낮다.

해설 노통연관보일러는 부하변동의 적응성이 높고, 보유수면이 넓어서 급수용량 제어가 쉬우며, 예열시간이 길고, 반입 시 분할이 어려우며 수명이 짧다. 공조 및 급탕을 겸하며 비교적 규모가 큰 건물에 사용되는 보일러이다.

32 | 보일러의 종류
11, 09, 01

다음과 같은 특징을 갖는 보일러는?

- 부하변동에 잘 적응되며, 보유수면이 넓어서 급수용량 제어가 쉽다.
- 예열시간이 길고, 반입 시 분할이 어려우며 수명이 짧다.
- 공조 및 급탕을 겸하며 비교적 규모가 큰 건물에 사용된다.

① 주철제보일러
② 노통연관보일러
③ 수관보일러
④ 관류보일러

해설 주철제보일러는 주철제 섹션을 니플에 의해 접속하여 연소실, 수실, 증기실이 제작되며, 용량은 섹션의 증감에 의해 이루어진다. 조립식이므로 건물 내 반입과 설치가 용이하고, 부식에 강하며, 내구연한이 길지만 열효율이 낮고 용량, 용도가 제한된다. 수관보일러는 유수량에 비해 전열량이 크고, 고압·대용량에 적합하며, 사용압력이 연관식보다 높고, 예열시간이 짧으며, 연관식보다 설치면적이 크고, 초기 투자비가 많이 든다. 부하의 변동에 대한 추종성이 높고, 지역난방에 사용한다. 관류보일러는 하나의 관 내를 흐르는 동안에 예열, 가열, 증발, 과열이 행해져 과열 증기를 얻기 위한 것으로 보유수량이 적기 때문에 시동시간이 짧고, 부하변동에 대해 추종성이 좋으나, 수처리가 복잡하고, 고가이며 소음이 크다.

33 | 보일러의 특성
17, 13

각종 보일러에 관한 설명으로 옳지 않은 것은?

① 수관보일러는 대형 건물이나 지역난방 등에 사용된다.
② 관류보일러는 보유수량이 많아 주로 공조용으로 사용된다.
③ 주철제보일러는 규모가 비교적 작은 건물의 난방용으로 사용된다.
④ 연관보일러는 예열시간이 길고 반입 시 분할이 어렵다는 단점이 있다.

해설 관류보일러는 하나의 관 내를 흐르는 동안에 예열, 가열, 증발, 과열이 행해져 과열 증기를 얻기 위한 것으로 보유수량이 적기 때문에 시동시간이 짧고, 부하변동에 대해 추종성이 좋으나, 수처리가 복잡하고, 고가이며 소음이 크다. 소규모 패키지 공조용에 많이 이용된다.

34 | 보일러 주변 배관
24, 20, 09, 01

보일러 주위 배관 중 하트포트 접속법에 대한 설명으로 옳은 것은?

① 저압보일러에서 중력환수방식은 환수관의 일부가 파손되었을 때 보일러수의 유실을 방지하기 위해 사용된다.
② 진공환수식에서 환수보다 방열기가 낮은 위치에 있을 때 응축수를 끌어올리기 위해 사용된다.
③ 열교환에 의해 생긴 응축수와 증기에 혼입되어 있는 공기를 배출하여 열교환기의 가열작용을 유지하기 위해 사용된다.
④ 배관이 온도변화에 의해 늘어나고 줄어드는 것을 흡수하기 위해 사용된다.

정답 30. ③ 31. ② 32. ② 33. ② 34. ①

[해설] ② 리프트 피팅, ③ 쿨링 레그, 증기 트랩, ④ 신축이음에 대한 설명이다.

35 | 보일러의 효율
14, 06

보일러의 발생열량 q(kcal/h), 공급연료량 G_f(kg/h), 연료의 저위발열량 H_f(kcal/kg)일 때 보일러의 효율 η_B(%)을 옳게 나타낸 것은?

① $\eta_B = \dfrac{q}{G_f H_f} \times 100$
② $\eta_B = \dfrac{G_f q}{H_f} \times 100$
③ $\eta_B = \dfrac{G_f H_f}{q} \times 100$
④ $\eta_B = \dfrac{H_f}{G_f q} \times 100$

[해설] 보일러효율은 공급열량(공급연료량×연료의 저위발열량)에 대한 발생열량의 백분율이므로

η(보일러효율)
$= \dfrac{G_s(\text{실제 증발량})[i_2(\text{발생 증기의 엔탈피}) - i_1(\text{급수의 엔탈피})]}{G_f(\text{연료소비량}) H_o(\text{연료의 저위발열량})} \times 100(\%)$

36 | 방열기의 섹션수
05

전손실열량 37,620kJ/h인 사무실에서 설치할 온수난방용 방열기의 필요 섹션수는? (단, 방열기 섹션 1개의 방열면적은 0.20m²로 한다.)

① 70섹션
② 80섹션
③ 90섹션
④ 100섹션

[해설] 방열기의 방열량

열매	표준상태의 온도(℃)		표준온도차 (℃)	표준방열량 (kW/m²)	상당방열면적 (EDR, m²)	섹션수
	열매온도	실내온도				
증기	102	18.5	83.5	0.756	H_L/0.756	H_L/0.756 · a
온수	80	18.5	61.5	0.523	H_L/0.523	H_L/0.523 · a

* 여기서, H_L : 손실열량(kW)
  a : 방열기의 section당 방열면적(m²)

섹션수를 구하기 위하여 손실열량과 상당방열면적의 단위를 통일하여야 하므로,

$37,620\text{kJ/h} = \dfrac{37,620,000\text{J}}{3,600\text{s}} = 10,450\text{W} = 10.45\text{kW}$

표준방열량은 0.523kW/m²이므로
온수난방용 방열기의 섹션수
$= \dfrac{H_L(\text{손실열량})}{\text{표준방열량} \times \text{섹션 1개의 방열면적}} = \dfrac{10.45}{0.523 \times 0.2} = 99.90$
≒ 100섹션

37 | 방열기의 섹션수
21, 08

실의 난방부하가 10kW인 사무실에 설치할 온수난방용 방열기의 필요 섹션수는? (단, 방열기 섹션 1개의 방열면적은 0.20m²로 한다.)

① 74섹션
② 85섹션
③ 90섹션
④ 96섹션

[해설] 온수난방의 방열기 섹션수

섹션수 $= \dfrac{\text{실의 방열면적}}{\text{섹션 1개당 방열면적}} = \dfrac{\dfrac{\text{실의 난방부하}}{\text{표준 방열량}}}{\text{섹션 1개당 방열면적}}$

$= \dfrac{\dfrac{10}{0.523}}{0.2} = 95.60 ≒ 96섹션$

38 | 보일러의 보급수 처리방법
16

보일러 보급수의 처리방법에 속하지 않는 것은?

① 여과법
② 탈기법
③ 비색법
④ 경수연화법

[해설] 보일러 보급수(증발이나 비말 등에 의하여 소실되는 물의 보급에 사용되는 물)의 처리방법에는 여과법(물속의 불용성 물질이나 유류를 제거하기 위한 가장 간단한 처리법), 탈기법(보일러 및 그 부속기기 부식을 방지하기 위하여 탈기기로 용존산소를 제거한 후 남은 소량의 산소는 아류산소. 하이드라진 등의 탈산소제를 첨가하여 화학적으로 환원하는 방법) 및 경수연화법(급수 연화장치, 원수에 용해된 경도성분을 제거하여 물을 연화하는 방법으로서 대량의 증기를 발생하는 증기 보일러에는 필수적인 방법) 등이 있고, 비색법은 필터의 효율 측정법이다.

39 | 신축이음쇠의 종류
14, 08, 05

난방배관의 신축을 흡수하기 위해 사용되는 신축이음이 아닌 것은?

① 루프형
② 리프트형
③ 슬리브형
④ 스위블형

[해설] 난방배관의 신축이음에는 슬리브형, 벨로스형, 루프(곡관)형, 스위블형, 볼조인트 등이 있으며, 스윙형은 수평·수직배관, 리프트형은 수평배관에만 사용하는 밸브이다.

정답 35. ① 36. ④ 37. ④ 38. ③ 39. ②

40 | 신축이음쇠
25, 21, 17, 15, 11, 09

2개 이상의 엘보를 사용하여 이음부의 나사 회전을 이용해서 배관의 신축을 흡수하는 것으로 방열기 주변배관에 사용되는 신축이음쇠는?

① 루프형
② 벨로스형
③ 슬리브형
④ 스위블형

해설 슬리브형 이음은 미끄럼 신축이음쇠를 이용하여 저압증기배관 및 온수배관의 신축을 흡수하는 데 사용하고, 이음쇠 본체 내부에 활동할 수 있는 슬리브가 있어서 배관의 신축활동에 의하여 흡수하는 이음이고, 신축 곡관(루프형) 이음은 온도의 변화에 의해 팽창과 수축을 흡수하는 관 이음이며, 벨로스형 이음은 주로 스테인리스 강의 벨로스를 사용한 이음으로서 '팩리스 신축이음'이라고도 한다. 활동부가 없으므로 누설의 염려가 없어, 온도의 변화가 많은 장소나 배관의 이동 우려가 많은 장소에 사용한다.

41 | 방열기 주변 신축이음쇠
07, 01

다음 신축이음 중 방열기 주변배관에 사용되는 것은?

① 루프형
② 벨로스형
③ 슬리브형
④ 스위블형

해설 스위블형 이음은 2개 이상의 엘보를 사용하여 이음부의 나사 회전을 이용해서 배관의 신축을 흡수하는 것으로 방열기 및 팬코일 유닛 등으로의 주변배관에 사용되는 신축이음쇠이다.

42 | 방열기의 표준 방열량
22, 17, 11

증기난방용 방열기의 표준방열량은?

① $450W/m^2$
② $523W/m^2$
③ $650W/m^2$
④ $756W/m^2$

해설 방열기의 방열량

열매	표준 상태의 온도(℃)		표준 온도차 (℃)	표준 발열량 (kW/m²)	상당 방열면적 (EDR, m²)	섹션수
	열매 온도	실내 온도				
증기	102	18.5	83.5	0.756	$H_L/0.756$	$H_L/0.756 \cdot a$
온수	80	18.5	61.5	0.523	$H_L/0.523$	$H_L/0.523 \cdot a$

* 여기서, H_L : 손실열량(kW)
  a : 방열기의 section당 방열면적(m²)

43 | 방열량의 표준상태 조건
23, 11, 07

표준방열량이란 표준상태에서 한 시간에 방열면적 1m²당 방열량을 의미한다. 다음 중 열매가 온수인 경우 표준상태 조건으로 알맞은 것은?

① 열매(온수)온도 80℃, 실내온도 21℃
② 열매(온수)온도 102℃, 실내온도 21℃
③ 열매(온수)온도 80℃, 실내온도 18.5℃
④ 열매(온수)온도 102℃, 실내온도 18.5℃

해설 온수난방 방열기의 열매(온수)온도 80℃, 실내온도 18.5℃, 증기난방 방열기의 열매(증기)온도 102℃, 실내온도 18.5℃이다.

44 | 펌프의 운전 결정방법
21, 16

펌프의 운전점 결정방법으로 옳은 것은?

① 펌프의 전양정이 최대가 되는 점으로 결정된다.
② 펌프의 양정곡선과 효율곡선의 교점으로 결정한다.
③ 펌프의 양정곡선과 저항곡선의 교점으로 결정한다.
④ 펌프의 축동력곡선과 효율곡선의 교점으로 결정된다.

해설 펌프의 운전점 결정방법은 펌프의 양정곡선(펌프의 특성을 나타내는 곡선으로 횡축에 조건을 종축에 특성을 주어서 그린 곡선)과 배관저항(유체가 배관 속을 흐를 때의 저항)곡선의 교점으로 결정한다.

45 | 핀 코일의 전열성능
05

공기가열기 또는 공기냉각기에 사용되는 핀 코일(finned coil) 중 전열성능이 가장 우수한 것은?

① 슈퍼슬릿핀
② 슬릿핀
③ 파형핀
④ 판형핀

해설 핀 코일의 전열성능이 큰 것부터 작은 것의 순으로 나열하면, 슈퍼슬릿핀(전열과 대류 현상을 증대시키기 위하여 얇은 동코팅 슬릿판에 홈을 판 것) → 슬릿핀 → 파형핀 → 판형핀의 순이다.

46 | 히트펌프의 성적계수 산정식
25, 21, 16

몰리에르(Mollier)선도를 나타낸 그림에서 히트펌프의 난방 시 성적계수를 산정하는 식은?

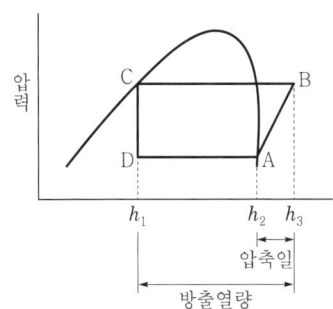

① $\dfrac{h_2 - h_1}{h_3 - h_2}$ ② $\dfrac{h_3 - h_1}{h_3 - h_2}$

③ $\dfrac{h_2 - h_1}{h_2 - h_1}$ ④ $\dfrac{h_3 - h_2}{h_2 - h_1}$

해설 몰리에르선도

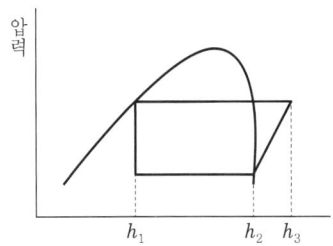

A-B : 압축기의 압축
B-C : 응축기의 응축
C-D : 팽창밸브의 팽창
D-A : 증발기의 증발

열펌프의 성적계수(COP_h) = $\dfrac{응축기의\ 방출\ 열량(응축열)}{압축일}$

= $\dfrac{h_3 - h_1}{h_3 - h_2}$

47 | 히트펌프
24, 18, 15

히트펌프에 관한 설명으로 옳지 않은 것은?

① 1대의 기기로 냉방과 난방을 겸용할 수 있다.
② 냉동 사이클에서 응축기의 방열을 난방에 이용한다.
③ 냉동기의 성적계수는 히트펌프의 성적계수보다 1만큼 크다.
④ 히트펌프의 성적계수를 향상시키기 위해 지열 등을 이용할 수 있다.

해설 냉동기를 냉각 목적으로 할 경우의 성적계수(COP)보다 열펌프로 사용될 경우의 성적계수(COP_h)가 1만큼 크다. 즉, COP_h = COP+1이 성립된다.

48 | 히트펌프
22, 21

열펌프(heat pump)에 관한 설명으로 옳은 것은?

① 공기조화에 주로 냉방용으로 응용된다.
② 냉동 사이클에서 응축기의 발열량을 이용하기 위한 것이다.
③ GHP(Gas Engine Heat Pump)는 흡수식 냉동기의 원리를 이용한 펌프이다.
④ 냉동기를 냉각 목적으로 할 경우의 성적계수보다 열펌프로 사용될 경우의 성적계수가 작다.

해설 ① 열펌프는 냉매가 증발기 속에서 증발하면서 주위의 열을 빼앗아 기체로 되고, 다시 응축기에 의하여 주위에 열을 방출하면서 액화하는 냉동 사이클에서, 방출된 열을 난방이나 가열에 이용할 때의 냉동기이다.
③ GHP는 압축식 냉동기의 원리를 이용한 냉동기이다.
④ 냉동기를 냉각 목적으로 할 경우의 성적계수(COP)보다 열펌프로 사용될 경우의 성적계수(COP_h)가 1만큼 크다. 즉, COP_h = COP+1이 성립된다.

49 | 히트펌프
22

열펌프(heat pump)에 관한 설명으로 옳지 않은 것은?

① 공기조화에서 냉방 또는 난방기능을 수행한다.
② 냉동사이클에서 응축기의 방열량을 이용하기 위한 것이다.
③ EHP(Electric Heat Pump)는 흡수식 냉동기의 원리를 이용한 열펌프이다.
④ 냉동기를 냉각목적으로 할 경우의 성적계수보다 열펌프로 사용될 경우의 성적계수가 크다.

해설 EHP(Electric Heat Pump)는 압축식 냉동기의 구성요소(압축기, 응축기, 증발기, 팽창밸브) 중 하나인 압축기를 전기로 구동시키는 새로운 개념의 전기 냉난방기이다.

50 | 히트펌프
18

히트펌프에 관한 설명으로 옳지 않은 것은?

① 냉동 사이클에서 응축기의 발열량을 이용한 것이다.
② 지열 등을 이용하여 히트펌프의 성적계수를 향상시킬 수 있다.
③ 냉동기의 성적계수가 히트펌프의 성적계수보다 1만큼 크다.
④ 냉동기와 본질적으로 동일하나, 사용목적에 따라 달리 호칭을 정한다.

정답 46. ② 47. ③ 48. ② 49. ③ 50. ③

해설 냉동기를 냉각 목적으로 할 경우의 성적계수(COP)보다 열펌프로 사용될 경우의 성적계수(COP_h)가 1만큼 크다. 즉, COP_h=COP+1 성립된다.

51 | 공기조화용 코일 설계 시 주의사항
25, 07, 04

공조용 코일 설계 시에 고려하여야 할 사항 중 틀린 것은?

① 냉수코일의 정면풍속은 2.5m/s가 바람직하다.
② 코일 내의 물의 속도는 1.0m/s 전후가 좋다.
③ 공기와 냉·온수의 흐름방향은 평행류로 하는 것이 전열효과가 크다.
④ 코일의 열수가 증가하면 바이패스 팩터는 감소한다.

해설 공조용 코일 설계 시 공기와 냉·온수의 흐름방향은 평행류보다 대향류로 하는 것이 전열효과가 크고, 펌프의 설비비 및 효율이 크며, 가능한 한 대수평균온도차(MTD, 공기와 냉·온수와의 대수평균온도차)는 크게 한다.

52 | 히트펌프
24, 16

히트펌프에 관한 설명으로 옳지 않은 것은?

① 신재생에너지인 지열을 이용하여 냉·난방하는 경우 사용이 가능하다.
② 냉동기와 히트펌프는 본질적으로 같은 것이지만 그 사용목적에 따라 호칭이 달라진다.
③ 히트펌프는 보일러에서와 같은 연소를 수반하지 않으므로 대기오염물질의 배출이 없다.
④ 냉각을 목적으로 사용할 경우에는 가열을 목적으로 할 때보다 성적계수가 1만큼 더 크다.

해설 냉동기 성적계수(COP)는 히트펌프 성적계수(COP_h)보다 1이 작다. COP=COP_h-1 또는 COP_h-COP=1이 성립된다.

53 | 폐열회수기
16

다음과 같은 열교환 방식을 갖는 폐열회수기의 종류는?

> 환기되는 공기에 포함한 열이 환기쪽의 작동 유체를 가열하여 증발시키면 증발된 작동 유체는 급기쪽으로 이동하여 급기에 열을 전달하는 방식

① 판형 열교환식
② 로터형 열교환식
③ 히트파이프형 열교환식
④ 모세 송풍기형 열교환식

해설 판형 열교환식은 매체가 다른 물질이 서로 다른 열교환을 할 목적으로 사용되는 교환기이고, 로터형 열교환식은 축열식(회전식) 열교환기의 일종으로 축열체를 회전시켜 고온 혹은 저온 유체가 유체의 유로로서 축열체를 통과하도록 해서 열교환을 행하는 것으로 융스트롬형이라고 한다. 축열체로서는 내열 금속, 세라믹, 카본재 등을 들 수 있다.

54 | 냉각코일 용량의 결정 요인
24, 22, 18, 13

냉각코일 용량의 결정 요인에 해당하지 않는 것은?

① 외기부하 ② 배관부하
③ 재열부하 ④ 실내취득열량

해설 냉각코일(냉각기 내에 있으며 냉수 또는 냉매를 통해서 공기를 냉각시키는 코일)의 부하는 실내부하, 외기부하, 장치부하, 재열부하(습기를 감소하기 위해 공기를 일단 여분으로 냉각시켜 수증기를 응축 제거한 뒤에 재차 가열할 때 필요한 열량)를 말하며, 펌프 및 배관부하는 냉동기부하에 해당한다.

55 | 공기조화기용 코일
17, 13

공기조화기용 코일에 관한 설명으로 옳지 않은 것은?

① 더블서킷코일은 유량이 많을 때 사용된다.
② 대향류보다는 평행류로 하는 것이 펌프의 설비비 및 효율상 적당하다.
③ 튜브 내의 유속은 1.0m/s 전후로 하는 것이 펌프의 설비비 및 효율상 적당하다.
④ 냉수코일과 온수코일을 겸용으로 사용하는 경우 선정은 냉수코일을 기준으로 한다.

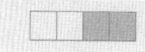

해설 공조용 코일 설계 시 공기와 냉·온수의 흐름방향은 평행류보다 대향류로 하는 것이 전열효과가 크고, 펌프의 설비비 및 효율이 크며, 가능한 한 대수평균온도차(MTD, 공기와 냉·온수와의 대수평균온도차)는 크게 한다.

56 | 공기조화기용 코일
17

공기조화기용 코일에 관한 설명으로 옳지 않은 것은?

① 더블서킷코일은 유량이 많을 때 사용된다.
② 대향류보다는 평행류로 하는 것이 전열효과가 좋다.
③ 냉수코일과 온수코일을 겸용으로 사용하는 경우 선정은 냉수코일을 기준으로 한다.
④ 튜브 내의 유속은 1.0m/s 전후로 하는 것이 펌프의 설비비 및 효율상 적당하다.

정답 51. ③ 52. ④ 53. ③ 54. ② 55. ② 56. ②

해설 공조용 코일 설계 시 공기와 냉·온수의 흐름방향은 평행류보다 대향류로 하는 것이 전열효과가 크고, 펌프의 설비비 및 효율이 크며, 가능한 한 대수평균온도차(MTD, 공기와 냉·온수와의 대수평균온도차)는 크게 한다.

57 | 코일의 정면 면적
14

냉수코일의 통과풍량은 30,000m³/h이고 통과풍속이 2.5 m/sec일 때 코일의 정면면적은?

① 1.2m²
② 3.3m²
③ 7.5m²
④ 12m²

해설 Q(풍량) $= A$(코일의 정면적)$\times v$(코일의 풍속)이므로,
$A = \dfrac{Q}{v} = \dfrac{30,000}{2.5 \times 3,600} = 3.33\text{m}^2$

58 | 공기조화용 코일 선정 시 주의사항
12, 11

공조기용 코일의 선정 시 주의사항으로 옳지 않은 것은?

① 냉수코일의 정면 풍속은 2.0~3.0m/s의 범위 내로 한다.
② 냉수코일과 온수코일을 겸용으로 사용하는 경우 선정은 냉수코일을 기준으로 한다.
③ 튜브 내의 수속은 1.0m/s 전후로 하는 것이 배관이나 펌프의 설비비 및 효율상 적당하다.
④ 공기의 흐름방향과 코일 내에 있는 냉·온수의 흐름방향이 동일한 평행류로 하는 것이 전열효과가 좋다.

해설 공조용 코일 설계 시 공기와 냉·온수의 흐름방향은 평행류보다 대향류로 하는 것이 전열효과가 크고, 가능한 한 대수평균온도차(MTD, 공기와 냉·온수와의 대수평균온도차)는 크게 한다.

59 | 코일의 열수
24, 20

냉수코일을 통과하는 풍량이 10,000m³/h, 코일 입출구의 엔탈피는 각각 42kJ/kg, 68.5kJ/kg이고, 코일 정면면적이 1.2m²일 때 코일의 열수는? (단, 코일의 열관류율은 880 W/m²·K이며 대수 평균온도차는 12.57℃, 습면보정계수는 1.42, 공기의 밀도는 1.2kg/m³이다.)

① 4열
② 5열
③ 8열
④ 10열

해설 N(열수)
$= \dfrac{Q}{FKC_w \cdot MTD}$
$= \dfrac{냉각코일의\ 부하}{정면적 \times 열관류율 \times 습면계수 \times 대수평균온도차}$
$= \dfrac{10,000\text{m}^3/\text{h} \times 1.2\text{kg/m}^3 \times (68.5-42)\text{kJ/kg}}{1.2\text{m}^2 \times 880 \times \dfrac{3,600}{1,000}\text{kJ/hm}^2 \times 1.42 \times 12.57} = 4.69$열 → 5열

여기서, $\dfrac{3,600}{1,000}$의 의미는

$880\text{W/m}^2 = 880\text{J/s}\,\text{m}^2 = 880 \times \dfrac{3,600}{1,000}\text{kJ/hm}^2$

즉, 1kJ=1,000J, 1h=3,600s, 1W=1J/s 임에 유의하여야 한다.

60 | 코일의 출구 온도의 산정
22, 17, 12, 09

30℃의 외기 40%와 23℃의 환기 60%를 혼합하여 냉각코일로 냉각감습하는 경우 바이패스 팩터가 0.2이면 코일의 출구온도는? (단, 코일 표면온도는 10℃이다.)

① 12.16℃
② 13.16℃
③ 14.16℃
④ 15.16℃

해설 ㉠ 혼합공기의 온도
열적 평행 상태에 의해 $m_1(t_1-T) = m_2(T-t_2)$
$T = \dfrac{m_1 t_1 + m_2 t_2}{m_1 + m_2}$
여기서, m_1=40%, m_2=60%, t_1=30℃, t_2=23℃
∴ $T = \dfrac{m_1 t_1 + m_2 t_2}{m_1 + m_2} = \dfrac{0.4 \times 30 + 0.6 \times 23}{(0.4 + 0.6)} = 25.8$℃

㉡ 코일의 출구온도=표면온도+바이패스 팩터×(혼합공기의 온도-표면온도)$=10+0.2\times(25.8-10)=13.16$℃

61 | 코일의 팩터
24, 23, 16

냉온수코일에서 바이패스 팩터(BF)와 콘택트 팩터(CF)의 관계식으로 옳은 것은?

① (BF+CF)=1
② (CF−BF)=1
③ (BF+CF)>1
④ (BF+CF)<1

해설 바이패스 팩터(BF)는 냉각코일에 있어서 코일 통과풍량 중 핀이나 튜브의 표면과 접촉하지 않고 통과되어 버리는 풍량의 비율이고, 콘택트 팩터(CF)는 냉각코일에 있어서 코일 통과풍량 중 핀이나 튜브 표면에 접촉하여 통과한 풍량의 비율이므로 BF+CF=1이다.

62 | 밀폐식 냉각탑
19, 14, 11

대기오염이 심한 지역에 가장 적합한 냉각탑은?

① 개방식
② 밀폐식
③ 대기식
④ 자연통풍식

해설 밀폐식 냉각탑은 수질의 악화를 방지하기 위하여 탑 안에 열교환기를 삽입하여 탑 내의 순환수와 냉각수를 금속면을 통해 접촉시킴으로써 냉각효과를 얻는 냉각탑으로, 특히 대기오염이 심한 경우와 전산실용 냉동기에 사용한다.

63 | 냉각탑
15, 05

다음의 냉각탑에 대한 설명 중 잘못된 것은?

① 보급수량은 냉각수 순환량의 증발수량과 비산수량을 합한 것이다.
② 냉각탑부하는 냉동기 응축기부하와 펌프·배관부하를 합한 것이다.
③ 어프로치란 냉각수 출구온도와 입구공기의 습구온도차를 말한다.
④ 냉각탑은 냉동기의 증발기를 냉각시키기 위하여 설치한다.

해설 냉각탑은 냉온 열원장치를 구성하는 기기의 하나로, 수랭식 냉동기에 필요한 냉각수를 순환시켜 이용하기 위한 장치 또는 응축기용의 냉각수를 재사용하기 위하여 대기와 접촉시켜서 물을 냉각하는 장치이다.

64 | 냉각탑
23, 16

냉각탑에 관한 설명으로 옳지 않은 것은?

① 냉각수를 보충하는 것은 증발 및 비산 때문이다.
② 냉각탑 내에 충전재를 설치하는 이유는 냉각효율을 높이기 위한 것이다.
③ 냉각탑은 냉동기의 발생열을 냉각수를 이용하여 외부로 방출하는 기기이다.
④ 직교류형이란 떨어지는 냉각수와 공기 흐름이 서로 마주보고 흐른 방식이다.

해설 직교류형은 냉각탑 측면의 공기흡입루버를 통하여 냉각탑 내부로 흡입된 다음 충진재를 냉각수와 수직으로 교차하여 열교환하는 형식이다. 대향류형은 충진재를 냉각하여 공기의 흐름이 수직상방향으로 움직여 냉각수와 마주 교차하여 열교환하는 형식이다.

65 | 냉각탑의 어프로치
21, 16, 12

냉각탑에서 어프로치(approach)에 관한 설명으로 옳은 것은?

① 냉각탑 출구와 입구수온의 온도차
② 냉각탑 입구와 출구공기의 습구온도차
③ 냉각탑 입구의 수온과 출구공기의 습구온도와의 차
④ 냉각탑 출구의 수온과 입구공기의 습구온도와의 차

해설 쿨링 어프로치[냉각탑에 의해 냉각되는 물의 출구온도는 외기 입구의 습구온도에 따라 바뀌는데, 이때의 냉각된 출구 수온(t_{w2})과 외기 입구공기의 습구온도(t_1')차로서 얼마나 접근했는가를 나타내는 것]는 보통 5℃ 정도이다.
쿨링 어프로치=냉각탑의 출구수온(t_{w2})-입구공기의 습구온도(t_1')이고, 쿨링 레인지=냉각탑 출구수온(t_{w1})-냉각탑의 입구수온(t_{w2})이다.

66 | 냉각탑의 어프로치 산정식
22, 20, 14, 12, 09

냉각탑의 입출구에서 냉각수온도가 각각 t_{w1}, t_{w2}, 공기의 습구온도 t_1', t_2'일 때 어프로치(approach)는?

① $t_{w1} - t_1'$
② $t_{w2} - t_{w2}$
③ $t_2' - t_1'$
④ $t_{w2} - t_1'$

해설 쿨링 어프로치[냉각탑에 의해 냉각되는 물의 출구온도는 외기 입구의 습구온도에 따라 바뀌는데, 이때의 냉각된 출구수온(t_{w2})과 외기 입구공기의 습구온도(t_1')차로서 얼마나 접근했는가를 나타내는 것]는 보통 5℃ 정도이다.

67 | 냉각수 배관
13, 09, 07, 01

냉각수 배관에 관한 사항 중 옳지 않은 것은?

① 냉각탑 배수 및 오버플로관은 일반 배수관에 직결시키지 않는다.
② 냉각수 펌프와 냉각탑이 동일한 레벨이면 냉각탑의 수면보다 낮은 위치에 펌프를 설치한다.
③ 냉각수 배관에는 응축기 입구에 스트레이너를 설치한다.
④ 냉각수 펌프의 수두는 토출측보다는 흡입측이 커야 한다.

해설 냉각수 펌프의 수두는 토출측보다는 흡입측이 작아야 한다.

정답 62. ② 63. ④ 64. ④ 65. ④ 66. ④ 67. ④

68 | 냉각탑 주변의 배관
13, 10, 08, 05

냉각탑 주위의 배관으로 옳지 않은 것은?

① 냉각수 배관은 일반적으로 개방회로이다.
② 펌프의 위치는 응축기의 흡입측에 설치한다.
③ 냉각탑 입구측 배관에 스트레이너를 설치한다.
④ 냉각탑 주위의 세균 감염에 유의하여야 한다.

해설 냉각탑의 이물질이 응축기나 펌프에 유입되는 것을 방지하기 위하여 냉각탑의 출구쪽의 배관에 스트레이너(배관에 설치되는 밸브, 기기 등의 앞에 설치하며, 관 속의 유체에 혼입된 불순물을 제거하여 기기의 성능을 보호하는 여과기)를 설치하여야 한다.

69 | 냉각탑 주변의 배관
23, 22, 21

냉각탑 주위의 배관에 관한 설명으로 옳지 않은 것은?

① 냉각탑 주위의 세균 감염에 유의하여야 한다.
② 냉각탑 입구측 배관에는 스트레이너를 설치하여야 한다.
③ 냉각수의 출입구측 및 보급수관의 입구측에 플렉시블 조인트를 설치한다.
④ 냉각탑을 중간기 및 동절기에 사용하는 경우 냉각수의 동결방지 및 냉각수온도 제어를 고려한다.

해설 냉각탑의 이물질이 응축기나 펌프에 유입되는 것을 방지하기 위하여 냉각탑의 출구쪽의 배관에 스트레이너(배관에 설치되는 밸브, 기기 등의 앞에 설치하며, 관 속의 유체에 혼입된 불순물을 제거하여 기기의 성능을 보호하는 여과기)를 설치하여야 한다.

70 | 냉각수 배관재료
20, 16

다음 중 냉각수 배관재료로 가장 부적절한 것은?

① 동관   ② 아연도강관
③ 스테인리스관   ④ 경질염화비닐관

해설 경질염화비닐관은 금속관에 비해서 기계적 성질이 떨어지므로 즉, 60℃ 정도에서 연화하기 때문에 냉각수 배관재료로는 부적합하다.

71 | 냉각탑의 비교
22, 17

대향류형 냉각탑과 비교한 직교류형 냉각탑의 특징에 관한 설명으로 옳지 않은 것은?

① 설치면적이 크다.   ② 열교환 효율이 좋다.
③ 팬 소요동력이 작다.   ④ 점검·보수가 용이하다.

해설 냉각탑의 비교

구분	대향류형 냉각탑	직교류형 냉각탑
효율	물과 공기는 향류 접촉을 하기 때문에 효율이 좋다.	수량과 열교환계수가 동일하다고 가정하면, 향류형보다 약 20% 용적을 크게 할 필요가 있다.
살수장치	기류 중에 있으므로 저항으로 되어서 송풍기의 동력이 크게 되고, 보수 점검이 불편하다.	송풍기의 동력과는 관계없이 간단한 구조이므로 보수 점검이 용이하다.
급수압력	흡입구 및 송풍기의 높이만큼 압력이 높게 된다.	대향류형보다 낮게 된다.
탑내 기류의 분포	탑의 높이에 영향을 받지 않는다.	탑이 높게 됨에 따라 나빠진다.
송풍기 동력	물방울과 공기의 상대속도가 향류하므로 크고, 공기측의 저항이 크다.	향류형보다 적다
탑의 높이	입구루버, 엘리미네이터 등 때문에 전체적으로 높게 된다.	충진물의 높이가 그대로 탑의 높이이므로 탑 높이가 낮게 된다.
설치면적	탑의 단면은 그대로 열교환부의 점유면적으로 생각된다.	탑 면적은 송풍기 부분이 포함되므로 향류형보다 크다.
수조	수조 내에 있어서의 수온은 어디에서나 일정하다.	수조 내 수온은 일정치 않고, 단부에서 중심부를 향해 물매를 갖고 있다.

CHAPTER 02

Engineer Building Facilities

| 기출 공략 문제 |
공기조화설비 설계

① 공조시스템 설계

01 | 공기조화기의 형식
13, 10

중앙식 공기조화기에서 가습기의 형식 선정 시 유의사항으로 옳지 않은 것은?

① 공기조화기(AHU)에 가습기를 배치할 때 코일의 전·후 위치를 검토한다.
② 가습과정의 열수분비를 확인하여 저온의 공기도 가습효과가 큰지 확인한다.
③ 분무노즐을 사용하는 경우는 분출압력이 높으면 가습효율은 증가되지만 소음이 증가되므로 소음대책도 검토한다.
④ 수분무의 경우 가습효율이 높으므로 엘리미네이터의 설치에 대한 고려를 하지 않는다.

해설 공기조화기에서 가습기의 형식 중 수분무의 경우 가습효율이 낮으므로 물방울이 비산하는 것(송풍기 때문에 세정기에서 물방울이 빠져나가는 것)을 방지하기 위하여 엘리미네이터(공기세척장치 내에서 공기 중의 물방울을 제거하기 위하여 사용하는 지그재그형의 방해판)를 설치한다.

02 | 가습기의 종류
25, 21, 18, 14, 13, 11

가습장치를 수증기를 만드는 원리에 따라 구분할 경우 다음 중 수분무식에 속하는 것은?

① 전열식
② 모세관식
③ 초음파식
④ 적외선식

해설 공기조화기의 공기가습기의 종류에는 증기식(분무식, 전열식, 적외선식, 전극식 등), 수분무식(노즐분무식, 원심식, 초음파식 등), 기화(증발)식(적하식, 회전식, 모세관식 등) 등이 있다.

03 | 가습기의 종류
24, 23, 20, 13, 08

중앙식 공기조화기에서 가습방식의 분류 중 수분무식에 속하지 않는 것은?

① 원심식
② 적외선식
③ 초음파식
④ 분무식

해설 공기조화기의 공기가습기의 종류에는 증기식[노즐(증기)분무식, 전열식, 적외선식, 전극식 등], 수분무식[노즐(물)분무식, 원심식, 초음파식 등], 기화(증발)식(적하식, 회전식, 모세관식 등) 등이 있다.

04 | 가습량의 산정
22

가습장치로 G(kg/h)의 공기를 가습할 때 가습량 L(kg/h)은? (단, 가습장치 입출구 공기의 절대습도는 X_1, X_2(kg/kg′)이고 가습효율은 100%이다.)

① $L = G(X_2 - X_1)$
② $L = 1.2\,G(X_2 - X_1)$
③ $L = 717\,G(X_2 - X_1)$
④ $L = 597.5\,G(X_2 - X_1)$

해설 물질평형식에 의해 유입되는 총물질의 양(가습장치의 공기량×입구 공기의 절대습도+가습량)과 유출되는 총물질의 양(가습장치의 공기량×출구 공기의 절대습도)은 동일하다.
그러므로, 가습장치의 공기량×입구 공기의 절대습도+가습량=가습장치의 공기량×출구 공기의 절대습도이다.
L(가습량) = G(가습장치의 공기량)×[X_2(출구의 절대습도) $- X_1$(입구의 절대습도)]

05 | 에어필터의 효율 측정법
25, 24, 21, 19, 16, 14, 13, 08

다음 중 에어필터의 효율 측정법이 아닌 것은?

① 중량법
② 비색법
③ 체적법
④ DOP법

정답 01.④ 02.③ 03.② 04.① 05.③

해설 에어필터 효율 측정법에는 중량(API)법(비교적 큰 입자를 대상으로 측정하고, 필터에 집진되는 먼지의 양으로 측정하며, 저성능이다), 비색(변색도, NBS)법(비교적 큰 입자를 대상으로 측정하고, 필터에서 포집한 여과지를 통과시켜 광전관으로 오염도를 측정하며, 중성능이다), 계수(DOP)법(에어로졸을 사용하여 고성능 필터를 측정하고, 0.3μm입자를 사용하여 먼지의 수를 측정하며, 고성능이다) 등이 있다.

06 | 에어필터의 효율 측정법
06, 04

에어필터 효율 측정법에서 고성능 필터를 측정하는데 적합한 방식은?

① 중량법　　　　② 비색법
③ 변색도법　　　④ 계수법

해설 에어필터 효율 측정법에는 중량(API)법(비교적 큰 입자를 대상으로 측정하고, 필터에 집진되는 먼지의 양으로 측정하며, 저성능), 비색(변색도, NBS)법(비교적 큰 입자를 대상으로 측정하고, 필터에서 포집한 여과지를 통과시켜 광전관으로 오염도를 측정하며, 중성능), 계수(DOP)법(에어로졸을 사용하여 고성능 필터를 측정하고, 0.3μm입자를 사용하여 먼지의 수를 측정하며, 고성능) 등이 있다.

07 | 에어필터의 효율 측정법
06

공기여과장치 성능시험법 중에서 에어로졸(aerosol)을 사용한 시험장치에 의해 성능을 표시하는 방법은 어느 것인가?

① 중량법　　　　② NBS법
③ 방사법　　　　④ DOP법

해설 에어필터 효율 측정법에는 중량(API)법(비교적 큰 입자를 대상으로 측정하고, 필터에 집진되는 먼지의 양으로 측정하며, 저성능), 비색(변색도, NBS)법(비교적 큰 입자를 대상으로 측정하고, 필터에서 포집한 여과지를 통과시켜 광전관으로 오염도를 측정하며, 중성능), 계수(DOP)법(에어로졸을 사용하여 고성능 필터를 측정하고, 0.3μm입자를 사용하여 먼지의 수를 측정하며, 고성능) 등이 있다.

08 | 오염물질의 양
14, 13

공기여과장치에서 입구측의 오염도가 $0.3mg/m^3$, 여과효율이 75%라 할 때, 공기여과장치를 통과하는 오염물질의 양은? (단, 공기여과장치를 통과하는 풍량은 $500m^3/h$이다.)

① 22.5mg/h　　　② 30.5mg/h
③ 37.5mg/h　　　④ 42.5mg/h

해설 통과분진량 = 통과풍량 × 통과농도{입구농도 × (1-여과효율)}
통과분진량 = 500 × {0.3 × (1-0.75)} = 37.5mg/h

09 | 공기조화의 설치 목적
19, 10

다음 중 에어와셔에 엘리미네이터(eliminator)를 설치하는 이유로 가장 알맞은 것은?

① 기내의 기류분포를 고르게 하기 위해
② 공기의 감습이 효과적으로 되게 하기 위해
③ 분무된 물방울이 밖으로 못나가게 하기 위해
④ 섬유 등의 먼지를 효율적으로 제거하기 위해

해설 공기조화기에서 가습기의 형식 중 수분무의 경우 가습효율이 낮으므로 물방울이 비산하는 것(송풍기 때문에 세정기에서 물방울이 빠져나가는 것)을 방지하기 위하여 엘리미네이터(공기세척장치 내에서 공기 중의 물방울을 제거하기 위하여 사용하는 지그재그형의 방해판)를 설치한다.

10 | 공기여과기
18, 07

공기여과기의 종류 중 일명 전자식 공기청정기라고도 하며, 먼지의 제거효율이 높고, 미세한 먼지라든지 세균도 제거되므로 병원, 정밀기계공장 등에서 사용이 가능한 것은?

① 충돌점착식　　② 활성탄 흡착식
③ 건성여과식　　④ 전기식

해설 충돌점착식은 비교적 거친 여과방식으로 유지성 먼지의 제거 등에 사용하고, 통과속도는 1~2m/s 정도이며, 활성탄 흡착식은 유해가스나 냄새를 제거하기 위하여 활성탄을 사용한 여과기이고, 건성여과식은 섬유질의 먼지를 제거 등에 사용하고, 통과속도는 1m/s 정도이다.

11 | 대수평균 온도차의 산정
24, 19, 15

코일 입구공기온도 30℃, 출구공기온도 15℃, 코일 입구수온 7℃, 출구수온 12℃일 때 대향류형 코일에서 공기와 냉수의 대수평균온도차는?

① 8.5℃　　　　② 11.1℃
③ 12.3℃　　　④ 13.7℃

해설 MTD(대수평균온도차) = $\dfrac{\Delta t_1 - \Delta t_2}{ln\dfrac{t_1}{t_2}}$

대향류형은 유체(공기와 물)들이 서로 반대방향으로 들어가고 나오므로 $\Delta t_1 = 30-12 = 18℃$, $\Delta t_2 = 15-7 = 8℃$이다. 즉 병류형과 대향류형의 대수평균온도차는 상이함에 유의하여야 한다.

MTD(대수평균온도차) = $\dfrac{\Delta t_1 - \Delta t_2}{ln\dfrac{\Delta t_1}{\Delta t_2}} = \dfrac{18-8}{ln\dfrac{18}{8}} = 12.33℃$

정답　06. ④　07. ④　08. ③　09. ③　10. ④　11. ③

12 여과기의 효율 비교
19, 12, 09

공기정화장치에서 포집효율 70%의 필터를 통과한 공기의 먼지농도는 포집효율 85%의 필터를 통과한 공기의 먼지농도의 몇 배인가? (단, 각각의 필터 상류의 먼지농도는 같다.)

① 0.5배 ② 1.2배
③ 1.5배 ④ 2.0배

해설 포집효율 70%의 필터를 통과한 공기의 먼지농도는 30%이고, 포집효율 85%의 필터를 통과한 공기의 먼지농도는 15%이므로, 공기의 먼지농도의 비 = $\frac{30\%}{15\%}$ = 2배이다.

13 냉각열량의 산정
19, 11

건구온도 26℃, 상대습도 50%의 실내공기 700m³와 건구온도 32℃, 상대습도 70%의 외기 300m³를 혼합한 후 이를 다시 건구온도 20℃로 냉각하였다. 냉각 도중 절대습도의 변화가 없었다면 냉각과정에 소요된 열량은? (단, 공기의 밀도는 1.2kg/m³, 정압비열은 1.01kJ/kg · K이다.)

① 8,966.6kJ ② 9,453.6kJ
③ 10,516.9kJ ④ 10,977.8kJ

해설 ㉠ 혼합 공기의 온도
열적 평형 상태에 의해서, $m_1(t_1-T) = m_2(T-t_2)$
$T = \frac{m_1 t_1 + m_2 t_2}{m_1 + m_2}$
여기서, m_1=700m³, m_2=300m³, t_1=26℃, t_2=32℃
∴ $T = \frac{m_1 t_1 + m_2 t_2}{m_1 + m_2} = \frac{700 \times 26 + 300 \times 32}{(700+300)}$ = 27.8℃
㉡ Q(냉각 열량)=c(물의 비열)m(냉각수량)Δt(온도의 변화량)
=c(공기의 비열)ρ(공기의 밀도)V(공기의 중량)Δt(온도의 변화량)
=$1.01 \times 1.2 \times (700+300) \times (27.8-20)$ = 9,453.6kJ

14 냉각열량 계산법의 산정
24, 20, 10

건구온도 26℃인 습공기 1,000m³/h를 14℃로 냉각시키는데 필요한 열량은? (단, 현열만에 의한 냉각이며, 공기의 정압비열은 1.01kJ/kg · K, 공기의 밀도는 1.2kg/m³이다.)

① 8,642kJ/h ② 12,510kJ/h
③ 14,544kJ/h ④ 18,862kJ/h

해설 Q(냉동기 용량 또는 냉수 냉각열)
=c(공기의 비열)m(공기의 중량)Δt(온도의 변화량)
=c(공기의 비열)V(공기의 송풍량)γ(공기의 비중)
Δt(온도의 변화량)
=$1.01 \times 1,000 \times 1.2 \times (26-14)$ = 14,544kJ/h

15 가열열량의 산정
15

건구온도 22℃의 공기 500m³를 30℃로 가열하기 위해 필요한 열량은? (단, 공기의 비열은 1.0kJ/kg · K, 밀도는 1.2kg/m³로 가정한다.)

① 4,200kJ
② 4,500kJ
③ 4,800kJ
④ 5,100kJ

해설 Q(소요열량)
=c(공기의 비열)m(공기의 중량)Δt(온도의 변화량)
=c(공기의 비열)V(공기의 송풍량)γ(공기의 비중)
Δt(온도의 변화량)
=$1.0 \times 500 \times 1.2 \times (30-22)$ = 4,800kJ

16 스토브의 효율
11

가스스토브를 사용한 가스난방에 있어서 실의 총손실열량이 180,000W, 가스의 발열량이 16,800kJ/m³, 가스소요량이 50m³/h일 때 가스스토브의 효율은?

① 68% ② 72%
③ 77% ④ 84%

해설 η(가스스토브의 효율)
= $\frac{Q(\text{실의 총손실열량})}{G(\text{가스의 소요량}) \times H_L(\text{가스의 발열량})} \times 100(\%)$
$\eta = \frac{q}{G \times H_L} = \frac{180,000 \times 3,600 \div 1,000}{50 \times 16,800} \times 100 = 77\%$
여기서, 3,600은 초를 시간으로 1,000은 1J을 1kJ로 환산하기 위한 수치이다.

17 히터의 최소 용량
03

1,000kg/h의 공기를 8℃로 냉각한 후 15℃까지 재열하여 송풍한다. 재열기로서 전기히터를 사용할 때 필요한 전기히터의 최소 용량은 어느 정도인가?

① 2kW ② 3kW
③ 4kW ④ 5kW

해설 Q(재열열량)
=c(공기의 비열)m(공기의 중량)Δt(온도의 변화량)
=c(공기의 비열)V(공기의 송풍량)γ(공기의 비중)
Δt(온도의 변화량)
=$1.01 \times 1,000 \times (15-8)$ = 7,070kJ/h
W의 단위로 환산하여야 하므로,
7,070kJ/h = 7,070,000J/3,600s = 1,963.9W = 1.964kW ≒ 2kW

정답 12. ④ 13. ② 14. ③ 15. ③ 16. ③ 17. ①

18 | 펌프의 구경 산정 요소
14, 04

다음 중 원심펌프의 구경과 가장 관련이 있는 것은?

① 유량
② 비교 회전수
③ 동력
④ 양정

해설 $v(유속) = \dfrac{Q(유량)}{A(단면적)} = \dfrac{Q}{\dfrac{\pi D(관의\ 직경)^2}{4}} = \dfrac{4Q}{\pi D^2}$ 이므로

$D^2 = \dfrac{4Q}{\pi v}$ 이다.

그러므로 $D = \sqrt{\dfrac{4Q}{\pi v}}$ 이다.

∴ 펌프의 구경은 유속 및 유량의 제곱근에 비례한다.

19 | 펌프의 회전수 비교
11, 08

펌프의 비교 회전수의 크기를 비교한 것 중 옳은 것은?

① 터빈펌프 < 볼류트펌프 < 사류펌프 < 축류펌프
② 축류펌프 < 볼류트펌프 < 사류펌프 < 터빈펌프
③ 축류펌프 < 사류펌프 < 볼류트펌프 < 터빈펌프
④ 터빈펌프 < 축류펌프 < 볼류트펌프 < 사류펌프

해설 펌프의 비교회전수가 큰 것부터 작은 것의 순으로 나열하면, 축류펌프(1,100rpm 이상) → 사류펌프(500~1,200rpm) → 볼류트펌프(300~700rpm) → 터빈펌프(300rpm 이하)의 순이고, 비교회전수가 클수록 양정은 감소한다.

20 | 캐비테이션 발생조건
20

다음 중 펌프운전에서 캐비테이션이 발생하기 쉬운 조건과 가장 거리가 먼 것은?

① 흡입양정이 클 경우
② 유체의 온도가 높을 경우
③ 펌프가 흡입수면보다 위에 있을 경우
④ 흡입측 배관의 손실수두가 작을 경우

해설 공동현상(cavitation)은 액체 속에 함유된 공기가 저압 부분에서 분리되어 수많은 작은 기포로 되는 현상 또는 펌프 흡입측 압력이 유체 포화 증기압보다 작으면 유체가 기화하면서 발생되는 현상으로, 발생 조건은 유체의 온도가 높을 경우, 흡입양정(흡입관의 손실수두)이 클 경우, 날개차의 원주속도가 클 경우 등이다. 특히 회전수의 증가는 공동현상을 촉진시킨다.

21 | 캐비테이션 발생조건
11, 08

다음 중 펌프설비에서 캐비테이션의 발생 조건과 가장 거리가 먼 것은?

① 흡수관의 손실수두가 작을 경우
② 유체의 온도가 높을 경우
③ 흡입양정이 클 경우
④ 날개차의 원주속도가 클 경우

해설 공동현상(cavitation)의 발생 조건
㉠ 유체의 온도가 높을 경우
㉡ 흡입양정이 클 경우
㉢ 날개차의 원주속도가 클 경우

22 | 캐비테이션 방지 대책
20

다음 중 펌프의 흡입관에서 발생하는 공동현상의 방지 방법과 가장 거리가 먼 것은?

① 흡입양정을 낮춘다.
② 양흡입 펌프를 사용한다.
③ 흡입관의 관경을 크게 한다.
④ 펌프의 회전수를 증가시킨다.

해설 공동현상(cavitation)은 액체 속에 함유된 공기가 저압 부분에서 분리되어 수많은 작은 기포로 되는 현상 또는 펌프 흡입측 압력이 유체 포화 증기압보다 작으면 유체가 기화하면서 발생되는 현상으로, 발생 조건은 유체의 온도가 높을 경우, 흡입양정(흡입관의 손실수두)이 클 경우, 날개차의 원주속도가 클 경우 등이다. 특히, 회전수의 증가는 공동현상을 촉진시킨다.

23 | 펌프의 사용목적
21

다음 중 다단펌프를 사용하는 가장 주된 목적은?

① 흡입양정이 큰 경우
② 토출량을 줄이기 위한 경우
③ 높은 토출양정이 필요한 경우
④ 수중에 펌프를 설치하는 경우

해설 다단펌프(1대의 펌프 동일 회전축에 2개 이상의 날개차를 설치하여 다단으로 만든 펌프)를 사용하는 이유는 높은 토출양정 또는 고압수를 얻기 위함이다.

정답 18. ① 19. ① 20. ④ 21. ① 22. ④ 23. ③

24 | 펌프의 유효흡입수두
09, 07, 01

펌프의 NPSH(유효흡입양정)에 관한 설명 중 옳지 않은 것은?

① 펌프설비에서 얻어지는 NPSH는 기압의 영향을 받는다.
② 펌프설비에서 얻어지는 NPSH는 흡입양정, 수온, 마찰, 손실 등에 의해 결정된다.
③ 토마의 캐비테이션 계수는 비교회전수의 함수이다.
④ 펌프가 필요로 하는 NPSH보다 펌프 설치에서 얻어지는 NPSH를 작게 한다.

해설 공동현상(cavitation, 액체 속에 함유된 공기가 저압 부분에서 분리되어 수많은 작은 기포로 되는 현상 또는 펌프 흡입측 압력이 유체 포화 증기압보다 작으면 유체가 기화하면서 발생되는 현상)을 방지하기 위해 펌프의 흡입양정을 가능한 한 작게 하여 펌프의 유효흡입양정을 크게 증가(펌프의 흡입양정의 30% 증가)시킨다. 즉, 펌프의 흡입양정×1.3<펌프의 유효흡입양정이다.

25 | 펌프의 유효흡입수두 산정요소
23, 16

펌프의 유효흡입수두(NPSH)를 계산할 때 필요한 요소가 아닌 것은?

① 토출관 내에서의 손실수두
② 흡입수면에서 펌프 중심까지의 높이
③ 유체의 포화수증기압에 상당하는 수두
④ 흡입측 수조의 수면에 걸리는 압력에 상당하는 수두

해설 $NPSH = \dfrac{P-a(흡입수면의\ 절대압력)}{\gamma(유체의\ 비중량)}$
$- \left(\dfrac{P_v(유체의\ 온도에\ 상당하는\ 포화증기압력)}{\gamma} \right.$
$\left. \pm H_a(흡입양정) \pm H_{fs}(흡입손실수두) \right)$

펌프의 유효흡입수두는 흡입수면에서 펌프의 중심까지의 높이(흡입양정), 유체의 포화증기압에 상당하는 수두, 흡입측 수조의 수면에 걸리는 압력에 상당하는 수두와 관계가 있으나, 토출관 내에서의 손실수두와는 무관하다.

26 | 펌프의 상사법칙
15

어떤 펌프의 회전수가 1,000rpm일 때 축동력은 10kW이었다. 이 펌프의 회전수를 1,200rpm으로 증가시켰을 경우 축동력은?

① 12kW
② 14.4kW
③ 17.3kW
④ 20.7kW

해설 펌프의 상사법칙(양수량은 회전수에 비례하고, 양정은 회전수의 제곱에 비례하며, 축동력은 회전수의 3제곱에 비례한다)에 의해 회전수를 증가시키면, 축동력은 회전수의 3제곱에 비례하므로 축동력 $\times \left(\dfrac{변화의\ 회전수}{현재의\ 회전수} \right)^3 = 10 \times \left(\dfrac{1,200}{1,000} \right)^3 = 17.28\text{kW}$

27 | 펌프의 상사법칙
24, 16

양수펌프에서 유량이 2배로 증가하고 양정이 30% 감소하였다면 축동력의 변화량은?

① 10% 증가
② 20% 증가
③ 30% 증가
④ 40% 증가

해설 축동력 $= \dfrac{WQH}{6,120 \times E} = \dfrac{2 \times (1-0.3)}{1} = 1.4$
(40% 증가를 의미한다.)

28 | 송풍기 제어방식
22, 17, 12, 11, 05

다음과 같은 송풍기 제어방식 중 축동력을 가장 줄일 수 있는 제어법은?

① 회전수 제어
② 흡입베인 제어
③ 흡입댐퍼 제어
④ 토출댐퍼 제어

해설 에너지 소비가 적은 것부터 많은 것의 순으로 나열하면, 회전수(가변속) 제어 → 흡입베인 제어 → 흡입댐퍼 제어 → 토출댐퍼 제어의 순으로 회전수(가변속) 제어가 에너지 소비가 가장 적고, 토출댐퍼 제어가 가장 많다.

29 | 정미흡입수두
07, 05

펌프의 정미흡입수두(NPSH)에 대한 정의로 옳은 것은?

① 펌프가 운전 중 공동현상이 일어날 때의 흡입 실양정이다.
② 펌프가 운전 중 공동현상이 일어날 때 흡입 실양정과 흡입관로 손실의 합이다.
③ 펌프가 운전 중 공동현상이 일어날 때 펌프의 흡입정압 수두이다.
④ 운전 중에 있는 펌프의 흡입구에서의 전압과 그때 액체의 증기압에 해당하는 수두와의 차이다.

해설 NPSH는 운전되고 있는 펌프 흡입측에서의 여분의 유효흡입양정이다.
∴ NPSH=대기압-(흡입양정+마찰손실+포화증기압)
　　　＝{대기압-(흡입양정+마찰손실)}-포화증기압
　　　＝흡입측 전압-포화증기압

정답 24. ④ 25. ① 26. ③ 27. ④ 28. ① 29. ④

30 | 송풍기 번호의 결정방법
17, 02, 04

송풍기의 크기를 나타내는 송풍기 번호의 결정방법으로 옳은 것은? (단, 원심 송풍기의 경우)

① $NO = \dfrac{\text{회전날개의 지름(mm)}}{100\text{(mm)}}$

② $NO = \dfrac{\text{회전날개의 지름(mm)}}{120\text{(mm)}}$

③ $NO = \dfrac{\text{회전날개의 지름(mm)}}{150\text{(mm)}}$

④ $NO = \dfrac{\text{회전날개의 지름(mm)}}{180\text{(mm)}}$

해설 송풍기 번호의 원심식은 6인치(150mm)로 나눈 것을 1호로, 축류형은 4인치(100mm)로 나눈 것을 1호로 하여 송풍기의 NO는 형식에 따라 다르다.

원심식 송풍기의 $NO = \dfrac{\text{회전날개의 지름(mm)}}{150\text{(mm)}}$

축류식 송풍기의 $NO = \dfrac{\text{회전날개의 지름(mm)}}{100\text{(mm)}}$

31 | 송풍기 제어방식
25, 21, 18, 14

다음의 송풍기 풍량제어방식 중 축동력이 가장 많이 소요되는 것은?

① 회전수 제어
② 흡입댐퍼 제어
③ 흡입베인 제어
④ 토출댐퍼 제어

해설 에너지 소비가 적은 것부터 많은 것의 순으로 나열하면, 회전수(가변속) 제어 → 흡입베인 제어 → 흡입댐퍼 제어 → 토출댐퍼 제어의 순으로 회전수(가변속) 제어가 에너지 소비가 가장 적고, 토출댐퍼 제어가 가장 많다.

32 | 송풍기 제어방식
04, 01

송풍기의 풍량제어방식 중 소비전력 감소량이 제일 큰 제어방식은?

① 댐퍼 제어
② 석션베인 제어
③ 가변피치 제어
④ 가변속 제어

해설 에너지 소비가 적은 것부터 많은 것의 순으로 나열하면, 회전수(가변속) 제어 → 흡입베인 제어 → 흡입댐퍼 제어 → 토출댐퍼 제어의 순으로 회전수(가변속) 제어가 에너지 소비가 가장 적고, 토출댐퍼 제어가 가장 많다.

33 | 송풍기 제어방식
23, 15, 10

다음의 송풍기 풍량제어법에 대한 설명 중 ( ) 안에 알맞은 내용은?

축동력은 (㉠)가 가장 적게 들며, (㉡)가 가장 많이 소요된다.

① ㉠ 회전수 제어   ㉡ 토출댐퍼 제어
② ㉠ 토출댐퍼 제어   ㉡ 회전수 제어
③ ㉠ 흡입댐퍼 제어   ㉡ 토출댐퍼 제어
④ ㉠ 토출댐퍼 제어   ㉡ 흡입댐퍼 제어

해설 에너지 소비가 적은 것부터 많은 것의 순으로 나열하면, 회전수(가변속) 제어 → 흡입베인 제어 → 흡입댐퍼 제어 → 토출댐퍼 제어의 순으로 회전수(가변속) 제어가 에너지 소비가 가장 적고, 토출댐퍼 제어가 가장 많다.

34 | 송풍기 제어방식
14, 04

송풍기의 풍량을 제어하는 방법의 하나로 비용이 많이 들지만 효율이 좋은 방식이며, 최근에는 인버터를 사용하여 전기의 주파수를 변화시키는 방식을 많이 사용한다. 이와 같은 송풍기 풍량제어방식은?

① 토출댐퍼에 의한 제어
② 흡입댐퍼에 의한 제어
③ 가변피치 제거
④ 회전수에 의한 제어

해설 펌프의 상사법칙(양수량은 회전수에 비례하고, 양정은 회전수의 제곱에 비례하며, 축동력은 회전수의 3제곱에 비례한다.)에 의해 회전수를 감소하면, 축동력은 회전수의 3제곱에 비례하므로 많은 에너지를 절약할 수 있다.

35 | 송풍기 제어방식
07, 04

송풍기의 송풍량 제어방법에서 제어효율이 가장 나쁜 방식은?

① 스크롤댐퍼 제어
② 흡입댐퍼 제어
③ 흡입베인 제어
④ 회전수 제어

해설 제어효율이 좋은 것부터 나쁜 것의 순으로 나열하면, 회전수(가변속) 제어 → 흡입베인 제어 → 토출댐퍼 제어 → 흡입댐퍼 제어의 순으로 회전수(가변속) 제어가 제어효율이 가장 좋고, 흡입댐퍼 제어가 가장 나쁘다.

정답 30. ③ 31. ④ 32. ④ 33. ① 34. ④ 35. ②

36 | 송풍기의 종류
11, 08, 06

송풍기 날개 형상에 따른 분류 중 송풍량이 적은 환기팬으로 옥상에 많이 설치하는 것은?

① 후곡형   ② 익형
③ 방사형   ④ 관류형

해설 후곡형은 고회전, 고압, 고효율, 동력곡선이 볼록형이며, 과부하가 없고, 저항에 대해 풍량, 동력 변화가 비교적 적으며, 공조 송배풍용(고속덕트)이고, 익형은 압력곡선의 최대점이 풍량의 40% 정도이고, 터보형(효율이 높고, 고속에서도 비교적 안정적)과 거의 비슷한 형이다.

37 | 송풍기의 종류
24, 21

다음 중 날개(blade)의 형상이 전곡형인 송풍기에 속하는 것은?

① 익형 송풍기   ② 다익형 송풍기
③ 터보형 선풍기   ④ 관류형 송풍기

해설 익형 송풍기는 후곡형과 다익형(날개의 끝부분이 회전방향으로 굽은 전곡형으로 회전수가 매우 작다)을 개량한 것이다. 터보형 송풍기는 후곡형의 송풍기로서 고속 회전으로 소음이 높은 단점이 있으나, 효율이 60~80% 정도로 높아 보일러 등에 가장 많이 사용된다. 관류형 송풍기의 회전 날개는 후곡형이며, 원심력으로 빠져나간 기류는 축방향으로 안내되어 나가는 송풍기로서 정압이 비교적 낮고, 송풍량도 적은 환기팬으로 옥상에 이용된다. 전곡형 송풍기는 원심형 송풍기의 일종으로 송풍기의 회전 다익 날개가 회전 방향으로 앞으로 굽어 있는 송풍기로 공기조화, 환기 등의 송풍기에 가장 널리 사용되고, 다익형 송풍기가 이에 속한다.

38 | 송풍기의 종류
07, 06, 03

다음의 송풍기 종류 중에서 저속덕트의 환기 및 공조용으로 일반적으로 가장 많이 사용되는 것은?

① 시로코팬   ② 터보팬
③ 리미트로드팬   ④ 에어포일팬

해설 터보팬(후곡익팬)은 고회전, 고압, 고효율, 동력곡선이 볼록형이며, 과부하가 없고, 저항에 대해 풍량, 동력 변화가 비교적 적으며, 공조송배풍용(고속덕트)이고, 리미트로드팬(리버스형)은 동력곡선의 리미트로드 특성이 현저하고, 터보형과 거의 같으며, 공조용(중규모, 저속덕트), 공장환기용으로 사용한다. 에어포일팬(익형)은 압력곡선의 최대점이 풍량의 40% 정도이고, 터보형과 거의 같은 형이다.

39 | 덕트의 구성
16

덕트의 구성에 관한 설명으로 옳지 않은 것은?

① 방화구획관통부에는 방화댐퍼 또는 방연댐퍼를 설치한다.
② 분기는 저항이 큰 부속을 우선적으로 사용하는 것을 원칙으로 한다.
③ 주덕트의 주요 분기점, 송풍기 출구측에는 풍량조절댐퍼를 설치한다.
④ 장방형 덕트의 분기·합류방식은 원칙적으로 분할삽입 방식으로 한다.

해설 덕트의 분기에 있어서 저항이 작은 부속을 우선적으로 사용하는 것을 원칙으로 한다.

40 | 송풍기의 구성
09

다음 중 송풍기가 내장된 방열기구는?

① 주철제 방열기   ② 유닛 히터
③ 베이스보드 히터   ④ 컨벡터

해설 유닛 히터는 가열코일과 송풍기를 조합한 것으로 실내의 공기가 잘 혼합되므로 천장 부근에 설치하면 실의 상부에 있는 고온의 공기를 내리뿜을 수 있어 실내의 상·하 온도차가 작아지므로 천장이 높은 건물에 적합하나, 소음이 크며, 덕트를 필요로 하지 않는다.

41 | 송풍기의 종류
25, 17, 14, 13

축류형 송풍기의 종류에 속하지 않는 것은?

① 베인형   ② 후곡형
③ 튜브형   ④ 프로펠러형

해설 원심식 송풍기의 종류에는 다익형(시로코팬), 후곡형(터보형), 리버스형(리미트로드팬), 익형(에어포일팬), 관류형(크로스플로팬), 방사형 등이 있고, 축류식 송풍기의 종류에는 프로펠러형(대형은 가변피치), 튜브형, 베인형 등이 있다.

42 | 송풍기의 종류
19, 11

다음 중 원심형 송풍기가 아닌 것은?

① 다익형   ② 방사형
③ 후곡형   ④ 축류형

해설 원심식 송풍기의 종류에는 다익형(시로코팬), 후곡형(터보형), 리버스형(리미트·로드팬), 익형(에어포일팬), 관류형(크로스플로팬), 방사형 등이 있고, 축류식 송풍기의 종류에는 프로펠러형(대형은 가변피치), 튜브형, 베인형 등이 있다.

정답 36.④ 37.② 38.① 39.② 40.② 41.② 42.④

43 | 원심식 송풍기의 종류

다음 중 원심식 송풍기에 속하지 않는 것은?

① 다익 송풍기
② 터보 송풍기
③ 튜브형 송풍기
④ 리밋로드 송풍기

해설 원심식 송풍기의 종류에는 다익형(시로코팬), 후곡익형(터보형), 리버스형(리밋로드팬), 익형(에어포일팬), 관류형(크로스플로우팬), 방사형 등이 있고, 축류식 송풍기의 종류에는 프로펠러형(대형은 가변피치), 튜브형, 베인형 등이 있다.

44 | 송풍기의 종류

일반 건물의 공기조화용 송풍기 중 저속덕트용으로 가장 많이 사용되는 것은?

① 다익 송풍기
② 축류 송풍기
③ 익형 송풍기
④ 사일렌트 송풍기

해설 축류형 송풍기는 급속동결실용으로 사용하고, 익형 송풍기는 공조용(고속덕트), 냉각탑용 냉각팬, 사일렌트 송풍기는 고속덕트용으로 사용된다.

45 | 공기조화기 구성요소

송풍기에 의해 수분이 급기덕트 내에 침입하는 것을 방지하기 위한 공기조화기의 구성요소는?

① 가습기
② 공기세정기
③ 공기여과기
④ 엘리미네이터

해설 가습기는 실내의 절대습도를 높여 주는 장치이고, 공기세정기는 미립화된 물방울을 공기에 접촉시킴으로써 열과 수분을 동시에 교환하여 공기의 온·습도를 조정하는데 공기와 물방울이 접촉할 때 공기 중의 분진·가스를 물방울로 정화하는 장치이며, 공기여과기는 공기 중에 포함되어 있는 매연, 가스, 먼지 등을 충분히 제거하는 장치이다.

46 | 송풍기의 압력과 효율의 특성

다익형 송풍기의 압력 및 효율 특성을 설명한 것 중 옳지 않은 것은?

① 최고 압력점의 오른쪽 영역에서 최고 효율점이 존재한다.
② 풍량이 증가함에 따라 소비동력이 현저히 증가한다.
③ 최고 압력점의 왼쪽 영역에서 압력이 감소한다.
④ 일반적으로 고압의 공조용으로 사용한다.

해설 다익형(시로코팬형)은 압력곡선에 오목 부유, 동력곡선도 오목형, 저항 변화에 대해 풍량, 동력 변화가 크나, 운전 시 정숙한 형식으로 환기공조용(저압·저속덕트), 국소 통풍, 에어커튼용에 사용된다. 고속덕트에는 후곡형(터보형), 익형(에어포일팬) 등이 사용된다.

47 | 송풍기의 상사법칙

동일 송풍기에서 회전수를 2배로 했을 경우 풍량, 정압 및 소요동력의 변화량으로 옳은 것은?

① 풍량 4배, 정압 8배, 소요동력 2배
② 풍량 4배, 정압 2배, 소요동력 8배
③ 풍량 2배, 정압 8배, 소요동력 4배
④ 풍량 2배, 정압 4배, 소요동력 8배

해설 송풍기의 상사법칙에서 송풍기의 회전수를 변화하면, 풍량은 회전수에 비례하고, 압력은 회전수의 제곱에 비례하며, 동력은 회전수의 3제곱에 비례한다. 또한 송풍기의 크기를 변화하면, 풍량은 송풍기 크기의 3제곱에 비례하고, 압력은 송풍기 크기의 제곱에 비례하며, 동력은 송풍기 크기의 5제곱에 비례한다.

48 | 송풍량의 산정

송풍기의 회전수 500rpm에서 풍량은 200m³/min이었다. 회전수를 600rpm으로 올렸을 경우 풍량은?

① 220m³/min
② 240m³/min
③ 288m³/min
④ 356m³/min

해설 송풍기의 풍량(유량)은 회전수에 비례하고, 압력은 회전수의 제곱에 비례하며, 동력은 회전수의 3제곱에 비례한다.
그러므로, 송풍기 풍량은 회전수에 비례하므로
$500 : 600 = 200 : x$
$\therefore x = \dfrac{600 \times 200}{500} = 240 \text{m}^3/\text{min}$

49 | 송풍량의 산정

어느 송풍기의 회전속도가 500rpm일 때 송풍량은 50m³/min이었다. 이 송풍기의 회전속도를 750rpm으로 변화시켰을 때 송풍량은?

① 75m³/min
② 87m³/min
③ 95m³/min
④ 107m³/min

정답 43.③ 44.① 45.④ 46.④ 47.④ 48.② 49.①

해설 송풍기의 풍량(유량)은 회전수에 비례하고, 압력은 회전수의 제곱에 비례하며, 동력은 회전수의 3제곱에 비례한다.
그러므로, 송풍기 풍량은 회전수에 비례하므로
$500 : 750 = 50 : x$
$\therefore x = \dfrac{750 \times 50}{500} = 75 \text{m}^3/\text{min}$

50 | 송풍의 전압
20, 14

어떤 송풍기의 회전속도가 460rpm일 때 송풍기 전압은 32mmAq이었다. 이 송풍기를 600rpm으로 운전하였을 때의 송풍기 전압은?

① 32.0mmAq
② 41.7mmAq
③ 54.4mmAq
④ 71.0mmAq

해설 송풍기의 풍량(유량)은 회전수에 비례하고, 압력은 회전수의 제곱에 비례하며, 동력은 회전수의 3제곱에 비례한다.
그러므로, 송풍기 압력은 회전수의 제곱에 비례하므로
$460^2 : 600^2 = 32 : x$
$\therefore x = \dfrac{600^2 \times 32}{460^2} = 54.44 \text{mmAq}$

51 | 송풍의 동력과 전압
07

회전수가 366rpm, 소요동력 2.0Pa, 송풍기 전압 25mmAq인 송풍기를 655rpm으로 운전했을 때 소요동력(L_2)과 송풍기 전압(P_2)은 얼마인가?

① $L_2 = 3.6\text{PS}$, $P_2 = 80\text{mmAq}$
② $L_2 = 6.4\text{PS}$, $P_2 = 44.7\text{mmAq}$
③ $L_2 = 11.5\text{PS}$, $P_2 = 80\text{mmAq}$
④ $L_2 = 11.5\text{PS}$, $P_2 = 143\text{mmAq}$

해설 • 소요동력(L_2)은 회전수의 3제곱에 비례하므로,
$L_2 = 2Pa \times \left(\dfrac{655}{366}\right)^3 = 11.46 \text{PS}$
• 송풍기 전압(P_2)은 회전수의 2제곱에 비례하므로,
$P_2 = 25 \times \left(\dfrac{655}{366}\right)^2 = 80 \text{mmAq}$

52 | 송풍기의 특성 곡선
09, 06

어느 송풍기의 특성 곡선이 다음 그림과 같을 때 이 선도의 구성이 옳은 것은?

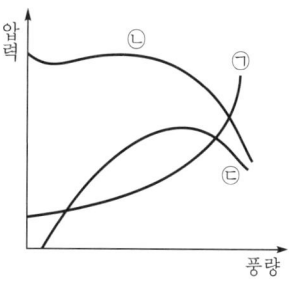

① ㉠ 축동력, ㉡ 정압, ㉢ 효율
② ㉠ 정압, ㉡ 효율, ㉢ 축동력
③ ㉠ 효율, ㉡ 정압, ㉢ 축동력
④ ㉠ 축동력, ㉡ 효율, ㉢ 정압

해설 ㉠ 곡선은 풍량이 증가할수록 증가하는 곡선이므로 축동력
㉡ 곡선은 풍량이 증가할수록 감소하는 곡선이므로 정압
㉢ 곡선은 풍량이 증가할수록 중간이 최고점이 되므로 효율

53 | 필요송풍량의 산정
24, 22, 20

다음과 같은 조건으로 냉방운전을 하고 있을 경우 필요송풍량은?

[조건]
㉠ 실내현열부하 : 72kW
㉡ 공기의 비열 : 1.0kJ/kg · K
㉢ 공기의 밀도 : 1.2kg/m³
㉣ 실내취출 공기온도 : 16℃
㉤ 실내 공기온도 : 26℃

① 6m³/s
② 7m³/s
③ 8m³/s
④ 9m³/s

해설 Q_{is}(현열)
$= c$(공기의 비열)$\times m$(공기의 무게)$\times \Delta t$(온도의 변화량)
$= c$(공기의 비열)$\times \rho$(공기의 밀도)$\times V$(공기의 부피)
$\times \Delta t$(온도의 변화량)
즉, 문제에서 공기량을 부피(체적)으로 주어졌으므로 $Q_{is} = c\rho V \Delta t$를 이용하여 풀이한다.
그러므로, $Q_{is} = c\rho V \Delta t$에서
$V = \dfrac{Q_{is}}{c\rho \Delta t} = \dfrac{72}{1.0 \times 1.2 \times (26-16)} = 6 \text{m}^3/\text{s}$

54 송풍량의 산정
25

어느 실의 냉방장치에서 다음과 같은 조건을 갖는 경우 송풍공기량으로 옳은 것은?

[조건]
- ㉠ 실내의 현열부하 : 60,000kJ/h,
  실내의 잠열부하 : 10,000kJ/h
- ㉡ 실내의 건구온도 : 26℃, 상대습도 : 50%,
  절대습도 : 0.0105kg/kg'
- ㉢ 외기의 건구온도 : 15℃, 상대습도 : 70%,
  절대습도 : 0.0215kg/kg'
- ㉣ 송풍공기의 온도 : 15℃, 상대습도 : 95%,
  공기의 비열 : 1.01kJ/kg·K, 공기의 밀도 : 1.2kg/m³

① 3,000m³/h ② 3,500m³/h
③ 4,000m³/h ④ 4,500m³/h

해설 실내의 송풍량은 온도와 현열부하에 의해서 산정하므로 우선, 현열부하의 산정에 있어서 $Q = cm\Delta t$와 $Q = c\rho V\Delta t$ 중에 문제의 보기가 체적으로 주어졌으므로 $Q = c\rho V\Delta t$를 이용하여 산정한다.
그러므로, $Q = c\rho V\Delta t$에서
$$V = \frac{Q}{c\rho\Delta t} = \frac{60,000}{1.01 \times 1.2 \times (26-15)}$$
$$= 4,500.5\text{m}^3/\text{h} \fallingdotseq 4,500\text{m}^3/\text{h}$$
여기서, 단위 통일에 유의할 것

55 취출공기의 온도
22, 03

실내 설계조건 $t_1 = 20℃$, $\phi_1 = 50\%$인 어떤 실의 난방부하를 계산한 결과 현열부하 $q_s = 63,000$kJ/h, 잠열부하 $qL = 12,570$kJ/h였다. 실내 송풍량이 10,000kg/h라 하면 이때 필요한 취출공기의 온도는?

① 25.2℃
② 26.2℃
③ 27.5℃
④ 29.2℃

해설 q_s(현열부하)$= c$(비열)m(질량)Δt(온도의 변화량)이고, 취출공기의 온도는 실내온도+난방부하에 의한 온도의 변화량이다.
㉠ Q_s(난방(현열)부하)$= c$(비열)m(송풍량)Δt(온도의 변화량)
$$t = \frac{Q}{cm} = \frac{63,000}{1.01 \times 10,000} = 6.24℃$$
㉡ 취출공기의 온도=실내온도+부하에 의한 온도 변화량
$= 20 + 6.24 = 26.24℃$

56 순환수량의 산정
18, 10, 25

1개의 실에 설치된 온수용 주철제 방열기의 상당방열면적(EDR)이 20m²일 때 5개실 전체에 동일한 방열기 용량을 설치한다면, 이때에 필요한 전온수 순환량(L/min)은? (단, 방열기 0.523kW/m², 입구온도 80℃, 출구온도 70℃, 물밀도 1kg/L, 물비열 4.19kJ/kg·K)

① 15L/min
② 21.7L/min
③ 75L/min
④ 108.3L/min

해설 Q(방열기의 방열량)$= c$(물의 비열)m(순환수량)Δt(온도의 변화량)
$Q = cmt$에서 $m = \frac{Q}{c\Delta t} = \frac{0.523 \times 20 \times 5}{4.19 \times (80-70)} = 1.248$L/s
$= 74.89$L/min $\fallingdotseq 75$L/min

57 부압방지 배관법
25, 11, 08, 05

공조배관계에 부압방지를 위한 배관법 중 틀린 것은?

① 온수순환펌프는 배관 도중 가능한 온도가 낮은 곳에 설치한다.
② 온수순환펌프는 배관 도중 압입양정이 높은 곳에 설치한다.
③ 팽창탱크는 장치의 가장 높은 곳보다 더 높은 위치로 한다.
④ 순환펌프 다음에 팽창탱크를 접속한다.

해설 공기조화배관계가 부압(음의 압력)이 되면 냉온수 및 냉온풍이 잘 유통이 되지 않아 공기조화 및 냉난방이 정상적으로 되지 않거나 또는 배관 내에 공기가 유입된다. 부압을 방지하기 위해서는 ①, ② 및 ③ 이외에 순환펌프의 흡입측에 팽창탱크를 접속하여야 한다.

58 부압방지 배관법
20, 17

공조배관계의 부압방지를 위한 배관법으로 옳지 않은 것은?

① 순환펌프 토출측에 팽창탱크가 접속되는 것을 피한다.
② 순환펌프는 배관 도중 온도가 가장 높은 곳에 설치한다.
③ 팽창탱크는 장치의 가장 높은 곳보다 더 높은 위치로 한다.
④ 순환펌프는 배관 도중 가능한 한 압입양정이 높은 곳에 설치한다.

해설 공기조화배관계의 부압을 방지하기 위해서는 ①, ③ 및 ④ 이외에 순환펌프는 배관 도중 온도가 가장 낮은 쪽에 설치하고, 순환펌프의 흡입측에 팽창탱크를 접속하여야 한다.

59 | 순환수량의 산정
23, 18

다음 그림과 같은 냉수 배관계통에서 ㉠점의 냉수순환량은? [단, 팬코일 유닛의 단위는 와트(W)이며, 물의 비열은 4.2kJ/kg·K, 물의 밀도는 1kg/L이다.]

[조건]
• 팬코일 유닛의 입구, 출구온도차 : 5℃
• 배관 및 기기의 열손실은 10%로 한다.

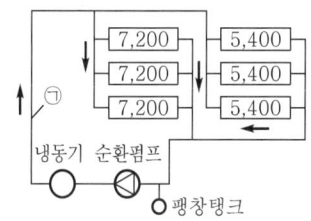

① 약 61L/min
② 약 119L/min
③ 약 122L/min
④ 약 134L/min

해설 Q(총열량)$=c$(비열)m(중량)Δt(온도의 변화량)
$=c$(비열)ρ(비중)V(체적)Δt(온도의 변화량)
$m = \dfrac{Q(1+\alpha)}{c\Delta t} = \dfrac{\{3 \times 7.2 + (3 \times 5.4)\} \times (1+0.1)}{4.2 \times 5}$
$= 1.98 \text{kg/s} = 118.8 \text{kg/min}$

60 | 배관회로방식
25, 19, 15, 11

공기조화배관의 배관회로방식에 대한 설명 중 옳지 않은 것은?
① 개방회로방식은 보통 축열방식이나 개방식 냉각탑의 냉각수 배관 등에 응용된다.
② 밀폐회로방식은 순환수가 공기와 접촉하지 않으므로 물처리비가 적게 든다.
③ 개방회로방식의 경우 펌프의 양정에는 실양정이 포함되므로 동력비가 많이 든다.
④ 밀폐회로방식에는 물의 팽창을 흡수하기 위해 팽창관이 사용되며 팽창탱크는 사용하지 않는다.

해설 밀폐회로(물의 순환 경로가 대기 중의 수조에 개방되어 있지 않는 회로)방식에는 반드시 팽창탱크를 설치하여 이상 압력을 흡수하여야 한다.

61 | 배관회로방식
25, 20

냉온수배관의 기본회로방식에 관한 설명으로 옳지 않은 것은?
① 배관의 최저부에는 물빼기밸브를 설치한다.
② 배관의 분기부에는 원칙적으로 밸브를 설치한다.
③ 밀폐회로방식에 대해서는 1개의 순환계통에 팽창탱크는 최소 2개 이상으로 한다.
④ 개방회로방식에 대해서는 순환보일러 정지 시 기기, 배관 등을 만수상태로 유지한다.

해설 밀폐회로방식에 있어서 1개의 순환계통에서 팽창탱크의 설치는 1개로 하여야 한다.

62 | 열관류량의 산정
04

공조되는 인접실과 7℃의 온도차가 나는 경우에 벽체를 통한 관류열량을 구한 것은? (단, 벽체의 열관류율은 0.523W/m²·K이며, 인접실과 접한 벽체의 면적은 200m²이다.)
① 2,636kJ/h
② 3,135kJ/h
③ 5,685kJ/h
④ 6,270kJ/h

해설 Q(관류열량)$=K$(열관류율)A(단면적)Δt(온도의 변화량)
여기서, $K=0.523\text{W/m}^2\text{K}$, $A=200\text{m}^2$, $\Delta t = 7℃$이므로
$Q = KA\Delta t = 0.523 \times 200 \times 7 = 732.2\text{W} = 2,635,920\text{J/h}$
$\approx 2,636\text{kJ/h}$

63 | 열관류량의 산정
10

냉방 시 실내온도가 26℃로 진행되고 있고, 아래층이 비공조실일 때 바닥을 통해 취득되는 관류열량은? (단, 외기온도는 34℃, 바닥의 열관류율은 0.58W/m²·K, 바닥면적은 50m²이다.)
① 58W
② 116W
③ 232W
④ 464W

해설 비공조실인 아래층의 실내온도는 중간실의 온도를 적용하므로
$t = \dfrac{26+34}{2} = 30℃$이므로, Q(관류열량)$=K$(열관류율)A(단면적)Δt(온도의 변화량)이다. 즉, $Q = KA\Delta t$
여기서, $K=0.58\text{W/m}^2\text{K}$, $A=50\text{m}^2$, $\Delta t = (30-26) = 4℃$이므로 $Q = KA\Delta t = 0.58 \times 50 \times 4 = 116\text{W}$

정답 59. ② 60. ④ 61. ③ 62. ① 63. ②

64 | 물의 속도수두

2.0m/sec의 속도로 흐르는 물의 속도수두는?

① 0.204m ② 2.04m
③ 20.4m   ④ 204m

해설 토출구의 속도수두= $\dfrac{v^2(유속)}{2g(중력\ 가속도)} = \dfrac{2^2}{2\times9.8} = 0.204$m

65 | 물의 전수두

위치수두 10mAq, 압력 0.3MPa, 속도 2m/s인 관 속을 흐르는 물(γ=1,000kg/m³)의 전수두는?

① 13.0m ② 13.2m
③ 14.1m ④ 40.2m

해설 전수두=위치압력수두+관 내 압력수두+속도수두$\left(\dfrac{v^2(유속)}{2g(중력가속도)}\right)$이므로

전수두= $10 + (0.3 \times 100) + \dfrac{2^2}{2\times9.8} = 40.2$m

66 | 물의 전수두

위치수두 10mAq, 압력수두 30mAq, 속도 2.5m/s로 관 속을 흐르는 물의 전수두는?

① 13.06m
② 13.24m
③ 40.32m
④ 42.54m

해설 전수두=위치압력수두+관 내 압력수두+속도수두$\left(\dfrac{v^2(유속)}{2g(중력가속도)}\right)$이므로

전수두= $10 + 30 + \dfrac{2.5^2}{2\times9.8} = 40.318 ≒ 40.32$m

67 | 물의 전수두

기준면보다 20m 높이에 있는 관 내에 물(γ=9,800N/m³)이 압력 P=58.8kPa(kN/m²), 유속 v=3m/s로 흐를 때 이 물의 전수두(m)는?

① 약 18.7
② 약 26.3
③ 약 38.7
④ 약 83.1

해설 전수두=위치압력수두+관 내 압력수두+속도수두$\left(\dfrac{v^2(유속)}{2g(중력가속도)}\right)$이므로

전수두= $20 + (0.1 \times 58.8) + \dfrac{3^2}{2\times9.8} = 26.339$m

여기서, 1m(수두)=약 10kPa=0.01MPa로 산정한다.

68 | 물의 전수두

기준면보다 20m 높이에 있는 관 내에 물이 압력 60kPa, 유속 3m/s로 흐를 때 이 물의 전수두(m)는? (단, 물의 밀도는 1kg/L이다.)

① 약 18.7 ② 약 26.5
③ 약 38.7 ④ 약 83.1

해설 전수두=위치압력수두+관 내 압력수두+속도수두$\left(\dfrac{v^2(유속)}{2g(중력가속도)}\right)$이므로

전수두= $20 + (0.1 \times 60) + \dfrac{3^2}{2\times9.8} = 26.459$m

여기서, 1m(수두)=약 10kPa=0.01MPa로 산정한다.

69 | 송풍량

현열부하가 10,450kJ/h, 잠열부하가 3,135kJ/h인 어떤 실에 취출온도차 9℃인 공기로 냉방하는 경우의 송풍량은?

① 290m³/h   ② 958m³/h
③ 1,254m³/h   ④ 1,800m³/h

해설 q_s(현열부하)=c(비열)m(질량)Δt(온도의 변화량)
= c(비열)ρ(밀도)V(체적)Δt(온도의 변화량)
(∵ $m = \rho V$임)

그러므로, $V = \dfrac{q_s}{c\rho\Delta t} = \dfrac{10,450}{1.01\times1.2\times9} = 958.01$m³/h

70 | 송풍량

현열부하가 6.2kW, 잠열부하가 2kW인 어떤 실에 취출온도차 9℃인 공기로 냉방하는 경우의 송풍량은? (단, 공기의 밀도는 1.2kg/m³, 비열은 1.01kJ/kg · K이다.)

① 950.5m³/h   ② 1,386.1m³/h
③ 2,046.2m³/h ④ 2,706.3m³/h

해설 q_s(현열부하)=c(비열)m(질량)Δt(온도의 변화량)
= c(비열)ρ(밀도)V(체적)Δt(온도의 변화량)
(∵ $m = \rho V$임)

그러므로, $V = \dfrac{q_s}{c\rho\Delta t} = \dfrac{6.2}{1.01\times1.2\times9} = 0.5684$m³/s
= $0.5684 \times 3,600$s/h = $2,046.2$m³/h

정답 64.① 65.④ 66.③ 67.② 68.② 69.② 70.③

71 | 배관의 팽창량 07

배관용 탄소강관의 배관 내에 120℃의 증기를 통과시키면 직관 60m 배관팽창량(cm)은? (단, 선팽창계수 $C=11.9\times10^{-6}/℃$, 배관 주위온도 20℃)

① 7.1 ② 8.6
③ 17.2 ④ 35.5

해설 ε(변형률) $= \alpha$(선팽창계수)t(온도의 변화량)

ε(변형률) $= \dfrac{\Delta l(\text{변형된 길이})}{l(\text{원래의 길이})}$

그러므로, Δl(배관의 팽창량) $= l$(배관의 원래길이)ε(변형률)Δt(온도의 변화량)이다.

$\Delta l = l\alpha t = 60 \times 11.9 \times 10^{-6} \times (120-20) = 0.0714$m
$= 7.14$cm

72 | 손실열량 11

남향의 외벽 면적 100m²에 대한 난방 시 관류에 의한 손실열량은? (단, 벽체의 열관류율은 0.5W/m² · K, 실내외온도는 각각 26℃, 0℃이며 복사에 대한 외기의 온도 보정은 없다.)

① 960W ② 1,300W
③ 1,820W ④ 2,380W

해설 Q(관류열량) $= K$(열관류율)A(단면적)Δt(온도의 변화량)

즉, $Q = KA\Delta t$

여기서, $K = 0.5$W/m²K, $A = 100$m², $\Delta t = 26℃$ 이므로
$Q = KA\Delta t = 0.5 \times 100 \times 26 = 1,300$W

73 | 배관재료 24③, 20, 17, 12

다음 중 동관의 사용용도가 가장 부적합한 것은?

① 급수관 ② 급탕관
③ 증기관 ④ 냉온수관

해설 동관은 산, 알칼리 등에 내식성이 있고, 관 내 마찰손실이 작으며, 열 및 전기 전도성이나, 기계적 성질도 우수하고, 단조성과 절연성이 뛰어난 관으로 열교환기, 급수관, 급탕관 및 냉온수관 등에 사용하나, 증기관으로는 매우 부적합하다.

74 | 배관재료 13, 10

다음 중 증기난방에 가장 많이 사용되는 배관재료는?

① 동관 ② 염화비닐관
③ 스테인리스관 ④ 아연도금을 하지 않은 흑관

해설 동관은 내식성이 크고, 내면이 평활하여 마찰저항이 적으며, 열전도율이 높아 관재료로 널리 사용된다. 즉, 급수, 급탕, 난방, 급유, 열교환기용 등에 사용된다. 염화비닐관은 플라스틱관의 대표적인 것으로서, 내충격성, 내열성, 내압력성 등이 약하며, 급수관, 배수관, 통기관에 사용된다. 스테인리스관은 내식성, 내열성, 저온인성을 가지며, 성형가공성 및 용접성이 양호하며, 열처리에 의해 경화되지 않으며, 자성은 없다. 용도로는 화학공업설비, 식품공업배관, 차량부품, 섬유공업설비, 내열부품, 선박부품, 건축 및 장식, 주방기구, 가정용 기기 등에 사용된다. 흑관은 표면에 아무런 처리를 하지 않은 강관으로, 주로 기초적인 구조물이나 배수, 송유 배관 등에 사용된다.

75 | 배관재료 07

다음 배관재료 중 내열성이 가장 양호한 것은?

① 아연도강관 ② 동관
③ 스테인리스관 ④ 경질염화비닐관

해설 배관재료 중 내열성이 강한 것에서 약한 것의 순으로 나열하면, 스테인리스관 → 아연도강관 → 동관 → 경질염화비닐관의 순이므로 스테인리스관이 가장 양호하다.

76 | 배관재료 용도 09, 06

배관재료와 그것의 일반적인 용도를 나타낸 것 중 옳게 연결된 것은?

① 경질염화비닐관 – 냉매 ② 동관 – 증기
③ 스테인리스관 – 급수 ④ 폴리에틸렌관 – 가스

해설 냉매 – 동관, 증기 – 강관, 급수 – 스테인리스관 · 동관, 가스 – 강관, PE관 – 급수관 · 급탕관에 사용한다.

77 | 배관재료 용도 18

배관재료의 일반적인 용도가 옳게 연결된 것은?

① 동관 – 증기 배관
② 주철관 – 냉각수 배관
③ 경질염화비닐관 – 냉매 배관
④ 스테인리스강관 – 급수 배관

해설 동관은 내식성이 크고, 내면이 평활하여 마찰저항이 적으며, 열전도율이 높아 관재료로 널리 사용된다. 즉, 급수, 급탕, 난방, 급유, 열교환기용 등에 사용된다. 주철관은 다른 관에 비해 내식성, 내구성, 내압성이 뛰어나 위생설비를 비롯하여 가스 배관, 광산용 양수관, 공장 배관, 지중 매설 배관 등 광범위하게 사용되고 있다. 염화비닐관은 플라스틱관의 대표적인 것으로서, 내충격성, 내열성, 내압력성이 약하며, 급수관, 배수관, 통기관에 사용된다.

정답 71.① 72.② 73.③ 74.④ 75.③ 76.③ 77.④

78 | 배관 내의 유속
12, 08, 04

배관 내의 유속으로 가장 부적당한 것은?

① 펌프흡입측 – 5m/s
② 배수관 – 1.5m/s
③ 냉각수 – 1.5m/s
④ 냉수 – 2m/s

해설 공동현상(cavitation, 액체 속에 함유된 공기가 저압 부분에서 분리되어 수많은 작은 기포로 되는 현상 또는 펌프흡입측 압력이 유체 포화증기압보다 작으면 유체가 기화하면서 발생되는 현상)은 소음, 진동, 관의 부식이 심한 경우에는 흡상이 불가능하며, 펌프의 공회전현상을 방지하기 위하여 유속을 1m/s 정도로 하는 것이 좋다.

79 | 배관 내의 유속
23, 09, 07

다음의 배관 내 유속에 관한 설명 중 부적당한 것은?

① 관 내에 흐르는 유속을 높이면 배관 내면의 부식이 심해진다.
② 관 내에 흐르는 유속을 높이면 펌프의 소요동력이 증가한다.
③ 냉각수의 배관 내 유속은 4m/s 정도로 하는 것이 가장 적당하다.
④ 관 내에 흐르는 유속이 너무 낮으면 배관 내에 혼입된 공기를 밀어내지 못하여 물의 흐름에 대한 저항이 커진다.

해설 냉각수의 배관 내에 흐르는 유속이 증가하면 배관 내의 부식과 펌프의 소요동력이 증가하고, 유속이 낮으면 배관의 직경이 증가하므로 냉각수 배관의 유속은 1~2m/s(보통 1.5m/s) 정도로 하는 것이 가장 바람직하다.

80 | 인서트 및 앵커
06, 04

기존 건물의 콘크리트 천장에 배관을 지지하기 위한 인서트 및 앵커로서 적당한 것은?

① 콘크리트 인서트
② C-클램프
③ 롱너트
④ 익스팬션 앵커

해설 콘크리트 인서트는 콘크리트 타설 후 달대를 매달기 위해 사전에 매설시키는 부품 또는 볼트를 부착하기 위해 미리 콘크리트에 매립된 철물이고, C-클램프는 C자형과 비슷한 강제 클램프이며, 롱너트는 긴 형태의 너트이다.

81 | 방진 고려사항
22, 15, 07

다음 중 배관계통의 방진을 위해 고려해야 할 사항과 거리가 먼 것은?

① 진동원의 기계를 지지한다.
② 배관을 밀고 당기는 힘이 작용되지 않도록 배치한다.
③ 소구경 배관에서는 플렉시블 호스를 쓸 경우가 있다.
④ 바닥, 벽 등을 관통하는 곳에서는 직접 건물과 닿게 한다.

해설 주요 구조부(벽, 바닥 등)를 관통하는 배관은 슬리브(배관 등을 콘크리트 벽이나 슬래브에 설치할 때에 사용하는 통모양의 부품) 안에서 자유로이 신축할 수 있도록 하고, 건물과 직접 닿지 않도록 하여 진동 등이 전달되지 않도록 한다.

82 | 배관설계
22, 16, 10

배관설계에 관한 설명으로 옳은 것은?

① 직관부의 마찰저항은 관경에 비례한다.
② 글로브밸브는 슬루스밸브에 비해 마찰저항이 작아 지름이 큰 관에 많이 사용한다.
③ 관 내의 유속이 낮으면 공사비는 절감되나 마찰저항이 커져서 펌프 소요동력이 증가한다.
④ 수배관의 관경은 마찰손실선도에서 유량, 단위길이당 마찰손실, 유속 중 2개가 정해지면 결정할 수 있다.

해설 배관설계에 있어서 직관부의 마찰저항은 관경에 반비례하고, 글로브밸브는 슬루스밸브에 비해 마찰저항이 크므로 지름이 큰 관에 많이 사용하며, 관 내의 유속이 낮으면 관경이 커지므로 공사비는 증가되고, 마찰저항이 작아지므로 펌프 소요동력이 감소한다.

83 | 레이놀즈 수
03

관 내 유속은 V(m/s), 관의 내경을 D(m), 유체의 밀도를 ρ(kg/m^3), 동점성계수를 ν(m^2/s)라고 할 때 레이놀즈수 Re는?

① $\nu VD/\rho$
② VD/ρ
③ $\rho VD/\nu$
④ VD/ν

해설 레이놀즈수(Re) $= \dfrac{관성력}{점성력} = \dfrac{V(유체의\ 속도)D(관의\ 내경)}{\nu(동점성계수)}$

$= \dfrac{VD}{\dfrac{\mu(점성\ 계수)}{\rho(유체의\ 밀도)}}$

$= \dfrac{\dfrac{Q}{A}D}{\nu} = \dfrac{QD}{A\nu} = \dfrac{QD}{\dfrac{\pi D^2}{4}\nu} = \dfrac{4Q}{\pi D\nu}$

여기서, $Q = Av$에서 $v = \dfrac{Q}{A} = \dfrac{Q}{\dfrac{\pi D^2}{4}} = \dfrac{4Q}{\pi D^2}$

정답 78. ① 79. ③ 80. ④ 81. ④ 82. ④ 83. ④

84 | 덕트의 압력순서 06

피토관을 이용하여 덕트의 압력을 측정하고자 한다. 측정되는 압력의 순서가 바른 것은?

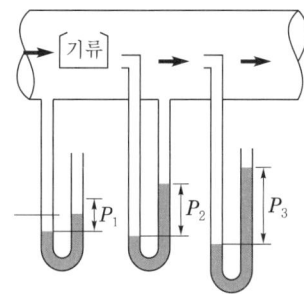

① 정압 → 전압 → 동압   ② 전압 → 동압 → 정압
③ 동압 → 전압 → 정압   ④ 정압 → 동압 → 전압

해설 그림의 좌측부터 보면, 덕트 내의 공기가 주위에 미치는 압력을 정압(P_1)이라 하고, 공기의 흐름이 없고, 덕트의 한 쪽 끝이 대기에 개방되었을 때의 정압(P_1)=0이다. 또한 공기의 흐름이 있을 때는 흐름 방향의 속도에 의해 생기는 압력이 동압(P_2, 속도압)이고, 정압과 동압을 합한 것이 전압(P_3)이다. 동압은 다음 식과 같다.

$$P_2 = \frac{v^2(유속)}{2g(중력가속도)}r(공기의\ 비중량) = \left(\frac{v}{4.04}\right)^2$$

85 | 송풍기의 전압 18

공조기의 저항 30mmAq, 덕트의 필요 전압이 11mmAq, 송풍기의 토출구 풍속이 6m/s일 때 송풍기의 정압은?

① 약 35mmAq   ② 약 39mmAq
③ 약 43mmAq   ④ 약 46mmAq

해설 덕트의 전압=정압+동압이고, 송풍기의 정압=전압-동압+공조기의 저항이다.
전압은 11mmAq, 공조기의 저항은 30mmAq이므로

동압 = $\frac{v^2(유속)}{2g(중력가속도)}r(공기의\ 비중량) = \frac{6^2}{2\times 9.8}\times 1.2$
= 2.204mmAq

∴ 송풍기의 정압=전압-동압+공조기의 저항
= 11-2.204+30=38.796≒39mmAq

86 | 고속덕트 23, 15, 10

고속덕트에 관한 설명 중 옳지 않은 것은?

① 소음이 크므로 취출구에 소음상자를 설치한다.
② 관마찰저항을 줄이기 위하여 일반적으로 단면을 원형으로 한다.
③ 공장이나 창고 등과 같이 소음이 별로 문제가 되지 않는 곳에 사용된다.
④ 설치 스페이스를 많이 차지하므로 고층빌딩 등과 같이 설치 스페이스를 크게 취할 수 없는 곳에서는 사용할 수 없다.

해설 고속덕트는 설치 스페이스를 적게 차지(저속덕트의 12~14% 정도)하므로 고층빌딩 등과 같이 설치 스페이스를 크게 취할 수 없는 곳에서 사용할 수 있다.

87 | 고속덕트 22

고속덕트에 관한 설명으로 옳지 않은 것은?

① 소음과 진동 발생이 크다.
② 송풍기의 동력이 적게 든다.
③ 덕트재료를 절약할 수 있다.
④ 덕트설치 공간을 적게 차지한다.

해설 고속덕트방식(덕트의 면적을 줄이기 위하여 16m/s 이상으로 송풍하는 방식)은 송풍기의 동력이 증대된다. 즉 송풍기의 동력을 많이 사용한다.

88 | 고속덕트 25

고속덕트에 관한 설명으로 옳지 않은 것은?

① 원형 덕트의 사용이 불가능하다.
② 동일한 풍량을 송풍할 경우 저속덕트에 비해 송풍기 동력이 많이 든다.
③ 공장이나 창고 등과 같이 소음이 별로 문제가 되지 않는 곳에서 사용한다.
④ 동일한 풍량을 송풍할 경우 저속덕트에 비해 덕트의 단면치수가 작아도 된다.

해설 고속덕트에 있어서 원형 단면 덕트의 사용이 가능하다.

89 | 국부저항의 상당길이 19, 08

원형덕트의 곡관부의 이형관에서 국부저항의 상당길이를 L'라 할 때 다음 설명 중 옳은 것은? (단, λ : 덕트재료의 마찰저항계수, d : 원형덕트의 직경, ξ : 국부저항손실계수이다.)

① L'는 d, ξ에 비례하나, λ에는 반비례한다.
② L'는 d, λ에 비례하나, ξ에는 반비례한다.
③ L'는 d, ξ, λ에 모두 비례한다.
④ L'는 d, ξ, λ에 모두 반비례한다.

[해설] 국부저항의 상당길이는 관에서 발생하는 국부저항을 같은 크기의 직관 길이로 환산한 값으로 다음과 같이 구한다.
L'(국부저항 상당길이)
$= \dfrac{\xi(\text{국부저항 손실계수})d(\text{원형덕트의 직경})}{\lambda(\text{덕트재료의 마찰저항계수})}$ 이므로
국부저항 상당길이는 d(덕트의 직경), ξ(국부저항 손실계수)에 비례하나, λ(덕트재료의 마찰저항계수)에는 반비례한다.

90 | 덕트의 환산식
21, 20, 17, 14, 13, 10

원형덕트와 장방형덕트의 환산식으로 옳은 것은? (단, d : 원형덕트의 직경 또는 환산직경, a : 장방형덕트의 장변길이, b : 장방형덕트의 단변길이)

① $d = 1.3\left[\dfrac{(a \cdot b)^5}{(a+b)^2}\right]^{1/8}$

② $d = 1.3\left[\dfrac{(a \cdot b)^5}{(a-b)^2}\right]^{1/8}$

③ $d = 1.3\left[\dfrac{(a \cdot b)^2}{(a+b)^5}\right]^{1/8}$

④ $d = 1.3\left[\dfrac{(a \cdot b)^2}{(a-b)^5}\right]^{1/8}$

[해설] 원형덕트에서 장방형덕트의 환산식
d(원형덕트의 직경 또는 환산 직경)
$= 1.3\left[\dfrac{(a \cdot b)^5}{a(\text{장방형덕트의 장변길이})+b(\text{장방형덕트의 단변길이})^2}\right]^{1/8}$
여기서, 아스펙트비 $= \dfrac{a}{b}$

91 | 아스펙트비
16

장방형덕트 단면의 아스펙트비는 원칙적으로 최대 얼마 이하로 하는가?

① 2 : 1
② 3 : 1
③ 4 : 1
④ 5 : 1

[해설] 덕트는 가능하면 장방형이 되도록 하며, 아스펙트(종횡 또는 장변 : 단변)비는 2 : 1을 표준으로 하고, 가능하면 4 : 1 이하로 제한하고, 최대 8 : 1 이상이 되지 않도록 하며, 동일한 상당직경인 경우 아스펙트비가 클수록 덕트재료비가 많이 든다.

92 | 국부저항의 상당길이
20, 16

국부저항의 상당길이에 관한 설명으로 옳지 않은 것은?

① 배관의 지름이 커질수록 상당길이는 길어진다.
② 45° 표준 엘보보다는 90° 표준 엘보의 상당길이가 길다.
③ 밸브류의 경우 개폐도(開閉度)가 작을수록 상당길이는 길어진다.
④ 동일한 배관 지름, 전개(全開)일 경우 앵글밸브보다 게이트밸브의 상당길이가 길다.

[해설] 국부저항의 상당길이는 마찰저항이 클수록 길어진다. 동일한 지름, 전개일 경우 앵글밸브보다 게이트밸브의 상당길이가 짧다. 예를 들어 호칭경 15mm인 경우, 게이트밸브의 상당길이는 0.12m, 앵글밸브는 2.4m이다.

93 | 덕트의 설계과정
13, 12

다음 중 덕트의 설계과정에서 가장 먼저 이루어지는 것은?

① 송풍량 결정
② 송풍기 선정
③ 덕트 경로 결정
④ 덕트의 치수 결정

[해설] 덕트의 설계과정을 보면, 송풍량과 취출구 개수의 산정 → 덕트의 방식과 경로의 결정 → 덕트의 치수 결정 → 직관부의 마찰저항의 산정 → 국부 저항의 산정 → 송풍기 선정의 순이다.

94 | 덕트의 관경
15, 08, 04

덕트경로 중 그 관경이 확대되었을 경우 압력변화에 관한 설명이다. 적당한 것은?

① 전압이 증가한다.
② 동압이 증가한다.
③ 정압이 증가한다.
④ 전압, 정압, 동압이 모두 증가한다.

[해설] 덕트경로 중 그 관경이 확대되었을 경우, 전압은 일정하고, 풍속과 동압은 감소하고, 정압은 증가한다.

95 | 덕트의 단면적
14, 10

덕트의 단면적을 확대시킬 경우 변화가 없는 것은?

① 풍속
② 동압
③ 정압
④ 전압

[해설] 덕트경로 중 그 관경이 확대되었을 경우 전압은 일정하고, 풍속과 동압은 감소하고, 정압은 증가한다.

정답 90. ① 91. ③ 92. ④ 93. ① 94. ③ 95. ④

96. 덕트의 치수결정 | 25, 18, 10

덕트의 치수결정법에 대한 설명 중 옳지 않은 것은?

① 등속법은 덕트 내의 풍속을 일정하게 유지할 수 있도록 덕트치수를 결정하는 방법이다.
② 등속법에 의한 덕트는 각 구간마다 압력손실이 다르므로 송풍기용량을 구하기 위해서는 전체 구간의 압력손실을 구해야 하는 번거로움이 있다.
③ 등속법에 의한 덕트에 많은 풍량을 송풍하면 소음발생이나 덕트의 강도상에 문제가 발생하므로 일정 풍량 이상인 경우 등마찰손실법으로 결정한다.
④ 등마찰손실법은 덕트의 단위길이당 마찰손실이 일정한 상태가 되도록 덕트마찰손실선도에서 직경을 구하는 방법이다.

해설 등마찰손실법에 의한 덕트에 많은 풍량을 송풍하면 소음발생이나 덕트의 강도상에 문제가 발생하므로 일정 풍량(10,000 m³/h) 이상인 경우 등속(정속)법으로 결정한다.

97. 덕트의 치수결정 | 21

덕트의 치수결정법 중 등속법에 관한 설명으로 옳지 않은 것은?

① 덕트를 통해 먼지나 산업용 분말을 이송시키는데 적당하다.
② 덕트 내의 풍속을 일정하게 유지할 수 있도록 덕트치수를 결정하는 방법이다.
③ 송풍기 용량을 구하기 위해서는 전체 구간의 압력손실을 구해야 하는 번거로움이 있다.
④ 미분탄 및 시멘트 분말의 이송에는 덕트 내에 분말이 침적되지 않도록 풍속 5m/s로 설계한다.

해설 분진의 종류, 형태 및 풍속

분진의 종류	항목	풍속(m/s)
매우 가벼운 분진	가스, 증기, 연기, 차고 등의 배기가스 배출	10
中 정도 비중의 건조분진	목재, 섬유, 곡물 등의 취급 시 발생된 먼지 배출	15
일반공업용 분진	연마, 연삭, 스프레이 도장, 분체작업장 등의 먼지배출	20
무거운 분진	납, 주조작업, 절삭작업장 등에서 발생된 먼지 배출	25
기타		20~35

98. 정압재취득법 | 18, 15

정압재취득법에 관한 설명으로 옳지 않은 것은?

① 고속덕트의 경우 부적합하다.
② 취출구 직전의 정압이 대략 일정해진다.
③ 덕트구간에서 앞 구간의 동압감소로 인해 얻은 정압을 다음 구간에서 이용하는 방법이다.
④ 등압법에 비해 송풍기 동력이 절약되며 풍량조절이 용이하다.

해설 덕트설계방법 중 **정압재취득법**(전압기준에 의해 손실계수를 이용하여 덕트 각 부의 국부저항을 구하고, 각 취출구까지의 전압력 손실이 같아지도록 덕트의 단면을 결정하는 방법)은 고속덕트의 경우에 적합한 방식이다.

99. 정압재취득법 | 22, 11

덕트설계법 중 정압재취득법에 관한 설명으로 옳지 않은 것은?

① 등손실법에 의한 경우보다 송풍기 동력이 절약된다.
② 각 취출구에서 댐퍼에 의한 조절을 하지 않을 경우 예정된 취출풍량을 얻을 수 없다.
③ 각 취출구 또는 분기부 직전의 정압을 균일하게 되도록 덕트 치수를 결정하는 설계법이다.
④ 각 분기부분에 있어서의 풍속의 감소에 의한 정압재취득을 다음 구간의 덕트저항손실에 이용한다.

해설 덕트설계방법 중 **정압재취득법**은 전압기준에 의해 손실계수를 이용하여 덕트 각 부의 국부저항을 구하고, 각 취출구까지의 전압력 손실이 같아지도록 덕트의 단면을 결정하는 방법으로 풍량의 밸런싱이 양호하여 댐퍼에 의한 조절이 없어도 설계 취출풍량을 얻을 수 있다.

정답 96. ③ 97. ④ 98. ① 99. ②

CHAPTER 03 | 기출 공략 문제 |
환기설비 설계

① 환기시스템 설계

01 | 덕트배치법
08, 05

덕트배치법 중 덕트 말단에 가까운 취출구에서 송풍량의 불균형을 개선할 수 있는 방법은?

① 간선덕트(천장취출)
② 간선덕트(벽취출)
③ 개별덕트(천장취출)
④ 환상덕트(벽취출)

해설 간선덕트방식은 가장 간단한 것으로 설비비가 싸고, 덕트 스페이스가 적어도 되는 방식이고, 개별덕트방식은 취출구마다 덕트를 단독으로 설치하는 방식으로 가정용 온풍기에 사용되고, 풍량조절이 용이하며, 덕트의 수가 많으므로 설비비가 증대되고, 덕트 스페이스를 많이 차지하는 방식이며, 환상덕트방식은 덕트 말단에 가까운 취출구에서 송풍량의 불균형을 개선할 수 있는 방식이다.

02 | 덕트배치법
24

2개의 주덕트의 양 끝을 연결하여 말단부 취출구에서 풍량의 불균형을 개량한 방식으로 제각기 주덕트를 단독으로 사용할 수 없는 단점을 갖는 덕트의 배선방식은?

① 간선덕트방식   ② 개별덕트방식
③ 환상덕트방식   ④ 입상덕트방식

해설 ① 간선덕트방식은 1개의 주덕트에 각 취출구가 직접 고정되는 방식으로 시공이 용이하며, 설비비가 싸고, 덕트 스페이스가 비교적 적어 공조와 환기용에 가장 많이 사용된다.
② 개별덕트방식은 주택의 온풍난방의 각 실에 대량 생산된 덕트 취출구를 배치, 풍량이 많이 필요한 실에는 2개 이상의 취출구의 설치 등 가격, 시공면에서 장점이 있으나, 많은 덕트 스페이스가 필요한 단점이 있다.
④ 입상덕트방식은 천장고를 높일 수 있지만 건물의 유효 면적이 줄어드는 방식이다.

03 | 덕트배치법
25, 18

덕트의 배치방식 중 개별덕트방식에 관한 설명으로 옳지 않은 것은?

① 덕트 스페이스가 많이 요구된다.
② 각 실의 개별 제어성이 우수하다.
③ 공사비가 적어 일반적으로 가장 많이 사용되는 방식이다.
④ 입상덕트(주덕트)에서 각개의 취출구로 덕트를 통해 분산하여 송풍하는 방식이다.

해설 개별덕트방식은 취출구마다 덕트를 단독으로 설치하는 방식으로 가정용 온풍기에 사용되고, 풍량조절이 용이하며, 덕트의 수가 많으므로 설비비가 증대되고, 덕트 스페이스를 많이 차지하는 방식이다.

04 | 취출구의 도달거리
17, 01

천장 취출구에서 동일한 취출풍속일 때 도달거리가 가장 긴 시기는?

① 난방 시   ② 냉방 시
③ 중간기   ④ 어느 때나 동일

해설 천장 취출구에서 동일한 취출풍속일 때 차가운 공기의 밀도가 크므로 도달거리(취출구에서 기류의 중심 풍속이 강하거리 0.25m/s가 되는 곳까지의 거리)는 냉방 시에 최대가 된다.

05 | 천장 취출구의 확산반경
11, 07

천장 취출구에서 취출을 하는 경우에 확산반경에 대한 설명으로 옳은 것은?

① 거주영역에서 평균풍속이 $0.125 \sim 0.25$m/s로 되는 최대 단면적의 반경을 최대 확산반경이라 한다.
② 거주영역에서 평균풍속이 $0.1 \sim 0.125$m/s로 되는 최대 단면적의 반경을 최소 확산반경이라 한다.
③ 인접한 취출구의 최소 확산반경이 겹치면 편류현상이 생긴다.
④ 거주영역에는 최소 확산반경이 미치지 않는 영역이 없도록 하여야 한다.

정답 01. ④ 02. ③ 03. ③ 04. ② 05. ③

해설 ① 거주영역에서 평균풍속이 0.1~0.125m/s로 되는 최대 단면적의 반경을 최대 확산반경이라 한다.
② 거주영역에서 평균풍속이 0.125~0.25m/s로 되는 최대 단면적의 반경을 최소 확산반경이라 한다.
④ 거주영역에는 최대 확산반경이 미치지 않는 영역이 없도록 계획하여야 한다.

06 | 천장 취출구의 확산반경
21, 14, 09

천장 취출구에서 취출을 하는 경우의 확산반경에 대한 설명으로 옳지 않은 것은?

① 거주영역에서 평균풍속이 0.1 ~ 0.125m/s로 되는 최대 단면적의 반경을 최대 확산반경이라 한다.
② 거주영역에서 평균풍속이 0.125 ~ 0.25m/s로 되는 최대 단면적의 반경을 최소 확산반경이라 한다.
③ 인접한 취출구의 최소 확산반경이 겹치면 편류현상이 생긴다.
④ 최소 확산반경 내의 보나 벽 등의 장애물이 있으면 드리프트가 발생하지 않는다.

해설 최소 확산반경 내의 장애물(보나 벽 등)이 있으면 드리프트(draft, 공기의 흐름으로 굴뚝, 연도, 배기통 등 속을 온도차에 따른 밀도차에 의해 공기 또는 가스가 통하는 것)가 발생하여 기류확산을 방해한다.

07 | 취출구의 상승거리
17, 01

다음 중 벽 취출구에서 동일한 취출풍속일 때 상승거리가 가장 긴 시기는?

① 난방 시
② 냉방 시
③ 중간기
④ 어느 때나 동일

해설 취출구에서 수평취출기류의 도달거리, 강하거리 및 상승거리는 기류의 풍속 및 실내 공기와의 온도차에 비례한다. 즉, 난방 시에 상승거리(취출공기온도가 실내공기보다 높을 때 도달거리에 도달하는 동안 일어나는 기류의 상승거리로서 강하거리와 동일)가 가장 길다.

08 | 제1영역
15, 13

취출기류의 속도분포와 관련하여 4단계의 영역으로 구분할 경우 제1영역에 관한 설명으로 옳은 것은?

① 일명 천이구역이라고도 한다.
② 취출구에서 분출되는 공기는 아주 짧은 거리에서 속도의 변화가 없다.
③ 취출거리의 대부분을 차지하며, 취출구의 종류에 따라 특성이 현저하다.
④ 취출기류의 속도가 급격히 감소되며 혼합된 공기까지도 주위로 확산되는 영역이다.

해설 ① 제2영역(천이구역으로, 풍속이 취출거리의 제곱근에 반비례하는 영역)
② 제1영역(취출풍속과 동일하게 분출되는 영역)
③ 제3영역(취출거리의 대부분으로 풍속이 취출거리에 반비례하는 영역)
④ 제4영역(취출기류의 속도가 급감하여 주위 공기를 유인할 수 없어 혼합된 공기가 주위로 확산되는 영역)

09 | 제2영역
20, 17, 13

취출기류의 속도분포와 관련된 4단계 영역 중 제2영역에 관한 설명으로 옳은 것은?

① 천이구역이라고도 한다.
② 취출거리의 대부분을 차지한다.
③ 혼합된 공기(1차 공기+2차 공기)가 주위로 확산되는 영역이다.
④ 취출기류의 속도가 급격히 감소되어 주위 공기를 유인하는 힘이 없어진다.

해설 ① 제2영역, ② 제3영역, ③, ④ 제4영역에 대한 설명이다.

10 | 취출구의 공기이동
19, 12

벽면 취출구에서 공기를 수평으로 취출하는 경우 취출공기의 이동에 관한 설명으로 옳지 않은 것은?

① 강하거리는 취출기류의 풍속에 비례한다.
② 상승거리는 취출기류의 풍속에 비례한다.
③ 도달거리는 취출기류의 풍속에 비례한다.
④ 강하거리는 취출공기와 실내공기의 온도차에 반비례한다.

해설 취출구에서 수평취출기류의 도달거리, 강하거리 및 상승거리는 기류의 풍속 및 실내공기와의 온도차에 비례한다.

11 | 댐퍼
19②, 14, 09, 07, 05, 03

다음의 풍량조절 댐퍼 중에서 덕트 분기부에 설치해서 풍량의 분배를 하는데 사용하는 것은?

① 버터플라이 댐퍼
② 루버 댐퍼
③ 스플릿 댐퍼
④ 정풍량 댐퍼

해설 버터플라이(단익) 댐퍼는 가장 간단한 구조로 장방형과 원형 덕트에 사용하고, 풍량 조절기능이 떨어지나 소음 발생의 원인이 되기도 하는 댐퍼이고, 루버(다익) 댐퍼는 2개 이상의 날개를 가진 댐퍼로서 풍량조절 기능은 대향날개 댐퍼가 우수하고, 날개는 주축의 회전과 더불어 연동하는 기구로 되어 있으며, 정풍량 댐퍼는 이중덕트방식의 혼합챔버와 가변풍량방식의 정풍량 유닛 등에 사용되는 것과 마찬가지의 구조로서 풍압을 이용해서 조리개 기구를 작동시키는 것이 많다.

12 | 취출구의 공기이동
19, 11, 09

취출구에서 수평취출기류의 도달, 강하 및 상승거리에 대한 설명 중 옳지 않은 것은?

① 취출구로부터 기류의 중심속도가 0.25m/s로 되는 곳까지의 수평거리를 최대 도달거리라고 한다.
② 취출구로부터 기류의 중심속도가 0.5m/s로 되는 곳까지의 수평거리를 최소 도달거리라고 한다.
③ 상승거리는 기류의 풍속 및 실내공기와의 온도차에 반비례한다.
④ 강하거리는 기류의 풍속 및 실내공기와의 온도차에 비례한다.

해설 취출구에서 수평취출기류의 도달거리, 강하거리 및 상승거리는 기류의 풍속 및 실내공기와의 온도차에 비례한다.

13 | 버터플라이 댐퍼
22, 19②, 14②

버터플라이 댐퍼에 관한 설명으로 옳지 않은 것은?

① 완전히 닫았을 때 공기의 누설이 적다.
② 운전 중에 개폐조작에 큰 힘을 필요로 한다.
③ 주로 대형덕트에서 풍량조절용으로 사용된다.
④ 날개가 중간 정도 열렸을 때 댐퍼의 하류측에 와류가 생기기 쉽다.

해설 버터플라이(단익) 댐퍼는 가장 간단한 구조로 장방형과 원형덕트에 사용하고, 풍량조절기능이 떨어지며 소음 발생의 원인이 되기도 하는 댐퍼로서 소형덕트의 유량조절용으로 사용된다.

14 | 스플릿 댐퍼
22, 21, 14, 12, 11

다음 설명에 알맞은 풍량조절댐퍼는?

- 덕트의 분기부에 설치하여 풍량조절용으로 사용된다.
- 구조가 간단하며 주덕트의 압력강하가 적다.
- 정밀한 풍량조절은 불가능하며 누설이 많아 폐쇄용으로 사용이 곤란하다.

① 스플릿 댐퍼 ② 평행익형 댐퍼
③ 대향익형 댐퍼 ④ 버터플라이 댐퍼

해설 버터플라이(단익) 댐퍼는 가장 간단한 구조로 장방형과 원형덕트에 사용하고, 풍량 조절기능이 떨어지며 소음 발생의 원인이 되기도 하는 댐퍼이고, 평행익형 댐퍼는 많은 회전평행 날개로 이루어진 댐퍼이며, 대향익형 댐퍼는 다익댐퍼의 일종으로 2매의 날개를 서로 마주보도록 배열시킨 댐퍼이다.

15 | 스플릿 댐퍼
23, 22, 21

덕트 부속기기 중 스플릿 댐퍼에 관한 설명으로 옳지 않은 것은?

① 주덕트의 압력강하가 적다.
② 정밀한 풍량조절이 용이하다.
③ 폐쇄용으로는 사용이 곤란하다.
④ 분기부에 설치하여 풍량조절용으로 사용된다.

해설 스플릿 댐퍼(풍량 조절을 위해 덕트의 분기점에 사용하는 댐퍼)는 주덕트의 압력 저하가 적고, 폐쇄형으로 사용이 곤란하며, 정밀한 풍량조절이 어렵다.

16 | 취출구의 허용풍속 제한 이유
18

취출구의 허용풍속을 제한하는 가장 주된 이유는?

① 확산반경을 줄이기 위하여
② 송풍동력을 줄이기 위하여
③ 소음발생을 억제하기 위하여
④ 단락류 발생을 억제하기 위하여

해설 취출구의 허용풍속을 제한하는 이유는 소음발생을 억제하기 위함이다.

17 | 유인비 산정식
24, 20, 19, 12

취출공기의 이동과 관련된 유인비를 옳게 나타낸 것은?

① $\dfrac{1차 공기량}{전 공기량}$ ② $\dfrac{전 공기량}{1차 공기량}$

③ $\dfrac{1차 공기량}{2차 공기량}$ ④ $\dfrac{2차 공기량}{1차 공기량}$

해설 유인비=1차 공기량에 대한 전 공기량(1차 공기량+2차 공기량)의 비로서 즉,
유인비=$\dfrac{전\ 공기량(1차\ 공기량+2차\ 공기량)}{1차\ 공기량}$ 이다.

18 | 숏 서컷
16

취출구와 흡입구가 지나치게 근접해 있을 때 취출구에서 나온 기류가 곧바로 흡입구로 들어가는 현상은?

① 숏 서컷 ② 드래프트
③ 에어커튼 ④ 리턴 에어

해설 드래프트는 보통은 공기의 흐름을 말하고, 굴뚝, 연도 및 배기통 등을 온도차에 따른 밀도차에 의해 공기 또는 가스가 통하는 것이며, 에어커튼은 온·습도를 조정한 공기의 분류를 만들고, 출입구 내·외의 공기류를 차단하는 장치로서 백화점, 공장 출입구에 사용하며, 리턴 에어는 환기를 하는 방에서 배기되지 않고 다시 공기조화장치로 되돌아 오는 공기이다.

정답 12. ③ 13. ③ 14. ① 15. ② 16. ③ 17. ② 18. ①

19 | 덕트
24, 20, 11

덕트에 대한 설명으로 옳지 않은 것은?

① 덕트의 보강을 위해서 다이아몬드 브레이크 등을 사용한다.
② 덕트를 분기할 경우 원칙적으로 덕트 굽힘부 가까이에서 분기하는 것이 좋다.
③ 덕트의 굽힘부에서 곡류반경이 작거나 직각으로 구부러질 때 안내날개를 설치한다.
④ 단면을 바꿀 때 확대부에서는 경사도 15° 이하, 축소부에서는 경사도 30° 이하가 되도록 한다.

해설 덕트를 분기할 때에는 그 부분의 기류가 흩어지지 않도록 주의해야 하고, 원칙적으로 덕트 굽힘부 가까이에서 분기하는 것을 피하도록 하며, 부득이하게 굽힘부 가까이에서 분기하는 경우에는 되도록 길게 직선배관하여 분기하는데 그 거리가 덕트 폭의 6배 이하일 때는 굽힘부에 가이드베인을 설치하여 흐름을 갖추고 난 뒤에 분기한다.

20 | 덕트의 부속기구
24, 17

덕트와 부속기구에 관한 설명으로 옳지 않은 것은?

① 고속덕트는 가급적 원형덕트로 한다.
② 점검구는 풍량조정이나 점검을 해야 하는 곳에 설치한다.
③ 같은 양의 공기가 덕트를 통해 송풍될 때 풍속을 높게 하면 덕트의 단면치수노 그세 하여야 한다.
④ 방화댐퍼는 화재 시에 덕트를 통해 방화구역으로 불이 번지지 않도록 덕트의 통로를 차단하는 역할을 한다.

해설 같은 양의 공기가 덕트를 통해 송풍될 때 풍속을 높게 하면 덕트의 단면치수는 작게 하여야 한다.

21 | 캄 라인형 취출구
24, 16, 12

다음 설명에 알맞은 취출구의 종류는?

- 외부 존이나 내부 존에 모두 적용되며, 출입구 부근의 에어커튼용으로도 적합하다.
- 선형이므로 인테리어 디자인의 일환으로도 적당하다.

① 노즐(nozzle)형
② 캄 라인(clam line)형
③ 아네모스탯(annemostat)형
④ 라이트 트로퍼(light troffer)형

해설 노즐형은 도달거리가 길기 때문에 실내공간이 넓은 경우 벽면에 부착하여 횡방향으로 취출하는 경우가 많고, 소음이 적기 때문에 방송국의 스튜디오나 음악 감상실 등에 저속취출을 하여 사용된다. 아네모스탯형은 확산형 취출구의 일종으로 몇 개의 콘(corn)이 있어서 1차 공기에 의한 2차 공기의 유인성능이 좋으며, 확산반경이 크고 도달거리가 짧기 때문에 천장취출구로 많이 사용된다.

22 | 노즐형 취출구
20, 14, 10

다음과 같은 특징을 갖는 축류형 취출구는?

- 도달거리가 길기 때문에 실내공간이 넓은 경우 벽면에 부착하여 횡방향으로 취출하는 경우가 많다.
- 소음이 적기 때문에 방송국의 스튜디오나 음악 감상실 등에 저속취출을 하여 사용된다.

① 아네모스탯형
② 브리즈 라인형
③ 팬형
④ 노즐형

해설 아네모스탯형은 확산형 취출구의 일종으로 몇 개의 콘(corn)이 있어서 1차 공기에 의한 2차 공기의 유인성능이 좋으며, 확산반경이 크고 도달거리가 짧기 때문에 천장취출구로 많이 사용된다. 브리즈 라인형은 폭 약 50mm, 길이가 1~2m인 가늘고 긴 형태로 천장에 설치하여 기류를 수직으로 하강시키는 취출구이며, 팬형은 취출구의 하면에 팬을 설치한 것으로 평판의 상하에 따라 분출기류의 형을 바꿀 수 있는 취출구이다.

23 | 아네모스탯형 취출구
22, 21, 18, 10

다음과 같은 특징을 갖는 천장취출구는?

- 확산형 취출구의 일종으로 몇 개의 콘(corn)이 있어서 1차 공기에 의한 2차 공기의 유인성능이 좋다.
- 확산반경이 크고 도달거리가 짧기 때문에 천장취출구로 많이 사용된다.

① 노즐형
② 아네모스탯형
③ 팬형
④ 펑커루버형

해설 노즐형은 도달거리가 길기 때문에 실내공간이 넓은 경우 벽면에 부착하여 횡방향으로 취출하는 경우가 많고, 소음이 적기 때문에 취출풍속을 10~15m/s로 사용하며, 소음규제가 심한 방송국의 스튜디오나 음악 감상실 등에 저속취출을 하여 사용되는 취출구이다. 팬형은 구조가 간단하여 유도비가 작고 풍량의 조절도 불가능하므로 오래 전부터 사용하였으나 최근에는 사용되지 않는다. 펑커루버형은 분출구의 방향을 자유롭게 조절할 수 있는 노즐형 분출구이다.

정답 19. ② 20. ③ 21. ② 22. ④ 23. ②

24 | 동압의 산정

어떤 덕트 내부의 풍속을 측정한 결과 7m/s이었다. 이때의 동압은 얼마인가? (단, 공기의 밀도는 1.2kg/m³이다.)

① 2.5Pa ② 24.5Pa
③ 29.4Pa ④ 49Pa

해설 $P_v(동압) = \dfrac{v^2(관\ 내의\ 유속)}{2g(중력가속도)}\rho(공기의\ 밀도)(mmAq)$

$= \dfrac{v^2}{2}\rho(공기의\ 밀도)(Pa)$

그러므로, $P_v(동압) = \dfrac{v^2}{2}\rho(공기의\ 밀도)(Pa)$

$= \dfrac{7^2}{2} \times 1.2 = 29.4\text{Pa}$

25 | 전압의 산정

덕트 내의 풍속이 10m/s, 정압이 245Pa일 경우 전압은? (단, 공기의 밀도는 1.2kg/m³이다.)

① 254Pa
② 272Pa
③ 305Pa
④ 343Pa

해설 전압은 정압과 동압의 합계로서 즉, 전압=정압+동압이고, 정압은 공기의 흐름이 없고 덕트의 한 쪽 끝이 대기에 개방되어 있는 상태에서의 압력이며, 동압은 공기의 흐름이 있을 때, 흐름 방향의 속도에 의해 생기는 압력이다.

$P_v(동압) = \dfrac{v^2(관\ 내의\ 유속)}{2g(중력가속도)}\rho(공기의\ 밀도)(mmAq)$

$= \dfrac{v^2}{2}\rho(공기의\ 밀도)[Pa]$

전압=정압+동압이므로

$= 245 + \dfrac{v^2}{2}\rho = 245 + \dfrac{10^2}{2} \times 1.2 = 305\text{Pa}$

수주 1mmAq=9.8Pa≒10Pa임에 유의하여야 한다.

26 | 전압의 산정

덕트 내의 풍속이 20m/s, 정압이 200Pa일 경우 전압의 크기는? (단, 공기의 밀도는 1.2kg/m³이다.)

① 212Pa
② 220Pa
③ 330Pa
④ 440Pa

해설 전압은 정압과 동압의 합계로서 즉, 전압=정압+동압이고, 정압은 공기의 흐름이 없고 덕트의 한 쪽 끝이 대기에 개방되어 있는 상태에서의 압력이며, 동압은 공기의 흐름이 있을 때, 흐름 방향의 속도에 의해 생기는 압력이다.

$P_v(동압) = \dfrac{v^2(관\ 내의\ 유속)}{2g(중력가속도)}\rho(공기의\ 밀도)(mmAq)$

$= \dfrac{v^2}{2}\rho(공기의\ 밀도)(Pa)$

전압=정압+동압이므로

$= 200 + \dfrac{v^2}{2}\rho = 200 + \dfrac{20^2}{2} \times 1.2 = 440\text{Pa}$

수주 1mmAq=9.8Pa≒10Pa임에 유의하여야 한다.

27 | 전압의 산정

덕트 내를 흐르는 공기의 유속 12m/s, 정압 25mmAq일 때 전압은 몇 mmAq인가? (단, 공기의 밀도는 1.2kg/m³이다.)

① 25.0mmAq ② 33.8mmAq
③ 86.4mmAq ④ 111.4mmAq

해설 전압=정압+동압=$25 + \dfrac{v^2}{2g}\rho = 25 + \dfrac{12^2}{2 \times 9.8} \times 1.2 = 33.82\text{mmAq}$

여기서, 1MPa=100mAq, 1kg/m²=0.00001MPa=1mmAq이다.

28 | 전압의 산정

덕트 내에 흐르는 공기의 풍속이 13m/s, 정압이 20mmAq일 때 전압은? (단, 공기의 밀도는 1.2kg/m³이다.)

① 20.34mmAq ② 28.84mmAq
③ 30.35mmAq ④ 36.25mmAq

해설 전압=정압+동압=$20 + \dfrac{v^2}{2g}\rho = 20 + \dfrac{13^2}{2 \times 9.8} \times 1.2 = 30.35\text{mmAq}$

29 | 전압의 손실

다음의 덕트에서 (1)점의 풍속 $v_1 = 14\text{m/s}$, 정압 $Ps_1 = 50\text{Pa}$, (2)점의 풍속 $v_2 = 6\text{m/s}$, 정압 $Ps_2 = 100\text{Pa}$일 때, (1), (2)점 간의 전압손실은? (단, 공기의 밀도는 1.2kg/m³이다.)

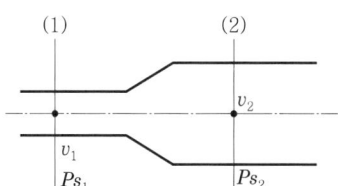

① 46Pa ② 94Pa
③ 142Pa ④ 190Pa

해설 (1)점 전압과 (2)점 전압과의 차가 전압손실이다. 즉, 전압손실 =(1)점 전압-(2)점 전압이고, 전압은 정압(공기의 흐름이 없고 덕트의 한 쪽 끝이 대기에 개방되어 있는 상태에서의 압력)과 동압(공기의 흐름이 있을 때, 흐름 방향의 속도에 의해 생기는 압력)의 합계로서, 즉 전압=정압+동압이다.

$$P_v(\text{동압})=\frac{v^2(\text{관 내의 유속})}{2g(\text{중력가속도})}\rho(\text{공기의 밀도})(\text{mmAq})$$

$$=\frac{v^2}{2}\rho(\text{공기의 밀도})(\text{Pa})$$

그러므로, (1)의 전압=정압+동압
$$=50+\frac{v^2}{2}\rho=50+\frac{14^2}{2}\times1.2=167.6\text{Pa}$$

(2)점의 전압=정압+동압
$$=100+\frac{v^2}{2}\rho=100+\frac{6^2}{2}\times1.2=121.6\text{Pa}$$

∴ 전압손실=(1)점 전압-(2)점 전압=167.6-121.6=46Pa

30 압력손실
18, 09, 07

다음 그림과 같은 엘보에 대한 압력손실은? (단, 곡관부의 국부저항 손실계수는 0.35이며 공기의 밀도는 1.2kg/m³이다.)

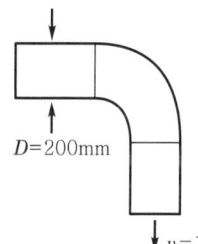

① 약 10Pa ② 약 20Pa
③ 약 30Pa ④ 약 40Pa

해설 ΔP(국부저항에 의한 압력손실)

$$=\xi(\text{국부저항계수})\times\frac{v^2(\text{공기의 속도})}{2g(\text{중력가속도})}\rho(\text{공기의 밀도})(\text{mmAq})$$

$$=\xi(\text{국부저항계수})\times\frac{v^2(\text{공기의 속도})}{2}\rho(\text{공기의 밀도})(\text{Pa})$$

∴ $\Delta P=\xi\frac{v^2}{2}\rho=0.35\times\frac{12^2}{2}\times1.2\fallingdotseq30\text{Pa}$

31 압력손실
17, 06

표준상태의 공기가 12m/s로 장방형 덕트 내로 흐르고 있다. 덕트 내에 풍량조절댐퍼가 30°각도로 설치되어 있을 때 댐퍼의 국부저항계수가 3.73이라면 댐퍼에 의한 압력손실은? (단, 공기의 밀도는 1.2kg/m³이다.)

① 164.5Pa ② 284.2Pa
③ 322.3Pa ④ 474.6Pa

해설 ΔP(국부저항에 의한 압력손실)

$$=\xi(\text{국부저항계수})\times\frac{v^2(\text{유속})}{2g(\text{중력가속도})}\rho(\text{공기의 밀도})(\text{mmAq})$$

$$=\xi(\text{국부저항계수})\times\frac{v^2(\text{유속})}{2}\rho(\text{공기의 밀도})(\text{Pa})$$

∴ $\Delta P=\xi\times\frac{v^2}{2}\gamma=3.73\times\frac{12^2}{2}\times1.2=322.27\text{Pa}$

32 국부저항의 산정
21

장방형 단면으로 된 4각 엘보의 국부저항 손실계수가 0.50이며 풍속이 6m/s일 때, 이 엘보에서의 국부저항은? (단, 공기의 밀도는 1.25kg/m³이다.)

① 1.1Pa ② 2.2Pa
③ 10.8Pa ④ 21.6Pa

해설 ΔP(국부저항에 의한 압력손실)

$$=\xi(\text{국부저항계수})\times\frac{v^2(\text{공기의 속도})}{2}\rho(\text{공기의 밀도})(\text{Pa})$$

∴ $\Delta P=\xi\frac{v^2}{2}\rho=0.5\times\frac{6^2}{2}\times1.2=10.8\text{Pa}$

33 취출공기의 온도
08

34℃의 외기와 26℃인 실내공기를 1 : 3으로 혼합하고 혼합공기를 냉각감습할 때 냉각코일의 표면온도가 16℃이고, 냉각코일의 바이패스 팩터 BF=0.2라면 취출공기의 온도는?

① 19.2℃ ② 18.4℃
③ 18℃ ④ 16℃

해설 ㉠ 혼합 공기의 온도 산정
열적 평행 상태에 의해서, $m_1(t_1-T)=m_2(T-t_2)$
$$T=\frac{m_1t_1+m_2t_2}{m_1+m_2}$$
∴ $T=\frac{m_1t_1+m_2t_2}{m_1+m_2}=\frac{1\times34+3\times26}{1+3}=28℃$

㉡ 코일의 출구 온도=표면 온도+바이패스 팩터×(혼합 공기의 온도-표면 온도)
$=16+0.2\times(28-16)=18.4℃$

34 취출구의 면적산정
23, 20

취출풍량 360m³/h, 취출구 풍속 3.5m/s, 개구율 0.7인 취출구의 면적은?

① 0.03m² ② 0.04m²
③ 0.05m² ④ 0.06m²

정답 30.③ 31.③ 32.③ 33.② 34.②

해설 A(취출구의 면적) = $\dfrac{\text{취출풍량}}{\text{취출속도}} = \dfrac{360\text{m}^3/\text{h}}{3.5\text{m/s}} = \dfrac{\frac{360\text{m}^3/\text{h}}{3,600\text{s/h}}}{\frac{3.5\text{m/s}}{0.7}}$

= 0.0408m² ≒ 0.04m²

35 | 전열교환기의 전열효율
25, 22②, 20, 18, 16, 14, 13, 10, 08

그림과 같은 전열교환기의 전열효율을 올바르게 나타낸 것은? (단, 난방의 경우이며, X_1, X_2, X_3, X_4는 각 공기상태의 엔탈피를 나타낸다.)

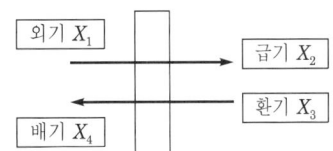

① $\eta = \dfrac{X_3 - X_1}{X_2 - X_1}$ ② $\eta = \dfrac{X_3 - X_4}{X_2 - X_4}$

③ $\eta = \dfrac{X_2 - X_1}{X_3 - X_1}$ ④ $\eta = \dfrac{X_3 - X_4}{X_3 - X_1}$

해설 전열교환기는 공기 대 공기의 현열과 잠열을 동시에 교환하는 열교환기로서 실내 배기와 외기 사이에서 열회수를 하거나, 도입 외기의 열량을 없애고, 도입 외기를 실내 또는 공기조화기로 공급하는 장치로서 효율은 다음과 같이 구한다.

η(효율) = $\dfrac{\text{실제 엔탈피차}}{\text{최대 열교환 엔탈피차}}$

= $\dfrac{X_2(\text{급기 실제 엔탈피}) - X_1(\text{외기 실제 엔탈피})}{X_3(\text{환기 열교환 최대 엔탈피}) - X_1(\text{외기 열교환 최대 엔탈피})}$

36 | 전열교환기
22, 18, 13, 09

다음의 전열교환기에 대한 설명 중 옳지 않은 것은?

① 공기 대 공기의 열교환기로 습도차에 의한 잠열은 교환 대상이 아니다.
② 공조시스템에서 배기와 도입되는 외기와의 전열교환으로 공조기의 용량을 줄일 수 있다.
③ 공기방식의 중앙공조시스템이나 공장 등에서 환기에서의 에너지 회수방식으로 사용된다.
④ 전열교환기를 사용한 공조시스템에서 중간기(봄, 가을)를 제외한 냉방기와 난방기의 열회수량은 실내 · 외의 온도차가 클수록 많다.

해설 전열교환기는 공기 대 공기의 현열에 의한 온도차와 잠열에 의한 습도차를 동시에 교환하는 열교환기로서 실내 배기와 외기 사이에서 열회수를 하거나, 도입 외기의 열량을 없애고, 도입 외기를 실내 또는 공기조화기로 공급하는 장치이다.

37 | 전열교환기의 열교환 공기
19, 08

중앙공조기의 전열교환기에서는 다음 중 어느 공기가 서로 열교환을 하는가?

① 외기와 실내 배기
② 환기와 실내 배기
③ 실내 배기와 실내 급기
④ 외기와 실내 급기

해설 전열교환기는 공기 대 공기의 현열에 의한 온도차와 잠열에 의한 습도차를 동시에 교환하는 열교환기로서 실내 배기와 외기 사이에서 열회수를 하거나, 도입 외기의 열량을 없애고, 도입 외기를 실내 또는 공기조화기로 공급하는 장치이다.

38 | 공기조화설비 일반사항
10, 07

다음의 설명 중 옳은 것은?

① 코일의 열수가 증가할수록 바이패스 팩터는 커진다.
② 20℃의 습공기에서 90℃의 온수로 분무가습하였을 경우 건구온도는 내려간다.
③ 코일을 통과하는 풍속이 커지면 바이패스 팩터는 감소한다.
④ 습공기의 노점온도는 습도가 낮을수록 높아진다.

해설 코일의 열수가 감소할수록, 코일을 통과하는 풍속이 커질수록 바이패스 팩터는 증가하고, 습공기의 노점온도는 습도가 높을수록 높아진다.

CHAPTER 04

Engineer Building Facilities

| 기출 공략 문제 |
위생설비 설계

① 급수시스템 설계

01 | 수압과 수두
07

수압 1kg/cm²은 수두 얼마에 해당하는가?

① 0.1mAq
② 1mAq
③ 10mAq
④ 15mAq

해설 1kg/cm²=0.1MPa=10mAq
1kg/m²=0.00001MPa=1mmAq임에 유의하여야 한다.

02 | 하향급수방식
19

급수압력이 일정하며, 일반적으로 하향급수 배관방식이 사용되는 급수방식은?

① 수도직결방식
② 고가수조방식
③ 압력수조방식
④ 펌프직송방식

해설 수도직결방식, 압력탱크방식 및 펌프직송방식은 급수압력이 일정하지 않고, 상향급수 배관방식을 이용하는 방식이다.

03 | 급수방식 중 수질오염
22, 14

다음의 급수방식 중 수질오염 가능성이 가장 큰 것은?

① 수도직결방식
② 고가수조방식
③ 압력수조방식
④ 펌프직송방식

해설 고가수조방식은 저수 및 고가탱크에 물을 저장하는 이유로 인하여 수질오염 가능성이 매우 크고, 수도직결방식은 위생성 및 유지·관리 측면에서 가장 바람직한 방식이다.

04 | 고가수조식 급수방식
19, 14, 13, 12, 11, 08, 05

고가수조식 급수방식의 일반적인 특징에 대한 설명 중 옳지 않은 것은?

① 급수압력이 거의 일정하다.
② 대규모의 급수 수요에 쉽게 대응할 수 있다.
③ 단수 시에도 일정량의 급수를 계속할 수 있다.
④ 위생성 및 유지·관리 측면에서 가장 바람직한 방식이다.

해설 고가수조식은 저수 및 고가탱크에 물을 저장하는 이유로 인하여 수질오염 가능성이 매우 크고, 수도직결식은 위생성 및 유지·관리 측면에서 가장 바람직한 방식이다.

05 | 고가탱크 급수방식
16, 09

급수방식 중 고가탱크방식에 관한 설명으로 옳은 것은?

① 급수압력의 변동이 심하다.
② 대규모 급수 수요에 대처가 어렵다.
③ 물탱크에서 물이 오염될 가능성이 있다.
④ 일반적으로 상향급수 배관방식이 사용된다.

해설 급수방식 중 고가수조식은 대규모 급수 수요에 대처하기 쉽고, 급수압력이 일정하며, 단수 시 급수가 가능하다. 또한 하향 급수 방식을 사용하고, 수도직결식은 상향 급수방식을 사용한다.

06 | 고가탱크 급수방식
25, 05, 03

고가수조 급수방식의 설명 중 가장 적당하지 않은 것은?

① 단수가 자주 되는 지역에 사용한다.
② 수압이 과다하여 관이나 밸브가 파손될 우려가 있을 때 사용한다.
③ 위생 및 유지, 관리 측면에서 가장 바람직한 방식이다.
④ 취급이 간단하며, 대규모 설비에 적합하다.

해설 고가수조식은 저수 및 고가탱크에 물을 저장하는 이유로 인하여 수질오염 가능성이 매우 크고, 수도직결식은 위생성 및 유지·관리 측면에서 가장 바람직한 방식이다.

정답 01.③ 02.② 03.② 04.④ 05.③ 06.③

07 | 펌프직송방식

수도본관으로부터 저수탱크에 저수한 후 급수펌프로 건물 내에 급수하는 방식은?

① 고가탱크방식
② 펌프직송방식
③ 수도직결방식
④ 압력탱크방식

해설 고가탱크방식은 우물물 또는 상수를 일단 지하 물받이 탱크(receiving)에 받아 이것을 양수 펌프에 의해 건축물의 옥상 또는 높은 곳에 설치한 탱크로 양수하여 그 수위를 이용하여 탱크에서 밑으로 세운 급수관에 의해 급수하는 방식이고, 수도직결식(위생성 및 유지관리 측면에서 가장 바람직하며 일반적으로 비교적 소규모의 건물에 사용되는 방식)은 설비비와 유지관리비가 가장 저렴하고, 기계실 및 옥상탱크 등의 설치가 불필요하며, 정전 시에 급수가 가능하다. 압력탱크방식은 수도본관으로부터의 인입관 등에 의해 일단 물받이 탱크에 저수한 다음 급수 펌프로 압력탱크에 보내면 압력탱크에서 공기를 압축 가압하여 그 압력에 의해 물을 건축 구조물 내의 필요한 곳으로 급수하는 방식이다.

08 | 수도본관의 최저 필요압력의 산정

수도본관에서 수직높이 1m인 곳에 대변기의 세정밸브를 설치하였다. 이 세정밸브의 사용을 위해 필요한 수도본관의 최저 필요압력은? (단, 수도직결방식이며, 본관에서 세정밸브까지의 마찰손실수두는 0.02MPa, 세정밸브의 최저 필요압력은 0.07MPa이다.)

① 0.07MPa
② 0.09MPa
③ 0.10MPa
④ 0.19MPa

해설 P(기구본관의 압력)
= P_1(기구의 소요압력)+P_f(본관에서 기구에 이르는 사이의 저항)+h(기구의 설치 높이)이다.
즉, $P = P_1 + P_f + h = 0.07 + 0.02 + 0.01 = 0.1$MPa이다.

09 | 수도본관의 최저 필요압력의 산정

수도직결방식 급수설비에서 수도본관에서 1층에 설치된 샤워기까지의 높이가 2m이고, 마찰손실압력이 20kPa, 수도본관의 수압이 150kPa인 경우 샤워기 입구에서의 수압은? (단, 1mAq=10kPa)

① 30kPa
② 70kPa
③ 110kPa
④ 150kPa

해설 P(기구본관의 압력)
= P_1(기구의 소요압력)+P_f(본관에서 기구에 이르는 사이의 저항)+h(기구의 설치 높이)이다.
즉, $P = P_1 + P_f + h$에서, $P_1 = P - P_f - h$이다.
그러므로, $P_1 = P - P_f - h = 150 - 20 - 20 = 110$kPa

10 | 수도본관의 최저 필요압력의 산정

수도직결방식의 급수방식으로 수도본관으로부터 높이 4m에 있는 샤워기에 급수를 하는 경우, 수도본관에 요구되는 최저 압력은? (단, 샤워기에 요구되는 최저 필요압력은 100kPa이며, 관마찰손실수두는 20kPa이다.)

① 20kPa
② 100kPa
③ 120kPa
④ 160kPa

해설 P(기구본관의 압력)
= P_1(기구의 소요압력)+P_f(본관에서 기구에 이르는 사이의 저항)+h(기구의 설치 높이)이다.
즉, $P = P_1 + P_f + h$에서, $P_1 = 100 + 20 + 40 = 160$kPa이다.
여기서, 1mAq = 0.01MPa = 10,000Pa = 10kPa이다.

11 | 수도본관의 최저 필요압력의 산정

수도본관에서 수직높이 3m인 곳에 세정밸브형 대변기가 수도직결방식의 급수방식으로 설치되었다. 이 대변기의 사용을 위해 필요한 수도본관의 최저 압력은? (단, 세정밸브의 최저 필요압력은 70kPa, 수도 본관에서 세정밸브까지의 마찰손실수두는 1mAq이다.)

① 74kPa
② 100kPa
③ 110kPa
④ 470kPa

해설 수도본관의 압력(P_0) ≥ 기구의 필요압력(P) + 본관에서 기구에 이르는 사이의 저항(P_f) + $\frac{기구의 설치 높이}{100}$ 이다. 그런데 급수전의 소요압력은 70kPa, 본관에서 기구에 이르는 사이의 저항은 1mAq = $\frac{1}{100}$MPa = 10kPa, 기구의 설치 높이는 3m이다.

∴ $P_0 \geq P + P_f + \frac{h}{100} = 70$kPa $+ 10$kPa $+ \frac{3}{100}$MPa
$= 70 + 10 + 30 = 110$kPa

여기서, 1mAq = 0.1kgf/cm² = 0.0098MPa ≒ 0.01MPa, 1kPa = 0.1m, 1MPa = 100m임에 주의한다.

정답 07. ② 08. ③ 09. ③ 10. ④ 11. ③

12 | 수도본관의 최저 필요압력의 산정
25, 18

수도본관에서 5m 높이에 있는 샤워기의 사용에 필요한 수도본관의 최저 압력은? (단, 급수방식은 수도직결방식이며, 샤워기의 최저 필요압력은 100kPa, 배관 등의 마찰손실은 무시한다.)

① 약 105kPa
② 약 150kPa
③ 약 600kPa
④ 약 5100kPa

해설 수도본관의 압력 산정
수도직결방식에서 수도본관의 압력 ≥ 일반 수전의 최소 소요압력(수도꼭지의 압력)+본관에서 기구에 이르는 사이의 저항(관마찰손실)+기구의 설치 높이(제일 높은 수도꼭지의 높이)/10 또는 100이다. 여기서, 10 : kg/cm² 의 단위, 100 : MPa의 단위이다.
그러므로, $P \geq P_1 + P_2 + P_3 = 100\text{kPa} + 0 + 5\text{mAq}$
　　　　　　　　$= 100\text{kPa} + 0 + 50\text{kPa} = 150\text{kPa}$
여기서, 1MPa=1,000kPa=100m, 1kg/cm²=10m이다.

13 | 수도본관의 최저 필요압력의 산정
24, 22

수도본관에서 수직높이 6m 위치에 있는 기구를 사용하고자 할 때 수도본관의 최저 필요수압은? (단, 관내 마찰손실은 0.02MPa, 기구의 최소 필요압력은 0.07MPa이다.)

① 0.09MPa
② 0.15MPa
③ 0.69MPa
④ 6.09MPa

해설 수도본관의 압력(P_0)≥기구의 필요압력(P)+본관에서 기구에 이르는 사이의 저항(P_f) + $\frac{기구의 설치 높이}{100}$ 이다. 그런데 급수전의 소요압력은 0.07MPa, 본관에서 기구에 이르는 사이의 저항은 0.02MPa, 기구의 설치 높이는 6m이다.
∴ $P_1 \geq P + P_f + \frac{h}{100} = 0.07 + 0.02 + \frac{6}{100} = 0.15\text{MPa}$
여기서, 1mAq=0.1kgf/cm²=0.0098MPa≒0.01MPa임에 주의한다.

14 | 수도본관의 최저 필요압력의 산정
11

수도본관에서 높이 5m에 있는 세정밸브식 대변기에 수도직결방식으로 물을 급수하기 위한 수도본관의 최소 필요압력은? (단, 배관의 마찰손실수두는 30kPa이다.)

① 130kPa
② 150kPa
③ 180kPa
④ 200kPa

해설 P(기구본관의 압력)
= P_1(기구의 소요압력)+P_f(본관에서 기구에 이르는 사이의 저항)+h(기구의 설치 높이)이다.
즉, $P = P_1 + P_f + h$에서, $P_1 = 70 + 30 + 50 = 150\text{kPa}$이다.

15 | 수도본관의 최저 필요압력의 산정
19, 18, 06

수도본관으로부터 높이 10m에 설치된 세정밸브식 대변기의 사용을 위해 필요한 수도본관의 최저 압력은? (단, 급수방식은 수도직결방식이며 배관 내의 마찰손실은 40kPa, 세정밸브식 대변기의 최저 필요압력은 70kPa이다.)

① 70kPa
② 100kPa
③ 140kPa
④ 210kPa

해설 P(기구본관의 압력)
= P_1(기구의 소요압력)+P_f(본관에서 기구에 이르는 사이의 저항)+h(기구의 설치 높이)이다.
즉, $P = P_1 + P_f + h$에서, $P_1 = 70 + 40 + 100 = 210\text{kPa}$이다.
여기서, 1mAq=0.01MPa=10,000Pa=10kPa임에 유의할 것

16 | 고가수조의 소용량화
09, 04

고가수조의 소용량화를 위한 설계 시 가장 중요시되는 유량은 다음 중 어느 것인가?

① 시간 평균 예상급수량
② 1일 급수량
③ 순간 최대 예상급수량
④ 시간 최대 예상급수량

해설 고가수조의 용량은 1시간 최대 예상급수량의 1~3배 정도(대규모는 1시간, 중소규모는 2~3시간의 용량)이고, 고가수조의 소용량화를 위한 설계 시 가장 중요시되는 유량은 순간 최대 예상급수량이 기준이 된다.

17 | 고가수조의 유효용량
24, 20

고가수조의 유효용량 산정 시 기준이 되는 급수량은?

① 1일 급수량
② 시간 평균 예상급수량
③ 순간 최대 예상급수량
④ 시간 최대 예상급수량

해설 고가수조의 용량은 1시간 최대 예상급수량의 1~3배 정도(대규모는 1시간, 중소규모는 2~3시간의 용량)이고, 고가수조의 유효 용량화를 위한 설계 시 가장 중요시되는 유량은 순간 최대 예상급수량이 기준이 된다.

정답 12. ② 13. ② 14. ② 15. ④ 16. ③ 17. ③

18 | 고가수조의 높이
23, 20

고가수조방식의 건물에서 최상층에 세정밸브식 대변기가 설치되어 있다. 이 세정밸브의 사용을 위해 필요한 세정밸브로부터 고가수조 저수면까지의 최소 높이는? (단, 고가수조에서 세정밸브까지의 총배관 길이는 15m이고, 마찰손실 수두는 5mAq, 세정밸브의 필요압력은 70kPa이다.)

① 약 5m   ② 약 7m
③ 약 12m   ④ 약 27m

해설 P(기구본관의 압력)
= P_1(기구의 소요압력)+P_f(본관에서 기구에 이르는 사이의 저항)+h(기구의 설치 높이)이다.
즉, $P = P_1 + P_f + h$에서,
$P_1 = 70\text{kPa} + 5\text{m} + 0 = 7\text{m} + 5\text{m} + 0 = 12\text{m}$이다.
여기서, $1\text{mAq} = 0.1\text{kg/cm}^2 = 10\text{kPa} = 0.01\text{MPa}$임에 유의할 것

19 | 고가수조의 높이 산정요소
10, 05

다음 중 고가수조의 설치 높이를 정하는데 필요한 요소와 가장 관계가 먼 것은?

① 수수조의 저수량
② 급수기구의 소요압력
③ 최고 높이에 있는 급수기구의 높이
④ 배관의 손실압력

해설 수수조(높은 건축물의 급수원으로서 상수도나 우물물을 이용하는 경우, 옥상탱크 또는 고가수조에 양수하기 전에 일단 물을 받아서 저장하는 탱크)의 저수량과 고가수조의 설치 높이 즉, 수압과는 관계가 없다.

20 | 압력탱크의 최저 필요압력의 산정
10

압력탱크로부터 수직높이 10m 되는 곳에 세정밸브(flush valve)식 대변기가 설치되어 있다. 이 대변기에 압력탱크식으로 급수하기 위한 압력탱크의 최저 필요압력은? (단, 배관의 연장길이는 15m이고 관로의 전마찰손실 수두는 5mAq이다.)

① 220kPa   ② 270kPa
③ 320kPa   ④ 370kPa

해설 P(기구본관의 압력)
= P_1(기구의 소요압력)+P_f(본관에서 기구에 이르는 사이의 저항)+h(기구의 설치 높이)이다.
즉, $P = P_1 + P_f + h$에서, $P_1 = 70 + 50 + 100 = 220\text{kPa}$이다.

21 | 고가수조의 높이 산정요소
17, 08, 06, 04, 01

고가탱크의 급수법에서 FV식 대변기를 사용할 경우 고가탱크에서 대변기까지의 마찰저항이 0.01MPa라면 대변기에서 고가탱크까지의 최소 높이는 얼마 이상으로 하여야 하는가?

① 8m   ② 12m
③ 14m   ④ 16m

해설 P(기구본관의 압력)
= P_1(기구의 소요압력)+P_f(본관에서 기구에 이르는 사이의 저항)+h(기구의 설치 높이)이다.
즉, $P = P_1 + P_f + h$에서, $P_1 = 70 + 10 + 0 = 80\text{kPa} = 8\text{mAq}$이다.

22 | 수격작용
17

수격작용에 관한 설명으로 옳지 않은 것은?

① 수격작용의 크기는 유속에 반비례한다.
② 양정이 높은 펌프를 사용할 때 발생하기 쉽다.
③ 수격작용은 에어체임버를 설치함으로써 완화시킬 수 있다.
④ 밸브를 급히 열어 정지 중인 배관 내의 물을 급격히 유동시킨 경우에도 발생한다.

해설 수격작용의 압력파는 물에 대한 압력파의 전달속도(배관경의 제곱에 반비례하고, 유량과 관두께에 비례)와 유속에 비례하고, 중력 가속도에 반비례한다.

23 | 수격작용의 정의
16

배관 내에서 급수전이나 밸브 등을 급폐쇄하였을 때 압력변동으로 인하여 소음·진동이 발생하는 현상은?

① 서징
② 수격작용
③ 수주분리
④ 캐비테이션

해설 서징현상은 원심 압축기나 펌프 등에서 유체의 토출압력이나 토출량의 변동으로 인해 진동이나 소음이 발생하는 현상이고, 수주분리는 펌프의 급정지로 인해 양수관로 도중에 텅 빈 공간이 발생해 물의 흐름이 끊기는 현상이고, 공동현상(cavitation)은 액체 속에 함유된 공기가 저압 부분에서 분리되어 수많은 작은 기포로 되는 현상 또는 펌프 흡입측 압력이 유체 포화 증기압보다 작으면 유체가 기화하면서 발생되는 현상이며, 소음, 진동, 관의 부식이 심한 경우에는 흡상이 불가능하며, 펌프의 공회전현상이다.

정답 18. ③ 19. ① 20. ① 21. ① 22. ① 23. ②

24 | 수격작용의 발생 | 20, 14

다음 중 급수관에서 수격작용의 발생 우려가 가장 높은 것은?

① 관의 분기 ② 관경의 축소
③ 관의 방향 전환 ④ 관 내 유수의 급정지

해설 수격작용(물의 압력이 크게 하강 또는 상승하여 유수음이 생기며, 배관을 진동시키는 작용)의 원인은 정수두가 클수록, 밸브의 급격한 개폐(급수관 속에 흐르는 물을 갑자기 정지시키거나 용기 속에 차 있는 물을 갑자기 흐르게 하는 경우) 등이다.

25 | 공기실의 설치이유 | 25, 20, 12, 11, 02

급수배관 내에 공기실(air chamber)을 설치하는 주된 이유는?

① 급수관의 흐름을 원활히 하기 위해
② 수압시험을 하기 위해
③ 수격작용을 방지하기 위해
④ 통기관의 연결을 위해

해설 수격작용(물의 압력이 크게 하강 또는 상승하여 유수음이 생기며, 배관을 진동시키는 작용)의 원인은 정수두가 클수록, 밸브의 급격한 개폐(급수관 속에 흐르는 물을 갑자기 정지시키거나 용기 속에 차 있는 물을 갑자기 흐르게 하는 경우) 등이고, 수격작용의 방지책은 공기실(air chamber)을 설치하여 공기실의 완충에 의해 수격작용을 방지한다.

26 | 수격작용의 현상 | 17

급수배관시스템에서 수격작용 발생에 따른 압력 상승에 관한 설명으로 옳지 않은 것은?

① 관두께에 비례한다.
② 배관경에 비례한다.
③ 유체의 속도에 비례한다.
④ 압력파의 전달속도에 비례한다.

해설 수격작용의 압력파는 물에 대한 압력파의 전달속도(배관경의 제곱에 반비례하고, 유량과 관두께에 비례)와 유속에 비례하고, 중력 가속도에 반비례한다.

27 | 수격작용의 방지대책 | 19

수격작용에 방지대책으로 옳지 않은 것은?

① 감압밸브 설치
② 수격방지기 설치
③ 바이패스관 설치
④ 펌프의 수평주관 길이 증가

해설 수격작용의 방지책은 공기실(air chamber)을 설치하여 공기실의 완충에 의해 수격작용을 방지하므로 배관의 길이를 짧게 설계하는 것이 수격작용을 방지할 수 있다.

28 | 수격작용의 방지대책 | 08, 06

급수설비에서 수격작용(water hammer) 방지법이 아닌 것은?

① 밸브의 급개폐 조작을 하지 않도록 한다.
② 관 내 유속이 적어지도록 관경을 크게 한다.
③ 밸브 앞에 배관길이가 길게 설계한다.
④ 워터해머 방지기를 발생원인 밸브기구의 바로 상류 측에 설치한다.

해설 수격작용의 방지책은 공기실(air chamber)을 설치하여 공기실의 완충에 의해 수격작용을 방지하므로 배관의 길이를 짧게 설계하는 것이 수격작용을 방지할 수 있다.

29 | 수격작용의 방지대책 | 17

수격현상의 방지대책으로 옳지 않은 것은?

① 펌프계통의 유속을 증가시킨다.
② 위생기구 연결 시 에어체임버를 사용한다.
③ 수전의 급작스런 on-off 작동을 피한다.
④ 입상관 말단에 워터해머 흡수기를 설치한다.

해설 수격작용(물의 압력이 크게 하강 또는 상승하여 유수음이 생기며, 배관을 진동시키는 작용)의 원인은 정수두가 클수록, 밸브의 급격한 개폐(급수관 속에 흐르는 물을 갑자기 정지시키거나 용기 속에 차 있는 물을 갑자기 흐르게 하는 경우) 등이고, 수격작용의 방지책은 공기실(air chamber)을 설치하여 공기실의 완충에 의해 수격작용을 방지한다.

30 | 수격작용의 방지대책 | 22, 16, 13

다음 중 워터해머의 방지대책과 가장 거리가 먼 것은?

① 워터해머 흡수기를 적절하게 설치한다.
② 관 내의 수압이 평상시 높아지지 않도록 구획한다.
③ 배관은 가능한 한 직선이 되지 않고 우회하도록 계획한다.
④ 수압이 0.4MPa를 초과하는 계통에는 감압밸브를 부착하여 적절한 압력으로 감압한다.

해설 수격작용의 방지책은 공기실(air chamber)을 설치하거나, 배관은 가능한 한 직선으로 짧은 배관이 되도록 하여야 한다.

정답 24. ④ 25. ③ 26. ② 27. ④ 28. ③ 29. ① 30. ③

31 | 수격작용의 방지대책
24, 20, 18

워터해머의 방지방법으로 옳지 않은 것은?

① 대기압식 또는 가압식 진공브레이커를 설치한다.
② 관 내의 수압은 평상 시 높아지지 않도록 구획한다.
③ 배관은 가능한 한 우회하지 않고 직선이 되도록 계획한다.
④ 수압이 0.4MPa을 초과하는 계통에는 감압밸브를 부착하여 적절한 압력으로 감압한다.

해설 수격작용(물의 압력이 크게 하강 또는 상승하여 유수음이 생기며, 배관을 진동시키는 작용)의 방지책은 공기실(air chamber)을 설치하여 공기실의 완충에 의해 수격작용을 방지한다.

32 | 크로스 커넥션 방지대책
19, 14, 11

급수설비에서 크로스 커넥션의 방지대책으로 가장 알맞은 것은?

① 설비 내에 버큠 브레이커 및 역류방지 장치를 부착한다.
② 관 내 유속을 억제하고, 설비 내에 서지 탱크(surge tank) 및 안전밸브를 설치한다.
③ 배관 계통별로 색깔로 구분하여 오접합을 방지하며 통수시험에 의해 체크한다.
④ 수평배관에는 공기나 오물이 정체하지 않도록 하며, 어쩔 수 없이 공기 정체가 일어나는 곳에는 공기빼기 밸브를 설치한다.

해설 크로스 커넥션(cross connection)의 방지법으로는 배관 계통별로 색깔로 구분하여 접합의 오류를 방지하며 통수시험에 의해 체크한다.

33 | 크로스 커넥션 방지대책
21

다음 중 급수설비에서 크로스 커넥션의 방지대책으로 가장 알맞은 것은?

① 감압밸브를 설치한다.
② 볼탭을 수위조절밸브로 변경한다.
③ 각 계통마다의 배관을 색깔로 구분할 수 있게 한다.
④ 위생기구에 연결된 기구급수관에 차단밸브를 설치한다.

해설 크로스 커넥션(Cross Connection)의 방지법으로는 배관 계통별로 색깔로 구분하여 접합의 오류를 방지하며 통수시험에 의해 체크한다.

34 | 급수오염의 방지대책
24, 22, 16, 13

음료용 급수의 오염원인에 따른 방지대책으로 옳지 않은 것은?

① 정체수 : 적정한 탱크 용량으로 설계한다.
② 조류의 증식 : 투광성 재료로 탱크를 제작한다.
③ 크로스 커넥션 : 각 계통마다 배관을 색깔로 구분한다.
④ 곤충 등의 침입 : 맨홀 및 오버플로관의 관리를 철저히 한다.

해설 음료용 급수의 오염원인에 있어서 투광성의 재료로 탱크(FRP제 탱크)를 사용하면 탱크의 주위 벽면에 조류의 생육과 맛과 냄새의 이상이 발생하며, 이를 방지하기 위하여 차광성 재료의 탱크를 사용하여야 한다.

35 | 급수관의 관경결정
25, 16, 12, 08

다음 중 유량선도를 이용한 급수관의 관경 결정순서에서 가장 먼저 이루어지는 사항은?

① 관로의 상당길이 산정
② 순간 최대 유량의 산정
③ 관재료의 결정
④ 허용 마찰손실수두의 계산

해설 유량선도이용 관경 설계순서는 관재료 결정 → 관로의 선정 → 순간 최대 유량의 산정 → 관로의 상당길이 산정 → 허용마찰손실수두계산(동수구배) → 유량선도에 의한 관경 결정의 순이다.

36 | 급수관의 관경결정
17, 13

관균등표에 의한 관경결정 시 필요 없는 것은?

① 균등수
② 유량선도
③ 기구의 접속관경
④ 기구의 동시사용률

해설 급수관의 관경 결정방법 중 관균등표에 의한 관경의 결정순서는 각 기구의 접속관 구경의 설정 → 각 기구의 접속관 구경을 15A의 관으로 환산 → 각 계통의 15A의 관경 환산치의 누계 산정 → 일반 기구와 대변기(세정밸브)의 누계치에 동시사용률을 곱해 산정 → 합산 후 관경을 결정한다.

37 | 유속의 제한
22

급수배관에서 유속을 제한하는 이유와 가장 거리가 먼 것은?

① 캐비테이션 발생 방지
② 크로스 커넥션 발생 방지
③ 유수(流水)에 의한 소음 발생 방지
④ 워터해머로 인한 관 및 관이음쇠의 손상 발생 방지

정답 31.① 32.③ 33.③ 34.② 35.③ 36.② 37.②

해설 크로스 커넥션(Cross Connection)은 상수와 상수 이외의 물 또는 상수와 한 번 토출한 물이 혼합되는 것으로, 상수를 오수에서 방호하는 의미에서 절대로 일어나지 않도록 하여야 하는 현상으로 급수 배관이나 기구 구조의 불비, 불량의 결과로 일어난다. 방지법으로는 진공 방지기(vacuum braker) 또는 약 3cm 정도의 공간을 두어 토수구를 설치한다.

38 | 급수관의 관경결정
22, 21, 17

급수배관의 관경결정법에 관한 설명으로 옳지 않은 것은?

① 같은 급수기구 중에서도 개인용과 공중용에 대한 기구 급수부하단위는 공중용이 개인용보다 값이 크다.
② 유량선도에 의한 방법으로 관경을 결정하고자 할 때의 부하유량(급수량)은 기구급수부하 단위로 산정한다.
③ 소규모 건물에는 유량선도에 의한 방법이, 중규모 이상의 건물에는 관균등표에 의한 방법이 주로 이용된다.
④ 기구급수부하단위는 각 급수기구의 표준 토출량, 사용빈도, 사용시간을 고려하여 1개의 급수기구에 대한 부하의 정도를 예상하여 단위화한 것이다.

해설 급수 관경의 결정방법 중 유량선도에 의한 방법은 대규모 건축의 급수주관, 취출관, 횡주관 및 주관 등의 관경에 이용되고, 관의 균등표에 의한 방법은 소규모 건축이나 기구수가 적은 급수주관 등을 설계할 때 간편하므로 많이 사용된다.

39 | 급수관의 관경결정
25, 18, 15, 10

다음 중 급수배관의 관경결정과 관계없는 것은?

① 관균등표
② 확대관 저항계수
③ 마찰저항선도
④ 동시사용률

해설 급수관의 관경 결정방법에는 관균등표, 유량(마찰저항)선도(기구급수부하단위, 동시사용량의 계산, 허용마찰손실수두 등) 등을 이용하여 결정한다.

40 | 급수기구의 최저 필요압력
10, 08

다음 중 기구의 최저 필요압력이 가장 낮은 것은?

① 보통밸브
② 세정밸브(일반 대변기용)
③ 자동밸브
④ 샤워

해설 기구의 최저 필요압력 (단위 : MPa 이상)

기구명	보통밸브, 일반수전	세정밸브, 자동밸브, 샤워	순간온수기		
			대	중	소
최저 필요압력	0.03	0.07	0.05	0.04	0.01

41 | 급수기구의 최저 필요압력
20, 13, 07

급수기구의 최저 필요압력으로 부적절한 것은?

① 일반수전 : $0.3\text{kg/cm}^2(0.03\text{MPa})$
② 샤워기 : $0.7\text{kg/cm}^2(0.07\text{MPa})$
③ 대변기 세정밸브(일반대변기용) : $0.7\text{kg/cm}^2(0.07\text{MPa})$
④ 소변기 세정밸브(벽걸이형 소변기) : $0.5\text{kg/cm}^2(0.05\text{MPa})$

해설 소변기 세정밸브(벽걸이형 소변기)는 $0.7\text{kg/cm}^2(0.07\text{MPa})$ 이상이다.

42 | 위생기구
20, 17

기구급수 부하단위(Fu)가 1Fu인 위생기구의 종류 및 접속관경으로 옳은 것은?

① 세면기, 15mm
② 세면기, 25mm
③ 대변기, 15mm
④ 대변기, 25mm

해설 기구급수 부하단위(Fu)는 15mm 관경의 세면기(28.5L/min)를 기준으로 하고 있다.

43 | 급수조닝의 목적
14, 11, 10

다음 중 고층건물에서 급수설비의 조닝 목적과 가장 관계가 먼 것은?

① 배관의 적절한 수압 유지
② 공사비의 절감
③ 소음과 진동의 방지
④ 기구 부속품의 파손 방지

해설 급수설비의 조닝(급수계통을 2계통 이상으로 나누는 것)은 급수계통을 1계통(중·저층부)으로 하는 경우 하층부에서의 급수압이 과대하게 되어 급수전·기구 등의 사용에 지장을 가져오거나 소음, 진동 및 워터해머 등이 발생하거나, 급수전, 밸브 등의 부품 마모가 심해져 수명이 단축(부품의 파손 방지)되기도 하므로 건물의 용도에 따라 최고 압력(적절한 수압 유지)을 넘지 않도록 하여야 한다.

44 | 급수조닝의 발생현상
20

다음 중 고층건물에서 급수조닝을 하지 않을 경우 생길 수 있는 현상과 가장 거리가 먼 것은?

① 수격작용 발생
② 크로스 커넥션 발생
③ 물 흐르는 소리에 의한 소음 발생
④ 배관이나 기구에 큰 압력이 가해져 배관과 기구의 수명 단축

정답 38. ③ 39. ② 40. ① 41. ④ 42. ① 43. ② 44. ②

해설 급수설비의 조닝(급수계통을 2계통 이상으로 나누는 것)은 급수 계통을 1계통(중·저층부)으로 하는 경우 하층부에서의 급수압이 과대하게 되어 급수전·기구 등의 사용에 지장을 가져오거나 소음, 진동 및 워터해머 등이 발생하거나, 급수전, 밸브 등의 부품 마축이 심해져 수명이 단축(부품의 파손 방지)되기도 하므로 건물의 용도에 따라 최고 압력(적절한 수압 유지)을 넘지 않도록 하여야 한다.

45 | 초고층 건물의 급수배관법
10, 08

다음 중 초고층 건물의 급수배관법에 대한 설명으로 옳지 않은 것은?

① 급수계통에 조닝(zoning)이 필요하다.
② 중간수조방식은 수압이 일정하다.
③ 중간수조방식은 중간수조실, 양수펌프 등이 필요하다.
④ 감압밸브방식에서는 감압밸브가 고장나더라도 높은 수압이 기구에 작용하지 않는다.

해설 감압밸브방식의 장점은 수조, 펌프 등을 필요로 하지 않으며, 스페이스, 설비비를 줄일 수 있고, 각 층 감압밸브방식에서 정밀하게 조닝할 수 있으나, 단점은 감압밸브가 고장나면 높은 수압이 기구에 직접 작용하며, 감압밸브의 관리가 필요하다.

46 | 슬리브의 설치 이유
24, 18, 17, 09, 08

급배수배관이 벽체 또는 건축의 구조부를 관통하는 부분에 슬리브를 설치하는 이유로 가장 알맞은 것은?

① 관의 수리·교체를 위하여
② 관의 부식방지를 위하여
③ 관의 방동을 위하여
④ 관의 방로를 위하여

해설 슬리브(배관 등을 콘크리트 벽이나 슬래브에 설치할 때에 사용하는 통모양의 부품)배관이 슬리브 안에서 자유로이 신축할 수 있도록 하여 관의 수리 및 교체를 위하여 설치한다.

47 | 슬리브의 설치 이유
18

급탕배관에서 콘크리트벽의 관통 부위에 슬리브(sleeve) 배관을 하는 가장 주된 이유는?

① 관 내의 유속을 낮추기 위하여
② 관의 도장공사를 손쉽게 하기 위하여
③ 관 표면에 생기는 결로를 막기 위하여
④ 관이 자유롭게 신축할 수 있도록 하기 위하여

해설 슬리브(배관 등을 콘크리트 벽이나 슬래브에 설치할 때에 사용하는 통모양의 부품)배관이 슬리브 안에서 자유로이 신축할 수 있도록 하여 관의 수리 및 교체를 위하여 설치한다.

48 | 동시사용률
21, 16

위생기구의 동시사용률은 기구의 수량과 어떤 관계가 있는가?

① 기구수와 관계없다.
② 기구수가 증가하면 커진다.
③ 기구수가 증가하면 작아진다.
④ 기구수가 증가하면 처음에는 커지다가 작아진다.

해설 기구의 동시사용률

기구수	2	3	4	5	10	15	20	30	50	100
동시사용률	100	80	75	70	53	48	44	40	36	33

위의 표에서 알 수 있듯이 사용기구의 수가 많을수록 동시사용률(설치되어 있는 복수의 기구 중 동시에 사용하는 기구수의 비율)은 감소한다.

49 | 이음쇠의 사용처
17

배관의 수리, 교체를 편리하게 하기 위해 사용하는 배관 부속품은?

① 부싱
② 플러그
③ 유니언
④ 크로스

해설 부싱(bushing)은 관 직경이 서로 다른 관을 접속할 때 사용하는 이음으로 일반적으로 티나 엘보 등의 이음의 일부로서 관 직경을 줄이고자 할 때 등에 사용하고, 플러그는 배관의 끝 부분에 사용하는 부품이며, 크로스는 분기관을 이을 때 사용한다.

50 | 급수배관의 부식
23, 13

급수배관의 부식으로 인한 결과로 볼 수 없는 것은?

① 누수
② 수질 악화
③ 마찰손실 증대
④ 배관두께 증대

해설 급수배관의 부식의 결과는 단면의 축소를 일으키고, 누수의 원인이 되며, 수질 악화와 마찰손실을 증대시킨다.

정답 45. ④ 46. ① 47. ④ 48. ③ 49. ③ 50. ④

51 | 급수배관의 설계 및 시공
25, 21, 15

급수배관의 설계 및 시공에 관한 설명으로 옳지 않은 것은?

① 구조체의 관통부에는 슬리브를 사용한다.
② 물이 고일 수 있는 부분에는 퇴수밸브를 설치한다.
③ 음료용 배관과 비음료용 배관을 크로스 커넥션하지 않는다.
④ 급수관과 배수관이 교차될 경우 배수관은 급수관 위에 매설한다.

해설 급수배관의 설계 및 시공에 있어서 급수관과 배수관이 교차되는 경우에는 급수관의 오염을 방지하기 위하여 급수관을 상단에, 배수관을 하단에 배치하여야 한다.

52 | 급수배관의 설계 및 시공
18

급수배관 설계 및 시공 시 주의사항으로 옳지 않은 것은?

① 수평배관에서 물이 고일 수 있는 부분에는 진공방지밸브를 설치한다.
② 상향급수배관방식의 경우 진행방향에 따라 올라가는 기울기로 한다.
③ 기구의 접속관지름은 기구의 구경과 동일한 것을 원칙으로 하며 이것보다 작게 해서는 안 된다.
④ 수직배관에는 25~30m 구간마다 체크밸브를 설치하여 유동 정지 시의 역류에너지의 작용을 분산한다.

해설 급수배관의 설계 및 시공 시 수평배관에는 공기나 오물이 정체하지 않으며, 어쩔 수 없이 공기정체가 일어나는 곳에는 공기빼기밸브를, 그리고 각종 오물이 정체하는 곳에는 배수밸브를 설치한다. 진공방지밸브는 세정(플러시)밸브식 대변기에서 토수된 물이나 이미 사용된 물이 역사이펀 작용에 의해 상수 계통으로 역류하는 것을 방지 또는 역류가 발생하여 세수수가 급수관으로 오염되는 것을 방지하기 위하여 설치한다.

53 | 급수배관의 설계 및 시공
17, 12

급수배관 설계 및 시공상의 주의점에 관한 설명으로 옳지 않은 것은?

① 급수주관으로부터 분기하는 경우 T이음쇠를 사용한다.
② 음료용 급수관과 다른 용도의 배관을 크로스 커넥션(cross connection)해서는 안 된다.
③ 수격작용(water hammering)방지를 위해서 기구류 가까이에 통기관을 설치한다.
④ 수평배관에는 공기가 정체하지 않도록 하며, 어쩔 수 없이 공기정체가 일어나는 곳에는 공기빼기밸브를 설치한다.

해설 수격작용(물의 압력이 크게 하강 또는 상승하여 유수음이 생기며, 배관을 진동시키는 작용)의 방지책은 공기실(air chamber)을 설치하여 공기실의 완충에 의해 수격작용을 방지하고, 통기관은 트랩의 봉수 파괴를 방지하고, 배수 및 공기의 흐름을 원활히 하며, 배수관 내의 환기를 도모하여 관 내를 청결하게 한다.

54 | 급수배관의 설계 및 시공
24, 19, 10

급수배관의 계획 및 시공에 관한 설명 중 옳지 않은 것은?

① 음료용 급수관과 다른 용도의 배관을 크로스 커넥션해서는 안 된다.
② 주배관에는 적당한 위치에 플랜지 이음을 하여 보수점검을 용이하게 한다.
③ 수평배관에는 오물이 정체하지 않도록 하며, 어쩔 수 없이 각종 오물이 정체하는 곳에는 공기빼기밸브를 설치한다.
④ 높은 유수음이나 수격작용이 발생할 염려가 있는 급수계통에는 에어체임버나 워터해머 방지기 등의 완충장치를 설치한다.

해설 수평배관에는 오물이 정체하지 않도록 하며, 어쩔 수 없이 각종 오물이 정체하는 곳에는 드레인밸브를 설치하고, 공기빼기밸브는 배관 내의 유체에 섞인 공기와 그 밖의 기체가 유체에서 분리되면 배관 도중에 정체하여 분리되면 유체의 흐름을 원활히 이를 수 없는데 이러한 현상을 제거하기 위한 밸브이다.

55 | 급수배관의 설계 및 시공
21

급수배관의 설계 및 시공에 관한 설명으로 옳지 않은 것은?

① 급수주관으로부터 배관을 분기하는 경우는 엘보를 사용하여야 한다.
② 주배관에는 적당한 위치에 플랜지 이음을 하여 보수점검을 용이하게 한다.
③ 배관의 수리 시 교체가 쉽고 열의 신축에도 대응할 수 있도록 벽이나 바닥을 관통하는 곳에는 슬리브를 설치한다.
④ 수평배관에는 공기가 정체되지 않도록 하며, 어쩔 수 없이 공기 정체가 일어나는 곳에는 공기빼기밸브를 설치한다.

해설 급수주관으로부터 배관을 분기하는 경우 T이음쇠를 사용한다.

정답 51. ④ 52. ① 53. ③ 54. ③ 55. ①

56 시간 최대 예상급수량
05, 03

연면적 800m²인 사무소 건물의 시간 평균 예상급수량이 1,000L/h일 때 시간 최대 예상급수량은?

① 500 ~ 1,000L/h ② 1,000 ~ 1,500L/h
③ 1,500 ~ 2,000L/h ④ 2,000 ~ 3,000L/h

해설 일반적으로 시간당 최대 예상급수량은 평균급수량의 1.5~2.0배 정도를 하므로 평균급수량=(1.5~2.0)×1,000=1,500~2,000L/h 이다.

57 급수량의 산정
14, 07

연면적 2,000m²인 은행건물에 필요한 급수량은? (단, 유효면적당 인원은 0.2인/m², 건물의 유효면적비율은 60%, 급수량은 120L/c/d로 한다.)

① 24.4m³/일 ② 26.6m³/일
③ 28.8m³/일 ④ 30.0m³/일

해설 Q(1일 급수량)= A(건축물의 연면적)k(건축물의 유효비율)n(유효적당 인원수)q(1인 1일 급수량)

즉, $Q = Aknq = 2,000 \times 0.6 \times 0.2 \times 120 = 28,800$L/일
$= 28.8$m³/일

58 급수량의 산정
19, 18, 15, 14

연면적 3,000m²의 사무소 건물에 필요한 급수량은? (단, 이 건물의 유효바닥면적은 연면적의 60%이고, 유효면적당 인원은 0.2인/m², 1인 1일당 급수량은 100L이다.)

① 3,600L/일 ② 3,600m³/일
③ 36,000L/일 ④ 36,000m³/일

해설 Q(1일 급수량)= A(건축물의 연면적)k(건축물의 유효비율)n(유효 면적당 인원수)q(1인 1일 급수량)

즉 $Q = Aknq = 3,000 \times 0.6 \times 0.2 \times 100 = 36,000$L/일$= 36$m³/일

59 급수량의 산정
23, 19, 11, 06

다음과 같은 조건에 있는 연면적 2,000m²의 사무소 건물에 필요한 1일당 급수량은?

[조건]
- 건물의 유효면적과 연면적의 비 : 50%
- 유효면적당 인원 : 0.2인/m²
- 1인 1일당 급수량 : 100L/c/d

① 10,000L/일 ② 20,000L/일
③ 30,000L/일 ④ 40,000L/일

해설 Q(1일 급수량)= A(건축물의 연면적)k(건축물의 유효비율)n(유효 면적당 인원수)q(1인 1일 급수량)

즉, $Q = Aknq = 2,000 \times 0.5 \times 0.2 \times 100 = 20,000$L/일

60 급수설비의 설계
19, 12, 09, 04

다음 중 급수설비를 설계하는 데 있어 가장 먼저 이루어져야 하는 사항은?

① 급수량 산정 ② 저수조 크기 결정
③ 급수관 관경 결정 ④ 수도 인입관 설계

해설 급수설비의 계획 및 설계순서는 급수량의 산정(건물 전체의 사용수량을 개략적으로 산정) → 급수 사정의 조사와 제약 조건의 확인 → 급수 방식의 결정 → 급수 시스템 선정 → 설계 조건의 정리 → 계산 → 도서 작성의 순이다. 즉, 급수설비에서 가장 먼저 결정하여야 할 사항은 급수량의 산정이다.

61 급수설비
23, 20

급수배관방식에 관한 설명으로 옳지 않은 것은?

① 일반적으로 고가수조방식에서는 하향배관방식이 사용된다.
② 상향배관방식에서 수직관의 관경은 올라갈수록 크게 한다.
③ 혼합배관방식으로 하는 경우 저층부는 상향배관방식으로 한다.
④ 상향배관방식에서는 관 내의 공기를 배출하기 위해 관의 제일 윗부분에 공기빼기밸브 등을 설치한다.

해설 급수배관방식에 있어서 상향배관방식에서 수직관의 관경은 올라갈수록 작게 하여야 한다.

62 급수설비
16

급수설비에 관한 설명으로 옳지 않은 것은?

① 고가탱크방식은 수전에서의 압력변동이 거의 없다.
② 세정밸브식 대변기의 급수관 관경은 15mm 이상으로 한다.
③ 펌프직송방식은 고가탱크방식에 비해 수질오염의 가능성이 적다.
④ 급수압력이 높으면 수전의 파손원인이 되며 또한 수격작용도 일으키기 쉽다.

해설 세정(플러시)밸브식 대변기의 급수관은 수압의 제한(0.07MPa 이상)과 급수관경의 제한이 있으므로 세정밸브식 대변기 최소 급수관 25A(25mm) 이상이어야 한다.

63 | 급수설비
08, 05

급수설비에 관한 설명 중 옳은 것은?
① 하향급수배관방식은 수도직결 급수방식인 경우에 가장 많이 사용되며 급수관의 수평주관은 1/250 이상의 올림 구배로 한다.
② 고가수조의 용량은 양수펌프의 양수량과 상호관계가 있으며, 고가수조의 설치조건에 따라 좌우되는 경우가 많다.
③ 급수의 오염을 방지하기 위하여 크로스 커넥션(cross connection) 배관을 한다.
④ 급수방식 중 압력수조방식은 정전 시에도 단수가 되지 않으며 급수압력이 일정한 장점이 있다.

해설 상향급수배관방식은 수도직결방식인 경우에 가장 많이 사용되며 급수관의 수평주관은 1/250 이상의 올림 구배로 하고, 급수의 오염을 방지하기 위하여 크로스 커넥션 배관을 반드시 금지하며, 급수방식 중 압력수조방식은 정전 시에는 단수가 되고, 단수 시에는 일정량이 급수되며, 급수압력의 변화가 심한 단점이 있다.

64 | 급수설비
15, 04

급수설비에 관한 기술 중 틀린 것은?
① 수수조 등의 기기가 있는 경우에는 급수량의 산정법으로 통상 인원에 의한 방법이 사용된다.
② 음료수 계통에는 규정 잔류염소를 함유한 물이 공급된다.
③ 아파트에 있어서 1인당 1일 평균사용수량은 160L~250L 정도이다.
④ 급수배관계통에서 강관과 동관을 직접 접속할 경우 동관의 부식이 촉진된다.

해설 금속 사이에 수분이 있으면 전기 분해가 일어나 이온화 경향이 큰 쪽이 음극이 되어 전기 작용에 의해 금속을 부식시키며, 금속의 이온화 경향이 큰 것에서 작은 것의 순으로 열거하면 Mg-Al-Cr-Mn-Zn-Fe-Ni-Sn-(H)-Cu-Hg-Ag-Pt-Au이다. 그러므로 급수배관계통에서 강관(Fe)과 동관(Cu)을 직접 접속할 경우 강관의 부식(이온화경향이 큰 쪽)이 촉진된다.

65 | 원심식 펌프
25, 12, 08, 05

터보형 펌프의 일종으로 급수, 급탕, 배수설비에 주로 이용되는 펌프형식은?
① 원심식 펌프
② 기어 펌프
③ 베인 펌프
④ 사류식 펌프

해설 터보형 펌프(임펠러 즉 회전차에 의해 회전하므로 에너지의 교환이 이루어지는 펌프)의 종류에는 원심식 펌프(볼류트, 터빈, 라인 펌프, 수중펌프 등으로 급수, 급탕, 배수설비 등에 사용), 사류식 펌프(상·하수도용, 냉각수 순환용, 공업 용수용 등에 사용) 및 축류식 펌프(양정이 10m 이하로 낮고, 송출량이 많은 경우에 사용) 등이 있다.

66 | 펌프
18, 10, 07

원심펌프의 일종으로 날개의 바깥쪽에 가이드 베인(guide bane)을 설치한 것은?
① 볼류트 펌프
② 터빈 펌프
③ 피스톤 펌프
④ 기어 펌프

해설 볼류트 펌프는 원심식 펌프의 일종으로 와권 케이싱과 회전차로 구성되는 펌프이고, 임펠러의 주위에 안내 날개(가이드 베인)가 없기 때문에 15m 이하의 저양정인 온수 순환 펌프에 사용하는 펌프이며, 피스톤 펌프는 피스톤의 왕복 운동에 의하여 흡수 및 토출을 하는 펌프를 말하고, 송수 작용이 단속적이므로 토출관의 하부에 공기실을 설치하든가 펌프를 2대 이상 사용하여 복동식으로 한다. 또한 양수량이 많고 압력이 낮은 때에 사용하며, 기어 펌프는 2개의 기어를 맞물려 기어 공간에 괸 유체를 기어 회전에 의한 케이싱 내면에 따라 송출하는 기구의 펌프로서 오일 펌프로 사용되는 펌프이다.

67 | 볼류트 펌프의 정의
23, 22, 07

다음 중 원심식 펌프의 일종으로 와권 케이싱과 회전차로 구성되는 펌프는?
① 볼류트 펌프
② 피스톤 펌프
③ 베인 펌프
④ 마찰 펌프

해설 볼류트 펌프
㉠ 날개차의 바깥둘레에 안내날개가 없어, 물이 직접 날개차에서 와류실로 통한다.
㉡ 효율이 좋은 편이며, 효율 감소율이 작다.
㉢ 상수도, 공업용수의 취수, 송수 및 농업용수의 양수, 배수 등에 사용한다.
㉣ 날개차와 와권 케이싱으로 구성되어 있다.

정답 63. ② 64. ④ 65. ① 66. ② 67. ①

68 | 흡입양정
24, 17, 13, 09

다음 중 양수펌프로 사용되는 원심펌프에서 흡입양정이 이론치에 미치지 못하는 가장 큰 이유는?

① 관로손실
② 대기압
③ 토출양정과의 차이
④ 펌프의 동력

해설 흡입양정은 이론상 0℃ 표준대기압에서 최대 10.33m 정도이나, 실제 흡입양정은 6~7m 정도인 이유 즉, 이론상 흡입양정과 실제 흡입양정에 차이가 발생하는 이유는 수온에 의한 포화증기압과 흡입관의 마찰손실로 인하여 흡입양정이 낮아지기 때문이다.

69 | 배관의 피복 목적
18

다음 중 배관의 피복 목적과 가장 관계가 먼 것은?

① 방로
② 방음
③ 방동
④ 방진

해설 배관을 피복하는 이유는 방로, 방음 및 방동 등이 있고, 방진과는 무관하다.

70 | 원심식 펌프
23, 18

원심식 펌프에 관한 설명으로 옳지 않은 것은?

① 터보형 펌프의 일종이다.
② 유체가 회전차의 반경류 방향으로 흐른다.
③ 건축설비분야의 급수, 급탕, 배수 등에 주로 이용된다.
④ 원심식 펌프에는 피스톤 펌프와 로터리 펌프 등이 있다.

해설 터보 펌프에는 원심식 펌프(볼류트, 터빈 펌프), 사류 펌프, 축류 펌프 등이 있고, 용적형 펌프에는 왕복동식 펌프(피스톤, 플런저, 다이어프램 펌프)와 회전식 펌프(치차, 베인 펌프) 등이 있으며, 특히, 급수설비의 급수와 양수에 주로 사용되는 펌프는 원심식 펌프가 사용된다. 피스톤 펌프는 용적형의 왕복동식 펌프에, 로터리 펌프는 회전식 펌프에 속한다.

71 | 펌프의 종류
25, 13, 08

다음 중 용적식 펌프에 속하지 않는 것은?

① 터빈 펌프
② 피스톤 펌프
③ 베인 펌프
④ 기어 펌프

해설

구분		종류
터보형 펌프	원심식 펌프	볼류트 펌프, 터빈 펌프
		사류 펌프, 축류 펌프
용적형 펌프	왕복동 펌프	피스톤, 플런저, 다이아프램 펌프
	회전식 펌프	치차, 나사, 베인 펌프
특수 펌프		와류(마찰), 제트, 기포, 전자 펌프

72 | 터보형 펌프
22

다음 중 펌프의 분류상 터보형 펌프에 속하지 않는 것은?

① 마찰 펌프
② 사류 펌프
③ 볼류트 펌프
④ 디퓨져 펌프

해설 펌프의 종류

구분		종류
터보형	원심식 펌프	볼류트, 디퓨저, 터빈 펌프
		축류 펌프, 사류 펌프
용적형	왕복동식 펌프	피스톤, 플런저, 다이아프램 펌프
	회전식 펌프	치차, 나사, 베인 펌프
특수		마찰, 기어, 제트, 기포, 자기 펌프

73 | 터빈 펌프
21, 19, 18, 15, 11

다음 설명에 알맞은 펌프는?

• 원심식 펌프이다.
• 회전차 주위에 디퓨저인 안내날개를 갖고 있다.

① 터빈 펌프
② 기어 펌프
③ 피스톤 펌프
④ 볼류트 펌프

해설 터빈 펌프(날개차의 외주에 끝이 퍼진 안내 날개차를 마련하여 날개차에서 나온 고속도의 물을 안내 날개차로 인도하고, 여기를 흐르는 사이에 속도를 점차 감소시켜서 물이 가진 운동에너지를 압력에너지로 바꾸어 양정토록 한 펌프)는 가이드 베인(안내날개)을 가진 원심 펌프로서 고양정에 쓰인다.

74 | 터빈 펌프
20

터빈 펌프의 관한 설명으로 옳지 않은 것은?

① 펌프의 양수량은 축동력에 비례하여 증가한다.
② 토출밸브를 닫고 펌프를 운전하면 양수량이 0이다.
③ 최대효율로 운전하고 있을 때의 양정을 상용 양정이라 한다.
④ 펌프의 양정과 양수량은 펌프의 회전수가 변하여도 항상 일정하다.

정답 68. ① 69. ④ 70. ④ 71. ① 72. ① 73. ① 74. ④

해설 펌프의 상사법칙에 의하여 양수량은 회전수에 비례하고, 양정은 회전수의 제곱에 비례하며, 축동력은 회전수의 3제곱에 비례한다. 또한 유속은 유량(양수량)에 비례하고, 관의 단면적에 반비례하므로 $V' = (N'/N)V$이다.

75 | 왕복식 펌프의 종류
15, 11

다음 중 왕복식 펌프에 속하는 것은?

① 볼류트 펌프
② 기어 펌프
③ 디퓨저 펌프
④ 피스톤 펌프

해설 용적형 펌프의 종류의 일종인 왕복식 펌프에는 플런저 펌프, 워싱턴 펌프, 피스톤 펌프 등이 있고, 볼류트 펌프, 디퓨저 펌프는 와권(원심) 펌프이고, 기어 펌프는 특수 펌프이다.

76 | 다단 펌프의 사용목적
17

다음 중 다단 펌프를 사용하는 가장 주된 목적은?

① 흡입양정이 큰 경우
② 토출량을 줄이기 위한 경우
③ 높은 토출양정이 필요한 경우
④ 수중에 펌프를 설치하는 경우

해설 다단 펌프는 높은 토출양정 또는 고압수를 얻기 위하여 1대 펌프의 동일 회전축에 2개 이상의 날개차를 설치하여 다단으로 만든 펌프로서 다단 스파이럴 펌프와 다단 터빈 펌프 등이 있다.

77 | 실양정
09, 07, 03

양수펌프의 크기 결정에 있어서 실양정(actual head)을 바르게 나타낸 것은?

① 흡입 실양정+토출 실양정
② 흡입 실양정+압력수두
③ 흡입 실양정+속도수두
④ 토출 실양정+토출관 내 전손실수두

해설 펌프의 전양정=실양정(흡입양정+토출양정)+마찰손실수두+토출구의 속도수두
=흡입양정+토출양정+마찰손실수두+토출구의 속도수두 $\left(\dfrac{v^2(유속)}{2g(중력\ 가속도)}\right)$

78 | 양정의 산정요소
16

고가탱크방식에서 양수펌프의 양정 산정과 관계없는 것은?

① 양수관의 압력손실
② 시수인입관의 압력
③ 고가탱크 설치 높이
④ 양수관 토출구의 토출압력

해설 양수펌프의 양정의 산정에는 고가탱크의 설치 높이(정수두), 양수관의 압력손실(배관 내의 마찰손실수두), 토출구의 토출압력 등과 관계가 깊고, 시수인입관의 압력과는 무관하다. 또한 고가탱크 양수펌프의 전양정=실양정(흡입양정+토출양정)+배관내 마찰손실수두+고가탱크의 설치 높이이다.

79 | 펌프의 양정
22

펌프의 양정에 관한 설명으로 옳지 않은 것은?

① 흡수면에서 펌프축 중심까지의 수직거리를 토출 실양정이라고 한다.
② 물이 흐를 때는 유속에 상당하는 에너지가 필요하며, 이 에너지를 속도수두라 한다.
③ 흡수면으로부터 토출수면까지의 거리만큼 물이 올라가는데 필요한 에너지를 전양정이라고 한다.
④ 물을 높은 곳으로 보내는 경우, 흡수면으로부터 토출수면까지의 수직거리를 실양정이라고 한다.

해설 흡수면에서 펌프축 중심까지의 수직거리를 흡입양정이라 하고, 펌프축 중심에서 탱크까지의 수직거리를 토출양정이라고 하며, 실양정=흡입양정+토출양정이다.

80 | 펌프의 양정 산정
24, 12

다음과 같은 조건에 있는 양수펌프의 전양정은?

- 흡입 실양정 : 3m
- 토출 실양정 : 5m
- 배관의 마찰손실수두 : 1.6m
- 토출구의 속도 : 1.0m/s

① 16.63m   ② 14.63m
③ 9.65m   ④ 8m

해설 펌프의 전양정=실양정+마찰손실수두+토출구의 속도수두
=흡입양정+토출양정+마찰손실수두+토출구의 속도수두 $\left(\dfrac{v^2(유속)}{2g(중력\ 가속도)}\right) = 3+5+1.6+\dfrac{1.0^2}{2\times 9.8} = 9.65\text{m}$

81 | 펌프의 양정 산정
15

실양정 18m, 환산관 길이 60m, 배관의 마찰손실수두 0.03mAq/m, 유속 1.4m/s일 때 양수펌프의 전양정은 약 얼마인가?

① 20m
② 42m
③ 60m
④ 78m

해설 펌프의 전양정=실양정+마찰손실수두+토출구의 속도수두
=흡입양정+토출양정+마찰손실수두+토출구의 속도수두 $\left(\dfrac{v^2(유속)}{2g(중력\ 가속도)}\right)$
$=18+(0.03\times60)+\left(\dfrac{1.4^2}{2\times9.8}\right)=19.9\text{m}$

82 | 펌프의 양정 산정
23, 21, 07

펌프의 흡입양정이 10m이고 20m 높이에 있는 옥상탱크에 양수할 때 전양정은 얼마인가? (단, 관로의 전손실수두는 0.1MPa이다.)

① 20m
② 30m
③ 40m
④ 50m

해설 펌프의 전양정
=실양정(흡입양정+토출양정)+마찰손실수두+토출구의 속도수두
=흡입양정+토출양정+마찰손실수두+토출구의 속도수두 $\left(\dfrac{v^2(유속)}{2g(중력\ 가속도)}\right)$
$=10+20+0.1\times100=40\text{m}$
여기서, 1MPa=100m로 환산한다.

83 | 펌프의 양정 산정
18, 05

양수펌프의 흡수면으로부터 토출수면까지의 실제높이는 20m이고, 관로의 전손실수두는 실양정의 20%로 하며, 흡입관과 토출관의 관경이 같은 경우 펌프의 전양정(m)은?

① 20m
② 22m
③ 24m
④ 20.2m

해설 펌프의 전양정
=실양정(흡입양정+토출양정)+마찰손실수두+토출구의 속도수두
=흡입양정+토출양정+마찰손실수두+토출구의 속도수두 $\left(\dfrac{v^2(유속)}{2g(중력\ 가속도)}\right)$
$=20+(20\times0.2)=24\text{m}$

84 | 펌프의 구경 산정
19

양수량 $Q=15\text{L/s}$, 유속 $V=2\text{m/s}$인 펌프인 구경으로 적당한 것은?

① 50mm
② 100mm
③ 150mm
④ 200mm

해설 $Q(유량)=A(단면적)v(유속)$이다. 즉, $Q=Av$에서 $A=\dfrac{Q}{v}$임을 알 수 있다.
$\dfrac{\pi D^2}{4}=\dfrac{Q}{v}$에서, $D=\sqrt{\dfrac{4Q}{\pi v}}=\sqrt{\dfrac{4\times0.015}{\pi\times2}}$
$=0.0997\text{m}$
$=99.7\text{mm}$
$\fallingdotseq100\text{mm}$

85 | 펌프의 구경 산정
22, 10

고가탱크에 시간당 18m³의 물을 보내려 할 때 유속을 2m/s로 하기 위한 펌프의 구경은?

① 47.2mm
② 56.4mm
③ 72.9mm
④ 94.5mm

해설 $Q(유량)=A(단면적)v(유속)=\dfrac{\pi D^2}{4}v$이므로
$v=\dfrac{Q}{A}=\dfrac{Q}{\dfrac{\pi D^2}{4}}=\dfrac{4Q}{\pi D^2}$
$D^2=\dfrac{4Q}{\pi v}$에서 $D=\sqrt{\dfrac{4Q}{\pi v}}$이므로
$D=\sqrt{\dfrac{4Q}{\pi v}}=\sqrt{\dfrac{4\times18}{2\times\pi\times3,600}}=0.0564\text{m}=56.4\text{mm}$

86 | 펌프의 특성
25, 08

펌프의 특성에 대한 설명 중 옳은 것은?

① 회전수를 줄이면 양수량은 비례하여 감소한다.
② 회전수 변화의 3승에 비례하여 양정이 변화한다.
③ 회전수 변화의 2승에 비례하여 동력이 변화한다.
④ 양정과 동력은 반비례하여 변화한다.

해설 펌프의 상사법칙에 의하여 양수량은 회전수에 비례하고, 양정은 회전수의 제곱에 비례하며, 축동력은 회전수의 3제곱에 비례한다.

87 | 유량측정용 기구
23, 11

다음 중 유량측정용 기구가 아닌 것은?

① 피토관 ② 부르동관
③ 오리피스 ④ 벤튜리계

해설 유량측정용 기구에는 피토관(유체의 흐름방향에 대한 구멍의 흐름과 직각으로 된 구멍을 가진 관으로 이것을 U자관으로 유도하여 압력차를 측정하는 것으로 정상류에 있어서의 유체의 유속, 유량측정에 사용된다), 오리피스(관로의 도중에 삽입되는 관의 안지름에 비해 상당히 작은 구멍을 뚫은 원판으로 이 판의 앞뒤 압력차를 통해 유량을 구할 수 있다) 및 벤튜리계(베르누이의 정리를 응용, 벤튜리관을 사용해서 관 내의 유량을 측정하는 계기) 등이 있고, 부르동관은 압력검출용 자동제어계의 검출기이다.

88 | 펌프의 구경 산정
23, 22, 11, 10, 03

30m 높이에 있는 고가수조에 매시 24m³의 물을 양수하는 펌프의 적당한 구경은? (단, 유속은 2m/s이다.)

① 50mm ② 65mm
③ 75mm ④ 90mm

해설 $Q(유량) = A(단면적)v(유속) = \dfrac{\pi D^2}{4} v$ 이므로

$v = \dfrac{Q}{A} = \dfrac{Q}{\dfrac{\pi D^2}{4}} = \dfrac{4Q}{\pi D^2}$

$D^2 = \dfrac{4Q}{\pi v}$ 에서 $D = \sqrt{\dfrac{4Q}{\pi v}}$

그러므로, $D = \sqrt{\dfrac{4Q}{\pi v}} = \sqrt{\dfrac{4 \times 24}{2\pi \times 3,600}} = 0.065\text{m} = 65\text{mm}$

여기서, 3,600은 시간(h)을 초(s)로 환산한 것이다.

89 | 펌프의 구경 산정
25, 24, 10, 09

35m의 높이에 있는 고가수조에 유속 2m/sec으로 양수량 10m³/h의 물을 양수하려고 할 때 펌프의 구경은?

① 약 25mm ② 약 42mm
③ 약 52mm ④ 약 62mm

해설 $Q(유량) = A(단면적)v(유속) = \dfrac{\pi D^2}{4} v$ 이므로

$v = \dfrac{Q}{A} = \dfrac{Q}{\dfrac{\pi D^2}{4}} = \dfrac{4Q}{\pi D^2}$

$D^2 = \dfrac{4Q}{\pi v}$ 에서 $D = \sqrt{\dfrac{4Q}{\pi v}}$

그러므로, $D = \sqrt{\dfrac{4Q}{\pi v}} = \sqrt{\dfrac{4 \times 10}{2\pi \times 3,600}} = 0.042\text{m} = 42\text{mm}$

90 | 펌프의 구경 산정
22, 04

고가탱크로 매시간 24m³를 양수할 경우 알맞은 펌프의 구경은? (단, 유속은 1.5m/sec)

① 75.2mm
② 61.1mm
③ 58.3mm
④ 39.1mm

해설 $Q(유량) = A(단면적)v(유속) = \dfrac{\pi D^2}{4} v$ 이므로

$v = \dfrac{Q}{A} = \dfrac{Q}{\dfrac{\pi D^2}{4}} = \dfrac{4Q}{\pi D^2}$

$D^2 = \dfrac{4Q}{\pi v}$ 에서 $D = \sqrt{\dfrac{4Q}{\pi v}}$ 이므로,

$D = \sqrt{\dfrac{4Q}{\pi v}} = \sqrt{\dfrac{4 \times 24}{1.5 \times \pi \times 3,600}} = 0.0752\text{m} = 75.2\text{mm}$

91 | 펌프의 상사법칙
14, 11, 06

펌프의 회전수 변화에 따른 유량, 양정, 축동력, 소비전력의 변화를 설명한 내용 중 옳은 것은?

① 회전수를 50% 줄이면, 유량은 50% 증가한다.
② 회전수를 50% 줄이면, 양정은 75% 감소한다.
③ 회전수를 50% 줄이면, 축동력은 25% 감소한다.
④ 회전수를 50% 줄이면, 소비전력은 50% 감소한다.

해설 펌프의 상사법칙

㉠ 양수량은 회전수에 비례 $\left(\dfrac{1}{2} \times 100 = 50\%, 50\% \text{ 감소}\right)$

㉡ 양정은 회전수의 제곱에 비례 $\left(\left(\dfrac{1}{2}\right)^2 \times 100 = 25\%, 75\% \text{ 감소}\right)$

㉢ 축동력은 회전수의 3제곱에 비례 $\left(\left(\dfrac{1}{2}\right)^3 \times 100 = 12.5\%, 87.5\% \text{ 감소}\right)$

92 | 펌프의 상사법칙
22, 10

송풍기의 회전속도를 일정하게 하고 날개의 직경을 d_1에서 d_2로 변경했을 때, 동력 L_2를 구하는 식으로 알맞은 것은? (단, L_1은 직경 d_1에서의 동력이다.)

① $L_2 = \left(\dfrac{d_2}{d_1}\right) L_1$ ② $L_2 = \left(\dfrac{d_1}{d_2}\right) L_1$

③ $L_2 = \left(\dfrac{d_1}{d_2}\right)^5 L_1$ ④ $L_2 = \left(\dfrac{d_2}{d_1}\right)^5 L_1$

정답 87.② 88.② 89.② 90.① 91.② 92.④

[해설] 송풍기의 상사법칙에서 송풍기의 회전수를 변화하면, 풍량은 회전수에 비례하고, 압력은 회전수의 제곱에 비례하며, 동력은 회전수의 3제곱에 비례한다. 또한, 송풍기의 크기를 변화하면, 풍량은 송풍기 크기의 3제곱에 비례하고, 압력은 송풍기 크기의 제곱에 비례하며, 동력은 송풍기 크기의 5제곱에 비례한다.
즉, L_2(변형된 송풍기의 동력)
$= \left[\dfrac{d_2(\text{변형된 송풍기 날개의 직경})}{d_1(\text{원래의 송풍기 날개의 직경})}\right]^5$
$\times L_1(\text{원래의 송풍기의 동력})$

93 | 펌프의 상사법칙
17, 01

양수량이 1m³/min, 양정이 10m인 펌프에서 회전수를 원래보다 10% 증가시켰을 경우, 양정으로 적당한 것은?

① 약 9m   ② 약 10m
③ 약 12m   ④ 약 13m

[해설] 펌프의 상사법칙에 의하여
양정은 회전수의 제곱에 비례하므로
$H(\text{양정}) \times (1.1)^2 = 1.21H$
$= 1.21 \times 10 = 12.1\text{m}$

94 | 펌프의 축동력 산정
20, 14, 11

양수량이 600L/min, 양정이 36m인 양수펌프의 축동력은? (단, 펌프의 효율은 70%이다.)

① 4.5kW   ② 5.0kW
③ 6.4kW   ④ 7.1kW

[해설] 축동력 $= \dfrac{WQH}{6,120 \times E} = \dfrac{1,000 \times \left(\dfrac{600}{1,000}\right) \times 36}{6,120 \times 0.7} = 5.04 ≒ 5.0\text{kW}$

95 | 펌프의 축동력 산정
17, 10

펌프의 전양정이 41.6m, 양수량이 400L/min일 때, 전동기의 축동력은? (단, 펌프의 효율은 55%, 물의 밀도는 1,000kg/m³이다.)

① 3.94kW
② 4.54kW
③ 4.94kW
④ 5.44kW

[해설] 축동력 $= \dfrac{WQH}{6,120 \times E} = \dfrac{1,000 \times \left(\dfrac{400}{1,000}\right) \times 41.6}{6,120 \times 0.55} = 4.944 ≒ 4.94\text{kW}$

96 | 펌프의 축동력 산정
09

펌프에서 35m 높이에 있는 옥상탱크에 매시간마다 20,000L의 물을 양수하는 경우 양수펌프의 전동기 필요 동력은? [단, 펌프의 흡입높이는 2m, 관로의 전마찰손실수두는 13m, 펌프의 효율은 60%이고 전동기 직결식(여유율 15%)으로 한다.]

① 4.54kW   ② 5.22kW
③ 6.17kW   ④ 7.10kW

[해설] 축동력 $= \dfrac{WQH}{6,120 \times E}$ 에서
펌프의 전양정 = 실양정(흡입양정+토출양정)+마찰손실수두+토출구의 속도수두
$= 2+35+13 = 50\text{m}$이다.
그러므로, 축동력 $= \dfrac{WQH}{6,120 \times E}$
$= \dfrac{1,000 \times \left(\dfrac{20,000}{1,000}\right) \times (50 \times 1.15)}{6,120 \times 0.6 \times 60} = 5.219 ≒ 5.22\text{kW}$

97 | 펌프의 축동력 산정
13

높이 30m의 고가 탱크에 매분 1m³의 물을 공급하기 위해 요구되는 펌프에 직결되는 전동기의 동력은? (단, 마찰손실수두 6m, 흡입양정 1.5m, 펌프효율 50%, 여유율 15%일 경우)

① 6.1kW   ② 11.3kW
③ 12.3kW   ④ 14.1kW

[해설] 축동력 $= \dfrac{WQH}{6,120 \times E}$ 에서
펌프의 전양정 = 실양정(흡입양정+토출양정)+마찰손실수두+토출구의 속도 수두
$= 30+6+1.5 = 37.5\text{m}$
그러므로, 축동력 $= \dfrac{WQH}{6,120 \times E}$
$= \dfrac{1,000 \times 1 \times 37.5 \times 1.15}{6,120 \times 0.5} = 14.09 ≒ 14.1\text{kW}$

98 | 펌프의 축동력과 축마력
19, 17, 16, 14, 13, 03

펌프의 전양정이 60m이고, 매시간 30m³의 물을 공급하고자 한다. 펌프의 동력을 kW와 HP로 나타내면 각각 약 얼마인가? (단, 펌프의 효율은 55%)

① 8.9, 12.1   ② 5.3, 7.3
③ 4.9, 6.7   ④ 2.7, 2.7

[해설]
- 축동력 $= \dfrac{WQH}{6,120 \times E} = \dfrac{1,000 \times 30 \times 60}{6,120 \times 0.55 \times 60} = 8.91 ≒ 8.9\text{kW}$
- 축마력 $= \dfrac{WQH}{4,500 \times E} = \dfrac{1,000 \times 30 \times 60}{4,500 \times 0.55 \times 60} = 12.12 ≒ 12.1\text{HP}$

정답 93. ③ 94. ② 95. ③ 96. ② 97. ④ 98. ①

99 | 펌프의 비속도 산정식
20, 07, 06

펌프의 비속도 η를 나타내는 식으로 옳은 것은? (단, 회전수를 N, 최고 효율점의 토출량을 Q, 최고 효율점의 전양정을 H로 나타낸다.)

① $\eta = N \cdot \dfrac{Q^{3/4}}{H^{1/2}}$ ② $\eta = N \cdot \dfrac{Q^{1/2}}{H^{3/4}}$

③ $\eta = Q \cdot \dfrac{N^{3/4}}{H^{1/2}}$ ④ $\eta = Q \cdot \dfrac{N^{1/2}}{H^{3/4}}$

해설 η(펌프의 비속도) = N(회전수)$\dfrac{Q^{\frac{1}{2}}(토출량, m^3/min)}{H^{\frac{3}{4}}(양정, m)}$ 이다.

즉, 펌프의 비속도는 회전수, 토출량의 $\dfrac{1}{2}$승에 비례하고, 양정의 $\dfrac{3}{4}$승에 반비례한다.

100 | 펌프의 축동력 산정
20, 16, 08

매시간 15m³의 물을 고가수조에 공급하고자 할 때 원심펌프에 요구되는 축동력은? (단, 펌프의 전양정은 33m, 펌프의 효율은 45%)

① 1kW ② 1.5kW
③ 2kW ④ 3kW

해설 축동력 = $\dfrac{WQH}{6,120 \times E} = \dfrac{1,000 \times 15 \times 33}{6,120 \times 0.45 \times 60} = 2.99 ≒ 3kW$

101 | 펌프의 비속도 비교
15

다음 중 펌프를 비속도의 크기 순서대로 올바르게 나타낸 것은?

① 터빈 펌프 < 볼류트 펌프 < 사류 펌프 < 축류 펌프
② 볼류트 펌프 < 사류 펌프 < 축류 펌프 < 터빈 펌프
③ 사류 펌프 < 축류 펌프 < 터빈 펌프 < 볼류트 펌프
④ 축류 펌프 < 터빈 펌프 < 볼류트 펌프 < 사류 펌프

해설 펌프의 비교회전수가 큰 것부터 작은 것의 순으로 나열하면, 축류 펌프(1,100rpm 이상) → 사류 펌프(500~1,200rpm) → 볼류트 펌프(300~700rpm) → 터빈 펌프(300rpm 이하)의 순이고, 비교회전수가 클수록 양정은 감소한다.

102 | 펌프의 비속도
25, 22, 13, 10

터보형 펌프의 비속도에 관한 설명 중 옳지 않은 것은?

① 비속도가 작은 펌프는 양수량이 변화하여도 양정의 변화가 적다.
② 비속도가 작은 펌프는 양정변화가 큰 용도에 적합하여 유량변화가 큰 용도에는 부적합하다.
③ 최고양정의 증가비율은 비속도가 증가함에 따라 크게 된다.
④ 어느 2종류의 터보형 펌프가 있을 때, 비속도가 동일하다면 펌프의 대소에 관계없이 각각의 펌프가 갖는 회전차는 모두 상사(相似)이다.

해설 비속도[펌프의 형식을 결정하는 척도로서, 양수량(1m³/분)을 양정 1m 올리는 데 필요한 회전수이다.

η(비속도) = n(회전수) $\times \dfrac{Q^{\frac{1}{2}}(토출량)}{H^{\frac{3}{4}}(양정)}$ 이며, 비속도는 소유량,

고양정일수록 작아지고, 대유량, 저양정일수록 커진다]가 작은 펌프는 양정의 변화가 작으므로 유량변화가 큰 용도에 적합하다.

103 | 펌프의 특성곡선의 요소
13, 12, 08, 05

펌프의 특성곡선(characteristic curve)에서 나타나지 않는 내용은?

① 전양정
② 토출유량
③ 전동기동력
④ 효율

해설 펌프 특성곡선은 양수량, 전양정, 펌프의 효율 및 펌프의 축마력(축동력) 등을 요소로 하여 그래프로 나타낸 곡선으로 회전수 변화에 의해 각각 다르게 나타난다.

104 | 펌프
21, 07, 05

펌프에 관한 설명 중 옳은 것은?

① 동일펌프로 동일 송수계통에 양수하고 있는 경우 펌프의 회전수가 2배로 되면 양정은 4배로 된다.
② 비속도가 작은 펌프는 양수량의 변화에 따라 양정의 변화도 크다.
③ 특성이 같은 펌프를 2대 병렬 운전하면 양수량과 양정은 1대일 경우의 2배로 된다.
④ 특성이 같은 펌프를 2대 직렬 운전하면 양수량은 1대일 경우의 2배로 된다.

해설 비속도(회전차에 주어져야 할 매분 회전수)가 작은 펌프는 양수량의 변화에 따른 양정의 변화가 작고, 특성이 같은 펌프를 병렬로 연결하면, 동일 양정점에서 유량(토출량)은 2배가 되며, 직렬로 연결하면 동일 유량점에서 양정이 2배가 되나, 병렬과 직렬 모두 배관 계통의 저항곡선과 교점이 되어 정확하게 2배가 되지는 않는다.

정답 99. ② 100. ④ 101. ① 102. ② 103. ③ 104. ①

105 | 펌프
24, 19, 11

펌프에 관한 설명으로 옳은 것은?

① 펌프의 축동력은 회전수의 제곱에 비례한다.
② 볼류트 펌프는 임펠러 주위에 안내날개를 갖고 있기 때문에 고양정을 얻을 수 있다.
③ 펌프 1대에 임펠러 1개를 갖고 있는 것을 단단(單段)펌프라 하며 양정이 그다지 높지 않은 경우에 사용된다.
④ 캐비테이션을 방지하기 위해서는 흡수관을 가능한 한 길고 가늘게 함과 동시에 관 내에 공기가 체류할 수 있도록 배관한다.

해설 펌프의 축동력은 회전수의 세제곱에 비례하고, 터빈 펌프는 임펠러 주위에 안내날개를 갖고 있기 때문에 고양정을 얻을 수 있으며, 캐비테이션을 방지하기 위해서는 흡수관을 가능한 한 짧고 굵게 함과 동시에 관 내에 공기가 체류하지 않도록 배관한다.

106 | 펌프의 서징 현상
22, 16, 01

다음 중 원심 압축기나 펌프 등에서 유체의 토출압력이나 토출량의 변동으로 인해 진동이나 소음이 발생하는 현상을 무엇이라 하는가?

① 수격 현상(water hammering)
② 서징(surging)
③ 공동 현상(cavitation)
④ 사이펀 현상(siphonage)

해설 수격 현상은 배관 내의 유체 유동을 급히 개시하거나 폐지시킬 때 충격파에 의해 이상 압력현상을 발생시키는 현상이고, 공동 현상은 액체 속에 함유된 공기가 저압 부분에서 분리되어 수많은 작은 기포로 되는 현상 또는 펌프 흡입측 압력이 유체 포화 증기압보다 작으면 유체가 기화하면서 발생되는 현상이며, 소음, 진동, 관의 부식이 심한 경우에는 흡상이 불가능하며, 펌프의 공회전 현상이다. 사이펀 현상은 사이펀(액체를 높은 곳에서부터 낮은 곳으로 옮기는 경우에 사용하는 곡관)에 충만한 액체가 높은 곳에서 낮은 곳으로 흘러내리는 현상이다.

107 | 펌프의 서징 현상
17, 12, 10

펌프의 서징(Surging) 현상에 관한 설명으로 옳지 않은 것은?

① 토출배관 중에 수조 또는 공기 체류가 있는 경우에 발생할 수 있다.
② 서징이 발생되면 유량 및 압력이 주기적으로 변동되면서 진동과 소음을 수반한다.
③ 토출량을 조절하는 밸브위치가 수조 또는 공기가 체류하는 곳보다 상류에 있는 경우에 주로 발생한다.
④ 펌프의 양정 특성곡선이 산형 특성이고, 그 사용범위가 오른쪽으로 증가하는 특성을 갖는 범위에서 사용하는 경우에 발생할 수 있다.

해설 펌프의 서징 현상은 토출량을 조절하는 밸브위치가 수조 또는 공기가 체류하는 곳보다 하류(수조 뒤쪽)에 있는 경우에 주로 발생한다.

108 | 캐비테이션 방지대책
18

다음 중 펌프에서 캐비테이션 현상의 방지 대책과 가장 거리가 먼 것은?

① 관 내에 공기가 체류하지 않도록 배관한다.
② 양정에 필요 이상의 여유를 주지 않도록 한다.
③ 흡수관을 가능한 길게 하고 관경을 작게 한다.
④ 흡입조건이 나쁜 경우 회전수가 작은 펌프를 사용한다.

해설 캐비테이션의 방지 방법
㉠ 흡수관을 가능한 한 짧고, 관경을 크게 하며, 관 내의 공기가 체류하지 않도록 배관한다.
㉡ 설계상의 펌프 운전범위 내에서 항상 필요 NPSH가 유효 NPSH보다 작게 되도록 배관계획을 한다. 즉, 펌프의 흡입 양정<펌프의 유효 흡입 양정이다.
㉢ 흡입 조건이 나쁜 경우는 비속도를 작게 하기 위해 회전수가 작은 펌프를 사용한다.
㉣ 양정에 필요 이상의 여유를 주지 않는다.

109 | 펌프의 캐비테이션 현상
21, 16, 10

펌프의 캐비테이션에 대한 설명 중 옳지 않은 것은?

① 비정상적인 소음과 진동이 발생한다.
② 캐비테이션을 방지하기 위해 펌프의 흡입양정을 크게 한다.
③ 캐비테이션이 진행되면 펌프의 양수량, 양정 및 효율이 저하되어 간다.
④ 캐비테이션을 방지하기 위해 설계상의 펌프 운전범위 내에서 항상 유효 NPSH가 필요 NPSH보다 크게 되도록 배관계획을 한다.

해설 공동 현상(cavitation, 액체 속에 함유된 공기가 저압 부분에서 분리되어 수많은 작은 기포로 되는 현상 또는 펌프 흡입측 압력이 유체 포화 증기압보다 작으면 유체가 기화하면서 발생되는 현상)을 방지하기 위해 펌프의 흡입양정을 가능한 한 작게 하여 펌프의 유효흡입양정을 크게 증가시킨다. 즉, **펌프의 흡입양정<펌프의 유효흡입양정**이다.

정답 105. ③ 106. ② 107. ③ 108. ③ 109. ②

110 | 캐비테이션 방지대책
20, 11, 06

캐비테이션의 방지 방법이 아닌 것은?

① 흡수관을 가능한 한 짧고 굵게 함과 동시에 관 내에 공기가 체류하지 않도록 배관한다.
② 설계상의 펌프 운전범위 내에서 항상 필요 NPSH가 유효 NPSH보다 크게 되도록 배관계획을 한다.
③ 흡입 조건이 나쁜 경우는 비속도를 작게 하기 위해 회전수가 작은 펌프를 사용한다.
④ 양정에 필요 이상의 여유를 주지 않는다.

해설 공동 현상(cavitation)을 방지하기 위해 설계상의 펌프 운전범위 내에서 항상 필요 NPSH가 유효 NPSH보다 작게 되도록 배관계획을 한다. 즉, 펌프의 흡입양정<펌프의 유효흡입양정이다.

111 | 펌프의 캐비테이션 현상
09, 05

캐비테이션 현상에 대한 대책으로 틀린 것은?

① 펌프의 설치위치를 낮게 하여 흡입양정을 적게 한다.
② 흡입배관의 마찰손실을 줄이기 위해 배관을 짧게 한다.
③ 설계상의 펌프 운전범위 내에서 항상 필요 NPSH가 유효 NPSH보다 크게 되도록 배관계획을 한다.
④ 편흡입보다 양흡입 방식을 채택한다.

해설 공동 현상을 방지하기 위해 설계상의 펌프 운전범위 내에서 항상 필요 NPSH가 유효 NPSH보다 작게 되도록 배관계획을 한다. 즉, 펌프의 흡입양정<펌프의 유효흡입양정이다.

112 | 유효흡입양정의 산정
18, 14

양수펌프가 수면으로부터 2.5m 높은 지점에 설치되어 있다. 이때 수온은 32.5℃이고, 32.5℃ 물의 포화증기압은 5kPa이며, 수면 위에는 표준 대기압이 작용하고 있다. 이 양수펌프의 유효흡입양정은? (단, 마찰저항은 2.37mAq이며 물의 밀도는 0.996kg/L이다.)

① 약 2.5m   ② 약 5.0m
③ 약 7.5m   ④ 약 10.0m

해설 NPSH는 운전되고 있는 펌프 흡입측에서의 여분의 유효흡입양정이다.
∴ NPSH=대기압-(흡입양정+마찰손실+포화증기압)
=대기압-(흡입양정+마찰손실)-포화증기압
=흡입측 전압-포화증기압
=10.33-(2.5+0.5+2.37)=4.96m≒5m
여기서, 0.5m=0.005MPa=5kPa(1m=0.01MPa)
또한, 32.5℃의 포화증기압 5kPa을 수두로 환산하기 위하여 1MPa=100m이므로
$\dfrac{5kPa}{1Mpa} \times 100m = \dfrac{5,000pa}{1,000,000pa} \times 100m = 0.5m$임을 알 수 있다.

113 | 최저 필요양정의 산정
17

양수펌프 중심으로부터 2m 위에 저수조 수위가 일정하게 있고, 고가수조 수위는 펌프 중심으로부터 30m 위에 있다. 양수배관 전체 길이가 38m, 펌프의 토출압력이 15kPa일 때 최저 필요양정은? (단, 양수배관의 마찰손실수두는 50mmAq/m, 관이음 및 밸브로의 상당길이는 배관길이의 50%로 한다.)

① 30.85mAq
② 32.35mAq
③ 34.85mAq
④ 36.35mAq

해설 펌프의 전양정=실양정(흡입양정+토출양정)+관 내 마찰손실수두+배관의 국부 저항
흡입양정=30-2=28mAq, 토출양정=15kPa=1.5mAq,
관 내 마찰손실수두=38m×50mmAq/m=1,900mmAq=1.9mAq,
배관의 국부 저항=배관 길이의 50%이므로, 1.9mAq×0.5=0.95mAq
여기서, 흡입양정=저수조의 높이와 고가 탱크 높이와의 차이이므로 30-2=28mAq임에 유의할 것
그러므로 펌프의 전양정=실양정(흡입양정+토출양정)+관 내 마찰손실수두+배관의 국부 저항
=28+1.5+1.9+0.95=32.35mAq

❷ 급탕시스템 설계

01 | 팽창관
09, 05

급탕설비에서 사용되는 팽창관에 대한 설명 중 옳지 않은 것은?

① 안전밸브와 같은 역할을 한다.
② 물의 온도상승에 따른 체적 팽창을 흡수한다.
③ 가열장치로부터 배관을 입상하여 고가수조나 팽창탱크에 개방한다.
④ 급탕장치 내 압력이 초과되면 자동으로 밸브가 열린다.

해설 급탕설비의 팽창관(물은 가열하면 팽창하고, 비압축성이기 때문에 보일러, 급탕탱크 등 밀폐가열장치 내의 압력은 상승하며, 압력을 다른 곳으로 도피시키지 않은 한 용기가 파괴될 때까지 압력상승이 계속되는데 이 압력을 도피시킬 목적으로 설치하는 도피관이나 안전밸브)은 급탕장치와 팽창탱크 사이를 연결하는 관으로 밸브가 없으므로 급탕장치 내 압력이 초과되면 팽창탱크로 내보낸다.

02 | 팽창관의 설치 이유
16, 10

급탕설비에서 팽창관을 설치하는 가장 주된 이유는?

① 급탕온도를 일정하게 유지하기 위하여
② 급탕배관의 온도변화에 따른 신축을 흡수하기 위하여
③ 저탕조 내의 온도가 100℃를 넘지 않도록 하기 위하여
④ 보일러, 저탕조 등 밀폐 가열장치 내의 압력상승을 도피시키기 위하여

해설 급탕설비의 팽창관은 보일러, 저탕조 등 밀폐 가열장치 내의 압력상승을 도피시키기 위하여 가열장치와 팽창탱크 사이를 연결하는 관으로 밸브가 없으므로 급탕장치 내 압력이 초과되면 팽창탱크로 내보낸다.

03 | 팽창관과 팽창탱크
18, 04

급탕설비의 팽창관 및 팽창탱크에 관한 설명으로 옳지 않은 것은?

① 팽창관 도중에는 밸브를 설치하지 않는다.
② 가열장치의 과도한 수온 상승을 방지하기 위해 설치한다.
③ 개방식 팽창탱크는 급수방식이 고가탱크방식일 경우에 적합하며 급탕 보급탱크와 겸용할 수 있다.
④ 급수방식이 압력탱크방식이나 펌프직송방식의 중앙식 급탕설비의 경우에는 밀폐식 팽창탱크를 사용한다.

해설 급탕설비의 팽창관은 보일러, 저탕조 등 밀폐 가열장치 내의 압력상승을 도피시키기 위하여 가열장치와 팽창탱크 사이를 연결하는 관으로 밸브가 없으므로 급탕장치 내 압력이 초과되면 팽창탱크로 내보낸다. 서모스탯은 가열장치의 과도한 수온 상승을 방지하기 위해 설치한다.

04 | 안전장치
21, 15, 11

급탕설비의 안전장치에 관한 설명으로 옳지 않은 것은?

① 팽창관의 배수는 간접배수로 한다.
② 팽창관은 보일러, 저탕조 등 밀폐 가열장치 내의 압력상승을 도피시키는 역할을 한다.
③ 팽창관의 도중에는 반드시 역지밸브(check valve)를 설치하여 온수의 역류를 방지한다.
④ 안전밸브는 가열장치 내의 압력이 설정압력을 넘는 경우에 압력을 도피시키기 위해 탕을 배출하는 밸브이다.

해설 급탕설비의 팽창관은 보일러, 저탕조 등 밀폐 가열장치 내의 압력상승을 도피시키기 위하여 가열장치와 팽창탱크 사이를 연결하는 관으로 밸브가 없으므로 급탕장치 내 압력이 초과되면 팽창탱크로 내보낸다. 팽창관의 도중에는 절대로 밸브를 설치해서는 안 된다.

05 | 급탕설비
22, 17

급탕설비에 관한 설명으로 옳지 않은 것은?

① 급탕사용량을 기준으로 급탕순환펌프의 유량을 산정한다.
② 급수압력과 급탕압력이 동일하도록 배관 구성을 하는 것이 바람직하다.
③ 급탕부하단위수는 일반적으로 급수부하 단위수의 3/4을 기준으로 한다.
④ 급탕배관 시 수평주관은 상향배관법에서는 급탕관을 앞올림구배로 하고 환탕관은 앞내림구배로 한다.

해설 온수순환펌프의 유량(양수량)은 관 내를 순환하는 수량을 기준으로 한다.

06 | 급탕설비
17

급탕설비에 관한 설명으로 옳지 않은 것은?

① 급탕배관에는 팽창관이 필요하다.
② 급탕순환방식에는 중력식과 강제식이 있다.
③ 급탕규모가 큰 곳에는 환탕관에 순환펌프를 설치한다.
④ 급탕배관에는 보온재를 사용해야 하나 환탕배관은 보온하지 않는다.

해설 급탕설비의 저탕조와 배관(급탕관, 환탕관)은 열손실을 최소화하기 위하여 보온을 해야 하고, 보온 피복두께는 30~50mm 정도로 하며, 배관은 파이프 커버로 감싸고, 그 위에 테이핑을 하여 보온처리한다.

07 | 급탕배관
18, 15

급탕배관에 관한 설명으로 옳은 것은?

① 배관은 하향구배로 하는 것이 원칙이다.
② 탕비기 주위의 급탕배관은 가능한 짧게 하고 공기가 체류하지 않도록 한다.
③ 배관은 신축에 견디도록 가능하면 요철부가 많도록 배관하는 것이 원칙이다.
④ 물이 뜨거워지면 수중에 포함된 공기가 분리되기 쉽고, 이 공기는 배관의 상부에 모여서 급탕의 순환을 원활하게 한다.

해설 급탕배관에 있어서 상향배관인 경우에는 급탕관은 상향구배, 환탕관은 하향구배로 하고, 하향배관인 경우에는 급탕관과 반탕관은 모두 하향구배로 하며, 배관의 도중에는 요철부를 만들지 않도록 하고, 공기는 배관의 상부에 모여서 급탕의 순환을 방해하므로 공기빼기밸브를 설치하여 제거하여야 한다.

정답 02.④ 03.② 04.③ 05.① 06.④ 07.②

08 급탕배관
25, 20, 14, 13, 09, 05

급탕배관에 관한 설명 중 옳지 않은 것은?

① 상향배관인 경우 급탕관은 하향구배, 반탕관은 상향구배로 한다.
② 배관시공 시 굴곡배관을 해야 할 경우에는 공기빼기밸브를 설치한다.
③ 관의 신축을 고려하여 건물의 벽관통부분의 배관에는 슬리브를 끼운다.
④ 중앙식 급탕설비는 원칙적으로 강제순환방식으로 한다.

해설 급탕배관은 균등한 구배를 두고, 역구배나 공기 정체가 일어나기 쉬운 배관 등 탕수의 순환을 방해하는 것은 피하며, 상향배관인 경우, 급탕관은 상향구배, 반탕관은 하향구배로 하며, 하향배관인 경우, 급탕관과 반탕관 모두 하향구배로 한다.

09 급탕배관
15, 12

급탕배관에 관한 설명으로 옳지 않은 것은?

① 중앙식 급탕설비는 원칙적으로 강제순환방식으로 한다.
② 온도변화에 따른 배관의 팽창길이는 배관의 관경에 가장 큰 영향을 받는다.
③ 급탕용 밸브나 플랜지 등의 패킹은 내열성 재료를 선택하여 사용한다.
④ 관의 신축을 고려하여 건물의 벽관통부분의 배관에는 슬리브를 사용한다.

해설 ε(변형도) $= \dfrac{\Delta l (\text{변형된 길이})}{l (\text{원래의 길이})}$ 이고,

ε(변형도) $= \alpha$(선팽창계수)Δt(온도의 변화량)이므로

$\varepsilon = \dfrac{\Delta l}{l} = \alpha \Delta t$ 에 의하여 $\Delta l = l \alpha \Delta t$ 이다.

그러므로 온도변화에 따른 배관의 팽창길이는 배관의 원래 길이, 선팽창계수 및 온도의 변화량에 따라 변화한다.

10 급탕방식
20, 13

급탕배관방식 중 헤더방식에 관한 설명으로 옳지 않은 것은?

① 지관은 소구경의 배관으로 할 수 있다.
② 헤더로부터의 지관 도중에 관이음 시공부가 많다.
③ 슬리브 공법을 채용하면 배관의 교환이 용이하다.
④ 한 계통마다 관로의 보유수량이 적어 급탕 대기 시간을 단축할 수 없다.

해설 급탕배관방식 중 헤더방식(헤더를 설치하여 헤더와 혼합수전을 1대 1의 관으로 연결하는 방식)은 지관을 소구경으로 배관할 수 있으므로 관이음의 시공부가 작아진다.

11 급탕배관방식의 헤더방식
22

급탕배관방식 중 헤더방식에 관한 설명으로 옳지 않은 것은?

① 슬리브 공법 채용 시 배관의 교환이 용이하다.
② 헤더로부터의 지관 도중에는 관이음을 사용할 필요가 없다.
③ 선분기 방식에 비해 관의 표면적이 커서 손실열량이 많다.
④ 지관을 소구경으로 배관하면 유속이 빠르게 되어 일반적으로 공기 정체가 발생하지 않는다.

해설 급탕배관의 헤더방식(헤더를 설치하여 헤더와 혼합수전을 1대 1의 관으로 연결하는 방식)은 지관을 소구경으로 배관할 수 있으므로 선분기 방식(수직 주관에서 각 층의 수평 주관을 분기하고, 다시 수평 주관에서 가지관을 분기하여 수전을 연결하는 방식)에 비해 관의 표면적이 작으므로 손실열량이 적다.

12 기구의 급탕, 급수부하
12, 01

급탕배관의 관지름의 결정에서 기구 급탕부하 단위는 기구 급수부하 단위의 얼마 정도로 하는가?

① 1/2
② 1/3
③ 2/3
④ 3/4

해설 급탕부하 단위는 급수부하 단위의 3/4을 기준으로 하고, 급탕배관에서 반탕(환탕)관경은 급탕관경의 1/2~2/3 정도로 한다.

13 급탕배관의 고려사항
24②, 20, 13

급탕설비의 급탕배관 시 고려사항으로 옳지 않은 것은?

① 급탕계통에는 유지 관리를 위해 용이하게 조작할 수 있는 위치에 개폐밸브를 설치한다.
② 탕비기 주위 등의 급탕배관은 가능한 짧게 하고 공기가 체류하지 않도록 균일한 구배로 한다.
③ 배관 길이가 30m를 초과하는 중앙식 급탕설비에서는 환탕관과 순환펌프를 설치하여 배관의 열손실을 보상한다.
④ 고층 건축물에서 급탕압력을 일정압력 이하로 제어하기 위해 감압밸브를 설치하는 경우 순환계통에 설치하도록 한다.

해설 고층 건축물에서의 급탕방식은 계통별로 조닝하는 방법과 감압밸브를 설치하는 경우 등이 있고, 감압밸브는 각 지관에 설치하여야 하며, 순환계통에 설치하여서는 아니 된다.

정답 08. ① 09. ② 10. ② 11. ③ 12. ④ 13. ④

14 | 급탕관과 환탕관의 관경
21

급탕배관에서 일반적으로 환탕관의 관경은 급탕관 관경의 얼마 정도로 하는가?

① 1/3　　② 1/2
③ 2배　　④ 3배

해설 환탕관의 관경은 배관계통의 보온을 통한 열손실과 급탕온도와 환탕온도의 차이에 의해 결정되나, 계산이 매우 복잡하여 다음 표에 의한다.

급탕관경(mm)	20	25	32	40	50	65	80
환탕관경(mm)		20		25	32		40

위의 표에 의하여 환탕관은 급탕관의 1/2~2/3 정도임을 알 수 있다.

15 | 증기 트랩의 설치 이유
23, 19, 14

간접가열식 급탕설비에 증기 트랩을 설치하는 가장 주된 이유는?

① 신축을 흡수시키기 위하여
② 배관 내의 소음을 줄이기 위하여
③ 응축수만을 보일러에 환수시키기 위하여
④ 보일러에서 역류하는 악취를 방지하기 위하여

해설 증기 트랩은 방열기의 출구에 설치하고, 증기와 응축수가 분리되며, 응축수만 환수관을 통해 보일러로 보낸다.

16 | 신축이음쇠
18, 14, 08, 03

2개 이상의 엘보(Elbows)를 사용하여 나사 회전을 이용해서 배관의 신축을 흡수하는 것은?

① 스위블형
② 루프형
③ 슬리브형
④ 벨로스형

해설 루프형 이음은 링처럼 굽은 관을 말하며, 배관의 도중에 설치해서 곡부의 팽창·수축에 의하여 관의 신축을 흡수하도록 한 이음이고, 슬리브 이음은 이음 본체의 한쪽 또는 양쪽에 미끄럼관을 삽입하여 축 방향으로 자유롭게 움직일 수 있도록 되어 있는 이음이며, 벨로스 이음은 활동부가 없으므로 누설의 염려가 없어 패킹이 필요 없고 설치 장소가 작으며, 응력이 생기지 않고 80℃ 이하의 온도에서 사용한다.

17 | 신축이음쇠
20, 05

다음 중 급탕설비 시공 시 배관 내에 흐르는 유체의 온도변화로 인하여 발생하는 관의 신축을 흡수하는 목적으로 사용되는 신축이음쇠는?

① 리듀서　　② 스위블 조인트
③ 부싱　　④ 소켓 이음

해설 급탕배관의 신축을 흡수하는 목적으로 사용되는 신축이음쇠의 종류에는 **루프형** 이음(신축 곡관, 링처럼 굽은 관을 말하며, 배관의 도중에 설치해서 곡부의 팽창·수축에 의하여 관의 신축을 흡수하도록 한 이음), 슬리브 이음(이음 본체의 한쪽 또는 양쪽에 미끄럼관을 삽입하여 축 방향으로 자유롭게 움직일 수 있도록 되어 있는 이음)이며, 벨로스 이음(활동부가 없으므로 누설의 염려가 없어 패킹이 필요 없고 설치 장소가 작으며, 응력이 생기지 않고 80℃ 이하의 온도에서 사용한다) 및 스위블형[2개 이상의 엘보(Elbows)를 사용하여 나사 회전을 이용해서 배관의 신축을 흡수하는 것] 등이 있다.

18 | 신축이음쇠
24, 18, 11

스위블형 신축이음쇠에 관한 설명으로 옳은 것은?

① 패클리스 신축이음쇠라고도 한다.
② 고온고압용 증기배관에 주로 사용되며 온수난방용 배관에는 사용하지 않는다.
③ 이음부의 나사회전을 이용해서 배관의 신축을 흡수한다.
④ 강관 또는 동관을 곡관으로 구부려, 구부림을 이용하여 배관의 신축을 흡수한다.

해설 ① 벨로스형, ② 루프(신축곡관)형, ③ 스위블형, ④ 루프(신축곡관)형에 대한 설명이다.

19 | 신축이음쇠
17, 11

신축곡관이라고 하며 구부림을 이용하여 배관의 신축을 흡수하는 신축이음쇠는?

① 루프형　　② 벨로스형
③ 슬리브형　　④ 스위블형

해설 슬리브 이음은 이음 본체의 한쪽 또는 양쪽에 미끄럼관을 삽입하여 축 방향으로 자유롭게 움직일 수 있도록 되어 있는 이음이며, 벨로스 이음은 활동부가 없으므로 누설의 염려가 없어 패킹이 필요 없고 설치 장소가 작으며, 응력이 생기지 않고 80℃ 이하의 온도에서 사용하며, 스위블형은 2개 이상의 엘보(Elbows)를 사용하여 나사 회전을 이용해서 배관의 신축을 흡수하는 것이다.

정답 14. ② 15. ③ 16. ① 17. ② 18. ③ 19. ①

20 | 신축이음쇠의 종류
24②, 21, 19, 16, 15, 14, 06

배관설비에서 신축이음쇠의 종류가 아닌 것은?

① 벨로스형　　② 슬리브형
③ 루프형　　　④ 플랜지형

해설 급탕배관의 신축을 흡수하는 목적으로 사용되는 신축이음쇠의 종류에는 루프형 이음(신축곡관이라고 하며 구부림을 이용하여 배관의 신축을 흡수하는 신축이음쇠), 슬리브 이음, 벨로스 이음 및 스위블형[2개 이상의 엘보(elbows)를 사용하여 나사 회전을 이용해서 배관의 신축을 흡수하는 것] 등이 있다.

21 | 신축이음쇠
16

난방배관의 신축을 흡수하기 위해 사용되는 신축이음쇠에 속하지 않는 것은?

① 루프형　　　② 리프트형
③ 슬리브형　　④ 스위블형

해설 난방배관의 신축이음쇠에는 슬리브형, 벨로스형, 루프(곡관)형, 스위블형, 볼조인트 등이 있다.

22 | 신축이음쇠의 특징
22, 13, 04

스위블형 신축이음쇠의 특징에 대한 설명으로 틀린 것은?

① 굴곡부에서 압력강하를 가져온다.
② 설치비가 싸고 쉽게 조립할 수 있다.
③ 고온 고압의 옥외 배관에 많이 사용된다.
④ 신축량이 큰 배관에는 부적당하다.

해설 스위블형은 2개 이상의 엘보(elbows)를 사용하여 나사 회전을 이용해서 배관의 신축을 흡수하는 이음쇠로 고온 고압에는 부적합하며, 옥외 고온 고압배관의 신축이음은 루프형(신축곡관)을 사용한다.

23 | 신축이음쇠의 특징
12, 04

배관에 사용되는 각종 신축이음쇠에 관한 설명 중 옳은 것은?

① 스위블형 : 2개 이상의 엘보를 조합한 것으로 신축량이 큰 배관에 주로 사용된다.
② 슬리브형 : 관의 신축을 슬리브의 변형으로 흡수하도록 한 것으로서 곡선배관 부위에도 사용이 용이하다.
③ 벨로스형 : 고압배관에 주로 사용되며 설치 공간을 많이 차지한다.
④ 루프형 : 관의 구부림과 관 자체의 가요성을 이용해서 배관의 신축을 흡수한다.

해설 스위블형은 2개 이상의 엘보를 조합한 것으로 신축량이 큰 배관에 부적합하고, 슬리브형은 관의 신축을 슬리브의 변형으로 흡수하도록 한 것으로서 직선배관 부위에 사용이 용이하며, 벨로스형은 저압배관에 주로 사용되며 설치 공간을 작게 차지한다.

24 | 슬리브의 설치 이유
09, 08

다음 중 급탕배관에 슬리브(sleeve)를 설치하는 가장 주된 이유는?

① 방동 방로를 위하여
② 관의 부식을 방지하기 위하여
③ 수격 작용을 방지하기 위하여
④ 관의 신축에 대비하기 위하여

해설 슬리브(배관 등을 콘크리트 벽이나 슬래브에 설치할 때에 사용하는 통모양의 부품)배관은 슬리브 안에서 자유로이 신축할 수 있도록 하여 관의 수리 및 교체를 위하여 설치한다.

25 | 순환수량 산정요소
08, 03

급탕설비의 순환수량을 계산하는데 있어서 직접적인 관련이 없는 사항은 다음 중 어느 것인가?

① 탕의 비열
② 급탕관과 반탕관의 온도차
③ 배관에서의 열손실
④ 순환펌프의 양정

해설 W(급탕설비의 순환수량) $= \dfrac{Q(\text{배관 기기로부터의 열손실})}{c(\text{비열}) \Delta t(\text{급탕, 반탕관의 온도 차})}$
이다. 즉, 순환수량은 배관기기로부터의 열손실(탕의 비열, 배관길이, 단위길이당 열손실량)에 비례하고, 급탕, 반탕관의 온도 차에 반비례한다. 또한 순환펌프의 양정, 급탕 사용수량과는 관계가 없다.

26 | 급탕기기의 부속장치
22, 13

급탕설비에서 급탕기기의 부속장치에 관한 설명으로 옳지 않은 것은?

① 안전밸브와 팽창탱크 및 배관 사이에는 차단밸브를 설치한다.
② 온수탱크 상단에는 진공방지밸브를, 하부에는 배수밸브를 설치한다.
③ 순간식 급탕가열기에는 이상고온의 경우 가열원(열매체 등)을 차단하는 장치나 기구를 설치한다.
④ 밀폐형 가열장치에는 일정 압력 이상이면 압력을 도피시킬 수 있도록 도피밸브나 안전밸브를 설치한다.

정답 20. ④ 21. ② 22. ③ 23. ④ 24. ④ 25. ④ 26. ①

해설 급탕설비의 온수탱크의 상단에는 진공방지밸브(사이펀 브레이커)와 넘침관(오버 플로관), 하단에는 배수밸브를 설치하여야 한다. 안전밸브와 팽창밸브 및 배관 사이에는 차단밸브의 설치를 금지한다.

27 | 동 및 동합금관
20

동 및 동합금관에 관한 설명으로 옳지 않은 것은?

① 담수에 내식성은 크나 연수에는 부식된다.
② 탄산가스를 포함한 공기 중에서는 푸른 녹이 생긴다.
③ 동관은 두께별로 K, L, M형 등으로 구분할 수 있다.
④ 가성소다, 가성칼리 등 알칼리성에 심하게 침식된다.

해설 동관은 내식성이 강하고, 시공이 용이하며, 가격이 싸다. 특히 염류, 산, 알칼리 등의 수용액이나 유기화합물에 대한 내식성이 좋아 부식이 적다. 접합방법으로는 납땜 접합, 플레어 접합, 용접 접합, 경납땜 등을 사용한다.

28 | 순환펌프의 순환수량
21

급탕설비에 있어서 순환 펌프 순환수량을 산출하는 데 필요한 값이 아닌 것은?

① 배관길이
② 급탕 사용수량
③ 급탕과 반탕의 온도차
④ 배관 단위길이당 열손실량

해설 W(급탕설비의 순환수량) $= \dfrac{Q(\text{배관 기기로부터의 열손실})}{c(\text{비열})\Delta t(\text{급탕, 반탕관의 온도 차})}$
이다. 즉, 순환수량은 배관기기로부터의 열손실(탕의 비열, 배관길이, 단위길이당 열손실량)에 비례하고, 급탕, 반탕관의 온도차에 반비례한다.

29 | 급탕기기의 부속장치
21

급탕설비에서 급탕기기의 부속장치에 관한 설명으로 옳지 않은 것은?

① 온수탱크 상단에는 배수밸브를, 하부에는 진공방지밸브를 설치하여야 한다.
② 안전밸브와 팽창탱크 및 배관 사이에는 차단밸브나 체크밸브 등 어떠한 밸브도 설치되어서는 안 된다.
③ 밀폐형 가열장치에는 일정 압력 이상이면 압력을 도피시킬 수 있도록 도피밸브나 안전밸브를 설치한다.
④ 온수탱크의 보급수관에는 급수관의 압력변화에 의한 환탕의 유입을 방지하도록 역류방지밸브를 설치한다.

해설 급탕설비의 온수탱크의 상단에는 진공방지밸브(사이펀 브레이커)와 넘침관(오버 플로관), 하단에는 배수밸브를 설치하여야 한다.

30 | 순환펌프의 순환수량 결정방식
11, 07

다음 중 급탕설비에 있어서 순환펌프의 순환량의 결정방식으로 가장 알맞은 것은?

① 사용수량과 같게 한다.
② 급탕량의 1/2로 한다.
③ 급탕량의 15 ~ 25%로 한다.
④ 배관 등에서의 방열손실량을 산출한다.

해설 급탕설비의 순환펌프를 결정하기 위하여 먼저 배관이나 기기로부터의 열손실(탕의 비열, 배관길이, 단위길이당 열손실량)을 산정하고, 급탕관과 반탕관과의 온도차에 의하여 순환탕량을 산정하며, 그 순환량과 관경에 의해 배관경의 마찰손실을 구해 펌프를 선정한다.

31 | 급탕설비의 배관방식
19, 16, 10, 07

급탕설비의 순환배관에서 관마찰저항으로 인한 순환량의 불균등을 방지하기 위한 배관방식은?

① 상향배관방식
② 리버스리턴방식
③ 하향배관방식
④ 강제순환방식

해설 역환수(reverse return)배관방식은 각 급탕전에서의 온수의 공급관, 환수관의 배관길이를 거의 같게 하여 마찰저항 및 순환수량을 균등(유량의 균등 분배)하게 하는 배관방식으로 급탕·반탕관의 순환거리를 각 계통에 있어서 거의 같게 하여 즉, 각 순환경로의 마찰손실수두를 가능한 한 같게 함으로써, 가열장치 가까운 곳에 위치한 급탕계통의 단락현상(short circuit)이 생기지 않도록 하여 전 계통의 탕의 순환을 촉진하는 방식이다.

32 | 급탕설비의 배관방식
16

온수환수방법 중 각 방열기가 동일 배관저항을 갖게 하기 위한 것은?

① 역환수식
② 중력환수식
③ 기계환수식
④ 직접환수식

해설 중력환수식은 응축수의 구배를 충분히 둔 환수관을 통해 중력만으로 보일러에 환수하는 방식으로, 소규모의 저압증기설비로서 보일러와 방열기의 높이 차이를 충분히 유지할 수 있는 경우에 사용하고, 기계환수식은 환수관의 말단에 진공펌프를 설치해서 응축수와 관 내의 공기를 흡인하여 환수를 강제적으로 행하는 방식이며, 직접환수식은 각 방열기나 팬코일 유닛 등으로부터 열매를 순환시키는 배관을 복관 모두 최단 경로가 되도록 배관하는 방식이다.

정답 27. ④ 28. ② 29. ① 30. ④ 31. ② 32. ①

33 | 급탕설비의 배관방식
17

각 방열기에 온수를 균등하게 공급하기 위해 각 방열기에 대한 공급관과 환수관의 길이를 대체로 같게 하는 배관방식은?

① 재순환방식
② 역환수방식
③ 변유량방식
④ 직접환수방식

해설 변유량방식은 부하의 변동에 따라 필요한 냉온수를 2차측(에너지를 소비하는 측)에 보내고, 나머지는 1차측(에너지를 만드는 측)에서 순환시키는 방식이고, 직접환수식은 각 방열기나 팬코일 유닛 등으로부터 열매를 순환시키는 배관을 복관 모두 최단 경로가 되도록 배관하는 방식이다.

34 | 급탕설비의 배관방식
17, 05

각 급탕전에서의 온수의 공급, 순환관의 배관길이를 거의 같게 하여 마찰저항 및 순환수량을 균등하게 하는 배관방식은?

① 강제순환방식
② 자연순환방식
③ 리버스리턴방식
④ 단관식

해설 강제순환방식은 급탕순환펌프를 설치하여 강제적으로 온수를 순환시키는 방식으로 중규모 이상의 건축물의 중앙식 급탕식에 적합한 방식이다. 중력(자연순환)방식은 급탕관과 반탕(순환)관의 물의 온도 차에 의한 밀도 차에 의해서 대류작용을 일으켜 자연 순환시키는 방식으로 소규모 건축물에 적합하다. 단관(1관)식 온수를 급탕전까지 운반하는 배관은 1개의 관으로만 설치한 것으로 순환관이 없어서 순환이 불가능하므로 급탕전을 열면 차가운 물이 나오고 후에 따뜻한 물을 사용할 수 있으며, 소규모 건축물에 적합하다.

35 | 급탕설비의 온수순환
24, 17, 11, 04

급탕설비의 온수순환에 관한 설명으로 옳은 것은?

① 순환펌프에 의한 강제순환은 물의 밀도차에 따른 순환이다.
② 중력순환수두는 순환높이에 비례하고, 공급관과 반탕관에서의 물의 비중량 차에 반비례한다.
③ 강제순환수두는 배관의 길이와 마찰손실수두에 반비례한다.
④ 배관의 마찰손실수두가 자연순환수두보다 커지면 자연순환이 안 된다.

해설 순환펌프에 의한 강제순환은 펌프의 동력에 따른 순환(배관계 마찰저항수보다 큰 양정이 되면 순환이 가능)이고, 중력순환수두는 순환높이와 공급관과 반탕관에서의 물의 비중량 차이에 비례하며, 강제순환수두는 배관의 길이와 마찰손실수두에 비례한다.

36 | 급탕 순환펌프
15, 09

급탕 순환펌프에 대한 설명 중 옳지 않은 것은?

① 펌프는 내식성 내열성 구조가 요구된다.
② 소규모 건축에서는 배관 도중에 설치하는 라인펌프(line pump)가 많이 사용된다.
③ 펌프의 기동·정지는 감압밸브에 의해 자동적으로 이루어진다.
④ 양정을 과대하게 설정하면 결과적으로 과대한 유량이 배관 내를 순환하게 되고 부식의 원인이 된다.

해설 급탕 순환펌프는 강제순환방식의 환탕(반탕)주관의 저탕조 근처에 설치하고, 급탕기기나 전체 급탕·반탕배관으로부터의 열손실에 상당하는 양을 항상 순환시키고 있으며, 순환펌프의 기동과 정지는 급탕의 온도를 자동적으로 감지하는 온도조절기(thermostat)에 의해 이루어진다.

37 | 급탕배관
16

급탕배관에 관한 설명으로 옳지 않은 것은?

① 급탕관과 환탕관의 관경은 동일하게 해야 한다.
② 굴곡부위에 공기가 정체되는 부분에는 공기빼기밸브를 설치한다.
③ 강제순환식 급탕배관의 구배(물매)는 통상 1/200 이상으로 한다.
④ 직선배관 시 강관은 30m마다, 동관은 20m마다 신축이음을 설치한다.

해설 급탕설비에서 반탕관의 관경은 급탕관과 반탕(환탕)관으로부터의 열손실과 급탕관과 반탕(환탕)관 간의 온도차로부터 구해지는 순환수량에 의해 구하며, 반탕(환탕)관의 관경은 급탕관의 관경의 2/3 정도로 한다.

38 | 급탕배관의 설계 및 시공
19, 10

급탕배관의 설계 및 시공에 대한 설명 중 옳지 않은 것은?

① 배관은 균등한 구배를 둔다.
② 중앙식 급탕설비는 원칙적으로 강제순환방식으로 한다.
③ 관의 신축을 고려하여 건물의 벽관통부분의 배관에는 슬리브를 사용한다.
④ 온도강하 및 급탕수전에서의 온도 불균형을 방지하기 위해 단관식으로 한다.

해설 역환수(reverse return)배관방식은 각 급탕전에서의 온수의 공급관, 환수관의 배관길이를 거의 같게 하여 마찰저항 및 순환수량을 균등(유량 또는 온도의 균등 분배)하게 하는 배관방식으로 급탕·반탕관의 순환거리를 각 계통에 있어서 거의 같게 하는 배관방식이다. 온도강하 및 급탕수전에서의 온도 불균형을 방지하기 위해 복관식(급탕관과 반탕관의 별도 설치)으로 한다.

정답 33. ② 34. ③ 35. ④ 36. ③ 37. ① 38. ④

39 | 급탕배관의 설계 및 시공
23, 20, 12

급탕배관의 설계 및 시공상의 주의점으로 옳지 않은 것은?

① 급탕관의 최상부에는 공기빼기장치를 설치한다.
② 중앙식 급탕설비는 원칙적으로 강제순환방식으로 한다.
③ 하향배관의 경우 급탕관은 상향구배, 반탕관은 하향구배로 한다.
④ 온도강하 및 급탕수전에서의 온도 불균형이 없고 수시로 원하는 온도의 탕을 얻을 수 있도록 원칙적으로 복관식으로 한다.

해설 급탕배관은 균등한 구배를 두고, 역구배나 공기 정체가 일어나기 쉬운 배관 등 탕수의 순환을 방해하는 것은 피하며, 상향배관인 경우, 급탕관은 상향구배, 반탕관은 하향구배로 하며, 하향배관인 경우, 급탕관과 반탕관 모두 하향구배로 한다.

40 | 급탕, 급수배관의 검사 및 시험
12, 05

다음 중 급수 · 급탕배관의 검사 및 시험과 가장 관계가 먼 것은?

① 연기시험
② 만수시험
③ 통수시험
④ 수압시험

해설 급수 · 급탕배관의 검사 및 시험법에는 배관공사의 일부 또는 전부를 완료하였을 때 수압시험(배관 계통의 관이나 이음쇠로부터 누수의 유무를 조사하기 위한 시험)을, 기구의 설치를 완료한 후에는 수압시험(배관 계통의 관이나 이음쇠로부터 누수의 유무를 조사하기 위한 시험), 통수시험 및 잔류염소의 측정을 하고, 탱크는 만수시험을 실시한다. 수압시험은 수도직결방식의 경우에는 최소 1.75MPa, 고가수조 이하 계통의 시험압력은 배관의 최저부에서 실제로 받는 압력의 2배 이상으로 하며, 최소 압력은 0.75MPa, 양수관의 시험압력은 펌프 양정의 2배 이상, 최소 압력은 0.75MPa이며, 시험압력의 유지시간은 시험압력에 도달한 후 배관 공사의 경우에는 최소 60분, 기구의 설치가 완료된 후에는 최소 2분으로 한다. 또한 연기시험은 통수시험으로 확인하기 어려운 부분 및 배수관의 기구 접속부나 통기관의 누설, 트랩의 봉수 성능을 최종적으로 확인하는 시험방법이다.

41 | 급탕배관의 설계 및 시공
24, 21, 09, 05

급탕배관의 설계 및 시공상의 주의점에 대한 설명 중 옳지 않은 것은?

① 배관은 균등한 구배로 하고 역구배나 공기정체가 일어나기 쉬운 배관 등을 피한다.
② 상향배관 경우 급탕관은 상향구배, 반탕관은 하향구배로 한다.
③ 하향배관의 경우는 급탕관은 하향구배, 반탕관은 상향구배로 한다.
④ 배관에는 관의 신축을 방해받지 않도록 신축이음쇠를 설치한다.

해설 급탕배관은 균등한 구배를 두고, 역구배나 공기 정체가 일어나기 쉬운 배관 등 탕수의 순환을 방해하는 것은 피하며, 상향배관인 경우 급탕관은 상향구배, 반탕관은 하향구배로 하며, 하향배관인 경우 급탕관과 반탕관 모두 하향구배로 한다.

42 | 혼합수의 온도
18, 11, 06, 04

10℃의 냉수 100kg에 70℃의 탕 100kg을 혼합하면 혼합수의 온도는 몇 ℃인가?

① 36℃
② 38℃
③ 40℃
④ 42℃

해설 혼합수의 온도
열적 평행상태에 의해서, $m_1(t_1 - T) = m_2(T - t_2)$에서,
$T = \dfrac{m_1 t_1 + m_2 t_2}{m_1 + m_2}$이다.
여기서, m_1=100kg, m_2=100kg, t_1=10℃, t_2=70℃
$\therefore T = \dfrac{m_1 t_1 + m_2 t_2}{m_1 + m_2} = \dfrac{100 \times 10 + 100 \times 70}{(100 + 100)} = 40℃$

43 | 혼합수의 온도
16, 07, 04

60℃의 물 150L와 10℃의 물 70L를 혼합시켰을 때 혼합탕의 온도는 얼마 정도인가?

① 64℃
② 54℃
③ 44℃
④ 34℃

해설 혼합수의 온도
열적 평행상태에 의해서, $m_1(t_1 - T) = m_2(T - t_2)$에서,
$T = \dfrac{m_1 t_1 + m_2 t_2}{m_1 + m_2}$이다.
여기서, m_1=150l, m_2=70l, t_1=60℃, t_2=10℃
$\therefore T = \dfrac{m_1 t_1 + m_2 t_2}{m_1 + m_2} = \dfrac{150 \times 60 + 70 \times 10}{(150 + 70)} = 44.1℃$

44 | 혼합수의 온도
20, 11

90℃의 물 500kg과 30℃의 물 1,000kg을 혼합하였을 때 혼합된 물의 온도는?

① 20℃
② 30℃
③ 40℃
④ 50℃

정답 39. ③ 40. ① 41. ③ 42. ③ 43. ③ 44. ④

해설 $T = \dfrac{m_1 t_1 + m_2 t_2}{m_1 + m_2} = \dfrac{500 \times 90 + 1,000 \times 30}{(500+1,000)} = 50℃$

45 | 배관의 신축량
24, 15, 11

온도 0℃, 길이 400m의 강관에 60℃의 급탕이 흐를 때 강관의 신축량(m)은? (단, 강관의 선팽창수계수는 1.1×10^{-5}임)

① 0.112
② 0.264
③ 0.325
④ 0.413

해설 $\varepsilon(변형도) = \dfrac{\Delta l(변형된 \ 길이)}{l(원래의 \ 길이)}$,
$\varepsilon = \alpha(선팽창계수) \Delta t(온도의 \ 변화량)$에서,
$\dfrac{\Delta l}{l} = \alpha \Delta t$이므로
$\Delta l = l \alpha \Delta t = 400 \times 1.1 \times 10^{-5} \times (60-0) = 0.264\text{m}$이다.

46 | 배관의 신축량
10

온도 35℃, 길이 100m인 동관에 탕이 흘러 60℃가 되었을 때 동관의 팽창량은? (단, 동관의 선팽창계수는 0.171×10^{-4}이다.)

① 0.0017mm
② 0.06mm
③ 0.10mm
④ 42.75mm

해설 $\varepsilon(변형두) = \dfrac{\Delta l(변형된 \ 길이)}{l(원래의 \ 길이)}$,
$\varepsilon = \alpha(선팽창계수) \Delta t(온도의 \ 변화량)$에서,
$\dfrac{\Delta l}{l} = \alpha \Delta t$이므로 $\Delta l = l \alpha \Delta t = 100 \times 0.171 \times 10^{-4} \times (60-35)$
$= 0.04275\text{m} = 42.75\text{mm}$이다.

47 | 배관의 신축량
25, 22, 18, 17, 07

온도 20℃, 길이 100m인 동관에 탕이 흘러 60℃가 되었을 때 동관의 팽창량은 얼마인가? (단, 동관의 선팽창계수는 0.171×10^{-4}이다.)

① 66.4mm
② 68.4mm
③ 76.4mm
④ 78.4mm

해설 $\varepsilon(변형도) = \dfrac{\Delta l(변형된 \ 길이)}{l(원래의 \ 길이)}$,
$\varepsilon = \alpha(선팽창계수) \Delta t(온도의 \ 변화량)$에서,
$\dfrac{\Delta l}{l} = \alpha \Delta t$이므로 $\Delta l = l \alpha \Delta t = 100 \times 0.171 \times 10^{-4} \times (60-20)$
$= 0.0684\text{m} = 68.4\text{mm}$이다.

48 | 배관의 신축량
22, 19, 08

온도 10℃, 길이 100m인 강관에 탕이 흘러 70℃가 되었을 때 강관의 팽창량은? (단, 강관의 선팽창계수 $\alpha = 1.0 \times 10^{-5}$이다.)

① 6cm
② 8cm
③ 10cm
④ 12cm

해설 $\varepsilon(변형도) = \dfrac{\Delta l(변형된 \ 길이)}{l(원래의 \ 길이)}$,
$\varepsilon = \alpha(선팽창계수) \Delta t(온도의 \ 변화량)$에서,
$\dfrac{\Delta l}{l} = \alpha \Delta t$이므로 $\Delta l = l \alpha \Delta t = 100 \times 1.0 \times 10^{-5} \times (70-10)$
$= 0.06\text{m} = 6\text{cm}$이다.

49 | 물의 팽창량
24, 15, 06

급탕장치 내의 전수량 3,000L인 5℃의 물을 60℃까지 가열할 때 물의 팽창량(L)은? (단, 5℃ 물의 비중량은 0.999 kg/L, 60℃ 물의 비중량은 0.983kg/L임)

① 13
② 26
③ 49
④ 74

해설 $\Delta V(온수의 \ 팽창량)$
$= \left(\dfrac{1}{\rho_2(변화 \ 후의 \ 물의 \ 비중량)} - \dfrac{1}{\rho_1(변화 \ 전의 \ 물의 \ 비중량)} \right)$
$\times V(원래 \ 온수의 \ 부피)$
즉, $\Delta V = \left(\dfrac{1}{\rho_2} - \dfrac{1}{\rho_1} \right) V = \left(\dfrac{1}{0.983} - \dfrac{1}{0.999} \right) \times 3,000 = 48.879\text{L}$
≒ 49L

50 | 물의 팽창량
20, 05

급탕탱크(저탕조) 내에 1,000L의 물을 10℃에서 80℃로 온도를 높였을 때 체적은 몇 L 정도가 증가되겠는가? (단, 물의 밀도는 10℃에서는 0.99973kg/L, 80℃에서는 0.9718 kg/L이다.)

① 29L
② 40L
③ 55L
④ 97L

해설 $\Delta V(온수의 \ 팽창량)$
$= \left(\dfrac{1}{\rho_2(변화 \ 후의 \ 물의 \ 비중량)} - \dfrac{1}{\rho_1(변화 \ 전의 \ 물의 \ 비중량)} \right)$
$\times V(원래 \ 온수의 \ 부피)$
즉, $\Delta V = \left(\dfrac{1}{\rho_2} - \dfrac{1}{\rho_1} \right) V = \left(\dfrac{1}{0.9718} - \dfrac{1}{0.99973} \right) \times 1,000 = 28.75\text{L}$
≒ 29L

정답 45. ② 46. ④ 47. ② 48. ① 49. ③ 50. ①

51 | 팽창탱크의 용량
20, 14, 12, 09

저탕조의 용량이 2m³이고 급탕배관 내의 전체 수량이 1m³일 때 개방형 팽창탱크의 용량은 얼마인가? (단, 급수의 밀도는 1.0g/cm³이고 탕의 밀도는 0.983g/cm³이다.)

① 0.01m³ ② 0.03m³
③ 0.05m³ ④ 0.07m³

해설 ΔV(온수의 팽창량)
$= \left(\dfrac{1}{\rho_2 (\text{변화 후의 물의 비중량})} - \dfrac{1}{\rho_1 (\text{변화 전의 물의 비중량})}\right) \times V(\text{원래 온수의 부피})$

즉, $\Delta V = \left(\dfrac{1}{\rho_2} - \dfrac{1}{\rho_1}\right)V = \left(\dfrac{1}{0.983} - \dfrac{1}{1}\right) \times (2+1) = 0.05188\text{m}^3$
$\fallingdotseq 0.052\text{m}^3$

52 | 물의 팽창량
24, 17, 14

4℃ 물을 100℃로 가열하였을 때 팽창한 체적의 비율은? (단, 4℃ 물의 밀도는 1kg/L, 100℃ 물의 밀도는 0.9586 kg/L)

① 2.78% ② 3.13%
③ 4.32% ④ 5.42%

해설 $k(\text{팽창률}) = \dfrac{\Delta V}{V} = \dfrac{\left(\dfrac{1}{\rho_2} - \dfrac{1}{\rho_1}\right)V}{V}$
$= \left(\dfrac{1}{\rho_2} - \dfrac{1}{\rho_1}\right) = \left(\dfrac{1}{0.9586} - \dfrac{1}{1}\right)$
$= 0.0432 = 4.32\%$

53 | 팽창탱크의 용량
23, 06

배관 및 기기 내의 급탕량 2,000L, 급수의 비중량 1kg/L, 급탕의 비중량 0.983kg/L일 때 팽창탱크의 용량은? (단, 팽창탱크의 용량은 팽창량의 2배로 한다.)

① 34.6L
② 69.2L
③ 103.8L
④ 128.4L

해설 • 온수의 팽창량
$\Delta V = \left(\dfrac{1}{\rho_2} - \dfrac{1}{\rho_1}\right)V = \left(\dfrac{1}{0.983} - \dfrac{1}{1}\right) \times 2,000 = 34.59\text{L} \fallingdotseq 34.6\text{L}$
• 팽창탱크의 용량 = 온수의 팽창량 × 2 = 34.6 × 2 = 69.2L

54 | 급탕부하의 산정
08

1가구에 4인 기준으로 500가구가 살고 있는 아파트의 보일러 산정에 필요한 급탕부하는? (단, 급탕온도 : 80℃, 급수온도 : 10℃, 1일 사용량에 대한 가열능력비율 : 1/7, 1인 1일당 급탕량 : 0.075m³, 1일 사용량에 대한 저탕비율 : 1/5, 1kcal/h=1.163W)

① 1,746,000W ② 2,442,300W
③ 348,900W   ④ 3,052,875W

해설 1일 급탕량 = 500 × 4 × 0.075 = 150m³/d
시간 최대 급탕량 = 1일 급탕량 × 가열능력비율
= 150 × 1/7 = 21.429m³/h = 21,429kg/h = 5.953kg/s
그러므로 Q(급탕부하) = c(비열)m(질량)Δt(온도의 변화량)
= 4.19 × 5.953 × (80 − 10) = 1,746kJ/s = 1,746,000J/s
= 1,746,000W

55 | 순환수두
01

중력순환식 급탕의 경우 급탕전 출구의 탕온도가 85℃(밀도 ρ_h = 0.968762kg/L)이고, 돌아오는 관에서 탕의 온도가 50℃(밀도 ρ_c = 0.988093kg/L)이고, 급탕전과 반탕관의 고저차가 10m일 때 순환수두는?

① 641.7mmAq ② 237.4mmAq
③ 0.34mmAq   ④ 193.3mmAq

해설 H(순환수두) = $(\rho_c - \rho_h, \text{kg/m}^3)g$(중력가속도)$h$(급탕전과 반탕관의 고저차)이다.
즉, $H = (\rho_c - \rho_h)gh = (988.093 - 968.762) \times 9.8 \times 10 = 1,894.4\text{Pa}$
여기서, 1mmAq = 9.8Pa
$\therefore H = \dfrac{1,894.4}{9.8} = 193.3\text{mmAq}$

56 | 펌프의 전양정
16

그림과 같은 급탕방식에 있어서 급탕순환펌프의 전양정은? (단, 순환 배관에서의 전마찰손실은 1,000mmAq이다.)

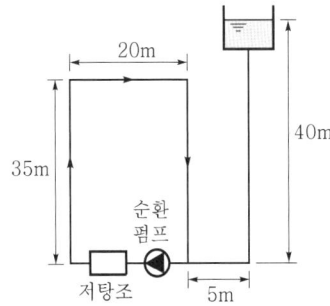

① 1mAq   ② 35mAq
③ 40mAq   ④ 110mAq

정답 51. ③ 52. ③ 53. ② 54. ① 55. ④ 56. ①

해설 급탕설비의 급탕순환펌프의 양정은 급탕관 및 반탕관의 마찰손실수두의 합계이다.
그러므로, 순환펌프의 양정
= 순환 배관의 전배관(급탕관+반탕관)의 마찰손실수두
$= 0.01 \times \left[\dfrac{L(급탕관의\ 전\ 연장)}{2} + l(반탕관의\ 전\ 연장) \right]$
$= 0.01 \times \left[\dfrac{(35+20+35+20)}{2} + 45 \right] = 1\text{mAq}$
또한, 밀폐회로배관에 있어서 급탕순환펌프의 양정은 급탕관 및 반탕관의 마찰손실수두의 합계이므로 1mAq이다.

❸ 오배수시스템 설계

01 배수관의 최소 유속 | 04

다음 중 일반배수관 내의 최소 유속은?

① 0.5m/s   ② 0.6m/s
③ 0.7m/s   ④ 1.0m/s

해설 배수관의 구배가 완만하여 유속이 느리게 되면 유수에 의한 자정작용이 약해지며, 오물이나 스케일이 부착하기 쉽게 되기 때문에 최소 유속은 0.6m/s 정도로 한다. 구배를 크게 하여 유속을 빠르게 하면 유수 깊이가 낮고, 오물을 반송하기 위한 능력이 약해진다. 또한 관로의 수류에 의한 파손 등도 고려하여 한계 유속은 1.5m/s 정도로 하고 있다. 특히 기울기는 관경(mm)의 역수를 취한다.

02 배수관의 한계 유속 | 14, 07

배수관에 있어서 한계 유속은 일반적으로 얼마인가?

① 0.5m/sec   ② 2.8m/sec
③ 2.0m/sec   ④ 1.5m/sec

해설 배수관의 구배가 완만하여 유속이 느리게 되면 유수에 의한 자정작용이 약해지며, 오물이나 스케일이 부착하기 쉽게 되기 때문에 최소 유속은 0.6m/s 정도로 한다. 구배를 크게 하여 유속을 빠르게 하면 유수 깊이가 낮고, 오물을 반송하기 위한 능력이 약해진다. 또한 관로의 수류에 의한 파손 등도 고려하여 한계 유속은 1.5m/s 정도로 하고 있다. 특히 기울기는 관경(mm)의 역수를 취한다.

03 배수관의 최소 관경 | 05

다음 중 배수관의 최소 관경으로 맞는 것은?

① 세면기 – 15mm   ② 소변기 – 25mm
③ 양식욕조 – 40mm   ④ 대변기 – 70mm

해설 배수관의 최소 관경은 세면기는 32~40mm, 소변기는 40mm(벽걸이형), 50mm(스톨형, 벽걸이 스톨형), 대변기는 80mm(세정탱크, 세정밸브) 정도를 사용한다.

04 배수관의 최소 관경 | 10

배수관의 최소 관경에 대한 설명 중 옳지 않은 것은?

① 기구배수관의 관경은 이것에 접속하는 위생기구의 트랩 구경 이상으로 한다.
② 배수 수평지관의 관경은 이것에 접속하는 가구배수관의 최대 관경 이상으로 한다.
③ 배수관은 배수의 유하방향으로 관경을 축소해서는 안 된다.
④ 지중 또는 지하층의 바닥 밑에 매설하는 배수관의 관경은 32mm 이상으로 하는 것이 바람직하다.

해설 배수관의 최소 관경은 일반 배수관은 30mm 이상, 고형물용 잡배수관은 50mm 이상, 고형물용 오수관은 75mm 이상, 매설 배수관(지중 또는 지하층의 바닥 밑부분)은 50mm 이상으로 한다.

05 우수수직관의 관경 | 21, 08

최대 강우량 120mm/h의 지역에 있는 지붕의 수평투영면적이 1,200m²인 건물에 4개의 우수수직관을 설치할 경우 1개 우수수직관의 관경은?

[강우량 100mm/h일 때 우수수직관 관경]

관경(mm)	허용최대지붕면적(m²)
50	67
65	121
75	204
100	427
125	804

① 50mm
② 65mm
③ 75mm
④ 100mm

해설 도표의 내용이 100mm/h를 기본으로 한 관경이므로 120mm/h를 지붕의 수평투영면적 100mm/h로 환산하면, 지붕의 수평투영면적 $= 1,200 \times \dfrac{120}{100} = 1,440\text{m}^2$이고, 우수수직관이 4개이므로 우수관 한 개가 부담하여야 할 지붕의 수평투영면적은 $1,440 \div 4 = 360\text{m}^2$이므로, 도표에서 100mm의 관경을 필요로 한다.

정답 01. ② 02. ④ 03. ③ 04. ④ 05. ④

06 | 배수배출량
17

사무실 건물의 화장실에 세면기 8개, 청소싱크 1개가 설치되어 있는 경우 배수배출량은? (단, 세면기 fuD=1, 청소 싱크 fuD=3, 전체의 동시사용률은 55%이며, 1fuD=28.5L/min이다.)

① 약 127L/min
② 약 172L/min
③ 약 285L/min
④ 약 570L/min

해설 배수배출량=기구배수 부하단위×기구의 수량×동시사용률이다. 그런데 세면기의 배출량=1×8×28.5L/min×0.55=125.4L/min 이고, 청소 싱크의 배출량=1×3×28.5L/min×0.55=47.025L/min이므로, 그러므로, 배수배출량=세면기+청소 싱크=125.4L/min+47.025L/min=172.425L/min

07 | 기구배수 부하단위의 기준 기구
24, 21, 18

기구배수 부하단위 산정의 기준이 되는 기구는?

① 욕조
② 세면기
③ 싱크대
④ 샤워기

해설 기구배수 부하단위(fuD, fixture units for Drain)는 세면기를 기준으로 하여 배수관경을 30mm(또는 32mm), 단위시간당 평균 배수량은 28.5L/min를 유량단위 1로 가정하고, 각종 기구의 유량 비율을 이것과 비교하여 나타낸 것이다.

08 | 청소구의 설치 위치
19, 18, 16, 13, 10, 05

배수 배관에서 청소구를 원칙적으로 설치하여야 하는 곳이 아닌 것은?

① 배수수평주관의 기점
② 배수수직관의 최상부
③ 배수수평주관과 옥외배수관의 접속장소와 가까운 곳
④ 배수수평지관의 기점

해설 배관의 청소구 위치는 다음과 같다.
  ㉠ 배수수평주관의 기점 및 배수수평지관의 기점, 배수수직관의 최하단부, 옥내 배수관과 옥외 배수관의 접속 지점
  ㉡ 길이가 긴 수평주관의 도중(관경 100mm 이하는 직선거리 15m 이내, 관경 100mm 이상은 직선거리 30m 이내마다)
  ㉢ 배수관이 45° 이상의 각도로 방향을 바꾸는 곳, 각종 트랩 및 기타 필요에 따라 배수수직관의 도중에 설치

09 | 청소구의 설치 위치
20, 15

청소구에 관한 설명으로 옳지 않은 것은?

① 배수수직관의 최하부 부근에 설치한다.
② 배수수평지관 및 배수수평주관의 기점에 설치한다.
③ 배수관경이 125mm이면 직경이 125mm인 청소구를 설치한다.
④ 배수의 흐름과 반대 또는 직각방향으로 열 수 있도록 설치한다.

해설 배수관의 청소구 최소 크기는 DN100(100mm) 이하의 배관에서는 관 지름과 같은 크기의 청소구를 설치하고, DN125(125mm) 이상의 배관에서는 DN100(100mm) 이상의 크기의 청소구를 설치한다.

10 | 청소구의 설치 위치
16

청소구를 설치하여야 하는 곳에 속하지 않는 것은?

① 수평지관의 최하단부
② 배관길이가 긴 수평배관의 도중
③ 배관이 45° 이상의 각도로 구부러진 곳
④ 가옥배수관과 부지 하수관이 접속되는 곳

해설 배수관의 청소구 위치는 배수수평주관의 기점 및 배수수평지관의 기점(최상단부), 배수수직관의 최하단부, 옥내 배수관과 옥외 배수관의 접속 지점 등이 있다.

11 | 청소구의 설치 위치
18

배수 배관에서 청소구의 원칙적인 설치 위치에 속하지 않는 것은?

① 배수횡주관 및 배수횡지관의 기점
② 배수수직관의 최상부 또는 그 부근
③ 배수횡주관과 부지 배수관의 접속점에 가까운 곳
④ 배수관이 45°를 넘는 각도로 방향을 전환하는 개소

해설 배수관의 청소구 위치는 다음과 같다.
  ㉠ 배수수평주관의 기점 및 배수수평지관의 기점, 배수수직관의 최하단부, 옥내 배수관과 옥외 배수관의 접속 지점
  ㉡ 길이가 긴 수평주관의 도중(관경 100mm 이하는 직선거리 15m 이내, 관경 100mm 이상은 직선거리 30m 이내마다)
  ㉢ 배수관이 45° 이상의 각도로 방향을 바꾸는 곳, 각종 트랩 및 기타 필요에 따라 배수수직관의 도중에 설치

12 | 기구배수 부하단위의 기준
21, 13, 08

다음의 기구배수단위에 관한 설명 중 ( ) 안에 알맞은 내용은?

> 세면기를 기준으로 하여 배수관경을 (1)mm, 단위시간당 평균배수량 (2)L/min을 유량단위 1로 가정하고 각종 기구의 유량비율을 이것과 비교하여 나타낸 것을 기구배수단위라 한다.

① (1)-15, (2)-7.5
② (1)-30, (2)-28.5
③ (1)-30, (2)-7.5
④ (1)-40, (2)-7.5

해설 기구배수 부하단위(fuD, fixture units for Drain)는 세면기를 기준으로 하여 배수관경을 30mm, 단위시간당 평균배수량 28.5L/min를 유량단위 1로 가정하고, 각종 기구의 유량비율을 이것과 비교하여 나타낸 것이다.

13 | 기구배수 부하단위의 비교
10, 08, 06, 04

다음 중 기구배수 부하단위수가 가장 큰 기구는?

① 세정밸브식 대변기
② 스톨형 소변기
③ 청소 싱크
④ 세탁 싱크

해설 기구에 따른 기구배수 부하단위는 세정밸브식 대변기(8)>소변기(4)>청소 수채(3)>세탁 싱크(2)>세면기(1)이다.

14 | 기구배수 부하단위의 비교
17

다음의 위생기구를 배수부하 단위가 큰 것부터 작은 순으로 올바르게 나열한 것은?

> ㉠ 대변기(세정밸브 형식)   ㉡ 세면기
> ㉢ 샤워기(주택용)   ㉣ 소변기

① ㉠>㉣>㉢>㉡
② ㉠>㉡>㉣>㉢
③ ㉢>㉠>㉣>㉡
④ ㉢>㉣>㉠>㉡

해설 위생기구의 배수부하단위(fuD)를 보면, 대변기(세정밸브식)는 8, 세면기는 1, 샤워기는 2, 소변기는 4이다. 그러므로 큰 것부터 나열하면, 대변기(세정밸브식)>소변기>샤워기>세면기의 순이다.

15 | 배수관의 배관
23, 09, 05

일반 배수관의 배관에 대한 설명 중 옳은 것은?

① 배수수직관을 45°를 넘는 오프셋부에 배수수평지관을 연결할 때는 오프셋부의 상부 또는 하부의 300mm 이내에서 접속해서는 안 된다.
② 배수관 이음쇠는 관 내면이 매끄럽고, 또한 수평관에는 구배를 둘 수 있는 구조로 되어 있어야 한다.
③ 배수수직관의 관경은 최상부보다 최하부가 더 크게 한다.
④ 배수관이 30° 이상의 각도로 방향을 바꾸는 곳에는 원칙적으로 청소구를 설치한다.

해설 배수수직관을 45°를 넘는 오프셋부[배관경로를 평행이동할 목적으로 관이음쇠(엘보, 밴드)로 구성되어 있는 이동 부분]에 배수수평지관을 연결할 때는 오프셋부의 상부 또는 하부는 600mm 이내에서 접속해서는 안 되고, 배수수직관의 관경은 배수와 통기 기능을 원활히 하기 위하여 상부와 하부 관경을 동일한 관경으로 하고, 배수관이 45° 이상의 각도로 방향을 바꾸는 곳에는 원칙적으로 청소구를 설치한다.

16 | 급배수설비의 기본원칙
23, 20, 17, 10

급·배수설비의 기본 원칙으로 옳지 않은 것은?

① 상수의 급수계통은 크로스 커넥션이 되어서는 안 된다.
② 급수계통은 역류나 역사이펀 작용의 위험이 생기지 않도록 한다.
③ 우수는 공공하수도에 배수하지 않도록 한다.
④ 탱크 및 배수계통에는 통기관 등과 같은 적절한 통기조치를 한다.

해설 우수(강우에 의한 배수로서 건물의 지하층, 외벽 등으로부터 건물 내로 침투해 들어오는 용수를 포함)는 공공하수도(합류식, 분류식)에 배수를 한다.

17 | 배수의 흐름
18, 12

배수관 내 배수의 흐름에 관한 설명 중 옳지 않은 것은?

① 배수수직관의 관경이 작을수록 종국길이는 짧다.
② 일반적으로 배수수직관의 허용유량은 30% 정도를 한도로 하고 있다.
③ 배수수직관 내를 배수가 관벽에 따라 환상에 가까운 상태로 하강하는 현상을 수력도약현상(도수현상)이라고 한다.
④ 배수수평지관으로부터 배수수직관에 배수가 유입하면 배수량이 적을 때에는 배수는 수직관 관벽을 따라 지그재그로 강하한다.

정답 12. ② 13. ① 14. ① 15. ② 16. ③ 17. ③

해설 배수수직관 내를 배수가 관벽에 따라 환상에 가까운 상태로 하강하는 현상을 선회현상이라 한다. 도수현상은 배수수직관의 바탕부분에서는 수직으로 낙하해 온 배수가 가로주관으로 90° 방향으로 바꾸며, 곡관부의 원심력도 작용하여 가로부관 바닥부분에 접하는 흐름이 되는 때 급속하게 유속이 감속하기 때문에 관 지름의 몇 배인 곳에서 갑자기 수심이 깊어져 그 이하에서는 진동하면서 감쇠하여 평탄한 흐름이 되는 현상이다.

18 | 종국유속의 배관
20, 16

종국유속과 관계있는 배관은?

① 기구배수관
② 배수수직관
③ 배수수평지관
④ 배수수평주관

해설 종국유속은 배수수직관 내를 하강하는 배수는 처음에는 중력에 의해 점차 그 유속이 증가하여 어느 정도까지는 유속이 증가하지만 관벽 및 관 내의 공기저항에 의한 저항을 받고 결국에는 관 내벽 및 마찰저항과 평행되는 유속으로 종국유속은 배수수직관과 관계가 깊다.

19 | 배수관
23, 16

배수관에 관한 설명으로 옳지 않은 것은?

① 옥내배수관으로는 연관이 주로 사용된다.
② 배수수평관의 구배는 관경에 영향을 받는다.
③ 배수수직관의 관경은 배수의 흐름방향으로 축소하지 않는다.
④ 우수배수관의 관경은 최대강우량과 지붕면적 등을 기준으로 산정한다.

해설 옥내배수관에는 주철관, 합성수지관(플라스틱관, PE관 등)이 사용되고, 연관은 굴곡이 많은 수도 인입관 및 기기 연결관에 사용된다.

20 | 배수관의 구배
16

배수 배관의 구배가 증가하면 발생되는 현상으로 옳지 않은 것은?

① 유속이 증가한다.
② 유속깊이가 감소한다.
③ 트랩의 봉수파괴에 영향을 미친다.
④ 배수 중 오물이 뜨는 현상이 발생한다.

해설 배수관의 구배가 완만하여 유속이 느리게 되면 유수에 의한 자정작용이 약해지며, 오물이나 스케일이 부착되기 쉽게 되기 때문에 최소 유속은 0.6m/s 정도로 한다. 구배를 크게 하여 유속을 빠르게 하면 유수 깊이가 낮고, 오물을 반송하기 위한 능력이 약해진다. 또한 관로의 수류에 의한 파손 등도 고려하여 한계 유속은 1.5m/s 정도로 하고 있다. 특히 기울기는 관경(mm)의 역수를 취한다.

21 | 배수관의 관경의 구배
21

배수 배관의 관경과 구배에 관한 설명으로 옳지 않은 것은?

① 배수관 관경이 클수록 자기세정 작용이 커진다.
② 배관의 구배가 너무 크면 유수가 빨리 흘러 고형물이 남게 된다.
③ 배관의 구배가 작으면 고형물을 밀어낼 수 있는 힘이 작아진다.
④ 배수관 관경이 필요 이상으로 크면 오히려 배수의 능력이 저하된다.

해설 배수관의 관경이 클수록 유속이 느려지므로 자기세정 작용이 작아지고, 오물이나 스케일이 부착되기 쉽다.

22 | 간접배수의 기구
20, 17, 10

다음 중 간접배수로 하여야 하는 기구는?

① 세면기
② 욕조
③ 대변기
④ 세탁기

해설 간접배수(기구배수관과 배수관을 직접 연결하지 않고 일단 공간을 둔 후, 일반배수관에 설치한 수수용기에 배수하는 방식)의 종류에는 서비스용 기기(냉장, 주방, 세탁 관계와 수음기), 의료·연구용 기기, 수영용 풀, 분수, 배관·장치의 배수, 증기계통·온수계통의 배수 등이 있다. 즉, 트랩이 없는 기구는 간접배수이다.

23 | 간접배수의 기구
22, 19, 18, 17, 16, 15, 14, 13, 11, 09

다음 중 간접배수로 하여야 하는 기기에 속하지 않는 것은?

① 세탁기
② 대변기
③ 제빙기
④ 식기세척기

해설 간접배수(기구배수관과 배수관을 직접 연결하지 않고 일단 공간을 둔 후, 일반배수관에 설치한 수수용기에 배수하는 방식)의 종류에는 세탁기·탈수기 등의 배수, 냉장고·음료기·식품저장용기 등의 배수, 공기조화기·급수용 펌프 등의 배수가 해당된다.

24 | 간접배수의 기구
24, 23, 22, 21, 18, 17, 16, 12

다음 중 간접배수로 해야 하는 기구가 아닌 것은?

① 제빙기 ② 세탁기
③ 세면기 ④ 식기세척기

해설 간접배수의 종류에는 서비스용 기기(냉장, 주방, 세탁 관계와 수음기), 의료·연구용 기기, 수영용 풀(넘침관), 분수, 배관·장치의 배수, 증기계통·온수계통의 배수 등이 있다. 즉, 트랩이 없는 기구는 간접배수이다.

25 | 간접배수의 기구
21, 13, 05

다음 중 간접배수로 해야 하는 기구가 아닌 것은?

① 냉장고 ② 냉각탑
③ 식기세척기 ④ 세면기

해설 간접배수의 종류에는 서비스용 기기(냉장, 주방, 세탁 관계와 수음기), 의료·연구용 기기, 수영용 풀(넘침관), 분수, 배관·장치의 배수, 증기계통·온수계통의 배수 등이 있다. 즉, 트랩이 없는 기구는 간접배수이다.

26 | 오수정화조의 설계 순서
07, 05

오수정화조의 설계 순서를 바르게 표시한 것은?

a. 처리대상 인원 산출   b. 정화조 용량 산정
c. 오수량 결정   d. 오수정화 성능 결정

① a - b - c - d   ② a - d - c - b
③ a - c - d - b   ④ c - d - a - b

해설 오물정화조의 설계 순서는 공공하수도와의 관련 사항 조사 → 처리대상 인원 산출 → 오수정화 성능을 결정 → 오수량을 결정 → 오수의 수질을 결정 → 오수의 특성에 대한 검토 → 처리방식의 결정 → 정화조 용량 산정의 순이다.

27 | BOD 제거율의 산정식
23, 21, 20, 19, 15, 14, 12, 11, 07, 06, 01

오물정화장치의 성능은 BOD 제거율로 표시할 수 있다. 다음 중 BOD 제거율을 올바르게 나타낸 관계식으로 맞는 것은?

① $\dfrac{\text{유입수 BOD} - \text{유출수 BOD}}{\text{유입수 BOD}} \times 100$

② $\dfrac{\text{유출수 BOD} - \text{유입수 BOD}}{\text{유출수 BOD}} \times 100$

③ $\dfrac{\text{유입수 BOD} - \text{유출수 BOD}}{\text{유출수 BOD}} \times 100$

④ $\dfrac{\text{유출수 BOD} - \text{유입수 BOD}}{\text{유입수 BOD}} \times 100$

해설 BOD 제거율 $= \dfrac{\text{제거 BOD}}{\text{유입 BOD}}$
$= \dfrac{\text{유입수 BOD} - \text{유출수 BOD}}{\text{유입수 BOD}} \times 100(\%)$

28 | BOD 제거율
13, 09, 04

분뇨 정화조에의 유입수 BOD가 300mg/L이고, 방류수 BOD가 150mg/L일 때 BOD 제거율은?

① 40% ② 50%
③ 60% ④ 70%

해설 BOD 제거율 $= \dfrac{\text{제거 BOD}}{\text{유입 BOD}}$
$= \dfrac{\text{유입수 BOD} - \text{유출수 BOD}}{\text{유입수 BOD}} \times 100(\%)$
$= \dfrac{300 - 150}{300} \times 100(\%) = 50\%$

29 | BOD 제거율
24

평균 BOD가 200ppm인 오수가 하루에 2,000m³만큼 정화조에 유입되는 때 BOD 제거율이 85%인 경우는 BOD 제거율이 70%인 유출수 BOD의 몇 배인가?

① $\dfrac{1}{2}$ 배   ② 2배
③ $\dfrac{1}{4}$ 배   ④ 4배

해설 BOD 제거율
$= \dfrac{\text{제거 BOD}}{\text{유입 BOD}} = \dfrac{\text{유입수 BOD} - \text{유출수 BOD}}{\text{유입수 BOD}} \times 100(\%)$
유출수의 BOD = 유입수 BOD - (BOD제거율 × 유입수 BOD)
㉠ BOD 제거율이 85%인 경우 : 유출수의 BOD = 유입수 BOD - (BOD 제거율 × 유입수 BOD) = 200 - (0.85 × 200) = 30ppm 이다.
㉡ BOD 제거율이 70%인 경우 : 유출수의 BOD = 유입수 BOD - (BOD 제거율 × 유입수 BOD) = 200 - (0.70 × 200) = 60ppm
그러므로, $\dfrac{85\%\text{인 경우}}{70\%\text{인 경우}} = \dfrac{30}{60} = \dfrac{1}{2}$ 배이다.

30 | BOD 제거율
20, 14, 10, 04

어떤 정화조에서 유입수의 BOD가 150mg/L, 유출수의 BOD가 60mg/L일 때 이 정화조의 BOD 제거율은?

① 60% ② 90%
③ 75% ④ 40%

정답 24. ③ 25. ④ 26. ② 27. ① 28. ② 29. ① 30. ①

해설 BOD 제거율 = $\dfrac{\text{제거 BOD}}{\text{유입 BOD}}$
= $\dfrac{\text{유입수 BOD} - \text{유출수 BOD}}{\text{유입수 BOD}} \times 100(\%)$
= $\dfrac{150 - 60}{150} \times 100(\%)$
= 60%

31 | 통기관의 접속 관경
25, 16, 15

각개통기관의 관경은 접속하는 배수관경의 최소 얼마 이상으로 하여야 하는가?

① 2배
② 3배
③ 1/2
④ 1/3

해설 각개통기관은 그것이 접속되는 배수관 관경의 1/2 이상으로 하고, 최소 32mm 이상으로 하여야 한다.

32 | 통기관의 최소 관경
20, 16, 11, 05

통기관의 최소 관경에 대한 설명 중 옳지 않은 것은?

① 각개통기관은 그것이 접속되는 배수관 관경의 1/2 이상으로 한다.
② 루프통기관은 배수수평지관과 통기수직관 중 작은 쪽 관경의 1/2 이상으로 한다.
③ 결합통기관은 통기수직관과 배수수직관 중 작은 쪽의 관경 이상으로 한다.
④ 도피통기관은 배수수평지관의 관경 이상으로 하되 최소 75mm 이상으로 한다.

해설 통기관의 관경

통기관의 종류	관경
각개통기관	접속하는 배수관경의 1/2 이상, 최소 32mm 이상
루프통기관	배수수평지관과 통기수직관 중 작은 쪽 관경의 1/2 이상, 40mm 이상
도피통기관	배수수평지관 관경의 1/2 이상, 40mm 이상
결합통기관	통기수직관과 배수수직관 중 작은 쪽 관경 이상, 50mm 이상
신정통기관	배수수직관과 같은 직경 또는 그 이상, 최소 75mm(보통은 100mm)

33 | 통기관의 접속 관경
21

통기설비에 관한 설명으로 옳지 않은 것은?

① 신정통기관의 관경은 배수수직관의 관경보다 작게 해서는 안 된다.
② 각개통기관의 관경은 그것이 접속되는 배수관 관경의 1/2 이상으로 한다.
③ 소벤트 시스템은 특수통기방식으로 통기수직관을 사용한 루프통기방식의 일종이다.
④ 간접배수계통의 통기관은 다른 통기계통에 접속하지 말고 단독으로 대기 중에 개구한다.

해설 소벤트 시스템은 통기관을 따로 설치하지 않고 하나의 배수수직관으로 배수와 통기를 겸하는 시스템으로 공기혼합 이음쇠와 공기분리 이음쇠가 사용되는 방식이다.

34 | 통기관의 접속 관경
23, 22, 20, 12

통기관의 관경 결정에 관한 설명으로 옳지 않은 것은?

① 신정통기관의 관경은 배수수직관의 관경보다 작게 해서는 안 된다.
② 각개통기관의 관경은 그것이 접속되는 배수관 관경의 1/2 이상으로 한다.
③ 결합통기관의 관경은 통기수직관과 배수수직관 중 작은 쪽 관경의 1/2 이상으로 한다.
④ 루프통기관의 관경은 배수수평지관과 통기수직관 중 작은 쪽 관경의 1/2 이상으로 한다.

해설 결합통기관의 관경은 통기수직관과 배수수직관 중 작은 쪽 관경 이상으로 한다.

35 | 통기관의 접속 관경
18, 08

통기관의 관경에 관한 설명으로 옳지 않은 것은?

① 신정통기관의 관경은 배수수직관 관경의 1/2 이상으로 한다.
② 루프통기관의 관경은 담당 배수수평지관의 1/2 이상으로 한다.
③ 건물의 배수탱크에 설치하는 통기관의 관경은 500mm 이상으로 한다.
④ 결합통기관의 관경은 통기수직관과 배수수직관 중 작은 쪽 관경 이상으로 한다.

해설 신정통기관의 관경은 배수수직관의 관경보다 작게 해서는 안 된다.

정답 31. ③ 32. ④ 33. ③ 34. ③ 35. ①

36 | 통기관
17

통기배관에 관한 설명으로 옳지 않은 것은?

① 통기수직관을 우수수직관과 연결해서는 안 된다.
② 통기수직관의 하단은 배수수직관에 60° 이상의 각도로 접속한다.
③ 루프통기관의 인출 위치는 배수수평지관 최상류 기구의 하단측으로 한다.
④ 루프통기관에 연결되는 기구수가 많을 경우 도피통기관을 추가로 설치한다.

해설 통기배관에 있어서 통기수직관의 하단은 배수수직관에 45°의 각도로 접속한다.

37 | 통기관
22

통기배관에 관한 설명으로 옳지 않은 것은?

① 통기관과 우수수직관은 겸용하는 것이 좋다.
② 각개통기방식에서는 반드시 통기수직관을 설치한다.
③ 배수수직관의 상부는 연장하여 신정통기관으로 사용하며, 대기 중에 개구한다.
④ 간접배수계통의 통기관은 다른 통기계통에 접속하지 말고 단독으로 대기 중에 개구한다.

해설 통기관과 우수관을 직접 연결하거나, 겸용해서는 안 된다.

38 | 배수 트랩과 통기관
19, 12

배수 트랩과 통기관에 관한 설명으로 옳지 않은 것은?

① 통기관을 설치하면 배수능력이 향상된다.
② 배수 트랩을 설치하면 배수능력이 향상된다.
③ 배수 트랩은 봉수가 파괴되지 않는 구조로 한다.
④ 통기관은 사이펀 저항이 증가하여 배수능력은 감소된다.

해설 배수관에 트랩을 설치하면 유수의 저항이 증대하여 배수능력이 감소된다.

39 | 배수 및 통기관
17

배수 및 통기배관에 관한 설명으로 옳지 않은 것은?

① 기구배수관의 통기는 트랩위어 위로 연결한다.
② 배수수직관의 관경은 배수의 흐름방향으로 축소하지 않는다.
③ 배수수평관에는 배수와 그것에 포함되어 있는 고형물을 신속하게 배출하기 위하여 구배를 두어야 한다.
④ 간접배수계통 및 특수배수계통의 통기관은 다른 통기계통과 접속하여 공동으로 대기 중에 개구한다.

해설 간접배수계통 및 특수배수계통의 통기관은 다른 통기계통과 접속하지 말고, 단독으로 대기 중에 개구해야 한다.

40 | 배수·통기배관의 배관시험
05, 03

다음 중 배수·통기계통의 배관시험에 관한 설명이 옳은 것은?

① 배관공사가 완료되고 보온이나 매설 또는 은폐공사를 한 이후에 만수시험을 실시한다.
② 통수시험은 실제로 사용할 때와 같은 상태에서 물을 배출하여 실시한다.
③ 만수시험은 수두 30mAq 또는 압력 $3kg/cm^2$ 이상으로 30분 이상 유지하여야 한다.
④ 연기시험이나 박하시험은 적은 인원만으로 누설점검이 가능하며 누설이 적은 경우에도 발견이 용이하다는 장점이 있다.

해설 배관공사가 완료되고 보온이나 매설 또는 은폐공사를 하기 전에 만수시험을 실시하고, 만수시험은 수두 3mAq 또는 압력 $0.3kg/cm^2$ 이상으로 30분 이상 유지하여야 하며, 연기시험이나 박하시험은 많은 인원으로 누설점검이 가능하며 누설이 적은 경우에는 발견이 난해하다는 단점이 있다.

41 | 배수·통기설비
14, 11

배수 및 통기설비에 대한 설명 중 옳지 않은 것은?

① 세탁기의 배수는 간접배수로 한다.
② 배수수직관의 최하부에는 청소구를 설치한다.
③ 우수수직관은 우수만의 전용관으로 설치한다.
④ 세면기에는 봉수 파괴를 방지하기 위해 이중 트랩을 설치한다.

해설 금지하여야 하는 트랩은 수봉식이 아닌 것, 가동부분이 있는 것, 격벽에 의한 것, 정부에 통기관이 부착된 것, 비닐 호스에 의한 것 및 이중 트랩(기구배수구로부터 흐름 말단까지의 배수로상 2개 이상을 설치한 것으로 침전물이 생길 수 있다) 등이 있다.

정답 36. ② 37. ① 38. ② 39. ④ 40. ② 41. ④

42 | 배수·통기설비

다음의 배수 및 통기설비에 관한 설명 중 옳지 않은 것은?

① 차고의 배수는 가솔린 트랩을 설치하고 단독통기관을 갖는다.
② 배수수직관의 상부는 연장하여 신정통기관으로 사용하며, 대기 중에 개구한다.
③ 트랩의 형식 중 2중 트랩은 설치가 간편하고 성능이 우수하다.
④ 냉장고, 식기세척기, 탈수기 등은 간접 배수로 한다.

해설 금지하여야 하는 트랩은 수봉식이 아닌 것, 가동부분이 있는 것, 격벽에 의한 것, 정부에 통기관이 부착된 것, 비닐 호스에 의한 것 및 이중 트랩(기구배수구로부터 흐름 말단까지의 배수로상 2개 이상을 설치한 것으로 침전물이 생길 수 있다) 등이 있다.

43 | 배수·통기배관의 사용

다음의 배수·통기배관의 시공에 관한 설명 중 옳지 않은 것은?

① 배수수직관의 최하부에는 청소구를 설치한다.
② 배수수직관의 관경은 최하부부터 최상부까지 동일하게 한다.
③ 간접배수계통의 통기관은 일반 통기계통에 접속시키지 않고 단독으로 대기 중에 개구한다.
④ 통기관을 수평으로 설치하는 경우에는 그 층의 최고 위치에 있는 위생기구의 오버플로면으로부터 100mm 낮은 위치에서 수평배관한다.

해설 통기관을 수평으로 설치하는 경우에는 그 층의 최고 위치에 있는 위생기구의 오버플로선(넘침선) 위에서 150mm 이상으로 입상시킨 다음 통기수직관에 연결한다.

44 | 배수·통기 시험방법

다음 설명에 알맞은 배수·통기배관의 검사 및 시험방법은 무엇인가?

- 만수시험과 같이 배수관에서의 누수 및 통기관에서의 취기 누설방지를 목적으로 한다.
- 시험 시에 누수 개소의 발견은 비눗물로 도포하여 발포의 유무를 조사한다.

① 통수시험
② 연기시험
③ 기압시험
④ 박하시험

해설 배수·통기배관의 검사 및 시험법에는 배관공사를 완료한 때에는 만수시험(배수관에서의 누수 및 통기관에서의 취기 누설 방지를 목적으로 함) 또는 기압시험(만수시험을 할 수 없는 경우 공기압에 의해 하는 시험)을 행하고, 트랩에 물을 채운 후에는 연기시험(통수시험으로 확인하기 어려운 부분 및 배수관의 기구 접속부나 통기관의 누설, 트랩의 봉수 성능을 최종적으로 확인하는 시험) 또는 박하시험(연기시험의 연기 대신에 박하유를 이용하는 시험) 등을 실시한다.

45 | 배수·통기배관의 사용

배관의 검사 및 시험에 대한 설명이다. 옳지 않은 것은?

① 급수배관 시험은 방로, 방동 등의 피복을 하기 전, 지하 매설관은 흙을 덮기 전에 실시한다.
② 공공 수도관의 직결인 경우 1.75MPa, 탱크 및 급수관의 경우에는 1.05MPa의 수압으로 시행한다.
③ 급탕설비의 배관시험은 실제 사용하는 최고 압력의 2배 이상의 압력으로 10분 이상 유지될 수 있어야 한다.
④ 배수, 통기설비의 배관시험은 최고 개구부까지 물을 충만시킨 다음 5m 이상의 수두에 상당하는 수압을 가하여 이 수압에 10분 이상 견디어야 한다.

해설 배수, 통기설비의 배관시험은 배관계의 최고 위치의 개구부를 제외하고 다른 모든 개구부를 시험 폐전으로 밀폐하고, 최고 개구부까지 물을 충만시킨 다음 3m 이상의 수두에 상당하는 수압을 가하여 이 수압에 15분 이상 견디어야 한다.

46 | 트랩의 봉수깊이

다음 그림에서 배수트랩의 봉수깊이를 올바르게 표현한 것은?

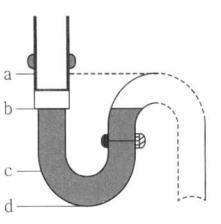

① a ~ d
② b ~ d
③ b ~ c
④ c ~ d

해설

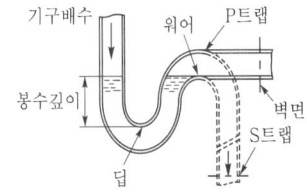

47 | 트랩의 구비조건
19

트랩(trap)이 갖추어야 할 조건에 관한 설명으로 옳지 않은 것은?

① 자정 작용이 가능할 것
② S트랩의 경우 내부 치수가 동일할 것
③ 봉수깊이는 50mm 이상 100mm 이하일 것
④ 기구내장 트랩의 내벽 및 배수로의 단면형상에 급격한 변화가 없을 것

해설 트랩의 조건에는 ①, ③ 및 ④ 이외에 가능한 한 구조가 간단하고, 가동부분에서 봉수를 형성하지 않을 것 등이다.

48 | 트랩의 구비조건
13, 09

다음 중 트랩이 구비해야 할 조건으로 적당하지 않은 것은?

① 유효 봉수깊이(50mm 이상, 100mm 이하)를 가질 것
② 가동부분에서 봉수를 형성하지 않을 것
③ 배수 시에 자기세정이 가능할 것
④ 이중 트랩으로 수봉식이 아닐 것

해설 금지하여야 하는 트랩은 수봉식이 아닌 것, 가동 부분이 있는 것, 격벽에 의한 것, 정부에 통기관이 부착된 것, 비닐 호스에 의한 것 및 이중 트랩(기구 배수구로부터 흐름 말단까지의 배수로 상 2개 이상을 설치한 것) 등이 있다.

49 | 트랩의 구비조건
24, 22, 17

다음 중 배수 트랩이 구비해야 할 조건으로 가장 관계가 먼 것은?

① 가능한 한 구조가 간단할 것
② 배수 시에 자기세정이 가능할 것
③ 가동부분이 있으며 가동부분에 봉수를 형성할 것
④ 유효 봉수깊이(50mm 이상 100mm 이하)를 가질 것

해설 트랩이 구비해야 할 조건은 ①, ② 및 ④ 이외에 가능한 한 구조가 간단하고, 가동부분에서 봉수를 형성하지 말 것 등이 있고, 금지하여야 하는 트랩은 수봉식이 아닌 것, 가동부분이 있는 것으로 가동부분에서 봉수를 형성할 것, 격벽에 의한 것, 정부에 통기관이 부착된 것, 비닐 호스에 의한 것 및 이중 트랩(기구 배수구로부터 흐름 말단까지의 배수로상 2개 이상을 설치한 것) 등이 있다.

50 | 트랩의 구비조건
20

트랩이 구비해야 할 조건으로 옳지 않은 것은?

① 가동부분이 있을 것
② 자정 작용이 가능할 것
③ 기구내장 트랩의 내벽 및 배수로의 단면 형상에 급격한 변화가 없을 것
④ 봉수부의 소제구는 나사식 플러그 및 적절한 개스킷을 이용한 구조일 것

해설 트랩이 구비해야 할 조건은 ②, ③ 및 ④ 이외에 가능한 한 구조가 간단하고, 가동부분에서 봉수를 형성하지 말 것 등이 있고, 금지하여야 하는 트랩은 수봉식이 아닌 것, 가동부분이 있는 것으로 가동부분에서 봉수를 형성할 것, 격벽에 의한 것, 정부에 통기관이 부착된 것, 비닐 호스에 의한 것 및 이중 트랩(기구 배수구로부터 흐름 말단까지의 배수로상 2개 이상을 설치한 것) 등이 있다.

51 | 배수 트랩의 종류
15, 09

다음 중 배수 트랩에 속하지 않는 것은?

① 드럼 트랩
② 관 트랩
③ 디스크 트랩
④ 사이펀 트랩

해설 배수 트랩의 종류에는 관(사이펀) 트랩(P트랩, S트랩, U트랩), 드럼 트랩, 격벽 트랩(벨 트랩, 보틀 트랩), 바닥배수 트랩 등이 있고, 디스크 트랩은 증기 트랩의 일종이다.

52 | 배수 트랩의 종류
23, 18, 12

다음 중 사이펀 트랩에 속하는 것은?

① S트랩
② 벨 트랩
③ 드럼 트랩
④ 그리스 트랩

해설 관(사이펀) 트랩의 종류에는 S트랩, P트랩, U트랩 등이 있고, 비사이펀 트랩의 종류에는 벨 트랩과, 보틀 트랩, 드럼 트랩 등이 있다.

53 | 그리스 포집기
24, 21, 20, 19, 09

호텔의 주방이나 레스토랑의 주방 등에서 배출되는 배수 중의 유지분을 포집하기 위하여 사용되는 것은?

① 드럼 포집기
② 가솔린 포집기
③ 그리스 포집기
④ 플라스터 포집기

정답 47. ② 48. ④ 49. ③ 50. ① 51. ③ 52. ① 53. ③

해설 가솔린 포집기는 가솔린을 제거하기 위하여 주차장, 주유소 및 자동차 수리 공장에 설치하는 포집기이고, 그리스 포집기는 지방분(호텔이나 레스토랑의 주방에서 배출되는 세정 배수 중에 포함된 지방분) 등이 배수관 등에 유입되는 것을 막기 위하여 사용되는 포집기이며, 플라스터(석고) 포집기는 치과, 정형외과 병원 및 기브스실 등으로부터 배출되는 배수 중에 포함된 플라스터(석고)를 분리하기 위한 포집기이다.

54 | 배수 트랩
21

배수 트랩에 관한 설명으로 옳지 않은 것은?
① 트랩의 봉수깊이는 50~100mm가 적절하다.
② 위생기구 중 세면기에는 U트랩이 가장 널리 이용된다.
③ P트랩, S트랩 및 U트랩은 사이펀 트랩이라고도 한다.
④ 트랩의 봉수깊이란 딥(top dip)과 웨어(crown weir)와의 수직거리를 의미한다.

해설 S트랩은 세면기, 대변기 등에 사용하는 것으로, 사이펀 작용에 의해 봉수가 파괴되는 때가 많다. P트랩은 위생기구에 가장 많이 쓰이는 형식으로, 벽체 내의 배수입관에 접속한다. S트랩보다 봉수가 안전하다. 특히 U트랩은 가로 배관에 사용되며, 유속을 저해하는 단점이 있다. 공공 하수관에서의 하수 가스 역류용으로 사용된다.

55 | 배수 트랩
24, 17, 05

배수 트랩에 대한 다음 설명 중 틀린 것은?
① 트랩은 하수 유해가스가 역류해서 실내로 침입하는 것을 방지하기 위해서 설치한다.
② U트랩은 옥내 배수 수평주관의 말단에 부착한다.
③ 드럼 트랩은 싱크류의 배수용에 사용된다.
④ S트랩은 욕실 및 다용도실의 바닥배수에 사용한다.

해설 S트랩은 일반적으로 많이 사용하나, 봉수가 빠지는 수가 많고, 세면기, 소변기 및 대변기 등에 사용하고, 욕실 및 다용도실의 바닥배수에는 벨 트랩을 사용한다.

56 | 배수 트랩
08, 03

트랩의 봉수에 대한 설명에서 틀린 것은?
① 트랩의 기능은 하수 가스의 실내 침입을 방지하는 데 있다.
② 트랩의 봉수깊이는 보통 50~100mm 정도이지만, 이보다 더 깊게 할수록 좋다.
③ 트랩의 봉수는 사이펀 작용에 의해 파괴될 수 있다.
④ 장기간 트랩으로의 배수가 없는 경우에 트랩의 봉수는 증발에 의하여 파괴될 수 있다.

해설 트랩의 봉수깊이는 보통 50~100mm 정도이나, 유효봉수깊이가 너무 낮으면 봉수를 손실하기 쉽고, 너무 깊으면 유수의 저항이 증대되어 통수능력이 감소하며, 그에 따라 자정 작용이 없어지게 된다. 특히 위생기구에 될 수 있는 한 접근시켜 설치한다.

57 | 트랩의 봉수 파괴 원인
22

다음 중 트랩의 봉수 파괴 원인이 아닌 것은?
① 수격 작용
② 증발 현상
③ 모세관 현상
④ 자기사이펀 작용

해설 트랩의 봉수 파괴 원인은 자기사이펀 작용, 유도(유인)사이펀(흡출) 작용, 증발 현상, 모세관 현상, 분출(토출) 작용 등이다. 수격 작용(워터 해머)은 일정한 압력과 유속으로 배관계통을 흐르는 비압축성 유체가 급격히 차단될 때 발생하고, 워터 해머에 의한 압력파는 그 힘이 소멸될 때까지 소음과 진동을 유발시킨다.

58 | 트랩의 봉수 파괴 원인
25, 19, 18, 10

배수수직관 내부가 부압으로 되는 곳에 배수수평지관이 접속되어 있는 경우, 배수수평지관 내의 공기가 수직관으로 유인되어 봉수가 파괴되는 현상은?
① 유도사이펀 작용
② 자기사이펀 작용
③ 모세관 현상
④ 증발 현상

해설 자기사이펀 작용은 P트랩, S트랩 및 보틀 트랩 등에서 자기 배수의 결과 잔류해야 할 봉수가 작게 되는 현상이고, 모세관 현상은 S트랩이나 벨 트랩의 웨어부에 실이 걸려 부착한 경우 모세관 현상에 의해 봉수가 손실되는 현상이며, 증발 현상은 봉수가 유입각(봉수깊이를 구성하는 부분 중 기구측의 부위)과 유출각(기구 배수관측의 부위)에서 항상 증발하는 현상이다.

59 | 트랩의 봉수 파괴 원인
24, 20, 03

수평주관 내의 공기가 감압되어 봉수가 파괴되는 현상으로 배수수직관의 가까이에 설치된 세면기 등에서 일어나기 쉬운 봉수 파괴 원인은?
① 증발 작용
② 모세관 현상
③ 유도사이펀 작용
④ 운동량에 의한 관성

해설 유도사이펀 작용(분출 작용)은 배수수직관 내부가 부압으로 되는 곳에 배수수평지관이 접속되어 있는 경우, 배수수평지관 내의 공기가 수직관으로 유인되어 봉수가 파괴되는 현상에 의한 작용이고, 운동량에 의한 관성은 거의 일어나기 힘든 원인으로 배관 중의 급격한 압력 변화가 일어난 경우에 봉수면에 상하 동요를 일으켜 사이펀 작용이 일어나거나 봉수가 배출되는 경우를 말한다.

60 | 트랩의 봉수 파괴 원인
22, 15, 13

배수계통에서 트랩의 봉수가 파괴되는 원인 중 액체의 응집력과 액체와 고체 사이의 부착력에 의해 발생하는 것은?

① 증발 현상
② 모세관 현상
③ 자기사이펀 작용
④ 유도사이펀 작용

해설 봉수의 파괴 원인 중 모세관 현상은 가는 관을 액체 속에 세우면 액체의 종류와 응집력, 액체와 고체 사이의 부착력 등에 따라 액체가 관 속을 상승 또는 하강하는 현상이므로 통기관의 설치와 무관하게 봉수가 파괴되는 원인이 된다.

61 | 트랩의 봉수 파괴 원인
17, 10, 05, 01

고층건물의 배수입관(수직관)에 인접되어 접속되는 위생기구는 어떤 현상에 의하여 봉수가 파괴될 가능성이 높은가?

① 자기사이펀 현상
② 감압에 의한 흡인현상
③ 역압에 의한 분출작용
④ 모세관 현상

해설 자기사이펀 작용은 P트랩, S트랩 및 보틀 트랩 등에서 자기배수의 결과 잔류해야 할 봉수가 작게 되는 현상 또는 위생기구로부터 만수상태의 배수가 S트랩으로 유하할 때, 배관 내부의 압력은 감소하며, 트랩 유입측에는 대기압이 작용하여 봉수가 파괴되는 현상이고, 모세관 현상은 S트랩이나 벨 트랩의 웨어부에 실이 걸려 부착된 경우 모세관 현상에 의해 봉수가 손실되는 현상 또는 액체의 응집력과 액체와 고체 사이의 부착력에 의해 발생하는 현상이며, 역압에 의한 분출작용은 상층과 하층에서 배수가 다량으로 유출되어 해당 층의 배수수직관의 공기가 압축되어 S트랩으로 유입되어 봉수가 파괴된다.

62 | 트랩의 봉수 파괴 원인
18

트랩의 봉수 파괴 원인 중 위생기구에서 트랩을 통하여 배수가 만수상태로 흐를 때 주로 발생하는 것은?

① 모세관 현상
② 자기사이펀 작용
③ 감압에 의한 흡인작용
④ 역압에 의한 분출작용

해설 모세관 현상은 S트랩이나 벨 트랩의 웨어부에 실이 걸려 부착된 경우 모세관 현상에 의해 봉수가 손실되는 현상 또는 액체의 응집력과 액체와 고체 사이의 부착력에 의해 발생하는 현상이고, 감압에 의한 흡인작용은 고층건물의 배수입관(수직관)에 인접되어 접속되는 위생기구에서 발생하는 현상이며, 역압에 의한 분출작용은 상층과 하층에서 배수가 다량으로 유출되어 해당 층의 배수수직관의 공기가 압축되어 S트랩으로 유입되어 봉수가 파괴된다.

63 | 트랩의 봉수 파괴 방지대책
22, 17

다음 중 S트랩에서 자기사이펀 작용에 의한 봉수의 파괴를 방지하기 위한 방법으로 가장 알맞은 것은?

① 트랩의 내표면을 매끄럽게 한다.
② 트랩을 정기적으로 청소하여 이물질을 제거한다.
③ 트랩과 위생기구가 연결되는 관의 관경을 트랩의 관경보다 더 크게 한다.
④ 트랩의 유출부분 단면적이 유입부분 단면적보다 큰 것을 설치한다.

해설 자기사이펀 작용(배수 시에 배수관과 트랩이 사이펀관을 형성하여 가득찬 물이 동시에 흐르게 되면 트랩 내의 봉수도 함께 배수관쪽으로 끌려들어가 봉수가 없어지는 작용)을 방지하기 위하여 트랩의 유출부분의 단면적이 유입부분의 단면적보다 크게 하여 자기사이펀 작용을 방지한다.

64 | 트랩의 봉수 파괴 방지대책
19, 16, 10

다음 중 모세관 현상에 따른 트랩의 봉수파괴를 방지하기 위한 방법으로 가장 알맞은 것은?

① 트랩을 자주 청소한다.
② 각개 통기관을 설치한다.
③ 관 내 압력변동을 작게 한다.
④ 기구배수관 관경을 트랩구경보다 크게 한다.

해설 모세관 현상(S트랩이나 벨 트랩의 웨어부에 실이 걸려 부착한 경우 모세관 현상에 의해 봉수가 손실되는 현상)의 방지대책으로는 내부 표면을 매끄럽게 하거나, 청소를 자주 한다.

❹ 위생기구 선정하기

01 | 위생기구의 구비조건
17, 11, 07, 05

위생기구의 구비조건 중 틀린 것은?

① 내식성, 내마모성이 있을 것
② 제작 및 설치가 쉬울 것
③ 항상 청결을 유지할 수 있을 것
④ 흡수성이 클 것

해설 위생기구의 구비조건은 ①, ② 및 ③ 이외에 외관이 위생적이고, 깨끗하며, 청소가 용이하여야 한다. 특히 위생기구의 청결성과 내식성 등의 문제를 해결하기 위하여 흡수성을 작게 하여야 한다.

02 | 플라스틱 위생기구
22, 08

플라스틱 위생기구에 대한 설명 중 옳지 않은 것은?

① 형상을 비교적 자유롭게 제작할 수 있다.
② 표면경도와 내마모성이 커서 흠이 생기지 않고 열에 강하다.
③ 가공성이 좋고 대량생산이 가능하다.
④ 경량이나 경년변화로 변색의 우려가 있다.

해설 플라스틱 위생기구는 표면의 경도와 내마모성이 약해서, 흠이 생기기 쉽고 열에 약한 단점이 있다.

03 | 위생도기
24, 20, 12, 06

위생기구의 재질 중 위생도기에 대한 설명으로 옳지 않은 것은?

① 강도가 커서 내구력이 있다.
② 오물이 부착되기 어려우며, 청소가 용이하다.
③ 산, 알칼리에 침식된다.
④ 복잡한 구조의 것을 일체화하여 제작할 수 있다.

해설 위생기구는 내식성의 증대를 위하여 산과 알칼리에 강해야 한다.

04 | 위생설비 유닛화의 목적
17

위생설비 유닛화의 목적과 가장 거리가 먼 것은?

① 인건비를 절약하기 위하여
② 시공의 질적 향상을 위하여
③ 현장에서의 작업량 확대를 위하여
④ 공기단축과 공정의 단순화를 위하여

해설 위생설비를 유닛화함으로써 현장작업의 공정을 최소한으로 줄여 비용(인건비)을 절감하고, 전체 공사의 능률을 향상시켜 공기의 단축과 공정을 단순화하며, 시공의 질(정밀도 향상)을 향상시킬 수 있다. 현장작업의 공정을 최소화하므로 현장작업이 감소하고, 스페이스도 감소된다.

05 | 위생설비 유닛화의 목적
24, 21

다음 중 위생설비를 유닛화하여 얻는 이점과 가장 관계가 먼 것은?

① 공기의 단축
② 품질의 향상
③ 공장작업의 최소화
④ 현장작업의 안정성 향상

해설 위생설비를 유닛화함으로써 현장작업의 공정을 최소한으로 줄이므로 공장작업은 최대화된다.

06 | 위생설비 유닛화의 목적
10, 04

위생기구를 유닛화하는 목적과 가장 거리가 먼 것은?

① 현장작업의 증가
② 공기의 단축
③ 공정의 단순화
④ 노무비 절감

해설 위생설비를 유닛화함으로써 현장작업의 공정을 최소한으로 줄여 비용(인건비)을 절감하고, 전체 공사의 능률을 향상시켜 공기의 단축과 공정을 단순화하며, 시공의 질(정밀도 향상)을 향상시킬 수 있다. 현장작업의 공정을 최소화하므로 현장작업이 감소하고, 스페이스도 감소된다.

07 | 위생설비 유닛화의 목적
14, 10

다음 중 위생설비 유닛(unit)화의 목적과 가장 거리가 먼 것은?

① 제품의 다양화
② 현장 공사비의 절감
③ 공기의 단축
④ 품질의 향상

해설 위생설비의 유닛화는 공장에서 하나의 유닛을 현장에서 반입 조립함으로써 현장작업을 단순화시킬 수 있고, 대량 생산하기 때문에 획일적이므로 제품의 다양화가 불가능하며, 각 개인의 요구 조건을 충분히 만족시킬 수 없다는 단점이 있다.

08 | 대변기의 세정방식
17, 11

세정수의 급수방식에 따른 대변기의 종류에 속하지 않는 것은?

① 로 탱크식
② 하이 탱크식
③ 전동 밸브식
④ 세정 밸브식

해설 로 탱크식은 대변기로의 공급수량이나 압력이 일정하고, 세정효과가 양호하며 소음이 적다. 특히 우리나라의 일반 주택에서 주로 사용된다. 하이 탱크식(고수조식, 하이 시스템식)은 높은 곳에 세정 탱크를 설치하는 급수관을 통하여 물을 채운 다음, 이 물을 세정관을 통하여 변기에 분사함으로써 세정하는 방식으로 세정 시 소음이 크고 단수 시 물의 보급이 힘들며, 바닥의 이용도가 높은 방식이고, 세정(플러시) 밸브식은 급수관에서 플러시 밸브를 거쳐 변기 급수관에 직결되고, 플러시 밸브의 핸들을 작동함으로써, 일정량의 물이 분사되어 변기 속을 세정하는 것으로, 수압의 제한을 가장 많이 받는 방식이다.

09 | 대변기의 세정방식
21

우리나라의 아파트, 주택에서 주로 사용되는 대변기 급수방식은?

① 세락식
② 로 탱크식
③ 세정밸브식
④ 하이 탱크식

정답 02. ② 03. ③ 04. ③ 05. ③ 06. ① 07. ① 08. ③ 09. ②

해설 로 탱크식은 대변기로의 공급수량이나 압력이 일정하고, 세정 효과가 양호하며 소음이 적다. 특히 우리나라의 일반 주택, 아파트에서 주로 사용된다.

10 대변기의 세정방식
16, 01

오물을 직접 트랩 내의 유수 중에 낙하시켜 물의 낙차에 의해 오물을 배출하는 방식으로, 취기의 발산은 비교적 적지만 유수면이 비교적 좁아서 오물이 부착하기 쉬운 형식은?

① 세락식
② 사이펀식
③ 블로 아웃식
④ 사이펀 제트식

해설 사이펀식은 배수로를 굴곡시켜 세정 시에 만수상태가 되었을 때 생기는 사이펀 작용을 일으켜 오물을 흡인해서 제거하는 방식으로 세정능력이 우수한 방식이고, 사이펀 제트식은 강제로 사이펀 작용을 일으켜 그 흡인작용으로 세정하는 방식으로 수세식 변기로 가장 우수한(유수면을 넓게, 봉수의 깊이를 깊게, 트랩의 지름을 크게) 방식이며, 블로 아웃식은 변기의 가장자리에서 세정수를 적게 내뿜고, 분수구로부터 높은 압력으로 물을 뿜어 내어 그 작용으로 유수를 배수관으로 유인하여 오물을 날려 보내는 방식으로 소음이 크므로 학교, 공장 등에서 사용하고, 급수압이 커야 하며, 배수로가 크고 굴곡도 작아져서 막힐 염려가 작다.

11 대변기의 세정방식
18

대변기의 세정방식 중 로 탱크(low tank)식에 관한 설명으로 옳은 것은?

① 바닥으로부터 1.6m 이상 높은 위치에 탱크를 설치한다.
② 단시간에 다량의 물이 필요하기 때문에 일반가정용으로는 사용하지 않는다.
③ 사용빈도가 많거나 일시적으로 많은 사람들이 연속하여 사용하는 장소에 적합하다.
④ 세정의 경우 탱크로의 급수압력에 관계없이 대변기로의 공급수량이나 압력이 일정하다.

해설 ① 하이 탱크식, ②, ③ 플러시 밸브(세정밸브)식에 대한 설명이다.

12 대변기의 세정방식
24, 21

다음과 같은 특징을 갖는 대변기 세정 급수방식은?

• 세정의 경우에는 대변기로의 공급수량이나 압력이 일정하다.
• 세정효과가 양호하며 소음이 적다.
• 우리나라의 주택에 널리 사용되고 있다.

① 로 탱크식
② 기압 탱크식
③ 하이 탱크식
④ 플러시 밸브식

해설 기압 탱크식은 철판제 원통형이고, 상부에 공기 밸브가 장치되어 있어 이 밸브에서 공기관이 탱크 속 밑으로 뻗어 있다. 세정 밸브의 핸들을 작동하면 탱크 속의 물은 세정 밸브를 통하여 분사되고, 공기 밸브에서 공기관을 통하여 탱크 속의 공기가 흡입되는 동시에 급수관에서 나오는 물도 함께 분사되어 세정 밸브가 자동적으로 닫히고 사수가 정지된다. 기압 탱크식에서는 15 mm 관으로 세정 밸브를 사용하는 것이 특징이다. 하이 탱크식(고수조식, 하이 시스템식)은 높은 곳에 세정 탱크를 설치하는 급수관을 통하여 물을 채운 다음, 이 물을 세정관을 통하여 변기에 분사함으로써 세정하는 방식으로 세정 시 소음이 크고 단수 시 물의 보급이 힘들며, 바닥의 이용도가 높은 방식이다. 세정(플러시) 밸브식은 급수관에서 플러시 밸브를 거쳐 변기 급수관에 직결되고, 플러시 밸브의 핸들을 작동함으로써, 일정량의 물이 분사되어 변기 속을 세정하는 것으로, 수압의 제한을 가장 많이 받는 방식이다.

13 대변기의 세정방식
16, 11

다음 설명에 알맞은 대변기 형식은?

• 분수구로부터 높은 압력으로 물을 뿜어 내어 그 작용으로 유수를 배수관으로 유인하여 오물을 날려 보내는 방식이다.
• 배수로가 크고 굴곡도 작아져서 막힐 염려가 작다.

① 세출식
② 세락식
③ 사이펀식
④ 블로 아웃식

해설 세출식은 오물을 일단 변기의 얕은 수면에 받아 변기 가장자리에서 나오는 세정수로 오물을 씻어 내리는 방식으로 다량의 물을 사용하고, 냄새가 발산되는 방식이고, 세락식은 물의 낙차에 의하여 오물을 배출하는 형식으로 취기의 발산이 비교적 적고 유수면이 좁아 더러움이 부착하기 쉽지만 일반 양식 변기에 가장 많은 형식이며, 사이펀식은 배수로를 굴곡시켜 세정 시에 만수상태가 되었을 때 생기는 사이펀 작용을 일으켜 오물을 흡인해서 제거하는 방식으로 세정능력이 우수한 방식이다.

14 대변기의 세정방식
01

세락식 대변기의 특징 중 틀린 것은 어느 것인가?

① 오물을 트랩부분의 고여 있는 물에 직접 낙하시켜 세정 시 배출한다.
② 세출식에 비해 냄새의 방산이 적다.
③ 세정방식 중 봉수 깊이나 트랩 안지름이 최대이며, 세정 배출 능력이 가장 우수하다.
④ 양변기 중 가장 일반적인 방식으로 사용된다.

정답 10. ① 11. ④ 12. ① 13. ④ 14. ③

해설 세락식(wash-down)은 물의 낙차에 의하여 오물을 배출하는 형식으로 취기의 발산이 비교적 적고 유수면이 좁아 더러움이 부착하기 쉽지만 일반 양식 변기에 가장 많은 형식이고, 사이펀 제트식은 봉수 깊이나 트랩 안지름이 최대이며, 세정 배출 능력이 가장 우수하다.

15 배수관의 관경
03, 01

2개 이상의 대변기의 배수를 담당하는 배수수평지관의 관지름은 얼마 이상으로 하여야 하는가?

① 40mm
② 60mm
③ 75mm
④ 100mm

해설 배수수평지관은 접속기구가 대변기 2개 이내(대변기+소변기)는 75mm 이상, 2개 이상인 경우는 100mm 이상으로 한다.

16 대변기의 최소관경과 압력
21, 10, 06

세정밸브식 대변기의 급수관은 최소 얼마 이상으로 해야 하는가?

① 20A
② 25A
③ 30A
④ 40A

해설 세정(플러시)밸브식 대변기의 급수관은 수압의 제한(0.07MPa 이상)과 급수관경의 제한이 있으므로 세정밸브식 대변기 최소 급수관 25A(25mm) 이상이어야 한다.

17 대변기의 최소관경과 압력
09, 03, 01

플러시 밸브식 대변기에서 요구되는 최소 급수관경과 최저 필요압력이 옳게 나열된 것은?

① 32mm, 0.05MPa
② 25mm, 0.05MPa
③ 32mm, 0.07MPa
④ 25mm, 0.07MPa

해설 세정(플러시)밸브식 대변기의 급수관은 수압의 제한(0.07MPa 또는 0.7kg/cm² 이상)과 급수관경의 제한이 있으므로 세정밸브식 대변기 최소 급수관경은 25A(25mm) 이상이어야 한다.

18 급수기구
16

급수기구의 최저 필요 압력으로 옳지 않은 것은?

① 샤워기 : 70kPa
② 일반수전 : 30kPa
③ 순간온수기 : 20kPa
④ 대변기의 세정밸브 : 70kPa

해설 기구의 최저 필요압력

(단위 : MPa 이상)

기구명	일반수전	샤워	세정 밸브		가스 순간 탕비기		
			대변기	블로 아웃식	대형	중형	소형
최저 필요압력	0.03	0.07	0.07	0.1	0.05	0.04	0.01

19 버큠 브레이커의 설치 목적
19, 14, 03

세정밸브식 대변기에 버큠 브레이커를 설치하는 주된 이유는?

① 냄새 방지
② 급수소음 방지
③ 급수오염 방지
④ 배관의 부식방지

해설 세정밸브식 대변기에 역류방지기(버큠 브레이커)를 설치하는 이유는 세정(플러시)밸브식 대변기에서 토수된 물이나 이미 사용된 물이 역사이펀 작용에 의해 상수계통으로 역류하는 것을 방지 또는 역류가 발생하여 세정수가 급수관으로 오염되는 것을 방지하기 위하여 설치한다. 또한 세정밸브식 급수관에 진공이 걸리면 대기 중에 개방하여 진공을 방지하여 급수의 오염을 방지한다.

20 버큠 브레이커의 설치 목적
22, 20, 19, 14, 12, 09, 04

밸브식 대변기에 진공 방지기(vacuum breaker)를 설치하는 주된 이유는?

① 사용수량을 줄이기 위하여
② 급수소음을 줄이기 위하여
③ 취기(냄새)를 방지하기 위하여
④ 급수오염을 줄이기 위하여

해설 세정밸브식 대변기에 역류방지기(버큠 브레이커)를 설치하는 이유는 세정(플러시)밸브식 대변기에서 토수된 물이나 이미 사용된 물이 역사이펀 작용에 의해 상수 계통으로 역류하는 것을 방지 또는 역류가 발생하여 세정수가 급수관으로 오염되는 것을 방지하기 위하여 설치한다. 또한 세정밸브식 급수관에 진공이 걸리면 대기 중에 개방하여 진공을 방지하여 급수의 오염을 방지한다.

21 버큠 브레이커의 정의
17, 05

세정밸브식 대변기에서 토수된 물이나 이미 사용된 물이 역사이펀 작용에 의해 상수계통으로 역류하는 것을 방지하는 기구는?

① 버큠 브레이커
② 슬리브
③ 스트레이너
④ 볼탭

해설 세정밸브식 대변기에 역류방지기(버큠 브레이커)를 설치하는 이유는 세정밸브식 대변기에서 토수된 물이나 이미 사용된 물이 역사이펀 작용에 의해 상수계통으로 역류하는 것을 방지 또는 역류가 발생하여 세정수가 급수관으로 오염되는 것을 방지하기 위하여 설치한다.

22 | 역류방지의 대책
24, 21, 18

역류를 방지하여 오염으로부터 상수계통을 보호하기 위한 방법으로 적절하지 않는 것은?

① 토수구 공간을 둔다.
② 역류방지밸브를 설치한다.
③ 대기압식 또는 가압식 진공 브레이커를 설치한다.
④ 수압이 0.4MPa을 초과하는 계통에는 감압밸브를 부착한다.

해설 세정(플러시)밸브식 대변기에서 토수된 물이나 이미 사용된 물이 역사이펀 작용에 의해 상수계통으로 역류하는 것을 방지하기 위하여 역류방지기(진공 브레이커)나 토수구 공간을 설치하거나, 대기압식 또는 가압식 진공 브레이커를 설치한다. 또한, 감압밸브와 상수계통의 역류와는 무관하다.

23 | 대변기의 세정방식
19

대변기 세정수의 급수방식 중 로 탱크식에 관한 설명으로 옳지 않은 것은?

① 탱크로의 급수에 볼 탭이 사용된다.
② 하이 탱크식에 비해 세정소음이 작다.
③ 탱크로의 급수압력과 관계없이 대변기로의 급수수량이나 압력이 일정하다.
④ 단시간에 다량의 물이 필요하기 때문에 일반 가정용으로는 거의 사용되지 않는다.

해설 로 탱크식은 낮은 곳에 세정 탱크를 설치하여 급수관을 통하여 물을 채운 다음 이 물을 세정관을 통하여 변기에 분사함으로써 세정하는 방식으로 가정용으로 사용한다.
④ 세정밸브(플러시밸브)식에 대한 설명이다.

24 | 대변기의 세정방식
16, 04

세정밸브식(Flush Valve) 대변기에 대한 설명으로 틀린 것은?

① 낮은 수압($0.3kg/cm^2$ 이하)에서도 사용이 가능하다.
② 세정 시의 소음이 크다.
③ 세정용 탱크가 필요 없다.
④ 역류방지기(Vacuum Breaker)가 필요하다.

해설 세정(플러시)밸브식 대변기의 급수관은 수압의 제한(0.07MPa 또는 $0.7kg/cm^2$ 이상)과 급수관경의 제한이 있으므로 세정밸브식 대변기 최소 급수관경은 25A(25mm) 이상이어야 한다.

25 | 대변기의 세정방식
21, 18, 12

대변기의 세정방식 중 플러시 밸브식에 관한 설명으로 옳지 않은 것은?

① 대변기의 연속 사용이 가능하다.
② 일반 가정용으로는 거의 사용되지 않는다.
③ 급수관경 및 수압과 관계없이 사용 가능하다.
④ 세정음에 유수음이 포함되기 때문에 소음이 크다.

해설 세정(플러시)밸브식 대변기의 급수관은 수압의 제한(0.07MPa 또는 $0.7kg/cm^2$ 이상)과 급수관경의 제한이 있으므로 세정밸브식 대변기 최소 급수관경은 25A(25mm) 이상이어야 한다.

26 | 대변기의 세정방식
24, 20, 13

대변기의 세정방식 중 플러시 밸브식에 관한 설명으로 옳지 않은 것은?

① 대변기의 연속사용이 가능하다.
② 일반 가정용으로는 사용이 곤란하다.
③ 세정음은 유수음도 포함되기 때문에 소음이 크다.
④ 레버의 조작에 의해 낙차에 의한 수압으로 대변기를 세척하는 방식이다.

해설 ④ 세정밸브식 대변기는 핸들을 아래로 누르면, 릴리프 밸브가 닫혀 압력실 내의 물이 압출되어 피스톤 밸브가 위로 올라가며 밸브가 완전히 열려 세정수가 유출되는 방식이다.

27 | 관의 표시방법
17

압력배관용 탄소강관의 표시기호로 옳은 것은?

① SPPS
② SPPH
③ SPLT
④ SPHT

해설 ② SPPH는 고압배관용 탄소강관
③ SPLT는 저온배관용 탄소강관
④ SPHT는 고온배관용 탄소강관

28 | 대변기의 세정방식
25, 18, 15, 07

대변기의 세정급수방식 중 하이 탱크식과 로 탱크식에 대한 설명으로 옳은 것은?

① 하이 탱크식은 로 탱크식보다 세정소음이 적다.
② 하이 탱크식과 로 탱크식은 탱크로의 급수 수압이 다소 낮아도 사용할 수 있다.
③ 로 탱크식과 하이 탱크식은 연속사용이 가능하다.
④ 로 탱크식은 하이 탱크식보다 화장실 내의 공간을 적게 차지하여 유리하다.

해설 하이 탱크식은 로 탱크식보다 세정 소음이 크고, 로 탱크식과 하이 탱크식은 연속사용이 불가능(탱크에 물을 채우는 동안의 시간이 필요함)하며, 로 탱크식은 하이 탱크식보다 화장실 내의 공간을 크게 차지하여 불리하다.

29 | 배관의 재질 선택
25, 12

다음 중 배관의 재질을 선택할 때 고려할 사항과 가장 거리가 먼 것은?

① 사용 온도
② 사용 유량
③ 사용 압력
④ 사용 유체

해설 배관의 재질을 선택할 때 고려할 사항은 사용 온도, 사용 압력, 사용 유체 등이 있고, 사용 유량은 관경과 관계가 있으나, 재질과는 관계가 없다.

30 | 배관의 재료
07, 03

건축설비용 배관 중 동관에 대한 설명으로 옳지 않은 것은?

① 유연성이 커서 가공이 쉽다.
② 강관에 비해 가벼워서 운반, 취급이 용이하다.
③ 극연수에 대한 저항성이 크다.
④ 내식성 및 열전도율이 크다.

해설 동관은 배관 시공이 용이하고, 내식성이 높아 부식이 적으며, 전기 및 열전도율이 좋아 전기 재료, 열교환기 및 급수관에 사용하나, 극연수에 대한 저항성이 매우 작다. 극연수(증류수, 멸균수)는 탄산칼슘($CaCO_3$)의 농도로 환산한 값이 0ppm으로서 연관이나 황동관을 부식시킨다.

31 | 스테인리스 강관
19

스테인리스 강관에 관한 설명으로 옳은 것은?

① 급수용 배관으로는 사용할 수 없다.
② 저온 충격성이 작아 한랭지 배관이 곤란하다.
③ 관의 두께에 따라 L, M, N형으로 분류할 수 있다.
④ 단위길이당 중량이 가벼워 취급, 운반이 용이하다.

해설 스테인리스 강관은 급수용 배관으로는 사용할 수 있고, 저온 충격성이 커서 한랭지 배관에 적합하며, 동관은 관의 두께에 따라 K, L, M형으로 분류할 수 있다.

32 | 동관
14, 11

비철금속관 중 동관에 대한 설명으로 옳지 않은 것은?

① 전기 및 열의 전도성이 우수하다.
② 전성·연성이 풍부하여 가공이 용이하다.
③ 연수에는 내식성이 크나 담수에는 부식된다.
④ 상온 공기 속에서는 변하지 않으나 탄산가스를 포함한 공기 중에는 푸른 녹이 생긴다.

해설 동관은 배관 시공이 용이하고, 내식성이 높아 부식이 적으며, 전기 및 열전도율이 좋아 전기 재료, 열교환기 및 급수관에 사용하나, 극연수에 대한 저항성이 매우 작다.

33 | 동관의 두께
24, 21

동관의 관 두께에 따른 분류에 속하지 않는 것은?

① K형
② L형
③ M형
④ N형

해설 동관은 경량이고, 내식성 및 가공성도 뛰어나며, 유연성이 있기 때문에 곡관으로의 가공도 쉽다. 배관용 동관은 관의 두께에 따라 M, L 및 K의 3가지 타입이 있고, M형이 가장 얇으며, K형이 가장 두껍다. M, L형은 급수 및 급탕배관에 사용되고, K형은 의료 배관용에 사용된다.

34 | 동관
16, 14

내식성 및 가공성이 우수하며 배관 두께별로 K, L, M형으로 구분하여 사용되는 배관재료는?

① 동관
② 스테인리스 강관
③ 일반배관용 탄소강관
④ 압력배관용 탄소강관

정답 28. ② 29. ② 30. ③ 31. ④ 32. ③ 33. ④ 34. ①

해설 동관은 경량이고, 내식성 및 가공성도 뛰어나며, 유연성이 있기 때문에 곡관으로의 가공도 쉽다. 배관용 동관은 관의 두께에 따라 M, L 및 K의 3가지 타입이 있고, M형이 가장 얇으며, K형이 가장 두껍다. M, L형은 급수 및 급탕배관에 사용되고, K형은 의료 배관용에 사용된다.

35 | 경질염화비닐관
18, 09

경질염화비닐관에 대한 설명 중 옳지 않은 것은?

① 내수성이 크고 염산, 황산, 가성소다 등의 부식성 약품에 의해 거의 부식되지 않는다.
② 열팽창률이 강관에 비해 작으며 온도 변화에 따른 신축이 거의 없다.
③ 전기 절연성이 크고 금속관과 같은 전식작용을 일으키지 않는다.
④ 저온에 약하며 한랭지에서는 외부로부터 조금만 충격을 주어도 파괴되기 쉽다.

해설 PVC(경질염화비닐관)는 열팽창률이 강관에 비해 매우 크므로 온도 변화에 따른 신축이 매우 크다.

36 | 염화비닐관
16

배관재료 중 염화비닐관에 관한 설명으로 옳지 않은 것은?

① 열팽창률이 강관보다 크다.
② 비중은 1.4~1.6 정도로 가볍다.
③ 산, 알칼리 및 염류에 대한 내식성이 약하다.
④ 전기적 저항이 크고 전식작용(電蝕作用)이 없다.

해설 경질염화비닐관(합성수지관, PVC, PE, PPC, PB)은 내산성, 내알칼리성과 전기 절연성이 크고, 불량도체이며, 배관이 가벼워 시공이 간편하고, 관 내 마찰손실저항이 작으며, 관 내면에 스케일이 잘 끼지 않는 등의 장점이 있으나, 열에 약하고(내화성이 약하고) 고온, 저온에서 강도가 약하며 열팽창률이 크고, 충격에 약하다.

37 | 경질염화비닐관
19

경질염화비닐관에 관한 설명으로 옳지 않은 것은?

① 전기 절연성이 크다.
② 내산, 내알칼리성이 크다.
③ 온도 상승에 따라 기계적 강도가 약해진다.
④ 저온에서 충격에 강하므로 한랭지에 주로 사용된다.

해설 경질염화비닐관은 내수성이 크고 염산, 황산, 가성소다 등의 부식성 약품에 의해 거의 부식되지 않고, 전기 절연성이 크며, 금속관과 같은 전식작용을 일으키지 않는다. 저온 충격에 약하며 한랭지에서는 외부로부터 조금만 충격을 주어도 파괴되기 쉽다.

정답 35. ② 36. ③ 37. ④

PART 3
전기설비 및 소방시설 일반

Engineer Building Facilities

전기이론 기초지식

|기출 공략 문제|

① 전기의 기초

01 | 전자의 전기량
11, 08, 05, 04

전자의 전기량은 약 몇 C인가?

① 8.855×10^{-12}
② 1.602×10^{-19}
③ 3.14×10^{-27}
④ 9.11×10^{-31}

해설 1개의 전자는 1.6021×10^{-19}C의 음전기를 띠고 있으므로 한 물질 내의 전자의 과부족으로 양전하와 음전하를 갖게 되어 전자 1개의 전하는 1.60219×10^{-19}C이다. 따라서 1C의 전자 개수는 $\frac{1}{1.60219 \times 10^{-19}} ≒ 6.24 \times 10^{18}$개이다.

02 | 자유전자의 정의
10

다음 설명이 의미하는 것은?

- 전기의 모든 현상의 근원이 되는 것이다.
- 이것이 이동하는 것을 전류라고 한다.

① 양자
② 자유전자
③ 중성자
④ 원자핵

해설 전류란 자유전자(원자핵의 구속으로부터 쉽게 이탈하여 자유로이 움직일 수 있는 전자)의 이동으로 발생하는 것으로 빛이나 열을 내기도 하고, 화학작용, 자기작용을 한다.

03 | 전자의 정의
22, 10

물질이 양(+) 또는 음(-)으로 대전되어 양전기나 음전기를 띠는 현상의 원인은?

① 전자의 이동
② 양성자의 이동
③ 중성자의 이동
④ 원자핵의 이동

해설 물질은 전자의 이동 및 증감에 따라 양(+) 또는 음(-)으로 대전(electrification)되어 양전기나 음전기를 가지게 된다.

04 | 자계의 정의
18

전류가 도선을 통하여 흐를 때 도선의 둘레에 발생하는 것은?

① 전계
② 자계
③ 정전계
④ 중력계

해설 전계는 다른 전하를 그 공간 내에 가지고 가면, 그 전하에 대하여 정전력을 미치는 성질을 갖는 공간이고, 정전계는 전하가 정지해 있는 공간(전류=전하의 이동 : 동전계)이며, 중력계는 중력장을 만들어내는 계통이다.

05 | 대전의 정의
22, 14, 05

에보나이트 막대를 천으로 문지르면 에보나이트 막대에는 양(+)의 전기, 천에는 음(-)의 전기가 생긴다. 이러한 현상을 무엇이라 하는가?

① 대전
② 정전차폐
③ 전자유도
④ 충전

해설 정전차폐는 어떤 공간을 전기 도체로 감싸고, 외부 정전계의 영향이 미치지 못하도록 하는 것이고, 전자유도는 도체가 자속을 끊었을 때, 코일을 관통하는 자속이 변화하여 기전력을 발생하는 현상으로 변압기, 발전기에 이용되고 있으며, 충전은 전압을 가하여 전하를 축적하는 것 또는 전기 에너지를 이용해서 (+), (-)로 대전시키는 것이고, 방전이란 (+), (-)로 대전된 것으로부터 연결해서 열이나 빛, 전동기 등으로 일을 시켜 소모하는 것이다.

06 | 정전기 현상의 정의
13, 09

다음의 두 전하 사이에서 일어나는 정전기 현상에 대한 설명 중 옳지 않은 것은?

① 두 전하 사이에서 발생하는 전기력은 두 전하의 세기에 비례한다.
② 두 전하 사이에서 발생하는 전기력은 두 전하 사이의 거리에 비례한다.
③ 두 전하 사이에서 발생하는 전기력은 두 전하 사이의 거리의 제곱에 반비례한다.
④ 진공상태가 아닌 공간에서 두 전하 사이에서 발생하는 전기력은 공간매질의 비유전율에 반비례한다.

정답 01. ② 02. ② 03. ① 04. ② 05. ① 06. ②

해설 $F = \dfrac{q_1 \cdot q_2}{\varepsilon \cdot r^2}$ [여기서, ε(유전율)$=\varepsilon_0$(진공유전율)ε_s(비유전율)]에서 알 수 있듯이, 두 전하 사이에서 발생하는 전기력은 두 전하의 세기에 비례하고, 비유전율과 거리의 제곱에 반비례한다.

07 전계의 정의
21

전기력이 미치고 있는 주위공간을 의미하는 용어는?

① 자로
② 자계
③ 전로
④ 전계

해설 자로는 자기회로를 말하는 것으로 자속이 통과하는 폐회로이다. 자계는 자석 또는 직류전류 주변에 자기적인 힘이 존재하는 공간이다. 전로는 전기를 통과시키는 회로의 전부 또는 일부를 의미한다.

08 전기 관련 용어
18

전기 관련 용어에 관한 설명으로 옳지 않은 것은?

① 전력은 열량으로 환산이 가능하다.
② 전류는 단위시간에 이동한 전기량을 말한다.
③ 저항의 크기는 물체의 단면적에 비례하고 길이에 반비례한다
④ 전기회로에서 두 극 사이에 생기는 전기적인 고저차를 전위차 또는 전압이라 한다.

해설 옴의 법칙은 저항에 흐르는 전류는 저항의 양단 전압의 크기에 비례하고, 저항의 크기에 반비례한다는 법칙으로
즉, V(전압)$=I$(전류)R(저항)이므로 $I = \dfrac{V}{R}$이 됨을 알 수 있다. 또한, 저항은 전선의 단면적에 반비례하고, 전선의 길이에 비례한다.

09 전기회로
16

전기회로에 관한 설명으로 옳은 것은?

① 선로에서 저항은 도체의 길이와 도체의 단면적에 비례한다.
② 전류는 어떤 도체의 단면적을 1초간 통과한 전하량을 말한다.
③ 회로망에서 테브난의 등가회로는 전류원과 내부저항을 병렬회로로 변환하는 것이다.
④ 일반용 1.5V 건전지에서 양(+)극을 0전위로 하였을 때 음(−)극의 전위는 +1.5V이다.

해설 ① 선로에서 저항은 도체의 길이에 비례하고, 단면적에 반비례한다.
③ 회로망에서 테브난의 등가회로는 전류원과 내부저항을 직렬회로로 변환한 것이다.
④ 일반용 1.5V 건전지에서 양극을 0전위로 하였을 때, 음극의 전위는 −1.5V이다.

10 승압의 목적
13, 08

우리나라에서 가정용 배전전압을 100V에서 220V로 승압시킨 목적을 가장 바르게 설명한 것은?

① 전압이 높아짐으로 전력손실이 적어진다.
② 100V보다 전류가 2배로 흘러 전력조정이 자유롭다.
③ 승압으로 감전사고에 대하여 더욱 안전하다.
④ 전압상승으로 절연이 잘되어 전류손실을 줄인다.

해설 W 또는 P(전력)$=VI=I^2R=\dfrac{V^2}{R}$에서, 전압을 2배로 상승시키면, 전류가 1/2이 되고, 전력의 손실은 $(1/2)^2=1/4$이 되므로, 전압이 높아짐으로 전력손실이 적어진다.

11 전기량의 단위
12, 04

전기량의 단위는?

① V
② A
③ C
④ Ω

해설 전기량은 전하의 양, 1A가 1초간 흘렀을 때에 상당하는 전기의 양을 1쿨롱(C)이라고 하고, 단위는 (C)이다.

12 전하의 단위
15

대전체가 가지는 전기량을 전하라고 하는데, 전하의 단위는?

① 줄(J)
② 헨리(H)
③ 쿨롱(C)
④ 패럿(F)

해설 전기량은 전하의 양, 1A가 1초간 흘렀을 때에 상당하는 전기의 양을 1쿨롱(C)이라고 하고, 단위는 (C)이다. 줄(J)은 일 또는 에너지, 헨리(H)는 유도 리액턴스, 패럿(F)는 용량 리액턴스의 단위이다.

13 전하량
11

어느 도체에 3A의 전류가 2초 동안 흐를 때 이 도체를 통과한 전하량(C)은?

① 2/3
② 3/2
③ 5
④ 6

해설 Q(전하량)$=I$(전류, A)t(시간, 초)$=3\times2=6$(C)

정답 07.④ 08.③ 09.② 10.① 11.③ 12.③ 13.④

14 전하량
09, 04

어떤 도체에 흐르는 전류가 3A라면 2분간 전류가 흐를 때 통과한 전기량의 크기는?

① 120C ② 240C
③ 360C ④ 480C

해설 1A는 1초당 1C의 전기량이 흐름으로 1A=1C/s를 의미하고,
$Q(전하량) = I(전류, A)t(시간, 초)$
$= 3A \times 2분(120초) = 360(C)$

② 직류회로

01 전류의 산정
21

어느 도체의 단면에 10분간 360C의 전하가 통과하였다면 전류의 크기는?

① 0.027A ② 0.6A
③ 1.67A ④ 3.6A

해설 $Q(전하량) = I(전류, A)t(시간, 초)$이므로,
$I(전류) = \dfrac{Q(전하량, C)}{t(시간, 초)} = \dfrac{360}{10 \times 60} = 0.6A$

02 전류의 작용
11, 08

작용방식에 따라 분류하였을 때 다음 중 전류의 작용에 해당하지 않는 것은?

① 발열작용 ② 화학작용
③ 저항작용 ④ 자기작용

해설 전류의 작용은 발열작용(빛이나 열의 발생), 화학작용(물질 간의 전자이동에 의한 산화·환원반응과, 그것들에 의한 여러 가지 현상. 주로 전극 – 용액계의 반응) 및 자기작용(동일한 극의 자극 간에서는 반발력이 발생하고, 다른 극의 자극 간에서는 흡인력이 발생하는 작용) 등이 있다.

03 옴의 법칙
15, 08, 05

다음 중 옴(ohm)의 법칙을 바르게 표현한 식은? (전압=V, 전류=I, 저항=R, 콘덴서=C)

① $V = IR$(V) ② $I = VR$(A)
③ $R = CV$(Ω) ④ $C = IR$(μF)

해설 옴의 법칙은 도체에 흐르는 전류값(I)은 저항(R)에 반비례하고 전압에 비례한다. 즉, $I(전류, A) = \dfrac{V(전압, V)}{R(저항, Ω)}$이고, $V(전압, V) = I(전류, A) R(저항, Ω)$이다.

04 저항률의 비교
16

다음 중 저항률이 가장 작은 것은?

① 금(Au) ② 은(Ag)
③ 구리(Cu) ④ 알루미늄(Al)

해설 금속의 전기 및 열전도율이 큰 것부터 작은 것의 순으로 나열하면, 은(Ag) → 구리(Cu) → 금(Au) → 알루미늄(Al) → 마그네슘(Mg) → 아연(Zn) → 니켈(Ni) → 철(Fe) → 납(Pb)이므로 저항률(전도율의 역수로서 도체의 재료에 따라 정해지는 정수이고, 온도에 따라 변화한다.)을 큰 것부터 작은 것의 순으로 나열하면, 납 → 철 → 니켈 → 아연 → 마그네슘 → 알루미늄 → 금 → 구리 → 은의 순이다.

05 멀티미터 측정요소
24, 17, 13

멀티미터(테스터)로 측정할 수 없는 것은?

① 저항 ② 전력량
③ 교류전압 ④ 직류전류

해설 멀티미터(회로시험기, 테스터)는 전기회로의 전압, 전류 및 저항(교류전압, 교류저항, 직류전류 및 교류전압 등), 다이오드 및 트랜지스터 검사 등을 한 대의 계측기로서 손쉽게 측정할 수 있는 계기이다.

06 옴의 법칙
23, 19, 12, 08

동선의 길이를 2배 증가, 단면적을 1/2로 감소시키면 동선의 저항은 어떻게 변하는가?

① 변화 없음
② 1/2로 감소
③ 2배 증가
④ 4배 증가

해설 $R(저항) = \rho(전선의\ 고유저항) \dfrac{l(전선의\ 길이)}{A(전선의\ 단면적)}$이다.
즉, 전선의 저항은 전선의 고유저항(ρ)과 전선의 길이(l)에 비례하고, 전선의 단면적(A)에 반비례한다.
$R = \rho \dfrac{l}{A}$에 의해서 $R = \rho \dfrac{2l}{\frac{1}{2}A} = \rho \dfrac{4l}{A} = 4 \times \left(\rho \dfrac{l}{A}\right)$이므로, 4배로 증가한다.

정답 14.③ / 01.② 02.③ 03.① 04.② 05.② 06.④

07 | 합성저항 18

동일한 저항을 가진 3개의 도선을 병렬로 연결하였을 때의 합성저항은?

① 1개 도선저항의 1/3
② 1개 도선저항의 2/3
③ 1개 도선저항의 1배
④ 1개 도선저항의 3배

해설 저항의 산정
저항의 직렬연결 시 합성저항은 n(저항의 개수)R(저항)이고, 저항의 병렬연결 시 합성저항은 $\dfrac{R(\text{저항})}{n(\text{저항의 개수})}$이므로, 병렬로 연결하면, 합성저항은 $\dfrac{R}{3}$이다. 즉, 동일한 저항 3개를 병렬로 연결하면, 합성저항은 $\dfrac{1}{3}$이 된다.

08 | 옴의 법칙 25, 20, 09

도선의 길이를 10배, 단면적을 5배로 하면 전기저항의 크기는 몇 배로 되는가?

① 1배
② 2배
③ 3배
④ 5배

해설 $R=\rho\dfrac{l}{A}$에 의해서 $R=\rho\dfrac{10l}{5A}=2\times\left(\rho\dfrac{l}{A}\right)$이므로, 2배로 증가한다.

09 | 옴의 법칙 21, 07

도선의 길이를 10배로 늘리고 단면적을 10배로 크게 했을 때의 전기저항은 최초의 전기저항의 몇 배로 되는가?

① 변하지 않는다.
② 100배
③ 10배
④ 2배

해설 $R(\text{저항})=\rho(\text{전선의 고유저항})\dfrac{l(\text{전선의 길이})}{A(\text{전선의 단면적})}$
즉, 전선의 저항은 전선의 고유저항(ρ)과 전선의 길이(l)에 비례하고, 전선의 단면적(A)에 반비례한다.
$R=\rho\dfrac{l}{A}$에 의해서 $R=\rho\dfrac{10l}{10A}=\left(\rho\dfrac{l}{A}\right)$이므로, 저항은 동일하다. 즉, 변하지 않는다.

10 | 합성저항 22, 19, 17②, 16, 13

50Ω의 저항과 100Ω의 저항을 병렬로 접속하였을 때 합성저항은?

① 0.03Ω
② 17.4Ω
③ 33.33Ω
④ 150Ω

해설 저항 연결이 병렬이므로 $\dfrac{1}{R}=\dfrac{1}{R_1}+\dfrac{1}{R_2}$에서
$\dfrac{1}{R}=\dfrac{1}{50}+\dfrac{1}{100}=\dfrac{2}{100}+\dfrac{1}{100}=\dfrac{3}{100}$
$R=\dfrac{100}{3}=33.33Ω$이다.

11 | 옴의 법칙 05

1.5V 건전지 2개가 직렬로 손전등에 사용되었다. 0.5A의 전류가 흐른다면 전구의 저항(R)은?

① 0.75Ω
② 3Ω
③ 1.5Ω
④ 6Ω

해설 $R(\text{저항})=\dfrac{V(\text{전압})}{I(\text{전류})}=\dfrac{1.5\times 2}{0.5}=6Ω$

12 | 합성저항 24, 04

저항 R_1, R_2를 병렬로 접속하면 합성저항은?

① R_1+R_2
② $1/(R_1+R_2)$
③ $R_1+R_2/R_1\times R_2$
④ $R_1\times R_2/R_1+R_2$

해설 병렬의 합성저항(R)
$R=\dfrac{1}{\dfrac{1}{R_1}+\dfrac{1}{R_2}}=\dfrac{R_1R_2}{R_1+R_2}$

13 | 합성저항 13

다음 회로의 합성저항은?

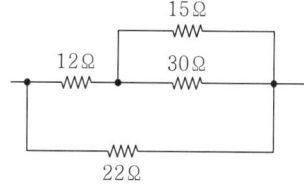

① 6Ω
② 9Ω
③ 11Ω
④ 16Ω

해설 ㉠ 15Ω과 30Ω은 병렬 연결이므로
$\dfrac{1}{R}=\dfrac{1}{R_1}+\dfrac{1}{R_2}=\dfrac{1}{15}+\dfrac{1}{30}=\dfrac{2+1}{30}=\dfrac{1}{10}$
$R=10Ω$

㉡ ㉠의 저항과 12Ω은 직렬 연결이므로, 합성저항은 10Ω+12Ω =22Ω

㉢ ㉡의 저항과 22Ω은 병렬 연결이므로, $\dfrac{1}{R}=\dfrac{1}{R_1}+\dfrac{1}{R_2}$
$=\dfrac{1}{22}+\dfrac{1}{22}=\dfrac{2}{22}=\dfrac{1}{11}$에서 $R=11Ω$

정답 07. ① 08. ② 09. ① 10. ③ 11. ④ 12. ④ 13. ③

14 | 합성저항
22, 14

20Ω의 저항에 또 다른 저항 RΩ을 병렬로 접속하였더니, 두 개의 합성저항이 4Ω이 되었다. 이때 저항 R은 몇 Ω인가?

① 2　　② 5
③ 10　　④ 15

해설 20Ω과 RΩ은 병렬 연결이므로,
$\frac{1}{R} = \frac{1}{R_1} + \frac{1}{R_2}$에서 $\frac{1}{20} + \frac{1}{R} = \frac{1}{4}$
$\frac{1}{R} = \frac{1}{4} - \frac{1}{20} = \frac{5-1}{20} = \frac{1}{5}$ 이므로 $R = 5Ω$

15 | 합성저항
17

20Ω과 30Ω의 저항이 병렬로 연결되어 있을 때 합성저항은?

① 12Ω　　② 30Ω
③ 50Ω　　④ 64Ω

해설 20Ω과 30Ω은 병렬 연결이므로
$\frac{1}{R} = \frac{1}{R_1} + \frac{1}{R_2} = \frac{1}{20} + \frac{1}{30} = \frac{3+2}{60} = \frac{1}{12}$ 에서 $R = 12Ω$

16 | 합성저항
10, 07, 04

다음 직·병렬회로에서 전압은 110V이며 $R_1 = 12Ω$, $R_2 = 15Ω$, $R_3 = 30Ω$, $R_4 = 22Ω$이다. 전체 합성저항 R은?

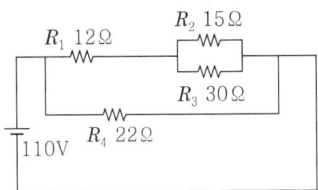

① 45　　② 32
③ 22　　④ 11

해설 직렬의 합성저항$(R) = R_1 + R_2 + R_3 + \cdots + R_n$이고, 병렬의 합성 저항$\left(\frac{1}{R}\right) = \frac{1}{R_1} + \frac{1}{R_2} + \frac{1}{R_3} + \cdots + \frac{1}{R_n}$이다.
$R_2 = 15Ω$과 $R_3 = 30Ω$은 병렬이므로
$\frac{1}{R} = \frac{1}{15} + \frac{1}{30} = \frac{1}{10}$ ∴ 10Ω
$R_1 = 12Ω$과 10Ω은 직렬이므로 12 + 10 = 22Ω
$R_4 = 22Ω$은 병렬이므로 $\frac{1}{R} = \frac{1}{22} + \frac{1}{22} = \frac{2}{22} = 11Ω$

[별해] $\frac{1}{R} = \frac{1}{12 + \frac{1}{\left(\frac{1}{15} + \frac{1}{30}\right)}} + \frac{1}{22} = \frac{1}{22} + \frac{1}{22} = \frac{1}{11}$

∴ $R = 11Ω$

17 | 합성저항
16, 11, 04

3.3kΩ과 4.7kΩ의 저항을 직렬로 연결하였을 경우 합성저항은?

① 1.9kΩ　　② 3.3kΩ
③ 4.7kΩ　　④ 8kΩ

해설 직렬 합성저항$(R) = R_1 + R_2 = 3.3 + 4.7 = 8kΩ$

18 | 합성저항
19

10Ω의 저항 5개를 접속하여 얻을 수 있는 합성저항 중 가장 작은 것은?

① 0.5Ω　　② 2Ω
③ 5Ω　　④ 50Ω

해설 ㉠ 직렬 연결의 경우
$R = R_1 + R_2 + R_3 + R_4 + R_5$
$= 10+10+10+10+10 = 50Ω$
㉡ 병렬 연결의 경우
$\frac{1}{R} = \frac{1}{R_1} + \frac{1}{R_2} + \frac{1}{R_3} + \frac{1}{R_4} + \frac{1}{R_5}$
$= \frac{1}{10} + \frac{1}{10} + \frac{1}{10} + \frac{1}{10} + \frac{1}{10} = \frac{5}{10}$
∴ $R = \frac{10}{5} = 2Ω$

19 | 전기일반
23, 09, 04

다음 설명 중 틀린 것은?

① 옴의 법칙은 전압은 저항에 반비례함을 의미한다.
② 온도의 상승에 따라 도체의 전기저항은 증가한다.
③ 도선의 저항은 길이에 비례하고 단면적에 반비례한다.
④ 전류가 누설되지 않도록 하는 것을 절연이라고 하며 그 재료를 절연물이라고 한다.

해설 옴의 법칙에서 도체에 흐르는 전류값(I)은 저항(R)에 반비례 하고 전압에 비례한다. 즉, $I(전류) = \frac{V(전압)}{R(저항)}$이고, $V(전압) = I(전류)R(저항)$이다.

정답 14. ② 15. ① 16. ④ 17. ④ 18. ② 19. ①

20 | 전압의 산정
24, 10

4kΩ의 저항에 25mA의 전류가 흐를 때 가해진 전압은?

① 10V
② 100V
③ 240V
④ 625V

해설 V(전압, V) $= I$(전류, A)R(저항, Ω)
$= \dfrac{25}{1,000}(A) \times 4,000(Ω) = \dfrac{100,000}{1,000} = 100V$

21 | 전압의 산정
03, 01

다음 회로에서 5Ω에 걸리는 전압은?

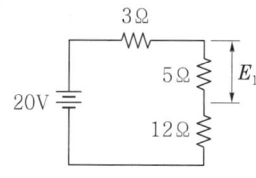

① 16V
② 10V
③ 8V
④ 5V

해설 모든 저항이 직렬로 연결되었으므로 전류는 일정하다.
$V = IR$에서 I(전류)가 일정하므로 R(저항)에 따라 V(전압)이 달라진다. 총 저항$=3+5+12=20Ω$이므로 $I = \dfrac{V}{R} = \dfrac{20}{20} = 1A$이다. 그러므로, 5Ω에 걸리는 전압(V)$=1A \times 5Ω = 5V$이다.
[별해] 전압은 저항에 비례하므로 $20 \times \dfrac{5}{3+5+12} = 5V$이다.

22 | 전압의 산정
23

그림과 같이 접속된 회로에서 10Ω인 저항 R에 걸리는 전압의 값은?

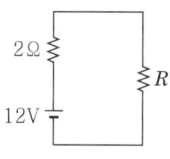

① 2V
② 3V
③ 10V
④ 12V

해설 모든 저항을 직렬로 연결하였으므로 전류는 일정, $V=IR$에서 I(전류)가 일정하므로 R(저항)에 따라 V(전압)이 달라진다. 총 저항$=2+10=12Ω$이므로 $I = \dfrac{V}{R} = \dfrac{12}{12} = 1A$이다. 그러므로, 10Ω에 걸리는 전압(V)$=1A \times 10Ω = 10V$이다.
[별해] 전압은 저항에 비례하므로 $12 \times \dfrac{10}{2+10} = 10V$이다.

23 | 전압의 산정
17, 11

그림과 같은 회로에서 7Ω의 저항에 걸리는 전압은?

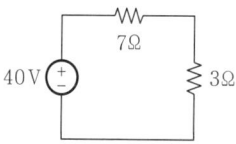

① 4V
② 7V
③ 14V
④ 28V

해설 모든 저항은 직렬로 연결되었으므로 전류는 일정하다.
$V=IR$에서 I(전류)가 일정하므로 R(저항)에 따라 V(전압)이 달라진다. 총 저항$=7+3=10Ω$이므로 $I = \dfrac{V}{R} = \dfrac{40}{10} = 4A$이다. 그러므로, 7Ω에 걸리는 전압($V$)$=4A \times 7Ω = 28V$이다.
[별해] 전압은 저항에 비례하므로 $40 \times \dfrac{7}{3+7} = 28V$이다.

24 | 전압의 강하
08

그림과 같은 저항의 직병렬 접속회로에서 3Ω의 저항에 흐르는 전류가 2A이다. a, b 사이의 전압강하는 몇 V인가?

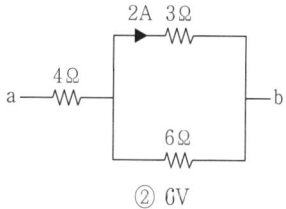

① 3V
② 6V
③ 12V
④ 18V

해설 병렬 연결에서는 전압이 일정하고, 직렬 연결에서는 전류가 일정하므로 3Ω에 흐르는 전류가 2A이면 전압은 6V가 걸리고, 3Ω과 6Ω은 병렬이므로 전압이 일정하여 1A가 흐르며, 4Ω에는 3Ω의 2A와 6Ω의 1A가 합해져 3A가 흐르므로 4Ω에는 12V가 걸린다. 그러므로, 12+6=18V이다.

25 | 전압의 산정
01

다음 그림과 같은 회로에서 4Ω에 걸리는 전압(V_1)을 구하면 얼마인가?

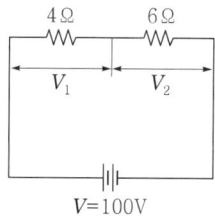

① 40V
② 50V
③ 60V
④ 70V

정답 20. ② 21. ④ 22. ③ 23. ④ 24. ④ 25. ①

해설 직렬 연결에서는 전류가 일정하므로 $I(전류) = \dfrac{V}{R} = \dfrac{100}{(4+6)} = $ 10A이므로, 4Ω에 걸리는 전압$(V) = IR = 10 \times 4 = 40\text{V}$이다.
[별해] 전압은 저항에 비례하므로
$$100 \times \dfrac{4}{(4+6)} = 40\text{V}$$

26 | 전압의 산정
21

어떤 회로의 저항이 10Ω이고 2A의 전류가 흐른다면 전압은?

① 5V ② 8V
③ 12V ④ 20V

해설 $V(전압, V) = I(전류, A)R(저항, Ω)$
즉, $V = IR = 2 \times 10 = 20(V)$이다.

27 | 저항의 산정
18

교류회로에서 전압 220V, 전류 5A일 때 저항은 얼마인가?

① 22Ω ② 33Ω
③ 44Ω ④ 55Ω

해설 $V(전압) = I(전류)R(저항)$
즉, $V = IR$에서 $R = \dfrac{V}{I} = \dfrac{220}{5} = 44\text{Ω}$이다.

28 | 전압의 산정
19, 12

다음 직렬회로에서 $R_1 = 2\text{Ω}$, $R_2 = 3\text{Ω}$, $R_3 = 5\text{Ω}$이고, $V = 110(\text{V})$일 때 V_2의 값은?

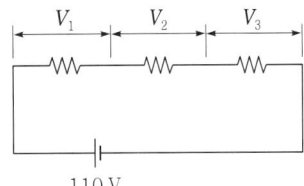

① 30V ② 33V
③ 67V ④ 110V

해설 직렬 연결에서는 전류가 일정하므로 전압은 저항에 비례한다.
$$110 \times \dfrac{3}{(2+3+5)} = 33\text{V}$$
또는 $V = IR_2 = \dfrac{V}{R_1+R_2+R_3}R_2 = \dfrac{110}{(2+3+5)} \times 3 = 33\text{V}$

29 | 전압의 산정
09

직류 전원전압이 10V인 회로에 직렬로 4Ω, 6Ω, 10Ω의 저항이 연결되어 있다. 이 회로에서 10Ω에 걸리는 전압 V_1은?

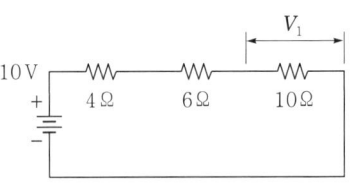

① 10V ② 5V
③ 2.5V ④ 7.5V

해설 직렬 연결에서는 전류가 일정하므로 전압은 저항에 비례한다.
$$10 \times \dfrac{10}{(4+6+10)} = 5\text{V}$$
또는 $V = IR_2 = \dfrac{V}{R_1+R_2+R_3}R_2 = \dfrac{10}{(4+6+10)} \times 10 = 5\text{V}$

30 | 전류의 정의
15, 04

양전하를 가지고 있는 물질과 음전하를 가지고 있는 물질을 금속선으로 연결하면 두 전하 간의 흡인력으로 음전하는 양전하를 가지고 있는 물질로 이동하는데, 이러한 음전하와 양전하의 이동을 무엇이라고 하는가?

① 전압 ② 전류
③ 저항 ④ 전력

해설 전압은 기준으로 하는 전위와의 차이 또는 어떤 두 점 간의 전위차이고, 전류는 전하가 이동하는 현상, 특히 전하의 기본은 전자이므로 전자가 이동하는 현상으로 $I(전류, A) = \dfrac{Q(전하, C)}{t(시간, 초)}$이고, 전류의 방향은 양전하가 이동하는 방향으로 전자가 흐르는 방향 즉, 음전하가 이동하는 방향과 반대 방향으로 흐른다. 저항은 전류가 잘 흐르지 않는 정도를 나타내는 양으로 $R(저항) = \dfrac{V^2(전압)}{P(전력)} = \dfrac{P(전력)}{I^2(전류)} = \dfrac{V(전압)}{I(전류)}$이다.

31 | 암페어의 정의
16, 06

다음 중 1암페어를 바르게 정의한 것은?

① 1초당 6.24×10^6개의 자유전자의 이동
② 1초당 6.24×10^9개의 자유전자의 이동
③ 1초당 6.24×10^{12}개의 자유전자의 이동
④ 1초당 6.24×10^{18}개의 자유전자의 이동

해설 1A란 1초당 6.24×10^{18}개의 자유전자가 이동하는 것을 의미한다.

32 | 전류의 산정
19, 13

어느 도체의 단면에 2시간 동안 7,200C의 전기량이 이동했다고 하면 이때 흐르는 전류는?

① 1A ② 2A
③ 3A ④ 4A

해설 전류 1A란 1초에 1C 전하가 흐르는 것을 의미한다.

즉, $1A = \dfrac{1C}{1초}$ 이다.

$I(전류) = \dfrac{Q}{t} = \dfrac{7,200C}{2시간} = \dfrac{7,200C}{7,200초} = 1A$

33 | 전류의 산정
06

2초 동안에 12C의 전하가 이동했을 때 흐른 전류는?

① 1/6A ② 6A
③ 12/120A ④ 1/12A

해설 $Q(전하량) = I(전류, A)\, t(시간, 초)$이므로,

$I(전류) = \dfrac{Q(전하량, C)}{t(시간, 초)} = \dfrac{12}{2} = 6A$

34 | 전류의 산정
14, 05

어떤 도체 내에 1초당 18.72×10^{18}개의 전자가 흐를 때 전류의 크기는?

① 1A ② 2A
③ 3A ④ 4A

해설 1A란 1초당 6.24×10^{18}개의 자유전자가 이동하는 것을 의미하므로

$I = \dfrac{18.72 \times 10^{18}}{6.24 \times 10^{18}} = 3A$ 이다.

35 | 전류의 산정
21, 15, 12

어떤 저항에 100V의 전압을 가하여 10A의 전류가 흘렀다. 95V의 전압을 가하면 몇 A의 전류가 흐르는가?

① 5.5A
② 9.5A
③ 12.5A
④ 15.5A

해설 전류는 전압에 비례하고 저항에 반비례하므로 $I = \dfrac{V}{R}$에서 R이 일정하면 I는 V에 비례하므로 $10 \times \dfrac{95}{100} = 9.5A$

36 | 전류의 산정
07, 03

100V, 60W의 백열전구에 50V의 전압을 가했을 때 흐르는 전류는 약 몇 A인가?

① 0.1 ② 0.3
③ 0.5 ④ 0.7

해설 $W(전력량) = V(전압) \times I(전류) = I^2 R = \dfrac{V^2}{R}$

$\therefore R = \dfrac{V^2}{W} = \dfrac{100^2}{60}$ 이므로

$I = \dfrac{V}{R} = \dfrac{50}{\dfrac{100^2}{60}} = \dfrac{3,000}{10,000} = 0.3A$

37 | 전류의 산정
19, 18, 13, 09

어떤 저항에 직류전압 100V를 가했더니 1kW의 전력을 소비하였다. 이때 흐른 전류는 몇 A인가?

① 0.01 ② 5
③ 10 ④ 100

해설 $W(전력량) = V(전압) \times I(전류)$에서 $I = \dfrac{W}{V} = \dfrac{1,000}{100} = 10A$

38 | 전류의 산정
17

직류전원에 저항을 접속한 후 전류를 흘릴 때 저항값을 10% 감소시키면 전류의 크기는 어떻게 변화되는가?

① 약 11% 감소 ② 약 11% 증가
③ 약 15% 감소 ④ 약 15% 증가

해설 옴의 법칙에서 도체에 흐르는 전류값(I)은 저항(R)에 반비례하고 전압에 비례한다.

즉, $I(전류, A) = \dfrac{V(전압, V)}{R(저항, \Omega)}$이고, $V(전압) = I(전류) R(저항)$이다. 그러므로, 저항을 10% 감소하면, 전압은 10% 감소하고,

전류는 $\dfrac{1}{(1-0.1)} = 1.11$이므로 약 11% 증가함을 알 수 있다.

39 | 전류의 산정
18, 13, 04

220V용 100W 전구에 흐르는 전류는?

① 약 4.4A ② 약 2.2A
③ 약 0.9A ④ 약 0.45A

해설 $W(전력량) = V(전압) \times I(전류)$에서 $I = \dfrac{W}{V} = \dfrac{100}{220} = 0.454A$

정답 32. ① 33. ② 34. ③ 35. ② 36. ② 37. ③ 38. ② 39. ④

40 | 전류의 산정
16

저항이 15Ω과 25Ω인 전열기 두 대를 직렬로 연결하여 사용할 때, 이 회로의 전류는? (단, 회로 양단의 전압은 220V이다.)

① 5.5A ② 6.7A
③ 8.4A ④ 10A

해설 직렬 연결에서는 전류가 일정하고, 저항의 합(15+25)은 40Ω 이므로
$$I(전류) = \frac{V}{R} = \frac{220}{(15+25)} = 5.5A$$

41 | 전류의 산정
07

10Ω의 저항에 2V의 전압을 가했을 때 흐르는 전류는?

① 0.05A ② 0.1A
③ 0.15A ④ 0.2A

해설 $V(전압) = I(전류)R(저항)$에서 $I = \frac{V}{R} = \frac{2}{10} = 0.2A$

42 | 전류의 산정
06, 03

그림과 같은 전기회로에서 전압 100V를 가할 때 15Ω의 저항에 흐르는 전류(A)는?

① 10
② 6
③ 4
④ 2

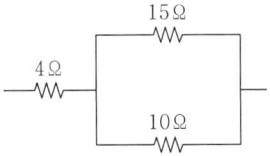

해설 직렬 연결은 전류가 일정하고, 병렬 연결은 전압이 일정하며, 전체 저항을 구하면, $R = 4 + \dfrac{1}{\frac{1}{15}+\frac{1}{10}} = 10Ω$

병렬 연결에서 $I(전류)$는 저항에 반비례하고, 전압에 비례하므로 15Ω에는 $10 \times \dfrac{10}{15+10} = 4A$, 10Ω에는 $10 \times \dfrac{15}{15+10} = 6A$가 흐른다.

43 | 전류의 산정
09

그림과 같은 회로에서 15Ω의 저항에 흐르는 전류는 몇 A인가?

① 4.4
② 8.8
③ 13.2
④ 22

44 | 옴의 법칙
16, 07

해설 직렬 연결은 전류가 일정하고, 병렬 연결은 전압이 일정하며, 전체 저항을 구하면, $R = \dfrac{1}{\frac{1}{15}+\frac{1}{10}} + 3 + 1 = 10Ω$

$$I = \frac{V}{R} = \frac{220}{10} = 22A$$

병렬 연결에서 $I(전류)$는 저항에 반비례하고, 전압에 비례하므로 15Ω에는 $22 \times \dfrac{10}{15+10} = 8.8A$, 10Ω에는 $22 \times \dfrac{15}{15+10} = 13.2A$가 흐른다.

다음의 회로에 대한 계산식으로 옳지 않은 것은?

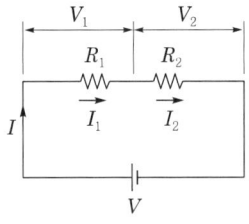

① $V = V_1 + V_2$
② $I = I_1 + I_2$
③ $R = R_1 + R_2$
④ $V_1 = \dfrac{R_1}{R_1 + R_2} V$

해설 전기회로의 전압측정은 병렬접속 시 전압이 일정하므로 부하에 병렬로 접속하여 측정하고, 전류측정은 직렬접속 시 전류가 일정하므로 부하에 직렬로 접속하여 측정한다. 즉, 직렬접속이므로 전류는 일정하다.

45 | 절연저항의 정의
25, 24, 23, 19, 15, 11

전선에서 전류가 누설되지 않도록 전선을 비닐이나 고무 등의 저항률이 매우 큰 재료로 피복하는데, 이처럼 전류가 누설되지 않도록 하는 재료 자체의 저항을 의미하는 것은?

① 도체저항
② 접촉저항
③ 접지저항
④ 절연저항

해설 도체저항은 도체 자체가 가지고 있는 저항으로 작을수록 전력 손실이 적고, 접촉저항은 서로 접촉시켰을 때 접촉면에 생기는 저항. 두 도체를 직렬로 접속시켰을 때 전체 저항은 각 도체저항의 합보다 대체로 큰데, 이 여분의 저항은 도체의 접촉면에서 생긴 저항이며, 접지저항은 땅속에 파묻은 접지 전극과 땅과의 사이에서 발생하는 전기저항으로 작을수록 낙뢰 피해가 적다.

46 | 절연저항의 정의
08, 05

감전이나 누전화재를 방지하기 위하여 전선 및 케이블 점검 시 측정해야 할 항목은?

① 절연저항 ② 전압강하
③ 도체저항 ④ 접지저항

해설 절연저항은 전선에서 전류가 누설되지 않도록 전선을 비닐이나 고무 등의 저항률이 매우 큰 재료로 피복하는데, 이처럼 전류가 누설되지 않도록 하는 재료 자체의 저항 또는 감전이나 누전화재를 방지하기 위하여 전선 및 케이블 점검 시 측정해야 할 저항으로 클수록 좋다.

47 | 건축구조체의 접지
17

철골조의 철골이나 철근콘크리트조의 철근과 연결하는 건축구조체 접지에 관한 설명으로 옳지 않은 것은?

① 고신뢰도의 접지가 가능하다.
② 접지저항값을 낮게 얻을 수 있다.
③ 도시지역의 한정된 부지에 적합하다.
④ 장비 간, 설비 간에 전위차가 발생하여 손상을 주거나 오동작을 유발하는 경우가 많다.

해설 건축구조체의 접지는 장비 및 설비 간에 전위차가 발생하지 않으므로(안정된 기준점) 손상을 주거나 오동작을 유발하는 경우는 적다.

48 | 키르히호프의 법칙
25, 24②, 20, 16, 14, 12, 08, 05

다음이 설명하는 법칙은?

> 회로망 중의 한 점에 흘러들어오는 전류의 총합과 흘러나가는 전류의 총합은 같다.

① 키르히호프 제1법칙 ② 키르히호프 제2법칙
③ 전류분배의 법칙 ④ 옴의 법칙

해설 키르히호프 제1법칙(전류 법칙)은 전기회로의 결합점에 유입하는 전류와 유출하는 전류의 대수합(유입되는 전류를 양(+), 유출되는 전류를 음(-)으로 하여 합을 계산하는 것)은 0이고, 키르히호프 제2법칙(전압 법칙)은 임의의 폐회로에 관하여 정해진 방향의 기전력의 대수합은 그 방향으로 흐르는 전류에 의한 저항, 전압강하의 대수합과 같다이며, 전류분배의 법칙은 저항의 크기에 따라 반비례로 분배되는 법칙이고, 옴의 법칙은 저항에 흐르는 전류는 저항의 양단 전압의 크기에 비례하고, 저항의 크기에 반비례한다는 법칙이다.

49 | 키르히호프의 법칙
07

어떤 분전반에 유입되는 전류의 합은 유출되는 전류의 합보다 많을 수 없다는 현상을 설명하는 법칙은?

① 옴의 법칙 ② 키르히호프 제1법칙
③ 키르히호프 제2법칙 ④ 전류분배의 법칙

해설 "회로 내의 임의의 한 점에 들어오고 나가는 전류의 합은 같다" 또는 전류의 법칙은 키르히호프의 제1법칙으로 분전반에 유입되는 전류의 합은 유출되는 전류의 합과 동일하다는 법칙이다.

50 | 키르히호프의 법칙
22, 21, 07

'회로 내의 임의의 한 점에 들어오고 나가는 전류의 합은 같다'와 관련된 법칙으로 전류의 법칙이라고도 불리우는 것은?

① 키르히호프의 제1법칙
② 키르히호프의 제2법칙
③ 앙페르의 오른나사의 법칙
④ 옴의 법칙

해설 '회로 내의 임의의 한 점에 들어오고 나가는 전류의 합은 같다' 또는 전류의 법칙은 키르히호프의 제1법칙이고, 앙페르의 오른나사의 법칙은 전류 흐름의 방향을 오른나사가 진행하는 방향으로 잡으면, 발생되는 자장의 방향은 오른나사의 회전하는 방향과 일치한다.

51 | 오실로스코프의 용도
17

교류전압 파형을 관찰할 수 있는 계측기는?

① 전압계 ② 전류계
③ 주파수계 ④ 오실로스코프

해설 전류계는 전류(전하의 이동, 1초 동안에 1C의 전하가 이동했을 때의 전류의 크기를 1A라고 한다)를 측정하는 계기이고, 전압계는 전압(전기적인 높이의 차, 1C의 양전기를 전위가 낮은 곳에서 높은 곳으로 이동시키는데 필요한 일로서 1J이 되는 전압을 1V라고 한다)을 측정하는 계기이며, 주파수계는 주파수(1초 동안에 반복하는 사이클의 수)를 측정하는 계기이다.

52 | 줄의 법칙
23, 09

다음 중 전기용접기와 백열전구의 동작원리와 가장 관계가 깊은 것은?

① 옴의 법칙 ② 줄의 법칙
③ 쿨롱의 법칙 ④ 플레밍의 법칙

정답 46.① 47.④ 48.① 49.② 50.① 51.④ 52.②

해설 전기용접기와 백열전구의 동작 원리는 줄의 법칙(저항에 전류를 흘릴 때, 일정 시간 내에 발생하는 열량은 전류의 제곱 및 저항에 비례한다, $H=I^2Rt$)을 이용한 것이다.

53 | 줄열
20, 14, 08, 06

전기용접기의 주된 원리는 무엇을 응용한 것인가?

① 전자유도 ② 자기유도
③ 전자력   ④ 줄열

해설 전기용접기와 백열전구의 동작 원리는 줄의 법칙(저항에 전류를 흘릴 때, 일정 시간 내에 발생하는 열량은 전류의 제곱 및 저항에 비례한다, $H=I^2Rt$)을 이용한 것이다.

54 | 열량의 산정
07

전력량 1kWh의 발생열량은 얼마인가?

① 86kJ   ② 360kJ
③ 860kJ   ④ 3,600kJ

해설 1kWh = 1kW×1h = 1,000W×3,600s
= 1,000J/s×3,600s = 3,600kJ

55 | 열량의 산정
04

3kWh의 팬코일 유닛이 발생하는 열량은 얼마인가?

① 10,800kJ ② 7,200kJ
③ 5,700kJ   ④ 3,600kJ

해설 H(열량) = I^2RtJ이다. 여기서, I는 전류(A), R은 저항(Ω), t는 시간(s)이므로
3kWh = 3kW×1h = 3,000w×1h
= 3,000J/s×3,600s = 10,800,000J = 10,800kJ

56 | 전력의 산정
14, 09

20Ω의 저항 4개를 병렬로 연결하였다. 220V의 전원에 연결하면 몇 W의 전력을 소비하는가?

① 880   ② 2,420
③ 4,840   ④ 9,680

해설 W 또는 P(전력) $= VI = I^2R = \dfrac{V^2}{R}$에서 20Ω의 저항 4개를 병렬 연결 시 합성저항 $\left(\dfrac{1}{R}\right) = \dfrac{1}{20} + \dfrac{1}{20} + \dfrac{1}{20} + \dfrac{1}{20} = \dfrac{4}{20}$ ∴ $R = 5$Ω
$W = \dfrac{V^2}{R} = \dfrac{220^2}{5} = 9,680$W

57 | 전력의 산정
12, 01

10A의 전류를 흘렸을 때의 전력이 100W인 저항에 20A를 흘렸을 때의 전력은 몇 W인가?

① 100   ② 200
③ 300   ④ 400

해설 저항이 일정(10A의 전류를 흘렸을 때의 전력이 100W인 저항)하다는 조건이 있으므로, $P = I^2R$에 의해서 I의 제곱에 비례하므로 I가 2배가 되었으므로 $2^2 = 4$배가 된다.
그러므로, 100W×4 = 400W이다.

58 | 열량의 산정
04

저항 20Ω의 전열기에 220V의 전압을 60sec 동안 가했을 때 발생하는 열량 H(kJ)는 얼마인가?

① 145.2kJ
② 264.0kJ
③ 34.848kJ
④ 63.36kJ

해설 H(열량) $= I^2RT = \left(\dfrac{220}{20}\right)^2 \times 20 \times 60 = 145,200$J = 145.2kJ

59 | 전력의 산정
19, 15, 13②, 08, 04

정격전압 220V에서 1,210W의 전력을 소비하는 단상전열기를 200V에서 사용하면 소비전력(W)은 얼마인가?

① 1,000   ② 1,089
③ 1,100   ④ 1,210

해설 W 또는 P(전력) $= VI = I^2R = \dfrac{V^2}{R}$에서 전압의 제곱에 비례하므로 $1,210 \times \left(\dfrac{200}{220}\right)^2 = 1,000$W

60 | 전압의 변화
16

전기 부하에 인가되는 전압이 증가될 때 허용되는 내압의 범위 내에서 함께 증가되는 것은?

① 주파수   ② 허용전력
③ 소비전력 ④ 전압강하

해설 W 또는 P(전력) $= VI = I^2R = \dfrac{V^2}{R}$에 의하여 전압이 증가하면, 전류와 소비전력은 증가한다.

61 | 유효전력의 산정
05

어떤 회로에 전압 220V로 전류 6A가 흐르고 있다. 그 위상차가 $\frac{\sqrt{3}}{2}$일 때 전력(W)은?

① 659
② 1,143
③ 1,257
④ 1,319

해설 $P(유효전력) = P_r(피상전력) \times \cos\theta(역률) = V(전압)I(전류)\cos\theta(역률)(W)$이고, $P_a(무효전력) = VI\sin\theta(무효율)$이다. 또한,
$\sin\theta = \frac{P_r(무효전력)}{P_a(피상전력)} = \frac{P_r}{VI} = \frac{P_r}{P_a} = \sqrt{1-\cos^2\theta}$ 이다. 그러므로,
$P = P_a \times \cos\theta(역률) = VI\cos\theta = 220 \times 6 \times \frac{\sqrt{3}}{2} = 1,143.15W$

62 | 전동기 열량의 산정
17

권상하중 8ton, 속도 20m/min로 권상하는 권상용 전동기의 용량(kW)은? (단, 전동기를 포함한 권상기의 효율은 65%이다.)

① 약 40
② 약 50
③ 약 60
④ 약 70

해설 $P(권상용 전동기의 용량, kW) = \frac{LV(1-F)}{6,120\eta}$

여기서, L : 정격 하중(kg)
V : 정격 속도(m/min)
F : 오버 밸런스율

$\therefore P = \frac{LV(1-F)}{6,120\eta}$
$= \frac{8,000 \times 20 \times (1-0)}{6,120 \times 0.65} = 40.22$
$\fallingdotseq 40kW$

63 | 전력의 산정
15

교류 전원전압 220V에 단상 유도전동기를 연결하여 운전하였더니 운전전류가 2A 흘렀다. 전동기의 소비전력은? (단, 전동기의 역률은 50%이다.)

① 110W
② 220W
③ 440W
④ 880W

해설 $P[유효(소비)전력] = P_a(피상전력) \times \cos\theta(역률)$
$= V(전압)I(전류)\cos\theta(역률)[W] = 220 \times 2 \times 0.5 = 220W$

64 | 전력의 산정
20, 13

급기팬에 220V의 교류전압을 가하니 10A의 전류가 전압보다 60° 뒤져서 흐른다. 이 급기팬을 2시간 사용할 때의 소비전력량(kWh)은?

① 0.55
② 2.2
③ 4
④ 792

해설 $P[유효(소비)전력량] = P_a(피상전력) \times \cos\theta(역률) \times h(시간)$
$= V(전압)I(전류)\cos\theta(역률) \times h(시간)[Wh]$
$= 220 \times 10 \times \cos 60° \times 2 = 2,200Wh = 2.2kWh$

65 | 전력의 산정
18, 14

합성 최대 수용전력이 1,500kW, 부하율이 0.7일 때 평균전력(kW)은?

① 1,050
② 1,500
③ 2,142
④ 3,000

해설 부하율(%) $= \frac{평균\ 수용전력}{최대\ 수용전력} \times 100(\%)$
평균 수용전력 $= \frac{최대\ 수용전력 \times 부하율(\%)}{100} = \frac{1,500 \times 70}{100}$
$= 1,050kW$

66 | 전력의 산정
20, 03

200V, 1kW의 전열기를 100V의 전압으로 사용할 때 소비되는 전력(W)은?

① 100
② 200
③ 250
④ 500

해설 저항이 일정한 경우, $P = I^2R$에 의해서 P는 I의 제곱에 비례하므로 I가 $\frac{1}{2}$배가 되었으므로 $\left(\frac{1}{2}\right)^2 = \frac{1}{4}$배가 된다. 그러므로, $1,000W \times \frac{1}{4} = 250W$이다.

67 | 전력의 산정
24, 21

220V의 전압이 10Ω의 저항에 작용했을 때 소비전력은?

① 2.42kW
② 4.84kW
③ 24.2kW
④ 48.4kW

해설 $W(전력량) = V(전압) \times I(전류)$
$V = IR$이므로 $W = I^2R = \frac{V^2}{R}$
$V = 220V$이고, $R = 10Ω$이므로
$W = I^2R = \frac{V^2}{R} = \frac{220^2}{10} = \frac{48,400}{10} = 4,840W = 4.84kW$

정답 61. ② 62. ① 63. ② 64. ② 65. ① 66. ③ 67. ②

68 | 전력의 산정 | 18

100Ω인 전열기 5대가 100V 전지에 병렬로 연결되어 있을 때 전열기 1대에서 소비되는 전력은?

① 20W
② 40W
③ 100W
④ 500W

해설 W(전력량) $= V$(전압) $\times I$(전류)

$V = IR$이므로 $W = I^2R = \dfrac{V^2}{R}$

$V = 100V$이고, 저항은 병렬 저항이므로

$\dfrac{1}{R} = \dfrac{1}{100} + \dfrac{1}{100} + \dfrac{1}{100} + \dfrac{1}{100} + \dfrac{1}{100} = \dfrac{5}{100} = \dfrac{1}{20}$

∴ $R = 20\Omega$이고, 전력량 $= \dfrac{V^2}{R} = \dfrac{100^2}{20} = 500W$

전열기가 5대이므로 전열기 1대의 전력량은 $\dfrac{500}{5} = 100W$이다.

69 | 전력의 산정 | 22, 10

전열기에 인가되는 전압이 20%, 상승할 경우 소비전력은 몇 % 증가하는가?

① 20%
② 32%
③ 44%
④ 50%

해설 저항이 일정한 경우, W 또는 P(전력) $= VI = I^2R = \dfrac{V^2}{R}$ 에 의해서 전압의 제곱에 비례하므로 $\left(\dfrac{1.2}{1}\right)^2 = 1.44$이므로 44%가 증가한다.

70 | 전력의 산정 | 06

전열기에 인가되는 전압이 10% 상승하면 소비전력은 약 몇 % 증가하는가?

① 5%
② 10%
③ 15%
④ 20%

해설 저항이 일정한 경우, W 또는 P(전력) $= VI = I^2R = \dfrac{V^2}{R}$ 에 의해서 전압의 제곱에 비례하므로 $\left(\dfrac{1.1}{1}\right)^2 = 1.21$이므로 21%가 증가한다.

71 | 전력의 손실량 | 15

일정부하에 공급하는 배전선로에서 배전전압을 2배로 할 경우 배전선로의 전력손실은 어떻게 되는가?

① $\dfrac{1}{4}$로 감소
② $\dfrac{1}{2}$로 감소
③ 2배 증가
④ 4배 증가

해설
- 3상의 경우에는 $P = \sqrt{3}\,VI\cos\theta$ ∴ $I = \dfrac{P}{\sqrt{3}\,V\cos\theta}$ 이므로,

  P_l(3상의 전력손실) $= 3I^2R = 3\left(\dfrac{P}{\sqrt{3}\,V\cos\theta}\right)^2 R = \dfrac{P^2R}{V^2\cos^2\theta}$ 이므로 3상의 전력손실은 전압의 제곱에 반비례하므로 $\dfrac{1}{2^2} = \dfrac{1}{4}$ 이 된다.

- 단상의 경우에는 $P = VI\cos\theta$ ∴ $I = \dfrac{P}{V\cos\theta}$ 이므로, P_l(단상의 전력손실) $= I^2R = \left(\dfrac{P}{V\cos\theta}\right)^2 R = \dfrac{P^2R}{V^2\cos^2\theta}$ 이므로 단상의 전력손실은 전압의 제곱에 반비례함을 알 수 있다.

72 | 전력량의 산정 | 08, 04

10Ω의 저항에 단상 200V의 전압을 1시간 동안 가하였을 때의 소비전력량은?

① 20kWh
② 40kWh
③ 4kWh
④ 2kWh

해설 전력량[Wh] $= P$(전력) $\times h$(시간) $= \left(VI = I^2R = \dfrac{V^2}{R}\right) \times h$

전력량[Wh] $= P$(전력) $\times h$(시간) $= \dfrac{V^2}{R} \times h = \dfrac{200^2}{10} \times 1$
$= 4,000Wh = 4kWh$

73 | 전력량의 산정 | 15, 12

220V, 5A의 직류전동기를 1시간 사용할 때의 전력량은?

① 1,100Wh
② 1,100kWh
③ 1,100×60Wh
④ 1,100×60kWh

해설 전력량(Wh) $= P$(전력) $\times h$(시간) $= \left(VI = I^2R = \dfrac{V^2}{R}\right) \times h$

전력량(Wh) $= P$(전력) $\times h$(시간) $= VI \times h = 220 \times 5 \times 1$
$= 1,100Wh$

74 | 전력의 산정 | 15, 04

어떤 전열기에서 10분 동안에 600,000J의 일을 했다고 한다. 이 전열기에서 소비한 전력은 몇 W인가?

① 500
② 1,000
③ 1,500
④ 3,000

해설 전력량(Wh) $= P$(전력) $\times h$(시간) $= \left(VI = I^2R = \dfrac{V^2}{R}\right) \times h$

그러므로, $P = \dfrac{\text{전력량(J)}}{\text{시간(s)}} = \dfrac{600,000}{10 \times 60} = 1,000W$

75 | 전력량의 산정 | 18, 09

20W 형광등 2개를 하루에 6시간씩 30일 동안 사용하였을 경우 사용전력량(kWh)는?

① 0.24　　　② 3.6
③ 7.2　　　④ 240

해설 전력량[Wh] = $P(전력) \times h(시간) = \left(VI = I^2R = \dfrac{V^2}{R}\right) \times h$

전력량 = $Ph = \{20W \times (6 \times 30)\} \times 2$개 = 7,200Wh = 7.2kWh

76 | 전기료의 산정 | 16, 12

전력요금이 kWh당 200원이다. 200W TV수상기를 하루 4시간씩 시청하였을 때 1달(30일) 사용료는?

① 2,400원　　　② 3,600원
③ 4,800원　　　④ 8,400원

해설 전력량(Wh) = $P(전력) \times h(시간) = \left(VI = I^2R = \dfrac{V^2}{R}\right) \times h$

총사용전력량 = 200W × 4시간/일 × 30일 = 24,000Wh = 24kWh
그런데, 1kWh당 200원이므로 전기요금 = 24 × 200 = 4,800원

77 | 전기료의 산정 | 06

전열기가 100V에서 5A가 흐른다. 전력요금이 1kWh당 1,500원이라면, 이 전열기를 2시간 사용하였을 때의 전력요금은 얼마인가?

① 1,000원　　　② 1,500원
③ 2,000원　　　④ 2,500원

해설 전력량(Wh) = $P(전력) \times h(시간) = \left(VI = I^2R = \dfrac{V^2}{R}\right) \times h$

전력량 = Ph = 100 × 5 × 2 = 1,000Wh = 1kWh 의 전력량을 사용하였고, 1kWh당 1,500원이므로 1kWh × 1,500원/kWh = 1,500원

78 | 전력의 산정 | 01

그림의 회로에서 소비되는 전력은 몇 W인가?

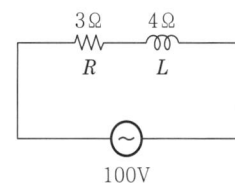

① 1,200W　　　② 1,600W
③ 2,000W　　　④ 2,100W

해설 Z(임피던스) = $\sqrt{R^2(저항) + X_L^2(유도리액턴스)}$ 이고, I(전류) = $\dfrac{V}{Z}$ 이며, $\cos\theta = \dfrac{R}{Z}$ 이다.

그러므로, 유효(소비)전력 = P_a(피상전력) × $\cos\theta$(역률) = V(전압) I(전류)$\cos\theta$(역률)(W)

$V \times \dfrac{V}{Z} \times \cos\theta = V \times \dfrac{V}{\sqrt{R^2+X_L^2}} \times \dfrac{R}{\sqrt{R^2+X_L^2}}$

$= 100 \times \dfrac{100}{\sqrt{3^2+4^2}} \times \dfrac{3}{\sqrt{3^2+4^2}}$

$= 100 \times \dfrac{100}{5} \times \dfrac{3}{5} = 1,200W$

79 | 패러드 | 10, 06

패러드(Farad)[F]는 무엇을 나타내는 단위인가?

① 정전용량　　　② 자속밀도
③ 투자율　　　④ 전력

해설 1F란 1V의 전압을 가하였을 때 1C의 전하가 축적될 때의 정전용량이고, 정전용량(C)의 단위는 패러드(Farad)[F]를 사용하며, 자속밀도의 단위는 (Wb/m²), 투자율의 단위는 (H/m), 전력의 단위는 (W)이다.

80 | 콘덴서의 저항 산정식 | 20, 11, 06, 04

정전용량이 C_1, C_2인 두 콘덴서를 직렬로 연결한 회로에 전압 V를 인가할 경우 C_1에 걸리는 전압은?

① $(C_1 + C_2)V$　　　② $\dfrac{V}{C_1 + C_2}$
③ $\dfrac{C_1 V}{C_1 + C_2}$　　　④ $\dfrac{C_2 V}{C_1 + C_2}$

해설 콘덴서를 직렬 연결하면, 축전지의 전기량(Q)이 일정하고, 각 축전지에 걸리는 전압은 정전용량(C)에 반비례한다.

$\dfrac{1}{C} = \dfrac{1}{C_1} + \dfrac{1}{C_2} = \dfrac{C_2 + C_1}{C_1 C_2}$ 이므로, $C = \dfrac{C_1 C_2}{C_1 + C_2}$ 이고,

두 콘덴서를 직렬로 연결할 때 전압은 정전용량에 반비례하며 병렬 연결에서 정전용량에 비례한다.

C_1에 걸리는 전압은 $\dfrac{C_2 V}{C_1 + C_2}$ 이고, C_2에 걸리는 전압은 $\dfrac{C_1 V}{C_1 + C_2}$ 이다.

81 | 콘덴서의 정전용량 | 25, 23, 18, 03, 02

평행판 콘덴서의 양 극판의 간격을 일정하게 하고, 면적만 3배로 하였다면 정전용량은 원래의 몇 배가 되겠는가?

① 1/9배　　　② 1/3배
③ 3배　　　④ 9배

정답 75. ③　76. ③　77. ②　78. ①　79. ①　80. ④　81. ③

해설 평행판 콘덴서 정전용량(C)
$$=\frac{\varepsilon_0(\text{진공의 유전율})\varepsilon_s(\text{매질의 비유전율})A(\text{극판의 면적})}{d(\text{양극판의 간격})}$$
그러므로, 평행판 콘덴서 정전용량은 진공의 유전율, 매질의 비유전율 및 극판의 면적에 비례하고, 양극판의 간격에 반비례하므로 면적을 3배로 하면, 정전용량도 3배가 된다.

82 | 합성 정전용량
05

다음 그림과 같이 정전용량이 C_1, C_2, C_3(F)인 콘덴서를 직렬접속하였을 때 합성 정전용량(C)은?

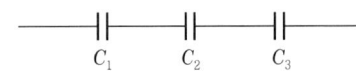

① $C=\dfrac{C_1 \times C_2 \times C_3}{C_1+C_2+C_3}$ (F)

② $C=\dfrac{1}{\dfrac{1}{C_1}+\dfrac{1}{C_2}+\dfrac{1}{C_3}}$ (F)

③ $C=C_1+C_2+C_3$ (F)

④ $C=\dfrac{C_1+C_2+C_3}{C_1 \times C_2 \times C_3}$ (F)

해설 콘덴서의 합성용량 산정(저항의 연결과는 직렬과 병렬이 반대이다.)
㉠ 직렬 연결 시 : $\dfrac{1}{C}=\dfrac{1}{C_1}+\dfrac{1}{C_2}+\dfrac{1}{C_3}+\cdots+\dfrac{1}{C_n}$ 에서
$C=\dfrac{1}{\dfrac{1}{C_1}+\dfrac{1}{C_2}+\dfrac{1}{C_3}+\cdots+\dfrac{1}{C_n}}$ (F)
㉡ 병렬 연결 시 : $C=C_1+C_2+C_3+\cdots+C_n$ (F)

83 | 합성 정전용량
24, 22, 15, 09, 05

정전용량이 C_1과 C_2인 콘덴서를 병렬로 접속시켰을 때 합성 정전용량은?

① $1/(C_1+C_2)$
② $(C_1 \times C_2)/(C_1+C_2)$
③ $1/C_1+1/C_2$
④ C_1+C_2

해설 콘덴서의 합성용량 산정(저항의 연결과는 직렬과 병렬이 반대이다.)
㉠ 직렬 연결 시 : $\dfrac{1}{C}=\dfrac{1}{C_1}+\dfrac{1}{C_2}+\dfrac{1}{C_3}+\cdots+\dfrac{1}{C_n}$ 에서
$C=\dfrac{1}{\dfrac{1}{C_1}+\dfrac{1}{C_2}+\dfrac{1}{C_3}+\cdots+\dfrac{1}{C_n}}$ (F)
㉡ 병렬 연결 시 : $C=C_1+C_2+C_3+\cdots+C_n$ (F)

84 | 합성 정전용량
09, 03

그림과 같은 회로의 $10(\mu F)$에 인가되는 전압(V)은 얼마인가?

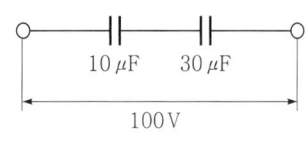

① 25
② 50
③ 75
④ 90

해설 콘덴서의 직렬 연결(저항의 연결과는 직렬과 병렬이 반대이다.)
㉠ C(합성 정전용량) $=\dfrac{1}{\dfrac{1}{10}+\dfrac{1}{30}}=7.5\mu F$이고, Q(전하량)이 일정하다.
㉡ Q(전하량)$=C$(합성 정전용량)V(전압)$=7.5 \times 100 = 750\mu C$
㉢ $10\mu F$에 인가되는 전압 $V=\dfrac{Q}{C_1}=\dfrac{750}{10}=75V$

85 | 합성 정전용량
16, 09, 05

정전용량이 같은 콘덴서 10개를 병렬접속할 때의 합성 정전용량은 직렬접속할 때의 합성 정전용량의 몇 배가 되는가?

① 10배
② 100배
③ 200배
④ 250배

해설 콘덴서의 합성용량 선정(저항의 연결과는 직렬과 병렬이 반대이다.)
㉠ 직렬 연결 시 : $\dfrac{1}{C}=\dfrac{1}{C_1}+\dfrac{1}{C_2}+\dfrac{1}{C_3}+\cdots+\dfrac{1}{C_n}$ 에서
$C=\dfrac{1}{\dfrac{1}{C_1}+\dfrac{1}{C_2}+\dfrac{1}{C_3}+\cdots+\dfrac{1}{C_{10}}}=\dfrac{1}{\dfrac{10}{C_1}}=\dfrac{C_1}{10}$ (F)이고,
㉡ 병렬 연결 시 : $C=C_1+C_2+C_3+\cdots+C_{10}=10C_1$ (F)이다.
그러므로, $\dfrac{\text{병렬접속}}{\text{직렬접속}}=\dfrac{10C_1}{\dfrac{C_1}{10}}=100$배이다.

86 | 합성 정전용량
12

다음 그림과 같이 콘덴서가 접속되어 있을 때 합성 정전용량은?

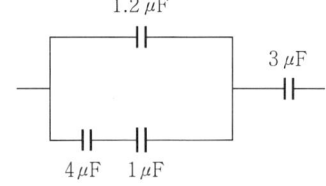

① $2.0\mu F$
② $1.5\mu F$
③ $1.2\mu F$
④ $1.0\mu F$

정답 82. ② 83. ④ 84. ③ 85. ② 86. ③

해설 ㉠ 콘덴서 직렬접속 시 합성 정전용량(C)
$$= \frac{1}{\frac{1}{C_1}+\frac{1}{C_2}} = \frac{1}{\frac{1}{4}+\frac{1}{1}} = \frac{4}{5}\mu F$$

㉡ 콘덴서 병렬접속 시 합성 정전용량(C) $= 1.2 + \frac{4}{5} = 2\mu F$

㉢ $2\mu F$와 $3\mu F$는 직렬 연결이므로 합성 정전용량(C)
$$= \frac{1}{\frac{1}{2}+\frac{1}{3}} = \frac{6}{5} = 1.2\mu F$$

87 | 합성 정전용량
24, 17, 13

다음과 같은 회로에서 a, b 간의 합성 정전용량은?

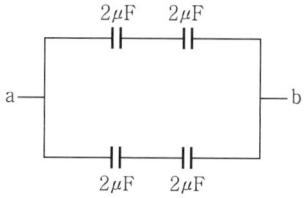

① $1\mu F$ ② $2\mu F$
③ $4\mu F$ ④ $8\mu F$

해설 ㉠ $2\mu F$와 $2\mu F$는 직렬 연결이므로
합성 정전용량(C) $= \frac{1}{\frac{1}{2}+\frac{1}{2}} = 1\mu F$

㉡ $2\mu F$와 $2\mu F$는 직렬 연결이므로
합성 정전용량(C) $= \frac{1}{\frac{1}{2}+\frac{1}{2}} = 1\mu F$

㉢ ㉠와 ㉡의 병렬 연결이므로
합성 정전용량(C) $= 1 + 1 = 2\mu F$

88 | 합성 정전용량
25, 23, 20, 07

다음 그림과 같은 회로의 합성 정전용량은?

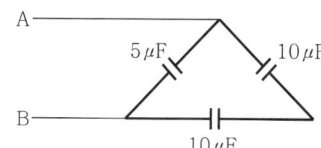

① $5\mu F$
② $10\mu F$
③ $15\mu F$
④ $20\mu F$

해설 결선도를 다음 그림과 같이 바꾸어 생각할 수 있다.

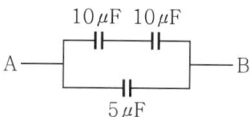

㉠ 콘덴서 직렬접속 시 합성 정전용량(C)
$$= \frac{1}{\frac{1}{C_1}+\frac{1}{C_2}} = \frac{1}{\frac{1}{10}+\frac{1}{10}} = 5\mu F$$

㉡ 콘덴서 병렬접속 시 합성 정전용량(C) $= 5 + 5 = 10\mu F$

89 | 합성 정전용량
21, 17, 07

다음 그림에서 합성 정전용량은?

① C
② $2C$
③ $3C$
④ $4C$

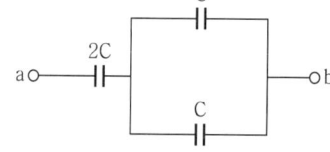

해설 콘덴서의 합성용량 선정(저항의 연결과는 직렬과 병렬이 반대이다.)
직렬 연결 시에는 $\frac{1}{C} = \frac{1}{C_1}+\frac{1}{C_2}+\frac{1}{C_3}+\cdots+\frac{1}{C_n}$ 이고, 병렬연결 시에는 $C = C_1 + C_2 + C_3 + \cdots + C_n$ 이다.
그러므로, 콘덴서를 병렬 연결하면, $C + C = 2C$이고, 다른 $2C$와 직렬 연결하면, $\frac{1}{C} = \frac{1}{2C}+\frac{1}{2C} = \frac{1}{C}$ ∴ $C = C$이다.

90 | 합성 정전용량
01

그림과 같은 회로에서 a, b 간의 합성 정전용량은 몇 μF인가?

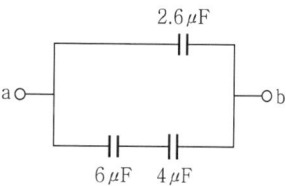

① $1\mu F$ ② $5\mu F$
③ $12\mu F$ ④ $20\mu F$

해설 ㉠ 콘덴서는 직렬접속 시 합성 정전용량(C)
$$= \frac{1}{\frac{1}{6}+\frac{1}{4}} = \frac{1}{\frac{2}{12}+\frac{3}{12}} = \frac{12}{5} = 2.4\mu F$$

㉡ 콘덴서는 병렬접속 시 합성 정전용량(C)
$= 2.4 + 2.6 = 5\mu F$

정답 87. ② 88. ② 89. ① 90. ②

91 | 콘덴서의 정전용량 증대
25, 11, 07

다음 중 콘덴서의 정전용량을 증가시킬 수 있는 방법과 가장 관계가 먼 것은?

① 유전율을 작게 한다.
② 금속판의 면적을 크게 한다.
③ 금속판 간의 거리를 가깝게 한다.
④ 금속판 유전체를 삽입한다.

해설 Q(전하량 또는 전기량)$=C$(정전용량)V(전압)이다. 그런데, $C=\dfrac{\varepsilon_0\varepsilon_s A}{d}$이므로 Q(전하량 또는 전기량)$=CV=\dfrac{\varepsilon_0\varepsilon_s AV}{d}$이다.

콘덴서 정전용량은 진공의 유전율, 매질의 비유전율 및 극판의 면적에 비례하고, 양극판의 간격에 반비례하며, 전하(전기) 량은 정전용량과 전압에 비례한다. 그러므로, 유전율에 비례하므로 유전율을 작게 하면 정전용량은 감소하고, 유전율을 크게 하면 정전용량은 증가한다.

92 | 콘덴서의 정전용량 증대
22, 20, 11, 08

두 개의 전극을 이용하여 정전용량이 큰 콘덴서를 만들기 위한 방법으로 알맞은 것은?

① 극판의 면적을 작게 한다.
② 극판의 거리를 멀게 한다.
③ 극판 사이의 전압을 높게 한다.
④ 극판 사이에 유전체를 삽입한다.

해설 평행판 콘덴서 정전용량(C)
$=\dfrac{\varepsilon_0(\text{진공의 유전율})\varepsilon_s(\text{매질의 비유전율})A(\text{극판의 면적})}{d(\text{양극판의 간격})}$

그러므로, 평행판 콘덴서 정전용량은 진공의 유전율, 매질의 비유전율 및 극판의 면적에 비례하고, 양극판의 간격에 반비례하므로 극판 사이에 유전체를 삽입하면 정전용량이 커진다.

93 | 전하량의 산정
08

10μF의 콘덴서에 100V의 전압을 가하면 충전된 전기량(C)은?

① 10^{-2}C
② 10^{-3}C
③ 10^{-4}C
④ 10^{-6}C

해설 Q(전하량 또는 전기량)
$=C$(합성 정전용량)V(전압)$=10\times10^{-6}\times100=10^{-3}$C
또는 $Q=CV=10\times100=1{,}000\mu\text{F}=10^{-3}$C

94 | 콘덴서의 위상관계
16, 12, 07, 04

콘덴서만의 회로에서 전압과 전류 사이의 위상관계는?

① 전압이 전류보다 45° 앞선다.
② 전류가 전압보다 45° 앞선다.
③ 전압이 전류보다 90° 앞선다.
④ 전류가 전압보다 90° 앞선다.

해설 교류회로에 있어서 전압을 가한 경우 교류회로의 성분

용량성(콘덴서, 축전지)	저항성	유도성(코일)
전류가 90° 위상이 빠름	전류와 전압의 위상이 일치	전류가 90° 위상이 늦음
전압이 90° 위상이 늦음		전압이 90° 위상이 빠름

95 | 전류와 전압의 위상관계
20, 14

저항 R과 인덕턴스 L의 병렬회로에 있어서 전류와 전압의 위상관계는?

① 전류는 전압보다 뒤진다.
② 전류와 전압은 동상이다.
③ 전류는 전압보다 45° 앞선다.
④ 전류는 전압보다 90° 앞선다.

해설 교류회로에 있어서 전압을 가한 경우 교류회로의 성분

용량성(콘덴서, 축전지)	저항성	유도성(코일)
전류가 90° 위상이 빠름	전류와 전압의 위상이 일치	전류가 90° 위상이 늦음
전압이 90° 위상이 늦음		전압이 90° 위상이 빠름

96 | 쿨롱의 법칙
08, 05

쿨롱의 법칙에 관한 설명 중 옳지 않은 것은?

① 힘의 크기는 두 전하의 거리에 비례한다.
② 힘의 크기는 두 전하량의 곱에 비례한다.
③ 힘의 방향은 두 전하를 연결하는 직선방향이다.
④ 힘의 크기는 두 전하 사이의 매질에 따라 다르다.

해설 쿨롱의 법칙은 "두 개의 전하 사이에 작용하는 전기력은 두 전하의 세기의 곱에 비례하고 거리의 제곱에 반비례한다."는 법칙이다.

$F(\text{자력의 크기})=6.33\times10^4\times\dfrac{m_1m_2(\text{두 자극 세기의 곱})}{r^2(\text{두 자극 사이의 거리})}$이고, 두 자극 사이에 매질이 있는 경우에는 그 매질의 비투자율(μ_s)을 고려하여 다음과 같이 계산한다.

$F(\text{자력의 크기})$
$=6.33\times10^4\times\dfrac{m_1m_2(\text{두 자극의 세기의 곱})}{\mu_s(\text{비투자율})\,r^2(\text{두 자극 사이의 거리})}$이다.

정답 91.① 92.④ 93.② 94.④ 95.① 96.①

97 쿨롱의 법칙
18, 13, 09

다음의 설명에 알맞은 법칙은?

> 두 개의 전하 사이에 작용하는 전기력은 두 전하의 세기의 곱에 비례하고 거리의 제곱에 반비례한다.

① 옴의 법칙 ② 렌츠의 법칙
③ 키르히호프의 법칙 ④ 쿨롱의 법칙

해설 렌츠의 법칙은 유도기전력 방향에 관한 법칙으로 유도기전력은 자속의 변화를 방해하려는 방향으로 발생하는 유도기전력의 방향에 관한 법칙이고, 키르히호프 제1법칙은 전기회로의 결합점에 유입하는 전류와 유출하는 전류의 대수합(유입되는 전류를 양(+), 유출되는 전류를 음(-)으로 하여 합을 계산하는 것)은 0이고, 키르히호프 제2법칙은 임의의 폐회로에 관하여 정해진 방향의 기전력의 대수합은 그 방향으로 흐르는 전류에 의한 저항, 전압강하의 대수합과 같다. 옴의 법칙은 저항에 흐르는 전류는 저항의 양단 전압의 크기에 비례하고, 저항의 크기에 반비례한다는 법칙이다.

98 정전유도현상기기
15, 10, 06

다음 중 전하 간의 정전유도현상을 이용한 기기는?

① 전자석
② 발전기
③ 전기집진기
④ 솔레노이드 밸브

해설 정전유도(정전기)현상은 양전기(+)로 대전된 도체 A를 대전되지 않은 도체 B에 가까이 접근시키면, B도체에는 A도체에 가까운 쪽에 음전기(-), A도체에 먼 쪽에 양전기(+)가 나타나는 현상으로 낙뢰, 정전기 및 전기집진기 등의 원리에 이용되는 현상이다.

99 정전유도현상
16, 10

다음 중 전하 간의 정전유도현상과 가장 관계가 먼 것은?

① 낙뢰
② 정전기
③ 전자석
④ 전기집진기

해설 전자유도현상은 도체의 운동에 의하여 도체에 기전력이 유도되는 현상으로 자속을 자를 때 유도기전력이 발생하는 현상으로 전자석의 원리에 이용되는 현상이다.

100 투자율의 단위
13, 10

다음 중 투자율의 단위는?

① A/m ② V/m
③ F/m ④ H/m

해설 투자율은 자석을 유도하는 능력 또는 자성체가 자기화하는 정도를 표현하는 값으로 물질에 따라 다르며, B(자속밀도)=μ(투자율)H(자계)(Wb/m²)이고, 투자율의 단위는 (H/m)이다.

101 강자성체
19, 13, 09

다음 중 강자성체에 해당되지 않는 것은?

① 철 ② 니켈
③ 구리 ④ 코발트

해설 강자성체는 자기유도작용이 강한 물질 또는 강하게 자화(물체가 자기를 띠는 현상)되는 물질로서 비투자율(어떤 물질의 투자율과 진동 투자율과의 비)이 1 이상으로 철, 코발트, 니켈 및 그 합금, 각종 페라이트 등이 있고, 구리, 알루미늄, 수은, 납 등은 거의 자화되지 않는 비자성체로 자석에 잘 반응하지 않는다.

102 기자력의 산정
23, 12, 08

권수가 40회 감긴 솔레노이드에 10A의 전류가 흐른다면 발생된 기자력(AT)은?

① 0.25 ② 4
③ 20 ④ 400

해설 기자력(F)은 철심에 코일을 감고 전류를 흘릴 때, 코일의 권수(N)와 전류(I)의 곱으로 나타낸다.
즉, F(기자력)=N(코일의 권수)I(전류)이다.
그러므로, $F=NI=40\times 10=400$AT

103 자속의 단위
18

자속의 단위로 사용되는 것은?

① 헨리(H) ② 패럿(F)
③ 쿨롱(C) ④ 웨버(Wb)

해설 자속(자계 중에 어떤 면을 지나는 자력선의 수를 그 면을 지나는 자속이라고 한다.)의 단위는 SI단위계에서는 웨버(Wb)이고, CGS단위계에서는 맥스웰(Mx)이다. 또한, 헨리(H)는 유도 리액턴스의 단위이고, 패럿(F)은 용량 리액턴스의 단위이며, 쿨롱(C)은 전기량의 단위이다.

③ 교류회로

01 | 교류의 채택 이유
07, 05

배전설비에 교류를 채택하는 이유가 아닌 것은?

① 송배전계통의 각 지역에서 최적의 전압을 변압기로서 공급할 수 있다.
② 교류발전기는 구조가 간단하고 견고하며 전기발생이 용이하다.
③ 직류방식에 비해 승압 및 절연이 단순하여 건설비가 싸다.
④ 계통연계가 용이하고, 구성이 비교적 자유롭다.

해설 교류(시간에 따라 그 크기와 방향이 규칙적으로 변하는 전류)는 승압 및 절연이 복잡하여 건설비가 고가이다.

02 | 가동코일형 계기
18, 13

가동코일형 계기에 관한 설명으로 옳은 것은?

① 고주파용이다.
② 교류전용이다.
③ 직류전용이다.
④ 직류, 교류 양용이다.

해설 직류를 측정하기 위하여 가동코일형 계기를, 교류 중 저주파용으로는 가동철편형 계기나 정류형 계기를, 교류 및 직류 겸용으로는 전류력계형 계기나 정전형 계기 등을 사용한다.

03 | 제베크효과
24, 17, 13

온도 변화를 검출하는 열전대에 적용되는 법칙은?

① 줄효과
② 제베크효과
③ 퍼킨제효과
④ 펠티에효과

해설 줄의 효과는 저항(R)에 전류(I)를 t초 동안 흘렸을 때, 발생하는 열량(H)=I^2Rt[J]의 효과이고, 펠티에효과는 이종 금속의 접합점을 통하여 전류가 흐를 때, 접합면에서 줄열 이외의 열의 발생 또는 흡수가 일어나는 현상이며, 퍼킨제효과는 밝은 곳에서는 같은 밝음으로 보이는 청색과 적색이 어두운 곳에서는 적색이 어둡고, 청색이 더 밝게 보이는 현상이다.

04 | 교류회로의 성분
09, 03

어떤 교류회로에 전압을 가했더니 90° 위상이 늦은 전류가 흘렀다. 이 교류회로의 성분은?

① 용량성
② 저항성
③ 무유도성
④ 유도성

해설 교류회로에 있어서 전압을 가한 경우 교류회로의 성분

용량성(콘덴서, 축전지)	저항성	유도성(코일)
전류가 90° 위상이 빠름	전류와 전압의 위상이 일치	전류가 90° 위상이 늦음

05 | 전력의 산정
22, 15, 07, 05

전압과 전류의 위상차 θ가 있는 경우 교류전력 중 유효전력을 나타낸 것은?

① $P = VI\sin\theta$ (VAR)
② $P = VI\cos\theta$ (W)
③ $P = VI$ (W)
④ $P = VI$ (VA)

해설 P(유효전력)=P_a(피상전력)$\times\cos\theta$(역률)=V(전압)I(전류)$\cos\theta$(역률)[W]이고, P_r(무효전력)=$VI\sin\theta$(무효율)이며, P_a(피상전력)=$\sqrt{P^2(\text{유효전력})+P_r^2(\text{무효전력})}$ 이다.

또한, $\sin\theta = \dfrac{P_r(\text{무효전력})}{P_a(\text{피상전력})} = \dfrac{P_r}{VI} = \dfrac{P_r}{P_a} = \sqrt{1-\cos^2\theta}$ 이다.

06 | 교류전압의 최댓값
10

실횻값이 220V인 교류전압의 최댓값은 얼마인가?

① 245V
② 275V
③ 311V
④ 325V

해설 V(실횻값) = $\dfrac{V_m(\text{최댓값})}{\sqrt{2}}$ 이므로,

V_m(최댓값) = $\sqrt{2}\,V$(실횻값)이다.

즉, $V_m = \sqrt{2}\,V = \sqrt{2}\times 220 = 311.13$V

07 | 교류전압의 최댓값
24, 18

우리나라의 가정용 전압은 교류 220V이다. 이 전압의 최댓값은 몇 V인가?

① 220
② $220\times\sqrt{2}$
③ $220\times\sqrt{3}$
④ 440

해설 정현파 교류파형의 실횻값과 최댓값의 관계는 실횻값=$\dfrac{\text{최댓값}}{\sqrt{2}}$의 관계가 있으므로 최댓값=$\sqrt{2}\times$실횻값이므로, 가정용 전압의 최댓값=$220\sqrt{2}$ V이다.

정답 01.③ 02.③ 03.② 04.④ 05.② 06.③ 07.②

08 | 교류전압과 전류
15

교류전압과 전류를 다음과 같이 표시하였을 경우 이들의 관계를 잘못 설명한 것은?

- 전압 $V=220\sin\omega t$(V)
- 전류 $I=10\sin(\omega t-30°)$(A)

① 전류의 최대치는 10A이다.
② 전압의 실효치는 220V이다.
③ 부하의 임피던스는 22Ω이다.
④ 전류는 전압에 30° 뒤진 위상차가 있다.

해설 $V(실횻값) = \dfrac{V_m(최댓값)}{\sqrt{2}} = \dfrac{220}{\sqrt{2}} = 155.6V$

09 | 교류전압의 평균값
19, 16, 05

사인파 교류의 실횻값이 V, 최댓값이 V_m일 때 평균값은?

① $2V/\pi$
② $2V_m/\pi$
③ $\sqrt{2}\,V/\pi$
④ V_m/π

해설 $V(실횻값) = \dfrac{V_m(최댓값)}{\sqrt{2}}$
$V_m(최댓값) = \sqrt{2}\,V(실횻값)$
$V_a(평균값) = \dfrac{2}{\pi} \times V_m(최댓값)$

10 | 교류전압의 평균값과 최댓값
19, 10

교류의 크기를 나타내는데 있어서 평균치 V_a와 V_m과의 관계는?

① $V_a = 1.11 \times V_m$
② $V_a = 0.707 \times V_m$
③ $V_a = 0.637 \times V_m$
④ $V_a = \sqrt{2} \times V_m$

해설 $V(실횻값) = \dfrac{V_m(최댓값)}{\sqrt{2}}$
$V_m(최댓값) = \sqrt{2}\,V(실횻값)$
$V_a(평균값) = \dfrac{2}{\pi} \times V_m(최댓값)$

11 | 교류의 실횻값
20②, 13

다음은 교류의 표현에 관한 설명이다. ( ) 안에 알맞은 용어는?

전기에서는 서로 한 일이 비교될 수 있도록 교류의 크기를 나타낼 때에는 그 교류와 같은 일을 하는 직류의 크기로 대신 나타내며 그때 직류의 크기를 그 교류의 (   )라고 한다.

① 실효치
② 평균치
③ 비교치
④ 균등치

해설 전기에서는 서로 한 일이 비교될 수 있도록 교류의 크기를 나타낼 때에는 그 교류와 같은 일을 하는 직류의 크기로 대신 나타내며, 그때 직류의 크기를 그 교류의 실횻값이라고 하고, $V(실횻값) = \dfrac{V_m(최댓값)}{\sqrt{2}}$ 이다.

12 | 교류전압의 주기
21

$v = 100\sin(314t + 60°)$(V)인 교류전압의 주기는?

① 0.017초
② 0.02초
③ 50초
④ 60초

해설 $T(주기) = \dfrac{1}{f(주파수)}$ 이고, 주파수는 어떤 물체가 원운동을 할 때, 1초 동안에 f회전하면 $\omega(각속도) = 2\pi f(주파수)$이다.
$V = V_0\sin(\omega t - 30°)$에서, $\omega = 2\pi f = 314$
∴ $f = \dfrac{314}{2\pi} = 49.97 ≒ 50Hz$

그러므로, $T(주기) = \dfrac{1}{f(주파수)} = \dfrac{1}{50} = 0.02s$ 이다.

13 | 교류전압의 주기
20, 12

주파수가 60Hz인 교류 파형의 주기는?

① 약 0.06sec
② 약 0.017sec
③ 약 0.6sec
④ 약 0.9sec

해설 $T(주기) = \dfrac{1}{f(주파수)} = \dfrac{1}{60} = 0.0167$ sec

14 | 교류전압의 주파수
22, 08

사인파 전압 $V = 134\sin(314t - 30°)$의 주파수는?

① 50Hz
② 60Hz
③ 70Hz
④ 80Hz

정답 08. ② 09. ② 10. ③ 11. ① 12. ② 13. ② 14. ①

해설 어떤 물체가 원운동을 할 때, 1초 동안에 f회전하면 ω(각속도)$=2\pi f$(주파수)이다.
$V=V_0\sin(\omega t-30°)$에서
$\omega=2\pi f=314$ ∴ $f=\dfrac{314}{2\pi}=49.97 ≒ 50$Hz

15 | 교류전압의 주파수
17

교류전원의 순시값이 $e=100\sin3\omega t$(V)일 때 주파수(Hz)는? (단, $\omega=314$rad/s)

① 50 ② 60
③ 120 ④ 150

해설 f(주파수)$=\dfrac{1}{T(주기)}=\dfrac{\omega(각주파수)}{2\pi}$ 이다.

∴ $f=\dfrac{1}{T}$이고, $\omega(각주파수)=2\pi f$(주파수)

그런데, 문제에서 각주파수(ω)를 $3\omega=3\times314$로 주어졌으므로
$f=\dfrac{3\times314}{2\pi}=149.92 ≒ 150$Hz

16 | 교류전압의 주파수
24, 19, 11

$V=154\sin(314t-90°)$(V)인 사인파 교류의 주파수(Hz)는?

① 30Hz ② 40Hz
③ 50Hz ④ 60Hz

해설 어떤 물체가 원운동을 할 때, 1초 동안에 f회전하면 ω(각속도)$=2\pi f$(주파수)이다.
$V=V_0\sin(\omega t-90°)$에서 V_0는 전압의 최댓값이고, 90°는 전위이며, ω는 각속도이다.
$\omega=2\pi f=314$ ∴ $f=\dfrac{314}{2\pi}=49.97 ≒ 50$Hz

17 | 교류의 파형률
18, 12

정현파 교류의 파형률은 얼마인가?

① 1.0 ② 1.11
③ 1.414 ④ 1.571

해설 V(실횻값)$=\dfrac{V_m(최댓값)}{\sqrt{2}}$

V_m(최댓값)$=\sqrt{2}\,V$(실횻값), V_a(평균값)$=\dfrac{2}{\pi}\times V_m$(최댓값)

파고율$=\dfrac{최댓값}{실횻값}$ 이고, 파형율$=\dfrac{실횻값}{평균값}$ 이다.

파형률$=\dfrac{실횻값}{평균값}=\dfrac{\dfrac{최댓값}{\sqrt{2}}}{\dfrac{2\times최댓값}{\pi}}=\dfrac{\pi\times최댓값}{2\sqrt{2}\times최댓값}=\dfrac{\pi}{2\sqrt{2}}$

$=\dfrac{\sqrt{2}\pi}{4}=1.111$

18 | 역률의 정의
20, 12, 07, 03

다음 역률에 관한 설명 중 옳은 것은?

① 무효전력에 대한 유효전력의 비를 역률이라고 한다.
② 역률산정 시에 필요한 피상전력은 유효전력과 무효전력의 산술합이다.
③ 백열전등이나 전열기의 역률은 100%에 가깝다.
④ 역률은 부하의 종류와는 관계가 없으며 공급전력의 질을 의미한다.

해설 ① $\cos\theta$(역률)$=\dfrac{P(유효전력)}{P_a(피상전력)}$
② P_a(피상전력)$=\sqrt{P^2(유효전력)+P_r^2(무효전력)}$
④ 역률은 부하의 종류와는 관계가 있으며 공급전력의 이용되는 비율을 의미한다. 또한 저항만의 회로와 백열전등 및 전열기는 역률이 100%에 가깝지만, 동력용 전동기 등은 50~90% 정도이며, 유도 리액턴스가 클수록 역률은 작아진다.

19 | 역률의 산정
22

교류회로의 역률을 올바르게 표현한 것은?

① $\dfrac{피상전력}{무효전력}$ ② $\dfrac{피상전력}{유효전력}$
③ $\dfrac{무효전력}{피상전력}$ ④ $\dfrac{유효전력}{피상전력}$

해설 교류회로의 역률
$\cos\theta$(역률)$=\dfrac{P(유효전력)}{P_a(피상전력)}$

20 | 역률의 비교
19

다음 중 역률이 가장 양호한 것은? (단, 3상 380V로 운전할 경우)

① 에어컨 ② 전기히터
③ 펌프용 전동기 ④ 업소용 세탁기

해설 역률($\dfrac{유효전력}{피상전력}$으로서, 전체 입력되는 전력분 중에 실제로 일을 하는 전력의 비)이 가장 양호한 것은 전기히터이다.

21 | 역률 개선
23, 21

부하설비의 역률을 개선하기 위해 설치하는 것은?

① 다이오드 ② 영상변류기
③ 진상용 콘덴서 ④ 유도전압 조정기

해설 다이오드는 반도체의 부품이다. 영상변류기는 3상 전류를 1차 전류로 변환하는 변류기로서 영상전류를 검출하는 데 사용한다. 유도전압 조정기는 전력용 변압기 및 배전용 변압기의 용어로서 분로된 1차(여자)권선과 직렬(2차)로 접속된 2차 권선을 가지며, 여자와 직렬 권선에 있어서의 자기를 변환시킴으로써, 회로전압 또는 위상관계를 조정하는 부하 시 전압조정기이다.

22 | 역률의 산정
24②, 19

3Ω의 저항과 4Ω의 유도성 리액턴스가 직렬로 연결된 교류 회로에서의 역률은 얼마인가?

① 75%
② 60%
③ 30%
④ 80%

해설 역률$(\cos\theta) = \dfrac{R}{\sqrt{R^2+X^2}} = \dfrac{3}{\sqrt{3^2+4^2}} = \dfrac{3}{5}$

∴ 역률 $= \dfrac{3}{5} \times 100 = 60\%$

23 | 소비전력의 상이한 이유
03

부하의 종류에 따라서 직류와 교류의 소비전력이 틀려지는 원인은?

① 주파수
② 유도 리액턴스
③ 직류와 교류전압의 크기 차이
④ 역률

해설 저항인 경우에는 직류, 교류 소비전력이 같으나 유도 리액턴스 회로에서는 교류에서 주파수에 대한 위상차로 합성저항(임피던스)이 달라져 소비전력이 달라진다. 이들 사이의 관계식은 역률로 표시하며 소비전력=피상전력×역률로 표시한다.

24 | 피상전력의 단위
22, 19, 10

유효전력과 무효전력의 단위와 구분하기 위하여 사용되는 피상전력의 단위는?

① W
② Var
③ Ah
④ VA

해설

(유효)전력	무효전력	피상전력
W 또는 kW	Var 또는 kVar	VA 또는 kVA

25 | 교류전력
24, 21

교류전력에 관한 설명으로 옳지 않은 것은?

① 무효전력이 크면 역률이 커진다.
② 유효전력은 실제로 소비되는 전력이다.
③ 역률이 1일 때 유효전력과 피상전력은 같다.
④ 전열기와 같이 순수하게 저항성분만으로 구성되는 부하인 경우 전력은 전압(V)×전류(A)이다.

해설 역률 $= \dfrac{\text{유효(소비)전력}}{\text{피상전력}} \times 100(\%)$이고,
$P_a(\text{피상전력}) = \sqrt{P^2(\text{유효전력}) + P_r^2(\text{무효전력})}$ 이므로
역률 $= \dfrac{\text{유효(소비)전력}}{\sqrt{\text{유효전력}^2 + \text{무효전력}^2}}$ 이다. 그러므로, 무효전력이 커지면 역률은 작아진다.

26 | 전력의 산정
25, 23, 10

유효전력이 80kW, 무효전력 60kVar인 부하의 피상전력은?

① 70kVA
② 100kVA
③ 120kVA
④ 140kVA

해설 $P(\text{유효전력}) = P_a(\text{피상전력}) \times \cos\theta(\text{역률})$
$= V(\text{전압})I(\text{전류})\cos\theta(\text{역률})(\text{W})$
$P_r(\text{무효전력}) = V\sin\theta(\text{무효율})$
$P_a(\text{피상전력}) = \sqrt{P^2(\text{유효전력}) + P_i^2(\text{무효전력})}$
$= \sqrt{80^2 + 60^2} = 100\text{kVA}$

27 | 전력의 산정
07, 03

전압이 80+j60(V)이고 전류가 40+j40(A)인 경우 피상전력(VA)은?

① 5,657
② 7,918
③ 6,564
④ 5,832

해설 $P_a(\text{피상전력}) = V(\text{전압})I(\text{전류})(\text{VA})$에서
$V = \sqrt{80^2 + 60^2} = 100$, $I = \sqrt{40^2 + 40^2} = 40\sqrt{2}$ 이므로,
$P_a = VI = 100 \times 40\sqrt{2} = 4,000\sqrt{2} = 5,656.85\text{VA}$

28 | 역률의 산정
22, 21, 16

어떤 회로에서 유효전력 80W, 무효전력 60Var일 때 역률은?

① 70%
② 80%
③ 90%
④ 100%

해설 P(유효전력)$=P_a$(피상전력)$\times\cos\theta$(역률)

역률$=\dfrac{\text{유효(소비)전력}}{\text{피상전력}}\times100(\%)$

P_a(피상전력)$=\sqrt{P^2(\text{유효전력})+P_r^2(\text{무효전력})}$
$=\sqrt{80^2+60^2}$
$=100\text{kVA}$

그러므로, 역률$=\dfrac{\text{유효(소비)전력}}{\text{피상전력}}=\dfrac{80}{100}\times100=80\%$

29 | 전력의 산정
14

역률이 0.80이고 100kW인 단상 부하에 있어서 20분간의 무효전력량(kVarh)은?

① 15　　② 20
③ 25　　④ 30

해설 P(유효전력)$=VI\cos\theta$에서 $VI=\dfrac{P}{\cos\theta}=\dfrac{100}{0.8}=125[\text{kVA}]$
$\cos\theta=0.8$, $\sin\theta=\sqrt{1-\cos^2\theta}=\sqrt{1-0.8^2}=0.6$
P_r(무효전력)$=VI\sin\theta=125\times0.6=75[\text{kVar}]$
P_r(무효전력량)$=VI\sin\theta t=125\times0.6\times\dfrac{20}{60}=25[\text{kVarh}]$

30 | 교류전력의 관계
21

교류전력 간의 관계식으로 옳은 것은?

① 피상전력=유효전력+무효전력
② 피상전력=$\sqrt{\text{유효전력}\times\text{무효전력}}$
③ 피상전력=$\sqrt{(\text{유효전력})^2+(\text{무효전력})^2}$
④ 피상전력=$\sqrt{\text{유효전력}^2-\text{무효전력}^2}$

해설 역률$=\dfrac{\text{유효(소비)전력}}{\text{피상전력}}\times100(\%)$
P_a(피상전력)$=\sqrt{P^2(\text{유효전력})+P_r^{\,2}(\text{무효전력})}$

31 | 위상차
18, 13

평형 3상 교류에서 각 상 간의 위상차는 얼마인가?

① 60°
② 90°
③ 120°
④ 180°

해설 평형 3상(각 상에 흐르는 전류와 전원의 기전력이 각각 대칭 3상인 회로)교류에서 각 상 간의 위상차는 $\dfrac{2\pi}{3}=\dfrac{2\times180°}{3}=120°$이다.

32 | 위상차
18

변압기의 1차측을 Y결선, 2차측을 △결선으로 했을 경우, 1·2차 간 전압의 위상차는?

① 30°　　② 45°
③ 60°　　④ 90°

해설 V_l(선간전압)$=V_{ab}=E_a-E_b$이므로 그림과 같다.

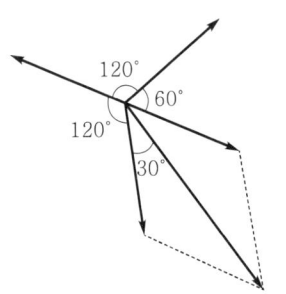

전압의 위상차=(180°−120°)÷2=30°이다.

33 | 백금저항체
16

그림과 같은 브리지 회로에서 백금저항체 R_1로 측정할 수 있는 것은?

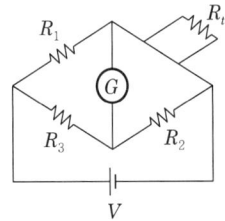

① 온도　　② 습도
③ 압력　　④ 산성도

해설 휘트스톤 브리지(Wheatstone Bridge)는 4개의 저항이 정사각형을 이루는 회로이며, 일반적으로 미지의 저항값을 구하기 위해서 사용하는 회로로서, 백금저항체로 측정할 수 있는 것은 온도이다.

34 | 전력의 산정
09

역률이 80%인 교류부하에 교류전압 3상 220V를 가하여 1A가 흘렀다. 이때 부하의 전력은?

① 0.1kW　　② 0.3kW
③ 0.5kW　　④ 1.0kW

해설 P(3상 교류의 전력) = $\sqrt{3}\,V$(전압)I(전류)$\cos\theta$(역률)
= $\sqrt{3} \times 1 \times 220 \times 0.8 = 304.8\text{W} = 0.3\text{kW}$

35 | 휘트스톤 브리지
12, 07, 07

다음 제어기기 중 휘트스톤 브리지를 이용하는 기기는?

① 모듀트롤 모터
② 차압식 유량계
③ 니켈 측온 저항제
④ 광전 스위치

해설 모듀트롤 모터(modutrol motor)는 전동기와 감속기어장치를 케이싱에 넣은 것으로서 조절기의 퍼텐셔미터에서의 저항값의 변화에 따라 회전함으로써 공조설비의 밸브나 댐퍼의 구동을 위하여 비례제어용으로 주로 사용되는 기기로서 휘트스톤 브리지 회로를 이용한 기기이다.

36 | 휘트스톤 브리지
25, 11, 05

다음의 휘트스톤(Wheatstone) 브리지 회로가 평형상태일 때 R_t의 저항값(R)은?

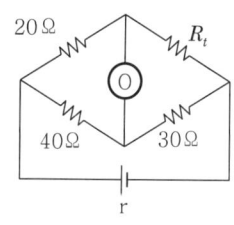

① 5Ω
② 15Ω
③ 53Ω
④ 60Ω

해설 휘트스톤 브리지 회로에서 평형조건은 전류계 전류가 0이라면 대각선(마주 보는)방향의 저항의 곱은 같다. 즉, $R_1R_3 = R_2R_4$이므로, $40R_t = 20 \times 30$에서 $R_t = 15\Omega$이다.

37 | 교류 상전압
19, 14, 07

3상 Y결선에서 선간전압이 220V인 3상 교류의 상전압은?

① 127V
② 220V
③ 381V
④ 440V

해설 Y결선(3상 교류회로의 기전력 또는 부하를 Y자형으로 결선하는 것)에서 선간전압(전선로 간의 전압)은 상전압(다상 교류회로에서 각 상의 기전력)의 $\sqrt{3}$배이다.
그러므로, 상전압=선간전압의 $\frac{1}{\sqrt{3}}$배=$220 \times \frac{1}{\sqrt{3}} = 127.02\text{V}$

38 | 휘트스톤 브리지
17, 04

그림과 같은 회로에서 전류계에 흐르는 전류가 0일 때 저항 $X(\Omega)$는?

① 22
② 36
③ 42
④ 49

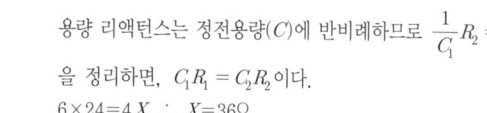

해설 휘트스톤 브리지 회로에서 평형조건은 대각선(마주 보는)방향의 리액턴스 곱은 같으나, 저항의 경우에는 $R_1R_3 = R_2R_4$이고, 용량 리액턴스는 정전용량(C)에 반비례하므로 $\frac{1}{C_1}R_2 = \frac{1}{C_2}R_1$을 정리하면, $C_1R_1 = C_2R_2$이다.
$6 \times 24 = 4X$ ∴ $X = 36\Omega$

39 | 교류 상전압
20, 10

3상 Y결선에서 선간전압이 200V인 3상 교류의 상전압(V)은?

① 115
② 346
③ 453
④ 600

해설 Y결선(3상 교류회로의 기전력 또는 부하를 Y자형으로 결선하는 것)에서 선간전압(전선로 간의 전압)은 상전압(다상 교류회로에서 각 상의 기전력)의 $\sqrt{3}$배이다.
그러므로, 상전압=선간전압의 $\frac{1}{\sqrt{3}}$배=$200 \times \frac{1}{\sqrt{3}} = 115.48\text{V}$

40 | 교류 선전류
16

3상 유도전동기의 출력이 5.5kW, 전압이 200V, 효율이 90%, 역률이 80%일 때, 이 전동기에 유입되는 선전류는?

① 약 15A
② 약 20A
③ 약 22A
④ 약 25A

해설 P[유효(소비)전력]=P_a(피상전력)$\times \cos\theta$(역률)=V(전압)I(전류)$\cos\theta$(역률)(W)이고, 출력전력=유효(소비)전력$\times$효율=피상전력$\times$역률$\times$효율이다.
그러므로, 피상전력=$\frac{\text{출력전력}}{\text{역률} \times \text{효율}} = \frac{5,500}{0.8 \times 0.9} = 7,638.8\text{W}$이다.
그런데, P_3(3상 교류의 전력)=$\sqrt{3}\,V$(전압)I(전류)$\cos\theta$(역률)이고, P_2(단상교류의 전력)=V(전압)I(전류)$\cos\theta$(역률)이므로, 3상 교류의 전력은 단상교류의 전력의 $\sqrt{3}$배가 된다.
I(선전류)=$\frac{P(\text{전력})}{\sqrt{3}\,V(\text{전압})} = \frac{7,638.8}{\sqrt{3} \times 200} = 22.05 \doteqdot 22\text{A}$

41 | 교류 선전류
23, 09

3상 △결선에 상전류가 20A일 때 선전류는 얼마인가?

① 11.5A
② 34.6A
③ 47.5A
④ 60A

해설 △결선(3상 교류회로의 기전력 또는 부하를 삼각형으로 결선하는 것)의 선전류(전선로의 전류)는 상전류의 $\sqrt{3}$ 배이다. 그러므로, △결선에서 선전류= $\sqrt{3} \times 20 = 34.64A$

42 | 3상 4선식 평형회로
17

3상 4선식 평형회로에서 선간전압이 380V이고 선전류가 10A인 회로에 관한 설명으로 옳지 않은 것은?

① 상전류는 10A이다.
② 상전압은 220V이다.
③ 피상전력은 약 6,580VA이다.
④ 중성선에 흐르는 전류는 30A이다.

해설 ① 선전류=상전류=10A

② 상전압= $\dfrac{선간전압}{\sqrt{3}} = \dfrac{380}{\sqrt{3}} = 219.39 ≒ 220V$

③ P(피상전력)= $\sqrt{3}\,VI = \sqrt{3} \times 380 \times 10 = 6,581.79VA$

④ 중성선에는 전류가 흐르지 않으므로 전류는 0이다.

43 | 3상 교류
17, 07

3상 교류에 대한 설명이 아닌 것은?

① 회전자장을 만든다.
② 각 상 간의 위상차는 $\dfrac{2\pi}{3}$ (rad)이다.
③ 큰 전력의 배전에 사용한다.
④ 단상전력의 2배가 된다.

해설 P_3(3상 교류의 전력) = $\sqrt{3}\,V$(전압)I(전류)$\cos\theta$(역률)

P_2(단상교류의 전력) = V(전압)I(전류)$\cos\theta$(역률)

3상 교류의 전력은 단상교류의 전력의 $\sqrt{3}$ 배가 된다.

44 | 레벨 검출기의 영향 요소
16

동심원통형 탱크에 설치된 정전용량방식 레벨검출기의 정확한 검출에 영향을 미치지 않는 요소는?

① 탱크의 총부피
② 내부 전극 반경
③ 외부 전극 반경
④ 피측정물질의 유전율

해설 동심원통형 탱크에 설치된 정전용량방식 레벨검출기의 검출에 영향을 미치는 요소에는 내·외부 전극 반경, 피측정물질의 유전율 등이 있고, 탱크의 총부피와는 무관하다.

45 | 콘덴서의 정의
22, 21, 16, 08, 04

유전체를 끼워 양측에 금속박을 놓아 둔 구조로 정전용량을 갖는 전기기기는?

① 컨덕턴스
② 저항
③ 인덕턴스
④ 콘덴서

해설 콘덴서(축전기, 커패시터)는 정전용량을 이용하여 전하를 축적하는 장치 또는 소자이고, 저항은 전류의 흐름을 방해하는 성질로 열이 발생하며, 자기 인덕턴스는 유도기전력(e)이 코일에 있어서 코일과 쇄교하는 자속 변화에 대한 전류 변화의 비에 대한 비례상수, 상호 인덕턴스는 유도기전력이 1차 코일의 단위시간에 대한 전류 변화의 비에 대한 비례상수이다. 컨덕턴스는 저항의 역수로 단위는 S(지멘스)이다.

46 | 콘서베이터 사용 목적
17

유입 변압기에서 콘서베이터(conservator)의 주된 사용 목적은?

① 열화 방지
② 아크 방지
③ 과전압 방지
④ 과전류 방지

해설 유입 변압기의 콘서베이터(팽창 탱크식, 전력용 변압기 및 배전용 변압기 용어. 외기로부터 봉합된 주탱크를 지나는 오일 시스템)는 열화 방지(합성수지의 열화, 금속재료의 부식 등)를 위한 부품이다.

47 | 직렬리액터
14, 10

대용량의 진상용 콘덴서를 설치하면 고조파 전류에 의하여 회로전압이나 전류파형의 왜곡을 일으킨다. 이러한 문제점을 보완하기 위하여 설치하는 콘덴서 회로의 부속기는?

① 방전코일
② 직렬 리액터(SR)
③ 컷아웃 스위치
④ 전력퓨즈

해설 방전코일은 커패시터(2매의 도체판 사이에 유전체를 끼운 장치)의 잔류전하를 방전시키는 코일이고, 컷아웃 스위치는 자기재로 그 내측에 퓨즈를 부착하고, 뚜껑의 개폐로서 회로를 개폐하는 스위치이며, 전력퓨즈는 자기재의 원통관 내에 은선의 퓨즈와 표시선을 두르고 석영 가루 등의 소호제를 충전하는 한류 특성이 있는 고압 퓨즈이다.

정답 41. ② 42. ④ 43. ④ 44. ① 45. ④ 46. ① 47. ②

48 | 전류의 산정
16

반경 10cm, 권수 100회인 원형코일의 중심에서의 자계의 세기가 200AT/m이었다. 이때 코일에 흐른 전류는?

① 0.4A
② 0.8A
③ 0.4πA
④ 0.8πA

해설 H(코일에 흐르는 전류) $= \dfrac{N(권수)I(전류)}{2 \times R(코일의 반경)}$

$H = \dfrac{N \cdot I}{2R}$ 에서 $I = \dfrac{2 \cdot R \cdot H}{N}$ 이다.

$I = \dfrac{2 \cdot R \cdot H}{N} = \dfrac{2 \times 0.1 \times 200}{100} = 0.4A$

49 | 축적에너지의 산정
22, 15, 08

4H의 코일에 5A의 전류가 흐를 때 코일에 축적되는 에너지는?

① 20J
② 50J
③ 100J
④ 200J

해설 W(코일에 축적되는 에너지)
$=$ 평균 전력 $\times$ 시간 $= L(인덕턴스) \times \dfrac{I(전류)}{T(시간, 초)} \times \dfrac{I}{2} \times T$
$= \dfrac{1}{2}LI^2 (J)$

$\therefore W = L \times \dfrac{I}{T} \times \dfrac{I}{2} \times T = \dfrac{1}{2}LI^2 = \dfrac{1}{2} \times 4 \times 5^2 = 50J$

50 | 자기 인덕턴스의 산정
25, 11

권선수 50회인 코일에 1mA의 전류를 흘렸을 때 10^{-2}Wb의 자속이 쇄교한다면 이 코일의 자기 인덕턴스(H)는?

① 0.5H
② 1H
③ 100H
④ 500H

해설 $L(인덕턴스, H) = \dfrac{N(코일의 권수)\phi(자속, Wb)}{I(전류)}$ 이므로

$L = \dfrac{N\phi}{I} = \dfrac{50 \times 10^{-2}}{1 \times 10^{-3}} = 500H$

51 | 자기 인덕턴스의 산정
21

어떤 코일에 50Hz의 교류전압을 가할 때 유도 리액턴스가 628Ω이었다. 이 코일의 자기 인덕턴스(H)는?

① 2
② 50
③ 314
④ 628

해설 X_L(유도 리액턴스) $= \omega$(각속도, rad/s) $\times L$(인덕턴스, H)
$\qquad\qquad\qquad = 2\pi f$(주파수)$L$(인덕턴스, H)[Ω]

$X_L = 2\pi f L$ 에서,

$L = \dfrac{X_L}{2\pi f} = \dfrac{628}{2\pi \times 50} = 1.999 ≒ 2H$

52 | 기자력의 산정
24, 19

권수가 300회 감긴 코일에 10A의 전류가 흐른다면 발생된 기자력(AT)은?

① 150
② 300
③ 1,500
④ 3,000

해설 기자력(F)은 철심에 코일을 감고 전류를 흘릴 때, 코일의 권수(N)와 전류(I)의 곱으로 나타낸다. 즉, F(기자력)$=N$(코일의 권수)I(전류)이다.

그러므로, $F = NI = 300 \times 10 = 3,000AT$

53 | 축적에너지의 산정
18

자기 인덕턴스 4H의 코일에 8A의 전류를 흘릴 때 코일에 저장되는 자기 에너지는?

① 32J
② 64J
③ 128J
④ 256J

해설 코일의 자기 에너지의 산정

W(자기 에너지) $= \dfrac{1}{2}L$(인덕턴스)I^2(전류)(J)

$\qquad\qquad = \dfrac{1}{2} \times 4 \times 8^2 = 128J$

54 | 축적에너지의 산정
13

자체 인덕턴스 3H의 코일에 10A의 전류가 흐른다면 이 코일에 축적되는 에너지(J)는?

① 100
② 150
③ 200
④ 250

해설 W(코일에 축적되는 에너지)

$W = L \times \dfrac{I}{T} \times \dfrac{I}{2} \times T = \dfrac{1}{2}LI^2 = \dfrac{1}{2} \times 3 \times 10^2 = 150J$

정답 48. ① 49. ② 50. ④ 51. ① 52. ④ 53. ③ 54. ②

55 | 임피던스와 역률의 산정
14

10Ω의 저항과 10Ω의 유도 리액턴스가 직렬 접속된 회로에 1,000V의 사인파 교류전압을 가했을 때 회로의 임피던스와 역률각은?

① 14.14Ω/45° ② 141.4Ω/45°
③ 14.14Ω/4.5° ④ 141.4Ω/4.5°

해설 ㉠ 임피던스는 교류회로에서 일종의 저항 역할을 하는 것으로
$Z(임피던스) = \frac{V}{I} = \sqrt{R^2 + X_L^2} = \sqrt{10^2 + 10^2} = 14.14Ω$
㉡ 역률$(\cos\theta) = \frac{유효(소비)전력}{피상전력} = \frac{R(저항)}{Z(임피던스)} = \frac{10}{14.14}$
$= 0.707$이므로 $\theta = \cot^{-1}0.707, \therefore \theta = 45°$

56 | 임피던스의 산정
13

3Ω의 저항과 4Ω의 유도 리액턴스가 병렬로 접속되어 있을 때 이 회로의 합성 임피던스는?

① 2.0Ω ② 2.2Ω
③ 2.4Ω ④ 2.6Ω

해설 병렬회로의 합성 임피던스$\left(\frac{1}{Z}\right)$
$= \sqrt{\frac{1}{R^2} + \frac{1}{X_L^2}} = \sqrt{\frac{1}{3^2} + \frac{1}{4^2}} = 0.417$
$\therefore Z = \frac{1}{0.417} = 2.4Ω$

57 | 자석의 상호작용력
18, 11

그림과 같이 반대의 극을 갖는 막대자석을 놓았을 때 상호 간에 작용하는 힘의 종류는?

① 흡인력 ② 반발력
③ 회전력 ④ 마찰력

해설 자석에 있어서 같은(동일한) 극은 반발력이 작용하고, 반대(상이한) 극은 인(흡인)력이 작용한다.

58 | 유도기전력의 산정
14, 05

자기 인덕턴스가 0.3H인 코일에 전류가 0.01초 동안에 3A만큼 변했다면, 이 코일에 유도된 기전력은?

① 9V ② 10V
③ 90V ④ 100V

해설 e(코일에 의해 발생하는 유도기전력)
$= L(인덕턴스, H) \times \frac{\Delta I(전류의 변화량, A)}{\Delta t(시간의 변화량, 초)}(V)$
$= 0.3 \times \frac{3}{0.01} = 90V$

59 | 전기력선
21, 16, 01

전기력선에 관한 설명으로 옳지 않은 것은?
① 전기력선은 교차하지 않는다.
② 양전하에서 나와 음전하로 들어간다.
③ 전기력선의 방향은 등전위면과 일치한다.
④ 전기력선의 밀도는 그 점에서의 전기장의 세기이다.

해설 전기력선(전계의 방향, 크기, 분포 상황을 이해하기 위해 가상적으로 그린 선)은 등전위면(전위가 같은 점을 모두 통과하는 면)과 수직으로 교차한다.

60 | 도체의 전류 크기
23, 17

무한 직선도체의 전류에 의한 자계가 직선도체로부터 1m 떨어진 점에서 1AT/m로 될 때 도체의 전류의 크기는 몇 A인가?

① $\frac{\pi}{2}$ ② π
③ $\frac{3\pi}{2}$ ④ 2π

해설 $H(자장의 세기, AT/m) = \frac{N(권수)I(전류, A)}{l(회로의 길이, m)}$
$l(원의 둘레) = \pi \times 직경 = 2\pi r(반경) = 2\pi \times 1 = 2\pi$,
$H = 1$이므로, $I = 2\pi$이다.

61 | 자극의 세기
17

1,000AT/m의 자계 중에 어떤 자극을 놓았을 때 100N의 힘을 받는다고 한다. 자극의 세기는 몇 Wb인가?

① 0.01 ② 0.1
③ 1 ④ 10

해설 자기력의 산정
$H(A/m)$의 자기장 중에 $m(Wb)$의 자하(자극의 세기)를 놓았을 때, 여기에 작용하는 자기력(자력) $F(N)$은 다음과 같이 산정한다.
F(자기력 또는 자력)$= m$(자하 또는 자극의 세기)H(자기장 세기)이다.
즉, $F = mH$이다. 그러므로, $m = \frac{F}{H} = \frac{100}{1,000} = 0.1Wb$

62 | 자기 모멘트
14, 05, 03

자극의 세기가 m(Wb)이고, 자축의 길이가 l(m)인 자석의 자기 모멘트는?

① ml
② l/m
③ m/l
④ ml^2

해설 M(자기 모멘트, Wb·m)는 m(자극의 세기 또는 자극의 자하, Wb)과 l(자극 간의 거리, m)의 곱을 말한다. 즉, $M=ml$이다.

63 | 자기장의 세기 산정
25

자계 중에 자극의 세기는 0.1Wb이고, 100N의 힘을 받는다고 하면, 자기장의 세기로 옳은 것은?

① 1AT/m
② 10AT/m
③ 100AT/m
④ 1,000AT/m

해설 자기장의 세기
자기장의 세기는 자기장 중의 단위 자하(1Wb)를 어느 점에 놓고, 그 점에서의 자기장의 방향을 이 자하에 작용하는 자력의 방향으로 하여, 자력의 크기를 그 점에서의 자기장 크기로 한다.
F(자기력 또는 자력)$=m$(자하 또는 자극의 세기)H(자기장의 세기)

즉, $F=mH$에서 $H=\dfrac{F}{m}=\dfrac{100}{0.1}=1{,}000$AT/m

64 | 플레밍의 오른손 법칙
23, 22, 11, 07

자계 내에서 도체가 움직이는 방향과 자속의 방향에 따라 유도기전력의 방향을 알기 위하여 사용되는 것으로 발전기에 적용되는 법칙은?

① 플레밍의 오른손 법칙
② 플레밍의 왼손 법칙
③ 패러데이의 전자유도법칙
④ 키르히호프의 법칙

해설 전동기의 원리는 도체가 움직이는 방향(엄지손가락 방향)의 플레밍의 왼손 법칙[엄지는 전자력(힘), 검지는 자기장, 중지는 전류의 방향]이고, 발전기의 원리는 전류의 방향으로 플레밍의 오른손 법칙(엄지는 운동, 검지는 자속, 중지는 유도기전력의 방향)에 의한 것이다.

65 | 플레밍의 왼손 법칙
21, 07

자계의 방향이나 도체에 흐르는 전류 방향이 바뀌면 도체가 움직이는 방향도 바뀌게 되는데, 이러한 도체가 움직이는 방향을 알 수 있는 법칙은?

① 렌츠의 법칙
② 플레밍의 오른손 법칙
③ 플레밍의 왼손 법칙
④ 앙페르의 법칙

해설 전동기의 원리는 도체가 움직이는 방향(엄지손가락 방향)의 플레밍의 왼손 법칙[엄지는 전자력(힘), 검지는 자기장, 중지는 전류의 방향]이고, 발전기의 원리는 전류의 방향으로 플레밍의 오른손 법칙(엄지는 운동, 검지는 자속, 중지는 유도기전력의 방향)에 의한 것이다.

66 | 앙페르의 오른나사 법칙
23

앙페르(Ampere)의 오른나사의 법칙에 대한 설명으로 옳은 것은?

① 자기장에 의한 전류의 크기
② 전류에 의한 자기장의 크기
③ 전류에 의한 자기장의 방향
④ 자기장에 의한 전류의 방향

해설 앙페르의 오른나사의 법칙은 전류에 의한 자기장의 방향으로 결정하는 법칙으로 전류의 방향을 오른나사의 진행방향, 자기장의 방향은 오른나사의 회전방향으로 한다. 전류에 의해 발생되는 자기장의 크기를 결정하는 방식은 비오-사바르의 법칙이다.

67 | 앙페르의 오른나사 법칙
20, 14

앙페르의 오른나사의 법칙이 적용되는 기기는?

① 저항
② 축전기
③ 난방 코일
④ 솔레노이드 밸브

해설 앙페르의 오른나사 법칙은 직선(도체)전류에 의한 자계는 직선의 위치를 중심으로 하는 동심원이 되어, 전류의 방향과 오른나사의 진행방향을 일치시켰을 때, 자계의 방향은 나사의 회전 방향과 일치한다는 법칙(자기 작용)으로 솔레노이드 밸브, 전자석, 발전기, 전동기, 변압기 등에 적용된다.

정답 62. ① 63. ④ 64. ① 65. ③ 66. ③ 67. ④

68 | 렌츠의 법칙
16

전자유도현상에 의해 발생하는 유도기전력의 방향에 관계되는 법칙은?

① 쿨롱의 법칙 ② 렌츠의 법칙
③ 플레밍의 왼손 법칙 ④ 플레밍의 오른손 법칙

해설 쿨롱의 법칙은 두 자극 간에 작용하는 힘은 두 자극의 자기량의 곱에 비례하고, 자극 간의 거리의 제곱에 반비례하는 법칙으로 $\left[F(\text{힘}) = k\dfrac{m_1 m_2 (\text{자기량의 곱})}{r^2 (\text{자극 간의 거리})}\right]$ 이고, 전동기의 원리는 도체가 움직이는 방향(엄지손가락 방향)의 플레밍의 왼손 법칙[엄지는 전자력(힘), 검지는 자기장, 중지는 전류의 방향]이며, 발전기의 원리는 전류의 방향으로 플레밍의 오른손 법칙(엄지는 운동, 검지는 자속, 중지는 유도기전력의 방향)에 의한 것이다.

구분	정의	엄지	검지	중지	적용처
플레밍의 왼손 법칙	전자력의 방향	힘	자기장	전류	전동기
플레밍의 오른손 법칙	유도기전력의 방향	운동	자속	유도기전력	발전기

69 | 직·병렬 전기회로
24, 20, 13

직·병렬 전기회로에 관한 설명으로 옳지 않은 것은?

① 직렬회로에서는 각 저항에 흐르는 전류는 같다.
② 저항의 병렬회로보다 저항의 직렬회로에서 전압강하가 적어진다.
③ 직렬회로에서 총저항은 접속되어 있는 모든 저항을 합한 것이다.
④ 병렬회로에서 각 저항에서의 전압강하는 저항의 크기와 관계없이 모두 같다.

해설 저항의 직렬회로와 병렬회로를 비교하면, 직렬회로의 저항이 병렬회로보다 커지므로 전압강하는 커진다. 즉, 전압이 많이 작아진다.

정답 68. ② 69. ②

CHAPTER 02

Engineer Building Facilities

| 기출 공략 문제 |

건축전기설비 기초지식

① 전원설비

01 | 분기회로의 수
08

단상 2선식 220V, 전력 40W, 역률 50%의 형광등 80개와 백열전등 200W용 40개를 시설한 수영장이 있다. 12A 분기회로로 하는 경우 최소 분기회로수는?

① 4   ② 6
③ 8   ④ 10

해설 $N(\text{분기회로의 수}) = \dfrac{\text{전류의 합계}}{\text{분기회로의 용량}}$

전류의 합계＝형광등의 전류＋백열등의 전류

$= \left(\dfrac{W(\text{전력})}{V(\text{전압})f(\text{역률})}\right) + \left(\dfrac{W}{V}\right)$

$= \dfrac{40 \times 80}{220 \times 0.5} + \dfrac{200 \times 40}{220} = 29.1 + 36.4 = 65.5\text{A}$

분기회로의 용량＝12A

그러므로, $N(\text{분기회로의 수}) = \dfrac{\text{전류의 합계}}{\text{분기회로의 용량}} = \dfrac{65.5}{12}$
$= 5.48 ≒ 6$개

02 | 전선의 굵기 결정 요소
17②, 12, 07

다음 중 배선용 전선의 굵기를 결정할 때 고려할 사항과 가장 관계가 먼 것은?

① 전압강하   ② 외부온도
③ 기계적 강도   ④ 허용전류

해설 전선 굵기의 결정요인에는 전압강하, 기계적 강도 및 허용전류 등이 있다.

03 | 전선의 굵기 결정 요소
20, 17, 09

전선의 굵기를 산정하는 데 요구되는 결정요소와 가장 거리가 먼 것은?

① 전선의 허용전류   ② 전압강하
③ 전선관 규격   ④ 전선의 기계적 강도

해설 전선 굵기의 결정요인에는 전압강하, 기계적 강도 및 허용전류 등이 있다.

04 | 허용전류의 정의
15, 13, 04

전선의 절연물에 손상 없이 안전하게 흘릴 수 있는 최대 전류를 무엇이라 하는가?

① 허용전류   ② 절연전류
③ 부하전류   ④ 안전전류

해설 부하전류는 전기회로나 장치의 출력측에 접속한 부하가 소비하는 전류이고, 허용전류는 도체의 온도 상승이 절연물의 성능을 열화시키지 않는 범위에서 흘릴 수 있는 최대 전류값이다.

05 | 전압강하의 정의
16

전류가 전선을 통하여 흐르는 동안 임피던스에 의하여 전위가 낮아지는 현상은?

① 전력강하   ② 전압강하
③ 전류강하   ④ 임피던스강하

해설 임피던스(교류회로에 있어서 가해진 전압과 그것에 의해 흐르는 전류와의 비)강하는 임피던스로 인하여 발생하는 전압강하를 의미한다.

06 | 전압강하의 정의
24

전기회로에서 전압이 전달되는 과정에서 발생하는 전압의 감소와 손실을 의미하는 것은?

① 전류강하   ② 전압강하
③ 저항강하   ④ 전력강하

해설 전압강하는 전기회로에서 전압이 전달되는 과정에서 발생하는 전압의 감소와 손실을 의미한다. 전압강하로 인하여 발생하는 문제는 전력의 손실, 전기장비의 손상, 안전문제 등이 있고, 이를 방지하기 위하여 즉, 전압강하를 최소화하기 위해서 전선이나 케이블의 굵기를 늘리거나, 저항을 줄이는 장치를 설치하거나, 전원 공급 지점에서 전압을 안정적으로 유지하는 등의 조치가 필요하다.

정답 01. ② 02. ② 03. ③ 04. ① 05. ② 06. ②

07 | 전압강하율 04

송전단 전압을 V_s, 수전단 전압을 V_r이라 할 때 전압강하율을 나타낸 식은?

① $(V_s/V_s - V_r) \times 100$
② $(V_r - V_s/V_s) \times 100$
③ $(V_r/V_r - V_s) \times 100$
④ $(V_s - V_r/V_r) \times 100$

해설 전압강하율은 수전단 전압에 대한 전압손실분의 비율로서

$$전압강하율 = \frac{전압손실}{V_r(수전단\ 전압)} \times 100(\%)$$

$$= \frac{V_s(송전단\ 전압) - V_r(수전단\ 전압)}{V_r(수전단\ 전압)} \times 100(\%)$$

08 | 전선 및 관의 단면적 관계 13, 08

굵기가 다른 전열전선을 동일관 내에 넣는 경우의 금속관의 굵기는 전선의 피복절연물을 포함한 단면적의 총합계가 관 내 단면적의 최대 몇 % 이하가 되도록 선정해야 하는가?

① 32%
② 35%
③ 38%
④ 40%

해설 전선관은 16mm 이상 사용을 원칙으로 하고 전선의 굵기가 다른 전선을 동일관 내에 넣은 경우는 전선 단면적의 합계가 관 내 단면적의 32% 이하가 되도록 한다. 다만, 관의 굴곡이 적어 쉽게 전선을 교체할 수 있는 경우에는 전선관 내 배선의 단면적이 48% 이하가 되도록 하되, 케이블배관은 케이블 외경의 1.5배(통신용은 32%) 이상의 굵기를 선정한다.

09 | 제3고조파 16

변압기의 여자전류에 가장 많이 포함된 고조파는?

① 제2고조파
② 제3고조파
③ 제4고조파
④ 제5고조파

해설 고조파는 하나의 임의의 파형을 생각하면, 그 기본이 되는 정류파의 정수배의 주파수를 갖는 정현파를 기본파라 하고, 기본파의 정수배의 주파수를 갖는 정현파를 고조파라 하며, 몇 배의 주파수를 갖는가에 따라 제2고조파, 제3고조파(변압기의 여자전류에 가장 많이 포함된 고조파)라고 한다.

10 | 간선의 배선 방식 16

다음 중 건축물 내의 간선 배선 방식으로 사용되지 않은 공사방법은?

① 버스덕트공사
② 금속덕트공사
③ 케이블트레이공사
④ 금속몰드배선공사

해설 금속몰드공사는 건조한 노출장소에 행하고, 철근콘크리트 건물의 기설 금속관 배선에서 증설, 배선하는 경우 사용하며, 접속점이 없는 절연전선을 사용하고, 접지는 금속관 접지공사에 준한다. 건축물 내의 간선 배선 방식으로는 사용하지 않는 방식이다.

11 | 간선의 배선 방식 24, 12, 08, 05

굴곡 장소가 많아서 금속관에 의하여 공사하기 어려운 경우, 금속관공사, 금속덕트공사 등에 병용하여 부분적으로 이용되는 배선공사방법은?

① 목제몰드공사
② 애자사용몰드공사
③ 가요전선관공사
④ 플로어덕트공사

해설 목제몰드공사는 점멸기와 콘센트 등의 인하선에 이용되는 정도이고, 접속점이 없는 절연전선을 사용하며, 애자사용몰드공사는 절연전선을 애자에 지지시키고, 전개된 장소의 공사, 은폐장소의 공사이며, 플로어덕트공사는 은행, 행사 등의 사무실에 전기 스탠드, 선풍기, 전자계산기 등의 강전류 전선과 전화선, 신호선 등의 약전류 전선을 콘크리트 바닥에 매입하여 바닥면과 일치하게 설치한 플로어 콘센트에 의하여 사용하는 공사로 부식성이나 위험성이 있는 장소는 피하여야 한다.

12 | 간선의 배선 방식 21, 16, 10

다음 설명에 알맞은 배선공사는?

- 열적 영향이나 기계적 외상을 받기 쉬운 곳이 아니면 광범위하게 사용 가능하다.
- 관 자체가 절연체이므로 감전의 우려가 없으며 시공이 쉽다.

① 금속관공사
② 버스덕트공사
③ 플로어덕트공사
④ 합성수지관공사(CD관 제외)

해설 금속관공사는 옥내 배선에서 모든 장소에 채용될 수 있으며, 주로 철근콘크리트조의 매입공사에 사용되는 배선공사방법이다.

정답 07.④ 08.① 09.② 10.④ 11.③ 12.④

13 | 간선의 배선 방식
20

금속관배선공사에 관한 설명으로 옳지 않은 것은?

① 외부에 대한 고조파의 영향이 없다.
② 사용 목적에 따라 적합한 접지가 필요하다.
③ 외부적 응력에 대해 전선보호의 신뢰성이 높다.
④ 옥내의 습기가 많은 은폐장소에서는 사용이 불가능하다.

해설 금속관배선공사는 외력으로부터 전선 보호의 신뢰성이 높고, 사용 목적에 따른 적합한 접지가 필요하며, 고조파의 영향이 없다. 또한 옥내에 습기나 먼지가 있는 장소에 가장 완벽한 공사방법이다.

14 | 간선의 배선 방식
24②, 13, 09

금속관 배선설비에 대한 설명 중 옳지 않은 것은?

① 금속관 배선은 절연전선을 사용하여서는 안 된다.
② 금속관 내에 전선은 접속점을 만들어서는 안 된다.
③ 금속관을 구부릴 때 금속관의 단면이 심하게 변형되지 않도록 구부려야 하며, 일반적으로 그 안측의 반지름은 관 안지름의 6배 이상이 되어야 한다.
④ 금속관 배선에 사용하는 금속관의 단면은 매끈하게 하고 전선의 피복이 손상될 우려가 없도록 하여야 한다.

해설 금속관 배선은 누전 및 감전 등의 사고를 방지하기 위하여 절연전선을 사용하여야 한다.

15 | 간선의 배선 방식
25, 20, 14

저압옥내배선공사 중 점검할 수 없는 은폐된 장소에서 할 수 없는 공사는?

① 케이블공사   ② 금속관공사
③ 금속덕트공사   ④ 합성수지관공사

해설 저압옥내배선공사에 있어서 점검할 수 없는 은폐장소에 설치할 수 있는 공사법은 합성수지관공사, 금속관공사, 가요전선관공사 및 케이블공사 등이 있고, 금속덕트공사는 전개된 장소에만 설치가 가능하다.

16 | 지중 전선로 매설깊이
12, 09

지중 전선로를 직접 매설식에 의하여, 시설하는 경우 매설 깊이는 최소 얼마 이상으로 하여야 하는가? (단, 차량, 기타 중량물의 압력을 받을 우려가 있는 장소)

① 0.6m   ② 1.0m
③ 1.5m   ④ 2.0m

해설 지중 전선로를 직접 매설식에 의하여, 시설하는 경우 매설깊이는 최소 0.6m(60cm) 이상으로 하여야 하나, 차량, 기타 중량물의 압력을 받을 우려가 있는 장소에는 1.0m(100cm) 이상으로 하여야 한다.

17 | 배선 방식
23, 09

다음 설명에 알맞은 배선 방식은?

- 경제적으로 값이 싸지만 1개소의 사고가 전체에 영향을 미친다.
- 각 분전반 별로 동일 전압을 유지할 수 없다.

① 나뭇가지식   ② 평행식
③ 방사선식   ④ 루프식

해설 나뭇가지식은 경제적으로 값이 싸지만 1개소의 사고가 전체에 영향을 미치고, 각 분전반 별로 동일 전압을 유지할 수 없는 방식이고, 평행식은 사고발생 때 타 부하에 파급효과를 최소한으로 억제할 수 있어 다른 부하에 영향을 미치지 않는다. 그러나 경제적이지 못하고, 큰 용량의 부하 또는 분산되어 있는 부하에 대하여 단독회선으로 배선하는 것으로 배선비가 많아지는 단점이 있는 배선 방식이다.

18 | 수용률의 정의
22, 20, 15, 13, 12, 11, 08

수용장소의 총전기설비용량에 대한 최대 수용전력의 비율을 백분율로 나타낸 것은?

① 역률   ② 부등률
③ 전류율   ④ 수용률

해설 수용(수요)률(%) = $\dfrac{\text{최대 수용전력(kW)}}{\text{수용(부하)설비용량(kW)}} \times 100$
$= 0.4 \sim 1.0$

부등률(%) = $\dfrac{\text{최대 수용전력의 합(kW)}}{\text{합성 최대 수용전력(kW)}} = 1.1 \sim 1.5$

19 | 부하율의 정의
12, 09

다음 중 전기설비가 얼마나 유효하게 사용되었는가를 나타내며 어떤 기간 중의 평균 수용전력(kW)과 그 기간 중의 최대 수용전력(kW)과의 비로 표시하는 것은?

① 수용률   ② 부하율
③ 부등률   ④ 설비율

해설 부하율(%) = $\dfrac{\text{평균 수용전력(kW)}}{\text{최대 수용전력(kW)}} \times 100 = 0.25 \sim 0.6$

정답 13. ④ 14. ① 15. ③ 16. ② 17. ① 18. ④ 19. ②

20 | 수용률의 정의 · 22, 14

최대 수용전력이 600kW, 수용률이 80%인 경우 부하설비 용량(kW)은?

① 480　　　　　② 600
③ 750　　　　　④ 850

해설 수용(수요)률(%) = $\dfrac{\text{최대 수용전력(kW)}}{\text{수용(부하)설비용량(kW)}} \times 100$

부하설비 용량 = $\dfrac{\text{최대 수용전력}}{\text{수용률}} \times 100 = \dfrac{600}{80} \times 100$
= 750kW

21 | 변압기 철심의 역할 · 22, 18

변압기에서 자기유도작용으로 발생한 자속을 이동시키는 통로의 역할을 하는 것은?

① 철심　　　　　② 부싱
③ 1차측 코일　　④ 2차측 코일

해설 부싱은 배관의 이음공사에 있어서 관 직경이 다른 관을 접속할 때 사용되는 부품이고, 1차측 코일(primary winding)은 전원이 있는 변압기 권선이고, 2차측 코일(secondfary winding)은 부하에 연결된 권선이다.

22 | 변압기의 원리 · 19, 16, 12, 09, 05, 03

다음 중 변압기의 원리와 가장 관계가 깊은 것은?

① 정전유도　　　② 전자유도
③ 발열작용　　　④ 전계유도

해설 변압기의 원리는 자속의 변화에 의한 전자유도현상을 응용한 것이다.

23 | 변압기 철심의 역할 · 19, 14, 12, 08, 06, 05

변압기에서 철심(core)이 하는 역할은?

① 자속의 이동통로　　② 전류의 이동통로
③ 전압의 이동통로　　④ 와류의 이동통로

해설 변압기는 얇은 규소 강판으로 성층한 철심에 2개의 권선을 감은 형태로 되어 있고, 1차측 권선에 사인파 교류전압을 가하면 철심에서 사인파 교번자속이 생기며(자속의 이동통로), 이 자속과 쇄교하는 다른 쪽 권선에는 권선의 감은 횟수에 따라 교류전압이 유도된다. 변압기의 철심용 강판은 철손을 적게 하기 위하여 두께 0.35~0.5mm 정도의 규소강판(철손을 적게 하기 위하여 규소 함량이 4~4.5%인 규소강판)을 사용한다.

24 | 변압기의 냉각 방식 · 17

전주에 설치하는 변압기에 주로 사용되는 냉각 방식은?

① 공랭식　　　　② 유입수냉식
③ 유입자냉식　　④ 유입송유식

해설 전주에 설치하는 변압기(규소판을 성층철심으로 하여 2조의 권선을 만들고 상호 자기작용을 이용하여 교류전압 또는 전류를 적당한 값으로 변환하는 장치)의 냉각 방식은 유입자냉식(기름을 채운 외함에 변압기를 넣은 구조로 기름의 대류작용에 의해 외함으로 열이 전달되어 냉각되는 방식)을 사용한다.

25 | 변압기의 단위 · 12

변압기의 정격용량을 표시하는 단위는?

① kA　　　　② kV
③ kW　　　　④ kVA

해설 변압기 표준용량은 규정에 정하는 용량으로 단위는 (kVA)로 표기한다.

26 | 변압기의 정격용량 · 07

시설용량 400kVA의 일반 전등전열부하에 공급할 변압기를 선정하고자 한다. 이때 수용률이 70%라면 가장 적당한 변압기의 용량은?

① 250kVA　　　② 300kVA
③ 400kVA　　　④ 570kVA

해설 수용률 = $\dfrac{\text{최대 수용전력(kW)}}{\text{수용(부하)설비용량(kW)}} \times 100 = 0.4 \sim 1.0$

변압기 용량(최대 수용전력) = 시설용량 × 수용률
= 400 × 0.7 = 280kVA

27 | 변압기의 와류손실 감소대책 · 11, 09

다음 중 변압기의 와류손실을 감소시키기 위한 방법으로 가장 알맞은 것은?

① 성층 철심의 사용
② 1차 코일과 2차 코일의 분리
③ 코일의 권수 변화
④ 철심과 코일의 몰딩

해설 변압기의 철심(성층 철심)용 강판은 철손과 와류(맴돌이 전류)를 최소한으로 줄일 수 있도록 하기 위하여 두께 0.35~0.5mm 정도의 규소강판(철손을 적게 하기 위하여 규소함량이 4~4.5%인 규소강판)을 사용한다.

정답 20.③ 21.① 22.② 23.① 24.③ 25.④ 26.② 27.①

28 | 단로기의 정의
14, 06

고전압기기의 1차측에 설치하여 기기를 점검, 수리를 할 때 회로를 분리하는 데 사용되는 개폐기는?

① 차단기　　　② 단로기
③ 변성기　　　④ 콘덴서

해설 차단기는 전기회로의 부하전류를 개폐함과 동시에 사고 발생 시 신속히 회로를 차단하여 회로에 접속된 것으로 전선류를 보호하고, 안전하게 유지하기 위한 기기이고, 변성기는 고전압, 대전류의 계측이나 제어를 하기 위하여 수전되는 전압, 전류를 비례하도록 저전압(100V급), 저전류(5A급)로 변성하여 계측이나 제어를 하는 기기이며, 콘덴서(축전기)는 두 개의 전극 사이에 유전체로 절연하여 정전용량을 이용 전하를 축적하기 위해 만들어진 소자이다.

29 | 변압기 1차 전압
12, 06

변압기의 1차 코일횟수가 120회, 2차 코일횟수가 480회일 때, 2차 코일측의 전압이 100V이면 1차 전압은 몇 V인가?

① 10　　　② 15
③ 25　　　④ 50

해설 변압기의 전압은 코일의 권수비에 비례하므로
$n_1 : n_2 = V_1 : V_2$
$n_1 : n_2 = V_1 : V_2$에서 $120 : 480 = x : 100$
$\therefore x = \dfrac{120 \times 100}{480} = 25V$

30 | 단로기의 정의
23, 20

고압 이상전로에서 단독으로 전로의 접속 또는 분리를 목적으로 하며 무전압이나 무전류에 가까운 상태에서 안전하게 전로를 개폐하는 것은?

① 퓨즈　　　② 단로기
③ 변성기　　　④ 콘덴서

해설 퓨즈는 납, 주석, 아연 등과 같이 비교적 저온도에서 녹아떨어지는 선 또는 띠모양의 금속편으로 전기회로의 도중에 설치하여 과전류를 차단하며, 전기기기류를 보호하는 데 사용한다. 변성기는 고전압, 대전류의 계측이나 제어를 하기 위하여 수전되는 전압, 전류를 비례하도록 저전압(100V급), 저전류(5A급)로 변성하여 계측이나 제어를 하는 기기이며, 콘덴서(축전기)는 두 개의 전극 사이에 유전체로 절연하여 정전용량을 이용 축적하기 위해 만들어진 소자이다.

31 | 배선설비공사
21

배선설비공사에서 스위치 및 콘센트 시공에 관한 설명으로 옳지 않은 것은?

① 스위치는 회로의 비접지측에 시설하여서는 안 된다.
② 매입형 콘센트 플레이트는 건축 마감면에 밀착되도록 설치하여야 한다.
③ 스위치 설치 높이는 일반적으로 바닥에서 중심까지 1.2m를 기준으로 한다.
④ 일반형 콘센트 설치 높이는 바닥에서 기구 중심까지 30cm를 기준으로 한다.

해설 스위치는 회로의 비접지측에 시설하여도 무관하다.

32 | 변압기의 효율
17, 14

변압기에서 입력전력에 대한 출력전력의 비율을 의미하는 것은?

① 부하율
② 수용률
③ 역률
④ 효율

해설 부하율(%) = $\dfrac{\text{평균 수용전력(kW)}}{\text{최대 수용전력(kW)}} \times 100 = 0.25 \sim 0.6$

수용(수요)률(%) = $\dfrac{\text{최대 수용전력(kW)}}{\text{수용(부하)설비용량(kW)}} \times 100 = 0.4 \sim 1.0$

역률은 부하의 종류와는 관계가 있으며 공급전력의 이용되는 비율을 의미한다. 또한 저항만의 회로와 백열 전등 및 전열기는 역률이 100%에 가깝지만, 동력용 전동기 등은 50~90% 정도이며, 유도 리액턴스가 클수록 역률은 작아진다.

33 | 변압기 2차 전압
22, 18, 10, 07

단권 변압기에서 1차 권선의 권수가 100회, 공통 코일(2차 코일) 권수가 60회일 때 2차측 전압은 얼마인가? (단, 1차측 전압은 100V이다.)

① 100V　　　② 60V
③ 40V　　　④ 160V

해설 변압기의 전압은 코일의 권수비에 비례하므로
$n_1 : n_2 = V_1 : V_2$
$n_1 : n_2 = V_1 : V_2$에서 $100 : 60 = 100 : x$
$\therefore x = \dfrac{60 \times 100}{100} = 60V$

정답 28. ② 29. ③ 30. ② 31. ① 32. ④ 33. ②

34. 변압기의 전압 주파수 | 06

전압비(권수비)가 10인 변압기가 있다. 1차측의 주파수가 60Hz이면 2차 권선에 유기되는 전압의 주파수는 몇 Hz인가?

① 6
② 10
③ 60
④ 1/6

해설 변압기의 전압은 코일의 권수비에 비례하고, 전류에 반비례하며, 변압기의 주파수와 전력은 일정하다.

35. 전압변동률의 산정 | 25, 22, 20, 18, 05

단상변압기의 2차 무부하 전압이 220V이고, 정격부하에서의 2차 단자전압이 200V일 경우 전압변동률은?

① 5%
② 7%
③ 10%
④ 12%

해설 δ(전압변동률) $= \dfrac{E_0 - E_r}{E_r} \times 100(\%)$

여기서, E_0 : 전부하 시에 수전단이 개방되어 있을 때의 수전단 개방 단자의 전압
E_r : 전부하 시의 수전단의 전압

$\delta = \dfrac{E_0 - E_r}{E_r} \times 100(\%) = \dfrac{220-200}{200} \times 100 = 10\%$

36. 변압기 1차 전압 | 09

1차 전압 3,300V, 2차 전압 100V의 변압기에서 2차 전압을 80V로 만들기 위해 1차에 몇 V를 가하면 되는가? (단, 권선의 임피던스는 무시한다.)

① 2,640
② 2,910
③ 2,945
④ 2,970

해설 변압기의 전압은 코일의 권수비에 비례하므로,
$n_1 : n_2 = V_1 : V_2$ 이다.
그러므로, $n_1 : n_2 = V_1 : V_2$에서 $3,300 : 100 = x : 80$

$\therefore x = \dfrac{3,300 \times 80}{100} = 2,640$V

37. 변압기 1차 전류 | 05

1차 전압 6,000V, 2차 전압 220V의 변압기가 있다. 2차측 부하전류가 60A라면 1차 전류는 몇 A인가?

① 0.5A
② 2.2A
③ 6A
④ 60A

해설 변압기에서 $P(전력) = \left(VI = I^2R = \dfrac{V^2}{R}\right)$은 일정하며, 즉 변함이 없고, 전류는 전압에 반비례하므로 $\dfrac{V_1}{V_2} = \dfrac{I_2}{I_1}$에서 $I_1 = \dfrac{V_2 I_2}{V_1}$ 이다. $\therefore I_1 = \dfrac{220 \times 60}{6,000} = 2.2$A이다.

38. 3상 전력 | 17, 04

20kVA의 단상변압기 2대로 공급할 수 있는 최대 3상 전력(kVA)은?

① 8.66
② 17.61
③ 23.72
④ 34.64

해설 단상변압기(kVA) 2대를 V결선하면
최대 3상 전력 $= \sqrt{3} \times$ 변압기의 용량 $= \sqrt{3} \times 20 = 34.64$kVA

39. 3상 전력 | 21

75kVA 단상변압기 2대를 V결선한 경우 3상 변압기의 출력은?

① 90kVA
② 110kVA
③ 130kVA
④ 150kVA

해설 단상변압기(kVA) 2대를 V결선하면
최대 3상 전력 $= \sqrt{3} \times$ 변압기의 용량 $= \sqrt{3} \times 75 = 129.9 ≒ 130$kVA

40. △결선의 특징 | 25, 23, 16, 11

단상변압기 3대를 △-△결선하여 부하에 전력을 공급할 때 △결선의 특징으로 옳지 않은 것은?

① 중성점을 접지할 수 있다.
② 선전류가 상전류보다 $\sqrt{3}$ 배 크다.
③ 선간전압과 상전압의 크기가 같다.
④ 변압기 1대가 고장 시에 V결선으로 전환할 수 있다.

해설 3상 3선식의 △-△결선의 특징은 변압기의 1대가 고장난 경우에는 V-V결선 방식으로 변경이 가능하고, 고조파 전류가 발생하지 않으며, 중성점을 접지할 수 없다. 또한 선간전압과 상전압의 크기가 동일하고, 선전류가 상전류보다 $\sqrt{3}$ 배 크다. 또한 △결선과 Y결선의 비교는 다음과 같다.

구분	전압	전류
△결선	선간전압=상전압	선전류=$\sqrt{3}$ 상전류
Y결선	선간전압=$\sqrt{3}$ 상전압	선전류=상전류

정답 34. ③ 35. ③ 36. ① 37. ② 38. ④ 39. ③ 40. ①

41 | 변압기의 병렬운전 조건
15, 11

변압기의 병렬운전의 조건으로 옳지 않은 것은?

① 권선비가 같을 것
② 1차, 2차 정격전압 및 극성이 같을 것
③ 3상에서는 상회전 방향 및 위상 변위가 같을 것
④ 순환전류와 부하 전류치의 합이 정격부하의 110%를 넘을 것

해설 단상변압기의 병렬운전의 조건은 ①, ② 및 ③ 외에 순환전류와 부하 전류치의 합이 정격부하의 110%를 넘지 않아야 하고, 내부 저항과 누설 리액턴스가 같을 것 등이고, 3상 변압기의 병렬운전의 조건은 단상변압기의 병렬운전의 조건 외에 상회전 방향이 같고, 위상변위(위상각)가 일치하여야 한다.

42 | 전동기 결선
21, 19, 17, 10

3대의 전동기에 모두 같은 크기의 전압을 인가하기 위한 결선방법은?

① 직렬 결선
② 병렬 결선
③ 직렬 결선 1회로와 병렬 결선 2회로
④ 직렬 결선 2회로와 병렬 결선 1회로

해설 병렬 결선의 경우에는 전압이 일정하고, 직렬 결선의 경우에는 전류가 일정하므로 동일한 전압을 인가하기 위한 결선방법은 **병렬 결선**이다.

43 | 변압기
13, 07

다음의 변압기에 대한 설명 중 옳지 않은 것은?

① 송배전 계통은 물론 각 수용가의 가전제품에서 전압을 높이거나 낮추기 위하여 사용되는 전기기기이다.
② 변압기의 원리는 자속의 변화에 의한 전자유도현상을 응용한 것이다.
③ 2차측 코일은 자기유도작용을 발생시키는 역할을 한다.
④ 철심은 자속을 이동시키는 통로의 역할을 한다.

해설 변압기의 1차측 권선에 사인파 교류전압을 가하면, 철심(철재를 자기장 내에 놓으면 철재에도 자기가 나타나는 현상, 즉 자기유도작용)에서 사인파 교번자속이 생기고, 2차측 권선에는 권선의 감은 횟수에 따라 교류전압이 유도(도체가 자속을 끊었을 때, 이 기전력에 의해서 흐르는 전류로 만들어지는 자속이 원래 자속의 증감을 방해하는 방향이라는 법칙, 기전력의 크기는 자속의 변화율에 비례한다. 즉, **전자유도작용**)된다.

44 | 발전기실의 위치
17, 05

발전기실의 위치 선정 시 고려해야 할 사항으로 옳지 않은 것은?

① 연돌에서 가급적 멀리 위치할 것
② 실내 환기를 충분히 행할 수 있을 것
③ 변전실에 가깝고, 침수의 우려가 없을 것
④ 기기의 반입·반출 및 운전 보수면에서 편리할 것

해설 발전기실은 연도의 길이를 짧게 또는 연돌(연도에서 대기에 이르는 통로)에서 가급적 배출구에 가까이 위치하여야 하고, 부하의 중심에 위치하도록 하며, 급배수 및 연료 공급이 용이하여야 한다.

45 | 단락전류
22, 16

임피던스 전압강하 5%의 변압기가 운전 중 단락되었을 때 단락전류는 정격전류의 몇 배가 흐르는가?

① 20배
② 25배
③ 30배
④ 35배

해설 단락전류는 출력직류 전류단자가 단락된 때와 정격교류 선전압이 전원단자에 공급되는 때에 흐르는 입력교류전류의 정상치이다.

$\dfrac{I_{1s}(1차측\ 단락전류)}{I_{1n}(1차측\ 정격전류)} = \dfrac{100}{임피던스}$ 이므로

$I_{1s} = \dfrac{I_{1n} \times 100}{Z} = \dfrac{I_{1n} \times 100}{5} = 20 I_{1n}$

즉, 1차측 단락전류는 1차측 정격전류의 20배이다.

46 | 변압기
23, 21

변압기에 관한 설명으로 옳은 것은?

① 전압을 강압(down)시킬 때만 사용한다.
② 건식 변압기는 화재의 위험성이 있는 장소에 사용이 곤란하다.
③ 몰드 변압기는 내수·내습성이 우수하나 소형, 경량화가 불가능하다는 단점이 있다.
④ 1차측 코일과 2차측 코일의 권수비는 1차측 코일과 2차측 코일의 교류전압의 비와 같다.

해설 변압기는 자기유도작용에 의해 기전력을 효과적으로 이용하여 주로 전압을 변성(낮추거나, 높이거나)하는 장치이다. 건식 변압기(냉각 매체로 기름을 사용하지 않고, 가스나 공기를 사용한 변압기)의 절연물은 연소(화재의 위험성)하지 않고, 폭발성이 아니므로 광산, 선박, 건축물 등에 사용되고 있다. 몰드 변압기(고압 전선과 저압 전선을 개별적으로 에폭시 수지로 몰드한 변압기)는 진동과 내수, 내습성이 우수하고, 소형, 경량화가 가능하다.

정답 41.④ 42.② 43.③ 44.① 45.① 46.④

47 | V결선의 출력
08

△결선의 변압기 1대가 고장으로 V결선으로 바꾸었을 때 출력은 고장 전 출력의 몇 % 정도인가?

① 57.7% ② 50%
③ 66.7% ④ 173.2%

해설 △결선(3각 결선)은 선전류는 상전류보다 30° 위상이 뒤지고, 3상 전력을 얻을 수 있으며, 결손 시 V결선이 되므로 출력은 $1/\sqrt{3}$ 배, 즉 약 57.735%가 된다.

48 | △-Y의 결선
25, 11, 09

부하측에 인가되는 전압을 $\sqrt{3}$ 배 승압시킬 수 있으며 3상 4선식 중성점 접지 배전방식으로 널리 사용되고 있는 변압기 결선방식은?

① Y-△ ② △-Y
③ Y-Y ④ △-△

해설 △결선과 Y결선의 장점을 이용한 3상 4선식의 △-Y결선은 Y결선의 중성점을 접지할 수 있고, 전압을 $\sqrt{3}$ 배 승압이 가능하며, Y결선의 성전압은 선간전압의 $1/\sqrt{3}$ 배이므로 절연이 쉬우며, 주로 220V/380V를 사용하고 있다.

49 | △-Y의 결선
22

단상 변압기 3대를 결선하고자 하는 경우, 부하측에 인가되는 전압을 $\sqrt{3}$ 배 승압시킬 수가 있으며 3상 4선식 중성점 접지 배전방식으로 사용되는 결선방법은?

① △-Y결선 ② Y-△결선
③ △-△결선 ④ V-V결선

해설 ② Y-△결선의 특성은 1차, 2차 전압, 전류에 30°의 위상차가 발생되고, 2차측 상전류에 고조파를 순환할 수 있어 기전력은 정현파가 되며, 강압용 변압기 결선에 유효하다.
③ △-△결선의 특성은 운전 중 1대의 고장 시 V-V결선으로 송전을 계속할 수 있고, 상에는 제3고조파 전류를 순환하여 정현파 기전력을 유도하고, 외부에는 나타나지 않아 통신장애가 없다. 특히, 중성점을 접지할 수 없고, 30kV 이하의 배전선로에 유효하다.
④ V-V결선의 특성은 2대의 단상 변압기로 3상 부하에 전원을 공급할 수 있고, 부하 증설 예정 시, △-△결선 운전 중 1대 고장 시 V-V결선으로 송전을 계속할 수 있으며, 이용률은 $\frac{\sqrt{3}}{2}=86.6\%$, 출력비는 $\frac{1}{\sqrt{3}}=57.7\%$ 정도이다.

50 | 전력퓨즈
13, 09, 07

전기설비의 특별고압측에서 사고전류를 차단하는 장치인 전력퓨즈(power Fuse)에 관한 설명으로 옳은 것은?

① 계전기나 변성기가 없이 작동하지만, 특성을 조정할 수 있으므로 편리하다.
② 소형이고 비교적 경량이지만, 재투입이 불가능한 단점이 있다.
③ 고속도 차단이 가능하고, 비한류 특성이 있는 것이 장점이다.
④ 소형으로 큰 차단용량을 갖지만, 유지보수가 어려운 단점이 있다.

해설 ① 계전기나 변성기가 필요 없이 작동하나, 특성을 조정할 수 없으므로 불편하고, ③ 고속도 차단은 가능하고 한류 특성이 있으며, ④ 소형으로 큰 차단용량을 갖지만, 유지보수가 쉬운 장점이 있다.

51 | V결선의 출력
06

200kVA 단상변압기 3대를 △결선하여 사용하다가 1대의 변압기가 소손되어 V결선으로 운전한다면 몇 kVA 부하까지 연결할 수 있겠는가?

① 450 ② 600
③ 346 ④ 692

해설 200kVA 단상변압기 3대를 △결선을 하여 사용하던 중 1대의 변압기가 고장이 생겨 V결선으로 운전하는 경우 출력비는 $1/\sqrt{3}$ (57.7%) 정도이고, 변압기 2대를 V결선하여 운전할 때 출력은 변압기 1대 용량의 $\sqrt{3}$ 배이므로 출력= $\sqrt{3}$ ×변압기의 용량이다.
출력= $\sqrt{3}$ ×변압기의 용량= $\sqrt{3}$ ×200=200 $\sqrt{3}$ ≒346kVA

52 | 전동기의 선전류
08

3상 유도전동기의 출력이 6.5kW, 전압이 200V, 효율이 85%, 역률 90%인 경우 이 전동기에 유입되는 선전류는?

① 약 24.5A ② 약 25.5A
③ 약 26.5A ④ 약 27.5A

해설 P(3상 유도전동기의 출력)= $\sqrt{3}$ I(전류)V(전압)$\cos\theta$(역률)η(효율)
$P=\sqrt{3}IV\cos\theta\eta$에서
$I=\dfrac{P}{\sqrt{3}V\cos\theta\eta}=\dfrac{6,500}{\sqrt{3}\times200\times0.9\times0.85}=24.528$A

53 | 전력퓨즈
12, 10

전력퓨즈에 대한 설명으로 옳지 않은 것은?

① 릴레이와 변성기가 필요하다.
② 소형으로 큰 차단용량을 가진다.
③ 옥내에 시설하는 경우에는 소음기를 부착하는 것이 좋다.
④ 일정치 이상의 과전류를 차단하여 전로나 기기를 보호한다.

해설 전력퓨즈는 고전압 회로 및 기기의 단락보호용 퓨즈로서 차단기에 비하여 가격이 싸고, 소형으로 경량이며, 차단용량이 크고, 고속차단을 할 수 있으며, 보수가 간단하다. 릴레이와 변성기는 필요 없다.

54 | 수용률의 산정
07

수용률 60%, 부하의 입력 합계가 50kW인 비상용 부하에 대한 자가 발전기 용량은 최소 얼마 이상으로 하는가?

① 30kVA
② 49kVA
③ 64kVA
④ 83kVA

해설 수용률 = $\dfrac{\text{최대수용전력}}{\text{부하설비용량}} \times 100(\%)$ 이다.

최대수용전력 = $\dfrac{\text{부하설비용량} \times \text{수용률}}{100} = \dfrac{50 \times 60}{100} = 30\text{kVA}$

55 | 부등률의 정의
22

합성최대수요전력을 구하는 계수로서 각 부하의 최대수요전력 합계와 합성최대수요전력과의 비율로 나타내는 것은?

① 수용률
② 유효율
③ 부하율
④ 부등률

해설
① 수용률 = $\dfrac{\text{최대수용전력(kW)}}{\text{수용설비용량(kW)}} \times 100\% = 0.4 \sim 1.0$

③ 부하율 = $\dfrac{\text{평균수용전력(kW)}}{\text{최대수용전력(kW)}} \times 100\% = 0.25 \sim 0.6$

56 | 수전설비 인입구 개폐기
18

수전설비에서 인입구 개폐기로 사용되지 않는 것은?

① LBS
② ASS
③ DS
④ PF

해설 DS(Disconnecting Switch)는 단로기이고 PF(Power Fuse)는 파워퓨즈이다.

57 | 진공차단기
10

고압차단기 중 진공차단기에 대한 설명으로 옳지 않은 것은?

① 차단시간이 짧다.
② 개폐 수명이 길다.
③ 압축공기 등의 부대설비가 필요하다.
④ 차단성능이 우수하며 소형·경량이다.

해설 진공차단기(VCB)는 진공에서의 높은 절연내력과 발생되는 아크가 진공 중으로 급속히 확산되면서 소호하는 방식으로 압축공기 등의 부대설비가 필요 없으며, 공기차단기(ABCB)는 별도의 압축공기를 공급하기 위한 압축기 등의 부대시설이 필요하다.

58 | 영상변류기의 정의
16, 12

계기용 변성기로서 대전류회로의 지락사고 시 각 상의 불평형 전류를 검출하여 이에 비례한 미소전류를 2차측으로 전하는 기능을 하는 것은?

① 영상변류기(ZCT)
② 계기용 변류기(CT)
③ 계기용 변압기(PT)
④ 계기용 변압·변류기(MOF)

해설 계기용 변류기(CT)는 고압의 회로에 흐르는 전류가 크므로 계기를 직접 접속할 수 없어서 이에 비례하는 저전류로 변성하는 기기로서, 회로에 반드시 직렬로 접속하여 사용하고, 계기용 변압기(PT)는 수전되는 고압회로의 전압을 이에 비례하는 낮은 전압으로 변성하는 것으로서, 수전회로에 병렬로 접속하여 사용하며, 계기용 변압·변류기(MOF)는 계기용 변압기와 계기용 변류기를 조합한 것이다.

59 | 보호계전기의 종류
20, 14

보호계전기의 종류에 속하지 않는 것은?

① 방향 계전기
② 과전류 계전기
③ 부족전압 계전기
④ 갭 저항형 계전기

해설 보호계전기는 수변전설비의 선로나 기기에 사고가 발생하였을 때 보호를 하여 피해를 최소한으로 억제하고, 사고가 파급되는 것을 방지하기 위하여 과전류, 과전압, 부족전압, 지락 및 결상 시 등의 전기설비의 보호를 위해 설치하는 기기로서 종류에는 과전류 계전기, 과전압 계전기, 저(부족)전압 계전기 및 지락 계전기 등이 있고, 갭 저항형은 피뢰기의 일종이다.

60 | 비율차동 계전기의 정의
18

보호구간으로 유입하는 전류와 보호구간에서 유출되는 전류의 벡터차와 출입하는 전류와의 관계비로 동작하는 보호계전기는?

① 거리 계전기
② 과전압 계전기
③ 과전류 계전기
④ 비율차동 계전기

해설 거리 계전기(Distance Relay)는 선로를 보호하는 보호계전기의 한 종류로서 전압과 전류 측정과 같은 간단한 시스템으로 고장을 판단할 수 있는 장점이 있지만, 큰 부하와 같은 상황에서 오동작 가능성도 높다. 과전압 계전기(OVR)는 수전 선로에 과전압이나 이상전압이 발생할 경우 PT(계기용 변압기)에서 검출하여 차단기와 경보기 등을 작동시키는 역할을 하는 계전기이며, 과전류 계전기(OCR)는 CT(계기용 변류기)에서 검출된 과전류에 의하여 계전기가 작동하여 차단기와 경보기 등을 작동시키는 역할을 하는 계전기이다.

61 | 누전차단기의 검출기
24, 15, 13

누전차단기에서 검출기구로 사용되는 것은?

① 계전기
② 콘덴서
③ 영상변류기
④ 유입차단기

해설 누전차단기는 옥내의 전기회로에 누전 발생 시 자동으로 회로를 차단(교류 600V 이하의 저압전로의 과전류, 단락전류 및 지락전류 등을 차단)시켜 주는 역할을 하는 차단기로서 영상변류기를 이용하여 누전에 의한 지락전류의 발생을 감지한다.

62 | 영상변류기 사용목적
22②, 16

영상변류기(ZCT)의 주된 사용목적은?

① 과전압 검출
② 과전류 검출
③ 지락전류 검출
④ 부하전류 검출

해설 영상변류기는 전기회로의 지락사고를 방지(지락전류의 검출)하기 위하여 설치하는 것으로, 지락사고 발생 시에 흐르는 영상전류를 검출하여 접지계전기에 의하여 차단기를 동작시켜 사고를 방지하는 것이다.

② 배선 및 부하설비

01 | 축전지의 공칭전압
10, 05

알칼리 축전지 1셀(cell)의 공칭전압은?

① 1.0V
② 1.2V
③ 1.5V
④ 2.0V

해설 축전지 1셀(cell)의 공칭전압은 알칼리 축전지는 1.2V/셀, 납(연)축전지는 2V/셀이다.

02 | 알칼리 축전지
19, 15, 14

알칼리 축전지에 관한 설명으로 옳지 않은 것은?

① 고율방전특성이 좋다.
② 공칭전압은 2.0V/셀이다.
③ 극판의 기계적 강도가 강하다.
④ 부식성 가스가 발생하지 않는다.

해설 알칼리 축전지의 양극은 수산화니켈, 음극은 카드뮴, 전해액은 수산화칼륨이고, 공칭전압은 1.2V/셀이다.

03 | 알칼리 축전지
15, 14, 08

알칼리 축전지에 대한 설명으로 틀린 것은?

① 저온 특성이 좋다.
② 극판의 기계적 강도가 강하다.
③ 부식성의 가스가 발생하지 않는다.
④ 과방전, 과전류에 대해 약하다.

해설 알칼리 축전지는 극판의 기계적 강도가 강하고, 과방전, 과전류에 대해 강하다. 고율방전 특성과 저온 특성이 좋고, 축전지 1셀(cell)의 공칭전압은 알칼리 축전지는 1.2V/셀, 납(연)축전지는 2V/셀이다.

04 | 납축전지
20, 14, 07

납축전지의 방전이 다되면 양(+)극은 어떠한 물질로 되는가?

① Pb
② $PbSO_4$
③ PbO
④ PbO_2

해설 납축전지가 완전 방전 시에는 양극, 음극 모두 회백색의 $PbSO_4$가 된다.

05 | 납축전지
06, 03

충전 완료한 납축전지의 양극은?

① Pb_2O
② PbO
③ PbO_2
④ Pb_3O_4

해설 납(연)축전지의 물질과 상태

구분	양극	음극	전해액
충전 시	이산화납(PbO_2), 다(적)갈색	납(Pb), 은회색	묽은 황산(H_2SO_4)
방전 시	회백색의 $PbSO_4$		

06 | 축전지실 천장 높이
01

축전지실의 천장 높이는 몇 m 이상으로 해야 하는가?

① 1.6m
② 2.6m
③ 3.6m
④ 4.6m

해설 축전지실의 천장 높이는 건축적, 전기적 및 위생적인 면을 고려하여 2.6m 이상으로 한다.

07 | 충전방식
19, 13

축전지의 충전방식 중 필요할 때마다 표준 시간율로 소정의 충전을 하는 방식은?

① 보통충전
② 급속충전
③ 부동충전
④ 균등충전

해설 급속충전은 비교적 짧은 시간에 보통 충전전류의 2~3배의 전류로 충전하는 방식이고, 부동충전은 전지의 자기 방전을 보충함과 동시에 상용 부하에 대한 전력 공급은 충전기가 부담하도록 하되 충전기가 부담하기 어려운 일시적인 대전류 부하는 축전지로 하여금 부담하게 하는 방식이며, 균등충전은 부동충전 방식에 의하여 사용할 때 각 전해조에서 일어나는 전위차를 보정하기 위하여 1~3개월마다 1회, 정전압으로 10~12시간 충전하여 각 전해조의 용량을 균일화하기 위하여 행하는 충전방식이다.

08 | 충전방식
24, 16, 13, 12

축전지의 자기 방전량만을 미세한 전류로 지속적으로 충전을 행하는 방식을 무엇이라 하는가?

① 세류충전
② 급속충전
③ 균등충전
④ 보통충전

09 | 충전방식
22, 15, 11, 10

다음 설명에 알맞은 축전지의 충전방식은?

> 전지의 자기 방전을 보충함과 동시에 상용 부하에 대한 전력 공급은 충전기가 부담하도록 하되 충전기가 부담하기 어려운 일시적인 대전류 부하는 축전지로 하여금 부담하게 하는 방식

① 보통충전
② 부동충전
③ 급속충전
④ 균등충전

해설 부동충전
전지의 자기 방전을 보충함과 동시에 상용 부하에 대한 전력 공급은 충전기가 부담하도록 하되 충전기가 부담하기 어려운 일시적인 대전류 부하는 축전지로 하여금 부담하게 하는 방식

10 | 충전방식
21

축전지의 충전방식 중 비교적 짧은 시간에 보통 충전전류의 2~3배의 전류로 충전하는 방식은?

① 보통충전
② 급속충전
③ 부동충전
④ 균등충전

해설 보통충전은 필요할 때마다 표준 시간율로 소정의 충전을 하는 방식이다. 부동충전은 전지의 자기 방전을 보충함과 동시에 상용 부하에 대한 전력 공급은 충전기가 부담하도록 하되 충전기가 부담하기 어려운 일시적인 대전류 부하는 축전지로 하여금 부담하게 하는 방식이다. 균등충전은 부동충전 방식에 의하여 사용할 때 각 전해조에서 일어나는 전위차를 보정하기 위하여 1~3개월마다 1회, 정전압으로 10~12시간 충전하여 각 전해조의 용량을 균일화하기 위하여 행하는 충전방식이다.

11 | 역률의 산정
22, 17, 11, 08, 05

선간전압 220V이고 전류 70A, 소비전력 18kW인 3상 유도전동기의 역률은 얼마인가?

① 0.67
② 0.72
③ 0.75
④ 1.17

정답 05. ③ 06. ② 07. ① 08. ① 09. ② 10. ② 11. ①

해설 $\cos\theta(역률) = \dfrac{P(유효(소비)전력)}{P_a(피상전력)}$ 이므로 $P = P_a\cos\theta$

$P_a = \sqrt{3}\,W = \sqrt{3}\,VI = \sqrt{3}\times 220 \times 70 = 15{,}400\sqrt{3}\,W$

$P = 18{,}000\,W$

$\cos\theta = \dfrac{P}{P_a} = \dfrac{18{,}000}{15{,}400\sqrt{3}} = 0.6748 ≒ 0.675$

12 역률의 산정 | 10, 08

3Ω의 저항과 4Ω의 유도성 리액턴스가 직렬로 연결된 교류회로에서의 역률은 얼마인가?

① 75%   ② 60%
③ 30%   ④ 80%

해설 $p_f(역률) = \dfrac{저항}{임피던스} \times 100$

$= \dfrac{3}{\sqrt{(저항)^2 + (유도임피던스)^2}} \times 100$

$= \dfrac{3}{\sqrt{3^2 + 4^2}} = \dfrac{3}{5} \times 100 = 60\%$

무효율 = $\dfrac{리액턴스}{임피던스} = \dfrac{4}{5} \times 100 = 80\%$

13 역률의 산정 | 18

다음과 같은 RLC 직렬회로에서 역률은?

① 0.6   ② 0.7
③ 0.78 ④ 0.85

해설 $p_f = \cos\theta(역률) = \dfrac{R(저항)}{Z(임피던스)}$

$= \dfrac{R}{\sqrt{R^2 + (X_L - X_C)^2}} = \dfrac{R}{\sqrt{R^2 + (\omega_L - \omega_C)^2}}$

$= \dfrac{30}{\sqrt{30^2 + (60-20)^2}} = 0.6$

14 회전수 및 동기속도 | 23, 11, 03

3상 유도전동기의 극수가 6, 주파수가 60Hz일 때 회전수는 몇 rpm인가?

① 100   ② 600
③ 1,000 ④ 1,200

해설 N(전동기의 회전수 또는 동기속도)

$= \dfrac{120f(주파수)}{P(극수)} = \dfrac{120 \times 60}{6} = 1{,}200\,rpm$

15 회전수 및 동기속도 | 22, 17, 16, 12

4극, 60Hz, 50kW 3상 유도전동기의 전부하 슬립이 2%일 때 전동기의 회전수(rpm)는?

① 1,548 ② 1,642
③ 1,764 ④ 1,800

해설 N(전동기의 회전수 또는 동기속도)

$= \dfrac{120f(주파수)(1 - s(슬립))}{P(극수)} = \dfrac{120 \times 60 \times (1-0.02)}{4}$

$= 1{,}764\,rpm$

16 회전수 및 동기속도 | 25, 24, 23, 12

6극, 60Hz, 3상 유도전동기의 슬립이 5%일 때 회전수는?

① 1,120rpm ② 1,130rpm
③ 1,140rpm ④ 1,150rpm

해설 N(전동기의 회전수 또는 실제속도)

$= \dfrac{120f(주파수)(1 - s(슬립))}{P(극수)} = \dfrac{120 \times 60 \times (1-0.05)}{6}$

$= 1{,}140\,rpm$

17 회전수 및 동기속도 | 18, 10

어느 공장에 주파수 60Hz, 50kW인 4극 유도전동기가 운전되고 있다. 이 전동기의 동기속도는?

① 1,500rpm ② 1,800rpm
③ 2,500rpm ④ 3,600rpm

해설 N(전동기의 회전수 또는 동기속도)

$= \dfrac{120f(주파수)}{P(극수)} = \dfrac{120 \times 60}{4} = 1{,}800\,rpm$

18 회전수 및 동기속도 | 09

주파수 50Hz 전원으로 운전하고 있는 3상 유도전동기를 60Hz 전원에 접속하면 회전자 속도는 어떻게 되는가?

① 10% 증가
② 10% 감소
③ 20% 증가
④ 변하지 않음

해설 N(전동기의 회전수 또는 동기속도) $= \dfrac{120f(주파수)}{P(극수)}$ 이므로, 회전자 속도는 주파수에 비례하고, 극수에 반비례하므로 주파수가 50Hz에서 60Hz로 변하므로 $\dfrac{60}{50} = 1.2$이므로 20%가 증가한다.

정답 12. ② 13. ① 14. ④ 15. ③ 16. ③ 17. ② 18. ③

19 | 회전수 및 동기속도
01

60Hz의 전원에 접속된 12극 3상 유도전동기의 동기속도 (rpm)는?

① 600
② 1,200
③ 1,800
④ 3,600

[해설] N(전동기의 회전수 또는 동기속도)
$= \dfrac{120f(주파수)}{P(극수)} = \dfrac{120 \times 60}{12} = 600\text{rpm}$

20 | 유도전동기의 특성
22

역률이 나쁘다는 결점이 있으나, 구조와 취급이 간단하여 건축설비에서 가장 널리 사용되고 있는 전동기는?

① 동기전동기
② 분권전동기
③ 직권전동기
④ 유도전동기

[해설] 동기전동기는 회전자에 자극을 교대로 배치하고 고정자측에 3상 권선을 배치, 고정자측과 회전자의 에어갭에 회전자계를 발생시키면 회전자의 자극이 그 회전자계를 따라 회전하는 전동기이다. 분권전동기는 부하 변동에 대하여 회전수가 일정하거나 거의 일정한 특성이 있는 전동기이다. 직권전동기는 기동 토크 그고 무부히 속도기 큰 전동기이다.

21 | 농형 유도전동기
16, 12

다음 설명에 알맞은 전동기는?

- 교류용 전동기이다.
- 구조가 간단하여 취급이 용이하다.
- 슬립링이 없기 때문에 불꽃의 염려가 없다.

① 분권전동기
② 타여자전동기
③ 농형 유도전동기
④ 권선형 유도전동기

[해설] 농형 유도전동기는 교류용 전동기로서 회전자의 구조가 간단하고 튼튼하며, 운전 중의 성능은 좋으나, 기동 시에 매우 큰 기동전류가 흐르므로 권선이 타기 쉽고, 공급전원에 나쁜 영향을 끼친다. 특히 슬립링이 없기 때문에 불꽃의 염려가 없고, 취급이 용이하다.

22 | 농형 유도전동기
21, 19②, 15, 12

건축설비에서 사용되는 농형 유도전동기에 관한 설명으로 옳지 않은 것은?

① 슬립링이 있기 때문에 불꽃의 염려가 없다.
② 속도제어 방법으로 VVVF방식 등을 사용할 수 있다.
③ 권선형 유도전동기에 비하여 구조가 간단하여 취급이 용이하다.
④ 기동전류가 커서 전동기 권선을 과열시키거나 전원 전압의 변동을 일으킬 수 있다.

[해설] 농형 유도전동기는 교류용 전동기로서 회전자의 구조가 간단하고 튼튼하며, 운전 중의 성능은 좋으나, 기동 시에 매우 큰 기동전류가 흐르므로 권선이 타기 쉽고, 공급전원에 나쁜 영향을 끼친다. 특히 슬립링이 없기 때문에 불꽃의 염려가 없고, 취급이 용이하다.

23 | 농형 유도전동기
24, 09, 07

다음의 농형 유도전동기에 대한 설명 중 옳지 않은 것은?

① 권선형에 비해 구조가 간단하여 취급방법이 가능하다.
② 기동전류가 커서 전동기 전선을 과열시키거나 전원전압의 변동을 일으킬 수 있다.
③ 일반 산업용 및 건축설비에서 광범위하게 사용한다.
④ 슬립링에서 불꽃이 나올 염려가 있기 때문에 인화성 또는 폭발성 가스가 있는 곳에서는 사용할 수가 없다.

[해설] 농형 유도전동기는 교류용 전동기로서 회전자의 구조가 간단하고 튼튼하며, 슬립링이 없기 때문에 불꽃의 염려가 없고, 취급이 용이하다.

24 | 농형 유도전동기
24, 19②, 15, 10

농형 유도전동기에 대한 설명으로 옳지 않은 것은?

① 구조가 간단하여 취급방법이 간단하다.
② VVVF(Variable Voltage Variable Frequency) 방식으로 속도제어가 가능하다.
③ 기동전류가 커서 전동기 권선을 과열시키거나 전원전압의 변동을 일으킬 수 있다.
④ 슬립링에서 불꽃이 나올 염려가 있기 때문에 인화성 또는 폭발성 가스가 있는 곳에서는 사용할 수 없다.

[해설] 농형 유도전동기는 교류용 전동기로서 회전자의 구조가 간단하고 튼튼하며, 슬립링이 없기 때문에 불꽃의 염려가 없고, 취급이 용이하나, 권선형 유도전동기는 슬립링에서 불꽃이 나올 염려가 있기 때문에 인화성 또는 폭발성 가스가 있는 곳에서는 사용할 수 없다.

[정답] 19. ① 20. ④ 21. ③ 22. ① 23. ④ 24. ④

25 | 전동기의 종류
08, 05

다음 중 교류전동기가 아닌 것은?

① 권선형 유도전동기
② 3상 동기전동기
③ 셰이딩 코일형 유도전동기
④ 복권전동기

해설 교류전동기의 종류에는 유도전동기(단상, 3상), 동기전동기(단상, 3상) 등이 있고, 유도전동기에는 단상 유도전동기(분상 기동형, 콘덴서 기동형, 영구 콘덴서형, 셰이딩 코일형 등)와 3상 유도전동기(농형, 권선형) 등이 있고, 복권전동기는 직류전동기의 일종이다.

26 | 직권전동기
16

다음 중 속도 조정이 가능한 직류전동기는?

① 동기전동기   ② 직권전동기
③ 농형 유도전동기   ④ 반발기동유도전동기

해설 직류전동기의 종류에는 타여자전동기, 분권전동기, 직권전동기(속도 조정이 가능한 직류전동기) 및 복권전동기(가동, 차동) 등이 있고, 교류전동기의 종류에는 유도전동기(단상, 3상), 동기전동기(단상, 3상) 등이 있다.

27 | 전동기의 종류
09, 08

다음 중 교류전동기에 속하는 것은?

① 분권전동기   ② 직권전동기
③ 복권전동기   ④ 유도전동기

해설 직류전동기의 종류에는 타여자전동기, 분권전동기, 직권전동기 및 복권전동기(가동, 차동) 등이 있고, 교류전동기의 종류에는 유도전동기(단상, 3상), 동기전동기(단상, 3상) 등이 있다.

28 | 전동기의 종류
18

단상 유도전동기의 종류에 속하는 것은?

① 분권전동기
② 타여자전동기
③ 권선형 유도전동기
④ 콘덴서 기동형 전동기

해설 교류전동기의 종류에는 유도전동기(단상, 3상), 동기전동기(단상, 3상) 등이 있고, 유도전동기에는 단상 유도전동기(분상 기동형, 콘덴서 기동형, 영구 콘덴서형, 셰이딩 코일형 등)와 3상 유도전동기(농형, 권선형) 등이 있다.

29 | 인덕턴스의 코일
23, 19

교류전압을 사용하는 전동기의 인덕턴스 성분인 코일에 관한 설명으로 옳은 것은?

① 주파수를 빠르게 한다.
② 코일에서는 전류보다 전압이 앞선다.
③ 코일에서는 전압보다 전류가 앞선다.
④ 용کさ성 저항으로 용량 리액턴스라 한다.

해설 전압과 전류의 관계

동작의 종류	전압과 전류의 위상 관계	비고
저항	전압과 전류는 동일	동상
인덕턴스 (코일)	전압은 전류보다 위상이 $\frac{\pi}{2}$(rad)(90°)만큼 앞선다.	전압 (인코압)
정전용량 (콘덴서)	전류는 전압보다 위상이 $\frac{\pi}{2}$(rad)(90°)만큼 앞선다.	전류 (정콘류)

30 | 전동기의 기동방식
16

전동기 기동방식 중 유도전동기의 기동방법이 아닌 것은?

① 직입기동방식
② Y-△ 기동방식
③ 리액터 기동방식
④ 동기전동기 기동방식

해설 유도전동기의 기동방식에는 직입기동법(전전압기동법), Y-△ 기동법, 리액터 기동법, 기동보상기법 및 기동저항기법 등이 있고, 동기전동기의 기동방식에는 타기동법, 기동권선법, 고정자 회전기동법 및 특수 커플링법 등이 있다.

31 | Y-△ 기동법의 사용
21, 18, 13, 09

3상 유도전동기의 기동법으로 Y-△ 기동법을 사용하는 가장 주된 목적은?

① 전압을 높이기 위하여
② 기동전류를 줄이기 위하여
③ 전동기의 출력을 높이기 위하여
④ 전동기의 동기속도를 높이기 위하여

해설 3상 유도전동기의 기동방식 중 Y-△결선(기동전류를 줄이기 위해 사용하는 결선으로 기동전류 및 토크는 직접 기동의 1/3 정도이다.)은 전동기의 기동 시 고정자 권선이 Y결선, 기동한 후에 정격전압에 이르면 △결선으로 변환하는 결선이다.

정답 25. ④ 26. ② 27. ④ 28. ④ 29. ② 30. ④ 31. ②

32 | 플레밍 왼손 법칙 응용
24, 20

플레밍의 왼손 법칙을 응용한 기기는?

① 펌프　　　② 전동기
③ 발전기　　④ 변압기

해설 전동기의 원리는 도체가 움직이는 방향(엄지손가락 방향)의 플레밍의 왼손 법칙[엄지는 전자력(힘), 검지는 자속, 중지는 유도기전력의 방향]이며, 발전기의 원리는 전류의 방향으로 플레밍의 오른손 법칙(엄지는 운동, 검지는 자기장, 중지는 유도기전력의 방향)에 의한 것이다.

33 | 전동기의 속도제어 방식
21, 01

유도전동기의 속도제어방법이 아닌 것은?

① 슬립을 변화시킨다.　　② 주파수를 변화시킨다.
③ 전압을 변화시킨다.　　④ 극수를 변화시킨다.

해설 N(전동기의 회전수 또는 동기속도) $= \dfrac{120f(주파수)(1-s(슬립))}{P(극수)}$ 이다. 그러므로 전동기의 회전수는 주파수에 비례하고, 슬립과 극수에 반비례한다. 즉, 주파수, 슬립, 극수를 변화시키면 속도제어를 할 수 있다.

34 | 전동기의 회전속도 증대
20, 08

다음 중 3상 유도전동기의 회전속도를 증가시킬 수 있는 방법으로 가장 알맞은 것은?

① 극수를 증가시킨다.　　② 슬립을 증가시킨다.
③ 주파수를 증가시킨다.　　④ 기동법을 변화시킨다.

해설 N(전동기의 회전수 또는 동기속도) $= \dfrac{120f(주파수)(1-s(슬립))}{P(극수)}$ 이다. 그러므로 전동기의 회전수는 주파수에 비례하고, 슬립과 극수에 반비례한다.

35 | 전동기의 속도제어 방식
21, 09, 06

3상 유도전동기 중 농형 유도전동기의 속도제어방법이 아닌 것은?

① 주파수 변환　　② 전압제어
③ 전류제어　　④ 극수 변환

해설 농형 유도전동기는 회전자의 구조가 간단하고 튼튼하며 운전 성능이 좋으나, 기동 시 매우 큰 기동전류가 흘러 권선이 타기 쉽고 공급전원에 영향을 미치는 것이 단점인 전동기로서 속도제어방법에는 주파수 변환, 극수 변환, 전류 저항의 변환, 전압제어 등을 이용한다.

36 | 유도전동기의 속도제어
21

3상 유도전동기의 속도제어방법에 속하지 않는 것은?

① 극수를 변화시키는 방법
② 슬립을 변화시키는 방법
③ 주파수를 변화시키는 방법
④ 3상 중 2개의 상을 변환 접속하는 방법

해설 3상 전동기 중 농형 유도전동기는 회전자의 구조가 간단하고 튼튼하며 운전 성능이 좋으나, 기동 시 매우 큰 기동전류가 흘러 권선이 타기 쉽고 공급전원에 영향을 미치는 단점이 있는 전동기로서 속도제어방법에는 주파수 변환, 극수 변환, 슬립, 전류저항의 변환, 전압 제어 등을 이용한다.
N(전동기의 회전수 또는 동기속도)
$= \dfrac{120f(주파수)(1-s(슬립))}{P(극수)}$ 이므로 전동기의 회전수는 주파수에 비례하고, 슬립과 극수에 반비례한다.

37 | 전동기의 기동법
24, 13, 10

다음 중 3상 농형 유도전동기의 기동법에 속하지 않는 것은?

① Y-△ 기동법　　② 2차 저항법
③ 직입기동법　　④ 리액터 기동법

해설 3상 농형 유도전동기의 기동법에 전전압(직입)기동, Y-△ 기동, 기동보상기에 의한 기동, 1차 저항 기동, 리액터 기동 및 소프트 스타트 기동 등이 있다.

38 | 전동기 제동방법
16

다음의 전동기 제동방법 중 손실이 가장 적은 것은?

① 역전제동　　② 발전제동
③ 회생제동　　④ 단상제동

해설 전동기의 제동방식에는 기계적 제동, 전기적 제동[발전제동, 와류제동, 회생제동, 역전(역상)제동 등] 등이 있고, 회생제동은 전동기 제동방법 중 에너지 손실이 가장 작은 제동방식이다.

39 | Y-△ 기동법 적용 전동기
20, 08

Y-△ 기동법은 어떤 전동기의 기동법인가?

① 직권전동기　　② 동기전동기
③ 유도전동기　　④ 타여자전동기

해설 3상 농형 유도전동기의 기동법에 전전압(직입)기동, Y-△ 기동, 기동보상기에 의한 기동, 1차 저항 기동, 리액터 기동 및 소프트 스타트 기동 등이 있다.

40 엘리베이터 조작방식
19, 13

엘리베이터 조작방식 중 무운전원 방식에 속하는 것은?

① 카스위치 방식
② 승합전자동 방식
③ 레코드컨트롤 방식
④ 시그널컨트롤 방식

해설 운전원 방식의 종류에는 카스위치 방식, 기억제어(Record control) 방식, 신호제어(Signal control) 방식 등이 있고, 무운전원 방식의 종류에는 단식자동 방식, 승합전자동 방식, 하강승합자동 방식 등이 있으며, 병용 방식의 종류에는 카스위치 단식자동 병용식, 카스위치 승합전자동 방식, 시그널 승합전자동 방식 등이 있다.

41 엘리베이터
08, 05

엘리베이터에 관한 기술로서 옳지 않은 것은?

① 홀 도어는 각 층의 복도와 승강로를 차단하여 승객의 안전을 도모하기 위한 것이다.
② 권상기의 부하를 줄이기 위하여 카의 반대쪽 로프에 장치하는 것은 완충기이다.
③ 리밋 스위치는 카가 최상층에서 정상 운행위치를 벗어나 그 이상으로 운행하는 것을 방지하는 안전장치이다.
④ 전동기측의 회전동력을 로프에 전달하는 기기를 권상기라고 한다.

해설 카운터 웨이트(균형추)는 권상기의 부하를 줄이기 위하여 카의 반대쪽 로프에 장치하는 것이고, 완충기는 카나 카운터 웨이트가 최하층 아래로 하강할 경우에 이들의 운동 에너지를 흡수하여 카를 안전하게 정지시킴으로써 비상시 카 내에 있는 승객을 보호하는 충격완충장치이다.

42 유압식 엘리베이터
17

유압식 엘리베이터에 관한 설명으로 옳지 않은 것은?

① 오버헤드(overhead)가 작다.
② 기계실을 승강로와 떨어져 설치할 수 있다.
③ 전동기의 출력과 소비전력이 다소 크다는 단점이 있다.
④ 10층 이상의 고층건축물에 고속 엘리베이터로 주로 사용된다.

해설 유압식 엘리베이터는 비교적 저렴한 비용으로 큰 힘을 낼 수 있는 큰 용량이 필요한 곳(자동차, 화물용 등)에 주로 사용하나, 통상적으로 길이와 굵기가 제한적이기 때문에 4층 이상의 건축물이나 고층의 건축물, 고속 엘리베이터에 사용이 어려운 방식이다.

43 엘리베이터의 안전장치
24, 17

엘리베이터의 구성장치 중 일정 이상의 속도가 되었을 때 브레이크나 안전장치를 작동시키는 기능을 하는 것은?

① 완충기
② 조속기
③ 권상기
④ 가이드 슈

해설 완충기는 카가 어떤 원인으로 최하층을 통과하여 피트로 떨어졌을 때, 충격을 완화시키기 위하여 또는 카가 밀어 올려졌을 때를 대비하여 균형추의 바로 아래 설치하는 엘리베이터의 기계적 안전장치이고, 권상기는 승강기의 카를 줄로 매달아 끌어올리고, 내리기를 반복하는 엘리베이터 기기이며, 가이드 슈는 카 또는 균형추 상, 하, 좌, 우 4곳에 부착되어 레일에 따라 움직이며 카 또는 균형추를 지지하는 엘리베이터의 부품이다.

44 엘리베이터의 안전장치
18

엘리베이터설비에서 케이지가 최종층에서 정지위치를 지나쳤을 경우 바로 작동해서 제어회로를 개방, 전동기 전원을 차단하고, 전자브레이크를 작동시켜 엘리베이터를 정지시키는 기능을 하는 것은?

① 조속기
② 가이드 슈
③ 최종 리밋 스위치
④ 슬랙 로프 세이프티

해설 조속기는 일정 이상의 속도가 되었을 때 브레이크나 안전장치를 작동시키는 기능을 하고, 사전에 설정된 속도에 이르면 스위치가 작동하며, 속도가 상승했을 경우 로프를 제동해서 고정시키는 엘리베이터의 안전장치이고, 가이드 슈는 카 또는 균형추 상, 하, 좌, 우 4곳에 부착되어 레일에 따라 움직이며 카 또는 균형추를 지지하는 엘리베이터의 부품이다.

45 엘리베이터의 안전장치
24, 18

엘리베이터설비에서 도어의 안전장치로서 승강장 도어가 열린 상태에서 모든 제약이 풀리면 자동으로 도어가 닫히도록 하는 장치는?

① 도어 머신
② 도어 클로저
③ 도어 인터로크
④ 도어 안전 스위치

정답 40. ② 41. ② 42. ④ 43. ② 44. ③ 45. ②

해설 도어 인터로크 시스템은 두 대의 고속자동문을 연속으로 설치한 뒤, 한 쪽의 자동문이 동작하고 나면 다른 쪽 자동문이 동작하도록 엘리베이터에 설치하여 사용하는 것이다. 도어 안전 스위치는 엘리베이터에서 닫히고 있는 문에 접촉되면 다시 문이 열리는 장치이다.

46 | 에스컬레이터의 기울기
07, 06

에스컬레이터의 기울기는 최대 몇 도 이하이어야 하는가?

① 10°
② 20°
③ 30°
④ 45°

해설 에스컬레이터는 30° 이하의 기울기를 가진 계단식 컨베이어로서 정격속도는 하향 방향의 안전을 고려하여 30m/min 이하로 한다.

47 | 에스컬레이터의 공칭속도
24, 21

경사도가 30° 이하인 에스컬레이터의 공칭속도는 최대 얼마 이하이어야 하는가?

① 0.25m/s
② 0.5m/s
③ 0.75m/s
④ 1m/s

해설 에스컬레이터 설치에 있어서 경사도가 30° 이하인 에스컬레이터의 공칭속도는 0.75m/s 이하이다.

48 | 에스컬레이터의 설치 위치
07, 03

에스컬레이터의 설치 위치에 대한 설명 중 가장 옳지 않은 것은?

① 건물의 주용도인 은행, 상점 등이 2층에 있는 경우는 외부 도로에서 직접 에스컬레이터에 승강할 수 있는 위치가 좋다.
② 건물의 주용도인 식품점이나 식당이 지하층에 있는 경우에는 1층의 주출입구에 가능한 한 가까운 곳에 설치한다.
③ 백화점 건물의 경우 각 층의 중심부에 설치한다.
④ 기차역의 경우 개찰구나 나가는 곳에 가까울수록 좋다.

해설 기차역의 경우 개찰구나 나가는 곳 등과 같이 사람이 밀집하는 곳으로부터 에스컬레이터를 멀리 배치하는 것이 좋다.

49 | 엘리베이터 및 에스컬레이터 설비
16

엘리베이터 및 에스컬레이터 설비에 관한 설명으로 옳지 않은 것은?

① 에스컬레이터는 연속적으로 다수의 승객을 수송하는 경우 설치한다.
② 엘리베이터는 서비스를 좋게 하기 위하여 건축물의 중심부에 설치한다.
③ 대형건물에 3~5대의 엘리베이터가 설치된 경우 군관리 방식을 채용한다.
④ 건축물의 출입이 2개 층으로 되는 경우 엘리베이터의 출발층은 각 층별로 설치한다.

해설 승강설비(엘리베이터와 에스컬레이터)의 출입층이 2개 이상인 경우라도 출발층은 가장 아래층에 설치한다.

50 | 각종 수송설비
11, 05

각종 수송설비에 대한 설명 중 옳지 않은 것은?

① 이동보도는 수평으로부터 10° 이내의 경사로 되어 있으며, 승객을 수평방향으로 수송하는데 이용되는 설비이다.
② 전동 덤웨이터는 리프트라고도 하며 사람은 타지 않고 물품만을 승강시키는 장치이다.
③ 건물의 용도에 맞는 엘리베이터를 설계하기 위하여 구하여야 할 사항으로는 정원, 병균 일주시간, 설비대수 등을 들 수 있다.
④ 에스컬레이터의 정격속도는 하강방향을 고려하여 60m/min 정도가 좋다.

해설 에스컬레이터는 30° 이하의 기울기를 가진 계단식 컨베이어로서 정격속도는 하향 방향의 안전을 고려하여 30m/min 이하로 한다. 다만, 에스컬레이터의 층고가 6m 이하일 때에는 35° 이하로 할 수 있다.

3 조명설비

01 | 조도의 단위

다음 중 조도의 단위는?

① cd
② lm
③ lx
④ sb

해설 ① cd는 광도의 단위, ② lm은 광속(광량)의 단위, ③ lx는 조도의 단위 ④ sb는 휘도의 단위

정답 46. ③ 47. ③ 48. ④ 49. ④ 50. ④ / 01. ③

02 | 조도와 광원과의 거리
09, 04

광원으로부터의 빛의 방향과 수직인 면의 빛의 조도는 광원과의 거리와 어떠한 관계에 있는가?

① 거리의 제곱에 반비례 ② 거리의 제곱에 비례
③ 거리에 반비례 ④ 거리에 비례

해설 조도의 거리 역자승의 법칙
균등한 광도 I(cd)를 가지는 점광원을 반지름 R(m)인 구의 중심에 놓았을 때, 구면상의 조도 $E=\dfrac{F}{A}$이고, 전광속(F)은 균등광도 I(cd)의 4π배에 해당되고, 표면적(A)=$4\pi R^2$이므로 $E=\dfrac{F}{A}=\dfrac{4\pi I}{4\pi R^2}=\dfrac{I}{R^2}$(lx)이다. 즉, 조도는 광원의 세기(광도)에 비례하고 광원과의 거리의 제곱에 반비례한다.

03 | 조도의 산정
25, 23, 19, 14

점광원으로부터 R(m) 떨어진 장소에서 빛의 방향과 수직인 면의 조도(lx)는? [단, 광도는 I(cd)이다.]

① RI ② $R^2 I$
③ $\dfrac{I}{R}$ ④ $\dfrac{I}{R^2}$

해설 균등한 광도 I(cd)를 가지는 점광원을 반지름 R(m)인 구의 중심에 놓았을 때, 구면상의 조도 $E=\dfrac{F}{A}$이고, 전광속(F)은 균등광도 I(cd)의 4π배에 해당되고, 표면적(A)=$4\pi R^2$이므로 $E=\dfrac{F}{A}=\dfrac{4\pi I}{4\pi R^2}=\dfrac{I}{R^2}$(lx)이다. 즉, 조도는 광원의 세기(광도)에 비례하고 광원과의 거리의 제곱에 반비례한다.

04 | 광원의 개수
19, 07

길이 20m, 폭 20m, 천장높이 5m, 조명률 50%의 사무실에 40W 형광등을 설치하여 평균조도를 120lx로 하려고 한다. 형광등의 소요 개수는? (단, 형광등 1개의 광속은 2,500lm, 보수율은 80%이다.)

① 43개 ② 45개
③ 48개 ④ 50개

해설 N(광원의 개수)
$=\dfrac{A(\text{바닥 면적})E(\text{평균 조도})}{F(\text{광원의 광속})U(\text{조명률})M(\text{유지율})}=\dfrac{EAD(\text{감광보상률})}{FU}$
$=\dfrac{(20\times 20)\times 120}{2,500\times 0.5\times 0.8}=48$개

05 | 조도의 산정
10

평면구면광도 300cd의 전구 20개를 지름 20m의 원형방에 점등할 때 조명률 0.5, 보수율 0.67이라 하면 평균조도(lx)는 얼마인가?

① 80.4lx
② 70.2lx
③ 60.4lx
④ 50.2lx

해설 조도는 단위면적당 입사광속의 비이다.
$$\text{조도}=\dfrac{\text{입사광속(lm)}}{\text{면적(m}^2)}=\dfrac{\text{총광속(lm)}\times\text{조명률}\times\text{보수율}}{\text{면적}}$$
$$=\dfrac{300\times 4\pi\times 20\times 0.5\times 0.67}{\dfrac{\pi\times 20^2}{4}}$$
$$=80.4\text{lx}$$
여기서, 구면광도 1cd의 발산광속은 4π(lm)임에 유의할 것

06 | 조도의 산정
07

180cd의 벽열전구에서 3m 거리에 있는 빛이 나아가는 방향에 직각인 면과 60° 기울어진 평면상의 조도는?

① 10lx
② 20lx
③ 30lx
④ 40lx

해설 조도$=\dfrac{\text{광도}}{(\text{거리})^2}\cos\theta$(여기서, θ는 빛의 방향에 직각인 면과 이루는 각)
$\theta=60°$, 광도는 180cd, 거리는 3m이므로
조도$=\dfrac{180}{3^2}\times\cos 60°=\dfrac{180}{3^2}\times\dfrac{1}{2}=10$lx

07 | 조도의 산정
05

200m²의 평면에 50,000lm의 광속이 균등하게 입사하고 있을 때 이면의 조도는 몇 lx인가?

① 100 ② 150
③ 200 ④ 250

해설 조도는 단위면적당 입사광속의 비이다.
$$\text{조도}=\dfrac{\text{입사광속(lm)}}{\text{면적(m}^2)}=\dfrac{50,000}{200}=250\text{lm/m}^2=250\text{lx}$$

08 | 광원의 개수 | 20

다음과 같은 조건에서 가로 40m, 세로 30m인 사무실의 평균조도를 400lx로 하기 위해 필요한 형광등의 개수는?

[조건]
- 형광등 1개당 광속 : 4,000lm
- 조명률 : 0.6
- 감광보상률 : 1.7

① 240개
② 260개
③ 280개
④ 340개

해설 N(광원의 개수)

$$= \frac{A(\text{바닥면적})E(\text{평균조도})}{F(\text{광원의 광속})U(\text{조명률})M(\text{유지율})} = \frac{EAD(\text{감광보상률})}{FU}$$

$$= \frac{(40\times30)\times400\times1.7}{4,000\times0.6} = 340\text{개}$$

여기서, M(보수율 또는 유지율) $= \dfrac{1}{D(\text{감광보상률})}$

09 | 휘도의 정의 | 24

다음에서 설명하는 것의 용어로 옳은 것은?

- 대상 물체에 반사되는 빛의 양을 말하고, 눈부심을 나타낸다.
- 어떤 방향으로부터 본 물체의 밝기를 나타내며, 광원의 단위면적당 광도이다.

① 조도
② 광도
③ 휘도
④ 연색성

해설 ① 조도란 어떤 면에서의 입사광속밀도를 의미한다.
② 광도는 어떤 광원에서 발산하는 빛의 세기를 의미하며, 단위는 칸델라이다.
④ 빛의 분광 특성이 색의 보임에 미치는 효과를 연색성이라 한다.

10 | 휘도 | 01

반사율 ρ의 완전 확산면에 조도 E(lx)가 주어졌을 때 생기는 휘도 B(cd/m²)는?

① $\rho E/2\pi$
② $\pi \rho E$
③ $\rho E/\pi$
④ $2\pi \rho E$

해설 휘도는 반사율과 확산면의 조도에 비례하고, π에 반비례하므로 $B = \rho E/\pi$이다.

11 | 전구의 효율 | 04

220V, 100W 백열전구의 광속이 1,570lm이라면, 백열전구의 효율은 약 몇 lm/W인가?

① 7.14
② 15.7
③ 22.0
④ 34.5

해설 전구의 효율은 소비전력 1W당의 광속으로 구하므로

$$\text{전구의 효율} = \frac{\text{광속(lm)}}{\text{소비전력(W)}} = \frac{1,570}{100} = 15.7\text{lm/W}$$

12 | 총광속 | 12

평균구면광도가 1,000cd인 전구로부터 총 발산광속은?

① 100πlm
② $1,000\pi$lm
③ $4,000\pi$lm
④ $10,000\pi$lm

해설 구면광도 1cd의 발산광속은 4π(lm)이므로
$1,000\text{cd} = 4\pi \times 1,000 = 4,000\pi\text{lm}$

13 | 게터의 사용목적 | 11, 09

백열전구에 게터(getter)를 사용하는 가장 주된 목적은?

① 효율개선
② 광속증가
③ 전력감소
④ 수명증가

해설 게터(getter)는 유리구 내부에 넣어 진공도 또는 봉입가스의 순도를 높이고 흑화를 감소하기 위한 화학물질로서 백열전구의 필라멘트의 산화 작용을 방지하여 전구의 수명을 증가시키는 역할을 한다.

14 | 형광등의 안정기 사용 | 10, 08

다음 중 형광등 기구에 취부하는 안정기의 사용목적으로 가장 알맞은 것은?

① 광속의 증가
② 잡음의 방지
③ 역률의 개선
④ 방전의 안정

해설 형광등의 안정기(얇은 규소강판을 층층이 쌓아서 겹쳐 놓은 철심에 코일을 감아서 만든 것)는 점등 시 점등관의 회로가 떨어질 때 높은 전압을 유도하여 형광방전관의 방전을 도와주며, 점등이 된 후에는 저항의 역할을 하여 전류가 지나치게 많이 흐르는 것을 방지하는 역할을 한다.

정답 08.④ 09.③ 10.③ 11.② 12.③ 13.④ 14.④

15 조명등

다음 중 안정기와 점등관이 필요한 것은?

① BL전구　　　② 형광등
③ 백열전구　　④ 할로겐전구

해설 형광등은 안정기(얇은 규소강판을 층층이 쌓아서 겹쳐 놓은 철심에 코일을 감아서 만든 것)와 점등관이 필요하고, 점등 시 점등관의 회로가 떨어질 때 높은 전압을 유도하여 형광방전관의 방전을 도와주며, 점등이 된 후에는 저항의 역할을 하여 전류가 지나치게 많이 흐르는 것을 방지하는 역할을 한다.

16 형광등의 특성

형광등의 특성이 아닌 것은?

① 백열전구에 비해 수명이 길고, 효율이 높다.
② 램프의 휘도가 크다.
③ 백열전구에 비해 열을 적게 발산한다.
④ 전원전압의 변동에 대하여 광속 변동이 적다.

해설 형광등은 발광면적이 넓으므로 램프의 휘도가 $0.5 \sim 1.0 cd/cm^2$ 정도로 낮다.

17 저압나트륨램프

인공광원 중 효율이 높지만 등황색의 단색광으로 색채의 식별이 곤란하므로 주로 터널조명에 사용되는 것은?

① 형광램프　　　② 할로겐램프
③ 저압나트륨램프　④ 메탈할라이드램프

해설 형광램프는 저휘도이고, 광색의 조절이 비교적 용이하며, 열 방사가 적어 옥내외 전반조명에 사용된다. 할로겐램프는 고휘도이고, 광색은 적색 부분이 비교적 많은 편으로 배광제어가 용이하고, 높은 천장, 경기장, 광장 등의 투광조명에 사용된다. 메탈할라이드램프는 고휘도 배광 제어가 용이하고, 연색성이 좋으므로 높은 천장, 옥외 조명에 적합하다.

18 조명등의 비교

백열전구와 비교한 형광램프의 특징에 관한 설명으로 옳지 않은 것은?

① 램프의 휘도가 크다.
② 열을 적게 발산한다.
③ 수명이 길고 효율이 높다.
④ 전원전압의 변동에 대하여 광속 변동이 적다.

해설 형광등의 특성
원하는 광색을 얻을 수 있고, 열을 적게 발산한다. 전원전압의 변동에 대하여 광속 변동이 적고, 가동 시간이 걸리며, 역률이 낮다. 또한 주위 온도의 영향을 받고, 빛이 어른거리며, 전파의 잡음이 발생한다. 특히 발광면적이 넓으므로 램프의 휘도가 $0.5 \sim 1.0 cd/cm^2$ 정도로 낮다.

19 할로겐램프

할로겐램프에 관한 설명으로 옳지 않은 것은?

① 휘도가 낮다.
② 흑화가 거의 일어나지 않는다.
③ 백열전구에 비해 수명이 길다.
④ 광속이나 색온도의 저하가 극히 적다.

해설 할로겐전구는 발광면이 좁아 휘도가 높고, 광색은 적색 부분이 비교적 많은 편이며, 배광 제어는 용이하고, 흑화가 거의 일어나지 않는다. 또한 연색성이 좋고 설치가 용이하며, 광속이나 색온도의 저하가 극히 적으며, 높은 천장, 경기장, 광장 등에 사용한다. 특히 백열전구에 비해 수명이 길다.

20 할로겐램프

할로겐램프에 관한 설명으로 옳지 않은 것은?

① 흑화가 거의 일어나지 않는다.
② 연색성이 좋고 설치가 용이하다.
③ 휘도가 낮아 현휘가 발생하지 않는다.
④ 광색이나 색온도의 저하가 극히 적다.

해설 할로겐램프(봉입가스로 할로겐 물질을 사용한 전구)의 특성은 ①, ②, ④ 이외에 휘도가 높아 현휘(눈부심)현상이 발생한다.

21 고휘도램프

고휘도(HID : High intensity Discharge) 램프에 속하지 않는 것은?

① 할로겐램프
② 형광수은램프
③ 고압나트륨램프
④ 메탈할라이드램프

해설 고휘도(HID, High Intensity Discharge lamp)램프는 고압 수은등과 같은 고휘도 방전등의 총칭으로 고효율, 장수명의 램프로서 비교적 넓은 면적의 조명용으로 적합하며, 형광수은램프, 고압나트륨램프 및 메탈할라이드램프 등이 있다.

정답 15. ② 16. ② 17. ③ 18. ① 19. ① 20. ③ 21. ①

22 조명등 | 22, 18

각종 광원에 관한 설명으로 옳지 않은 것은?

① 형광램프는 점등장치를 필요로 한다.
② 저압나트륨램프는 인공광원 중에서 연색성이 가장 우수하다.
③ 고압수은램프는 광속이 큰 것과 수명이 긴 것이 특징이다.
④ 메탈할라이드램프는 고압수은램프보다 효율과 연색성이 우수하다.

해설 연색성이 좋은 것부터 나쁜 것 순으로 나열하면 태양, 백열전구, 할로겐램프(100) → 자연색 형광램프(94~96) → 3파장 형광램프(84) → 주광색 형광램프(77) → 메탈할라이드램프(70) → 백색 형광램프(62~65) → 수은램프(25~45) → 나트륨램프(22)의 순이다.

23 건축화 조명의 종류 | 23, 19, 16, 12

건축화 조명방식에 속하지 않는 것은?

① 코브조명　　② 코니스조명
③ 광천장조명　④ 펜던트조명

해설 건축화 조명방식(조명기구를 건축 내장재의 일부 마무리로써 건축 의장과 조명기구를 일체화하는 조명방식)의 종류에는 코브조명, 코니스조명, 광천장조명, 코너조명, 코퍼조명, 밸런스조명, 다운라이트 조명 및 루미조명 등이 있다. **펜던트조명**은 매단 조명기구의 일종으로 현수등, 체인, 코드 및 파이프 펜던트 등이 있다.

24 건축화의 코너조명 | 20, 11

다음 설명에 알맞은 건축화 조명방식은?

- 천장과 벽면의 경계구석에 등기구를 배치하여 조명하는 방식이다.
- 천장과 벽면을 동시에 투사하는 실내조명방식이다.

① 코너조명　　② 코퍼조명
③ 광천장조명　④ 밸런스조명

해설 코퍼조명은 천장면을 여러 형태의 사각, 동그라미 등으로 오려내고 다양한 형태의 매입기구를 취부하여 실내의 단조로움을 피하는 건축화 조명방식이고, 광천장조명은 발광면을 확산 투과성 플라스틱 판이나 루버 등으로 가려 천장 전면을 낮은 휘도로 빛나게 하는 조명방식이며, 밸런스조명은 연속열 조명기구를 창틀 위에 벽과 평행으로 눈가림판과 같이 설치하여 창의 커튼이나 창 위의 벽체와 천장을 조명하는 방식이다.

25 건축화의 광천장조명 | 20

건축화 조명방식 중 천장면에 유리, 플라스틱 등과 같은 확산용 스크린판을 붙이고 천장 내부에 광원을 배치하여 천장을 건축된 조명기구로 활용하는 방식은?

① 코브조명　　② 밸런스조명
③ 광천장조명　④ 코니스조명

해설 코브조명은 확산 차폐형으로 간접 조명이나 간접 조명기구를 사용하지 않고, 천장 또는 벽의 구조로 만든 조명방식이고, 밸런스조명은 연속열 조명기구를 창틀 위에 벽과 평행으로 눈가림판과 같이 설치하여 창의 커튼이나 창 위의 벽체와 천장을 조명하는 방식이며, 코니스조명은 벽면의 상부에 위치하여 모든 빛이 아래로 직사하도록 하는 건축화 조명방식이다.

26 건축화의 코퍼조명 | 25, 21, 19, 11

천장면을 여러 형태의 사각, 동그라미 등으로 오려내고 다양한 형태의 매입기구를 취부하여 실내의 단조로움을 피하는 건축화 조명방식은?

① 코퍼조명　　② 코브조명
③ 밸런스조명　④ 코니스조명

해설 코브조명은 확산 차폐형으로 간접 조명이나 간접 조명기구를 사용하지 않고, 천장 또는 벽의 구조로 만든 조명방식이고, 코니스조명은 벽면의 상부에 위치하여 모든 빛이 아래로 직사하도록 하는 건축화 조명방식이다.

27 TAL 조명방식 | 15

작업구역에는 전용의 국부조명방식으로 조명하고, 기타 주변 환경에 대하여는 간접조명과 같은 낮은 조도레벨로 조명하는 방식은?

① TAL 조명방식
② 건축화 조명방식
③ 반직접 조명방식
④ 전반확산 조명방식

해설 건축화 조명방식은 건축물의 일부가 광원화되어 장식뿐만 아니라 건축의 중요 부분이 되는 조명방식이고, 반직접 조명방식은 발산 광속은 아래 방향으로 60~90% 직사되고, 윗방향으로 10~40%의 빛을 천장이나 벽면 등에 반사하여 반사광이 작업면의 조도를 증가시키는 조명방식이며, 전반확산 조명방식은 상향 광속과 하향 광속이 거의 동일하므로 하향 광속으로 직접 작업면에 직사시키고, 상향 광속의 반사광으로 작업면의 조도를 증가시키는 조명방식이다.

정답 22. ② 23. ④ 24. ① 25. ③ 26. ① 27. ①

28 | 조명방식의 분류 | 22

조명기구의 배치방식에 따른 조명방식의 분류에 속하지 않는 것은?

① 전반조명방식
② 국부조명방식
③ TAL조명방식
④ 반간접조명방식

해설 전반조명방식, 국부조명방식 및 TAL조명방식(작업구역에는 전용의 국부조명방식으로 조명하고, 기타 주변 환경에 대하여는 간접조명과 같은 낮은 조도레벨로 조명하는 방식)은 조명기구의 배치방식에 속하나, 반간접조명방식은 상향 광속 60~90%, 하향 광속 10~40% 정도로 배광에 따른 분류에 속한다.

29 | 전반조명의 특성 | 24, 12

전반조명에 관한 설명으로 옳지 않은 것은?

① 조도가 균일하고 그림자가 부드럽다.
② 일반적으로 사무실이나 학교 조명에 많이 사용된다.
③ 원하는 곳에서 원하는 방향으로 조도를 주는 것이 용이하다.
④ 작업대의 위치가 변하여도 등기구의 배치를 변경시킬 필요가 없다.

해설 국부조명은 필요한 작업면에만 가깝게 광원을 위치시키는 조명 또는 원하는 곳에서 원하는 방향으로 조도를 주는 것이 용이한 조명방식으로 스탠드 등을 사용할 수 있고, 다른 부분과의 밝기 차이가 크기 때문에 눈부심을 일으키고, 눈이 쉽게 피로해지는 결점이 있다.

30 | 건축화 조명 | 20

건축화 조명에 관한 설명으로 옳지 않은 것은?

① 조명기구 배치방식에 의하면 거의 전반 조명방식에 해당된다.
② 조명기구 배광방식에 의하면 거의 직접 조명방식에 해당된다.
③ 건축물의 천장이나 벽을 조명기구 겸용으로 마무리하는 것이다.
④ 천장면 이용방식으로는 다운라이트, 코퍼라이트, 광천장 조명 등이 있다.

해설 건축화 조명(조명기구를 건축 내장재의 일부 마무리로써 건축 의장과 조명기구를 일체화하는 조명방식)방식은 배광방식에 의하면 거의 간접 조명방식에 해당된다.

31 | 연색성의 정의 | 17, 08, 03

빛의 분관특성이 색의 보임에 미치는 효과를 무엇이라고 하는가?

① 연색성
② 색온도
③ 시감도
④ 순응도

해설 색온도는 어떤 광원의 광색이 흑채의 색과 같을 때 그 흑체의 온도이고, 시감도는 눈의 빛에 대한 감각의 정도로서 빛의 파장에 따라 변화하며, 순응도는 눈에 들어오는 빛의 양이 극히 적거나, 전혀 없을 경우에는 눈의 감광도가 대단히 높아지며, 반대로 눈에 들어오는 빛의 양이 크면 감광도는 오히려 떨어지는 현상의 정도이다.

32 | 조명설계 순서 | 14, 11, 04

조명설계의 순서로 가장 적당한 것은?

① 소요조도 결정 – 조명방식 결정 – 전등종류 결정 – 기구대수 산출 – 광원 배치
② 광원 배치 – 기구대수 산출 – 소요조도 결정 – 전등종류 결정 – 조명방식 결정
③ 조명방식 결정 – 전등종류 결정 – 소요조도 결정 – 광원 배치 – 기구대수 산출
④ 전등종류 결정 – 소요조도 결정 – 조명방식 결정 – 기구대수 산출 – 광원 배치

해설 조명설계 순서는 소요조도의 결정 → 조명방식의 결정 → 광원의 선정 → 조명기구의 선정 → 기구대수의 산출 → 조명기구의 배치결정의 순이다.

33 | 조명률의 정의 | 20, 06

광원에서 나가는 전광속 중 피조면에 달하는 광속의 비율을 나타내는 것은?

① 이용률
② 조명률
③ 유지율
④ 감광보상률

해설 이용률은 일정 기간 내에 인가 최대 출력과 역일 시간값의 곱에 대한 발전 전력량의 비이고, 유지율은 조명기구가 어느 기간을 경과한 후의 조도를 초기 조도로 나눈 값이며, 감광보상률은 유지율의 역수이다. 또한 조명률은 광원의 광속과 작업면에 도달하는 광속과의 비이다.

정답 28. ④ 29. ③ 30. ② 31. ① 32. ① 33. ②

34 | 조명설계법
22

조도계산 방식 중 광원에서 나온 전광속이 작업면에 비춰지는 비율(조명률)에 의해 평균조도를 구하는 것으로 실내전반 조명설계에 사용되는 것은?

① 광속법
② 광도법
③ 배광법
④ 축점법

해설 배광법은 직육면체(직육면체가 아닌 경우에는 비슷한 형태의 직육면체로 치환하거나 직육면체로 분할하여 산정)의 방에서 벽면의 반사율이 모두 동일한 경우에 있어서 평균조도를 산정하는 방법이다. 축점법은 조명기구의 측광 데이터를 기초로 하여 조명시설의 갖가지 장소에서 조도를 결정하기 위한 조명설계법. 상호 반사를 고려하지 않기 때문에 이 조명설계법에 의해 계산되는 조도의 값은 실제 조도보다 낮다.

35 | 조명률에 영향을 미치는 요소
25, 23, 21, 14, 09

다음 중 조명률에 영향을 끼치는 요소와 가장 거리가 먼 것은?

① 천장의 반사율
② 출입문의 위치
③ 등기구의 배광
④ 방의 크기

해설 조명률은 광원의 광속과 작업면에 도달하는 광속과의 비로서 $\frac{작업면에\ 도달하는\ 광속}{광원의\ 광속}$로 구한다.

$N(광원의\ 개수) = \frac{A(바닥\ 면적)E(평균조도)}{F(광원의\ 광속)U(조명률)M(유지율)}$

$= \frac{EAD(감광보상률)}{FU}$에서 $U = \frac{AE}{NFM} = \frac{AED}{NF}$이므로, 조명률은 실의 면적, 평균조도, 감광보상률에 비례하고, 광원의 개수, 광원의 광속 및 유지율에 반비례한다.

36 | 광원의 개수
18

작업면에 필요한 평균조도가 300lx, 면적이 50m², 램프 한 개의 광속이 2,500lm, 감광보상률이 1.5, 조명률이 0.5일 때 전등의 소요수량은?

① 6개
② 12개
③ 18개
④ 24개

해설 $F_0 = \frac{EA}{UM}(lm)$, $NF = \frac{AED}{U} = \frac{EA}{UM}(lm)$

여기서, F_0 : 총광속, E : 평균조도(lx), A : 실내면적(m), U : 조명률, D : 감광보상률, M : 보수율(유지율), N : 소요등수(개), F : 1등당 광속(lm)

$N = \frac{AED}{FU} = \frac{300 \times 50 \times 1.5}{2,500 \times 0.5} = 18개$

37 | 실지수의 산정
22

어느 사무실의 크기가 폭 12m, 안길이 10m이고 피조면에서 광원까지의 높이가 2.75m인 경우, 이 사무실의 실지수는?

① 0.34
② 1.98
③ 2.86
④ 4.36

해설 실지수 $= \frac{XY}{H(X+Y)} = \frac{(12 \times 10)}{2.75 \times (12+10)} = 1.983$

여기서, X : 실의 가로 길이
Y : 실의 세로 길이
H : 피조면에서 광원까지의 높이

38 | 눈부심의 발생원인
24, 19

조명설비에서 눈부심의 발생 원인과 가장 거리가 먼 것은?

① 순응의 결핍
② 시야 안의 저휘도 광원
③ 시선 부근에 노출된 광원
④ 눈에 입사하는 광속의 과다

해설 현휘(빛의 반사에 의한 눈부심 현상)현상의 발생 원인에는 ①, ③ 및 ④ 이외에 시야 안의 고휘도 광원에 의해서 발생한다.

39 | 광원의 개수
21, 20, 16

어느 학교의 교실에 32W 2구형 형광등기구를 설치하여 400lx로 설계하고자 할 때 설치하여야 하는 등기구의 최소 개수는? (단, 교실의 크기는 10m×20m, 형광등 1개 광속은 3,000lm, 조명률은 0.6, 보수율은 0.8로 한다.)

① 15개
② 28개
③ 30개
④ 55개

해설 $F_0 = \frac{EA}{UM}(lm)$, $NF = \frac{AED}{U} = \frac{EA}{UM}(lm)$

여기서, F_0 : 총광속, E : 평균조도(lx), A : 실내면적(m), U : 조명률, D : 감광보상률, M : 보수율(유지율), N : 소요등수(개), F : 1등당 광속(lm)

$N = \frac{AED}{FU} = \frac{(10 \times 20) \times 400 \times \frac{1}{0.8}}{0.6 \times 3,000} = 55.55개$

2구형의 형광등을 사용하므로 등기구의 최소 개수는 55.55÷2 = 27.77≒28이다.

* 등기구의 등개수에 항상 유의할 것

정답 34. ① 35. ② 36. ③ 37. ② 38. ② 39. ②

40 | 유도등
11, 04

다음은 거실통로유도등의 설치 기준에 대한 내용이다. ( ) 안에 알맞은 것은?

> 바닥으로부터 높이 (㉠)m 이상의 위치에 설치할 것. 다만, 거실통로에 기둥이 설치된 경우에는 기둥부분의 바닥으로부터 높이 (㉡)m 이하의 위치에 설치할 수 있다.

① ㉠ 1.5m, ㉡ 2.0m
② ㉠ 1.5m, ㉡ 1.5m
③ ㉠ 2.0m, ㉡ 2.0m
④ ㉠ 2.0m, ㉡ 1.5m

해설 거실통로유도등의 설치 기준은 바닥으로부터 높이 1.5m 이상의 위치에 설치할 것. 다만, 거실통로에 기둥이 설치된 경우에는 기둥부분의 바닥으로부터 높이 1.5m 이하의 위치에 설치할 수 있다.

4 정보통신설비

01 | 정보설비의 종류
18

정보통신설비를 정보설비와 통신설비로 구분할 경우 다음 중 정보설비에 속하지 않는 것은?

① TV공청설비
② 전기시계설비
③ 원격검침설비
④ 홈네트워크설비

해설 통신설비의 종류에는 전화설비, 팩시밀리, 텔렉스와 텔리텍스, 인터폰설비, 정보통신설비, 확성방송설비, TV 및 라디오 공동시청설비 등이 있고, 정보설비의 종류에는 모자식 전기시계설비, 원격검침설비, 홈네트워크설비, 구내 정보설비 및 LAN 등이 있다.

02 | 정보설비의 종류
18

정보통신설비를 정보설비와 통신설비로 구분할 경우 다음 중 정보설비에 속하는 것은?

① 인터폰설비
② TV공청설비
③ 홈네트워크설비
④ 구내방송(PA)설비

해설 통신설비의 종류에는 전화설비, 팩시밀리, 텔렉스와 텔리텍스, 인터폰설비, 정보통신설비, 확성방송설비, TV 및 라디오 공동시청설비 등이 있고, 정보설비의 종류에는 모자식 전기시계설비, 원격검침설비, 홈네트워크설비, 구내 정보설비 및 LAN 등이 있다.

03 | 통신설비의 종류
18

정보통신설비를 정보설비와 통신설비로 구분할 경우 다음 중 통신설비에 속하지 않는 것은?

① 인터폰설비
② CCTV설비
③ TV공청설비
④ 화상회의설비

해설 통신설비의 종류에는 전화설비, 팩시밀리, 텔렉스와 텔리텍스, 인터폰설비, 구내방송설비, 확성방송설비, TV 및 라디오 공동시청설비 등이 있고, 정보설비의 종류에는 모자식 전기시계설비, 구내 정보설비 및 LAN 등이 있다.

04 | 인터폰의 접속방법
22②, 21, 19, 16, 12, 10

접속방식에 따라 분류한 인터폰설비의 종류에 해당하지 않는 것은?

① 모자식
② 상호식
③ 동시 통화식
④ 복합식

해설 인터폰의 분류에서 접속방식에 의한 분류에는 모자식, 상호식 및 복합식(모자식과 상호식을 복합한 형태) 등이 있고, 동작 원리에 의한 분류에는 동시 통화식, 교호(일방 또는 프레스 토크식) 통화식 등이 있으며, 용도에 따른 분류에는 사무용, 공장용, 병원용 및 주택용 등이 있다.

05 | 모자식 전기시계
20, 17

병원 등에 설치되는 모자식 전기시계에 관한 설명으로 옳은 것은?

① 자시계의 설치 높이는 하단부가 1.5m 이상으로 한다.
② 탁상형 모시계는 자시계 회로수가 3회로 이상인 경우 사용한다.
③ 모시계와 자시계를 연결하는 배선의 전압강하는 15% 이하가 되도록 한다.
④ 벽걸이형 모시계는 소규모 모시계로 자시계 회로수가 3회로 이내인 경우 사용한다.

해설 ① 자시계의 설치 높이는 하단부가 2.0m 이상으로 하고, ② 탁상형 모시계는 자시계 회로수가 3회로 이내인 경우에 사용하며, ③ 모시계와 자시계를 연결하는 배선의 전압강하는 10% 이하가 되도록 한다.

정답 40. ② / 01. ① 02. ③ 03. ② 04. ③ 05. ④

06 | 인터폰의 접속방법
22, 20, 16, 01

인터폰은 접속방식에 따라 3종류로 분류된다. 인터폰의 종류와 관계가 없는 것은?

① 모자식 ② 상호식
③ 복합식 ④ 수정식

해설 인터폰의 분류에서 접속방식에 의한 분류에는 모자식(1대의 모기에 여러 대의 자기를 접속하는 방식), 상호식(모자식의 모기만을 조합하여 접속하는 방식) 및 복합식(모자식과 상호식을 복합한 형태) 등이 있다.

07 | 공시청설비의 종류
17, 14

1개의 마스터 안테나에서 다수의 TV수상기에 입력 전파를 분배하는 공시청설비에 사용되는 기기가 아닌 것은?

① 혼합기 ② 증폭기
③ 분배기 ④ R형 수신기

해설 다수의 TV수상기에 입력 전파를 분배하는 공시청설비의 기기에는 혼합기, 증폭기 및 분배기 등이 있고, R형 수신기는 소방설비 중 자동화재탐지설비의 수신기의 일종이다.

08 | 초음파 검출기
07, 05

방범설비에 사용되는 난발검출기 중에서 도플러(Doppler) 효과를 이용하여 침입자를 검출하는 것은?

① 초음파 검출기
② 적외선식 검출기
③ 리밋 스위치
④ 진동 검출기

해설 방범설비의 검출기 종류에는 매트 스위치, 자기 스위치, 초음파 검출기, 근접 스위치, ITV 감시기기, 적외선 검출기(사람의 눈에 띄지 않는 적외선 투광기와 수광기를 마주 보도록 설치하고 이 적외선이 차단되면 물체를 검출하는 것), 리밋 스위치(기계적인 접점의 동작에 의한 것) 및 진동 검출기(경계 대상의 물체에 설치하여 놓고, 그 물체가 진동하게 되면 신호를 검출하는 검출기) 등이 있다.

09 | 방송공동수신설비
22

방송공동수신설비의 일반적 구성에 속하지 않는 것은?

① 월패드 ② 증폭기
③ 분배기 ④ 수신안테나

해설 방송공동수신설비는 증폭기(확성기 설비의 기기로서 미약한 음성전압을 확대하는 기기), 분배기, 수신안테나 등으로 구성되고, 월패드는 비디오 도어폰 기능뿐만 아니라 조명, 가전제품 등 가정 내의 각종 기기를 제어할 수 있는 단말기의 일종이다.

5 건축물의 방재설비

01 | 접지공사
25, 23, 17, 14

전기시설물의 감전방지, 기기손상방지, 보호계전기의 동작 확보를 하기 위해 실시하는 공사는?

① 접지공사
② 승압공사
③ 전압강하공사
④ 트래킹(tracking)공사

해설 접지공사의 목적에는 감전의 방지(전기기기의 금속제 외함 등의 접지), 기기의 손상방지(뇌전류 또는 고·저압 혼촉에 의하여 침입하는 이상전압을 접지선을 통하여 방류) 및 보호계전기의 동작 확보(지락계전기의 동작에 의하여 전로와 기기를 보호) 등이 있다.

02 | 접시공사
19, 18, 15, 11, 07

다음 중 접지시스템의 종류에 속하지 않는 것은?

① 계통접지
② 보호접지
③ 공통접지
④ 피뢰시스템접지

해설 접지시스템은 계통접지, 보호접지, 피뢰시스템접지 등으로 구분하고, 접지시스템의 시설 종류에는 단독접지, 공통접지, 통합접지가 있다.

03 | 접지공사
25, 19, 18, 15, 11, 07

다음에서 설명하는 접지의 종류로 옳은 것은?

> 계통상 등전위가 형성되도록 고압, 특고압, 저압계통을 공통으로 접지하는 방법이다.

① 단독접지 ② 공통접지
③ 통합접지 ④ 계통접지

정답 06.④ 07.④ 08.① 09.① / 01.① 02.③ 03.②

해설 접지의 종류
　㉠ 목적에 따른 분류
　　• 계통접지 : 전력계통의 한 전선로를 의도적으로 접지시켜 전선로의 과전압을 억제하는 목적으로 대지에 접속하는 접지를 말한다.
　　• 보호접지 : 금속제 외함접지 또는 기기접지를 통하여 감전하고 예방을 목적으로 설치하는 접지를 말한다.
　　• 피뢰시스템 접지 : 뇌격전류를 안전하게 대지로 방류하기 위한 접지를 말한다.
　㉡ 구성방법에 따른 분류
　　• 단독접지 : 고압, 특고압, 저압 계통이 각각 독립적으로 접지 시스템을 구성하여 서로 영향을 받지않는 접지방법이다.
　　• 공통접지 : 계통상 등전위가 형성되도록 고압, 특고압, 저압계통을 공통으로 접지하는 방법이다.
　　• 통합접지 : 전기설비의 모든 시설물 및 접지설비, 피뢰설비, 전자통신설비 등의 계통 접지극으로 통합하여 접지하는 방식이다.

04 | 접지공사
20

저압전로의 보호도체 및 중성선의 접속방식에 따른 계통접지의 분류에 속하지 않는 것은?

① IT 계통
② TT 계통
③ TC 계통
④ TN 계통

해설 저압전로의 보호도체 및 중성선의 접속방식에 따라 접지계통은 TN 계통, TT 계통, IT 계통 등으로 구분한다.

05 | 접지공사
17, 04

계통접지 중 TN 계통에서 사용되는 제문자의 정의로 옳은 것은?

① 전원계통과 대지의 관계
② 전기설비의 노출도전부와 대지의 관계
③ 중성선과 보호도체의 배치
④ 전기설비의 노출도전부와 보호도체 배치

해설 계통접지에서 사용되는 문자의 정의는 다음과 같다.
　㉠ 제1문자 – 전원계통과 대지의 관계
　　• T : 한 점을 대지에 직접 접속
　　• I : 모든 충전부를 대지와 절연시키거나 높은 임피던스를 통하여 한 점을 대지에 직접 접속
　㉡ 제2문자 – 전기설비의 노출도전부와 대지의 관계
　　• T : 노출도전부를 대지로 직접 접속. 전원계통의 접지와는 무관
　　• N : 노출도전부를 전원계통의 접지점(교류 계통에서는 통상적으로 중점점, 중성점이 없을 경우는 선도체)에 직접 접속
　㉢ 그 다음 문자(문자가 있을 경우) – 중성선과 보호도체의 배치
　　• S : 중성선 또는 접지된 선도체 외에 별도의 도체에 의해 제공되는 보호 기능
　　• C : 중성선과 보호 기능을 한 개의 도체로 겸용(PEN 도체)

06 | 접지공사
18

전원측의 한 점을 직접 접지하고 설비의 노출도전부를 보호도체로 접속시키는 방식은?

① IT 계통
② TT 계통
③ TN 계통
④ TC 계통

해설 TN 계통은 전원측의 한 점을 직접 접지하고 설비의 노출도전부를 보호도체로 접속시키는 방식으로 중성선 및 보호도체(PE 도체)의 배치 및 접속방식에 따라 다음과 같이 분류한다.
　㉠ TN-S 계통은 계통 전체에 대해 별도의 중성선 또는 PE 도체를 사용한다. 배전계통에서 PE 도체를 추가로 접지할 수 있다.
　㉡ TN-C 계통은 그 계통 전체에 대해 중성선과 보호도체의 기능을 동일도체로 겸용한 PEN 도체를 사용한다. 배전계통에서 PEN 도체를 추가로 접지할 수 있다.
　㉢ TN-C-S계통은 계통의 일부분에서 PEN 도체를 사용하거나, 중성선과 별도의 PE 도체를 사용하는 방식이 있다. 배전계통에서 PEN 도체와 PE 도체를 추가로 접지할 수 있다.

07 | 접지공사의 사용처
14, 12

전원의 한 점을 직접 접지하고 설비의 노출도전부는 전원의 접지전극과 전기적으로 독립적인 접지극에 접속시킨다. 배전계통에서 PE 도체를 추가로 접지할 수 있는 방식은?

① TT 계통
② TC 계통
③ IT 계통
④ TN 계통

해설 TT 계통은 전원의 한 점을 직접 접지하고 설비의 노출도전부는 전원의 접지전극과 전기적으로 독립적인 접지극에 접속시킨다. 배전계통에서 PE 도체를 추가로 접지할 수 있다.

08 | 접지저감제 구비조건
14, 09, 05

접지저감제의 구비조건이 아닌 것은?

① 전기적으로 부도체일 것
② 지속성이 있을 것
③ 전극을 부식시키지 않을 것
④ 토양을 오염시키지 않을 것

해설 접지저감제는 전기적으로 양도체이어야 하고, 독성·부식성 및 토양의 오염 등이 없어야 하며, 지속성이 있어야 한다. 또한 물에 용해되지 않아야 한다.

정답　04. ③ 05. ① 06. ③ 07. ① 08. ①

9 | 피뢰설비의 설치높이
23, 18, 16, 03

건축물의 설비기준 등에 관한 규칙에 따라 피뢰설비를 설치하여야 하는 건축물의 높이 기준은?

① 10m 이상
② 15m 이상
③ 20m 이상
④ 31m 이상

해설 관련 법규 : 건축법 제62조, 영 제87조, 설비규칙 제20조
해설 법규 : 설비규칙 제20조
건축물 중 낙뢰의 우려가 있는 건축물 또는 높이 20m 이상의 건축물에는 기준에 적합하게 피뢰설비를 설치하여야 한다.

10 | 피뢰설비 보호각
07, 04

일반 건축물의 피뢰침 보호각은 최대 얼마인가?

① 30° ② 45°
③ 60° ④ 70°

해설 피뢰침의 보호각은 낙뢰의 피해를 안전하게 보호하는 범위로서 일반 건축물에 있어서는 60° 이내, 화약류, 가연성 액체나 가스 등의 위험물을 저장, 제조 또는 취급하는 건축물에 있어서는 45° 이내이어야 한다.

11 | 피뢰설비의 접지저항
10, 03

피뢰침의 총 접지저항은 몇 Ω 이하로 하여야 하는가?

① 2   ② 5
③ 10 ④ 15

해설 고압전로의 피뢰설비는 접지공사로 접지저항값 10Ω 이하로 하여야 한다.

12 | 피뢰설비의 뇌격 방출
22, 12, 06, 03

피뢰침에 근접한 뇌격을 흡인하여 전극으로 확실하게 방류하기 위하여 필요한 것은?

① 돌침의 보호각이 작아야 한다.
② 접지저항이 작아야 한다.
③ 접촉저항이 커야 한다.
④ 도체저항이 커야 한다.

해설 피뢰설비는 보호 범위를 넓게 하기 위하여 보호각이 커야 하고, 접지저항이 작아야 한다.

13 | 피뢰설비의 방식
16

건축물의 주위를 적당한 간격의 그물눈을 가진 도체로 새장과 같이 감싸는 피뢰방식은?

① 돌침방식   ② 케이지방식
③ 수직도체방식 ④ 수평도체방식

해설 돌침방식은 뇌격은 선단이 뾰족한 금속 도체 부분에 잘 떨어지므로 건축물 근방에 접근한 뇌격을 흡인하게 하여 선단과 대지 사이를 접속한 도체를 통하여 뇌격전류를 대지로 안전하게 방류하는 방식이고, 수평도체방식은 보호하고자 하는 건축물의 상부에 수평도체를 가설하고 이에 뇌격을 흡인하게 한 후 인하도선을 통해서 뇌격전류를 대지에 방류하는 방식이다.

14 | 피뢰설비 보호범위 산정
19

피뢰설비에서 수뢰부시스템의 보호범위 산정방식에 속하지 않는 것은?

① 그물망법   ② 본딩법
③ 보호각법   ④ 회전구체법

해설 피뢰설비에서 수뢰부시스템의 설치 시 사용되는 보호범위 산정방식에는 그물망법(보호건물 주위에 그물형 도체를 적당한 간격으로 보호하는 방법), 보호각법(피뢰침 보호각 내에 보호하는 방법), 회전구체법(피뢰침과 지면에 닿는 회전구체를 그려 회전구체가 닿지 않는 부분을 보호범위로 산정하는 방법) 등이 있다.

15 | 피뢰설비 보호범위 산정
24

피뢰설비에서 수뢰부시스템의 설치 시 사용되는 보호범위 산정방식에 속하지 않는 것은?

① 그물망법   ② 면적법
③ 보호각법   ④ 회전구체법

해설 피뢰설비에서 수뢰부시스템의 설치 시 사용되는 보호범위 산정식은 그물망법(보호건물 주위에 그물형 도체를 적당한 간격으로 보호하는 방법), 보호각법(피뢰침 보호각 내에 보호하는 방법) 및 회전구체법(피뢰침과 지면에 닿는 회전구체를 그려 회전구체가 닿지 않는 부분을 보호범위로 산정하는 방법) 등이 있다.

16 | 불꽃 감지기의 종류
24, 16

자동화재탐지설비의 감지기 중 불꽃 감지기에 속하는 것은?

① 차동식   ② 정온식
③ 보상식   ④ 자외선식

정답 09. ③ 10. ③ 11. ③ 12. ② 13. ② 14. ② 15. ② 16. ④

해설 불꽃 감지기는 자외선식, 적외선식, 복합형 및 자외선적외선 겸용 등이 있고, 열감지기에는 차동식, 정온식, 보상식 등이 있으며, 차동식은 감지기가 부착된 주위 온도가 일정한 온도 상승률 이상이 되었을 때 작동하는 감지기이고, 정온식은 집열판에 집열되어 감지 소자인 바이메탈에 전달되면 가동 및 고정 접점이 접촉되어 화재 신호를 수신기로 보내는 방식으로 불을 많이 사용하는 보일러실과 주방 등에 가장 적합하며, 보상식 스폿형 감지기는 차동식 감지기와 정온식 감지기의 기능을 합한 감지기이다.

17 | 불꽃 감지기의 용도

다음 중 천장이 높은 격납고, 아트리움, 공장 등과 같은 곳에서 가장 효과적인 화재 감지기는?

① 불꽃 감지기
② 차동식 감지기
③ 보상식 감지기
④ 정온식 감지기

해설 불꽃 감지기는 넓은 공간으로 천장이 높아 열 및 연기가 확산하는 장소(체육관, 항공기 격납고, 높은 천장의 창고, 공장, 관람석 상부 등 감지기 부착 높이가 8m 이상)에 설치한다.

18 | 열감지기의 종류

자동화재탐지설비의 감지기 중 열감지기가 아닌 것은?

① 광전식 감지기
② 차동식 감지기
③ 정온식 감자기
④ 보상식 감지기

해설 자동화재탐지설비의 종류에는 열감지기(차동식, 정온식, 보상식 등)와 연기감지기(이온화식, 광전식) 등이 있다.

19 | 열감지기의 종류

다음 중 열감지기에 속하지 않는 것은?

① 차동식 스포트형 감지기
② 차동식 분포형 감지기
③ 정온식 스포트형 감지기
④ 이온화식 감지기

해설 자동화재탐지설비의 종류에는 열감지기(차동식, 정온식, 보상식 등)와 연기감지기(이온화식, 광전식) 등이 있다.

20 | 차동식 분포형 감지기

차동식 분포형 감지기에 해당되지 않는 것은?

① 열반도체식
② 열전대식
③ 공기관식
④ 스포트식

해설 차동식 분포형 감지기의 종류
  ㉠ 열전대식
  ㉡ 열반도체식
  ㉢ 공기관식

21 | 정온식 스포트형 감지기

다음 중 온도상승에 의한 바이메탈의 완곡을 이용하는 감지기로서 특히 불을 많이 사용하는 보일러실과 주방 등에 가장 적합한 것은?

① 정온식 스포트형 감지기
② 차동식 스포트형 감지기
③ 차동식 분포형 감지기
④ 광전식 감지기

해설 정온식 스포트형 감지기
집열판에 집열되어 감지 소자인 바이메탈에 전달되면 가동 및 고정 접점이 접촉되어 화재 신호를 수신기로 보내는 방식으로 불을 많이 사용하는 보일러실과 주방 등에 가장 적합하다.

22 | 정온식 감지기

정온식 감지기의 감지원리로 옳은 것은?

① 주위온도가 일정온도 이상일 때 작동
② 주위온도가 일정온도 상승률 이상일 때 작동
③ 연기 침입 시 수광부의 광량이 감소되는 것을 검출
④ 특정파장의 복사 에너지를 전기 에너지로 변환하여 이를 검출

해설 정온식 감지기(바이메탈식)는 국소의 온도가 일정 온도(75℃)를 넘으면 작동하는 것으로 화재 시의 온도 상승으로 바이메탈이 팽창(금속의 팽창)하여 접점을 닫아 화재 신호를 발신하며, 보상식 감지기는 온도 상승률이 일정한 값을 초과할 경우(정온식)와 온도가 일정한 값을 초과한 경우(차동식)에 동작하는 2가지 기능(정온과 차동식의 기능)을 겸비하고 있어 이상적이다.

23 | 보상식 감지기

자동화재탐지설비의 감지기 중 차동식의 성능과 정온식의 성능을 혼합한 것으로 두 성능 중 어느 한 기능이 작동되면 작동신호를 발신하는 감지기는?

① 이온화식 감지기
② 연기 감지기
③ 보상식 감지기
④ 광전식 감지기

정답 17.① 18.① 19.④ 20.④ 21.① 22.① 23.③

해설 이온화식 감지기는 감지기 주위의 공기가 일정한 농도의 연기를 포함하게 되면 연기에 의하여 이온 전류가 변화하므로 작동되는 감지기이고, 연기 감지기는 연소로 인하여 발생하는 연기를 감지하여 화재에 의한 열발생 이전에 사고를 발견하는 장치로서 이온식 감지기와 광전식 감지기가 많이 사용되며, 창고 등 밀폐되어 불완전 연소하기 쉬운 장소나 전기 관계에서 보다 빠른 감지를 필요로 하는 곳에 사용하며, 광전식 감지기는 감지기 주위의 공기가 일정한 농도의 연기를 포함하게 되면 작동하는 감지기이다.

24 | 이온화식 감지기
24, 21, 17, 14, 07

자동화재탐지설비의 감지기 중 주위의 공기에 일정농도 이상의 연기가 포함되었을 때 동작하는 감지기는?

① 불꽃 감지기
② 이온화식 감지기
③ 차동식 감지기
④ 보상식 스포트형 감지기

해설 불꽃 감지기는 자외선식, 적외선식, 복합형 및 자외선적외선 겸용 등이 있고, 차동식 감지기는 감지기가 부착된 주위 온도가 일정한 온도 상승률 이상이 되었을 때 작동하는 감지기이며, 보상식 스포트형 감지기는 차동식 감지기와 정온식 감지기의 기능을 합한 감지기이다.

25 | 자동화재탐지설비의 감지기
21

자동화재탐지설비의 감지기 설치에 관한 설명으로 옳지 않은 것은?

① 천장 또는 반자의 옥내에 면하는 부분에 설치한다.
② 정온식 및 보상식 감지기는 실내로의 공기유입구로부터 0.5m 이상 떨어진 위치에 설치한다.
③ 보상식 스포트형 감지기는 정온점이 감지기 주위의 평상시 최고온도보다 20℃ 이상 높은 것으로 설치한다.
④ 정온식 감지기는 주방·보일러실 등으로서 다량의 화기를 취급하는 장소에 설치하되, 공칭작동온도가 최고 주위온도보다 20℃ 이상 높은 것으로 설치한다.

해설 감지기의 설치
㉠ 감지기(차동식 분포형을 제외, 즉 정온식과 보상식 감지기)는 실내의 공기유입구로부터 1.5m 이상 떨어진 위치에 설치할 것
㉡ 감지기는 천장 또는 반자의 옥내에 면하는 부분에 설치할 것
㉢ 보상식 스포트형 감지기는 정온점이 감지기 주위의 평상시 최고온도보다 20℃ 이상 높은 것으로 설치할 것

26 | 자동화재탐지설비의 경계구역
20, 17, 08

자동화재탐지설비의 하나의 경계구역의 면적은 최대 얼마 이하로 하는가? (단, 해당 특정소방대상물의 주된 출입구에서 그 내부 전체가 보이는 것 제외)

① 150m²
② 300m²
③ 500m²
④ 600m²

해설 자동화재탐지설비 하나의 경계구역의 면적은 600m² 이하로 하고, 한 변의 길이는 50m 이하로 할 것. 다만, 해당 특정소방대상물의 주된 출입구에서 그 내부 전체가 보이는 것에 있어서는 한 변의 길이가 50m의 범위 내에서 1,000m² 이하로 할 수 있다(NFTC 203 규정).

27 | 자동화재탐지설비의 감지기
22, 13, 08

자동화재탐지설비의 감지기에 관한 설명 중 옳지 않은 것은?

① 차동식 스포트형 감지기는 주변온도가 일정한 온도 상승률 이상으로 되었을 경우 작동한다.
② 이온화식 감지기는 주위의 공기가 일정한 농도의 연기를 포함하게 되면 작동하는 것으로 화재신호 감지 후 신호를 발생하는 시간에 따라 축적형과 비축적형으로 분류된다.
③ 보상식 열감지기는 차동식의 기능과 정온식의 기능을 혼합한 것으로 두 기능이 모두 만족되었을 경우에만 작동한다.
④ 광전식 감지기는 외부의 빛에 영향을 받지 않는 암실형태의 체임버 속에 광원과 수광소자를 설치해 놓은 것이다.

해설 보상식 감지기는 주위의 온도가 서서히 상승하는 경우에는 정온식 감지기의 기능이 작동하고, 주위 온도가 급격히 상승하는 경우에는 차동식 감지기의 기능이 작동하므로 양쪽 기능을 모두 갖추고 있으며, 둘 중(정온식과 차동식) 하나만 충족하여도 작동하는 감지기이다.

28 | 자동화재탐지설비
16

자동화재탐지설비 중 P형 2급 수신기는 몇 회선 이하의 건물에 주로 사용되는가?

① 5회선
② 10회선
③ 15회선
④ 20회선

해설 자동화재탐지설비 중 P형 2급 수신기(감지기나 발신기로부터 보내져 오는 신호를 각 경계구역마다 동일한 형태의 신호 방식으로 수신하는 수신기)의 최대 회로수는 5회선 이하이다.

정답 24. ② 25. ② 26. ④ 27. ③ 28. ①

29 | 자동화재탐지설비
08, 05

감지기가 발신기로부터 발하여진 신호를 중계기를 통하여 각 회선마다 고유의 신호로 수신하는 방식이며 건물의 증축이나 개축에 따라 경계구역이 증가될 경우에 중계기의 증가나 중계기 회로수의 증가 등에 의해 간편하게 회로를 추가할 수 있는 이점을 가진 수신기는?

① P형 수신기
② R형 수신기
③ GP형 수신기
④ M형 수신기

해설 P형 수신기는 감지기나 발신기로부터 보내져 오는 신호를 각 경계구역마다 동일한 형태의 신호방식으로 수신하는 수신기이고, GP형 수신기는 가스누설경보기의 수신부 기능과 P형 수신기의 기능을 합한 수신기이며, M형 수신기는 발신기로부터 발하여지는 신호를 수신하여 화재의 발생을 소방관서에 통보하는 것으로서 관할소방서 내에 설치되는 수신기이다.

30 | 자동화재탐지설비
23

자동화재탐지설비의 R형 수신기에 관한 설명으로 옳지 않은 것은?

① 기기 신뢰성이 우수하다.
② 한 쌍의 전송선로로 다중통신방식을 이용하므로 회선수를 줄일 수 있다.
③ 소방대상물에 설치되는 M형 수신기와 달리 소방관서 내에 주로 설치된다.
④ 건물의 증·개축 등 경계구역이 증가되는 경우에도 적응성이 우수하다.

해설 R형 수신기는 감지기가 발신기로부터 발하여진 신호를 중계기를 통하여 각 회선마다 고유의 신호로 수신하는 방식이며 건물의 증축이나 개축에 따라 경계구역이 증가될 경우에 중계기의 증가나 중계기 회로수의 증가 등에 의해 간편하게 회로를 추가할 수 있는 이점을 가진 수신기로서 소방대상물에 설치하고, M형 수신기는 소방관서 내에 설치한다.

31 | 자동화재탐지설비
11, 08

발신기로부터 발하여지는 신호를 수신하여 화재의 발생을 소방관서에 통보하는 것으로서 관할소방서 내에 설치되는 수신기는?

① P형
② R형
③ M형
④ S형

해설 P형 수신기는 감지기나 발신기로부터 보내져 오는 신호를 각 경계구역마다 동일한 형태의 신호방식으로 수신하는 수신기이고, R형 수신기는 감지기가 발신기로부터 발하여진 신호를 중계기를 통하여 각 회선마다 고유의 신호로 수신하는 방식이며 건물의 증축이나 개축에 따라 경계구역이 증가될 경우에 중계기의 증가나 중계기 회로수의 증가 등에 의해 간편하게 회로를 추가할 수 있는 이점을 가진 수신기이다.

32 | 비상콘센트 설치 높이
16, 13, 10

비상콘센트의 설치 높이에 대한 설명으로 옳은 것은?

① 바닥으로부터 높이 0.5m 이상 1.5m 이하의 위치에 설치한다.
② 바닥으로부터 높이 0.5m 이상 1.8m 이하의 위치에 설치한다.
③ 바닥으로부터 높이 0.8m 이상 1.5m 이하의 위치에 설치한다.
④ 바닥으로부터 높이 0.8m 이상 1.8m 이하의 위치에 설치한다.

해설 비상콘센트 설치 높이는 0.8m 이상, 1.5m 이하의 위치에 설치하여 비상시 신속히 이용할 수 있게 한다.

33 | 비상전원의 작동시간
17

비상콘센트설비에 비상전원으로 자가발전설비를 설치하는 경우, 자가발전설비는 비상콘센트설비를 최소 얼마 이상 유효하게 작동시킬 수 있는 용량으로 하여야 하는가?

① 10분
② 20분
③ 30분
④ 60분

해설 비상콘센트설비에 비상전원으로 자가발전설비 또는 비상전원수전설비를 설치하는 경우, 비상콘센트설비를 유효하게 20분 이상 작동시킬 수 있는 용량으로 할 것(NFPC 504 규정)

정답 29.② 30.③ 31.③ 32.③ 33.②

자동제어시스템 설계

① 자동제어 기초이론 파악

01 | 시퀀스 제어
24, 13, 10, 09, 04

미리 정해진 순서에 따라 제어의 각 단계를 순차적으로 행하는 것으로 공기조화기의 경보 또는 팬의 기동/정지에 적합한 제어방식은?

① 시퀀스 제어
② 피드백 제어
③ 프로세스 제어
④ 정치 제어

해설 피드백 제어는 폐회로로 구성된 방식으로 일정한 압력을 유지하기 위하여 출력과 입력을 항상 비교하는 방식으로 목표치를 일정하게 정해 놓은 제어(실내 온도, 전압, 보일러 압력, 펌프의 압력, 비행기익 레이더 추적 등) 방식이고, 프로세스 제어는 플랜트나 생산 공정 중에 온도, 유량, 압력, 농도 등을 제어량으로 하는 제어이며, 정치 제어는 제어량을 일정한 목푯값으로 유지하는 것을 목적으로 하는 제어이다.

02 | 시퀀스 제어
24, 20, 12, 05

시퀀스(Sequence) 제어에 대한 설명 중 옳은 것은?

① 미리 정해진 순서에 따라 제어의 각 단계를 순차적으로 제어한다.
② 시퀀스 제어계의 신호처리 방식은 유접점 방식만 있다.
③ 시퀀스 제어회로의 주전원과 조작전원은 반드시 동일해야 한다.
④ 시퀀스 제어는 일명 피드백(Feedback) 제어라고도 한다.

해설 시퀀스 제어계의 신호처리 방식은 유접점과 무접점 방식 등이 있고, 시퀀스 제어회로의 유접점 방식은 직류 또는 교류를 사용하고, 무접점 방식은 별도의 직류 전원을 필요로 하며, 피드백 제어는 일명 되먹임 제어라고 한다.

03 | 유접점 시퀀스 제어회로
19, 12, 09

유접점 시퀀스 제어회로에 관한 설명으로 옳지 않은 것은?

① 동작상태의 확인이 쉽다.
② 전기적 노이즈(외란)에 대하여 안정적이다.
③ 기계적 진동에 강하며 개폐부하의 용량이 작다.
④ 독립된 다수의 출력회로를 동시에 얻을 수 있다.

해설 유접점 시퀀스 제어회로는 기계적 진동이나 충격에 약하며 개폐부하의 용량이 크다.

04 | 유접점 시퀀스 제어회로
21

유접점 시퀀스 제어회로에 관한 설명으로 옳지 않은 것은?

① 온도특성이 양호하다.
② 개폐부하의 용량이 크다.
③ 전기적 노이즈에 대하여 안정적이다.
④ 기계적 진동, 충격 등에 비교적 강하다.

해설 유접점 시퀀스(기계적 가동 접점이 있는 제어기기로 구성되는 시퀀스) 제어회로는 기계적 진동, 충격에 매우 약한 단점이 있다.

05 | 유접점 시퀀스 제어회로의 접점 개폐
16, 09

유접점 시퀀스회로에서 접점의 개폐를 만드는 소자가 아닌 것은?

① 스위치
② 타이머
③ 다이오드
④ 릴레이

해설 유접점 제어장치는 전자계전기의 기계적 유접점을 이용한 전기 제어장치로서 릴레이, 스위치, 타이머 등이 있고, 무접점 제어장치는 반도체의 무접점을 이용한 전자 제어장치로서 트랜지스터, 다이오드, IC 등이 있다.

정답 01. ① 02. ① 03. ③ 04. ④ 05. ③

06 | 무접점 시퀀스 제어회로
16, 11, 10

반도체를 사용한 무접점 시퀀스 제어회로의 특징으로 옳지 않은 것은?

① 전기적 노이즈나 서지에 약하다.
② 온도변화에 약하다.
③ 소형화가 불가능하다.
④ 동작속도가 빠르다.

해설 반도체식은 소형화가 가능한 점이 가장 큰 장점이다.

07 | 무접점 시퀀스 제어회로
21, 07, 05

무접점 시퀀스 제어회로의 특징에 대한 설명 중 옳지 않은 것은?

① 동작속도가 빠르다.
② 고빈도 사용이 가능하고 수명이 길다.
③ 온도변화에 강하며 별도의 전원이 필요 없다.
④ 전기적 노이즈나 서지에 약하다.

해설 무접점 제어회로는 온도변화에 약하여 보호대책이 필요하고, 별도의 전원이 필요하다.

08 | 무접점 시퀀스 제어회로
21

무접점 시퀀스 제어회로에 관한 설명으로 옳지 않은 것은?

① 소형화가 가능하다.
② 동작속도가 빠르다.
③ 전기적 노이즈에 대하여 안정적이다.
④ 고빈도 사용이 가능하고 수명이 길다.

해설 무접점 시퀀스 제어회로는 전기적 노이즈나 서지에 약하다.

09 | 전력전자소자의 장점
20, 17, 08

무접점 계전기에 사용되는 전력전자소자(트랜지스터, 다이오드)의 장점이 아닌 것은?

① 스위칭 속도가 빠르다.
② 전력소비가 대단히 작다.
③ 접점의 개폐동작으로 인한 마모현상이 없다.
④ 잡음(noise)의 영향을 받지 않는다.

해설 무접점 계전기의 전자소자(트랜지스터, 다이오드 및 IC 등)는 노이즈(소음)에 영향을 받아 안정대책이 필요하다.

10 | 시퀀스 제어의 적용
16, 09, 07, 05

다음 중 시퀀스 제어를 적용하기에 적합하지 않은 것은?

① 부스터 펌프의 압력 제어
② 팬의 기동/정지
③ 엘리베이터의 기동/정지
④ 공기조화기의 경보시스템

해설 시퀀스 제어란 신호는 한 방향으로만 전달되는 개방회로방식으로 미리 정해 놓은 순서에 따라 제어를 진행하는 방식이며, 신호등, 자동판매기, 전기세탁기, 팬과 엘리베이터의 기동과 정지, 공기조화기의 경보시스템 등에 적합하고, 부스터 펌프의 압력 제어는 피드백 제어가 적합하다.

11 | 시퀀스 제어의 용도
15, 08

다음 중 시퀀스 제어가 아닌 것은?

① 전기세탁기   ② 자동판매기
③ 신호등   ④ 비행기 레이더 자동추적

해설 시퀀스 제어란 신호는 한 방향으로만 전달되는 개방회로방식으로 미리 정해 놓은 순서에 따라 제어를 진행하는 방식이며, 신호등, 자동판매기, 전기세탁기, 팬과 엘리베이터의 기동과 정지, 공기조화기의 경보시스템 등에 적합하고, 비행기 레이더 자동추적은 피드백 제어가 적합하다.

12 | 시퀀스 제어의 적용
21

다음 중 일반적으로 시퀀스 제어가 적용되는 것은?

① 정전압장치   ② 자동평형기록계
③ 커피자동판매기   ④ 레이더위치추적장치

해설 시퀀스 제어란 신호는 한 방향으로만 전달되는 개방회로방식으로 미리 정해 놓은 순서에 따라 제어를 진행하는 방식이며, 신호등, 자동판매기, 전기세탁기, 팬과 엘리베이터의 기동과 정지, 공기조화기의 경보시스템 등에 적합하고, 비행기 레이더 자동추적은 피드백 제어가 적합하다.

13 | 피드백 제어 시스템
22, 17, 14, 11, 09, 07, 01

다음 중 피드백 제어 시스템에서 반드시 필요한 장치는?

① 감도를 향상시키는 장치
② 안정도를 향상시키는 장치
③ 입력과 출력을 비교하는 장치
④ 응답속도를 빠르게 하는 장치

정답 06.③ 07.③ 08.③ 09.④ 10.① 11.④ 12.③ 13.③

해설 피드백 제어는 폐회로로 구성된 방식으로 일정한 압력을 유지하기 위하여 출력과 입력을 항상 비교하는 방식으로 목표치를 일정하게 정해 놓은 제어(실내 온도, 전압, 보일러 압력, 펌프의 압력, 비행기의 레이더 추적 등)방식으로 입력과 출력을 비교하는 장치는 반드시 필요한 장치이다.

14 | 피드백 제어 목표치 분류
06, 03

피드백 제어방식 중 피드백 제어 목표치에 의한 분류에 속하는 것은?

① 비례동작
② 정치 제어
③ 단속도동작
④ 프로세스 제어

해설 제어 목적에 의한 분류에는 정치 제어(어떤 일정한 목푯값으로 유지시키는 것을 목적으로 하는 제어)와 추치 제어가 있으며, 추치 제어의 종류에는 추종 제어(미지의 임의의 시간적 변화를 하는 목푯값에 제어량을 추종시키는 것을 목적으로 하는 제어), 프로그램 제어(정해진 프로그램에 따라 제어량을 변화시키는 것을 목적으로 하는 제어) 및 비율 제어(목푯값이 다른 값과 일정한 비율 관계를 가지고 변화하는 경우의 제어)가 있다.

15 | 피드백 제어의 제어요소
18, 12, 09, 04

피드백 제어에서 제어요소는 무엇으로 구성되는가?

① 비교부와 조작부
② 비교부와 검출부
③ 조절부와 조작부
④ 검출부와 조작부

해설 피드백 제어의 조절기는 설정부와 비교부, 제어요소는 조절부와 조작부로 구성된다.

16 | 피드백 제어의 정의
12, 05

제어신호의 궤환에 의해 온도, 습도 등과 같은 제어량을 설정치와 비교하고, 제어량과 설정치가 일치하도록 그 제어량에 대한 수정동작을 행하는 제어는?

① 수치 제어
② 서보 제어
③ 피드백 제어
④ 시퀀스 제어

해설 수치 제어는 수치와 NC 기호로 표현한 프로그램에 의해 실행하는 각종 기계의 제어이고, 서보 제어는 물체의 위치, 방위, 자세 등의 기계적인 변위를 제어량으로 해서 목푯값의 임의의 변화에 추종하도록 구성된 제어이다.

17 | 피드백 제어의 용도
01

보일러의 수면이 정해진 범위 내에 있도록 급수량을 제어하는 방식은 무엇인가?

① 피드백 제어
② 수동 제어
③ 시퀀스 제어
④ 인터록 제어

해설 수동 제어는 수동조작 제어이고, 인터록 제어는 2개의 제어요소에서 1개의 요소가 동작되면 다른 1개는 잠기어 동작을 못하게 하는 제어이다.

18 | 피드백 제어계의 구성
25, 24, 20, 18, 13, 10

다음 설명에 알맞은 피드백 제어계의 구성요소는?

제어계의 상태를 교란시키는 외적 작용으로서, 실내온도 제어에서는 인체·조명 등에 의한 발생열, 창문을 통한 태양일사, 틈새바람, 외기온도 등을 의미한다.

① 외란
② 제어대상
③ 제어편차
④ 주피드백 신호

해설 제어대상은 제어기기의 조작량을 받아들이는 것이고, 제어편차는 목표치에서 벗어나는 편차이며, 주피드백 신호는 외부 출력신호를 다시 입력으로 보내는 신호이다.

19 | 피드백 제어 연속동작
22, 19, 18, 15, 12, 07

건축설비 자동제어 중 피드백 제어방식을 제어동작에 의해 분류하였을 때 연속동작에 해당되지 않는 것은?

① 다위치동작
② 비례동작
③ 적분동작
④ 미분동작

해설 비례동작은 조절부의 전달 특성이 비례적인 특성을 가진 제어 시스템으로 목표치와 제어량의 차이에 비례하여 조작량을 변화시키는 잔류 편차가 있는 제어동작이고, 적분동작은 오차의 크기와 오차가 발생하고 있는 시간에 둘러싸인 면적 즉, 적분값의 크기에 비례하여 조작부를 제어하는 동작으로 잔류 오차가 없도록 하며, 미분동작은 제어 오차가 검출될 때 오차가 변화하는 속도에 비례하여 조작량을 가감하도록 하는 동작으로 오차가 커지는 것을 미연에 방지한다.

20 | 피드백 제어의 제어동작
22, 15, 13

다음 중 피드백 제어방식의 제어동작에 의한 분류에 속하지 않는 것은?

① 비례동작
② 적분동작
③ 정치동작
④ 다위치동작

정답 14. ② 15. ③ 16. ③ 17. ① 18. ① 19. ① 20. ③

해설 비례동작은 조절부의 전달 특성이 비례적인 특성을 가진 제어시스템으로 목표치와 제어량의 차이에 비례하여 조작량을 변화시키는 잔류 편차가 있는 제어동작이고, **적분동작**은 오차의 크기와 오차가 발생하고 있는 시간에 둘러싸인 면적 즉, 적분값의 크기에 비례하여 조작부를 제어하는 동작으로 잔류 오차가 남지 않으며, 다위치동작은 목푯값이 여러 개인 경우 사용되는 동작이다.

21 | 목표치의 시간적 성질
01

자동 제어방식을 목표치의 시간적 성질에 의해 분류한 것이 아닌 것은?

① 추종 제어
② 비율 제어
③ 변수 제어
④ 프로그램 제어

해설 제어 목적에 의한 분류에는 정치 제어(어떤 일정한 목표값을 유지시키는 것을 목적으로 하는 제어)와 추치 제어(제어량을 시간에 따라 변화하는 목표값에 따라 추종하도록 하는 것이 목적으로 하는 제어)에는 추종 제어(임의의 시간적 변화를 하는 목표값에 제어량을 추종시키는 것을 목적으로 하는 제어). 프로그램 제어(정해진 프로그램에 따라 제어량을 변화시키는 것을 목적으로 하는 제어) 및 비율 제어(목표값이 다른 값과 일정한 비율 관계를 가지고 변화하는 경우의 제어) 등이 있다. 또한, 변수 제어는 특정 변수를 원하는 값에 맞추기 위해 사용되는 피드백 제어 시스템의 한 유형이다.

22 | 피드백 제어 연속 동작
20, 15, 11

건축설비 자동제어에서 피드백 제어방식을 제어동작에 의해 분류할 경우 연속 동작에 해당하는 것은?

① 미분동작
② 2위치동작
③ 다위치동작
④ ON-OFF동작

해설 피드백 제어방식을 제어동작에 의해 분류할 경우 연속 동작에는 미분동작(D동작), 비례미분동작(PD동작), 적분동작(I동작), 비례적분동작(PI동작), 비례제어동작(P동작), 비례적분미분동작(PID동작) 등이 있고, 불연속 동작에는 2위치동작(ON-OFF동작), 다위치동작 등이 있다.

23 | 피드백 제어 불연속 동작
18

피드백 제어방식을 제어동작에 의해 분류할 경우 다음 중 불연속 동작에 속하는 것은?

① 비례동작
② 미분동작
③ 적분동작
④ 다위치동작

해설 피드백 제어방식을 제어동작에 의해 분류할 경우 연속 동작에는 미분동작(D동작), 비례미분동작(PD동작), 적분동작(I동작), 비례적분동작(PI동작), 비례제어동작(P동작), 비례적분미분동작(PID동작) 등이 있고, 불연속 동작에는 2위치동작(ON-OFF동작), 다위치동작 등이 있다.

24 | 프로세스제어
16

온도, 압력, 유량 및 액면 등과 같은 제어량을 제어하는 데 주로 사용되는 제어방법은?

① 추종 제어
② 시퀀스 제어
③ 프로세스 제어
④ 프로그램 제어

해설 추종 제어는 미지의 임의의 시간적 변화를 하는 목푯값에 제어량을 추종시키는 것을 목적으로 하는 제어이고, **시퀀스 제어**는 신호를 한 방향으로만 전달되는 개방회로방식으로 미리 정해 놓은 순서에 따라 제어를 진행하는 방식이며, 프로그램 제어는 정해진 프로그램에 따라 제어량을 변화시키는 것을 목적으로 하는 제어이다.

25 | 잔류편차의 동작
24, 17

제어동작 중에서 잔류편차(off set)를 일으키는 동작은?

① 미분 제어
② 비례 제어
③ 적분 제어
④ 비례적분 제어

해설 미분 제어는 제어 오차가 검출될 때 오차가 변화하는 속도에 비례하여 조작량을 가감하도록 하는 동작으로 오차가 커지는 것을 미연에 방지하고, 적분 제어는 오차의 크기와 오차가 발생하고 있는 시간에 둘러싸인 면적, 즉 적분값의 크기에 비례하여 조작부를 제어하는 동작이며, 잔류 오차가 남지 않으며, 비례적분 제어(PI제어동작)는 비례동작에 의해 발생하는 잔류 오차를 소멸시키기 위하여 적분 동작을 부가시킨 제어 동작으로 제어 결과가 진동(사이클링)적으로 되기 쉬우나, 잔류 오차가 적다.

26 | 2위치 제어동작
21, 19, 17, 14

다음의 제어동작 중 ON-OFF동작이라고도 하며, 항상 목표치와 제어결과가 일치하지 않는 동작 간극을 일으키는 결점이 있는 것은?

① 다위치 제어동작
② 2위치 제어동작
③ 비례 제어동작
④ PI 제어동작

정답 21. ③ 22. ① 23. ④ 24. ③ 25. ② 26. ②

해설 다위치 제어동작은 목푯값이 여러 개인 경우 사용되는 동작이고, 비례 제어동작(P동작)은 조절부의 전달 특성이 비례적인 특성을 가진 제어시스템으로 목표치와 제어량의 차이에 비례하여 조작량을 변화시키는 동작이며, 비례적분동작(PI 제어동작)은 비례동작에 의해 발생하는 잔류 오차를 소멸시키기 위하여 적분 동작을 부가시킨 제어동작으로 제어 결과가 진동(사이클링)적으로 되기 쉬우나, 잔류 오차가 적다.

27 | 압력검출소자의 종류
22, 15, 11, 07

전기식 자동제어 시스템에서 사용되는 압력검출소자에 해당되지 않는 것은?

① 벨로스 ② 나일론 리본
③ 다이어프램 ④ 부르동관

해설 공조설비의 자동제어 검출기

구분		검출기
온도검출		열팽창식, 전기식, 방사식
압력검출	액체압력계	액주식, 침종식, 환상식
	탄성압력계	다이어프램, 부르동관식, 벨로스식
	전기식압력계	저항선식, 압전식
	진공계	피라니 게이지, 전리 진공계
유량 검출		차압식, 면적식, 용적식, 전자식,
액면 검출		차압식, 기포식, 부자식, 방사선식

* 나일론 리본과 모발은 습도 검출소자이다.

28 | 압력검출소자
23

공조설비의 자동제어에서 압력검출소자로 사용되지 않는 것은?

① 다이어프램 ② 모발
③ 부르동관 ④ 벨로스

해설 압력검출소자 중 액체압력계(액주식, 침종식, 환상식), 탄성압력계(다이어프램, 부르동관식, 벨로스식), 전기식 압력계(저항선식, 압전식) 및 진공계(피라니 게이지, 전리 진공계) 등이 있고, 모발은 습도검출소자이다.

29 | 비례적분미분 제어동작
12, 10, 07, 05

다음 중 비례적분미분(PID) 제어동작으로 제어한 결과 시스템이 불안정하고 진동하였을 경우 이에 대한 원인과 가장 거리가 먼 것은?

① 비례동작의 비례대가 매우 좁다.
② 적분동작의 적분시간이 매우 짧다.
③ 미분동작의 미분시간이 매우 길다.
④ 낭비시간(dead time)이 매우 짧다.

해설 비례동작의 비례대가 넓고, 적분동작의 적분시간이 길수록 안정적이고, 미분동작의 미분시간과 낭비시간이 짧을수록 안정적이다.

30 | 미분제어동작
14, 09, 06

제어 목푯값과 현재값과의 변화율을 이용하여 오버슈트 혹은 언더슈트 등을 감소시켜 과도상태의 편차를 제거하고 외란 등에 대하여 시스템의 안정도를 증가시키는 제어동작은?

① 미분제어동작
② 적분제어동작
③ 비례제어동작
④ 단속도(floating) 제어동작

해설 적분동작은 오차의 크기와 오차가 발생하고 있는 시간에 둘러싸인 면적, 즉 적분값의 크기에 비례하여 조작부를 제어하는 동작으로, 잔류 오차가 없도록 하고, 비례제어동작(P동작)은 조절부의 전달 특성이 비례적인 특성을 가진 제어시스템으로 목표치와 제어량의 차이에 비례하여 조작량을 변화시키는 동작이며, 단속도 제어동작은 압력 제어에 사용하는 동작이다.

31 | 전기식 자동제어 시스템
11, 09, 05

전기식 자동제어 시스템의 특징이 아닌 것은?

① 구조가 간단하고 조작 동력원으로 상용전원을 직접 사용한다.
② 중앙제어 시스템을 구성하여 원격통신 제어가 용이하다.
③ 전기회로의 조합에 의해 계장에 융통성이 있다.
④ 검출부와 조절부가 하나의 케이스에 함께 설치된다.

해설 디지털 제어방식(DDC, Direct digital Control)은 제어시스템 내의 신호로 어떤 양자화된 신호를 사용하는 시스템으로 중앙제어 시스템을 구성하여 원격통신 제어가 용이하나, 전기식 자동제어 시스템은 원격통신 제어를 위한 회로를 필요로 한다.

32 | 전기식 자동제어 시스템
19, 12

전기식 자동제어 시스템에 관한 설명으로 옳지 않은 것은?

① 신호처리가 쉽지만 원격조작이 어렵다.
② 기기의 구조가 복잡하여 취급이 불편하다.
③ 검출부와 조절부가 하나의 케이스 내에 함께 설치된다.
④ 신호전송 및 조작 동력원으로서 상용전원을 직접 사용한다.

해설 전기식 자동제어 시스템은 구조가 간단하고 조작 동력원으로 상용전원을 직접 사용하며, 취급이 간편하다.

33. 하한제어 (10, 07)

전기식 자동제어 시스템에서 리밋 조절기의 설정치보다 제어량이 저하되었을 때 리밋 조절기가 주조절기의 동작과 관계없이 조작기를 직접 작동시켜 조작기가 열리거나 운전되도록 하는 제어방법은?

① 상한 제어
② 하한 제어
③ 최소 개도 제어
④ 외기도입 제어

해설 전기식 자동제어 시스템에서 하한 제어는 리밋 조절기의 설정치보다 제어량이 저하되었을 때, 상한 제어는 리밋 조절기의 설정치보다 제어량이 상승되었을 때 리밋 조절기가 주조절기의 동작과 관계없이 조작기를 직접 작동시켜 조작기가 열리거나 운전되도록 하는 제어방법이다.

34. 자동제어방식 (18)

직접 디지털 제어방식인 DDC(Direct Digital Control)의 장점이 아닌 것은?

① 제어의 정밀성과 정확성이 양호하다.
② 빌딩의 제반 기능을 통합하여 관리할 수 있다.
③ 일반 전기식보다 가격이 싸고 전자파에 강하다.
④ 기능 분담으로 정보의 폭주를 막을 수 있다.

해설 디지털 제어방식(DDC, Direct digital Control)은 검출부가 전자식이며, 조절부는 컴퓨터이므로 각종 연산 제어가 가능하고 응용성이 무궁무진하며, 정밀도 및 신뢰도가 높고, 전 제어계통이 그대로 중앙감시장치로 연결되므로 중앙에서 설정변경, 제어방식변경, 제어상태의 감시 등이 가능하고, 불가능한 제어 및 감시의 컴퓨터화를 이룰 수 있으나, 가격이 비싸고, 전자파에 약하므로 부속기기(노이즈필터 등)를 설치하여야 한다. 특히 유지, 보수에 비용이 적게 든다.

35. 자동제어방식 (23, 07)

DDC 제어방식에 대한 설명으로 옳지 않은 것은?

① 정밀한 제어를 할 수 있다.
② 신뢰성이 우수하다.
③ 응용성이 풍부하다.
④ 유지, 보수에 비용이 많이 든다.

해설 DDC(Direct Digital Control) 제어방식은 검출부가 전자식이며, 조절부는 컴퓨터이므로 각종 연산제어가 가능하고, 응용성이 무궁무진하며, 정밀도 및 신뢰도가 높고, 선 세어계통이 그대로 중앙감시장치로 연결되므로 중앙에서 설정변경, 제어방식변경, 제어상태의 감시 등이 가능하고, 불가능한 제어 및 감시의 컴퓨터화를 이룰 수 있으나, 가격이 비싸고 전자파에 약하므로 부속기기(노이즈 필터 등)를 설치하여야 한다. 특히, 유지, 보수에 비용이 적게 든다.

36. 자동제어방식 (21, 12, 04)

건물의 자동제어방식에서 디지털방식에 해당하는 것은?

① 전기식
② 전자식
③ 공기식
④ DDC방식

해설 디지털 제어방식(DDC, Direct digital Control)은 예민한 전자식 검출부에서 아날로그 계측값이 변환기를 거쳐 디지털 신호를 신속하게 마이크로프로세서에 전달하면, 설정제어장치에 도달하도록 디지털 작동부에 빨리 정방향이나 역방향으로 작동신호를 직접 보내는 방식이다.

37. DDC 방식 용어 (25, 23, 10, 08, 05)

다음의 자동제어방식 중 각종 연산 제어 및 에너지 절약 제어가 가능하며 정밀도 및 신뢰도가 가장 높은 것은?

① DDC방식
② 전기식
③ 전자식
④ 공기식

해설 디지털 제어방식(DDC, Direct digital Control)은 예민한 전자식 검출부에서 아날로그 계측값이 변환기를 거쳐 디지털 신호를 신속하게 마이크로프로세서에 전달하면, 설정제어장치에 도달하도록 디지털 작동부에 빨리 정방향이나 역방향으로 작동신호를 직접 보내는 방식으로 검출부가 전자식이고, 조절부는 컴퓨터이므로 각종 연산 제어가 가능하고 정밀도 및 신뢰도가 높으며, 전 제어계통이 그대로 중앙감시장치로 연결되므로 중앙에서 설정변경, 제어방식변경, 제어상태의 감시 등이 가능하고, 불가능한 제어 및 감시의 컴퓨터화를 이룰 수 있다.

38. DDC 방식의 신호 (22, 19)

DDC방식에서 밸브나 댐퍼 등을 비례적으로 동작시키는 신호는?

① AI
② DI
③ AO
④ DO

해설 ① AI(Analog In) : 온도나 습도, 압력, 전류, 전압 등의 신호를 받아들일 수 있는 아날로그 입력
② DI(Digital In) : 기동 또는 정지상태나 경보신호를 받아 들일 수 있는 디지털 입력
③ AO(Analog Out) : 밸브나 댐퍼 등을 비례적으로 동작시킬 수 있는 아날로그 출력
④ DO(Digital Out) : 기동 또는 정지 등을 명령하는 디지털 출력

정답 33. ② 34. ③ 35. ④ 36. ④ 37. ① 38. ③

39 | DDC 방식의 신호
18

각종 센서로부터 전자적 신호를 받아 수치화된 디지털 신호로 제어하는 방식은?

① 전기식 ② 공기식
③ 기계식 ④ DDC방식

해설 디지털 제어방식(DDC, Direct digital Control)은 예민한 전자식 검출부에서 아날로그 계측값이 변환기를 거쳐 디지털 신호를 신속하게 마이크로프로세서에 전달하면, 설정제어장치에 도달하도록 디지털 작동부에 빨리 정방향이나 역방향으로 작동신호를 직접 보내는 방식으로 검출부가 전자식이고, 조절부는 컴퓨터이므로 각종 연산 제어가 가능하고 정밀도 및 신뢰도가 높으며, 전 제어계통이 그대로 중앙감시장치로 연결되므로 중앙에서 설정변경, 제어방식변경, 제어상태의 감시 등이 가능하고, 불가능한 제어 및 감시의 컴퓨터화를 이룰 수 있다.

40 | 자동제어방식
18, 08, 04

자동제어방식에서 디지털방식에 대한 설명 중 옳지 않은 것은?

① 기능의 고급화를 도모할 수 있다.
② 각종 제어로직은 손쉽게 소프트웨어에 의해 조정될 수 있다.
③ 자가진단 기능을 보유하고 있다.
④ 제어의 정밀도가 낮으며 신뢰성이 다소 떨어진다.

해설 디지털 제어방식(DDC, Direct digital Control)은 검출부가 전자식이며, 조절부는 컴퓨터이므로 각종 연산제어가 가능하고 응용성이 무궁무진하며, 정밀도 및 신뢰도가 높고, 전 제어계통이 그대로 중앙감시장치로 연결되므로 중앙에서 설정변경, 제어방식변경, 제어상태의 감시 등이 가능하고, 불가능한 제어 및 감시의 컴퓨터화를 이룰 수 있으나, 가격이 비싸고, 전자파에 약하므로 부속기기(노이즈 필터 등)를 설치하여야 한다.

41 | NAND GATE
09, 05

다음 중 NAND Gate를 나타내는 것은?

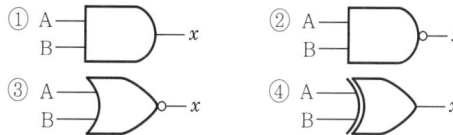

해설 ① AND회로
③ NOR회로
④ XOR(exclusive-OR)회로

42 | 불대수의 법칙
12, 11, 06

$A+A \cdot B$의 논리식을 불대수의 법칙에 따라 간소화시킨 것은?

① A ② B
③ 1 ④ 0

해설 불대수의 정리에 의하여 $A+A \cdot B = A(1+B) = A \cdot 1 = A$이다.

43 | 논리식
16

다음의 논리식 중 성립하지 않는 것은?

① $A \cdot \overline{A} = 1$
② $A \cdot A = A$
③ $A + 0 = A$
④ $A + \overline{A} = 1$

해설 불대수의 정리에 의하면, $A+A=A$, $A+\overline{A}=1$, $1+A=1$, $A+0=A$, $A \cdot A=A$, $A \cdot \overline{A}=0$, $1 \cdot A=A$, $0 \cdot A=0$이다.

44 | 논리식
10, 04

논리식 $A \cdot (A+B)$를 간단히 하면 무엇인가?

① A+B
② $A \cdot B$
③ B
④ A

해설 불대수의 정리 중 결합법칙에 의하여 $A \cdot (A+B) = A \cdot A + A \cdot B$이고, $A \cdot A = A$이므로 $A \cdot A + A \cdot B = A + A \cdot B = A(1+B) = A \cdot 1 = A$이다.

45 | 논리식
16

다음 그림의 논리기호의 논리식은?

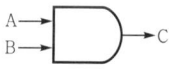

① $A \cdot B = C$ ② $A+B=C$
③ $A \div B = C$ ④ $A-B=C$

해설 AND(직렬)회로는 논리회로의 곱으로 2개의 입력신호가 동시에 작동될 때에만 출력신호가 1이 되는 논리회로이고, OR(병렬)회로는 논리회로의 합으로 둘 중의 하나만 작동해도 출력신호를 내는 논리회로이며, NOT회로는 입력신호가 있을 때 출력신호는 OFF되는 논리회로이다. 또한 NOR회로는 둘 중의 하나만 작동해도 출력신호는 OFF되는 논리회로이다.

46 | 논리회로의 종류
20, 08

그림의 회로도와 같이 논리식이 $Y = X_1 \cdot X_2$로 표시되는 논리 회로의 종류는?

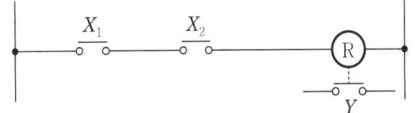

① AND회로
② OR회로
③ NOT회로
④ NAND회로

해설 전기의 기본 회로

구분	회로의 의미	논리식
AND(직렬)회로	논리곱회로, 동시에 작동할 때 출력신호를 보내는 회로	$Y = X_1 X_2$
OR(병렬)회로	논리합회로, 둘 중에 하나만 작동해도 출력신호를 보내는 회로	$Y = X_1 + X_2$
NOT회로	입력신호가 있는 경우 출력신호는 꺼지는 회로	$Y = X_1$
NOR회로	둘 중에 하나만 작동해도 출력신호는 꺼지는 회로	$Y = X_1 + X_2$

47 | 논리합 회로
16

논리회로 중 논리합(OR Gate)회로에 관한 설명으로 옳은 것은?

① 2개의 입력신호 모두가 없을 때 출력회로가 동작한다.
② 2개의 입력신호에 관계없이 계속 출력회로가 동작한다.
③ 2개의 입력신호 중 1개만 입력이 되면 출력회로가 동작한다.
④ 2개의 입력신호 모두가 입력이 되어야 출력회로가 동작한다.

해설 AND(직렬)회로는 논리회로의 곱으로 2개의 입력신호가 동시에 작동될 때에만 출력신호가 1이 되는 논리회로이고, OR(병렬)회로는 논리회로의 합으로 둘 중의 하나만 작동해도 출력신호를 내는 논리회로이며, NOT회로는 입력신호가 있을 때 출력신호는 OFF되는 논리회로이다. 또한, NOR회로는 둘 중의 하나만 작동해도 출력신호는 OFF되는 논리회로이다.

❷ 공조, 열원, 환기, 위생설비 제어시스템 설계

01 | 변풍량 제어방식 특징
17

공조설비에서 DDC방식 중 변풍량(VAV) 제어방식의 특징으로 옳지 않은 것은?

① 부하변동이 심한 건축물에는 사용이 곤란하다.
② 부하변동에 따른 송풍용 동력을 절약할 수 있다.
③ 순간적 대응이 빠르므로 주거 쾌적성이 향상된다.
④ 동시부하율을 고려하여 설비비를 경감시킬 수 있다.

해설 디지털 제어방식(DDC, Direct digital Control)은 제어시스템 내의 신호로 어떤 양자화된 신호를 사용하는 시스템으로 중앙제어시스템을 구성하여 원격통신 제어가 용이하나, 전기식 자동제어시스템은 원격통신 제어를 위한 회로를 필요로 한다. 또한, 변풍량 제어방식은 부하 변동이 심한 건축물에 적용하는 방식이다.

02 | 환기온도제어
21

급기온도를 일정하게 하고 풍량을 변화시킴으로서 실내 온도를 유지하는 가변 풍량 제어(VAV)에 적용되지 않는 것은?

① 정압 제어
② 환기온도 제어
③ 송풍기풍량 비례적분 제어
④ VAV터미널 유닛 실온 제어

해설 환기온도 제어방식이란 실내에서 리턴되어 오는 공기의 온도와 설정온도를 비교하여 그 편차에 비례해서 냉·난방밸브를 개폐시키는 방식으로 송풍량이 일정한 상태에서 부하에 따라 실내로 공급되는 공기의 온도를 조정하는 방법이다.

03 | 조절유량의 산정
11, 08

어느 조절밸브를 완전히 개방하였을 때 99L/min의 유량이 흐른다고 한다. 이 밸브의 레인지 어빌리티가 10:1이라면 최소기능 조절 유량은 얼마인가?

① 0.99L/min
② 9.9L/min
③ 0.45L/min
④ 4.5L/min

해설 레인지 어빌리티(Range ability, 조절 가능량)는 조절밸브로서 제어할 수 있는 최대 유량과 최소 유량의 비를 말하며, 보통 30:1~50:1의 범위이다. 즉, 레인지 어빌리티가 10:1이라면 최대 유량 : 최소 유량=10:1=99l/min : xL/min이다. 그러므로, $x = 9.9$L/min이다.

04 | 에너지 절약 제어의 종류
05, 03

다음 중 에너지 절약 제어가 아닌 것은?

① 전력수요 제어
② 역률개선 제어
③ 외기도입 제어
④ 디지털 제어

해설 에너지 절약 측면에서 전력관리기법으로 최대수요전력 관리, 역률개선 관리, 전압 관리, 절전 운전제어, 최적 기동/정지 제어 및 외기도입 관리 제어 등이 있고, 디지털 제어방식(DDC, Direct digital Control)은 예민한 전자식 검출부에서 아날로그 계측값이 변환기를 거쳐 디지털 신호로 신속하게 마이크로프로세서에 전달하면, 설정 제어장치에 도달하도록 디지털 작동부에 빨리 정방향이나 역방향으로 작동신호를 직접 보내는 제어방식이다.

05 | 제어장치의 구성요소
08, 06

다음 중 자동제어에서 제어장치의 구성요소가 아닌 것은?

① 검출부
② 조절부
③ 조작부
④ 검파부

해설 자동제어장치의 구성요소에는 검출부(제어하고 싶은 곳의 온도 등을 검출해서 조절부로의 신호를 바꾸는 부분), 조절부(검출부로부터 신호와 설정치를 비교해서, 조작부로의 명령신호를 만드는 부분) 및 조작부(조절부로부터 신호에 의해 증가량 등의 증감을 조작하는 부분) 등이 있다.

06 | 온수보일러의 자동제어
23, 08

온수보일러의 자동제어에 관한 설명 중 옳지 않은 것은?

① 팽창수조와 인터록시켜야 한다.
② 팽창수조의 감수 시에는 온수보일러와 순환펌프가 정지되어야 한다.
③ 팽창수조는 만수 및 감수 경보표시기능이 있어야 한다.
④ 온수계통의 동결 우려 시 관내 온수온도를 검출하여 온수순환 펌프가 자동 운전되도록 한다.

해설 온수보일러의 자동제어에서 인터록(기기의 보호와 안전을 위하여 2대 이상의 기기가 기계적 또는 전기적으로 여유있게 조합되어 각기 기능이 지장없이 유효하게 작동하는 것)을 시키게 되는 요인은 보일러에 불이 붙지 않은 경우(불착화)와 보일러의 물 부족으로 인한 저수위 경보 등이다.

07 | 엔탈피 제어
22, 17, 14

엔탈피 제어에 관한 설명으로 옳지 않은 것은?

① 환절기에 사용하면 에너지 절약효과가 크다.
② 통상적으로 부하재설정 제어와 같이 사용한다.
③ 외기를 실내에 공급하여 냉방부하를 줄이는 방식이다.
④ 사람의 출입이 사용시간대에 따라서 크게 변화하는 백화점 등에 사용하면 효과가 크다.

해설 엔탈피(물체의 상태에 따라 정해지는 상태량으로서 내부에 갖는 열에너지의 총화로서 내부 에너지와 외부에 대하여 한 일의 에너지와의 합) 제어는 에너지 절약방식의 하나이다.

08 | 전극식의 정의
19, 16, 12, 10

액면조절장치의 감지부의 종류 중 액체 내의 전극봉 사이의 통전 상태로서 액면을 조절하며, 저수용으로 사용하는 것은?

① 오뚜기식
② 플로트식
③ 기어식
④ 전극식

해설 수위조절방식으로는 플로트식, 기어식, 오뚜기식, 전극식(액체 내의 전극봉 사이의 통전 상태로서 액면을 조절하며, 저수용으로 사용하는 것), 초음파식 수위계가 있다.

09 | 환기측 온·습도 검출기
20, 11, 06

정풍량 방식에서 냉난방 밸브의 제어기준이 되는 현재 실내의 온·습도를 측정하는 온습도 검출기는?

① 외기측 온·습도 검출기
② 급기측 온·습도 검출기
③ 혼합기측 온·습도 검출기
④ 환기측 온·습도 검출기

해설 정풍량 방식에서 냉난방 밸브의 제어기준이 되는 현재 실내의 온·습도를 측정하는 온·습도 검출기는 환기측 온·습도 검출기이다.

10 | 모듀트롤 모터
18, 10, 06, 04

공조설비의 밸브나 댐퍼의 구동을 위하여 비례제어용으로 주로 사용되는 기기는?

① 히트 펌프
② 서보 모터
③ 모듀트롤 모터
④ 작동식 전자밸브

정답 04. ④ 05. ④ 06. ① 07. ② 08. ④ 09. ④ 10. ③

해설 히트(열) 펌프는 냉매가 증발기 속에서 증발하면서 주위의 열을 빼앗아 기체로 되고, 다시 응축기에 의하여 주위의 열을 방출하여 액화하는 냉동 사이클에서 방출된 열을 난방이나 가열에 이용하는 때의 냉동기로서 열을 저온부에서 고온부로 끌어올리는 펌프이고, 서보 모터는 구동부에 전동기를 사용하는 조작기기이며, 모듀트럴 모터(modutrol motor)는 전동기와 감속기어장치를 케이싱에 넣은 것으로서 조절기의 퍼텐셔미터에서의 저항값의 변화에 따라 회전함으로써 공조설비의 밸브나 댐퍼의 구동을 위하여 비례제어용으로 주로 사용되는 기기이다.

11 | 제어량
16, 09, 06

"중유의 공급량을 변화시키면서 보일러의 온도를 300℃로 일정하게 유지하고자 할 경우"에서 이 온도는 자동제어의 용어 중 어느 것에 해당하는가?

① 제어대상
② 제어량
③ 조작량
④ 외란

해설 "중유의 공급량을 변화시키면서 보일러의 온도를 300℃로 일정하게 유지하고자 할 경우"에 대한 자동제어의 용어 중 보일러는 제어대상, 300℃는 목푯값, 온도는 제어량, 중류(연료)는 조작량에 해당되고, 외란은 소음 또는 잡음으로 Noise이다.

12 | 과도응답
12, 09

다음의 (   ) 안에 알맞은 용어는?

기계계나 전기계 등의 물리계가 정상상태에 있을 때 이 계에 대한 입력신호 또는 외부로부터의 자극이 가해지면 정상상태가 무너져 계의 출력신호가 변화한다. 이 출력신호가 다시 정상상태로 되돌아올 때까지의 시간적 경과를 (   )이라고 한다.

① 과도응답
② 정상응답
③ 선형응답
④ 시간응답

해설 정상응답은 자동제어계의 입력신호가 어떤 상태에 이를 때 출력신호가 최종값이 되는 정상적인 응답이고, 시간응답은 피드백 제어계의 용어로서 특정 조작의 조건하에서 특정의 입력율을 부여할 시에 출력을 시간함수로 표시한 것이다.

정답 11. ② 12. ①

CHAPTER 04

Engineer Building Facilities

| 기출 공략 문제 |

소방시설 기초지식

① 소방시설의 일반적인 사항

01 화학적 소화
19

소화의 종류 중 화학적 소화에 속하는 것은?

① 질식소화
② 제거소화
③ 냉각소화
④ 부촉매소화

해설 질식소화는 산소 공급을 차단하여 소화하는 방법이고, 제거소화는 가연성 물질을 제거하는 방법, 즉 불길이 번지는 길목에 나무나 숲을 제거하여 탈 것을 없애는 소화하는 방법이며, 냉각소화는 가연성 물질을 냉각하여 가연성 물질의 온도를 인화점 또는 발화점 이하로 떨어뜨려 불의 활성화를 저지시켜 소화하는 방법이다.

02 A급 화재
23, 19, 18

나무, 섬유, 종이, 고무, 플라스틱류와 같은 일반 가연물이 타고 나서 재가 남는 화재를 의미하는 것은?

① A급 화재
② B급 화재
③ C급 화재
④ K급 화재

해설 A급 화재는 나무, 의류, 종이, 고무 및 다량의 플라스틱과 같은 통상의 가연성 물질의 화재이고, B급 화재는 모든 가연성 액체, 기름, 그리스, 타르, 유성페인트, 래커 및 인화성 가스의 화재이며, C급 화재는 소화약제의 전기 비전도성이 중요한 장소에 통전 중인 전기설비를 포함한 화재이다. D급 화재는 금속으로 인한 화재이다.

03 B급 화재
17

인화성 액체 등에 의한 기름화재의 화재 분류는?

① A급 화재
② B급 화재
③ C급 화재
④ D급 화재

해설 A급 화재는 나무, 의류, 종이, 고무 및 다량의 플라스틱과 같은 통상의 가연성 물질의 화재이고, B급 화재는 모든 가연성 액체, 기름, 그리스, 타르, 유성페인트, 래커 및 인화성 가스의 화재이며, C급 화재는 소화약제의 전기 비전도성이 중요한 장소에 통전 중인 전기설비를 포함한 화재이다. D급 화재는 금속으로 인한 화재이다.

04 B급 화재
21, 20, 18

다음 설명에 알맞은 화재의 종류는?

> 인화성 액체, 가연성 액체, 석유, 그리스, 타르, 오일, 유성 도료, 솔벤트, 래커, 알코올 및 인화성 가스와 같은 유류가 타고 나서 재가 남지 않는 화재

① A급 화재
② B급 화재
③ C급 화재
④ K급 화재

해설 화재의 분류

화재의 분류	A급 화재	B급 화재	C급 화재	D급 화재
	일반화재	유류화재	전기화재	금속화재
색깔	백색	황색	청색	무색

05 C급 화재
21, 18

C급 화재가 의미하는 화재의 종류는?

① 일반화재
② 전기화재
③ 유류화재
④ 주방화재

해설 A급 화재는 나무, 의류, 종이, 고무 및 다량의 플라스틱과 같은 통상의 가연성 물질의 화재이고, B급 화재는 모든 가연성 액체, 기름, 그리스, 타르, 유성 페인트, 래커 및 인화성 가스의 화재이며, C급 화재는 소화약제의 전기 비전도성이 중요한 장소에 통전 중인 전기설비를 포함한 화재이다. D급 화재는 금속으로 인한 화재이다.

정답 01. ④ 02. ① 03. ② 04. ② 05. ②

06 전기화재

전기화재에 대한 소화기의 적응 화재별 표시로 옳은 것은?

① A
② B
③ C
④ K

해설 화재의 분류

화재의 분류	A급 화재	B급 화재	C급 화재	D급 화재
	일반화재	유류화재	전기화재	금속화재
색깔	백색	황색	청색	무색

07 C급 화재

다음 설명에 알맞은 화재의 종류는?

전류가 흐르고 있는 전기기기, 배선과 관련된 화재

① A급 화재
② B급 화재
③ C급 화재
④ K급 화재

해설 A급 화재(일반 화재)는 나무, 섬유, 종이, 고무, 플라스틱류와 같은 일반 가연물이 타고 나서 재가 남는 화재이다. B급 화재(유류 화재)는 모든 가연성 액체, 기름, 그리스, 타르, 유성페인트, 래커 및 인화성 가스의 화재이고, K급 화재는 미국방화협회의 기준으로 가연성 튀김 기름을 포함한 조리로 인한 화재(식물성 또는 동물성 기름 및 지방)이다.

08 소화기구의 능력단위

소화기구의 능력단위에 관한 설명으로 옳지 않은 것은?

① 소형 소화기의 능력단위는 1단위 이하이다.
② 대형 소화기의 능력단위는 A급 10단위 이상이다.
③ 대형 소화기의 능력단위는 B급 20단위 이상이다.
④ 소화약제 외의 것을 이용한 간이소화용구의 능력단위는 0.5단위이다.

해설 소화기구의 능력단위(소화기의 소화능력으로 일정 조건하에서 하나의 소화기를 사용하여 그 능력을 측정하여 얻은 결과를 부여함)에서 소형 소화기의 능력단위는 1단위 이상이다.

09 질식소화

가연물질 주변의 공기 중 산소의 농도를 낮추어 소화하는 방법은?

① 냉각소화
② 제거소화
③ 질식소화
④ 부촉매소화

해설 소화의 작용 중 냉각소화는 가연물의 온도를 인화점 이하로 떨어뜨려 열분해나 증발에 의해서 발생하던 가연성 증기의 농도가 연소 범위의 하한계 아래로 떨어지도록 하는 소화방법이다. 제거소화는 화재가 발생했을 때 연소물이나 화원을 제거하여 소화하는 방법이다. 부촉매소화는 억제소화방법의 하나로 화염으로 인한 연소반응을 주도하는 라디칼(1개 이상의 홀전자를 포함한 분자)을 제거하여 연소반응을 중단시키는 방법으로 화학적 작용에 의한 소화법이다.

10 질식소화

다음 중 가연성 가스나 산소 공급을 차단하거나, 가연성 가스나 산소의 농도를 조절하여 혼합 기체의 농도를 연소 범위 밖으로 벗어나게 하는 방법으로 옳은 것은?

① 제거소화
② 냉각소화
③ 부촉매소화
④ 질식소화

해설 제거소화는 가연성 물질을 제거하는 방법, 즉 불길이 번지는 길목에 나무나 숲을 제거하여 탈 것을 없애는 소화하는 방법이며, 냉각소화는 가연성 물질을 냉각하여 가연성 물질의 온도를 인화점 또는 발화점 이하로 떨어뜨려 불의 활성화를 저지시켜 소화하는 방법이다. 부촉매소화는 화학적 소화의 일종이다.

11 소화방법

소화방법에 관한 설명으로 옳지 않은 것은?

① 희석소화는 가연물질 주변의 공기 중 산소의 농도를 낮추는 소화방법이다.
② 냉각소화는 가연물질의 온도를 낮추어 연소의 진행을 억제하는 소화방법이다.
③ 제거소화는 가연물질을 원천적으로 제거하여 연소반응이 진행되는 것을 제거하는 소화방법이다.
④ 부촉매소화는 연소반응에서 화학적 작용을 통해 연쇄적 반응으로 화재진행을 억제하는 소화방법이다.

해설 희석소화는 수용성, 인화성 물질 화재에 있어서 산소농도와 가연물의 조성비를 연소범위 이하로 희석하는 것으로, 소요 희석률은 소화에 필요한 물의 양과 시간에 따라 크게 변한다. 가연물질 주변의 공기 중 산소의 농도를 낮추는 소화방법은 산소차단 방법 즉, 질식소화에 대한 설명이다.

12. 소화설비 소화방법 (24, 20)

소화설비의 소화방법에 관한 설명으로 옳지 않은 것은?

① 물분무소화설비는 제거소화법이다.
② 옥내소화전설비는 냉각소화법이다.
③ 스프링클러설비는 냉각소화법이다.
④ 불연성가스 소화설비는 질식소화법이다.

해설 물분무소화설비는 물을 분무상으로 분산 방사하며, 분무수로 연소물을 덮어씌워 물의 증발작용이 가속화되어 증발열에 따른 냉각작용, 희석작용, 질식소화작용으로 소화하는 설비이다.

13. 소방시설의 설치 위치 (22)

소방시설 관련 설비의 설치 위치에 관한 설명으로 옳지 않은 것은?

① 옥내소화전 방수구는 바닥으로부터의 높이가 1.5m 이하가 되도록 설치한다.
② 소화기구(자동확산소화기 제외)는 바닥으로부터 높이 1.5m 이하의 곳에 비치한다.
③ 연결살수설비의 송수구는 지면으로부터 높이가 0.5m 이상 1.5m 이하의 위치에 설치한다.
④ 연결송수관설비의 송수구는 지면으로부터 높이가 0.5m 이상 1m 이하의 위치에 설치한다.

해설 연결살수설비의 송수구는 지면으로부터 높이가 0.5m 이상 1m 이하의 위치에 설치할 것(연결살수설비의 화재안전성능기준 제4조)

❷ 소화설비

01. 옥내소화전 (08)

옥내소화전설비에 대한 설명 중 틀린 것은?

① 옥내소화전설비의 수원을 수조로 설치하는 경우에는 소방설비의 전용수조로 한다.
② 옥내소화전설비의 수원은 그 저수량이 옥내소화전의 설치개수가 가장 많은 층의 설치개수(2개 이상 설치된 경우에는 2개)에 $2.6m^3$를 곱한 양 이상이 되도록 하여야 한다.
③ 노즐선단의 최소 방수압력은 0.25MPa, 방수량은 최소 350L/min 이상이어야 한다.
④ 송수구는 지면으로부터 높이 0.5m 이상 1m 이하의 위치에 설치한다.

해설 옥내소화전의 방수압은 0.17MPa(1.7kg/cm²), 방수량은 130L/min이고, 옥외소화전의 방수압은 0.25MPa, 방수량 350L/min이다.

02. 옥내소화전 (04)

옥내소화전에 대한 설명 중 틀린 것은?

① 옥내소화전은 특정소방대상물의 층마다 설치하되 층의 각 부분으로부터 1개의 호스 접결구까지의 수평거리는 25m를 초과할 수 없다.
② 수원은 동시 개구수 1개에 $2.6m^3$를 필요로 한다.
③ 노즐선단의 방수압력은 $2.5kg/cm^2$ 이상이고 방수량은 350L/min 이상이어야 한다.
④ 소화 펌프는 접근이 용이하고, 화재에 의한 피해를 받지 않는 장소에 설치한다.

해설 옥내소화전의 방수압은 0.17MPa(1.7kg/cm²), 방수량은 130L/min이고, 옥외소화전의 방수압은 0.25MPa, 방수량 350L/min으로 ③은 옥외소화전에 대한 설명이다.

03. 옥내소화전 (18, 03)

옥내소화전설비에 관한 설명으로 옳지 않은 것은?

① 영하 10℃ 이하의 추운 곳에서의 배관은 습식으로 한다.
② 주배관 중 수직배관의 구경은 50mm 이상의 것으로 한다.
③ 방수구는 바닥으로부터 높이가 1.5m 이하가 되도록 한다.
④ 건물의 각 부분으로부터 하나의 옥내소화전 방수구까지의 수평거리가 25m 이하가 되도록 한다.

해설 동파우려가 있는 곳에 설치하는 옥내소화전설비는 건식으로 설치하여 화재 시 수동으로 펌프를 기동하여 방수할 수 있도록 설치한다.

04. 가압송수장치 (22, 17, 13)

다음은 옥내소화전설비에서 전동기에 따른 펌프를 이용하는 가압송수장치에 관한 설명이다. ( ) 안에 알맞은 것은?

특정소방대상물의 어느 층에 있어서도 해당 층의 옥내소화전(2개 이상 설치된 경우에는 2개의 옥내소화전)을 동시에 사용할 경우 각 소화전의 노즐선단에서의 방수압력이 (㉠) 이상이고, 방수량이 (㉡) 이상이 되는 성능의 것으로 할 것

① ㉠ 0.17MPa, ㉡ 130L/min
② ㉠ 0.25MPa, ㉡ 130L/min
③ ㉠ 0.17MPa, ㉡ 350L/min
④ ㉠ 0.25MPa, ㉡ 350L/min

정답 12. ① 13. ③ / 01. ③ 02. ③ 03. ① 04. ①

해설 옥내소화전의 가압송수장치에 있어서 옥내소화전의 방수압은 0.17MPa(1.7kg/cm²), 방수량은 130L/min이고, 옥외소화전의 방수압은 0.25MPa, 방수량 350L/min이다.

05 | 옥내소화전 방수구
21, 12, 17

옥내소화전 방수구는 바닥으로부터의 높이가 최대 얼마 이하가 되도록 설치하여야 하는가?

① 0.9m ② 1.2m
③ 1.5m ④ 1.8m

해설 옥내소화전의 방수구는 바닥으로부터 높이가 1.5m 이하가 되도록 할 것

06 | 옥내소화전 방수구
25, 23, 20

다음은 옥내소화전설비의 방수구에 관한 기준내용이다. ( ) 안에 알맞은 것은?

> 특정소방대상물의 층마다 설치하되, 해당 특정소방대상물의 각 부분으로부터 하나의 옥내소화전 방수구까지의 수평거리가 (　　) 이하가 되도록 할 것. 다만, 복층형 구조의 공동주택의 경우에는 세대의 출입구가 설치된 층에만 설치할 수 있다.

① 10m ② 15m
③ 20m ④ 25m

해설 옥내소화전설비의 방수구는 특정소방대상물의 층마다 설치하되, 해당 특정소방대상물의 각 부분으로부터 하나의 옥내소화전 방수구까지의 수평거리가 25m 이하가 되도록 할 것. 다만, 복층형 구조의 공동주택의 경우에는 세대의 출입구가 설치된 층에만 설치할 수 있다.

07 | 옥내소화전 송수구
15, 07

옥내소화전설비에서 송수구의 설치 높이 기준은?

① 지면으로부터 높이 0.5m 이하의 위치
② 지면으로부터 높이 0.5m 이상 1.0m 이하의 위치
③ 지면으로부터 높이 1.0m 이상 1.5m 이하의 위치
④ 지면으로부터 높이 1.5m 이상 2.0m 이하의 위치

해설 옥내소화전설비에서 송수구의 설치 높이는 지면으로부터 0.5m 이상 1.0m 이하의 위치에 설치하여야 한다.

08 | 가지배관의 관경
17

옥내소화전 방수구와 연결되는 가지배관의 구경은 얼마 이상이 되도록 하여야 하는가?

① 25mm ② 30mm
③ 40mm ④ 50mm

해설 펌프의 토출측 주배관의 구경은 유속이 초속 4m 이하가 될 수 있는 크기 이상으로 하여야 하고, 옥내소화전 방수구와 연결되는 가지배관의 구경은 40mm(호스릴옥내소화전설비의 경우에는 25mm) 이상으로 하여야 하며, 주배관 중 수직배관의 구경은 50mm(호스릴옥내소화전설비의 경우에는 32mm) 이상으로 하여야 한다(NFTC 102 규정).

09 | 옥내소화전 송수구
17

옥내소화전설비의 송수구에 관한 설명으로 옳지 않은 것은?

① 구경 65mm의 쌍구형 또는 단구형으로 할 것
② 송수구에는 이물질을 막기 위한 마개를 씌울 것
③ 송수구로부터 주배관에 이르는 연결배관에는 개폐밸브를 설치할 것
④ 송수구의 가까운 부분에 자동배수밸브(또는 직경 5mm의 배수공) 및 체크밸브를 설치할 것

해설 옥내소화전설비의 송수구는 ①, ② 및 ④ 이외에 송수구로부터 주배관에 이르는 연결배관에는 개폐밸브를 설치하지 않을 것(다만, 스프링클러설비·물분무소화설비·포소화설비 또는 연결송수관설비의 배관과 겸용하는 경우에는 그렇지 않다.), 지면으로부터 높이가 0.5m 이상 1m 이하의 위치에 설치하여야 한다.

10 | 옥내소화전의 배관
24, 16, 11

옥내소화전설비의 배관 등에 관한 설명 중 옳은 것은?

① 송수구는 지름 50mm의 쌍구형 또는 단구형으로 한다.
② 송수구는 지면으로부터 높이 1.5m 이하의 위치에 설치하여야 한다.
③ 연결송수관설비의 배관과 겸용할 경우의 주배관은 구경 65mm 이상으로 하여야 한다.
④ 옥내소화전 방수구의 호스는 구경 40mm(호스릴옥내소화전설비의 경우에는 25mm) 이상인 것으로서 특정소방대상물의 각 부분에 물이 유효하게 뿌려질 수 있는 길이로 설치하여야 한다.

해설 송수구는 구경 65mm의 쌍구형 또는 단구형으로 하고, 송수구는 지면으로부터 높이 0.5m 이상 1.0m 이하의 위치에 설치하여야 하며, 연결송수관설비의 배관과 겸용할 경우의 주배관은 구경 100mm 이상(방수구로 연결되는 배관의 구경은 65mm 이상)으로 하여야 한다.

정답 05. ③ 06. ④ 07. ② 08. ③ 09. ③ 10. ④

11 | 수원의 저수량 산정
21, 18

3층 건물의 각 층에 옥내소화전이 2개씩 설치되어 있는 경우, 옥내소화전설비의 수원의 저수량은 최소 얼마 이상이 되도록 하여야 하는가?

① $3.2m^3$
② $3.4m^3$
③ $5.2m^3$
④ $14m^3$

해설 옥내소화전의 저수량은 옥내소화전의 설치개수가 가장 많은 층의 설치개수(설치개수가 2개 이상일 경우에는 2개로 한다)에 $2.6m^3(130L/min \times 20min = 2,600L = 2.6m^3)$를 곱한 양 이상으로 한다. 그러므로, $2.6 \times 2 = 5.2m^3$이다.

12 | 수원의 저수량 산정
19②, 18, 17, 14, 08, 05

옥내소화전이 1층에 3개, 2층에 4개, 3층에 4개가 설치되어 있다. 옥내소화전설비 수원의 저수량은 최소 얼마 이상이 되도록 하여야 하는가?

① $2.6m^3$
② $3.9m^3$
③ $5.2m^3$
④ $7.8m^3$

해설 옥내소화전 수원의 수량은 (옥내소화전 1개의 방수량)×(동시개구수)×20분이므로 (옥내소화전 수원의 수량)=(옥내소화전 1개의 방수량)×(동시개구수)×20분=130l/min×20min×N(동시개구수)=$2.6Nm^3$(N은 최대 2개) 그러므로, (옥내소화전 수원의 수량)=$2.6Nm^3$(N은 최대 2개) =$2.6 \times 2 = 5.2m^3$

13 | 수원의 저수량 산정
21, 17, 14, 13

옥내소화전설비의 수원의 저수량은 최소 얼마 이상이 되도록 하여야 하는가? (단, 옥내소화전의 설치개수가 가장 많은 층의 설치개수는 5개이다.)

① $5.2m^3$
② $7.8m^3$
③ $10.4m^3$
④ $13m^3$

해설 옥내소화전 수원의 수량은 (옥내소화전 1개의 방수량)×(동시개구수)×20분이므로
Q(옥내소화전 수원의 수량)
=(옥내소화전 1개의 방수량)×(동시개구수)×20분
=130L/min×20min×N(동시개구수)
=$2.6Nm^3$(N은 최대 2개)=$2.6 \times 2 = 5.2m^3$

14 | 수원의 저수량 산정
10

옥내소화전의 설치개수가 가장 많은 층의 설치개수가 10개인 어느 건물에서 옥내소화전설비의 수원은 저수량이 최소 얼마 이상이 되도록 하여야 하는가?

① $2.6m^3$
② $5.2m^3$
③ $7.8m^3$
④ $13m^3$

해설 Q(옥내소화전 수원의 수량)=$2.6Nm^3 = 2.6 \times 2 = 5.2m^3$

15 | 옥내소화전 수조
25, 20

옥내소화전설비의 수조에 관한 설명으로 옳지 않은 것은?

① 수조의 상단에는 청소용 배수밸브 또는 배수관을 설치하여야 한다.
② 동결방지조치를 하거나 동결의 우려가 없는 장소에 설치하여야 한다.
③ 수조가 실내에 설치된 때에는 그 실내에 조명설비를 설치하여야 한다.
④ 수조의 상단이 바닥보다 높은 때에는 수조의 외측에 고정식 사다리를 설치하여야 한다.

해설 옥내소화전설비 수조의 밑 부분(하단)에는 청소용 배수밸브 또는 배수관을 설치할 것(NFTC 102 규정)

16 | 배관재료
18

다음 중 옥내소화전설비의 화재안전기술기준상 배관 내 사용압력이 1.2MPa 이상인 경우 배관재료로 가장 적합한 것은?

① 배관용 탄소강관
② 압력배관용 탄소강관
③ 배관용 스테인리스강관
④ 이음매 없는 구리 및 구리합금관

해설 옥내소화전설비의 배관 압력(NFTC 102 규정)

사용 압력	배관재료	비고
1.2MPa 이하	배관용 탄소강관, 이음매 없는 구리 또는 구리합금관(습식에 한함), 배관용 스테인리스강관, 일반배관용 스테인리스강관, 덕타일 주철관	
1.2MPa 이상	압력배관용 탄소강관, 배관용 아크용접 탄소강관	

17 | 가압송수장치
22, 21

옥내소화전설비의 가압송수장치에 순환배관을 설치하는 이유는?

① 배관 내 압력변동을 검지하기 위해
② 체절운전 시 수온의 상승을 방지하기 위해
③ 각 소화전에 균등한 수압이 부여되도록 하기 위해
④ 배관 내 압력손실에 따른 펌프의 빈번한 기동을 방지하기 위해

해설 옥내소화전설비의 가압송수장치에 순환배관을 설치하는 이유는 체절운전(펌프의 성능시험을 목적으로 펌프 토출측의 개폐밸브를 닫은 상태에서 펌프를 운전하는 것) 시 수온의 상승을 방지하기 위함이다.

18 | 충압펌프의 사용 목적
22

옥내소화전설비에서 충압펌프의 주된 사용 목적은?

① 주펌프의 토출량 증대
② 전력 공급 차단에 따른 주펌프 정지 시 비상운전
③ 주펌프 정지 시 지속적 운전으로 배관의 동결방지
④ 배관 내 압력손실에 따른 주펌프의 빈번한 기동 방지

해설 옥내소화전의 주펌프와 충압펌프의 설치 목적
㉠ 주펌프 : 화재 시 규정의 방수압과 방수량을 공급하기 위함이다.
㉡ 충압펌프 : 배관 내 압력손실에 따른 주펌프의 빈번한 기동을 방지하기 위하여 충압 역할을 하는 펌프이다.

19 | 스프링클러설비
18

스프링클러설비에 관한 설명으로 옳지 않은 것은?

① 초기 화재 진압에 효과적이다.
② 소화약제가 물이므로 경제적이다.
③ 감지부의 구조가 기계적이므로 오보 및 오동작이 적다.
④ 다른 소화설비에 비해 시공이 단순하여 초기에 시설비용이 적게 든다.

해설 스프링클러설비는 다른 소화설비에 비하여 시공이 복잡(특히, 습식)하고, 초기에 설비비용이 많이 드는 단점이 있다.

20 | 스프링클러설비
25, 23, 18, 17

스프링클러설비에서 스프링클러헤드의 방수구에서 유출되는 물을 세분시키는 작용을 하는 것은?

① 이그저스터   ② 디플렉터
③ 리타딩체임버   ④ 액셀러레이터

해설 이그저스터는 건식설비의 2차측에 설치된 스프링클러헤드가 작동하여 배관 내의 압력공기의 압력이 설정 압력 이하로 저하되면, 이를 감지하여 2차측 배관 내 압축공기를 방호구역 외의 다른 곳으로 배출하는 것이고, 리타딩체임버는 누수 등으로 인한 알람 체크밸브의 오작동을 방지하기 위한 압력스위치 작동 지연장치로서 알람 체크밸브의 클래퍼가 개방되어 압력수가 유입되어 체임버가 만수되면 상단에 설치된 압력스위치를 작동시키는 것이며, 액셀러레이터는 건식설비의 2차측에 설치된 스프링클러헤드가 작동하여 배관 내의 압력공기의 압력이 설정 압력 이하로 저하되면 액셀러레이터가 이를 감지하여 2차측의 압축공기를 1차측으로 우회시켜 클래퍼 하부에 있는 중간 체임버로 보내줌으로서 수압과 공기압이 합해져 클래퍼를 신속하게 개방시켜 주는 기능을 하는 것이다.

21 | 스프링클러설비
20, 18

스프링클러설비의 알람밸브에 리타딩체임버를 설치하는 주된 목적은?

① 오보를 방지한다.
② 자동배수를 한다.
③ 방수압을 시험한다.
④ 가압수의 온도를 검지한다.

해설 스프링클러설비의 알람밸브에 리타딩체임버(스프링클러헤드가 오픈되어 물이 방출하는 경우가 아닌 경우는 작동하지 않도록 하기 위한 장치)를 설치하는 주된 이유는 오보를 방지하기 위함이다.

22 | 스프링클러설비 설치기준
17

특정소방대상물이 문화 및 집회시설 중 공연장인 경우 모든 층에 스프링클러설비를 설치하여야 하는 수용인원 기준은?

① 100명 이상
② 200명 이상
③ 500명 이상
④ 1,000명 이상

해설 관련 법규 : 소방시설법 제12조, 영 제11조
해설 법규 : 영 제11조, (별표 4)
스프링클러설비를 설치하여야 하는 건축물은 문화 및 집회시설(동·식물원은 제외), 종교시설(주요구조부가 목조인 것은 제외), 운동시설(물놀이형 시설은 제외)로서 수용인원이 100명 이상인 경우에는 모든 층에 설치한다.

정답 17. ② 18. ④ 19. ④ 20. ② 21. ① 22. ①

23 | 스프링클러설비
21

습식스프링클러설비 및 부압식스프링클러설비 외의 설비에 하향식 스프링클러헤드를 설치할 수 있는 경우가 아닌 것은?

① 개방형 스프링클러헤드를 사용하는 경우
② 드라이펜던트 스프링클러헤드를 사용하는 경우
③ 스프링클러헤드의 설치장소가 동파의 우려가 없는 곳인 경우
④ 수원이 건축물의 최상층에 설치된 헤드보다 높은 위치에 설치된 경우

해설 습식스프링클러설비 및 부압식스프링클러설비 외의 설비에는 상향식 스프링클러헤드를 설치할 것. 다만, ①, ②, ③의 경우에는 그러하지 아니하다. 즉, 하향식 스프링클러헤드를 설치할 수 있다.

24 | 스프링클러헤드의 개수
21, 19, 15, 12, 08

스프링클러설비의 설치장소가 아파트인 경우, 스프링클러설비 수원의 저수량 산정 시 기준이 되는 스프링클러헤드의 기준개수는? (단, 폐쇄형 스프링클러헤드를 사용하는 경우)

① 10
② 20
③ 30
④ 40

해설 폐쇄형 스프링클러설비의 기준개수

스프링클러설비 설치장소			기준개수
지하층을 제외한 층수가 10층 이하인 특정소방대상물	공장	특수가연물을 저장·취급하는 것	30
		그 밖의 것	20
	근린생활시설·판매시설·운수시설 또는 복합건축물	판매시설 또는 복합건축물 (판매시설이 설치되는 복합건축물을 말한다.)	30
		그 밖의 것	20
	그 밖의 것	헤드의 부착높이가 8m 이상인 것	20
		헤드의 부착높이가 8m 미만인 것	10
아파트			10
지하층을 제외한 층수가 11층 이상인 특정소방대상물·지하가·지하역사			30

비고 : 하나의 소방대상물이 2 이상의 "스프링클러헤드의 기준개수"란에 해당하는 때에는 기준개수가 많은 란을 기준으로 한다. 다만, 각 기준개수에 해당하는 수원을 별도로 설치하는 경우에는 그러지 아니한다.

25 | 스프링클러의 설비
25, 20

스프링클러설비의 화재안전기준상 다음과 같이 정의되는 용어는?

> 가압된 물이 분사될 때 헤드의 축심을 중심으로 한 반원상에 균일하게 분산시키는 헤드

① 조기반응형 헤드
② 측벽형 스프링클러헤드
③ 개방형 스프링클러헤드
④ 폐쇄형 스프링클러헤드

해설 조기반응형 헤드는 표준형 스프링클러헤드보다 기류온도 및 기류속도에 조기에 반응하는 헤드이다. 개방형 스프링클러헤드는 감열체가 없이 방수구가 항상 열려져 있는 스프링클러헤드이다. 폐쇄형 스프링클러헤드는 정상 상태에서 방수구를 막고 있는 감열체가 일정 온도에서 자동적으로 파괴, 용해 또는 이탈됨으로써 방수구가 개방되는 스프링클러헤드이다.

26 | 스프링클러
21

무대부에 개방형 스프링클러헤드를 수평거리 1.7m, 정방형으로 설치하는 경우 헤드 간 거리는?

① 1.8m 이하
② 2.1m 이하
③ 2.4m 이하
④ 3.4m 이하

해설 스프링클러헤드의 정방형의 설치 간격 = $2 \times$ 수평거리 $\times \cos 45°$
수평거리가 1.7m이므로

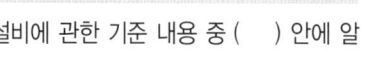

정방형의 설치 간격 = $2 \times 1.7 \times \dfrac{\sqrt{2}}{2} = 2.4$m 이하

27 | 스프링클러설비의 수원
24, 15, 11

다음의 스프링클러설비에 관한 기준 내용 중 ( ) 안에 알맞은 것은?

> 개방형 스프링클러헤드를 사용하는 스프링클러설비의 수원은 최대 방수구역에 설치된 스프링클러헤드의 개수가 30개 이하일 경우에는 설치헤드 수에 ( )를 곱한 양 이상으로 한다.

① $0.8m^3$
② $1.2m^3$
③ $1.6m^3$
④ $2.0m^3$

해설 개방형 스프링클러헤드를 사용하는 스프링클러설비의 수원은 최대 방수구역에 설치된 스프링클러헤드의 개수가 30개 이하일 경우에는 설치헤드 수에 $1.6m^3$를 곱한 양 이상으로 하고, 30개를 초과하는 경우에는 수리계산에 따를 것

28 | 스프링클러설비의 최소 저수량
05

지하층을 제외한 층수가 8층인 백화점에 스프링클러설비를 설치할 경우 필요한 수원의 최소 저수량은? (단, 설치 헤드 수는 30개이다.)

① $24m^3$ ② $48m^3$
③ $72m^3$ ④ $96m^3$

해설 Q(스프링클러 수원의 수량)
= 80L/min × 20min × N(동시개구수) = 1.6 × 30 = $48m^3$

29 | 스프링클러설비의 최소 저수량
22, 13

최대 방수구역에 설치된 스프링클러헤드의 개수가 20개인 경우, 스프링클러설비의 수원의 저수량은 최소 얼마 이상이 되도록 하여야 하는가? (단, 개방형 스프링클러헤드를 사용하는 경우)

① $17m^3$ ② $32m^3$
③ $48m^3$ ④ $64m^3$

해설 스프링클러 수원의 수량은 (스프링클러 1개의 방수량)×(동시개구수)×20분이므로
Q(스프링클러 수원의 수량)
= (스프링클러 1개의 방수량)×(동시개구수)×20분
= 80l/min × 20min × N(동시개구수)
= $1.6m^3$ × 20 = $32m^3$

30 | 스프링클러설비의 최소 저수량
04

스프링클러 20개를 동시에 방수하기 위한 수원의 저수량은?

① $32m^3$ 이상 ② $56m^3$ 이상
③ $64m^3$ 이상 ④ $72m^3$ 이상

해설 Q(스프링클러 수원의 수량)
= 80L/min × 20min × N(동시개구수) = 1.6 × 20 = $32m^3$

31 | 스프링클러설비의 저수량
22, 19, 18, 16, 13

최대 방수구역에 설치된 스프링클러헤드의 개수가 20개인 경우 스프링클러설비의 수원의 저수량은 최소 얼마 이상이 되도록 하여야 하는가? (단, 개방형 스프링클러헤드를 사용하는 경우)

① $17m^3$ ② $32m^3$
③ $48m^3$ ④ $64m^3$

해설 Q(스프링클러 수원의 수량)
= 80L/min × 20min × N(동시개구수) = 1.6 × 20 = $32m^3$

32 | 스프링클러설비의 배관
22, 21, 20, 17, 15, 13

스프링클러설비에 있어서 헤드가 설치되어 있는 배관으로 정의되는 것은?

① 주배관 ② 교차배관
③ 가지배관 ④ 급수배관

해설 스프링클러설비 배관에 있어서 주배관은 가압송수장치 또는 송수구 등과 직접 연결되어 소화수를 이송하는 배관이고, 교차배관은 가지배관에 급수하는 배관이며, 급수배관은 수원 송수구 등으로 부터 소화설비에 급수하는 배관이다.

33 | 스프링클러설비의 배관
24, 18

스프링클러설비를 구성하는 배관에 관한 설명으로 옳지 않은 것은?

① 가지배관은 헤드가 설치되어 있는 배관이다.
② 주배관은 가지배관에 급수하는 배관이다.
③ 급수배관이란 수원 송수구 등으로 부터 소화설비에 급수하는 배관이다.
④ 신축배관이란 가지배관과 스프링클러헤드를 연결하는 구부림이 용이하고 유연성을 가진 배관을 말한다.

해설 스프링클러설비 배관에 있어서 주배관은 가압송수장치 또는 송수구 등과 직접 연결되어 소화수를 이송하는 배관이고, 가지배관에 급수하는 배관은 교차배관이다.

34 | 스프링클러설비의 교차배관
16

스프링클러설비에 있어서 가지배관에 급수하는 배관은?

① 주배관
② 신축배관
③ 교차배관
④ 급수배관

해설 스프링클러설비 배관에 있어서 주배관은 가압송수장치 또는 송수구 등과 직접 연결되어 소화수를 이송하는 배관이고, 신축배관은 가지배관과 스프링클러헤드를 연결하는 구부림이 용이하고 유연성을 가진 배관이며, 급수배관이란 수원 송수구 등으로부터 소화설비에 급수하는 배관이다.

정답 28. ② 29. ② 30. ① 31. ② 32. ③ 33. ② 34. ③

35 | 스프링클러설비의 교차배관
20

스프링클러설비의 화재안전기준에 사용되는 교차배관의 정의로 옳은 것은?

① 가압송수장치 또는 송수구 등과 직접 연결되어 소화수를 이송하는 배관
② 헤드가 설치되어 있는 배관
③ 가지배관에 급수하는 배관
④ 수원 송수구 등으로 부터 소화설비에 급수하는 배관

해설 스프링클러설비의 화재안전기준에 사용되는 교차배관은 가지배관(헤드가 설치되어 있는 배관)에 급수하는 배관이고, ①은 주배관, ②는 가지배관, ④는 급수배관에 대한 설명이다.

36 | 자연낙차수두의 산정
17

스프링클러설비에서 고가수조의 자연낙차를 이용한 가압송수장치의 경우 고가수조의 자연낙차수두(수조의 하단으로부터 최고층에 설치된 헤드까지의 수직거리)는 최소 얼마 이상이 되도록 하여야 하는가? (단, 배관의 마찰손실수두는 무시하고 안전율은 15%로 한다.)

① 8.5m ② 11.5m
③ 17m   ④ 25m

해설 P(스프링클러설비의 압력수조를 이용한 가압송수장치의 압력, MPa)=$\{P_1$(낙차에 의한 환수압)+P_2(배관의 마찰손실수두압)+0.1(스프링클러설비의 최소 필요 압력)$\}\times(1+$안전율$)$이다. 그런데, 스프링클러설비의 최소 필요 압력 0.1MPa 이상, 배관의 마찰손실수두는 무시하며, 안전율은 15%이므로 $P=0.1\times(1+$안전율$)=0.1\times(1+0.15)=0.115$MPa=11.5m
여기서, 1m=0.01MPa임에 유의할 것

37 | 스프링클러 펌프의 전양정
14

지상 15층 건물에 스프링클러설비를 하였다. 이 스프링클러설비용 펌프의 실양정이 60m일 때 펌프의 전양정은? (단, 손실수두는 15mAq, 안전율은 15%로 계산)

① 60m ② 75m
③ 90m ④ 98m

해설 P(스프링클러설비의 압력수조를 이용한 가압송수장치의 압력, MPa)=$\{P_1$(낙차에 의한 환수압)+P_2(배관의 마찰손실수두압)+0.1(스프링클러설비의 최소 필요 압력)$\}\times(1+$안전율$)$
$P=(P_1+P_2+0.1)\times(1+$안전율$)$
$=(0.6+0.15+0.1)\times(1+0.15)=0.9775$MPa=97.75m
여기서, 1m=0.01MPa임에 유의할 것

38 | 스프링클러설비의 송수구
25, 20

소방차로부터 스프링클러설비에 송수할 수 있는 송수구에 관한 기준 내용으로 옳지 않은 것은?

① 구경 65mm의 단구형으로 할 것
② 송수구에는 이물질을 막기 위한 마개를 씌울 것
③ 지면으로부터 높이가 0.5m 이상 1m 이하의 위치에 설치할 것
④ 송수구의 가까운 부분에 자동배수밸브(또는 직경 5mm의 배수공) 및 체크밸브를 설치할 것

해설 소방차로부터 스프링클러설비에 송수할 수 있는 송수구는 구경 65mm의 쌍구형으로 할 것

39 | 방호구역의 바닥면적
16, 13

폐쇄형 스프링클러헤드를 사용하는 스프링클러설비에서 하나의 방호구역의 바닥면적은 최대 얼마 이하가 되도록 하여야 하는가? (단, 격자형 배관방식이 아닌 경우)

① 1,000m² ② 2,000m²
③ 3,000m² ④ 4,000m²

해설 폐쇄형 스프링클러설비 하나의 방호구역의 바닥면적은 3,000m²를 초과하지 아니할 것. 다만, 폐쇄형 스프링클러설비에 격자형배관방식(2 이상의 수평주행배관 사이를 가지배관으로 연결하는 방식)을 채택한 경우에는 3,700m² 범위 내에서 펌프용량, 배관의 구경 등을 수리학적으로 계산한 결과 헤드의 방수압 및 방수량이 방호구역 범위 내에서 소화목적을 달성하는 데 충분하도록 할 것

40 | 스프링클러설비 설치기준
24, 23, 16

다음은 스프링클러설비를 설치하여야 하는 특정소방대상물에 관한 기준 내용이다. ( ) 안에 알맞은 것은?

판매시설로서 바닥면적의 합계가 (㉠) 이상이거나 수용인원이 (㉡) 이상인 경우에는 모든 층

① ㉠ 5,000m², ㉡ 300명
② ㉠ 5,000m², ㉡ 500명
③ ㉠ 10,000m², ㉡ 300명
④ ㉠ 10,000m², ㉡ 500명

해설 관련 법규 : 소방시설법 제12조, 영 제11조
해설 법규 : 영 제11조, (별표 4)
스프링클러설비를 설치하여야 하는 건축물은 판매시설, 운수시설 및 창고시설(물류터미널에 한정)로서 바닥면적의 합계가 5,000m² 이상이거나, 수용인원이 500명 이상인 경우에는 모든 층에 설치한다.

정답 35. ③ 36. ② 37. ④ 38. ① 39. ③ 40. ②

41 | 옥내소화전설비
17

옥내소화전설비에 관한 설명으로 옳지 않은 것은?

① 송수구는 지면으로부터 높이가 0.5m 이상 1m 이하의 위치에 설치할 것
② 옥외소화전이 10개 이하 설치된 때에는 옥외소화전마다 5m 이내의 장소에 1개 이상의 소화전함을 설치해야 한다.
③ 옥외소화전설비의 수원은 그 저수량이 옥외소화전의 설치개수(옥외소화전이 2개 이상 설치된 경우에는 2개)에 5m³를 곱한 양 이상이 되도록 해야 한다.
④ 특정소방대상물의 층마다 설치하되, 해당 특정소방대상물의 각 부분으로부터 하나의 옥내소화전 방수구까지의 수평거리가 25m(호스릴옥내소화전설비를 포함) 이하가 되도록 할 것(단, 복층형 구조의 공동주택은 제외)

해설 옥외소화전설비의 수원은 그 저수량이 옥외소화전의 설치개수(옥외소화전이 2개 이상 설치된 경우에는 2개)에 7m³를 곱한 양 이상이 되도록 해야 한다.

42 | 호스의 구경
19, 13

옥외소화전설비에 사용되는 호스의 구경은?

① 45mm
② 55mm
③ 60mm
④ 65mm

해설 옥외소화전설비에 사용되는 호스는 구경 65mm의 것으로 하여야 한다.

43 | 옥외소화전설비
24, 18, 17, 15

다음은 옥외소화전설비에 관한 설명이다. ( ) 안에 알맞은 것은?

> 호스접결구는 지면으로부터 높이가 0.5m 이상 1m 이하의 위치에 설치하고 특정소방대상물의 각 부분으로부터 하나의 호스접결구까지의 수평거리가 ( ) 이하가 되도록 설치하여야 한다.

① 20m
② 25m
③ 30m
④ 40m

해설 옥외소화전의 호스접결구는 지면으로부터 높이가 0.5m 이상 1m 이하의 위치에 설치하고 특정소방대상물의 각 부분으로부터 하나의 호스접결구까지의 수평거리가 40m(옥내소화전은 25m) 이하가 되도록 설치하여야 한다.

44 | 옥외소화전함
24, 21, 20

다음은 옥외소화전설비의 옥외소화전함 설치에 관한 기준 내용이다. ( ) 안에 알맞은 것은?

> 옥외소화전이 10개 이하 설치된 때에는 옥외소화전마다 ( ) 이내의 장소에 1개 이상의 소화전함을 설치하여야 한다.

① 5m
② 10m
③ 15m
④ 20m

해설 옥외소화전설비의 옥외소화전함의 설치는 옥외소화전이 10개 이하 설치된 때에는 옥외소화전마다 5m 이내의 장소에 1개 이상의 소화전함을 설치하여야 한다.

45 | 옥외소화전 설비의 저수량
10

어느 건물에 옥외소화전이 5개 설치되어 있다. 이 건물에서 옥외소화전설비의 수원은 저수량이 최소 얼마 이상이어야 하는가?

① 7m³
② 14m³
③ 35m³
④ 42m³

해설 Q(옥외소화전 수원의 수량) = $7N\text{m}^3$ (N은 최대 2개)
= $7 \times 2 = 14\text{m}^3$이다.

46 | 옥외소화전설비의 저수량
25, 24, 23, 01

옥외소화전의 설치개수가 3개일 때 수원의 최저 유효수량으로 옳은 것은?

① 5.2m³
② 7m³
③ 7.8m³
④ 14m³

해설 옥외소화전 수원의 수량은 (옥외소화전 1개의 방수량)×(동시개구수)×20분이므로
Q(옥외소화전 수원의 수량)
= (옥외소화전설비 1개의 방수량)×(동시개구수)×20분
= 350L/min × 20min × N(동시개구수) = $7N\text{m}^3$ (N은 최대 2개)
Q(옥외소화전 수원의 수량) = $7N\text{m}^3 = 7 \times 2 = 14\text{m}^3$

47 | 소화활동설비의 종류
16, 07

다음 소방시설 중 소화활동설비에 속하지 않는 것은?

① 제연설비 ② 상수도소화용수설비
③ 연결송수관설비 ④ 비상콘센트설비

해설 소방시설 중 소화활동설비(화재를 진압하거나 인명구조활동을 위하여 사용하는 설비)의 종류에는 제연설비, 연결송수관설비, 연결살수설비, 비상콘센트설비, 무선통신보조설비 및 연소방지설비 등이 있고, 상수도소화용수설비는 소화용수설비에 속한다.

48 | 옥외소화전설비의 용도
22

인접 건물에 대한 연소 확대 방지 목적으로 사용되는 소화설비는?

① 옥내소화전설비
② 옥외소화전설비
③ 스프링클러설비
④ 물분무소화설비

해설 옥내소화전설비, 스프링클러설비 및 물분무소화설비는 화재가 발생한 건축물에 사용되는 소화설비이고, 옥외소화전설비는 초기 화재뿐만 아니라 인접 건물로의 연소 확대 방지를 위하여 건축물의 외부로부터 소화작업을 실시하기 위한 설비이다.

49 | 옥외소화전설비의 수조
19

옥외소화전설비용 수조에 관한 설명으로 옳지 않은 것은?

① 수조의 윗부분에는 청소용 배수밸브 또는 배수관을 설치하여야 한다.
② 동결방지조치를 하거나 동결의 우려가 없는 장소에 설치하여야 한다.
③ 수조가 실내에 설치된 때에는 그 실내에 조명설비를 설치하여야 한다.
④ 수조의 상단이 바닥보다 높은 때에는 수조의 외측에 고정식 사다리를 설치하여야 한다.

해설 옥외소화전설비용 수조의 기준은 ②, ③ 및 ④ 이외에 수조의 밑부분에는 청소용 배수밸브 또는 배수관을 설치하여야 하고, 수조의 외측에는 "옥외소화전설비용 수조"라고 표시한 표지를 할 것(NFTC 109 규정)

50 | 옥외소화전설비의 저수량
09

어느 건물에 옥외소화전이 6개 설치되어 있다. 옥외소화전설비의 수원의 저수량은 최소 얼마 이상이어야 하는가?

① $7m^3$ ② $14m^3$
③ $35m^3$ ④ $42m^3$

해설 Q(옥외소화전 수원의 수량)$= 7Nm^3$(N은 최대 2개)
$= 7 \times 2 = 14m^3$이다.

51 | 옥외소화전설비의 수원
23, 20, 17, 16, 14, 09

다음의 옥외소화전설비의 수원에 대한 설명 중 ( ) 안에 알맞은 내용은?

옥외소화전설비의 수원은 그 저수량이 옥외소화전의 설치개수 [옥외소화전이 2개 이상 설치된 경우에는 2개]에 ( )를 곱한 양 이상이 되도록 하여야 한다.

① $5m^3$ ② $7m^3$
③ $14m^3$ ④ $21m^3$

해설 옥외소화전설비의 수원은 그 저수량이 옥외소화전의 설치개수(옥외소화전이 2개 이상 설치된 경우에는 2개)에 $7m^3$를 곱한 양 이상이 되도록 하여야 한다(NFTC 109).

52 | 옥외소화전설비
21

옥외소화전설비에 관한 설명으로 옳지 않은 것은?

① 호스는 구경 65mm의 것으로 하여야 한다.
② 호스접결구는 지면으로부터 높이가 0.5m 이상 1m 이하의 위치에 설치한다.
③ 옥외소화전이 10개 설치된 때에는 옥외소화전마다 10m 이내의 장소에 1개 이상의 소화전함을 설치하여야 한다.
④ 호스접결구는 특정소방대상물의 각 부분으로부터 하나의 호스접결구까지의 수평거리가 40m 이하가 되도록 설치하여야 한다.

해설 옥외소화전설비에는 옥외소화전마다 그로부터 5m 이내의 장소에 소화전함을 다음의 기준에 따라 설치하여야 한다.

옥외소화전 설치개수	소화전함 설치 규정
10개 이하	1개 이상의 소화전함을 설치
11개 이상 30개 이하	11개 이상의 소화전함을 각각 분산하여 설치
31개 이상	옥외소화전 3개마다 1개 이상의 소화전함을 설치

정답 47. ② 48. ② 49. ① 50. ② 51. ② 52. ③

③ 소화활동설비

01 | 비상설비의 종류
16

화재 등과 같은 비상시를 대비하여 건물 내에 설치하는 설비가 아닌 것은?

① 방범설비
② 피난유도설비
③ 비상콘센트설비
④ 무선통신보조설비

해설 소방시설 중 소화설비(물 또는 그 밖의 소화약제를 사용하여 소화하는 기계·기구 또는 설비)의 종류에는 소화기구(자동확산소화용구), 자동소화장치, 옥내소화전설비, 스프링클러설비 등, 물분무등소화설비, 옥외소화전설비 등이 있고, 피난유도설비는 피난설비에 속하고, 비상콘센트설비와 무선통신보조설비는 소화활동설비에 속한다. 방범설비는 도난방지설비에 속한다(문제의 설비는 소방시설을 의미한다고 생각되는 문제).

02 | 연결송수관설비의 설치 기준
21

연결송수관설비를 설치하여야 하는 특정소방대상물 기준으로 옳은 것은? (단, 위험물 저장 및 처리시설 중 가스시설 또는 지하구는 제외)

① 층수가 3층 이상으로서 연면적 5,000m² 이상인 것
② 층수가 3층 이상으로서 연면적 6,000m² 이상인 것
③ 층수가 5층 이상으로서 연면적 5,000m² 이상인 것
④ 층수가 5층 이상으로서 연면적 6,000m² 이상인 것

해설 관련 법규 : 소방시설법 제12조, 영 제11조, (별표 4)
해설 법규 : (별표 4) 5호 나목
연결송수관설비를 설치하여야 하는 특정소방대상물(위험물 저장 및 처리시설 중 가스시설 또는 지하구는 제외)은 다음과 같다.
㉠ 층수가 5층 이상으로서 연면적이 6,000m² 이상인 경우 모든 층
㉡ ㉠에 해당하지 않는 특정소방대상물로서 지하층을 포함하는 층수가 7층 이상인 경우 모든 층
㉢ ㉠, ㉡에 해당하지 않는 특정소방대상물로서 지하층의 층수가 3층 이상이고, 지하층의 바닥면적의 합계가 1,000m² 이상인 경우 모든 층
㉣ 지하가 중 터널로서 길이가 1,000m 이상인 것

03 | 방수구 호스접결구의 위치
20

연결송수관설비 방수구의 호스접결구의 설치위치로 옳은 것은?

① 바닥으로부터 높이 0.5m 이상 1m 이하의 위치
② 바닥으로부터 높이 0.5m 이상 1.5m 이하의 위치
③ 바닥으로부터 높이 1m 이상 1.5m 이하의 위치
④ 바닥으로부터 높이 1m 이상 2m 이하의 위치

해설 연결송수관설비 방수구의 호스접결구는 바닥으로부터 높이 0.5m 이상 1.0m 이하의 위치에 설치하여야 한다.

04 | 연결송수관설비
21, 15

연결송수관설비에 관한 설명으로 옳은 것은?

① 송수구의 지면으로부터 1m 이상 1.5m 이하의 위치에 설치하여야 한다.
② 방수구는 소방대상물의 층마다 설치하되, 공동주택과 업무시설의 1층, 2층에는 설치하지 않는다.
③ 지면으로부터의 높이가 31m 이상이거나 지상 11층 이상인 특정소방대상물의 경우에는 습식설비로 하여야 한다.
④ 수직배관은 방화구조로 구획된 계단실 또는 파이프 덕트 등 화재의 우려가 없는 장소에 설치하여야 한다.

해설 연결송수관설비의 송수구는 지면으로부터 0.5m 이상 1.0m 이하의 위치에 설치하여야 하고, 방수구는 특정소방대상물의 층마다 설치하되, 아파트의 1, 2층은 설치하지 않으며, 수직배관은 내화구조로 구획된 계단실(부속실 포함) 또는 파이프 덕트 등 화재의 우려가 없는 장소에 설치하여야 한다.

05 | 연결송수관설비의 설치기준
25, 23, 22, 14, 11

연결송수관설비의 설치기준 내용으로 옳지 않은 것은?

① 방수구의 호스접결구는 바닥으로부터 높이 0.5m 이상 1m 이하의 위치에 설치한다.
② 주배관의 구경은 100mm 이상의 것으로 한다.
③ 펌프의 양정은 최상층에 설치된 노즐선단의 압력이 0.17MPa 이상의 압력이 되도록 한다.
④ 방수구는 연결송수관설비의 전용방수구 또는 옥내소화전 방수구로써 규격 65mm의 것으로 설치한다.

해설 연결송수관설비의 설치기준에 있어서 방수구 방수압력은 0.35MPa 이상이고, 펌프의 토출량은 분당 2,400L/min(계단식 아파트의 경우에는 분당 1,200L/min) 이상이 되는 것으로 할 것. 다만, 해당 층에 설치된 방수구가 3개를 초과(방수구가 5개 이상인 경우에는 5개)하는 것에 있어서는 1개마다 분당 800L/min(계단식 아파트의 경우에는 분당 400L/min)를 가산한 양이 되는 것으로 하여야 한다.

정답 01.① 02.④ 03.① 04.③ 05.③

06 | 연결송수관설비
24, 19, 08

연결송수관설비에 관한 설명으로 옳은 것은?

① 송수구는 쌍구형으로 하며 구경은 최소 50mm 이상으로 한다.
② 방수구는 연결송수관설비의 전용방수구로서 구경은 최소 50mm 이상으로 한다.
③ 수원의 수위가 펌프보다 높은 위치에 있는 가압송수장치에는 반드시 물올림장치를 설치한다.
④ 가압송수장치는 방수구가 개방될 때 자동으로 기동되거나 또는 수동스위치의 조작에 따라 기동되도록 한다.

해설 ① 송수구는 쌍구형을 하고, 구경은 최소 65mm 이상으로 한다.
② 방수구는 연결송수관설비의 전용방수구 또는 옥내소화전방수구로서 구경 65mm의 것으로 한다.
③ 수원의 수위가 펌프보다 낮은 위치에 있는 가압송수장치에는 반드시 물올림장치를 설치한다.

07 | 설치의 면제
23, 16

다음은 특정소방대상물의 연결송수관설비 설치의 면제에 관한 기준 내용이다. ( ) 안에 포함되지 않는 설비는?

> 연결송수관설비를 설치하여야 하는 소방대상물에 옥외에 연결송수구 및 옥내에 방수구가 부설된 (   )를 화재안전기준에 적합하게 설치한 경우에는 그 설비의 유효범위에서 설치가 면제된다.

① 연결살수설비
② 옥내소화전설비
③ 옥외소화전설비
④ 스프링클러설비

해설 관련 법규 : 소방시설법 제13조, 영 제14조, (별표 5)
해설 법규 : (별표 5)
연결송수관설비를 설치하여야 하는 특정소방대상물에 옥외에 연결송수구 및 옥내에 방수구가 부설된 옥내소화전설비, 스프링클러설비, 간이스프링클러설비 또는 연결살수설비를 화재안전기준에 적합하게 설치한 경우에는 그 설비의 유효범위에서 설치가 면제된다.

08 | 송수구 직경
20

연결살수설비에 설치되는 송수구의 구경 기준은?

① 32mm  ② 40mm
③ 50mm   ④ 65mm

해설 연결살수설비의 송수구는 구경 65mm의 쌍구형으로 하여야 한다.

09 | 연결송수관설비의 송수구
22, 20, 16, 10

연결살수설비의 송수구에 관한 기준 내용으로 옳지 않은 것은?

① 소방차가 쉽게 접근할 수 있고 노출된 장소에 설치하는 것이 원칙이다.
② 지면으로부터 높이가 0.5m 이상 1.0m 이하의 위치에 설치하여야 한다.
③ 개방형 헤드를 사용하는 송수구의 호스집결구는 각 송수구역마다 설치하는 것이 원칙이다.
④ 송수구는 구경 32mm의 쌍구형으로 설치하여야 한다.

해설 연결살수설비의 송수구는 구경 65mm의 쌍구형으로 하여야 한다.

10 | 물분무소화설비
24, 19, 10, 06

다음 중 물분무소화설비의 소화작용과 가장 관계가 먼 것은?

① 냉각효과
② 질식효과
③ 부촉매효과
④ 희석효과

해설 물분무소화설비는 물을 분무상으로 분산방사하며, 분무수로 연소물을 덮어씌워 물의 증발작용이 가속화되어 증발열에 따른 냉각작용, 희석작용, 질식소화작용으로 소화하는 설비로서 가연물, 유류, 전기화재에 유효한 설비이고, 할론가스소화설비는 소화약제가 방사 후 할론은 열분해하여 부촉매 역할을 하는 Br이 공기 중에서 체인 캐리어로서 역할을 하여 소화작용을 하게 된다.

11 | 물분무소화설비
21

물분무소화설비에 관한 설명으로 옳지 않은 것은?

① 물의 입자를 미세하게 분무시키는 시스템이다.
② 물을 사용하므로 전기화재에는 적응성이 없다.
③ 냉각작용을 이용하여 소화효과를 얻을 수 있다.
④ 화재 시 발생하는 수증기에 의한 질식작용을 이용하여 소화효과를 얻을 수 있다.

해설 물분무소화설비는 특정소방대상물에 설치된 전기실 · 발전실 · 변전실(가연성 절연유를 사용하지 않는 변압기 · 전류차단기 등의 전기기기와 가연성 피복을 사용하지 않은 전선 및 케이블만을 설치한 전기실 · 발전실 및 변전실은 제외한다) · 축전지실 · 통신기기실 또는 전산실, 그 밖에 이와 비슷한 것으로서 바닥면적이 300m² 이상인 것[하나의 방화구획 내에 둘 이상의 실(室)이 설치되어 있는 경우에는 이를 하나의 실로 보아 바닥면적을 산정한다]에 설치하여야 하므로 전기화재에 적응성이 있다.

12 | 물분무소화설비의 배수설비
17

물분무소화설비를 설치하는 차고 또는 주차장의 배수설비에 관한 설명으로 옳지 않은 것은?

① 차량이 주차하는 바닥은 배수구를 향하여 100분의 2 이상의 기울기를 유지할 것
② 차량이 주차하는 장소의 적당한 곳에 높이 7cm 이하의 경계턱으로 배수구를 설치할 것
③ 배수설비는 가압송수장치의 최대송수능력의 수량을 유효하게 배수할 수 있는 크기 및 기울기로 할 것
④ 배수구에는 새어 나온 기름을 모아 소화할 수 있도록 길이 40m 이하마다 집수관·소화핏트 등 기름분리장치를 설치할 것

해설 물분무소화설비를 설치하는 차고 또는 주차장에는 ①, ③ 및 ④ 이외에 차량이 주차하는 장소의 적당한 곳에 높이 10cm 이상의 경계턱으로 배수구를 설치할 것(NFTC 104 규정)

13 | 포소화설비의 구성요소
22

포소화설비의 구성요소에 속하지 않는 것은?

① 약제탱크
② 혼합장치
③ 가압송수장치
④ 정압작동장치

해설 포소화설비는 물에 의한 소화방법으로는 효과가 적거나 화재가 확산될 위험성이 있는 가연성 액체 등의 화재에 사용하는 설비로서 물과 포소화약제가 일정한 비율로 혼합된 수용액이 공기에 의하여 발포되어 형성된 미세한 기포의 집합체가 연소물의 표면을 덮어 공기를 차단함으로서 질식효과와 동시에 포에 함유된 수분에 의한 냉각효과가 있다. 또한, 포소화설비의 구성요소에는 포소화약제, 포소화약제의 저장탱크, 수조, 가압송수장치, 기동용 수압개폐장치, 포소화약제의 혼합장치, 포방출장치, 배관, 유수검지장치, 일제개방밸브, 송수구 등이 있다. 정압작동장치는 분말소화설비의 구성요소에 속한다.

14 | 제연구역
24, 19

제연설비의 설치장소는 제연구역으로 구획하여야 한다. 제연구역에 관한 설명으로 옳지 않은 것은?

① 거실과 통로(복도 포함)는 각각 제연구획한다.
② 하나의 제연구역의 면적은 1,000m² 이내로 한다.
③ 하나의 제연구역은 직경 80m의 원 내에 들어갈 수 있도록 한다.
④ 통로(복도 포함)상의 제연구역은 보행중심선의 길이가 60m를 초과하지 않도록 한다.

해설 제연설비의 설치장소는 ①, ② 및 ④ 이외에 하나의 제연구역은 직경 60m 원 내에 들어갈 수 있고, 하나의 제연구역은 2 이상의 층에 미치지 아니하도록 할 것. 다만, 층의 구분이 불명확한 부분은 그 부분을 다른 부분과 별도로 제연구획하여야 한다(NFTC 501 규정).

15 | 제연설비의 비상전원
22

제연설비의 비상전원에 관한 설명으로 옳지 않은 것은?

① 비상전원은 실내에 설치하지 않는다.
② 제연설비를 유효하게 20분 이상 작동할 수 있도록 한다.
③ 비상전원의 설치장소는 다른 장소와 방화구획으로 구획한다.
④ 상용전원으로부터 전력의 공급이 중단된 때에는 자동으로 비상전원으로부터 전력을 공급받을 수 있도록 한다.

해설 제연설비의 비상전원을 실내에 설치하는 때에는 그 실내에 비상조명등을 설치하여야 한다(NFTC 501 2.9.1.5).

16 | 상수도소화용수설비
22

다음은 상수도소화용수설비의 설치에 관한 기준내용이다. ( ) 안에 알맞은 것은?

• 호칭지름 75mm 이상의 수도배관에 호칭지름 100mm 이상의 소화전을 접속할 것
• 소화전은 특정소방대상물의 수평투영면의 각 부분으로부터 ( ) 이하가 되도록 설치할 것

① 50m
② 100m
③ 140m
④ 180m

해설 상수도소화용수설비의 화재안전기술기준(NFTC 401)
수도법에 따른 기준 외에 다음의 기준에 따라 설치하여야 한다.
㉠ 호칭지름 75mm 이상의 수도배관에 호칭지름 100mm 이상의 소화전을 접속할 것
㉡ 소화전은 소방자동차 등의 진입이 쉬운 도로변 또는 공지에 설치할 것
㉢ 소화전은 특정소방대상물의 수평투영면의 각 부분으로부터 140m 이하가 되도록 설치할 것

17 | 광전식 감지기
07, 05

감지기 주위의 온도가 일정한 농도의 연기를 포함하게 되면 작동하는 감지기는?

① 정온식 감지기
② 보상식 감지기
③ 차동식 감지기
④ 광전식 감지기

해설 차동식 감지기는 주위 온도가 일정 온도 상승률 이상으로 되었을 때 작동하는 것으로 1개 국소의 열효과에 의하여 작동하고, 가장 널리 사용되고 있는 형식으로 화기를 취급하지 않는 장소에 가장 적합하며, 또한, 온도의 변화가 비교적 적은 장소(일반 사무실, 거실, 작업장, 백화점, 발전실 등)에 사용하고, 정온식 감지기(바이메탈식)는 국소의 온도가 일정 온도(75℃)를 넘으면 작동하는 것으로 화재 시의 온도 상승으로 바이메탈이 팽창(금속의 팽창)하여 접점을 달아 화재 신호를 발신하며, 보상식 감지기는 온도 상승률이 일정한 값을 초과할 경우(정온식)와 온도가 일정한 값을 초과한 경우(차동식)에 동작하는 2가지 기능(정온과 차동식의 기능)을 겸비하고 있어 이상적이다.

18 | 자동화재탐지설비의 수신기
20

자동화재탐지설비의 수신기 설치에 관한 설명으로 옳지 않은 것은?

① 수위실 등 상시 사람이 근무하는 장소에 설치하는 것이 원칙이다.
② 수신기의 조작 스위치는 바닥으로부터의 높이가 1.5m 이상 2.0m 이하인 장소에 설치하여야 한다.
③ 수신기는 감지기·중계기 또는 발신기가 작동하는 경계구역을 표시할 수 있는 것으로 하여야 한다.
④ 수신기의 음향기구는 그 음량 및 음색이 다른 기기의 소음 등과 명확히 구별될 수 있는 것으로 하여야 한다.

해설 자동화재탐지설비의 수신기 설치에 있어서 수신기의 조작 스위치는 바닥으로부터의 높이가 0.8m 이상 1.5m 이하인 장소에 설치하여야 한다.

정답 17. ④ 18. ②

PART 4

건축설비 관련 법규

Engineer Building Facilities

CHAPTER 01 관련 법규 검토

Engineer Building Facilities
| 기출 공략 문제 |

1 건축법, 시행령, 시행규칙

01 | 지하층
16, 12, 07

"지하층"이라 함은 건축물의 바닥이 지표면 아래에 있는 층으로서 그 바닥으로부터 지표면까지의 평균높이가 해당 층 높이 기준으로 얼마 이상인가?

① 1/2
② 1/3
③ 2/3
④ 3/4

해설 관련 법규 : 법 제2조, 해설 법규 : 법 제2조 ①항 5호
"지하층"이란 건축물의 바닥이 지표면 아래에 있는 층으로서 바닥에서 지표면까지 평균높이가 해당 층 높이의 1/2 이상인 것을 말한다.

02 | 증축
23

증축에 대한 설명이다. ( ) 안에 부적합한 것은?

"증축"이란 기존 건축물이 있는 대지에서 건축물의 ( )를 늘리는 것을 말한다.

① 건축면적
② 대지면적
③ 연면적
④ 층수

해설 관련 법규 : 건축법 제2조, 영 제2조
해설 법규 : 영 제2조 2호
"증축"이란 기존 건축물이 있는 대지에서 건축물의 건축면적, 연면적, 층수 또는 높이를 늘리는 것을 말한다.

03 | 증축
24

다음에서 설명하는 건축은?

기존 건축물이 있는 대지에서 건축물의 건축면적, 연면적, 층수 또는 높이를 늘리는 것을 말한다.

① 증축
② 개축
③ 재축
④ 신축

해설 관련 법규 : 건축법 제2조, 영 제2조, 해설 법규 : 영 제2조 2호
② 개축이란 기존 건축물의 전부 또는 일부(내력벽·기둥·보·지붕틀(한옥의 경우에는 지붕틀의 범위에서 서까래는 제외) 중 셋 이상이 포함되는 경우)를 해체하고 그 대지에 종전과 같은 규모의 범위에서 건축물을 다시 축조하는 것을 말한다.
③ 재축이란 건축물이 천재지변이나 그 밖의 재해(災害)로 멸실된 경우 그 대지에 다음의 요건을 모두 갖추어 다시 축조하는 것을 말한다.
  ㉮ 연면적 합계는 종전 규모 이하로 할 것
  ㉯ 동(棟)수, 층수 및 높이는 다음의 어느 하나에 해당할 것
    ㉠ 동수, 층수 및 높이가 모두 종전 규모 이하일 것
    ㉡ 동수, 층수 또는 높이의 어느 하나가 종전 규모를 초과하는 경우에는 해당 동수, 층수 및 높이가「건축법」, 이 영 또는 건축조례에 모두 적합할 것
④ 신축이라 함은 건축물이 없는 대지(기존 건축물이 해체되거나 멸실된 대지를 포함)에 새로 건축물을 축조하는 것(부속 건축물만 있는 대지에 새로이 주된 건축물을 축조하는 것을 포함하되, 개축 또는 재축에 해당하는 경우는 제외)을 말한다.

04 | 재축
12, 11, 10

건축법령상 다음과 같이 정의되는 용어는?

건축물이 천재지변이나 그 밖의 재해로 멸실된 경우 그 대지에 다음 각 목의 요건을 모두 갖추어 다시 축조하는 것을 말한다.
① 연면적 합계는 종전 규모 이하로 할 것
② 동수, 층수 및 높이는 다음의 어느 하나에 해당할 것
  ㉮ 동수, 층수 및 높이가 모두 종전 규모 이하일 것
  ㉯ 동수, 층수 또는 높이의 어느 하나가 종전 규모를 초과하는 경우에는 해당 동수, 층수 및 높이가 건축법, 이 영 또는 건축조례에 모두 적합할 것

① 증축
② 재축
③ 개축
④ 대수선

해설 관련 법규 : 법 제2조, 영 제2조
해설 법규 : 영 제2조 2, 3호, 영 제3조의2
"증축"이란 기존 건축물이 있는 대지에서 건축물의 건축면적, 연면적, 층수 또는 높이를 늘리는 것을 말하고, "개축"이란 기존 건축물의 전부 또는 일부[내력벽·기둥·보·지붕틀(한옥의 경우에는 지붕틀의 범위에서 서까래는 제외) 중 셋 이상이 포함]를 해체하고 그 대지에 종전과 같은 규모의 범위에서 건축물을 다시 축조하는 것을 말한다. "대수선"이란 건축물의 기둥, 보, 내력벽, 주계단 등의 구조나 외부 형태를 수선·변경하거나 증설하는 것으로서 대통령령으로 정하는 것을 말한다.

05 | 건축법의 용어
10

다음 중 건축법상 용어가 옳게 설명된 것은?

① 건축설비에는 피뢰침, 굴뚝, 국기 게양대, 우편함이 포함된다.
② 대수선은 건축에 포함된다.
③ 건축물 안에서 작업의 목적을 위하여 사용되는 방은 거실이 아니다.
④ 리모델링이란 건축물의 노후화를 억제하기 위하여 대수선하는 행위만을 말한다.

해설 관련 법규 : 법 제2조, 해설 법규 : 법 제2조 6, 8, 10호
대수선은 건축에 포함되지 않고, 건축물 안에서 작업의 목적을 위하여 사용되는 방은 거실이며, "리모델링"이란 건축물의 노후화를 억제하거나 기능 향상 등을 위하여 대수선하거나 건축물의 일부를 증축 또는 개축을 말한다.

06 | 리모델링
22, 17

건축법령상 다음과 같이 정의되는 용어는?

건축물의 노후화를 억제하거나 기능 향상 등을 위하여 대수선하거나 건축물의 일부를 증축 또는 개축하는 행위를 말한다.

① 개축
② 리빌딩
③ 리모델링
④ 리노베이션

해설 관련 법규 : 법 제2조, 해설 법규 : 영 제2조 3호
"개축"이란 기존 건축물의 전부 또는 일부[내력벽·기둥·보·지붕틀(한옥의 경우에는 지붕틀의 범위에서 서까래는 제외) 중 셋 이상이 포함]을 해체하고 그 대지에 종전과 같은 규모의 범위에서 건축물을 다시 축조하는 것을 말한다.

07 | 다중이용 건축물
20, 19, 18, 15

다음 중 다중이용 건축물에 속하지 않는 것은? (단, 해당 용도로 쓰는 바닥면적의 합계가 5,000㎡이며, 층수가 15층인 건축물의 경우)

① 종교시설
② 판매시설
③ 업무시설
④ 의료시설 중 종합병원

해설 관련 법규 : 법 제2조, 해설 법규 : 영 제2조 17호
"다중이용 건축물"이란 문화 및 집회시설(동물원 및 식물원은 제외), 종교시설, 판매시설, 운수시설 중 여객용 시설, 의료시설 중 종합병원, 숙박시설 중 관광숙박시설에 해당하는 용도로 쓰는 바닥면적의 합계가 5,000㎡ 이상인 건축물과 16층 이상인 건축물 등이다.

08 | 건축법의 용어
12, 08

건축법상 용어의 정의에 관한 설명으로 옳은 것은?

① 기초는 주요구조부에 해당된다.
② 대수선은 건축에 속하지 않는다.
③ 이전이란 건축물의 주요구조부를 해체하여 다른 대지로 옮기는 것을 말한다.
④ 개축이란 기존 건축물을 해체하고 그 대지 안에 종전보다 큰 규모로 건축물을 다시 축조하는 것을 말한다.

해설 관련 법규 : 법 제2조
해설 법규 : 법 제2조 7호, 영 제2조 3, 5호
기초는 주요구조부에 해당되지 아니하고, "이전"이란 건축물의 주요구조부를 해체하지 아니하고 같은 대지의 다른 위치로 옮기는 것을 말하며, "개축"이란 기존 건축물의 전부 또는 일부[내력벽·기둥·보·지붕틀(한옥의 경우에는 지붕틀의 범위에서 서까래는 제외) 중 셋 이상이 포함]를 해체하고 그 대지에 종전과 같은 규모의 범위에서 건축물을 다시 축조하는 것을 말한다.

09 | 대수선의 정의
24, 21

다음 중 대수선에 속하지 않는 것은?

① 내력벽을 증설 또는 해체하는 것
② 기둥 2개를 수선 또는 변경하는 것
③ 다세대주택의 세대 간 경계벽을 증설 또는 해체하는 것
④ 주계단·피난계단 또는 특별피난계단을 수선 또는 변경하는 것

해설 관련 법규 : 법 제2조, 영 제3조의2, 해설 법규 : 영 제3조의2
기둥을 증설 또는 해체하거나 3개 이상 수선 또는 변경하는 것을 대수선이라고 한다.

정답 05. ① 06. ③ 07. ③ 08. ② 09. ②

10 | 대수선의 정의
24

다음 중 대수선의 범위에 속하지 않는 것은?

① 특별피난계단을 증설 또는 해체하는 것
② 벽면적 30m² 이상 수선 또는 변경하는 것
③ 다가구주택의 가구 간 경계벽을 증설 또는 해체하는 것
④ 공동주택 중 기숙사의 침실 간 칸막이벽을 증설 또는 해체하는 것

해설 관련 법규 : 법 제2조, 영 제3조의2
해설 법규 : 영 제3조의2 8호
다가구주택의 가구 간 경계벽 또는 다세대주택의 세대 간 경계벽을 증설 또는 해체하거나 수선 또는 변경하는 것은 대수선에 속한다.

11 | 다중이용건축물
24②, 22, 20, 17, 16, 12

다음 중 다중이용 건축물에 해당하지 않는 것은? (단, 16층 미만인 건축물인 경우)

① 종교시설의 용도로 쓰는 바닥면적의 합계가 5,000m² 이상인 건축물
② 판매시설의 용도로 쓰는 바닥면적의 합계가 5,000m² 이상인 건축물
③ 업무시설의 용도로 쓰는 바닥면적의 합계가 5,000m² 이상인 건축물
④ 의료시설 중 종합병원의 용도로 쓰는 바닥면적의 합계가 5,000m² 이상인 건축물

해설 관련 법규 : 법 제2조, 해설 법규 : 영 제2조 17호
"다중이용 건축물"이란 문화 및 집회시설(동물원 및 식물원은 제외), 종교시설, 판매시설, 운수시설 중 여객용 시설, 의료시설 중 종합병원, 숙박시설 중 관광숙박시설에 해당하는 용도로 쓰는 바닥면적의 합계가 5,000m² 이상인 건축물과 16층 이상인 건축물 등이다.

12 | 지하층
22, 19, 16

다음은 건축법상 지하층의 정의이다. ( ) 안에 알맞은 것은?

"지하층"이란 건축물의 바닥이 지표면 아래에 있는 층으로서 바닥에서 지표면까지 평균 높이가 해당 층 높이의 ( ) 이상인 것을 말한다.

① 2분의 1   ② 3분의 1
③ 3분의 2   ④ 4분의 3

해설 관련 법규 : 법 제2조, 해설 법규 : 법 제2조 ①항 5호
"지하층"이란 건축물의 바닥이 지표면 아래에 있는 층으로서 바닥에서 지표면까지 평균높이가 해당 층 높이의 1/2 이상인 것을 말한다.

13 | 다중이용 건축물
18, 14

다음 중 건축법령상 다중이용 건축물에 속하지 않는 것은?

① 업무시설로서 해당 용도에 쓰는 바닥면적의 합계가 5,000m²인 건축물
② 판매시설로서 해당 용도에 쓰는 바닥면적의 합계가 5,000m²인 건축물
③ 의료시설 중 종합병원으로서 해당 용도에 쓰는 바닥면적의 합계가 5,000m²인 건축물
④ 숙박시설 중 관광숙박시설로서 해당 용도에 쓰는 바닥면적의 합계가 5,000m²인 건축물

해설 관련 법규 : 법 제2조, 해설 법규 : 영 제2조 17호
"다중이용 건축물"이란 문화 및 집회시설(동물원 및 식물원은 제외), 종교시설, 판매시설, 운수시설 중 여객용 시설, 의료시설 중 종합병원, 숙박시설 중 관광숙박시설에 해당하는 용도로 쓰는 바닥면적의 합계가 5,000m² 이상인 건축물과 16층 이상인 건축물 등이다.

14 | 다중이용 건축물
25, 22, 21, 20, 18

다음 중 다중이용 건축물에 속하지 않는 것은? (단, 층수가 10층이며, 해당 용도로 쓰는 바닥면적의 합계가 5,000m²인 경우)

① 종교시설
② 판매시설
③ 위락시설
④ 숙박시설 중 관광숙박시설

해설 관련 법규 : 법 제2조, 영 제2조, 해설 법규 : 영 제2조 17호
"다중이용 건축물"이란 문화 및 집회시설(동물원 및 식물원은 제외), 종교시설, 판매시설, 운수시설 중 여객용 시설, 의료시설 중 종합병원, 숙박시설 중 관광숙박시설에 해당하는 용도로 쓰는 바닥면적의 합계가 5,000m² 이상인 건축물과 16층 이상인 건축물 등이다.

15 | 준다중이용 건축물
18

다음 중 준다중이용 건축물에 속하지 않는 것은? (단, 해당 용도로 쓰이는 바닥면적의 합계가 1,000m²인 건축물의 경우)

① 종교시설   ② 판매시설
③ 위락시설   ④ 수련시설

정답 10. ④ 11. ③ 12. ① 13. ① 14. ③ 15. ④

해설 관련 법규 : 법 제2조, 영 제2조
해설 법규 : 영 제2조 17의2호
"준다중이용 건축물"이란 다중이용 건축물 외의 건축물로서 문화 및 집회시설(동물원 및 식물원은 제외), 종교시설, 판매시설, 운수시설 중 여객용 시설, 의료시설 중 종합병원, 교육연구시설, 노유자시설, 운동시설, 숙박시설 중 관광숙박시설, 위락시설, 관광휴게시설 및 장례시설에 해당하는 용도로 쓰는 바닥면적의 합계가 1,000m² 이상인 건축물을 말한다.

16 | 발코니
18, 15

건축법령상 다음과 같이 정의되는 용어는?

> 건축물의 내부와 외부를 연결하는 완충공간으로서 전망이나 휴식 등의 목적으로 건축물 외벽에 접하여 부가적으로 설치되는 공간을 말한다.

① 테라스
② 발코니
③ 피난층
④ 피난안전구역

해설 관련 법규 : 법 제2조, 영 제2조, 해설 법규 : 영 제2조 14호
"발코니"란 건축물의 내부와 외부를 연결하는 완충공간으로서 전망이나 휴식 등의 목적으로 건축물 외벽에 접하여 부가적(附加的)으로 설치되는 공간을 말하고, 피난층은 곧바로 지상으로 갈 수 있는 출입구가 있는 층이며, 피난안전구역은 건축물의 피난·안전을 위하여 건축물 중간층에 설치하는 대피공간이다.

17 | 초고층 건축물
24, 15, 13

건축법령상 초고층 건축물의 정의로 옳은 것은?

① 층수가 50층 이상이거나 높이가 150m 이상인 건축물
② 층수가 50층 이상이거나 높이가 200m 이상인 건축물
③ 층수가 60층 이상이거나 높이가 180m 이상인 건축물
④ 층수가 60층 이상이거나 높이가 240m 이상인 건축물

해설 관련 법규 : 법 제2조, 영 제2조
해설 법규 : 법 제2조 ①항 19호, 영 제2조 15호, 15의2호
"초고층 건축물"이란 층수가 50층 이상이거나 높이가 200m 이상인 건축물을 말하고, "준초고층 건축물"이란 고층 건축물 중 초고층 건축물이 아닌 것을 말하며, "고층건축물"이란 층수가 30층 이상이거나 높이가 120m 이상인 건축물을 말한다.

18 | 고층건축물
21, 17

건축법령상 고층 건축물의 정의로 알맞은 것은?

① 층수가 30층 이상이거나 높이가 90m 이상인 건축물
② 층수가 30층 이상이거나 높이가 120m 이상인 건축물
③ 층수가 50층 이상이거나 높이가 150m 이상인 건축물
④ 층수가 50층 이상이거나 높이가 200m 이상인 건축물

해설 관련 법규 : 법 제2조, 해설 법규 : 법 제2조 ①항 19호
고층 건축물이란 층수가 30층 이상이거나 높이가 120m 이상인 건축물이다.

19 | 단독주택
23, 18, 13

건축법령상 단독주택에 해당하지 않는 것은?

① 공관
② 기숙사
③ 다중주택
④ 다가구주택

해설 관련 법규 : 법 제2조, 영 제3조의5
해설 법규 : 영 제3조의5, (별표 1)
단독주택[단독주택의 형태를 갖춘 가정어린이집·공동생활가정·지역아동센터·공동육아나눔터(「아이돌봄 지원법」에 따른 공동육아나눔터)·작은도서관(「도서관법」에 따른 작은도서관을 말하며, 해당 주택의 1층에 설치한 경우만 해당) 및 노인복지시설(노인복지주택은 제외한다)을 포함한다]
㉠ 단독주택
㉡ 다중주택 : 다음의 요건을 모두 갖춘 주택을 말한다.
  ㉮ 학생 또는 직장인 등 여러 사람이 장기간 거주할 수 있는 구조로 되어 있는 것
  ㉯ 독립된 주거의 형태를 갖추지 않은 것(각 실별로 욕실은 설치할 수 있으나, 취사시설은 설치하지 않은 것)
  ㉰ 1개 동의 주택으로 쓰이는 바닥면적(부설 주차장 면적은 제외)의 합계가 660m² 이하이고 주택으로 쓰는 층수(지하층은 제외)가 3개층 이하일 것. 다만, 1층의 전부 또는 일부를 필로티 구조로 하여 주차장으로 사용하고 나머지 부분을 주택(주거목적으로 한정) 외의 용도로 쓰는 경우에는 해당 층을 주택의 층수에서 제외한다.
  ㉱ 적정한 주거환경을 조성하기 위하여 건축조례로 정하는 실별 최소 면적, 창문의 설치 및 크기 등의 기준에 적합할 것
㉢ 다가구주택 : 다음의 요건을 모두 갖춘 주택으로서 공동주택에 해당하지 아니하는 것을 말한다.
  ㉮ 주택으로 쓰는 층수(지하층은 제외)가 3개층 이하일 것. 다만, 1층의 전부 또는 일부를 필로티 구조로 하여 주차장으로 사용하고 나머지 부분을 주택(주거목적으로 한정) 외의 용도로 쓰는 경우에는 해당 층을 주택의 층수에서 제외한다.
  ㉯ 1개 동의 주택으로 쓰이는 바닥면적의 합계가 660m² 이하일 것
  ㉰ 19세대(대지 내 동별 세대수를 합한 세대) 이하가 거주할 수 있을 것
㉣ 공관
기숙사는 공동주택에 속한다.

20 | 아파트
25, 19, 14

건축법령상 아파트는 주택으로 쓰는 층수가 최소 얼마 이상인 주택을 말하는가?

① 3개층 ② 5개층
③ 7개층 ④ 10개층

해설 관련 법규 : 법 제2조, 영 제3조의5
해설 법규 : 영 제3조의5, (별표 1) 2호
공동주택의 규모

구분		규모	
		바닥면적의 합계	주택으로 사용하는 층수
공동주택	아파트	–	5개층 이상
	다세대주택	660m² 이하	4개층 이하
	연립주택	660m² 초과	

21 | 아파트
20, 14

주택법령에 따른 공동주택 중 아파트의 정의로 옳은 것은?

① 주택으로 쓰는 층수가 5개층 이상인 주택
② 주택으로 쓰는 층수가 6개층 이상인 주택
③ 주택으로 쓰는 1개 동의 바닥면적 합계가 660m²를 초과하고, 층수가 5개층 이상인 주택
④ 주택으로 쓰는 1개 동의 바닥면적 합계가 660m²를 초과하고, 층수가 6개층 이상인 주택

해설 관련 법규 : 법 제2조, 영 제3조의5
해설 법규 : 영 제3조의5, (별표 1)
아파트는 주택으로 쓰는 층수가 5개층 이상인 주택을 말한다.

22 | 공동주택의 종류
21, 17, 13

건축법령상 공동주택에 속하지 않는 것은?

① 기숙사 ② 연립주택
③ 다가구주택 ④ 다세대주택

해설 관련 법규 : 법 제2조, 영 제3조의5
해설 법규 : 영 제3조의5, (별표 1)
공동주택의 종류
㉠ 아파트 : 주택으로 쓰는 층수가 5개층 이상인 주택
㉡ 연립주택 : 주택으로 쓰는 1개 동의 바닥면적(2개 이상의 동을 지하주차장으로 연결하는 경우에는 각각의 동으로 본다) 합계가 660m²를 초과하고, 층수가 4개층 이하인 주택
㉢ 다세대주택 : 주택으로 쓰는 1개 동의 바닥면적 합계가 660m² 이하이고, 층수가 4개층 이하인 주택(2개 이상의 동을 지하주차장으로 연결하는 경우에는 각각의 동으로 본다)
㉣ 기숙사 : 학교 또는 공장 등의 학생 또는 종업원 등을 위하여 쓰는 것으로서 1개 동의 공동취사시설 이용 세대수가 전체의 50% 이상인 것(「교육기본법」에 따른 학생복지주택을 포함)
다가구주택은 단독주택에 속한다.

23 | 연립주택
22, 19, 17, 16, 08

건축법령상 다음과 같이 정의되는 주택의 종류는?

주택으로 쓰는 1개 동의 바닥면적(2개 이상의 동을 지하주차장으로 연결하는 경우에는 각각의 동으로 본다) 합계가 660m²를 초과하고, 층수 4개층 이하인 주택

① 다중주택 ② 연립주택
③ 다세대주택 ④ 다가구주택

해설 관련 법규 : 법 제2조, 영 제3조의5, (별표 1)
해설 법규 : 영 제3조의5, (별표 1) 2호 나목
단독 및 공동주택의 규모

구분		규모	
		바닥면적의 합계	주택으로 사용하는 층수
단독주택	다중주택	660m² 이하	3개층 이하 (지하층 제외)
	다가구주택	660m² 이하, 19세대 이하	
공동주택	아파트	–	5개층 이상
	다세대주택	660m² 이하	4개층 이하
	연립주택	660m² 초과	

※ 다중주택의 바닥면적은 부설주차장 면적을 제외한다.

24 | 다세대주택
22, 16

다음은 건축법령상 다세대주택의 정의이다. ( ) 안에 알맞은 것은?

주택으로 쓰는 1개 동의 바닥면적 합계가 (㉠)m² 이하이고, 층수가 (㉡)개층 이하인 주택(2개 이상의 동을 지하주차장으로 연결하는 경우에는 각각의 동으로 본다)

① ㉠ 330, ㉡ 4 ② ㉠ 330, ㉡ 6
③ ㉠ 660, ㉡ 4 ④ ㉠ 660, ㉡ 6

해설 관련 법규 : 법 제2조, 영 제3조의5
해설 법규 : 영 제3조의5, (별표 1)
다세대주택은 주택으로 쓰는 1개 동의 바닥면적의 합계가 660m² 이하이고, 층수가 4개층 이하인 주택(2개 이상의 동을 지하주차장으로 연결하는 경우에는 각각의 동으로 본다)

정답 20. ② 21. ① 22. ③ 23. ② 24. ③

25 | 단독 및 공동주택의 종류
21

각종 주택에 관한 설명으로 옳은 것은?

① 다중주택은 공동주택에 속한다.
② 기숙사는 공동주택에 속하지 않는다.
③ 다중주택은 독립된 주거의 형태이어야 한다.
④ 다가구주택은 1개 동의 주택으로 쓰이는 바닥면적의 합계가 660m^2 이하이다.

해설 관련 법규 : 법 제2조, 영 제3조의5
해설 법규 : 영 제3조의5, (별표 1)
다중주택은 단독주택에 속하고, 기숙사는 공동주택에 속하며, 다중주택은 독립된 주거의 형태를 갖추지 않은 것(각 실별로 욕실은 설치할 수 있으나, 취사시설은 설치하지 않은 것을 말한다)이어야 한다.
다가구주택은 다음의 요건을 모두 갖춘 주택으로서 공동주택에 해당하지 아니하는 것을 말한다.
㉠ 주택으로 쓰는 층수(지하층은 제외)가 3개층 이하일 것. 다만, 1층의 전부 또는 일부를 필로티 구조로 하여 주차장으로 사용하고 나머지 부분을 주택(주거목적으로 한정) 외의 용도로 쓰는 경우에는 해당 층을 주택의 층수에서 제외한다.
㉡ 1개 동의 주택으로 쓰이는 바닥면적의 합계가 660m^2 이하일 것
㉢ 19세대(대지 내 동별 세대수를 합한 세대) 이하가 거주할 수 있을 것

26 | 건축물의 분류
11, 09

다음 중 해당 용도에 포함되는 건축물의 종류가 옳지 않은 것은?

① 제1종 근린생활시설 : 휴게음식점으로 같은 건축물에 해당 용도로 쓰는 바닥면적의 합계가 400m^2인 것
② 제1종 근린생활시설 : 일용품을 판매하는 소매점으로서 해당 용도로 쓰는 바닥면적의 합계가 500m^2인 것
③ 제2종 근린생활시설 : 극장으로 같은 건축물에 해당 용도로 쓰는 바닥면적의 합계가 250m^2인 것
④ 제2종 근린생활시설 : 일반음식점

해설 관련 법규 : 법 제2조, 영 제3조의5
해설 법규 : 영 제3조의5, (별표 1)
제1종 근린생활시설은 휴게음식점으로 같은 건축물에 해당 용도로 쓰는 바닥면적의 합계가 300m^2 미만인 것이다.

27 | 숙박시설의 종류
20, 18

건축법령상 숙박시설에 속하지 않는 것은?

① 호스텔
② 청소년수련원
③ 의료관광호텔
④ 휴양 콘도미니엄

해설 관련 법규 : 법 제2조, 영 제3조의5, (별표 1)
해설 법규 : 영 제3조의5, (별표 1) 15호
숙박시설의 종류에는 일반숙박시설, 생활숙박시설, 관광숙박시설(관광호텔, 수상관광호텔, 한국전통호텔, 가족호텔, 호스텔, 소형 호텔, 의료관광호텔 및 휴양 콘도미니엄), 다중생활시설(제2종 근린생활시설에 해당하지 아니하는 것) 등이 있고, 청소년수련원은 수련시설 중 자연권 수련시설에 속한다.

28 | 제2종 근린생활시설
19, 15

다음 중 건축법령상 제2종 근린생활시설에 속하지 않는 것은?

① 한의원
② 독서실
③ 동물병원
④ 일반음식점

해설 관련 법규 : 법 제2조, 영 제3조의5, (별표 1)
해설 법규 : 영 제3조의5, (별표 1)
독서실, 동물병원 및 일반음식점은 제2종 근린생활시설에 속하고, 한의원은 제1종 근린생활시설에 속한다.

29 | 제1종 근린생활시설
24, 20, 18, 10

다음 중 건축법상 제1종 근린생활시설에 해당되지 않는 것은?

① 일반음식점
② 치과의원
③ 마을회관
④ 이용원

해설 관련 법규 : 법 제2조, 영 제3조의5, (별표 1)
해설 법규 : 영 제3조의5, (별표 1)
일반음식점은 제2종 근린생활시설에 속한다.

30 | 제1종 근린생활시설
23, 19, 18, 15

건축법령상 제1종 근린생활시설에 속하지 않는 것은?

① 한의원
② 마을회관
③ 산후조리원
④ 일반음식점

해설 관련 법규 : 법 제2조, 영 제3조의5, (별표 1)
해설 법규 : 영 제3조의5, (별표 1)
일반음식점은 제2종 근린생활시설에 속한다.

31 | 교육연구시설의 종류
19

건축법령상 교육연구시설에 속하지 않는 것은?

① 도서관
② 유치원
③ 어린이집
④ 직원훈련소

정답 25. ④ 26. ① 27. ② 28. ① 29. ① 30. ④ 31. ③

해설 관련 법규 : 법 제2조, 영 제3조의5, (별표 1)
해설 법규 : 영 제3조의5, (별표 1) 10호
교육연구시설(제2종 근린생활시설에 해당하는 것은 제외)의 종류
　㉠ 학교(유치원, 초등학교, 중학교, 고등학교, 전문대학, 대학, 대학교, 그 밖에 이에 준하는 각종 학교)
　㉡ 교육원(연수원, 그 밖에 이와 비슷한 것을 포함)
　㉢ 직업훈련소(운전 및 정비 관련 직업훈련소는 제외)
　㉣ 학원(자동차학원·무도학원 및 정보통신기술을 활용하여 원격으로 교습하는 것은 제외), 교습소(자동차교습·무도교습 및 정보통신기술을 활용하여 원격으로 교습하는 것은 제외)
　㉤ 연구소(연구소에 준하는 시험소와 계측계량소를 포함)
　㉥ 도서관

32 | 의료시설 16

건축법령상 의료시설에 속하는 것은?

① 한의원
② 요양병원
③ 치과의원
④ 동물병원

해설 관련 법규 : 법 제2조, 영 제3조의5, (별표 1)
해설 법규 : 영 제3조의5, (별표 1)
한의원과 치과의원은 제1종 근린생활시설이고, 동물병원은 제2종 근린생활시설에 속하며, 요양병원은 의료시설에 속한다.

33 | 운수시설의 종류 24

운수시설의 종류에 속하지 않는 것은?

① 여객자동차터미널
② 철도시설
③ 항만시설
④ 자동차학원

해설 관련 법규 : 법 제2조, 영 제3조의5, (별표 1)
해설 법규 : 영 제3의5, (별표 1)
건축물의 용도 분류 중 운수시설은 여객자동차터미널, 철도시설, 공항시설, 항만시설, 앞의 시설과 비슷한 시설 등이 있고, 자동차학원은 교육연구시설에 속한다.

34 | 건축물의 용도 21, 08

다음 중 건축법령에 따른 용도별 건축물의 종류가 옳지 않은 것은?

① 단독주택 – 다중주택
② 묘지 관련 시설 – 장례식장
③ 문화 및 집회시설 – 수족관
④ 자원순환 관련 시설 – 고물상

해설 관련 법규 : 법 제2조, 영 제3조의5, (별표 1)
해설 법규 : 영 제3조의5, (별표 1) 26, 28호
묘지 관련 시설에는 화장시설, 봉안당(종교시설에 해당하는 것은 제외), 묘지와 자연장지에 부수되는 건축물, 동물화장시설, 동물건조장시설 및 동물 전용의 납골시설 등이 있고, 장례식장은 장례시설에 속한다.

35 | 건축물의 용도분류 21

건축법령상 용도별 건축물의 종류가 옳지 않은 것은?

① 숙박시설 – 휴양 콘도미니엄
② 제1종 근린생활시설 – 치과의원
③ 동물 및 식물 관련 시설 – 동물원
④ 제2종 근린생활시설 – 노래연습장

해설 관련 법규 : 법 제2조, 영 제3조의5, (별표 1)
해설 법규 : 영 제3조의5, (별표 1)
동물 및 식물 관련 시설에는 축사(양잠·양봉·양어·양돈·양계·곤충사육 시설 및 부화장 등을 포함), 가축시설(가축용 운동시설, 인공수정센터, 관리사, 가축용 창고, 가축시장, 동물검역소, 실험동물 사육시설, 그 밖에 이와 비슷한 것), 도축장, 도계장, 작물 재배사, 종묘배양시설, 화초 및 분재 등의 온실, 동물 또는 식물과 관련된 시설과 비슷한 것(동·식물원은 제외) 등이 있고, 동·식물원(동물원, 식물원, 수족관, 그 밖에 이와 비슷한 것)은 문화 및 집회시설에 포함된다.

36 | 리모델링 19

다음은 리모델링에 대비한 특례 등에 관한 기준 내용이다. (   ) 안에 알맞은 것은?

리모델링이 쉬운 구조의 공동주택의 건축을 촉진하기 위하여 공동주택을 대통령령으로 정하는 구조로 하여 건축허가를 신청하면 제56조(건축물의 용적률), 제60조(건축물의 높이 제한) 및 제61조(일조 등의 확보를 위한 건축물의 높이 제한)에 따른 기준을 (   )의 범위에서 대통령령으로 정하는 비율로 완화하여 적용할 수 있다.

① 100분의 110
② 100분의 120
③ 100분의 140
④ 100분의 150

해설 관련 법규 : 법 제8조, 해설 법규 : 법 제8조
리모델링이 쉬운 구조의 공동주택의 건축을 촉진하기 위하여 공동주택을 대통령령으로 정하는 구조로 하여 건축허가를 신청하면 제56조(건축물의 용적률), 제60조(건축물의 높이 제한) 및 제61조(일조 등의 확보를 위한 건축물의 높이 제한)에 따른 기준을 120/100의 범위에서 대통령령으로 정하는 비율로 완화하여 적용할 수 있다.

정답 32. ② 33. ④ 34. ② 35. ③ 36. ②

37 | 건축법의 예외
08

다음 중 건축법의 적용을 받는 건축물에 속하는 것은?

① 문화유산법에 따른 지정문화유산
② 문화유산법에 따른 임시지정문화유산
③ 고속도로 통행료 징수시설
④ 묘지에 부수되는 건축물

해설 관련 법규 : 법 제3조, 해설 법규 : 법 제3조 ①항
건축법의 적용에 제외되는 건축물은 ①, ② 및 ③ 외에 철도나 궤도의 선로 부지에 있는 운전보안시설, 철도 선로의 위나 아래를 가로지르는 보행시설, 플랫폼, 해당 철도 또는 궤도사업용 급수·급탄 및 급유 시설, 컨테이너를 이용한 간이창고 및 하천구역 내의 수문조작실 등이 있다.

38 | 건축허가
25, 24, 23, 22, 21, 19, 18, 17, 16, 14

건축물을 특별시나 광역시에 건축하는 경우 특별시장 또는 광역시장의 허가를 받아야 하는 건축물의 층수 기준은?

① 8층 이상
② 15층 이상
③ 21층 이상
④ 31층 이상

해설 관련 법규 : 법 제11조, 영 제8조
해설 법규 : 법 제11조, 영 제8조 ①항
특별시장 또는 광역시장의 허가를 받아야 하는 건축물의 건축은 층수가 21층 이상이거나 연면적의 합계가 10만 제곱미터 이상인 건축물의 건축(연면적의 10분의 3 이상을 증축하여 층수가 21층 이상으로 되거나 연면적의 합계가 10만 제곱미터 이상으로 되는 경우를 포함한다)을 말한다.

39 | 리모델링
20, 16

건축법령상 리모델링이 쉬운 구조에 속하지 않는 것은? (단, 공동주택의 경우)

① 개별 세대 안에서 구획된 실의 크기, 개수 또는 위치 등을 변경할 수 있을 것
② 구조체에서 건축설비, 내부 마감재료 및 외부 마감재료를 분리할 수 있을 것
③ 각 층에 시공된 보, 기둥 등의 구조부재의 개수 또는 위치를 변경할 수 있을 것
④ 각 세대는 인접한 세대와 수직 또는 수평 방향으로 통합하거나 분할할 수 있을 것

해설 관련 법규 : 법 제8조, 영 제6조의5
해설 법규 : 영 제6조의5
리모델링이 쉬운 구조는 각 세대는 인접한 세대와 수직 또는 수평 방향으로 통합하거나 분할할 수 있을 것, 구조체에서 건축설비, 내부 마감재료 및 외부 마감재료를 분리할 수 있을 것 및 개별 세대 안에서 구획된 실(室)의 크기, 개수 또는 위치 등을 변경할 수 있을 것 등이다.

40 | 리모델링
21

공동주택에서 리모델링에 대비한 특례와 관련하여 리모델링이 쉬운 구조에 해당하지 않는 것은?

① 구조체는 철골구조 또는 목구조로 구성되어 있을 것
② 구조체에서 건축설비, 내부 마감재료 및 외부 마감재료를 분리할 수 있을 것
③ 개별 세대 안에서 구획된 실의 크기, 개수 또는 위치 등을 변경할 수 있을 것
④ 각 세대는 인접한 세대와 수직 또는 수평 방향으로 통합 하거나 분할할 수 있을 것

해설 관련 법규 : 법 제8조, 영 제6조의5, 해설 법규 : 영 제6조의5
리모델링이 쉬운 구조는 ②, ③, ④ 등이고, ①과는 무관하다.

41 | 리모델링
13, 10

다음은 건축법상 리모델링에 대비한 특례 등에 관한 기준내용이다. 밑줄 친 대통령령으로 정하는 구조에 해당되지 않는 것은?

> 리모델링이 쉬운 구조의 공동주택의 건축을 촉진하기 위하여 공동주택을 <u>대통령령으로 정하는 구조</u>로 하여 건축허가를 신청하면 제56조, 제60조 및 제61조에 따른 기준을 100분의 120의 범위에서 대통령령으로 정하는 비율로 완화하여 적용할 수 있다.

① 개별 세대 안에서 구획된 실의 개수를 변경할 수 있을 것
② 개별 세대 안에서 구획된 실의 크기를 변경할 수 있을 것
③ 각 세대는 인접한 세대와 수직 방향으로 통합하거나 분리할 수 없을 것
④ 구조체에서 건축설비, 내부 마감재료 및 외부마감재료를 분리할 수 있을 것

해설 관련 법규 : 법 제8조, 영 제6조의5, 해설 법규 : 영 제6조의5
리모델링이 쉬운 구조는 각 세대는 인접한 세대와 수직 또는 수평 방향으로 통합하거나 분할할 수 있어야 하고, 개별 세대 안에서 구획된 실(室)의 크기, 개수 또는 위치 등을 변경할 수 있을 것 등이다.

정답 37. ④ 38. ③ 39. ③ 40. ① 41. ③

42 | 건축허가
20, 16, 14

다음은 건축법상 건축허가에 관한 기준 내용이다. (　) 안에 알맞은 것은?

> 건축물을 건축하거나 대수선하려는 자는 특별자치시장·특별자치도지사 또는 시장·군수·구청장의 허가를 받아야 한다. 다만, (　) 이상의 건축물 등 대통령령으로 정하는 용도 및 규모의 건축물을 특별시나 광역시에 건축하려면 특별시장이나 광역시장의 허가를 받아야 한다.

① 6층　　　② 11층
③ 16층　　④ 21층

해설 관련 법규 : 법 제11조, 영 제8조, 해설 법규 : 법 제11조
건축물을 건축하거나 대수선하려는 자는 특별자치시장·특별자치도지사 또는 시장·군수·구청장의 허가를 받아야 한다. 다만, 21층 이상의 건축물 등 대통령령으로 정하는 용도 및 규모의 건축물을 특별시나 광역시에 건축하려면 특별시장이나 광역시장의 허가를 받아야 한다.

43 | 건축허가
23, 18, 17, 15

건축 시 특별시장 또는 광역시장의 허가를 받아야 하는 건축물의 층수 및 연면적 기준은?

① 층수가 21층 이상이거나 연면적의 합계가 50,000㎡ 이상인 건축물
② 층수가 21층 이상이거나 연면적의 합계가 100,000㎡ 이상인 건축물
③ 층수가 31층 이상이거나 연면적의 합계가 50,000㎡ 이상인 건축물
④ 층수가 31층 이상이거나 연면적의 합계가 100,000㎡ 이상인 건축물

해설 관련 법규 : 법 제11조, 영 제8조, 해설 법규 : 영 제8조
특별시장 또는 광역시장의 허가를 받아야 하는 건축물의 건축은 층수가 21층 이상이거나 연면적의 합계가 100,000㎡ 이상인 건축물의 건축(연면적의 3/10 이상을 증축하여 층수가 21층 이상으로 되거나 연면적의 합계가 100,000㎡ 이상으로 되는 경우를 포함)을 말한다.

44 | 건축허가 사전승인신청
16, 09, 07

다음 중 대형건축물의 건축허가 사전승인신청 시 제출도서의 종류 중 설비분야의 도서에 해당되지 않는 것은?

① 소방설비도　　② 상·하수도 계통도
③ 건축설비도　　④ 주요설비계획

해설 관련 법규 : 법 제11조, 규칙 제7조, (별표 3)
해설 법규 : 규칙 제7조 ①항, (별표 3)
대형건축물의 건축허가 사전승인신청 시 제출도서의 종류 중 설비분야의 도서는 건축설비도, 소방설비도 및 상·하수도 계통도 등이 있고, 주요설비계획은 건축분야의 설계설명서에 표시할 사항이다.

45 | 건축허가신청 설계도서
22

건축허가신청에 필요한 설계도서에 속하지 않는 것은?

① 배치도　　② 동선도
③ 단면도　　④ 건축계획서

해설 관련 법규 : 법 제11조, 영 제8조, 규칙 제6조, (별표 2)
해설 법규 : 규칙 제6조, (별표 2)
건축허가신청에 필요한 설계도서에는 건축계획서, 배치도, 평면도, 입면도, 단면도, 구조도, 구조계산서, 소방설비도 등이나, 표준설계도서에 의한 경우에는 건축계획서와 배치도에 한한다.

46 | 건축허가신청
25, 23, 14, 13

건축허가신청에 필요한 설계도서 중 배치도에 표시하여야 할 사항에 속하지 않는 것은?

① 주차장규모
② 축척 및 방위
③ 공개공지 및 조경계획
④ 주차동선 및 옥외주차계획

해설 관련 법규 : 법 제11조, 규칙 제6조, (별표 2)
해설 법규 : 규칙 제6조 ①항, (별표 2)
건축허가신청에 필요한 설계도서 중 배치도에 표시하여야 할 사항은 ②, ③ 및 ④ 외에, 대지의 종·횡단면도, 대지에 접한 도로의 길이 및 너비, 건축선 및 대지경계선으로부터 건축물까지의 거리 등이 있다.

47 | 건축허가 사전승인신청
17

대형건축물의 건축허가 사전승인신청 시 제출도서의 종류 중 기본설계도서에 속하지 않는 것은?

① 투시도　　② 구조계획서
③ 내외마감표　④ 주차장평면도

해설 관련 법규 : 법 제11조, 영 제9조, 규칙 제7조, (별표 3)
해설 법규 : 규칙 제7조 ①항, (별표 3)
대형건축물의 건축허가 사전승인신청 시 제출하여야 하는 도서의 종류에는 건축계획서(설계설명서, 구조계획서, 지질조사서, 시방서)와 기본설계도서 건축(투시도, 평면도, 입면도, 단면도, 내외마감표, 주차장평면도), 설비(건축설비도, 소방설비도, 상·하수도 계통도)로 나뉜다.

정답 42. ④ 43. ② 44. ④ 45. ② 46. ① 47. ②

48 | 구조물 조사진단
24, 18

설계도서가 없는 건축물에서 해체공사의 구조 안전성 검토를 위하여 조사하지 않아도 되는 것은?

① 변위·변형
② 콘크리트 비파괴강도
③ 강재용접부 등 결함
④ 균열 위치 및 상태

해설 관련 법규 : 건축물 해체계획서의 작성 및 감리업무 등에 관한 기준 제6조
해설 법규 : 건축물 해체계획서의 작성 및 감리업무 등에 관한 기준 제6조 ③항
설계도서가 없는 건축물은 해체공사의 구조 안전성 검토를 위하여 변위·변형, 콘크리트 비파괴강도, 강재용접부 등 결함 및 강재의 강도 등의 사항을 조사하여야 한다.

49 | 건축신고
21, 18, 14

다음은 건축법상 건축신고와 관련된 기준 내용이다. ( ) 안에 속하지 않는 것은?

> 허가 대상 건축물이라 하더라도 바닥면적의 합계가 85m² 이내의 ( )의 경우에는 미리 특별자치시장·특별자치도지사 또는 시장·군수·구청장에게 신고를 하면 건축허가를 받은 것으로 본다.

① 신축
② 증축
③ 개축
④ 재축

해설 관련 법규 : 법 제14조, 해설 법규 : 법 제14조 ①항
허가 대상 건축물이라 하더라도 바닥면적의 합계가 85m² 이내의 증축·개축 또는 재축(3층 이상 건축물인 경우에는 증축·개축 또는 재축하려는 부분의 바닥면적의 합계가 건축물 연면적의 1/10 이내인 경우에 해당하는 허가 대상 건축물)에 해당하는 경우에는 미리 특별자치시장·특별자치도지사 또는 시장·군수·구청장에게 국토교통부령으로 정하는 바에 따라 신고를 하면 건축허가를 받은 것으로 본다.

50 | 영업시설군
25, 23, 19, 18, 12

건축물의 용도변경과 관련된 시설군 중 영업시설군에 속하는 것은?

① 의료시설
② 운동시설
③ 업무시설
④ 문화 및 집회시설

해설 관련 법규 : 법 제19조, 영 제14조, 해설 법규 : 영 제14조 ⑤항
영업시설군의 종류에는 판매시설, 운동시설, 숙박시설, 제2종 근린생활시설 중 다중생활시설 등이 있고, 운동시설은 영업시설군에 속한다.

51 | 문화집회시설군
25, 22, 20, 17

건축물의 용도변경과 관련된 시설군 중 문화집회시설군에 속하지 않는 것은?

① 종교시설
② 위락시설
③ 수련시설
④ 관광휴게시설

해설 관련 법규 : 법 제19조, 영 제14조, 해설 법규 : 영 제14조
문화집회시설군에는 문화 및 집회시설, 종교시설, 위락시설, 관광휴게시설 등이 속하고, 수련시설은 교육 및 복지시설군에 속한다.

52 | 영업시설군
24, 23, 18

용도변경과 관련된 시설군 중 영업시설군에 속하지 않는 것은?

① 판매시설
② 운동시설
③ 숙박시설
④ 교육연구시설

해설 관련 법규 : 법 제19조, 영 제14조
해설 법규 : 영 제14조 ⑤항 5호
영업시설군에는 판매시설, 운동시설, 숙박시설, 제2종 근린생활시설 중 다중생활시설 등이 있고, 교육연구시설은 교육 및 복지시설군에 속한다.

53 | 용도변경
20

다음 중 신고 대상에 속하는 용도변경은?

① 전기통신시설군에서 자동차 관련 시설군으로의 용도변경
② 근린생활시설군에서 주거업무시설군으로의 용도변경
③ 영업시설군에서 문화집회시설군으로의 용도변경
④ 교육 및 복지시설군에서 산업 등의 시설군으로의 용도변경

해설 관련 법규 : 법 제19조, 영 제14조, 해설 법규 : 법 제19조 ②항 2호
건축물의 용도변경 시 허가 및 신고 대상 시설군에는 ㉮ 자동차 관련 시설군, ㉯ 산업 등 시설군, ㉰ 전기통신시설군, ㉱ 문화 및 집회시설군, ㉲ 영업시설군, ㉳ 교육 및 복지시설군, ㉴ 근린생활시설군, ㉵ 주거업무시설군(단독주택, 공동주택, 업무시설, 교정 및 군사시설), ㉶ 그 밖의 시설군 등이 있고, 신고 대상은 ㉮ → ㉶의 순이고, 허가 대상은 ㉶ → ㉮의 순이다.

정답 48. ④ 49. ① 50. ② 51. ③ 52. ④ 53. ②

54 | 용도변경
16, 09

건축물의 용도 변경 시 허가 대상에 속하는 것은?

① 위락시설에서 발전시설로의 용도변경
② 교육연구시설에서 업무시설로의 용도변경
③ 문화집회시설에서 판매시설로의 용도변경
④ 제1종 근린생활시설에서 업무시설로의 용도변경

해설 관련 법규 : 법 제19조, 영 제14조
해설 법규 : 법 제19조 ②항 1호, 영 제14조 ⑤항
건축물의 용도변경 시 허가 및 신고 대상 용도 변경의 시설군에는 ㉮ 자동차 관련 시설군, ㉯ 산업 등 시설군(운수, 창고, 공장, 위험물저장 및 처리, 자원순환 관련, 묘지 관련 시설, 장례시설), ㉰ 전기통신시설군(방송통신, 발전시설), ㉱ 문화집회시설군(문화 및 집회, 종교, 위락, 관광휴게시설), ㉲ 영업시설군(판매, 운동, 숙박, 제2종 근린생활시설 중 다중생활시설), ㉳ 교육 및 복지시설군(의료, 교육연구, 노유자, 수련, 야영장 시설), ㉴ 근린생활시설군(제1종 근린생활, 제2종 근린생활시설(다중생활시설은 제외)), ㉵ 주거업무시설군(단독주택, 공동주택, 업무시설, 교정 및 군사시설), ㉶ 그 밖의 시설군(동물 및 식물 관련 시설)등이 있고, 신고 대상은 ㉮ → ㉶의 순이고, 허가 대상은 ㉶ → ㉮의 순이다.

55 | 용도변경
22, 18

다음 중 허가 대상에 속하는 건축물의 용도변경은?

① 장례시설에서 발전시설로의 용도변경
② 위락시설에서 숙박시설로의 용도변경
③ 종교시설에서 운동시설로의 용도변경
④ 업무시설에서 교육연구시설로의 용도변경

해설 관련 법규 : 법 제19조, 영 제14조
해설 법규 : 법 제19조 ②항 1호, 영 제14조 ⑤항
용도변경의 시설군에는 ㉮ 자동차 관련 시설군, ㉯ 산업 등 시설군(장례시설), ㉰ 전기통신시설군(발전시설), ㉱ 문화집회시설군(위락시설, 종교시설), ㉲ 영업시설군(숙박시설, 운동시설), ㉳ 교육 및 복지시설군(교육연구시설), ㉴ 근린생활시설군, ㉵ 주거업무시설군(업무시설), ㉶ 그 밖의 시설군 등이 있고, 신고 대상은 ㉮ → ㉶의 순이고, 허가 대상은 ㉶ → ㉮의 순이다.

56 | 용도변경
22

다음의 용도변경 중 허가 대상에 속하는 것은?

① 문화 및 집회시설에서 업무시설로의 용도변경
② 판매시설에서 문화 및 집회시설로의 용도변경
③ 방송통신시설에서 교육연구시설로의 용도변경
④ 자동차 관련 시설에서 문화 및 집회시설로의 용도변경

해설 관련 법규 : 법 제19조, 영 제14조
해설 법규 : 법 제19조 ②항
용도변경의 시설군에는 ㉮ 자동차 관련 시설군, ㉯ 산업 등의 시설군, ㉰ 전기통신시설군, ㉱ 문화 및 집회시설군, ㉲ 영업시설군, ㉳ 교육 및 복지시설군, ㉴ 근린생활시설군, ㉵ 주거업무시설군, ㉶ 그 밖의 시설군 등이 있고, 신고 대상은 ㉮ → ㉶의 순이고, 허가 대상은 ㉶ → ㉮의 순이다.

57 | 공사감리자의 업무
24

건축법령상 공사감리자가 수행하여야 하는 감리업무에 속하지 않는 것은?

① 공정표의 검토
② 상세시공도면의 작성 및 확인
③ 공사현장에서의 안전관리의 지도
④ 설계변경의 적정 여부의 검토 및 확인

해설 관련 법규 : 법 제25조, 영 제19조, 규칙 제19조의2
해설 법규 : 규칙 제19조의2
공사감리자는 시공계획 및 공사관리의 적정여부의 확인, 공사현장에서의 안전관리의 지도, 공정표의 검토, 상세시공도면의 검토·확인, 구조물의 위치와 규격의 적정 여부와 품질시험의 실시여부 및 시험성과, 설계변경의 적정여부의 검토·확인 등의 업무를 수행한다.

58 | 상세시공도면의 작성
25, 23, 22, 20, 18, 15

공사감리자가 공사시공자에게 상세시공도면의 작성을 요청할 수 있는 건축공사의 기준으로 옳은 것은?

① 연면적의 합계가 1,000m² 이상인 건축공사
② 연면적의 합계가 2,000m² 이상인 건축공사
③ 연면적의 합계가 5,000m² 이상인 건축공사
④ 연면적의 합계가 10,000m² 이상인 건축공사

해설 관련 법규 : 법 제25조, 영 제19조, 해설 법규 : 영 제19조 ④항
연면적의 합계가 5,000m² 이상인 건축공사의 공사감리자는 필요하다고 인정하면 공사시공자에게 상세시공도면을 작성하도록 요청할 수 있다.

59 | 허용오차
20

건축물 관련 건축기준의 허용오차 범위로 옳지 않은 것은?

① 출구 너비 : 2% 이내
② 반자 높이 : 2% 이내
③ 벽체 두께 : 2% 이내
④ 바닥판 두께 : 3% 이내

정답 54. ① 55. ④ 56. ② 57. ② 58. ③ 59. ③

해설 관련 법규 : 법 제26조, 규칙 제20조, (별표 5)
해설 법규 : 규칙 제20조, (별표 5)
건축물 관련 건축기준의 허용오차

항목	건축물 높이	평면 길이	출구 너비, 반자 높이	벽체 두께, 바닥판 두께
오차 범위	2% 이내 (1m 초과 불가)	2% 이내(전체 길이 1m 초과 불가, 각 실 길이 10cm 초과 불가)	2% 이내	3% 이내

60 허용오차 24, 17, 12, 08

건축물 관련 건축기준의 허용오차가 2% 이내인 항목에 해당하지 않는 것은?

① 출구 너비
② 반자 높이
③ 바닥판 두께
④ 건축물 높이

해설 관련 법규 : 법 제26조, 규칙 제20조, (별표 5)
해설 법규 : 규칙 제20조, (별표 5)
건축물 관련 건축기준의 허용오차

항목	건축물 높이	평면 길이	출구 너비, 반자 높이	벽체 두께, 바닥판 두께
오차 범위	2% 이내 (1m 초과 불가)	2% 이내 (전체 길이 1m 초과 불가, 각 실 길이 10cm 초과 불가)	2% 이내	3% 이내

61 허용오차 21

다음 중 건축기준의 허용오차로 옳지 않은 것은?

① 건축선의 후퇴거리 : 3% 이내
② 건축물의 벽체 두께 : 3% 이내
③ 건축물의 출구 너비 : 5% 이내
④ 인접건축물과의 거리 : 3% 이내

해설 관련 법규 : 법 제26조, 규칙 제20조, (별표 5)
해설 법규 : 규칙 제20조, (별표 5)
대지 관련 건축기준의 허용오차

항목	건축선의 후퇴거리, 인접건축물과의 거리 및 인접대지 경계선과의 거리	건폐율	용적률
오차 범위	3% 이내	0.5% 이내 (건축면적 5m² 를 초과할 수 없다)	1% 이내 (연면적 30m² 를 초과할 수 없다)

* 건축물 출구 너비의 허용오차는 2% 이내이다.

62 구조안전 확인대상 건축물 21

건축물을 건축하거나 대수선하는 경우 해당 건축물의 설계자가 국토교통부령으로 정하는 구조기준 등에 따라 그 구조의 안전을 확인한 건축물 중 건축물의 건축주가 해당 건축물의 설계자로부터 구조 안전의 확인 서류를 받아 착공신고 시 허가권자에게 제출하여야 하는 대상 건축물 기준으로 옳지 않은 것은? (단, 표준설계도서에 따라 건축하는 건축물은 제외)

① 단독주택
② 높이가 13m 이상인 건축물
③ 처마높이가 8m 이상인 건축물
④ 기둥과 기둥 사이의 거리가 10m 이상인 건축물

해설 관련 법규 : 법 제48조, 영 제32조, 해설 법규 : 영 제32조 ②항
구조 안전을 확인하여야 하는 건축물은 층수가 2층[주요구조부인 기둥과 보를 설치하는 건축물로서 그 기둥과 보가 목재인 목구조 건축물(목구조 건축물)의 경우에는 3층] 이상인 건축물, 연면적이 200m²(목구조 건축물의 경우에는 500m²) 이상인 건축물(다만, 창고, 축사, 작물 재배사는 제외), 높이가 13m 이상인 건축물, 처마높이가 9m 이상인 건축물, 기둥과 기둥 사이의 거리가 10m 이상인 건축물 등이다.

63 허용오차 21, 15, 12

건축물의 높이 기준이 60m인 건축물에서 허용되는 높이의 오차범위는?

① 0.6m
② 0.9m
③ 1.0m
④ 1.2m

해설 관련 법규 : 법 제26조, 규칙 제20조, (별표 5)
해설 법규 : 규칙 제20조, (별표 5)
건축물의 높이의 허용오차 범위는 2% 이내이나 1m를 초과할 수 없으므로 $60m \times \frac{2}{100} = 1.2m$이나 1m를 초과할 수 없으므로 1m이다.

64 건축구조기술사의 협력 17

건축물의 설계자가 해당 건축물에 대한 구조의 안전을 확인하는 경우 건축구조기술사의 협력을 받아야 하는 대상 건축물에 속하지 않는 것은?

① 5층인 건축물
② 특수구조 건축물
③ 다중이용 건축물
④ 준다중이용 건축물

해설 관련 법규 : 법 제48조, 영 제32조, 영 제91조의3
해설 법규 : 영 제91조의3 ①항
건축물의 설계자는 6층 이상인 건축물, 특수구조 건축물, 다중이용 건축물 및 준다중이용 건축물, 3층 이상의 필로티형식 건축물에 대한 구조의 안전을 확인하는 경우에는 건축구조기술사의 협력을 받아야 한다.

65 | 구조안전 확인대상 건축물 | 07

구조 안전의 확인 시 건축물을 건축하거나 대수선하는 경우 구조의 안전을 확인하여야 하는 건축물의 기준으로 옳지 않은 것은?

① 층수가 2층 이상인 건축물
② 연면적이 200m² 이상인 건축물. 다만, 창고·축사·작물 재배사 및 표준설계도서에 의하여 건축하는 건축물을 제외한다.
③ 국토교통부령이 정하는 지진구역 외의 건축물
④ 국가적 문화유산으로 보존할 가치가 있는 건축물로서 국토교통부령이 정하는 것

해설 관련 법규 : 법 제48조, 영 제32조, 해설 법규 : 영 제32조 ②항
구조 안전을 확인하여야 하는 건축물은 층수가 2층[주요구조부인 기둥과 보를 설치하는 건축물로서 그 기둥과 보가 목재인 목구조 건축물(목구조 건축물)의 경우에는 3층] 이상인 건축물, 연면적이 200m²(목구조 건축물의 경우에는 500m²) 이상인 건축물(다만, 창고, 축사, 작물 재배사는 제외), 높이가 13m 이상인 건축물, 처마높이가 9m 이상인 건축물, 기둥과 기둥 사이의 거리가 10m 이상인 건축물 등이다. 건축물의 용도 및 규모를 고려한 중요도가 높은 건축물로서 중요도 특 또는 중요도 1에 해당하는 건축물, 국가적 문화유산으로 보존할 가치가 있는 박물관·기념관 그 밖에 이와 유사한 것으로서 연면적의 합계가 5,000m² 이상인 건축물, 한쪽 끝은 고정되고 다른 끝은 지지(支持)되지 아니한 구조로 된 보·차양 등이 외벽(외벽이 없는 경우에는 외곽 기둥을 말한다)의 중심선으로부터 3미터 이상 돌출된 건축물, 특수한 설계·시공·공법 등이 필요한 건축물로서 국토교통부장관이 정하여 고시하는 구조로 된 건축물, 단독주택 및 공동주택 등이다.

66 | 직통계단 | 18, 07

건축물의 피난층 외의 층에서는 피난층 또는 지상으로 통하는 직통계단을 거실의 각 부분으로부터 계단에 이르는 보행거리가 최대 얼마 이하가 되도록 설치하여야 하는가?

① 20m
② 30m
③ 45m
④ 55m

해설 관련 법규 : 법 제49조, 영 제34조, 해설 법규 : 영 제34조 ①항
건축물의 피난층(직접 지상으로 통하는 출입구가 있는 층 및 피난안전구역) 외의 층에서는 피난층 또는 지상으로 통하는 직통계단(경사로를 포함)을 거실의 각 부분으로부터 계단(거실로부터 가장 가까운 거리에 있는 1개소의 계단)에 이르는 보행거리가 30m 이하가 되도록 설치하여야 한다. 다만, 건축물(지하층에 설치하는 것으로서 바닥면적의 합계가 300m² 이상인 공연장·집회장·관람장 및 전시장은 제외)의 주요구조부가 내화구조 또는 불연재료로 된 건축물은 그 보행거리가 50m(층수가 16층 이상인 공동주택의 경우 16층 이상인 층에 대해서는 40m) 이하가 되도록 설치할 수 있으며, 자동화 생산시설에 스프링클러 등 자동식 소화설비를 설치한 공장으로서 국토교통부령으로 정하는 공장인 경우에는 그 보행거리가 75m(무인화 공장인 경우에는 100m) 이하가 되도록 설치할 수 있다.

67 | 직통계단 | 25, 24, 23, 21, 20, 18, 17, 16, 13, 11

다음은 직통계단의 설치에 관한 기준 내용이다. ( ) 안에 알맞은 것은?

> 초고층 건축물에는 피난층 또는 지상으로 통하는 직통계단과 직접 연결되는 피난안전구역을 지상층으로부터 최대 (   )층마다 1개소 이상 설치하여야 한다.

① 10개
② 20개
③ 30개
④ 40개

해설 관련 법규 : 법 제49조, 영 제34조, 해설 법규 : 영 제34조 ③항
초고층 건축물에는 피난층 또는 지상으로 통하는 직통계단과 직접 연결되는 피난안전구역(건축물의 피난·안전을 위하여 건축물 중간층에 설치하는 대피공간)을 지상층으로부터 최대 30개층마다 1개소 이상 설치하여야 한다.

68 | 피난안전구역 | 14, 10

초고층 건축물의 피난·안전을 위하여 지상층으로부터 최대 30개층마다 설치하는 대피공간을 의미하는 것은?

① 무창층
② 개방공간
③ 안전지대
④ 피난안전구역

해설 관련 법규 : 법 제49조, 영 제34조, 해설 법규 : 영 제34조 ③항
초고층 건축물에는 피난층 또는 지상으로 통하는 직통계단과 직접 연결되는 피난안전구역(건축물의 피난·안전을 위하여 건축물 중간층에 설치하는 대피공간)을 지상층으로부터 최대 30개층마다 1개소 이상 설치하여야 한다.

정답 65.③ 66.② 67.③ 68.④

69 | 개방공간의 설치
24, 19, 18, 17, 16

다음은 지하층과 피난층 사이의 개방공간 설치에 관한 기준 내용이다. ( ) 안에 알맞은 것은?

> 바닥면적의 합계가 ( ) 이상인 공연장·집회장·관람장 또는 전시장을 지하층에 설치하는 경우에는 각 실에 있는 자가 지하층 각 층에서 건축물 밖으로 피난하여 옥외 계단 또는 경사로 등을 이용하여 피난층으로 대피할 수 있도록 천장이 개방된 외부 공간을 설치하여야 한다.

① 1,000m²
② 2,000m²
③ 3,000m²
④ 4,000m²

해설 관련 법규 : 법 제49조, 영 제37조, 해설 법규 : 영 제37조
바닥면적의 합계가 3,000m² 이상인 공연장·집회장·관람장 또는 전시장을 지하층에 설치하는 경우에는 각 실에 있는 자가 지하층 각 층에서 건축물 밖으로 피난하여 옥외 계단 또는 경사로 등을 이용하여 피난층으로 대피할 수 있도록 천장이 개방된 외부 공간을 설치하여야 한다.

70 | 옥상광장의 설치
21, 20, 17, 12

옥상에 헬리포트를 설치하거나 헬리콥터를 통하여 인명 등 구조할 수 있는 공간을 확보하여야 하는 대상 건축물 기준으로 옳은 것은? (단, 건축물의 지붕을 평지붕으로 하는 경우)

① 11층 이상인 층의 바닥면적의 합계가 3,000m² 이상인 건축물
② 11층 이상인 층의 바닥면적의 합계가 5,000m² 이상인 건축물
③ 11층 이상인 층의 바닥면적의 합계가 10,000m² 이상인 건축물
④ 11층 이상인 층의 바닥면적의 합계가 15,000m² 이상인 건축물

해설 관련 법규 : 법 제49조, 영 제40조, 해설 법규 : 영 제40조 ④항
층수가 11층 이상인 건축물로서 11층 이상인 층의 바닥면적의 합계가 10,000m² 이상인 건축물의 옥상에는 다음의 구분에 따른 공간을 확보하여야 한다.
㉠ 건축물의 지붕을 평지붕으로 하는 경우 : 헬리포트를 설치하거나 헬리콥터를 통하여 인명 등을 구조할 수 있는 공간
㉡ 건축물의 지붕을 경사지붕으로 하는 경우 : 경사지붕 아래에 설치하는 대피공간

71 | 옥상광장의 설치
18, 14

피난 용도로 쓸 수 있는 광장을 옥상에 설치하여야 하는 대상에 속하지 않는 것은?

① 5층 이상인 층이 종교시설의 용도로 쓰는 경우
② 5층 이상인 층이 판매시설의 용도로 쓰는 경우
③ 5층 이상인 층이 문화 및 집회시설 중 공연장의 용도로 쓰는 경우
④ 5층 이상인 층이 문화 및 집회시설 중 전시장의 용도로 쓰는 경우

해설 관련 법규 : 법 제49조, 영 제40조, 해설 법규 : 영 제40조 ②항
5층 이상인 층이 제2종 근린생활시설 중 공연장·종교집회장·인터넷컴퓨터게임시설제공업소(해당 용도로 쓰는 바닥면적의 합계가 각각 300m² 이상인 경우만 해당), 문화 및 집회시설(전시장 및 동·식물원은 제외), 종교시설, 판매시설, 위락시설 중 주점영업 또는 장례시설의 용도로 쓰는 경우에는 피난 용도로 쓸 수 있는 광장을 옥상에 설치하여야 한다.

72 | 옥상광장의 설치
17, 14

건축물의 지붕을 평지붕으로 하는 경우 건축물의 옥상에 헬리포트를 설치하거나 헬리콥터를 통하여 인명 등을 구조할 수 있는 공간을 확보하여야 하는 대상 건축물 기준으로 옳은 것은?

① 층수가 6층 이상인 건축물로서 6층 이상인 층의 바닥면적의 합계가 5,000m² 이상인 건축물
② 층수가 6층 이상인 건축물로서 6층 이상인 층의 바닥면적의 합계가 10,000m² 이상인 건축물
③ 층수가 11층 이상인 건축물로서 11층 이상인 층의 바닥면적의 합계가 5,000m² 이상인 건축물
④ 층수가 11층 이상인 건축물로서 11층 이상인 층의 바닥면적의 합계가 10,000m² 이상인 건축물

해설 관련 법규 : 법 제49조, 영 제40조, 해설 법규 : 영 제40조 ④항
층수가 11층 이상인 건축물로서 11층 이상인 층의 바닥면적의 합계가 10,000m² 이상인 건축물의 옥상에는 다음의 구분에 따른 공간을 확보하여야 한다.
㉠ 건축물의 지붕을 평지붕으로 하는 경우 : 헬리포트를 설치하거나 헬리콥터를 통하여 인명 등을 구조할 수 있는 공간
㉡ 건축물의 지붕을 경사지붕으로 하는 경우 : 경사지붕 아래에 설치하는 대피공간

정답 69. ③ 70. ③ 71. ④ 72. ④

73 | 대피공간의 조건
19, 16, 13, 11

공동주택 중 아파트로서 4층 이상인 층의 각 세대가 2개 이상의 직통계단을 사용할 수 없는 경우에는 발코니에 대피공간을 설치하여야 하는데, 다음 중 이러한 대피공간이 갖추어야 할 요건으로 옳지 않은 것은?

① 대피공간은 바깥의 공기와 접하지 않을 것
② 대피공간의 실내의 다른 부분과 방화구획으로 구획될 것
③ 대피공간의 바닥면적은 인접 세대와 공동으로 설치하는 경우에는 $3m^2$ 이상일 것
④ 대피공간의 바닥면적은 각 세대별로 설치하는 경우에는 $2m^2$ 이상일 것

해설 관련 법규 : 법 제49조, 영 제46조, 해설 법규 : 영 제46조 ④항
공동주택 중 아파트로서 4층 이상인 층의 각 세대가 2개 이상의 직통계단을 사용할 수 없는 경우에는 발코니에 인접 세대와 공동으로 또는 각 세대별로 ②, ③ 및 ④ 이외에 대피공간은 바깥의 공기와 접하여야 하는 요건을 모두 갖춘 대피공간을 하나 이상 설치해야 한다. 인접 세대와 공동으로 설치하는 대피공간은 인접 세대를 통하여 2개 이상의 직통계단을 쓸 수 있는 위치에 우선 설치되어야 한다.

74 | 계단 및 복도의 설치기준
11, 10

다음 중 국토교통부령으로 정하는 기준에 적합하게 계단 및 복도를 설치하여야 하는 대상 건축물 기준으로 옳은 것은?

① 연면적 $100m^2$를 초과하는 건축물
② 연면적 $200m^2$를 초과하는 건축물
③ 연면적 $300m^2$를 초과하는 건축물
④ 연면적 $400m^2$를 초과하는 건축물

해설 관련 법규 : 법 49조, 영 제48조, 해설 법규 : 영 제48조 ①항
연면적 $200m^2$를 초과하는 건축물에 설치하는 계단 및 복도는 국토교통부령으로 정하는 기준에 적합하여야 한다.

75 | 건폐율의 정의
23

건축물의 외벽의 중심선으로 둘러싸인 부분의 수평투영면적의 대지면적에 대한 비율을 의미하는 것은?

① 점령률
② 건폐율
③ 용적률
④ 점유율

해설 ② 건폐율은 대지면적에 대한 건축면적(대지에 건축물이 둘 이상 있는 경우에는 이들 건축면적의 합계)의 비율로서, 즉,

건폐율=$\dfrac{건축면적(대지에 둘 이상이 있는 경우에는 이들 건축면적의 합계)}{대지면적}$×100(%)

③ 용적률은 대지면적에 대한 연면적(대지에 건축물이 둘 이상 있는 경우에는 이들 연면적의 합계로 한다)의 비율로서, 즉,

용적률=$\dfrac{연면적(대지에 둘 이상이 있는 경우에는 이들 연면적의 합계)}{대지면적}$×100(%)

④ 점유율은 공통의 영역에서 어느 하나가 차지하는 영역의 비율이다.

76 | 배연설비
14, 11

다음의 배연설비에 관한 기준내용 중 (   ) 안에 해당되지 않는 건축물의 용도는?

6층 이상인 건축물로서 (   )의 거실에는 국토교통부령으로 정하는 기준에 따라 배연설비를 하여야 한다. 다만, 피난층인 경우에는 그러하지 아니하다.

① 공동주택
② 종교시설
③ 의료시설
④ 숙박시설

해설 관련 법규 : 법 제49조, 영 제51조, 해설 법규 : 영 제51조 ②항
㉠ 6층 이상인 건축물로서 제2종 근린생활시설 중 공연장, 종교집회장, 인터넷컴퓨터게임시설제공업소 및 다중생활시설(공연장, 종교집회장 및 인터넷컴퓨터게임시설제공업소는 해당 용도로 쓰는 바닥면적의 합계가 각각 $300m^2$ 이상인 경우만 해당), 문화 및 집회시설, 종교시설, 판매시설, 운수시설, 의료시설(요양병원 및 정신병원은 제외), 교육연구시설 중 연구소, 노유자시설 중 아동 관련 시설, 노인복지시설(노인요양시설은 제외), 수련시설 중 유스호스텔, 운동시설, 업무시설, 숙박시설, 위락시설, 관광휴게시설, 장례시설에 해당하는 건축물의 거실(피난층의 거실은 제외)에는 배연설비를 해야 한다.
㉡ 의료시설 중 요양병원 및 정신병원, 노유자시설 중 노인요양시설·장애인 거주시설 및 장애인 의료재활시설, 제1종 근린생활시설 중 산후조리원에 해당하는 건축물의 거실(피난층의 거실은 제외한다)에는 배연설비를 해야 한다.

77 | 배연설비
16

건축물의 설비기준 등에 관한 규칙으로 정하는 기준에 따라 건축물의 거실(피난층의 거실 제외)에 배연설비를 하여야 하는 대상 건축물에 속하지 않는 것은? (단, 6층 이상인 건축물의 경우)

① 공동주택
② 운수시설
③ 운동시설
④ 위락시설

해설 관련 법규 : 법 제49조, 영 제51조
해설 법규 : 영 제51조 ②항
㉠ 6층 이상인 건축물로서 제2종 근린생활시설 중 공연장, 종교집회장, 인터넷컴퓨터게임시설제공업소 및 다중생활시설(공연장, 종교집회장 및 인터넷컴퓨터게임시설제공업소는 해당 용도로 쓰는 바닥면적의 합계가 각각 300m² 이상인 경우만 해당), 문화 및 집회시설, 종교시설, 판매시설, 운수시설, 의료시설(요양병원 및 정신병원은 제외), 교육연구시설 중 연구소, 노유자시설 중 아동 관련 시설, 노인복지시설(노인요양시설은 제외), 수련시설 중 유스호스텔, 운동시설, 업무시설, 숙박시설, 위락시설, 관광휴게시설, 장례시설에 해당하는 건축물의 거실(피난층의 거실은 제외한다)에는 배연설비를 해야 한다.
㉡ 의료시설 중 요양병원 및 정신병원, 노유자시설 중 노인요양시설·장애인 거주시설 및 장애인 의료재활시설, 제1종 근린생활시설 중 산후조리원의 거실(피난층의 거실은 제외)에는 배연설비를 해야 한다.

78 | 방습 조치 대상 건축물
15, 11

다음 중 바닥부분에 국토교통부령으로 정하는 기준에 따라 방습을 위한 조치를 하여야 하는 대상에 속하지 않는 것은?

① 제1종 근린생활시설 중 공중화장실
② 제1종 근린생활시설 중 목욕장의 욕실
③ 제1종 근린생활시설 중 휴게음식점의 조리장
④ 건축물의 최하층에 있는 거실(바닥이 목조인 경우)

해설 관련 법규 : 법 제49조, 영 제52조, 해설 법규 : 영 제52조
다음의 어느 하나에 해당하는 거실·욕실 또는 조리장의 바닥부분에는 국토교통부령으로 정하는 기준에 따라 방습을 위한 조치를 하여야 한다.
㉠ 건축물의 최하층에 있는 거실(바닥이 목조인 경우만 해당)
㉡ 제1종 근린생활시설 중 목욕장의 욕실과 휴게음식점 및 제과점의 조리장
㉢ 제2종 근린생활시설 중 일반음식점, 휴게음식점의 조리장과 숙박시설의 욕실

79 | 경계벽 설치 대상
25, 22②, 19, 12

소리를 차단하는데 장애가 되는 부분이 없도록 건축물의 피난·방화구조 등의 기준에 관한 규칙에서 정하는 구조로 하여야 하는 대상에 해당하지 않는 것은?

① 숙박시설의 객실 간 경계벽
② 의료시설의 병실 간 경계벽
③ 업무시설의 사무실 간 경계벽
④ 교육연구시설 중 학교의 교실 간 경계벽

해설 관련 법규 : 법 제49조, 영 제53조
해설 법규 : 영 제53조 ①항
다음의 어느 하나에 해당하는 건축물의 경계벽은 국토교통부령으로 정하는 기준에 따라 설치하여야 한다.
㉠ 단독주택 중 다가구주택의 각 가구 간 또는 공동주택(기숙사는 제외)의 각 세대 간 경계벽(거실·침실 등의 용도로 쓰지 아니하는 발코니 부분은 제외)
㉡ 공동주택 중 기숙사의 침실, 의료시설의 병실, 교육연구시설 중 학교의 교실 또는 숙박시설의 객실 간 경계벽
㉢ 제1종 근린생활시설 중 산후조리원의 임산부실 간 경계벽, 신생아실 간 경계벽, 임산부실과 신생아실 간 경계벽
㉣ 제2종 근린생활시설 중 다중생활시설의 호실 간 경계벽
㉤ 노유자시설 중 「노인복지법」에 따른 노인복지주택의 각 세대 간 경계벽
㉥ 노유자시설 중 노인요양시설의 호실 간 경계벽

80 | 차면시설
25, 24, 22, 21, 11, 10

다음은 창문 등의 차면시설과 관련된 기준 내용이다. (   ) 안에 알맞은 숫자는?

인접 대지경계선으로부터 직선거리 (   )m 이내에 이웃 주택의 내부가 보이는 창문 등을 설치하는 경우에는 차면시설을 설치하여야 한다.

① 1
② 2
③ 3
④ 4

해설 관련 법규 : 법 제49조, 영 제55조, 해설 법규 : 영 제55조
인접 대지경계선으로부터 직선거리 2m 이내에 이웃 주택의 내부가 보이는 창문 등을 설치하는 경우에는 차면시설을 설치하여야 한다.

81 | 주요구조부 내화구조
24, 21, 15, 11

다음 중 주요구조부를 내화구조로 하여야 하는 대상 건축물에 속하지 않는 것은?

① 종교시설의 용도로 쓰는 건축물로서 집회실의 바닥면적의 합계가 200m²인 건축물
② 장례시설의 용도로 쓰는 건축물로서 집회실의 바닥면적의 합계가 200m²인 건축물
③ 위락시설 중 주점영업의 용도로 쓰는 건축물로서 집회실의 바닥면적의 합계가 200m²인 건축물
④ 문화 및 집회시설 중 전시장의 용도로 쓰는 건축물로서 그 용도로 쓰는 바닥면적의 합계가 400m²인 건축물

해설 관련 법규 : 법 제49조, 영 제56조
해설 법규 : 영 제56조 ①항 2호
문화 및 집회시설 중 전시장 또는 동·식물원, 판매시설, 운수시설, 교육연구시설에 설치하는 체육관·강당, 수련시설, 운동시설 중 체육관·운동장, 위락시설(주점영업의 용도로 쓰는 것은 제외), 창고시설, 위험물저장 및 처리시설, 자동차 관련 시설, 방송통신시설 중 방송국·전신전화국·촬영소, 묘지 관련 시설 중 화장시설·동물화장시설 또는 관광휴게시설의 용도로 쓰는 건축물로서 그 용도로 쓰는 바닥면적의 합계가 500m² 이상인 건축물은 주요구조부를 내화구조로 하여야 한다.

82 | 주요구조부 내화구조
23, 20, 14

주요구조부를 내화구조로 하여야 하는 대상 건축물 기준으로 옳지 않은 것은?

① 종교시설의 용도로 쓰는 건축물로서 집회실의 바닥면적의 합계가 200m² 이상인 건축물
② 장례시설의 용도로 쓰는 건축물로서 집회실의 바닥면적의 합계가 200m² 이상인 건축물
③ 공장의 용도로 쓰는 건축물로서 그 용도로 쓰는 바닥면적의 합계가 1,000m² 이상인 건축물
④ 판매시설의 용도로 쓰는 건축물로서 그 용도로 쓰는 바닥면적의 합계가 500m² 이상인 건축물

해설 관련 법규 : 법 제49조, 영 제56조
해설 법규 : 영 제56조 ①항 3호
공장의 용도로 쓰는 건축물로서 그 용도로 쓰는 바닥면적의 합계가 2,000m² 이상인 건축물의 주요구조부는 내화구조로 하여야 한다. 다만, 화재의 위험이 적은 공장으로서 국토교통부령으로 정하는 공장은 제외한다.

83 | 건축설비의 원칙
25, 24, 22, 18

다음은 건축설비 설치의 원칙에 관한 기준 내용이다. ( ) 안에 알맞은 것은?

연면적이 ( ) 이상인 건축물의 대지에는 국토교통부령으로 정하는 바에 따라 전기사업법 제2조 제2호에 따른 전기사업자가 전기를 배전(配電)하는데 필요한 전기설비를 설치할 수 있는 공간을 확보하여야 한다.

① 100m²
② 500m²
③ 1,000m²
④ 5,000m²

해설 관련 법규 : 법 제62조, 영 제87조
해설 법규 : 영 제87조 ⑥항
연면적이 500m² 이상인 건축물의 대지에는 국토교통부령으로 정하는 바에 따라 「전기사업법」에 따른 전기사업자가 전기를 배전하는 데 필요한 전기설비를 설치할 수 있는 공간을 확보하여야 한다.

84 | 방송공동수신설비의 설치
24, 20, 19, 18, 17, 16, 15

다음 중 방송공동수신설비를 설치하여야 하는 대상 건축물에 속하는 것은?

① 종교시설
② 고등학교
③ 다세대주택
④ 유스호스텔

해설 관련 법규: 법 제62조, 영 제87조
해설 법규 : 영 제87조 ④항
건축물에는 방송수신에 지장이 없도록 공동시청 안테나, 유선방송 수신시설, 위성방송 수신설비, 에프엠(FM)라디오방송 수신설비 또는 방송 공동수신설비를 설치할 수 있다. 다만, 공동주택(아파트, 연립주택, 다세대주택, 기숙사)과 바닥면적의 합계가 5,000m² 이상으로서 업무시설이나 숙박시설의 용도로 쓰는 건축물에는 방송공동수신설비를 설치하여야 한다.

85 | 건축설비의 설치
22, 19, 15

다음은 건축설비 설치의 원칙에 관한 기준 내용이다. ( ) 안에 알맞은 것은?

건축물에 설치하는 급수·배수·냉방·난방·환기·피뢰 등 건축설비의 설치에 관한 기술적 기준은 (㉠)으로 정하되, 에너지이용합리화와 관련한 건축설비의 기술적 기준에 관하여는 (㉡)과 협의하여 정한다.

① ㉠ 국토교통부령, ㉡ 산업통상자원부장관
② ㉠ 산업통상자원부령, ㉡ 국토교통부장관
③ ㉠ 국토교통부령, ㉡ 과학기술정보통신부장관
④ ㉠ 과학기술정보통신부령, ㉡ 국토교통부장관

해설 관련 법규 : 법 제62조, 영 제87조
해설 법규 : 영 제87조 ②항
건축물에 설치하는 급수·배수·냉방·난방·환기·피뢰 등 건축설비의 설치에 관한 기술적 기준은 국토교통부령으로 정하되, 에너지이용합리화와 관련한 건축설비의 기술적 기준에 관하여는 산업통상자원부장관과 협의하여 정한다.

정답 82. ③ 83. ② 84. ③ 85. ①

86 | 비상용 승강기 설치대수
14

비상용 승강기를 설치하여야 하는 대상 건축물로서 높이 31m를 넘는 각 층의 바닥면적 중 최대 바닥면적이 2,000m²인 경우 원칙적으로 설치하여야 하는 비상용 승강기의 최소 대수는?

① 1대　　② 2대
③ 3대　　④ 4대

해설 관련 법규 : 법 제64조, 영 제90조
해설 법규 : 영 제90조 ①항
비상용 승강기의 설치대수
$= \dfrac{31m를 넘는 각 층 중 최대 바닥면적 - 1,500}{3,000} + 1$
(무조건 올림)
$= \dfrac{2,000 - 1,500}{3,000} + 1 = 1.16대 \to 2대$

87 | 비상용 승강기 설치대수
24, 07

높이가 31m를 넘는 각 층의 바닥면적 중 최대 바닥면적이 3,000m²인 건축물에 비상용 승강기를 설치하여야 할 때 비상용 승강기의 최소 대수는?

① 2대　　② 3대
③ 4대　　④ 5대

해설 관련 법규 : 법 제64조, 영 제90조
해설 법규 : 영 제90조 ①항
비상용 승강기의 설치대수
$= \dfrac{31m를 넘는 각 층 중 최대 바닥면적 - 1,500}{3,000} + 1$
(무조건 올림)
$= \dfrac{3,000 - 1,500}{3,000} + 1 = 1.5대 \to 2대$

88 | 비상용 승강기 설치대수
19, 14, 11

비상용 승강기 설치대상 건축물로서 높이 31m를 넘는 각 층의 바닥면적 중 최대 바닥면적이 6,000m²일 때, 설치하여야 하는 비상용 승강기의 최소 대수는?

① 1대　　② 2대
③ 3대　　④ 4대

해설 관련 법규 : 법 제64조, 영 제90조
해설 법규 : 영 제90조 ①항
높이 31m를 넘는 건축물에는 다음의 기준에 따른 대수 이상의 비상용 승강기(비상용 승강기의 승강장 및 승강로를 포함)를 설치하여야 한다. 다만, 승용 승강기를 비상용 승강기의 구조로 하는 경우에는 그러하지 아니하다.

㉠ 높이 31m를 넘는 각 층의 바닥면적 중 최대 바닥면적이 1,500m² 이하인 건축물 : 1대 이상
㉡ 높이 31m를 넘는 각 층의 바닥면적 중 최대 바닥면적이 1,500m²를 넘는 건축물 : 1대에 1,500m²를 넘는 3,000m² 이내마다 1대씩 더한 대수 이상
즉, 비상용 승강기 대수
$= 1 + \dfrac{높이\ 31m를\ 넘는\ 각\ 층의\ 바닥면적\ 중\ 최대\ 바닥면적 - 1,500}{3,000}$
$= 1 + \dfrac{6,000 - 1,500}{3,000} = 2.5대 \to 3대$

89 | 지능형건축물
20, 14

지능형건축물의 인증에 관한 설명으로 옳지 않은 것은?

① 지능형건축물 인증기준에는 인증표시 홍보기준, 유효기간 등의 사항이 포함된다.
② 산업통상자원부장관은 지능형건축물의 인증을 위하여 인증기관을 지정할 수 있다.
③ 국토교통부장관은 지능형건축물의 건축을 활성화하기 위하여 지능형 건축물 인증제도를 실시한다.
④ 허가권자는 지능형건축물로 인증받은 건축물에 대하여 조경설치면적을 85/100까지 완화하여 적용할 수 있다.

해설 관련 법규 : 법 제65조의2, 해설 법규 : 법 제65조의2
지능형건축물의 인증에 관한 사항은 ①, ③, ④ 이외에 다음의 기준에 적합하여야 한다.
㉠ 국토교통부장관은 지능형건축물(Intelligent Building)의 인증을 위하여 인증기관을 지정할 수 있다.
㉡ 인증기관의 지정 기준, 지정 절차 및 인증 신청 절차 등에 필요한 사항은 국토교통부령으로 정한다.
㉢ 허가권자는 지능형건축물로 인증을 받은 건축물에 대하여 조경설치면적을 85/100까지 완화하여 적용할 수 있으며, 용적률 및 건축물의 높이를 115/100의 범위에서 완화하여 적용할 수 있다.

90 | 관계전문기술자의 협력 대상 건축물
25, 23, 22②, 21, 19, 16, 11

건축물에 건축설비를 설치하는 경우 관계전문기술자의 협력을 받아야 하는 대상 건축물의 연면적 기준은? (단, 창고시설 제외)

① 1,000m² 이상
② 2,000m² 이상
③ 5,000m² 이상
④ 10,000m² 이상

정답 86. ② 87. ① 88. ③ 89. ② 90. ④

해설 관련 법규 : 법 제67조, 영 제91조의3
해설 법규 : 영 제91조의3 ②항
연면적 10,000m² 이상인 건축물(창고시설은 제외) 또는 에너지를 대량으로 소비하는 건축물로서 국토교통부령으로 정하는 건축물에 건축설비를 설치하는 경우에는 국토교통부령으로 정하는 바에 따라 다음의 구분에 따른 관계전문기술자의 협력을 받아야 한다.
㉠ 전기, 승강기(전기 분야만 해당) 및 피뢰침 : 「기술사법」에 따라 등록한 건축전기설비기술사 또는 발송배전기술사
㉡ 급수 · 배수 · 환기 · 난방 · 소화 · 배연 · 오물처리 설비 및 승강기(기계 분야만 해당) : 「기술사법」에 따라 등록한 건축기계설비기술사 또는 공조냉동기계기술사
㉢ 가스설비 : 「기술사법」에 따라 등록한 건축기계설비기술사, 공조냉동기계기술사 또는 가스기술사

91 | 태양열 이용 주택 | 10, 07

태양열을 주된 에너지원으로 이용하는 주택 건축면적의 산정기준이 되는 기준은?

① 건축물의 외벽 중 외측 벽의 중심선
② 건축물의 외벽 중 공간부분의 중심선
③ 건축물의 외벽 중 내측 내력벽의 중심선
④ 건축물의 외벽 중 공간부분과 외측 벽을 합한 두께의 중심선

해설 관련 법규 : 법 제84조, 영 제119조, 규칙 제43조
해설 법규 : 규칙 제43조 ①항
태양열을 주된 에너지원으로 이용하는 주택의 건축면적과 단열재를 구조체의 외측에 설치하는 단열공법으로 건축된 건축물의 건축면적은 건축물의 외벽 중 내측 내력벽의 중심선을 기준으로 한다. 이 경우 태양열을 주된 에너지원으로 이용하는 주택의 범위는 국토교통부장관이 정하여 고시하는 바에 따른다.

❷ 건축설비 관련 기타 규칙

01 | 배연설비 | 18

건축물의 거실(피난층 거실 제외)에 국토교통부령으로 정하는 기준에 따라 배연설비를 하여야 하는 대상 건축물에 속하지 않는 것은? (단, 층수가 6층인 건축물의 경우)

① 판매시설
② 종교시설
③ 문화 및 집회시설
④ 제1종 근린생활시설

해설 관련 법규 : 법 제62조, 영 제51조, 설비규칙 제14조
해설 법규 : 영 제51조 ②항
다음 건축물의 거실(피난층의 거실 제외)에는 배연설비를 설치하여야 한다.
㉠ 6층 이상인 건축물로서 제2종 근린생활시설 중 공연장 · 종교집회장 · 인터넷컴퓨터게임시설 제공업소(300m² 이상인 것), 다중생활시설, 문화 및 집회시설, 종교시설, 판매시설, 운수시설, 의료시설(요양병원과 정신병원 제외), 교육연구시설 중 연구소, 노유자시설 중 아동 관련 시설, 노인복지시설(노인요양시설 제외), 수련시설 중 유스호스텔, 운동시설, 업무시설, 숙박시설, 위락시설, 관광휴게시설, 장례식장 등
㉡ 의료시설 중 요양병원 및 정신병원 등
㉢ 노유자시설 중 노인요양시설, 장애인 거주시설 및 장애인 의료재활시설 등
㉣ 제1종 근린생활시설 중 산후조리원

02 | 배연설비 | 24, 20

배연설비의 설치에 관한 기준 내용으로 옳지 않은 것은? (단, 기계식 배연설비를 하지 않는 경우)

① 배연창의 유효면적은 1m² 이상으로 할 것
② 배연구는 예비전원에 의하여 열 수 있도록 할 것
③ 배연구는 연기감지기 또는 열감지기에 의해 자동으로 열 수 있는 구조로 할 것
④ 관련 규정에 따라 건축물이 방화구획으로 구획된 경우 그 구획마다 2개소 이상의 배연창을 설치할 것

해설 관련 법규 : 법 제49조, 영 제51조, 설비규칙 제14조
해설 법규 : 설비규칙 제14조 ①항 1호
배연설비의 설치에 있어서 건축물이 방화구획으로 구획된 경우에는 그 구획마다 1개소 이상의 배연창을 설치하되, 배연창의 상변과 천장 또는 반자로부터 수직거리가 0.9m 이내일 것. 다만, 반자높이가 바닥으로부터 3m 이상인 경우에는 배연창의 하변이 바닥으로부터 2.1m 이상의 위치에 놓이도록 설치하여야 한다.

03 | 배연설비 | 21

6층 이상의 건축물로서 판매시설의 거실에 설치하는 배연설비에 관한 기준 내용으로 옳지 않은 것은? (단, 피난층의 거실이 아닌 경우와 기계식 배연설비를 하지 않는 경우)

① 배연창의 유효면적은 최소 1.5m² 이상으로 할 것
② 배연구는 예비전원에 의하여 열 수 있도록 할 것
③ 배연창의 상변과 천장 또는 반자로부터 수직거리가 0.9m 이내일 것
④ 배연구는 연기감지기 또는 열감지기에 의하여 자동으로 열 수 있는 구조로 할 것

해설 관련 법규 : 법 제49조, 영 제51조, 설비규칙 제14조
해설 법규 : 설비규칙 제14조 ①항 2호
배연창의 유효면적은 산정기준에 의하여 산정된 면적이 1m² 이상으로서 그 면적의 합계가 해당 건축물의 바닥면적(방화구획이 설치된 경우에는 그 구획된 부분의 바닥면적)의 1/100 이상일 것. 이 경우 바닥면적의 산정에 있어서 거실바닥면적의 1/20 이상으로 환기창을 설치한 거실의 면적은 이에 산입하지 아니한다.

04 | 배연설비
13, 09

다음 중 특별피난계단에 설치하여야 하는 배연설비의 구조에 대한 기준 내용으로 옳지 않은 것은?

① 배연구와 배연기 모두 설치할 것
② 배연기에는 예비전원을 설치할 것
③ 배연풍도는 불연재료로 할 것
④ 배연구는 평상시에는 닫힌 상태를 유지할 것

해설 관련 법규 : 법 제49조, 영 제51조, 설비규칙 제14조
해설 법규 : 설비규칙 제14조 ②항
특별피난계단 및 비상용 승강기의 승강장에 설치하는 배연설비의 구조는 ②, ③ 및 ④ 외에 배연구가 외기에 접하지 아니하는 경우에는 배연기를 설치할 것

05 | 배연설비
25, 23, 22, 19

비상용 승강기의 승강장에 설치하는 배연설비의 구조에 관한 기준 내용으로 옳지 않은 것은?

① 배연구 및 배연풍도는 불연재료로 할 것
② 배연구가 외기에 접하지 아니하는 경우에는 배연기를 설치할 것
③ 배연구에 설치하는 수동개방장치 또는 자동개방장치는 손으로도 열고 닫을 수 있도록 할 것
④ 배연구는 평상시에는 열린 상태를 유지하고, 배연에 의한 기류로 인하여 닫히지 아니하도록 할 것

해설 관련 법규 : 법 제49조, 영 제51조, 설비규칙 제14조
해설 법규 : 설비규칙 제14조 ②항
특별피난계단 및 비상용 승강기의 승강장에 설치하는 배연설비의 구조는 ①, ② 및 ③ 외에 배연구에 설치하는 수동개방장치 또는 자동개방장치(열감지기 또는 연기감지기에 의한 것)는 손으로도 열고 닫을 수 있도록 하여야 하고, 배연구는 평상시에는 닫힌 상태를 유지하며, 연 경우에는 배연에 의한 기류로 인하여 닫히지 아니하도록 할 것. 또한 배연기는 배연구의 열림에 따라 자동적으로 작동하고, 충분한 공기배출 또는 가압능력이 있어야 하고, 공기유입방식을 급기가압방식 또는 급·배기방식으로 하는 경우에는 소방관계법령의 규정에 적합하게 할 것

06 | 배연설비
19

건축물에 설치하는 배연설비에 관한 기준 내용으로 옳지 않은 것은? (단, 기계식 배연설비를 하지 않는 경우)

① 배연구는 손으로도 열고 닫을 수 있도록 한다.
② 배연구는 예비전원에 의해 열 수 있도록 한다.
③ 배연창의 유효면적은 최소 3m² 이상으로 하여야 한다.
④ 건축물이 방화구획으로 구획된 경우에는 그 구획마다 1개소 이상의 배연창을 설치하여야 한다.

해설 관련 법규 : 법 제62조, 영 제51조, 설비규칙 제14조
해설 법규 : 설비규칙 제14조 ①항 2호
배연창의 유효면적은 산정기준에 의하여 산정된 면적이 1m² 이상으로서 그 면적의 합계가 당해 건축물의 바닥면적(방화구획이 설치된 경우에는 그 구획된 부분의 바닥면적)의 1/100이상일 것. 이 경우 바닥면적의 산정에 있어서 거실바닥면적의 1/20 이상으로 환기창을 설치한 거실의 면적은 이에 산입하지 아니한다.

07 | 배연설비
25, 23, 21, 18

특별피난계단에 설치하는 배연설비의 구조에 관한 기준 내용으로 옳지 않은 것은?

① 배연구 및 배연풍도는 불연재료로 할 것
② 배연구는 평상시에는 닫힌 상태를 유지할 것
③ 배연구는 평상시에 사용하는 굴뚝에 연결할 것
④ 배연기는 배연구의 열림에 따라 자동적으로 작동할 것

해설 관련 법규 : 영 제51조, 설비기준 제14조
해설 법규 : 설비기준 제14조 ②항
특별피난계단 및 비상용 승강기의 승강장에 설치하는 배연설비의 구조는 ①, ② 및 ④ 이외에 다음의 기준에 적합하여야 한다.
㉠ 배연구에 설치하는 수동개방장치 또는 자동개방장치(열감지기 또는 연기감지기에 의한 것)는 손으로도 열고 닫을 수 있도록 할 것
㉡ 배연구가 외기에 접하지 아니하는 경우에는 배연기를 설치할 것
㉢ 배연기에는 예비전원을 설치할 것
㉣ 배연구 및 배연풍도는 불연재료로 하고, 화재가 발생한 경우 원활하게 배연시킬 수 있는 규모로서 외기 또는 평상시에 사용하지 아니하는 굴뚝에 연결할 것

08 | 배연설비
24, 17

배연설비의 설치에 관한 기준 내용으로 옳지 않은 것은? (단, 기계식 배연설비를 하지 않는 경우)

① 배연구는 수동으로 열고 닫을 수 없도록 할 것
② 배연창의 유효면적은 최소 1m² 이상으로 할 것
③ 배연구는 예비전원에 의하여 열 수 있도록 할 것
④ 건축법령에 의하여 건축물에 방화구획에 설치된 경우에는 그 구획마다 1개소 이상의 배연창을 설치할 것

정답 04.① 05.④ 06.③ 07.③ 08.①

해설 관련 법규 : 법 제49조, 영 제51조, 설비규칙 제14조
해설 법규 : 설비규칙 제14조 ①항 3호
배연구는 연기감지기 또는 열감지기에 의하여 자동으로 열 수 있는 구조로 하되, 손으로도 열고 닫을 수 있도록 할 것

09 | 배연설비
25, 13, 12

특별피난계단 및 비상용 승강기의 승강장에 설치하는 배연설비의 구조에 관한 기준 내용으로 옳지 않은 것은?

① 배연기에는 예비전원을 설치할 것
② 배연구 및 배연풍도는 불연재료로 할 것
③ 배연구가 외기에 접하지 아니하는 경우에는 배연기를 설치할 것
④ 배연구는 평상시에는 열린 상태를 유지하고, 닫힌 경우에는 배연에 의한 기류로 인하여 열리지 않도록 할 것

해설 관련 법규 : 법 제49조, 영 제51조, 설비규칙 제14조
해설 법규 : 설비규칙 제14조 ②항
특별피난계단 및 비상용 승강기의 승강장에 설치하는 배연설비의 구조는 ①, ② 및 ③ 외에 배연구에 설치하는 수동개방장치 또는 자동개방장치(열감지기 또는 연기감지기에 의한 것)는 손으로도 열고 닫을 수 있도록 하여야 하고, 배연구는 평상시에는 닫힌 상태를 유지하며, 연 경우에는 배연에 의한 기류로 인하여 닫히지 아니하도록 할 것. 또한 배연기는 배연구의 열림에 따라 자동적으로 작동하고, 충분한 공기배출 또는 가압능력이 있어야 하고, 공기유입방식을 급기가압방식 또는 급·배기방식으로 하는 경우에는 소방관계법령의 규정에 적합하게 할 것

10 | 공동주택의 환기
20, 14

신축하는 공동주택의 환기횟수를 확보하기 위하여 설치되는 기계환기설비의 설계·시공 및 성능평가방법 내용으로 옳지 않은 것은? (단, 30세대 이상의 공동주택의 경우)

① 세대의 환기량 조절을 위하여 환기설비의 정격풍량을 최소·최대의 2단계로 조절할 수 있는 체계를 갖추어야 한다.
② 기계환기설비는 공동주택의 모든 세대가 규정에 의한 환기횟수를 만족시킬 수 있도록 24시간 가동할 수 있어야 한다.
③ 하나의 기계환기설비로 세대 내 2 이상의 실에 바깥공기를 공급할 경우의 필요 환기량은 각 실에 필요한 환기량의 합계 이상이 되도록 하여야 한다.
④ 기계환기설비의 환기기준은 시간당 실내공기 교환횟수(환기설비에 의한 최종 공기흡입구에서 세대의 실내로 공급되는 시간당 총체적 풍량을 실내 총체적으로 나눈 환기횟수를 말한다)로 표시하여야 한다.

해설 관련 법규 : 법 제62조, 영 제87조, 설비규칙 제11조
해설 법규 : 설비규칙 제11조, (별표 1의5)
세대의 환기량 조절을 위하여 환기설비의 정격풍량을 최소·적정·최대의 3단계 또는 그 이상으로 조절할 수 있는 체계를 갖추어야 하고, 적정 단계의 필요 환기량은 신축공동주택 등의 세대를 시간당 0.5회로 환기할 수 있는 풍량을 확보하여야 한다.

11 | 공동주택의 환기
24, 22, 18, 17, 16, 13, 12, 11, 09

다음의 공동주택(기숙사 제외)의 환기설비기준에 관한 내용 중 ( ) 안에 알맞은 것은?

신축 또는 리모델링하는 30세대 이상의 공동주택은 시간당 ( ) 이상의 환기가 이루어질 수 있도록 자연환기설비 또는 기계환기설비를 설치하여야 한다.

① 0.5회
② 0.7회
③ 0.8회
④ 0.9회

해설 관련 법규 : 법 제62조, 영 제87조, 설비규칙 제11조
해설 법규 : 설비규칙 제11조 ①항
신축 또는 리모델링하는 30세대 이상의 공동주택 또는 주택을 주택 외의 시설과 동일건축물로 건축하는 경우로서 주택이 30세대 이상인 건축물에 해당하는 주택 또는 건축물(신축공동주택 등)은 시간당 0.5회 이상의 환기가 이루어질 수 있도록 자연환기설비 또는 기계환기설비를 설치하여야 한다.

12 | 공동주택의 환기
19, 18, 16, 13

30세대 이상의 공동주택 신축 시 시간당 최소 얼마 이상의 환기가 이루어질 수 있도록 자연환기설비 또는 기계환기설비를 설치하여야 하는가?

① 0.5회
② 1.2회
③ 1.5회
④ 1.8회

해설 관련 법규 : 법 제62조, 영 제87조, 설비규칙 제11조
해설 법규 : 설비규칙 제11조 ①항
신축 또는 리모델링하는 30세대 이상의 공동주택 또는 주택을 주택 외의 시설과 동일건축물로 건축하는 경우로서 주택이 30세대 이상인 건축물에 해당하는 주택 또는 건축물(신축공동주택 등)은 시간당 0.5회 이상의 환기가 이루어질 수 있도록 자연환기설비 또는 기계환기설비를 설치하여야 한다.

13 | 환기설비의 설치
21

신축공동주택 등의 기계환기설비의 설치에 관한 기준 내용으로 옳지 않은 것은?

① 기계환기설비의 환기기준은 시간당 실내공기 교환횟수로 표시한다.
② 기계환기설비는 주방 가스대 위의 공기배출장치, 화장실의 공기배출 송풍기 등 급속환기설비와 함께 설치하여서는 안 된다.
③ 세대의 환기량 조절을 위하여 환기설비의 정격풍량을 최소·적정·최대의 3단계 또는 그 이상으로 조절할 수 있는 체계를 갖춘다.
④ 하나의 기계환기설비로 세대 내 2 이상의 실에 바깥공기를 공급할 경우의 필요 환기량은 각 실에 필요한 환기량의 합계 이상이 되도록 한다.

해설 관련 법규 : 법 제62조, 영 제87조, 설비규칙 제11조
해설 법규 : 설비규칙 제11조, (별표 1의5)
신축공동주택 등의 기계환기설비의 설치에 있어서 기계환기설비는 주방 가스대 위의 공기배출장치, 화장실의 공기배출 송풍기 등 급속환기설비와 함께 설치가 가능하다.

14 | 공동주택의 환기
24, 17, 16, 12

신축 또는 리모델링을 하는 경우, 시간당 0.5회 이상의 환기가 이루어질 수 있도록 자연환기설비 또는 기계환기설비를 설치하여야 하는 공동주택의 최소 세대수는?

① 20세대
② 30세대
③ 50세대
④ 100세대

해설 관련 법규 : 법 제62조, 영 제87조, 설비규칙 제11조
해설 법규 : 설비규칙 제11조
신축 또는 리모델링하는 30세대 이상의 공동주택, 주택을 주택 외의 시설과 동일건축물로 건축하는 경우로서 주택이 30세대 이상인 건축물의 어느 하나에 해당하는 주택 또는 건축물(신축공동주택 등)은 시간당 0.5회 이상의 환기가 이루어질 수 있도록 자연환기설비 또는 기계환기설비를 설치해야 한다.

15 | 기계환기설비의 설치
23, 16, 14

다중이용시설을 신축하는 경우에 설치하여야 하는 기계환기설비의 구조 및 설치에 관한 기준 내용으로 옳지 않은 것은?

① 다중이용시설의 기계환기설비 용량기준은 시설이용 인원당 환기량을 원칙으로 산정할 것
② 공기배출체계 및 배기구는 배출되는 공기가 공기공급체계 및 공기흡입구로 직접 들어가는 위치에 설치할 것
③ 기계환기설비는 다중이용시설로 공급되는 공기의 분포를 최대한 균등하게 하여 실내기류의 편차가 최소화될 수 있도록 할 것
④ 공기공급체계·공기배출체계 또는 공기흡입구·배기구 등에 설치되는 송풍기는 외부의 기류로 인하여 송풍능력이 떨어지는 구조가 아닐 것

해설 관련 법규 : 법 제62조, 영 제87조, 설비규칙 제11조
해설 법규 : 설비규칙 제11조 ⑤항 5호
공기배출체계 및 배기구는 배출되는 공기가 공기공급체계 및 공기흡입구로 직접 들어가지 아니하는 위치에 설치할 것

16 | 환기구 안전기준
25, 22, 20, 19, 17, 16

다음은 환기구의 안전에 관한 기준 내용이다. (　) 안에 알맞은 것은?

환기구[건축물의 환기설비에 부속된 급기 및 배기를 위한 건축구조물의 개구부를 말한다]는 보행자 및 건축물 이용자의 안전이 확보되도록 바닥으로부터 (　) 이상의 높이에 설치하여야 한다.

① 1m
② 2m
③ 3m
④ 4m

해설 관련 법규 : 법 제62조, 영 제87조, 설비규칙 제11조의2
해설 법규 : 설비규칙 제11조의2 ①항
환기구(건축물의 환기설비에 부속된 급기 및 배기를 위한 건축구조물의 개구부)는 보행자 및 건축물 이용자의 안전이 확보되도록 바닥으로부터 2m 이상의 높이에 설치하여야 한다.

17 | 개별난방방식
18, 07

공동주택의 난방설비를 개별난방방식으로 하는 경우의 기준에 적합하지 않은 것은?

① 보일러실의 윗부분에는 면적이 $0.5m^2$ 이상인 환기창을 설치할 것
② 보일러의 연도는 준불연재료 이상으로서 공동연도로 설치할 것
③ 보일러를 설치하는 곳과 거실 사이의 경계벽은 출입구를 제외하고는 내화구조의 벽으로 구획할 것
④ 기름보일러 설치 시 기름저장소는 보일러실 외의 장소에 설치할 것

해설 관련 법규 : 법 제62조, 영 제87조, 설비규칙 제13조
해설 법규 : 설비규칙 제13조 ①항 7호
보일러의 연도는 내화구조로서 공동연도로 설치할 것

18 | 개별난방방식
19, 18, 15, 13

공동주택과 오피스텔의 난방설비를 개별난방방식으로 하는 경우에 관한 기준 내용으로 옳지 않은 것은?

① 보일러의 연도는 내화구조로서 공동연도로 설치할 것
② 오피스텔의 경우에는 난방구획을 방화구획으로 구획할 것
③ 전기보일러의 경우 보일러실의 윗부분에 지름 10cm 이상의 공기흡입구를 설치할 것
④ 보일러는 거실 외의 곳에 설치하되, 보일러를 설치하는 곳과 거실 사이의 경계벽은 출입구를 제외하고는 내화구조의 벽으로 구획할 것

해설 관련 법규 : 법 제62조, 영 제87조, 설비규칙 제13조
해설 법규 : 설비규칙 제13조 ①항 2호
공동주택과 오피스텔의 난방설비를 개별난방방식으로 하는 경우에는 보일러실의 윗부분에는 그 면적이 0.5m² 이상인 환기창을 설치하고, 보일러실의 윗부분과 아랫부분에는 각각 지름 10cm 이상의 공기흡입구 및 배기구를 항상 열려 있는 상태로 바깥공기에 접하도록 설치할 것. 다만, 전기보일러의 경우에는 그러하지 아니하다.

19 | 개별난방방식
21

공동주택과 오피스텔의 난방설비를 개별난방방식으로 하는 경우에 대한 기준 내용으로 옳은 것은?

① 보일러실의 연도는 방화구조로서 개별연도로 설치할 것
② 보일러실의 윗부분과 아랫부분에는 지름 5cm 이상의 공기흡입구 및 배기구를 설치할 것
③ 보일러를 설치하는 곳과 거실 사이의 경계벽은 출입구를 제외하고는 내화구조의 벽으로 구획할 것
④ 전기보일러를 사용하는 경우 보일러실의 윗부분에는 그 면적이 1m² 이상인 환기창을 설치할 것

해설 관련 법규 : 법 제62조, 영 제87조, 설비규칙 제13조
해설 법규 : 설비규칙 제13조 ①항
공동주택과 오피스텔의 난방설비를 개별난방방식으로 하는 경우에는 다음의 기준에 적합하여야 한다.
㉠ 보일러는 거실 외의 곳에 설치하되, 보일러를 설치하는 곳과 거실 사이의 경계벽은 출입구를 제외하고는 내화구조의 벽으로 구획할 것
㉡ 보일러실의 윗부분에는 그 면적이 0.5m² 이상인 환기창을 설치하고, 보일러실의 윗부분과 아랫부분에는 각각 지름 10cm 이상의 공기흡입구 및 배기구를 항상 열려 있는 상태로 바깥공기에 접하도록 설치할 것. 다만, 전기보일러의 경우에는 그러하지 아니하다.
㉢ 보일러실과 거실 사이의 출입구는 그 출입구가 닫힌 경우에는 보일러가스가 거실에 들어갈 수 없는 구조로 할 것
㉣ 기름보일러를 설치하는 경우에는 기름저장소를 보일러실 외의 다른 곳에 설치할 것
㉤ 오피스텔의 경우에는 난방구획을 방화구획으로 구획할 것
㉥ 보일러의 연도는 내화구조로서 공동연도로 설치할 것

20 | 개별난방방식
21

공동주택과 오피스텔의 난방설비를 개별난방방식으로 하는 경우에 관한 기준내용으로 옳지 않은 것은?

① 보일러의 연도는 내화구조로서 공동연도로 설치할 것
② 오피스텔의 경우에는 난방구획을 방화구획으로 구획할 것
③ 보일러의 윗부분에는 그 면적이 0.5m² 이상인 환기창을 설치할 것
④ 보일러실의 윗부분과 아랫부분에는 공기 흡입구 및 배기구를 항상 닫혀 있도록 설치할 것

해설 관련 법규 : 법 제62조, 영 제87조, 설비규칙 제13조
해설 법규 : 설비규칙 제13조 ①항 2호
보일러실의 윗부분에는 그 면적이 0.5m² 이상인 환기창을 설치하고, 보일러실의 윗부분과 아랫부분에는 각각 지름 10cm 이상의 공기흡입구 및 배기구를 항상 열려있는 상태로 바깥공기에 접하도록 설치할 것. 다만, 전기보일러의 경우에는 그러하지 아니하다.

21 | 개별난방방식
24, 23, 15, 13, 08

오피스텔의 난방설비를 개별난방방식으로 하는 경우에 대한 기준 내용으로 옳지 않은 것은?

① 보일러실의 윗부분에는 그 면적이 최소 1m² 이상인 환기창을 설치할 것
② 오피스텔의 경우에는 난방구획을 방화구획으로 구획할 것
③ 보일러의 연도는 내화구조로서 공동연도로 설치할 것
④ 기름 보일러를 설치하는 경우에는 기름 저장소를 보일러실 외의 다른 곳에 설치할 것

해설 관련 법규 : 법 제62조, 영 제87조, 설비규칙 제13조
해설 법규 : 설비규칙 제13조 ①항 2호
보일러실의 윗부분에는 그 면적이 0.5m² 이상인 환기창을 설치하고, 보일러실의 윗부분과 아랫부분에는 각각 지름 10cm 이상의 공기흡입구 및 배기구를 항상 열려 있는 상태로 바깥공기에 접하도록 설치할 것. 다만, 전기보일러의 경우에는 그러하지 아니하다.

22 | 급수관의 최소 관경
19, 13, 08

세대수가 10세대인 주거용 건축물에 설치하는 음용수용 급수관의 지름은 최소 얼마 이상이어야 하는가?

① 30mm
② 40mm
③ 50mm
④ 60mm

해설 관련 법규 : 법 제62조, 영 제87조, 설비규칙 제18조, (별표 3)
해설 법규 : (별표 3)
급수관 지름의 최소 기준에 있어서 1가구는 15mm, 2~3가구는 20mm, 4~5가구는 25mm, 6~8가구는 32mm, 9~16가구는 40mm, 17가구 이상은 50mm이다.

23 | 배수용 배관설비
09

다음 중 배수용으로 쓰이는 배관설비에 관한 기준내용으로 옳지 않은 것은?

① 우수관과 오수관은 통합하여 배관할 것
② 배관설비에는 배수트랩·통기관을 설치하는 등 위생에 지장이 없도록 할 것
③ 배관설비의 오수에 접하는 부분은 내수재료를 사용할 것
④ 지하실 등 공공하수도로 자연배수할 수 없는 곳에는 배수용량에 맞는 강제배수시설을 설치할 것

해설 관련 법규 : 법 제62조, 영 제87조, 설비규칙 제17조
해설 법규 : 설비규칙 제17조 ②항
배수용으로 쓰이는 배관설비의 기준으로는 ②, ③, ④ 이외에 배출시키는 빗물 또는 오수의 양 및 수질에 따라 그에 적당한 용량 및 경사를 지게 하거나 그에 적합한 재질을 사용하여야 하고, 우수관과 오수관은 분리하여 배관하여야 하며, 콘크리트구조체에 배관을 매설하거나 배관이 콘크리트구조체를 관통할 경우에는 구조체에 덧관을 미리 매설하는 등 배관의 부식을 방지하고 그 수선 및 교체가 용이하도록 할 것

24 | 급수관의 최소 관경
20, 19, 09

가구수가 20가구인 주거용 건축물에 설치하는 음용수용 급수관의 최소 지름은?

① 25mm   ② 32mm
③ 40mm   ④ 50mm

해설 관련 법규 : 법 제62조, 영 제87조, 설비규칙 제18조, (별표 3)
해설 법규 : 설비규칙 제18조, (별표 3)

[주거용 건축물 급수관 지름]

가구 또는 세대수	1	2~3	4~5	6~8	9~16	17 이상
급수관 지름의 최소 기준(mm)	15	20	25	32	40	50

가구 수	1	3	5	16	17
바닥면적 (m²)	85m² 이하	85m² 초과 150m² 이하	150m² 초과 300m² 이하	300m² 초과 500m² 이하	500m² 초과

25 | 급수관의 최소 관경
22

세대수가 5세대인 주거용 건축물에 설치하는 음용수 급수관의 지름은 최소 얼마 이상으로 하여야 하는가?

① 20mm   ② 25mm
③ 32mm   ④ 40mm

해설 관련 법규 : 법 제62조, 영 제87조, 설비규칙 제18조, (별표 3)
해설 법규 : 설비규칙 제18조, (별표 3)
㉠ 주거용 건축물 급수관의 지름

가구 또는 세대수	1	2~3	4~5	6~8	9~16	17 이상
급수관 지름의 최소기준(mm)	15	20	25	32	40	50

㉡ 바닥면적에 따른 가구수의 산정

바닥면적	가구의 수
85m² 이하	1
85m² 초과 150m² 이하	3
150m² 초과 300m² 이하	5
300m² 초과 500m² 이하	16
500m² 초과	17

26 | 급수관의 최소 관경
22, 18

세대수가 4세대인 주거용 건축물의 급수관 지름의 최소 기준은? (단, 가압설비 등을 설치하지 않는 경우)

① 20mm   ② 25mm
③ 32mm   ④ 40mm

해설 관련 법규 : 법 제62조, 영 제87조, 설비규칙 제18조, (별표 3)
해설 법규 : 설비규칙 제18조, (별표 3)

가구 또는 세대수	1	2~3	4~5	6~8	9~16	17 이상
급수관 지름의 최소 기준(mm)	15	20	25	32	40	50

㉠ 바닥면적 85m² 이하 : 1가구
㉡ 바닥면적 85m² 초과 150m² 이하 : 3가구
㉢ 바닥면적 150m² 초과 300m² 이하 : 5가구
㉣ 바닥면적 300m² 초과 500m² 이하 : 16가구
㉤ 바닥면적 500m² 초과 : 17가구

27 | 급수관의 최소 관경
21

주거에 쓰이는 바닥면적의 합계가 450m²인 주거용 건축물에 배관하는 음용수용 급수관의 최소 지름은?

① 20mm   ② 25mm
③ 32mm   ④ 40mm

정답 23. ① 24. ④ 25. ② 26. ② 27. ④

해설 관련 법규 : 법 제62조, 영 제87조, 설비규칙 제18조, (별표 3)
해설 법규 : 설비규칙 제18조, (별표 3)
바닥면적이 450m²(바닥면적 300m² 초과 500m² 이하)이므로 16가구이다. 그러므로, (별표 3)에 의해 16가구의 경우, 급수관의 관경은 40mm이다.

28 | 피뢰설비의 설치
25, 24②, 23, 22②, 20, 17, 16, 15, 12, 11, 09, 07, 03

피뢰설비를 설치하여야 하는 건축물의 최소 높이기준은?

① 10m
② 15m
③ 20m
④ 30m

해설 관련 법규 : 법 제62조, 영 제87조, 설비규칙 제20조
해설 법규 : 설비규칙 제20조
낙뢰의 우려가 있는 건축물, 높이 20m 이상의 건축물 또는 공작물로서 높이 20m 이상의 공작물(건축물에 공작물을 설치하여 그 전체 높이가 20m 이상인 것을 포함)에는 기준에 적합하게 피뢰설비를 설치하여야 한다.

29 | 피뢰시스템의 레벨
21

위험물저장 및 처리시설에 설치하는 피뢰설비는 한국산업표준이 정하는 피뢰시스템레벨이 최소 얼마 이상이어야 하는가?

① Ⅰ
② Ⅱ
③ Ⅲ
④ Ⅳ

해설 관련 법규 : 영 제87조, 설비규칙 제20조
해설 법규 : 설비규칙 제20조 1호
피뢰설비는 한국산업표준이 정하는 피뢰레벨 등급에 적합한 피뢰설비일 것. 다만, 위험물저장 및 처리시설에 설치하는 피뢰설비는 한국산업표준이 정하는 피뢰시스템레벨 Ⅱ 이상이어야 한다.

30 | 냉방설비의 설치기준
20, 15, 13, 10

다음의 건축물의 냉방설비와 관련된 기준 내용 중 ( ) 안에 알맞은 것은?

상업지역 및 주거지역에서 건축물에 설치하는 냉방시설 및 환기시설의 배기구와 배기장치의 설치는 다음의 기준에 모두 적합하여야 한다.
㉮ 배기구는 도로면으로부터 ( ) 이상의 높이에 설치할 것
㉯ 배기장치에서 나오는 열기가 인근 건축물의 거주자나 보행자에게 직접 닿지 아니하도록 할 것

① 0.5m
② 1m
③ 1.5m
④ 2m

해설 관련 법규 : 법 제62조, 영 제87조, 설비규칙 제23조
해설 법규 : 설비규칙 제23조 3항
상업지역 및 주거지역에서 건축물에 설치하는 냉방시설 및 환기시설의 배기구와 배기장치의 설치는 다음의 기준에 모두 적합하여야 한다.
㉠ 배기구는 도로면으로부터 2m 이상의 높이에 설치할 것
㉡ 배기장치에서 나오는 열기가 인근 건축물의 거주자나 보행자에게 직접 닿지 아니하도록 할 것
㉢ 건축물의 외벽에 배기구 또는 배기장치를 설치할 때에는 외벽 또는 다음의 기준에 적합한 지지대 등 보호장치와 분리되지 아니하도록 견고하게 연결하여 배기구 또는 배기장치가 떨어지는 것을 방지할 수 있도록 할 것
   ㉮ 배기구 또는 배기장치를 지탱할 수 있는 구조일 것
   ㉯ 부식을 방지할 수 있는 자재를 사용하거나 도장할 것

31 | 승용 승강기의 설치기준
23

다음 ( ) 안에 알맞은 것으로 짝지어진 것은?

건축주는 (㉮) 이상으로서 연면적이 (㉯) 이상인 건축물(대통령령으로 정하는 건축물은 제외)을 건축하려면 승강기를 설치하여야 한다.

① ㉮ 6층, ㉯ 3,000m²
② ㉮ 5층, ㉯ 2,000m²
③ ㉮ 6층, ㉯ 2,000m²
④ ㉮ 5층, ㉯ 3,000m²

해설 관련 법규 : 법 제64조, 영 제89조
해설 법규 : 법 제64조
건축주는 6층 이상으로서 연면적이 2,000m² 이상인 건축물(층수가 6층인 건축물로서 각 층 거실의 바닥면적 300m² 이내마다 1개소 이상의 직통계단을 설치한 건축물은 제외)을 건축하려면 승강기를 설치하여야 한다.

32 | 승용 승강기
12, 08

건축물의 용도에 따른 승강기의 최소 설치대수가 옳지 않은 것은? (단, 6층 이상의 거실면적 합계가 3,000m²인 경우)

① 문화 및 집회시설 중 공연장 - 2대
② 업무시설 - 1대
③ 숙박시설 - 2대
④ 위락시설 - 1대

해설 관련 법규 : 법 제64조, 영 제89조, 설비규칙 제5조, (별표 1의2)
해설 법규 : (별표 1의2)
① $2+\dfrac{A-3,000}{2,000}=2+\dfrac{3,000-3,000}{2,000}=2$대 이상
②, ③ 및 ④ $1+\dfrac{A-3,000}{2,000}=1+\dfrac{3,000-3,000}{2,000}=1$대 이상

정답 28.③ 29.② 30.④ 31.③ 32.③

건축물의 용도	6층 이상의 거실면적의 합계 3,000m² 이하	3,000m² 초과 (A는 6층 이상의 거실면적의 합계)
문화 및 집회시설(공연장·집회장 및 관람장) 판매시설, 의료시설	2대	$2+\dfrac{A-3,000}{2,000}$ 대 이상
문화 및 집회시설(전시장 및 동·식물원), 업무시설, 숙박시설, 위락시설	1대	$1+\dfrac{A-3,000}{2,000}$ 대 이상
공동주택, 교육연구시설, 노유자시설, 그 밖의 시설	1대	$1+\dfrac{A-3,000}{3,000}$ 대 이상

승용 승강기의 설치기준(제5조 관련)

비고 : 승강기의 대수 기준을 산정함에 있어 8인승 이상 15인승 이하 승강기는 1대의 승강기로 보고, 16인승 이상의 승강기는 2대의 승강기로 본다.

33 | 승용 승강기
23, 20, 13

다음 중 6층 이상의 거실면적의 합계가 6,000m²인 경우, 설치하여야 하는 승용 승강기의 최소 대수가 가장 많은 것은? (단, 8인승 승용 승강기의 경우)

① 업무시설
② 숙박시설
③ 문화 및 집회시설 중 전시장
④ 문화 및 집회시설 중 공연장

해설 관련 법규 : 법 제64조, 영 제89조, 설비규칙 제5조, (별표 1의2)
해설 법규 : (별표 1의2)
승용 승강기의 설치대수가 많은 것부터 적은 것의 순으로 나열하면, 문화 및 집회시설(공연장·집회장 및 관람장), 판매시설, 의료시설 → 문화 및 집회시설(전시장 및 동·식물원), 업무시설, 숙박시설, 위락시설 → 공동주택, 교육연구시설, 노유자시설, 그 밖의 시설의 순이다.

34 | 승용 승강기
25, 24, 23, 18, 16

6층 이상의 거실면적의 합계가 5,000m²인 경우, 설치하여야 하는 승용 승강기의 최소 대수가 가장 많은 것은? (단, 8인승 승강기의 경우)

① 업무시설   ② 숙박시설
③ 위락시설   ④ 의료시설

해설 관련 법규 : 법 제64조, 영 제89조, 설비규칙 제5조, (별표 1의2)
해설 법규 : 설비규칙 제5조, (별표 1의2)
승용 승강기 설치에 있어서 설치대수가 많은 것부터 작은 것의 순으로 나열하면 문화 및 집회시설(공연장, 집회장, 관람장에 한함), 판매시설, 의료시설 → 문화 및 집회시설(전시장 및 동·식물원에 한함), 업무시설, 숙박시설, 위락시설 → 공동주택, 교육연구시설, 노유자시설 및 그 밖의 시설의 순이다.

35 | 승용 승강기
19, 18, 17, 15, 13

6층 이상의 거실면적의 합계가 3,000m²인 경우, 승용 승강기를 최소 2대 이상 설치하여야 하는 건축물은? (단, 8인승 승강기의 경우)

① 숙박시설
② 판매시설
③ 업무시설
④ 교육연구시설

해설 관련 법규 : 법 제64조, 영 제89조, 설비규칙 제5조, (별표 1의2)
해설 법규 : (별표 1의2)
승용 승강기의 설치대수가 많은 것부터 적은 것의 순으로 나열하면, 문화 및 집회시설(공연장·집회장 및 관람장), 판매시설, 의료시설 → 문화 및 집회시설(전시장 및 동·식물원), 업무시설, 숙박시설, 위락시설 → 공동주택, 교육연구시설, 노유자시설, 그 밖의 시설의 순이다.

36 | 승용 승강기
21

다음 건축물의 용도 중 6층 이상의 거실면적의 합계가 3,000m²인 경우 설치하여야 하는 승용 승강기의 최소 대수가 가장 적은 것은? (단, 8인승 승강기의 경우)

① 의료시설
② 판매시설
③ 숙박시설
④ 문화 및 집회시설 중 공연장

해설 관련 법규 : 법 제64조, 영 제89조, 설비규칙 제5조, (별표 1의2)
해설 법규 : (별표 1의2)
승용 승강기의 설치대수가 많은 것부터 적은 것의 순으로 나열하면, 문화 및 집회시설(공연장·집회장 및 관람장), 판매시설, 의료시설 → 문화 및 집회시설(전시장 및 동·식물원), 업무시설, 숙박시설, 위락시설 → 공동주택, 교육연구시설, 노유자시설, 그 밖의 시설의 순이다.

37 | 승용 승강기 설치대수
18

승강기 설치 대상 건축물로서 각 층의 거실면적이 500m²인 8층 병원에 설치하여야 하는 승용 승강기의 최소 대수는? (단, 8인승 승강기인 경우)

① 1대
② 2대
③ 3대
④ 4대

정답 33. ④ 34. ④ 35. ② 36. ③ 37. ②

해설 관련 법규 : 법 제64조, 영 제89조, 설비규칙 제5조, (별표 1의2)
해설 법규 : (별표 1의2)
문화 및 집회시설(공연장, 집회장 및 관람장만 해당), 판매시설, 의료시설 등의 승용 승강기 설치에 있어서 3,000m² 이하까지는 2대이고, 3,000m²를 초과하는 경우에는 그 초과하는 매 2,000m² 이내마다 1대의 비율로 가산한 대수로 설치한다. (병원은 의료시설에 속하며, 소수점 이하는 올림)
∴ 승용 승강기 설치대수
$= 2 + \dfrac{6층 이상의 거실면적의 합 - 3,000}{2,000}$
$= 2 + \dfrac{500 \times (8-5) - 3,000}{2,000} = 2$대 이상

38 | 승용 승강기 설치대수
21, 18, 12

각 층의 거실면적의 합계가 1,000m²로 동일한 15층의 문화 및 집회시설 중 공연장에 설치하여야 하는 승용 승강기의 최소 대수는? (단, 15인승 승강기의 경우)

① 5대   ② 6대
③ 7대   ④ 8대

해설 관련 법규 : 법 제64조, 영 제89조, 설비규칙 제5조, (별표 1의2)
해설 법규 : (별표 1의2)
문화 및 집회시설 중 공연장이므로 승용 승강기의 설치대수 = $2 + \dfrac{A - 3,000}{2,000}$대 이상이고, 6층 이상의 거실면적의 합계가 $1,000 \times (15-5) = 10,000\text{m}^2$이므로 승용 승강기의 설치대수 = $2 + \dfrac{A - 3,000}{2,000} = 2 + \dfrac{10,000 - 3,000}{2,000} = 5.5$대 → 6대 이상이다.

39 | 승용 승강기 설치대수
11

각 층의 거실면적이 3,000m²인 9층의 박람회장에 설치하여야 하는 승용 승강기의 최소 대수는? (단, 8인승 승강기를 설치하는 경우)

① 4대   ② 5대
③ 6대   ④ 7대

해설 관련 법규 : 법 제64조, 영 제89조, 설비규칙 제5조, (별표 1의2)
해설 법규 : (별표 1의2)
전시장(박람회장)은 문화 및 집회시설이므로 승용 승강기의 설치대수 = $1 + \dfrac{A - 3,000}{2,000}$대 이상이고, 6층 이상의 거실면적의 합계가 $3,000 \times (9-5) = 12,000\text{m}^2$이므로 승용 승강기의 설치대수 = $1 + \dfrac{A - 3,000}{2,000} = 1 + \dfrac{12,000 - 3,000}{2,000} = 5.5$대 → 6대 이상이다.

40 | 승용 승강기 설치대수
13

각 층의 바닥면적이 5,000m², 거실면적이 3,500m²이며, 층수가 11층인 병원에 설치하여야 하는 승용 승강기의 최소 대수는? (단, 24인승 승용 승강기의 경우)

① 5대
② 6대
③ 7대
④ 8대

해설 관련 법규 : 법 제64조, 영 제89조, 설비규칙 제5조, (별표 1의2)
해설 법규 : (별표 1의2)
병원은 의료시설이므로 승용 승강기 설치대수는 $2 + \dfrac{A - 3,000}{2,000}$에서 6층 이상 거실면적의 합계는 $3,500 \times (11-5) = 21,000\text{m}^2$이므로, 승용 승강기 설치대수 = $2 + \dfrac{A - 3,000}{2,000} = 2 + \dfrac{21,000 - 3,000}{2,000}$
=11대 이상이다.
그런데, 승용 승강기의 24인승을 설치하므로 15인승 이하의 2대로 환산하므로 11÷2=5.5 → 6대 이상이다.

41 | 승용 승강기 설치대수
19, 18, 17, 15, 13

층수가 9층이고, 각 층의 거실면적이 3,000m²인 판매시설을 건축하고자 할 때 설치하여야 하는 승용 승강기의 최소 대수는? (단, 16인승 승용 승강기를 설치하는 경우)

① 4대
② 5대
③ 6대
④ 7대

해설 관련 법규 : 법 제64조, 영 제89조, 설비규칙 제5조, (별표 1의2)
해설 법규 : (별표 1의2)
문화 및 집회시설(공연장, 집회장 및 관람장만 해당), 판매시설, 의료시설 등의 승용 승강기 설치에 있어서 3,000m² 이하까지는 2대이고, 3,000m²를 초과하는 경우에는 그 초과하는 매 2,000m² 이내마다 1대의 비율로 가산한 대수로 설치한다.
∴ 승용 승강기 설치대수
$= 2 + \dfrac{6층 이상의 거실면적의 합 - 3,000}{2,000}$
$= 2 + \dfrac{3,000 \times (9-5) - 3,000}{2,000} = 6.5$
→ 7대 이상이다.
그런데, 16인승 승용 승강기는 15인 이하의 2배로 산정하므로 $\dfrac{7}{2} = 3.5$대 → 4대 이상이다.

42 | 승용 승강기 설치대수
22, 17

층수가 10층이며, 각 층의 거실면적이 2,000m²인 백화점에 설치하여야 하는 승용 승강기의 최소 대수는? (단, 16인승 승용 승강기의 경우)

① 2대 ② 3대
③ 5대 ④ 6대

해설 관련 법규 : 법 제64조, 영 제89조, 설비규칙 제5조, (별표 1의2)
해설 법규 : (별표 1의2)
문화 및 집회시설(공연장, 집회장 및 관람장만 해당), 판매시설, 의료시설 등의 승용 승강기 설치에 있어서 3,000m² 이하까지는 2대이고, 3,000m²를 초과하는 경우에는 그 초과하는 매 2,000m² 이내마다 1대의 비율로 가산한 대수로 설치한다.
∴ 승용 승강기 설치대수
$= 2 + \dfrac{6층 이상의 거실면적의 합 - 3,000}{2,000}$
$= 2 + \dfrac{2,000 \times (10-5) - 3,000}{2,000} = 5.5$대 이상이므로
6대 이상이다. 그런데 16인승의 승강기를 설치하므로
6÷2=3대 이상이다.

43 | 승용 승강기 설치대수
07

공동주택으로서 6층 이상의 거실면적 합계가 9,000m²일 때 설치해야 할 승강기의 최소 설치 기준은? (단, 15인승 승강기를 설치하는 경우)

① 1대 ② 2대
③ 3대 ④ 4대

해설 관련 법규 : 법 제64조, 영 제89조, 설비규칙 제5조, (별표 1의2)
해설 법규 : (별표 1의2)
공동주택의 승용 승강기의 설치대수 $= 1 + \dfrac{A - 3,000}{3,000}$ 대 이상이고, 6층 이상의 거실면적의 합계가 9,000m²이므로 승용 승강기의 설치대수 $= 1 + \dfrac{A - 3,000}{3,000} = 1 + \dfrac{9,000 - 3,000}{3,000} = 3$대 이상이다.

44 | 승용 승강기 설치대수
24, 20, 10

6층 이상의 거실면적의 합계가 11,000m²인 교육연구시설에 설치하여야 하는 승용 승강기의 최소 대수는? (단, 8인승 승용 승강기인 경우)

① 3대 ② 4대
③ 5대 ④ 6대

해설 관련 법규 : 법 제64조, 영 제89조, 설비규칙 제5조, (별표 1의2)
해설 법규 : (별표 1의2)
교육연구시설의 승용 승강기의 설치대수 $= 1 + \dfrac{A - 3,000}{3,000}$ 대 이상이고, 6층 이상의 거실면적의 합계가 11,000m²이므로 승용 승강기의 설치대수 $= 1 + \dfrac{A - 3,000}{3,000} = 1 + \dfrac{11,000 - 3,000}{3,000} = 3.67$
→ 4대 이상이다.

45 | 승용 승강기 설치대수
17

6층 이상의 거실면적의 합계가 15,000m²인 종합 병원에 설치하여야 하는 승용 승강기의 최소 대수는? (단, 8인승 승용 승강기의 경우)

① 5대 ② 6대
③ 7대 ④ 8대

해설 관련 법규 : 법 제64조, 영 제89조, 설비규칙 제5조, (별표 1의2)
해설 법규 : (별표 1의2)
문화 및 집회시설(공연장, 집회장 및 관람장만 해당), 판매시설, 의료시설 등의 승용 승강기 설치에 있어서 3,000m² 이하까지는 2대이고, 3,000m²를 초과하는 경우에는 그 초과하는 매 2,000m² 이내마다 1대의 비율로 가산한 대수로 설치한다.
(병원은 의료시설에 속하며, 소수점 이하는 올림)
∴ 승용 승강기 설치대수
$= 2 + \dfrac{6층 이상의 거실면적의 합 - 3,000}{2,000}$
$= 2 + \dfrac{15,000 - 3,000}{2,000} = 8$대 이상

46 | 승용 승강기 설치대수
22, 08

각 층의 거실면적이 3,000m²이며 층수가 12층인 호텔 건축물에 24인승 승용 승강기를 설치할 때 필요한 최소 대수는?

① 3대 ② 4대
③ 5대 ④ 6대

해설 관련 법규 : 법 제64조, 영 제89조, 설비규칙 제5조, (별표 1의2)
해설 법규 : (별표 1의2)
호텔은 숙박시설이므로 승용 승강기의 설치대수 $= 1 + \dfrac{A - 3,000}{2,000}$ 대 이상이고, 6층 이상의 거실면적의 합계가 3,000×(12-5)= 21,000m²이므로 승용 승강기의 설치대수 $= 1 + \dfrac{A - 3,000}{2,000}$
$1 + \dfrac{21,000 - 3,000}{2,000} = 10$대 이상이나, 16인승 이상의 경우에는 2대로 환산하므로 10÷2=5대 이상이다.

정답 42. ② 43. ③ 44. ② 45. ④ 46. ③

47 | 승용 승강기 설치대수 | 10

각 층의 거실바닥 면적이 1,000m²인 10층 상점에 설치하여야 하는 승용 승강기의 최소 대수는? (단, 8인승 승용 승강기의 경우)

① 1대
② 2대
③ 3대
④ 4대

해설 관련 법규 : 법 제64조, 영 제89조, 설비규칙 제5조, (별표 1의2)
해설 법규 : (별표 1의2)
상점은 판매시설이므로, 승용 승강기의 설치대수
$=2+\dfrac{A-3,000}{2,000}$ 대 이상이고, 6층 이상의 거실면적의 합계가 $1,000 \times (10-5) = 5,000\text{m}^2$이므로 승용 승강기의 설치대수 $=2+\dfrac{A-3,000}{2,000}=2+\dfrac{5,000-3,000}{2,000}=3$대 이상이다.

48 | 승용 승강기 설치대수 | 25, 24, 22, 16, 14, 10, 08

각 층의 거실면적이 1,000m²인 10층 종합병원에 설치하여야 하는 승용 승강기의 최소 대수는? (단, 8인승 승용 승강기인 경우)

① 2대
② 3대
③ 4대
④ 5대

해설 관련 법규 : 법 제64조, 영 제89조, 설비규칙 제5조, (별표 1의2)
해설 법규 : (별표 1의2)
종합병원은 의료시설이므로, 승용 승강기의 설치대수 $=2+\dfrac{A-3,000}{2,000}$ 대 이상이고, 6층 이상의 거실면적의 합계가 $1,000 \times (10-5) = 5,000\text{m}^2$이므로 승용 승강기의 설치대수 $=2+\dfrac{A-3,000}{2,000}=2+\dfrac{5,000-3,000}{2,000}=3$대 이상이다.

49 | 승용 승강기 설치대수 | 15

다음과 같은 조건에 있는 의료시설 중 종합병원에 설치하여야 하는 승용 승강기의 최소 대수는?

[조건]
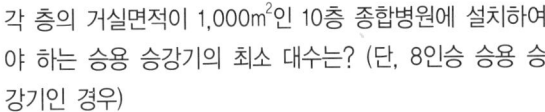
• 층수 : 10층
• 각 층의 바닥면적 : 1,200m²
• 각 층의 거실면적 : 1,000m²
• 8인승 승용 승강기 설치

① 2대
② 3대
③ 4대
④ 5대

해설 관련 법규 : 법 제64조, 영 제89조, 설비규칙 제5조, (별표 1의2)
해설 법규 : (별표 1의2)
병원은 의료시설이므로 승용 승강기 설치대수는 $2+\dfrac{A-3,000}{2,000}$ 에서 6층 이상 거실면적의 합계는 $1,000 \times (10-5) = 5,000\text{m}^2$이므로, 승용 승강기 설치대수 $=2+\dfrac{A-3,000}{2,000}=2+\dfrac{5,000-3,000}{2,000}=3$대 이상이다.

50 | 승용 승강기 설치대수 | 16

층수가 7층이며, 각 층의 거실면적이 3,000m²인 교육연구시설(제2종 근린생활시설은 제외) 중 전시장에 설치하여야 하는 승용 승강기의 최소 대수는? (단, 15인승 승용 승강기의 경우)

① 1대
② 2대
③ 3대
④ 4대

해설 관련 법규 : 법 제64조, 영 제89조, 설비규칙 제5조, (별표 1의2)
해설 법규 : (별표 1의2)
교육연구시설의 승용 승강기의 설치대수
$1+\dfrac{A-3,000}{2,000}$ 대 이상이고,
6층 이상의 거실면적의 합계가 6,000m²이므로
승용 승강기의 설치대수 $=1+\dfrac{A-3,000}{2,000}$
$1+\dfrac{6,000-3,000}{2,000}=2.5 \rightarrow 3$대 이상이다.

51 | 승용 승강기 설치대수 | 22

각 층의 거실면적이 3,000m²이며 층수가 12층인 호텔 건축물에 설치하여야 하는 승용승강기의 최소 대수는? (단, 24인승 승강기를 설치하는 경우)

① 3대
② 4대
③ 5대
④ 6대

해설 관련 법규 : 법 제64조, 영 제89조, 설비규칙 제5조, (별표 1의2)
해설 법규 : (별표 1의2)
호텔은 숙박시설이므로 승용승강기의 설치대수 $=1+\dfrac{A-3,000}{2,000}$ 대 이상이고, 6층 이상의 거실면적의 합계가 $3,000 \times (12-5) = 21,000\text{m}^2$이므로 승용승강기의 설치대수 $=1+\dfrac{A-3,000}{2,000}=1+\dfrac{21,000-3,000}{2,000}=10$대 이상이나, 16인승 이상의 경우에는 2대로 환산하므로 $10 \div 2 = 5$대 이상이다.

정답 47. ③ 48. ② 49. ② 50. ③ 51. ③

52 | 비상용 승강기
20, 17

비상용 승강기의 승강장 및 승강로의 구조에 관한 기준 내용으로 옳지 않은 것은?

① 승강장의 바닥면적은 비상용 승강기 1대에 대하여 5m² 이상으로 할 것
② 각 층으로부터 피난층까지 이르는 승강로를 단일구조로 연결하여 설치할 것
③ 승강장에는 노대 또는 외부를 향하여 열 수 있는 창문이나 배연설비를 설치할 것
④ 승강장은 각 층의 내부와 연결될 수 있도록 하되, 그 출입구에는 60+방화문 또는 60분방화문을 설치할 것

해설 관련 법규 : 법 제64조, 영 제90조, 설비규칙 제10조
해설 법규 : 설비규칙 제10조 2호 바목
승강장의 바닥면적은 비상용 승강기 1대에 대하여 6m² 이상으로 하여야 한다.

53 | 비상용 승강기
19, 15, 10

비상용 승강기 승강장의 구조에 관한 기준 내용으로 옳지 않은 것은?

① 채광이 되는 창문이 있거나 예비전원에 의한 조명설비를 할 것
② 벽 및 반자가 실내에 접하는 부분의 마감재료는 불연재료로 할 것
③ 노대 또는 외부를 향하여 열 수 있는 창문이나 배연설비를 설치할 것
④ 옥외에 승강장을 설치하는 경우 승강장의 바닥면적은 비상용 승강기 1대에 대하여 6m² 이상으로 할 것

해설 관련 법규 : 법 제64조, 설비규칙 제10조
해설 법규 : 설비규칙 제10조 2호 바목
승강장의 바닥면적은 비상용 승강기 1대에 대하여 6m² 이상으로 할 것. 다만, 옥외에 승강장을 설치하는 경우에는 그러하지 아니하다.

54 | 비상용 승강기
18

비상용 승강기의 승강장 및 승강로의 구조에 관한 기준 내용으로 옳지 않은 것은?

① 승강장은 각 층의 내부와 연결될 수 있도록 할 것
② 승강로는 해당 건축물의 다른 부분과 내화구조로 구획할 것
③ 벽 및 반자가 실내에 접하는 부분의 마감재료는 불연재료로 할 것
④ 옥외 승강장의 바닥면적은 비상용 승강기 1대에 대하여 5m² 이상으로 할 것

55 | 비상용 승강기
18, 11

건축물에 설치하여야 하는 비상용 승강기의 승강장 및 승강로의 구조에 관한 기준 내용으로 옳지 않은 것은?

① 승강장은 각 층의 내부와 연결될 수 있도록 할 것
② 승강로는 해당 건축물의 다른 부분과 내화구조로 구획할 것
③ 벽 및 반자가 실내에 접하는 부분의 마감재료는 난연재료로 할 것
④ 각 층으로부터 피난층까지 이르는 승강로를 단일구조로 연결하여 설치할 것

해설 관련 법규 : 법 제64조, 영 제90조, 설비규칙 제10조
해설 법규 : 설비규칙 제10조 2호 라목
벽 및 반자가 실내에 접하는 부분의 마감재료(마감을 위한 바탕을 포함)는 불연재료로 할 것

56 | 비상용 승강기
22, 19, 16, 13, 12, 11, 10, 07

옥내 비상용 승강기 설치 시 승강장이 바닥면적은 비상용 승강기 1대에 대하여 최소 얼마 이상이어야 하는가?

① 2m²　　　　② 4m²
③ 5m²　　　　④ 6m²

해설 관련 법규 : 법 제64조, 영 제90조, 설비규칙 제10조
해설 법규 : 설비규칙 제10조 2호 바목
승강장의 바닥면적은 비상용 승강기 1대에 대하여 6m² 이상으로 할 것. 다만, 옥외에 승강장을 설치하는 경우에는 그러하지 아니하다.

57 | 비상용 승강기
21, 16, 25

다음은 비상용 승강기의 승강장 구조에 관한 기준내용이다. ( ) 안에 알맞은 것은?

승강장의 바닥면적은 비상용 승강기 1대에 대하여 ( ) 이상으로 할 것. 다만, 옥외에 승강장을 설치하는 경우에는 그러하지 아니하다.

① 4m²　　　　② 5m²
③ 6m²　　　　④ 8m²

정답 52.① 53.④ 54.④ 55.③ 56.④ 57.③

해설 관련 법규 : 법 제64조, 설비규칙 제10조
해설 법규 : 설비규칙 제10조 2호 바목
비상용 승강기의 승강장 바닥면적은 비상용 승강기 1대에 대하여 6m² 이상으로 할 것. 다만, 옥외에 승강장을 설치하는 경우에는 그러하지 아니하다.

58 관계전문기술자의 협력 대상 건축물
24, 17

급수, 배수, 환기, 난방 설비를 건축물에 설치하는 경우 건축기계설비기술사 또는 공조냉동기계기술사의 협력을 받아야 하는 대상 건축물에 속하는 것은?

① 연립주택
② 다세대주택
③ 기숙사로서 해당 용도에 사용되는 바닥면적의 합계가 1,000m²인 건축물
④ 숙박시설로서 해당 용도에 사용되는 바닥면적의 합계가 1,000m²인 건축물

해설 관련 법규 : 영 제91조의3, 설비규칙 제2조
해설 법규 : 설비규칙 제2조
다음과 같은 건축물의 급수·배수(配水)·배수(排水)·환기·난방·소화·배연·오물처리 설비 및 승강기(기계 분야만 해당)는 건축기계설비기술사 또는 공조냉동기계기술사의 협력을 받아야 한다.
㉠ 냉동냉장시설·항온항습시설(온도와 습도를 일정하게 유지시키는 특수설비가 설치되어 있는 시설) 또는 특수청정시설(세균 또는 먼지 등을 제거하는 특수설비가 설치되어 있는 시설)로서 해당 용도에 사용되는 바닥면적의 합계가 500m² 이상인 건축물
㉡ 아파트 및 연립주택
㉢ 목욕장, 물놀이형 시설(실내에 설치된 경우로 한정) 및 수영장(실내에 설치된 경우로 한정)에 해당하는 건축물로서 해당 용도에 사용되는 바닥면적의 합계가 500m² 이상인 건축물
㉣ 기숙사, 의료시설, 유스호스텔 및 숙박시설에 해당하는 건축물로서 해당 용도에 사용되는 바닥면적의 합계가 2,000m² 이상인 건축물
㉤ 판매시설, 연구소, 업무시설에 해당하는 건축물로서 해당 용도에 사용되는 바닥면적의 합계가 3,000m² 이상인 건축물
㉥ 문화 및 집회시설, 종교시설, 교육연구시설(연구소는 제외), 장례식장에 해당하는 건축물로서 해당 용도에 사용되는 바닥면적의 합계가 10,000m² 이상인 건축물

59 관계전문기술자의 협력 대상 건축물
21, 18, 14

건축물에 급수, 배수, 환기 등의 건축설비를 설치하는 경우 건축기계설비기술사 또는 공조냉동기계기술사의 협력을 받아야 하는 대상 건축물에 속하지 않는 것은?

① 아파트
② 연립주택
③ 숙박시설로서 해당 용도에 사용되는 바닥면적의 합계가 2,000m²인 건축물
④ 판매시설로서 해당 용도에 사용되는 바닥면적의 합계가 2,000m²인 건축물

해설 관련 법규 : 법 제68조, 영 제91조의3, 설비규칙 제2조
해설 법규 : 설비규칙 제2조 5호
판매시설, 연구소 및 업무시설 등에 해당하는 건축물로서 해당 용도에 사용되는 바닥면적의 합계가 3,000m² 이상인 건축물은 관계전문기술자의 협력을 받아야 한다.

60 관계전문기술자의 협력 대상 건축물
15

에너지를 대량으로 소비하는 건축물로서 가스·급수·배수 설비를 설치하는 경우 건축기계설비기술사 또는 공조냉동기계기술사의 협력을 받아야 하는 대상 건축물에 속하지 않는 것은? (단, 해당 용도에 사용되는 바닥면적의 합계가 2,000m²인 건축물)

① 기숙사
② 판매시설
③ 의료시설
④ 숙박시설

해설 관련 법규 : 법 제68조, 영 제91조의3, 설비규칙 제2조
해설 법규 : 설비규칙 제2조 4호
기숙사, 의료시설, 유스호스텔, 숙박시설 등에 해당하는 건축물로서 해당 용도에 사용되는 바닥면적의 합계가 2,000m² 이상인 건축물은 관계전문기술자의 협력을 받아야 한다.

61 관계전문기술자의 협력 대상 건축물
17, 14

급수, 배수의 건축설비를 건축물에 설치하는 경우 건축기계설비기술사 또는 공조냉동기계기술사의 협력을 받아야 하는 대상 건축물에 속하지 않는 것은?

① 연립주택
② 판매시설로서 해당 용도에 사용되는 바닥면적의 합계가 2,000m²인 건축물
③ 의료시설로서 해당 용도에 사용되는 바닥면적의 합계가 2,000m²인 건축물
④ 숙박시설로서 해당 용도에 사용되는 바닥면적의 합계가 2,000m²인 건축물

정답 58. ① 59. ④ 60. ② 61. ②

해설 관련 법규 : 법 제68조, 영 제91조의3, 설비규칙 제2조
해설 법규 : 설비규칙 제2조 5호
판매시설, 연구소 및 업무시설 등에 해당하는 건축물로서 해당 용도에 사용되는 바닥면적의 합계가 3,000m² 이상인 건축물은 관계전문기술자의 협력을 받아야 한다.

62 | 관계전문기술자의 협력 대상 건축물
21, 20, 14

급수·배수·환기·난방설비를 설치하는 경우 건축기계설비기술사 또는 공조냉동기계기술사의 협력을 받아야 하는 대상 건축물에 속하지 않는 것은?

① 아파트
② 의료시설로서 해당 용도에 사용되는 바닥면적의 합계가 2,000m²인 건축물
③ 업무시설로서 해당 용도에 사용되는 바닥면적의 합계가 2,000m²인 건축물
④ 숙박시설로서 해당 용도에 사용되는 바닥면적의 합계가 2,000m²인 건축물

해설 관련 법규 : 법 제68조, 영 제91조의3, 설비규칙 제2조
해설 법규 : 설비규칙 제2조 5호
판매시설, 연구소 및 업무시설 등에 해당하는 건축물로서 해당 용도에 사용되는 바닥면적의 합계가 3,000m² 이상인 건축물은 관계전문기술자의 협력을 받아야 한다.

63 | 내화구조
17, 14, 09

다음 중 내화구조에 해당되지 않는 것은?

① 작은 지름이 25cm인 철근콘크리트조의 기둥
② 철골철근콘크리트조의 계단
③ 두께 8cm인 철근콘크리트조의 바닥
④ 철재로 보강된 유리블록으로 된 지붕

해설 관련 법규 : 영 제2조, 피난·방화규칙 제3조
해설 법규 : 피난·방화규칙 제3조 4호
철근콘크리트조 또는 철골철근콘크리트조의 보, 기둥, 지붕 및 계단의 경우에는 두께에 관계없이 내화구조로 인정하나, 벽과 바닥의 경우, 철근콘크리트조 또는 철골철근콘크리트조로서 두께가 10cm(외벽 중 비내력벽 7cm) 이상인 것이다.

64 | 내화구조
20

다음 중 내화구조에 속하지 않는 것은? (단, 바닥의 경우)

① 철근콘크리트조로서 두께가 10cm인 것
② 철골철근콘크리트조로서 두께가 10cm인 것
③ 철재의 양면을 두께 5cm의 철망모르타르로 덮은 것
④ 무근콘크리트조·벽돌조 또는 석조로서 그 두께가 7cm인 것

해설 관련 법규 : 법 제2조, 영 제2조, 피난·방화규칙 제3조
해설 법규 : 피난·방화규칙 제3조 4호
바닥의 경우에는 다음의 어느 하나에 해당하는 것이라야 내화구조에 속한다.
㉠ 철근콘크리트조 또는 철골철근콘크리트조로서 두께가 10cm 이상인 것
㉡ 철재로 보강된 콘크리트블록조·벽돌조 또는 석조로서 철재에 덮은 콘크리트 블록 등의 두께가 5cm 이상인 것
㉢ 철재의 양면을 두께 5cm 이상의 철망모르타르 또는 콘크리트로 덮은 것

65 | 내화구조의 기준
24

다음 중 내화구조에 속하지 않는 것은?

① 철근콘크리트조 기둥의 경우 그 작은 지름이 20cm인 것
② 철근콘크리트조 바닥의 경우 두께가 10cm인 것
③ 철근콘크리트조로 된 보
④ 철근콘크리트조로 된 지붕

해설 관련 법규 : 영 제2조, 피난·방화규칙 제3조
해설 법규 : 피난·방화규칙 제3조 3호
기둥의 경우 그 작은 지름이 25cm 이상인 것이어야 내화구조에 속한다.

66 | 내화구조의 기준
22

다음 중 철근콘크리트조로서 두께와 상관없이 내화구조로 인정되는 것에 속하지 않는 것은?

① 보   ② 계단
③ 바닥   ④ 지붕

해설 관련 법규 : 영 제2조, 피난·방화규칙 제3조
해설 법규 : 피난·방화규칙 제3조
철근콘크리트조 또는 철골철근콘크리트조의 보, 기둥, 지붕 및 계단의 경우에는 두께에 관계없이 내화구조로 인정하나, 벽과 바닥의 경우, 철근콘크리트조 또는 철골철근콘크리트조로서 두께가 10cm(외벽 중 비내력벽 7cm) 이상인 것이다.

67 | 방화구조
09

방화구조의 기준 내용으로 옳지 않은 것은?

① 철망모르타르로써 그 바름두께가 2cm 이상인 것
② 시멘트모르타르 위에 타일을 붙인 것으로 그 두께의 합계가 2.5cm 이상인 것
③ 두께 1.2cm 이상의 석고판 위에 석면시멘트판을 붙인 것
④ 심벽에 흙으로 맞벽치기한 것

정답 62. ③ 63. ③ 64. ④ 65. ① 66. ③ 67. ③

해설 관련 법규 : 영 제2조, 피난·방화규칙 제4조
해설 법규 : 피난·방화규칙 제4조
두께 1.2cm 이상의 석고판 위에 석면시멘트판을 붙인 것은 방화구조가 아니다.

68 | 방화구조
24, 21, 14, 12

방화구조에 해당하지 않는 것은?

① 심벽에 흙으로 맞벽치기한 것
② 철망모르타르로서 그 바름 두께가 2cm인 것
③ 석고판 위에 시멘트모르타르를 바른 것으로서 그 두께의 합계가 2cm인 것
④ 시멘트모르타르 위에 타일을 붙인 것으로서 그 두께의 합계가 2.5cm인 것

해설 관련 법규 : 영 제2조, 피난·방화규칙 제4조
해설 법규 : 피난·방화규칙 제4조 3호
방화구조는 ①, ② 및 ④ 외에 석고판 위에 시멘트모르타르 또는 회반죽을 바른 것으로서 그 두께의 합계가 2.5cm 이상인 것이다.

69 | 피난안전구역
19

피난안전구역의 구조 및 설비에 관한 기준 내용으로 옳지 않은 것은?

① 피난안전구역의 높이는 1.8m 이상일 것
② 피난안전구역의 내부마감재료는 불연재료로 설치할 것
③ 비상용 승강기는 피난안전구역에서 승하차할 수 있는 구조로 설치할 것
④ 건축물의 내부에서 피난안전구역으로 통하는 계단은 특별피난계단의 구조로 설치할 것

해설 관련 법규 : 법 제49조, 영 제34조, 피난·방화규칙 제8조의2
해설 법규 : 피난·방화규칙 제8조의2 ③항 8호
피난안전구역의 높이는 2.1m 이상으로 할 것

70 | 피난계단의 구조
18

건축물의 내부에 설치하는 피난계단의 구조에 관한 기준 내용으로 옳지 않은 것은?

① 계단실의 실내에 접하는 부분의 마감은 불연재료로 할 것
② 계단은 내화구조로 하고 피난층 또는 지상까지 직접 연결되도록 할 것
③ 건축물의 내부와 접하는 계단실의 창문 등의 면적은 각각 3m² 이하로 할 것
④ 건축물의 내부에서 계단실로 통하는 출입구의 유효너비는 0.9m 이상으로 할 것

해설 관련 법규 : 영 제35조, 피난·방화규칙 제9조
해설 법규 : 피난·방화규칙 제9조 ②항 1호 마목
건축물의 내부와 접하는 계단실의 창문 등(출입구를 제외)은 망이 들어 있는 유리의 붙박이창으로서 그 면적을 각각 1m² 이하로 할 것

71 | 피난계단의 구조
08, 17

건축물의 내부에 설치하는 피난계단의 구조에 관한 기준 내용으로 옳지 않은 것은?

① 계단실의 실내에 접하는 부분의 마감은 불연재료로 할 것
② 계단은 내화구조로 하고 피난층 또는 지상까지 직접 연결되도록 할 것
③ 건축물의 내부에서 계단실로 통하는 출입구의 유효너비는 0.6m 이상으로 할 것
④ 계단실은 창문·출입구 기타 개구부를 제외한 해당 건축물의 다른 부분과 내화구조의 벽으로 구획할 것

해설 관련 법규 : 법 제49조, 영 제35조, 피난·방화규칙 제9조
해설 법규 : 피난·방화규칙 제9조 ②항 1호 바목
건축물의 내부에서 계단실로 통하는 출입구의 유효너비는 0.9m 이상으로 할 것

72 | 특별피난계단
18

특별피난계단의 구조에 관한 기준 내용으로 옳지 않은 것은?

① 계단은 내화구조로 하되, 피난층 또는 지상까지 직접 연결되도록 할 것
② 출입구의 유효너비는 0.9m 이상으로 하고 피난의 방향으로 열 수 있을 것
③ 건축물의 내부에서 노대 또는 부속실로 통하는 출입구에는 60+방화문, 60분방화문 또는 30분 방화문을 설치할 것
④ 계단실에는 노대 또는 부속실에 접하는 부분 외에는 건축물의 내부와 접하는 창문 등을 설치하지 아니할 것

해설 관련 법규 : 법 제49조, 영 제35조, 피난·방화규칙 제9조
해설 법규 : 피난·방화규칙 제9조 ②항 3호 자목
건축물의 내부에서 노대 또는 부속실로 통하는 출입구에는 60+방화문 또는 60분방화문을 설치하고, 노대 또는 부속실로부터 계단실로 통하는 출입구에는 60+방화문, 60분방화문 또는 30분방화문을 설치할 것. 이 경우 방화문은 언제나 닫힌 상태를 유지하거나 화재로 인한 연기 또는 불꽃을 감지하여 자동적으로 닫히는 구조로 해야 하고, 연기 또는 불꽃으로 감지하여 자동적으로 닫히는 구조로 할 수 없는 경우에는 온도를 감지하여 자동적으로 닫히는 구조로 할 수 있다.

정답 68. ③ 69. ① 70. ③ 71. ③ 72. ③

73 | 특별피난계단의 구조
21

특별피난계단의 구조에 관한 기준 내용으로 옳지 않은 것은?

① 계단실에는 예비전원에 의한 조명설비를 할 것
② 계단은 내화구조로 하되, 피난층 또는 지상까지 직접 연결되도록 할 것
③ 출입구의 유효너비는 0.9m 이상으로 하고 피난의 방향으로 열 수 있을 것
④ 계단실 및 부속실의 실내에 접하는 부분의 마감은 불연재료 또는 준불연재료로 할 것

해설 관련 법규 : 법 제49조, 영 제35조, 피난·방화규칙 제9조
해설 법규 : 피난·방화규칙 제9조 ②항 3호 다목
계단실 및 부속실의 실내에 접하는 부분(바닥 및 반자 등 실내에 면한 모든 부분)의 마감(마감을 위한 바탕을 포함)은 불연재료로 할 것

74 | 피난계단의 구조
20, 13

건축물의 바깥쪽에 설치하는 피난계단의 구조에 관한 기준 내용으로 옳지 않은 것은?

① 계단의 유효너비는 0.9m 이상으로 할 것
② 계단은 내화구조로 하고 지상까지 직접 연결하도록 할 것
③ 건축물의 내부에서 계단으로 통하는 출입구에는 60+방화문 또는 60분방화문을 설치할 것
④ 계단은 그 계단으로 통하는 출입구 외의 창문 등으로부터 1m 이상의 거리를 두고 설치할 것

해설 관련 법규 : 법 제49조, 영 제35조, 피난·방화규칙 제9조
해설 법규 : 피난·방화규칙 제9조 ②항 2호 가목
계단은 그 계단으로 통하는 출입구 외의 창문 등(망이 들어 있는 유리의 붙박이창으로서 그 면적이 각각 $1m^2$ 이하인 것을 제외)으로부터 2m 이상의 거리를 두고 설치할 것

75 | 피난계단의 구조
17, 09

다음은 특별피난계단의 구조에 관한 기준 내용이다. ( ) 안에 알맞은 것은?

계단실 및 부속실의 실내에 접하는 부분(바닥 및 반자 등 실내에 면한 모든 부분)의 마감은 ( )로 할 것

① 내화재료   ② 불연재료
③ 준불연재료 ④ 난연재료

해설 관련 법규 : 법 제49조, 영 제35조, 피난·방화규칙 제9조
해설 법규 : 피난·방화규칙 제9조 ②항 3호 다목
특별피난계단의 구조에 있어서 계단실 및 부속실의 실내에 접하는 부분(바닥 및 반자 등 실내에 면한 모든 부분)의 마감(마감을 위한 바탕을 포함)은 불연재료로 할 것

76 | 출구의 설치기준
19, 18, 17, 16, 10

건축물의 관람실 또는 집회실로부터 바깥쪽으로의 출구로 쓰이는 문을 안여닫이로 해도 되는 건축물의 용도는?

① 장례시설
② 위락시설
③ 종교시설
④ 문화 및 집회시설 중 전시장

해설 관련 법규 : 법 제49조, 영 제38조, 피난·방화규칙 제10조
해설 법규 : 영 제38조, 피난·방화규칙 제10조 ①항
제2종 근린생활시설 중 공연장·종교집회장(해당 용도로 쓰는 바닥면적의 합계가 각각 $300m^2$ 이상인 경우만 해당), 문화 및 집회시설(전시장 및 동·식물원은 제외), 종교시설, 위락시설 및 장례시설의 관람실 또는 집회실로부터 바깥쪽으로의 출구로 쓰이는 문은 안여닫이로 하여서는 안 된다.

77 | 개별 관람실의 출구 기준
22, 21, 20, 14

문화 및 집회시설 중 공연장의 개별 관람실의 출구에 관한 기준 내용으로 옳지 않은 것은?

① 관람실별로 2개소 이상 설치하여야 한다.
② 각 출구의 유효너비는 1.2m 이상으로 한다.
③ 관람실로부터 바깥쪽으로의 출구로 쓰이는 문은 안여닫이로 하여서는 아니 된다.
④ 개별 관람실 출구의 유효너비의 합계는 개별 관람실의 바닥면적 $100m^2$마다 0.6m의 비율로 산정한 너비 이상으로 한다.

해설 관련 법규 : 법 제49조, 영 제38조, 피난·방화규칙 제10조
해설 법규 : 피난·방화규칙 제10조 ②항
문화 및 집회시설 중 공연장의 개별 관람실(바닥면적이 $300m^2$ 이상인 것만 해당)의 출구는 다음의 기준에 적합하게 설치해야 한다.
㉠ 관람실별로 2개소 이상 설치할 것
㉡ 각 출구의 유효너비는 1.5m 이상일 것
㉢ 개별 관람실 출구의 유효너비의 합계는 개별 관람실의 바닥면적 $100m^2$마다 0.6m의 비율로 산정한 너비 이상으로 할 것

정답 73.④ 74.④ 75.② 76.④ 77.②

78 | 개별 관람실의 출구 기준
22

문화 및 집회시설 중 공연장의 개별 관람실로부터의 출구의 설치에 관한 기준 내용으로 옳지 않은 것은? (단, 개별 관람실의 바닥면적은 300m²이다.)

① 개별 관람실의 출구는 관람실별로 2개소 이상 설치하여야 한다.
② 개별 관람실의 각 출구의 유효너비는 1.5m 이상으로 하여야 한다.
③ 관람실로부터 바깥쪽으로의 출구로 쓰이는 문은 안여닫이로 해서는 안 된다.
④ 개별 관람실 출구의 유효너비의 합계는 최소 3.6m 이상으로 하여야 한다.

해설 관련 법규 : 법 제49조, 영 제38조, 피난·방화규칙 제10조
해설 법규 : 피난·방화규칙 제10조 ②항
개별 관람실 출구의 유효너비의 합계는 개별 관람실 바닥면적 100m²마다 0.6m의 비율로 산정한 너비 이상으로 할 것.
그러므로, $\frac{300}{100} \times 0.6 = 1.8m$ 이상으로 하여야 한다.

79 | 출구의 유효너비 합계
15, 08

바닥면적이 400m²인 문화 및 집회시설 중 공연장의 개별 관람실의 출구 유효너비의 합계는 최소 얼마 이상으로 하여야 하는가?

① 1.5m ② 1.8m
③ 2.4m ④ 3.0m

해설 관련 법규 : 법 제49조, 영 제38조, 피난·방화규칙 제10조
해설 법규 : 피난·방화규칙 제10조 ②항
개별 관람실 출구의 유효너비의 합계는 개별 관람실의 바닥면적 100m²마다 0.6m의 비율로 산정한 너비 이상으로 할 것
개별 관람실 출구의 유효너비의 합계
$= \frac{\text{개별 관람실의 바닥면적의 합계}}{100} \times 0.6m = \frac{400}{100} \times 0.6 = 2.4m$
이상이다.

80 | 출구의 유효너비 합계
23

문화 및 집회시설 중 공연장의 개별 관람실의 바닥면적은 300m²인 경우, 각 출구의 유효너비의 최소값은?

① 0.9m ② 1.2m
③ 1.5m ④ 1.8m

해설 관련 법규 : 법 제49조, 영 제38조, 피난·방화규칙 제10조
해설 법규 : 피난·방화규칙 제10조
㉠ 출구를 2개소 이상 설치하여야 하고, 출구로 쓰이는 문은 안여닫이로 하여서는 아니 된다.
㉡ 각 출구의 유효너비는 1.5m 이상으로 하고, 출구의 유효너비의 합계는 개별 관람실의 바닥면적 100m²마다 0.6m 비율로 산정한 너비 이상으로 할 것

81 | 출구의 유효너비 합계
23, 22, 19, 16, 15, 11

문화 및 집회시설 중 공연장의 개별 관람실의 바닥면적이 1,000m²일 경우, 이 관람실에는 출구를 최소 몇 개소 이상 설치하여야 하는가? (단, 각 출구의 유효너비를 1.5m로 하는 경우)

① 3개소 ② 4개소
③ 5개소 ④ 6개소

해설 관련 법규 : 영 제38조, 피난·방화규칙 제10조
해설 법규 : 피난·방화규칙 제10조 ②항 3호
개별 관람실 출구의 유효너비의 합계는 개별 관람실의 바닥면적 100m²마다 0.6m의 비율로 산정한 너비 이상으로 할 것
개별 관람실 출구의 유효너비의 합계
$\geq \frac{\text{최대인 층의 바닥면적}}{100m^2} \times 0.6m$
$= \frac{1,000}{100} \times 0.6m = 6m$
그런데, 각 출구의 유효너비가 1.5m이므로 출입구 개소 = $\frac{6}{1.5} = 4$개소이다.

82 | 출구의 유효너비 합계
18, 13

문화 및 집회시설 중 공연장의 개별 관람실의 바닥면적이 500m²인 경우 개별 관람실 출구의 유효너비의 합계는 최소 얼마 이상이어야 하는가?

① 1m ② 2m
③ 3m ④ 4m

해설 관련 법규 : 법 제49조, 영 제38조, 피난·방화규칙 제10조
해설 법규 : 피난·방화규칙 제10조 ②항
개별 관람실 출구의 유효너비의 합계는 개별 관람실의 바닥면적 100m²마다 0.6m의 비율로 산정한 너비 이상으로 할 것
개별 관람실 출구의 유효너비의 합계
$= \frac{\text{개별 관람실의 바닥면적의 합계}}{100} \times 0.6m = \frac{500}{100} \times 0.6 = 3.0m$
이상이다.

정답 78. ④ 79. ③ 80. ③ 81. ② 82. ③

83 | 출구의 유효너비 합계
24, 17

문화 및 집회시설 중 공연장의 개별 관람실의 바닥면적이 1,000m² 인 경우, 개별 관람실 출구의 유효너비 합계는 최소 얼마 이상으로 하여야 하는가?

① 3m ② 4m
③ 5m ④ 6m

해설 관련 법규 : 법 제49조, 영 제38조, 피난·방화규칙 제10조
해설 법규 : 피난·방화규칙 제10조 ②항 3호
문화 및 집회시설 중 공연장의 개별 관람실(바닥면적이 300m² 이상인 것)의 출구의 유효너비의 합계
= $\frac{개별 관람실의 면적}{100} \times 0.6m$ 이상으로 설치하여야 한다.
출구의 유효너비의 합계= $\frac{1,000}{100} \times 0.6m = 6.0m$ 이상으로 하여야 한다.

84 | 개별 관람실의 출구 개소
16, 15, 11

문화 및 집회시설 중 공연장의 개별 관람실의 출구는 관람실별로 최소 몇 개소 이상 설치하여야 하는가? (단, 개별 관람실의 바닥면적이 300m² 이상인 경우)

① 1개소 ② 2개소
③ 3개소 ④ 4개소

해설 관련 법규 : 법 제49조, 영 제38조, 피난·방화규칙 제10조
해설 법규 : 피난·방화규칙 제10조 ②항
문화 및 집회시설 중 공연장의 개별 관람실(바닥면적이 300m² 이상인 것)의 출구는 다음의 기준에 적합하게 설치하여야 한다.
㉠ 관람실별로 2개소 이상 설치할 것
㉡ 각 출구의 유효너비는 1.5m 이상일 것
㉢ 개별 관람실 출구의 유효너비의 합계는 개별 관람실의 바닥면적 100m²마다 0.6m의 비율로 산정한 너비 이상으로 할 것

85 | 출구의 유효너비 합계
25, 22, 14

다음과 같은 경우 판매시설의 용도에 쓰이는 피난층에 설치하는 건축물의 바깥쪽으로의 출구의 유효너비의 합계는 최소 얼마 이상이어야 하는가?

• 건축물의 층수 : 5층
• 각 층의 판매시설로 쓰이는 바닥면적 : 1,000m²

① 3m 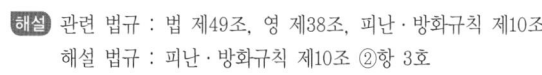 ② 6m
③ 10m ④ 12m

해설 관련 법규 : 법 제49조, 영 제38조, 피난·방화규칙 제11조
해설 법규 : 피난·방화규칙 제11조 ④항
판매시설의 용도에 쓰이는 피난층에 설치하는 건축물의 바깥쪽으로의 출구의 유효너비의 합계는 해당 용도에 쓰이는 바닥면적이 최대인 층에 있어서의 해당 용도의 바닥면적 100m²마다 0.6m의 비율로 산정한 너비 이상으로 하여야 한다.
출구의 유효너비의 합계
= $\frac{바닥면적의 합계}{100} \times 0.6m = \frac{1,000}{100} \times 0.6$
= 6.0m 이상이다.

86 | 개별관람실 출구 기준
21, 16, 12

문화 및 집회시설 중 공연장의 개별 관람실의 출구를 관람실별로 2개소 이상 설치해야 하는 개별 관람실의 바닥면적 기준은?

① 150m² 이상
② 300m² 이상
③ 450m² 이상
④ 600m² 이상

해설 관련 법규 : 법 제49조, 영 제38조, 피난·방화규칙 제10조
해설 법규 : 피난·방화규칙 제10조 ②항
문화 및 집회시설 중 공연장의 개별 관람실(바닥면적이 300m² 이상인 것)의 출구는 다음의 기준에 적합하게 설치하여야 한다.
㉠ 관람실별로 2개소 이상 설치할 것
㉡ 각 출구의 유효너비는 1.5m 이상일 것
㉢ 개별 관람실 출구의 유효너비의 합계는 개별 관람실의 바닥면적 100m²마다 0.6m의 비율로 산정한 너비 이상으로 할 것

87 | 회전문
20, 17

건축물의 출입구에 설치하는 회전문에 관한 기준내용으로 옳지 않은 것은?

① 계단이나 에스컬레이터로부터 1m 이상의 거리를 둘 것
② 회전문의 회전속도는 분당회전수가 8회를 넘지 아니하도록 할 것
③ 출입에 지장이 없도록 일정한 방향으로 회전하는 구조로 할 것
④ 회전문의 중심축에서 회전문과 문틀 사이의 간격을 포함한 회전문날개 끝부분까지의 길이는 140cm 이상이 되도록 할 것

해설 관련 법규 : 법 제49조, 영 제39조, 피난·방화규칙 제12조
해설 법규 : 피난·방화규칙 제12조
건축물의 출입구에 설치하는 회전문은 ②, ③, ④ 이외에 계단이나 에스컬레이터로부터 2m 이상의 거리를 둘 것. 회전문과 문틀 사이 및 바닥 사이는 회전문과 문틀 사이는 5cm 이상, 회전문과 바닥 사이는 3cm 이하의 간격을 확보하고 틈 사이를 고무와 고무펠트의 조합체 등을 사용하여 신체나 물건 등에 손상이 없도록 할 것. 자동회전문은 충격이 가하여지거나 사용자가 위험한 위치에 있는 경우에는 전자감지장치 등을 사용하여 정지하는 구조로 하여야 한다.

88 | 회전문
21

건축물의 출입구에 설치하는 회전문에 관한 기준 내용으로 옳지 않은 것은?

① 계단이나 에스컬레이터로부터 2m 이상의 거리를 둘 것
② 출입에 지장이 없도록 일정한 방향으로 회전하는 구조로 할 것
③ 회전문의 회전속도는 분당회전수가 10회를 넘지 아니하도록 할 것
④ 회전문의 중심축에는 회전문과 문틀 사이의 간격을 포함한 회전문날개 끝부분까지의 길이는 140cm 이상이 되도록 할 것

해설 관련 법규 : 법 제49조, 영 제39조, 피난·방화규칙 제12조
해설 법규 : 피난·방화규칙 제12조 5호
회전문의 회전속도는 분당회전수가 8회를 넘지 아니하도록 할 것

89 | 회전문
21

건축물의 출입구에 설치하는 회전문에 관한 기준 내용으로 옳지 않은 것은?

① 회전문과 바닥 사이의 간격은 5cm 이하로 한다.
② 회전문과 문틀 사이의 간격은 5cm 이상으로 한다.
③ 계단이나 에스컬레이터로부터 2m 이상 거리를 두어야 한다.
④ 회전문의 회전속도는 분당회전수가 8회를 넘지 않도록 한다.

해설 관련 법규 : 법 제49조, 영 제39조, 피난·방화규칙 제12조
해설 법규 : 피난·방화규칙 제12조 2호
회전문과 문틀 사이는 5cm 이상, 회전문과 바닥 사이는 3cm 이하의 간격을 확보하고 틈 사이를 고무와 고무펠트의 조합체 등을 사용하여 신체나 물건 등에 손상이 없도록 할 것

90 | 회전문
23, 15, 14, 13

건축물의 출입구에 설치하는 회전문에 관한 기준내용으로 옳은 것은?

① 계단이나 에스컬레이터로부터 1m 이상의 거리를 둘 것
② 출입에 지장이 없도록 일정한 방향으로 회전하는 구조로 할 것
③ 회전문의 회전속도는 분당회전수가 10회를 넘지 아니하도록 할 것
④ 회전문의 중심축에서 회전문과 문틀 사이의 간격을 포함한 회전문날개 끝부분까지의 길이는 120cm 이상이 되도록 할 것

해설 관련 법규 : 법 제49조, 영 제39조, 피난·방화규칙 제12조
해설 법규 : 피난·방화규칙 제12조
건축물의 출입구에 설치하는 회전문은 계단이나 에스컬레이터로부터 2미터 이상의 거리를 두고, 회전문의 회전속도는 분당회전수가 8회를 넘지 아니하도록 하며, 회전문의 중심축에서 회전문과 문틀 사이의 간격을 포함한 회전문날개 끝부분까지의 길이는 140cm 이상이 되도록 할 것

91 | 회전문
25, 24, 23, 20, 17, 09

관련 규정에 의하여 건축물의 출입구에 설치하는 회전문은 계단이나 에스컬레이터로부터 최소 얼마 이상의 거리를 두어야 하는가?

① 1.0m
② 1.5m
③ 2.0m
④ 2.5m

해설 관련 법규 : 법 제49조, 영 제39조, 피난·방화규칙 제12조
해설 법규 : 피난·방화규칙 제12조 1호
건축물의 출입구에 설치하는 회전문은 계단이나 에스컬레이터로부터 2m 이상의 거리를 둘 것

92 | 대피공간의 설치
22, 14

건축물의 경사지붕 아래에 설치하는 대피공간에 관한 기준 내용으로 옳지 않은 것은?

① 특별피난계단 또는 피난계단과 연결되도록 할 것
② 관리사무소 등과 긴급 연락이 가능한 통신시설을 설치할 것
③ 대피공간의 면적은 지붕 수평투영면적의 1/10 이상일 것
④ 출입구의 유효너비는 최소 1.2m 이상으로 하고, 그 출입구에는 60+방화문 또는 60분방화문을 설치할 것

해설 관련 법규 : 법 제49조, 영 제40조, 피난·방화규칙 제13조
해설 법규 : 피난·방화규칙 제13조 ③항
대피 공간의 조건은 ①, ② 및 ③ 외에 출입구·창문을 제외한 부분은 해당 건축물의 다른 부분과 내화구조의 바닥 및 벽으로 구획하고, 출입구는 유효너비 0.9m 이상으로 하며, 그 출입구에는 60+방화문 또는 60분방화문을 설치하고, 내부마감 재료는 불연재료로 하여야 하며, 또한 예비전원으로 작동하는 조명설비를 설치하여야 한다.

93 | 헬리포트
18, 16, 10

헬리포트의 설치기준 내용으로 옳은 것은?

① 층수가 10층 이상인 건축물의 옥상에는 헬리포트를 설치하여야 한다.
② 헬리포트의 길이와 너비는 각각 9m 이상으로 한다.
③ 헬리포트의 주위한계선은 백색으로 하되, 그 선의 너비는 38cm로 한다.
④ 헬리포트의 중심으로부터 반경 15m 이내에는 이·착륙에 장애가 되는 건축물·공작물 또는 난간을 설치하지 아니한다.

해설 관련 법규 : 법 제49조, 영 제40조, 피난·방화규칙 제13조
해설 법규 : 피난·방화규칙 제13조 ①항
층수가 11층 이상인 건축물로서 11층 이상인 층의 바닥면적의 합계가 10,000m² 이상인 건축물의 옥상에는 헬리포트를 설치하여야 하고, 헬리포트의 길이와 너비는 각각 22m 이상으로(건축물의 옥상바닥의 길이와 너비가 각각 22m 이하인 경우에는 헬리포트의 길이와 너비를 각각 15m까지 감축할 수 있다) 하여야 하며, 헬리포트의 중심으로부터 반경 12m 이내에는 헬리콥터의 이·착륙에 장애가 되는 건축물, 공작물, 조경시설 또는 난간 등을 설치하지 아니할 것

94 | 헬리포트
25, 23, 16

헬리포트의 설치에 관한 기준 내용으로 옳지 않은 것은?

① 헬리포트의 길이와 너비는 각각 25m 이상으로 할 것
② 헬리포트의 주위한계선은 백색으로 하되, 그 선의 너비는 38cm로 할 것
③ 헬리포트의 중앙부분에는 지름 8m의 "Ⓗ" 표지를 백색으로 할 것
④ 헬리포트의 중심으로부터 반경 12m 이내에는 헬리콥터의 이·착륙에 장애가 되는 건축물, 공작물, 조경시설 또는 난간 등을 설치하지 아니할 것

해설 관련 법규 : 법 제49조, 영 제40조, 피난·방화규칙 제13조
해설 법규 : 피난·방화규칙 제13조 ①항

층수가 11층 이상인 건축물로서 11층 이상인 층의 바닥면적의 합계가 10,000m² 이상인 건축물의 옥상에는 헬리포트를 설치하여야 하고, 헬리포트의 길이와 너비는 각각 22m 이상으로(건축물의 옥상바닥의 길이와 너비가 각각 22m 이하인 경우에는 헬리포트의 길이와 너비를 각각 15m까지 감축할 수 있다) 하여야 하며, 헬리포트의 중심으로부터 반경 12m 이내에는 헬리콥터의 이·착륙에 장애가 되는 건축물, 공작물, 조경시설 또는 난간 등을 설치하지 아니할 것

95 | 방화구획
23

방화구획이 설치기준상 10층 이하의 층은 바닥면적 최대 얼마 이내마다 구획하여야 하는가? (단, 스프링클러나 기타 이와 유사한 자동식 소화설비를 설치하는 경우)

① 200m²
② 600m²
③ 1,000m²
④ 3,000m²

해설 관련 법규 : 법 제49조, 영 제46조, 피난·방화규칙 제14조
해설 법규 : 피난·방화규칙 제14조 ①항 1호
10층 이하의 층은 바닥면적 1,000m²(스프링클러 기타 이와 유사한 자동식 소화설비를 설치한 경우에는 바닥면적 3,000m²) 이내마다 구획할 것

96 | 댐퍼
16, 14

환기·난방 또는 냉방시설의 풍도가 방화구획을 관통하는 경우, 그 관통부분 또는 이에 근접한 부분에 설치하는 댐퍼에 관한 기준 내용으로 옳지 않은 것은?

① 반도체공장 건축물로서 방화구획을 관통하는 풍도의 주위에 스프링클러헤드를 설치하는 경우에는 그렇지 않다.
② 국토교통부장관이 정하여 고시하는 비차열 성능 및 방연성능 등의 기준에 적합할 것
③ 화재로 인한 연기 또는 불꽃을 감지하여 자동적으로 닫힐 것
④ 국토교통부장관이 정하여 고시하는 기준에 따라 내화충전성능을 인정한 구조로 된 것

해설 관련 법규 : 법 제49조, 영 제46조, 피난·방화규칙 제14조
해설 법규 : 피난·방화규칙 제14조 ②항 3호
환기·난방 또는 냉방시설의 풍도가 방화구획을 관통하는 경우에는 그 관통부분 또는 이에 근접한 부분에 다음의 기준에 적합한 댐퍼를 설치할 것. 다만, 반도체공장 건축물로서 방화구획을 관통하는 풍도의 주위에 스프링클러헤드를 설치하는 경우에는 그렇지 않다.
㉠ 화재로 인한 연기 또는 불꽃을 감지하여 자동적으로 닫히는 구조로 할 것. 다만, 주방 등 연기가 항상 발생하는 부분에는 온도를 감지하여 자동적으로 닫히는 구조로 할 수 있다.
㉡ 국토교통부장관이 정하여 고시하는 비차열성능 및 방연성능 등의 기준에 적합할 것

정답 93. ③ 94. ① 95. ④ 96. ④

97 | 복합건축물의 피난시설
22, 20, 18, 17, 15

같은 건축물 안에 공동주택과 위락시설을 함께 설치하고자 하는 경우, 공동주택의 출입구와 위락시설의 출입구는 서로 그 보행거리가 최소 얼마 이상이 되도록 설치하여야 하는가?

① 10m
② 20m
③ 30m
④ 40m

해설 관련 법규 : 법 제49조, 영 제47조, 피난·방화규칙 제14조의2
해설 법규 : 피난·방화규칙 제14조의2
같은 건축물 안에 공동주택·의료시설·아동관련시설 또는 노인복지시설(공동주택 등) 중 하나 이상과 위락시설·위험물저장 및 처리시설·공장 또는 자동차정비공장(위락시설 등) 중 하나 이상을 함께 설치하고자 하는 경우에는 다음의 기준에 적합하여야 한다.
㉠ 공동주택 등의 출입구와 위락시설 등의 출입구는 서로 그 보행거리가 30m 이상이 되도록 설치할 것
㉡ 공동주택 등(해당 공동주택 등에 출입하는 통로를 포함)과 위락시설 등(해당 위락시설 등에 출입하는 통로를 포함)은 내화구조로 된 바닥 및 벽으로 구획하여 서로 차단할 것
㉢ 공동주택 등과 위락시설 등은 서로 이웃하지 아니하도록 배치할 것
㉣ 건축물의 주요 구조부를 내화구조로 할 것
㉤ 거실의 벽 및 반자가 실내에 면하는 부분(반자돌림대·창대 그 밖에 이와 유사한 것을 제외)의 마감은 불연재료·준불연재료 또는 난연재료로 하고, 그 거실로부터 지상으로 통하는 주된 복도·계단그밖에 통로의 벽 및 반자가 실내에 면하는 부분의 마감은 불연재료 또는 준불연재료로 할 것

98 | 계단의 설치기준
25, 23, 17, 12

연면적 200m²을 초과하는 건축물에 설치하는 계단에 관한 기준 내용으로 옳지 않은 것은?

① 높이 1m를 넘는 계단 및 계단참의 양옆에는 난간을 설치하여야 한다.
② 돌음 계단의 단너비는 그 좁은 너비의 끝부분으로부터 30cm의 위치에서 측정한다.
③ 너비가 2m를 넘는 계단에는 계단의 중간에 너비 2m 이내마다 난간을 설치하여야 한다.
④ 높이가 3m를 넘는 계단에는 높이 3m마다 너비 1.2m 이상의 계단참을 설치하여야 한다.

해설 관련 법규 : 법 제49조, 영 제48조, 피난·방화규칙 제15조
해설 법규 : 피난·방화규칙 제15조 ①항
건축물에 설치하는 계단은 ①, ② 및 ④ 외에 너비가 3m를 넘는 계단에는 계단의 중간에 너비 3m 이내마다 난간을 설치할 것(계단의 단높이가 15cm 이하이고, 계단의 단너비가 30cm 이상인 경우에는 그러하지 아니하다). 또한 계단의 유효 높이(계단의 바닥 마감면부터 상부 구조체의 하부 마감면까지의 연직방향의 높이)는 2.1m 이상으로 할 것

99 | 계단의 설치기준
20

계단의 설치에 관한 기준 내용으로 옳지 않은 것은?

① 계단의 유효 높이는 1.8m 이상으로 할 것
② 중학교의 계단인 경우 단높이는 18cm 이하, 단너비는 26cm 이상으로 할 것
③ 너비 3m를 넘는 계단에는 계단의 중간에 너비 3m 이내마다 난간을 설치할 것
④ 높이 3m를 넘는 계단에는 높이 3m 이내마다 유효너비 1.2m 이상의 계단참을 설치할 것

해설 관련 법규 : 법 제49조, 영 제48조, 피난·방화규칙 제15조
해설 법규 : 피난·방화규칙 제15조 ①항 4호
계단의 유효 높이(계단의 바닥 마감면부터 상부 구조체의 하부 마감면까지의 연직방향의 높이)는 2.1m 이상으로 할 것

100 | 계단의 설치기준
19, 17, 15, 14, 13

연면적 200m²를 초과하는 건축물에 설치하는 계단에 관한 기준 내용으로 옳지 않은 것은?

① 높이가 3m를 넘는 계단에는 높이 3m 이내마다 유효너비 120cm 이상의 계단참을 설치할 것
② 높이가 1m를 넘는 계단 및 계단참의 양 옆에는 난간(벽 또는 이에 대치되는 것을 포함한다)을 설치할 것
③ 문화 및 집회시설 중 공연장에 쓰이는 건축물의 계단의 경우, 계단 및 계단참의 너비를 120cm 이상으로 할 것
④ 계단의 유효 높이(계단의 바닥 마감면부터 상부 구조체의 하부 마감면까지의 연직방향의 높이를 말한다)는 1.8m 이상으로 할 것

해설 관련 법규 : 법 제49조, 영 제48조, 피난·방화규칙 제15조
해설 법규 : 피난·방화규칙 제15조 ①항 4호
계단의 유효 높이(계단의 바닥 마감면부터 상부 구조체의 하부 마감면까지의 연직방향의 높이)는 2.1m 이상으로 할 것

101 | 계단의 설치기준
24, 21

계단의 설치에 관한 기준 내용으로 옳지 않은 것은?

① 중학교의 계단인 경우, 단너비는 26cm 이상으로 한다.
② 초등학교의 계단인 경우, 단너비는 26cm 이상으로 한다.
③ 판매시설 중 상점인 경우, 계단 및 계단참의 유효너비는 90cm 이상으로 한다.
④ 문화 및 집회시설 중 공연장의 경우 계단 및 계단참의 유효너비는 120cm 이상으로 한다.

정답 97.③ 98.③ 99.① 100.④ 101.③

해설 관련 법규 : 법 제49조, 영 제48조, 피난·방화규칙 제15조
해설 법규 : 피난·방화규칙 제15조 ②항 3호
문화 및 집회시설(공연장·집회장 및 관람장에 한한다)·판매시설 기타 이와 유사한 용도에 쓰이는 건축물의 계단인 경우에는 계단 및 계단참의 유효너비를 120cm 이상으로 할 것

102 | 계단의 유효높이
18

연면적 200m²를 초과하는 건축물에 설비하는 계단의 유효높이(계단의 바닥 마감면부터 상부구조체의 하부 마감면까지의 연직방향의 높이)는 최소 얼마 이상으로 하여야 하는가?

① 1.8m   ② 2.1m
③ 2.4m   ④ 2.7m

해설 관련 법규 : 법 제48조, 영 제48조, 피난·방화규칙 제15조
해설 법규 : 피난·방화규칙 제15조 ①항 4호
계단의 유효 높이(계단의 바닥 마감면부터 상부 구조체의 하부 마감면까지의 연직방향의 높이를 말한다)는 2.1m 이상으로 할 것

103 | 계단 및 계단참의 너비
09, 07

계단 및 계단참의 너비를 최소 120cm 이상으로 하여야 하는 것은?

① 관람장의 계단   ② 초등학교 학생용 계단
③ 고등학교 학생용 계단   ④ 단독주택의 계단

해설 관련 법규 : 법 제49조, 영 제48조, 피난·방화규칙 제15조
해설 법규 : 피난·방화규칙 제15조 ②항
계단을 설치하는 경우 계단 및 계단참의 너비(옥내 계단에 한한다), 계단의 단높이 및 단너비의 치수는 다음의 기준에 적합하여야 한다. 이 경우 돌음계단의 단너비는 그 좁은 너비의 끝부분으로부터 30cm의 위치에서 측정한다.
㉠ 초등학교의 계단인 경우에는 계단 및 계단참의 유효너비는 150cm 이상, 단높이는 16cm 이하, 단너비는 26cm 이상으로 할 것
㉡ 중·고등학교의 계단인 경우에는 계단 및 계단참의 유효너비는 150cm 이상, 단높이는 18cm 이하, 단너비는 26cm 이상으로 할 것
㉢ 문화 및 집회시설(공연장·집회장 및 관람장에 한한다)·판매시설 기타 이와 유사한 용도에 쓰이는 건축물의 계단인 경우에는 계단 및 계단참의 유효너비를 120cm 이상으로 할 것
㉣ ㉠부터 ㉢까지의 건축물 외의 건축물의 계단으로서 다음의 어느 하나에 해당하는 층의 계단인 경우에는 계단 및 계단참은 유효너비를 120cm 이상으로 할 것
 ㉮ 계단을 설치하려는 층이 지상층인 경우 : 해당 층의 바로 위층부터 최상층(상부층 중 피난층이 있는 경우에는 그 아래층)까지의 거실 바닥면적의 합계가 200m² 이상인 경우
 ㉯ 계단을 설치하려는 층이 지하층인 경우 : 지하층 거실 바닥면적의 합계가 100m² 이상인 경우
 ㉰ 기타의 계단인 경우에는 계단 및 계단참의 유효너비를 60cm 이상으로 할 것

104 | 경사로의 경사도
24, 17, 15, 12

계단을 대체하여 설치하는 경사로의 경사도는 최대 얼마를 넘지 않도록 하여야 하는가?

① 1 : 4   ② 1 : 8
③ 1 : 12   ④ 1 : 16

해설 관련 법규 : 법 제49조, 영 제48조, 피난·방화규칙 제15조
해설 법규 : 피난·방화규칙 제15조 ⑤항
계단을 대체하여 설치하는 경사로의 경사도는 1 : 8을 넘지 아니하도록 하고, 표면을 거친 면으로 하거나 미끄러지지 아니하는 재료로 마감하며, 경사로의 직선 및 굴절부분의 유효너비는 「장애인·노인·임산부 등의 편의증진보장에 관한 법률」이 정하는 기준에 적합할 것

105 | 복도의 유효너비
25, 23, 22, 20, 11

연면적이 400m²인 공동주택에 설치하는 복도의 유효너비는 최소 얼마 이상이어야 하는가? (단, 양옆에 거실이 있는 복도)

① 1.2m   ② 1.5m
③ 1.8m   ④ 2.1m

해설 관련 법규 : 법 제49조, 영 제48조, 피난·방화규칙 제15조의2
해설 법규 : 피난·방화규칙 제15조의2 ①항
연면적이 200m² 초과하고 양옆에 거실이 있는 공동주택, 오피스텔의 복도 유효너비는 1.8m 이상이고, 기타의 복도는 1.2m 이상이다.

106 | 복도의 유효너비
15, 12

연면적이 500m²인 오피스텔에 설치하는 복도의 유효너비는 최소 얼마 이상으로 하여야 하는가? (단, 양옆에 거실이 있는 복도의 경우)

① 1.2m   ② 1.5m
③ 1.8m   ④ 2.4m

해설 관련 법규 : 법 제49조, 영 제48조, 피난·방화규칙 제15조의2
해설 법규 : 피난·방화규칙 제15조의2 ①항
연면적이 200m² 초과하고, 양옆에 거실이 있는 공동주택, 오피스텔의 복도 유효너비는 1.8m 이상이고, 기타의 복도는 1.2m 이상이다.

정답 102. ② 103. ① 104. ② 105. ③ 106. ③

107 | 복도의 유효너비
21, 18

연면적 200m²을 초과하는 중·고등학교에 설치하는 복도의 유효너비는 최소 얼마 이상으로 하여야 하는가? (단, 양옆에 거실이 있는 복도의 경우)

① 1.5m 이상　　　② 1.8m 이상
③ 2.1m 이상　　　④ 2.4m 이상

해설 관련 법규 : 법 제49조, 영 제48조, 피난·방화규칙 제15조의2
해설 법규 : 피난·방화규칙 제15조의2 ①항
건축물에 설치하는 복도의 유효너비는 양측에 거실이 있는 경우로서 유치원, 초등학교, 중학교 및 고등학교는 2.4m 이상, 공동주택 및 오피스텔은 1.8m 이상, 기타 건축물(해당 층 거실의 바닥면적의 합계가 200m² 이상인 건축물)은 1.5m(의료시설인 경우에는 1.8m) 이상이다.

108 | 복도의 유효너비
24, 11, 09

복도의 너비 및 설치기준에 따른 복도의 유효너비가 옳지 않은 것은? (단, 양 옆에 거실이 있는 복도의 경우)

① 고등학교 : 2.4m 이상
② 유치원 : 1.8m 이상
③ 공동주택 : 1.8m 이상
④ 중학교 : 2.4m 이상

해설 관련 법규 : 법 제49조, 영 제48조, 피난·방화규칙 제15조의2
해설 법규 : 피난·방화규칙 제15조의2 ①항
연면적 200m²를 초과하는 건축물에 설치하는 복도의 유효너비

구분	유치원, 초등학교, 중학교, 고등학교	공동주택, 오피스텔	해당 층 거실의 바닥면적의 합계가 200m² 이상인 경우
양측에 거실이 있는 복도	2.4m 이상	1.8m 이상	1.5m 이상 (의료시설의 복도는 1.8m 이상)
기타 복도	1.8m 이상	1.2m 이상	1.2m 이상

109 | 복도의 유효너비
16

연면적 200m²를 초과하는 건축물에 설치하는 복도의 유효너비 기준으로 옳은 것은? (단, 양옆에 거실이 있는 복도)

① 유치원 : 1.8m 이상　　② 중학교 : 1.8m 이상
③ 초등학교 : 1.8m 이상　④ 오피스텔 : 1.8m 이상

해설 관련 법규 : 법 제49조, 영 제48조, 피난·방화규칙 제15조의2
해설 법규 : 피난·방화규칙 제15조의2 ①항
유치원, 초등학교, 중학교 및 고등학교의 복도의 유효너비는 양측에 거실이 있는 복도의 경우에는 2.4m 이상, 기타 복도의 경우에는 1.8m 이상이다.

110 | 복도의 유효너비
22, 18, 15

건축물에 설치하는 복도의 유효너비 기준이 옳지 않은 것은? (단, 연면적 200m²를 초과하는 건축물이며, 양옆에 거실이 있는 복도의 경우)

① 초등학교 - 1.8m 이상　② 오피스텔 - 1.8m 이상
③ 공동주택 - 1.8m 이상　④ 고등학교 - 2.4m 이상

해설 관련 법규 : 법 제49조, 영 제48조, 피난·방화규칙 제15조의2
해설 법규 : 피난·방화규칙 제15조의2 ①항
초등학교의 복도의 유효너비는 양측에 거실이 있는 복도의 경우에는 2.4m 이상, 기타 복도의 경우에는 1.8m 이상이다.

111 | 반자의 높이
22, 19, 18, 16, 14

장례식장의 집회실로서 그 바닥면적이 200m² 이상인 경우 반자의 높이는 최소 얼마 이상이어야 하는가? (단, 기계환기장치를 설치하지 않은 경우)

① 2.1m　　　② 2.7m
③ 3.5m　　　④ 4m

해설 관련 법규 : 법 제49조, 영 제50조, 피난·방화규칙 제16조
해설 법규 : 피난·방화규칙 제16조 ②항
문화 및 집회시설(전시장 및 동·식물원은 제외), 종교시설, 장례식장 또는 위락시설 중 유흥주점의 용도에 쓰이는 건축물의 관람실 또는 집회실로서 그 바닥면적이 200m² 이상인 것의 반자의 높이는 4m(노대의 아랫부분의 높이는 2.7m) 이상이어야 한다. 다만, 기계환기장치를 설치하는 경우에는 그러하지 아니하다.

112 | 반자의 최소 높이
24, 17, 16

공동주택의 거실에 설치하는 반자의 높이는 최소 얼마 이상으로 하여야 하는가?

① 1.8m　　　② 2.1m
③ 2.4m　　　④ 2.7m

해설 관련 법규 : 법 제49조, 영 제50조, 피난·방화규칙 제16조
해설 법규 : 피난·방화규칙 제16조 ②항
문화 및 집회시설(전시장 및 동·식물원은 제외), 종교시설, 장례식장 또는 위락시설 중 유흥주점의 용도에 쓰이는 건축물의 관람석 또는 집회실로서 그 바닥면적이 200m² 이상인 것의 반자의 높이는 규정[거실의 반자(반자가 없는 경우에는 보 또는 바로 위층의 바닥판의 밑면 기타 이와 유사한 것)는 그 높이를 2.1m 이상]에도 불구하고 4m(노대의 아랫부분의 높이는 2.7m) 이상이어야 한다. 다만, 기계환기장치를 설치하는 경우에는 그러하지 아니하다.

정답 107. ④　108. ②　109. ④　110. ①　111. ④　112. ②

113 | 반자높이
15

반자높이를 4m 이상으로 하여야 하는 대상에 속하지 않는 것은? (단, 기계환기장치를 설치하지 않은 경우)

① 종교시설의 용도에 쓰이는 건축물의 집회실로서 그 바닥면적이 200m²인 것
② 장례식장의 용도에 쓰이는 건축물의 집회실로서 그 바닥면적이 200m²인 것
③ 판매시설의 용도에 쓰이는 건축물의 집회실로서 그 바닥면적이 200m²인 것
④ 문화 및 집회시설 중 공연장의 용도에 쓰이는 건축물의 관람석으로서 그 바닥면적이 200m²인 것

해설 관련 법규 : 법 제49조, 영 제50조, 피난·방화규칙 제16조
해설 법규 : 피난·방화규칙 제16조 ②항
문화 및 집회시설(전시장 및 동·식물원은 제외), 종교시설, 장례식장 또는 위락시설 중 유흥주점의 용도에 쓰이는 건축물의 관람석 또는 집회실로서 그 바닥면적이 200m² 이상인 것의 반자의 높이는 4m(노대의 아랫부분의 높이는 2.7m) 이상이어야 한다. 다만, 기계환기장치를 설치하는 경우에는 그러지 아니하다.

114 | 반자높이
20

다음 중 건축물의 관람실 또는 집회실로서 그 바닥면적이 200m² 이상인 것의 반자의 높이를 4m 이상으로 하여야 하는 건축물은? (단, 기계환기장치를 설치하지 않은 경우)

① 종교시설의 용도에 쓰이는 건축물
② 공동주택 중 아파트의 용도에 쓰이는 건축물
③ 문화 집 집회시설 중 전시장의 용도에 쓰이는 건축물
④ 문화 및 집회시설 중 동물원의 용도에 쓰이는 건축물

해설 관련 법규 : 법 제49조, 영 제50조, 피난·방화규칙 제16조
해설 법규 : 피난·방화규칙 제16조 ②항
문화 및 집회시설(전시장 및 동·식물원은 제외), 종교시설, 장례식장 또는 위락시설 중 유흥주점의 용도에 쓰이는 건축물의 관람실 또는 집회실로서 그 바닥면적이 200m² 이상인 것의 반자의 높이는 4m(노대의 아랫부분의 높이는 2.7m) 이상이어야 한다. 다만, 기계환기장치를 설치하는 경우에는 그렇지 않다.

115 | 반자높이
19, 18, 16, 13, 11

종교시설의 용도에 쓰이는 건축물의 집회실로서 그 바닥면적이 300m²인 경우 반자의 높이는 최소 얼마 이상이어야 하는가? (단, 기계환기장치를 설치하지 않은 경우)

① 2m　　② 3m
③ 4m　　④ 5m

해설 관련 법규 : 법 제49조, 영 제50조, 피난·방화규칙 제16조
해설 법규 : 피난·방화규칙 제16조 ②항
문화 및 집회시설(전시장 및 동·식물원은 제외), 종교시설, 장례식장 또는 위락시설 중 유흥주점의 용도에 쓰이는 건축물의 관람실 또는 집회실로서 그 바닥면적이 200m² 이상인 것의 반자의 높이는 규정[거실의 반자(반자가 없는 경우에는 보 또는 바로 위층의 바닥판의 밑면 기타 이와 유사한 것)는 그 높이를 2.1m 이상]에 불구하고 4m(노대의 아랫부분의 높이는 2.7m) 이상이어야 한다. 다만, 기계환기장치를 설치하는 경우에는 그렇지 아니하다.

116 | 거실의 채광
21

바닥면적이 100m²인 초등학교 교실에 채광을 위하여 설치하여야 하는 창문 등의 면적은 최소 얼마 이상이어야 하는가? (단, 거실의 용도에 따른 조도기준 이상의 조명장치를 설치하지 않은 경우)

① 5m²　　② 10m²
③ 20m²　　④ 50m²

해설 관련 법규 : 법 제49조, 영 제51조, 피난·방화규칙 제17조
해설 법규 : 피난·방화규칙 제17조 ①항
채광을 위하여 거실에 설치하는 창문 등의 면적은 그 거실의 바닥면적의 1/10분 이상이어야 한다. 다만, 거실의 용도에 따라 규정에 의한 조도 이상의 조명장치를 설치하는 경우에는 그러하지 아니하다.
그러므로, 창문 등의 면적=거실의 바닥면적$\times \frac{1}{10} = 100 \times \frac{1}{10}$
$= 10m^2$ 이상이다.

117 | 조도의 기준
24, 16

다음 중 건축물의 피난·방화구조 등의 기준에 관한 규칙상 거실의 용도에 따른 최소 조도기준이 가장 높은 것은? (단, 바닥에서 85cm의 높이에 있는 수평면의 조도)

① 집회(집회)　　② 집무(설계)
③ 작업(포장)　　④ 거주(독서)

해설 관련 법규 : 법 제49조, 영 제51조, 피난·방화규칙 제17조
해설 법규 : 피난·방화규칙 제17조 ①항, (별표 1의3)

구분	700lux	300lux	150lux	70lux	30lux
거주				독서, 식사, 조리	기타
집무	설계, 제도, 계산	일반사무	기타		
작업	검사, 시험, 정밀검사, 수술	일반작업, 제조, 판매	포장, 세척	기타	
집회			회의	집회	공연, 관람
오락				오락일반	기타

정답 113. ③　114. ①　115. ③　116. ②　117. ②

118 | 거실의 환기
18, 13

환기를 위하여 거실에 설치하는 창문 등의 면적은 그 거실의 바닥면적의 얼마 이상이어야 하는가? (단, 기계환기장치 및 중앙관리방식의 공기조화설비를 설치하는 경우에는 그러하지 아니하다.)

① 1/2
② 1/10
③ 1/20
④ 1/30

해설 관련 법규 : 법 제49조, 영 제51조, 피난·방화규칙 제17조
해설 법규 : 피난·방화규칙 제17조 ②항
환기를 위하여 거실에 설치하는 창문 등의 면적은 그 거실의 바닥면적의 1/20 이상이어야 한다. 다만, 기계환기장치 및 중앙관리방식의 공기조화설비를 설치하는 경우에는 그러하지 아니하다.

119 | 안벽의 마감
13, 10

숙박시설의 욕실은 그 바닥으로부터 높이 몇 m까지 안벽의 마감을 내수재료로 하여야 하는가?

① 0.5m
② 1.0m
③ 1.5m
④ 2.0m

해설 관련 법규 : 법 제49조, 영 제52조, 피난·방화규칙 제18조
해설 법규 : 피난·방화규칙 제18조 ②항
제1종 근린생활시설 중 목욕장의 욕실과 휴게음식점의 조리장, 제2종 근린생활시설 중 일반음식점 및 휴게음식점의 조리장과 숙박시설의 욕실의 바닥과 그 바닥으로부터 높이 1m까지의 안쪽벽의 마감은 이를 내수재료로 하여야 한다.

120 | 안벽의 마감
20, 19, 15, 12

욕실 또는 조리장의 바닥과 그 바닥으로부터 높이 1m까지의 안벽의 마감을 내수재료로 하여야 하는 대상에 속하지 않는 것은?

① 제2종 근린생활시설 중 숙박시설의 욕실
② 제2종 근린생활시설 중 공동주택의 욕실
③ 제1종 근린생활시설 중 목욕장의 욕실
④ 제1종 근린생활시설 중 휴게음식점의 조리장

해설 관련 법규 : 법 제49조, 영 제52조, 피난·방화규칙 제18조
해설 법규 : 피난·방화규칙 제18조 ②항
제1종 근린생활시설 중 목욕장의 욕실과 휴게음식점의 조리장, 제2종 근린생활시설 중 일반음식점 및 휴게음식점의 조리장과 숙박시설의 욕실의 바닥과 그 바닥으로부터 높이 1m까지 안벽의 마감은 이를 내수재료로 하여야 한다.

121 | 안벽의 마감
23, 20, 11, 09, 07

바닥으로부터 높이 1m까지의 안벽의 마감을 내수재료로 하여야 하는 대상건축물이 아닌 것은?

① 제1종 근린생활시설 중 휴게음식점의 조리장
② 제2종 근린생활시설 중 휴게음식점의 조리장
③ 단독주택의 욕실
④ 제2종 근린생활시설 중 일반음식점의 조리장

해설 관련 법규 : 법 제49조, 영 제52조, 피난·방화규칙 제18조
해설 법규 : 피난·방화규칙 제18조 ②항
제1종 근린생활시설 중 목욕장의 욕실과 휴게음식점의 조리장, 제2종 근린생활시설 중 일반음식점 및 휴게음식점의 조리장과 숙박시설의 욕실의 바닥과 그 바닥으로부터 높이 1m까지의 안벽의 마감은 이를 내수재료로 하여야 한다.

122 | 안벽의 마감
16

바닥으로부터 높이 1m까지의 안벽 마감을 내수재료로 하여야 하는 대상에 속하지 않는 것은?

① 제1종 근린생활시설 중 미용원의 세면장
② 제2종 근린생활시설 중 숙박시설의 욕실
③ 제1종 근린생활시설 중 휴게음식점의 조리장
④ 제2종 근린생활시설 중 일반음식점의 조리장

해설 관련 법규 : 법 제49조, 영 제52조, 피난·방화규칙 제18조
해설 법규 : 피난·방화규칙 제18조 ②항
제1종 근린생활시설 중 목욕장의 욕실과 휴게음식점의 조리장, 제2종 근린생활시설 중 일반음식점 및 휴게음식점의 조리장과 숙박시설의 욕실의 바닥과 그 바닥으로부터 높이 1m까지의 안벽의 마감은 이를 내수재료로 하여야 한다.

123 | 경계벽의 구조
17

교육연구시설 중 학교의 교실 간 소리를 차단하는데 장애가 되는 부분이 없도록 설치하는 경계벽의 구조로 옳지 않은 것은?

① 석조로서 두께가 15cm인 것
② 철근콘크리트조로서 두께가 12cm인 것
③ 무근콘크리트조로서 두께가 15cm인 것
④ 콘크리트블록조로서 두께가 15cm인 것

해설 관련 법규 : 법 제49조, 피난·방화규칙 제19조
해설 법규 : 피난·방화규칙 제19조 ②항 3호
경계벽의 구조는 콘크리트블록조 또는 벽돌조로서 두께가 19cm 이상인 것이다.

정답 118. ③ 119. ② 120. ② 121. ③ 122. ① 123. ④

124 | 경계벽의 구조
24, 20, 19, 16

교육연구시설 중 학교의 교실 간 경계벽의 차음을 위한 구조로서 적합하지 않은 것은?

① 벽돌조로서 두께가 15cm인 것
② 철근콘크리트조로서 두께가 15cm인 것
③ 철골철근콘크리트조로서 두께가 15cm인 것
④ 무근콘크리트조로서 시멘트모르타르의 바름두께를 포함하여 15cm인 것

해설 관련 법규 : 법 제49조, 피난·방화규칙 제19조
해설 법규 : 피난·방화규칙 제19조
건축물에 설치하는 경계벽은 내화구조로 하고, 지붕밑 또는 바로 위층의 바닥판까지 닿게 해야 한다. 또한 경계벽은 소리를 차단하는데 장애가 되는 부분이 없도록 다음의 어느 하나에 해당하는 구조로 하여야 한다. 다만, 다가구주택 및 공동주택의 세대간의 경계벽인 경우에는 「주택건설기준 등에 관한 규정」에 따른다.
㉠ 철근콘크리트조·철골철근콘크리트조로서 두께가 10cm 이상인 것
㉡ 무근콘크리트조 또는 석조로서 두께가 10cm(시멘트모르타르·회반죽 또는 석고플라스터의 바름두께를 포함) 이상인 것
㉢ 콘크리트블록조 또는 벽돌조로서 두께가 19cm 이상인 것

125 | 굴뚝의 옥상 돌출부
21

건축물에 설치하는 굴뚝의 옥상 돌출부는 지붕면으로부터의 수직거리를 최소 얼마 이상으로 하여야 하는가?

① 0.5m 이상
② 0.7m 이상
③ 0.9m 이상
④ 1.0m 이상

해설 관련 법규 : 법 제49조, 영 제54조, 피난·방화규칙 제20조
해설 법규 : 피난·방화규칙 제20조 1호
굴뚝의 옥상 돌출부는 지붕면으로부터의 수직거리를 1m 이상으로 할 것. 다만, 용마루·계단탑·옥탑 등이 있는 건축물에 있어서 굴뚝의 주위에 연기의 배출을 방해하는 장애물이 있는 경우에는 그 굴뚝의 상단을 용마루·계단탑·옥탑 등보다 높게 하여야 한다.

126 | 굴뚝의 설치 기준
25, 22, 21, 16, 09

건축물에 설치하는 굴뚝과 관련된 기준 내용으로 옳지 않은 것은?

① 굴뚝의 옥상 돌출부는 지붕면으로부터의 수직거리를 1m 이상으로 할 것
② 굴뚝의 상단으로부터 수평거리 1m 이내에 다른 건축물이 있는 경우에는 그 건축물의 처마보다 1m 이상 높게 할 것
③ 금속제 굴뚝으로서 건축물의 지붕 속·반자위 및 가장 아랫바닥 밑에 있는 굴뚝의 부분은 금속 외의 불연재료로 덮을 것
④ 금속제 굴뚝은 목재 기타 가연재료로부터 10cm 이상 떨어져서 설치할 것

해설 관련 법규 : 법 제49조, 영 제54조, 피난·방화규칙 제20조
해설 법규 : 피난·방화규칙 제20조 4호
금속제 굴뚝은 목재 기타 가연재료로부터 15cm 이상 떨어져서 설치할 것. 다만, 두께 10cm 이상인 금속 외의 불연재료로 덮은 경우에는 그러하지 아니하다.

127 | 방화벽 설치대상 건축물
12

목조건축물로서 외벽 및 처마 밑의 연소할 우려가 있는 부분을 방화구조로 하여야 하는 대상 건축물의 연면적 기준은?

① 500m² 이상
② 1,000m² 이상
③ 2,000m² 이상
④ 3,000m² 이상

해설 관련 법규 : 법 제49조, 영 제57조, 피난·방화규칙 제22조
해설 법규 : 피난·방화규칙 제22조 ①항
연면적이 1,000m² 이상인 목조의 건축물은 그 외벽 및 처마밑의 연소할 우려가 있는 부분을 방화구조로 하되, 그 지붕은 불연재료로 하여야 한다.

128 | 방화벽
19

건축물에 설치하는 방화벽에 관한 기준 내용으로 옳지 않은 것은?

① 내화구조로서 홀로 설 수 있는 구조일 것
② 방화벽에 설치하는 출입문에는 60+방화문 또는 60분 방화문을 설치할 것
③ 방화벽에 설치하는 출입문의 너비 및 높이는 각각 3.0m 이하로 할 것
④ 방화벽의 양쪽 끝과 위쪽 끝을 건축물의 외벽면 및 지붕면으로부터 0.5m 이상 튀어 나오게 할 것

해설 관련 법규 : 법 제50조, 영 제75조, 피난·방화규칙 제21조
해설 법규 : 피난·방화규칙 제21조 ①항 3호
방화벽에 설치하는 출입문의 너비 및 높이는 각각 2.5m 이하로 하고, 해당 출입문에는 60+방화문 또는 60분방화문을 설치할 것

정답 124. ① 125. ④ 126. ④ 127. ② 128. ③

129 | 지하층의 구조 및 설비
20, 11

건축물에 설치하는 지하층의 구조 및 설비에 관한 기준 내용으로 옳지 않은 것은?

① 거실의 바닥면적의 합계가 1,000m² 이상인 층에는 환기설비를 설치할 것
② 지하층의 바닥면적이 300m² 이상인 층에는 식수공급을 위한 급수전을 1개소 이상 설치할 것
③ 거실의 바닥면적이 30m² 이상인 층에는 직통계단 외에 피난층 또는 지상으로 통하는 비상탈출구 및 환기통을 설치할 것
④ 바닥면적이 1,000m² 이상인 층에는 피난층 또는 지상으로 통하는 직통계단을 피난계단 또는 특별피난계단의 구조로 할 것

해설 관련 법규 : 법 제53조, 피난·방화규칙 제25조
해설 법규 : 피난·방화규칙 제25조 ①항 1호
거실의 바닥면적이 50m² 이상인 층에는 직통계단 외에 피난층 또는 지상으로 통하는 비상탈출구 및 환기통을 설치할 것. 다만, 직통계단이 2개소 이상 설치되어 있는 경우에는 그러하지 아니하다.

130 | 지하층 환기설비
16, 11

건축물의 지하층에 환기설비를 설치하여야 하는 기준 내용으로 옳은 것은?

① 거실의 바닥면적의 합계가 500m² 이상인 층
② 거실의 바닥면적의 합계가 1,000m² 이상인 층
③ 거실의 바닥면적의 합계가 1,500m² 이상인 층
④ 거실의 바닥면적의 합계가 2,000m² 이상인 층

해설 관련 법규 : 법 제53조, 피난·방화규칙 제25조
해설 법규 : 피난·방화규칙 제25조 ①항 3호
거실의 바닥면적의 합계가 1,000m² 이상인 층에는 환기설비를 설치할 것

131 | 지하층 비상탈출구
15, 10, 09, 08

다음 중 지하층의 비상탈출구에 관한 기준 내용으로 옳지 않은 것은?

① 비상탈출구의 유효높이는 1.5m 이상으로 할 것
② 비상탈출구의 유효너비는 0.75m 이상으로 할 것
③ 비상탈출구의 문은 피난방향으로 열리도록 할 것
④ 비상탈출구는 출입구로부터 2m 이상 떨어진 곳에 설치할 것

해설 관련 법규 : 법 제53조, 피난·방화규칙 제25조
해설 법규 : 피난·방화규칙 제25조 ②항 3호
비상탈출구는 출입구로부터 3m 이상 떨어진 곳에 설치할 것

132 | 지하층 비상탈출구
22

건축물 지하층에 설치하는 비상탈출구에 관한 기준 내용으로 옳지 않은 것은? (단, 주택이 아닌 경우)

① 비상탈출구는 출입구로부터 2m 이상 떨어진 곳에 설치할 것
② 비상탈출구의 유효너비는 0.75m 이상으로 하고, 유효높이는 1.5m 이상으로 할 것
③ 비상탈출구의 문은 피난방향으로 열리도록 하고, 실내에서 항상 열 수 있는 구조로 할 것
④ 비상탈출구는 피난층 또는 지상으로 통하는 복도나 직통계단에 직접 접하거나 통로 등으로 연결될 수 있도록 설치할 것

해설 관련 법규 : 법 제53조, 피난·방화규칙 제25조
해설 법규 : 피난·방화규칙 제25조 ②항 3호
비상탈출구는 출입구로부터 3m 이상 떨어진 곳에 설치할 것

133 | 지하층 비상탈출구
17

지하층의 비상탈출구는 출입구로부터 최소 얼마 이상 떨어진 곳에 설치하여야 하는가? (단, 주택이 아닌 경우)

① 1m ② 2m
③ 3m ④ 5m

해설 관련 법규 : 법 제53조, 피난·방화규칙 제25조
해설 법규 : 피난·방화규칙 제25조 ②항 3호
지하층의 비상탈출구는 출입구로부터 3m 이상 떨어진 곳에 설치할 것

134 | 지하층 비상탈출구
18, 13, 10

지하층의 비상탈출구에 관한 기준 내용으로 옳지 않은 것은?

① 비상탈출구의 문은 피난방향으로 열리도록 할 것
② 비상탈출구는 출입구로부터 3m 이상 떨어진 곳에 설치할 것
③ 비상탈출구의 유효너비는 0.75m 이상으로 하고, 유효높이는 1.5m 이상으로 할 것
④ 비상탈출구에서 피난층 또는 지상으로 통하는 복도나 직통계단까지 이르는 피난통로의 유효너비는 0.65m 이상으로 할 것

정답 129.③ 130.② 131.④ 132.① 133.③ 134.④

해설 관련 법규 : 법 제53조, 피난·방화규칙 제25조
해설 법규 : 피난·방화규칙 제25조 ②항 5호
비상탈출구는 피난층 또는 지상으로 통하는 복도나 직통계단에 직접 접하거나 통로 등으로 연결될 수 있도록 설치하여야 하며, 피난층 또는 지상으로 통하는 복도나 직통계단까지 이르는 피난통로의 유효너비는 0.75m 이상으로 하고, 피난통로의 실내에 접하는 부분의 마감과 그 바탕은 불연재료로 할 것

③ 기계설비법, 시행령, 시행규칙

01 | 기계설비의 정의

다음 밑줄 친 대통령령으로 정하는 설비에 속하지 않은 것은?

"기계설비"란 건축물, 시설물 등(건축물 등)에 설치된 기계·기구·배관 및 그 밖에 건축물 등의 성능을 유지하기 위한 설비로서 <u>대통령령으로 정하는 설비</u>를 말한다.

① 보온설비 ② 보냉설비
③ 열원설비 ④ 우수배수설비

해설 관련 법규 : 법 제2조, 영 제2조
해설 법규 : 영 제2조
대통령령으로 정하는 설비는 열원설비, 냉난방설비, 공기조화·공기청정·환기설비, 위생기구·급수·급탕·오배수·통기설비, 오수정화·물재이용설비, 우수배수설비, 보온설비, 덕트(duct)설비, 자동제어설비, 방음·방진·내진설비, 플랜트설비, 특수설비 등이 있다.

02 | 기계설비기술자의 정의

다음 밑줄 친 대통령령으로 정하는 법령에 속하지 않은 것은?

"기계설비기술자"란 「국가기술자격법」, 「건설기술 진흥법」 또는 <u>대통령령으로 정하는 법령</u>에 따라 기계설비 관련 분야의 기술자격을 취득하거나 기계설비에 관한 기술 또는 기능을 인정받은 사람을 말한다.

① 건설산업기본법 ② 엔지니어링산업 진흥법
③ 자격기본법 ④ 건축법

해설 관련 법규 : 법 제2조, 영 제3조
해설 법규 : 영 제3조
대통령령으로 정하는 법령에는 「건설산업기본법」, 「엔지니어링산업 진흥법」, 「자격기본법」등이 있다.

03 | 기계설비 유지관리기준

다음 중 기계설비의 소유자 또는 관리자(관리주체)가 유지관리기준을 준수하여야 하는 건축물 등에 속하지 않는 것은?

① 「건축법」에 따라 구분된 용도별 건축물 중 연면적 10,000m² 이상의 건축물(공동주택 및 창고시설은 제외)
② 「건축법」에 따른 공동주택 중 500세대 이상의 공동주택
③ 「건축법」에 따른 공동주택 중 400세대 이상으로서 중앙집중식 난방방식(지역난방방식을 포함)의 공동주택
④ 「시설물의 안전 및 유지관리에 관한 특별법」에 따른 시설물 중 해당 건축물등의 규모를 고려하여 국토교통부장관이 정하여 고시하는 건축물 등

해설 관련 법규 : 법 제17조, 영 제14조
해설 법규 : 영 제14조
기계설비의 소유자 또는 관리자(관리주체)가 유지관리기준을 준수하여야 하는 건축물 등은 다음과 같다.
㉠ 「건축법」에 따라 구분된 용도별 건축물 중 연면적 1만제곱미터 이상의 건축물(공동주택 및 창고시설은 제외)
㉡ 「건축법」에 따른 공동주택 중 다음의 어느 하나에 해당하는 공동주택
  • 500세대 이상의 공동주택
  • 300세대 이상으로서 중앙집중식 난방방식(지역난방방식을 포함)의 공동주택
㉢ 다음의 건축물 중 해당 건축물 등의 규모를 고려하여 국토교통부장관이 정하여 고시하는 건축물 등
  • 「시설물의 안전 및 유지관리에 관한 특별법」에 따른 시설물
  • 「학교시설사업 촉진법」에 따른 학교시설
  • 「실내공기질 관리법」에 따른 지하역사 및 지하도상가
  • 중앙행정기관의 장, 지방자치단체의 장 및 그 밖에 국토교통부장관이 정하는 자가 소유하거나 관리하는 건축물 등

04 | 기계설비 유지관리기준

다음 중 기계설비의 소유자 또는 관리자(관리주체)가 유지관리기준을 준수하여야 하는 건축물 등에 속하지 않는 것은?

① 「시설물의 안전 및 유지관리에 관한 특별법」에 따른 시설물
② 「건설안전기본법」에 따른 가설 설치물
③ 「실내공기질 관리법」에 따른 지하역사 및 지하도상가
④ 중앙행정기관의 장, 지방자치단체의 장 및 그 밖에 국토교통부장관이 정하는 자가 소유하거나 관리하는 건축물등

해설 관련 법규 : 법 제17조, 영 제14조
해설 법규 : 영 제14조
기계설비의 소유자 또는 관리자(관리주체)가 유지관리기준을 준수하여야 하는 건축물 등에는 ①, ③, ④ 이외에 「학교시설사업 촉진법」에 따른 학교시설 등이 있다.

정답 01. ② 02. ④ 03. ③ 04. ②

05 | 점검기록 보존기간

관리주체는 작성한 점검기록을 <u>대통령령으로 정하는 기간</u> 동안 보존하여야 하며, 특별자치시장·특별자치도지사·시장·군수·구청장이 그 점검기록의 제출을 요청하는 경우 이에 따라야 한다. 밑줄 친 대통령령으로 정하는 기간에 알맞은 것은?

① 3년　　　② 5년
③ 8년　　　④ 10년

해설 관련 법규 : 법 제17조, 영 제14조
해설 법규 : 영 제14조
관리주체는 작성한 점검기록을 10년 동안 보존하여야 하며, 특별자치시장·특별자치도지사·시장·군수·구청장이 그 점검기록의 제출을 요청하는 경우 이에 따라야 한다.

06 | 기계설비유지관리자의 해임 등

기계설비유지관리자를 선임한 관리주체는 정당한 사유 없이 일정 횟수 이상 유지관리교육을 받지 아니한 기계설비유지관리자를 해임하여야 한다. 횟수로 옳은 것은?

① 2회
② 3회
③ 4회
④ 5회

해설 관련 법규 : 법 제19조, 영 제15조
해설 법규 : 영 제15조
기계설비유지관리자를 선임한 관리주체는 정당한 사유 없이 2회 이상 유지관리교육을 받지 아니한 기계설비유지관리자를 해임하여야 한다.

07 | 기계설비유지관리자의 선임 등

기계설비유지관리자의 해임신고를 한 자는 해임한 날부터 며칠 이내에 기계설비유지관리자를 새로 선임하여야 하는가?

① 10일
② 15일
③ 20일
④ 30일

해설 관련 법규 : 법 제19조 ⑤항
해설 법규 : 법 제19조 ⑤항
기계설비유지관리자의 해임신고를 한 자는 해임한 날부터 30일 이내에 기계설비유지관리자를 새로 선임하여야 한다.

08 | 유지관리 업무의 위탁

국토교통부장관은 기계설비와 관련된 업무를 수행하는 협회 중 국토교통부장관이 해당 업무에 대한 전문성이 있다고 인정하여 고시하는 협회에 위탁할 수 있는 업무에 속하지 않은 것은?

① 기계설비유지관리자의 근무처·경력·학력 및 자격 등의 관리에 필요한 신고 접수(단, 변경신고의 접수는 제외)
② 근무처 및 경력 등에 관한 기록의 유지·관리 및 기계설비유지관리자의 근무처 및 경력 등에 관한 증명서의 발급
③ 관련 자료 제출의 요청(위탁된 사무를 처리하기 위하여 필요한 경우만 해당)
④ 기계설비유지관리자의 등급 조정을 위한 근무처 및 경력등과 유지관리교육 결과의 확인

해설 관련 법규 : 법 제19조, 영 제15조
해설 법규 : 영 제15조 ⑤항
국토교통부장관은 다음의 업무를 기계설비와 관련된 업무를 수행하는 협회 중 국토교통부장관이 해당 업무에 대한 전문성이 있다고 인정하여 고시하는 협회에 위탁한다.
㉠ 기계설비유지관리자의 근무처·경력·학력 및 자격 등(근무처 및 경력 등)의 관리에 필요한 신고 및 변경신고의 접수
㉡ 근무처 및 경력 등에 관한 기록의 유지·관리 및 기계설비유지관리자의 근무처 및 경력 등에 관한 증명서의 발급
㉢ 관련 자료 제출의 요청(위탁된 사무를 처리하기 위하여 필요한 경우만 해당)
㉣ 기계설비유지관리자의 등급 조정을 위한 근무처 및 경력 등과 유지관리교육 결과의 확인

09 | 기계설비유지관리자의 선임 등

기계설비유지관리자는 근무처·경력·학력 및 자격 등의 관리에 필요한 사항을 국토교통부장관에게 신고하여야 한다. 국토교통부장관이 신고받은 내용을 확인하기 위하여 필요한 경우 관련 자료를 제출하여 줄 것을 요청할 수 있는 기관에 속하지 않는 것은?

① 중앙행정기관
② 지방자치단체
③ 「초·중등교육법」 및 「고등교육법」에 따른 교육연구시설
④ 관리주체 및 신고한 기계설비유지관리자가 소속된 기계설비 관련 업체

해설 관련 법규 : 법 제19조
해설 법규 : 법 제19조 ⑩항
중앙행정기관, 지방자치단체, 「초·중등교육법」 및 「고등교육법」에 따른 학교 등 관계 기관·단체의 장과 관리주체 및 신고한 기계설비유지관리자가 소속된 기계설비 관련 업체 등에 관련 자료를 제출하여 줄 것을 요청할 수 있다. 이 경우 요청을 받은 기관·단체의 장 등은 특별한 사유가 없으면 요청에 따라야 한다.

정답 05.④ 06.① 07.④ 08.① 09.③

10 | 기계설비 착공 전 점검사항

다음은 기계설비의 착공 전 확인에 대한 설명이다. 옳지 않은 것은?

① 기계설비에 해당하는 설계도서가 기술기준에 적합한지를 확인받으려는 자는 기계설비공사 착공 전 확인신청서를 해당 기계설비공사를 시작하기 전에 특별자치시장·특별자치도지사·시장·군수·구청장(구청장은 자치구의 구청장)에게 제출해야 한다.
② 시장·군수·구청장은 확인을 마친 경우에는 국토교통부령으로 정하는 기계설비공사 착공 전 확인 결과 통보서에 검토의견 등을 적어 해당 신청인에게 통보해야 하며, 해당 설계도서의 내용이 기술기준에 미달하는 등 시공에 부적합하다고 인정하는 경우에는 통보할 필요가 없다.
③ 시장·군수·구청장은 기계설비공사 착공 전 확인신청서를 받은 경우에는 해당 설계도서의 내용이 기술기준에 적합한지를 확인해야 한다.
④ 시장·군수·구청장은 기계설비공사 착공 전 확인 결과를 통보한 경우에는 그 내용을 기록하고 관리해야 한다.

해설 관련 법규 : 법 제15조, 영 제12조, 해설 법규 : 영 제12조
시장·군수·구청장은 확인을 마친 경우에는 국토교통부령으로 정하는 기계설비공사 착공 전 확인 결과 통보서에 검토의견 등을 적어 해당 신청인에게 통보해야 하며, 해당 설계도서의 내용이 기술기준에 미달하는 등 시공에 부적합하다고 인정하는 경우에는 보완이 필요한 사항을 함께 적어 통보해야 한다.

11 | 기계설비 착공 전 확인

기계설비공사 착공 전 확인신청 시 신청인이 제출할 서류에 속하지 않는 것은?

① 기계설비공사 준공설계도서 사본
② 기계설비설계자 등록증 사본
③ 「건축법」 등 관계 법령에 따라 기계설비에 대한 감리업무를 수행하는 자가 확인한 기계설비 착공 적합 확인서
④ 기계설비공사 설계도서 사본

해설 관련 법규 : 법 제15조, 영 제12조, 규칙 제5조
해설 법규 : 규칙 제5조 ①항
기계설비공사 착공 전 확인신청서는 별지 제4호서식에 따르며, 신청인은 이를 제출할 때에는 다음의 서류를 첨부해야 한다.
㉠ 기계설비공사 설계도서 사본
㉡ 기계설비설계자 등록증 사본
㉢ 「건축법」 등 관계 법령에 따라 기계설비에 대한 감리업무를 수행하는 자가 확인한 기계설비 착공 적합 확인서
기계설비공사 준공설계도서 사본은 사용 전 검사 신청시 제출하여야 할 서류이다.

12 | 기계설비 사용 전 허가신청

「에너지이용 합리화법」에 따른 검사대상기기 검사에 합격한 경우와 「고압가스 안전관리법」에 따른 완성검사에 합격한 경우(감리적합판정을 받은 경우를 포함)에 기계설비 사용 전 검사신청서 제출 시 첨부해야 하는 서류에 속하지 않는 것은?

① 기계설비공사 준공설계도서 사본
② 「고압가스 안전관리법」에 따른 완성검사에 합격한 경우(감리적합판정을 받은 경우를 포함)에 합격한 경우에 대한 검사 결과서(해당하는 검사 결과가 있는 경우로 한정)
③ 기계설비공사 설계도서 사본
④ 「에너지이용 합리화법」에 따른 검사대상기기 검사에 합격한 경우에 대한 검사 결과서(해당하는 검사 결과가 있는 경우로 한정)

해설 관련 법규 : 법 제15조, 영 제13조, 규칙 제6조
해설 법규 : 규칙 제6조 ①항
기계설비 사용 전 검사신청서는 별지 제7호서식에 따르며, 신청인은 이를 제출할 때에는 다음의 서류를 첨부해야 한다.
㉠ 기계설비공사 준공설계도서 사본
㉡ 「건축법」 등 관계 법령에 따라 기계설비에 대한 감리업무를 수행한 자가 확인한 기계설비 사용 적합 확인서
㉢ 검사 결과서(해당하는 검사 결과가 있는 경우로 한정)
  • 「에너지이용 합리화법」에 따른 검사대상기기 검사에 합격한 경우
  • 「고압가스 안전관리법」에 따른 완성검사에 합격한 경우(감리적합판정을 받은 경우를 포함)
기계설비공사 설계도서 사본은 기계설비공사 착공 전 확인신청 시 첨부하여야 할 서류이다.

13 | 유지관리 업무의 위탁

기계설비와 관련된 업무를 위탁받은 협회가 위탁업무의 처리 결과를 국토교통부장관에게 보고해야 하는 시기로 옳은 것은?

① 매 반기 말일을 기준으로 다음 달 5일까지
② 매 반기 말일을 기준으로 다음 달 10일까지
③ 매 반기 말일을 기준으로 다음 달 15일까지
④ 매 반기 말일을 기준으로 다음 달 말일까지

해설 관련 법규 : 법 제22조, 영 제20조의2
해설 법규 : 영 제20조의2 ②항
기계설비와 관련된 업무를 위탁받은 협회는 위탁업무의 처리 결과를 매 반기 말일을 기준으로 다음 달 말일까지 국토교통부장관에게 보고해야 한다.

정답 10. ② 11. ① 12. ③ 13. ④

14 | 등록자의 요건

성능점검과 관련된 업무를 하려는 자는 자본금, 기술인력의 확보 등 대통령령으로 정하는 요건을 갖추어 (　　)에게 등록하여야 한다. (　　) 안에 해당하지 않는 자는?

① 구청장
② 특별시장
③ 특별자치시장
④ 특별자치도지사

해설 관련 법규 : 법 제21조
해설 법규 : 법 제21조
성능점검과 관련된 업무를 하려는 자는 자본금, 기술인력의 확보 등 대통령령으로 정하는 요건을 갖추어 **특별시장·광역시장·특별자치시장·도지사 또는 특별자치도지사(시·도지사)**에게 등록하여야 한다.

15 | 기계설비성능점검업 등록증

다음 중 밑줄 친 대통령령으로 정하는 사항에 속하지 않는 것은?

기계설비성능점검업을 등록한 자는 등록한 사항 중 <u>대통령령으로 정하는</u> 사항이 변경된 경우에는 변경 사유가 발생한 날부터 30일 이내에 변경등록을 하여야 한다.

① 대표자
② 종업원의 수
③ 영업소 소재지
④ 상호

해설 관련 법규 : 법 제21조, 영 제18조
해설 법규 : 영 제18조
기계설비성능점검업의 변경등록 사항에는 상호, 대표자, 영업소 소재지, 기술인력 등이 있다.

16 | 성능점검업 변경등록

기계설비성능점검업을 등록한 자는 등록한 사항 중 대통령령으로 정하는 사항이 변경된 경우에는 변경 사유가 발생한 날부터 며칠 이내에 변경등록을 하여야 하는가?

① 10일
② 15일
③ 20일
④ 30일

해설 관련 법규 : 법 제21조
해설 법규 : 법 제21조
기계설비성능점검업을 등록한 자는 등록한 사항 중 대통령령으로 정하는 사항이 변경된 경우에는 변경 사유가 발생한 날부터 30일 이내에 변경등록을 하여야 한다.

17 | 성능점검업의 휴업, 폐업

기계설비성능점검업을 등록한 자는 휴업 또는 폐업의 신고를 하려는 경우에는 그 휴업 또는 폐업한 날부터 며칠 이내에 국토교통부령으로 정하는 휴업·폐업신고서를 시·도지사에게 제출해야 하는가?

① 30일
② 25일
③ 20일
④ 15일

해설 관련 법규 : 법 제21조, 영 제19조
해설 법규 : 영 제19조 ①항
기계설비성능점검업을 등록한 자(기계설비성능점검업자)는 휴업 또는 폐업의 신고를 하려는 경우에는 그 휴업 또는 폐업한 날부터 30일 이내에 국토교통부령으로 정하는 휴업·폐업신고서를 시·도지사에게 제출해야 한다.

18 | 성능점검업 등록말소

시·도지사가 기계설비성능점검업 등록을 말소한 경우 해당 특별시·광역시·특별자치시·도 또는 특별자치도의 인터넷 홈페이지에 게시해야 하는 사항에 속하지 않는 것은?

① 등록말소 연월일
② 주된 영업소의 소재지
③ 대표자
④ 말소 사유

해설 관련 법규 : 법 제21조, 영 제19조
해설 법규 : 영 제19조 ②항
시·도지사는 기계설비성능점검업 등록을 말소한 경우에는 다음의 사항을 해당 특별시·광역시·특별자치시·도 또는 특별자치도의 인터넷 홈페이지에 게시해야 한다.
㉠ 등록말소 연월일
㉡ 상호
㉢ 주된 영업소의 소재지
㉣ 말소 사유

19 | 유지관리기준

다음 중 기계설비의 유지관리 및 점검을 위하여 필요한 유지관리 기준에 반영되어야 하는 사항에 속하지 않는 것은?

① 기계설비 유지관리 및 점검 참여자의 자격, 역할 및 업무내용
② 기계설비 유지관리 및 점검에 대한 조사, 분석
③ 기계설비 유지관리 및 점검의 종류, 항목, 방법 및 주기
④ 기계설비 유지관리 및 점검의 기록 및 문서보존 방법

정답 14. ① 15. ② 16. ④ 17. ① 18. ③ 19. ②

해설 관련 법규 : 법 제16조, 규칙 제7조
해설 법규 : 규칙 제7조
기계설비의 유지관리 및 점검을 위하여 필요한 유지관리 기준에는 다음의 사항이 반영되어야 한다.
㉠ 기계설비 유지관리 및 점검에 대한 계획 수립
㉡ 기계설비 유지관리 및 점검 참여자의 자격, 역할 및 업무내용
㉢ 기계설비 유지관리 및 점검의 종류, 항목, 방법 및 주기
㉣ 기계설비 유지관리 및 점검의 기록 및 문서보존 방법
㉤ 그 밖에 유지관리기준의 관리, 운영, 조사, 연구 및 개선업무에 관한 사항

20 | 기계설비유지관리자의 선임

관리주체가 신축·증축·개축·재축 및 대수선으로 기계설비유지관리자를 선임해야 하는 경우에는 해당 건축물·시설물 등의 완공일(「건축법」 등 관계 법령에 따라 사용승인 및 준공인가 등을 받은 날)부터 며칠 이내에 선임하여야 하는가?

① 10일　　　　　② 15일
③ 20일　　　　　④ 30일

해설 관련 법규 : 법 제17조, 규칙 제8조
해설 법규 : 규칙 제8조 ②항
관리주체는 기계설비유지관리자를 선임하는 경우 다음의 구분에 따른 날부터 30일 이내에 선임해야 한다.
㉠ 신축·증축·개축·재축 및 대수선으로 기계설비유지관리자를 선임해야 하는 경우 : 해당 건축물·시설물 등의 완공일(「건축법」 등 관계 법령에 따라 사용승인 및 준공인가 등을 받은 날)
㉡ 용도변경으로 기계설비유지관리자를 선임해야 하는 경우 : 용도변경 사실이 건축물관리대장에 기재된 날
㉢ 기계설비유지관리업무를 위탁한 경우로서 그 위탁 계약이 해지 또는 종료된 경우 : 기계설비 유지관리업무의 위탁이 끝난 날

21 | 기계설비유지관리자의 선임

관리주체가 용도변경으로 기계설비유지관리자를 선임해야 하는 경우에는 용도변경 사실이 건축물관리대장에 기재된 날부터 며칠 이내에 선임하여야 하는가?

① 10일　　　　　② 15일
③ 20일　　　　　④ 30일

해설 관련 법규 : 법 제17조, 규칙 제8조
해설 법규 : 규칙 제8조 ②항
관리주체는 용도변경으로 기계설비유지관리자를 선임해야 하는 경우에는 용도변경 사실이 건축물관리대장에 기재된 날부터 30일 이내에 선임하여야 한다.

22 | 기계설비유지관리자의 위탁

관리주체가 기계설비유지관리업무를 위탁한 경우 그 위탁 계약이 해지 또는 종료된 때에는 기계설비유지관리업자를 위탁이 끝난 날부터 며칠 이내에 선임하여야 하는가?

① 10일　　　　　② 15일
③ 20일　　　　　④ 30일

해설 관련 법규 : 법 제17조, 규칙 제8조
해설 법규 : 규칙 제8조 ②항
관리주체는 용도변경으로 기계설비유지관리업무를 위탁한 경우로서 그 위탁 계약이 해지 또는 종료된 경우에는 기계설비 유지관리업무의 위탁이 끝난 날부터 30일 이내에 선임하여야 한다.

23 | 국토교통부령으로 정하는 사항

다음 중 밑줄 친 국토교통부령으로 정하는 사항에 속하지 않는 것은?

> 관리주체가 기계설비유지관리자를 선임 또는 해임한 경우 국토교통부령으로 정하는 바에 따라 지체 없이 그 사실을 특별자치시장·특별자치도지사·시장·군수·구청장에게 신고하여야 한다. 신고된 사항 중 <u>국토교통부령으로 정하는 사항</u>이 변경된 경우에도 또한 같다.

① 관리주체의 상호, 성명
② 관리주체의 종업원의 수
③ 관리주체의 사업자등록번호(관리주체가 법인인 경우에는 법인의 명칭, 대표자 성명, 주소 또는 법인등록번호)
④ 기계설비유지관리자의 주소, 등급 또는 수첩발급번호

해설 관련 법규 : 법 제19조, 규칙 제8조의2
해설 법규 : 규칙 제8조의2
국토교통부령으로 정하는 사항은 다음과 같다.
㉠ 관리주체의 상호, 성명, 주소 또는 사업자등록번호(관리주체가 법인인 경우에는 법인의 명칭, 대표자 성명, 주소 또는 법인등록번호)
㉡ 기계설비유지관리자의 주소, 등급 또는 수첩발급번호

24 | 기계설비유지관리자의 신고

관리주체가 기계설비유지관리자를 선임 또는 해임 신고를 하려는 경우에는 그 선임일 또는 해임일부터 며칠 이내에 기계설비유지관리자 선임·해임 신고서(전자문서로 된 신고서를 포함)를 시장·군수·구청장에게 제출해야 하는가?

① 10일　　　　　② 15일
③ 20일　　　　　④ 30일

정답 20.④ 21.④ 22.④ 23.② 24.④

해설 관련 법규 : 법 제19조, 규칙 제8조의2
해설 법규 : 규칙 제8조의2 ①항
관리주체는 기계설비유지관리자 선임 또는 해임 신고를 하려는 경우에는 그 선임일 또는 해임일부터 30일 이내에 기계설비유지관리자 선임·해임 신고서(전자문서로 된 신고서를 포함)에 다음의 서류를 첨부하여 시장·군수·구청장에게 제출해야 한다.
㉠ 기계설비유지관리자의 재직증명서 등 재직 사실을 확인할 수 있는 서류(기계설비 유지관리업무를 위탁한 경우에는 기계설비 유지관리업무 위탁계약서 사본)
㉡ 발급받은 기계설비유지관리자 수첩 사본

25 | 신고사항의 변경

관리주체는 관리주체의 상호, 성명, 주소 또는 사업자등록번호(관리주체가 법인인 경우에는 법인의 명칭, 대표자 성명, 주소 또는 법인등록번호)의 사항이 변경된 때에는 변경 사유가 발생한 날부터 며칠 이내에 기계설비유지관리자 신고사항 변경신고서에 그 변경 사항을 증명하는 서류를 첨부하여 시장·군수·구청장에게 제출해야 하는가?

① 10일 ② 15일
③ 20일 ④ 30일

해설 관련 법규 : 법 제19조, 규칙 제8조의2
해설 법규 : 규칙 제8조의2 ③항
관리주체는 다음의 사항이 변경된 때에는 변경 사유가 발생한 날부터 30일 이내에 기계설비유지관리자 신고사항 변경신고서에 그 변경 사항을 증명하는 서류를 첨부하여 시장·군수·구청장에게 제출해야 한다.
㉠ 관리주체의 상호, 성명, 주소 또는 사업자등록번호(관리주체가 법인인 경우에는 법인의 명칭, 대표자 성명, 주소 또는 법인등록번호)
㉡ 기계설비유지관리자의 주소, 등급 또는 수첩발급번호

26 | 해임 및 선임 통보시기

시장·군수·구청장이 기계설비유지관리자의 선임 또는 해임 신고를 받은 경우 기계설비유지관리자 선임·해임신고대장에 그 사실을 기록하고, 매월 신고 현황을 국토교통부장관에게 통보해야 하는 시기로 옳은 것은?

① 다음 달 말일
② 다음 달 10일
③ 다음 달 15일
④ 다음 달 25일

해설 관련 법규 : 법 제19조, 규칙 제8조의2
해설 법규 : 규칙 제8조의2 ⑥항
시장·군수·구청장은 기계설비유지관리자의 선임 또는 해임 신고를 받은 경우에는 기계설비유지관리자 선임·해임신고대장에 그 사실을 기록하고, 매월 신고 현황을 다음 달 말일까지 국토교통부장관에게 통보해야 한다.

27 | 경력관리 수탁기관 제출서류

기계설비유지관리자가 근무처·경력·학력 및 자격 등의 관리에 필요한 사항을 신고하려는 경우 기계설비유지관리자 경력신고서에 첨부하여 경력관리 수탁기관에 제출하여야 하는 서류에 속하지 않는 것은?

① 근무처 및 경력을 증명하는 서류
② 기계설비 관련 자격증(국가기술자격증은 제외) 사본
③ 성적증명서
④ 최근 6개월 이내에 촬영한 증명사진(가로 2.5cm×세로 3cm)

해설 관련 법규 : 법 제19조, 규칙 제8조의3
해설 법규 : 규칙 제8조의3 ①항
기계설비유지관리자는 근무처·경력·학력 및 자격 등(근무처 및 경력 등)의 관리에 필요한 사항을 신고하려는 경우에는 기계설비유지관리자 경력신고서에 다음의 서류를 첨부하여 업무를 위탁받은 자(경력관리 수탁기관)에 제출해야 한다.
㉠ 근무처 및 경력을 증명하는 서류
㉡ 기계설비 관련 자격증(국가기술자격증은 제외) 사본
㉢ 졸업증명서
㉣ 최근 6개월 이내에 촬영한 증명사진(가로 2.5cm×세로 3cm)

28 | 기계설비유지관리자의 신고

기계설비유지관리자가 신고사항이 변경된 경우 변경된 날부터 며칠 이내에 기계설비유지관리자 경력변경신고서에 변경 사항을 증명하는 서류를 첨부하여 경력관리 수탁기관에 제출해야 하는가?

① 30일 ② 25일
③ 20일 ④ 15일

해설 관련 법규 : 법 제19조, 규칙 제8조의3
해설 법규 : 규칙 제8조의3 ②항
기계설비유지관리자는 신고사항이 변경된 때에는 변경된 날부터 30일 이내에 기계설비유지관리자 경력변경신고서에 변경 사항을 증명하는 서류를 첨부하여 경력관리 수탁기관에 제출해야 한다.

29 | 유지관리 교육 신청

기계설비 유지관리에 관한 교육에 관한 업무를 위탁받은 자가 교육의 종류별·대상자별 및 지역별로 다음 연도의 교육 실시계획을 수립하여 매년 국토교통부장관에게 보고해야 하는 시기는?

① 매년 12월 31일까지 ② 매년 9월 30일까지
③ 매년 6월 30일까지 ④ 매년 3월 31일까지

해설 관련 법규 : 법 제20조, 영 제16조, 규칙 제9조
해설 법규 : 규칙 제9조
기계설비유지관리자의 교육
㉠ 기계설비 유지관리에 관한 교육(유지관리교육)에 관한 업무를 위탁받은 자(유지관리교육 수탁기관)는 교육의 종류별·대상자별 및 지역별로 다음 연도의 교육 실시계획을 수립하여 매년 12월 31일까지 국토교통부장관에게 보고해야 한다.
㉡ 유지관리교육을 받으려는 기계설비유지관리자는 유지관리교육 신청서를 유지관리교육 수탁기관에 제출해야 한다.
㉢ 유지관리교육 수탁기관은 유지관리교육 신청서를 받은 경우 교육 실시 10일 전까지 해당 신청인에게 교육장소와 교육날짜를 통보해야 한다.
㉣ 유지관리교육 수탁기관은 유지관리교육을 이수한 사람에게 유지관리교육 수료증을 발급하고, 유지관리교육 수료증 발급대장에 그 사실을 적고 관리해야 한다.

30 | 유지관리 교육 통보

유지관리교육 수탁기관은 유지관리교육 신청서를 받은 경우 교육 실시 며칠 전까지 해당 신청인에게 교육장소와 교육날짜를 통보해야 하는가?

① 7일 ② 10일
③ 15일 ④ 30일

해설 관련 법규 : 법 제20조, 영 제16조, 규칙 제9조
해설 법규 : 규칙 제9조
유지관리교육 수탁기관은 유지관리교육 신청서를 받은 경우 교육 실시 10일 전까지 해당 신청인에게 교육장소와 교육날짜를 통보해야 한다.

31 | 기계설비성능점검업 등록 시 서류

기계설비성능점검업을 등록하려는 자(법인인 경우에는 대표자)가 기계설비성능점검업 등록 신청서를 특별시장·광역시장·특별자치시장·도지사 또는 특별자치도지사에게 제출하는 경우 첨부서류로 옳지 않은 것은?

① 법인의 경우에는 재무상태표 및 손익계산서
② 개인의 경우에는 영업용 자산평가액 명세서 및 증명서류
③ 기계설비유지관리자 수첩 사본
④ 기계설비유지관리자 졸업증명서

해설 관련 법규 : 법 제21조, 규칙 제10조
해설 법규 : 규칙 제10조 ①항
기계설비성능점검업을 등록하려는 자(법인인 경우에는 대표자)는 기계설비성능점검업 등록 신청서에 다음의 서류를 첨부하여 특별시장·광역시장·특별자치시장·도지사 또는 특별자치도지사(시·도지사)에게 제출해야 한다.
㉠ 등록 요건에 따른 자본금을 보유하고 있음을 증명하는 다음의 구분에 따른 서류
• 법인의 경우 : 재무상태표 및 손익계산서
• 개인의 경우 : 영업용 자산평가액 명세서 및 증명서류
㉡ 등록 요건에 따른 기술인력을 고용하고 있음을 증명하는 기술인력 보유증명서와 다음의 어느 하나에 해당하는 서류
• 기계설비유지관리자 수첩 사본
• 기계설비유지관리자 경력증명서
㉢ 등록 요건에 따른 장비를 보유하고 있음을 증명할 수 있는 서류

32 | 서류의 유효 기간

기계설비성능점검업을 등록하려는 자(법인인 경우에는 대표자)가 기계설비성능점검업 등록 신청서를 특별시장·광역시장·특별자치시장·도지사 또는 특별자치도지사에게 제출하는 경우 자본금을 보유하고 있음을 증명하는 서류 및 기술인력을 고용하고 있음을 증명하는 서류의 유효기간은?

① 등록신청 전 10일 이내 ② 등록신청 후 10일 이내
③ 등록신청 전 30일 이내 ④ 등록신청 후 30일 이내

해설 관련 법규 : 법 제21조, 규칙 제10조
해설 법규 : 규칙 제10조 ②항
자본금을 보유하고 있음을 증명하는 서류 및 기술인력을 고용하고 있음을 증명하는 서류는 기계설비성능점검업 등록신청 전 30일 이내에 발행되거나 작성된 것이어야 한다.

33 | 기계설비성능점검업 등록 변경

기계설비성능점검업자가 등록사항의 변경이 있는 때 변경된 날부터 30일 이내에 기계설비성능점검업 변경등록 신청서에 그 변경사항별로 서류를 첨부하여 시·도지사에게 제출해야 하는 경우로 옳지 않은 것은?

① 상호 또는 영업소 소재지를 변경하는 경우 : 기계설비성능점검업 등록증 및 등록수첩
② 기술인력을 변경하는 경우 : 기계설비성능점검업 자격증 사본
③ 대표자를 변경하는 경우 : 기계설비성능점검업 등록증 및 등록수첩
④ 기술인력을 변경하는 경우 : 기술인력 보유증명서와 그 첨부서류

정답 29.① 30.② 31.④ 32.③ 33.②

해설 관련 법규 : 법 제21조, 규칙 제12조
해설 법규 : 규칙 제12조 ①항
기계설비성능점검업자는 등록사항의 변경이 있는 때에는 변경된 날부터 30일 이내에 기계설비성능점검업 변경등록 신청서에 그 변경사항별로 다음의 구분에 따른 서류를 첨부하여 시·도지사에게 제출해야 한다.
㉠ 상호 또는 영업소 소재지를 변경하는 경우 : 기계설비성능점검업 등록증 및 등록수첩
㉡ 대표자를 변경하는 경우 : 기계설비성능점검업 등록증 및 등록수첩
㉢ 기술인력을 변경하는 경우
  ㉮ 기계설비성능점검업 등록수첩
  ㉯ 기술인력 보유증명서와 그 첨부서류

34 | 기계설비성능점검업 등록 변경

기계설비성능점검업자가 지체 없이 시·도지사에게 그 기계설비성능점검업 등록증 및 등록수첩을 반납해야 하는 경우에 속하지 않는 것은?

① 등록이 변경된 경우
② 기계설비성능점검업을 휴업·폐업한 경우
③ 재발급 신청을 하는 경우
④ 등록증 또는 등록수첩을 잃어버리고 재발급을 받은 경우에는 이를 다시 찾은 경우

해설 관련 법규 : 법 제21조, 규칙 제11조
해설 법규 : 규칙 제11조 ③항
기계설비성능점검업자는 다음의 어느 하나에 해당하는 경우에는 지체 없이 시·도지사에게 그 기계설비성능점검업 등록증 및 등록수첩을 반납해야 한다.
㉠ 등록이 취소된 경우
㉡ 기계설비성능점검업을 휴업·폐업한 경우
㉢ 재발급 신청을 하는 경우. 다만, 등록증 또는 등록수첩을 잃어버리고 재발급을 받은 경우에는 이를 다시 찾은 경우로 한정하며, 다시 찾은 경우에는 지체 없이 반납해야 한다.

35 | 기계설비성능점검업 등록 변경

기계설비성능점검업자는 등록사항의 변경이 있는 때에는 변경된 날부터 며칠 이내에 기계설비성능점검업 변경등록 신청서에 그 변경사항별로 서류를 첨부하여 시·도지사에게 제출해야 하는가?

① 7일
② 10일
③ 15일
④ 30일

해설 관련 법규 : 법 제21조, 규칙 제12조
해설 법규 : 규칙 제12조 ①항
기계설비성능점검업자는 등록사항의 변경이 있는 때에는 변경된 날부터 30일 이내에 기계설비성능점검업 변경등록 신청서에 그 변경사항별로 서류를 첨부하여 시·도지사에게 제출해야 한다.

36 | 기계설비성능점검업자의 서류 제출

기계설비의 성능점검능력 평가를 받으려는 기계설비성능점검업자가 기계설비 성능점검능력 평가 신청서에 서류를 첨부하여 성능점검능력 평가에 관한 업무를 위탁받은 자에게 제출해야 하는 시기는?

① 매년 4월 15일까지
② 매년 6월 30일까지
③ 매년 2월 15일까지
④ 매년 5월 31일까지

해설 관련 법규 : 법 제22조의2, 규칙 제15조
해설 법규 : 규칙 제15조 ①항
기계설비의 성능점검능력 평가를 받으려는 기계설비성능점검업자(신청인)는 기계설비 성능점검능력 평가 신청서에 서류를 첨부하여 매년 2월 15일까지 성능점검능력 평가에 관한 업무를 위탁받은 자(성능점검능력평가 수탁기관)에게 제출해야 한다.

37 | 기계설비성능점검업자의 서류 제출

법인인 경우(성실신고확인대상사업자인 경우는 제외)로서 기계설비의 성능점검능력 평가를 받으려는 기계설비성능점검업자가 기계설비 성능점검능력 평가 신청서에 재무상태를 증명하는 서류를 첨부하여 성능점검능력 평가에 관한 업무를 위탁받은 자에게 제출해야 하는 시기는?

① 매년 4월 15일까지
② 매년 6월 30일까지
③ 매년 2월 15일까지
④ 매년 5월 31일까지

해설 관련 법규 : 법 제22조의2, 규칙 제15조
해설 법규 : 규칙 제15조 ②항
재무상태를 증명하는 서류의 제출기한은 다음의 구분에 따른다.
㉠ 법인인 경우(성실신고확인대상사업자인 경우는 제외)
 : 4월 15일
㉡ 개인인 경우(성실신고확인대상사업자인 경우는 제외)
 : 5월 31일
㉢ 「소득세법」에 따른 성실신고확인대상사업자인 경우
 : 6월 30일

38 | 기계설비성능점검업자의 서류 제출

개인인 경우(성실신고확인대상사업자인 경우는 제외)로서 기계설비의 성능점검능력 평가를 받으려는 기계설비성능점검업자가 기계설비 성능점검능력 평가 신청서에 재무상태를 증명하는 서류를 첨부하여 성능점검능력 평가에 관한 업무를 위탁받은 자에게 제출해야 하는 시기는?

① 매년 4월 15일까지 ② 매년 6월 30일까지
③ 매년 2월 15일까지 ④ 매년 5월 31일까지

해설 관련 법규 : 법 제22조의2, 규칙 제15조
해설 법규 : 규칙 제15조 ②항
재무상태를 증명하는 서류의 제출기한은 다음의 구분에 따른다.
㉠ 법인인 경우(성실신고확인대상사업자인 경우는 제외)
 : 4월 15일
㉡ 개인인 경우(성실신고확인대상사업자인 경우는 제외)
 : 5월 31일
㉢ 「소득세법」에 따른 성실신고확인대상사업자인 경우
 : 6월 30일

39 | 기계설비성능점검업자의 서류 제출

「소득세법」에 따른 성실신고확인대상사업자인 경우로서 기계설비의 성능점검능력 평가를 받으려는 기계설비성능점검업자가 기계설비 성능점검능력 평가 신청서에 재무상태를 증명하는 서류를 첨부하여 성능점검능력 평가에 관한 업무를 위탁받은 자에게 제출해야 하는 시기는?

① 매년 4월 15일까지 ② 매년 6월 30일까지
③ 매년 2월 15일까지 ④ 매년 5월 31일까지

해설 관련 법규 : 법 제22조의2, 규칙 제15조
해설 법규 : 규칙 제15조 ②항
재무상태를 증명하는 서류의 제출기한은 다음의 구분에 따른다.
㉠ 법인인 경우(성실신고확인대상사업자인 경우는 제외)
 : 4월 15일
㉡ 개인인 경우(성실신고확인대상사업자인 경우는 제외)
 : 5월 31일
㉢ 「소득세법」에 따른 성실신고확인대상사업자인 경우
 : 6월 30일

40 | 기계설비성능점검업자의 서류점검

성능점검능력평가 수탁기관은 기계설비의 성능점검능력 평가를 받으려는 기계설비성능점검업자의 기계설비 성능점검능력 평가 신청서가 거짓으로 확인된 경우에는 확인된 날부터 며칠 이내에 점검능력을 새로 평가해야 하는가?

① 7일 ② 10일
③ 15일 ④ 30일

해설 관련 법규 : 법 제22조의2, 규칙 제16조
해설 법규 : 규칙 제16조 ⑥항
성능점검능력평가 수탁기관은 기계설비의 성능점검능력 평가를 받으려는 기계설비성능점검업자의 제출된 서류가 거짓으로 확인된 경우에는 확인된 날부터 10일 이내에 점검능력을 새로 평가해야 한다.

41 | 평가사항의 공시항목

국토교통부장관은 성능점검능력을 평가한 경우에는 공시해야 하는 항목으로 옳지 않은 것은?

① 상호(법인인 경우에는 법인 명칭)
② 기계설비성능점검업자의 성명(법인인 경우에는 대표자의 성명)
③ 종업원의 수
④ 기계설비성능점검업 등록번호

해설 관련 법규 : 법 제22조의2, 규칙 제17조
해설 법규 : 규칙 제17조 ①항
국토교통부장관은 성능점검능력을 평가한 경우에는 다음의 항목을 공시해야 하며, 성능점검능력평가 수탁기관은 해당 기계설비성능점검업자의 등록수첩에 성능점검능력평가액을 기재해야 한다.
㉠ 상호(법인인 경우에는 법인 명칭)
㉡ 기계설비성능점검업자의 성명(법인인 경우에는 대표자의 성명)
㉢ 영업소 소재지
㉣ 기계설비성능점검업 등록번호
㉤ 성능점검능력평가액과 그 산정항목이 되는 점검실적평가액, 경영평가액, 기술능력평가액 및 신인도평가액
㉥ 보유기술인력

42 | 평가사항의 공시 시기

성능점검능력평가 수탁기관이 성능점검능력평가 결과를 일간신문 또는 성능점검능력평가 수탁기관의 인터넷 홈페이지에 공시해야 하는 시기는? (단, 새로 평가하는 경우, 2월 15일까지 성능점검능력평가를 신청하지 못한 경우, 제출된 서류가 거짓으로 확인된 경우는 제외)

① 매년 7월 31일까지 ② 매년 5월 31일까지
③ 매년 11월 31일까지 ④ 매년 3월 31일까지

해설 관련 법규 : 법 제22조의2, 규칙 제17조
해설 법규 : 규칙 제17조 ②항
성능점검능력평가 수탁기관은 성능점검능력평가 결과를 매년 7월 31일까지 일간신문 또는 성능점검능력평가 수탁기관의 인터넷 홈페이지에 공시해야 한다. 다만, 제16조제3항부터 제6항까지의 규정에 따라 평가한 경우(새로 평가하는 경우, 2월 15일까지 성능점검능력평가를 신청하지 못한 경우, 제출된 서류가 거짓으로 확인된 경우는 제외)에는 평가를 완료한 날부터 10일 이내에 공시해야 한다.

정답 38. ④ 39. ② 40. ② 41. ③ 42. ①

43 | 평가사항의 공시 시기

성능점검능력을 새로 평가하는 경우, 2월 15일까지 성능점검능력평가를 신청하지 못한 경우, 제출된 서류가 거짓으로 확인된 경우 성능점검능력평가 수탁기관은 성능점검능력평가 결과를 일간신문 또는 인터넷 홈페이지에 언제 공시해야 하는가?

① 평가를 완료한 날부터 5일 이내
② 평가를 완료한 날부터 10일 이내
③ 평가를 완료한 날부터 15일 이내
④ 평가를 완료한 날부터 50일 이내

해설 관련 법규 : 법 제22조의2, 규칙 제17조
해설 법규 : 규칙 제17조 ②항
제16조제3항부터 제6항까지의 규정에 따라 평가한 경우(새로 평가하는 경우, 2월 15일까지 성능점검능력평가를 신청하지 못한 경우, 제출된 서류가 거짓으로 확인된 경우)에는 평가를 완료한 날부터 10일 이내에 공시해야 한다.

❹ 소방시설 설치 및 관리에 관한 법률, 시행령, 시행규칙

01 | 수용인원의 산정
22, 09

숙박시설이 있는 특정소방대상물의 경우 갖추어야 하는 소방시설 등의 종류를 결정할 때 고려하여야 하는 수용인원의 산정방법으로 옳은 것은? (단, 침대가 없는 경우)

① 해당 특정소방대상물의 종사자의 수에 숙박시설의 바닥면적의 합계를 $3m^2$로 나누어 얻은 수를 합한 수
② 해당 특정소방대상물의 종사자의 수에 숙박시설의 바닥면적의 합계를 $4m^2$로 나누어 얻은 수를 합한 수
③ 해당 특정소방대상물의 종사자의 수에 숙박시설의 바닥면적의 합계를 $5m^2$로 나누어 얻은 수를 합한 수
④ 해당 특정소방대상물의 종사자의 수에 숙박시설의 바닥면적의 합계를 $6m^2$로 나누어 얻은 수를 합한 수

해설 관련 법규 : 법 제14조, 영 제17조, (별표 7)
해설 법규 : (별표 7) 1호 가목
숙박시설이 있는 특정소방대상물 중 침대가 있는 숙박시설은 해당 특정소방대상물의 종사자 수에 침대 수(2인용 침대는 2개로 산정한다)를 합한 수이고, 침대가 없는 숙박시설은 해당 특정소방대상물의 종사자 수에 숙박시설 바닥면적의 합계를 $3m^2$로 나누어 얻은 수를 합한 수이다.

02 | 위락시설의 종류
07

소방시설 설치 및 관리에 관한 법률상 특정소방대상물에서 위락시설에 속하는 것은?

① 무도학원
② 경마장
③ 야외극장
④ 서커스장

해설 관련 법규 : 법 제2조, 영 제5조, (별표 2)
해설 법규 : (별표 2)
위락시설의 종류에는 단란주점으로 근린생활시설에 해당하지 않는 것, 유흥주점, 그 밖에 이와 비슷한 시설, 관광진흥법에 따른 유원시설업의 시설, 그 밖에 이와 비슷한 시설(근린생활시설에 해당하는 것은 제외), 무도장 및 무도학원, 카지노 영업소 등이 있고, 경마장은 문화 및 집회시설, 야외극장은 관광휴게시설, 서커스장은 근린생활시설에 속한다.

03 | 수용인원의 산정
19, 15

숙박시설이 있는 특정소방대상물의 수용인원 산정방법으로 옳은 것은? (단, 침대가 있는 숙박시설의 경우)

① 숙박시설 바닥면적의 합계를 $3m^2$로 나누어 얻은 수
② 해당 특정소방대상물의 침대 수(2인용 침대는 2개로 산정)
③ 해당 특정소방대상물의 종사자 수에 침대수(2인용 침대는 2개로 산정)를 합한 수
④ 해당 특정소방대상물의 종사자 수에 숙박시설 바닥면적의 합계를 $3m^2$로 나누어 얻은 수를 합한 수

해설 관련 법규 : 법 제14조, 영 제17조, (별표 7)
해설 법규 : (별표 7) 1호
특정소방대상물의 수용인원 산정방법에는 해당 특정소방대상물의 종사자 수에 침대 수를 합한 수, 즉 종사자 수+침대 수(2인용 침대는 2개로 산정)이다.

04 | 수용인원의 산정
22

다음은 숙박시설이 있는 특정소방대상물의 경우 갖추어야 하는 소방시설 등의 종류를 결정할 때 고려하여야 하는 수용인원의 산정방법에 관한 기준 내용이다. ( ) 안에 알맞은 것은? (단, 침대가 없는 숙박시설의 경우)

해당 특정소방대상물의 종사자 수에 숙박시설 바닥면적의 합계를 ( )로 나누어 얻은 수를 합한 수

① $3m^2$
② $4m^2$
③ $5m^2$
④ $6m^2$

09 | 소화설비의 종류
12, 08

다음의 소방시설 중 소화설비에 해당되지 않는 것은?

① 스프링클러설비 ② 소화기구
③ 옥외소화전설비 ④ 소화용수설비

해설 관련 법규 : 법 제2조, 영 제3조, (별표 1)
해설 법규 : (별표 1) 1호
소방시설 중 소화설비(물 또는 그 밖의 소화약제를 사용하여 소화하는 기계·기구 또는 설비)의 종류에는 소화기구, 자동소화장치, 옥내소화전설비, 스프링클러설비, 물분무등소화설비, 옥외소화전설비 등이 있고, 소화용수설비에는 상수도 소화용수설비, 소화수조, 저수조, 그 밖의 소화용수설비 등이 있다.

10 | 소화설비의 종류
23

다음의 소방시설 중 소화설비에 해당되지 않는 것은?

① 스프링클러설비
② 자동확산소화용구
③ 옥외소화전설비
④ 소화용수설비

해설 관련 법규 : 영 제3조
해설 법규 : 영 제3조, (별표 1)
소방시설 중 소화설비(물 또는 그 밖의 소화약제를 사용하여 소화하는 기계·기구 또는 설비)의 종류에는 소화기구(자동확산소화용구), 자동소화장치, 옥내소화전설비, 스프링클러설비 등, 물분무등소화설비, 옥외소화전설비 등이 있고, 소화용수설비에는 상수도 소화용수설비, 소화수조, 저수조, 그 밖의 소화용수설비 등이 있다.

11 | 경보설비의 종류
23, 20, 19, 18, 17, 16, 15, 13, 07

다음의 소방시설 중 경보설비에 속하지 않는 것은?

① 유도등
② 비상방송설비
③ 자동화재속보설비
④ 자동화재탐지설비

해설 관련 법규 : 법 제2조, 영 제3조, (별표 1)
해설 법규 : (별표 1) 2호
소방시설 중 경보설비(화재발생 사실을 통보하는 기계·기구 또는 설비)의 종류에는 단독경보형 감지기, 비상경보설비(비상벨설비, 자동식사이렌설비 등), 시각경보기, **자동화재탐지설비**, 화재알림설비, 비상방송설비, 자동화재속보설비, 통합감시시설, 누전경보기 및 가스누설경보기 등이 있고, 유도등은 피난구조설비에 속한다.

12 | 경보설비의 종류
24, 17, 16, 13

다음의 소방시설 중 경보설비에 속하지 않는 것은?

① 누전경보기 ② 비상방송설비
③ 무선통신보조설비 ④ 자동화재탐지설비

해설 관련 법규 : 법 제2조, 영 제3조, (별표 1)
해설 법규 : (별표 1) 2호
소방시설 중 경보설비(화재발생 사실을 통보하는 기계·기구 또는 설비)의 종류에는 단독경보형 감지기, 비상경보설비(비상벨설비, 자동식사이렌설비 등), 시각경보기, **자동화재탐지설비**, 화재알림설비, 비상방송설비, 자동화재속보설비, 통합감시시설, 누전경보기 및 가스누설경보기 등이 있고, **무선통신보조설비**는 소화활동설비에 속한다.

13 | 경보설비의 종류
22, 19, 18, 17, 16, 15, 13, 07

소방시설 등의 종류에서 경보설비에 해당하지 않는 것은?

① 비상방송설비
② 자동화재탐지설비
③ 자동화재속보설비
④ 무선통신보조설비

해설 관련 법규 : 법 제2조, 영 제3조, (별표 1)
해설 법규 : (별표 1) 2호
소방시설 중 경보설비(화재발생 사실을 통보하는 기계·기구 또는 설비)의 종류에는 단독경보형 감지기, 비상경보설비(비상벨설비, 자동식사이렌설비 등), 시각경보기, **자동화재탐지설비**, 화재알림설비, 비상방송설비, 자동화재속보설비, 통합감시시설, 누전경보기 및 가스누설경보기 등이 있고, **무선통신보조설비**는 소화활동설비에 속한다.

14 | 경보설비의 종류
21

다음의 소방시설 중 경보설비에 속하지 않는 것은?

① 통합감시시설
② 비상콘센트설비
③ 자동화재탐지설비
④ 자동화재속보설비

해설 관련 법규 : 법 제2조, 영 제3조, (별표 1)
해설 법규 : (별표 1) 2호
소방시설 중 경보설비(화재발생 사실을 통보하는 기계·기구 또는 설비)의 종류에는 단독경보형 감지기, 비상경보설비(비상벨설비, 자동식사이렌설비 등), 시각경보기, **자동화재탐지설비**, 화재알림설비, 비상방송설비, 자동화재속보설비, 통합감시시설, 누전경보기 및 가스누설경보기 등이 있고, 비상콘센트설비는 소화활동설비에 속한다.

정답 09.④ 10.④ 11.① 12.③ 13.④ 14.②

해설 관련 법규 : 법 제14조, 영 제17조, (별표 7)
해설 법규 : (별표 7) 1호 가목
숙박시설이 있는 특정소방대상물 중 침대가 있는 숙박시설은 해당 특정소방물의 종사자 수에 침대 수(2인용 침대는 2개로 산정한다)를 합한 수이고, 침대가 없는 숙박시설은 해당 특정소방대상물의 종사자 수에 숙박시설 바닥면적의 합계를 $3m^2$로 나누어 얻은 수를 합한 수이다.

05 | 수용인원의 산정
25, 14

강의실 용도로 쓰이는 특정소방대상물의 수용인원 산정방법으로 옳은 것은? (단, 숙박시설이 있는 특정소방대상물이 아닌 경우)

① 해당 용도로 사용되는 바닥면적의 합계를 $1.2m^2$로 나누어 얻은 수
② 해당 용도로 사용되는 바닥면적의 합계를 $1.9m^2$로 나누어 얻은 수
③ 해당 용도로 사용되는 바닥면적의 합계를 $3m^2$로 나누어 얻은 수
④ 해당 용도로 사용되는 바닥면적의 합계를 $3.6m^2$로 나누어 얻은 수

해설 관련 법규 : 법 제14조, 영 제17조, (별표 7)
해설 법규 : (별표 7) 2호 가목
강의실·교무실·상담실·실습실·휴게실 용도로 쓰이는 특정소방대상물은 해당 용도로 사용하는 바닥면적의 합계를 $1.9m^2$로 나누어 얻은 수로 한다.

06 | 소형 소화기
24, 23

다음은 소형 소화기에 대한 설명이다. ( ) 안에 알맞은 것은?

소형 소화기란 능력단위가 ( )단위 이상이고 대형 소화기의 능력단위 미만인 소화기이다.

① 1
② 5
③ 10
④ 20

해설 관련 법규 : NFTC 101, 해설 법규 : NFTC 101
"소화기"란 소화약제를 압력에 따라 방사하는 기구로서 사람이 수동으로 조작하여 소화하는 다음의 소화기를 말한다.
㉠ 소형 소화기 : 능력단위가 1단위 이상이고 대형 소화기의 능력단위 미만인 소화기이다.
㉡ 대형 소화기 : 화재 시 사람이 운반할 수 있도록 운반대와 바퀴가 설치되어 있고, 능력단위가 A급 10단위 이상, B급 20단위 이상인 수동식 소화기로서 소화약제의 저장량이 다음 표의 충전량 이상인 소화기이다.

종별	물 소화기	포 소화기	강화액 소화기	할로겐화합물 소화기	이산화탄소 소화기	분말 소화기
소화약제의 충전량	80l	20l	60l	30kg	50kg	20kg

07 | 소화기 설치 기준
24

소화기의 설치 기준에 대한 설명 중 ( ) 안에 알맞은 것은?

특정소방대상물의 각 부분으로부터 1개의 소화기까지의 보행거리가 소형소화기의 경우에는 (㉮)m 이내, 대형소화기의 경우에는 (㉯)m 이내가 되도록 배치할 것

	㉮	㉯		㉮	㉯
①	10	40	②	10	20
③	20	30	④	20	40

해설 관련 법규 : NFTC 101, 해설 법규 : NFTC 101
소화기는 다음의 기준에 따라 설치할 것
㉠ 특정소방대상물의 각 층마다 설치하되, 각 층이 둘 이상의 거실로 구획된 경우에는 각 층마다 설치하는 것 외에 바닥면적이 $33m^2$ 이상으로 구획된 각 거실에도 배치할 것
㉡ 특정소방대상물의 각 부분으로부터 1개의 소화기까지의 보행거리가 소형소화기의 경우에는 20m 이내, 대형소화기의 경우에는 30m 이내가 되도록 배치할 것

08 | 소형소화기
24, 23

다음은 소형소화기에 대한 설명이다. ( ) 안에 알맞은 것은?

소형소화기의 능력단위는 (㉮) 이상이면서 대형소화기의 능력단위 미만인 소화기이고, 대형소화기는 화재 시 사람이 운반할 수 있도록 운반대와 바퀴가 설치되어 있고, 능력단위가 A급 10단위 이상, B급 (㉯)단위 이상인 소화기이다.

	㉮	㉯		㉮	㉯
①	1	10	②	2	20
③	1	20	④	2	30

해설 관련 법규 : NFTC 101, 해설 법규 : NFTC 101
"소화기"란 소화약제를 압력에 따라 방사하는 기구로서 사람이 수동으로 조작하여 소화하는 다음의 소화기를 말한다.
㉠ 소형소화기 : 능력단위는 1단위 이상이면서 대형소화기의 능력단위 미만인 소화기이다.
㉡ 대형소화기 : 화재 시 사람이 운반할 수 있도록 운반대와 바퀴가 설치되어 있고, 능력단위가 A급 10단위 이상, B급 20단위 이상인 소화기이다.

정답 05.② 06.① 07.③ 08.③

15 | 피난구조설비의 종류
20, 15

다음의 소방시설 중 피난구조설비에 해당하지 않는 것은?

① 완강기 ② 인공소생기
③ 객석유도등 ④ 시각경보기

해설 관련 법규 : 법 제2조, 영 제3조, (별표 1)
해설 법규 : (별표 1) 3호
소방시설 중 피난구조설비(화재가 발생할 경우 피난하기 위하여 사용하는 기구 또는 설비)의 종류에는 피난기구(피난사다리, 구조대, 완강기 등), 인명구조기구[방열복, 방화복(안전모, 보호장갑 및 안전화를 포함), 공기호흡기, 인공소생기 등], 유도등(피난유도선, 피난구·통로·객석유도등, 유도표지), 비상조명등 및 휴대용 비상조명등 등이 있고, 시각경보기는 경보설비에 속한다.

16 | 피난구조설비의 종류
22

다음 소방시설 중 피난구조설비에 속하는 것은?

① 제연설비 ② 비상조명등
③ 비상방송설비 ④ 비상콘센트설비

해설 관련 법규 : 법 제2조, 영 제3조, (별표 1)
해설 법규 : (별표 1) 3호
소방시설 중 피난구조설비(화재가 발생할 경우 피난하기 위하여 사용하는 기구 또는 설비)의 종류에는 피난기구(피난사다리, 구조대, 완강기 등), 인명구조기구[방열복, 방화복(안전모, 보호장갑 및 안전화를 포함), 공기호흡기, 인공소생기 등], 유도등(피난유도선, 피난구·통로·객석유도등, 유도표지), 비상조명등 및 휴대용비상조명등 등이 있다. 제연설비와 비상콘센트설비는 소화활동설비, 비상방송설비는 경보설비에 속한다.

17 | 피난구조설비의 종류
24, 21

다음의 소방시설 중 피난구조설비에 속하지 않는 것은?

① 공기호흡기
② 비상조명등
③ 피난유도선
④ 비상콘센트설비

해설 관련 법규 : 법 제2조, 영 제3조, (별표 1)
해설 법규 : (별표 1) 3호
소방시설 중 피난구조설비(화재가 발생할 경우, 피난하기 위하여 사용하는 기구 또는 설비)의 종류에는 피난사다리, 구조대, 완강기 등), 인명구조기구(방열복, 공기호흡기, 인공소생기 등), 유도등(피난유도선, 피난구·통로·객석유도등, 유도표지), 비상조명등 및 휴대용 비상조명등 등이 있고, 비상콘센트설비는 소화활동설비에 속한다.

18 | 무창층의 일정요건
13, 08

무창층이라 함은 해당 요건을 모두 갖춘 개구부의 면적의 합계가 해당 층의 바닥면적의 1/30 이하가 되는 층을 말하는데, 다음 중 해당 요건으로 옳지 않은 것은?

① 개구부의 크기가 지름 30cm 이상의 원이 내접할 수 있을 것
② 해당 층의 바닥면으로부터 개구부 밑부분까지의 높이가 1.2m 이내일 것
③ 개구부는 도로 또는 차량이 진입할 수 있는 빈터를 향할 것
④ 내부 또는 외부에서 쉽게 파괴 또는 개방할 수 있을 것

해설 관련 법규 : 영 제2조
해설 법규 : 영 제2조 1호
"무창층"이란 지상층 중 ②, ③, ④ 이외에 크기는 지름 50cm 이상의 원이 통과할 수 있을 것, 화재 시 건축물로부터 쉽게 피난할 수 있도록 창살이나 그 밖의 장애물이 설치되지 아니할 것 등의 요건을 모두 갖춘 개구부(건축물에서 채광·환기·통풍 또는 출입 등을 위하여 만든 창·출입구, 그 밖에 이와 비슷한 것)의 면적의 합계가 해당 층의 바닥면적(「건축법 시행령」에 따라 산정된 면적)의 1/30 이하가 되는 층을 말한다.

19 | 소화활동설비의 종류
24, 18, 13

다음의 소방시설 중 소화활동설비에 속하지 않는 것은?

① 제연설비 ② 연결살수설비
③ 옥외소화전설비 ④ 무선통신보조설비

해설 관련 법규 : 법 제2조, 영 제3조, (별표 1)
해설 법규 : (별표 1) 5호
소방시설 중 소화활동설비(화재를 진압하거나 인명구조활동을 위하여 사용하는 설비)의 종류에는 제연설비, 연결송수관설비, 연결살수설비, 비상콘센트설비, 무선통신보조설비 및 연소방지설비 등이 있고, 옥외소화전설비는 소화설비에 속한다.

20 | 소화활동설비의 종류
19, 18, 08

다음 중 소화활동설비에 해당되지 않는 것은?

① 옥내소화전설비 ② 비상콘센트설비
③ 무선통신보조설비 ④ 연결송수관설비

해설 관련 법규 : 법 제2조, 영 제3조, (별표 1)
해설 법규 : (별표 1) 5호
소방시설 중 소화활동설비(화재를 진압하거나 인명구조활동을 위하여 사용하는 설비)의 종류에는 제연설비, 연결송수관설비, 연결살수설비, 비상콘센트설비, 무선통신보조설비 및 연소방지설비 등이 있고, 옥내소화전설비는 소화설비에 속한다.

정답 15. ④ 16. ② 17. ④ 18. ① 19. ③ 20. ①

21 | 소화활동설비의 종류
24, 20, 11

다음의 소방시설 중 소화활동설비에 해당하지 않는 것은?

① 제연설비
② 비상방송설비
③ 연소방지설비
④ 무선통신보조설비

해설 관련 법규: 법 제2조, 영 제3조, (별표 1)
해설 법규: (별표 1) 5호
소방시설 중 소화활동설비(화재를 진압하거나 인명구조활동을 위하여 사용하는 설비)의 종류에는 제연설비, 연결송수관설비, 연결살수설비, 비상콘센트설비, 무선통신보조설비 및 연소방지설비 등이 있고, 비상방송설비는 경보설비에 속한다.

22 | 무창층의 일정요건
16, 11, 09

다음의 무창층에 대한 설명 중 밑줄 친 일정 요건과 관련된 기준 내용으로 옳지 않은 것은?

> 무창층이란 지상층 중 일정 요건을 모두 갖춘 개구부의 면적의 합계가 해당 층의 바닥면적의 1/30 이하가 되는 층을 말한다.

① 개구부는 도로 또는 차량이 진입할 수 있는 빈터를 향할 것
② 개구부의 크기가 지름 50cm 이상의 원이 통과할 수 있을 것
③ 내부 또는 외부에서 파괴 또는 개방할 수 없을 것
④ 해당 층의 바닥면으로부터 개구부 밑부분까지의 높이가 1.2m 이내일 것

해설 관련 법규: 영 제2조
해설 법규: 영 제2조 1호
무창층의 조건은 ①, ② 및 ④ 외에 화재 시 건축물로부터 쉽게 피난할 수 있도록 창살이나 그 밖의 장애물이 설치되지 아니하고, 내부 또는 외부에서 쉽게 부수거나 열 수 있을 것

23 | 무창층의 일정요건
21, 17, 16

다음은 소방시설 설치 및 관리에 관한 법령에 따른 무창층의 정의이다. 밑줄 친 "각 목의 요건"의 내용으로 옳지 않은 것은?

> "무창층"이란 지상층 중 다음 각 목의 요건을 모두 갖춘 개구부의 면적의 합계가 해당 층의 바닥면적의 30분의 1 이하가 되는 층을 말한다.

① 내부 또는 외부에서 쉽게 부수거나 열 수 없을 것
② 도로 또는 차량이 진입할 수 있는 빈터를 향할 것
③ 크기는 지름 50cm 이상의 원이 통과할 수 있을 것
④ 해당 층의 바닥면으로부터 개구부 밑부분까지의 높이가 1.2m 이내일 것

해설 관련 법규: 영 제2조
해설 법규: 영 제2조 1호
무창층의 조건은 ②, ③ 및 ④ 외에 화재 시 건축물로부터 쉽게 피난할 수 있도록 창살이나 그 밖의 장애물이 설치되지 아니하고, 내부 또는 외부에서 쉽게 부수거나 열 수 있을 것

24 | 건축허가 동의 대상물
11, 09

건축허가 등을 함에 있어서 미리 소방본부장 또는 소방서장의 동의를 받아야 하는 대상 건축물이 아닌 것은?

① 항공기 격납고
② 연면적이 500m²인 건축물
③ 지하층 또는 무창층이 있는 건축물로서 바닥면적이 80m²인 층이 있는 것
④ 차고·주차장으로 사용되는 시설로서 차고·주차장으로 사용되는 층 중 바닥면적이 200m²인 층이 있는 시설

해설 관련 법규: 법 제6조, 영 제7조
해설 법규: 영 제7조 ①항
건축허가 등을 할 때 미리 소방본부장 또는 소방서장의 동의를 받아야 하는 건축물은 다음과 같다.
㉠ 건축물은 층수(「건축법 시행령」에 따라 산정된 층수)가 6층 이상인 건축물
㉡ 차고·주차장 또는 주차용도로 사용되는 시설로서 다음의 어느 하나에 해당하는 것
  ㉮ 차고·주차장으로 사용되는 바닥면적이 200m² 이상인 층이 있는 건축물이나 주차시설
  ㉯ 승강기 등 기계장치에 의한 주차시설로서 자동차 20대 이상을 주차할 수 있는 시설
㉢ 항공기격납고, 관망탑, 항공관제탑, 방송용 송수신탑
㉣ 지하층 또는 무창층이 있는 건축물로서 바닥면적이 150m² (공연장의 경우에는 100m²) 이상인 층이 있는 것
㉤ 특정소방대상물 중 의원, 조산원, 산후조리원, 위험물 저장 및 처리 시설, 발전시설 중 풍력발전소, 전기저장시설, 지하구

25 | 건축허가 동의 대상물
21, 20

건축허가 등을 할 때 미리 소방본부장 또는 소방서장의 동의를 받아야 하는 대상 건축물의 층수 기준은?

① 3층 이상
② 6층 이상
③ 10층 이상
④ 12층 이상

해설 관련 법규: 법 제6조, 영 제7조
해설 법규: 영 제7조 ①항 4호
건축허가 등을 함에 있어서 미리 소방본부장 또는 소방서장의 동의를 받아야 하는 건축물 등의 범위는 층수(건축법 시행령 규정에 의한 층수)가 6층 이상인 건축물이다.

정답 21. ② 22. ③ 23. ① 24. ③ 25. ②

26 | 건축허가 동의 대상물
22, 16, 15, 13

건축허가 등을 할 때 미리 소방본부장 또는 소방서장의 동의를 받아야 하는 대상 건축물 등에 속하지 않는 것은?

① 항공기격납고
② 연면적이 $100m^2$인 수련시설
③ 차고·주차장으로 사용되는 층 중 바닥면적이 $200m^2$인 층이 있는 시설
④ 지하층 또는 무창층이 있는 건축물로서 바닥면적이 $150m^2$인 층이 있는 것

해설 관련 법규 : 법 제6조, 영 제7조
해설 법규 : 영 제7조 ①항 1호
건축허가 등을 함에 있어서 미리 소방본부장 또는 소방서장의 동의를 받아야 하는 건축물은 연면적(「건축법 시행령」에 따라 산정된 면적)이 $400m^2$[학교시설은 $100m^2$, 노유자시설 및 수련시설은 $200m^2$, 정신의료기관(입원실이 없는 정신건강의학과 의원은 제외) 및 장애인 의료재활시설은 $300m^2$] 이상인 건축물이다.

27 | 건축허가 동의 대상물
20

건축허가 시 미리 소방본부장 또는 소방서장의 동의를 받아야 하는 건축물의 연면적 기준은? (단, 건축물이 노유자시설인 경우)

① $100m^2$ 이상
② $200m^2$ 이상
③ $300m^2$ 이상
④ $400m^2$ 이상

해설 관련 법규 : 법 제6조, 영 제7조
해설 법규 : 영 제7조 ①항 1호
건축허가 등을 함에 있어서 미리 소방본부장 또는 소방서장의 동의를 받아야 하는 건축물은 연면적(「건축법 시행령」에 따라 산정된 면적)이 $400m^2$[학교시설은 $100m^2$, 노유자시설 및 수련시설은 $200m^2$, 정신의료기관(입원실이 없는 정신건강의학과 의원은 제외)은 $300m^2$], 장애인 의료재활시설은 $300m^2$] 이상인 건축물이다.

28 | 건축허가 동의 대상물
25, 19, 16, 15, 13, 12

건축허가 등을 할 때 미리 소방본부장 또는 소방서장의 동의를 받아야 하는 대상 건축물의 연면적 기준은? (단, 업무시설의 경우)

① $100m^2$
② $200m^2$
③ $400m^2$
④ $1,000m^2$

해설 관련 법규 : 법 제6조, 영 제7조
해설 법규 : 영 제7조 ①항 1호
건축허가 등을 함에 있어서 미리 소방본부장 또는 소방서장의 동의를 받아야 하는 건축물은 연면적(「건축법 시행령」에 따라 산정된 면적)이 $400m^2$[학교시설은 $100m^2$, 노유자시설 및 수련시설은 $200m^2$, 정신의료기관(입원실이 없는 정신건강의학과 의원은 제외) 및 장애인 의료재활시설은 $300m^2$] 이상인 건축물이다.

29 | 소화기구 설치대상
20, 17, 10, 09

소화기구를 설치하여야 하는 특정소방대상물의 연면적 기준은?

① $9m^2$
② $15m^2$
③ $24m^2$
④ $33m^2$

해설 관련 법규 : 법 제12조, 영 제11조, (별표 4)
해설 법규 : (별표 4) 1호 가목
소화기구를 설치하여야 하는 특정소방대상물은 연면적 $33m^2$ 이상인 것(다만, 노유자시설의 경우에는 투척용소화기구 등을 화재안전기준에 따라 산정한 소화기 수량의 1/2 이상으로 설치할 수 있다), 가스시설, 발전시설 중 전기저장시설 및 국가유산, 터널, 지하구 등이 있다.

30 | 건축허가 동의 대상물
24②, 11, 09

건축허가 등을 함에 있어서 미리 소방본부장 또는 소방서장의 동의를 받아야 하는 대상 건축물 등에 속하지 않는 것은?

① 항공기 격납고
② 연면적 $400m^2$인 건축물
③ 수련시설 및 노유자시설로서 연면적 $150m^2$인 건축물
④ 지하층 또는 무창층이 있는 건축물로서 바닥면적이 $150m^2$인 층이 있는 것

해설 관련 법규 : 법 제6조, 영 제7조
해설 법규 : 영 제7조 ①항 1호
건축허가 등을 함에 있어서 미리 소방본부장 또는 소방서장의 동의를 받아야 하는 건축물은 연면적(「건축법 시행령」에 따라 산정된 면적)이 $400m^2$[학교시설은 $100m^2$, 노유자시설 및 수련시설은 $200m^2$, 정신의료기관(입원실이 없는 정신건강의학과 의원은 제외) 및 장애인 의료재활시설은 $300m^2$] 이상인 건축물이다.

31 | 주택의 소방시설 설치
24, 18

다음은 주택에 설치하는 소방시설에 관한 기준 내용이다. 밑줄 친 대통령령으로 정하는 소방시설에 해당하는 것은?

제10조(주택에 설치하는 소방시설) ① 다음 각 호의 주택의 소유자는 대통령령으로 정하는 소방시설을 설치하여야 한다.
1. 「건축법」 제2조제2항제1호의 단독주택
2. 「건축법」 제2조제2항제2호의 공동주택(아파트 및 기숙사는 제외한다)

① 소화기 및 단독경보형 감지기
② 소화기 및 간이스프링클러설비
③ 간이소화용구 및 자동소화장치
④ 간이소화용구 및 자동식사이렌설비

정답 26.② 27.② 28.③ 29.④ 30.③ 31.①

해설 관련 법규 : 법 제10조, 영 제10조
해설 법규 : 영 제10조
대통령령으로 정하는 소방시설은 소화기 및 단독경보형 감지기이다.

32 | 자동소화장치
24

자동소화장치의 종류에 속하지 않는 것은?

① 주거용
② 상업용
③ 캐비닛형
④ 전기자동용

해설 관련 법규 : 법 제2조, 영 제3조, (별표 1)
해설 법규 : 영 제3조, (별표 1) 1호
자동소화장치는 주거용 주방자동소화장치, 상업용 주방자동소화장치, 캐비닛형 자동소화장치, 가스자동소화장치, 분말자동소화장치 및 고체에어로졸자동소화장치 등이 있다.

33 | 주거용 주방자동소화장치 설치
21, 18, 12

전 층에 주거용 주방자동소화장치를 설치하여야 하는 특정소방대상물은?

① 아파트
② 기숙사
③ 일반음식점
④ 휴게음식점

해설 관련 법규 : 법 제12조, 영 제11조, (별표 4)
해설 법규 : (별표 4) 1호 나목
주거용 주방자동소화장치를 설치하여야 하는 특정소방대상물은 아파트 등(주택으로 쓰이는 층수가 5층 이상인 주택) 및 오피스텔의 모든 층이다.

34 | 옥내소화전
17, 09

특정소방대상물이 터널인 경우 옥내소화전설비를 설치하여야 하는 길이 기준은?

① 500m 이상
② 1,000m 이상
③ 1,500m 이상
④ 2,000m 이상

해설 관련 법규 : 법 제12조, 영 제11조, (별표 4)
해설 법규 : (별표 4) 1호 다목
옥내소화전설비를 설치하여야 하는 특정소방대상물은 터널로서 길이가 1,000m 이상인 터널과 예상교통량, 경사도 등 터널의 특성을 고려하여 행정안전부령으로 정하는 터널이다.

35 | 옥내소화전
25, 23, 22, 21, 18

판매시설로서 옥내소화전설비를 모든 층에 설치하여야 하는 특정소방대상물의 연면적 기준은?

① 500m² 이상
② 1,000m² 이상
③ 1,500m² 이상
④ 3,000m² 이상

해설 관련 법규 : 법 제12조, 영 제11조, (별표 4)
해설 법규 : (별표 4) 1호 다목
옥내소화전설비를 설치해야 하는 특정소방대상물은 다음에 해당하는 것으로 한다. 다만, 위험물 저장 및 처리시설 중 가스시설, 지하구 및 업무시설 중 무인변전소(방재실 등에서 스프링클러설비 또는 물분무등소화설비를 원격으로 조정할 수 있는 무인변전소로 한정)는 제외한다.
㉠ 연면적 3,000m² 이상인 것(터널은 제외), 지하층·무창층(축사를 제외)으로서 바닥면적이 600m² 이상인 층이 있는 것, 층수가 4층 이상인 것 중 바닥면적이 600m² 이상인 층이 있는 것의 모든 층
㉡ ㉠에 해당하지 않는 근린생활시설, 판매시설, 운수시설, 의료시설, 노유자시설, 업무시설, 숙박시설, 위락시설, 공장, 창고시설, 항공기 및 자동차 관련 시설, 교정 및 군사시설 중 국방·군사시설, 방송통신시설, 발전시설, 장례시설 또는 복합건축물로서 연면적 1,500m² 이상인 것, 지하층·무창층으로서 바닥면적이 300m² 이상인 층이 있는 것, 층수가 4층 이상인 것 중 바닥면적이 300m² 이상인 층이 있는 것의 모든 층
㉢ 건축물의 옥상에 설치된 차고·주차장으로서 사용되는 면적이 200m² 이상인 경우 해당 부분
㉣ 터널로서 길이가 1,000m 이상인 터널, 예상교통량, 경사도 등 터널의 특성을 고려하여 행정안전부령으로 정하는 터널
㉤ ㉠ 및 ㉡에 해당하지 않는 공장 또는 창고시설로서 「화재의 예방 및 안전관리에 관한 법률 시행령」에서 정하는 수량의 750배 이상의 특수가연물을 저장·취급하는 것

36 | 스프링클러설비
20, 19, 09

판매시설의 경우, 전 층에 스프링클러설비를 설치하여야 하는 특정소방대상물 기준으로 옳은 것은?

① 바닥면적 합계가 1,000m² 이상인 것
② 바닥면적 합계가 5,000m² 이상인 것
③ 바닥면적 합계가 10,000m² 이상인 것
④ 바닥면적 합계가 15,000m² 이상인 것

해설 관련 법규 : 법 제12조, 영 제11조, (별표 4)
해설 법규 : (별표 4) 1호 라목
스프링클러설비를 설치하여야 하는 특정소방대상물은 판매시설, 운수시설 및 창고시설(물류터미널에 한정)로서 바닥면적의 합계가 5,000m² 이상이거나, 수용인원이 500명 이상인 경우에는 모든 층에 설치한다.

37. 스프링클러설비 | 22, 19, 17, 13, 11, 10

문화 및 집회시설로서 모든 층에 스프링클러설비를 설치하여야 하는 수용인원 기준은?

① 50명 이상 ② 70명 이상
③ 100명 이상 ④ 150명 이상

해설 관련 법규 : 법 제12조, 영 제11조, (별표 4)
해설 법규 : (별표 4) 1호 라목
문화 및 집회시설(동·식물원은 제외), 종교시설(주요구조부가 목조인 것은 제외), 운동시설(물놀이형 시설은 제외)로서 다음의 어느 하나에 해당하는 경우에는 모든 층에는 스프링클러설비를 설치하여야 한다(위험물 저장 및 처리시설 중 가스시설 또는 지하구는 제외).
㉠ 수용인원이 100명 이상인 것
㉡ 영화상영관의 용도로 쓰이는 층의 바닥면적이 지하층 또는 무창층인 경우에는 500m² 이상, 그 밖의 층의 경우에는 1,000m² 이상인 것
㉢ 무대부가 지하층·무창층 또는 4층 이상의 층에 있는 경우에는 무대부의 면적이 300m² 이상인 것
㉣ 무대부가 ㉢ 외의 층에 있는 경우에는 무대부의 면적이 500m² 이상인 것

38. 스프링클러설비 | 20, 11, 09

특정소방대상물이 판매시설 또는 운수시설인 경우 전 층에 스프링클러설비를 설치하여야 하는 수용인원 기준은?

① 100인 이상 ② 200인 이상
③ 500인 이상 ④ 1,000인 이상

해설 관련 법규 : 법 제12조, 영 제11조, (별표 4)
해설 법규 : (별표 4) 1호 라목
스프링클러설비를 설치하여야 하는 특정소방대상물은 판매시설, 운수시설 및 창고시설(물류터미널에 한정)로서 바닥면적의 합계가 5,000m² 이상이거나, 수용인원이 500명 이상인 경우에는 모든 층에 설치한다.

39. 스프링클러설비 | 18

다음은 스프링클러설비를 설치하여야 하는 특정소방대상물에 관한 기준 내용이다. ( ) 안에 알맞은 것은?

판매시설로서 바닥면적의 합계가 (㉠) 이상이거나 수용인원이 (㉡) 이상인 경우에는 모든 층

① ㉠ 5,000m², ㉡ 300명
② ㉠ 5,000m², ㉡ 500명
③ ㉠ 10,000m², ㉡ 300명
④ ㉠ 10,000m², ㉡ 500명

해설 관련 법규 : 법 제12조, 영 제11조, (별표 4)
해설 법규 : (별표 4) 1호 라목
판매시설, 운수시설 및 창고시설(물류터미널에 한정한다)로서 바닥면적의 합계가 5,000m² 이상이거나 수용인원이 500명 이상인 경우에는 모든 층에는 스프링클러설비를 설치하여야 한다.

40. 옥외소화전 | 25, 23, 17

옥외소화전설비를 설치하여야 하는 특정소방대상물의 지상 1층 및 2층의 바닥면적 합계기준은? (단, 아파트 등, 위험물 저장 및 처리시설 중 가스시설, 지하구 또는 지하가 중 터널은 제외)

① 2,000m² 이상
② 5,000m² 이상
③ 9,000m² 이상
④ 12,000m² 이상

해설 관련 법규 : 법 제12조, 영 제11조, (별표 4)
해설 법규 : (별표 4) 1호 사목
옥외소화전설비를 설치하여야 하는 특정소방대상물(아파트, 위험물 저장 및 처리시설 중 가스시설, 지하구 및 터널은 제외)은 지상 1층 및 2층의 바닥면적의 합계가 9,000m² 이상인 것 (이 경우 같은 구 내의 둘 이상의 특정소방대상물이 행정안전부령으로 정하는 연소 우려가 있는 구조인 경우에는 이를 하나의 특정소방대상물로 본다)

41. 옥외소화전 | 22, 15, 14

다음 중 옥외소화전설비를 설치하여야 하는 특정소방대상물에 속하지 않는 것은? (단, 지상 1층 및 2층의 바닥면적의 합계가 9,000m²인 경우)

① 아파트 ② 판매시설
③ 종교시설 ④ 문화 및 집회시설

해설 관련 법규 : 법 제12조, 영 제11조, (별표 4)
해설 법규 : (별표 4) 1호 사목
옥외소화전설비를 설치하여야 하는 특정소방대상물(아파트 등, 위험물 저장 및 처리시설 중 가스시설, 지하구 및 터널은 제외)은 다음과 같다.
㉠ 지상 1층 및 2층의 바닥면적의 합계가 9,000m² 이상인 것. 이 경우 같은 구 내의 둘 이상의 특정소방대상물이 행정안전부령으로 정하는 연소 우려가 있는 구조인 경우에는 이를 하나의 특정소방대상물로 본다.
㉡ 문화유산 중 「문화유산의 보존 및 활용에 관한 법률」에 따라 보물 또는 국보로 지정된 목조건축물
㉢ ㉠에 해당하지 않는 공장 또는 창고시설로서 「화재의 예방 및 안전관리에 관한 법률 시행령」에서 정하는 수량의 750배 이상의 특수가연물을 저장·취급하는 것

정답 37. ③ 38. ③ 39. ② 40. ③ 41. ①

42 | 옥외소화전
19, 17, 15

옥외소화전설비를 설치하여야 하는 특정소방대상물의 바닥면적 기준은? (단, 아파트 등, 위험물 저장 및 처리시설 중 가스시설, 지하구 또는 지하가 중 터널은 제외)

① 지상 1층 및 2층의 바닥면적의 합계가 1,000m² 이상인 것
② 지상 1층 및 2층의 바닥면적의 합계가 3,000m² 이상인 것
③ 지상 1층 및 2층의 바닥면적의 합계가 6,000m² 이상인 것
④ 지상 1층 및 2층의 바닥면적의 합계가 9,000m² 이상인 것

해설 관련 법규 : 법 제12조, 영 제11조, (별표 4)
해설 법규 : (별표 4) 1호 사목
지상 1층 및 2층의 바닥면적의 합계가 9,000m² 이상인 특정소방대상물(아파트 등, 위험물 저장 및 처리시설 중 가스시설, 지하구 및 터널은 제외)은 옥외소화전설비를 설치하여야 한다.

43 | 옥외소화전
25

다음 중 옥외소화전의 배관에 대한 설명이다. 옳지 않은 것은?

① 호스접결구는 지면으로부터 높이가 0.5m 이상 1m 이하의 위치에 설치하고 특정소방대상물의 각 부분으로부터 하나의 호스접결구까지의 수평거리가 25m 이하가 되도록 설치해야 한다.
② 호스는 구경 65mm의 것으로 해야 한다.
③ 급수배관은 전용으로 해야 한다.
④ 성능시험배관에 설치하는 유량측정장치는 성능시험배관의 직관부에 설치하되, 펌프 정격토출량의 175% 이상을 측정할 수 있는 것으로 해야 한다.

해설 관련 법규 : NFTC 109
해설 법규 : NFPC 109
배관 등(옥외소화전설비의 화재안전성능기준 제6조)
㉠ 호스접결구는 지면으로부터 높이가 0.5m 이상 1m 이하의 위치에 설치하고 특정소방대상물의 각 부분으로부터 하나의 호스접결구까지의 수평거리가 40m 이하가 되도록 설치해야 한다.
㉡ 호스는 구경 65mm의 것으로 해야 한다.
㉢ 배관은 배관용 탄소 강관(KS D 3507) 또는 배관 내 사용압력이 1.2MPa 이상일 경우에는 압력 배관용 탄소 강관(KS D 3562) 또는 이음매 없는 구리 및 구리합금관(KS D5301)이나 이와 동등 이상의 강도·내식성 및 내열성을 가진 것으로 해야 한다.
㉣ 화재 등의 재해로 인하여 배관의 성능에 영향을 받을 우려가 적은 경우에는 소방청장이 정하여 고시한 「소방용합성수지배관의 성능인증 및 제품검사의 기술기준」에 적합한 소방용 합성수지배관으로 설치할 수 있다.
㉤ 급수배관은 전용으로 해야 한다.
㉥ 펌프의 흡입측배관은 소화수의 흡입에 장애가 없도록 설치해야 한다.
㉦ 성능시험배관에 설치하는 유량측정장치는 성능시험배관의 직관부에 설치하되, 펌프 정격토출량의 175% 이상을 측정할 수 있는 것으로 해야 한다.
㉧ 가압송수장치의 체절운전 시 수온의 상승을 방지하기 위하여 체크밸브와 펌프사이에서 분기한 배관에 체절압력 미만에서 개방되는 릴리프밸브를 설치해야 한다.
㉨ 동결방지조치를 하거나 동결의 우려가 없는 장소에 설치해야 한다. 다만, 보온재를 사용할 경우에는 난연재료 성능 이상의 것으로 해야 한다.
㉩ 급수배관에 설치되어 급수를 차단할 수 있는 개폐밸브(옥외소화전방수구를 제외)는 개폐표시형으로 해야 한다. 이 경우 펌프의 흡입측 배관에는 버터플라이밸브외의 개폐표시형밸브를 설치해야 한다.
㉪ 배관은 다른 설비의 배관과 쉽게 구분이 될 수 있도록 해야 한다.
㉫ 확관형 분기배관을 사용할 경우에는 소방청장이 정하여 고시한 「분기배관의 성능인증 및 제품검사의 기술기준」에 적합한 것으로 설치해야 한다.

44 | 피난구유도등의 설치
16

다음 건축물 중 피난구유도등의 설치대상에 속하지 않는 것은?

① 병원 ② 박물관
③ 기숙사 ④ 단독주택

해설 관련 법규 : 법 제12조, 영 제11조, (별표 4)
해설 법규 : (별표 4) 3호 다목
피난구유도등, 통로유도등 및 유도표지는 특정소방대상물에 설치하나, 터널, 동물 및 식물 관련 시설 중 축사로서 가축을 직접 가두어 사육하는 부분은 제외한다. 단독주택은 특정소방대상물에 속하지 않는다.

45 | 특정소방대상물의 소방시설
16

객석유도등을 설치하여야 하는 특정소방대상물에 속하는 것은?

① 학교 ② 전시장
③ 종합병원 ④ 도매시장

해설 관련 법규 : 법 제12조, 영 제11조, (별표 4)
해설 법규 : (별표 4) 3호 다목
객석유도등은 유흥주점영업시설, 문화 및 집회시설, 종교시설 및 운동시설에 설치하여야 하며, 학교는 교육연구시설, 종합병원은 의료시설, 도매시장은 판매시설, 전시장은 문화 및 집회시설에 속한다.

46. 유도등 비상전원

유도등의 비상전원은 유도등을 최소 몇 분 이상 유효하게 작동시킬 수 있는 용량으로 하여야 하는가?

① 10분 ② 20분
③ 30분 ④ 40분

해설 관련 법규 : NFTC 303, 해설 법규 : NFTC 303
유도등의 비상전원은 축전지로 하고, 유도등을 20분 이상 유효하게 작동시킬 수 있는 용량으로 할 것. 다만, 특정소방대상물(지하층을 제외한 층수가 11층 이상의 층과 지하층 또는 무창층으로서 도매시장, 소매시장, 여객자동차터미널, 지하역사 또는 지하상가)의 경우에는 그 부분에서 피난층에 이르는 부분의 유도등을 60분 이상 유효하게 작동시킬 수 있는 용량으로 하여야 한다.

47. 자동화재탐지설비 설치

자동화재탐지설비를 설치하여야 하는 특정소방대상물에 속하지 않는 것은?

① 장례시설로서 연면적 600m² 인 것
② 의료시설(정신의료기관 또는 요양병원은 제외)로서 연면적 600m² 인 것
③ 위락시설로서 연면적 600m² 인 것
④ 판매시설로서 연면적 600m² 인 것

해설 관련 법규 : 법 제12조, 영 제11조, (별표 4)
해설 법규 : (별표 4) 2호 다목
자동화재탐지설비를 설치하여야 하는 특정소방대상물은 다음의 어느 하나와 같다.
㉠ 공동주택 중 아파트 등 기숙사 및 숙박시설의 경우에는 모든 층
㉡ 층수가 6층 이상인 건축물의 경우에는 모든 층
㉢ 근린생활시설(목욕장은 제외), 의료시설(정신의료기관 또는 요양병원은 제외), 위락시설, 장례시설 및 복합건축물로서 연면적 600m² 이상인 것
㉣ 근린생활시설 중 목욕장, 문화 및 집회시설, 종교시설, 판매시설, 운수시설, 운동시설, 업무시설, 공장, 창고시설, 위험물 저장 및 처리시설, 항공기 및 자동차 관련 시설, 교정 및 군사시설 중 국방·군사시설, 방송통신시설, 발전시설, 관광 휴게시설, 지하상가로서 연면적 1,000m² 이상인 것

48. 자동화재탐지설비 설치

자동화재탐지설비를 설치하여야 하는 특정소방대상물의 연면적 기준은? (단, 특정소방대상물이 위락시설인 경우)

① 600m² 이상 ② 1,000m² 이상
③ 2,000m² 이상 ④ 3,000m² 이상

해설 관련 법규 : 법 제12조, 영 제11조
해설 법규 : 영 제11조, (별표 4)
자동화재탐지설비를 설치하여야 하는 특정소방대상물은 근린생활시설(목욕장은 제외), 의료시설(정신의료기관 또는 요양병원은 제외), 위락시설, 장례시설 및 복합건축물로서 연면적 600m² 이상인 것

49. 비상경보설비 설치

일반적으로 비상경보설비를 설치하여야 할 특정소방대상물의 연면적 기준은?

① 400m² 이상
② 600m² 이상
③ 1,500m² 이상
④ 3,500m² 이상

해설 관련 법규 : 법 제12조, 영 제11조, (별표 4)
해설 법규 : (별표 4) 2호 나목
비상경보설비를 설치하여야 할 특정소방대상물(모래·석재 등 불연재료 공장 및 창고시설, 위험물 저장 및 처리시설 중 가스시설, 사람이 거주하지 않거나, 벽이 없는 축사 등, 동·식물 관련 시설 및 지하구 제외)은 연면적 400m² 이거나 지하층 또는 무창층의 바닥면적이 150m²(공연장인 경우 100m²) 이상인 것, 터널로서 길이가 500m 이상인 것, 50명 이상의 근로자가 작업하는 옥내작업장이 해당된다.

50. 비상경보설비 설치

비상경보설비를 설치하여야 할 특정소방대상물(지하구, 모래·석재 등 불연재료 창고 및 위험물 저장·처리시설 중 가스시설, 지하구 또는 사람이 거주하지 않거나 벽이 없는 축사 등 동·식물 관련 시설은 제외)의 연면적 기준은?

① 100m² 이상
② 200m² 이상
③ 400m² 이상
④ 500m² 이상

해설 관련 법규 : 법 제12조, 영 제11조, (별표 4)
해설 법규 : (별표 4) 2호 나목
비상경보설비를 설치하여야 할 특정소방대상물(모래·석재 등 불연재료 공장 및 창고시설, 위험물 저장·처리시설 중 가스시설, 사람이 거주하지 않거나 벽이 없는 축사 등 동물 및 식물 관련 시설 및 지하구는 제외)은 다음의 어느 하나와 같다.
㉠ 연면적 400m² 이상이거나 지하층 또는 무창층의 바닥면적이 150m²(공연장의 경우 100m²) 이상인 것은 모든 층
㉡ 터널로서 길이가 500m 이상인 것
㉢ 50명 이상의 근로자가 작업하는 옥내 작업장

정답 46. ② 47. ④ 48. ① 49. ① 50. ③

51 | 자동화재탐지설비 설치
16

특정소방대상물이 위험물 저장 및 처리시설인 경우, 자동화재탐지설비를 설치하여야 하는 특정소방대상물의 연면적의 기준은?

① 600m²
② 1,000m²
③ 1,200m²
④ 2,000m²

해설 관련 법규 : 법 제12조, 영 제11조, (별표 4)
해설 법규 : (별표 4) 2호 다목
자동화재탐지설비를 설치하여야 하는 특정소방대상물은 공동주택, 근린생활시설 중 목욕장, 문화 및 집회시설, 종교시설, 판매시설, 운수시설, 운동시설, 업무시설, 공장, 창고시설, 위험물 저장 및 처리시설, 항공기 및 자동차 관련 시설, 교정 및 군사시설 중 국방·군사시설, 방송통신시설, 발전시설, 관광 휴게시설, 지하상가로서 연면적 1,000m² 이상인 것이다.

52 | 자동화재탐지설비 설치
20, 10

자동화재탐지설비를 설치해야 하는 특정소방대상물에 속하지 않는 것은?

① 근린생활시설 중 목욕장으로서 연면적 600m² 이상인 것
② 위락시설로서 연면적 600m² 이상인 것
③ 복합건축물로서 연면적 600m² 이상인 것
④ 문화 및 집회시설, 운동시설로서 연면적 1,000m² 이상인 것

해설 관련 법규 : 법 제12조, 영 제11조, (별표 4)
해설 법규 : (별표 4) 2호 다목
자동화재탐지설비를 설치하여야 하는 특정소방대상물은 근린생활시설 중 목욕장으로서 연면적 1,000m² 이상인 것이다.

53 | 인명구조기구의 설치
09, 07

피난구조설비로서 인명구조기구 중 방열복 또는 방화복(안전모, 보호장갑 및 안전화를 포함), 인공소생기 및 공기호흡기를 설치하여야 하는 특정소방대상물은?

① 지하층을 포함한 층수가 7층 이상인 병원
② 지하층을 포함한 층수가 5층 이상인 관광호텔
③ 지하층을 포함한 층수가 7층 이상인 관광호텔
④ 지하층을 포함한 층수가 5층 이상인 병원

해설 관련 법규 : 법 제12조, 영 제11조, (별표 4)
해설 법규 : (별표 4) 3호 나목
피난구조설비로서 인명구조기구[방열복 또는 방화복(안전모, 보호장갑 및 안전화를 포함) 및 공기호흡기]를 설치하여야 하는 특정소방대상물은 지하층을 포함하는 층수가 5층 이상인 병원이고, 인명구조기구[방열복 또는 방화복(안전모, 보호장갑 및 안전화를 포함), 인공소생기 및 공기호흡기]를 설치하여야 하는 특정소방대상물은 지하층을 포함하는 층수가 7층 이상인 관광호텔이다.

54 | 비상조명등의 설치
16, 11, 10

비상조명등을 설치하여야 하는 특정소방대상물에 해당하는 것은? (단, 창고시설 중 창고와 하역장, 위험물 저장 및 처리시설 중 가스시설은 제외한다.)

① 지하층을 포함하는 층수가 5층 이상인 건축물로서 연면적 3,000m² 이상인 것
② 지하층을 포함하는 층수가 5층 이상인 건축물로서 연면적 1,000m² 이상인 것
③ 지하층을 포함하는 층수가 3층 이상인 건축물로서 연면적 3,000m² 이상인 것
④ 지하층을 포함하는 층수가 3층 이상인 건축물로서 연면적 1,000m² 이상인 것

해설 관련 법규 : 법 제12조, 영 제11조, (별표 4)
해설 법규 : (별표 4) 3호 라목
비상조명등을 설치하여야 하는 특정소방대상물(창고시설 중 창고 및 하역장, 위험물 저장 및 처리시설 중 가스시설은 제외)은 다음과 같다.
㉠ 지하층을 포함하는 층수가 5층 이상인 건축물로서 연면적이 3,000m² 이상인 것
㉡ ㉠에 해당하지 않는 특정소방대상물로서 그 지하층 또는 무창층의 바닥면적이 450m² 이상인 경우에는 해당 층
㉢ 터널로서 그 길이가 500m 이상인 것

55 | 제연설비의 설치
24, 20, 18, 09

다음 중 제연설비를 설치하여야 하는 특정소방대상물에 속하지 않는 것은?

① 지하상가로서 연면적 1,000m²인 것
② 문화 및 집회시설로서 무대부의 바닥면적이 200m²인 것
③ 문화 및 집회시설 중 영화상영관으로서 수용인원 100명인 것
④ 지하층에 설치된 숙박시설로서 해당 용도로 사용되는 바닥면적의 합계가 500m²인 층

해설 관련 법규 : 법 제12조, 영 제11조, (별표 4)
해설 법규 : (별표 4) 5호 가목
제연설비를 설치하여야 할 특정소방대상물은 지하층이나 무창층에 설치된 근린생활시설, 판매시설, 운수시설, 숙박시설, 위락시설, 의료시설, 노유자시설 또는 창고시설(물류터미널만 해당)로서 해당 용도로 사용되는 바닥면적의 합계가 1,000m² 이상인 층이다.

정답 51. ② 52. ① 53. ③ 54. ① 55. ④

56 | 제연설비의 설치

제연설비를 설치하여야 하는 특정소방대상물에 속하지 않는 것은?

① 문화 및 집회시설, 종교시설, 운동시설로서 무대부의 바닥면적이 200m² 이상인 것
② 운수시설 중 시외버스정류장, 철도 및 도시철도시설, 공항시설 및 항만시설의 대기실 또는 휴게시설로서 지하층 또는 무창층의 바닥면적이 1,500m² 이상인 것
③ 지하상가로서 연면적 1,000m² 이상인 것
④ 특정소방대상물(갓복도형 아파트등은 제외)에 부설된 특별피난계단, 비상용 승강기의 승강장 또는 피난용 승강기의 승강장

해설 관련 법규 : 법 제12조, 영 제11조, (별표 4)
해설 법규 : (별표 4) 5호 가목
제연설비를 설치하여야 할 특정소방대상물은 운수시설 중 시외버스정류장, 철도 및 도시철도시설, 공항시설 및 항만시설의 대기실 또는 휴게시설로서 지하층 또는 무창층의 바닥면적이 1,000m² 이상인 것이다.

57 | 상수도 소화용수설비의 설치

다음 중에서 상수도소화용수설비를 설치하여야 할 소방대상건축물의 연면적 기준은? (단, 가스시설, 터널 또는 지하구의 경우에는 제외)

① 3,000m² 이상
② 5,000m² 이상
③ 8,000m² 이상
④ 10,000m² 이상

해설 관련 법규 : 법 제12조, 영 제11조, (별표 4)
해설 법규 : (별표 4) 4호 가목
상수도소화용수설비를 설치하여야 하는 특정소방대상물(상수도소화용수설비를 설치하여야 하는 특정소방대상물의 대지경계선으로부터 180m 이내에 지름 75mm 이상인 상수도용 배수관이 설치되지 않은 지역의 경우에는 화재안전기준에 따른 소화수조 또는 저수조를 설치하여야 한다)은 연면적 5,000m² 이상인 것(다만, 위험물 저장 및 처리시설 중 가스시설·터널 또는 지하구의 경우에는 그러하지 아니하다)과 가스시설로서 지상에 노출된 탱크의 저장용량의 합계가 100톤 이상인 것

58 | 비상콘센트설비의 설치

비상콘센트설비를 설치하여야 하는 특정소방대상물 기준으로 옳지 않은 것은? (단, 위험물 저장 및 처리시설 중 가스시설 또는 지하구는 제외)

① 터널로서 길이가 500m 이상인 것
② 층수가 11층 이상인 특정소방대상물의 경우에는 11층 이상의 층
③ 판매시설로서 해당 용도로 사용되는 부분의 바닥면적의 합계가 1,000m² 이상인 것
④ 지하층의 층수가 3층 이상이고 지하층의 바닥면적의 합계가 1,000m² 이상인 것은 지하층의 모든 층

해설 관련 법규 : 법 제12조, 영 제11조, (별표 4), 해설 법규 : (별표 4)
판매시설로서 해당 용도로 사용되는 부분의 바닥면적의 합계가 1,000m² 이상인 것은 자동화재탐지설비, 제연설비, 연결살수설비를 설치하여야 한다.

59 | 소방시설의 내진설계

다음은 소방시설의 내진설계에 관한 기준 내용이다. 밑줄 친 대통령령으로 정하는 소방시설에 속하지 않는 것은?

「지진·화산재해대책법」 제14조 제1항 각 호의 시설 중 대통령령으로 정하는 특정소방대상물에 <u>대통령령으로 정하는 소방시설</u>을 설치하려는 자는 지진이 발생할 경우 소방시설이 정상적으로 작동될 수 있도록 소방청장이 정하는 내진설계기준에 맞게 소방시설을 설치하여야 한다.

① 옥내소화전설비
② 스프링클러설비
③ 자동화재탐지설비
④ 물분무등소화설비

해설 관련 법규 : 법 제7조, 영 제8조, 해설 법규 : 영 제8조 ②항
대통령령으로 정하는 소방시설은 옥내소화전설비, 스프링클러설비, 물분무등소화설비이다.

60 | 소방시설 설치의 면제

다음은 특정소방대상물의 소방시설 설치의 면제에 관한 기준 내용이다. ( ) 안에 알맞은 것은?

비상경보설비 또는 단독경보형 감지기를 설치하여야 하는 특정소방대상물에 ( )를 화재안전기준에 적합하게 설치한 경우에는 그 설비의 유효범위에서 설치가 면제된다.

① 비상방송설비
② 자동화재탐지설비
③ 자동화재속보설비
④ 무선통신보조설비

정답 56. ② 57. ② 58. ③ 59. ③ 60. ②

해설 관련 법규 : 법 제13조, 영 제14조, (별표 5)
해설 법규 : (별표 5)
비상경보설비 또는 단독경보형 감지기를 설치하여야 하는 특정소방대상물에 자동화재탐지설비 또는 화재알림설비를 화재안전기준에 적합하게 설치한 경우에는 그 설비의 유효범위에서 설치가 면제된다.

61 | 소방시설 설치의 면제
24, 23

다음은 특정소방대상물의 소방시설 설치의 면제기준 내용이다. (   ) 안에 알맞은 것은?

스프링클러설비를 설치해야 하는 특정소방대상물(발전시설 중 전기저장시설은 제외)에 적응성 있는 자동소화장치 또는 (   )를 화재안전기준에 적합하게 설치한 경우에는 그 설비의 유효범위에서 설치가 면제된다.

① 연결살수설비 ② 상수도 소화용수설비
③ 자동화재탐지설비 ④ 물분무등소화설비

해설 관련 법규 : 법 제13조, 영 제14조, (별표 5)
해설 법규 : (별표 5)
스프링클러설비의 설치 면제
㉠ 스프링클러설비를 설치해야 하는 특정소방대상물(발전시설 중 전기저장시설은 제외)에 적응성 있는 자동소화장치 또는 물분무등소화설비를 화재안전기준에 적합하게 설치한 경우에는 그 설비의 유효범위에서 설치가 면제된다.
㉡ 스프링클러설비를 설치해야 하는 전기저장시설에 소화설비를 소방청장이 정하여 고시하는 방법에 따라 설치한 경우에는 그 설비의 유효범위에서 설치가 면제된다.

62 | 소방시설 설치의 면제
19, 18, 16, 15

다음은 특정소방대상물의 소방시설 설치의 면제기준 내용이다. (   ) 안에 알맞은 것은?

물분무등소화설비를 설치하여야 하는 차고·주차장에 (   )를 화재안전기준에 적합하게 설치한 경우에는 그 설비의 유효범위에서 설치가 면제된다.

① 연결살수설비 ② 옥외소화전설비
③ 옥내소화전설비 ④ 스프링클러설비

해설 관련 법규 : 법 제13조, 영 제14조, (별표 5)
해설 법규 : (별표 5)
물분무등소화설비를 설치하여야 하는 차고·주차장에 스프링클러설비를 화재안전기준에 적합하게 설치한 경우에는 그 설비의 유효범위에서 설치가 면제된다.

63 | 소방시설 설치의 면제
24, 15, 12

다음은 특정소방대상물의 소방시설 설치의 면제기준 내용이다. (   ) 안에 속하지 않는 소방시설은?

연결살수설비를 설치하여야 하는 특정소방대상물에 송수구를 부설한 (   )를 화재안전기준에 적합하게 설치한 경우에는 그 설비의 유효범위에서 설치가 면제된다.

① 옥내소화전설비 ② 스프링클러설비
③ 물분무소화설비 ④ 미분무소화설비

해설 관련 법규 : 법 제13조, 영 제14조, (별표 5)
해설 법규 : (별표 5)
연결살수설비를 설치하여야 하는 특정소방대상물에 송수구를 부설한 스프링클러설비, 간이스프링클러설비, 물분무소화설비 또는 미분무소화설비를 화재안전기준에 적합하게 설치한 경우에는 그 설비의 유효범위에서 설치가 면제된다.

64 | 소방시설 설치의 면제
18

다음은 특정소방대상물의 소방시설 설치의 면제에 관한 기준 내용이다. (   ) 안에 포함되지 않는 소방시설은?

연소방지설비를 설치하여야 하는 특정소방대상물에 (   )를 화재안전기준에 적합하게 설치한 경우에는 그 설비의 유효범위에서 설치가 면제된다.

① 스프링클러설비 ② 옥내소화전설비
③ 물분무소화설비 ④ 미분무소화설비

해설 관련 법규 : 법 제13조, 영 제14조, (별표 5)
해설 법규 : (별표 5)
연소방지설비를 설치하여야 하는 특정소방대상물에 스프링클러설비, 물분무소화설비 또는 미분무소화설비를 화재안전기준에 적합하게 설치한 경우에는 그 설비의 유효범위에서 설치가 면제된다.

65 | 소방대상물의 방염
17, 13

다음 중 방염성능기준 이상의 실내장식물 등을 설치하여야 하는 특정소방대상물에 속하지 않는 것은?

① 숙박시설
② 공동주택 중 아파트
③ 의료시설 중 종합병원
④ 방송통신시설 중 방송국

정답 61. ④ 62. ④ 63. ① 64. ② 65. ②

해설 관련 법규 : 법 제20조, 영 제30조
해설 법규 : 영 제30조
방염성능기준 이상의 실내장식물 등을 설치하여야 하는 특정소방대상물은 근린생활시설 중 의원, 조산원, 산후조리원, 체력단련장, 공연장 및 종교집회장, 건축물의 옥내에 있는 시설로서 문화 및 집회시설, 종교시설, 운동시설(수영장은 제외), 의료시설, 교육연구시설 중 합숙소, 노유자시설, 숙박이 가능한 수련시설, 숙박시설, 방송통신시설 중 방송국 및 촬영소, 다중이용업소, 층수가 11층 이상인 것(아파트는 제외) 등이 있고, 판매시설, 아파트, 실내수영장, 기숙사 등에는 설치하지 않는다.

66 | 소방대상물의 방염
19

방염성능기준 이상의 실내장식물 등을 설치하여야 하는 특정소방대상물에 속하는 것은?

① 층수가 6층인 업무시설
② 층수가 6층인 판매시설
③ 층수가 6층인 숙박시설
④ 건축물의 옥내에 있는 수영장

해설 관련 법규 : 법 제20조, 영 제30조
해설 법규 : 영 제30조
방염성능기준 이상의 실내장식물 등을 설치하여야 하는 특정소방대상물에 숙박시설은 해당되나, 업무시설, 판매시설, 아파트, 실내수영장, 기숙사 등에는 설치하지 않는다.

67 | 소방대상물의 방염
25, 23, 22, 21, 20, 18, 15

방염성능기준 이상의 실내장식물 등을 설치하여야 하는 특정소방대상물에 속하지 않는 것은?

① 실내수영장
② 숙박시설
③ 의료시설 중 종합병원
④ 방송통신시설 중 방송국

해설 관련 법규 : 법 제20조, 영 제30조
해설 법규 : 영 제30조
방염성능기준 이상의 실내장식물 등을 설치하여야 하는 특정소방대상물은 근린생활시설 중 의원, 조산원, 산후조리원, 체력단련장, 공연장 및 종교집회장, 건축물의 옥내에 있는 시설로서 문화 및 집회시설, 종교시설, 운동시설(수영장은 제외), 의료시설, 교육연구시설 중 합숙소, 노유자시설, 숙박이 가능한 수련시설, 숙박시설, 방송통신시설 중 방송국 및 촬영소, 다중이용업소, 층수가 11층 이상인 것(아파트는 제외) 등이 있다.

68 | 소방대상물의 방염
22

방염성능기준 이상의 실내장식물 등을 설치하여야 하는 특정소방대상물에 속하지 않는 것은? (단, 층수가 11층 미만인 경우)

① 의료시설
② 교육연구시설 중 합숙소
③ 숙박이 가능한 수련시설
④ 업무시설 중 주민자치센터

해설 관련 법규 : 법 제20조, 영 제30조
해설 법규 : 영 제30조
방염성능기준 이상의 실내장식물 등을 설치하여야 하는 특정소방대상물은 근린생활시설 중 의원, 조산원, 산후조리원, 체력단련장, 공연장 및 종교집회장, 건축물의 옥내에 있는 시설로서 문화 및 집회시설, 종교시설, 운동시설(수영장은 제외), 의료시설, 교육연구시설 중 합숙소, 노유자시설, 숙박이 가능한 수련시설, 숙박시설, 방송통신시설 중 방송국 및 촬영소, 다중이용업소, 층수가 11층 이상인 것(아파트는 제외) 등이 있다.

69 | 소방대상물의 방염
24, 17

방염성능기준 이상의 실내장식물 등을 설치하여야 하는 특정소방대상물에 속하는 것은?

① 아파트
② 기숙사
③ 숙박시설
④ 실내수영장

해설 관련 법규 : 법 제20조, 영 제30조
해설 법규 : 영 제30조
방염성능기준 이상의 실내장식물 등을 설치하여야 하는 특정소방대상물에 숙박시설은 해당되나, 업무시설, 판매시설, 아파트, 실내수영장, 기숙사 등에는 설치하지 않는다.

70 | 방염대상물품
11, 08

다음 중 소방시설 설치 및 관리에 관한 법령상 방염대상물품에 속하지 않는 것은?

① 전시용 합판
② 무대용 섬유판
③ 창문에 설치하는 커튼류
④ 두께 2mm 미만의 종이 벽지

해설 관련 법규 : 법 제20조, 영 제31조

해설 법규 : 영 제31조

방염대상물품은 다음과 같다.
㉠ 제조 또는 가공 공정에서 방염처리를 한 다음의 물품
  ㉮ 창문에 설치하는 커튼류(블라인드를 포함)
  ㉯ 카펫, 벽지류(두께가 2mm 미만인 종이벽지는 제외)
  ㉰ 전시용 합판·목재 또는 섬유판, 무대용 합판·목재 또는 섬유판(합판·목재류의 경우 불가피하게 설치 현장에서 방염처리한 것을 포함)
  ㉱ 암막·무대막(「영화 및 비디오물의 진흥에 관한 법률」에 따른 영화상영관에 설치하는 스크린과 「다중이용업소의 안전관리에 관한 특별법 시행령」에 따른 가상체험 체육시설업에 설치하는 스크린을 포함)
  ㉲ 섬유류 또는 합성수지류 등을 원료로 하여 제작된 소파·의자(「다중이용업소의 안전관리에 관한 특별법 시행령」에 따른 단란주점영업, 유흥주점영업 및 노래연습장업의 영업장에 설치하는 것으로 한정)
㉡ 건축물 내부의 천장이나 벽에 부착하거나 설치하는 다음의 것. 다만, 가구류(옷장, 찬장, 식탁, 식탁용 의자, 사무용 책상, 사무용 의자, 계산대, 그 밖에 이와 비슷한 것)와 너비 10cm 이하인 반자돌림대 등과 「건축법」에 따른 내부 마감재료는 제외한다.
  ㉮ 종이류(두께 2mm 이상인 것)·합성수지류 또는 섬유류를 주원료로 한 물품
  ㉯ 합판이나 목재
  ㉰ 공간을 구획하기 위하여 설치하는 간이 칸막이(접이식 등 이동 가능한 벽체나 천장 또는 반자가 실내에 접하는 부분까지 구획하지 않는 벽체)
  ㉱ 흡음(吸音)을 위하여 설치하는 흡음재(흡음용 커튼을 포함)
  ㉲ 방음(防音)을 위하여 설치하는 방음재(방음용 커튼을 포함)

71 | 소방대상물의 방염
12, 10

방염성능기준 이상의 실내장식물 등을 설치하여야 하는 특정소방대상물에 속하지 않는 것은?

① 숙박시설
② 아파트
③ 종합병원
④ 방송통신시설 중 방송국 및 촬영소

해설 관련 법규 : 법 제20조, 영 제30조

해설 법규 : 영 제30조

방염성능기준 이상의 실내장식물 등을 설치하여야 하는 특정소방대상물은 근린생활시설 중 의원, 조산원, 산후조리원, 체력단련장, 공연장 및 종교집회장, 건축물의 옥내에 있는 시설로서 문화 및 집회시설, 종교시설, 운동시설(수영장은 제외), 의료시설, 교육연구시설 중 합숙소, 노유자시설, 숙박이 가능한 수련시설, 숙박시설, 방송통신시설 중 방송국 및 촬영소, 다중이용업소, 층수가 11층 이상인 것(아파트는 제외) 등이 있고, 판매시설, 아파트, 실내수영장, 기숙사 등은 설치하지 않는다.

72 | 소방시설의 설치 기준
21

특정소방대상물에 설치하여야 하는 소방시설에 관한 설명으로 옳지 않은 것은?

① 노유자 생활시설에는 자동화재속보설비를 설치하여야 한다.
② 연면적 $33m^2$인 음식점에는 소화기구를 설치하여야 한다.
③ 연면적 $600m^2$인 종교시설에는 자동화재탐지설비를 설치하여야 한다.
④ 바닥면적의 합계가 $5,000m^2$인 판매시설의 모든 층에는 스프링클러설비를 설치하여야 한다.

해설 관련 법규 : 법 제12조, 영 제11조, (별표 4)

해설 법규 : (별표 4) 2호 다목

근린생활시설 중 목욕장, 문화 및 집회시설, 종교시설, 판매시설, 운수시설, 운동시설, 업무시설, 공장, 창고시설, 위험물 저장 및 처리시설, 항공기 및 자동차 관련 시설, 교정 및 군사시설 중 국방·군사시설, 방송통신시설, 발전시설, 관광 휴게시설, 지하상가로서 연면적 $1,000m^2$ 이상인 특정소방대상물은 자동화재탐지설비를 설치하여야 한다.

73 | 특급 소방안전관리대상물
21

특정소방대상물이 아파트인 경우 특급 소방안전관리대상물 기준으로 옳은 것은? (단, 층수는 지하층을 제외한 층수이다.)

① 30층 이상이거나 지상으로부터 높이가 90m 이상인 아파트
② 30층 이상이거나 지상으로부터 높이가 120m 이상인 아파트
③ 50층 이상이거나 지상으로부터 높이가 150m 이상인 아파트
④ 50층 이상이거나 지상으로부터 높이가 200m 이상인 아파트

해설 관련 법규 : 화재예방법 제24조, 영 제25조, (별표 4)

해설 법규 : (별표 4) 1호 가목

특정소방대상물 중 특급 소방안전관리대상물
㉠ 50층 이상(지하층은 제외)이거나 지상으로부터 높이가 200m 이상인 아파트
㉡ 30층 이상(지하층을 포함)이거나 지상으로부터 높이가 120m 이상인 특정소방대상물(아파트는 제외)
㉢ ㉡에 해당하지 아니하는 특정소방대상물로서 연면적이 $100,000m^2$ 이상인 특정소방대상물(아파트는 제외)

정답 71. ② 72. ③ 73. ④

74 | 1급 소방안전관리대상물
19, 15, 14, 10

1급 소방안전관리대상물에 속하지 않는 것은?

① 30층 이상(지하층은 제외)이거나 지상으로부터 높이가 120m 이상인 아파트
② 연면적 15,000m² 이상인 특정소방대상물(아파트 및 연립주택은 제외)
③ 연면적 15,000m² 이상인 특정소방대상물(아파트 및 연립주택은 제외)에 해당하지 않는 특정소방대상물로서 지상층의 층수가 11층 이상인 특정소방대상물(아파트는 제외)
④ 가연성 가스를 2,000톤 이상 저장·취급하는 시설

해설 관련 법규 : 화재예방법 제24조, 영 제25조, (별표 4)
해설 법규 : (별표 4) 2호 가목
1급 소방안전관리대상물은 다음과 같다.
「소방시설 설치 및 관리에 관한 법률 시행령」의 특정소방대상물 중 다음의 어느 하나에 해당하는 것(특급 소방안전관리대상물은 제외)
㉠ 30층 이상(지하층은 제외)이거나 지상으로부터 높이가 120m 이상인 아파트
㉡ 연면적 15,000m² 이상인 특정소방대상물(아파트 및 연립주택은 제외)
㉢ ㉡에 해당하지 않는 특정소방대상물로서 지상층의 층수가 11층 이상인 특정소방대상물(아파트는 제외)
㉣ 가연성 가스를 1,000톤 이상 저장·취급하는 시설

75 | 특급 소방안전관리대상물
18, 17, 13

특급 소방안전관리대상물에 선임해야 하는 소방안전관리자의 자격으로 옳지 않은 것은?

① 소방기술사 또는 소방시설관리사의 자격이 있는 사람
② 소방설비기사의 자격을 취득한 후 5년 이상 1급 소방안전관리대상물의 소방안전관리자로 근무한 실무경력(소방안전관리자로 선임되어 근무한 경력은 제외)이 있는 사람
③ 소방설비산업기사의 자격을 취득한 후 7년 이상 1급 소방안전관리대상물의 소방안전관리자로 근무한 실무경력이 있는 사람
④ 소방공무원으로 15년 이상 근무한 경력이 있는 사람

해설 관련 법규 : 화재예방법 제25조, (별표 4)
해설 법규 : (별표 4) 1호 나목
특급 소방안전관리대상물에 선임해야 하는 소방안전관리자의 자격은 다음의 어느 하나에 해당하는 사람으로서 특급 소방안전관리자 자격증을 발급받은 사람
㉠ 소방기술사 또는 소방시설관리사의 자격이 있는 사람
㉡ 소방설비기사의 자격을 취득한 후 5년 이상 1급 소방안전관리대상물의 소방안전관리자로 근무한 실무경력(소방안전관리자로 선임되어 근무한 경력은 제외)이 있는 사람
㉢ 소방설비산업기사의 자격을 취득한 후 7년 이상 1급 소방안전관리대상물의 소방안전관리자로 근무한 실무경력이 있는 사람
㉣ 소방공무원으로 20년 이상 근무한 경력이 있는 사람
㉤ 소방청장이 실시하는 특급 소방안전관리대상물의 소방안전관리에 관한 시험에 합격한 사람

CHAPTER 02

| 기출 공략 문제 |
에너지계획 수립

1 에너지 관련 설계기준

01 | 예비인증
13, 10

건축물의 에너지절약설계기준에서 다음과 정의되는 용어는?

> 건축물의 완공 전에 설계도서 등으로 인증기관에서 제로에너지건축물 인증, 녹색건축인증을 받는 것을 말한다.

① 본인증   ② 예비인증
③ 사전인증 ④ 설계인증

해설 관련 법규 : 에너지절약기준 제5조
해설 법규 : 에너지절약기준 제5조 9호
"본인증"이라 함은 신청건물의 완공 후에 최종설계도서 및 현장 확인을 거쳐 최종적으로 인증기관에서 제로에너지건축물 인증, 녹색건축인증을 받는 것을 말한다.

02 | 평균 열관류율
23

다음은 평균 열관류율의 정의이다. ( ) 안에 알맞은 것은?

> "평균 열관류율"이라 함은 지붕(천창 등 투명 외피부위를 포함하지 않는다), 바닥, 외벽(창 및 문을 포함한다) 등의 열관류율 계산에 있어 세부 부위별로 열관류율 값이 다를 경우 이를 면적으로 가중평균하여 나타낸 것을 말한다. 단, 평균 열관류율은 ( )를 기준으로 계산한다.

① 내측 외곽선의 치수   ② 중심선 치수
③ 외측 외곽선의 치수   ④ 외곽선 치수

해설 관련 법규 : 에너지절약기준 제5조
해설 법규 : 에너지절약기준 제5조 10호 타목
"평균 열관류율"이라 함은 지붕(천창 등 투명 외피부위를 포함하지 않음), 바닥, 외벽(창 및 문을 포함) 등의 열관류율 계산에 있어 세부 부위별로 열관류율 값이 다를 경우 이를 면적으로 가중평균하여 나타낸 것을 말한다. 단, 평균 열관류율은 중심선 치수를 기준으로 계산한다.

03 | 방습층
22, 18, 12, 09, 08

다음은 건축물의 에너지절약설계기준에 따른 방습층의 정의이다. ( ) 안에 알맞은 것은?

> 방습층이라 함은 습한 공기가 구조체에 침투하여 결로발생의 위험이 높아지는 것을 방지하기 위해 설치하는 투습도가 24시간당 ( ) 이하 또는 투습계수 $0.28g/m^2 \cdot h \cdot mmHg$ 이하의 투습저항을 가진 층을 말한다.

① $10g/m^2$ ② $20g/m^2$
③ $30g/m^2$ ④ $40g/m^2$

해설 관련 법규 : 에너지절약기준 제5조
해설 법규 : 에너지절약기준 제5조 10호 카목
방습층이라 함은 습한 공기가 구조체에 침투하여 결로발생의 위험이 높아지는 것을 방지하기 위해 설치하는 투습도가 24시간당 $30g/m^2$ 이하 또는 투습계수 $0.28g/m^2 \cdot h \cdot mmHg$ 이하의 투습저항을 가진 층을 말한다(시험방법은 한국산업규격 KS T 1305 방습포장재료의 투습도 시험방법 또는 KS F 2607 건축재료의 투습성 측정 방법에서 정하는 바에 따른다). 다만, 단열재 또는 단열재의 내측에 사용되는 마감재가 방습층으로서 요구되는 성능을 가지는 경우에는 그 재료를 방습층으로 볼 수 있다.

04 | 열관류율 계산
17, 14

건축물의 에너지절약설계기준에 따른 평균 열관류율의 계산 기준으로 옳은 것은?

① 외곽선 치수
② 중심선 치수
③ 내부 마감 치수
④ 지붕, 바닥은 외곽선, 외벽은 중심선 치수

해설 관련 법규 : 에너지절약기준 제5조
해설 법규 : 에너지절약기준 제5조 10호 타목
평균 열관류율이라 함은 지붕(천창 등 투명 외피부위를 포함하지 않는다), 바닥, 외벽(창 및 문을 포함) 등의 열관류율 계산에 있어 세부 부위별로 열관류율 값이 다를 경우, 이를 면적으로 가중평균하여 나타낸 것을 말하며, 평균 열관류율은 중심선 치수를 기준으로 계산한다.

정답 01. ② 02. ② 03. ③ 04. ②

05 | 용어의 정의
07

건축물의 에너지절약설계기준에 대한 용어 중 틀린 것은?

① 외피 : 거실 또는 거실 외 공간을 둘러싸고 있는 벽·지붕·바닥·창 및 문 등으로서 외기에 직접 면하는 부위
② 거실의 외벽 : 거실의 벽 중 외기에 직접 또는 간접 면하는 부위
③ 방풍구조 : 출입구에서 실내외 공기교환에 의한 열출입을 방지할 목적으로 설치하는 방풍실 또는 회전문 등을 설치한 방식을 말한다.
④ 투광부 : 창, 문 면적의 60% 이상이 투과체로 구성된 문, 유리블록, 플라스틱 패널 등과 같이 투과재료로 구성되며, 외기에 접하여 채광이 가능한 부위를 말한다.

[해설] 관련 법규 : 에너지절약기준 제5조
해설 법규 : 에너지절약기준 제5조 10호 하목
"투광부"라 함은 창, 문 면적의 50% 이상이 투과체로 구성된 문, 유리블록, 플라스틱 패널 등과 같이 투과재료로 구성되며, 외기에 접하여 채광이 가능한 부위를 말한다.

06 | 방습층과 단열재
20, 17, 12, 09, 08

다음 방습층에 대한 설명 중 (   ) 안에 알맞은 것은?

"방습층"이라 함은 습한 공기가 구조체에 침투하여 결로발생의 위험이 높아지는 것을 방지하기 위해 설치하는 투습도가 24시간당 (㉠)g/m² 이하 또는 투습계수 (㉡)g/m²·h·mmHg 이하의 투습저항을 가진 층을 말한다.

① ㉠ 30, ㉡ 0.38
② ㉠ 40, ㉡ 0.38
③ ㉠ 40, ㉡ 0.28
④ ㉠ 30, ㉡ 0.28

[해설] 관련 법규 : 에너지절약기준 제5조
해설 법규 : 에너지절약기준 제5조 10호 카목
"방습층"이라 함은 습한 공기가 구조체에 침투하여 결로발생의 위험이 높아지는 것을 방지하기 위해 설치하는 투습도가 24시간당 30g/m² 이하 또는 투습계수 0.28g/m²·h·mmHg 이하의 투습저항을 가진 층을 말한다(시험방법은 한국산업규격 KS T 1305 방습포장재료의 투습도 시험방법 또는 KS F 2607 건축 재료의 투습성 측정 방법에서 정하는 바에 따른다). 다만, 단열재 또는 단열재의 내측에 사용되는 마감재가 방습층으로서 요구되는 성능을 가지는 경우에는 그 재료를 방습층으로 볼 수 있다.

07 | 투광부
20, 12, 09, 08

다음은 건축물의 에너지절약설계기준에 따른 용어의 정의이다. (   ) 안에 알맞은 것은?

"투광부"라 함은 창, 문 면적의 (   ) 이상이 투과체로 구성된 문, 유리블록, 플라스틱 패널 등과 같이 투과재료로 구성되며, 외기에 접하여 채광이 가능한 부위를 말한다.

① 50%
② 60%
③ 70%
④ 80%

[해설] 관련 법규 : 에너지절약기준 제5조
해설 법규 : 에너지절약기준 제5조 10호 하목
"투광부"라 함은 창, 문 면적의 50% 이상이 투과체로 구성된 문, 유리블록, 플라스틱 패널 등과 같이 투과재료로 구성되며, 외기에 접하여 채광이 가능한 부위를 말한다.

08 | 효율
16

건축물의 에너지절약설계기준상 설비기기에 공급된 에너지에 대한 출력된 유효에너지의 비로 정의되는 용어는?

① 효율
② 역률
③ 위험률
④ 수용률

[해설] 관련 법규 : 에너지절약기준 제5조
해설 법규 : 에너지절약기준 제5조 11호
③ "위험률"이라 함은 냉(난)방기간 동안 또는 연간 총시간에 대한 온도출현분포 중에서 가장 높은(낮은) 온도쪽으로부터 총시간의 일정 비율에 해당하는 온도를 제외시키는 비율을 말한다.
④ "수용률"이라 함은 부하설비 용량 합계에 대한 최대 수용전력의 백분율을 말한다.

09 | 대수분할운전
21, 19, 16

건축물의 에너지절약설계기준상 다음과 같이 정의되는 용어는?

기기를 여러 대 설치하여 부하상태에 따라 최적운전상태를 유지할 수 있도록 기기를 조합하여 운전하는 방식

① 인버터운전
② 간헐제어운전
③ 비례제어운전
④ 대수분할운전

[해설] 관련 법규 : 에너지절약기준 제5조
해설 법규 : 에너지절약기준 제5조 11호 마목
"비례제어운전"이라 함은 기기의 출력값과 목푯값의 편차에 비례하여 입력량을 조절하여 최적운전상태를 유지할 수 있도록 운전하는 방식을 말한다.

10 | 기밀 및 결로방지 조치
13, 08

건축물의 에너지절약설계기준에 따른 기밀 및 결로방지 등을 위한 조치 내용으로 옳지 않은 것은?

① 단열재의 이음부는 최대한 밀착하여 시공하거나 2장을 엇갈리게 시공하여 이음부를 통한 단열성능 저하가 최소화될 수 있도록 조치하여야 한다.
② 방습층으로 알루미늄박 또는 플라스틱계 필름 등을 사용할 경우의 이음부는 100mm 이상 중첩하고 내습성 테이프, 접착제 등으로 기밀하게 마감하도록 한다.
③ 건축물 외피 단열부위의 접합부, 틈 등은 밀폐될 수 있도록 코킹과 개스킷 등을 사용하여 기밀하게 처리하여야 한다.
④ 외기에 직접 면하고 1층 또는 지상으로 연결된 너비 1.0m 이상의 출입문은 방풍구조로 하여야 한다.

해설 관련 법규 : 에너지절약기준 제6조
해설 법규 : 에너지절약기준 제6조 4호 라목
외기에 직접 면하고 1층 또는 지상으로 연결된 출입문은 방풍구조로 하여야 하고, 바닥면적 300m² 이하의 개별 점포의 출입문, 주택의 출입문(단, 기숙사는 제외), 사람의 통행을 주목적으로 하지 않는 출입문 및 너비 1.2m 이하의 출입문은 제외한다.

11 | 방풍구조
20, 17, 15, 14

건축물의 에너지절약설계기준상 외기에 직접 면하고 1층 또는 지상으로 연결된 출입문을 방풍구조로 하지 않을 수 있는 경우에 속하지 않는 것은?

① 기숙사의 출입문
② 너비가 1.2m인 출입문
③ 바닥면적이 200m²인 개별 점포의 출입문
④ 사람의 통행을 주목적으로 하지 않는 출입문

해설 관련 법규 : 에너지절약기준 제6조
해설 법규 : 에너지절약기준 제6조 4호 라목
외기에 직접 면하고 1층 또는 지상으로 연결된 출입문은 방풍구조(출입구에서 실내외 공기 교환에 의한 열출입을 방지할 목적으로 설치하는 방풍실 또는 회전문 등을 설치한 방식)로 하여야 하나, 바닥면적 300m² 이하의 개별 점포의 출입문, 주택의 출입문(단, 기숙사는 제외), 사람의 통행을 주목적으로 하지 않는 출입문 및 너비 1.2m 이하의 출입문은 제외한다.

12 | 방풍구조
11, 09

외기에 직접 면하고 1층 또는 지상으로 연결된 출입문 중 방풍구조로 하여야 하는 것은?

① 바닥면적 200m²인 개별 점포의 출입문
② 주택의 출입문
③ 사무소 건물의 출입문으로써 그 너비가 1.5m인 것
④ 학교 건물의 출입문으로써 그 너비가 1.2m인 것

해설 관련 법규 : 에너지절약기준 제6조
해설 법규 : 에너지절약기준 제6조 4호 라목
①, ②, ④의 출입문은 방풍구조(출입구에서 실내외 공기 교환에 의한 열출입을 방지할 목적으로 설치하는 방풍실 또는 회전문 등을 설치한 방식)에서 제외되고, ③ 사무소 건물의 1.2m 이하의 출입문도 제외되나, 1.5m(1.2m 초과)이므로 방풍구조로 하여야 한다.

13 | 방풍구조
19, 17, 13, 10, 09

외기에 직접 면하고 1층 또는 지상으로 연결된 출입문을 방풍구조로 하여야 하는 것은?

① 아파트의 출입문
② 너비가 1.8m인 출입문
③ 바닥면적이 300m²인 개별 점포의 출입문
④ 사람의 통행을 주목적으로 하지 않는 출입문

해설 관련 법규 : 에너지절약기준 제6조
해설 법규 : 에너지절약기준 제6조 4호 라목
①, ③, ④의 출입문은 방풍구조(출입구에서 실내외 공기 교환에 의한 열출입을 방지할 목적으로 설치하는 방풍실 또는 회전문 등을 설치한 방식)에서 제외되고, ② 너비가 1.2m 이하의 출입문도 제외되나, 1.8m(1.2m 초과)이므로 방풍구조로 하여야 한다.

14 | 방풍구조의 기준
25, 22

다음 중 밑줄 친 부분의 내용에 속하지 않는 것은?

> 외기에 직접 면하고 1층 또는 지상으로 연결된 출입문은 방풍구조로 하여야 한다. 다만, <u>다음 각 호에 해당하는 경우에는 그러하지 않을 수 있다.</u>

① 바닥면적 400m² 이하의 개별 점포의 출입문
② 주택의 출입문(기숙사는 제외)
③ 사람의 통행을 주목적으로 하지 않는 출입문
④ 너비 1.2m 이하의 출입문

정답 10. ④ 11. ① 12. ③ 13. ② 14. ①

해설 관련 법규 : 에너지절약기준 제6조
해설 법규 : 에너지절약기준 제6조 4호 라목
외기에 직접 면하고 1층 또는 지상으로 연결된 출입문은 방풍구조로 하여야 한다. 다만, 다음의 경우에는 그러하지 않을 수 있다.
㉠ 바닥면적 300m² 이하의 개별 점포의 출입문
㉡ 주택의 출입문(단, 기숙사는 제외)
㉢ 사람의 통행을 주목적으로 하지 않는 출입문
㉣ 너비 1.2m 이하의 출입문

15 | 방풍구조
21, 12, 07

다음 중 외기에 면하고 1층 또는 지상으로 연결된 출입문을 방풍구조로 하지 않아도 되는 것은? (단, 사람의 통행을 주목적으로 하며, 너비가 1.2m를 초과하는 출입문인 경우)

① 호텔의 주출입문
② 주택의 출입문
③ 공기조화를 하는 업무시설의 출입문
④ 바닥면적의 합계가 500m²인 상점의 주출입문

해설 관련 법규 : 에너지절약기준 제6조
해설 법규 : 에너지절약기준 제6조 4호 라목
외기에 직접 면하고 1층 또는 지상으로 연결된 출입문은 방풍구조(출입구에서 실내외 공기 교환에 의한 열출입을 방지할 목적으로 설치하는 방풍실 또는 회전문 등을 설치한 방식)로 하여야 하며, 바닥면적 300m² 이하의 개별 점포의 출입문, 주택의 출입문(단, 기숙사는 제외), 사람의 통행을 주목적으로 하지 않는 출입문 및 너비 1.2m 이하의 출입문은 제외한다.

16 | 건축부문의 권장사항
22, 18, 16, 08

다음 중 에너지절약설계기준에 따른 건축부문의 권장사항으로 옳지 않은 것은?

① 건축물은 대지의 향, 일조 및 주풍향 등을 고려하여 배치하며, 남향 또는 남동향 배치를 한다.
② 거실의 층고 및 반자 높이는 실의 용도와 기능에 지장을 주지 않는 범위 내에서 가능한 높게 한다.
③ 공동주택은 인동간격을 넓게 하여 저층부의 태양열 취득을 최대한 증대시킨다.
④ 건축물의 체적에 대한 외피면적의 비 또는 연면적에 대한 외피면적의 비는 가능한 작게 한다.

해설 관련 법규 : 에너지절약기준 제7조
해설 법규 : 에너지절약기준 제7조 2호 가목
거실의 층고 및 반자 높이는 실의 용도와 기능에 지장을 주지 않는 범위 내에서 가능한 낮게 한다.

17 | 건축부문의 권장사항
24, 21, 18

건축물의 에너지절약설계기준상 단열계획에 대한 건축부문의 권장사항으로 옳지 않은 것은?

① 외벽 부위는 내단열로 시공한다.
② 외피의 모서리 부분은 열교가 발생하지 않도록 단열재를 연속적으로 설치한다.
③ 건물의 창 및 문은 가능한 작게 설계하고, 특히 열손실이 많은 북측 거실의 창 및 문의 면적은 최소화한다.
④ 태양열 유입에 의한 냉·난방부하를 저감할 수 있도록 일사조절장치, 태양열취득률(SHGC), 창 및 문의 면적비 등을 고려한 설계를 한다.

해설 관련 법규 : 에너지절약기준 제7조
해설 법규 : 에너지절약기준 제7조 3호 나목
건축부문의 권장사항 중 단열계획에 있어서 외벽 부위는 외단열로 시공한다.

18 | 건축부문의 권장사항
16

다음은 건축물의 에너지절약설계기준상 건축부문의 의무사항 내용이다. 밑줄 친 "부위"의 기준 내용으로 옳지 않은 것은?

1. 단열조치 일반사항
① 외기에 직접 또는 간접 면하는 거실의 각 부위에는 제2조에 따라 건축물의 열손실방지 조치를 하여야 한다. 다만, <u>다음 부위</u>에 대해서는 그러하지 아니할 수 있다.

① 바닥면적 150m² 이하의 개별 점포의 출입문
② 공동주택의 층간바닥 중 바닥난방을 하는 현관 및 욕실의 바닥 부위
③ 지면 및 토양에 접한 바닥 부위로서 난방공간의 외벽 내표면까지의 모든 수평거리가 10m를 초과하는 바닥 부위
④ 지표면 아래 2m를 초과하여 위치한 지하 부위(공동주택의 거실 부위는 제외)로서 이중벽의 설치 등 하계 표면결로 방지 조치를 한 경우

해설 관련 법규 : 에너지절약기준 제6조 1호
해설 법규 : 에너지절약기준 제6조 1호 가목
공동주택의 층간바닥(최하층 제외) 중 바닥난방을 하지 않는 현관 및 욕실의 바닥 부위이다.

19 | 건축부문의 권장사항
25, 22, 20, 19, 18, 16, 14, 13, 10, 08

건축물의 에너지절약설계기준에 따른 건축부문의 권장사항으로 옳지 않은 것은?

① 공동주택은 인동간격을 넓게 하여 저층부의 태양열취득률을 증대시킨다.
② 건물의 창 및 문은 가능한 작게 설계하고, 특히 열손실이 많은 북측 거실의 창 및 문의 면적은 최소화한다.
③ 건축물의 체적에 대한 외피면적의 비 또는 연면적에 대한 외피면적의 비는 가능한 크게 한다.
④ 거실의 층고 및 반자 높이는 실의 용도와 기능에 지장을 주지 않는 범위 내에서 가능한 낮게 한다.

해설 관련 법규 : 에너지절약기준 제7조
해설 법규 : 에너지절약기준 제7조 2호 나목
건축물의 에너지절약설계기준에서 건축부문의 권장사항으로 건축물의 체적에 대한 외피면적의 비 또는 연면적에 대한 외피면적의 비는 가능한 한 작게 한다.

20 | 건축부문의 권장사항
24, 20, 16, 10

다음 중 에너지절약설계기준에 따른 건축부문의 권장사항으로 옳지 않은 것은?

① 공동주택의 외기에 접하는 주동의 출입구와 각 세대의 현관은 방풍구조로 한다.
② 발코니 확장을 하는 공동주택이나 창 및 문의 면적이 큰 건물에는 단열성이 우수한 로이(Low-E) 단층창이나 복층창 이상의 단열성능을 갖는 창을 설치한다.
③ 건물 옥상에는 조경을 하여 최상층 지붕의 열저항을 높이고, 옥상면에 직접 도달하는 일사를 차단하여 냉방부하를 감소시킨다.
④ 자연채광을 적극적으로 이용할 수 있도록 계획한다. 특히 학교의 교실, 문화 및 집회시설의 공용부분은 1면 이상 자연채광이 가능하도록 한다.

해설 관련 법규 : 에너지절약기준 제7조
해설 법규 : 에너지절약기준 제7조 3호 마목
발코니 확장을 하는 공동주택이나 창 및 문의 면적이 큰 건물에는 단열성이 우수한 로이(Low-E) 복층창이나 삼중창 이상의 단열성능을 갖는 창을 설치한다.

21 | 건축부문의 권장사항
22, 20, 16, 09, 07

건축물의 에너지절약설계기준에서는 1면 이상 자연채광이 가능하도록 하여야 하는 것이 아닌 것은?

① 학교의 교실
② 문화 및 집회시설의 복도
③ 문화 및 집회시설의 로비
④ 문화 및 집회시설의 공연장

해설 관련 법규 : 에너지절약기준 제7조
해설 법규 : 에너지절약기준 제7조 5호
자연채광을 적극적으로 이용할 수 있도록 계획한다. 특히 학교의 교실, 문화 및 집회시설의 공용부분(복도, 화장실, 휴게실, 로비 등)은 1면 이상 자연채광이 가능하도록 한다.

22 | 설계용 실내온도 조건
25, 24, 23, 19, 18, 16

다음은 건축물의 에너지절약설계기준에 따른 설계용 실내온도 조건에 관한 설명이다. ㉠, ㉡에 알맞은 것은?

> 난방 및 냉방설비의 용량계산을 위한 설계기준 실내온도는 난방의 경우 (㉠), 냉방의 경우 (㉡)를 기준으로 하되(목욕장 및 수영장은 제외) 각 건축물 용도 및 개별 실의 특성에 따라 별표 8에서 제시된 범위를 참고하여 설비의 용량이 과대해지지 않도록 한다.

① ㉠ 20℃, ㉡ 25℃
② ㉠ 20℃, ㉡ 28℃
③ ㉠ 22℃, ㉡ 25℃
④ ㉠ 22℃, ㉡ 28℃

해설 관련 법규 : 에너지절약기준 제9조
해설 법규 : 에너지절약기준 제9조 1호
난방 및 냉방설비의 용량계산을 위한 설계기준 실내온도는 난방의 경우 20℃, 냉방의 경우 28℃를 기준으로 하되(목욕장 및 수영장은 제외) 각 건축물 용도 및 개별 실의 특성에 따라 냉·난방설비의 용량계산을 위한 실내 온·습도 기준에 제시된 범위를 참고하여 설비의 용량이 과대해지지 않도록 한다.

23 | 설계용 실내온도 조건
18

건축물의 에너지절약설계기준상 기계부문에 권장되는 냉방설비의 용량계산을 위한 설계기준 실내온도 기준은? (단, 목욕장 및 수영장은 제외한다.)

① 20℃
② 25℃
③ 28℃
④ 30℃

정답 19. ③ 20. ② 21. ④ 22. ② 23. ③

해설 관련 법규 : 에너지절약기준 제9조
해설 법규 : 에너지절약기준 제9조 1호
난방 및 냉방설비의 용량계산을 위한 설계기준 실내온도는 난방의 경우 20℃, 냉방의 경우 28℃를 기준으로 하되(목욕장 및 수영장은 제외) 각 건축물 용도 및 개별실의 특성에 따라 냉·난방설비의 용량계산을 위한 실내 온·습도 기준에 제시된 범위를 참고하여 설비의 용량이 과다해지지 않도록 한다.

24 | 설계용 외기조건
19, 14

다음은 건축물의 에너지절약설계기준에 따른 기계부문의 의무사항 중 설계용 외기조건에 관한 기준 내용이다. ( ) 안에 알맞은 것은?

> 난방 및 냉방설비의 용량계산을 위한 외기조건은 냉방기 및 난방기를 분리한 온도출현분포를 사용할 경우 각 지역별로 위험률 ( )로 한다.

① 1% ② 1.5%
③ 2% ④ 2.5%

해설 관련 법규 : 에너지절약기준 제8조
해설 법규 : 에너지절약기준 제8조 1호
난방 및 냉방설비의 용량 계산을 위한 외기조건은 각 지역별 위험률 2.5%(냉방기 및 난방기를 분리한 온도출현분포를 사용할 경우) 또는 1%(연간 총시간에 대한 온도출현분포를 사용할 경우)로 하거나, 냉·난방설비의 용량계산을 위한 설계 외기 온·습도 기준에서 정한 외기 온·습도를 사용한다.

25 | 기계부문의 권장사항
25, 23, 21

건축물의 에너지절약설계기준에 따른 기계부문의 권장사항 내용으로 옳지 않은 것은?

① 열원설비는 부분부하 및 전부하 운전효율이 좋은 것을 선정한다.
② 폐열회수를 위한 열회수설비를 설치할 때에는 중간기에 대비한 바이패스(by-pass)설비를 설치한다.
③ 난방기기, 냉방기기, 냉동기, 송풍기, 펌프 등은 부하조건에 따라 최고의 성능을 유지할 수 있도록 대수분할 또는 비례제어운전이 되도록 한다.
④ 기계환기설비를 사용하여야 하는 지하주차장의 환기용 팬은 대수제어 또는 풍량조절, 이산화탄소(CO_2)의 농도에 의한 자동(on-off)제어 등의 에너지절약적 제어방식을 도입한다.

해설 관련 법규 : 에너지절약기준 제9조
해설 법규 : 에너지절약기준 제9조 5호 나목
기계환기설비를 사용하여야 하는 지하주차장의 환기용 팬은 대수제어 또는 풍량조절(가변익, 가변속도), 일산화탄소(CO)의 농도에 의한 자동(on-off)제어 등의 에너지절약적 제어방식을 도입한다.

26 | 기계부문의 권장사항
22

건축물의 에너지절약설계기준에 따른 기계부문의 권장사항으로 옳지 않은 것은?

① 열원설비는 부분부하 및 전부하 운전효율이 좋은 것을 설정한다.
② 냉방설비의 용량계산을 위한 설계기준 실내온도는 28℃를 기준으로 한다.
③ 난방설비의 용량계산을 위한 설계기준 실내온도는 22℃를 기준으로 한다.
④ 위생설비 급탕용 저탕조의 설계온도는 55℃ 이하로 하고 필요한 경우에는 부스터히터 등으로 승온하여 사용한다.

해설 관련 법규 : 에너지절약기준 제9조
해설 법규 : 에너지절약기준 제9조 1호
난방 및 냉방설비의 용량계산을 위한 설계기준 실내온도는 난방의 경우 20℃, 냉방의 경우 28℃를 기준으로 하되(목욕장 및 수영장은 제외) 각 건축물 용도 및 개별 실의 특성에 따라 별표 8(냉·난방설비의 용량계산을 위한 실내 온·습도 기준)에서 제시된 범위를 참고하여 설비의 용량이 과다해지지 않도록 한다.

27 | 전기부문의 의무사항
19, 11

다음은 건축물 에너지절약기준에 따른 전기부문의 의무사항이다. ( ) 안에 알맞은 것은?

> 공동주택의 효율적인 조명에너지 관리를 위하여 세대별로 일괄적 소등이 가능한 일괄소등스위치를 설치하여야 한다. 다만, 전용면적 ( )m² 이하인 주택의 경우에는 그러하지 않을 수 있다.

① 40 ② 50
③ 60 ④ 80

해설 관련 법규 : 에너지절약기준 제10조
해설 법규 : 에너지절약기준 제10조 3호 라목
공동주택의 효율적인 조명에너지 관리를 위하여 세대별로 일괄적 소등이 가능한 일괄소등스위치를 설치하여야 한다. 다만, 전용면적 60m² 이하인 주택의 경우에는 그러하지 않을 수 있다.

정답 24.④ 25.④ 26.③ 27.③

28 | 에너지 성능지표 판정기준
10, 09, 07

에너지절약계획서 작성에 따른 에너지성능지표검토서의 적합판정기준으로 맞는 것은?

① 평점합계 60점 이상   ② 평점합계 65점 이상
③ 평점합계 70점 이상   ④ 평점합계 80점 이상

해설 관련 법규 : 에너지절약기준 제15조
해설 법규 : 에너지절약기준 제15조 ①항
에너지성능지표는 평점합계가 65점 이상일 경우 적합한 것으로 본다. 다만, 공공기관이 신축하는 건축물(별동으로 증축하는 건축물을 포함)은 74점 이상일 경우 적합한 것으로 본다.

29 | 녹색인증 유효기간
18

녹색건축 인증의 유효기간으로 옳은 것은?

① 녹색건축 인증서를 발급한 날부터 3년
② 녹색건축 인증서를 발급한 날부터 5년
③ 녹색건축 인증서를 발급한 날부터 10년
④ 녹색건축 인증서를 발급한 날부터 15년

해설 관련 법규 : 녹색인증규칙 제9조
해설 법규 : 녹색인증규칙 제9조 ③항
녹색건축 인증의 유효기간은 녹색건축 인증서를 발급한 날부터 10년으로 한다.

30 | 녹색건축 인증등급
17

녹색건축 인증등급의 구분에 속하지 않는 것은?

① 우수(그린 2등급)   ② 우량(그린 3등급)
③ 일반(그린 4등급)   ④ 보통(그린 5등급)

해설 관련 법규 : 녹색인증규칙 제8조
해설 법규 : 녹색인증규칙 제8조 ②항
녹색건축 인증등급은 최우수(그린 1등급), 우수(그린 2등급), 우량(그린 3등급) 및 일반(그린 4등급) 등으로 구분한다.

31 | 축냉식 전기냉방설비
20, 17, 14, 11, 09, 07

건축물의 냉방설비에 대한 설치 및 설계기준에 정의된 축냉식 전기냉방설비의 구분에 속하지 않는 것은?

① 빙축열식 냉방설비
② 수축열식 냉방설비
③ 잠열축열식 냉방설비
④ 지열식 냉방설비

해설 관련 법규 : 냉방설비기준 제3조
해설 법규 : 냉방설비기준 제3조 1호
"축냉식 전기냉방설비"라 함은 심야시간에 전기를 이용하여 축냉재(물, 얼음 또는 포접화합물과 공융염 등의 상변화물질)에 냉열을 저장하였다가 이를 심야시간 이외의 시간(그 밖의 시간)에 냉방에 이용하는 설비로서 이러한 냉열을 저장하는 설비(축열조)·냉동기·브라인펌프·냉각수펌프 또는 냉각탑 등의 부대설비(축열조 2차측 설비는 제외)를 포함하며, 빙축열식 냉방설비, 수축열식 냉방설비, 잠열축열식 냉방설비 등으로 구분한다.

32 | 건축물의 냉방설비
22

건축물의 냉방설비에 대한 설치 및 설계기준상 다음과 같이 정의되는 것은?

> 포접화합물(Clathrate)이나 공융염(Eutectic Salt) 등의 상변화물질을 심야시간에 냉각시켜 동결한 후 그 밖의 시간에 이를 녹여 냉방에 이용하는 냉방설비

① 빙축열식 냉방설비   ② 수축열식 냉방설비
③ 잠열축열식 냉방설비   ④ 현열축열식 냉방설비

해설 관련 법규 : 냉방설비기준 제3조
해설 법규 : 냉방설비기준 제3조 2, 3호
㉠ 빙축열식 냉방설비는 심야시간에 얼음을 제조하여 축열조에 저장하였다가 그 밖의 시간에 이를 녹여 냉방에 이용하는 냉방설비를 말한다.
㉡ 수축열식 냉방설비는 심야시간에 물을 냉각시켜 축열조에 저장하였다가 그 밖의 시간에 이를 냉방에 이용하는 냉방설비를 말한다.

33 | 빙축열식 냉방설비
23, 21, 13, 09

심야시간에 얼음을 제조하여 축열조에 저장하였다가 그 밖의 시간에 이를 녹여 냉방에 이용하는 냉방설비는?

① 부분축냉방식   ② 잠열축열식
③ 수축열식   ④ 빙축열식

해설 관련 법규 : 냉방설비기준 제3조
해설 법규 : 냉방설비기준 제3조
"부분축냉방식"이라 함은 그 밖의 시간에 필요한 냉방열량의 일부를 심야시간에 생산하여 축열조에 저장하였다가 이를 이용하는 냉방방식이고, "수축열식 냉방설비"라 함은 심야시간에 물을 냉각시켜 축열조에 저장하였다가 그 밖의 시간에 이를 냉방에 이용하는 냉방설비이며, "잠열축열식 냉방설비"라 함은 포접화합물(clathrate)이나 공융염(eutectic Salt) 등의 상변화물질을 심야시간에 냉각시켜 동결한 후 그 밖의 시간에 이를 녹여 냉방에 이용하는 냉방설비를 말한다.

정답 28. ② 29. ③ 30. ④ 31. ④ 32. ③ 33. ④

34 | 수축열식 냉방설비 | 24

심야시간에 물을 냉각시켜 축열조에 저장하였다가 그 밖의 시간(심야시간 이외의 시간)에 이를 냉방에 이용하는 냉방설비는?

① 부분축냉방식 냉방설비 ② 잠열축열식 냉방설비
③ 수축열식 냉방설비 ④ 빙축열식 냉방설비

해설 관련 법규 : 냉방설비기준 제3조
해설 법규 : 냉방설비기준 제3조 1호
부분축냉방식이라 함은 그 밖의 시간(심야시간 이외의 시간)에 필요한 냉방열량의 일부를 심야시간에 생산하여 축열조에 저장하였다가 이를 이용하는 냉방방식이고, **빙축열식 냉방설비**은 심야시간에 얼음을 제조하여 축열조에 저장하였다가 그 밖의 시간에 이를 녹여 냉방에 이용하는 냉방설비이다. **잠열축열식 냉방설비**라 함은 포접화합물(clathrate)이나 공융염(eutectic Salt) 등의 상변화물질을 심야시간에 냉각시켜 동결한 후 그 밖의 시간(심야시간 이외의 시간)에 이를 녹여 냉방에 이용하는 냉방설비를 말한다.

35 | 심야시간 | 12, 08

건축물의 냉방설비에 대한 설치 및 설계기준에 정의된 심야시간으로 알맞은 것은?

① 21:00부터 익일 07:00까지
② 22:00부터 익일 08:00까지
③ 23:00부터 익일 09:00까지
④ 24:00부터 익일 09:00까지

해설 관련 법규 : 냉방설비기준 제3조
해설 법규 : 냉방설비기준 제3조 5호
"**심야시간**"이라 함은 23:00부터 다음 날 09:00까지를 말한다. 다만, 한국전력공사에서 규정하는 심야시간이 변경될 경우는 그에 따라 상기 시간이 변경된다.

36 | 용어의 정의 | 11, 10

건축물의 냉방설비에 대한 설치 및 설계기준에 따른 용어의 정의가 옳지 않은 것은?

① 빙축열식 냉방설비라 함은 심야시간에 얼음을 제조하여 축열조에 저장하였다가 기타 시간에 이를 녹여 냉방에 이용하는 냉방설비를 말한다.
② 전체축냉방식이라 함은 기타 시간에 필요한 냉방열량의 전부를 심야시간에 생산하여 축열조에 저장하였다가 이를 이용한 냉방방식을 말한다.
③ 이용이 가능한 냉열량이라 함은 축열조에 저장된 냉열량 중에서 열손실 등을 차감하고 실제로 냉방에 이용할 수 있는 열량을 말한다.
④ 가스를 이용한 냉방방식이라 함은 가스(유류 제외)를 사용하는 압축식 냉동기 및 냉·온수기, 가스엔진구동 열펌프시스템을 말한다.

해설 관련 법규 : 냉방설비기준 제3조
해설 법규 : 냉방설비기준 제3조 10호
"**가스를 이용한 냉방방식**"이란 가스(유류 포함)를 사용하는 흡수식 냉동기 및 냉·온수기, 액화석유가스 또는 도시가스를 연료로 사용하는 가스엔진을 구동하여 증기압축의 냉동사이클의 압축기를 구동하는 히트펌프의 냉·난방기(가스히트펌프)를 말한다.

37 | 축냉식 전기냉방설비 | 21, 12, 10, 08

다음의 축냉식 전기냉방설비의 설계기준에 관한 설명 중 옳지 않은 것은?

① 축열조는 보온을 철저히 하여 열손실과 결로를 방지해야 하며, 맨홀 등 점검을 위한 부분은 해체와 조립이 용이하도록 하여야 한다.
② 자동제어설비는 축냉운전, 방냉운전 또는 냉동기와 축열조를 동시에 이용하여 냉방운전이 가능한 기능을 갖추어야 한다.
③ 부분축냉방식의 경우에는 냉동기가 축냉운전과 방냉운전 또는 냉동기와 축열조의 동시운전이 반복적으로 수행하는데 아무런 지장이 없어야 한다.
④ 열교환기는 시간당 최소 냉방열량을 처리할 수 있는 용량 이상으로 설치하여야 한다.

해설 관련 법규 : 냉방설비기준 제6조
해설 법규 : 냉방설비기준 제6조 ①항, (별표 1)
열교환기는 시간당 최대 냉방열량을 처리할 수 있는 용량 이상으로 설치하여야 한다.

38 | 축냉식 전기냉방설비 | 24②, 18

다음 중 축냉식 전기냉방설비의 설계기준 내용으로 옳지 않은 것은?

① 열교환기는 시간당 평균 냉방열량을 처리할 수 있는 용량 이하로 설치하여야 한다.
② 자동제어설비는 필요할 경우 수동조작이 가능하도록 하여야 하며 감시기능 등을 갖추어야 한다.
③ 축열조는 축냉 및 방냉운전을 반복적으로 수행하는데 적합한 재질의 축냉재를 사용하여야 한다.
④ 부분축냉방식의 경우에는 냉동기가 축냉운전과 방냉운전 또는 냉동기와 축열조의 동시운전이 반복적으로 수행하는 데 아무런 지장이 없어야 한다.

정답 34.③ 35.③ 36.④ 37.④ 38.①

해설 관련 법규 : 냉방설비기준 제6조
해설 법규 : 냉방설비기준 제6조 ①항, (별표 1)
열교환기는 시간당 최대 냉방열량을 처리할 수 있는 용량 이상으로 설치하여야 한다.

39 | 냉방설비의 설치 대상 및 규모
11, 08

연면적의 합계가 3,000m²인 업무시설에 중앙집중 냉방설비를 설치하는 경우 해당 건축물에 소요되는 주간 최대 냉방부하의 얼마 이상을 수용할 수 있는 용량의 축냉식 또는 가스를 이용한 중앙집중 냉방방식으로 설치하여야 하는가?

① 50%
② 60%
③ 70%
④ 80%

해설 관련 법규 : 냉방설비기준 제4조
해설 법규 : 냉방설비기준 제4조
다음에 해당하는 건축물에 중앙집중 냉방설비를 설치할 때에는 해당 건축물에 소요되는 주간 최대 냉방부하의 60% 이상을 심야전기를 이용한 축냉식, 가스를 이용한 냉방방식, 집단에너지사업허가를 받은 자로부터 공급되는 집단에너지를 이용한 지역냉방방식, 소형 열병합발전을 이용한 냉방방식, 신재생에너지를 이용한 냉방방식, 그 밖에 전기를 사용하지 아니한 냉방방식의 냉방설비로 수용하여야 한다. 다만, 도시철도법에 의해 설치하는 지하철역사 등 산업통상자원부장관이 필요하다고 인정하는 건축물은 그러하지 아니하다.
㉠ 판매시설, 교육연구시설 중 연구소, 업무시설로서 해당 용도에 사용되는 바닥면적의 합계가 3,000m² 이상인 건축물
㉡ 공동주택 중 기숙사, 의료시설, 수련시설 중 유스호스텔, 숙박시설로서 해당 용도에 사용되는 바닥면적의 합계가 2,000m² 이상인 건축물
㉢ 제1종 근린생활시설 중 목욕장, 운동시설 중 수영장(실내에 설치되는 것에 한정)으로서 해당 용도에 사용되는 바닥면적의 합계가 1,000m² 이상인 건축물
㉣ 문화 및 집회시설(동·식물원은 제외), 종교시설, 교육연구시설(연구소는 제외), 장례식장으로서 해당 용도에 사용되는 바닥면적의 합계가 10,000m² 이상인 건축물

② 제로에너지건축물 인증에 관한 규칙

01 | 인증평가 불가 건축물

제로에너지건축물 인증 적용대상에서 국토교통부장관과 산업통상자원부장관이 공동으로 고시하는 실내 냉방·난방 온도 설정조건으로 인증 평가가 불가능한 건축물 또는 이에 해당하는 공간이 전체 연면적의 어느 정도를 차지하는 건축물은 제외되는가?

① 50/100 미만
② 60/100 미만
③ 50/100 이상
④ 60/100 이상

해설 관련 법규 : 에너지인증규칙 제2조
해설 법규 : 에너지인증규칙 제2조
제로에너지건축물 인증 적용대상에서 국토교통부장관과 산업통상자원부장관이 공동으로 고시하는 실내 냉방·난방 온도 설정조건으로 인증 평가가 불가능한 건축물 또는 이에 해당하는 공간이 전체 연면적의 50/100 이상을 차지하는 건축물은 제외한다.

02 | 인증제 운영기관의 지정

국토교통부장관은 제로에너지건축물 인증제 운영기관을 지정하려는 경우 협의하여야 하는 대상으로 옳은 것은?

① 과학기술정보통신부장관
② 기획재정부장관
③ 국방부장관
④ 산업통상자원부장관

해설 관련 법규 : 에너지인증규칙 제3조
해설 법규 : 에너지인증규칙 제3조 ②항
국토교통부장관은 제로에너지건축물 인증제 운영기관을 지정하려는 경우 산업통상자원부장관과 협의하여야 한다.

03 | 인증제 운영기관의 업무

제로에너지건축물 인증제 운영기관의 업무에 속하지 않는 것은?

① 인증업무를 수행하는 인력의 교육, 관리 및 감독에 관한 업무
② 인증제의 운영과 관련하여 국토교통부장관 또는 기획재정부장관이 요청하는 업무
③ 인증관리시스템의 운영에 관한 업무
④ 제로에너지건축물 인증기관의 평가·사후관리 및 감독에 관한 업무

해설 관련 법규 : 에너지인증규칙 제3조
해설 법규 : 에너지인증규칙 제3조 ③항
운영기관은 제로에너지건축물 인증제에 관한 다음의 업무를 수행한다.
㉠ 인증업무를 수행하는 인력(인증업무인력)의 교육, 관리 및 감독에 관한 업무
㉡ 인증관리시스템의 운영에 관한 업무
㉢ 제로에너지건축물 인증기관의 평가·사후관리 및 감독에 관한 업무
㉣ 인증제의 홍보, 교육, 컨설팅, 조사·연구 및 개발 등에 관한 업무
㉤ 인증제의 개선 및 활성화를 위한 업무
㉥ 인증절차 및 기준 관리 등 제도 운영에 관한 업무
㉦ 인증 관련 통계 분석 및 활용에 관한 업무
㉧ 인증제의 운영과 관련하여 국토교통부장관 또는 산업통상자원부장관이 요청하는 업무
㉨ 그 밖에 인증제의 운영에 필요한 업무로서 국토교통부장관이 산업통상자원부장관과 협의하여 인정하는 업무

04 | 인증제 운영기관의 업무

제로에너지건축물 인증제 운영기관의 업무에 속하지 않는 것은?

① 인증제의 운영에 필요한 업무로서 국토교통부장관이 과학기술정보통신부장관과 협의하여 인정하는 업무
② 인증제의 홍보, 교육, 컨설팅, 조사·연구 및 개발 등에 관한 업무
③ 인증제의 개선 및 활성화를 위한 업무
④ 인증절차 및 기준 관리 등 제도 운영에 관한 업무

해설 관련 법규 : 에너지인증규칙 제3조
해설 법규 : 에너지인증규칙 제3조 ③항
운영기관은 제로에너지건축물 인증제에 관한 다음의 업무를 수행한다.
㉠ 인증업무를 수행하는 인력(인증업무인력)의 교육, 관리 및 감독에 관한 업무
㉡ 인증관리시스템의 운영에 관한 업무
㉢ 제로에너지건축물 인증기관의 평가·사후관리 및 감독에 관한 업무
㉣ 인증제의 홍보, 교육, 컨설팅, 조사·연구 및 개발 등에 관한 업무
㉤ 인증제의 개선 및 활성화를 위한 업무
㉥ 인증절차 및 기준 관리 등 제도 운영에 관한 업무
㉦ 인증 관련 통계 분석 및 활용에 관한 업무
㉧ 인증제의 운영과 관련하여 국토교통부장관 또는 산업통상자원부장관이 요청하는 업무
㉨ 그 밖에 인증제의 운영에 필요한 업무로서 국토교통부장관이 산업통상자원부장관과 협의하여 인정하는 업무

05 | 인증제 운영기관의 보고시기

제로에너지건축물 인증제 운영기관의 장이 운영기관의 사업내용 중 전년도 사업추진 실적과 그 해의 사업계획을 국토교통부장관과 산업통상자원부장관에게 각각 보고하여야 하는 시기로 옳은 것은?

① 매년 12월 31일까지 ② 매년 8월 31일까지
③ 매년 5월 31일까지   ④ 매년 1월 31일까지

해설 관련 법규 : 에너지인증규칙 제3조
해설 법규 : 에너지인증규칙 제3조 ④항
제로에너지건축물 인증제 운영기관의 장은 다음의 구분에 따른 시기까지 운영기관의 사업내용을 국토교통부장관과 산업통상자원부장관에게 각각 보고하여야 한다.
㉠ 전년도 사업추진 실적과 그 해의 사업계획
: 매년 1월 31일까지
㉡ 분기별 인증 현황
: 매 분기 말일을 기준으로 다음 달 15일까지

06 | 인증제 운영기관의 보고시기

제로에너지건축물 인증제 운영기관의 장이 운영기관의 사업내용 중 분기별 인증 현황을 국토교통부장관과 산업통상자원부장관에게 각각 보고하여야 하는 시기로 옳은 것은?

① 매 분기 말일을 기준으로 다음 달 10일까지
② 매 분기 말일을 기준으로 다음 달 15일까지
③ 매 분기 말일을 기준으로 다음 달 20일까지
④ 매 분기 말일을 기준으로 다음 달 25일까지

해설 관련 법규 : 에너지인증규칙 제3조
해설 법규 : 에너지인증규칙 제3조 ④항
제로에너지건축물 인증제 운영기관의 장은 다음의 구분에 따른 시기까지 운영기관의 사업내용을 국토교통부장관과 산업통상자원부장관에게 각각 보고하여야 한다.
㉠ 전년도 사업추진 실적과 그 해의 사업계획
: 매년 1월 31일까지
㉡ 분기별 인증 현황
: 매 분기 말일을 기준으로 다음 달 15일까지

07 | 인증제 운영기관의 신청공고

국토교통부장관이 제로에너지건축물 인증제 인증기관을 지정하려는 경우 산업통상자원부장관과 협의하여 지정 신청 기간을 정하고, 그 기간이 시작되는 날의 몇 개월 전까지 신청 기간 등 인증기관 지정에 관한 사항을 공고하여야 하는가?

① 3개월   ② 2개월
③ 1개월   ④ 0.5개월

정답 04.① 05.④ 06.② 07.①

해설 관련 법규 : 에너지인증규칙 제4조
해설 법규 : 에너지인증규칙 제4조 ①항
국토교통부장관은 제로에너지건축물 인증제 인증기관을 지정하려는 경우에는 산업통상자원부장관과 협의하여 지정 신청 기간을 정하고, 그 기간이 시작되는 날의 3개월 전까지 신청 기간 등 인증기관 지정에 관한 사항을 공고하여야 한다.

8 | 인증제 운영기관의 지정취소

인증기관으로 지정을 받으려는 자 중 인증기관 지정이 취소된 자인 경우에는 지정 신청 기간 종료일 전에 그 지정이 취소된 날부터 몇 년이 경과한 경우로 한정하는가?

① 3년
② 2년
③ 1년
④ 6개월

해설 관련 법규 : 에너지인증규칙 제4조
해설 법규 : 에너지인증규칙 제4조 ②항
인증기관으로 지정을 받으려는 자 중 인증기관 지정이 취소된 자인 경우에는 지정 신청 기간 종료일 전에 그 지정이 취소된 날부터 1년이 경과한 경우로 한정한다.

09 | 인증제 운영기관의 지정신청

인증기관으로 지정을 받으려는 자가 제로에너지건축물 인증기관 지정 신청서(전자문서로 된 신청서를 포함)에 첨부해서 국토교통부장관에게 제출해야 하는 서류에 속하지 않는 것은?

① 인증업무를 수행할 전담조직 및 업무수행체계에 관한 설명서
② 인증업무인력을 보유하고 있음을 증명하는 서류
③ 인증 결과 등의 보고에 관한 처리규정
④ 인증업무를 수행할 능력을 갖추고 있음을 증명하는 서류

해설 관련 법규 : 에너지인증규칙 제4조
해설 법규 : 에너지인증규칙 제4조 ②항
인증기관으로 지정을 받으려는 자(인증기관 지정이 취소된 자인 경우에는 지정 신청 기간 종료일 전에 그 지정이 취소된 날부터 1년이 경과한 경우로 한정)는 신청 기간에 제로에너지건축물 인증기관 지정 신청서(전자문서로 된 신청서를 포함)에 다음의 서류(전자문서를 포함)를 첨부해서 국토교통부장관에게 제출해야 한다.
㉠ 인증업무를 수행할 전담조직 및 업무수행체계에 관한 설명서
㉡ 인증업무인력을 보유하고 있음을 증명하는 서류
㉢ 인증기관의 인증업무 처리규정
㉣ 인증업무를 수행할 능력을 갖추고 있음을 증명하는 서류

10 | 인증업무인력의 수

인증기관은 인증에 관한 상근(常勤) 인증업무인력을 몇 명 이상 보유하여야 하는가?

① 10명
② 8명
③ 6명
④ 5명

해설 관련 법규 : 에너지인증규칙 제4조
해설 법규 : 에너지인증규칙 제4조 ④항
인증기관은 다음의 어느 하나에 해당하는 인증에 관한 상근 인증업무인력을 8명 이상 보유하여야 한다.
㉠ 「녹색건축물 조성 지원법 시행규칙」에 따라 실무교육을 받은 건축물에너지평가사
㉡ 건축사 자격을 취득한 후 3년 이상 해당 업무를 수행한 사람
㉢ 건축, 설비, 에너지 분야(해당 전문분야)의 기술사 자격을 취득한 후 3년 이상 해당 업무를 수행한 사람
㉣ 해당 전문분야의 기사 자격을 취득한 후 5년 이상 해당 업무를 수행한 사람
㉤ 해당 전문분야의 박사학위를 취득한 후 3년 이상 해당 업무를 수행한 사람
㉥ 해당 전문분야의 석사학위를 취득한 후 5년 이상 해당 업무를 수행한 사람
㉦ 해당 전문분야의 학사학위를 취득한 후 7년 이상 해당 업무를 수행한 사람
㉧ 해당 전문분야에서 10년 이상 해당 업무를 수행한 사람

11 | 인증업무 상근 인력

인증기관의 인증에 관한 상근(常勤) 인증업무인력에 속하지 않는 자는?

① 「녹색건축물 조성 지원법 시행규칙」에 따라 실무교육을 받은 건축물에너지평가사
② 건축사 자격을 취득한 후 3년 이상 해당 업무를 수행한 사람
③ 건축, 설비, 에너지 분야(해당 전문분야)의 기술사 자격을 취득한 후 3년 이상 해당 업무를 수행한 사람
④ 해당 전문분야의 기사 자격을 취득한 후 7년 이상 해당 업무를 수행한 사람

해설 관련 법규 : 에너지인증규칙 제4조
해설 법규 : 에너지인증규칙 제4조 ④항
인증기관에 인증에 관한 상근(常勤) 인증업무인력은 해당 전문분야의 기사 자격을 취득한 후 5년 이상 해당 업무를 수행한 사람이다.

12 | 인증업무 상근 인력

인증기관의 인증에 관한 상근(常勤) 인증업무인력에 속하지 않는 자는?

① 해당 전문분야의 박사학위를 취득한 후 2년 이상 해당 업무를 수행한 사람
② 해당 전문분야의 석사학위를 취득한 후 5년 이상 해당 업무를 수행한 사람
③ 해당 전문분야의 학사학위를 취득한 후 7년 이상 해당 업무를 수행한 사람
④ 해당 전문분야에서 10년 이상 해당 업무를 수행한 사람

해설 관련 법규 : 에너지인증규칙 제4조
해설 법규 : 에너지인증규칙 제4조 ④항
인증기관에 인증에 관한 상근(常勤) 인증업무인력은 해당 전문분야의 박사학위를 취득한 후 3년 이상 해당 업무를 수행한 사람이다.

13 | 인증업무 처리규정

인증업무 처리규정에 포함되어야 할 사항에 속하지 않는 것은?

① 인증 평가의 절차 및 방법에 관한 사항
② 인증 결과의 통보 및 재평가에 관한 사항
③ 인증 원인 등의 보고에 관한 사항
④ 인증을 받은 건축물의 인증 취소에 관한 사항

해설 관련 법규 : 에너지인증규칙 제4조
해설 법규 : 에너지인증규칙 제4조 ⑤항
인증업무 처리규정에는 다음의 사항이 포함되어야 한다.
㉠ 인증 평가의 절차 및 방법에 관한 사항
㉡ 인증 결과의 통보 및 재평가에 관한 사항
㉢ 인증을 받은 건축물의 인증 취소에 관한 사항
㉣ 인증 결과 등의 보고에 관한 사항
㉤ 인증 수수료 납부방법 및 납부기간에 관한 사항
㉥ 인증 결과의 검증방법에 관한 사항
㉦ 그 밖에 인증업무 수행에 필요한 사항

14 | 인증기관의 업무범위

인증기관의 업무범위에 속하지 않는 것은?

① 인증업무 처리규정의 관리 업무
② 인증 신청의 접수, 인증 평가 및 인증 등급의 결정, 인증서의 발급 및 인증의 취소 등 인증 전반에 관한 업무
③ 인증제의 홍보 업무
④ 비상근 인증업무인력의 교육 및 관리 업무

해설 관련 법규 : 에너지인증규칙 제4조의2
해설 법규 : 에너지인증규칙 제4조의2
인증기관은 업무범위는 다음과 같다.
㉠ 상근 인증업무인력의 교육 및 관리 업무
㉡ 인증업무 처리규정의 관리 업무
㉢ 인증 신청의 접수, 인증 평가 및 인증 등급의 결정, 인증서의 발급 및 인증의 취소 등 인증 전반에 관한 업무
㉣ 인증제의 홍보 업무
㉤ 인증결과에 대한 품질관리 및 인증 관련 장비의 관리와 기능 유지 업무
㉥ 인증업무의 수행과 관련하여 운영기관의 장이 요청하는 업무

15 | 인증기관의 유효기간

인증기관 지정의 유효기간은 인증기관 지정서를 발급한 날부터 몇 년으로 하는가?

① 7년   ② 5년
③ 3년   ④ 1년

해설 관련 법규 : 에너지인증규칙 제5조
해설 법규 : 에너지인증규칙 제5조 ②항
인증기관 지정의 유효기간은 인증기관 지정서를 발급한 날부터 5년으로 한다.

16 | 인증기관의 갱신

국토교통부장관은 산업통상자원부장관과의 협의 후 제로에너지건축물 인증운영위원회의 심의를 거쳐 지정의 유효기간이 만료되는 날부터 몇 년의 범위에서 갱신할 수 있는가?

① 5년   ② 3년
③ 2년   ④ 1년

해설 관련 법규 : 에너지인증규칙 제5조
해설 법규 : 에너지인증규칙 제5조 ③항
국토교통부장관은 산업통상자원부장관과의 협의 후 제로에너지건축물 인증운영위원회의 심의를 거쳐 지정의 유효기간이 만료되는 날부터 5년의 범위에서 갱신할 수 있다.

17 | 인증기관의 변경

인증기관 지정서를 발급받은 인증기관의 장은 기관명 및 기관의 대표자, 건축물의 소재지, 상근 인증업무인력 중 어느 하나에 해당하는 사항이 변경되었을 때에는 그 변경된 날부터 며칠 이내에 변경된 내용을 증명하는 서류를 해당 인증제 운영기관의 장에게 제출하거나 인증관리시스템에 변경된 내용을 입력하여야 하는가?

① 30일   ② 25일
③ 20일   ④ 15일

정답 12. ① 13. ③ 14. ④ 15. ② 16. ① 17. ①

해설 관련 법규 : 에너지인증규칙 제5조
해설 법규 : 에너지인증규칙 제5조 ④항
인증기관 지정서를 발급받은 인증기관의 장은 다음의 어느 하나에 해당하는 사항이 변경되었을 때에는 그 변경된 날부터 30일 이내에 변경된 내용을 증명하는 서류를 해당 인증제 운영기관의 장에게 제출하거나 인증관리시스템에 변경된 내용을 입력해야 한다.
㉠ 기관명 및 기관의 대표자
㉡ 건축물의 소재지
㉢ 상근 인증업무인력

18 | 인증기관의 변경

인증기관 지정서를 발급받은 인증기관의 장은 해당하는 사항이 변경되었을 때에는 그 변경된 날부터 30일 이내에 변경된 내용을 증명하는 서류를 해당 인증제 운영기관의 장에게 제출하거나 인증관리시스템에 변경된 내용을 입력해야 한다. 밑줄 친 부분에 해당하는 사항으로 옳지 않은 것은?

① 기관명 및 기관의 대표자
② 건축물의 소재지
③ 종업원의 수
④ 상근 인증업무인력

해설 관련 법규 : 에너지인증규칙 제5조
해설 법규 : 에너지인증규칙 제5조 ④항
인증기관 지정서를 발급받은 인증기관의 장은 기관명 및 기관의 대표자, 건축물의 소재지, 상근 인증업무인력 중 어느 하나에 해당하는 사항이 변경되었을 때에는 그 변경된 날부터 30일 이내에 변경된 내용을 증명하는 서류를 해당 인증제 운영기관의 장에게 제출하거나 인증관리시스템에 변경된 내용을 입력해야 한다.

19 | 운영기관의 서류확인

운영기관의 장이 제출받은 서류가 사실과 부합하는지를 확인하여 이상이 있을 경우 그 내용을 보고하여야 할 대상으로 옳은 것은?

㉠ 국토교통부장관
㉡ 기획재정부장관
㉢ 산업통상자원부장관
㉣ 국방부장관

① ㉠, ㉡, ㉢
② ㉠, ㉢
③ ㉡, ㉣
④ ㉠, ㉣

해설 관련 법규 : 에너지인증규칙 제5조
해설 법규 : 에너지인증규칙 제5조 ⑤항
운영기관의 장은 제출받은 서류가 사실과 부합하는지를 확인하여 이상이 있을 경우 그 내용을 국토교통부장관과 산업통상자원부장관에게 각각 보고하여야 한다.

20 | 인증등급의 완화

제로에너지건축물 인증등급을 완화하여 적용할 수 있는 건축물에 속하지 않는 것은?

① 지하에 건축되는 건축물
② 「신에너지 및 재생에너지 개발 이용보급 촉진법 시행령」에 따라 산업통상자원부장관이 정하여 고시하는 건축물
③ 그 밖에 건축 목적, 기능, 설계조건 또는 시공 여건상의 특수성으로 인해 해당 인증등급을 받는 것이 불합리하다고 인정되는 건축물로서 국토교통부장관과 산업통상자원부장관이 정하여 공동으로 고시하는 건축물
④ 고가 도로에 건축하는 건축물

해설 관련 법규 : 에너지인증규칙 제5조의3
해설 법규 : 에너지인증규칙 제5조의3 ①항
제로에너지건축물 인증등급을 완화하여 적용할 수 있는 건축물은 다음과 같다.
㉠ 지하에 건축되는 건축물
㉡ 「신에너지 및 재생에너지 개발 이용보급 촉진법 시행령」에 따라 산업통상자원부장관이 정하여 고시하는 건축물
㉢ 그 밖에 건축 목적, 기능, 설계조건 또는 시공 여건상의 특수성으로 인해 해당 인증등급을 받는 것이 불합리하다고 인정되는 건축물로서 국토교통부장관과 산업통상자원부장관이 정하여 공동으로 고시하는 건축물

21 | 인증등급의 완화

다음 중 밑줄 친 신청 또는 신고에 해당하지 않는 것은?

인증등급의 완화 적용을 받으려는 자는 다음의 신청 또는 신고를 하기 전에 운영기관의 장이 정하는 바에 따라 운영기관의 장에게 제로에너지건축물 인증등급의 완화 적용을 신청해야 한다.

① 건축허가의 신청
② 건축신고
③ 용도변경
④ 건축협의의 신청

해설 관련 법규 : 에너지인증규칙 제5조의3
해설 법규 : 에너지인증규칙 제5조의3 ②항
인증등급의 완화 적용을 받으려는 자는 다음의 신청 또는 신고를 하기 전에 운영기관의 장이 정하는 바에 따라 운영기관의 장에게 제로에너지건축물 인증등급의 완화 적용을 신청해야 한다.
㉠ 건축허가의 신청
㉡ 건축신고
㉢ 건축협의의 신청
㉣ ㉠~㉢에 따른 허가, 신고 또는 협의가 의제되는 다른 법률에 따른 허가·인가·승인 등의 신청 또는 신고

22 | 인증위원회의 심의 결과

제로에너지건축물 인증운영위원회는 그 요청을 받은 날부터 며칠 이내에 심의 결과를 운영기관의 장에게 통보해야 하는가?

① 60일
② 50일
③ 40일
④ 30일

해설 관련 법규 : 에너지인증규칙 제5조의3
해설 법규 : 에너지인증규칙 제5조의3 ③항
운영기관의 장은 신청을 받은 경우에는 지체 없이 제로에너지건축물 인증운영위원회에 제로에너지건축물 인증등급의 완화 적용 여부에 관한 심의를 요청해야 한다. 이 경우 제로에너지건축물 인증운영위원회는 그 요청을 받은 날부터 50일 이내에 심의 결과를 운영기관의 장에게 통보해야 한다.

23 | 인증 신청 가능자

인증을 신청할 수 있는 건축주 등에 해당되지 않는 사람은?

① 건축주
② 건축물 설계자
③ 건축물 소유자
④ 사업주체 또는 시공자(건축주나 건축물 소유자가 인증 신청에 동의하는 경우에만 해당)

해설 관련 법규 : 에너지인증규칙 제6조
해설 법규 : 에너지인증규칙 제6조 ②항
다음의 어느 하나에 해당하는 자(건축주 등)는 인증을 신청할 수 있다.
㉠ 건축주
㉡ 건축물 소유자
㉢ 사업주체 또는 시공자(건축주나 건축물 소유자가 인증 신청에 동의하는 경우에만 해당한다)

24 | 인증기관의 제출 서류

인증을 신청하려는 건축주 등은 인증관리시스템을 통해 제로에너지건축물 인증 신청서에 서류를 첨부하여 인증기관의 장에게 제출해야 한다. 첨부서류에 속하지 않는 것은?

① 종업원의 수
② 공사가 완료되어 이를 반영한 건축·기계·전기·신에너지 및 재생에너지(「신에너지 및 재생에너지 개발·이용·보급 촉진법」에 따른 신에너지 및 재생에너지) 관련 최종 설계도면
③ 건축물 부위별 성능내역서
④ 건물 전개도

해설 관련 법규 : 에너지인증규칙 제6조
해설 법규 : 에너지인증규칙 제6조 ③항
인증을 신청하려는 건축주 등은 인증관리시스템을 통해 제로에너지건축물 인증 신청서에 다음의 서류를 첨부하여 인증기관의 장에게 제출해야 한다. 다만, 국가안보상 중요하거나 국가기밀에 속하는 건축물을 건축하는 경우에 따른 건축물의 경우에는 인증관리시스템을 활용하지 않을 수 있다.
㉠ 공사가 완료되어 이를 반영한 건축·기계·전기·신에너지 및 재생에너지(「신에너지 및 재생에너지 개발·이용·보급 촉진법」에 따른 신에너지 및 재생에너지) 관련 최종 설계도면
㉡ 건축물 부위별 성능내역서
㉢ 건물 전개도
㉣ 장비용량 계산서
㉤ 소냉빌노 계산서
㉥ 관련 자재·기기·설비 등의 성능을 증명할 수 있는 서류
㉦ 설계변경 확인서 및 설명서
㉧ 건축물에너지관리시스템의 설치를 확인할 수 있는 서류
㉨ 제로에너지건축물 예비인증서 사본(예비인증을 받은 경우만 해당)
㉩ ㉠~㉨의 서류 외에 제로에너지건축물 인증 평가를 위해 운영기관의 장이 필요하다고 인정하여 공고하는 서류

25 | 인증관리시스템의 활용

인증관리시스템을 활용하지 않을 수 있는 경우로 옳은 것은?

① 지하에 건축되는 건축물
② 「신에너지 및 재생에너지 개발 이용보급 촉진법 시행령」에 따라 산업통상자원부장관이 정하여 고시하는 건축물
③ 그 밖에 건축 목적, 기능, 설계조건 또는 시공 여건상의 특수성으로 인해 해당 인증등급을 받는 것이 불합리하다고 인정되는 건축물로서 국토교통부장관과 산업통상자원부장관이 정하여 공동으로 고시하는 건축물
④ 국가안보상 중요하거나 국가기밀에 속하는 건축물을 건축하는 경우

정답 22. ② 23. ② 24. ① 25. ④

해설 관련 법규 : 에너지인증규칙 제6조
해설 법규 : 에너지인증규칙 제6조 ③항
건축법 시행령 제22조 ①항 단서 규정(국가안보상 중요하거나 국가기밀에 속하는 건축물을 건축하는 경우)에 따른 건축물의 경우에는 인증관리시스템을 활용하지 않을 수 있다.
①, ②, ③은 제로에너지건축물 인증등급을 완화하여 적용할 수 있는 건축물이다.

26 | 인증서류의 날인

인증을 신청하려는 건축주 등은 인증관리시스템을 통해 제로에너지건축물 인증 신청서에 서류를 첨부하여 인증기관의 장에게 제출해야 한다. 서류에 원칙적으로 날인을 하여야 하는 사람은?

㉠ 설계자
㉡ 감리자
㉢ 관계전문기술자
㉣ 건축주

① ㉠, ㉡, ㉢
② ㉠, ㉢
③ ㉡, ㉣
④ ㉠, ㉣

해설 관련 법규 : 에너지인증규칙 제6조
해설 법규 : 에너지인증규칙 제6조 ④항
인증을 신청하려는 건축주 등은 신청서에 첨부하여 제출하는 서류(예비인증서 사본은 제외)에는 설계자 및 「건축물의 설비기준 등에 관한 규칙」에 따른 관계전문기술자가 날인을 하여야 한다. 다만, 다음의 어느 하나에 해당하는 경우에는 그 사유서를 첨부하여 「건축법」에 따른 감리자 또는 건축주의 날인으로 설계자 또는 관계전문기술자의 날인을 대체할 수 있으며, ㉡의 경우 인증기관의 장은 변경내용을 따른 허가권자에게 통보하여야 한다.
㉠ 「건축물의 설비기준 등에 관한 규칙」에 따라 관계전문기술자의 협력을 받아야 하는 건축물에 해당하지 아니하는 경우
㉡ 첨부서류의 내용이 사용승인(건축주가 허가를 받았거나 신고를 한 건축물의 건축공사를 완료[하나의 대지에 둘 이상의 건축물을 건축하는 경우 동(棟)별 공사를 완료한 경우를 포함한다]한 후 그 건축물을 사용하려면 공사감리자가 작성한 감리완료보고서(공사감리자를 지정한 경우만 해당)와 국토교통부령으로 정하는 공사완료도서를 첨부하여 허가권자에게 사용승인을 신청하여야 한다.) 후 변경된 경우
㉢ ㉠ 및 ㉡ 외에 설계자 또는 관계전문기술자의 날인이 불가능한 사유가 있는 경우

27 | 인증서류의 날인

인증기관의 장이 변경내용을 허가권자에게 통보하여야 하는 경우로서 첨부 서류에 누구의 날인을 받아야 하는지를 모두 고른 것은?

첨부서류의 내용이 사용승인(건축주가 허가를 받았거나 신고를 한 건축물의 건축공사를 완료[하나의 대지에 둘 이상의 건축물을 건축하는 경우 동(棟)별 공사를 완료한 경우를 포함]한 후 그 건축물을 사용하려면 공사감리자가 작성한 감리완료보고서(공사감리자를 지정한 경우만 해당)와 국토교통부령으로 정하는 공사완료도서를 첨부하여 허가권자에게 사용승인을 신청하여야 한다.) 후 변경된 경우

㉠ 설계자
㉡ 감리자
㉢ 관계전문기술자
㉣ 건축주

① ㉠, ㉡, ㉢
② ㉠, ㉢
③ ㉡, ㉣
④ ㉠, ㉣

해설 관련 법규 : 에너지인증규칙 제6조
해설 법규 : 에너지인증규칙 제6조 ④항
인증을 신청하려는 건축주 등은 신청서에 첨부하여 제출하는 서류(예비인증서 사본은 제외)에는 설계자 및 「건축물의 설비기준 등에 관한 규칙」에 따른 관계전문기술자가 날인을 하여야 한다. 다만, 다음의 어느 하나에 해당하는 경우에는 그 사유서를 첨부하여 「건축법」에 따른 감리자 또는 건축주의 날인으로 설계자 또는 관계전문기술자의 날인을 대체할 수 있으며, ㉡의 경우 인증기관의 장은 변경내용을 따른 허가권자에게 통보하여야 한다.
㉠ 「건축물의 설비기준 등에 관한 규칙」에 따라 관계전문기술자의 협력을 받아야 하는 건축물에 해당하지 아니하는 경우
㉡ 첨부서류의 내용이 사용승인(건축주가 허가를 받았거나 신고를 한 건축물의 건축공사를 완료[하나의 대지에 둘 이상의 건축물을 건축하는 경우 동(棟)별 공사를 완료한 경우를 포함한다]한 후 그 건축물을 사용하려면 공사감리자가 작성한 감리완료보고서(공사감리자를 지정한 경우만 해당)와 국토교통부령으로 정하는 공사완료도서를 첨부하여 허가권자에게 사용승인을 신청하여야 한다.)후 변경된 경우
㉢ ㉠ 및 ㉡ 외에 설계자 또는 관계전문기술자의 날인이 불가능한 사유가 있는 경우

28 | 인증의 처리 및 연장기간

인증기관의 장은 인증을 신청하려는 건축주 등으로부터 신청을 받은 날부터 며칠 이내에 인증을 처리해야 하는가? (단, 단독주택 및 공동주택의 경우는 제외)

① 60일
② 50일
③ 40일
④ 30일

해설 관련 법규 : 에너지인증규칙 제6조
해설 법규 : 에너지인증규칙 제6조 ⑤항
인증기관의 장은 인증을 신청하려는 건축주 등으로부터 신청을 받은 날부터 60일(단독주택 및 공동주택의 경우에는 50일) 이내에 인증을 처리해야 한다.

29 | 인증의 처리 및 연장기간

인증기관의 장은 인증을 신청하려는 건축주 등으로부터 신청을 받은 날부터 며칠 이내에 인증을 처리해야 하는가? (단, 단독주택 및 공동주택의 경우에 한함)

① 60일 ② 50일
③ 40일 ④ 30일

해설 관련 법규 : 에너지인증규칙 제6조
해설 법규 : 에너지인증규칙 제6조 ⑤항
인증기관의 장은 인증을 신청하려는 건축주등으로부터 신청을 받은 날부터 60일(단독주택 및 공동주택의 경우에는 50일) 이내에 인증을 처리해야 한다.

30 | 인증의 처리 및 연장기간

인증기관의 장은 인증 처리 기간 내에 부득이한 사유로 인증을 처리할 수 없는 경우에는 건축주 등에게 그 사유를 통보하고 며칠의 범위에서 인증 평가 기간을 한 차례만 연장할 수 있는가?

① 20일 ② 30일
③ 40일 ④ 50일

해설 관련 법규 : 에너지인증규칙 제6조
해설 법규 : 에너지인증규칙 제6조 ⑥항
인증기관의 장은 인증 처리 기간 내에 부득이한 사유로 인증을 처리할 수 없는 경우에는 건축주 등에게 그 사유를 통보하고 20일의 범위에서 인증 평가 기간을 한 차례만 연장할 수 있다.

31 | 인증의 처리 및 연장기간

인증기관의 장은 인증을 신청하려는 건축주 등으로부터 신청을 받은 날부터 최대한 며칠 이내에 인증을 처리해야 한다. (단, 단독주택 및 공동주택의 경우는 제외)

① 30일
② 50일
③ 60일
④ 80일

해설 관련 법규 : 에너지인증규칙 제6조
해설 법규 : 에너지인증규칙 제6조 ⑥항
㉠ 인증기관의 장은 인증을 신청하려는 건축주 등으로부터 신청을 받은 날부터 60일(단독주택 및 공동주택의 경우에는 50일) 이내에 인증을 처리해야 한다.
㉡ 인증기관의 장은 인증 처리 기간 내에 부득이한 사유로 인증을 처리할 수 없는 경우에는 건축주 등에게 그 사유를 통보하고 20일의 범위에서 인증 평가 기간을 한 차례만 연장할 수 있다.
인증 처리 기간=원칙적 처리기간+부득이한 경우 연장기간=60일+20일=80일이다.

32 | 인증의 처리 및 연장기간

인증기관의 장은 인증을 신청하려는 건축주 등으로부터 신청을 받은 날부터 최대한 며칠 이내에 인증을 처리해야 한다. (단, 단독주택 및 공동주택에 한함)

① 30일 ② 50일
③ 60일 ④ 70일

해설 관련 법규 : 에너지인증규칙 제6조
해설 법규 : 에너지인증규칙 제6조 ⑥항
㉠ 인증기관의 장은 인증을 신청하려는 건축주 등으로부터 신청을 받은 날부터 60일(「건축법 시행령」에 따른 단독주택 및 공동주택의 경우에는 50일) 이내에 인증을 처리해야 한다.
㉡ 인증기관의 장은 인증 처리 기간 내에 부득이한 사유로 인증을 처리할 수 없는 경우에는 건축주 등에게 그 사유를 통보하고 20일의 범위에서 인증 평가 기간을 한 차례만 연장할 수 있다.
인증 처리 기간=원칙적 처리기간+부득이한 경우 연장기간=50일+20일=70일이다.

33 | 재인증의 신청

인증을 받은 건축물의 소유자는 필요한 경우 유효기간이 만료되기 며칠 전까지 같은 건축물에 대하여 재인증을 신청할 수 있는가?

① 90일 ② 70일
③ 50일 ④ 30일

해설 관련 법규 : 에너지인증규칙 제6조
해설 법규 : 에너지인증규칙 제6조 ⑨항
인증을 받은 건축물의 소유자는 필요한 경우 유효기간이 만료되기 90일 전까지 같은 건축물에 대하여 재인증을 신청할 수 있다. 이 경우 평가 절차 등 필요한 사항은 국토교통부장관과 산업통상자원부장관이 정하여 공동으로 고시한다.

34 | 에너지효율 개선방안

인증기관의 장은 사용승인 또는 사용검사를 받은 날부터 몇 년이 지난 건축물에 대해서 인증을 하려는 경우 건축주 등에게 건축물 에너지효율 개선방안을 제공하여야 하는가?

① 5년
② 2년
③ 4년
④ 3년

해설 관련 법규 : 에너지인증규칙 제7조
해설 법규 : 에너지인증규칙 제7조 ③항
인증기관의 장은 사용승인 또는 사용검사를 받은 날부터 3년이 지난 건축물에 대해서 인증을 하려는 경우에는 건축주 등에게 건축물 에너지효율 개선방안을 제공하여야 한다.

35 | 인증 시 평가사항

인증 시 평가해야 할 사항으로 옳지 않은 것은?

① 난방, 냉방, 급탕(給湯), 조명 및 환기 등에 대한 1차 에너지 소요량
② 난방, 냉방, 급탕(給湯), 조명 및 환기 등에 대한 2차 에너지 소요량
③ 신에너지 및 재생에너지를 활용한 에너지 자립률
④ 건축물에너지관리시스템 설치 여부

해설 관련 법규 : 에너지인증규칙 제8조
해설 법규 : 에너지인증규칙 제8조
인증은 다음에 따른 사항을 기준으로 평가해야 한다.
㉠ 난방, 냉방, 급탕(給湯), 조명 및 환기 등에 대한 1차 에너지 소요량
㉡ 신에너지 및 재생에너지를 활용한 에너지 자립률
㉢ 건축물에너지관리시스템 설치 여부

36 | 에너지 자립률

다음 중 ZEB 등급의 +등급의 에너지 자립률로 옳은 것은?

① 120%
② 100%
③ 80%
④ 60%

해설 관련 법규 : 에너지인증규칙 제8조, 인증기준 제4조, (별표 2)
해설 법규 : 인증기준 제4조, (별표 2)

제로에너지 건축물 인증등급

ZEB 등급	등급산정 기준	+ 등급	1 등급	2 등급	3 등급	4 등급	5 등급
제1호	에너지 자립률(%)	120 이상	100 이상	80 이상	60 이상	40 이상	20 이상
제2호	주거용 (kWh/m²·년)	-10 미만	10 미만	30 미만	50 미만	70 미만	90 미만
제2호	비주거용 (kWh/m²·년)	-70 미만	-30 미만	10 미만	50 미만	90 미만	130 미만
제3호	건축물 에너지관리 시스템	설치여부 확인					

㉠ 제로에너지건축물 인증등급을 취득하기 위해서는 제1호 또는 제2호와 제3호를 만족하여야 한다.
㉡ 제1호 또는 제2호 중 높은 등급산정 기준을 ZEB 인증등급으로 한다.
㉢ 제1호에 등급산정 기준은 에너지자립률을 말한다.
㉣ 제2호에 등급산정 기준은 연간 단위면적당 1차 에너지소요량을 말한다.
㉤ 제2호에서 주거용이란 「건축법 시행령」중 단독주택 및 공동주택(기숙사 제외)을 말하며, 비주거용이란 주거용을 제외한 모든 건축물을 말한다.
㉥ 제3호는 건축물에너지관리시스템을 말한다.
에너지 자립률은 1등급 올라갈 때마다 120에서 -20씩이 된다.

37 | ZEB 등급

다음 중 ZEB 등급의 +등급의 주거용 건축물의 연간 단위면적당 1차 에너지소요량(kWh/m²·년)으로 옳은 것은?

① +50 미만
② +30 미만
③ +10 미만
④ -10 미만

해설 관련 법규 : 에너지인증규칙 제8조, 인증기준 제4조, (별표 2)
해설 법규 : 인증기준 제4조, (별표 2)
ZEB 등급의 +등급의 주거용 건축물의 연간 단위면적당 1차 에너지소요량은 -10kWh/m²·년 미만이다. 또한 1등급이 올라갈 때마다 -10에서 +20씩이 된다.

38 | ZEB 등급

다음 중 ZEB 등급의 +등급의 비주거용 건축물의 연간 단위면적당 1차 에너지소요량(kWh/m²·년)으로 옳은 것은?

① -90 미만
② -70 미만
③ -50 미만
④ -30 미만

해설 관련 법규 : 에너지인증규칙 제8조, 인증기준 제4조, (별표 2)
해설 법규 : 인증기준 제4조, (별표 2)
ZEB 등급의 +등급의 비주거용 건축물의 연간 단위면적당 1차 에너지소요량은 -70kWh/m²·년 미만이다. 또한 1등급이 올라갈 때마다 -70에서 +40씩이 된다.

정답 34.④ 35.② 36.① 37.④ 38.②

39 | 제로에너지 건축물 인증

제로에너지 건축물 인증에 대한 설명 중 옳지 않은 것은?

① 인증의 유효기간은 인증을 받은 날부터 20년으로 한다.
② 건축주 등은 인증명판이 필요하면 제작하여 활용할 수 있다.
③ 인증기관의 장은 인증서를 발급하였을 때에는 인증 대상, 인증 날짜, 인증 등급을 포함한 인증 결과를 운영기관의 장에게 제출하여야 한다.
④ 운영기관의 장은 에너지성능이 높은 건축물의 보급을 확대하기 위하여 인증평가 관련 정보를 분석하여 통계적으로 활용할 수 있으며, 인증 관련 정보를 공개할 수 있다.

해설 관련 법규 : 에너지인증규칙 제9조
해설 법규 : 에너지인증규칙 제9조 ③항
인증서 발급 및 인증의 유효기간 등
㉠ 인증기관의 장은 평가가 완료되어 인증을 할 때에는 인증서를 건축주 등에게 발급하고, 인증 평가서 등 평가 관련 서류와 함께 인증관리시스템에 인증 사실을 등록하여야 한다.
㉡ 건축주 등은 인증명판이 필요하면 제작하여 활용할 수 있다.
㉢ 인증의 유효기간은 인증을 받은 날부터 10년으로 한다.
㉣ 인증기관의 장은 인증서를 발급하였을 때에는 인증 대상, 인증 날짜, 인증 등급을 포함한 인증 결과를 운영기관의 장에게 제출하여야 한다.
㉤ 운영기관의 장은 에너지성능이 높은 건축물의 보급을 확대하기 위하여 인증평가 관련 정보를 분석하여 통계적으로 활용할 수 있으며, 법에 따른 방법으로 인증 관련 정보를 공개할 수 있다.

40 | 인증의 유효기간

제로에너지 건축물 인증의 유효기간은 인증을 받은 날부터 몇 년인가?

① 3년
② 7년
③ 10년
④ 20년

해설 관련 법규 : 에너지인증규칙 제9조
해설 법규 : 에너지인증규칙 제9조 ③항
인증의 유효기간은 인증을 받은 날부터 10년으로 한다.

41 | 인증 결과의 내용

인증기관의 장은 인증서를 발급하였을 때에는 인증 결과를 운영기관의 장에게 제출하여야 한다. 인증 결과의 내용에 포함되지 않는 것은?

① 인증 대상
② 인증 날짜
③ 인증 방법
④ 인증 등급

해설 관련 법규 : 에너지인증규칙 제9조
해설 법규 : 에너지인증규칙 제9조 ④항
인증기관의 장은 인증서를 발급하였을 때에는 인증 대상, 인증 날짜, 인증 등급을 포함한 인증 결과를 운영기관의 장에게 제출하여야 한다.

42 | 재평가의 요청

인증 평가 결과나 인증 취소 결정에 이의가 있는 건축주 등은 인증서 발급일 또는 인증 취소일부터 며칠 이내에 인증기관의 장에게 재평가를 요청할 수 있는가?

① 120일
② 90일
③ 60일
④ 30일

해설 관련 법규 : 에너지인증규칙 제10조
해설 법규 : 에너지인증규칙 제10조 ①항
인증 평가 결과나 인증 취소 결정에 이의가 있는 건축주 등은 인증서 발급일 또는 인증 취소일부터 90일 이내에 인증기관의 장에게 재평가를 요청할 수 있다.

43 | 재평가의 결정권자

재평가 결과 통보, 인증서 재발급 등 재평가에 따른 세부 절차에 관한 사항을 결정하여 고시하는 경우의 결정권자는?

㉠ 국토교통부장관 ㉡ 기획재정부장관
㉢ 산업통상자원부장관 ㉣ 국방부장관

① ㉠, ㉡, ㉢
② ㉠, ㉢
③ ㉡, ㉣
④ ㉠, ㉣

해설 관련 법규 : 에너지인증규칙 제10조
해설 법규 : 에너지인증규칙 제10조 ②항
재평가 결과 통보, 인증서 재발급 등 재평가에 따른 세부 절차에 관한 사항은 국토교통부장관과 산업통상자원부장관이 정하여 공동으로 고시한다.

44 | 예비인증 유효기간

예비인증의 유효기간으로 옳은 것은?

① 예비인증서를 발급한 날부터 사용승인일 또는 사용검사일까지
② 예비인증서를 발급한 다음날부터 사용승인일 또는 사용검사일까지
③ 예비인증서를 발급한 날부터 사용승인일 또는 사용검사 다음날까지
④ 예비인증서를 발급한 다음날부터 사용승인일 또는 사용검사 다음날까지

정답 39. ① 40. ③ 41. ③ 42. ② 43. ② 44. ①

45 | 에너지 평가자의 업무

실무교육을 받은 건축물에너지평가사의 업무에 속하지 않는 것은?

① 도서평가, 현장실사 등
② 건축물 에너지효율 개선방안 작성
③ 예비인증 평가
④ 인증 평가서 검토 및 확인

해설 관련 법규 : 에너지인증규칙 제11조의2
해설 법규 : 에너지인증규칙 제11조의2
「녹색건축물 조성 지원법 시행규칙」에 따라 실무교육을 받은 건축물에너지평가사는 다음의 업무를 수행한다.
㉠ 도서평가, 현장실사, 인증 평가서 작성 및 건축물 에너지효율 개선방안 작성
㉡ 예비인증 평가

46 | 인증위원회 심의 사항

제로에너지건축물 인증운영위원회의 심의 사항으로 옳지 않은 것은?

① 인증기관의 지정과 지정의 유효기간 연장에 관한 사항
② 운영기관의 장이 요청하는 제로에너지건축물 인증등급의 강화 적용 여부에 관한 사항
③ 인증기관 지정의 취소와 업무정지에 관한 사항
④ 인증 평가기준의 제정·개정에 관한 사항

해설 관련 법규 : 에너지인증규칙 제14조
해설 법규 : 에너지인증규칙 제14조 ②항
인증운영위원회는 다음의 사항을 심의한다.
㉠ 인증기관의 지정과 지정의 유효기간 연장에 관한 사항
㉡ 인증기관 지정의 취소와 업무정지에 관한 사항
㉢ 인증 평가기준의 제정·개정에 관한 사항
㉣ 운영기관의 장이 요청하는 제로에너지건축물 인증등급의 완화 적용 여부에 관한 사항
㉤ ㉠부터 ㉣까지의 사항 외에 인증제의 운영과 관련된 중요 사항

47 | 기술위원회의 심의 사항

인증운영위원회의 기술위원회 심의 사항으로 옳지 않은 것은?

① 운영기관의 장이 요청하는 제로에너지건축물 인증등급의 강화 적용 여부에 관한 사항에 관한 사항
② 인증 평가기준에 포함되는 기술 요소에 관한 사항
③ 인증 평가기준에 포함되는 건축물의 에너지 성능평가 방법에 관한 사항
④ 인증 평가기준과 관련된 중요사항으로서 인증운영위원회의 장이 필요하다고 인정하는 사항

해설 관련 법규 : 에너지인증규칙 제14조
해설 법규 : 에너지인증규칙 제14조 ④항
다음의 사항을 효율적으로 심의하기 위해 인증운영위원회에 기술위원회를 둘 수 있다.
㉠ 인증 평가기준에 포함되는 기술 요소에 관한 사항
㉡ 인증 평가기준에 포함되는 건축물의 에너지 성능평가 방법에 관한 사항
㉢ 운영기관의 장이 요청하는 제로에너지건축물 인증등급의 완화 적용 여부에 관한 사항
㉣ ㉠부터 ㉢까지의 사항 외에 인증 평가기준과 관련된 중요 사항으로서 인증운영위원회의 장이 필요하다고 인정하는 사항

48 | 처분의 가중사유

처분권자는 처분기준의 1/2 범위에서 개별기준에 따른 처분을 가중하거나 감경할 수 있다. 가중사유에 해당하는 것은?

① 위반행위가 고의성이 없는 사소한 부주의나 오류로 인한 것인 경우
② 위반행위가 고의나 중대한 과실에 의한 것으로 인정되는 경우
③ 위반의 내용·정도가 경미하여 그로 인한 피해가 적다고 인정되는 경우
④ 해당 인증기관이 3년 이상 모범적으로 운영해 온 사실이 객관적으로 인정되는 경우

해설 관련 법규 : 에너지인증규칙 제15조, (별표 3)
해설 법규 : 에너지인증규칙 제15조 ①항, (별표 3)
처분권자는 다음의 사유를 고려하여 처분기준의 1/2범위에서 개별기준에 따른 처분을 가중하거나 감경할 수 있다.
㉠ 가중사유
• 위반행위가 고의나 중대한 과실에 의한 것으로 인정되는 경우
• 위반의 내용·정도가 중대하여 그로 인한 피해가 크다고 인정되는 경우

정답 45. ④ 46. ② 47. ① 48. ②

ⓒ 감경사유
- 위반행위가 고의성이 없는 사소한 부주의나 오류로 인한 것인 경우
- 위반의 내용·정도가 경미하여 그로 인한 피해가 적다고 인정되는 경우
- 해당 인증기관이 3년 이상 모범적으로 운영해 온 사실이 객관적으로 인정되는 경우
- 그 밖에 위반행위의 동기, 내용, 횟수 및 결과 등을 고려하여 처분기준을 줄일 필요가 있다고 인정되는 경우

49 | 처분의 감경사유

처분권자는 처분기준의 1/2 범위에서 개별기준에 따른 처분을 가중하거나 감경할 수 있다. 감경사유에 해당하지 않는 것은?

① 위반행위가 고의성이 없는 사소한 부주의나 오류로 인한 것인 경우
② 위반의 내용·정도가 경미하여 그로 인한 피해가 적다고 인정되는 경우
③ 해당 인증기관이 2년 이상 모범적으로 운영해 온 사실이 객관적으로 인정되는 경우
④ 그 밖에 위반행위의 동기, 내용, 횟수 및 결과 등을 고려하여 처분기준을 줄일 필요가 있다고 인정되는 경우

해설 관련 법규 : 에너지인증규칙 제15조, (별표 3)
해설 법규 : 에너지인증규칙 제15조 ①항, (별표 3)
처분권자가 처분기준의 1/2 범위에서 개별기준에 따른 처분을 감경할 수 있는 경우는 ①, ②, ④ 이외에 해당 인증기관이 3년 이상 모범적으로 운영해 온 사실이 객관적으로 인정되는 경우이다.

50 | 지정 및 취소의 통보 시기

국토교통부장관이 인증기관의 지정을 취소하거나 업무정지를 명하는 처분을 한 경우 그 사실을 관보에 공고하고, 운영기관의 장에게 통보해야 하는 시기는?

① 3일 이내   ② 지체 없이
③ 5일 이내   ④ 7일 이내

해설 관련 법규 : 에너지인증규칙 제15조
해설 법규 : 에너지인증규칙 제15조 ②항
국토교통부장관은 인증기관의 지정을 취소하거나 업무정지를 명하는 처분을 한 경우에는 그 사실을 지체 없이 관보에 공고하고, 운영기관의 장에게 통보해야 한다. 이 경우 통보를 받은 운영기관의 장은 지체 없이 그 사실을 인터넷 홈페이지에 게시해야 한다.

❸ 녹색건축 인증에 관한 규칙

01 | 운영기관의 지정

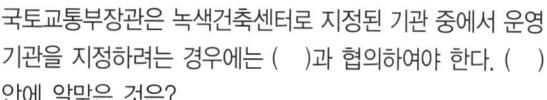

국토교통부장관은 녹색건축센터로 지정된 기관 중에서 운영기관을 지정하려는 경우에는 (   )과 협의하여야 한다. (   ) 안에 알맞은 것은?

① 산업통상자원부장관   ② 국방부장관
③ 환경부장관   ④ 기획재정부장관

해설 관련 법규 : 녹색건축인증규칙 제3조
해설 법규 : 녹색건축인증규칙 제3조 ②항
국토교통부장관은 녹색건축센터로 지정된 기관 중에서 운영기관을 지정하여 관보에 고시하여야 하고, 녹색건축센터로 지정된 기관 중에서 운영기관을 지정하려는 경우에는 환경부장관과 협의하여야 한다.

02 | 운영기관의 업무

다음 중 운영기관의 업무에 속하지 않는 것은?

① 인증관리시스템의 운영에 관한 업무
② 인증기관의 심사 결과 검토에 관한 업무
③ 인증제도의 홍보, 교육, 컨설팅, 조사·연구 및 개발 등에 관한 업무
④ 인증제도의 운영과 관련하여 국토교통부장관 또는 산업통상자원부장관이 요청하는 업무

해설 관련 법규 : 녹색건축인증규칙 제3조
해설 법규 : 녹색건축인증규칙 제3조 ③항
운영기관은 다음의 업무를 수행한다.
㉠ 인증관리시스템의 운영에 관한 업무
㉡ 인증기관의 심사 결과 검토에 관한 업무
㉢ 인증제도의 홍보, 교육, 컨설팅, 조사·연구 및 개발 등에 관한 업무
㉣ 인증제도의 개선 및 활성화를 위한 업무
㉤ 심사전문인력의 교육, 관리 및 감독에 관한 업무
㉥ 인증 관련 통계 분석 및 활용에 관한 업무
㉦ 인증제도의 운영과 관련하여 국토교통부장관 또는 환경부장관이 요청하는 업무

03 | 실적과 계획 보고

운영기관의 장이 운영기관의 전년도 사업추진 실적과 그 해의 사업계획을 국토교통부장관과 환경부장관에게 각각 보고하여야 하는 시기로 옳은 것은?

① 매년 7월 31일까지   ② 매년 1월 31일까지
③ 매년 9월 31일까지   ④ 매년 11월 31일까지

해설 관련 법규 : 녹색건축인증규칙 제3조
해설 법규 : 녹색건축인증규칙 제3조 ④항 1호
운영기관의 장은 다음의 구분에 따른 시기까지 운영기관의 사업내용을 국토교통부장관과 환경부장관에게 각각 보고하여야 한다.
㉠ 전년도 사업추진 실적과 그 해의 사업계획
  : 매년 1월 31일까지
㉡ 분기별 인증 현황
  : 매 분기 말일을 기준으로 다음 달 15일까지

04 | 인증 현황의 보고

운영기관의 장이 운영기관의 분기별 인증 현황을 국토교통부장관과 환경부장관에게 각각 보고하여야 하는 시기로 옳은 것은?

① 매 분기 말일을 기준으로 다음 달 15일까지
② 매 분기 말일을 기준으로 다음 달 20일까지
③ 매 분기 말일을 기준으로 다음 달 25일까지
④ 매 분기 말일을 기준으로 다음 달 말일까지

해설 관련 법규 : 녹색건축인증규칙 제3조
해설 법규 : 녹색건축인증규칙 제3조 ④항 2호
운영기관의 장은 다음의 구분에 따른 시기까지 운영기관의 사업내용을 국토교통부장관과 환경부장관에게 각각 보고하여야 한다.
㉠ 전년도 사업추진 실적과 그 해의 사업계획
  : 매년 1월 31일까지
㉡ 분기별 인증 현황
  : 매 분기 말일을 기준으로 다음 달 15일까지

05 | 인증기관의 처분 사유

운영기관의 장이 인증기관에 처분사유가 있다고 인정하면 국토교통부장관에게 알려야 하는 사항에 속하지 않는 것은?

① 거짓이나 부정한 방법으로 지정을 받은 경우
② 업무정지 기간 중에 인증업무를 수행한 경우
③ 정당한 사유 없이 인증심사를 거부한 경우
④ 정당한 사유 없이 지정받은 날부터 3년 이상 계속하여 인증업무를 수행하지 아니한 경우

해설 관련 법규 : 녹색건축인증규칙 제4조, 제18조, (별표 4)
해설 법규 : 녹색건축인증규칙 제18조 (별표 4)
국토교통부장관은 지정된 인증기관이 다음의 어느 하나에 해당하면 환경부장관 또는 산업통상자원부장관과 협의하여 인증기관의 지정을 취소하거나 1년 이내의 기간을 정하여 업무의 전부 또는 일부의 정지를 명할 수 있다. 다만, ㉠ 및 ㉤에 해당하는 경우에는 그 지정을 취소하여야 한다.

㉠ 거짓이나 부정한 방법으로 지정을 받은 경우
㉡ 정당한 사유 없이 지정받은 날부터 2년 이상 계속하여 인증업무를 수행하지 아니한 경우
㉢ 인증의 기준 및 절차를 위반하거나 부당하게 인증업무를 수행한 경우
㉣ 정당한 사유 없이 인증심사를 거부한 경우
㉤ 업무정지 기간 중에 인증업무를 수행한 경우
㉥ 인증기관의 임직원이 인증업무와 관련하여 벌금 이상의 형을 선고받아 그 형이 확정된 경우
㉦ 그 밖에 인증기관으로서의 업무를 수행할 수 없게 된 경우

06 | 인증기관의 처분사항

다음 사항 중 국토교통부장관이 환경부장관 또는 산업통상자원부장관과 협의하여 인증기관의 취소를 하여야 하는 경우를 모두 고른 것은?

㉠ 거짓이나 부정한 방법으로 지정을 받은 경우
㉡ 정당한 사유 없이 지정받은 날부터 2년 이상 계속하여 인증업무를 수행하지 아니한 경우
㉢ 인증의 기준 및 절차를 위반하거나 부당하게 인증업무를 수행한 경우
㉣ 정당한 사유 없이 인증심사를 거부한 경우
㉤ 업무정지 기간 중에 인증업무를 수행한 경우
㉥ 인증기관의 임직원이 인증업무와 관련하여 벌금 이상의 형을 선고받아 그 형이 확정된 경우
㉦ 그 밖에 인증기관으로서의 업무를 수행할 수 없게 된 경우

① ㉠, ㉤
② ㉠, ㉣
③ ㉠, ㉣, ㉤
④ ㉡, ㉣, ㉥

해설 관련 법규 : 녹색건축인증규칙 제4조, 제18조, (별표 4)
해설 법규 : 녹색건축인증규칙 제18조, (별표 4)
국토교통부장관은 지정된 인증기관이 ㉠~㉦에 해당하면 환경부장관 또는 산업통상자원부장관과 협의하여 인증기관의 지정을 취소하거나 1년 이내의 기간을 정하여 업무의 전부 또는 일부의 정지를 명할 수 있다. 다만, ㉠, ㉤에 해당하는 경우에는 그 지정을 취소하여야 한다.

07 | 인증기관의 처분사항

다음 사항 중 국토교통부장관이 환경부장관 또는 산업통상자원부장관과 협의하여 인증기관에 1년 이내의 기간을 정하여 업무의 전부 또는 일부의 정지를 명할 수 있는 경우를 모두 고른 것은?

> ㉠ 거짓이나 부정한 방법으로 지정을 받은 경우
> ㉡ 정당한 사유 없이 지정받은 날부터 2년 이상 계속하여 인증업무를 수행하지 아니한 경우
> ㉢ 인증의 기준 및 절차를 위반하거나 부당하게 인증업무를 수행한 경우
> ㉣ 정당한 사유 없이 인증심사를 거부한 경우
> ㉤ 업무정지 기간 중에 인증업무를 수행한 경우
> ㉥ 인증기관의 임직원이 인증업무와 관련하여 벌금 이상의 형을 선고받아 그 형이 확정된 경우
> ㉦ 그 밖에 인증기관으로서의 업무를 수행할 수 없게 된 경우

① ㉠, ㉢, ㉣, ㉥, ㉦
② ㉠, ㉡, ㉤, ㉥, ㉦
③ ㉡, ㉢, ㉣, ㉥, ㉦
④ ㉠, ㉣, ㉤, ㉥, ㉦

해설 관련 법규 : 녹색건축인증규칙 제4조, 제18조, (별표 4)
해설 법규: 녹색건축인증규칙 제18조, (별표 4)
국토교통부장관은 지정된 인증기관이 ㉡, ㉢, ㉣, ㉥, ㉦에 해당하면 환경부장관 또는 산업통상자원부장관과 협의하여 인증기관에 1년 이내의 기간을 정하여 업무의 전부 또는 일부의 정지를 명할 수 있다. 또한, ㉠, ㉤에 해당하는 경우에는 그 지정을 취소하여야 한다.

08 | 업무의 전부 또는 일부 정지

국토교통부장관은 ( )와 협의하여 인증기관의 지정을 취소하거나 1년 이내의 기간을 정하여 업무의 전부 또는 일부의 정지를 명할 수 있다. ( ) 안에 알맞은 것은?

① 재정기획부장관 또는 산업통상자원부장관
② 국방부장관 또는 산업통상자원부장관
③ 환경부장관 또는 산업통상자원부장관
④ 환경부장관 또는 기획재정부장관

해설 관련 법규 : 녹색건축법 제18조
해설 법규: 녹색건축법 제18조 ①항
국토교통부장관은 지정된 인증기관이 벌칙에 해당하면 환경부장관 또는 산업통상자원부장관과 협의하여 인증기관의 지정을 취소하거나 1년 이내의 기간을 정하여 업무의 전부 또는 일부의 정지를 명할 수 있다. 다만, 특수한 경우에 해당하는 경우에는 그 지정을 취소하여야 한다.

09 | 업무의 전부 또는 일부 정지

인증기관의 지정취소 및 업무정지의 세부기준과 절차 등에 관하여 필요한 사항을 정하는 법령으로 옳은 것은?

① 국토교통부령
② 국토교통부와 환경부 또는 산업통상자원부의 공동부령
③ 산업통상자원부령
④ 국토교통부와 국방부 또는 산업통상자원부의 공동부령

해설 관련 법규 : 녹색건축법 제19조
해설 법규: 녹색건축법 제19조 ②항
인증기관의 지정취소 및 업무정지의 세부기준과 절차 등에 관하여 필요한 사항은 국토교통부와 환경부 또는 산업통상자원부의 공동부령으로 정한다.

10 | 인증기관의 지정 공고

국토교통부장관은 인증기관을 지정하려는 경우에는 환경부장관과 협의하여 지정 신청 기간을 정하고, 그 기간이 시작되는 날의 몇 개월 전까지 신청 기간 등 인증기관 지정에 관한 사항을 공고하여야 하는가?

① 9개월
② 6개월
③ 5개월
④ 3개월

해설 관련 법규 : 녹색건축인증규칙 제4조
해설 법규: 녹색건축인증규칙 제4조 ①항
국토교통부장관은 인증기관을 지정하려는 경우에는 환경부장관과 협의하여 지정 신청 기간을 정하고, 그 기간이 시작되는 날의 3개월 전까지 신청 기간 등 인증기관 지정에 관한 사항을 공고하여야 한다.

11 | 인증기관의 지정 공고

국토교통부장관은 인증기관을 지정하려는 경우에는 누구와 협의하여 지정 신청 기간을 정하고, 그 기간이 시작되는 날의 3개월 전까지 신청 기간 등 인증기관 지정에 관한 사항을 공고하여야 하는가?

① 환경부장관
② 국토교통부장관
③ 산업통상자원부장관
④ 기획재정부장관

해설 관련 법규 : 녹색건축인증규칙 제4조
해설 법규: 녹색건축인증규칙 제4조 ①항
국토교통부장관은 인증기관을 지정하려는 경우에는 환경부장관과 협의하여 지정 신청 기간을 정하고, 그 기간이 시작되는 날의 3개월 전까지 신청 기간 등 인증기관 지정에 관한 사항을 공고하여야 한다.

정답 07. ③ 08. ③ 09. ② 10. ④ 11. ①

12 | 상근 심사 전 인력

인증기관으로 지정을 받으려는 자는 전문분야 중 5개 이상의 분야에서 각 분야별로 1명 이상의 사람을 상근 심사전문인력으로 보유해야 한다. 다음 설명 중 옳은 것은?

① 「국가기술자격법」에 따른 해당 전문분야의 기사 자격을 취득한 후 5년 이상 해당 업무를 수행한 사람
② 해당 전문분야의 박사학위를 취득한 후 2년 이상 해당 업무를 수행한 사람
③ 해당 전문분야의 석사학위를 취득한 후 6년 이상 해당 업무를 수행한 사람
④ 해당 전문분야의 학사학위를 취득한 후 10년 이상 해당 업무를 수행한 사람

해설 관련 법규 : 녹색건축인증규칙 제4조
해설 법규 : 녹색건축인증규칙 제4조 ②항 2호
인증기관으로 지정을 받으려는 자는 다음의 요건을 모두 갖추어야 한다.
㉠ 인증업무를 수행할 전담조직을 구성하고 업무수행체계를 수립할 것
㉡ 전문분야(해당 전문분야) 중 5개 이상의 분야에서 각 분야별로 다음의 어느 하나에 해당하는 1명 이상의 사람을 상근 심사전문인력으로 보유할 것
  • 「건축사법」에 따른 건축사 자격을 취득한 사람
  • 「국가기술자격법」에 따른 해당 전문분야의 기술사 자격을 취득한 사람
  • 「국가기술자격법」에 따른 해당 전문분야의 기사 자격을 취득한 후 7년 이상 해당 업무를 수행한 사람
  • 해당 전문분야의 박사학위를 취득한 후 1년 이상 해당 업무를 수행한 사람
  • 해당 전문분야의 석사학위를 취득한 후 6년 이상 해당 업무를 수행한 사람
  • 해당 전문분야의 학사학위를 취득한 후 8년 이상 해당 업무를 수행한 사람

13 | 인증업무 처리규정

다음 중 인증업무 처리규정으로 옳지 않은 것은?

① 녹색건축 인증 심사의 절차 및 방법
② 녹색건축 인증 결과의 통보 및 재심사
③ 녹색건축 인증을 받은 건축물의 인증 취소
④ 녹색건축 인증 원인 등의 보고

해설 관련 법규 : 녹색건축인증규칙 제4조
해설 법규 : 녹색건축인증규칙 제4조 ②항 3호
다음에 관한 사항이 포함된 인증업무 처리규정을 마련할 것
㉠ 녹색건축 인증 심사의 절차 및 방법
㉡ 인증심사단 및 인증심의위원회의 구성·운영
㉢ 녹색건축 인증 결과의 통보 및 재심사
㉣ 녹색건축 인증을 받은 건축물의 인증 취소
㉤ 녹색건축 인증 결과 등의 보고
㉥ 녹색건축 인증 수수료의 납부방법 및 납부기간
㉦ 녹색건축 인증 결과의 검증방법
㉧ 그 밖에 녹색건축 인증업무 수행에 필요한 내용

14 | 재신청의 시기

인증기관으로 지정을 받으려는 자 중 인증기관 지정이 취소된 자인 경우에는 지정 신청 기간 종료일 전에 그 지정이 취소된 날부터 몇 년이 경과했어야 하는가?

① 6개월　　② 1년
③ 2년　　　④ 5년

해설 관련 법규 : 녹색건축인증규칙 제4조
해설 법규 : 녹색건축인증규칙 제4조 ②항 4호
인증기관 지정이 취소된 자인 경우에는 지정 신청 기간 종료일 전에 그 지정이 취소된 날부터 1년이 경과했을 것

15 | 지정 시 제출 서류

인증기관으로 지정을 받으려는 자는 신청 기간 내에 녹색건축 인증기관 지정신청서(전자문서로 된 신청서를 포함)에 서류(전자문서를 포함)를 첨부하여 국토교통부장관에게 제출해야 한다. 제출해야 하는 서류에 속하는 것을 모두 고른 것은?

㉠ 인증업무를 수행할 전담조직 및 업무수행체계에 관한 설명서
㉡ 심사전문인력을 보유하고 있음을 증명하는 서류
㉢ 인증업무 처리규정

① ㉠, ㉡, ㉢　　② ㉠, ㉡
③ ㉠, ㉢　　　　④ ㉡, ㉢

해설 관련 법규 : 녹색건축인증규칙 제4조
해설 법규 : 녹색건축인증규칙 제4조 ③항
인증기관으로 지정을 받으려는 자는 신청 기간 내에 별지 서식의 녹색건축 인증기관 지정신청서(전자문서로 된 신청서를 포함)에 다음의 서류(전자문서를 포함)를 첨부하여 국토교통부장관에게 제출해야 한다.
㉠ 인증업무를 수행할 전담조직 및 업무수행체계에 관한 설명서
㉡ 심사전문인력을 보유하고 있음을 증명하는 서류
㉢ 인증업무 처리규정

16 | 인증기관의 유효기간

인증기관 지정의 유효기간은 녹색건축 인증기관 지정서를 발급한 날부터 몇 년으로 하는가?

① 5년 ② 4년
③ 3년 ④ 1년

해설 관련 법규 : 녹색건축인증규칙 제5조
해설 법규 : 녹색건축인증규칙 제5조 ②항
인증기관 지정의 유효기간은 녹색건축 인증기관 지정서를 발급한 날부터 5년으로 한다.

17 | 인증기관의 유효기간

국토교통부장관은 환경부장관과 협의한 후 인증운영위원회의 심의를 거쳐 인증기관 지정의 유효기간을 (㉠)마다 갱신할 수 있다. 이 경우 갱신기간은 갱신할 때마다 (㉡)을 초과할 수 없다. ( ) 안에 알맞은 것은?

① ㉠ 3년, ㉡ 3년
② ㉠ 5년, ㉡ 3년
③ ㉠ 5년, ㉡ 5년
④ ㉠ 3년, ㉡ 5년

해설 관련 법규 : 녹색건축인증규칙 제5조
해설 법규 : 녹색건축인증규칙 제5조 ③항
국토교통부장관은 환경부장관과 협의한 후 인증운영위원회의 심의를 거쳐 지정의 유효기간을 5년마다 갱신할 수 있다. 이 경우 갱신기간은 갱신할 때마다 5년을 초과할 수 없다.

18 | 인증기관의 변경

녹색건축 인증기관 지정서를 발급받은 인증기관의 장은 기관명, 기관의 대표자, 건축물의 소재지, 심사전문인력에 대한 사항이 변경되었을 때에는 그 변경된 날부터 며칠 이내에 변경된 내용을 증명하는 서류를 운영기관의 장에게 제출하여야 하는가?

① 15일 ② 30일
③ 45일 ④ 60일

해설 관련 법규 : 녹색건축인증규칙 제5조
해설 법규 : 녹색건축인증규칙 제5조 ④항
녹색건축 인증기관 지정서를 발급받은 인증기관의 장은 기관명, 기관의 대표자, 건축물의 소재지, 심사전문인력 중 어느 하나에 해당하는 사항이 변경되었을 때에는 그 변경된 날부터 30일 이내에 변경된 내용을 증명하는 서류를 운영기관의 장에게 제출하여야 한다.

19 | 인증기관의 변경 시 제출 서류

녹색건축 인증기관 지정서를 발급받은 인증기관의 장은 어느 하나의 사항이 변경되었을 때에는 그 변경된 날부터 30일 이내에 변경된 내용을 증명하는 서류를 운영기관의 장에게 제출하여야 한다. 변경사항에 속하지 않는 것은?

① 기관명 ② 심사전문인력
③ 건축물의 소재지 ④ 기관의 종업원 수

해설 관련 법규 : 녹색건축인증규칙 제5조
해설 법규 : 녹색건축인증규칙 제5조 ④항
녹색건축 인증기관 지정서를 발급받은 인증기관의 장은 기관명, 기관의 대표자, 건축물의 소재지, 심사전문인력 중 어느 하나에 해당하는 사항이 변경되었을 때에는 그 변경된 날부터 30일 이내에 변경된 내용을 증명하는 서류를 운영기관의 장에게 제출하여야 한다.

20 | 운영기관 장의 보고

운영기관의 장은 기관명, 기관의 대표자, 건축물의 소재지, 심사전문인력을 증명하는 서류를 받으면 그 내용을 누구에게 보고하여야 하는가?

① 환경부장관과 산업통상자원부장관
② 국토교통부장관과 산업통상자원부장관
③ 환경부장관과 국방부장관
④ 국토교통부장관과 환경부장관

해설 관련 법규 : 녹색건축인증규칙 제5조
해설 법규 : 녹색건축인증규칙 제5조 ⑤항
운영기관의 장은 변경 내용(기관명, 기관의 대표자, 건축물의 소재지, 심사전문인력)을 증명하는 서류를 받으면 그 내용을 국토교통부장관과 환경부장관에게 각각 보고하여야 한다.

21 | 녹색건축 신청자

녹색건축 인증을 신청할 수 없는 자는?

① 건축주
② 건축물 소유자
③ 건축물 설계자
④ 사업주체 또는 시공자(건축주나 건축물 소유자가 인증 신청에 동의하는 경우에만 해당)

해설 관련 법규 : 녹색건축인증규칙 제6조
해설 법규 : 녹색건축인증규칙 제6조 ①항
건축주, 건축물 소유자, 사업주체 또는 시공자(건축주나 건축물 소유자가 인증 신청에 동의하는 경우에만 해당)는 녹색건축 인증을 신청할 수 있다.

정답 16. ① 17. ③ 18. ② 19. ④ 20. ④ 21. ③

22 | 녹색건축 자체평가서

녹색건축 인증을 신청하려는 건축주 등은 녹색건축 인증·인증 유효기간 연장 신청서(전자문서로 된 신청서를 포함)에 녹색건축 자체평가서를 첨부하여 인증관리시스템을 통해 인증기관의 장에게 제출해야 한다. 녹색건축 자체평가서를 고시하는 자는?

① 국토교통부장관과 산업통상자원부장관
② 국토교통부장관과 환경부장관
③ 환경부장관과 산업통상자원부장관
④ 환경부장관과 기획재정부장관

해설 관련 법규 : 녹색건축인증규칙 제6조
해설 법규 : 녹색건축인증규칙 제6조 ②항 1호
녹색건축 인증을 신청하려는 건축주 등은 녹색건축 인증·인증 유효기간 연장 신청서(전자문서로 된 신청서를 포함)에 다음의 서류(전자문서를 포함)를 첨부하여 인증관리시스템을 통해 인증기관의 장에게 제출해야 한다.
㉠ 국토교통부장관과 환경부장관이 정하여 공동으로 고시하는 녹색건축 자체평가서
㉡ ㉠에 따른 녹색건축 자체평가서에 포함된 내용이 사실임을 증명할 수 있는 서류

23 | 인증처리기간

인증기관의 장은 신청서와 신청서류가 접수된 날부터 며칠 이내에 인증을 처리하여야 하는가? [단, 단독주택(30세대 미만인 경우만 해당)인 경우는 제외]

① 40일 ② 30일
③ 20일 ④ 10일

해설 관련 법규 : 녹색건축인증규칙 제6조
해설 법규 : 녹색건축인증규칙 제6조 ③항
인증기관의 장은 신청서와 신청서류가 접수된 날부터 40일 이내에 인증을 처리하여야 한다. 다만, 인증대상 건축물이 「건축법 시행령」의 단독주택(30세대 미만인 경우만 해당)인 경우에는 20일 이내에 처리하여야 한다.

24 | 인증처리기간

단독주택(30세대 미만인 경우만 해당)인 경우 인증기관의 장은 신청서와 신청서류가 접수된 날부터 며칠 이내에 인증을 처리하여야 하는가?

① 40일 ② 30일
③ 20일 ④ 10일

해설 관련 법규 : 녹색건축인증규칙 제6조
해설 법규 : 녹색건축인증규칙 제6조 ③항
인증기관의 장은 신청서와 신청서류가 접수된 날부터 40일 이내에 인증을 처리하여야 한다. 다만, 인증대상 건축물이 「건축법 시행령」의 단독주택(30세대 미만인 경우만 해당)인 경우에는 20일 이내에 처리하여야 한다.

25 | 인증처리기간의 연장

인증기관의 장은 인증처리 기간 이내에 부득이한 사유로 인증을 처리할 수 없는 경우에는 건축주 등에게 그 사유를 통보하고 며칠의 범위에서 인증 심사 기간을 한 차례만 연장할 수 있는가?

① 40일 ② 30일
③ 20일 ④ 10일

해설 관련 법규 : 녹색건축인증규칙 제6조
해설 법규 : 녹색건축인증규칙 제6조 ④항
인증기관의 장은 인증처리 기간 이내에 부득이한 사유로 인증을 처리할 수 없는 경우에는 건축주 등에게 그 사유를 통보하고 20일의 범위에서 인증 심사 기간을 한 차례만 연장할 수 있다.

26 | 인증처리기간

인증기관의 장은 신청서와 신청서류가 접수된 날부터 최대한 며칠 이내에 인증을 처리하여야 하는가? [단, 단독주택(30세대 미만일 경우를 제외)인 경우]

① 80일 ② 70일
③ 60일 ④ 40일

해설 관련 법규 : 녹색건축인증규칙 제6조
해설 법규 : 녹색건축인증규칙 제6조 ③, ④항
㉠ 인증기관의 장은 신청서와 신청서류가 접수된 날부터 40일 이내에 인증을 처리하여야 한다. 다만, 인증대상 건축물이 단독주택(30세대 미만인 경우만 해당)인 경우에는 20일 이내에 처리하여야 한다.
㉡ 인증기관의 장은 인증처리 기간 이내에 부득이한 사유로 인증을 처리할 수 없는 경우에는 건축주 등에게 그 사유를 통보하고 20일의 범위에서 인증 심사 기간을 한 차례만 연장할 수 있다.
㉠과 ㉡에 의해서, 최대한 인증처리기간=원칙적 기간+1회 연장기간=40+20=60일이다.

27 | 인증처리기간

인증기관의 장은 신청서와 신청서류가 접수된 날부터 최대한 며칠 이내에 인증을 처리하여야 하는가? [단, 단독주택(30세대 미만인 경우만 해당)인 경우]

① 80일 ② 70일
③ 60일 ④ 40일

해설 관련 법규 : 녹색건축인증규칙 제6조
해설 법규 : 녹색건축인증규칙 제6조 ③, ④항
㉠ 인증기관의 장은 신청서와 신청서류가 접수된 날부터 40일 이내에 인증을 처리하여야 한다. 다만, 인증대상 건축물이 단독주택(30세대 미만인 경우만 해당)인 경우에는 20일 이내에 처리하여야 한다.
㉡ 인증기관의 장은 인증처리 기간 이내에 부득이한 사유로 인증을 처리할 수 없는 경우에는 건축주 등에게 그 사유를 통보하고 20일의 범위에서 인증 심사 기간을 한 차례만 연장할 수 있다.
㉠과 ㉡에 의해서, 최대한 인증처리기간=원칙적 기간+1회 연장기간=20+20=40일이다.

28 | 서류의 보완 요청

인증기관의 장은 건축주 등이 제출한 서류의 내용이 불충분하거나 사실과 다른 경우에는 서류가 접수된 날부터 며칠 이내에 건축주 등에게 보완을 요청할 수 있는가?

① 40일
② 30일
③ 20일
④ 10일

해설 관련 법규 : 녹색건축인증규칙 제6조
해설 법규 : 녹색건축인증규칙 제6조 ⑤항
인증기관의 장은 건축주 등이 제출한 서류의 내용이 불충분하거나 사실과 다른 경우에는 서류가 접수된 날부터 20일 이내에 건축주 등에게 보완을 요청할 수 있다. 이 경우 건축주 등이 제출서류를 보완하는 기간은 인증 처리 기간에 산입하지 아니한다.

29 | 인증심의위원회의 심의 생략

인증심사결과서를 작성한 인증기관의 장은 인증심의위원회의 심의를 거쳐 인증 여부 및 인증 등급을 결정한다. 인증심의위원회의 심의를 생략할 수 있는 경우가 아닌 것은?

① 다세대주택에 대해서 인증을 신청한 경우
② 단독주택에 대해서 인증을 신청한 경우
③ 다중주택에 대해서 인증을 신청한 경우
④ 다가구주택에 대해서 인증을 신청한 경우

해설 관련 법규 : 녹색건축인증규칙 제7조
해설 법규 : 녹색건축인증규칙 제7조 ②항
인증심사결과서를 작성한 인증기관의 장은 인증심의위원회의 심의를 거쳐 인증 여부 및 인증 등급을 결정한다. 다만, 다음의 어느 하나에 해당하는 경우에는 인증심의위원회의 심의를 생략할 수 있다.
㉠ 단독주택(단독주택, 다가구주택, 다중주택, 공관 등)에 대하여 인증을 신청한 경우
㉡ 그린리모델링 인증 용도로 인증을 신청한 경우
다세대주택은 공동주택에 속한다.

30 | 인증심사단의 구성

해당 전문분야 중 2개 이상의 분야에서 각 분야별로 1명 이상의 심사전문인력으로 인증심사단을 구성할 수 있는 경우로 옳지 않은 것은?

① 다가구주택에 대해서 인증을 신청한 경우.
② 단독주택에 대해서 인증을 신청한 경우.
③ 다중주택에 대해서 인증을 신청한 경우.
④ 연립주택에 대해서 인증을 신청한 경우.

해설 관련 법규 : 녹색건축인증규칙 제7조
해설 법규 : 녹색건축인증규칙 제7조 ③항
인증심사단은 해당 전문분야 중 5개 이상의 분야에서 각 분야별로 1명 이상의 심사전문인력으로 구성한다. 다만, 단독주택(단독주택, 다가구주택, 다중주택, 공관 등) 및 그린리모델링에 대한 인증인 경우에는 해당 전문분야 중 2개 이상의 분야에서 각 분야별로 1명 이상의 심사전문인력으로 인증심사단을 구성할 수 있다.

31 | 인증심의위원회의 후보단

인증심의위원회는 후보단에 속해 있는 사람으로서 해당 전문분야 중 (㉠)개 이상의 분야에서 각 분야별로 (㉡)명 이상의 전문가로 구성한다. 이 경우 인증심의위원회의 위원은 해당 인증기관에 소속된 사람이 아니어야 하며, 다른 인증기관의 심사전문인력을 1명 이상 포함해야 한다. ( ) 안에 알맞은 것은?

① ㉠ 3, ㉡ 1
② ㉠ 4, ㉡ 1
③ ㉠ 3, ㉡ 2
④ ㉠ 4, ㉡ 2

해설 관련 법규 : 녹색건축인증규칙 제7조
해설 법규 : 녹색건축인증규칙 제7조 ④항
인증심의위원회는 후보단에 속해 있는 사람으로서 해당 전문분야 중 4개 이상의 분야에서 각 분야별로 1명 이상의 전문가로 구성한다. 이 경우 인증심의위원회의 위원은 해당 인증기관에 소속된 사람이 아니어야 하며, 다른 인증기관의 심사전문인력을 1명 이상 포함해야 한다.

32 | 인증심의위원회의 심사

녹색건축 인증은 해당 전문분야별로 ( )이 공동으로 정하여 고시하는 인증기준에 따라 부여된 종합점수를 기준으로 심사하여야 한다. ( ) 안에 알맞은 것은?

① 국토교통부장관과 산업통상자원부장관
② 국토교통부장관과 환경부장관
③ 환경부장관과 산업통상자원부장관
④ 환경부장관과 기획재정부장관

정답 28. ③ 29. ① 30. ④ 31. ② 32. ②

해설 관련 법규 : 녹색건축인증규칙 제8조
해설 법규 : 녹색건축인증규칙 제8조 ①항
녹색건축 인증은 해당 전문분야별로 국토교통부장관과 환경부장관이 공동으로 정하여 고시하는 인증기준에 따라 부여된 종합점수를 기준으로 심사하여야 한다.

33 | 인증심의위원회의 제척

인증심의위원회의 위원이 인증심의위원회의 심의에서 제척(除斥)되는 경우로 옳지 않은 것은?

① 위원 또는 그 배우자나 배우자이었던 사람이 해당 안건의 당사자가 되거나 그 안건의 당사자와 공동권리자 또는 공동의무자인 경우
② 위원이 해당 안건의 당사자와 친족이거나 친족이었던 경우
③ 위원이 해당 안건에 대하여 자문, 연구, 용역(하도급을 포함), 감정 또는 조사를 한 경우
④ 위원이 임원 또는 직원으로 재직하고 있거나 최근 5년 내에 재직하였던 기업 등이 해당 안건에 관하여 자문, 연구, 용역(하도급을 포함), 감정 또는 조사를 한 경우

해설 관련 법규 : 녹색건축인증규칙 제7조의2
해설 법규 : 녹색건축인증규칙 제7조의2 ①항
인증심의위원회의 위원이 다음의 어느 하나에 해당하는 경우에는 인증심의위원회의 심의에서 제척(除斥)된다.
 ㉠ 위원 또는 그 배우자나 배우자이었던 사람이 해당 안건의 당사자가 되거나 그 안건의 당사자와 공동권리자 또는 공동의무자인 경우
 ㉡ 위원이 해당 안건의 당사자와 친족이거나 친족이었던 경우
 ㉢ 위원이 해당 안건에 대하여 자문, 연구, 용역(하도급을 포함한다), 감정 또는 조사를 한 경우
 ㉣ 위원이나 위원이 속한 법인·단체 등이 해당 안건의 당사자의 대리인이거나 대리인이었던 경우
 ㉤ 위원이 임원 또는 직원으로 재직하고 있거나 최근 3년 내에 재직하였던 기업 등이 해당 안건에 관하여 자문, 연구, 용역(하도급을 포함한다), 감정 또는 조사를 한 경우

34 | 녹색건축 인증 등급

녹색건축 인증 등급에 속하지 않는 것은?

① 최우수(그린1등급)   ② 우수(그린2등급)
③ 우량(그린3등급)   ④ 불량(그린4등급)

해설 관련 법규 : 녹색건축인증규칙 제8조
해설 법규 : 녹색건축인증규칙 제8조 ②항
녹색건축 인증 등급은 최우수(그린1등급), 우수(그린2등급), 우량(그린3등급) 또는 일반(그린4등급)으로 한다.

35 | 인증기준의 대상

인증기준은 「건축법」에 따른 사용승인 또는 「주택법」에 따른 사용검사를 받은 날부터 몇 년이 지난 건축물과 그 밖의 건축물로 구분하여 정할 수 있는가?

① 5년   ② 3년
③ 2년   ④ 1년

해설 관련 법규 : 녹색건축인증규칙 제8조
해설 법규 : 녹색건축인증규칙 제8조 ④항
녹색건축 인증은 해당 전문분야별로 국토교통부장관과 환경부장관이 공동으로 정하여 고시하는 인증기준은 「건축법」에 따른 사용승인 또는 「주택법」에 따른 사용검사를 받은 날부터 5년이 지난 건축물과 그 밖의 건축물로 구분하여 정할 수 있다.

36 | 녹색건축 인증유효기간

녹색건축 인증의 유효기간은 녹색건축 인증서를 발급한 날부터 몇 년으로 하는가?

① 3년   ② 5년
③ 7년   ④ 10년

해설 관련 법규 : 녹색건축인증규칙 제9조
해설 법규 : 녹색건축인증규칙 제9조 ③항
녹색건축 인증의 유효기간은 녹색건축 인증서를 발급한 날부터 10년으로 한다.

37 | 인증심사 결과내용

인증기관의 장은 인증서를 발급했을 때에는 인증 심사 결과를 운영기관의 장에게 제출하고, 인증심사결과서를 인증관리시스템에 등록해야 한다. 다음 중 인증심사결과에 포함되어야 할 사항이 아닌 것은?

① 인증 대상
② 인증 등급
③ 인증 방법
④ 인증심사단과 인증심사위원회의 구성원 명단

해설 관련 법규 : 녹색건축인증규칙 제9조
해설 법규 : 녹색건축인증규칙 제9조 ④항
인증기관의 장은 인증서를 발급했을 때에는 인증 대상, 인증 날짜, 인증 등급 및 인증심사단과 인증심사위원회의 구성원 명단을 포함한 인증 심사 결과를 운영기관의 장에게 제출하고, 인증심사결과서를 인증관리시스템에 등록해야 한다.

정답 33. ④ 34. ④ 35. ① 36. ④ 37. ③

38 | 유효기간의 연장신청

인증서를 발급받은 건축주 등은 인증 유효기간의 만료일 며칠 전부터 만료일까지 유효기간의 연장을 신청할 수 있는가?

① 180일 ② 150일
③ 120일 ④ 90일

해설 관련 법규 : 녹색건축인증규칙 제9조의2
해설 법규 : 녹색건축인증규칙 제9조의2 ①항
인증서를 발급받은 건축주 등은 인증 유효기간의 만료일 180일 전부터 만료일까지 유효기간의 연장을 신청할 수 있다.

39 | 유효기간의 연장기간

유효기간의 연장 신청을 받은 인증기관의 장은 국토교통부장관과 환경부장관이 공동으로 정하여 고시하는 기준에 적합하다고 인정되면 유효기간을 연장할 수 있다. 이 경우 연장된 유효기간은 유효기간의 만료일 다음 날부터 몇 년으로 하는가?

① 2년 ② 3년
③ 5년 ④ 10년

해설 관련 법규 : 녹색건축인증규칙 제9조의2
해설 법규 : 녹색건축인증규칙 제9조의2 ②항
유효기간의 연장 신청을 받은 인증기관의 장은 국토교통부장관과 환경부장관이 공동으로 정하여 고시하는 기준에 적합하다고 인정되면 유효기간을 연장할 수 있다. 이 경우 연장된 유효기간은 유효기간의 만료일 다음 날부터 5년으로 한다.

40 | 예비인증의 유효기간

예비인증의 유효기간은 녹색건축 예비인증서를 발급한 날부터 언제까지인가? (단, 사용승인 또는 사용검사 전에 녹색건축 인증서를 발급받은 경우는 제외함)

① 녹색건축 인증서 발급일까지
② 사용승인일 또는 사용검사 전일
③ 사용승인일 또는 사용검사일
④ 사용검사일 또는 사용검사 전일

해설 관련 법규 : 녹색건축인증규칙 제11조
해설 법규 : 녹색건축인증규칙 제11조 ⑤항
예비인증의 유효기간은 녹색건축 예비인증서를 발급한 날부터 사용승인일 또는 사용검사일까지로 한다. 다만, 사용승인 또는 사용검사 전에 녹색건축 인증서를 발급받은 경우에는 해당 인증서 발급일까지로 한다.

41 | 예비인증의 유효기간

예비인증의 유효기간은 녹색건축 예비인증서를 발급한 날부터 언제까지인가? (단, 사용승인 또는 사용검사 전에 녹색건축 인증서를 발급받은 경우)

① 녹색건축 인증서 발급일까지
② 사용승인일 또는 사용검사 전일
③ 사용승인일 또는 사용검사일
④ 사용검사일 또는 사용검사 전일

해설 관련 법규 : 녹색건축인증규칙 제11조
해설 법규 : 녹색건축인증규칙 제11조 ⑤항
예비인증의 유효기간은 녹색건축 예비인증서를 발급한 날부터 사용승인일 또는 사용검사일까지로 한다. 다만, 사용승인 또는 사용검사 전에 녹색건축 인증서를 발급받은 경우에는 해당 인증서 발급일까지로 한다.

42 | 인증위원회의 구성

인증운영위원회를 구성하여 운영할 수 있는 기준을 정하는 자는?

① 국토교통부장관과 산업통상자원부장관
② 국토교통부장관과 환경부장관
③ 환경부장관과 산업통상자원부장관
④ 환경부장관과 기획재정부장관

해설 관련 법규 : 녹색건축인증규칙 제15조
해설 법규 : 녹색건축인증규칙 제15조 ①항
국토교통부장관과 환경부장관은 녹색건축 인증제도를 효율적으로 운영하기 위하여 국토교통부장관이 환경부장관과 협의하여 정하는 기준에 따라 인증운영위원회를 구성하여 운영할 수 있다.

43 | 인증위원회의 심의사항

인증운영위원회의 심의 사항을 모두 고른 것은?

㉠ 인증기관의 지정 및 지정의 유효기간 갱신에 관한 사항
㉡ 인증기관 지정의 취소 및 업무정지에 관한 사항
㉢ 인증 심사 기준의 제정·개정에 관한 사항
㉣ 그 밖에 녹색건축 인증제의 운영과 관련된 중요사항

① ㉠, ㉡, ㉢, ㉣
② ㉠, ㉡, ㉢
③ ㉠, ㉡, ㉣
④ ㉠, ㉢, ㉣

해설 관련 법규 : 녹색건축인증규칙 제15조
해설 법규 : 녹색건축인증규칙 제15조 ②항
국토교통부장관과 환경부장관은 인증운영위원회의 운영을 운영기관에 위탁할 수 있고, 인증운영위원회는 다음의 사항을 심의한다.
㉠ 인증기관의 지정 및 지정의 유효기간 갱신에 관한 사항
㉡ 인증기관 지정의 취소 및 업무정지에 관한 사항
㉢ 인증 심사 기준의 제정·개정에 관한 사항
㉣ 그 밖에 녹색건축 인증제의 운영과 관련된 중요사항

44 | 인증위원회의 위원 해임

국토교통부장관과 환경부장관이 인증운영위원회의 위원을 해임 또는 해촉할 수 있는 경우가 아닌 것은?

① 심신장애로 인하여 직무를 수행할 수 없게 된 경우
② 직무와 관련된 비위사실이 있는 경우
③ 직무 태만, 품위 손상이나 그 밖의 사유로 인하여 위원으로 적합하지 아니하다고 인정되는 경우
④ 제척 사유에 해당되어 회피한 경우

해설 관련 법규 : 녹색건축인증규칙 제17조
해설 법규 : 녹색건축인증규칙 제17조
국토교통부장관과 환경부장관은 인증운영위원회의 위원이 다음의 어느 하나에 해당하는 경우에는 해당 위원을 해임 또는 해촉(解囑)할 수 있다.
㉠ 심신장애로 인하여 직무를 수행할 수 없게 된 경우
㉡ 직무와 관련된 비위사실이 있는 경우
㉢ 직무 태만, 품위 손상이나 그 밖의 사유로 인하여 위원으로 적합하지 아니하다고 인정되는 경우
㉣ 제척사유의 어느 하나에 해당하는 데에도 불구하고 회피하지 아니한 경우
㉤ 위원 스스로 직무를 수행하는 것이 곤란하다고 의사를 밝히는 경우

45 | 처분권자의 처분기준

처분권자는 해당 사유를 고려하여 처분기준의 1/2의 범위에서 개별기준에 따른 처분을 가중하거나 감경할 수 있다. 감경 사유에 속하는 내용 중 ( ) 안에 알맞은 것은?

해당 인증기관이 ( )년 이상 모범적으로 운영해 온 사실이 객관적으로 인정되는 경우

① 3년   ② 4년
③ 5년   ④ 6년

해설 관련 법규 : 녹색건축인증규칙 제18조
해설 법규 : 녹색건축인증규칙 제18조, (별표 4)
감경 사유 중 해당 인증기관이 3년 이상 모범적으로 운영해 온 사실이 객관적으로 인정되는 경우이다.

46 | 처분권자의 처분기준

처분권자는 해당 사유를 고려하여 처분기준의 1/2의 범위에서 개별기준에 따른 처분을 가중하거나 감경할 수 있다. 가중 사유에 속하는 것은?

① 위반행위가 고의성이 없는 사소한 부주의나 오류로 인한 것인 경우
② 위반의 내용·정도가 중대하여 그로 인한 피해가 크다고 인정되는 경우
③ 위반의 내용·정도가 경미하여 그로 인한 피해가 적다고 인정되는 경우
④ 해당 인증기관이 3년 이상 모범적으로 운영해 온 사실이 객관적으로 인정되는 경우

해설 관련 법규 : 녹색건축인증규칙 제18조
해설 법규 : 녹색건축인증규칙 제18조, (별표 4)
처분권자는 다음의 사유를 고려하여 처분기준의 1/2의 범위에서 개별기준에 따른 처분을 가중하거나 감경할 수 있다.
㉠ 가중 사유
 • 위반행위가 고의나 중대한 과실에 의한 것으로 인정되는 경우
 • 위반의 내용·정도가 중대하여 그로 인한 피해가 크다고 인정되는 경우
㉡ 감경 사유
 • 위반행위가 고의성이 없는 사소한 부주의나 오류로 인한 것인 경우
 • 위반의 내용·정도가 경미하여 그로 인한 피해가 적다고 인정되는 경우
 • 해당 인증기관이 3년 이상 모범적으로 운영해 온 사실이 객관적으로 인정되는 경우
 • 그 밖에 위반행위의 동기, 내용, 횟수 및 결과 등을 고려하여 처분기준을 줄일 필요가 있다고 인정되는 경우

47 | 처분권자의 처분기준

처분권자는 해당 사유를 고려하여 처분기준의 1/2의 범위에서 개별기준에 따른 처분을 가중하거나 감경할 수 있다. 감경 사유에 속하지 않는 것은?

① 위반행위가 고의성이 없는 사소한 부주의나 오류로 인한 것인 경우
② 해당 인증기관이 3년 이상 모범적으로 운영해 온 사실이 객관적으로 인정되는 경우
③ 위반행위의 동기, 내용, 횟수 및 결과 등을 고려하여 처분기준을 줄일 필요가 있다고 인정되는 경우
④ 위반행위가 고의나 중대한 과실에 의한 것으로 인정되는 경우

정답 44. ④ 45. ① 46. ② 47. ④

해설 관련 법규 : 녹색건축인증규칙 제18조
해설 법규 : 녹색건축인증규칙 제18조, (별표 4)
①, ②, ③은 감경 사유이고, ④는 가중 사유이다.

④ 지능형건축물의 인증에 관한 규칙

01 | 인증기관 지정의 공고

국토교통부장관이 지능형건축물 인증기관을 지정하려는 경우에는 지정 신청 기간을 정하여 그 기간이 시작되기 몇 개월 전에 신청 기간 등 인증기관 지정에 관한 사항을 공고하여야 하는가?

① 1개월　　　　　② 2개월
③ 3개월　　　　　④ 6개월

해설 관련 법규 : 인증규칙 제3조
해설 법규 : 인증규칙 제3조 ①항
국토교통부장관이 지능형건축물 인증기관을 지정하려는 경우에는 지정 신청 기간을 정하여 그 기간이 시작되기 3개월 전에 신청 기간 등 인증기관 지정에 관한 사항을 공고하여야 한다.

02 | 인증기관 신청 시 제출서류

지능형건축물 인증기관으로 지정을 받으려는 자가 지능형건축물 인증기관 지정 신청서에 첨부하여 국토교통부장관에게 제출하여야 하는 서류로 옳지 않은 것은?

① 인증업무를 수행할 전담조직 및 업무수행체계에 관한 설명서
② 심사전문인력을 보유하고 있음을 증명하는 서류
③ 지능형건축물 인증과 관련한 연구 실적 등 인증업무를 수행할 능력을 갖추고 있음을 증명하는 서류
④ 인증기관의 인증업무의 절차 및 방법에 관한 서류

해설 관련 법규 : 인증규칙 제3조
해설 법규 : 인증규칙 제3조 ②항
인증기관으로 지정을 받으려는 자는 지능형건축물 인증기관 지정 신청서에 다음의 서류를 첨부하여 국토교통부장관에게 제출하여야 한다.
㉠ 인증업무를 수행할 전담조직 및 업무수행체계에 관한 설명서
㉡ 심사전문인력을 보유하고 있음을 증명하는 서류
㉢ 인증기관의 인증업무 처리규정
㉣ 지능형건축물 인증과 관련한 연구 실적 등 인증업무를 수행할 능력을 갖추고 있음을 증명하는 서류
㉤ 정관(신청인이 법인 또는 법인의 부설기관인 경우만 해당)

03 | 심사전문인력의 기준

지능형건축물 인증기관은 전문분야별로 각 2명을 포함하여 12명 이상의 심사전문인력(심사전문인력 가운데 상근인력은 전문분야별로 1명 이상)을 보유하여야 한다. 심사전문인력에 해당하는 사람이 아닌 경우는?

① 해당 전문분야의 박사학위나 건축사 자격을 취득한 후 3년 이상 해당 업무를 수행한 사람
② 기술사 자격을 취득한 후 5년 이상 해당 업무를 수행한 사람
③ 해당 전문분야의 석사학위를 취득한 후 9년 이상 해당 업무를 수행하거나 학사학위를 취득한 후 12년 이상 해당 업무를 수행한 사람
④ 해당 전문분야의 기사 자격을 취득한 후 10년 이상 해당 업무를 수행한 사람

해설 관련 법규 : 인증규칙 제3조
해설 법규 : 인증규칙 제3조 ④항
지능형건축물 인증기관은 전문분야별로 각 2명을 포함하여 12명 이상의 심사전문인력(심사전문인력 가운데 상근인력은 전문분야별로 1명 이상)을 보유하여야 한다. 이 경우 심사전문인력은 다음의 어느 하나에 해당하는 사람이어야 한다.
㉠ 해당 전문분야의 박사학위나 건축사 또는 기술사 자격을 취득한 후 3년 이상 해당 업무를 수행한 사람
㉡ 해당 전문분야의 석사학위를 취득한 후 9년 이상 해당 업무를 수행하거나 학사학위를 취득한 후 12년 이상 해당 업무를 수행한 사람
㉢ 해당 전문분야의 기사 자격을 취득한 후 10년 이상 해당 업무를 수행한 사람

04 | 인증업무처리규정

지능형건축물 인증기관으로 지정을 받으려는 자가 국토교통부장관에게 제출하여야 하는 서류 중 인증기관의 인증업무 처리규정에 포함되어야 할 사항이 아닌 것은?

① 인증심사 중간과정 등의 보고에 관한 사항
② 인증심사단 및 인증심의위원회의 구성·운영에 관한 사항
③ 인증 결과 통보 및 재심사에 관한 사항
④ 지능형건축물 인증의 취소에 관한 사항

해설 관련 법규 : 인증규칙 제3조
해설 법규 : 인증규칙 제3조 ⑤항
인증업무 처리규정에는 다음의 사항이 포함되어야 한다.
㉠ 인증심사의 절차 및 방법에 관한 사항
㉡ 인증심사단 및 인증심의위원회의 구성·운영에 관한 사항
㉢ 인증 결과 통보 및 재심사에 관한 사항
㉣ 지능형건축물 인증의 취소에 관한 사항
㉤ 인증심사 결과 등의 보고에 관한 사항
㉥ 인증수수료 납부방법 및 납부기간에 관한 사항
㉦ 그 밖에 인증업무 수행에 필요한 사항

정답 01.③ 02.④ 03.② 04.①

05 | 인증기관의 변경

지능형건축물 인증기관 지정서를 발급받은 인증기관의 장은 기관명, 대표자, 건축물 소재지 또는 심사전문인력이 변경된 경우에는 변경된 날부터 며칠 이내에 그 변경내용을 증명하는 서류를 국토교통부장관에게 제출하여야 하는가?

① 10일
② 15일
③ 20일
④ 30일

해설 관련 법규 : 인증규칙 제3조
해설 법규 : 인증규칙 제3조 ⑧항
지능형건축물 인증기관 지정서를 발급받은 인증기관의 장은 기관명, 대표자, 건축물 소재지 또는 심사전문인력이 변경된 경우에는 변경된 날부터 30일 이내에 그 변경내용을 증명하는 서류를 국토교통부장관에게 제출하여야 한다.

06 | 업무의 전부 또는 일부 정지

국토교통부장관이 지정된 인증기관을 인증운영위원회의 심의를 거쳐 지정을 취소하거나 1년 이내의 기간을 정하여 업무의 전부 또는 일부의 정지를 명할 수 있는 경우로 옳지 않은 것은?

① 거짓이나 부정한 방법으로 지정을 받은 경우
② 정당한 사유 없이 지정받은 날부터 1년 이상 계속하여 인증업무를 수행하지 아니한 경우
③ 심사전문인력을 보유하지 아니한 경우
④ 인증의 기준 및 절차를 위반하여 지능형건축물 인증업무를 수행한 경우

해설 관련 법규 : 인증규칙 제5조
해설 법규 : 인증규칙 제5조
국토교통부장관은 지정된 인증기관이 다음의 어느 하나에 해당하면 인증운영위원회의 심의를 거쳐 인증기관의 지정을 취소하거나 1년 이내의 기간을 정하여 업무의 전부 또는 일부의 정지를 명할 수 있다. 다만, ㉠에 해당하는 경우에는 지정을 취소하여야 한다.
㉠ 거짓이나 부정한 방법으로 지정을 받은 경우
㉡ 정당한 사유 없이 지정받은 날부터 2년 이상 계속하여 인증업무를 수행하지 아니한 경우
㉢ 심사전문인력을 보유하지 아니한 경우
㉣ 인증의 기준 및 절차를 위반하여 지능형건축물 인증업무를 수행한 경우
㉤ 정당한 사유 없이 인증심사를 거부한 경우
㉥ 그 밖에 인증기관으로서의 업무를 수행할 수 없게 된 경우

07 | 인증기관의 지정 취소

국토교통부장관이 지정된 인증기관을 인증운영위원회의 심의를 거쳐 그 지정을 취소하는 경우로 옳은 것은?

① 거짓이나 부정한 방법으로 지정을 받은 경우
② 정당한 사유 없이 지정받은 날부터 2년 이상 계속하여 인증업무를 수행하지 아니한 경우
③ 심사전문인력을 보유하지 아니한 경우
④ 인증의 기준 및 절차를 위반하여 지능형건축물 인증업무를 수행한 경우

해설 관련 법규 : 인증규칙 제5조, 해설 법규 : 인증규칙 제5조
국토교통부장관은 지정된 인증기관이 다음의 어느 하나에 해당하면 인증운영위원회의 심의를 거쳐 인증기관에 1년 이내의 기간을 정하여 업무의 전부 또는 일부의 정지를 명할 수 있다. 다만, 거짓이나 부정한 방법으로 지정을 받은 경우에는 지정을 취소하여야 한다.
㉠ 정당한 사유 없이 지정받은 날부터 2년 이상 계속하여 인증업무를 수행하지 아니한 경우
㉡ 심사전문인력을 보유하지 아니한 경우
㉢ 인증의 기준 및 절차를 위반하여 지능형건축물 인증업무를 수행한 경우
㉣ 정당한 사유 없이 인증심사를 거부한 경우
㉤ 그 밖에 인증기관으로서의 업무를 수행할 수 없게 된 경우

08 | 인증검사의 신청자

지능형건축물의 인증을 받으려는 경우 인증을 받기 전에 「건축법」에 따른 사용승인 또는 「주택법」에 따른 사용검사를 받아야 하는 자로 옳지 않은 것은? (단, 인증 결과에 따라 개별 법령에서 정하는 제도적·재정적 지원을 받는 경우는 제외)

① 건축주
② 건축물 소유자
③ 건축물 설계자
④ 시공자(건축주나 건축물 소유자가 인증 신청을 동의하는 경우만 해당)

해설 관련 법규 : 인증규칙 제6조
해설 법규 : 인증규칙 제6조 ①항
다음의 어느 하나에 해당하는 자가 지능형건축물의 인증을 받으려는 경우에는 인증을 받기 전에 법에 따른 사용승인 또는 「주택법」에 따른 사용검사를 받아야 한다. 다만, 인증 결과에 따라 개별 법령에서 정하는 제도적·재정적 지원을 받는 경우에는 그러하지 아니하다.
㉠ 건축주
㉡ 건축물 소유자
㉢ 시공자(건축주나 건축물 소유자가 인증 신청을 동의하는 경우만 해당)

정답 05. ④ 06. ② 07. ① 08. ③

09 | 인증기관의 신청 서류

건축주 등이 지능형건축물의 인증을 받으려는 경우 지능형건축물 인증 신청서에 서류를 첨부하여 인증기관의 장에게 제출하여야 한다. 제출서류에 속하지 않는 것은?

① 지능형건축물 인증기준에 따라 작성한 해당 건축물의 지능형건축물 자체평가서 및 증명자료
② 설비도면
③ 각 분야 설계설명서
④ 각 분야 시방서(일반 및 특기시방서)

해설 관련 법규 : 인증규칙 제6조
해설 법규 : 인증규칙 제6조 ②항
다음의 어느 하나에 해당하는 자(건축주 등)가 지능형건축물의 인증을 받으려면 지능형건축물 인증 신청서에 다음의 서류를 첨부하여 인증기관의 장에게 제출하여야 한다.
㉠ 지능형건축물 인증기준에 따라 작성한 해당 건축물의 지능형건축물 자체평가서 및 증명자료
㉡ 설계도면
㉢ 각 분야 설계설명서
㉣ 각 분야 시방서(일반 및 특기시방서)
㉤ 설계 변경 확인서
㉥ 에너지절약계획서
㉦ 예비인증서 사본(해당 인증기관 및 다른 인증기관에서 예비인증을 받은 경우만 해당)
㉧ ㉠부터 ㉥까지의 서류가 저장된 콤팩트디스크

10 | 콤팩트디스크의 서류

건축주 등이 지능형건축물의 인증을 받으려는 경우 지능형건축물 인증 신청서에 서류를 첨부하여 인증기관의 장에게 제출하여야 한다. 제출서류 중 콤팩트디스크에 저장되는 서류에 속하지 않는 것은?

① 각 분야 설계설명서
② 예비인증서 사본(해당 인증기관 및 다른 인증기관에서 예비인증을 받은 경우만 해당)
③ 각 분야 시방서(일반 및 특기시방서)
④ 설계 변경 확인서

해설 관련 법규 : 인증규칙 제6조
해설 법규 : 인증규칙 제6조 ②항
콤팩트디스크 저장되는 서류는 지능형건축물 인증기준에 따라 작성한 해당 건축물의 지능형건축물 자체평가서 및 증명자료, 설계도면, 각 분야 설계설명서, 각 분야 시방서(일반 및 특기시방서), 설계 변경 확인서, 에너지절약계획서 등이 있다.

11 | 인증의 처리기간

지능형건축물 인증기관은 지능형건축물 인증 신청서를 받은 경우에는 신청서류가 접수된 날부터 며칠 이내에 인증을 처리하여야 하는가?

① 10일
② 15일
③ 30일
④ 40일

해설 관련 법규 : 인증규칙 제6조
해설 법규 : 인증규칙 제6조 ③항
인증기관은 지능형건축물 인증 신청서를 받은 경우에는 신청서류가 접수된 날부터 40일 이내에 인증을 처리하여야 한다.

12 | 인증의 처리연장기간

지능형건축물 인증기관의 장은 인증업무를 수행하면서 불가피한 사유로 처리기간을 연장하여야 할 경우에는 건축주 등에게 그 사유를 통보하고 며칠의 범위를 정하여 한 차례만 연장할 수 있는가?

① 20일
② 25일
③ 30일
④ 40일

해설 관련 법규 : 인증규칙 제6조
해설 법규 : 인증규칙 제6조 ④항
지능형건축물 인증기관의 장은 인증업무를 수행하면서 불가피한 사유로 처리기간을 연장하여야 할 경우에는 건축주 등에게 그 사유를 통보하고 20일의 범위를 정하여 한 차례만 연장할 수 있다.

13 | 서류의 보완

지능형건축물 인증기관의 장은 건축주 등이 제출한 서류의 내용이 미흡하거나 사실과 다를 경우에는 접수된 날부터 며칠 이내에 건축주 등에게 보완을 요청할 수 있는가?

① 10일
② 15일
③ 20일
④ 40일

해설 관련 법규 : 인증규칙 제6조
해설 법규 : 인증규칙 제6조 ⑤항
지능형건축물 인증기관의 장은 건축주 등이 제출한 서류의 내용이 미흡하거나 사실과 다를 경우에는 접수된 날부터 20일 이내에 건축주 등에게 보완을 요청할 수 있다. 이 경우 건축주 등이 제출서류를 보완하는 기간은 인증 처리기간에 산입하지 아니한다.

정답 09.② 10.② 11.④ 12.① 13.③

14 | 인증의 처리기간

지능형건축물 인증기관은 지능형건축물 인증 신청서를 받은 경우에는 신청서류가 접수된 날부터 며칠 이내에 인증을 처리하여야 하는가? (단, 한 차례 연장을 포함하고, 건축주 등이 제출서류를 보완하는 기간은 7일이다.)

① 10일 ② 15일
③ 30일 ④ 60일

해설 관련 법규 : 인증규칙 제6조
해설 법규 : 인증규칙 제6조 ③, ⑤항
㉠ 지능형건축물 인증기관은 지능형건축물 인증 신청서를 받은 경우에는 신청서류가 접수된 날부터 40일 이내에 인증을 처리하여야 한다.
㉡ 지능형건축물 인증기관의 장은 건축주등이 제출한 서류의 내용이 미흡하거나 사실과 다를 경우에는 접수된 날부터 20일 이내에 건축주등에게 보완을 요청할 수 있다.
㉢ 건축주 등이 제출서류를 보완하는 기간은 인증 처리기간에 산입하지 아니한다.
그러므로, ㉠, ㉡, ㉢에 의해
인증 처리기간 = 최초 처리기간 + 한 차례 연장기간 = 40 + 20 = 60일이다.

15 | 인증등급

지능형건축물 인증기관의 장은 인증신청을 받으면 인증심사단을 구성하여 인증기준에 따라 서류심사와 현장실사를 하고, 심사 내용, 심사 점수, 인증 여부 및 인증 등급을 포함한 인증심사 결과서를 작성하여야 한다. 이 경우 인증 등급으로 옳은 것은?

① 1등급부터 4등급까지 ② 1등급부터 5등급까지
③ 0등급부터 4등급까지 ④ 0등급부터 5등급까지

해설 관련 법규 : 인증규칙 제7조
해설 법규 : 인증규칙 제7조
지능형건축물 인증기관의 장은 인증신청을 받으면 인증심사단을 구성하여 인증기준에 따라 서류심사와 현장실사를 하고, 심사 내용, 심사 점수, 인증 여부 및 인증 등급을 포함한 인증심사 결과서를 작성하여야 한다. 이 경우 인증 등급은 1등급부터 5등급까지로 한다.

16 | 인증등급의 점수

인증 등급 중 3등급의 점수로 옳은 것은?

① 75점 이상 80점 미만 ② 80점 이상 85점 미만
③ 85점 이상 90점 미만 ④ 70점 이상 75점 미만

해설 관련 법규 : 인증규칙 제7조, 인증기준 (별표 3)
해설 법규 : 인증규칙 제7조, 인증기준 (별표 3)
지능형 건축물 인증기관의 장은 인증신청을 받으면 인증심사단을 구성하여 인증기준에 따라 서류심사와 현장실사를 하고, 심사 내용, 심사 점수, 인증 여부 및 인증 등급을 포함한 인증심사 결과서를 작성하여야 한다. 이 경우 인증 등급은 1등급부터 5등급까지로 하고, 그 세부 기준은 다음과 같다(주거시설, 비주거시설, 복합건축물).

등급	1등급	2등급	3등급	4등급	5등급
점수 (100점 만점)	85점 이상	80점 이상 85점 미만	75점 이상 80점 미만	70점 이상 75점 미만	65점 이상 70점 미만

17 | 인증심사단의 전문인력

인증심사단은 심사전문인력으로 구성하되, 전문분야별로 각 1명을 포함하여 몇 명 이상으로 구성하여야 하는가?

① 6명 ② 5명
③ 4명 ④ 3명

해설 관련 법규 : 인증규칙 제7조
해설 법규 : 인증규칙 제7조 ②항
인증심사단은 심사전문인력으로 구성하되, 전문분야별로 각 1명을 포함하여 6명 이상으로 구성하여야 한다.

18 | 인증심의위원회의 전문인력

인증심의위원회는 해당 인증기관에 소속되지 아니한 전문분야별 전문가 각 1명을 포함하여 몇 명 이상으로 구성하여야 하는가?

① 3명 ② 5명
③ 6명 ④ 7명

해설 관련 법규 : 인증규칙 제7조
해설 법규 : 인증규칙 제7조 ④항
인증심의위원회는 해당 인증기관에 소속되지 아니한 전문분야별 전문가 각 1명을 포함하여 6명 이상으로 구성하여야 한다. 이 경우 인증심의위원회 위원은 다른 인증기관의 심사전문인력 또는 인증운영위원회 위원 1명 이상을 포함시켜야 한다.

19 | 인증심사의 결과 내용

인증기관의 장은 인증서를 발급한 경우에는 인증심사 결과를 국토교통부장관에게 제출하여야 하는데, 그 내용으로 옳지 않은 것은?

① 인증 대상 ② 인증 유효기간
③ 인증 등급 ④ 인증심사단의 구성원

정답 14. ④ 15. ② 16. ① 17. ① 18. ③ 19. ②

해설 관련 법규 : 인증규칙 제8조
해설 법규 : 인증규칙 제8조 ②항
인증기관의 장은 인증서를 발급한 경우에는 인증 대상, 인증 날짜, 인증 등급, 인증심사단의 구성원 및 인증심의위원회 위원의 명단을 포함한 인증심사 결과를 국토교통부장관에게 제출하여야 한다.

20 | 인증 명판의 구성

인증 명판에 대한 설명 중 옳지 않은 것은?

① 글씨 : 명조체(부조 음각)
② 바탕 색채 : 구리색
③ 글씨(지능형건축물, 인증마크, 대상 건축물의 명칭, 인증기간, 인증기관의 장)색채 : 구리색
④ 둘레 : 0.3cm 두께의 구리색 테두리(표지판 바깥 둘레로부터 안쪽으로 0.3cm 띄워서 표시)

해설 관련 법규 : 인증규칙 제8조, (별표 2)
해설 법규 : 인증규칙 제8조 ①항, (별표 2)
명판의 표시와 규격
 ㉠ 크기 : 가로 30cm×세로 30cm×두께 1.5cm
 ㉡ 재질 : 구리판
 ㉢ 글씨 : 고딕체(부조 양각)
 ㉣ 색채
  • 바탕 : 구리색
  • 글씨(지능형건축물, 인증마크, 대상 건축물의 명칭, 인증기간, 인증기관의 장) : 구리색
 ㉤ 둘레 : 0.3cm 두께의 구리색 테두리(표지판 바깥 둘레로부터 안쪽으로 0.3cm 띄워서 표시)
명판의 크기(가로 30cm×세로 30cm×두께 1.5cm)와 재질(구리판)은 명판이 부착되는 건축물의 특성에 따라 축소 · 확대하는 등 변경할 수 있다.

21 | 인증의 취소

인증기관의 장이 지능형건축물로 인증을 받은 건축물의 인증을 취소할 수 있는 경우로 옳지 않은 것은?

① 인증의 근거나 전제가 되는 주요한 사실이 변경된 경우
② 인증 신청 및 심사 중 제공된 중요 정보나 문서가 거짓인 것으로 판명된 경우
③ 인증을 받은 건축물의 건축주 등이 인증서를 인증기관에 반납한 경우
④ 인증을 받은 건축물의 건축신고 등이 취소된 경우

해설 관련 법규 : 인증규칙 제9조, 해설 법규 : 인증규칙 제9조
인증기관의 장은 지능형건축물로 인증을 받은 건축물이 다음의 어느 하나에 해당하면 그 인증을 취소할 수 있다.
 ㉠ 인증의 근거나 전제가 되는 주요한 사실이 변경된 경우
 ㉡ 인증 신청 및 심사 중 제공된 중요 정보나 문서가 거짓인 것으로 판명된 경우
 ㉢ 인증을 받은 건축물의 건축주 등이 인증서를 인증기관에 반납한 경우
 ㉣ 인증을 받은 건축물의 건축허가 등이 취소된 경우

22 | 인증신청자의 제출서류

건축주 등이 지능형건축물의 예비인증을 받기 위해 지능형건축물 예비인증 신청서에 첨부하여 인증기관의 장에게 제출하여야 하는 서류에 속하지 않는 것은?

① 지능형건축물 인증기준에 따라 작성한 해당 건축물의 지능형건축물 자체평가서 및 증명자료
② 설계도면
③ 설계 변경 확인서
④ 각 분야 시방서(일반 및 특기시방서)

해설 관련 법규 : 인증규칙 제11조
해설 법규 : 인증규칙 제11조 ②항
건축주 등이 지능형건축물의 예비인증을 받으려면 지능형건축물 예비인증 신청서에 다음의 서류를 첨부하여 인증기관의 장에게 제출하여야 한다.
 ㉠ 지능형건축물 인증기준에 따라 작성한 해당 건축물의 지능형건축물 자체평가서 및 증명자료
 ㉡ 설계도면
 ㉢ 각 분야 설계설명서
 ㉣ 각 분야 시방서(일반 및 특기시방서)
 ㉤ ㉠~㉣의 서류가 저장된 콤팩트디스크

23 | 인증받은 건축물의 관리

지능형건축물로 인증을 받은 건축물의 사후관리에 대한 설명 중 옳지 않은 것은?

① 인증 소유자는 설치된 지능형 건축물의 안정적인 가동을 위하여 유지보수 관련사항을 성실히 수행하여야 한다.
② 운영기관의 장은 인증기관으로 하여금 사후관리 계획을 2년마다 수립하여 시행하도록 할 수 있으며 그 결과를 운영기관의 장에게 보고하게 할 수 있다.
③ 인증 소유자는 설치된 지능형건축물의 설비에 대하여 가동실적을 알 수 있는 운전데이터 등 인증기관이 요구하는 자료를 성실히 제공하여야 한다.
④ 운영기관의 장은 보고받은 사후관리 결과를 국토교통부장관에게 보고하고, 필요한 조치를 강구하여야 한다.

해설 관련 법규 : 인증규칙 제12조
해설 법규 : 인증규칙 제12조
인증을 받은 지능형건축물의 사후관리의 범위는 ①, ③, ④ 이외에 운영기관의 장은 인증기관으로 하여금 사후관리 계획을 매년 수립하여 시행하도록 할 수 있으며 그 결과를 운영기관의 장에게 보고하게 할 수 있다.

24 | 인증서류의 기준 검토

국토교통부장관은 지능형건축물 인증 신청 시 첨부하여야 하는 서류의 종류에 대하여 2015년 1월 1일을 기준으로 몇 년마다 그 타당성을 검토하여 개선 등의 조치를 하여야 하는가?

① 2년
② 3년
③ 4년
④ 5년

해설 관련 법규 : 인증규칙 제14조
해설 법규 : 인증규칙 제14조
국토교통부장관은 지능형건축물 인증 신청 시 첨부하여야 하는 서류의 종류에 대하여 2015년 1월 1일을 기준으로 2년마다 (매 2년이 되는 해의 1월 1일 전까지) 그 타당성을 검토하여 개선 등의 조치를 하여야 한다.

MEMO

부록

CBT 적중 모의고사

Engineer Building Facilities

CBT 적중 모의고사

1 과목 건축설비 계획

01 물의 특성에 관한 설명으로 옳지 않은 것은?
① 물은 비압축성 유체이다.
② 물에는 체적의 탄성이 없다.
③ 물의 점성은 온도가 상승하면 감소한다.
④ 순수한 물이 얼게 되면 약 4%의 체적감소가 발생한다.

해설 물의 체적 변화는 0℃의 물이 0℃의 얼음으로 되면 9%의 체적이 팽창하고, 4℃의 물이 100℃의 물로 되면 4.3%의 체적이 팽창하며, 100℃의 물이 100℃의 증기로 되면 1,700배의 체적 팽창이 발생한다. 즉, 항아리의 물이 얼면 항아리가 깨지는 원인은 부피가 9% 팽창했기 때문이다.

02 안지름 100mm의 관에서 2m/sec의 유속으로 물이 흐를 때 마찰손실수두가 10m라고 하면 이 관의 길이는 몇 m인가? (단, 마찰손실계수 f는 0.02로 한다.)
① 184
② 245
③ 262
④ 294

해설 $h = f\dfrac{l}{d}\dfrac{v^2}{2g}$(m)에서,
$l = \dfrac{2ghd}{fv^2} = \dfrac{2 \times 9.8 \times 10 \times 0.1}{0.02 \times 2^2} = 245$m 이다.
여기서, h : 마찰손실수두(m), l : 관의 길이(m)
d : 관의 직경(m), v : 유속(m/s)
g : 중력 가속도(9.8m/s²), f : 손실계수

03 물의 경도는 건축기계설비에서 중요하게 다루고 있다. 그 이유로서 틀린 것은?
① 배관 내 스케일 발생 원인
② 급수펌프 소요 동력 증가 원인
③ 열교환기의 열교환 효율 감소 원인
④ 배관 내 유체의 흐름 저항 감소 원인

해설 물의 경도는 배관 내 스케일 발생이 되고, 급수펌프 소요 동력 증가되며, 열교환기의 열교환 효율이 감소된다.

04 대변기의 세정방식 중 플러시 밸브식에 관한 설명으로 옳지 않은 것은?
① 대변기의 연속사용이 가능하다.
② 일반 가정용으로는 사용이 곤란하다.
③ 세정음은 유수음도 포함되기 때문에 소음이 크다.
④ 레버의 조작에 의해 낙차에 의한 수압으로 대변기를 세척하는 방식이다.

해설 세정밸브식 대변기는 핸들을 아래로 누루면, 릴리프 밸브가 닫혀 압력실 내의 물이 압출되어 피스톤 밸브가 위로 올라가며 밸브가 완전히 열려 세정수가 유출되는 방식이다.

05 인체의 열적 쾌적감에 영향을 미치는 실내환경요소와 가장 거리가 먼 것은?
① 기온
② 습도
③ 공기의 청정도
④ 기류

해설 인체의 열적 쾌적감(온열환경요소)의 물리적 요소 또는 수정 유효온도(CET)는 온도(건구온도), 습도(상대습도), 기류 및 주위벽의 복사열 등이 있고, 개인적(인체적) 요소는 착의 상태(clo), 활동량(met) 등이 있다.

06 펌프의 회전수 변화에 따른 유량, 양정, 축동력, 소비전력의 변화를 설명한 내용 중 옳은 것은?
① 회전수를 50% 줄이면, 유량은 50% 증가한다.
② 회전수를 50% 줄이면, 양정은 75% 감소한다.
③ 회전수를 50% 줄이면, 축동력은 25% 감소한다.
④ 회전수를 50% 줄이면, 소비전력은 50% 감소한다.

정답 01.④ 02.② 03.④ 04.④ 05.③ 06.②

해설 펌프의 상사법칙에 의하여 양수량은 회전수에 비례$\left(\frac{1}{2}\times 100 = 50\%,\ 50\% \text{ 감소}\right)$하고, 양정은 회전수의 제곱에 비례$\left(\left(\frac{1}{2}\right)^2 \times 100 = 25\%,\ 75\% \text{ 감소}\right)$하며, 축동력은 회전수의 3제곱에 비례$\left(\left(\frac{1}{2}\right)^3 \times 100 = 12.5\%,\ 87.5\% \text{ 감소}\right)$한다.

07 양수펌프가 수면으로부터 2.5m 높은 지점에 설치되어 있다. 이때 수온은 32.5℃이고, 32.5℃ 물의 포화증기압은 5kPa이며, 수면 위에는 표준 대기압이 작용하고 있다. 이 양수펌프의 유효흡입양정은? (단, 마찰저항은 2.37mAq이며 물의 밀도는 0.996kg/L이다.)

① 약 2.5m
② 약 5.0m
③ 약 7.5m
④ 약 10.0m

해설 NPSH는 운전되고 있는 펌프 흡입측에서의 여분의 유효흡입양정이다.
∴ NPSH = 대기압 − (흡입양정 + 마찰손실 + 포화증기압)
= 대기압 − (흡입양정 + 마찰손실) − 포화증기압
= 흡입측 전압 − 포화증기압이다.
= 10.33 − (2.5 + 0.5 + 2.37)
= 4.96m ≒ 5m
여기서, 0.5m = 0.005MPa = 5kPa(1m = 0.01MPa)
또한, 32.5℃의 포화증기압 5kPa을 수두로 환산하기 위하여 1MPa = 100m이므로
$\frac{5kPa}{1MPa} \times 100m = \frac{5,000pa}{1,000,000pa} \times 100m = 0.5m$임을 알 수 있다.

08 압력탱크방식 급수법에 대한 설명 중 맞는 것은?
① 고가탱크방식에 비하여 관리비용이 저렴하고 저양정의 펌프를 사용한다.
② 부분적으로 높은 수압을 필요로 할 때 적당하다.
③ 항상 일정한 수압을 유지할 수 있다.
④ 취급이 비교적 쉽고 고장도 없다.

해설 압력탱크방식은 고가탱크방식에 비하여 관리비용이 고가이고 고양정의 펌프를 사용하며, 수압의 변화가 심하여 일정한 수압을 유지할 수 없으며, 취급이 비교적 어렵고 고장도 많다. 특히 단수 시에도 일정량(탱크의 잔류량)의 급수가 가능하다.

09 급수기구의 최저 필요압력으로 부적절한 것은?
① 일반수전 : $0.3kg/cm^2(0.03MPa)$
② 샤워기 : $0.7kg/cm^2(0.07MPa)$
③ 대변기 세정밸브(일반대변기용) : $0.7kg/cm^2(0.07MPa)$
④ 소변기 세정밸브(벽걸이형 소변기) : $0.5kg/cm^2(0.05MPa)$

해설 소변기 세정밸브(벽걸이형 소변기)는 $0.7kg/cm^2(0.07MPa)$ 이상이다.

10 국소식 급탕방법에 대한 설명 중 옳지 않은 것은?
① 배관 및 기기로부터의 열손실이 많다.
② 건물완공 후에도 급탕개소의 증설이 비교적 쉽다.
③ 급탕 개소마다 가열기의 설치 스페이스가 필요하다.
④ 주택 등에서는 난방 겸용의 온수보일러, 순간온수기를 사용할 수 있다.

해설 국소식 급탕방식(급탕을 필요로 하는 장소에 소형 탕비기 등을 설치하여 비교적 짧은 배관으로 급탕하는 방식)은 급탕 배관의 길이가 짧아 배관의 열손실이 적고, 탕을 순환할 필요가 없는 소규모 급탕설비에 사용된다.

11 시간당 200L의 급탕을 필요로 하는 건물에서 전기온수기를 사용하여 급탕을 하는 경우 필요전력량은? (단, 물의 비열은 4.2kJ/kg·K, 급수온도는 10℃, 급탕온도는 60℃, 전기온수기의 가열효율은 95%이다.)
① 11.1kW
② 11.7kW
③ 12.3kW
④ 13.5kW

해설 Q(급탕 가열량)
$= c$(비열)m(질량)Δt(온도의 변화량)
$= 4.2 \times 200 \times (60-10) = 42,000$kJ/h
$= \frac{42,000 \times 1,000}{3,600}$
$= 11.667$kW이다.
그런데 효율이 95%이므로 필요 전력량
$= \frac{\text{급탕 가열량}}{\text{효율}} = \frac{11.667}{0.95} = 12.28$kW이다.

정답 07. ② 08. ② 09. ④ 10. ① 11. ③

12 다음 중 건축화 조명의 종류에 속하지 않는 것은?
① 광천장 조명　② 밸런스 조명
③ 코브 조명　　④ 국부 조명

해설　건축화 조명방식(조명 기구를 건축 내장재의 일부 마무리로써 건축의장과 조명기구를 일체화하는 조명방식)의 종류에는 코브 조명, 코니스 조명, 광천장 조명, 코너 조명, 코퍼 조명, 밸런스 조명, 다운라이트 조명 및 루버 조명 등이 있다. 국부 조명은 필요한 작업면에만 가깝게 광원을 위치시키는 조명방식이다.

13 온도 10℃, 길이 100m인 강관에 탕이 흘러 70℃가 되었을 때 강관의 팽창량은? (단, 강관의 선팽창계수 $\alpha = 1.0 \times 10^{-5}$이다.)
① 6cm　　② 8cm
③ 10cm　　④ 12cm

해설　ε(변형도) $= \dfrac{\Delta l (\text{변형된 길이})}{l (\text{원래의 길이})}$,
$\varepsilon = \alpha$(선팽창계수)Δt(온도의 변화량)에서,
$\dfrac{\Delta l}{l} = \alpha \Delta t$이므로 $\Delta l = l\alpha\Delta t = 100 \times 1.0 \times 10^{-5} \times (70-10)$
$= 0.06\text{m} = 6\text{cm}$이다.

14 청소구에 관한 설명으로 옳지 않은 것은?
① 배수수직관의 최하부 부근에 설치한다.
② 배수수평지관 및 배수수평주관의 기점에 설치한다.
③ 배수관경이 125mm이면 직경이 125mm인 청소구를 설치한다.
④ 배수의 흐름과 반대 또는 직각방향으로 열 수 있도록 설치한다.

해설　배수관의 청소구 최소 크기는 DN100(100mm) 이하의 배관에서는 관 지름과 같은 크기의 청소구를 설치하고, DN125(125mm) 이상의 배관에서는 DN100(100mm) 이상의 크기의 청소구를 설치한다.

15 트랩의 봉수에 대한 설명에서 틀린 것은?
① 트랩의 기능은 하수 가스의 실내 침입을 방지하는 데 있다.
② 트랩의 봉수 깊이는 보통 50~100mm 정도이지만, 이보다 더 깊게 할수록 좋다.
③ 트랩의 봉수는 사이펀 작용에 의해 파괴될 수 있다.
④ 장기간 트랩으로의 배수가 없는 경우에 트랩의 봉수는 증발에 의하여 파괴될 수 있다.

해설　트랩의 봉수 깊이는 보통 50~100mm 정도이나, 유효봉수깊이가 너무 낮으면 봉수를 손실하기 쉽고, 너무 깊으면 유수의 저항이 증대되어 통수능력이 감소하며, 그에 따라 자정작용이 없어지게 된다. 특히 위생기구에 될 수 있는 한 접근시켜 설치한다.

16 각개통기관의 관경은 접속하는 배수 관경의 최소 얼마 이상으로 하여야 하는가?
① 2배　　② 3배
③ 1/2　　④ 1/3

해설　각개통기관은 그것이 접속되는 배수관 관경의 1/2 이상으로 하고, 최소 32mm 이상으로 하여야 한다.

17 처리대상인원 1,000인, 1인 1일당 오수량 0.2m³, 평균 BOD는 200ppm, BOD 제거율 85%인 오수처리시설에서 유출수의 BOD량(kg/day)은?
① 1.5　　② 6
③ 30　　④ 200

해설　유출수의 BOD를 x라고 하면,
BOD 제거율 $= \dfrac{\text{제거 BOD}}{\text{유입 BOD}}$
$= \dfrac{\text{유입수 BOD} - \text{유출수 BOD}}{\text{유입수 BOD}} \times 100(\%)$
$= \dfrac{200-x}{200} \times 100(\%) = 85\%$
∴ $x = 30$ppm이므로 유출수의 BOD량
$= $유입량$\times$유출수의 BOD$= (0.2 \times 1,000) \times \dfrac{30}{1,000,000}$
$= 0.006\text{m}^3/\text{day} = 6\text{kg/day}$

18 액체의 성질에 관하여 설명한 것 중 맞는 것은?
① 액체의 밀도는 압력, 온도의 작은 변동에 의해서도 현저히 변화한다.
② 표면장력은 액체의 응집력이 크면 작아진다.
③ 밀폐된 액체의 일부에 가한 압력은 액체의 각 부분에 같은 크기의 압력을 전한다.
④ 액체의 압축률의 변화는 압력, 온도가 상승하는 데에 따라 커진다.

해설　액체의 밀도는 압력, 온도의 작은 변동에 의해서도 현저히 변화한다. 표면장력은 액체의 응집력이 크면 커지며, 액체의 압축률의 변화는 압력, 온도가 상승하는 데에 따라 작아진다.

정답　12.④ 13.① 14.③ 15.② 16.③ 17.② 18.③

19 1인당 필요한 신선공기량이 30m³/h일 때 정원이 500명, 실용적이 5,000m³인 강당의 1시간당 환기횟수는 얼마인가?

① 2회
② 3회
③ 4회
④ 5회

해설 환기횟수 = $\frac{시간당\ 환기량}{실의\ 용적}$ 이다.

그런데, 환기량 30m³/h×500명=15,000m³/h, 실의 용적은 5,000m³이다.

그러므로, 환기횟수 = $\frac{시간당\ 환기량}{실의\ 용적} = \frac{15,000}{5,000} = 3$회/h

20 급탕배관에서 관의 신축을 흡수하기 위해 설치하는 신축이음의 종류가 아닌 것은?

① 루프형
② 유니언형
③ 슬리브형
④ 벨로즈형

해설 급탕배관의 신축을 흡수하는 목적으로 사용되는 신축이음쇠의 종류에는 루프형 이음, 슬리브 이음, 벨로스 이음 및 스위블형 등이 있고, 유니언은 직관의 접합에 사용하는 부품이다.

❷ 과목 건축설비 설계

21 다음은 건조공기에 대한 설명이다. 옳지 않은 것은?

① 지상 부근 공기의 성분비율은 수증기를 제외하면 거의 일정하다.
② 여러 기체의 혼합물로 산소와 이산화탄소가 대부분을 차지한다.
③ 수증기를 전혀 함유하지 않은 건조한 공기를 가상하여 건조공기라 부른다.
④ 이상기체에 가까운 성질을 갖고 있으므로 이상기체로 간주하여 계산될 수 있다.

해설 공기는 질소와 산소 등의 화합물로서 지상 부근 대기의 성분 비율은 수증기를 제외하면 거의 일정하고, 건조 공기(수증기를 전혀 함유하지 않는 건조한 공기)의 성분은 다음과 같다.

성분	질소(N_2)	산소(O_2)	아르곤(Ar)	이산화탄소(CO_2)
용적 조성	78.09	20.95	0.93	0.03
중량 조성	75.53	23.14	1.28	0.05

22 건구온도 35℃인 외기와 건구온도 25℃인 실내 공기를 4 : 6으로 혼합할 경우 혼합공기의 건구온도는?

① 28℃
② 29℃
③ 30℃
④ 31℃

해설 혼합공기의 온도

열적 평형 상태에 의해서, $m_1(t_1 - T) = m_2(T - t_2)$에서,

$T = \frac{m_1 t_1 + m_2 t_2}{m_1 + m_2}$이다.

여기서, $m_1 = 4l$, $m_2 = 6l$, $t_1 = 35℃$, $t_2 = 25℃$

∴ $T = \frac{m_1 t_1 + m_2 t_2}{m_1 + m_2} = \frac{4 \times 35 + 6 \times 25}{(4+6)} = 29℃$

23 공조기 내에서 습공기가 다음 그림과 같이 상태변화를 할 때 변화과정으로 옳은 것은?

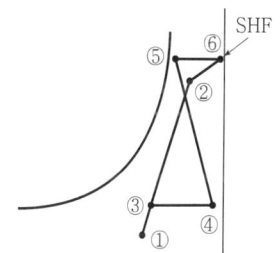

① 혼합 - 예열 - 가습 - 재열
② 혼합 - 가습 - 가열 - 재열
③ 혼합 - 냉각 - 가습 - 가열
④ 예열 - 혼합 - 가열 - 가습

해설 ①번의 외기와 ②번의 실내 환기가 ③번에서 혼합되고, ④번에서 가열되며, ⑤번에서 단열 가습(증발 냉각)하고, ⑥번에서 가열(재열)한 후 ②번에서 실내로 취출한다.

24 Gkg의 물체를 온도 t_1℃에서 t_2℃까지 가열하는 데 필요한 열량 Q를 구하는 식은? (단, cm은 평균비열)

① $Q = Gcm(t_2 + t_1)$
② $Q = Gcm(t_2 - t_1)$
③ $Q = (G - cm)(t_2 + t_1)$
④ $Q = (G - cm)(t_2 - t_1)$

해설 Q(열량)$=c$(비열)m(질량)Δt(온도의 변화량)이고, 물의 비열은 4.19kJ/kg·K이다.

25 난방도일(heating degree day)에 관한 다음 설명 중 부적합한 것은?

① 난방도일이 큰 지역일수록 연료소비량은 증가한다.
② 난방도일의 계산에 있어서 일사량은 고려하지 않는다.
③ 난방도일은 난방용 장치부하를 결정하기 위한 것이다.
④ 추운 날이 많은 지역일수록 난방도일은 커진다.

해설 난방도일은 어느 지방의 추위의 정도와 에너지 소모량 및 연료 소비량을 추정 평가하는데 편리한 점이 있어 자주 사용되는 것으로 난방도일은 다음과 같이 산정한다.
난방도일(HD)
$=\sum(t_i$(실내의 평균기온)$-t_o$(실외의 평균기온))
×일(날짜)수이다.
난방용 장치부하는 난방부하의 시간최대부하를 이용하여 구한다.

26 온수난방과 증기난방의 비교 설명으로 옳지 않은 것은?

① 온수난방은 증기난방에 비하여 운전정지 중에 동결의 위험이 크다.
② 온수난방은 증기난방에 비하여 소요방열 면적과 배관경이 크게 된다.
③ 증기난방은 온수난방에 비하여 열용량이 커 예열 시간이 길게 소요된다.
④ 온수난방은 증기난방에 비하여 난방부하 변동에 따른 온도조절이 용이하다.

해설 증기난방은 온수난방에 비하여 열용량이 작으므로 예열시간이 짧게 소요된다.

27 위치수두 10mAq, 압력 0.3MPa, 속도 2m/s인 관속을 흐르는 물($\gamma=1{,}000$kg/m³)의 전수두는?

① 13.0m
② 13.2m
③ 14.1m
④ 40.2m

해설 전수두=위치압력수두+관 내 압력수두+속도수두
$\left(\dfrac{v^2(유속)}{2g(중력가속도)}\right)$이다.
그러므로, 전수두$=10+(0.3\times100)+\dfrac{2^2}{2\times9.8}=40.2$mAq이다.

28 공기조화방식 중 일반적으로 덕트 속의 풍압이 변화하기 때문에 주덕트 내의 정압제어를 필요로 하는 것은?

① 변풍량 단일덕트방식
② 패키지 유닛방식
③ 정풍량 이중덕트방식
④ 유인유닛방식

해설 변풍량 단일덕트방식은 송풍온도를 일정하게 하고, 송풍량을 변동해 부하변동에 따라 실온을 소정의 상태로 유지하는 방식으로 주덕트 내의 정압제어가 필요한 방식이다.

29 다음의 공기조화방식에 대한 설명 중 옳은 것은?

① 단일덕트방식은 냉풍과 온풍을 혼합하는 혼합상자가 필요하므로 소음과 진동이 크다.
② 2중덕트방식은 덕트 샤프트 및 덕트 스페이스를 크게 차지한다.
③ 팬코일 유닛방식은 중앙기계실의 면적이 크며, 덕트 방식에 비해 유닛의 위치 변경이 어렵다.
④ 유인유닛방식은 저속덕트를 사용하므로 덕트 스페이스를 작게 할 수 없다.

해설 이중덕트방식은 냉풍과 온풍을 혼합하는 혼합상자가 필요하므로 소음과 진동이 크며, 팬코일 유닛방식은 중앙기계실의 면적이 작고, 덕트 방식에 비해 유닛의 위치 변경이 용이하며, 유인유닛방식은 고속덕트를 사용하므로 덕트 스페이스를 작게 할 수 있다.

30 흡수식 냉동기에 관한 설명으로 옳지 않은 것은?

① 발생기의 형식에 따라 단효용식과 2중 효용식이 있다.
② 증발기, 흡수기, 재생기(발생기), 응축기 등으로 구성된다.
③ 열에너지가 아닌 기계적 에너지에 의해 냉동효과를 얻는다.
④ 냉방용의 흡수냉동기는 물과 브롬화리튬(LiBr)의 혼합용액을 사용한다.

해설 흡수식 냉동기는 기계적 에너지가 아닌 열에너지에 의해 냉동효과를 얻고, 구조는 증발기, 흡수기, 재생(발생)기, 응축기 등으로 구성되는 냉동기로서 물과 브롬화리튬(LiBr)의 혼합용액을 사용한다.

정답 25.③ 26.③ 27.④ 28.① 29.② 30.③

31 다음 중 펌프운전에서 캐비테이션이 발생하기 쉬운 조건과 가장 거리가 먼 것은?
① 흡입 양정이 클 경우
② 유체의 온도가 높을 경우
③ 펌프가 흡입수면보다 위에 있을 경우
④ 흡입측 배관의 손실수두가 작을 경우

해설 공동현상[(cavitation)은 액체 속에 함유된 공기가 저압 부분에서 분리되어 수많은 작은 기포로 되는 현상 또는 펌프 흡입측 압력이 유체 포화 증기압보다 작으면 유체가 기화하면서 발생되는 현상]의 발생 조건은 유체의 온도가 높을 경우, 흡입양정(흡입관의 손실수두)이 클 경우, 날개차의 원주속도가 클 경우 등이다. 특히 회전수의 증가는 공동현상을 촉진시킨다.

32 송풍기의 회전수 500rpm에서 풍량은 200m³/min이었다. 회전수를 600rpm으로 올렸을 경우 풍량은?
① 220m³/min
② 240m³/min
③ 288m³/min
④ 356m³/min

해설 송풍기의 풍량(유량)은 회전수에 비례하고, 압력은 회전수의 제곱에 비례하며, 동력은 회전수의 3제곱에 비례한다.
그러므로, 송풍기 풍량은 회전수에 비례하므로
$500 : 600 = 200 : x$ 이다.
$\therefore x = \dfrac{600 \times 200}{500} = 240 \text{m}^3/\text{min}$ 이다.

33 냉수코일의 통과풍량은 30,000m³/h이고 통과풍속이 2.5m/sec일 때 코일의 정면면적은?
① 1.2m²
② 3.3m²
③ 7.5m²
④ 12m²

해설 Q(풍량) = A(코일의 정면 면적)$\times v$(코일의 풍속)이므로,
$A = \dfrac{Q}{v} = \dfrac{30,000}{2.5 \times 3,600} = 3.33 \text{m}^2$ 이상이다.

34 공기 2,000kg/h를 증기코일로 가열하는 경우 코일을 통과하는 공기의 온도차가 25.5℃ 증기온도에서 물의 증발잠열이 2,229.52kJ/kg일 때 가열에 필요한 증기량은? (단, 공기의 정압비열은 1.01kJ/kg·K이다.)
① 18.2kg/h
② 23.1kg/h
③ 40.2kg/h
④ 50.2kg/h

해설 ㉠ 공기의 가열량(Q_A)
= c(물의 비열)m(물의 질량)Δt(온도의 변화량)
= $1.01 \times 2,000 \times 25.5 = 51,510$kJ/h
㉡ 소요 증기량 = $\dfrac{\text{공기의 가열량}}{\text{물의 증발잠열}} = \dfrac{51,510}{2,229.52} = 23.1$kg/h

35 배관재료와 그것의 일반적인 용도를 나타낸 것 중 옳게 연결된 것은?
① 경질염화비닐관 – 냉매
② 동관 – 증기
③ 스테인리스관 – 급수
④ 폴리에틸렌관 – 가스

해설 냉매-동관, 증기-강관, 급수-스테인리스관, 동관, 가스-강관, PE관-급수관, 급탕관에 사용한다.

36 고속덕트에 관한 설명 중 옳지 않은 것은?
① 소음이 크므로 취출구에 소음상자를 설치한다.
② 관마찰저항을 줄이기 위하여 일반적으로 단면을 원형으로 한다.
③ 공장이나 창고 등과 같이 소음이 별로 문제가 되지 않는 곳에 사용된다.
④ 설치 스페이스를 많이 차지하므로 고층빌딩 등과 같이 설치 스페이스를 크게 취할 수 없는 곳에서는 사용할 수 없다.

해설 고속덕트는 설치 스페이스를 적게 차지(저속덕트의 12~14% 정도)하므로 고층빌딩 등과 같이 설치 스페이스를 크게 취할 수 없는 곳에서 사용할 수 있다.

37 취출구의 허용풍속을 제한하는 가장 주된 이유는?
① 확산반경을 줄이기 위하여
② 송풍동력을 줄이기 위하여
③ 소음발생을 억제하기 위하여
④ 단락류 발생을 억제하기 위하여

해설 취출구의 허용풍속을 제한하는 이유는 소음발생을 억제하기 위함이다.

38 정확한 환기량과 급기량 변화에 의해 실내압을 정압(+) 또는 부압(-)으로 유지할 수 있는 환기방식은?
① 급기팬과 배기팬의 조합
② 급기팬과 자연배기의 조합
③ 자연급기와 배기팬의 조합
④ 자연급기와 자연배기의 조합

해설 제1종 환기방식(압입, 흡출병용방식)은 송풍기와 배풍기를 사용하여 환기량이 일정하며, 실내·외의 압력차는 임의(+, -)로 환기 효과가 가장 크고, 병원의 수술실에 사용된다.

정답 31. ④ 32. ② 33. ② 34. ② 35. ③ 36. ④ 37. ③ 38. ①

39 다음과 같은 조건에서 재실인원이 50명인 회의실의 외기 현열부하는?

[조건]
- 1인당 필요한 외기량 : 80m³/h
- 실내온도 : 26℃, 외기온도 : 32℃
- 공기의 밀도 : 1.2kg/m³
- 공기의 정압비열 : 1.01kJ/kg·K

① 6,270W ② 7,240W
③ 8,080W ④ 9,120W

해설 q_s(현열부하)=c(공기의 비열)ρ(공기의 밀도)V(실의 체적)
Δt(온도의 변화량)
= $1.01 \times 1.2 \times (50 \times 80) \times (32-26)$ = 29,088kJ/h
= 8.08kW = 8,080W

40 신축이음쇠 중에서 방열기나 팬코일 유닛 등으로의 접속배관부에 사용되는 것은?

① 슬리브형 ② 루프형
③ 벨로우즈형 ④ 스위블형

해설 스위블형 이음은 2개 이상의 엘보를 사용하여 이음부의 나사 회전을 이용해서 배관의 신축을 흡수하는 것으로 방열기 및 팬코일 유닛의 주변배관에 사용되는 신축이음쇠이다.

③ 과목 전기설비 및 소방시설 일반

41 전자의 전기량은 약 몇 C인가?

① 8.855×10^{-12} ② 1.602×10^{-19}
③ 3.14×10^{-27} ④ 9.11×10^{-31}

해설 1개의 전자는 1.6021×10^{-19}C의 음전기를 띠고 있으므로 한 물질 내의 전자의 과부족으로 양전하와 음전하를 갖게 되어 전자 1개의 전하는 1.60219×10^{-19}C이다. 따라서 1C의 전자 개수는 $\frac{1}{1.60219 \times 10^{-19}} = 6.24 \times 10^{18}$ 개이다.

42 다음 회로의 합성저항은?

① 6Ω
② 9Ω
③ 11Ω
④ 16Ω

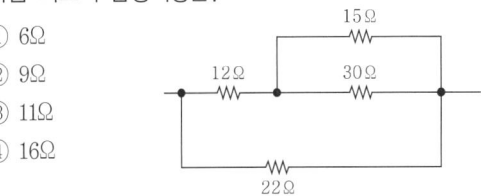

해설 ㉠ 15Ω과 30Ω은 병렬연결이므로, 합성저항은
$\frac{1}{R} = \frac{1}{R_1} + \frac{1}{R_2} = \frac{1}{15} + \frac{1}{30} = \frac{2+1}{30} = \frac{1}{10}$ 이므로, R=10Ω이다.

㉡ ㉠항의 저항과 12Ω은 직렬연결이므로, R=10Ω이고, 12Ω은 직렬연결이므로 합성저항은 10Ω+12Ω=22Ω이다.

㉢ ㉡항의 저항과 22Ω은 병렬연결이므로, $\frac{1}{R} = \frac{1}{R_1} + \frac{1}{R_2}$
= $\frac{1}{22} + \frac{1}{22} = \frac{2}{22} = \frac{1}{11}$ 이므로, R=11Ω이다.

43 220V용 100W 전구에 흐르는 전류는?

① 약 4.4A ② 약 2.2A
③ 약 0.9A ④ 약 0.45A

해설 W(전력량)=V(전압)$\times I$(전류)에서 $I = \frac{W}{V} = \frac{100}{220} = 0.454A$

44 합성 최대 수용전력이 1,500kW, 부하율이 0.7일 때 평균 전력(kW)은?

① 1,050 ② 1,500
③ 2,142 ④ 3,000

해설 부하율(%)=$\frac{평균 \ 수용전력}{최대 \ 수용전력} \times 100$(%)이다.
그러므로, 평균 수용전력=$\frac{최대 \ 수용전력 \times 부하율(\%)}{100}$
= $\frac{1,500 \times 70}{100}$ = 1,050kW이다.

45 주파수가 60Hz인 교류 파형의 주기는?

① 약 0.06sec ② 약 0.017sec
③ 약 0.6sec ④ 약 0.9sec

해설 T(주기) = $\frac{1}{f(주파수)} = \frac{1}{60} = 0.0167$sec이다.

46 3상 Y결선에서 선간전압이 200V인 3상 교류의 상전압(V)은?

① 115 ② 346
③ 453 ④ 600

해설 Y결선(3상 교류회로의 기전력 또는 부하를 Y자형으로 결선하는 것)에서 선간전압(전선로 간의 전압)은 상전압(다상 교류회로에서 각 상의 기전력)의 $\sqrt{3}$ 배이다.
그러므로, 상전압=선간전압의 $\frac{1}{\sqrt{3}}$ 배=$200 \times \frac{1}{\sqrt{3}} = 115.48V$

정답 39.③ 40.④ 41.② 42.③ 43.④ 44.① 45.② 46.①

47 저항 R과 인덕턴스 L의 병렬회로에 있어서 전류와 전압의 위상관계는?

① 전류는 전압보다 뒤진다.
② 전류와 전압은 동상이다.
③ 전류는 전압보다 45° 앞선다.
④ 전류는 전압보다 90° 앞선다.

[해설] 저항과 코일의 직렬 및 병렬회로에서 전류가 전압보다 θ만큼 뒤지게 되는 유도성 회로이고, 저항과 콘덴서의 직렬 및 병렬회로에서 전류는 전압보다 θ만큼 앞서게 되는 용량성 회로이다.

48 암페어의 오른손 법칙이 적용되는 기기는?

① 저항   ② 축전기
③ 난방 코일   ④ 솔레노이드 밸브

[해설] 암페어의 오른나사 법칙은 직선(도체)전류에 의한 자계는 직선의 위치를 중심으로 하는 동심원이 되어, 전류의 방향과 오른나사의 진행방향을 일치시켰을 때, 자계의 방향은 나사의 회전 방향과 일치한다는 법칙(자기 작용)으로 솔레노이드 밸브, 전자석, 발전기, 전동기, 변압기 등에 적용된다.

49 다음 중 변압기의 원리와 가장 관계가 깊은 것은?

① 정전유도   ② 전자유도
③ 발열작용   ④ 전계유도

[해설] 변압기의 원리는 자속의 변화에 의한 전자유도 현상을 응용한 것이다.

50 전기설비의 특별고압 측에서 사고전류를 차단하는 장치인 전력퓨즈(power Fuse)에 관한 설명으로 옳은 것은?

① 계전기나 변성기가 없이 작동하지만, 특성을 조정할 수 있으므로 편리하다.
② 소형이고 비교적 경량이지만, 재투입이 불가능한 단점이 있다.
③ 고속도 차단이 가능하고, 비한류 특성이 있는 것이 장점이다.
④ 소형으로 큰 차단용량을 갖지만, 유지보수가 어려운 단점이 있다.

[해설] ① 계전기나 변성기가 필요없이 작동하나, 특성을 조정할 수 없으므로 불편하고, ③ 고속도 차단은 가능하고 한류 특성이 있으며, ④ 소형으로 큰 차단용량을 갖지만, 유지보수가 쉬운 장점이 있다.

51 축전지실의 천장 높이는 몇 m 이상으로 해야 하는가?

① 1.6m   ② 2.6m
③ 3.6m   ④ 4.6m

[해설] 축전지실의 천장 높이는 건축적, 전기적 및 위생적인 면을 고려하여 2.6m 이상으로 한다.

52 플레밍의 왼손 법칙을 응용한 기기는?

① 펌프   ② 전동기
③ 발전기   ④ 변압기

[해설] 전동기의 원리는 도체가 움직이는 방향(엄지 손가락 방향)의 플레밍의 왼손 법칙[엄지는 전자력(힘), 검지는 자속, 중지는 유도기전력의 방향]이며, 발전기의 원리는 전류의 방향으로 플레밍의 오른손 법칙(엄지는 운동, 검지는 자기장, 중지는 유도기전력의 방향)에 의한 것이다.

53 할로겐램프에 관한 설명으로 옳지 않은 것은?

① 흑화가 거의 일어나지 않는다.
② 연색성이 좋고 설치가 용이하다.
③ 휘도가 낮아 현휘가 발생하지 않는다.
④ 광색이나 색온도의 저하가 극히 적다.

[해설] 할로겐램프(봉입가스로 할로겐 물질을 사용한 전구)의 특성은 ①, ②, ④ 이외에 휘도가 높아 현휘(눈부심)현상이 발생한다.

54 건축물의 설비기준 등에 관한 규칙에 따라 피뢰설비를 설치하여야 하는 건축물의 높이 기준은?

① 10m 이상   ② 15m 이상
③ 20m 이상   ④ 31m 이상

[해설] 관련 법규 : 건축법 제62조, 영 제87조, 설비규칙 제20조
해설 법규 : 설비규칙 제20조
낙뢰의 우려가 있는 건축물 또는 높이 20m 이상의 건축물에는 기준에 적합하게 피뢰설비를 설치하여야 한다.

55 유압식 엘리베이터에 관한 설명으로 옳지 않은 것은?

① 오버헤드(overhead)가 작다.
② 기계실을 승강로와 떨어져 설치할 수 있다.
③ 전동기의 출력과 소비전력이 다소 크다는 단점이 있다.
④ 10층 이상의 고층건축물에 고속 엘리베이터로 주로 사용된다.

해설 유압식 엘리베이터는 비교적 저렴한 비용으로 큰 힘을 낼 수 있는 큰 용량이 필요한 곳(자동차, 화물용 등)에 주로 사용하나, 통상적으로 길이와 굵기가 제한적이기 때문에 4층 이상의 건축물이나 고층의 건축물, 고속 엘리베이터에 사용이 어려운 방식이다.

56 다음 설명에 알맞은 피드백 제어계의 구성요소는?

> 제어계의 상태를 교란시키는 외적 작용으로서, 실내온도제어에서는 인체·조명 등에 의한 발생열, 창문을 통한 태양일사, 틈새바람, 외기온도 등을 의미한다.

① 외란 ② 제어대상
③ 제어편차 ④ 주피드백 신호

해설 제어대상은 제어기기의 조작량을 받아들이는 것이고, 제어편차는 목표치에서 벗어나는 편차이며, 주피드백 신호는 외부 출력신호를 다시 입력으로 보내는 신호이다.

57 다음의 논리식 중 성립하지 않는 것은?

① $A \cdot \overline{A} = 1$ ② $A \cdot A = A$
③ $A + 0 = A$ ④ $A + \overline{A} = 1$

해설 불대수의 정리에 의하면, $A+A=A$, $1+A=1$, $A+0=A$, $A \cdot A = A$, $1 \cdot A = A$, $0 \cdot A = 0$이다.

58 다음은 옥내소화전설비에서 전동기에 따른 펌프를 이용하는 가압송수장치에 관한 설명이다. ( ) 안에 알맞은 것은?

> 특정소방대상물의 어느 층에 있어서도 해당 층의 옥내소화전(2개 이상 설치된 경우에는 2개의 옥내소화전)을 동시에 사용할 경우 각 소화전의 노즐선단에서의 방수압력이 (㉠) 이상이고, 방수량이 (㉡) 이상이 되는 성능의 것으로 할 것

① ㉠ 0.17MPa, ㉡ 130L/min
② ㉠ 0.25MPa, ㉡ 130L/min
③ ㉠ 0.17MPa, ㉡ 350L/min
④ ㉠ 0.25MPa, ㉡ 350L/min

해설 옥내소화전의 가압송수장치에 있어서 옥내소화전의 방수압은 0.17MPa(1.7kg/cm²), 방수량은 130L/min이고, 옥외소화전의 방수압은 0.25MPa, 방수량 350L/min이고, ④는 옥외소화전에 대한 설명이다.

59 최대 방수구역에 설치된 스프링클러헤드의 개수가 20개인 경우 스프링클러설비의 수원의 저수량은 최소 얼마 이상이 되도록 하여야 하는가? (단, 개방형 스프링클러헤드를 사용하는 경우)

① $17m^3$ ② $32m^3$
③ $48m^3$ ④ $64m^3$

해설 Q(스프링클러 수원의 수량)
$= 80L/min \times 20min \times N(동시개구수) = 1.6 \times 20 = 32m^3$

60 다음은 특정소방대상물의 연결송수관설비 설치의 면제에 관한 기준 내용이다. ( ) 안에 포함되지 않는 설비는?

> 연결송수관설비를 설치하여야 하는 소방대상물에 옥외에 연결송수구 및 옥내에 방수구가 부설된 ( )를 화재안전기준에 적합하게 설치한 경우에는 그 설비의 유효범위에서 설치가 면제된다.

① 연결살수설비 ② 옥내소화전설비
③ 옥외소화전설비 ④ 스프링클러설비

해설 관련 법규 : 소방시설법 제13조, 영 제14조, (별표 5)
해설 법규 : (별표 5)
연결송수관설비를 설치하여야 하는 특정소방대상물에 옥외에 연결송수구 및 옥내에 방수구가 부설된 옥내소화전설비, 스프링클러설비, 간이스프링클러설비 또는 연결살수설비를 화재안전기준에 적합하게 설치한 경우에는 그 설비의 유효범위에서 설치가 면제된다.

4 과목 건축설비 관련 법규

61 "지하층"이라 함은 건축물의 바닥이 지표면 아래에 있는 층으로서 그 바닥으로부터 지표면까지의 평균높이는 해당 층 높이 기준으로 얼마 이상인가?

① 1/2 ② 1/3
③ 2/3 ④ 3/4

해설 관련 법규 : 건축법 제2조, 해설 법규 : 법 제2조 ①항 5호
"지하층"이란 건축물의 바닥이 지표면 아래에 있는 층으로서 바닥에서 지표면까지 평균높이가 해당 층 높이의 1/2 이상인 것을 말한다.

62 건축법령상 숙박시설에 속하지 않는 것은?

① 호스텔
② 청소년수련원
③ 의료관광호텔
④ 휴양 콘도미니엄

해설 관련 법규 : 건축법 제2조, 영 제3조의5, (별표 1)
해설 법규 : 영 제3조의5, (별표 1) 15호
숙박시설의 종류에는 일반숙박시설, 생활숙박시설, 관광숙박시설(관광호텔, 수상관광호텔, 한국전통호텔, 가족호텔, 호스텔, 소형 호텔, 의료관광호텔 및 휴양 콘도미니엄), 다중생활시설(제2종 근린생활시설에 해당하지 아니하는 것) 등이 있고, 청소년수련원은 수련시설 중 자연권 수련시설에 속한다.

63 다음 중 허가 대상에 속하는 건축물의 용도 변경은?

① 장례시설에서 발전시설로의 용도변경
② 위락시설에서 숙박시설로의 용도변경
③ 종교시설에서 운동시설로의 용도변경
④ 업무시설에서 교육연구시설로의 용도변경

해설 관련 법규 : 건축법 제19조, 영 제14조
해설 법규 : 법 제19조 ②항 1호, 영 제14조 ⑤항
용도변경의 시설군에는 ① 자동차 관련 시설군, ② 산업 등 시설군(장례시설), ③ 전기통신시설군(발전시설), ④ 문화집회시설군(위락시설, 종교시설), ⑤ 영업시설군(숙박시설, 운동시설), ⑥ 교육 및 복지시설군(교육연구시설), ⑦ 근린생활시설군, ⑧ 주거업무시설군(업무시설), ⑨ 그 밖의 시설군 등이 있고, 신고 대상은 ① → ⑨의 순이고, 허가 대상은 ⑨ → ①의 순이다.

64 문화 및 집회시설 중 공연장의 개별 관람실의 출구는 관람실별로 최소 몇 개수 이상 설치하여야 하는가? (단, 개별 관람실의 바닥면적이 300m² 이상인 경우)

① 1개소
② 2개소
③ 3개소
④ 4개소

해설 관련 법규 : 건축법 제49조, 영 제38조, 피난·방화규칙 제10조
해설 법규 : 피난·방화규칙 제10조 ②항
문화 및 집회시설 중 공연장의 개별 관람실(바닥면적이 300m² 이상인 것)의 출구는 다음의 기준에 적합하게 설치하여야 한다.
㉠ 관람실별로 2개소 이상 설치할 것
㉡ 각 출구의 유효너비는 1.5m 이상일 것
㉢ 개별 관람실 출구의 유효너비의 합계는 개별 관람실의 바닥면적 100m²마다 0.6m의 비율로 산정한 너비 이상으로 할 것

65 연면적이 400m²인 공동주택에 설치하는 복도의 유효너비는 최소 얼마 이상이어야 하는가? (단, 양옆에 거실이 있는 복도)

① 1.2m
② 1.5m
③ 1.8m
④ 2.1m

해설 관련 법규 : 건축법 제49조, 영 제48조, 피난·방화규칙 제15조의2
해설 법규 : 피난·방화규칙 제15조의2 ①항
연면적이 200m² 초과하고 양옆에 거실이 있는 공동주택, 오피스텔의 복도 유효너비는 1.8m 이상이고, 기타의 복도는 1.2m 이상이다.

66 다음 중 바닥부분에 국토해양부령으로 정하는 기준에 따라 방습을 위한 조치를 하여야 하는 대상에 속하지 않는 것은?

① 제1종 근린생활시설 중 공중화장실
② 제1종 근린생활시설 중 목욕장의 욕실
③ 제1종 근린생활시설 중 제과점의 조리장
④ 건축물의 최하층에 있는 거실(바닥이 목조인 경우)

해설 관련 법규 : 건축법 제49조, 영 제52조, 해설 법규 : 영 제52조
다음의 어느 하나에 해당하는 거실·욕실 또는 조리장의 바닥부분에는 국토교통부령으로 정하는 기준에 따라 방습을 위한 조치를 하여야 한다.
㉠ 건축물의 최하층에 있는 거실(바닥이 목조인 경우만 해당)
㉡ 제1종 근린생활시설 중 목욕장의 욕실과 휴게음식점 및 제과점의 조리장
㉢ 제2종 근린생활시설 중 일반음식점, 휴게음식점 및 제과점의 조리장과 숙박시설의 욕실

67 신축 또는 리모델링을 하는 경우, 시간당 0.5회 이상의 환기가 이루어질 수 있도록 자연환기설비 또는 기계환기설비를 설치하여야 하는 공동주택의 최소 세대수는?

① 20세대
② 30세대
③ 50세대
④ 100세대

해설 관련 법규 : 건축법 제62조, 영 제87조, 설비규칙 제11조
해설 법규 : 설비규칙 제11조
신축 또는 리모델링하는 30세대 이상의 공동주택, 주택을 주택 외의 시설과 동일건축물로 건축하는 경우로서 주택이 30세대 이상인 건축물의 어느 하나에 해당하는 주택 또는 건축물(신축공동주택 등)은 시간당 0.5회 이상의 환기가 이루어질 수 있도록 자연환기설비 또는 기계환기설비를 설치해야 한다.

68 층수가 9층이고, 각 층의 거실면적이 3,000m²인 판매시설을 건축하고자 할 때 설치하여야 하는 승용 승강기의 최소 대수는? (단, 16인승 승용 승강기를 설치하는 경우)

① 4대
② 5대
③ 6대
④ 7대

정답 62. ② 63. ④ 64. ② 65. ③ 66. ① 67. ② 68. ①

해설 관련 법규 : 건축법 제64조, 영 제89조, 설비규칙 제5조, (별표 1의2)
해설 법규 : (별표 1의2)
문화 및 집회시설(공연장, 집회장 및 관람장만 해당), 판매시설, 의료시설 등의 승용 승강기 설치에 있어서 3,000m² 이하까지는 2대이고, 3,000m²를 초과하는 경우에는 그 초과하는 매 2,000m² 이내마다 1대의 비율로 가산한 대수로 설치한다.

∴ 승용 승강기 설치대수

$= 2 + \dfrac{6층\ 이상의\ 거실면적의\ 합 - 3,000}{2,000}$

$= 2 + \dfrac{3,000 \times (9-5) - 3,000}{2,000} = 6.5$

→ 7대 이상이다.

그런데, 16인승 승용 승강기는 15인 이하의 2배로 산정하므로 $\dfrac{7}{2} = 3.5$대 → 4대 이상이다.

69 급수·배수·환기·난방설비를 설치하는 경우 건축기계설비기술사 또는 공조냉동기계기술사의 협력을 받아야 하는 대상 건축물에 속하지 않는 것은?

① 아파트
② 의료시설로서 해당 용도에 사용되는 바닥면적의 합계가 2,000m²인 건축물
③ 업무시설로서 해당 용도에 사용되는 바닥면적의 합계가 2,000m²인 건축물
④ 숙박시설로서 해당 용도에 사용되는 바닥면적의 합계가 2,000m²인 건축물

해설 관련 법규 : 건축법 제68조, 영 제91조의3, 설비규칙 제2조
해설 법규 : 설비규칙 제2조 5호
판매시설, 연구소 및 업무시설 등에 해당하는 건축물로서 해당 용도에 사용되는 바닥면적의 합계가 3,000m² 이상인 건축물은 관계전문기술자의 협력을 받아야 한다.

70 다음은 건축물 에너지절약기준에 따른 전기부문의 의무사항이다. ( ) 안에 알맞은 것은?

> 공동주택의 효율적인 조명에너지 관리를 위하여 세대별로 일괄적 소등이 가능한 일괄소등스위치를 설치하여야 한다. 다만, 전용면적 ( ) 이하인 주택의 경우에는 그러하지 않을 수 있다.

① 40m²
② 50m²
③ 60m²
④ 80m²

해설 관련 법규 : 에너지절약기준 제10조
해설 법규 : 에너지절약기준 제10조 3호 라목
공동주택의 효율적인 조명에너지 관리를 위하여 세대별로 일괄적 소등이 가능한 일괄소등스위치를 설치하여야 한다. 다만, 전용면적 60m² 이하인 주택의 경우에는 그러하지 않을 수 있다.

71 다음의 소방시설 중 소화활동설비에 해당하지 않는 것은?

① 제연설비
② 비상방송설비
③ 연소방지설비
④ 무선통신보조설비

해설 관련 법규 : 소방시설법 제2조, 영 제3조, (별표 1)
해설 법규 : (별표 1) 5호
소방시설 중 소화활동설비(화재를 진압하거나 인명구조활동을 위하여 사용하는 설비)의 종류에는 제연설비, 연결송수관설비, 연결살수설비, 비상콘센트설비, 무선통신보조설비 및 연소방지설비 등이 있고, 비상방송설비는 경보설비에 속한다.

72 일반적으로 비상경보설비를 설치하여야 할 특정소방대상물의 연면적 기준은?

① 400m² 이상
② 600m² 이상
③ 1,500m² 이상
④ 3,500m² 이상

해설 관련 법규 : 소방시설법 제12조, 영 제11조, (별표 4)
해설 법규 : (별표 4) 2호 가목
비상경보설비를 설치하여야 할 특정소방대상물은 연면적 400m² (사람이 거주하지 않거나, 벽이 없는 축사 등, 동·식물 관련시설을 제외) 이상이거나 지하층 또는 무창층이 바닥면적이 150m²(공연장인 경우 100m²) 이상인 것, 터널로서 길이가 500m 이상인 것, 50명 이상의 근로자가 작업하는 옥내작업장 등이다.

73 건축법령상 다음과 같이 정의되는 용어는?

> 건축물의 노후화를 억제하거나 기능 향상 등을 위하여 대수선하거나 건축물의 일부를 증축 또는 개축하는 행위를 말한다.

① 개축
② 리빌딩
③ 리모델링
④ 리노베이션

해설 관련 법규 : 건축법 제2조, 해설 법규 : 법 제2조 ①항 10호
"개축"이란 기존 건축물의 전부 또는 일부[내력벽·기둥·보·지붕틀(한옥의 경우에는 지붕틀의 범위에서 서까래는 제외) 중 셋 이상이 포함]를 해체하고 그 대지에 종전과 같은 규모의 범위에서 건축물을 다시 축조하는 것을 말한다.

74 다음 중 대형건축물의 건축허가 사전승인신청 시 제출도서의 종류 중 설비분야의 도서에 해당되지 않는 것은?

① 소방설비도
② 상·하수도 계통도
③ 건축설비도
④ 주요설계계획

해설 관련 법규 : 건축법 제11조, 규칙 제7조, (별표 3)
해설 법규 : 규칙 제7조 ①항, (별표 3)
대형건축물의 건축허가 사전승인신청 시 제출도서의 종류 중 설비분야의 도서는 건축설비도, 소방설비도 및 상·하수도 계통도 등이 있고, 주요설비계획은 건축분야의 설계설명서에 표시할 사항이다.

75 문화 및 집회시설 중 공연장의 개별 관람실의 출구를 관람석별로 2개소 이상 설치해야 하는 개별 관람실의 바닥면적 기준은?

① 150m² 이상
② 300m² 이상
③ 450m² 이상
④ 600m² 이상

해설 관련 법규 : 건축법 제49조, 영 제38조, 피난·방화규칙 제10조
해설 법규 : 피난·방화규칙 제10조 ②항
문화 및 집회시설 중 공연장의 개별 관람실(바닥면적이 300m² 이상인 것)의 출구는 다음의 기준에 적합하게 설치하여야 한다.
㉠ 관람실별로 2개소 이상 설치할 것
㉡ 각 출구의 유효너비는 1.5m 이상일 것
㉢ 개별 관람실 출구의 유효너비의 합계는 개별 관람실의 바닥면적 100m²마다 0.6m의 비율로 산정한 너비 이상으로 할 것

76 6층 이상의 건축물로서 판매시설의 거실에 설치하는 배연설비에 관한 기준 내용으로 옳지 않은 것은? (단, 피난층의 거실이 아닌 경우와 기계식 배연설비를 하지 않는 경우)

① 배연창의 유효면적은 최소 1.5m² 이상으로 할 것
② 배연구는 예비전원에 의하여 열 수 있도록 할 것
③ 배연창의 상변과 천장 또는 반자로부터 수직거리가 0.9m 이내일 것
④ 배연구는 연기감지기 또는 열감지기에 의하여 자동으로 열 수 있는 구조로 할 것

해설 관련 법규 : 건축법 제49조, 영 제51조, 설비규칙 제14조
해설 법규 : 설비규칙 제14조 ①항 2호
배연창의 유효면적은 산정기준에 의하여 산정된 면적이 1m² 이상으로서 그 면적의 합계가 해당 건축물의 바닥면적(방화구획이 설치된 경우에는 그 구획된 부분의 바닥면적)의 1/100 이상일 것. 이 경우 바닥면적의 산정에 있어서 거실바닥면적의 1/20 이상으로 환기창을 설치한 거실의 면적은 이에 산입하지 아니한다.

77 다음 중 방송공동수신설비를 설치하여야 하는 대상 건축물에 속하는 것은?

① 종교시설
② 고등학교
③ 다세대주택
④ 유스호스텔

해설 관련 법규; 건축법 제62조, 영 제87조
해설 법규 : 영 제87조 ④항
건축물에는 방송수신에 지장이 없도록 공동시청 안테나, 유선방송 수신시설, 위성방송 수신설비, 에프엠(FM)라디오방송 수신설비 또는 방송 공동수신설비를 설치할 수 있다. 다만, 공동주택(아파트, 연립주택, 다세대주택, 기숙사)과 바닥면적의 합계가 5,000m² 이상으로서 업무시설이나 숙박시설의 용도로 쓰는 건축물에는 방송공동수신설비를 설치하여야 한다.

78 비상용 승강기의 승강장 및 승강로의 구조에 관한 기준 내용으로 옳지 않은 것은?

① 승강장은 각 층의 내부와 연결될 수 있도록 할 것
② 승강로는 해당 건축물의 다른 부분과 내화구조로 구획할 것
③ 벽 및 반자가 실내에 접하는 부분의 마감재료는 불연재료로 할 것
④ 옥외 승강장의 바닥면적은 비상용 승강기 1대에 대하여 6m² 이상으로 할 것

해설 관련 법규 : 건축법 제64조, 설비규칙 제10조
해설 법규 : 설비규칙 제10조 2호 바목
승강장의 바닥면적은 비상용 승강기 1대에 대하여 6m² 이상으로 할 것. 다만, 옥외에 승강장을 설치하는 경우에는 그러하지 아니하다.

79 건축물의 에너지절약설계기준상 기계부문에 권장되는 냉방설비의 용량계산을 위한 설계기준 중 실내온도 기준은? (단, 목욕장 및 수영장은 제외한다.)

① 20℃
② 25℃
③ 28℃
④ 30℃

해설 관련 법규 : 에너지절약기준 제9조
해설 법규 : 에너지절약기준 제9조 1호
설계용 실내온도 조건에 있어서 난방 및 냉방설비의 용량계산을 위한 설계기준 실내온도는 난방의 경우 20℃, 냉방의 경우 28℃를 기준으로 하되(목욕장 및 수영장은 제외) 각 건축물 용도 및 개별실의 특성에 따라 별표 8에서 제시된 범위를 참고하여 설비의 용량이 과대해지지 않도록 한다.

정답 75.② 76.① 77.③ 78.④ 79.③

80 건축허가 등을 할 때 미리 소방본부장 또는 소방서장의 동의를 받아야 하는 대상 건축물의 연면적 기준은? (단, 업무시설의 경우)

① 100m^2
② 200m^2
③ 400m^2
④ 1,000m^2

해설 관련 법규 : 소방시설법 제6조, 영 제7조
해설 법규 : 영 제7조 ①항 1호
건축허가 등을 함에 있어서 미리 소방본부장 또는 소방서장의 동의를 받아야 하는 건축물은 연면적(「건축법 시행령」에 따라 산정된 면적)이 400m^2[학교시설은 100m^2, 노유자시설 및 수련시설은 200m^2, 정신의료기관(입원실이 없는 정신건강의학과 의원은 제외)은 300m^2, 장애인 의료재활시설은 300m^2] 이상인 건축물이다.

정답 80. ③

제2회 CBT 적중 모의고사

1과목 건축설비 계획

01 액체의 성질에 관하여 설명한 것 중 맞는 것은?
① 액체의 밀도는 압력, 온도의 작은 변동에 의해서도 현저히 변화한다.
② 표면장력은 액체의 응집력이 크면 작아진다.
③ 밀폐된 액체의 일부에 가한 압력은 액체의 각 부분에 같은 크기의 압력을 전한다.
④ 액체의 압축률의 변화는 압력, 온도가 상승하는 데에 따라 커진다.

해설 액체의 밀도(비중량)는 온도, 압력의 변화에 의해 약간 변화하나, 그 값은 작고 일반적으로 상온 부근에서는 일정하게 취급해도 지장이 없다. 표면장력은 액체의 응집력이 크면 커지며, 액체의 압축률의 변화는 압력, 온도가 상승하는 데에 따라 작아진다.

02 유체의 흐름에 있어서 유속, 유량을 각각 V, Q라고 할 때 관경(d)을 구하는 식으로 맞는 것은?
① $d = \sqrt{4Q/V\pi}$
② $d = \sqrt{V/Q\pi}$
③ $d = \sqrt{V\pi/4Q}$
④ $d = \sqrt{Q\pi/V}$

해설 $V(유속) = \dfrac{Q(유량)}{A(단면적)} = \dfrac{Q}{\dfrac{\pi d(관의\ 직경)^2}{4}} = \dfrac{4Q}{\pi d^2}$ 이므로

$d^2 = \dfrac{4Q}{\pi V}$ 이다.

그러므로, $d = \sqrt{\dfrac{4Q}{\pi V}}$ 이다.

03 위생기구의 구비조건 중 틀린 것은?
① 내식성, 내마모성이 있을 것
② 제작 및 설치가 쉬울 것
③ 항상 청결을 유지할 수 있을 것
④ 흡수성이 클 것

해설 위생기구의 구비조건은 ①, ② 및 ③ 이외에 외관이 위생적이고, 깨끗하며, 청소가 용이하여야 한다. 특히 위생기구의 청결성과 내식성 등의 문제를 해결하기 위하여 흡수성을 작게 하여야 한다.

04 압력배관용 탄소강관의 표시기호로 옳은 것은?
① SPPS
② SPPH
③ SPLT
④ SPHT

해설 ②의 SPPH는 고압배관용 탄소강관, ③의 SPLT는 저온배관용 탄소강관, ④의 SPHT는 고온배관용 탄소강관을 의미한다.

05 실내에 있는 사람이 느끼는 온열감각에 영향을 미치는 물리적 열환경 요소를 조합한 것으로 가장 옳은 것은?
① 열관류율, 열전도, 대류열, 복사열
② 온도, 습도, 기류, 복사열
③ 온도, 습도, 기류, 대류열
④ 열관류율, 열전도, 기류, 복사열

해설 인체의 열적 쾌적감(온열환경요소)의 물리적 요소 또는 수정유효온도(CET)는 온도(건구온도), 습도(상대습도), 기류 및 주위벽의 복사열 등이 있고, 개인적(인체적) 요소는 착의 상태(clo), 활동량(met)등이 있다.

06 양수량이 1m³/min, 양정이 10m인 펌프에서 회전수를 원래보다 10% 증가시켰을 경우, 양정으로 적당한 것은?
① 약 9m
② 약 10m
③ 약 12m
④ 약 13m

해설 펌프의 상사법칙에 의하여 양수량은 회전수에 비례하고, 양정은 회전수의 제곱에 비례하며, 축동력은 회전수의 3제곱에 비례한다.
즉, 양정은 회전수의 제곱에 비례하므로 $H(양정) \times (1.1)^2 = 1.21H$=배가 되므로 $1.21 \times 10 = 12.1$m이다.

정답 01. ③ 02. ① 03. ④ 04. ① 05. ② 06. ③

07 양수펌프 중심으로부터 2m 위에 저수조 수위가 일정하게 있고, 고가수조 수위는 펌프 중심으로부터 30m 위에 있다. 양수배관 전체 길이가 38m, 펌프의 토출압력이 15kPa일 때 최저 필요양정은? (단, 양수배관의 마찰손실수두는 50mmAq/m, 관이음 및 밸브로의 상당길이는 배관길이의 50%로 한다.)

① 30.85m
② 32.35m
③ 34.85m
④ 36.35m

해설 펌프의 전양정=실양정(흡입양정+토출양정)+관 내 마찰손실 수두+배관의 국부 저항이다. 그런데, 흡입양정=30−2=28mAq, 토출양정=15kPa=1.5mAq, 관 내 마찰손실수두=38m×50mmAq/m=1,900mmAq=1.9mAq, 배관의 국부 저항=배관 길이의 50%이므로, 1.9mAq×0.5=0.95mAq이다. 여기서, 흡입양정=저수조의 높이와 고가 탱크 높이와의 차이이므로 30−2=28mAq 임에 유의할 것
그러므로 펌프의 전양정=실양정(흡입양정+토출양정)+관 내 마찰손실수두+배관의 국부 저항=28+1.5+1.9+0.95=32.35mAq 이다.

08 압력탱크방식 급수법에 관한 설명으로 옳은 것은?

① 취급이 비교적 쉽고 고장도 없다.
② 전력 차단 시에는 사용할 수 없다.
③ 항상 일정한 수압을 유지할 수 있다.
④ 고가탱크방식에 비하여 관리비용이 저렴하고 저양정의 펌프를 사용한다.

해설 압력탱크방식은 취급이 비교적 어렵고, 고장이 많으며, 유지·관리 측면에서 불리한 방식이고, 수압이 일정하지 못하며, 고가탱크 방식에 비하여 관리비용이 고가이고, 고양정의 펌프를 사용하는 방식이다.

09 기구급수 부하단위(Fu)가 1Fu인 위생기구의 종류 및 접속관경으로 옳은 것은?

① 세면기, 15mm
② 세면기, 25mm
③ 대변기, 15mm
④ 대변기, 25mm

해설 기구급수 부하단위(Fu)는 15mm 관경의 세면기(28.5L/min)를 기준으로 하고 있다.

10 국소식 급탕방식에 관한 설명으로 옳은 것은?

① 배관 및 기기로부터의 열손실이 중앙식보다 많다.
② 배관에 의해 필요 개소 어디든지 급탕할 수 있다.
③ 건물 완공 후에도 급탕 개소의 증설이 중앙식보다 쉽다.
④ 기구의 동시이용률을 고려하므로 가열장치의 총용량을 적게 할 수 있다.

해설 배관 및 기기로부터의 열손실이 중앙식보다 적고, 중앙식 급탕방식은 배관에 의해 필요 개소 어디든지 급탕할 수 있으며, 중앙식 급탕방식은 기구의 동시이용률을 고려하므로 가열장치의 총용량을 적게 할 수 있다.

11 1,000L/h의 급탕을 전기온수기를 사용하여 공급할 때 시간당 전력사용량은? (단, 물의 비열 4.2kJ/kg·K, 밀도 1kg/L, 급탕온도 70℃, 급수온도 10℃, 전기온수기의 전열효율은 95%로 한다.)

① 63.4kW/h
② 66.5kW/h
③ 70.2kW/h
④ 73.7kW/h

해설 Q(총열량)=c(비열)m(질량)Δt(온도의 변화량)
=c(비열)ρ(비중)V(체적)Δt(온도의 변화량)이다.
$c=4.2$kJ/kg·K, $m=1,000$L/h=1,000kg/h
$\Delta t=70-10=60$℃, 효율은 95%이다.
그러므로 $Q=cm\Delta t=4.2\times1,000\times60=252,000$kJ/h이다.
효율은 95%, 1kW=1kJ/s=3,600kJ/h임을 알 수 있으므로
$Q=\dfrac{252,000\text{kJ/h}}{0.95\times3,600\text{s/h}}=73.68$kJ/s=73.68kW이다.

12 점광원으로 가정할 수 있는 평균 구면 광도 2,000cd의 램프가 반지름 1.5m인 원형 탁자 중심 바로 위 2m의 위치에 설치되어 있다. 이 탁자 모서리 끝 부분의 조도(lx)는?

① 128
② 256
③ 384
④ 512

해설 입사각 여현의 법칙에 의하여, 모서리 끝 부분의 조도=$\dfrac{광도}{거리^2}\cos\theta$ (여기서, θ는 광원으로부터 측정점을 이은 선과 수직선, 즉 광원의 끝점과 탁자의 중심을 이은 선이 이루는 각) 그런데, 광도는 2,000cd, 거리는 2m, $\cos\theta=\dfrac{2}{2.5}=0.8$(여기서, $2.5=\sqrt{2^2+1.5^2}=\sqrt{6.25}$)
그러므로, 모서리 끝 부분의 조도=$\dfrac{2,000}{2.5^2}\times0.8=256$lx 이다.

정답 07. ② 08. ② 09. ① 10. ③ 11. ④ 12. ②

13 급탕장치 내의 전수량 3,000L인 5℃의 물을 60℃까지 가열할 때 물의 팽창량(L)은? (단, 5℃ 물의 비중량은 0.999kg/L, 60℃ 물의 비중량은 0.983kg/L임)

① 13
② 26
③ 49
④ 74

해설 ΔV(온수의 팽창량)
$= \left(\dfrac{1}{\rho_2(\text{변화 후의 물의 비중량})} - \dfrac{1}{\rho_1(\text{변화 전의 물의 비중량})} \right) \times V(\text{원래 온수의 부피})$

즉, $\Delta V = \left(\dfrac{1}{\rho_2} - \dfrac{1}{\rho_1} \right) V = \left(\dfrac{1}{0.983} - \dfrac{1}{0.999} \right) \times 3,000$
$= 48.879L ≒ 49L$

14 청소구를 설치하여야 하는 곳에 속하지 않는 것은?

① 수평지관의 최하단부
② 배관길이가 긴 수평배관의 도중
③ 배관이 45° 이상의 각도로 구부러진 곳
④ 가옥배수관과 부지 하수관이 접속되는 곳

해설 배수관의 청소구 위치는 배수 수평주관의 기점 및 배수 수평지관의 기점(최상단부), 배수 수직관의 최하단부, 옥내 배수관과 옥외 배수관의 접속 지점 등이 있다.

15 배수 수직관 내부가 부압으로 되는 곳에 배수 수평지관이 접속되어 있는 경우, 배수 수평지관 내의 공기가 수직관으로 유인되어 봉수가 파괴되는 현상은?

① 유도사이펀 작용
② 자기사이펀 작용
③ 모세관 현상
④ 증발 현상

해설 자기사이펀 작용은 P트랩, S트랩 및 보틀 트랩 등에서 자기 배수의 결과 잔류해야 할 봉수가 작게 되는 현상이고, 모세관 현상은 S트랩이나 벨트랩의 웨어부에 실이 걸려 부착한 경우 모세관 현상에 의해 봉수가 손실되는 현상이며, 증발 현상은 봉수가 유입각(봉수 깊이를 구성하는 부분 중 기구측의 부위)과 유출각(기구배수관측의 부위)에서 항상 증발하는 현상이다.

16 통기관의 최소 관경에 대한 설명 중 옳지 않은 것은?

① 각개통기관은 그것이 접속되는 배수관 관경의 1/2 이상으로 한다.
② 루프통기관은 배수수평지관과 통기수직관 중 작은 쪽 관경의 1/2 이상으로 한다.
③ 결합통기관은 통기수직관과 배수수직관 중 작은 쪽의 관경 이상으로 한다.
④ 도피통기관은 배수수평지관의 관경 이상으로 하되 최소 75mm 이상으로 한다.

해설 통기관의 관경

통기관의 종류	관경
각개통기관	접속하는 배수 관경의 1/2 이상, 최소 32mm 이상
루프통기관	배수수평지관과 통기수직관 중 작은 쪽 관경의 1/2 이상, 40mm 이상
도피통기관	배수수평지관 관경의 1/2 이상, 40mm 이상
결합통기관	통기수직관과 배수수직관 중 작은 쪽 관경 이상, 50mm 이상
신정통기관	배수수직관과 같은 직경 또는 그 이상, 최소 75mm(보통은 100mm)

17 분뇨 정화조에의 유입수 BOD가 300mg/L, 방류수 BOD가 150mg/L일 때 BOD 제거율은?

① 40%
② 50%
③ 60%
④ 70%

해설 BOD 제거율 $= \dfrac{\text{제거 BOD}}{\text{유입 BOD}}$
$= \dfrac{\text{유입수 BOD} - \text{유출수 BOD}}{\text{유입수 BOD}} \times 100(\%)$ 이다.
$= \dfrac{300 - 150}{300} \times 100(\%) = 50\%$

18 유체에 관한 설명 중 옳지 않은 것은?

① 동점성 계수는 점성계수에 비례하고 밀도에 반비례한다.
② 레이놀즈수는 동점성 계수 및 관경에 비례하고 밀도에 반비례한다.
③ 연속의 법칙에 의하면 관의 단면적이 큰 곳은 유속이 작고, 역으로 단면적이 작은 곳에서는 유속이 크게 된다.
④ 베르누이의 정리에 의하면 유체가 가지고 있는 속도 에너지, 위치에너지 및 압력에너지의 총합은 흐름 내 어디에서나 일정하다.

해설 레이놀즈 수$(R_e) = \dfrac{v(\text{유체의 유속})D(\text{관경})}{\nu(\text{동점성계수})}$ 이므로, 레이놀즈 수는 유체의 유속, 관경 및 밀도에 비례하고, 동점성계수 $\left(\nu = \dfrac{\mu(\text{점성계수})}{\rho(\text{유체의 밀도})} \right)$ 에 반비례한다.

19 실의 용적이 5,000m³이고 필요 환기량이 10,000m³/h 일 때, 환기횟수는 시간당 몇 회인가?

① 0.5회   ② 1회
③ 2회   ④ 4회

[해설] 환기횟수 = $\dfrac{\text{시간당 환기량}}{\text{실의 용적}}$ 이다.

그런데, 필요환기량 10,000m³/h, 실의 용적은 5,000m³이다.

그러므로, 환기횟수 = $\dfrac{\text{시간당 환기량}}{\text{실의 용적}} = \dfrac{10,000}{5,000} = 2$회/h

20 급탕설비에서 에너지 절약을 꾀할 수 있는 방안으로 부적합한 것은?

① 급탕온도를 사용목적에 맞게 낮춰 공급한다.
② 급탕사용개소에 관계없이 중앙식 급탕방법을 채택한다.
③ 절수형 수전, 샤워기 등의 절수 기구를 사용한다.
④ 폐열회수기를 이용해서 배수열을 회수한다.

[해설] 국소식 급탕방식(급탕을 필요로 하는 장소에 소형 탕비기 등을 설치하여 비교적 짧은 배관으로 급탕하는 방식)은 급탕 배관의 길이가 짧아 배관의 열손실이 적고, 탕을 순환할 필요가 없는 소규모 급탕설비에 사용된다. 급탕 사용 개소가 적은 경우에는 국소식 급탕방법을 채택하여 에너지 절약을 꾀한다.

❷ 과목 건축설비 설계

21 공기에 관한 설명으로 옳은 것은?

① 0℃ 건조공기의 엔탈피는 0kJ/kg이다.
② 절대습도가 0kg/kg'K인 공기를 포화공기라고 한다.
③ 현열비가 1이라면 잠열부하만 있다는 것을 의미한다.
④ 열수분비가 0이라면 공기의 상태변화에 절대습도의 변화가 없었다는 의미이다.

[해설] 포화공기라 함은 수증기를 최대한으로 포함한 공기이고, 현열비 = $\dfrac{\text{현열}}{\text{전열(현열+잠열)}}$ 이므로 현열비가 1이라면 잠열은 없다는 것을 의미하며, 열수분비는 공기의 온도 및 습도가 변화할 때 가감된 열량의 변화량과 수분량의 변화량과의 비율 또는 공기의 엔탈피 변화량과 절대 습도의 변화량과의 비를 말하므로 열수분비가 0이라면 공기의 상태변화에 엔탈피의 변화가 없었다는 것을 의미한다.

22 3kg의 공기를 20℃에서 100℃로 가열할 때 필요한 열량은? (단, 공기의 비열은 1.01kJ/kg · K이다.)

① 170.1kJ   ② 220.4kJ
③ 242.4kJ   ④ 262.3kJ

[해설] Q(열량)$=c$(비열)m(질량)Δt(온도의 변화량)이다.
즉, $Q = cm\Delta t$에서, $c = 1.01$kJ/kg · K, $m = 3$kg,
$t = 100 - 20 = 80℃$ 이다.
그러므로, $Q = cm\Delta t = 1.01 \times 3 \times 80 = 242.4$kJ

23 다음 습공기선도상에서 화살표 방향(A → B)으로 공기의 상태가 변화하는 것을 무엇이라고 하는가?

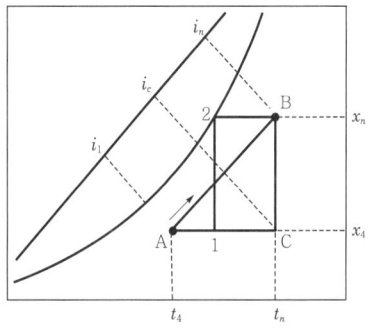

① 가열감습변화   ② 가열가습변화
③ 냉각감습변화   ④ 냉각가습변화

[해설] 다음 그림은 습공기선도상의 각 과정을 나타낸 것이다. 대부분의 과정이 모두 직선으로 표시된다.

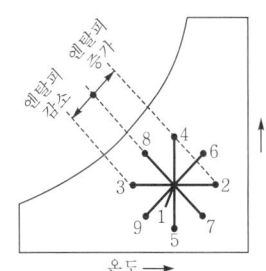

1 → 2 : 현열 가열
1 → 3 : 현열 냉각
1 → 4 : 가습
1 → 5 : 감습
1 → 6 : 가열 가습
1 → 7 : 가열 감습
1 → 8 : 냉각 가습
1 → 9 : 냉각 감습

24 1인당 소요면적이 5m²이고, 사무실의 면적이 500m² 일 때 인체 발생열량은? (단, 1인당 발생 현열량은 56W/인, 잠열량은 46W/인이다.)

① 9,400W
② 9,900W
③ 10,000W
④ 10,200W

정답 19.③ 20.② 21.① 22.③ 23.② 24.④

해설 인체의 발생열량=1인당 발생열량(현열량+잠열량)×인원수이고, 인원수=$\frac{\text{사무실의 면적}}{\text{1인당 소요면적}}=\frac{500}{5}=100$인이다.
그런데, 인체의 발생열량
=1인당 발생열량(현열량+잠열량)×인원수
=(56+46)×100=10,200W

25 서울지방의 TAC 위험률 2.5%에 상당하는 난방설계용 외기온도는 −11°C이다. 이 온도 이하로 내려갈 수 있는 총시간은? (단, 난방시기는 12월부터 3월까지이다.)

① 72.6 ② 102.4
③ 204.8 ④ 365.7

해설 TAC 위험률 2.5%의 의미는 난방기간 중 외기온도가 설계온도 이하로 내려갈 확률이 2.5%라는 뜻이므로, 즉 TAC 2.5%=4개월(31+31+28+31)×24시간×0.025=72.6시간이다.

26 저압증기배관에 관한 설명으로 옳지 않은 것은?

① 증기주관 곡부에는 밴드관을 사용한다.
② 순구배 배관의 말단부에는 관말트랩을 설치한다.
③ 배관의 분기부에는 밸브를 설치하여서는 안 된다.
④ 분류·합류에 T이음쇠를 사용하는 경우는 90° T자형을 이용해서는 안 된다.

해설 저압증기 배관(0.1MPa 이하의 증기를 사용하는 방식)은 배관의 분기부에는 밸브를 설치하여야 한다.

27 위치수두 10mAq, 압력수두 30mAq, 속도 2.5m/s로 관 속을 흐르는 물의 전수두는?

① 13.06m ② 13.24m
③ 40.32m ④ 42.54m

해설 전수두=위치압력수두+관 내 압력수두+속도수두 $\left(\frac{v^2(\text{유속})}{2g(\text{중력가속도})}\right)$이다.
그러므로, 전수두=$10+30+\frac{2.5^2}{2\times9.8}=40.318 ≒ 40.32$mAq이다.

28 급기온도를 일정하게 하고 송풍량을 가변시켜서 실내 온도를 조절하는 공기조화방식은?

① FCU방식
② 이중덕트방식
③ 정풍량 단일덕트방식
④ 변풍량 단일덕트방식

해설 변풍량 단일덕트방식은 송풍온도를 일정하게 하고, 송풍량을 변동해 부하변동에 따라 실온을 소정의 상태로 유지하는 방식으로 주덕트 내의 정압제어가 필요한 방식이다.

29 다음과 같은 보일러의 출력 표시방법 중 가장 크게 표시되는 것은?

① 정미출력 ② 상용출력
③ 정격출력 ④ 과부하출력

해설 보일러의 부하
㉠ 보일러의 전부하 또는 정격출력(H)
 =난방부하(H_R)+급탕·급기부하(H_W)+배관부하(H_P)+예열부하(H_E)
㉡ 보일러의 상용출력=보일러의 전부하(정격출력)
 −예열부하(H_E)
 =난방부하(H_R)+급탕·급기부하(H_W)+배관부하(H_P)
㉠, ㉡에 의하여 출력이 작은 것부터 큰 것의 순으로 나열하면 정미출력 → 상용출력 → 정격출력 → 과부하출력의 순이다.

30 다음 중 2중 효용식 흡수식 냉동기의 구성요소에 속하지 않는 것은?

① 저온발생기 ② 응축기
③ 증발기 ④ 압축기

해설 흡수식 냉동기는 기계적 에너지가 아닌 열에너지에 의해 냉동효과를 얻고, 구조는 증발기, 흡수기, 재생(발생)기, 응축기 등으로 구성되는 냉동기로서 전력 소비는 압축식 냉동기의 1/3 정도(압축기가 없음)로 적고, 특별 고압수전이 필요 없으며 운전비를 적게 하고, 소음(정숙성)을 경감시킬 때 선택해서 사용한다.

31 다음 중 펌프설비에서 캐비테이션의 발생 조건과 가장 거리가 먼 것은?

① 흡수관의 손실수두가 작을 경우
② 유체의 온도가 높을 경우
③ 흡입양정이 클 경우
④ 날개차의 원주속도가 클 경우

해설 공동현상[(cavitation)은 액체 속에 함유된 공기가 저압 부분에서 분리되어 수많은 작은 기포로 되는 현상 또는 펌프 흡입측 압력이 유체 포화 증기압보다 작으면 유체가 기화하면서 발생되는 현상]의 발생 조건은 유체의 온도가 높을 경우, 흡입양정이 클 경우, 날개차의 원주속도가 클 경우 등이다.

정답 25. ① 26. ③ 27. ③ 28. ④ 29. ④ 30. ④ 31. ①

32 어느 송풍기의 회전속도가 500rpm일 때 송풍량은 50m³/min이었다. 이 송풍기의 회전속도를 750rpm으로 변화시켰을 때 송풍량은?

① 75m³/min
② 87m³/min
③ 95m³/min
④ 107m³/min

해설 송풍기의 풍량(유량)은 회전수에 비례하고, 압력은 회전수의 제곱에 비례하며, 동력은 회전수의 3제곱에 비례한다.
그러므로, 송풍기 풍량은 회전수에 비례하므로
$500 : 750 = 50 : x$이다.
$\therefore x = \dfrac{750 \times 50}{500} = 75\,m^3/min$이다.

33 공조기용 코일의 선정 시 주의사항으로 옳지 않은 것은?

① 냉수코일의 정면 풍속은 2.0~3.0m/s의 범위 내로 한다.
② 냉수코일과 온수코일을 겸용으로 사용하는 경우 선정은 냉수코일을 기준으로 한다.
③ 튜브 내의 수속은 1.0m/s 전후로 하는 것이 배관이나 펌프의 설비비 및 효율상 적당하다.
④ 공기의 흐름방향과 코일 내에 있는 냉·온수의 흐름 방향이 동일한 평행류로 하는 것이 전열효과가 좋다.

해설 공조용 코일 설계시 공기와 냉·온수의 흐름방향은 평행류보다 대향류로 하는 것이 전열효과가 크고, 가능한 한 대수평균온도차(MTD, 공기와 냉·온수와의 대수평균온도차)는 크게 한다.

34 30℃의 외기 40%와 23℃의 환기 60%를 혼합하여 냉각코일로 냉각감습하는 경우 바이패스 팩터가 0.2이면 코일의 출구 온도는? (단, 코일 표면 온도는 10℃이다.)

① 12.16℃
② 13.16℃
③ 14.16℃
④ 15.16℃

해설 ㉠ 혼합 공기의 온도
열적 평행 상태에 의해서, $m_1(t_1 - T) = m_2(T - t_2)$에서,
$T = \dfrac{m_1 t_1 + m_2 t_2}{m_1 + m_2}$이다.
여기서, $m_1 = 40\%$, $m_2 = 60\%$, $t_1 = 30℃$, $t_2 = 23℃$
$\therefore T = \dfrac{m_1 t_1 + m_2 t_2}{m_1 + m_2} = \dfrac{0.4 \times 30 + 0.6 \times 23}{(0.4 + 0.6)} = 25.8℃$
㉡ 코일의 출구 온도=표면 온도+바이패스 팩터×(혼합 공기의 온도-표면 온도)=10+0.2×(25.8-10)=13.16℃

35 배관재료의 일반적인 용도가 옳게 연결된 것은?

① 동관 - 증기 배관
② 주철관 - 냉각수 배관
③ 경질염화비닐관 - 냉매 배관
④ 스테인리스강관 - 급수 배관

해설 배관재료의 사용처

재료	강관	백관 (아연 도금)	주철관	동관	연관
사용처	물, 기름, 가스, 공기, 온수, 증기용	옥내 배관 (온수용 사용을 금함)	급수관, 배수관, 통기관, 매설관, 오수관	급수관, 급탕관, 급유관, 열교환기용관	급수관, 배수용, 화공용

36 원형덕트의 곡관부의 이형관에서 국부저항의 상당길이를 L'라 할 때 다음 설명 중 옳은 것은? (단, λ : 덕트재료의 마찰저항계수, d : 원형덕트의 직경, ξ : 국부저항손실계수이다.)

① L'는 d, ξ에 비례하나, λ에는 반비례한다.
② L'는 d, λ에 비례하나, ξ에는 반비례한다.
③ L'는 d, ξ, λ에 모두 비례한다.
④ L'는 d, ξ, λ에 모두 반비례한다.

해설 국부저항의 상당길이는 관에서 발생하는 국부저항을 같은 크기의 직관 길이로 환산한 값으로 다음과 같이 구한다.
L'(국부저항 상당길이)
$= \dfrac{\xi(\text{국부저항 손실계수})d(\text{원형덕트의 직경})}{\lambda(\text{덕트 재료의 마찰 저항 계수})}$이므로
국부저항 상당길이는 d(덕트의 직경), ξ(국부저항 손실계수)에 비례하나, λ(덕트 재료의 마찰저항계수)에는 반비례한다.

37 취출공기의 이동과 관련된 유인비를 옳게 나타낸 것은?

① $\dfrac{1차 공기량}{전 공기량}$
② $\dfrac{전 공기량}{1차 공기량}$
③ $\dfrac{1차 공기량}{2차 공기량}$
④ $\dfrac{2차 공기량}{1차 공기량}$

해설 유인비=1차 공기량에 대한 전 공기량(1차 공기량+2차 공기량)의 비로서 즉,
유인비=$\dfrac{전 공기량(1차 공기량+2차 공기량)}{1차 공기량}$이다.

38 주방, 공장, 실험실에서와 같이 오염물질의 확산 및 방지를 가능한 극소화시키기 위한 환기방식은?

① 희석환기　　② 전체환기
③ 집중환기　　④ 국소환기

해설 희석(전체)환기는 환기방법 중 열이나 유해물질이 실내에 널리 산재되어 있거나 이동되는 경우에 사용하는 환기로 제1종, 제2종 및 제3종 환기방식이 있다.

39 다음과 같은 조건에 있는 체적이 200m³인 실의 겨울철 환기횟수가 0.5회/h일 때 실내로 들어오는 틈새바람에 의한 현열손실량은?

[조건]
- 실내온도 : 20℃, 외기온도 : -10℃
- 공기의 밀도 : 1.2kg/m³
- 공기의 비열 : 1.01kJ/kg·K

① 337W　　② 1,010W
③ 1,212W　　④ 3,636W

해설 문제에서 공기량을 체적(200m³)으로 주었으므로 $Q = c\varphi V \Delta t$을 사용한다. 만약에 중량(kg)의 단위로 주었다면, $Q = cm\Delta t$를 사용하여 풀이한다.
Q(현열부하) $= c$(비열)m(공기 순환량)Δt(온도의 변화량)
$= c$(비열)ρ(공기의 밀도)V(공기 순환량의 부피)
Δt(온도의 변화량)이다.
즉, $Q = cm\Delta t = c\varphi V\Delta t$
$= 1.01 \times 1.2 \times (200 \times 0.5) \times (20 - (-10))$
$= 3,636$kJ/h
$= 1,010$J/s $= 1,010$W

40 압축식 냉동기의 구성요소 중 고압부와 저압부의 경계선상에서 작동하는 장치는?

① 증발기와 응축기
② 팽창밸브와 압축기
③ 증발기와 압축기
④ 팽창밸브와 증발기

해설 압축식 냉동기의 냉동 사이클은 증발기(냉열원 취득) → 압축기(저온·저압을 고온·고압을 변화) → 응축기 → 팽창밸브(밸브의 입구측은 고압, 출구측은 저압)의 순이므로 고압부와 저압부의 경계선상에서 작동하는 장치는 팽창밸브와 압축기이다.

③ 과목　전기설비 및 소방시설 일반

41 다음 설명이 의미하는 것은?

- 전기의 모든 현상의 근원이 되는 것이다.
- 이것이 이동하는 것을 전류라고 한다.

① 양자　　② 자유전자
③ 중성자　　④ 원자핵

해설 전기란 자유전자(원자핵의 구속으로부터 쉽게 이탈하여 자유로이 움직일 수 있는 전자)의 이동으로 발생하는 것으로 빛이나 열을 내기도 하고, 화학작용, 자기작용을 한다.

42 20Ω의 저항에 또 다른 저항 R[Ω]을 병렬로 접속하였더니, 두 개의 합성저항이 4Ω이 되었다. 이때 저항 R은 몇 Ω인가?

① 2　　② 5
③ 10　　④ 15

해설 20Ω과 R[Ω]은 병렬연결이므로,
$\frac{1}{R} = \frac{1}{R_1} + \frac{1}{R_2}$에서, $\frac{1}{20} + \frac{1}{R} = \frac{1}{4}$ 에서,
$\frac{1}{R} = \frac{1}{4} - \frac{1}{20} = \frac{5-1}{20} = \frac{1}{5}$이므로 $R = 5$Ω이다.

43 저항이 15Ω과 25Ω인 전열기 두 대를 직렬로 연결하여 사용할 때, 이 회로의 전류는? (단, 회로 양단의 전압은 220V이다.)

① 5.5A
② 6.7A
③ 8.4A
④ 10A

해설 직렬연결에서는 전류가 일정하고, 저항은 저항의 합(15+25 = 40Ω)은 40Ω이므로
I(전류) $= \frac{V}{R} = \frac{220}{(15+25)} = 5.5$A이다.

44 200V, 1kW의 전열기를 100V의 전압으로 사용할 때 소비되는 전력(W)은?

① 100　　② 200
③ 250　　④ 500

정답 38.④ 39.② 40.② 41.② 42.② 43.① 44.③

해설 저항이 일정한 경우, $P=I^2R$에 의해서 P는 I의 제곱에 비례하므로 I가 $\frac{1}{2}$배가 되었으므로 $\left(\frac{1}{2}\right)^2 = \frac{1}{4}$배가 된다. 그러므로, $1,000W \times \frac{1}{4} = 250W$이다.

45 사인파 전압 $V=134\sin(314t-30°)$의 주파수는?

① 50Hz ② 60Hz
③ 70Hz ④ 80Hz

해설 어떤 물체가 원운동을 할 때, 1초 동안에 f회전하면 ω(각속도)$=2\pi f$(주파수)이다.
$V=V_0\sin(\omega t - 30°)$에서 $\omega = 2\pi f = 314$
$\therefore f = \frac{314}{2\pi} = 49.97 ≒ 50Hz$

46 3상 유도전동기의 출력이 5.5kW, 전압이 200V, 효율이 90%, 역률이 80%일 때, 이 전동기에 유입되는 선전류는?

① 약 15A ② 약 20A
③ 약 22A ④ 약 25A

해설 P[유효(소비)전력]$=P_a$(피상전력)$\times\cos\theta$(역률)$=V$(전압)I(전류)$\cos\theta$(역률)(W)이고, 출력전력=유효(소비)전력$\times$효율=피상전력$\times$역률$\times$효율이다.

그러므로, 피상전력$=\frac{출력전력}{역률\times효율}=\frac{5,500}{0.8\times0.9}=7,638.8$W이다.

그런데, P_3(3상 교류의 전력)$=\sqrt{3}\,V$(전압)I(전류)$\cos\theta$(역률)이고, P_2(단상교류의 전력)$=V$(전압)I(전류)$\cos\theta$(역률)이므로, 3상 교류의 전력은 단상교류의 전력의 $\sqrt{3}$배가 된다. I(선전류)
$=\frac{P(전력)}{\sqrt{3}\,V(전압)}=\frac{7,638.8}{\sqrt{3}\times200}=22.05 ≒ 22A$

47 쿨롱의 법칙에 관한 설명 중 옳지 않은 것은?

① 힘의 크기는 두 전하의 거리에 비례한다.
② 힘의 크기는 두 전하량의 곱에 비례한다.
③ 힘의 방향은 두 전하를 연결하는 직선방향이다.
④ 힘의 크기는 두 전하 사이의 매질에 따라 다르다.

해설 쿨롱의 법칙은 "두 개의 전하 사이에 작용하는 전기력은 두 전하의 세기의 곱에 비례하고 거리의 제곱에 반비례한다."는 법칙이다.

즉, F(자력의 크기)$=6.33\times10^4\times\frac{m_1m_2(두\,자극\,세기의\,곱)}{r^2(두\,자극\,사이의거리)}$

이고, 또한, 두 자극 사이에 매질이 있는 경우에는 그 매질의 비투자율(μ_s)을 고려하여 다음과 같이 계산한다.

즉 F(자력의 크기)
$=6.33\times10^4\times\frac{m_1m_2(두\,자극의\,세기의\,곱)}{\mu_s(비투자율)\,r^2(두\,자극\,사이의\,거리)}$이다.

48 전자유도현상에 의해 발생하는 유도기전력의 방향에 관계되는 법칙은?

① 쿨롱의 법칙
② 렌츠의 법칙
③ 플레밍의 왼손 법칙
④ 플레밍의 오른손 법칙

해설 쿨롱의 법칙은 두 자극 간에 작용하는 힘은 두 자극의 자기량의 곱에 비례하고, 자극 간의 거리의 제곱에 반비례하는 법칙으로 $\left[F(\text{힘})=k\frac{m_1m_2(\text{자기량의 곱})}{r^2(\text{자극 간의 거리})}\right]$이고, 전동기의 원리는 도체가 움직이는 방향(엄지 손가락 방향)의 플레밍의 왼손 법칙[엄지는 전자력(힘), 검지는 자기장, 중지는 전류의 방향]이며, 발전기의 원리는 전류의 방향으로 플레밍의 오른손 법칙(엄지는 운동, 검지는 자속, 중지는 유도기전력의 방향)에 의한 것이다.

구분	정의	엄지	검지	중지	적용처
플레밍의 왼손 법칙	전자력의 방향	힘	자기장	전류	전동기
플레밍의 오른손 법칙	유도기전력의 방향	운동	자속	유도 기전력	발전기

49 변압기에서 철심(core)이 하는 역할은?

① 자속의 이동통로
② 전류의 이동통로
③ 전압의 이동통로
④ 와류의 이동통로

해설 변압기는 얇은 규소 강판으로 성층한 철심에 2개의 권선을 감은 형태로 되어 있고, 1차 측 권선에 사인파 교류전압을 가하면 철심에서 사인파 교번자속이 생기며(자속의 이동 통로), 이 자속과 쇄교하는 다른 쪽 권선에는 권선의 감은 횟수에 따라 교류전압이 유도된다. 변압기의 철심용 강판은 철손을 적게 하기 위하여 두께 0.35~0.5mm 정도의 규소 강판(철손을 적게 하기 위하여 규소 함량이 4~4.5%인 규소 강판)을 사용한다.

50 200kVA 단상변압기 3대를 △결선하여 사용하다가 1대의 변압기가 소손되어 V결선으로 운전한다면 몇 kVA 부하까지 연결할 수 있겠는가?

① 450 ② 600
③ 346 ④ 692

정답 45. ① 46. ③ 47. ① 48. ② 49. ① 50. ③

해설 200kVA 단상변압기 3대를 △결선을 하여 사용하던 중 1대의 변압기가 고장이 생겨 V결선으로 운전하는 경우 출력비는 $1/\sqrt{3}$ (57.7%) 정도이고, 변압기 2대를 V결선하여 운전할 때 출력은 변압기 1대 용량의 $\sqrt{3}$ 배이므로 출력= $\sqrt{3}$ ×변압기의 용량이다. 그러므로, 출력= $\sqrt{3}$ ×변압기의 용량= $\sqrt{3}$ ×200=200 $\sqrt{3}$ ≒346kVA이다.

51 축전지의 충전방식 중 필요할 때마다 표준 시간율로 소정의 충전을 하는 방식은?

① 보통충전 ② 급속충전
③ 부동충전 ④ 균등충전

해설 급속충전은 비교적 짧은 시간에 보통 충전 전류의 2~3배의 전류로 충전하는 방식이고, 부동충전은 전지의 자기 방전을 보충함과 동시에 상용 부하에 대한 전력 공급은 충전기가 부담하도록 하되 충전기가 부담하기 어려운 일시적인 대전류 부하는 축전지로 하여금 부담하게 하는 방식이며, 균등충전은 부동충전 방식에 의하여 사용할 때 각 전해조에서 일어나는 전위차를 보정하기 위하여 1~3개월마다 1회, 정전압으로 10~12시간 충전하여 각 전해조의 용량을 균일화하기 위하여 행하는 충전방식이다.

52 유도전동기의 속도 제어 방법이 아닌 것은?

① 슬립을 변화시킨다.
② 주파수를 변화시킨다.
③ 전압을 변화시킨다.
④ 극수를 변화시킨다.

해설 N(전동기의 회전수 또는 동기속도) $=\dfrac{120f(주파수)(1-s(슬립))}{P(극수)}$ 이다. 그러므로 전동기의 회전수는 주파수에 비례하고, 슬립과 극수에 반비례한다. 즉, 주파수, 슬립, 극수를 변화시키면 속도제어를 할 수 있다.

53 고휘도(HID : High intensity Discharge) 램프에 속하지 않는 것은?

① 할로겐램프
② 형광수은램프
③ 고압나트륨램프
④ 메탈할라이드램프

해설 고휘도(HID, High Intensity Discharge lamp)램프는 고압 수은등과 같은 고휘도 방전등의 총칭으로 고효율, 장수명의 등으로서 비교적 넓은 면적의 조명용으로 적합하며, 형광수은램프, 고압나트륨램프 및 메탈할라이드램프 등이 있다.

54 일반 건축물의 피뢰침 보호각은 최대 얼마인가?

① 30° ② 45°
③ 60° ④ 70°

해설 피뢰침의 보호각은 낙뢰의 피해를 안전하게 보호하는 범위로서 일반 건축물에 있어서는 60° 이내, 화약류, 가연성 액체나 가스 등의 위험물을 저장, 제조 또는 취급하는 건축물에 있어서는 45° 이내이어야 한다.

55 엘리베이터의 구성장치 중 일정 이상의 속도가 되었을 때 브레이크나 안전장치를 작동시키는 기능을 하는 것은?

① 완충기 ② 조속기
③ 권상기 ④ 가이드 슈

해설 완충기는 카가 어떤 원인으로 최하층을 통과하여 피트로 떨어졌을 때, 충격을 완화시키기 위하여 또는 카가 밀어 올려졌을 때를 대비하여 균형추의 바로 아래 설치하는 엘리베이터의 기계적 안정장치이고, 권상기는 승강기의 카를 줄로 매달아 끌어올리고, 내리기를 반복하는 엘리베이터 기기이며, 가이드 슈는 카 또는 균형추 상, 하, 좌, 우 4곳에 부착되어 레일에 따라 움직이며 카 또는 균형추를 지지하는 엘리베이터의 부품이다.

56 건축설비 자동제어 중 피드백제어 방식을 제어동작에 의해 분류하였을 때 연속동작에 해당되지 않는 것은?

① 다위치동작
② 비례동작
③ 적분동작
④ 미분동작

해설 비례동작은 조절부의 전달 특성이 비례적인 특성을 가진 제어 시스템으로 목표치와 제어량의 차이에 비례하여 조작량을 변화시키는 잔류 편차가 있는 제어동작이고, 적분동작은 오차의 크기와 오차가 발생하고 있는 시간에 둘러싸인 면적 즉, 적분값의 크기에 비례하여 조작부를 제어하는 동작이며, 잔류 오차가 없도록 하며, 미분동작은 제어 오차가 검출될 때 오차가 변화하는 속도에 비례하여 조작량을 가감하도록 하는 제어동작이다.

57 논리식 $A \cdot (A+B)$를 간단히 하면 무엇인가?

① $A+B$ ② $A \cdot B$
③ B ④ A

해설 불대수의 정리 중 결합 법칙에 의하여 $A \cdot (A+B)=A \cdot A+A \cdot B$이고, $A \cdot A=A$이므로 $A \cdot A+A \cdot B=A+A \cdot B=A(1+B)=A \cdot 1=A$이다.

정답 51.① 52.③ 53.① 54.③ 55.② 56.① 57.④

58 옥내소화전 방수구는 바닥으로부터의 높이가 최대 얼마 이하가 되도록 설치하여야 하는가?

① 0.9m ② 1.2m
③ 1.5m ④ 1.8m

해설 옥내소화전의 방수구는 바닥으로부터 높이가 1.5m 이하가 되도록 할 것

59 스프링클러헤드가 설치되어 있는 배관으로 정의되는 것은?

① 주배관 ② 교차배관
③ 가지배관 ④ 급수배관

해설 스프링클러헤드가 설치되어 있는 배관으로 주배관은 각 층을 수직으로 관통하는 수직배관이고, 교차배관은 직접 또는 수직배관을 통하여 가지배관에 급수하는 배관이며, 가지배관은 스프링클러헤드가 설치되어 있는 관이다.

60 연결살수설비에 설치되는 송수구의 구경 기준은?

① 32mm ② 40mm
③ 50mm ④ 65mm

해설 연결살수설비의 송수구는 구경 65mm의 쌍구형으로 하여야 한다.

④ 과목 건축설비 관련 법규

61 건축법령상 다음과 같이 정의되는 용어는?

> 건축물이 천재지변이나 그 밖의 재해로 멸실된 경우 그 대지에 다음 각 목의 요건을 모두 갖추어 다시 축조하는 것을 말한다.
> ① 연면적 합계는 종전 규모 이하로 할 것
> ② 동수, 층수 및 높이는 다음의 어느 하나에 해당할 것
>   ㉮ 동수, 층수 및 높이가 모두 종전 규모 이하일 것
>   ㉯ 동수, 층수 또는 높이의 어느 하나가 종전 규모를 초과하는 경우에는 해당 동수, 층수 및 높이가 건축법, 이 영 또는 건축조례에 모두 적합할 것

① 증축 ② 재축
③ 개축 ④ 대수선

해설 관련 법규 : 건축법 제2조, 영 제2조
해설 법규 : 영 제2조 2, 3호, 영 제3조의2
"증축"이란 기존 건축물이 있는 대지에서 건축물의 건축면적, 연면적, 층수 또는 높이를 늘리는 것을 말하고, "개축"이란 기존 건축물의 전부 또는 일부[내력벽·기둥·보·지붕틀(한옥의 경우에는 지붕틀의 범위에서 서까래는 제외) 중 셋 이상이 포함]를 해체하고 그 대지에 종전과 같은 규모의 범위에서 건축물을 다시 축조하는 것을 말한다. "대수선"이란 건축물의 기둥, 보, 내력벽, 주계단 등의 구조나 외부 형태를 수선·변경하거나 증설하는 것으로서 대통령령으로 정하는 것을 말한다.

62 다음 중 건축법령상 제2종 근린생활시설에 속하지 않는 것은?

① 한의원
② 독서실
③ 동물병원
④ 일반음식점

해설 관련 법규 : 건축법 제2조, 영 제3조의5, (별표 1)
해설 법규 : 영 제3조의5, (별표 1)
독서실, 동물병원 및 일반음식점은 제2종 근린생활시설에 속하고, 한의원은 제1종 근린생활시설에 속한다.

63 공사감리자가 공사시공자에게 상세시공도면의 작성을 요청할 수 있는 건축공사의 기준으로 옳은 것은?

① 연면적의 합계가 1,000m² 이상인 건축공사
② 연면적의 합계가 2,000m² 이상인 건축공사
③ 연면적의 합계가 5,000m² 이상인 건축공사
④ 연면적의 합계가 10,000m² 이상인 건축공사

해설 관련 법규 : 건축법 제25조, 영 제19조
해설 법규 : 영 제19조 ④항
연면적의 합계가 5,000m² 이상인 건축공사의 공사감리자는 필요하다고 인정하면 공사시공자에게 상세시공도면을 작성하도록 요청할 수 있다.

64 다음과 같은 경우 판매시설의 용도에 쓰이는 피난층에 설치하는 건축물의 바깥쪽으로의 출구의 유효너비의 합계는 최소 얼마 이상이어야 하는가?

> • 건축물의 층수 : 5층
> • 각 층의 판매시설로 쓰이는 바닥면적 : 1,000m²

① 3m ② 6m
③ 10m ④ 12m

정답 58. ③ 59. ③ 60. ④ 61. ② 62. ① 63. ③ 64. ②

해설 관련 법규 : 건축법 제49조, 영 제39조, 피난·방화규칙 제11조
해설 법규 : 피난·방화규칙 제11조 ④항
판매시설의 용도에 쓰이는 피난층에 설치하는 건축물의 바깥쪽으로의 출구의 유효너비의 합계는 해당 용도에 쓰이는 바닥면적이 최대인 층에 있어서의 해당 용도의 바닥면적 $100m^2$마다 0.6m의 비율로 산정한 너비 이상으로 하여야 한다. 그러므로, 개별 관람석 출구의 유효너비의 합계
= $\dfrac{\text{개별 관람석의 바닥면적의 합계}}{100} \times 0.6m = \dfrac{1,000}{100} \times 0.6$
= 6.0m 이상이다.

65 연면적이 $500m^2$인 오피스텔에 설치하는 복도의 유효너비는 최소 얼마 이상으로 하여야 하는가? (단, 양옆에 거실이 있는 복도의 경우)

① 1.2m ② 1.5m
③ 1.8m ④ 2.4m

해설 관련 법규 : 건축법 제49조, 영 제48조, 피난·방화규칙 제15조의2
해설 법규 : 피난·방화규칙 제15조의2 ①항
연면적이 $200m^2$ 초과하고, 양옆에 거실이 있는 공동주택, 오피스텔의 복도 유효너비는 1.8m 이상이고, 기타의 복도는 1.2m 이상이다.

66 숙박시설의 욕실은 그 바닥으로부터 높이 몇 m까지 안벽의 마감을 내수재료로 하여야 하는가?

① 0.5m ② 1.0m
③ 1.5m ④ 2.0m

해설 관련 법규 : 건축법 제49조, 영 제52조, 피난·방화규칙 제18조
해설 법규 : 피난·방화규칙 제18조 ②항
제1종 근린생활시설 중 목욕장의 욕실과 휴게음식점의 조리장과 제2종 근린생활시설 중 일반음식점 및 휴게음식점의 조리장과 숙박시설의 욕실의 바닥과 그 바닥으로부터 높이 1m까지의 안쪽벽의 마감은 이를 내수재료로 하여야 한다.

67 다중이용시설을 신축하는 경우에 설치하여야 하는 기계환기설비의 구조 및 설치에 관한 기준 내용으로 옳지 않은 것은?

① 다중이용시설의 기계환기설비 용량기준은 시설이용 인원당 환기량을 원칙으로 산정할 것
② 공기배출체계 및 배기구는 배출되는 공기가 공기공급체계 및 공기흡입구로 직접 들어가는 위치에 설치할 것
③ 기계환기설비는 다중이용시설로 공급되는 공기의 분포를 최대한 균등하게 하여 실내기류의 편차가 최소화될 수 있도록 할 것
④ 공기공급체계·공기배출체계 또는 공기흡입구·배기구 등에 설치되는 송풍기는 외부의 기류로 인하여 송풍능력이 떨어지는 구조가 아닐 것

해설 관련 법규 : 건축법 제62조, 영 제87조, 설비규칙 제11조
해설 법규 : 설비규칙 제11조 ⑤항 5호
공기배출체계 및 배기구는 배출되는 공기가 공기공급체계 및 공기흡입구로 직접 들어가지 아니하는 위치에 설치할 것

68 층수가 10층이며, 각 층의 거실면적이 $2,000m^2$인 백화점에 설치하여야 하는 승용 승강기의 최소 대수는? (단, 16인승 승용 승강기의 경우)

① 2대 ② 3대
③ 5대 ④ 6대

해설 관련 법규 : 건축법 제64조, 설비규칙 제5조, (별표 1의2)
해설 법규 : (별표 1의2)
문화 및 집회시설(공연장, 집회장 및 관람장만 해당), 판매시설, 의료시설 등의 승용 승강기 설치에 있어서 $3,000m^2$ 이하까지는 2대이고, $3,000m^2$를 초과하는 경우에는 그 초과하는 매 $2,000m^2$ 이내마다 1대의 비율로 가산한 대수로 설치한다. (백화점은 판매시설에 속하며, 소수점 이하는 올림)
∴ 승용 승강기 설치대수
= $2 + \dfrac{6층 \text{ 이상의 거실면적의 합} - 3,000}{2,000}$
= $2 + \dfrac{2,000 \times (10-5) - 3,000}{2,000} = 5$ 5대 이상이므로
6대 이상이다. 그런데 16인승의 승강기를 설치하므로 6÷2=3대 이상이다.

69 태양열을 주된 에너지원으로 이용하는 주택 건축면적의 산정기준이 되는 기준은?

① 건축물의 외벽 중 외측 벽의 중심선
② 건축물의 외벽 중 공간부분의 중심선
③ 건축물의 외벽 중 내측 내력벽의 중심선
④ 건축물의 외벽 중 공간부분과 외측 벽을 합한 두께의 중심선

해설 관련 법규 : 건축법 제84조, 영 제119조, 규칙 제43조
해설 법규 : 규칙 제43조 ①항
태양열을 주된 에너지원으로 이용하는 주택의 건축면적과 단열재를 구조체의 외기측에 설치하는 단열공법으로 건축된 건축물의 건축면적은 건축물의 외벽 중 내측 내력벽의 중심선을 기준으로 한다. 이 경우 태양열을 주된 에너지원으로 이용하는 주택의 범위는 국토교통부장관이 정하여 고시하는 바에 따른다.

70 에너지절약계획서 작성에 따른 에너지성능지표검토서의 적합판정기준으로 맞는 것은?

① 평점합계 60점 이상
② 평점합계 65점 이상
③ 평점합계 70점 이상
④ 평점합계 80점 이상

해설 관련 법규 : 에너지절약기준 제15조
해설 법규 : 에너지절약기준 제15조 ①항
에너지성능지표는 평점합계가 65점 이상일 경우 적합한 것으로 본다. 다만, 공공기관이 신축하는 건축물(별동으로 증축하는 건축물을 포함)은 74점 이상일 경우 적합한 것으로 본다.

71 다음의 무창층에 대한 설명 중 밑줄 친 일정 요건과 관련된 기준 내용으로 옳지 않은 것은?

> 무창층이란 지상층 중 <u>일정 요건</u>을 모두 갖춘 개구부의 면적의 합계가 해당 층의 바닥면적의 1/30 이하가 되는 층을 말한다.

① 개구부는 도로 또는 차량이 진입할 수 있는 빈터를 향할 것
② 개구부의 크기가 지름 50cm 이상의 원이 내접할 수 있을 것
③ 내부 또는 외부에서 파괴 또는 개방할 수 없을 것
④ 해당 층의 바닥면으로부터 개구부 밑부분까지의 높이가 1.2m 이내일 것

해설 관련 법규 : 소방시설법 시행령 제2조
해설 법규 : 소방시설법 시행령 제2조 1호
무창층의 조건은 ①, ② 및 ④ 외에 화재 시 건축물로부터 쉽게 피난할 수 있도록 창살이나 그 밖의 장애물이 설치되지 아니하고, 내부 또는 외부에서 쉽게 부수거나 열 수 있을 것

72 자동화재탐지설비를 설치하여야 하는 특정소방대상물의 연면적 기준은? (단, 특정소방대상물이 위락시설인 경우)

① 600m² 이상
② 1,000m² 이상
③ 2,000m² 이상
④ 3,000m² 이상

해설 관련 법규 : 소방시설법 제12조, 영 제11조, (별표 4)
해설 법규 : (별표 4) 2호 다목
자동화재탐지설비를 설치하여야 하는 특정소방대상물은 위락시설의 경우에는 연면적 600m² 이상인 것이다.

73 다음 중 다중이용 건축물에 속하지 않는 것은? (단, 해당 용도로 쓰는 바닥면적의 합계가 5,000m²이며, 층수가 15층인 건축물의 경우)

① 종교시설
② 판매시설
③ 업무시설
④ 의료시설 중 종합병원

해설 관련 법규 : 건축법 제2조, 해설 법규 : 영 제2조 17호
"다중이용 건축물"이란 문화 및 집회시설(동물원 및 식물원은 제외), 종교시설, 판매시설, 운수시설 중 여객용 시설, 의료시설 중 종합병원, 숙박시설 중 관광숙박시설에 해당하는 용도로 쓰는 바닥면적의 합계가 5,000m² 이상인 건축물과 16층 이상인 건축물 등이다.

74 대형건축물의 건축허가 사전승인신청 시 제출 도서의 종류 중 기본설계도서에 속하지 않는 것은?

① 투시도
② 구조계획서
③ 내·외마감표
④ 주차장평면도

해설 관련 법규 : 건축법 제11조, 규칙 제7조, (별표 3)
해설 법규 : 규칙 제7조 ①항, (별표 3)
층수가 21층인 사무소 건축물의 건축허가 사전승인신청 시 제출하여야 하는 기본설계도서에는 건축계획서(설계설명서, 구조계획서, 지질조사서, 시방서)와 기본설계도서(투시도, 평면도, 입면도, 단면도, 내·외마감표, 주차장평면도), 설비(건축설비도, 소방설비도, 상·하수도 계통도)로 나뉜다.

75 건축물의 출입구에 설치하는 회전문에 관한 기준 내용으로 옳지 않은 것은?

① 계단이나 에스컬레이터로부터 2m 이상의 거리를 둘 것
② 출입에 지장이 없도록 일정한 방향으로 회전하는 구조로 할 것
③ 회전문의 회전속도는 분당회전수가 10회를 넘지 아니하도록 할 것
④ 회전문의 중심축에는 회전문과 문틀 사이의 간격을 포함한 회전문날개 끝부분까지의 길이는 140cm 이상이 되도록 할 것

해설 관련 법규 : 건축법 제49조, 영 제39조, 피난·방화규칙 제12조
해설 법규 : 피난·방화규칙 제12조 5호
회전문의 회전속도는 분당회전수가 8회를 넘지 아니하도록 할 것

정답 70.② 71.③ 72.① 73.③ 74.② 75.③

76 다음 중 특별 피난 계단에 설치하여야 하는 배연설비의 구조에 대한 기준 내용으로 옳지 않은 것은?

① 배연구와 배연기 모두 설치할 것
② 배연기에는 예비 전원을 설치할 것
③ 배연풍도는 불연재료로 할 것
④ 배연구는 평상시에는 닫힌 상태를 유지할 것

해설 관련 법규 : 건축법 제64조, 영 제90조, 설비규칙 제14조
해설 법규 : 설비규칙 제14조 ②항 4호
특별피난계단 및 비상용 승강기의 승강장에 설치하는 배연설비의 구조는 ②, ③ 및 ④ 외에 배연구가 외기에 접하지 아니하는 경우에는 배연기를 설치할 것

77 다음은 건축설비 설치의 원칙에 관한 기준 내용이다. ( ) 안에 알맞은 것은?

> 건축물에 설치하는 급수·배수·냉방·난방·환기·피뢰 등 건축설비의 설치에 관한 기술적 기준은 (㉠)으로 정하되, 에너지이용합리화와 관련한 건축설비의 기술적 기준에 관하여는 (㉡)과 협의하여 정한다.

① ㉠ 국토교통부령, ㉡ 산업통상자원부장관
② ㉠ 산업통상자원부령, ㉡ 국토교통부장관
③ ㉠ 국토교통부령, ㉡ 과학기술정보통신부장관
④ ㉠ 과학기술정보통신부령, ㉡ 국토교통부장관

해설 관련 법규 : 건축법 제62조, 영 제87조
해설 법규 : 영 제87조 ②항
건축물에 설치하는 급수·배수·냉방·난방·환기·피뢰 등 건축설비의 설치에 관한 기술적 기준은 국토교통부령으로 정하되, 에너지이용합리화와 관련한 건축설비의 기술적 기준에 관하여는 산업통상자원부장관과 협의하여 정한다.

78 지능형 건축물의 인증에 관한 설명으로 옳지 않은 것은?

① 지능형 건축물 인증기준에는 인증표시 홍보기준, 유효기간 등의 사항이 포함된다.
② 산업통상자원부장관은 지능형 건축물의 인증을 위하여 인증기관을 지정할 수 있다.
③ 국토교통부장관은 지능형 건축물의 건축을 활성화하기 위하여 지능형 건축물 인증제도를 실시한다.
④ 허가권자는 지능형 건축물로 인증받은 건축물에 대하여 조경설치면적을 85/100까지 완화하여 적용할 수 있다.

해설 관련 법규 : 건축법 제65조의2, 해설 법규 : 법 제65조의2 ②항
지능형 건축물의 인증에 관한 사항은 ①, ③, ④ 이외에 다음의 기준에 적합하여야 한다.
㉠ 국토교통부장관은 지능형 건축물(Intelligent Building)의 인증을 위하여 인증기관을 지정할 수 있다.
㉡ 인증기관의 지정 기준, 지정 절차 및 인증 신청 절차 등에 필요한 사항은 국토교통부령으로 정한다.
㉢ 허가권자는 지능형 건축물로 인증을 받은 건축물에 대하여 조경설치면적을 85/100까지 완화하여 적용할 수 있으며, 용적률 및 건축물의 높이를 115/100의 범위에서 완화하여 적용할 수 있다.

79 건축물의 에너지절약설계기준에 따른 기계부분의 권장사항 내용으로 옳지 않은 것은?

① 열원설비는 부분부하 및 전부하 운전효율이 좋은 것을 선정한다.
② 폐열회수를 위한 열회수설비를 설치할 때에는 중간기에 대비한 바이패스(by-pass)설비를 설치한다.
③ 난방기기, 냉방기기, 냉동기, 송풍기, 펌프 등은 부하조건에 따라 최고의 성능을 유지할 수 있도록 대수분할 또는 비례제어운전이 되도록 한다.
④ 기계환기설비를 사용하여야 하는 지하주차장의 환기용 팬은 대수제어 또는 풍량조절, 이산화탄소(CO_2)의 농도에 의한 자동(on-off)제어 등의 에너지절약적 제어방식을 도입한다.

해설 관련 법규 : 에너지절약기준 제9조
해설 법규 : 에너지절약기준 제9조 5호 나목
기계환기설비를 사용하여야 하는 지하주차장의 환기용 팬은 대수제어 또는 풍량조절(가변익, 가변속도), 일산화탄소(CO)의 농도에 의한 자동(on-off)제어 등의 에너지절약적 제어방식을 도입한다.

80 소화기구를 설치하여야 하는 특정소방대상물의 연면적 기준은?

① $9m^2$
② $15m^2$
③ $24m^2$
④ $33m^2$

해설 관련 법규 : 소방시설법 제12조, 영 제11조, (별표 4)
해설 법규 : (별표 4) 1호 가목
소화기구를 설치하여야 하는 특정소방대상물은 연면적 $33m^2$ 이상인 것(다만, 노유자시설의 경우에는 투척용 소화기구 등을 화재안전기준에 따라 산정한 소화기 수량의 1/2 이상으로 설치할 수 있음), 가스시설, 발전시설 중 전기저장시설 및 국가유산, 터널, 지하구 등이 있다.

제3회 CBT 적중 모의고사

Engineer Building Facilities

1 과목 건축설비 계획

01 관 속을 흐르는 유체에 관한 설명으로 옳은 것은?
① 유속에 비례하여 유량은 증가한다.
② 유체의 점도가 클수록 유량은 증가한다.
③ 관의 마찰계수가 크면 유량은 증가한다.
④ 관경의 제곱에 반비례해서 유량은 증가한다.

해설 유체의 점도와 마찰계수가 클수록 유량은 감소하고, 관경의 제곱에 비례해서 유량$\left(Q(유량) = A(단면적)v(유속) = \frac{\pi D^2}{4}v\right)$은 증가한다.

02 지름이 D_1인 관 A와 지름 D_2인 관 B에 동일 유량이 흐를 때, 두 관의 지름비 D_1/D_2을 유속으로 옳게 표현한 것은? (단, v_1은 A관 내의 유속, v_2는 B관 내의 유속이다.)

① $\dfrac{v_2}{v_1}$ ② $\left(\dfrac{v_2}{v_1}\right)^{\frac{1}{2}}$

③ $\dfrac{v_1}{v_2}$ ④ $\left(\dfrac{v_1}{v_2}\right)^{\frac{1}{2}}$

해설 $v(유속) = \dfrac{Q(유량)}{A(단면적)} = \dfrac{Q}{\dfrac{\pi D(관의\ 직경)^2}{4}} = \dfrac{4Q}{\pi D^2}$ 이므로

$D^2 = \dfrac{4Q}{\pi v}$ 에서 $D = \sqrt{\dfrac{4Q}{\pi v}}$ 이다.
유속의 제곱근에 반비례하므로
$\dfrac{D_1}{D_2} = \sqrt{\dfrac{\dfrac{1}{v_1}}{\dfrac{1}{v_2}}} = \sqrt{\dfrac{v_2}{v_1}} = \left(\dfrac{v_2}{v_1}\right)^{\frac{1}{2}}$ 이다.

03 플라스틱 위생기구에 대한 설명 중 옳지 않은 것은?
① 형상을 비교적 자유롭게 제작할 수 있다.
② 표면경도와 내마모성이 커서 흠이 생기지 않고 열에 강하다.
③ 가공성이 좋고 대량 생산이 가능하다.
④ 경량이나 경년변화로 변색의 우려가 있다.

해설 플라스틱 위생기구는 표면의 경도와 내마모성이 약해서, 흠이 생기기 쉽고 열에 약한 단점이 있다.

04 대변기의 세정 급수 방식 중 하이 탱크식과 로 탱크식에 대한 설명으로 옳은 것은?
① 하이 탱크식은 로 탱크식보다 세정소음이 적다.
② 하이 탱크식과 로 탱크식은 탱크로의 급수 수압이 다소 낮아도 사용할 수 있다.
③ 로 탱크식과 하이 탱크식은 연속사용이 가능하다.
④ 로 탱크식은 하이 탱크식보다 화장실 내의 공간을 적게 차지하여 유리하다.

해설 하이 탱크식은 로 탱크식보다 세정 소음이 크고, 로 탱크식과 하이 탱크식은 연속사용이 불가능(탱크에 물을 채우는 동안의 시간이 필요함)하며, 로 탱크식은 하이 탱크식보다 화장실 내의 공간을 크게 차지하여 불리하다.

05 열환경 지표 중 기온과 주벽의 복사열 및 기류의 영향을 조합시킨 지표로서, 습도의 영향이 고려되어 있지 않은 것은?
① 작용온도 ② 등온지수
③ 유효온도 ④ 합성온도

해설 작용온도(OT, Operative Temperature)는 온도(기온), 기류, 복사열의 영향을 종합한 온도로서 습도의 영향을 제외한 온도로서 복사난방의 실내 열환경 척도로 이용되는 온도이다.

구분	기온	습도	기류	복사열
유효(감각, 효과, 체감)온도	○	○	○	×
(수정·신·표준)유효온도, 등온감각온도	○	○	○	○
작용, 등가온도	○	×	○	○

정답 01. ① 02. ② 03. ② 04. ② 05. ①

06 전양정 $H=20m$, 양수량 $Q=3m^3/min$이고 축동력 11kW를 필요로 하는 펌프의 효율은 약 얼마인가?

① 72% ② 78%
③ 80% ④ 89%

해설 축동력 $=\dfrac{WQH}{6,120\times E}$ 이므로, $11=\dfrac{1,000\times 3\times 20}{6,120\times E}$에서 $E=0.891\times 100 ≒ 89\%$이다.

07 다음 급수방식 중 위생성 및 유지관리 측면에서 가장 바람직하며 일반적으로 비교적 소규모의 건물에 사용되는 방식은?

① 수도직결방식 ② 고가탱크방식
③ 압력탱크방식 ④ 세퍼레이트방식

해설 고가탱크방식은 우물물 또는 상수를 일단 지하 물받이 탱크(receiving)에 받아 이것을 양수 펌프에 의해 건축물의 옥상 또는 높은 곳에 설치한 탱크로 양수하여 그 수위를 이용하여 탱크에서 밑으로 세운 급수관에 의해 급수하는 방식이고, 압력탱크방식은 수도 본관으로부터의 인입관 등에 의해 일단 물받이 탱크에 저수한 다음 급수 펌프로 압력탱크에 보내면 압력탱크에서 공기를 압축 가압하여 그 압력에 의해 물을 건축구조물 내의 필요한 곳으로 급수하는 방식이며, 세퍼레이트(층별식)방식은 초고층 건축물의 급수 배관법의 일종(급수설비의 조닝)이다.

08 압력탱크로부터 수직높이가 10m 되는 곳에 세정밸브(flush valve)식 대변기가 설치되어 있다. 이 대변기에 압력탱크식으로 급수하기 위한 압력탱크의 최저 필요압력은? (단, 배관의 연장길이는 15m이고 관로의 전 마찰손실 수두는 5mAq이다.)

① 220kPa ② 270kPa
③ 320kPa ④ 370kPa

해설 P(기구 본관의 압력)
$=P_1$(기구의 소요 압력)$+P_f$(본관에서 기구에 이르는 사이의 저항)$+h$(기구의 설치 높이)이다.
즉, $P=P_1+P_f+h$에서, $P_1=70+50+100=220kPa$이다.

09 다음 중 고층건물에서의 급수설비 조닝 목적과 가장 관계가 먼 것은?

① 배관의 적절한 수압유지
② 공사비의 절감
③ 소음과 진동의 방지
④ 기구 부속품의 파손 방지

해설 급수설비의 조닝(급수계통을 2계통 이상으로 나누는 것)은 급수 계통을 1계통(중·저층부)으로 하는 경우 하층부에서의 급수압이 과대하게 되어 급수전·기구 등의 사용에 지장을 가져오거나 소음, 진동 및 워터해머 등이 발생하거나, 급수전, 밸브 등의 부품 마모가 심해져 수명이 단축(부품의 파손 방지)되기도 하므로 건물의 용도에 따라 최고 압력(적절한 수압 유지)을 넘지 않도록 하여야 한다.

10 개별식(국소식) 급탕방식에 대한 설명으로 옳지 않은 것은?

① 주택 등 소규모 건물에 적합하다.
② 배관 중의 열손실이 크다.
③ 급탕 개소마다 가열기의 설치공간이 필요하다.
④ 기존건물에 설치가 용이하다.

해설 국소식 급탕방식은 급탕배관의 길이가 짧아 배관의 열손실이 적고, 탕을 순환할 필요가 없는 소규모 급탕설비에 사용된다.

11 동시사용률이 높은 건물의 급탕설비에 관한 설명으로 옳은 것은?

① 가열부하와 최대 부하의 차이가 크다.
② 일반적으로 최대 부하 사용시간이 짧다.
③ 일반적으로 하루에 1시간 정도의 일정시간에 사용된다.
④ 가열기 능력을 크게 하고 저탕탱크는 소용량으로 계획하는 것이 효율적이다.

해설 동시사용률(건물 내의 위생기구나 급수밸브 등이 어떤 시각에 동시에 사용될 것을 예상한 수전개수의 전체 수전개수에 대한 비율로서 배관 직경이나 소요 물량 등을 결정할 때에 사용하며, 기구수에 대해 %로 나타낸다.)이 높을수록 동시에 사용하는 기구의 수가 증대되므로 가열기의 능력을 크게 하고, 저탕탱크는 소용량으로 계획하는 것이 효율적이다.

12 건축화 조명에 관한 설명으로 옳지 않은 것은?

① 조명기구 배치방식에 의하면 거의 전반조명방식에 해당된다.
② 조명기구 배광방식에 의하면 거의 직접조명방식에 해당된다.
③ 건축물의 천장이나 벽을 조명기구 겸용으로 마무리하는 것이다.
④ 천장면 이용방식으로는 다운라이트, 코퍼라이트, 광천장 조명 등이 있다.

해설 건축화 조명방식(조명기구를 건축 내장재의 일부 마무리로써 건축의장과 조명기구를 일체화하는 조명방식)의 배광방식은 거의 간접조명방식에 해당된다.

13 급탕탱크(저탕조) 내에 1,000L의 물을 10℃에서 80℃로 온도를 높였을 때 체적은 몇 L 정도가 증가되겠는가? (단, 물의 밀도는 10℃에서는 0.99973kg/L, 80℃에서는 0.9718kg/L이다.)

① 29L   ② 40L
③ 55L   ④ 97L

해설 ΔV(온수의 팽창량)
$$= \left(\frac{1}{\rho_2 (\text{변화 후의 물의 비중량})} - \frac{1}{\rho_1 (\text{변화 전의 물의 비중량})} \right) \times V(\text{원래 온수의 부피})$$
즉, $\Delta V = \left(\frac{1}{\rho_2} - \frac{1}{\rho_1} \right) V = \left(\frac{1}{0.9718} - \frac{1}{0.99973} \right) \times 1,000$
$= 28.75L ≒ 29L$

14 배수 배관에서 청소구의 원칙적인 설치 위치에 속하지 않는 것은?

① 배수횡주관 및 배수횡지관의 기점
② 배수수직관의 최상부 또는 그 부근
③ 배수횡주관과 부지 배수관의 접속점에 가까운 곳
④ 배수관이 45°를 넘는 각도로 방향을 전환하는 개소

해설 배수관의 청소구 위치는 다음과 같다.
㉠ 배수수평주관의 기점 및 배수수평지관의 기점, 배수수직관의 최하단부, 옥내 배수관과 옥외 배수관의 접속 지점
㉡ 길이가 긴 수평 주관의 도중(관경 100mm 이하는 직선 거리 15m 이내, 관경 100mm 이상은 직선 거리 30m 이내마다)
㉢ 배수관이 45° 이상의 각도로 방향을 바꾸는 곳, 각종 트랩 및 기타 필요에 따라 배수수직관의 도중에 설치

15 수평주관 내의 공기가 감압되어 봉수가 파괴되는 현상으로 배수 수직관의 가까이에 설치된 세면기 등에서 일어나기 쉬운 봉수 파괴 원인은?

① 증발 작용   ② 모세관 현상
③ 유도사이펀 작용   ④ 운동량에 의한 관성

해설 유도사이펀 작용(분출 작용)은 배수 수직관 내부가 부압으로 되는 곳에 배수 수평지관이 접속되어 있는 경우, 배수 수평지관 내의 공기가 수직관으로 유인되어 봉수가 파괴되는 현상에 의한 작용이고, 운동량에 의한 관성은 거의 일어나기 힘든 원인으로 배관 중의 급격한 압력 변화가 일어난 경우에 봉수면에 상하 동요를 일으켜 사이펀 작용이 일어나거나 봉수가 배출되는 경우를 말한다.

16 통기설비에 관한 설명으로 옳지 않은 것은?

① 신정통기관의 관경은 배수수직관의 관경보다 작게 해서는 안 된다.
② 각개통기관의 관경은 그것이 접속되는 배수관 관경의 1/2 이상으로 한다.
③ 소벤트 시스템은 특수통기방식으로 통기수직관을 사용한 루프통기방식의 일종이다.
④ 간접배수계통의 통기관은 다른 통기계통에 접속하지 말고 단독으로 대기 중에 개구한다.

해설 소벤트 시스템은 통기관을 따로 설치하지 않고 하나의 배수수직관으로 배수와 통기를 겸하는 시스템으로 공기혼합 이음쇠와 공기분리 이음쇠가 사용되는 방식이다.

17 어떤 정화조에서 유입수의 BOD가 150mg/L, 유출수의 BOD가 60mg/L일 때 이 정화조의 BOD 제거율은?

① 60%   ② 90%
③ 75%   ④ 40%

해설 BOD 제거율 $= \frac{\text{제거 BOD}}{\text{유입 BOD}}$
$= \frac{\text{유입수 BOD} - \text{유출수 BOD}}{\text{유입수 BOD}} \times 100(\%)$
$= \frac{150 - 60}{150} \times 100(\%) = 60\%$

18 다음 중 유량측정용 기구가 아닌 것은?

① 피토관   ② 부르돈관
③ 오리피스   ④ 벤튜리계

해설 유량측정용 기구에는 피토관(유체의 흐름방향에 대한 구멍의 흐름과 직각으로 된 구멍을 가진 관으로 이것을 U자관으로 유도하여 압력차를 측정하는 것으로 정상류에 있어서의 유체의 유속, 유량 측정에 사용된다.), 오리피스(관로의 도중에 삽입되는 관의 안지름에 비해 상당히 작은 구멍을 뚫은 원판으로 이 판의 앞뒤 압력차를 통해 유량을 구할 수 있다.) 및 벤튜리계(베르누이 정리를 응용, 벤튜리관을 사용해서 관 내의 유량을 측정하는 계기) 등이 있고, 부르돈관은 압력검출용 자동 제어계의 검출기이다.

19 공기환경측정과 관련된 측정방법이 잘못 연결된 것은?

① 유속 측정 – 프로펠러 풍속계
② 압력 측정 – 다이어프램 차압계
③ 환기량 측정 – 가스추적법
④ 가스 농도 측정 – 피토관

정답 13. ① 14. ② 15. ③ 16. ③ 17. ① 18. ② 19. ④

해설 가스 농도 측정방식에는 검지관식, 반도체식, 열선(적외선)식 및 전기화학식 등이 있고, 피토관은 유체의 흐름 방향에 대한 구멍의 흐름과 직각으로 된 구멍을 가진 관으로서 U자관으로 유도하여 압력차를 측정하는 것으로 정상류에 있어서의 유체의 유속, 유량측정에 사용된다.

20 급탕설비의 열원기기를 설계할 경우 주의사항을 설명한 것 중 틀린 것은?

① 가열기의 능력과 저탕량을 결정하기 위하여 시간최대급탕량과 피크로드의 계속시간을 알아야 한다.
② 탕의 사용상태가 간헐적이며 일시적으로 사용량이 많은 건물에서는 저탕용량을 크게 하고 가열능력도 크게 한다.
③ 장시간에 걸쳐서 탕의 사용량이 평균적인 건물에서는 저탕용량을 작게 하고 가열능력을 크게 취한다.
④ 공장과 같이 증기 등의 열원을 풍부하게 얻을 수 있는 경우에는 가열기의 능력을 크게 한다.

해설 중앙식 급탕방식이며 증기를 열원으로 하는 열교환기 사용하고, 탕의 사용상태가 간헐적이며 일시적으로 사용량이 많은 건물에서 급탕설비의 설계 방법은 저탕용량을 크게 하고 기열능력은 작게 하는 것이 바람직하다.

❷ 과목 건축설비 설계

21 지하역사의 경우 미세먼지(PM10)의 실내공기질 유지기준은?

① $100\mu g/m^3$ 이하
② $150\mu g/m^3$ 이하
③ $200\mu g/m^3$ 이하
④ $250\mu g/m^3$ 이하

해설 관련 법규 : 실내공기질법 시행규칙 제3조, (별표 2)
해설 법규 : (별표 2)
지하역사의 실내공기질 유지기준은 미세먼지(PM10)는 $100\mu g/m^3$ 이하, 미세먼지(PM25)는 $50\mu g/m^3$ 이하, 이산화탄소는 1,000ppm 이하, 폼알데하이드는 $100\mu g/m^3$ 이하, 일산화탄소는 10ppm 이하로 규정하고 있다.

22 건구온도 33℃, 절대습도 0.021kg/kg′의 공기 20kg과 건구온도 25℃, 절대습도 0.012kg/kg′의 공기 80kg을 단열혼합하였을 때, 혼합공기의 건구온도와 절대습도는?

① 건구온도 : 26.6℃, 절대습도 : 0.0138kg/kg′
② 건구온도 : 26.6℃, 절대습도 : 0.0192kg/kg′
③ 건구온도 : 31.4℃, 절대습도 : 0.0138kg/kg′
④ 건구온도 : 31.4℃, 절대습도 : 0.0192kg/kg′

해설 건구온도$(t) = \dfrac{m_1 t_1 + m_2 t_2}{m_1 + m_2} = \dfrac{20 \times 33 + 80 \times 25}{20 + 80} = 26.6℃$

절대습도$(x) = \dfrac{m_1 x_1 + m_2 x_2}{m_1 + m_2} = \dfrac{20 \times 0.021 + 80 \times 0.012}{20 + 80}$
$= 0.0138 kg/kg′$

23 난방부하 계산 시 고려사항 중 틀린 것은?

① 창을 통한 일사열 취득은 안전 측으로 보아 무시한다.
② 난방부하는 구조체를 통한 손실열량과 틈새바람에 의한 손실열량의 합이다.
③ 일반적으로 지면에 접하는 벽이나 바닥에 관한 부하계산은 무시한다.
④ 시각별 계산을 할 필요가 없다.

해설 난방부하 계산 시 지면에 접하는 부분은 지열을 이용한 난방법의 개발로 인하여 지중온도를 고려하여 부하계산을 하여야 한다.

24 다음과 같은 조건에서 난방 시에 도입 외기량이 500kg/h일 때 도입외기에 의한 외기부하는?

[조건]
• 외기 : 건구온도 : 5℃, 절대습도 0.002kg/kg′
• 실내공기 : 건구온도 24℃, 절대습도 0.009kg/kg′
• 공기의 정압 비열 : 1.01kJ/kg·K
• 물의 증발잠열 : 2,501kJ/kg

① 5,097W
② 6,088W
③ 7,418W
④ 9,936W

해설 도입 외기량이 무게로 표기되었다면, 무게(중량)=d(밀도)×V(체적)로 표기되었고, 부피로 표기되었다면, 무게로 환산하여야 하므로 무게(중량)=d(밀도)×V(체적)이므로 공기의 밀도를 곱해야 한다. 외기부하=현열부하+잠열부하이고, q_s(현열부하)= c(비열)m(질량)Δt(온도의 변화량), q_l(잠열부하)=γ(0℃에서 포화수의 증발잠열)m(질량)Δx(절대습도의 변화량)이다.

즉, 외기부하 $= q_s + q_l = cm\Delta t + \gamma m\Delta x$
$= 1.01 \times 500 \times (24-5) + 2,501 \times 500 \times (0.009 - 0.002)$
$= 18,348.5$ kJ/h
그런데, 1W=1J/s이므로,
18,348.5kJ/h=18,348,500J/3,600s=5,096.8W

25 난방장치의 용량계산을 위한 설계용 외기온도를 설정할 때 TAC온도 위험률 2.5% 온도의 의미로 가장 알맞은 것은?

① 2.5%의 시간에 해당하는 약 72시간의 외기온도가 설계 외기온도보다 낮을 가능성이 있다.
② 난방기간 동안의 외기온도가 설계 외기온도보다 2.5% 높을 가능성이 있다.
③ 난방기간 동안의 외기온도가 설계 외기온도보다 2.5% 낮을 가능성이 있다.
④ 2.5%의 시간에 해당하는 약 72시간의 외기온도가 설계 외기온도보다 높을 가능성이 있다.

해설 TAC 위험률 2.5%의 의미는 난방기간 중 외기온도가 설계온도 이하로 내려갈 확률이 2.5%라는 뜻이므로, 즉 TAC 2.5% =4개월(31+31+28+31)×24시간×0.025=72.6시간이다.

26 응축수의 드레인 배관이 필요 없는 곳은?

① 에어 핸드링 유닛
② 팬코일 유닛
③ 재열기
④ 패키지 공조기

해설 재열기는 실내의 온습도를 목표의 값으로 유지하기 위해 냉각 제습을 한다든지 예열한 공기를 재가열하는 장치이므로 드레인 배관이 필요 없다.

27 기준면보다 20m 높이에 있는 관 내에 물($\gamma = 9,800$N/m³)이 압력 $P = 58.8$kPa(kN/m²), 유속 $v = 3$m/s로 흐를 때 이 물의 전수두(m)는?

① 약 18.7   ② 약 26.5
③ 약 38.7   ④ 약 83.1

해설 전수두=위치압력수두+관 내 압력수두+속도수두 $\left(\dfrac{v^2(유속)}{2g(중력가속도)}\right)$이다.

그러므로, 전수두$=20+(0.1\times 58.8)+\dfrac{3^2}{2\times 9.8}=26.339$mAq이다.

여기서, 1mAq(수두)=약 10kPa=0.01MPa로 산정한다.

28 다음 중 공조시스템에서 덕트 내에 변풍량(VAV) 유닛을 채용하는 가장 주된 이유는?

① 소음제거
② 냉온풍의 혼합
③ 취출공기의 온도제어
④ 부하변동에 대한 대응

해설 변풍량 단일덕트방식은 송풍온도를 일정하게 하고, 송풍량을 변동해 부하변동에 따라 실온을 소정의 상태로 유지하는 방식으로 주덕트 내의 정압제어가 필요한 방식이다.

29 보일러의 용량표시 중 난방부하, 급탕부하, 배관부하, 예열부하의 합으로 표시되는 출력은?

① 정미출력   ② 정격출력
③ 과부하출력   ④ 상용출력

해설 보일러의 전부하 또는 정격출력(H)
=난방부하(H_R)+급탕·급기부하(H_W)+배관부하(H_P) +예열부하(H_E)

30 2중 효용 흡수식 냉동기에 관한 설명 중 옳지 않은 것은?

① 저온발생기, 고온발생기가 필요하다.
② 저압팽창밸브와 고압팽창밸브가 필요하다.
③ 에너지를 절약할 수 있고 냉각탑의 용량을 줄일 수 있다.
④ 단효용 흡수식 냉동기의 응축기에서 버리던 증기의 응축열을 효율적으로 이용한 것이다.

해설 팽창밸브(응축기에서 응축액화하여 넘어온 고온고압의 냉매액이 증발기에서 증발하기 쉽도록 교축작용, 즉 고압냉매액이 흘러갈 때 저항이 큰 곳 통과에서 진행방향으로 압력이 강하되는 작용에 의하여 온도와 압력을 동시에 강하시켜 증발기에서 증발하기 쉽게 해 주며 냉매유량을 조절 공급하는 기기)는 압축식 냉동기에 사용하나, 흡수식 냉동기[증발기, 흡수기, 발생(재생)기, 응축기 등]에는 사용하지 않는다.

31 다음 중 펌프의 흡입관에서 발생하는 공동현상의 방지 방법과 가장 거리가 먼 것은?

① 흡입양정을 낮춘다.
② 양흡입 펌프를 사용한다.
③ 흡입관의 관경을 크게 한다.
④ 펌프의 회전수를 증가시킨다.

정답 25. ① 26. ③ 27. ② 28. ④ 29. ② 30. ② 31. ④

해설 공동현상(cavitation)은 액체 속에 함유된 공기가 저압 부분에서 분리되어 수많은 작은 기포로 되는 현상 또는 펌프 흡입측 압력이 유체 포화 증기압보다 작으면 유체가 기화하면서 발생되는 현상)의 발생 조건은 유체의 온도가 높을 경우, 흡입양정(흡입관의 손실수두)이 클 경우, 날개차의 원주속도가 클 경우 등이다. 특히, 회전수의 증가는 공동현상을 촉진시킨다.

32 어떤 송풍기의 회전속도가 460rpm일 때 송풍기 전압은 32mmAq이었다. 이 송풍기를 600rpm으로 운전하였을 때의 송풍기 전압은?

① 32.0mmAq
② 41.7mmAq
③ 54.4mmAq
④ 71.0mmAq

해설 송풍기의 풍량(유량)은 회전수에 비례하고, 압력은 회전수의 제곱에 비례하며, 동력은 회전수의 3제곱에 비례한다.
그러므로, 송풍기 압력은 회전수의 제곱에 비례하므로 $460^2 : 600^2 = 32 : x$이다.
$\therefore x = \dfrac{600^2 \times 32}{460^2} = 54.44$ mmAq이다.

33 냉수코일을 통과하는 풍량이 10,000m³/h, 코일 입출구의 엔탈피는 각각 42kJ/kg, 68.5kJ/kg이고, 코일 정면면적이 1.2m²일 때 코일의 열수는? (단, 코일의 열관류율은 880W/m²·K이며 대수 평균온도차는 12.57℃, 습면보정계수는 1.42, 공기의 밀도는 1.2kg/m³이다.)

① 4열
② 5열
③ 8열
④ 10열

해설 N(열수)
$= \dfrac{Q}{FKC_w \cdot MTD}$
$= \dfrac{\text{냉각코일의 부하}}{\text{정면면적} \times \text{열관류율} \times \text{습면계수} \times \text{대수평균온도차}}$
$= \dfrac{10{,}000\text{m}^3/\text{h} \times 1.2\text{kg/m}^3 \times (68.5-42)\text{kJ/kg}}{1.2\text{m}^2 \times 880 \times \dfrac{3{,}600}{1{,}000}\text{kJ/h} \times 1.42 \times 12.57} = 4.69$열 → 5열

여기서, $\dfrac{3{,}600}{1{,}000}$의 의미는
880W/m² = 880J/s·m² = $880 \times \dfrac{3{,}600}{1{,}000}$kJ/h·m²,
즉, 1kJ=1,000J, 1h=3,600s, 1W=1J/s 임에 유의하여야 한다.

34 공조기에 있는 냉각코일이 건코일인 경우 다음과 같은 조건에서 냉각열량은?

[조건]
• 냉각기의 입구 공기온도 : 30℃
• 냉각기의 출구 공기온도 : 13℃
• 냉각코일을 통과하는 공기량 : 6,000kg/h
• 공기의 정압비열 : 1.01kJ/kg·K

① 26,098W
② 28,617W
③ 34,402W
④ 142,351W

해설 Q(냉각열량)=c(공기의 비열)m(공기의 질량)Δt(온도의 변화량)
$= 1.01 \times 6{,}000 \times (30-13) = 103{,}020$kJ/h이다.
그런데, 1W=1J/s이므로, 103,020kJ/h = 103,020,000J/3,600s
= 28,616.7W이다.

35 배관 내의 유속으로 가장 부적당한 것은?

① 펌프흡입 측 - 5m/s
② 배수관 - 1.5m/s
③ 냉각수 - 1.5m/s
④ 냉수 - 2m/s

해설 공동현상(cavitation, 액체 속에 함유된 공기가 저압 부분에서 분리되어 수많은 작은 기포로 되는 현상 또는 펌프흡입 측 압력이 유체 포화 증기압보다 작으면 유체가 기화하면서 발생되는 현상)은 소음, 진동, 관의 부식이 심한 경우에는 흡상이 불가능하며, 펌프의 공회전현상을 방지하기 위하여 유속은 1m/s 정도로 하는 것이 좋다.

36 원형 덕트와 장방형 덕트의 환산식으로 옳은 것은? (단, d : 원형 덕트의 직경 또는 환산직경, a : 장방형 덕트의 장변길이, b : 장방형 덕트의 단변길이)

① $d = 1.3 \left[\dfrac{(a \cdot b)^5}{(a+b)^2} \right]^{1/8}$

② $d = 1.3 \left[\dfrac{(a \cdot b)^5}{(a-b)^2} \right]^{1/8}$

③ $d = 1.3 \left[\dfrac{(a \cdot b)^2}{(a+b)^5} \right]^{1/8}$

④ $d = 1.3 \left[\dfrac{(a \cdot b)^2}{(a-b)^5} \right]^{1/8}$

해설 원형덕트에서 장방형덕트의 환산식
d(원형덕트의 직경 또는 환산 직경)
$= 1.3 \left[\dfrac{(a \cdot b)^5}{a(\text{장방형덕트의 장변길이}) + b(\text{장방형덕트의 단변길이})^2} \right]^{1/8}$
여기서, 아스펙트비 $= \dfrac{a}{b}$이다.

37 다음과 같은 특징을 갖는 천장취출구는?

> • 확산형 취출구의 일종으로 몇 개의 콘(corn)이 있어서 1차 공기에 의한 2차 공기의 유인성능이 좋다.
> • 확산반경이 크고 도달거리가 짧기 때문에 천장취출구로 많이 사용된다.

① 노즐형
② 아네모스탯형
③ 팬형
④ 펑커형

해설 노즐형은 도달거리가 길기 때문에 실내공간이 넓은 경우 벽면에 부착하여 횡방향으로 취출하는 경우가 많고, 소음이 적기 때문에 취출풍속을 5m/s 이상으로 사용하며, 소음규제가 심한 방송국의 스튜디오나 음악 감상실 등에 저속취출을 하여 사용되는 취출구이다. 팬형은 구조가 간단하여 유도비가 작고 풍량의 조절도 불가능하므로 오래 전부터 사용하였으나 최근에는 사용되지 않는다. 펑커형은 분출구의 방향을 자유롭게 조절할 수 있는 노즐형 분출구이다.

38 다음 국소환기 설계에서 주의해야 할 사항에 대한 설명이다. 옳지 않은 것은?

① 배기장치는 배기가스에 의해 부식하기 쉬우므로 그에 상응한 재료를 사용한다.
② 국소환기의 계통은 공간의 절약을 위해 공조장치의 환기덕트와 연결한다.
③ 배풍기는 배기계통의 말단부에 두어 압력이 부(-)로 되도록 해서는 다른 쪽으로의 누출을 방지한다.
④ 배출된 오염물질이 대기오염이 되지 않도록 정화장치를 부착한다.

해설 국소환기(주방, 공장, 실험실에서와 같이 오염물질의 확산 및 방산을 가능한 극소화시키기 위한 환기방식)의 계통은 환기덕트와 독립적으로 배관하여 실내의 오염을 방지한다.

39 다음과 같은 조건에 있는 체적이 2,000m³인 실의 환기에 의한 현열부하는?

> [조건]
> • 외기상태 : $t_0=0℃$, $\chi_0=0.002$kg/kg'
> • 실내공기상태 : $t_r=24℃$, $\chi_r=0.010$kg/kg'
> • 공기의 비열 : 1.01kJ/kg·K
> • 공기의 밀도 : 1.2kg/m³
> • 환기횟수 : 2회/h

① 16.32kW
② 26.69kW
③ 32.32kW
④ 59.33kW

해설 현열 부하의 산정
Q(현열 부하)$=c$(비열)m(질량)Δt(온도의 변화량)
$=c$(비열)ρ(밀도)V(부피)Δt(온도의 변화량)이다.
$=1.01\times 1.2\times(2,000\times 2)\times(24-0)=116,352$kJ/h
$=32.320$kJ/s$=32,320$W$=32.32$kW

40 다음 중 흡수식 냉동기의 효율 향상을 위하여 사용하는 열교환기의 설치위치로 가장 알맞은 것은?

① 발생기와 흡수기 사이
② 응축기와 증발기 사이
③ 증발기와 흡수기 사이
④ 압축기와 응축기 사이

해설 흡수식 냉동기는 기계적 에너지가 아닌 열에너지에 의해 냉동효과를 얻고, 구조는 증발기, 흡수기, 재생(발생)기, 응축기 등으로 구성되는 냉동기로서 전열교환기(공기 대 공기의 현열과 잠열을 동시에 교환하는 열교환기로서 실내 배기와 외기 사이에서 열회수를 하거나, 도입 외기의 열량을 없애고, 도입 외기를 실내 또는 공기 조화기로 공급하는 장치)는 온도가 가장 높은 곳과 낮은 곳의 사이에 설치하므로 발생기와 흡수기의 사이에 설치한다.

③ 과목 전기설비 및 소방시설 일반

41 전류가 도선을 통하여 흐를 때 도선의 둘레에 발생하는 것은?

① 전계
② 자계
③ 정전계
④ 중력계

해설 전계는 다른 전하를 그 공간 내에 가지고 가면, 그 전하에 대하여 정전력을 미치는 성질을 갖는 공간이고, 정전계는 전하가 정지해 있는 공간(전류=전하의 이동=동전계)이며, 중력계는 중력장을 만들어내는 계통이다.

42 20Ω과 30Ω의 저항이 병렬로 연결되어 있을 때 합성저항은?

① 12Ω
② 30Ω
③ 50Ω
④ 64Ω

해설 20Ω과 R[Ω]은 병렬연결이므로,
$\dfrac{1}{R}=\dfrac{1}{R_1}+\dfrac{1}{R_2}=\dfrac{1}{20}+\dfrac{1}{30}=\dfrac{3+2}{60}=\dfrac{1}{12}$ 이므로 $R=12$Ω이다.

정답 37. ② 38. ② 39. ③ 40. ① 41. ② 42. ①

43 10Ω의 저항에 2V의 전압을 가했을 때 흐르는 전류는?

① 0.05A ② 0.1A
③ 0.15A ④ 0.2A

해설 V(전압)$= I$(전류)R(저항)에서 $I = \dfrac{V}{R} = \dfrac{2}{10} = 0.2A$

44 220V의 전압이 10Ω의 저항에 작용했을 때 소비전력은?

① 2.42kW ② 4.84kW
③ 24.2kW ④ 48.4kW

해설 W(전력량)$= V$(전압)$\times I$(전류)이다.
그런데, $V = IR$이므로 $W = I^2R = \dfrac{V^2}{R}$이다.
$V = 220V$이고, $R = 10Ω$이므로
$W = I^2R = \dfrac{V^2}{R} = \dfrac{220^2}{10} = \dfrac{48,400}{10} = 4,840W = 4.84kW$

45 교류전원의 순시값이 $e = 100\sin 3\omega t$(V)일 때 주파수(Hz)는? (단, $\omega = 314$rad/s)

① 50 ② 60
③ 120 ④ 150

해설 f(주파수)$= \dfrac{1}{T(주기)} = \dfrac{\omega(각 주파수)}{2\pi}$이다.
∴ $f = \dfrac{1}{T}$이고, ω(각 주파수)$= 2\pi f$(주파수)
문제에서 각 주파수(ω)를 $3\omega = 3 \times 314$로 주었으므로,
$f = \dfrac{3 \times 314}{2\pi} = 149.92 ≒ 150$이다.

46 3상 △결선에 상전류가 20A일 때 선전류는 얼마인가?

① 11.5A ② 34.6A
③ 47.5A ④ 60A

해설 △결선(3상 교류회로의 기전력 또는 부하를 삼각형으로 결선하는 것)의 선전류(전선로의 전류)는 상전류의 $\sqrt{3}$ 배이다.
그러므로, △결선에서 선전류$= \sqrt{3} \times 20 = 34.64A$

47 다음의 설명에 알맞은 법칙은?

> 두 개의 전하 사이에 작용하는 전기력은 두 전하의 세기의 곱에 비례하고 거리의 제곱에 반비례한다.

① 옴의 법칙 ② 렌츠의 법칙
③ 키르히호프의 법칙 ④ 쿨롱의 법칙

해설 렌츠의 법칙은 유도기전력 방향에 관한 법칙으로 유도기전력은 자속의 변화를 방해하려는 방향으로 발생하는 유도기전력의 방향에 관한 법칙이고, 키르히호프 제1법칙은 전기회로의 결합점에 유입하는 전류와 유출하는 전류의 대수합[유입되는 전류를 양(+), 유출되는 전류를 음(-)으로 하여 합을 계산하는 것]은 0이고, 키르히호프 제2법칙은 임의의 폐회로에 관하여 정해진 방향의 기전력의 대수합은 그 방향으로 흐르는 전류에 의한 저항, 전압 강하의 대수합과 같다. 옴의 법칙은 저항에 흐르는 전류는 저항의 양단 전압의 크기에 비례하고, 저항의 크기에 반비례한다는 법칙이다.

48 직·병렬 전기회로에 관한 설명으로 옳지 않은 것은?

① 직렬회로에서는 각 저항에 흐르는 전류는 같다.
② 저항의 병렬회로보다 저항의 직렬회로에서 전압강하가 적어진다.
③ 직렬회로에서 총저항은 접속되어 있는 모든 저항을 합한 것이다.
④ 병렬회로에서 각 저항에서의 전압강하는 저항의 크기와 관계없이 모두 같다.

해설 저항의 직렬회로와 병렬회로를 비교하면, 직렬회로의 저항이 병렬회로보다 커지므로 전압강하는 커진다. 즉, 전압이 많이 작아진다.

49 전주에 설치하는 변압기에 주로 사용되는 냉각 방식은?

① 공랭식 ② 유입 수냉식
③ 유입 자냉식 ④ 유입 송풍식

해설 전주에 설치하는 변압기(규소판을 성층철심으로 하여 2조의 권선을 만들고 상호자기작용을 이용하여 교류 전압 또는 전류를 적당한 값으로 변환하는 장치)의 냉각 방식은 유입 자냉식(기름을 채운 외함에 변압기를 넣은 구조, 기름의 대류작용에 의해 외함으로 열이 전달되어 냉각되는 방식)을 사용한다.

50 3상 유도전동기의 출력이 6.5kW, 전압이 200V, 효율이 85%, 역률 95%인 경우 이 전동기에 유입되는 선전류는?

① 약 24.5A ② 약 25.5A
③ 약 26.5A ④ 약 27.5A

해설 P(3상 유도전동기의 출력)$= \sqrt{3} I$(전류)V(전압)$\cos\theta$(역률)η(효율)이다.
즉, $P = \sqrt{3} IV\cos\theta\eta$에서
$I = \dfrac{P}{\sqrt{3} V\cos\theta\eta} = \dfrac{6,500}{\sqrt{3} \times 200 \times 0.95 \times 0.85} = 24.528A$

51 축전지의 자기 방전량만을 미세한 전류로 지속적으로 충전을 행하는 방식을 무엇이라 하는가?

① 세류충전 ② 급속충전
③ 균등충전 ④ 보통충전

[해설] 급속충전은 비교적 짧은 시간에 보통 충전 전류의 2~3배의 전류로 충전하는 방식이고, 균등충전은 부동충전 방식에 의하여 사용할 때 각 전해조에서 일어나는 전위차를 보정하기 위하여 1~3개월마다 1회, 정전압으로 10~12시간 충전하여 각 전해조의 용량을 균일화하기 위하여 행하는 충전방식이며, 보통충전은 필요할 때마다 표준 시간율로 소정의 충전을 하는 방식이다.

52 다음 중 3상 유도전동기의 회전속도를 증가시킬 수 있는 방법으로 가장 알맞은 것은?

① 극수를 증가시킨다.
② 슬립을 증가시킨다.
③ 주파수를 증가시킨다.
④ 기동법을 변화시킨다.

[해설] N(전동기의 회전수 또는 동기속도) $= \dfrac{120f(주파수)(1-s(슬립))}{P(극수)}$ 이다. 그러므로 전동기의 회전수는 주파수에 비례하고, 슬립과 극수에 반비례한다.

53 각종 광원에 관한 설명으로 옳지 않은 것은?

① 형광램프는 점등장치를 필요로 한다.
② 저압나트륨램프는 인공광원 중에서 연색성이 가장 우수하다.
③ 고압수은램프는 광속이 큰 것과 수명이 긴 것이 특징이다.
④ 메탈할라이드램프는 고압수은램프보다 효율과 연색성이 우수하다.

[해설] 연색성이 좋은 것부터 나쁜 것 순으로 나열하면, 백열전구 → 주광색 형광램프 → 메탈할라이드램프 → 백색형광램프 → 수은등 → 나트륨램프의 순이다. 그러므로 저압나트륨램프의 연색성이 가장 나쁘다.

54 피뢰침의 총접지 저항은 몇 Ω 이하로 하여야 하는가?

① 2   ② 5
③ 10 ④ 15

[해설] 고압 전로의 피뢰설비는 제1종 접지공사로 10Ω 이하로 하여야 한다.

55 엘리베이터설비에서 케이지가 최종층에서 정지위치를 지나쳤을 경우 바로 작동해서 제어회로를 개방, 전동기 전원을 차단하고, 전자브레이크를 작동시켜 엘리베이터를 정지시키는 기능을 하는 것은?

① 조속기
② 가이드 슈
③ 최종 리밋 스위치
④ 슬랙 로프 세이프티

[해설] 조속기는 일정 이상의 속도가 되었을 때 브레이크나 안전장치를 작동시키는 기능을 하고, 사전에 설정된 속도에 이르면 스위치가 작동한다. 다시 속도가 상승했을 경우, 로프를 제동해서 고정시키는 엘리베이터의 안전장치이고, 가이드 슈는 카 또는 균형추 상, 하, 좌, 우 4곳에 부착되어 레일에 따라 움직이며 카 또는 균형추를 지지하는 엘리베이터의 부품이다.

56 다음 중 피드백 제어방식의 제어동작에 의한 분류에 속하지 않는 것은?

① 비례동작
② 적분동작
③ 정치동작
④ 다위치동작

[해설] 비례동작은 조절부의 전달 특성이 비례적인 특성을 가진 제어 시스템으로 목표치와 제어량의 차이에 비례하여 조작량을 변화시키는 전류 편차가 있는 제어동작이고, 적분동작은 오차의 크기와 오차가 발생하고 있는 시간에 둘러싸인 면적 즉, 적분값의 크기에 비례하여 조작부를 제어하는 동작이며, 잔류 오차가 남지 않으며, 다위치동작은 목푯값이 여러 개인 경우 사용되는 동작이다.

57 다음 그림의 논리기호의 논리식은?

① A · B = C   ② A + B = C
③ A ÷ B = C   ④ A − B = C

[해설] AND(직렬)회로는 논리회로의 곱으로 2개의 입력 신호가 동시에 작동될 때에만 출력 신호가 1이 되는 논리회로이고, OR(병렬)회로는 논리회로의 합으로 둘 중의 하나만 작동해도 출력 신호를 내는 논리회로이며, NOT회로는 입력신호가 있을 때 출력 신호는 OFF되는 논리회로이다. 또한 NOR회로는 둘 중의 하나만 작동해도 출력 신호는 OFF되는 논리회로이다.

정답 51. ① 52. ③ 53. ② 54. ③ 55. ③ 56. ③ 57. ①

58 다음은 옥내소화전설비의 방수구에 관한 기준내용이다. ( ) 안에 알맞은 것은?

> 특정소방대상물의 층마다 설치하되, 해당 특정소방대상물의 각 부분으로부터 하나의 옥내소화전 방수구까지의 수평거리가 ( ) 이하가 되도록 할 것. 다만, 복층형 구조의 공동주택의 경우에는 세개의 출입구가 설치된 층에만 설치할 수 있다.

① 10m   ② 15m
③ 20m   ④ 25m

해설 옥내소화전 설비의 방수구는 특정소방대상물의 층마다 설치하되, 해당 특정소방대상물의 각 부분으로부터 하나의 옥내소화전 방수구까지의 수평거리가 25m 이하가 되도록 할 것. 다만, 복층형 구조의 공동주택의 경우에는 세대의 출입구가 설치된 층에만 설치할 수 있다.

59 스프링클러설비를 구성하는 배관에 관한 설명으로 옳지 않은 것은?

① 가지배관이란 스프링클러헤드가 설치되어 있는 배관을 말한다.
② 주배관이란 직접 또는 수직배관을 통하여 가지배관에 급수하는 배관을 말한다.
③ 급수배관이란 수원 및 옥외송수구로부터 스프링클러헤드에 급수하는 배관을 말한다.
④ 신축배관이란 가지배관과 스프링클러헤드를 연결하는 구부림이 용이하고 유연성을 가진 배관을 말한다.

해설 스프링클러헤드가 설치되어 있는 배관으로 주배관은 각 층을 수직으로 관통하는 수직배관이고, 교차배관은 직접 또는 수직배관을 통하여 가지배관에 급수하는 배관이며, 가지배관은 스프링클러헤드가 설치되어 있는 관이다.

60 연결살수설비의 송수구에 관한 기준 내용으로 옳지 않은 것은?

① 소방차가 쉽게 접근할 수 있고 노출된 장소에 설치하는 것이 원칙이다.
② 지면으로부터 높이가 0.5m 이상 1.0m 이하의 위치에 설치하여야 한다.
③ 개방형 헤드를 사용하는 송수구의 호스집결구는 각 송수구역마다 설치하는 것이 원칙이다.
④ 송수구는 구경 32mm의 쌍구형으로 설치하여야 한다.

해설 연결살수설비의 송수구는 구경 65mm의 쌍구형으로 하여야 한다.

4 과목 건축설비 관련 법규

61 다음 중 건축법상 용어가 옳게 설명된 것은?

① 건축설비에는 피뢰침, 굴뚝, 국기 게양대, 우편함이 포함된다.
② 대수선은 건축에 포함된다.
③ 건축물 안에서 작업의 목적을 위하여 사용되는 방은 거실이 아니다.
④ 리모델링이란 건축물의 노후화를 억제하기 위하여 대수선하는 행위만을 말한다.

해설 관련 법규 : 건축법 제2조, 해설 법규 : 법 제2조 6, 8, 10호
대수선은 건축에 포함되지 않고, 건축물 안에서 작업의 목적을 위하여 사용되는 방은 거실이며, 리모델링이란 건축물의 노후화를 억제하거나 기능 향상 등을 위하여 대수선하거나 건축물의 일부를 증축 또는 개축하는 행위를 말한다.

62 다음 중 건축법상 제1종 근린생활시설에 해당되지 않는 것은?

① 일반음식점   ② 치과의원
③ 마을회관   ④ 이용원

해설 관련 법규 : 건축법 제2조, 영 제3조의5
해설 법규 : 영 제3조의5, (별표 1)
일반음식점은 제2종 근린생활시설에 속한다.

63 건축물 관련 건축기준의 허용오차 범위로 옳지 않은 것은?

① 출구 너비 : 2% 이내
② 반자 높이 : 2% 이내
③ 벽체 두께 : 2% 이내
④ 바닥판 두께 : 3% 이내

해설 관련 법규 : 건축법 제26조, 규칙 제20조, (별표 5)
해설 법규 : 규칙 제20조, (별표 5)
건축물 관련 건축기준의 허용오차

항목	건축물 높이	평면 길이	출구 너비, 반자 높이	벽체 두께, 바닥판 두께
오차 범위	2% 이내 (1m 초과 불가)	2% 이내(전체 길이 1m 초과 불가, 각 실 길이 10cm 초과 불가)	2% 이내	3% 이내

정답 58. ④ 59. ② 60. ④ 61. ① 62. ① 63. ③

64 건축물의 출입구에 설치하는 회전문에 관한 기준내용으로 옳지 않은 것은?

① 계단이나 에스컬레이터로부터 1m 이상의 거리를 둘 것
② 회전문의 회전속도는 분당회전수가 8회를 넘지 아니하도록 할 것
③ 출입에 지장이 없도록 일정한 방향으로 회전하는 구조로 할 것
④ 회전문의 중심축에서 회전문과 문틀 사이의 간격을 포함한 회전문날개 끝부분까지의 길이는 140cm 이상이 되도록 할 것

해설 관련 법규 : 건축법 제49조, 영 제39조, 피난·방화규칙 제12조
해설 법규 : 피난·방화규칙 제12조 1호
건축물의 출입구에 설치하는 회전문은 ②, ③, ④ 이외에 계단이나 에스컬레이터로부터 2m 이상의 거리를 둘 것. 회전문과 문틀 사이 및 바닥 사이는 회전문과 문틀 사이는 5cm 이상, 회전문과 바닥 사이는 3cm 이하의 간격을 확보하고 틈 사이를 고무와 고무펠트의 조합체 등을 사용하여 신체나 물건 등에 손상이 없도록 할 것. 자동회전문은 충격이 가하여지거나 사용자가 위험한 위치에 있는 경우에는 전자감지장치 등을 사용하여 정지하는 구조로 할 것

65 연면적 200m²을 초과하는 중·고등학교에 설치하는 복도의 유효너비는 최소 얼마 이상으로 하여야 하는가? (단, 양옆에 거실이 있는 복도의 경우)

① 1.5m 이상
② 1.8m 이상
③ 2.1m 이상
④ 2.4m 이상

해설 관련 법규 : 건축법 제49조, 영 제48조, 피난·방화규칙 제15조의2
해설 법규 : 피난·방화규칙 제15조의2 ①항
건축물에 설치하는 복도의 유효너비는 양측에 거실이 있는 경우로서 유치원, 초등학교, 중학교 및 고등학교는 2.4m 이상, 공동주택 및 오피스텔은 1.8m 이상, 기타 건축물(해당 층의 거실면적의 합계가 200m² 이상인 건축물)은 1.5m(의료시설인 경우에는 1.8m) 이상이다.

66 소리를 차단하는데 장애가 되는 부분이 없도록 건축물의 피난·방화구조 등의 기준에 관한 규칙에서 정하는 구조로 하여야 하는 대상에 해당하지 않는 것은?

① 숙박시설의 객실 간 경계벽
② 의료시설의 병실 간 경계벽
③ 업무시설의 사무실 간 경계벽
④ 교육연구시설 중 학교의 교실 간 경계벽

해설 관련 법규 : 건축법 제49조, 영 제53조
해설 법규 : 영 제53조 ①항
다음의 어느 하나에 해당하는 건축물의 경계벽은 국토교통부령으로 정하는 기준에 따라 설치하여야 한다.
㉠ 단독주택 중 다가구주택의 각 가구 간 또는 공동주택(기숙사는 제외)의 각 세대 간 경계벽(거실·침실 등의 용도로 쓰지 아니하는 발코니 부분은 제외)
㉡ 공동주택 중 기숙사의 침실, 의료시설의 병실, 교육연구시설 중 학교의 교실 또는 숙박시설의 객실 간 경계벽
㉢ 제1종 근린생활시설 중 산후조리원의 임산부실 간 경계벽, 신생아실 간 경계벽, 임산부실과 신생아실 간 경계벽
㉣ 제2종 근린생활시설 중 다중생활시설의 호실 간 경계벽
㉤ 노유자시설 중 「노인복지법」에 따른 노인복지주택의 각 세대 간 경계벽
㉥ 노유자시설 중 노인요양시설의 호실 간 경계벽

67 다음은 환기구의 안전에 관한 기준 내용이다. ( ) 안에 알맞은 것은?

> 환기구[건축물의 환기설비에 부속된 급기 및 배기를 위한 건축구조물의 개구부를 말한다]는 보행자 및 건축물 이용자의 안전이 확보되도록 바닥으로부터 ( ) 이상의 높이에 설치하여야 한다.

① 1m
② 2m
③ 3m
④ 4m

해설 관련 법규 : 건축법 제62조, 영 제87조, 설비규칙 제11조의2
해설 법규 : 설비규칙 제11조의2 ①항
환기구(건축물의 환기설비에 부속된 급기 및 배기를 위한 건축구조물의 개구부)는 보행자 및 건축물 이용자의 안전이 확보되도록 바닥으로부터 2m 이상의 높이에 설치하여야 한다.

68 공동주택으로서 6층 이상의 거실면적 합계가 9,000m²일 때 설치해야 할 승강기의 최소 설치 기준은? (단, 15인승 승강기를 설치하는 경우)

① 1대
② 2대
③ 3대
④ 4대

해설 관련 법규 : 건축법 제64조, 설비규칙 제5조, (별표 1의2)
해설 법규 : (별표 1의2)
공동주택의 승용 승강기의 설치대수 $=1+\dfrac{A-3,000}{3,000}$ 대 이상이고, 6층 이상의 거실면적의 합계가 9,000m²이므로 승용 승강기의 설치대수 $=1+\dfrac{A-3,000}{3,000}=1+\dfrac{9,000-3,000}{3,000}=3$대 이상이다.

69 건축물의 에너지절약설계기준에서 다음과 정의되는 용어는?

> 건축물의 완공 전에 설계도서 등으로 인증기관에서 건축물 에너지효율등급 인증, 제로에너지건축물 인증, 녹색건축인증을 받는 것을 말한다.

① 본인증 ② 예비인증
③ 사전인증 ④ 설계인증

해설 관련 법규 : 에너지절약기준 제5조
해설 법규 : 에너지절약기준 제5조 8호
"본인증"이라 함은 신청건물의 완공 후에 최종설계도서 및 현장 확인을 거쳐 최종적으로 인증기관에서 건축물 에너지효율등급 인증, 제로에너지건축물 인증, 녹색건축인증을 받는 것을 말한다.

70 녹색건축 인증의 유효기간으로 옳은 것은?

① 녹색건축 인증서를 발급한 날부터 3년
② 녹색건축 인증서를 발급한 날부터 5년
③ 녹색건축 인증서를 발급한 날부터 10년
④ 녹색건축 인증서를 발급한 날부터 15년

해설 관련 법규 : 녹색건축인증규칙 제9조
해설 법규 : 녹색건축인증규칙 제9조 ③항
녹색건축 인증의 유효기간은 녹색선축 인증시를 발급한 날부터 10년으로 한다.

71 다음은 소방시설 설치 및 관리에 관한 법령에 따른 무창층의 정의이다. 밑줄 친 "각 목의 요건"의 내용으로 옳지 않은 것은?

> "무창층"이란 지상층 중 다음 각 목의 요건을 모두 갖춘 개구부의 면적의 합계가 해당 층의 바닥면적의 30분의 1 이하가 되는 층을 말한다.

① 내부 또는 외부에서 쉽게 부수거나 열 수 없을 것
② 도로 또는 차량이 진입할 수 있는 빈터를 향할 것
③ 크기는 지름 50cm 이상의 원이 내접할 수 있는 크기일 것
④ 해당 층의 바닥면으로부터 개구부 밑부분까지의 높이가 1.2m 이내일 것

해설 관련 법규 : 소방시설법 시행령 제2조
해설 법규 : 영 제2조 1호
무창층의 조건은 ②, ③ 및 ④ 외에 화재 시 건축물로부터 쉽게 피난할 수 있도록 창살이나 그 밖의 장애물이 설치되지 아니하고, 내부 또는 외부에서 쉽게 부수거나 열 수 있을 것

72 자동화재탐지설비를 설치해야 하는 특정소방대상물에 속하지 않는 것은?

① 근린생활시설 중 목욕장으로서 연면적 600m² 이상인 것
② 위락시설로서 연면적 600m² 이상인 것
③ 장례시설로서 연면적 600m² 이상인 것
④ 문화 및 집회시설, 운동시설로서 연면적 1,000m² 이상인 것

해설 관련 법규 : 소방시설법 제12조, 영 제11조, (별표 4)
해설 법규 : (별표 4) 2호 라목
자동화재탐지설비를 설치하여야 하는 특정소방대상물은 근린생활시설 중 목욕장으로서 연면적 1,000m² 이상인 것이다.

73 다음 중 다중이용 건축물에 속하지 않는 것은? (단, 해당 용도로 쓰는 바닥면적의 합계가 5,000m²이며, 층수가 15층인 건축물의 경우)

① 종교시설
② 판매시설
③ 업무시설
④ 의료시설 중 종합병원

해설 관련 법규 : 건축법 제2조, 해설 법규 : 영 제2조 17호
"다중이용 건축물"이란 문화 및 집회시설(농불원 및 식물원은 제외), 종교시설, 판매시설, 운수시설 중 여객용 시설, 의료시설 중 종합병원, 숙박시설 중 관광숙박시설에 해당하는 용도로 쓰는 바닥면적의 합계가 5,000m² 이상인 건축물과 16층 이상인 건축물 등이다.

74 설계도서가 없는 건물의 구조물 조사진단 시 설계도서 작성과 관련하여 우선적으로 조사하지 않아도 되는 것은?

① 구조체의 치수
② 철근의 치수 및 배근상황
③ 재료의 강도
④ 균열위치 및 상태

해설 관련 법규 : 건축물 관계법 제17조, 영 제7조
해설 법규 : 영 제7조
설계도서가 없는 건물의 구조물 조사진단 시 설계도서와 관련하여 우선적으로 조사해야 할 사항은 외관 부분의 치수(구조체의 치수), 재료의 강도, 철근의 치수 및 배근상황 등이 있다.

정답 69. ② 70. ③ 71. ① 72. ① 73. ③ 74. ④

75 건축물의 출입구에 설치하는 회전문에 관한 기준내용으로 옳은 것은?

① 계단이나 에스컬레이터로부터 1m 이상의 거리를 둘 것
② 출입에 지장이 없도록 일정한 방향으로 회전하는 구조로 할 것
③ 회전문의 회전속도는 분당회전수가 10회를 넘지 아니하도록 할 것
④ 회전문의 중심축에서 회전문과 문틀 사이의 간격을 포함한 회전문날개 끝부분까지의 길이는 120cm 이상이 되도록 할 것

해설 관련 법규 : 건축법 제49조, 영 제39조, 피난·방화규칙 제12조
해설 법규 : 피난·방화규칙 제12조
건축물의 출입구에 설치하는 회전문은 계단이나 에스컬레이터로부터 2미터 이상의 거리를 두고, 회전문의 회전속도는 분당회전수가 8회를 넘지 아니하도록 하며, 회전문의 중심축에서 회전문과 문틀 사이의 간격을 포함한 회전문날개 끝부분까지의 길이는 140cm 이상이 되도록 할 것

76 비상용 승강기의 승강장에 설치하는 배연설비의 구조에 관한 기준 내용으로 옳지 않은 것은?

① 배연구 및 배연풍도는 불연재료로 할 것
② 배연구가 외기에 접하지 아니하는 경우에는 배연기를 설치할 것
③ 배연구에 설치하는 수동개방장치 또는 자동개방장치는 손으로도 열고 닫을 수 있도록 할 것
④ 배연구는 평상시에는 열린 상태를 유지하고, 배연에 의한 기류로 인하여 닫히지 아니하도록 할 것

해설 관련 법규 : 건축법 제64조, 영 제90조, 설비규칙 제14조
해설 법규 : 설비규칙 제14조 ②항 4호
특별피난계단 및 비상용 승강기의 승강장에 설치하는 배연설비의 구조는 ①, ② 및 ③ 외에 배연구에 설치하는 수동개방장치 또는 자동개방장치(열감지기 또는 연기감지기에 의한 것)는 손으로도 열고 닫을 수 있도록 하여야 하고, 배연구는 평상시에는 닫힌 상태를 유지하며, 연 경우에는 배연에 의한 기류로 인하여 닫히지 아니하도록 할 것. 또한 배연기는 배연구의 열림에 따라 자동적으로 작동하고, 충분한 공기배출 또는 가압능력이 있어야 하고, 공기유입방식을 급기가압방식 또는 급·배기방식으로 하는 경우에는 소방관계법령의 규정에 적합하게 할 것 등이다.

77 공동주택과 오피스텔의 난방설비를 개별난방방식으로 하는 경우에 관한 기준 내용으로 옳지 않은 것은?

① 보일러의 연도는 내화구조로서 공동연도로 설치할 것
② 오피스텔의 경우에는 난방구획을 방화구획으로 구획할 것
③ 전기보일러의 경우 보일러실의 윗부분에 지름 10cm 이상의 공기흡입구를 설치할 것
④ 보일러는 거실 외의 곳에 설치하되, 보일러를 설치하는 곳과 거실 사이의 경계벽은 출입구를 제외하고는 내화구조의 벽으로 구획할 것

해설 관련 법규 : 건축법 제62조, 영 제87조, 설비규칙 제13조
해설 법규 : 설비규칙 제13조 ①항 2호
공동주택과 오피스텔의 난방설비를 개별난방방식은 보일러실의 윗부분에는 그 면적이 $0.5m^2$ 이상인 환기창을 설치하고, 보일러실의 윗부분과 아랫부분에는 각각 지름 10cm 이상의 공기흡입구 및 배기구를 항상 열려 있는 상태로 바깥공기에 접하도록 설치할 것. 다만, 전기보일러의 경우에는 그러하지 아니하다.

78 건축물에 설치하여야 하는 비상용 승강기의 승강장 및 승강로의 구조에 관한 기준 내용으로 옳지 않은 것은?

① 승강장은 각 층의 내부와 연결될 수 있도록 할 것
② 승강로는 해당 건축물의 다른 부분과 내화구조로 구획할 것
③ 벽 및 반자가 실내에 접하는 부분의 마감재료는 난연재료로 할 것
④ 각 층으로부터 피난층까지 이르는 승강로를 단일구조로 연결하여 설치할 것

해설 관련 법규 : 건축법 제64조, 영 제90조, 설비규칙 제10조
해설 법규 : 설비규칙 제10조 2호 라목
벽 및 반자가 실내에 접하는 부분의 마감재료(마감을 위한 바탕을 포함)는 불연재료로 할 것

79 에너지절약계획서 작성에 따른 에너지성능지표검토서의 적합판정기준으로 맞는 것은?

① 평점합계 60점 이상
② 평점합계 65점 이상
③ 평점합계 70점 이상
④ 평점합계 80점 이상

해설 관련 법규 : 에너지절약기준 제15조
해설 법규 : 에너지절약기준 제15조 ①항
에너지성능지표는 평점합계가 65점 이상일 경우 적합한 것으로 본다. 다만, 공공기관이 신축하는 건축물(별동으로 증축하는 건축물을 포함)은 74점 이상일 경우 적합한 것으로 본다.

80 다음은 주택에 설치하는 소방시설에 관한 기준 내용이다. 밑줄 친 대통령령으로 정하는 소방시설에 해당하는 것은?

> 제10조(주택에 설치하는 소방시설) ① 다음 각 호의 주택의 소유자는 <u>대통령령으로 정하는 소방시설</u>을 설치하여야 한다.
> 1. 「건축법」 제2조 제2항 제1호의 단독주택
> 2. 「건축법」 제2조 제2항 제2호의 공동주택(아파트 및 기숙사는 제외한다)

① 소화기 및 단독경보형 감지기
② 소화기 및 간이스프링클러설비
③ 간이소화용구 및 자동소화장치
④ 간이소화용구 및 자동식사이렌설비

해설 관련 법규 : 소방시설법 제10조, 영 제10조
해설 법규 : 영 제10조
대통령령으로 정하는 소방시설은 소화기 및 단독경보형 감지기이다.

정답 80. ①

CBT 적중 모의고사

1과목 건축설비 계획

01 유체의 흐름에 관한 설명으로 옳지 않은 것은?
① 난류는 유체분자가 불규칙하게 서로 섞이는 혼란된 흐름이다.
② 일반적으로 층류에서 난류로 천이할 때의 유속을 임계 유속이라 한다.
③ 레이놀즈수에 의해 관 내의 흐름이 층류인지 난류인지를 판별할 수 있다.
④ 관 내의 유체가 흐를 때, 어느 장소에서의 흐름의 상태가 시간에 따라 변화하는 흐름을 정상류라 한다.

해설 관 내의 유체가 흐를 때, 어느 장소에서의 흐름의 상태가 시간에 따라 변화하는 흐름을 비정상류라 하고, 관 내의 유체 흐름 상태가 시간에 따라 변화하지 않는 흐름을 정상류라 한다.

02 직경 100mm의 강관에 2.4m³/min의 물을 통과시킬 때 강관 내의 평균 유속은?
① 2.4m/s
② 4.2m/s
③ 5.1m/s
④ 7.2m/s

해설 $v(유속) = \dfrac{Q(유량)}{A(단면적)} = \dfrac{Q}{\dfrac{\pi D(관의\ 직경)^2}{4}} = \dfrac{4Q}{\pi D^2}$ 이다.

그러므로, $v = \dfrac{Q}{A} = \dfrac{Q}{\dfrac{\pi D^2}{4}} = \dfrac{4Q}{\pi D^2} = \dfrac{4 \times 2.4}{\pi \times 0.1^2 \times 60} = 5.09$m/s

이다.
여기서, 60으로 나눈 것은 분(min)을 초(s)로 환산하기 위한 수치이다.

03 위생기구의 재질 중 위생도기에 대한 설명으로 옳지 않은 것은?
① 강도가 커서 내구력이 있다.
② 오물이 부착되기 어려우며, 청소가 용이하다.
③ 산, 알칼리에 침식된다.
④ 복잡한 구조의 것을 일체화하여 제작할 수 있다.

해설 위생기구는 내식성의 증대를 위하여 산과 알칼리에 강해야 한다.

04 다음 중 배관의 재질을 선택할 때 고려할 사항과 가장 거리가 먼 것은?
① 사용 온도
② 사용 유량
③ 사용 압력
④ 사용 유체

해설 배관의 재질을 선택할 때 고려할 사항은 사용 온도, 사용 압력, 사용 유체 등이 있고, 사용 유량은 관경과 관계가 있으나, 재질과는 관계가 없다.

05 온도, 기류 및 복사열의 조합과 체감과의 관계를 나타내는 열환경 지표는?
① 유효온도
② 불쾌지수
③ 등온지수
④ 작용온도

해설 유효(감각, 효과, 체감)온도는 온도, 습도, 기류의 3가지 요소의 조합에 의한 체감을 표시하는 척도이고, 불쾌지수는 미국에서 냉방온도 설정을 위해 만든 것으로 여름철의 무더움을 나타내는 지표로서 불쾌지수(DI)=(건구온도+습구온도)×0.72+40.6에 의해 산정되며, 등온지수는 등가온도와 동일한 의미로서 기온, 기류 및 평균복사온도를 조합한 지표이다.

06 급수설비에 사용되는 펌프의 양수량이 2,000L/min, 전양정이 10m일 경우, 이 펌프의 축동력은? (단, 펌프의 효율은 60%이다.)
① 3.52kW
② 4.27kW
③ 5.45kW
④ 8.32kW

정답 01. ④ 02. ③ 03. ③ 04. ② 05. ④ 06. ③

해설 축동력 $= \dfrac{WQH}{6,120 \times E} = \dfrac{1,000 \times \left(\dfrac{2,000}{1,000}\right) \times 10}{6,120 \times 0.6} = 5.446 ≒ 5.45\text{kW}$

여기서, W : 물의 비중량으로 1,000kg/m³, Q : 양수량으로 m³/min, H : 양정으로 m, E : 펌프의 효율이다. 또한 1,000은 l를 m³로 환산하기 위함이다. 즉, $2,000l/\text{min} = \dfrac{2,000}{1,000}\text{m}^3/\text{min}$이다.

07 다음의 급수방식 중 설비비 및 유지관리 비용이 가장 저렴한 방식은?
① 수도직결방식 ② 고가수조방식
③ 압력수조방식 ④ 펌프직송방식

해설 수도직결식(위생성 및 유지관리 측면에서 가장 바람직하며 일반적으로 비교적 소규모의 건물에 사용되는 방식)은 설비비와 유지관리비가 가장 저렴하고, 기계실 및 옥상탱크 등의 설치가 불필요하며, 정전 시에 급수가 가능하다.

08 건물 내의 급수방식에 관한 설명으로 옳은 것은?
① 수도직결방식은 고층의 급수 방법에 적합하다.
② 고가수조방식에서의 급수압력은 항상 변동한다.
③ 압력수조방식에서는 수조를 건물 상부에 설치해야 하므로 건축구조상 부담이 된다.
④ 펌프직송방식에서 펌프 운전방식은 펌프의 대수를 제어하는 정속방식과 회전수를 제어하는 변속방식으로 분류할 수 있다.

해설 ① 수도직결방식은 저층의 급수 방법에 적합하다.
② 고가수조방식에서의 급수압력은 항상 일정하다.
③ 압력수조방식은 건물의 하부에 설치하므로 건축구조상 부담이 되지 않는다.

09 다음 중 고층건물에서 급수조닝을 하지 않을 경우 생길 수 있는 현상과 가장 거리가 먼 것은?
① 수격작용 발생
② 크로스 커넥션 발생
③ 물 흐르는 소리에 의한 소음 발생
④ 배관이나 기구에 큰 압력이 가해져 배관과 기구의 수명 단축

해설 급수설비의 조닝(급수계통을 2계통 이상으로 나누는 것)은 급수 계통을 1계통(중·저층부)으로 하는 경우 하층부에서의 급수압이 과대하게 되어 급수전·기구 등의 사용에 지장을 가져오거나 소음, 진동 및 워터해머 등이 발생하거나, 급수전, 밸브 등의 부품 마모가 심해져 수명이 단축(부품의 파손 방지)되기도 하므로 건물의 용도에 따라 최고 압력(적절한 수압 유지)을 넘지 않도록 하여야 한다.

10 다음의 국소식 급탕방식에 대한 설명 중 옳지 않은 것은?
① 급탕 개소마다 가열기의 설치공간이 필요하다.
② 건물 완공 후에 급탕 개소의 증설이 비교적 용이하다.
③ 배관길이가 길어 열손실이 크다.
④ 용도에 따라 필요한 개소에서 필요한 온도의 탕을 비교적 간단하게 얻을 수 있다.

해설 국소식 급탕방식(급탕을 필요로 하는 장소에 소형 탕비기 등을 설치하여 비교적 짧은 배관으로 급탕하는 방식)은 급탕배관의 길이가 짧아 배관의 열손실이 적고, 탕을 순환할 필요가 없는 소규모 급탕설비에 사용된다.

11 탕의 사용상태가 간헐적이며 일시적으로 사용량이 많은 건물에서 급탕설비의 설계 방법으로 가장 알맞은 것은? (단, 중앙식 급탕방식이며 증기를 열원으로 하는 열교환기 사용)
① 저탕용량을 크게 하고 가열능력도 크게 한다.
② 저탕용량을 크게 하고 가열능력은 작게 한다.
③ 저탕용량을 작게 하고 가열능력은 크게 한다.
④ 저탕용량을 작게 하고 가열능력도 작게 한다.

해설 중앙식 급탕방식이며 증기를 열원으로 하는 열교환기를 사용하고, 탕의 사용상태가 간헐적이며 일시적으로 사용량이 많은 건물에서 급탕설비 설계 방법은 저탕용량을 크게 하고 가열능력은 작게 하는 것이 바람직하다.

12 다음 중 광속을 표시하는 단위는?
① lumen
② Candela/m²
③ Candela
④ lux

해설 lumen(루멘)은 광속(빛의 양)의 단위, Candela/m²는 휘도의 단위, Candela(칸델라)는 광도의 단위, lux(럭스)는 조도의 단위이다.

13 저탕조의 용량이 2m³이고 급탕배관 내의 전체 수량이 1m³일 때 개방형 팽창탱크의 용량은 얼마인가? (단, 급수의 밀도는 1.0g/cm³이고 탕의 밀도는 0.983g/cm³이다.)
① 0.01m³ ② 0.03m³
③ 0.05m³ ④ 0.07m³

정답 07.① 08.④ 09.② 10.③ 11.② 12.① 13.③

해설 ΔV(온수의 팽창량)
$$= \left(\frac{1}{\rho_2(\text{변화 후의 물의 비중량})} - \frac{1}{\rho_1(\text{변화 전의 물의 비중량})}\right)$$
$$\times V(\text{원래 온수의 부피})$$

즉, $\Delta V = \left(\frac{1}{\rho_2} - \frac{1}{\rho_1}\right)V = \left(\frac{1}{0.983} - \frac{1}{1}\right) \times (2+1) = 0.05188 m^3$
$\fallingdotseq 0.052 m^3$

14 다음의 기구배수단위에 관한 설명 중 ( ) 안에 알맞은 내용은?

> 세면기를 기준으로 하여 배수관경을 (㉠)mm, 단위 시간당 평균배수량 (㉡)L/min을 유량단위 1로 가정하고 각종 기구의 유량비율을 이것과 비교하여 나타낸 것을 기구배수단위라 한다.

① ㉠ – 15, ㉡ – 7.5
② ㉠ – 30, ㉡ – 28.5
③ ㉠ – 30, ㉡ – 7.5
④ ㉠ – 40, ㉡ – 7.5

해설 기구배수 부하단위(fuD, fixture units for Drain)는 세면기를 기준으로 하여 배수 관경을 30mm, 단위 시간당 평균배수량은 28.5L/min을 유량단위 1로 가정하고, 각종 기구의 유량비율을 이것과 비교하여 나타낸 것이다.

15 배수계통에서 트랩의 봉수가 파괴되는 원인 중 액체의 응집력과 액체와 고체 사이의 부착력에 의해 발생하는 것은?

① 증발 현상
② 모세관 현상
③ 자기사이펀 작용
④ 유도사이펀 작용

해설 봉수의 파괴 원인 중 모세관 현상은 가는 관을 액체 속에 세우면 액체의 종류와 응집력, 액체와 고체 사이의 부착력 등에 따라 액체가 관 속을 상승 또는 하강하는 현상이므로 통기관의 설치와 무관하게 봉수가 파괴되는 원인이 된다.

16 통기관의 관경 결정에 관한 설명으로 옳지 않은 것은?

① 신정통기관의 관경은 배수수직관의 관경보다 작게 해서는 안 된다.
② 각개통기관의 관경은 그것이 접속되는 배수관 관경의 1/2 이상으로 한다.
③ 결합통기관의 관경은 통기수직관과 배수수직관 중 작은 쪽 관경의 1/2 이상으로 한다.
④ 루프통기관의 관경은 배수수평관과 통기수직관 중 작은 쪽 관경의 1/2 이상으로 한다.

해설 결합통기관의 관경은 통기수직관과 배수수직관 중 작은 쪽 관경 이상으로 한다.

17 액화천연가스(LNG)에 대한 설명 중 옳지 않은 것은?

① 주요성분은 프로판(C_3H_8), 부탄(C_4H_{10})이다.
② 발열량이 높고 무공해성이다.
③ 자연발화나 착화온도가 높기 때문에 안전성이 높다.
④ 비중이 상온에서 공기보다 가벼워 바닥에 누설가스가 체류하지 않는다.

해설 액화천연가스(LNG)의 주성분은 메탄(CH_4)을 주성분으로 하는 천연가스를 냉각하여 액화시킨 가스이고, 액화석유가스(LPG)의 주성분이 프로판(C_3H_8), 프로필렌(C_3H_6), 부탄(C_4H_{10}), 부틸렌(C_4H_8)이다.

18 다음 중 수질과 관련된 용어와 가장 관계가 먼 것은?

① pH(수소이온농도)
② SS(부유물질)
③ DO(용존산소)
④ WI(웨버지수)

해설 pH(수소이온농도)는 어떤 용액의 산성도와 염기도를 나타내는 정량적인 척도이고, SS(Suspended Solid ; 부유 물질)는 물의 오염 원인이 되는 것이고, 용해성 물질에 반대되는 물질이며, 물속에 존재하는 고형물이다. DO(Dissolved Oxygen Demand; 용존 산소)는 물속에 용해되어 있는 산소로서 수중 생물에 생존에는 필수적이나 보일러 영수에는 점식 등에 부식 원인이 되므로 탈산소한다. WI(웨버지수)는 가스의 연소성을 판단하는 데 중요한 수치로서 $WI = \frac{H_g(\text{가스의 발열량})}{\sqrt{S(\text{가스의 비중})}}$이다.

19 건축물의 환기설비 계획에 관한 설명으로 옳지 않은 것은?

① 파이프 샤프트는 공간절약을 위해 환기 덕트로 이용한다.
② 외기 도입부는 가급적 도로에서 떨어진 위치에 설치한다.
③ CO_2의 제어방식으로 급기량을 조절하는 경우 거실의 필요 환기량을 확보한다.
④ 공장 등에서 자연 환기로 다량의 환기량을 얻고자 할 경우 벤틸레이터 등을 지붕에 설치한다.

해설 파이프 샤프트(건물 내에서 상하층을 접속하는 배관을 통합하여 폐쇄된 공간 안에 수용하도록 만든 상하층을 잇는 수직의 원통 또는 사각형 부분)와 환기 덕트는 별도로 설치하여야 하며, 벤틸레이터는 지붕의 위쪽에 설치하여 항상 부압이 되도록 하는 환기의 보조장치로서 바람의 흡인 작용에 의해 환기가 이루어진다.

정답 14. ② 15. ② 16. ③ 17. ① 18. ④ 19. ①

20 급탕설비에 있어서 순환펌프 순환수량을 산출하는데 필요한 값이 아닌 것은?

① 배관길이
② 단위길이당 열손실량
③ 급탕과 반탕의 온도차
④ 급탕 사용수량

[해설] 급탕설비의 순환펌프를 결정하기 위하여 먼저 배관이나 기기로부터의 열손실(탕의 비열, 배관길이, 단위길이당 열손실량)을 산정하고, 급탕관과 반탕관과의 온도차에 의하여 순환탕량을 산정하며, 그 순환량과 관경에 의해 배관경의 마찰손실을 구해 펌프를 선정한다.

2과목 건축설비 설계

21 온도에 대한 설명으로 옳은 것은?

① 습구온도는 반드시 건구온도보다 높다.
② 습구온도는 공기 중에 수분이 많을수록 낮다.
③ 포화공기상태에서 건구온도와 습구온도가 같다.
④ 건구온도와 습구온도 차가 클수록 공기 중의 습도는 높을 것이다.

[해설] 열의 평행을 이루어 0이 되므로 습구온도는 건구온도보다 작거나, 같고, 수분이 많을수록 높으며, 습구온도와 건구온도의 차가 클수록 습도는 낮다. 특히 포화상태의 건구온도와 습구온도, 노점온도가 동일하다.

22 건구온도 30℃, 수증기 분압 1.69kPa인 습공기의 상대습도는? (단, 30℃ 포화공기의 수증기 분압은 4.23kPa이다.)

① 20% ② 30%
③ 40% ④ 50%

[해설] 상대습도는 수증기분압과 동일한 온도의 포화공기의 수증기 분압과의 비를 백분율로 나타낸 것. 즉, 상대습도
$\phi = \dfrac{수증기분압}{포화 시 수증기분압} \times 100 = \dfrac{1.69}{4.23} \times 100 = 40\%$

23 건물의 냉방부하 구성요소 중에서 현열부하만을 갖는 것은?

① 태양복사열부하 ② 침입외기부하
③ 인체발열부하   ④ 기기발열부하

[해설] 냉방부하 중 현열부하(수증기가 관련이 없는 부하)만을 갖는 것은 태양복사열(유리 및 벽체 통과열), 온도차에 의한 전도열(유리, 벽체 등의 구조체), 조명에 의한 내부발생열 및 덕트로부터의 취득열량 등이 있고, 현열과 잠열부하(수증기가 관련이 있는 부하)의 종류에는 인체 및·실내 설비에 의한 발생열, 침입 외기(외부창, 문틈에서의 틈새바람), 기타(급기 덕트의 손실, 송풍기의 동력일), 외기(도입) 부하로서 실내온습도로 냉각감습시키는 열량, 환기 덕트, 배관에서의 손실, 펌프의 동력일 등이 있다.

24 다음과 같은 조건에서 재실인원이 50명인 회의실의 외기 현열부하는?

[조건]
· 1인당 필요한 외기량 : 80m³/h
· 실내온도 : 26℃, 외기온도 : 32℃
· 공기의 밀도 : 1.2kg/m³
· 공기의 정압비열 : 1.01kJ/kg·K

① 6,270W   ② 7,240W
③ 8,080W   ④ 9,120W

[해설] Q(열량)$=c$(비열)m(온수 순환량)Δt(온도의 변화량)$=c$(비열)ρ(물의 온도)V(온수 순환량의 부피)Δt(온도의 변화량)이다.
즉, $Q = cm\Delta t = c\rho V \Delta t$
$= 1.01 \times 1.2 \times (80 \times 50) \times (32-26)$
$= 29,088$kJ/h $= 29,088,000$J/3,600s
$= 8,080$J/s

25 다음 중 온수난방의 장점이 아닌 것은?

① 간헐운전에 적합하다.
② 부하의 변동에 대해서 온도조절이 용이하다.
③ 배관의 부식이 적고, 장치의 수명이 길다.
④ 안전하고 난방느낌이 부드럽다.

[해설] 온수난방(현열을 이용한 난방)의 장단점은 ②, ③ 및 ④ 이외에 열용량이 크므로 보일러를 정지하여도 실온은 급변하지 않고, 보일러의 취급이 간단하며, 열용량이 크므로 간헐운전(짧은 시간대의 운전)에 부적합하고, 간헐운전에 적합한 방식은 열용량이 작은 증기난방방식이다.

26 온수난방과 비교한 증기난방의 특징으로 옳은 것은?

① 예열시간이 짧다.
② 소요방열면적과 배관경이 크므로 설비비가 높다.
③ 부하변동에 따른 실내방열량의 제어가 용이하다.
④ 한랭지에서 동결의 우려가 크다.

해설 증기난방은 소요방열면적과 배관경이 작으므로 설비비가 싸고, 부하변동에 따른 실내 방열량의 제어가 난이하며, 한랭지에서 동결의 우려가 작다.

27 기준면보다 20m 높이에 있는 관 내에 물이 압력 60kPa, 유속 3m/s로 흐를 때 이 물의 전수두(m)는? (단, 물의 밀도는 1kg/L이다.)

① 약 18.7 ② 약 26.5
③ 약 38.7 ④ 약 83.1

해설 전수두 = 위치압력수두 + 관 내 압력수두 + 속도수두
$\left(\dfrac{v^2(\text{유속})}{2g(\text{중력가속도})}\right)$ 이다.

그러므로, 전수두 = $20 + (0.1 \times 60) + \dfrac{3^2}{2 \times 9.8} = 26.459$ mAq이다.
여기서, 1mAq(수두) = 약 10kPa = 0.01MPa로 산정한다.

28 공기조화방식 중 이중덕트방식에 관한 설명으로 옳지 않은 것은?

① 전공기방식에 속한다.
② 냉·온풍의 혼합으로 인한 혼합손실이 있다.
③ 부하특성이 다른 다수의 실이나 존에는 적용할 수 없다.
④ 단일덕트방식에 비해 덕트 샤프트 및 덕트 스페이스를 크게 차지한다.

해설 이중덕트방식은 각 실의 개별 제어(부하가 다른 실) 및 존 제어가 가능한 방식이다.

29 다음 설명에 알맞은 보일러의 출력 표시 방법은?

- 일반적으로 보일러 선정 시 기준이 된다.
- 연속해서 운전할 수 있는 보일러의 능력으로서 난방부하, 급탕부하, 배관부하, 예열부하의 합이다.

① 정격출력 ② 상용출력
③ 정미출력 ④ 과부하출력

해설 보일러의 부하
㉠ 보일러의 전부하 또는 정격출력(H)
  = 난방부하(H_R) + 급탕·급기부하(H_W) + 배관부하(H_P)
  + 예열부하(H_E)
㉡ 보일러의 상용출력 = 보일러의 전부하(정격출력)
  – 예열부하(H_E)
  = 난방부하(H_R) + 급탕·급기부하(H_W) + 배관부하(H_P)

30 흡수식 냉동기의 구성요소 중 용액으로부터 냉매인 수증기와 흡수제인 LiBr로 분리시키는 작용을 하는 곳은?

① 증발기 ② 응축기
③ 발생기 ④ 흡수기

해설 흡수식 냉동기의 냉동 사이클은 증발기 → 흡수기 → 발생(재생)기 → 응축기의 순이고, 발생(재생)기는 용액으로부터 흡수제인 LiBr과 냉매인 수증기로 분리시키는 작용을 한다.

31 다음 중 다단펌프를 사용하는 가장 주된 목적은?

① 흡입양정이 큰 경우
② 토출량을 줄이기 위한 경우
③ 높은 토출양정이 필요한 경우
④ 수중에 펌프를 설치하는 경우

해설 다단펌프(1대의 펌프 동일 회전축에 2개 이상의 날개차를 설치하여 다단으로 만든 펌프)를 사용하는 이유는 높은 토출양정 또는 고압수를 얻기 위함이다.

32 회전수가 366rpm, 소요동력 2.0Pa, 송풍기 전압 25mmAq인 송풍기를 655rpm으로 운전했을 때 소요동력(L_2)과 송풍기 전압(P_2)은 얼마인가?

① $L_2 = 3.6$PS, $P_2 = 80$mmAq
② $L_2 = 6.4$PS, $P_2 = 44.7$mmAq
③ $L_2 = 11.5$PS, $P_2 = 80$mmAq
④ $L_2 = 11.5$PS, $P_2 = 143$mmAq

해설 ㉠ 소요동력(L_2)은 회전수의 3제곱에 비례하므로,
$L_2 = 2Pa \times \left(\dfrac{655}{366}\right)^3 = 11.46$PS
㉡ 송풍기 전압(P_2)은 회전수의 2제곱에 비례하므로,
$P_2 = 25 \times \left(\dfrac{655}{366}\right)^2 = 80$mmAq

33 다음 중 에어필터의 효율 측정법이 아닌 것은?

① 중량법 ② 비색법
③ 체적법 ④ DOP법

해설 에어필터 효율 측정법에는 중량(API)법(비교적 큰 입자를 대상으로 측정하고, 필터에 집진되는 먼지의 양으로 측정하며, 저성능이다.), 비색(변색도, NBS)법(비교적 큰 입자를 대상으로 측정하고, 필터에서 포집한 여과지를 통과시켜 광전관으로 오염도를 측정하며, 중성능이다.), 계수(DOP)법(에어로졸을 사용하여 고성능 필터를 측정하고, 0.3μm입자를 사용하여 먼지의 수를 측정하며, 고성능이다.) 등이 있다.

정답 27. ② 28. ③ 29. ① 30. ③ 31. ③ 32. ③ 33. ③

34 다음 그림에 나타난 냉각수 배관계통의 냉각수 펌프 양정(mAq)은? (단, 냉각수 배관 전길이는 200m, 마찰저항은 40mmAq/m, 배관계 국부저항은 배관저항의 30%로 하고 냉동기 응축기 저항 8mAq, 냉각탑의 살수압력은 0.04MPa으로 한다.)

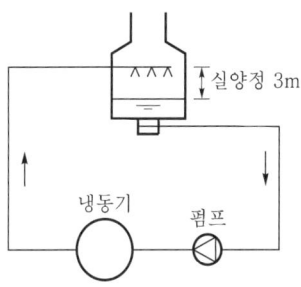

① 19.1　　② 21.7
③ 25.4　　④ 28.3

[해설] 펌프의 전양정=실양정+마찰손실(전길이×단위 m당 마찰저항)+기기저항(배관계 국부저항+기기의 저항)+살수압력
$= 3 + \left(200 \times \dfrac{40}{1,000}\right) + \left(200 \times \dfrac{40}{1,000} \times 0.3 + 8\right) + 0.04 \times 100$
$= 25.4 \text{mAq}$

* 1MPa은 100m 수두를 의미한다.

35 다음의 배관 내 유속에 관한 설명 중 부적당한 것은?
① 관 내에 흐르는 유속을 높이면 배관 내면의 부식이 심해진다.
② 관 내에 흐르는 유속을 높이면 펌프의 소요동력이 증가한다.
③ 냉각수의 배관 내 유속은 4m/s 정도로 하는 것이 가장 적당하다.
④ 관 내에 흐르는 유속이 너무 낮으면 배관 내에 혼입된 공기를 밀어내지 못하여 물의 흐름에 대한 저항이 커진다.

[해설] 냉각수의 배관 내에 흐르는 유속이 증가하면 배관 내의 부식과 펌프의 소요 동력이 증가하고, 유속이 낮으면 배관의 직경이 증가하므로 냉각수 배관의 유속은 1~2m/s(보통 1.5m/s) 정도로 하는 것이 가장 바람직하다.

36 장방형 덕트 단면의 아스펙트비는 원칙적으로 최대 얼마 이하로 하는가?
① 2 : 1　　② 3 : 1
③ 4 : 1　　④ 5 : 1

[해설] 덕트는 가능하면 장방형이 되도록 하며, 아스펙트(종횡 또는 장변 : 단변)비는 2 : 1을 표준으로 하고, 가능하면 4 : 1 이하로 제한하고, 최대 8 : 1 이상이 되지 않도록 하며, 동일한 상당직경인 경우 아스펙트비가 클수록 덕트재료비가 많이 든다.

37 덕트에 대한 설명으로 옳지 않은 것은?
① 덕트의 보강을 위해서 다이아몬드 브레이크 등을 사용한다.
② 덕트를 분기할 경우 원칙적으로 덕트 굽힘부 가까이에서 분기하는 것이 좋다.
③ 덕트의 굽힘부에서 곡류반경이 작거나 직각으로 구부러질 때 안내날개를 설치한다.
④ 단면을 바꿀 때 확대부에서는 경사도 15° 이하, 축소부에서는 경사도 30° 이하가 되도록 한다.

[해설] 덕트를 분기할 때에는 그 부분의 기류가 흩어지지 않도록 주의해야 하고, 원칙적으로 덕트 굽힘부 가까이에서 분기하는 것을 피하도록 하며, 부득이하게 굽힘부 가까이에서 분기하는 경우에는 되도록 길게 직선배관하여 분기하는데 그 거리가 덕트 폭의 6배 이하일 때는 굽힘부에 가이드베인을 설치하여 흐름을 갖추고 난 뒤에 분기한다.

38 환기방법 중 열기나 유해물질이 실내에 널리 산재되어 있거나 이동되는 경우에 사용하며 전체 환기라고도 불리는 것은?
① 집중환기　　② 희석환기
③ 국소환기　　④ 자연환기

[해설] 국소환기는 부분적으로 오염 물질을 발생하는 장소(열, 유해가스, 분진 등)에 있어서 전체적으로 확산하는 것을 방지하기 위하여 발생하는 장소에 대해서 배기하는 것이며, 자연환기는 중력환기(실내 공기와 건물 주변 외기와의 온도차에 의한 공기의 비중량 차에 의해서 환기)와 풍력환기법(건물에 풍압이 작용할 때, 창의 틈새나 환기구 등의 개구부가 있으면 풍압이 높은 쪽에서 낮은 쪽으로 공기가 흘러 환기)이 있다.

39 10m×10m×3.2m 크기의 강의실에 35명의 사람이 있을 때 실내의 이산화탄소 농도를 0.1%로 하기 위해 필요한 환기량은? (단, 1인당 CO_2 발생량은 0.02m³/h·인이며 외기의 CO_2 농도는 0.03%이다.)
① 1,000m³/h
② 1,400m³/h
③ 1,600m³/h
④ 2,000m³/h

[해설] 오염 농도에 있어서 실내의 발생 오염량=환기량×(실내의 허용 오염 농도−외기의 농도)가 성립됨을 알 수 있다.
즉, Q(환기량)
$= \dfrac{\text{실내의 오염량}}{\text{실내의 허용 오염 농도} - \text{외기의 농도}}$ 이다.
그러므로, 환기량
$= \dfrac{\text{실내의 오염량}}{\text{실내의 허용 오염 농도} - \text{외기의 농도}}$
$= \dfrac{35 \times 0.02}{0.001 - 0.0003} = 1,000 \text{m}^3/\text{h}$

40 냉동기에 관한 설명으로 옳지 않은 것은?
① 터보식 냉동기는 임펠러의 원심력에 의해 냉매가스를 압축한다.
② 터보식 냉동기는 대용량에서는 압출효율이 좋고 비례제어가 가능하다.
③ 압축식 냉동기의 냉매순환 사이클은 압축기 → 응축기 → 팽창밸브 → 증발기이다.
④ 흡수식 냉동기는 열에너지가 아닌 기계적 에너지에 의해 냉동효과를 얻는다.

[해설] 흡수식 냉동기는 열원을 증기나 고온수로 사용하므로, 기계적 에너지가 아닌 열에너지(증기, 고온수)를 이용하여 냉동효과를 얻는다.

③ 과목 전기설비 및 소방시설 일반

41 에보나이트 막대를 천으로 문지르면 에보나이트 막대에는 양(+)의 전기, 천에는 음(−)의 전기가 생긴다. 이러한 현상을 무엇이라 하는가?
① 대전
② 정전차폐
③ 전자유도
④ 충전

[해설] 정전차폐는 어떤 공간을 전기 도체로 감싸고, 외부 정전계의 영향이 미치지 못하도록 하는 것이고, 전자유도는 도체가 자속을 끊었을 때, 코일을 관통하는 자속이 변화하여 기전력을 발생하는 현상으로 변압기, 발전기에 이용되고 있으며, 충전은 전압을 가하여 전하를 축적하는 것 또는 전기 에너지를 이용해서 (+), (−)로 대전시키는 것이고, 방전이란 (+), (−)로 대전된 것으로부터 연결해서 열이나 빛, 전동기 등으로 일을 시켜 소모하는 것이다.

42 다음 직·병렬회로에서 전압은 110V이며 $R_1 = 12\Omega$, $R_2 = 15\Omega$, $R_3 = 30\Omega$, $R_4 = 22\Omega$이다. 전체 합성저항 R은?

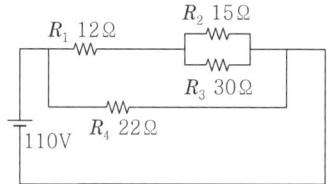

① 45 ② 32
③ 22 ④ 11

[해설] 직렬의 합성저항$(R)=R_1+R_2+R_3+\cdots+R_n$이고, 병렬의 합성저항$\left(\dfrac{1}{R}\right)=\dfrac{1}{R_1}+\dfrac{1}{R_2}+\dfrac{1}{R_3}+\cdots+\dfrac{1}{R_n}$이다.
그러므로, $R_2=15\Omega$과 $R_3=30\Omega$은 병렬이므로,
$\dfrac{1}{R}=\dfrac{1}{15}+\dfrac{1}{30}=\dfrac{1}{10}$ ∴ 10Ω이고,
$R_1=12\Omega$과 10Ω은 직렬이므로, 12+10=22Ω이다.
또한, $R_4=22\Omega$은 병렬이므로 $\dfrac{1}{R}=\dfrac{1}{22}+\dfrac{1}{22}=\dfrac{2}{22}=11\Omega$이다.

[별해] $\dfrac{1}{R}=\dfrac{1}{12+\dfrac{1}{\left(\dfrac{1}{15}+\dfrac{1}{30}\right)}}+\dfrac{1}{22}=\dfrac{1}{22}+\dfrac{1}{22}=\dfrac{1}{11}$
∴ $R=11\Omega$

43 그림과 같은 전기회로에서 전압 100V를 가할 때 15Ω의 저항에 흐르는 전류(A)는?

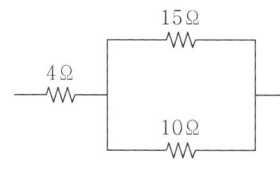

① 10 ② 6
③ 4   ④ 2

[해설] 직렬연결은 전류가 일정하고, 병렬연결은 전압이 일정하며, 전체 저항을 구하면, $R=4+\dfrac{1}{\dfrac{1}{15}+\dfrac{1}{10}}=10\Omega$이다.
그런데, 병렬연결에서 I(전류)는 저항에 반비례하고, 전압에 비례하므로 15Ω에는 $10 \times \dfrac{10}{15+10}=4\text{A}$, 10Ω에는 $10 \times \dfrac{15}{15+10}=6\text{A}$가 흐른다.

정답 40. ④ 41. ① 42. ④ 43. ③

44 100Ω인 전열기 5대가 100V 전지에 병렬로 연결되어 있을 때 전열기 1대에서 소비되는 전력은?

① 20W ② 40W
③ 100W ④ 500W

해설 W(전력량) $= V$(전압) $\times I$(전류)이다.

$V = IR$이므로 $W = I^2R = \dfrac{V^2}{R}$ 이다.

그런데, $V = 100$V이고, 저항은 병렬 저항이므로

$\dfrac{1}{R} = \dfrac{1}{100} + \dfrac{1}{100} + \dfrac{1}{100} + \dfrac{1}{100} + \dfrac{1}{100} = \dfrac{5}{100} = \dfrac{1}{20}$

∴ $R = 20Ω$이고, 전력량 $= \dfrac{V^2}{R} = \dfrac{100^2}{20} = 500$W이다.

전열기가 5대이므로 전열기 1대의 전력량은 $\dfrac{500}{5} = 100$W이다.

45 $V = 154\sin(314t - 90°)$(V)인 사인파 교류의 주파수(Hz)는?

① 30Hz ② 40Hz
③ 50Hz ④ 60Hz

해설 어떤 물체가 원운동을 할 때, 1초 동안에 f회전하면 ω(각속도) $= 2\pi f$(주파수)이다.

$V = V_0 \sin(\omega t - 90°)$에서 V_0는 전압의 최댓값이고, 90°는 전위이며, ω는 각속도이다.

$\omega = 2\pi f = 314$

∴ $f = \dfrac{314}{2\pi} = 49.97 ≒ 50$Hz

46 3상 4선식 평형회로에서 선간전압이 380V이고 선전류가 10A인 회로에 관한 설명으로 옳지 않은 것은?

① 상전류는 10A이다.
② 상전압은 220V이다.
③ 피상전력은 약 6,580VA이다.
④ 중성선에 흐르는 전류는 30A이다.

해설 ① 선전류=상전류=10A이고, ② 상전압은 $\dfrac{선간전압}{\sqrt{3}} = \dfrac{380}{\sqrt{3}} = 219.39 ≒ 220$V이며, ③ P(피상전력) $= \sqrt{3} VI = \sqrt{3} \times 380 \times 10 = 6,581.79$VA이다.
④ 중성선에는 전류가 흐르지 않으므로 전류는 0이다.

47 다음 중 전하 간의 정전유도현상을 이용한 기기는?

① 전자석
② 발전기
③ 전기집진기
④ 솔레노이드 밸브

해설 정전유도(정전기)현상은 양전기(+)로 대전된 도체 A를 대전되지 않은 도체 B에 가까이 접근시키면, B도체에는 A도체에 가까운 쪽에 음전기(-), A도체에 먼 쪽에 양전기(+)가 나타나는 현상으로 낙뢰, 정전기 및 전기집진기 등의 원리에 이용되는 현상이다.

48 3상 동력과 단상 전동 부하를 동시에 사용할 수 있는 구내 배전 방식은?

① 단상 2선식 220V
② 단상 3선식 220/110V
③ 3상 3선식 220V
④ 3상 4선식 380/220V

해설 전기 방식과 주요 사용처

전기방식	대지전압	주요사용처
단상 2선식 110V	110V	백열등, 형광등(40W 미만), 가정용 전기기계기구
단상 2선식 220V	220V	형광등(40W 미만), 대형 사무기기, 단상 전동기, 공업용 전열기
단상 3선식 110/220V	110V	대형 주택, 전전화(全電化)주택, 상점, 빌딩, 공장 등의 간선 회로
3상 3선식 220V	220V	전동기(37kW 정도까지), 공업용 전열기, 빌딩, 공장 등의 동력 회로
3상 4선식 220/380V	380V	대형 빌딩, 공장 등의 간선 회로

49 변압기의 정격용량을 표시하는 단위는?

① kA ② kV
③ kW ④ kVA

해설 변압기 표준용량은 규정에 정하는 용량으로 단위는 (kVA)로 표기한다.

50 전력퓨즈에 대한 설명으로 옳지 않은 것은?

① 릴레이와 변성기가 필요하다.
② 소형으로 큰 차단용량을 가진다.
③ 옥내에 시설하는 경우에는 소음기를 부착하는 것이 좋다.
④ 일정치 이상의 과전류를 차단하여 전로나 기기를 보호한다.

해설 전력퓨즈는 고전압 회로 및 기기의 단락 보호용 퓨즈로서 차단기에 비하여 가격이 싸고, 소형으로 경량이며, 차단 용량이 크고, 고속 차단을 할 수 있으며, 보수가 간단하다. 특히 릴레이와 변성기가 필요 없다.

정답 44. ③ 45. ③ 46. ④ 47. ③ 48. ④ 49. ④ 50. ①

51 다음 설명에 알맞은 축전지의 사용 중 충전 방식은?

> 전지의 자기 방전을 보충함과 동시에 상용 부하에 대한 전력 공급은 충전기가 부담하도록 하되 충전기가 부담하기 어려운 일시적인 대전류 부하는 축전지로 하여금 부담하게 하는 방식

① 보통충전 ② 부동충전
③ 급속충전 ④ 균등충전

[해설] 세류(트리클)충전은 축전지의 자기 방전량만을 미세한 전류로 지속적으로 충전을 행하는 부동충전(전지의 자기 방전을 보충함과 동시에 상용 부하에 대한 전력 공급은 충전기가 부담하도록 하되 충전기가 부담하기 어려운 일시적인 대전류 부하는 축전지로 하여금 부담하게 하는 방식)방식의 일종이다.

52 3상 유도전동기 중 농형 유도전동기의 속도제어 방법이 아닌 것은?

① 주파수 변환 ② 전압제어
③ 전류제어 ④ 극수변환

[해설] 3상 전동기 중 농형 유도전동기는 회전자의 구조가 간단하고 튼튼하며 운전 성능이 좋으나, 기동 시 매우 큰 기동전류가 흘러 권선이 타기 쉽고 공급전원에 영향을 미치는 것이 단점이 있는 전동기로서 속도제어 방법에는 주파수 변환, 극수변환, 전류 저항의 변환, 전압제어 등을 이용한다.

53 건축화 조명방식에 속하지 않는 것은?

① 코브조명 ② 코니스조명
③ 광천장조명 ④ 펜던트조명

[해설] 건축화 조명방식(조명기구를 건축 내장재의 일부 마무리로써 건축 의장과 조명기구를 일체화하는 조명방식)의 종류에는 코브조명, 코니스조명, 광천장조명, 코너조명, 코퍼조명, 밸런스조명, 다운 라이트 조명 및 루버조명 등이 있다. 펜던트조명은 매단 조명기구의 일종으로 현수등, 체인, 코드 및 파이프 펜던트 등이 있다.

54 피뢰침에 근접한 뇌격을 흡인하여 전극으로 확실하게 방류하기 위하여 필요한 것은?

① 돌침의 보호각이 작아야 한다.
② 접지저항이 작아야 한다.
③ 접촉저항이 커야 한다.
④ 도체저항이 커야 한다.

[해설] 피뢰설비는 보호 범위를 넓게 하기 위하여 보호각이 커야 하고, 접지저항이 작아야 한다.

55 엘리베이터 설비에서 도어의 안전장치로서 승강장 도어가 열린 상태에서 모든 제약이 풀리면 자동으로 도어가 닫히도록 하는 장치는?

① 도어 머신 ② 도어 클로저
③ 도어 인터로크 ④ 도어 스위치

[해설] 도어 인터로크 시스템은 두 대의 고속자동문을 연속으로 설치한 뒤, 한 쪽의 자동문이 동작하고 나면 다른 쪽 자동문이 동작하도록 엘리베이터에 설치하여 사용하는 것이다. 도어 안전 스위치는 자동 엘리베이터에서 닫히고 있는 문에 접촉되면 다시 문이 열리는 장치이다.

56 자동제어 방식을 목표치의 시간적 성질에 의해 분류한 것이 아닌 것은?

① 추종제어 ② 비율제어
③ 변수제어 ④ 프로그램제어

[해설] 제어 목적에 의한 분류에는 정치제어(어떤 일정한 목푯값으로 유지시키는 것을 목적으로 하는 제어)와 추치제어가 있으며, 추치제어의 종류에는 추종제어(미지의 임의의 시간적 변화를 하는 목푯값에 제어량을 추종시키는 것을 목적으로 하는 제어), 프로그램제어(정해진 프로그램에 따라 제어량을 변화시키는 것을 목적으로 하는 제어) 및 변수제어(시스템 내에서 변수들을 원하는 상태로 유지하거나, 조절하는 것) 등이 있고, 비율제어(목푯값이 다른 값과 일정한 비율 관계를 가지고 변화하는 경우의 제어)는 정치제어에 속한다.

57 그림의 회로도와 같이 논리식이 $Y = X_1 \cdot X_2$로 표시되는 논리 회로의 종류는?

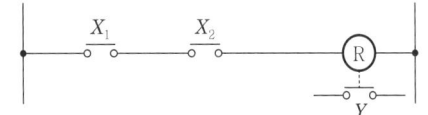

① AND 회로 ② OR 회로
③ NOT 회로 ④ NAND 회로

[해설] 전기의 기본 회로

구분	회로의 의미	논리식
AND(직렬)회로	논리곱 회로, 동시에 작동할 때 출력 신호를 보내는 회로	$Y = X_1 X_2$
OR(병렬)회로	논리합 회로, 둘 중에 하나만 작동해도 출력 신호를 보내는 회로	$Y = X_1 + X_2$
NOT회로	입력 신호가 있는 경우 출력 신호는 꺼지는 회로	$Y = X_1$
NOR회로	둘 중에 하나만 작동해도 출력 신호는 꺼지는 회로	$Y = X_1 + X_2$

58 옥내소화전설비에서 송수구의 설치 높이 기준은?

① 지면으로부터 높이 0.5m 이하의 위치
② 지면으로부터 높이 0.5m 이상 1.0m 이하의 위치
③ 지면으로부터 높이 1.0m 이상 1.5m 이하의 위치
④ 지면으로부터 높이 1.5m 이상 2.0m 이하의 위치

해설 옥내소화전설비에서 송수구의 설치 높이는 지면으로부터 0.5m 이상 1.0m 이하의 위치에 설치하여야 한다.

59 스프링클러설비에서 직접 또는 수직배관을 통하여 가지배관에 급수하는 배관은?

① 주배관   ② 신축배관
③ 교차배관   ④ 급수배관

해설 스프링클러헤드가 설치되어 있는 배관으로 주배관은 각 층을 수직으로 관통하는 수직배관이고, 교차배관은 직접 또는 수직배관을 통하여 가지배관에 급수하는 배관이며, 가지배관은 스프링클러헤드가 설치되어 있는 관이다.

60 다음 중 물분무소화설비의 소화작용과 가장 관계가 먼 것은?

① 냉각효과   ② 질식효과
③ 부촉매효과   ④ 희석효과

해설 물분무설비는 물을 분무상으로 분산방사하며, 분무수로 연소물을 덮어씌워 물의 증발작용이 가속화되어 증발열에 따른 냉각작용, 희석작용, 질식소화작용으로 소화하는 설비로서 가연물, 유류, 전기 화재에 유효한 설비이고, 할론가스 소화설비는 소화약제가 방사 후 할론을 열분해하여 부촉매 역할을 하는 Br이 공기 중에서 체인 캐리어로서 역할을 하여 소화작용을 하게 된다.

④ 과목 건축설비 관련 법규

61 건축법령상 다음과 같이 정의되는 용어는?

건축물의 노후화를 억제하거나 기능 향상 등을 위하여 대수선하거나 건축물의 일부를 증축 또는 개축하는 행위를 말한다.

① 개축   ② 리빌딩
③ 리모델링   ④ 리노베이션

해설 관련 법규 : 건축법 제2조, 해설 법규 : 법 제2조 ①항 10호
"개축"이란 기존 건축물의 전부 또는 일부[내력벽·기둥·보·지붕틀(한옥의 경우에는 지붕틀의 범위에서 서까래는 제외) 중 셋 이상이 포함]를 해체하고 그 대지에 종전과 같은 규모의 범위에서 건축물을 다시 축조하는 것을 말한다.

62 건축법령상 제1종 근린생활시설에 속하지 않는 것은?

① 한의원   ② 마을회관
③ 산후조리원   ④ 일반음식점

해설 관련 법규 : 건축법 제2조, 영 제3조의5, (별표 1)
해설 법규 : 영 제3조의5, (별표 1)
일반음식점은 제2종 근린생활시설에 속한다.

63 건축물관련 건축기준의 허용오차가 2% 이내인 항목에 해당하지 않는 것은?

① 출구 너비   ② 반자 높이
③ 바닥판 두께   ④ 건축물 높이

해설 관련 법규 : 건축법 제26조, 규칙 제20조, (별표 5)
해설 법규 : 규칙 제20조, (별표 5)
건축물 관련 건축기준의 허용오차

항목	건축물 높이	평면 길이	출구 너비, 반자 높이	벽체 두께, 바닥판 두께
오차 범위	2% 이내 (1m 초과 불가)	2% 이내 (전체 길이 1m 초과 불가, 각 실 길이 10cm 초과 불가)	2% 이내	3% 이내

64 문화 및 집회시설 중 공연장의 개별 관람실의 출구를 관람석별로 2개소 이상 설치해야 하는 개별 관람실의 바닥면적 기준은?

① 150m² 이상
② 300m² 이상
③ 450m² 이상
④ 600m² 이상

해설 관련 법규 : 건축법 제49조, 영 제38조, 피난·방화규칙 제10조
해설 법규 : 피난·방화규칙 제10조 ②항
문화 및 집회시설 중 공연장의 개별 관람실(바닥면적이 300m² 이상인 것)의 출구는 다음의 기준에 적합하게 설치하여야 한다.
㉠ 관람실별로 2개소 이상 설치할 것
㉡ 각 출구의 유효너비는 1.5m 이상일 것
㉢ 개별 관람실 출구의 유효너비의 합계는 개별 관람실의 바닥면적 100m²마다 0.6m의 비율로 산정한 너비 이상으로 할 것

정답 58. ② 59. ③ 60. ③ 61. ③ 62. ④ 63. ③ 64. ②

65 복도의 너비 및 설치기준에 따른 복도의 유효너비가 옳지 않은 것은? (단, 양 옆에 거실이 있는 복도의 경우)

① 고등학교 : 2.4m 이상
② 유치원 : 1.8m 이상
③ 공동주택 : 1.8m 이상
④ 중학교 : 2.4m 이상

해설 관련 법규 : 건축법 제49조, 영 제48조, 피난·방화규칙 제15조의2
해설 법규 : 피난·방화규칙 제15조의2 ①항
연면적 200m²를 초과하는 건축물에 설치하는 복도의 유효너비

구분	유치원, 초등학교, 중학교, 고등학교	공동주택, 오피스텔	해당 층의 거실면적의 합계가 200m² 이상인 경우
양측에 거실이 있는 복도	2.4m 이상	1.8m 이상	1.5m 이상 (의료시설의 복도는 1.8m 이상)
기타 복도	1.8m 이상	1.2m 이상	1.2m 이상

66 욕실 또는 조리장의 바닥과 그 바닥으로부터 높이 1m까지의 안벽의 마감을 내수재료로 하여야 하는 대상에 속하지 않는 것은?

① 숙박시설의 욕실
② 공동주택의 욕실
③ 제1종 근린생활시설 중 목욕장의 욕실
④ 제1종 근린생활시설 중 휴게음식점의 조리장

해설 관련 법규 : 건축법 제49조, 영 제52조, 피난·방화규칙 제18조
해설 법규 : 피난·방화규칙 제18조 ②항
제1종 근린생활시설 중 목욕장의 욕실과 휴게음식점의 조리장과 제2종 근린생활시설 중 일반음식점 및 휴게음식점의 조리장과 숙박시설의 욕실의 바닥과 그 바닥으로부터 높이 1m까지 안벽의 마감은 이를 내수재료로 하여야 한다.

67 다음 중 방송 공동수신설비를 설치하여야 하는 대상 건축물에 속하는 것은?

① 종교시설
② 고등학교
③ 다세대주택
④ 유스호스텔

해설 관련 법규; 건축법 제62조, 영 제87조
해설 법규 : 영 제87조 ④항
건축물에는 방송수신에 지장이 없도록 공동시청 안테나, 유선방송 수신시설, 위성방송 수신설비, 에프엠(FM)라디오방송 수신설비 또는 방송 공동수신설비를 설치할 수 있다. 다만, 공동주택(아파트, 연립주택, 다세대주택, 기숙사)과 바닥면적의 합계가 5,000m² 이상으로서 업무시설이나 숙박시설의 용도로 쓰는 건축물에는 방송 공동수신설비를 설치하여야 한다.

68 6층 이상의 거실면적의 합계가 11,000m²인 교육연구시설에 설치하여야 하는 승용 승강기의 최소 대수는? (단, 8인승 승용 승강기인 경우)

① 3대
② 4대
③ 5대
④ 6대

해설 관련 법규 : 건축법 제64조, 설비규칙 제5조, (별표 1의2)
해설 법규 : (별표 1의2)
교육연구시설의 승용 승강기의 설치대수$=1+\dfrac{A-3,000}{3,000}$대 이상이고, 6층 이상의 거실면적의 합계가 11,000m²이므로 승용 승강기의 설치대수$=1+\dfrac{A-3,000}{3,000}=1+\dfrac{11,000-3,000}{3,000}=3.67$
→ 4대 이상이다.

69 다음은 건축물의 에너지절약설계기준에 따른 방습층의 정의이다. ( ) 안에 알맞은 것은?

> 방습층이라 함은 습한 공기가 구조체에 침투하여 결로발생의 위험이 높아지는 것을 방지하기 위해 설치하는 투습도가 24시간당 ( ) 이하 또는 투습계수 0.28g/m²·h·mmHg 이하의 투습저항을 가진 층을 말한다.

① 10g/m²
② 20g/m²
③ 30g/m²
④ 40g/m²

해설 관련 법규 : 에너지절약기준 제5조
해설 법규 : 에너지절약기준 제5조 10호 카목
방습층이라 함은 습한 공기가 구조체에 침투하여 결로발생의 위험이 높아지는 것을 방지하기 위해 설치하는 투습도가 24시간당 30g/m² 이하 또는 투습계수 0.28g/m²·h·mmHg 이하의 투습저항을 가진 층을 말한다(시험방법은 한국산업규격 KS T 1305 방습포장재료의 투습도 시험방법 또는 KS F 2607 건축 재료의 투습성 측정 방법에서 정하는 바에 따른다). 다만, 단열재 또는 단열재의 내측에 사용되는 마감재가 방습층으로서 요구되는 성능을 가지는 경우에는 그 재료를 방습층으로 볼 수 있다.

70 녹색건축 인증등급의 구분에 속하지 않는 것은?

① 우수(그린 2등급)
② 우량(그린 3등급)
③ 일반(그린 4등급)
④ 보통(그린 5등급)

해설 관련 법규 : 녹색건축인증규칙 제8조
해설 법규 : 녹색건축인증규칙 제8조 ②항
녹색건축 인증등급은 최우수(그린 1등급), 우수(그린 2등급), 우량(그린 3등급) 및 일반(그린 4등급) 등으로 구분한다.

정답 65. ② 66. ② 67. ③ 68. ② 69. ③ 70. ④

71 건축허가 등을 함에 있어서 미리 소방본부장 또는 소방서장의 동의를 받아야 하는 대상 건축물이 아닌 것은?

① 항공기 격납고
② 연면적이 500m²인 건축물
③ 지하층 또는 무창층이 있는 건축물로서 바닥면적이 80m²인 층이 있는 것
④ 차고·주차장으로 사용되는 시설로서 차고·주차장으로 사용되는 층 중 바닥면적이 200m²인 층이 있는 시설

해설 관련 법규 : 소방시설법 제6조, 영 제7조
해설 법규 : 영 제7조 ①항
건축허가 등을 할 때 미리 소방본부장 또는 소방서장의 동의를 받아야 하는 건축물은 다음과 같다.
㉠ 건축물은 충수(「건축법 시행령」에 따라 산정된 층수)가 6층 이상인 건축물
㉡ 차고·주차장 또는 주차용도로 사용되는 시설로서 다음의 어느 하나에 해당하는 것
  • 차고·주차장으로 사용되는 바닥면적이 200m² 이상인 층이 있는 건축물이나 주차시설
  • 승강기 등 기계장치에 의한 주차시설로서 자동차 20대 이상을 주차할 수 있는 시설
㉢ 항공기격납고, 관망탑, 항공관제탑, 방송용 송수신탑
㉣ 지하층 또는 무창층이 있는 건축물로서 바닥면적이 150m² (공연장의 경우에는 100m²) 이상인 층이 있는 것
㉤ 특정소방대상물 중 조산원, 산후조리원, 위험물 저장 및 처리 시설, 발전시설 중 전기저장시설, 지하구

72 피난구조설비로서 인명구조기구 중 방열복 또는 방화복(안전모, 보호장갑 및 안전화를 포함), 인공소생기 및 공기호흡기를 설치하여야 하는 특정소방대상물은?

① 지하층을 포함한 층수가 7층 이상인 병원
② 지하층을 포함한 층수가 5층 이상인 관광호텔
③ 지하층을 포함한 층수가 7층 이상인 관광호텔
④ 지하층을 포함한 층수가 5층 이상인 병원

해설 관련 법규 : 소방시설법 제12조, 영 제11조, (별표 4)
해설 법규 : (별표 4) 3호 나목
피난구조설비로서 인명구조기구[방열복 또는 방화복(안전모, 보호장갑 및 안전화를 포함) 및 공기호흡기]를 설치하여야 하는 특정소방대상물은 지하층을 포함하는 층수가 5층 이상인 병원이고, 인명구조기구[방열복 또는 방화복(안전모, 보호장갑 및 안전화를 포함), 인공소생기 및 공기호흡기]를 설치하여야 하는 특정소방대상물은 지하층을 포함하는 층수가 7층 이상인 관광호텔이다.

73 다음은 건축법상 지하층의 정의이다. ( ) 안에 알맞은 것은?

> "지하층"이란 건축물의 바닥이 지표면 아래에 있는 층으로서 바닥에서 지표면까지 평균높이가 해당 층 높이의 ( ) 이상인 것을 말한다.

① 2분의 1   ② 3분의 1
③ 3분의 2   ④ 4분의 3

해설 관련 법규 : 건축법 제2조, 해설 법규 : 법 제2조 ①항 5호
"지하층"이란 건축물의 바닥이 지표면 아래에 있는 층으로서 바닥에서 지표면까지 평균높이가 해당 층 높이의 1/2 이상인 것을 말한다.

74 건축물의 용도변경과 관련된 시설군 중 영업시설군에 속하는 것은?

① 의료시설
② 운동시설
③ 업무시설
④ 문화 및 집회시설

해설 관련 법규 : 건축법 제19조, 영 제14조, 해설 법규 : 영 제14조 ⑤항
영업시설군의 종류에는 판매시설, 운동시설, 숙박시설, 제2종 근린생활시설 중 다중생활시설 등이 있고, 운동시설은 영업시설군에 속한다.

75 피난 용도로 쓸 수 있는 광장을 옥상에 설치하여야 하는 대상에 속하지 않는 것은?

① 5층 이상인 층이 종교시설의 용도로 쓰는 경우
② 5층 이상인 층이 판매시설의 용도로 쓰는 경우
③ 5층 이상인 층이 문화 및 집회시설 중 공연장의 용도로 쓰는 경우
④ 5층 이상인 층이 문화 및 집회시설 중 전시장의 용도로 쓰는 경우

해설 관련 법규 : 건축법 제49조, 영 제40조 해설 법규 : 영 제40조 ②항
5층 이상인 층이 제2종 근린생활시설 중 공연장·종교집회장·인터넷컴퓨터게임시설제공업소(해당 용도로 쓰는 바닥면적의 합계가 각각 300m² 이상인 경우만 해당), 문화 및 집회시설(전시장 및 동·식물원은 제외), 종교시설, 판매시설, 위락시설 중 주점영업 또는 장례시설의 용도로 쓰는 경우에는 피난 용도로 쓸 수 있는 광장을 옥상에 설치하여야 한다.

정답 71.③ 72.③ 73.① 74.② 75.④

76 특별피난계단에 설치하는 배연설비의 구조에 관한 기준 내용으로 옳지 않은 것은?

① 배연구 및 배연풍도는 불연재료로 할 것
② 배연구는 평상시에는 닫힌 상태를 유지할 것
③ 배연구는 평상시에 사용하는 굴뚝에 연결할 것
④ 배연기는 배연구의 열림에 따라 자동적으로 작동할 것

해설 관련 법규: 설비규칙 제14조
해설 법규: 설비규칙 제14조 ②항 1호
특별피난계단 및 비상용 승강기의 승강장에 설치하는 배연설비의 구조는 ①, ② 및 ④ 이외에 다음의 기준에 적합하여야 한다.
㉠ 배연구에 설치하는 수동개방장치 또는 자동개방장치(열감지기 또는 연기감지기에 의한 것)는 손으로도 열고 닫을 수 있도록 할 것
㉡ 배연구가 외기에 접하지 아니하는 경우에는 배연기를 설치할 것
㉢ 배연기에는 예비전원을 설치할 것
㉣ 배연구 및 배연풍도는 불연재료로 하고, 화재가 발생한 경우 원활하게 배연시킬 수 있는 규모로서 외기 또는 평상시에 사용하지 아니하는 굴뚝에 연결할 것

77 세대수가 10세대인 주거용 건축물에 설치하는 음용수용 급수관의 지름은 최소 얼마 이상이어야 하는가?

① 30mm   ② 40mm
③ 50mm   ④ 60mm

해설 관련 법규: 건축법 시행령 제87조, 설비규칙 제18조, (별표 3)
해설 법규: 설비규칙 제18조, (별표 3)
급수관 지름의 최소 기준에 있어서 1가구는 15mm, 2~3가구는 20mm, 4~5가구는 25mm, 6~8가구는 32mm, 9~16가구는 40mm, 17가구 이상은 50mm이다.

78 옥내 비상용 승강기 설치 시 승강장의 바닥면적은 비상용 승강기 1대에 대하여 최소 얼마 이상이어야 하는가?

① $2m^2$ ② $4m^2$
③ $5m^2$ ④ $6m^2$

해설 관련 법규: 건축법 제64조, 설비규칙 제10조
해설 법규: 설비규칙 제10조 2호 바목
비상용 승강기의 승강장 바닥면적은 비상용 승강기 1대에 대하여 $6m^2$ 이상으로 할 것. 다만, 옥외에 승강장을 설치하는 경우에는 그러하지 아니하다.

79 녹색건축 인증의 유효기간으로 옳은 것은?

① 녹색건축 인증서를 발급한 날부터 3년
② 녹색건축 인증서를 발급한 날부터 5년
③ 녹색건축 인증서를 발급한 날부터 10년
④ 녹색건축 인증서를 발급한 날부터 15년

해설 관련 법규: 녹색건축인증규칙 제9조
해설 법규: 녹색건축인증규칙 제9조 ③항
녹색건축 인증의 유효기간은 녹색건축 인증서를 발급한 날부터 10년으로 한다.

80 전 층에 주거용 주방자동소화장치를 설치하여야 하는 특정소방대상물은?

① 아파트   ② 기숙사
③ 일반음식점   ④ 휴게음식점

해설 관련 법규: 소방시설법 제12조, 영 제11조, (별표 4)
해설 법규: (별표 4) 1호 나목
주거용 자동소화장치를 설치하여야 하는 특정소방대상물은 아파트 등 및 오피스텔의 모든 층이다.

제5회 CBT 적중 모의고사

1과목 건축설비 계획

01 유체의 점성에 관한 설명으로 옳지 않은 것은?
① 유체의 동점성계수는 점성계수와 밀도와의 비로 표시한다.
② 기체의 점성계수는 일반적으로 온도의 상승과 함께 증가한다.
③ 점성력은 상호 접하는 층의 면적과 그 관계속도의 제곱에 비례한다.
④ 점성이 유체운동에 미치는 영향은 동점성계수값에 의해 결정된다.

해설 점성력(유체가 서로 상대적인 운동을 하여 변형이 생기는 경우 그 변형의 속도에 비례하여 그 유동을 방해하려는 힘)은 접하는 면적과 그 관계속도에 비례한다.

02 직경 200mm의 강관에 매분 2,400L의 물을 보내면 강관 내를 흐르는 물의 속도는?
① 0.86m/s
② 1.27m/s
③ 3.80m/s
④ 5.43m/s

해설 $v = \dfrac{Q}{A} = \dfrac{Q}{\dfrac{\pi D^2}{4}} = \dfrac{4Q}{\pi D^2} = \dfrac{4 \times 2,400}{\pi \times 0.2^2 \times 60 \times 1,000} = 1.27\text{m/s}$ 이다.

여기서, 60으로 나눈 것은 분(min)을 초(s)로 바꾸기 위한 수치이고, 1,000으로 나눈 것은 L를 m^3로 환산하기 위한 수치이다.

03 위생설비 유닛화의 목적과 가장 거리가 먼 것은?
① 인건비를 절약하기 위하여
② 시공의 질적 향상을 위하여
③ 현장에서의 작업량 확대를 위하여
④ 공기단축과 공정의 단순화를 위하여

해설 위생설비를 유닛화함으로써 현장작업의 공정을 최소한으로 줄여 비용(인건비)을 절감하고, 전체 공사의 능률을 향상시켜 공기의 단축과 공정을 단순화하며, 시공의 질(정밀도 향상)을 향상시킬 수 있다. 현장작업의 공정을 최소화하므로 현장작업이 감소하고, 스페이스도 감소된다.

04 건축설비용 배관 중 동관에 대한 설명으로 옳지 않은 것은?
① 유연성이 커서 가공이 쉽다.
② 강관에 비해 가벼워서 운반, 취급이 용이하다.
③ 극연수에 대한 저항성이 크다.
④ 내식성 및 열전도율이 크다.

해설 동관은 배관 시공이 용이하고, 내식성이 높아 부식이 적으며, 전기 및 열전도율이 좋아 전기 재료, 열교환기 및 급수관에 사용하나, 극연수에 대한 저항성이 매우 작다. 극연수(증류수, 멸균수)는 탄산칼슘($CaCO_3$)의 농도로 환산한 깊이 0ppm으로서 연관이나 황동관을 부식시킨다.

05 온도, 습도, 기류를 조합하여 인체의 실제 체감(體感)을 표시하는 척도가 되는 것은?
① TAC 온도
② 임계온도
③ 절대온도
④ 유효온도

해설 TAC 온도는 일반적으로 초과 위험률을 고려한 설계용 외기온도를 의미하고, 임계온도는 증기의 임계점(물의 비용적이 증기의 비용적과 같게 되어 가열해도 증발의 현상을 수반하지 않고 연속적으로 액체에서 증기로 바뀌는 점)온도이며, 절대온도는 열역학적으로 생각한 최저의 온도이다.

06 양수량이 650L/min, 전양정이 50m인 소화펌프의 축동력은? (단, 펌프의 효율은 50%이다.)
① 5.3W
② 10.6W
③ 5.3kW
④ 10.6kW

해설 축동력 $= \dfrac{WQH}{6,120 \times E} = \dfrac{1,000 \times \left(\dfrac{650}{1,000}\right) \times 50}{6,120 \times 0.5} ≒ 10.62\text{kW}$

정답 01. ③ 02. ② 03. ③ 04. ③ 05. ④ 06. ④

07 급수방식 중 수도직결식에 대한 설명으로 옳은 것은?

① 3층 이상의 고층으로서 급수가 용이하다.
② 저수조가 있으므로 단수 시에도 급수가 가능하다.
③ 정전으로 인한 단수의 염려가 크다.
④ 수도 본관의 영향을 그대로 받아 수압변화가 심하다.

해설 수도직결식(위생성 및 유지관리 측면에서 가장 바람직하며, 일반적으로 비교적 소규모의 건물에 사용되는 방식)은 3층 이하의 저층으로서 급수가 용이하고 저수조가 없으므로 단수 시에는 급수가 불가능하며, 정전으로 인한 단수의 우려가 없어 급수가 가능하다.

08 고가탱크의 급수법에서 FV식 대변기를 사용할 경우 고가탱크에서 대변기까지의 마찰저항이 0.01MPa라면 대변기에서 고가탱크까지의 최소 높이는 얼마 이상으로 하여야 하는가?

① 8m
② 12m
③ 14m
④ 16m

해설 P(기구 본관의 압력)
$= P_1$(기구의 소요 압력)$+P_f$(본관에서 기구에 이르는 사이의 저항)$+h$(기구의 설치 높이)이다.
즉, $P=P_1+P_f+h$에서, $P_1=70+10+0=80$kPa$=8$mAq이다.

09 다음 중 초고층 건물의 급수배관법에 대한 설명으로 옳지 않은 것은?

① 급수계통에 조닝(zoning)이 필요하다.
② 중간수조 방식은 수압이 일정하다.
③ 중간수조 방식은 중간수조실, 양수펌프 등이 필요하다.
④ 감압밸브방식에서는 감압밸브가 고장나더라도 높은 수압이 기구에 작용하지 않는다.

해설 감압밸브방식의 장점은 수조, 펌프 등을 필요로 하지 않으며, 스페이스, 설비비를 줄일 수 있고, 각 층 감압밸브방식에서 정밀하게 조닝할 수 있으나, 단점은 감압밸브가 고장나면 높은 수압이 기구에 직접 작용하며, 감압밸브의 관리가 필요하다.

10 국소식 급탕설비의 종류 중 증기를 사일렌서나 기수혼합밸브에 의해 물과 혼합시킨 탕을 만드는 방식은?

① 저탕식
② 열매혼합식
③ 순간식
④ 직접가열식

해설 저탕식은 미리 탕을 만들어 저장하여 놓고 공급하는 방식이고, 순간식은 가스 탕비기 등에 의해 순간적으로 탕을 만들어 공급하는 방식이며, 직접가열식은 저탕조와 보일러를 직결하여 순환가열하는 방식으로 열효율 면에서 최적이나, 보일러의 신축이 불균등하고, 스케일이 부착되어 열효율을 감소시키며, 내부의 방식 처리가 필요하다.

11 급탕설비에서 사용되는 팽창관에 대한 설명 중 옳지 않은 것은?

① 안전밸브와 같은 역할을 한다.
② 물의 온도상승에 따른 체적 팽창을 흡수한다.
③ 가열장치로부터 배관을 입상하여 고가수조나 팽창 탱크에 개방한다.
④ 급탕장치 내 압력이 초과되면 자동으로 밸브가 열린다.

해설 급탕설비의 팽창관(물은 가열하면 팽창하고, 비압축성이기 때문에 보일러, 급탕탱크 등 밀폐가열장치 내의 압력은 상승하며, 압력을 다른 곳으로 도피시키지 않은 한 용기가 파괴될 때까지 압력상승이 계속되는데 이 압력을 도피시킬 목적으로 설치하는 도피관이나 안전밸브)은 급탕장치와 팽창탱크 사이를 연결하는 관으로 밸브가 없으므로 급탕장치 내 압력이 초과되면 팽창탱크로 내보낸다.

12 건축화 조명에 대한 설명 중 틀린 것은?

① 코니스 조명은 벽면조명으로 천장과 벽면의 경계부에 설치한다.
② 조명기구를 천장, 벽 등의 실 구성면 중에 장치하여 건축 내장의 일부와 같은 취급을 한 조명방식을 건축화 조명이라 한다.
③ 광천장은 천장을 확산투과 혹은 지향성 투과패널로 덮고, 천장 내부에 광원을 일정한 간격으로 배치한 것이다.
④ 천장면에 루버를 설치하고 그 속에 광원을 배치하는 방식을 코브라이트라 한다.

해설 건축화 조명 중 루버 조명은 천장면에 루버를 설치하고 그 속에 광원을 배치하는 방식이고, 코브 조명은 천장 구석에 광원을 배치하여 천장면에서 빛이 반사되도록 하는 조명방식이다.

13 4℃ 물을 100℃로 가열하였을 때 팽창한 체적의 비율은? (단, 4℃ 물의 밀도는 1kg/L, 100℃ 물의 밀도는 0.9586kg/L)

① 2.78%
② 3.13%
③ 4.32%
④ 5.42%

[해설] $k(\text{팽창률}) = \dfrac{\Delta V}{V} = \dfrac{\left(\dfrac{1}{\rho_2} - \dfrac{1}{\rho_1}\right)V}{V} = \left(\dfrac{1}{\rho_2} - \dfrac{1}{\rho_1}\right) = \left(\dfrac{1}{0.9586} - \dfrac{1}{1}\right)$
$= 0.0432 = 4.32\%$

14 다음 중 기구배수 부하단위수가 가장 큰 기구는?
① 세정밸브식 대변기   ② 스톨형 소변기
③ 청소싱크   ④ 세탁싱크

[해설] 기구에 따른 기구배수 부하단위는 세정밸브식 대변기(8)>소변기(4)>청소수채(3)>세탁싱크(2)>세면기(1)이다.

15 고층건물의 배수입관(수직관)에 인접되어 접속되는 위생기구는 어떤 현상에 의하여 봉수가 파괴될 가능성이 높은가?
① 자기사이펀 현상
② 감압에 의한 흡인현상
③ 역압에 의한 분출작용
④ 모세관 현상

[해설] 자기사이펀 작용은 P트랩, S트랩 및 보틀 트랩 등에서 자기배수의 결과 잔류해야 할 봉수가 작게 되는 현상 또는 위생기구로부터 만수상태의 배수가 S트랩으로 유하할 때, 배관 내부의 압력은 감소하며, 트랩 유입측에는 대기압이 작용하여 봉수가 파괴되는 현상이고, 모세관 현상은 S트랩이나 벨트랩의 웨어부에 실이 걸려 부착된 경우 모세관 현상에 의해 봉수가 손실되는 현상 또는 액체의 응집력과 액체와 고체 사이의 부착력에 의해 발생하는 현상이며, 역압에 의한 분출작용은 상층과 하층에서 배수가 다량으로 유출되어 해당 층의 배수수직관의 공기가 압축되어 S트랩으로 유입되어 봉수가 파괴된다.

16 통기관의 관경에 관한 설명으로 옳지 않은 것은?
① 신정통기관의 관경은 배수수직관 관경의 1/2 이상으로 한다.
② 루프통기관의 관경은 담당 배수수평지관의 1/2 이상으로 한다.
③ 건물의 배수탱크에 설치하는 통기관의 관경은 500mm 이상으로 한다.
④ 결합통기관의 관경은 통기수직관과 배수수직관 중 작은 쪽 관경 이상으로 한다.

[해설] 신정통기관의 관경은 배수수직관의 관경보다 작게 해서는 안 된다.

17 LNG에 관한 설명으로 옳지 않은 것은?
① 주성분은 메탄(CH_4)이다.
② LPG에 비해 발열량이 작다.
③ 천연가스를 냉각하여 액화한 것이다.
④ 상온에서 공기보다 비중이 크므로 인화 폭발의 우려가 있다.

[해설] LNG의 비중은 공기의 비중보다 작으므로 누설되었을 때 공기 중에 흡수되므로 안전성이 높고, LPG의 비중은 공기보다 무거워 누설되었을 때 하부에 체류되어 바닥에 고이므로 매우 위험하다.

18 수질의 용어에 대한 조합 중 틀린 것은?
① BOD : 생물화학적 산소 요구량
② BOD 용적부하 : $\dfrac{\text{유입수 BOD} - \text{유출수 BOD}}{\text{유입수 BOD}}$
③ SS : 부유물질
④ COD : 화학적 산소 요구량

[해설] BOD 용적부하 $= \dfrac{\text{유입 BOD}}{\text{폭기조의 용적}}$ 이고,
BOD 제거율 $= \dfrac{\text{유입수 BOD} - \text{유출수 BOD}}{\text{유입수 BOD}}$ 이다.

19 음에 관한 기술 중 옳은 것은?
① 발음체의 진동수와 같은 음파를 받게 되면 자기도 진동하여 음을 내는 현상을 잔향이라 한다.
② 잔향시간은 실흡음력이 큰 만큼 길고, 실용적이 큰 만큼 짧다.
③ 60폰의 음을 70폰으로 높이면 10폰의 증가에 의해 사람은 음의 크기가 대략 2배 커진 것으로 지각한다.
④ 외부공간에서 음의 전달은 온도, 습도, 바람 등의 외부 기후조건과 무관하다.

[해설] ①은 공명, ②는 잔향시간으로 실흡음력에 반비례하고, 실용적에 비례하므로 실흡음력이 클수록 짧고 실용적이 클수록 길다. ④ 외부공간에서 음의 전달은 온도, 습도, 바람 등의 외부 기후조건과 관계가 깊다.
손(sone)은 청각의 감각량으로서 음의 감각적 크기를 보다 직접적으로 표시하기 위해 사용하며, 손값을 2배로 하면, 음의 크기는 2배로 감지된다. 1손은 40폰(phon, 음의 크기 레벨로 귀의 감각적 변화를 고려한 주관적인 척도)에 해당하고, 2손은 50폰, 4손은 60폰이 된다. 즉, 10폰식 늘리면 손은 2배가 되므로 음의 크기는 2배로 감지된다.

[정답] 14. ① 15. ② 16. ① 17. ④ 18. ② 19. ③

20 급탕설비 배관에서 역환수(reverse return)배관을 채택하는 주된 이유는?

① 수격작용 방지 ② 유량의 균등분배
③ 마찰손실 감소 ④ 배관의 부식방지

해설 역환수(reverse return)배관 방식은 각 급탕전에서의 온수의 공급관, 환수관의 배관길이를 거의 같게 하여 마찰저항 및 순환수량을 균등(유량의 균등 분배)하게 하는 배관 방식으로 급탕·반탕관의 순환거리를 각 계통에 있어서 거의 같게 하여 즉, 각 순환경로의 마찰손실수두를 가능한 한 같게 함으로써, 가열 장치 가까운 곳에 위치한 급탕계통의 단락현상(short circuit)이 생기지 않도록 하여 전 계통의 탕의 순환을 촉진하는 방식이다.

2 과목 건축설비 설계

21 Yaglow 등에 의해 제안된 온도, 습도 및 기류속도의 3가지 조합에 의한 온열환경의 평가지표는?

① 유효온도 ② 효과온도
③ 불쾌지수 ④ 신유효온도

해설 효과(작용)온도는 환경의 4요소 중 습도를 제외한 요소(온도, 기류, 주위벽의 복사열)의 영향을 종합한 온도이고, 불쾌지수는 미국에서 냉방온도 설정을 위해 만든 것으로 여름철의 무더움을 나타내는 지표로서 불쾌지수(DI)=(건구온도+습구온도)×0.72+40.6에 의해 산정되며, 신유효온도는 환경의 4요소(온도, 습도, 기류 및 주위벽의 복사열) 및 인간측 요소로서 작업 강도와 의복 상태를 고려하여 인체 표면으로부터 주위 환경에의 방열량을 구한 온도이다.

22 건구온도 35℃, 절대습도 0.022kg/kg'인 외기와 건구온도 26℃, 절대습도 0.0105kg/kg'인 실내공기를 3 : 7로 혼합할 경우 혼합공기의 건구온도 및 절대습도는?

① 29.4℃, 0.015kg/kg'
② 28.7℃, 0.014kg/kg'
③ 27.5℃, 0.016kg/kg'
④ 26.6℃, 0.017kg/kg'

해설 건구온도$(t) = \frac{m_1 t_1 + m_2 t_2}{m_1 + m_2} = \frac{3 \times 35 + 7 \times 26}{3+7} = 28.7℃$

절대습도$(x) = \frac{m_1 x_1 + m_2 x_2}{m_1 + m_2} = \frac{3 \times 0.022 + 7 \times 0.0105}{3+7}$
$= 0.01395 ≒ 0.014 kg/kg'$

23 다음 중 현열만을 취득하게 되는 냉방부하는?

① 덕트로부터의 취득열량
② 외기로부터의 취득열량
③ 인체의 발생열량
④ 틈새바람에 의한 취득열량

해설 냉방부하 중 현열부하(수증기가 관련이 없는 부하)만을 갖는 것은 태양복사열(유리 및 벽체 통과열), 온도차에 의한 전도열(유리, 벽체 등의 구조체), 조명에 의한 내부발생열 및 덕트로부터의 취득열량 등이 있다.

24 냉방부하를 계산한 결과, 현열부하 90,000W인 건물의 송풍공기량은? (단, 취출온도차는 10℃이고, 공기의 비열은 1.21 kJ/m³·K이다.)

① 약 26,777m³/h ② 약 33,242m³/h
③ 약 37,814m³/h ④ 약 42,150m³/h

해설 Q(현열 부하)$= c$(비열)m(질량)Δt(취출 온도차)이다.
$m = \frac{Q}{c \Delta t} = \frac{90,000 \times 3,600}{1,210 \times 10} = 26,776.9 m^3/h$이다.
여기서, 3,600은 초를 시간으로 환산한 값이다.

25 다음 중 온수난방방식에 대한 설명으로 옳은 것은?

① 실내온도의 상승이 빠르고 예열손실이 적어 간헐 난방에 적합하다.
② 증기난방에 비하여 소요방열면적과 배관경이 작으므로 설비비가 낮다.
③ 한랭지에서 운전정지 중에 동결의 위험이 없다.
④ 열용량이 크므로 보일러를 정지시켜도 실온은 급변하지 않는다.

해설 온수난방(현열을 이용한 난방)은 열용량이 크므로 예열시간이 길어 간헐난방에 부적합하고, 증기난방에 비하여 소요방열면적과 배관경이 크므로 설비비가 비싸며, 한랭지에서 운전정지 중에 동결의 위험이 있다.

26 실내 기류 분포 중 콜드 드라프트(cold draft)의 원인이 아닌 것은?

① 인체 주위의 공기온도가 너무 낮을 때
② 인체 주위의 기류속도가 클 때
③ 주위 공기의 습도가 높을 때
④ 주위 벽면의 온도가 낮을 때

정답 20.② 21.① 22.② 23.① 24.① 25.④ 26.③

해설 콜드 드래프트(cold draft, 겨울철에 실내에 저온의 기류가 흘러들거나, 또는 유리 등의 냉벽면에서 냉각된 냉풍이 하강하는 현상)의 원인은 인체 주위의 공기 온도가 낮거나, 기류의 속도가 클 때 및 주위 벽면의 온도가 낮은 때이고, 일정한 온도에서 습도가 높은 경우에는 오히려 온감을 느낀다.

27 현열부하가 10,450kJ/h, 잠열부하가 3,135kJ/h인 어떤 실에 취출온도차 9℃인 공기로 냉방하는 경우의 송풍량은?

① 290m³/h
② 965m³/h
③ 1,254m³/h
④ 1,800m³/h

해설 q_s(현열부하)$= c$(비열)m(질량)Δt(온도의 변화량)이다.
그러므로, $m = \dfrac{q_s}{c\Delta t} = \dfrac{10,450}{1.01 \times 1.2 \times 9} = 958.01 \text{m}^3/\text{h}$

28 공기조화방식 중 단일덕트 변풍량방식의 구성기기에 속하지 않는 것은?

① VAV Uni
② 실내 시모스탯
③ 냉온풍 혼합상자
④ 송풍량 조절기기

해설 단일덕트 변풍량방식은 단일덕트로 공조를 하는 경우에 덕트의 관말에 가깝게 터미널 유닛을 삽입하여 급기 공기온도는 일정하게 하고, 송풍량을 실내 부하의 변동에 따라 변화시키는 방식으로 에너지 절약형으로 구성 기기는 ①, ②, ④ 등이 있고, 냉온풍 혼합상자(냉풍과 온풍의 적당량을 온도조절기에 의해 혼합하는 상자)는 이중덕트방식에 사용되는 기기이다.

29 수관보일러에 대한 설명 중 옳은 것은?

① 지역난방에는 사용할 수 없다.
② 부하변동에 대한 추종성이 높다.
③ 사용압력이 연관식보다 낮으며 예열시간이 길다.
④ 연관식보다 설치면적이 작고, 초기 투자비가 적게 든다.

해설 수관식 보일러는 유수량에 비해 전열량이 크고, 고압·대용량에 적합하며, 사용압력이 연관식보다 높고, 예열시간이 짧으며, 연관식보다 설치면적이 크고, 초기 투자비가 많이 든다. 부하의 변동에 대한 추종성이 높고, 지역난방에 사용한다.

30 단효용 흡수식 냉동기와 비교한 2중 효용 흡수식 냉동기의 특징으로 옳은 것은?

① 고압응축기와 저압응축기가 있다.
② 고온증발기와 저온증발기가 있다.
③ 고온발생기와 저온발생기가 있다.
④ 증발기가 2중으로 되어 있다.

해설 2중 효용 흡수식 냉동기는 저온발생기와 고온발생기가 있어 단효용 흡수식 냉동기보다 효율이 높다.

31 펌프의 NPSH(유효 흡입양정)에 관한 설명 중 옳지 않은 것은?

① 펌프 설비에서 얻어지는 NPSH는 기압의 영향을 받는다.
② 펌프 설비에서 얻어지는 NPSH는 흡입양정, 수온, 마찰, 손실 등에 의해 결정된다.
③ 토마의 캐비테이션 계수는 비교회전수의 함수이다.
④ 펌프가 필요로 하는 NPSH보다 펌프 설치에서 얻어지는 NPSH를 작게 한다.

해설 공동현상(cavitation, 액체 속에 함유된 공기가 저압 부분에서 분리되어 수많은 작은 기포로 되는 현상 또는 펌프 흡입측 압력이 유체 포화 증기압보다 작으면 유체가 기화하면서 발생되는 현상)을 방지하기 위해 펌프의 흡입양정을 가능한 작게 하여 펌프의 유효흡입양정을 크게 증가(펌프의 흡입양정의 30% 증가)시킨다. 즉, 펌프의 흡입양정×1.3 < 펌프의 유효흡입양정이다.

32 어느 송풍기의 특성 곡선이 다음 그림과 같을 때 이 선도의 구성이 옳은 것은?

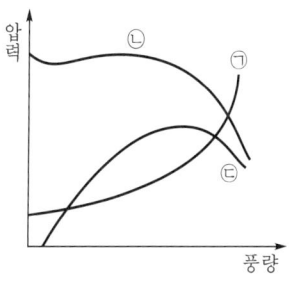

① ㉠ 축동력, ㉡ 정압, ㉢ 효율
② ㉠ 정압, ㉡ 효율, ㉢ 축동력
③ ㉠ 효율, ㉡ 정압, ㉢ 축동력
④ ㉠ 축동력, ㉡ 효율, ㉢ 정압

해설 ㉠번 곡선은 풍량이 증가할수록 증가하는 곡선이므로 축동력이고, ㉡번 곡선은 풍량이 증가할수록 감소하는 곡선이므로 정압, ㉢번 곡선은 풍량이 증가할수록 중간이 최고점이 되므로 효율 곡선이다.

33 에어필터 효율 측정법에서 고성능 필터를 측정하는데 적합한 방식은?

① 중량법 ② 비색법
③ 변색도법 ④ 계수법

해설 에어필터 효율 측정법에는 중량(API)법(비교적 큰 입자를 대상으로 측정하고, 필터에 집진되는 먼지의 양으로 측정하며, 저성능), 비색(변색도, NBS)법(비교적 큰 입자를 대상으로 측정하고, 필터에서 포집한 여과지를 통과시켜 광전관으로 오염도를 측정하며, 중성능), 계수(DOP)법(에어로졸을 사용하여 고성능 필터를 측정하고, $0.3\mu m$ 입자를 사용하여 먼지의 수를 측정하며, 고성능) 등이 있다.

34 냉온수코일에서 바이패스 팩터(BF)와 콘택트 팩터(CF)의 관계식으로 옳은 것은?

① (BF+CF)=1 ② (CF−BF)=1
③ (BF+CF)>1 ④ (BF+CF)<1

해설 바이패스 팩터(BF)는 냉각코일에 있어서 코일 통과풍량 중 핀이나 튜브의 표면과 접촉하지 않고 통과되어 버리는 풍량의 비율이고, 콘택트 팩터(CF)는 냉각 코일에 있어서 코일 통과 풍량 중 핀이나 튜브 표면에 접촉하여 통과한 풍량의 비율이므로 BF+CF=1이다.

35 기존 건물의 콘크리트 천장에 배관을 지지하기 위한 인서트 및 앵커로서 적당한 것은?

① 콘크리트 인서트 ② C-클램프
③ 롱너트 ④ 익스팬션 앵커

해설 콘크리트 인서트는 콘크리트 타설 후 달대를 매달기 위해 사전에 매설시키는 부품 또는 볼트를 부착하기 위해 미리 콘크리트에 매립된 철물이고, C-클램프는 C자형과 비슷한 강제 클램프이며, 롱너트는 긴 형태의 너트이다.

36 국부저항의 상당길이에 관한 설명으로 옳지 않은 것은?

① 배관의 지름이 커질수록 상당길이는 길어진다.
② 45° 표준 엘보보다는 90° 표준 엘보의 상당길이가 길다.
③ 밸브류의 경우 개폐도(開閉度)가 작을수록 상당길이는 길어진다.
④ 동일한 배관 지름, 전개(全開)일 경우 앵글밸브보다 게이트밸브의 상당길이가 길다.

해설 동일한 지름, 전개일 경우 앵글밸브보다 게이트밸브의 상당길이가 짧다. 예를 들어 호칭경 15mm인 경우, 게이트밸브의 상당길이는 0.12m, 앵글밸브는 2.4m이다.

37 덕트와 부속기구에 관한 설명으로 옳지 않은 것은?

① 고속덕트는 가급적 원형덕트로 한다.
② 점검구는 풍량조정이나 점검을 해야 하는 곳에 설치한다.
③ 같은 양의 공기가 덕트를 통해 송풍될 때 풍속을 높게 하면 덕트의 단면 치수도 크게 하여야 한다.
④ 방화댐퍼는 화재 시에 덕트를 통해 방화구역으로 불이 번지지 않도록 덕트의 통로를 차단하는 역할을 한다.

해설 같은 양의 공기가 덕트를 통해 송풍될 때 풍속을 높게 하면 덕트의 단면 치수도 작게 하여야 한다.

38 환기방식에 관한 설명으로 옳지 않은 것은?

① 화장실, 주방 등은 제3종 환기가 유리하다.
② 상향식 환기는 바닥면의 먼지 등을 일으킬 수 있다.
③ 제2종 환기란 급기팬과 배기팬이 모두 설치되는 것을 말한다.
④ 국소환기는 주방, 실험실에서와 같이 오염물질의 확산 및 방산을 가능한 극소화시키려고 할 때 적용된다.

해설 제2종 환기방식(압입식)은 송풍기와 배기구를 사용(배기량보다 급기량을 크게 함)하여 환기량이 일정하며, 실내·외의 압력차는 정압(+)으로 반도체 공장, 보일러실, 무균실에 사용된다. 또한 급기팬과 배기팬을 사용하는 경우는 제1종 환기방식(병용식)이다.

39 다음과 같은 조건에 있는 크기가 7m×6m×3.5m인 사무실의 환기에 의한 잠열만의 손실열량은?

[조건]
• 사무실의 환기횟수 : 2회/h
• 외기 건구온도 : 5℃, 절대습도 : 0.002kg/kg′
• 실내공기 건구온도 : 24℃, 절대습도 : 0.009kg/kg′
• 0℃에서 포화수의 증발잠열 : 2,501kJ/kg
• 공기의 밀도 : 1.2kg/m³

① 6,176kJ/h ② 7,076kJ/h
③ 8,076kJ/h ④ 9,076kJ/h

정답 33.④ 34.① 35.④ 36.④ 37.③ 38.③ 39.①

해설 H(손실열량)
$= \gamma$(0°에서 포화수의 증발 잠열)m(환기량의 무게)
　　Δx(절대습도의 변화량)
$= \gamma V$(환기량의 체적)ρ(공기의 밀도)Δx(절대습도의 변화량)
$= 2,501 \times (7 \times 6 \times 3.5 \times 1) \times 1.2 \times (0.009 - 0.002) = 6,176$kJ/h

40 다음 중 압력계를 설치해야 할 곳은?
① 급수관 입구　② 펌프 출입구
③ 냉수코일 출입구　④ 열교환기 출구

해설 펌프 입출구는 펌프 양정 및 토출압을 확인하기 위해 압력계를 설치한다. 냉수 코일 출입구와 열교환기 출입구에는 온도계를 설치한다.

❸ 과목 전기설비 및 소방시설 일반

41 다음의 두 전하 사이에서 일어나는 정전기 현상에 대한 설명 중 옳지 않은 것은?
① 두 전하 사이에서 발생하는 전기력은 두 전하의 세기에 비례한다.
② 두 전하 사이에서 발생하는 전기력은 두 전하 사이의 거리에 비례한다.
③ 두 전하 사이에서 발생하는 전기력은 두 전하 사이의 거리의 제곱에 반비례한다.
④ 진공상태가 아닌 공간에서 두 전하 사이에서 발생하는 전기력은 공간매질의 비유전율에 반비례한다.

해설 $F = \dfrac{q_1 \cdot q_2}{\varepsilon \cdot r^2}$
[여기서, ε(유전율) $= \varepsilon_o$(진공유전율)ε_s(비유전율)]에서 알 수 있듯이, 두 전하 사이에서 발생하는 전기력은 두 전하의 세기에 비례하고, 전기력은 비유전율과 거리의 제곱에 반비례한다.

42 3.3kΩ과 4.7kΩ의 저항을 직렬로 연결하였을 경우 합성저항은?
① 1.9kΩ　② 3.3kΩ
③ 4.7kΩ　④ 8kΩ

해설 직렬합성저항(R) $= R_1 + R_2 = 3.3 + 4.7 = 8$kΩ

43 그림과 같은 회로에서 15Ω의 저항에 흐르는 전류는 몇 A인가?

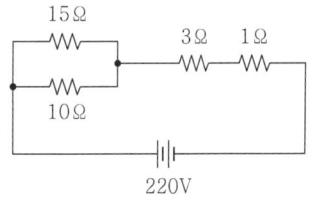

① 4.4　② 8.8
③ 13.2　④ 22

해설 직렬연결은 전류가 일정하고, 병렬연결은 전압이 일정하며, 전체 저항을 구하면, $R = \dfrac{1}{\dfrac{1}{15} + \dfrac{1}{10}} + 3 + 1 = 10$Ω이므로,

$I = \dfrac{V}{R} = \dfrac{220}{10} = 22$A 그런데, 병렬연결에서 I(전류)는 저항에 반비례하고, 전압에 비례하므로 15Ω에는 $22 \times \dfrac{10}{15+10} = 8.8$A,

10Ω에는 $22 \times \dfrac{15}{15+10} = 13.2$A가 흐른다.

44 전열기에 인가되는 전압이 20% 상승할 경우 소비전력은 몇 % 증가하는가?
① 20%　② 32%
③ 44%　④ 50%

해설 저항이 일정한 경우, W 또는 P(전력) $= VI = I^2 R = \dfrac{V^2}{R}$에 의해서 전압의 제곱에 비례하므로 $\left(\dfrac{1.2}{1}\right)^2 = 1.44$이므로 44%가 증가한다.

45 정현파 교류의 파형률은 얼마인가?
① 1.0　② 1.11
③ 1.414　④ 1.571

해설 V(실횻값) $= \dfrac{V_m(최댓값)}{\sqrt{2}}$이므로,
V_m(최댓값) $= \sqrt{2}\, V$(실횻값)이고,
V_a(평균값) $= \dfrac{2}{\pi} \times V_m$(최댓값)이다.

또한, 파고율 $= \dfrac{최댓값}{실횻값}$이고, 파형률 $= \dfrac{실횻값}{평균값}$이다.

파형률 $= \dfrac{실횻값}{평균값} = \dfrac{\dfrac{최댓값}{\sqrt{2}}}{\dfrac{2 \times 최댓값}{\pi}} = \dfrac{\pi \times 최댓값}{2\sqrt{2} \times 최댓값} = \dfrac{\pi}{2\sqrt{2}}$

$= \dfrac{\sqrt{2}\pi}{4} = 1.111$

정답 40.② 41.② 42.④ 43.② 44.③ 45.②

46 3상 교류에 대한 설명이 아닌 것은?

① 회전자장을 만든다.
② 각 상 간의 위상차는 $\frac{2\pi}{3}$(rad)이다.
③ 큰 전력의 배전에 사용한다.
④ 단상전력의 2배가 된다.

해설 P_3(3상 교류의 전력) = $\sqrt{3}\,V$(전압)I(전류)$\cos\theta$(역률) 이고, P_2(단상교류의 전력) = V(전압)I(전류)$\cos\theta$(역률)이므로, 3상 교류의 전력은 단상교류의 전력의 $\sqrt{3}$배가 된다.

47 다음 중 전하 간의 정전유도현상과 가장 관계가 먼 것은?

① 낙뢰
② 정전기
③ 전자석
④ 전기집진기

해설 전자유도현상은 도체의 운동에 의하여 도체에 기전력이 유도되는 현상으로 자속을 자를 때 유도기전력이 발생하는 현상으로 전자석의 원리에 이용되는 현상이다.

48 분전반을 설치하는 전기샤프트(ES)에 관한 설명으로 옳지 않은 것은?

① 각 층마다 같은 위치에 설치한다.
② ES의 면적은 보 및 기둥 부분을 제외하고 산정한다.
③ 설치장비 공급의 편리성을 우선하며 각 층의 모서리 부분에 설치한다.
④ 전력용과 통신용 등으로 구분 설치하고, 적은 규모일 경우는 공용으로 사용한다.

해설 분전반은 보수나 조작에 편리하도록 복도의 중앙 부분이나 계단 부근의 벽에 설치하는 것이 보통이다. 즉, 부하의 중심 부분에 설치한다.

49 시설용량 400kVA의 일반 전등전열부하에 공급할 변압기를 선정하고자 한다. 이때 수용률이 70%라면 가장 적당한 변압기의 용량은?

① 250kVA
② 300kVA
③ 400kVA
④ 570kVA

해설 수용(수요)률(%) = $\frac{최대\ 수용전력(kW)}{수용(부하)설비\ 용량(kW)} \times 100$
= 0.4 ~ 1.0이므로, 변압기 용량(최대 수용전력)
= 시설용량×수용률 = 400×0.7 = 280kVA

50 수용률 60%, 부하의 입력 합계가 50kW인 비상용 부하에 대한 자가 발전기 용량은 최소 얼마 이상으로 하는가?

① 30kVA
② 49kVA
③ 64kVA
④ 83kVA

해설 수용률 = $\frac{최대\ 수용전력}{부하설비\ 용량} \times 100(\%)$이다.
그러므로, 최대 수용전력 = $\frac{부하설비\ 용량 \times 수용률}{100}$
= $\frac{50 \times 60}{100}$ = 30kVA이다.

51 축전지의 충전방식 중 비교적 짧은 시간에 보통 충전전류의 2~3배의 전류로 충전하는 방식은?

① 보통충전
② 급속충전
③ 부동충전
④ 균등충전

해설 보통충전은 필요할 때마다 표준 시간율로 소정의 충전을 하는 방식이다. 부동충전은 전지의 자기 방전을 보충함과 동시에 상용 부하에 대한 전력 공급은 충전기가 부담하도록 하되 충전기가 부담하기 어려운 일시적인 대전류 부하는 축전지로 하여금 부담하게 하는 방식이다. 균등충전은 부동충전 방식에 의하여 사용할 때 각 전해조에서 일어나는 전위차를 보정하기 위하여 1~3개월마다 1회, 정전압으로 10~12시간 충전하여 각 전해조의 용량을 균일화하기 위하여 행하는 충전방식이다.

52 다음 중 3상 농형 유도전동기의 기동법에 속하지 않는 것은?

① Y-△ 기동법
② 2차 저항법
③ 직입기동법
④ 리액터기동법

해설 3상 농형 유도전동기의 기동법에 전전압(직입)기동, Y-△ 기동, 기동보상기에 의한 기동, 1차 저항기동, 리액터기동 및 소프트 스타트기동 등이 있다.

53 다음 설명에 알맞은 건축화 조명방식은?

• 천장과 벽면의 경계구석에 등기구를 배치하여 조명하는 방식이다.
• 천장과 벽면을 동시에 투사하는 실내조명방식이다.

① 코너조명
② 코퍼조명
③ 광천장조명
④ 밸런스조명

정답 46.④ 47.③ 48.③ 49.② 50.① 51.② 52.② 53.①

해설 코퍼조명은 천장면을 여러 형태의 사각, 동그라미 등으로 오려내고 다양한 형태의 매입기구를 취부하여 실내의 단조로움을 피하는 건축화 조명방식이고, 광천장조명은 발광면을 확산투과성 플라스틱 판이나 루버 등으로 가려 천장 전면을 낮은 휘도로 빛나게 하는 조명방식이며, 밸런스조명은 연속열 조명기구를 창틀 위에 벽과 평행으로 눈가림판과 같이 설치하여 창의 커튼이나 창 위의 벽체와 천장을 조명하는 방식이다.

54 건축물의 주위를 적당한 간격의 그물눈을 가진 도체로 새장과 같이 감싸는 피뢰방식은?
① 돌침방식
② 케이지 방식
③ 수직도체방식
④ 수평도체방식

해설 돌침방식의 뇌격은 선단이 뾰족한 금속 도체 부분에 잘 떨어지므로 건축물 근방에 접근한 뇌격을 흡인하게 하여 선단과 대지 사이를 접속한 도체를 통하여 뇌격 전류를 대지로 안전하게 방류하는 방식이고, 수평도체방식은 보호하고자 하는 건축물의 상부에 수평도체를 가설하고 이에 뇌격을 흡인하게 한 후 인하도선을 통해서 뇌격 전류를 대지에 방류하는 방식이다.

55 에스컬레이터의 기울기는 최대 몇 도 이하이어야 하는가?
① 10°   ② 20°
③ 30°   ④ 45°

해설 에스컬레이터는 30° 이하의 기울기를 가진 계단식 컨베이어로서 정격 속도는 하향 방향의 안전을 고려하여 30m/min 이하로 한다.

56 건축설비 자동제어에서 피드백 제어방식을 제어동작에 의해 분류할 경우 연속동작에 해당하는 것은?
① 미분동작
② 2위치동작
③ 다위치동작
④ ON-OFF동작

해설 피드백 제어방식을 제어동작에 의해 분류할 경우 연속동작에는 미분동작(D동작), 비례미분동작(PD동작), 적분동작(I동작), 비례적분동작(PI동작), 비례제어동작(P동작), 비례적분미분동작(PID동작) 등이 있고, 불연속동작에 2위치동작(ON-OFF동작), 다위치동작 등이 있다.

57 논리회로 중 논리합(OR Gate) 회로에 관한 설명으로 옳은 것은?
① 2개의 입력 신호 모두가 없을 때 출력회로가 동작한다.
② 2개의 입력 신호에 관계없이 계속 출력회로가 동작한다.
③ 2개의 입력 신호 중 1개만 입력이 되면 출력회로가 동작한다.
④ 2개의 입력 신호 모두가 입력이 되어야 출력회로가 동작한다.

해설 AND(직렬)회로는 논리회로의 곱으로 2개의 입력 신호가 동시에 작동될 때에만 출력 신호가 1이 되는 논리회로이고, OR(병렬)회로는 논리회로의 합으로 둘 중의 하나만 작동해도 출력 신호를 내는 논리회로이며, NOT회로는 입력 신호가 있을 때 출력 신호는 OFF되는 논리회로이다. NOR회로는 둘 중의 하나만 작동해도 출력 신호는 OFF되는 논리회로이다.

58 옥내소화전 방수구와 연결되는 가지배관의 구경은 얼마 이상이 되도록 하여야 하는가?
① 25mm
② 30mm
③ 40mm
④ 50mm

해설 펌프의 토출 측 주배관의 구경은 유속이 초속 4m/s 이하가 될 수 있는 크기 이상으로 하여야 하고, 옥내소화전방수구와 연결되는 가지배관의 구경은 40mm(호스릴옥내소화전설비의 경우에는 25mm) 이상으로 하여야 하며, 주배관 중 수직배관의 구경은 50mm(호스릴옥내소화전설비의 경우에는 32mm) 이상으로 하여야 한다(NFTC 102).

59 스프링클러설비의 화재안전기준에 사용되는 교차배관의 정의로 옳은 것은?
① 가압송수장치 또는 송수구 등과 직접 연결되어 소화수를 이송하는 배관
② 헤드가 설치되어 있는 배관
③ 가지배관에 급수하는 배관
④ 수원 송수구 등으로부터 소화설비에 급수하는 배관

해설 스프링클러설비의 화재안전기준에 의한 교차배관은 가지배관(헤드가 설치되어 있는 배관)에 급수하는 배관을 말한다. ①은 주배관, ②는 가지배관, ④는 급수배관에 대한 설명이다.

정답 54.② 55.③ 56.① 57.③ 58.③ 59.③

60 물분무소화설비를 설치하는 차고 또는 주차장의 배수설비에 관한 설명으로 옳지 않은 것은?

① 차량이 주차하는 바닥은 배수구를 향하여 100분의 2 이상의 기울기를 유지할 것
② 차량이 주차하는 장소의 적당한 곳에 높이 7cm 이하의 경계턱으로 배수구를 설치할 것
③ 배수설비는 가압송수장치의 최대송수능력의 수량을 유효하게 배수할 수 있는 크기 및 기울기로 할 것
④ 배수구에는 새어나온 기름을 모아 소화할 수 있도록 길이 40m 이하마다 집수관·소화피트 등 기름분리장치를 설치할 것

[해설] 물분무소화설비를 설치하는 차고 또는 주차장에는 ①, ③ 및 ④ 이외에 차량이 주차하는 장소의 적당한 곳에 높이 10cm 이상의 경계턱으로 배수구를 설치할 것[물분무소화설비의 화재안전기술기준(NFTC 104)]

4과목 건축설비 관련 법규

61 다음 중 다중이용 건축물에 속하지 않는 것은? (단, 해당 용도로 쓰는 바닥면적의 합계가 5,000m²인 건축물의 경우)

① 종교시설
② 판매시설
③ 업무시설
④ 의료시설 중 종합병원

[해설] 관련 법규: 건축법 시행령 제2조, 해설 법규: 영 제2조 17호
"다중이용 건축물"이란 문화 및 집회시설(동물원 및 식물원은 제외), 종교시설, 판매시설, 운수시설 중 여객용 시설, 의료시설 중 종합병원, 숙박시설 중 관광숙박시설에 해당하는 용도로 쓰는 바닥면적의 합계가 5,000m² 이상인 건축물과 16층 이상인 건축물 등이다.

62 건축법령상 교육연구시설에 속하지 않는 것은?

① 도서관
② 유치원
③ 어린이집
④ 직원훈련소

[해설] 관련 법규: 건축법 제2조, 영 제3조의5, (별표 1)
해설 법규: 영 제3조의5, (별표 1) 10호
교육연구시설(제2종 근린생활시설에 해당하는 것은 제외)의 종류

㉠ 학교(유치원, 초등학교, 중학교, 고등학교, 전문대학, 대학, 대학교, 그 밖에 이에 준하는 각종 학교)
㉡ 교육원(연수원, 그 밖에 이와 비슷한 것을 포함)
㉢ 직업훈련소(운전 및 정비 관련 직업훈련소는 제외)
㉣ 학원(자동차학원·무도학원 및 정보통신기술을 활용하여 원격으로 교습하는 것은 제외), 교습소(자동차교습·무도교습 및 정보통신기술을 활용하여 원격으로 교습하는 것은 제외)
㉤ 연구소(연구소에 준하는 시험소와 계측계량소를 포함)
㉥ 도서관

63 다음 중 건축기준의 허용오차로 옳지 않은 것은?

① 건축선의 후퇴거리: 3% 이내
② 건축물의 벽체두께: 3% 이내
③ 건축물의 출구너비: 5% 이내
④ 인접건축물과의 거리: 3% 이내

[해설] 관련 법규: 건축법 제26조, 규칙 제20조, (별표 5)
해설 법규: 규칙 제20조, (별표 5)
대지 관련 건축기준의 허용오차

항목	건축선의 후퇴거리, 인접건축물과의 거리 및 인접대지 경계선과의 거리	건폐율	용적율
오차 범위	3% 이내	0.5% 이내 (건축면적 5m²를 초과할 수 없다)	1% 이내 (연면적 30m²를 초과할 수 없다)

* 건축물 출구너비의 허용오차는 2% 이내이다.

64 건축물의 출입구에 설치하는 회전문에 관한 기준 내용으로 옳지 않은 것은?

① 계단이나 에스컬레이터로부터 2m 이상의 거리를 둘 것
② 출입에 지장이 없도록 일정한 방향으로 회전하는 구조로 할 것
③ 회전문의 회전속도는 분당회전수가 10회를 넘지 아니하도록 할 것
④ 회전문의 중심축에는 회전문과 문틀 사이의 간격을 포함한 회전문날개 끝부분까지의 길이는 140cm 이상이 되도록 할 것

[해설] 관련 법규: 건축법 제49조, 영 제39조, 피난·방화규칙 제12조
해설 법규: 피난·방화규칙 제12조 5호
회전문의 회전속도는 분당회전수가 8회를 넘지 아니하도록 할 것

정답 60.② 61.③ 62.③ 63.③ 64.③

65 연면적 200m²를 초과하는 건축물에 설치하는 복도의 유효너비 기준으로 옳은 것은? (단, 양옆에 거실이 있는 복도)

① 유치원 : 1.8m 이상
② 중학교 : 1.8m 이상
③ 초등학교 : 1.8m 이상
④ 오피스텔 : 1.8m 이상

해설 관련 법규 : 건축법 제49조, 영 제48조, 피난·방화규칙 제15조의2
해설 법규 : 피난·방화규칙 제15조의2 ①항
유치원, 초등학교, 중학교 및 고등학교의 복도의 유효너비는 양측에 거실이 있는 복도의 경우에는 2.4m 이상, 기타 복도의 경우에는 1.8m 이상이다.

66 바닥으로부터 높이 1m까지의 안벽의 마감을 내수재료로 하여야 하는 대상건축물이 아닌 것은?

① 제1종 근린생활시설 중 휴게음식점의 조리장
② 제2종 근린생활시설 중 휴게음식점의 조리장
③ 단독주택의 욕실
④ 제2종 근린생활시설 중 일반음식점의 조리장

해설 관련 법규 : 건축법 제49조, 영 제52조, 피난·방화규칙 제18조
해설 법규 : 피난·방화규칙 제18조 ②항
제1종 근린생활시설 중 목욕장의 욕실과 휴게음식점의 조리장과 제2종 근린생활시설 중 일반음식점 및 휴게음식점의 조리장과 숙박시설의 욕실의 바닥과 그 바닥으로부터 높이 1m까지의 안벽의 마감은 이를 내수재료로 하여야 한다.

67 다음은 건축설비 설치의 원칙에 관한 기준 내용이다. ( ) 안에 알맞은 것은?

> 건축물에 설치하는 급수·배수·냉방·난방·환기·피뢰 등 건축설비의 설치에 관한 기술적 기준은 (㉠)으로 정하되, 에너지 이용 합리화와 관련한 건축설비의 기술적 기준에 관하여는 (㉡)과 협의하여 정한다.

① ㉠ 국토교통부령, ㉡ 산업통상자원부장관
② ㉠ 산업통상자원부령, ㉡ 국토교통부장관
③ ㉠ 국토교통부령, ㉡ 과학기술정보통신부장관
④ ㉠ 과학기술정보통신부령, ㉡ 국토교통부장관

해설 관련 법규 : 건축법 시행령 제87조
해설 법규 : 영 제87조 ②항
건축물에 설치하는 급수·배수·냉방·난방·환기·피뢰 등 건축설비의 설치에 관한 기술적 기준은 **국토교통부령**으로 정하되, 에너지 이용 합리화와 관련한 건축설비의 기술적 기준에 관하여는 **산업통상자원부장관**과 협의하여 정한다.

68 6층 이상의 거실면적의 합계가 15,000m²인 종합병원에 설치하여야 하는 승용 승강기의 최소 대수는? (단, 8인승 승용 승강기의 경우)

① 5대
② 6대
③ 7대
④ 8대

해설 관련 법규 : 건축법 제64조, 설비규칙 제5조, (별표 1의2)
해설 법규 : 설비규칙 제5조, (별표 1의2)
문화 및 집회시설(공연장, 집회장 및 관람장만 해당), 판매시설, 의료시설 등의 승용 승강기 설치에 있어서 3,000m² 이하까지는 2대이고, 3,000m²를 초과하는 경우에는 그 초과하는 매 2,000m² 이내마다 1대의 비율로 가산한 대수로 설치한다. (병원은 의료시설에 속하며, 소수점 이하는 올림)
∴ 승용 승강기 설치대수
$= 2 + \dfrac{6층 이상의 거실면적의 합 - 3,000}{2,000}$
$= 2 + \dfrac{15,000 \times - 3,000}{2,000} = 8$대 이상

69 건축물의 에너지절약설계기준에 따른 평균 열관류율의 계산 기준으로 옳은 것은?

① 외곽선 치수
② 중심선 치수
③ 내부 마감 치수
④ 지붕, 바닥은 외곽선, 외벽은 중심선 치수

해설 관련 법규 : 에너지절약기준 5조
해설 법규 : 에너지절약기준 5조 10호 타목
평균 열관류율이라 함은 지붕(천장 등 투명 외피부위를 포함하지 않음), 바닥, 외벽(창 및 문을 포함) 등의 열관류율 계산에 있어 세부 부위별로 열관류율 값이 다를 경우, 이를 면적으로 가중평균하여 나타낸 것을 말하며, 평균 열관류율은 중심선 치수를 기준으로 계산한다.

70 건축물의 냉방설비에 대한 설치 및 설계기준에 정의된 축냉식 전기냉방설비의 구분에 속하지 않는 것은?

① 빙축열식 냉방설비
② 수축열식 냉방설비
③ 잠열축열식 냉방설비
④ 지열식 냉방설비

해설 관련 법규 : 냉방설비기준 제3조
해설 법규 : 냉방설비기준 제3조 1호
"축냉식 전기냉방설비"라 함은 심야시간에 전기를 이용하여 축냉재(물, 얼음 또는 포접화합물과 공용염 등의 상변화물질)에 냉열을 저장하였다가 이를 심야시간 이외의 시간(그 밖의 시간)에 냉방에 이용하는 설비로서 이러한 냉열을 저장하는 설비(축열조)·냉동기·브라인펌프·냉각수펌프 또는 냉각탑 등의 부대설비(축열조 2차 측 설비는 제외)를 포함하며, 빙축열식 냉방설비, 수축열식 냉방설비, 잠열축열식 냉방설비 등으로 구분한다.

71 건축허가 등을 할 때 미리 소방본부장 또는 소방서장의 동의를 받아야 하는 대상 건축물의 층수 기준은?

① 3층 이상
② 6층 이상
③ 10층 이상
④ 12층 이상

해설 관련 법규 : 소방시설법 제6조, 영 제7조
해설 법규 : 영 제7조 ①항 4호
건축허가 등을 함에 있어서 미리 소방본부장 또는 소방서장의 동의를 받아야 하는 건축물 등의 범위는 층수(건축법 시행령 규정에 의한 층수)가 6층 이상인 건축물이다.

72 비상조명등을 설치하여야 하는 특정소방대상물에 해당하는 것은? (단, 창고시설 중 창고와 하역장, 위험물 저장 및 처리시설 중 가스시설은 제외한다.)

① 지하층을 포함하는 층수가 5층 이상인 건축물로서 연면적 3,000m² 이상인 것
② 지하층을 포함하는 층수가 5층 이상인 건축물로서 연면적 1,000m² 이상인 것
③ 지하층을 포함하는 층수가 3층 이상인 건축물로서 연면적 3,000m² 이상인 것
④ 지하층을 포함하는 층수가 3층 이상인 건축물로서 연면적 1,000m² 이상인 것

해설 관련 법규 : 소방시설법 제12조, 영 제11조
해설 법규 : 영 제11조, (별표 4) 3호 라목
비상조명등을 설치하여야 하는 특정소방대상물(창고시설 중 창고, 하역장, 위험물 저장 및 처리시설 중 가스시설은 제외)은 다음과 같다.
㉠ 지하층을 포함하는 층수가 5층 이상인 건축물로서 연면적이 3,000m² 이상인 경우에는 모든 층
㉡ ㉠에 해당하지 않는 특정소방대상물로서 그 지하층 또는 무창층의 바닥면적이 450m² 이상인 경우에는 해당 층
㉢ 터널로서 그 길이가 500m 이상인 것

73 다음 중 철근콘크리트조로서 두께와 상관없이 내화구조로 인정되는 것에 속하지 않는 것은?

① 보
② 계단
③ 바닥
④ 지붕

해설 관련 법규 : 건축법 시행령 제2조, 피난·방화규칙 제3조
해설 법규 : 피난·방화규칙 제3조
철근콘크리트조 또는 철골철근콘크리트조의 보, 기둥, 지붕 및 계단의 경우에는 두께에 관계없이 내화구조로 인정하나, 벽과 바닥의 경우, 철근콘크리트조 또는 철골철근콘크리트조로서 두께가 10cm(외벽 중 비내력벽 7cm) 이상인 것이다.

74 건축물의 용도변경과 관련된 시설군 중 문화집회시설군에 속하지 않는 것은?

① 종교시설
② 위락시설
③ 수련시설
④ 관광휴게시설

해설 관련 법규 : 건축법 제19조, 영 제14조, 해설 법규 : 영 제14조
문화집회시설군에는 문화 및 집회시설, 종교시설, 위락시설, 관광휴게시설 등이 속하고, 수련시설은 교육 및 복지시설군에 속한다.

75 건축물의 지붕을 평지붕으로 하는 경우 건축물의 옥상에 헬리포트를 설치하거나 헬리콥터를 통하여 인명 등을 구조할 수 있는 공간을 확보하여야 하는 대상 건축물 기준으로 옳은 것은?

① 층수가 6층 이상인 건축물로서 6층 이상인 층의 바닥면적의 합계가 5,000m² 이상인 건축물
② 층수가 6층 이상인 건축물로서 6층 이상인 층의 바닥면적의 합계가 10,000m² 이상인 건축물
③ 층수가 11층 이상인 건축물로서 11층 이상인 층의 바닥면적의 합계가 5,000m² 이상인 건축물
④ 층수가 11층 이상인 건축물로서 11층 이상인 층의 바닥면적의 합계가 10,000m² 이상인 건축물

해설 관련 법규 : 건축법 제49조, 영 제40조
해설 법규 : 영 제40조 ④항
층수가 11층 이상인 건축물로서 11층 이상인 층의 바닥면적의 합계가 10,000m² 이상인 건축물의 옥상에는 다음의 구분에 따른 공간을 확보하여야 한다.
㉠ 건축물의 지붕을 평지붕으로 하는 경우 : 헬리포트를 설치하거나 헬리콥터를 통하여 인명 등을 구조할 수 있는 공간
㉡ 건축물의 지붕을 경사지붕으로 하는 경우 : 경사지붕 아래에 설치하는 대피공간

정답 71. ② 72. ① 73. ③ 74. ③ 75. ④

76 배연설비의 설치에 관한 기준 내용으로 옳지 않은 것은? (단, 기계식 배연설비를 하지 않는 경우)

① 배연구는 수동으로 열고 닫을 수 없도록 할 것
② 배연창의 유효면적은 최소 1m² 이상으로 할 것
③ 배연구는 예비전원에 의하여 열 수 있도록 할 것
④ 건축법령에 의하여 건축물에 방화구획에 설치된 경우에는 그 구획마다 1개소 이상의 배연창을 설치할 것

해설 관련 법규 : 건축법 제49조, 설비규칙 제14조
해설 법규 : 설비규칙 제14조 ①항 3호
배연구는 연기감지기 또는 열감지기에 의하여 자동으로 열 수 있는 구조로 하되, 손으로도 열고 닫을 수 있도록 할 것

77 오피스텔의 난방설비를 개별난방방식으로 하는 경우에 대한 기준 내용으로 옳지 않은 것은?

① 보일러실의 윗부분에는 그 면적이 최소 1m² 이상인 환기창을 설치할 것
② 오피스텔의 경우에는 난방구획을 방화구획으로 구획할 것
③ 보일러의 연도는 내화구조로서 공동연도로 설치할 것
④ 기름 보일러를 설치하는 경우에는 기름 저장소를 보일러실 외의 다른 곳에 설치할 것

해설 관련 법규 : 건축법 시행령 제87조, 설비규칙 제13조
해설 법규 : 설비규칙 제13조 ①항 2호
보일러실의 윗부분에는 그 면적이 0.5m² 이상인 환기창을 설치하고, 보일러실의 윗부분과 아랫부분에는 각각 지름 10cm 이상의 공기흡입구 및 배기구를 항상 열려 있는 상태로 바깥 공기에 접하도록 설치할 것. 다만, 전기보일러의 경우에는 그러하지 아니하다.

78 다음은 비상용 승강기의 승강장 구조에 관한 기준내용이다. ( ) 안에 알맞은 것은?

승강장의 바닥면적은 비상용 승강기 1대에 대하여 ( ) 이상으로 할 것. 다만, 옥외에 승강장을 설치하는 경우에는 그러하지 아니하다.

① 4m² ② 5m²
③ 6m² ④ 8m²

해설 관련 법규 : 건축법 제64조, 설비규칙 제10조
해설 법규 : 설비규칙 제10조 2호 바목
비상용 승강기의 승강장 바닥면적은 비상용 승강기 1대에 대하여 6m² 이상으로 할 것. 다만, 옥외에 승강장을 설치하는 경우에는 그러하지 아니하다.

79 녹색건축 인증등급의 구분에 속하지 않는 것은?

① 우수(그린 2등급)
② 우량(그린 3등급)
③ 일반(그린 4등급)
④ 보통(그린 5등급)

해설 관련 법규 : 녹색건축인증규칙 제8조
해설 법규 : 녹색건축인증규칙 제8조 ②항
녹색건축 인증등급은 최우수(그린 1등급), 우수(그린 2등급), 우량(그린 3등급) 및 일반(그린 4등급) 등으로 구분한다.

80 판매시설로서 옥내소화전설비를 모든 층에 설치하여야 하는 특정소방대상물의 연면적 기준은?

① 500m² 이상
② 1,000m² 이상
③ 1,500m² 이상
④ 3,000m² 이상

해설 관련 법규 : 소방시설업 제9조, 영 제11조, (별표 4)
해설 법규 : 영 제11조, (별표 4) 1호 다목
옥내소화전설비를 설치하여야 하는 특정소방대상물은 연면적 3,000m² 이상(터널은 제외)이거나 지하층·무창층(축사는 제외) 또는 층수가 4층 이상인 것 중 바닥면적이 600m² 이상인 층이 있는 것에 해당하지 않는 근린생활시설, 판매시설, 운수시설, 의료시설, 노유자시설, 업무시설, 숙박시설, 위락시설, 공장, 창고시설, 항공기 및 자동차 관련 시설, 교정 및 군사시설 중 국방·군사시설, 방송통신시설, 발전시설, 장례시설 또는 복합건축물로서 **연면적 1,500m² 이상**이거나 지하층·무창층 또는 층수가 4층 이상인 층 중 바닥면적이 300m² 이상인 층이 있는 것은 모든 층이다.

정답 76.① 77.① 78.③ 79.④ 80.③

저 자 약 력

저자 정하정

- **약력**
  - 인하대학교 공과대학 건축공학과 졸업
  - 동국대학교 산업기술환경대학원 건설공학 졸업
  - 전) 유한공업고등학교 교사

- **저서**
  『한 권으로 끝내는 건축기사(성안당)』 외 다수 집필
  『건축구조역학』,『건축법규』,『건축계획일반』 등 교육인적자원부
  　고등학교 교재 다수 집필

건축설비기사
필기 기출 공략 문제로 한 번에 합격하기

2022. 1. 14. 초 판 1쇄 발행
2026. 1. 28. 4차 개정증보 4판 2쇄 발행

지은이 | 정하정
펴낸이 | 이종춘
펴낸곳 | BM ㈜도서출판 성안당

주소 | 04032 서울시 마포구 양화로 127 첨단빌딩 3층(출판기획 R&D 센터)
　　　 10881 경기도 파주시 문발로 112 파주 출판 문화도시(제작 및 물류)
전화 | 02) 3142-0036
　　　 031) 950-6300
팩스 | 031) 955-0510
등록 | 1973. 2. 1. 제406-2005-000046호
출판사 홈페이지 | www.cyber.co.kr
ISBN | 978-89-315-1375-2 (13540)
정가 | 30,000원

이 책을 만든 사람들

기획 | 최옥현
진행 | 김원갑
교정·교열 | 김원갑
전산편집 | 오정은
표지 디자인 | 박원석
홍보 | 김계향, 임진성, 김주승, 최정민
국제부 | 이선민, 조혜란
마케팅 | 구본철, 차정욱, 오영일, 나진호, 강호묵
마케팅 지원 | 장상범
제작 | 김유석

이 책의 어느 부분도 저작권자나 BM ㈜도서출판 성안당 발행인의 승인 문서 없이 일부 또는 전부를 사진 복사나
디스크 복사 및 기타 정보 재생 시스템을 비롯하여 현재 알려지거나 향후 발명될 어떤 전기적, 기계적 또는
다른 수단을 통해 복사하거나 재생하거나 이용할 수 없음.

※ 잘못된 책은 바꾸어 드립니다.